PART 01 소방관계법령
PART 02 소방시설의 점검
PART 03 기타 사항
PART 04 과년도 + 최근 기출문제

시대에듀

[편·저·자·약·력]

이덕수

[경력사항]

現 (주)유신방재
前 거산방재
　　국민소방
　　대성방재
　　보국이엔씨
　　산업안전협회(화공분야) 8년 강의
　　소방설비기사 20년 강의
　　소방시설관리사 5년 강의
　　위험물기능장, 산업기사 10년 강의
　　위험물안전관리 대행기관 5년 근무
　　화학공장(현장, 품질관리) 16년 근무

[자격사항]

산업안전기사
소방설비기사(기계분야, 전기분야)
소방시설관리사
위험물기능장
화공기사 외 다수 취득

끝까지 책임진다! 시대에듀!
QR코드를 통해 도서 출간 이후 발견된 오류나 개정법령, 변경된 시험 정보, 최신기출문제, 도서 업데이트 자료 등이 있는지 확인해 보세요! **시대에듀 합격 스마트 앱**을 통해서도 알려 드리고 있으니 구글 플레이나 앱 스토어에서 다운받아 사용하세요.
또한, 파본 도서인 경우에는 구입하신 곳에서 교환해 드립니다.

편집진행 윤진영 · 남미희 | **표지디자인** 권은경 · 길전홍선 | **본문디자인** 정경일 · 이현진

일러두기

본 도서는 저자의 다년간의 소방과 위험물 강의 경력을 토대로 집필하였으며, 소방시설관리사의 출제기준을 토대로 예상문제를 다양하게 수록하였고, 최근 개정된 소방관계법령 및 화재안전기준에 맞게 이론을 수정·보완하였습니다. 내용 중 "고딕체" 부분은 과년도 출제 내용으로, 기출 회차를 함께 표기하여 빈출되는 중요 개념을 한눈에 파악하기 쉽게 정리하였습니다.

또한, 수험생분들께 본 도서의 인쇄일(2025.09.24) 이후부터 발행일(2025.11.05)까지 개정되는 사항은 네이버 카페(진격의 소방)에 게재할 계획이므로, 학습하시는 데 참고 바랍니다.

가장 최신 법령은 법제처(https://www.moleg.go.kr), 국가법령정보센터(https://www.law.go.kr) 또는 대한민국 전자관보(https://www.gwanbo.go.kr)를 통해서 확인이 가능합니다.

소방시설관리사 2차 한권으로 끝내기
점검실무행정

현대 문명의 발전은 물질적인 풍요와 안락한 삶을 추구하게 하는 반면, 급속한 변화를 보이는 현실 때문에 어느 때보다도 소방안전의 필요성을 더 절실히 느끼게 합니다.

발전하는 산업구조와 복잡해지는 도시의 생활 속에서 화재로 인한 재해는 대형화 될 수 밖에 없으므로 소방설비의 자체점검 강화, 홍보의 다양화, 소방인력의 고급화로 화재를 사전에 예방하여 재해를 최소화하는 것이 무엇보다 중요합니다.

보다 깊이 있는 학습을 원하는 수험생들을 위한
시대에듀의 동영상 강의가 준비되어 있습니다.
www.sdedu.co.kr ➡ 회원가입(로그인) ➡ 강의 살펴보기

머리말

2025년 하반기 기준으로 소방시설관리사는 역대 2,607명의 합격자를 배출하였습니다. 하지만 2012년 7월 소방 점검인력 배치 신고, 초고층건축물의 신축 등으로 소방시설 점검대상물이 증가하였고, 이에 따라 한 사업장에 2명 이상의 소방시설관리사를 채용하기 시작하면서 약 3,000명이 되는 합격자 수에도 불구하고 소방시설관리사가 턱없이 부족한 것이 현실입니다.

그래서 저자는 소방시설관리사의 수험생 및 소방설비업계에 종사하는 실무자를 위한 소방 관련 서적의 필요성을 절실히 느끼고 본 도서를 집필하게 되었습니다. 또한, 외국의 소방 자료와 국내의 소방 관련 자료를 입수하여 정리하였고, 다년간 쌓아온 저자의 소방 학원의 강의 경험과 실무 경험을 토대로 도서를 편찬하였습니다.

부족한 점에 대해서는 꾸준히 수정·보완하여 좋은 수험서가 되도록 노력하겠습니다.
이 한 권의 책이 수험생 여러분의 합격에 작은 발판이 될 수 있기를 기원합니다.

편저자 드림

이 책의 구성과 특징

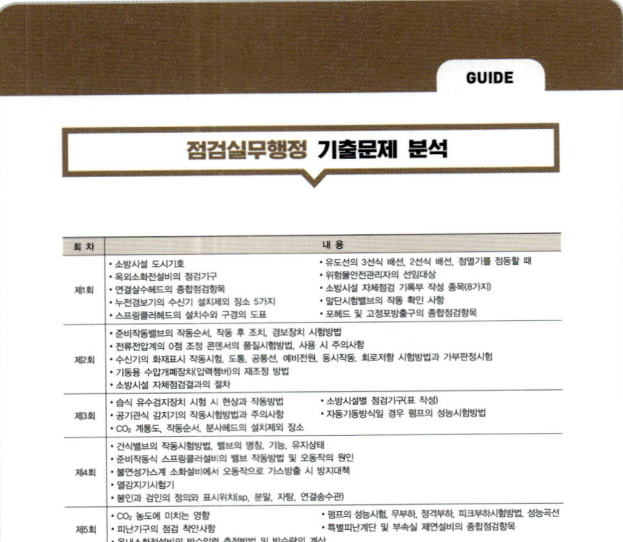

기출문제 분석표

기출문제를 분석하여 회차별 빈출이론의 키워드만 추려 제시했습니다. 본격적인 학습에 앞서 제시된 분석표를 파악하고 시작한다면, 역대 기출문제의 흐름과 경향성 파악에 도움이 되며, 방대한 양의 이론을 그 누구보다 효율적으로 학습할 수 있습니다.

핵심이론

소방시설관리사라면 누구나 알아야 할 기본이론과 법령을 수록했을 뿐 아니라 기출문제를 통해 시험에 꼭 필요한 내용을 수록함으로써 합격을 위한 틀을 제공하였습니다. 특히, 내용 중 기출 회차를 함께 표기하여 빈출되는 중요 개념을 한눈에 파악하기 쉽게 정리하였습니다.

예상문제

역대 기출문제 중 가장 기본적이며, 반복적으로 출제되는 문제들을 바탕으로 수록하였습니다. 저자의 오랜 노하우를 바탕으로 가장 적절하고 명쾌한 해설을 달아 단시간에 효과적으로 학습할 수 있도록 구성하였습니다.

과년도 + 최근 기출문제

기출문제는 모든 시험에서 학습의 기초이자 자신의 실력을 재점검할 수 있는 지표가 됩니다. 본 도서는 93년부터 25년까지의 기출문제를 최다 수록하였으며, 과년도 + 최근 기출문제를 모두 풀어봄으로써 실전에 충분히 대비할 수 있도록 하였습니다.

합격자 현황

(2025년 9월 기준)

회 차	시험연도	최종 합격자 수
제1회	1993년	85명
제2회	1995년	22명
제3회	1997년	29명
제4회	1999년	9명
제5회	2000년	26명
제6회	2002년	18명
제7회	2004년	144명
제8회	2005년	100명
제9회	2006년	72명
제10회	2008년	105명
제11회	2010년	190명
제12회	2011년	216명
제13회	2013년	147명
제14회	2014년	44명
제15회	2015년	75명
제16회	2016년	122명
제17회	2017년	70명
제18회	2018년	67명
제19회	2019년	283명
제20회	2020년	65명
제21회	2021년	104명
제22회	2022년	172명
제23회	2023년	39명
제24회	2024년	403명
총합격자		2,607명

점검실무행정 기출문제 분석

회차	내용	
제1회	• 소방시설 도시기호 • 옥외소화전설비의 점검기구 • 연결살수헤드의 종합점검항목 • 누전경보기의 수신기 설치제외 장소 5가지 • 스프링클러헤드의 설치수와 구경의 도표	• 유도선의 3선식 배선, 2선식 배선, 점멸기를 점등할 때 • 위험물안전관리자의 선임대상 • 소방시설 자체점검 기록부 작성 종목(8가지) • 말단시험밸브의 작동 확인 사항 • 포헤드 및 고정포방출구의 종합점검항목
제2회	• 준비작동밸브의 작동순서, 작동 후 조치, 경보장치 시험방법 • 전류전압계의 0점 조정 콘덴서의 품질시험방법, 사용 시 주의사항 • 수신기의 화재표시 작동시험, 도통, 공통선, 예비전원, 동시작동, 회로저항 시험방법과 가부판정시험 • 기동용 수압개폐장치(압력챔버)의 재조정 방법 • 소방시설 자체점검결과의 절차	
제3회	• 습식 유수검지장치 시험 시 현상과 작동방법 • 공기관식 감지기의 작동시험방법과 주의사항 • CO_2 계통도, 작동순서, 분사헤드의 설치제외 장소	• 소방시설별 점검기구(표 작성) • 자동기동방식일 경우 펌프의 성능시험방법
제4회	• 건식밸브의 작동시험방법, 밸브의 명칭, 기능, 유지상태 • 준비작동식 스프링클러설비의 밸브 작동방법 및 오동작의 원인 • 불연성가스계 소화설비에서 오동작으로 가스방출 시 방지대책 • 열감지기시험기 • 봉인과 검인의 정의와 표시위치(sp, 분말, 자탐, 연결송수관)	
제5회	• CO_2 농도에 미치는 영향 • 피난기구의 점검 착안사항 • 옥내소화전설비의 방수압력 측정방법 및 방수량의 계산	• 펌프의 성능시험, 무부하, 정격부하, 피크부하시험방법, 성능곡선 • 특별피난계단 및 부속실 제연설비의 종합점검항목
제6회	• 가스계 소화설비 – 이너젠 가스용기, CO_2 저장용기, 기동용 가스용기의 가스량 산정 • 준비작동밸브 – 작동방법, 복구방법 • CO_2 설비에서 기동장치의 설치기준	• P형 1급 수신기의 각종 시험방법과 가부판정의 기준 • 소화용수설비에서 수원의 기준 및 종합점검항목
제7회	• 준비작동식밸브의 작동방법 및 복구방법 • 작동점검과 종합점검의 대상, 자격 및 방법, 시기의 기준	• 비상콘센트설비의 화재안전기술기준
제8회	• 유도등 • 방화구획 • 스프링클러설비의 수조, 가압송수장치의 종합점검항목 • 할로겐화합물 및 불활성기체소화약제에서 저장용기의 종합점검항목	
제9회	• 특별피난계단 및 부속실 제연설비의 종합점검항목 • 공기관식 차동식분포형감지기	• 다중이용업소의 설치해야 하는 소방시설의 종류 • 수계 소화설비의 계통도
제10회	• 다중이용업소의 비상구의 설치위치, 규격 • 종합점검대상(공공기관) • 하나의 대상물과 별개 대상물의 조건 • 이산화탄소소화설비[전자개방밸브 작동방법(4가지), 정상 작동여부 확인사항, 저장용기의 설치장소] • 감시반의 제어기능, 릴리프밸브의 개방압력 조정방법	

GUIDE

회 차	내 용
제11회	• 감시제어반에서 도통시험 및 작동시험을 해야 하는 확인회로 • 시각경보장치의 종합점검항목 • 할로겐화합물 및 불활성기체소화설비의 수동식 기동장치 종합점검항목 • 다중이용업소의 "안전시설 등 세부점검표" 점검사항 • 법령 위반 시 1/2까지 경감하여 처분할 수 있는 경우 • 강화된 화재안전기술기준을 적용하는 소방시설 • 자동방화셔터(정의, 용어, 출입구의 설치기준, 셔터 작동 시 확인사항)
제12회	• 불꽃감지기의 설치기준 • 광원점등식 피난유도선의 설치기준 • 먼지 또는 미분 등이 다량으로 체류하는 장소에 감지기 설치 시 확인사항 • 피난구유도등의 설치제외 장소 • 일반 대상물 및 공공기관 대상물의 종합점검 시기와 면제조건 • 소방시설관리업의 등록기준 중 소방시설별 장비 및 규격 • 숙박시설이 없는 특정소방대상물의 수용인원 산정방법 • 반응시간지수(RTI)의 계산식과 의미 • 스프링클러헤드에 표기해야 할 사항 • 폐쇄형 유리벌브형과 퓨지블링크형의 표시별 온도 및 색상 • 소방시설 도시기호
제13회	• 연소방지도료를 도포하여야 할 장소 • 다수인 피난장비의 설치기준(9가지) • 초고층건축물의 정의 • 피난안전구역 피난설비의 종류(5가지) • 폐쇄형 스프링클러헤드를 사용하는 설비의 유수검지장치 설치기준 • 위험물안전관리에 관한 세부기준에 따른 이산화탄소소화설비의 배관기준 • Ⅱ형・Ⅳ형 포방출구의 정의 • 거실 제연설비의 제어반에 대한 종합점검항목 • 공공기관 종합점검의 점검인력 배치기준 • 피난안전구역의 설치기준 및 면적 산출기준 • 95층 건축물의 종합방재실의 최소 설치개수 및 위치기준
제14회	• 설치장소별 적응성 있는 감지기를 설치하기 위한 [별표 2]의 환경상태 구분 장소(7가지) • 정온식감지선형감지기의 설치기준(8가지) • 호스릴 이산화탄소소화설비의 설치기준(5가지) • 옥외소화전설비의 화재안전기술기준상 옥외소화전설비에 표시해야 할 표지의 명칭과 설치위치(7가지) • 무선통신보조설비의 분배기, 분파기, 혼합기의 종합점검항목 • 무선통신보조설비의 누설동축케이블 등의 종합점검항목 • 예상제연구역의 바닥면적이 400[m²] 미만인 예상제연구역(통로인 예상제연구역 제외)에 대한 배출구의 설치기준(2가지) • 제연설비의 배출기 종합점검항목과 작동점검항목 • 하나의 건축물에 둘 이상의 용도로 사용되는 경우에도 복합건축물에 해당되지 않는 경우 • 형식승인을 받아야 하는 소방용품 중 소화설비, 경보설비, 피난설비를 구성하는 제품 또는 기기 • 소방시설용 비상전원수전설비에서 인입선 및 인입구 배선의 시설기준(2가지) • 특별고압 또는 고압으로 수전하는 경우 큐비클형 방식의 설치기준 중 환기장치 설치기준(4가지)
제15회	• 기존 다중이용업소 건축물의 구조상 비상구를 설치할 수 없는 경우 • 보일러 사용 시 지켜야 하는 사항 • 임시소방시설을 설치한 것으로 보는 소방시설 • 밀폐구조의 영업장에 대한 정의와 요건 • 피난・방화시설의 종합점검항목 • 자동화재탐지설비 및 시각경보장치 점검표에서 수신기의 작동점검항목 • 소방시설 도시기호[릴리프밸브(일반), 회로시험기, 연결살수헤드, 화재댐퍼] • 이산화탄소소화설비의 점검표에서 제어반 및 화재표시반의 작동점검항목 • 소방시설법 시행령의 행정처분 중 일반기준 • 도금공장 또는 축전기실과 같이 부식성 가스의 발생 우려가 있는 장소에 감지기 설치 시 유의사항 • 피난기구의 설치 감소기준

GUIDE

회 차	내 용
제16회	• 압력챔버 방식에서 압력챔버의 공기 교체 방법 • 제연설비를 설치해야 하는 특정소방대상물(6가지) • 제연설비를 면제할 수 있는 기준 • 제연설비설치에서 배출구·공기유입구의 설치 및 배출량 산정에서 제외할 수 있는 부분 • 다중이용업소의 가스누설경보기의 종합점검항목 • 할로겐화합물 및 불활성기체소화설비에서 개구부의 자동폐쇄장치 종합점검항목(3가지) • 거실제연설비에서 기동장치의 종합점검항목(3가지) • 소방펌프에서 발생하는 에어락 현상이라고 판단하는 이유와 적절한 대책(5가지) • 특별피난계단의 계단실 및 부속실의 제연설비에서 점검항목 중 방연풍속과 유입공기 배출량의 측정방법 • 소방시설 도시기호 및 기능(가스체크밸브, 앵글밸브, 풋밸브, 자동배수밸브, 감압밸브) • 복도통로유도등과 계단통로유도등의 설치목적과 각 조도기준 • 현장에서 발신기를 눌렀을 경우 수신기에서 발신기 동작상황 및 화재구역을 확인하는 방법 • 수신기의 절연저항 시험방법, 절연내력 시험방법 및 시험의 목적 • P형 수신기에 연결된 지구경종이 작동되지 않는 원인(5가지)
제17회	• 설치장소의 환경상태가 "물방울이 발생하는 장소"에 설치할 수 있는 감지기의 종류별 설치조건 • 설치장소의 환경상태가 "부식성 가스가 발생할 우려가 있는 장소"에 설치할 수 있는 감지기의 종류별 설치조건 • 무선통신보조설비를 설치하지 않을 수 있는 경우의 특정소방대상물의 조건 • 분말소화설비의 자동식 기동장치에서 가스압력식 기동장치의 설치기준 • 그 밖에 소방청장이 고시하는 소방용품(6가지) • 소방시설 도시기호[시각경보기, 기압계, 방화문 연동제어기, 포헤드(입면도)]와 의미 • "소방시설을 설치하지 않을 수 있는 특정소방대상물과 그에 따른 소방시설의 범위"에서 화재안전기술기준을 적용하기 어려운 특정소방대상물(4가지) • 저수조와 옥상수조의 용량 • 천장과 반자 사이에 헤드 설치 여부와 이유 • 무부하시험, 정격부하시험 및 최대 부하시험방법, 실제펌프성능곡선 작성 • 방화지구 내 건축물의 인접 대지경계선에 접하는 외벽에 설치하는 창문 등으로서 연소할 우려가 있는 부분에 설치하는 설비 • 피난용승강기 전용 예비전원의 설치기준 • 다중이용업소에 대한 화재위험평가를 해야 하는 경우 • 방화구획을 완화하여 적용할 수 있는 경우(7가지) • 출입문 개방에 필요한 최대 힘[N]과 출입문 개방에 필요한 힘[N]의 차이, 연결송수관설비의 방수량 문제 • 화재조기진압용 스프링클러설비의 설치금지 장소(2가지) • 미분무소화설비의 압력수조를 이용한 가압송수장치 종합점검항목 • 승강식 피난기·하향식 피난구용 내림식사다리의 종합점검항목 • 고층건축물의 화재안전기술기준에서 확인해야 할 배선 관련 사항 • 화재의 예방 및 안전관리에 관한 법률상 특수가연물의 저장 및 취급 기준 • 포소화약제 저장탱크 내 약제의 보충 조작순서 • 점검자가 소화약제 방출되기 전에 조치사항의 명칭, 설치위치 및 기능 • 소방안전관리자가 고의로 펌프와 제연설비 정지 시 벌칙 사항

GUIDE

회 차	내 용
제18회	• R형 수신기의 화재표시 및 제어기능 조작 시 표시창의 확인사항 • R형 수신기의 중계기 통신램프가 점멸되지 않을 경우 발생원인과 확인 절차 • 동력제어반 점검 시 소방펌프가 자동 기동되지 않는 원인 • 펌프용 농형유도전동기에서 Y결선과 △결선의 피상전력이 $Pa = \sqrt{3}\,VI$[VA]로 동일함을 전류, 전압을 이용하여 증명 • 아날로그방식 감지기의 동작특성, 시공방법, 회로 수 산정 • 감지기의 정상작동 후 중계기가 신호입력을 못 받았을 시 확인 절차 • 등가길이가 작은 것부터 순서대로 소방시설 도시기호 작성 • 소방시설 외관점검표에 의한 스프링클러, 물분무, 포소화설비의 점검내용 • 다중이용업소(고시원업)의 영업장에 설치된 간이스프링클러설비의 작동점검내용과 종합점검내용 • 특피제연설비의 시험, 측정 및 조정 등에 관한 제연설비 시험 등의 실시기준 • 피난안전구역에 설치하는 소방시설 중 제연설비 및 휴대용 비상조명등의 설치기준 • 연소방지설비의 연소방지도료와 난연테이프의 용어 정의, 방화벽의 용어 정의와 설치기준 • 인명구조기구 중 공기호흡기를 설치해야 할 특정소방대상물과 설치기준 • LCX 케이블(LCX-FR-SS-42D-146)의 표시사항 • 위험물안전관리법 시행규칙에 따른 제5류 위험물에 적응성이 있는 대형·소형 소화기의 종류
제19회	• 옥내소화전설비의 작동점검표에서 소화전 방수압시험의 점검내용과 점검결과에 따른 가부판정기준 • 준비작동식밸브(프리액션밸브) 작동 방법 • 준비작동식밸브(프리액션밸브) 작동점검 후 복구방법 • 이산화탄소소화설비의 종합점검 시 "전원 및 배선"에 대한 점검항목 • 공기관식 차동식분포형감지기의 설치기준 • 공기관식 차동식분포형감지기의 작동계속시험 방법 • 작동계속시험 결과 작동지속시간이 기준치 미만일 경우 조건 • 수신기에 관한 점검항목과 점검내용 • 수신기에서 예비전원감시등이 소등상태일 경우 예상원인과 점검방법 • 단독경보형감지기를 설치해야 하는 특정소방대상물 • 시각경보기를 설치해야 하는 특정소방대상물 • 자동화재탐지설비와 시각경보기 점검에 필요한 점검장비 • 수계 소화설비의 소방시설 도시기호 • 성능시험배관의 설치기준 • 펌프성능시험방법의 순서 • 소방안전관리자 자격을 가진 사람의 소방시설관리사 시험 응시자격 • 제연설비의 설치장소와 제연구역의 설치기준 • 이산화탄소소화설비의 비상스위치 작동점검 순서 • 분사헤드의 오리피스 구경 등 • 중계기의 설치기준과 입력 및 출력 회로 수 구분 • 광전식분리형감지기의 설치기준 • 거실에 설치해야 하는 연기감지기의 설치대상 • 연소방지설비의 방수헤드의 설치기준 • 간이스프링클러설비의 간이헤드

회 차	내 용

제20회	• 주어진 조건의 복합건축물에 법령상 설치되어야 하는 소방시설의 종류
	• 연결송수관설비 방수구의 설치제외가 가능한 층과 제외기준
	• 2층 노인의료복지시설(노인요양시설)에 추가로 설치해야 하는 소방시설의 종류
	• 화재예방법상 불꽃을 사용하는 용접·용단기구로서 용접 또는 용단하는 작업장에서 지켜야 하는 사항
	• 다중이용업소에 설치하는 비상구의 추락 등 방지를 위한 시설
	• 세부점검표의 점검사항 중 피난설비 작동점검 및 외관점검에 관한 확인사항
	• 특피 제연설비의 화재안전기술기준상 방연풍속의 측정방법 및 측정결과 부적합 시 조치방법
	• 특피 제연설비의 성능시험조사표에서 송풍기 풍량측정의 일반사항 중 측정점
	• 풍속·풍량의 계산식
	• 수신기의 기록장치에 저장해야 하는 데이터
	• 미분무소화설비의 화재안전기술기준에서 미분무의 정의
	• 저압, 중압 및 고압의 압력[MPa] 범위
	• 자체점검 시 가감계수 도표
	• 지하구의 문제
	  - 지하구의 실제점검면적
	  - 한쪽 측벽에 소방시설이 설치되어 있는 터널의 실제점검면적
	  - 한쪽 측벽에 소방시설이 설치되어 있지 않은 터널의 실제점검면적
	• 통합감시시설 종합점검 시 주·보조수신기의 점검항목
	• 제연설비 점검표에서 배출기의 종합점검항목
	• 연기감지기를 설치할 수 없는 경우, 건조실·살균실·보일러실·주조실·영사실·스튜디오에 설치할 수 있는 적응열감지기
	• 감지기 회로의 도통시험을 위한 종단저항의 기준(3가지)
	• 내진설비 성능시험조사표의 종합점검 중 가압송수장치, 지진분리이음, 수평배관 흔들림방지 버팀대의 점검항목
	• 미분무소화설비 성능시험조사표의 성능 및 점검항목 중 설계도서 등의 점검항목
	• 다중이용업소의 비상구 공통기준 중 비상구 구조, 문이 열리는 방향, 문의 재질
	• 옥내소화전설비의 화재안전기술기준
	  - 내화전선의 내화성능을 설명
	  - 내열전선의 내열성능을 설명

제21회	• 비상경보설비 및 단독경보형감지기의 화재안전기술기준에서 발신기의 설치기준
	• 옥내소화전설비의 화재안전기술기준에서 소방용 합성수지배관을 설치할 수 있는 경우
	• 옥내소화전설비 노즐에서의 유속[m/s] 계산
	• 소방시설 외관점검표(소화기, 스프링클러설비)의 점검내용
	• 소방점검 시 원인 및 조치방법
	  - 아날로그감지기 통신선로의 단선표시등 점등
	  - 충압펌프의 잦은 기동과 정지
	• 소방시설의 자체점검항목(배출기, 분말소화설비의 가압용 가스용기)
	• 건축물의 피난·방화구조 등의 기준에 관한 규칙
	  - 건축물의 바깥쪽에 설치하는 피난계단의 구조기준
	  - 하향식 피난구(덮개, 사다리, 경보시스템을 포함)의 구조기준
	• 비상조명등의 설치기준
	• 3선식 배선 시 유도등이 점등되어야 하는 경우
	• 액화가스 레벨미터의 측정방법과 각 구성부품의 명칭, 사용 시 주의사항
	• 자동소화장치
	  - 가스용 주방자동소화장치를 사용하는 경우 탐지부 설치위치
	  - 상업용 주방자동소화장치의 점검항목
	• 준비작동식 스프링클러설비의 배선 가닥수 및 회로명칭
	• 특별피난계단의 부속실(전실) 제연설비
	  - 소방시설 성능시험조사표에서 부속실 제연설비의 차압 등 점검항목
	  - 전층이 닫힌 상태에서 차압이 과다한 원인
	  - 방연풍속이 부족한 원인

GUIDE

회 차	내 용
제22회	• 누전경보기 수신부와 전원의 점검항목 • 무선통신보조설비를 설치해야 하는 특정소방대상물 • 무선통신보조설비의 누설동축케이블 등과 증폭기 및 무선중계기의 점검항목 • 자동화재탐지설비, 자동화재속보설비, 비상경보설비의 외관 점검항목 • 이산화탄소소화설비의 수동식 기동장치와 안전시설 등의 점검항목 • 종합점검을 실시해야 하는 특정소방대상물 • 종합점검을 실시한 경우 점검면적과 최소 점검일수 • 자체점검기록표의 기재사항 • 소방시설 등의 자체점검 횟수 및 시기, 점검결과보고서의 제출기간 등 • 소방시설관리사의 자격취소, 자격정지를 면할 수 있는 사유 • 소방시설별 점검장비의 종류(종합점검의 경우) • 휴대용 비상조명등의 점검항목 • 옥내소화전설비에서 가압송수장치의 압력수조에 설치해야 하는 것 • 비상경보설비 및 단독경보형감지기의 점검표상 비상경보설비 점검항목 • 가스누설경보기의 화재안전기술기준 중 분리형 경보기의 탐지부 및 단독형경보기의 설치제외 장소

제23회	• 소방시설 폐쇄·차단 시 행동요령 등에 관한 고시상 화재상황을 인지한 경우 관계인의 행동요령
	• 화재안전기술기준(NFTC) 및 화재안전성능기준(NFPC)
	  - NFTC에서 정한 자동확산소화기의 종류
	  - NFPC상 유도등 및 유도표지를 설치하지 않을 수 있는 경우
	  - 전기저장시설의 화재안전기술기준(전기저장장치의 설치장소, 배출설비의 설치기준)
	• 소방시설 자체점검사항 등에 관한 고시
	  - 평가기관은 배치 신고 시 오기로 인한 수정사항이 발생할 경우 관할 소방서의 담당자 승인 후에 평가기관이 수정할 수 있는 사항
	  - 표본조사를 실시해야 하는 특정소방대상물
	• 소방시설 등(작동점검, 종합점검) 점검표
	  - 점검표의 작성 및 유의사항
	  - 연결살수설비의 점검표(송수구의 종합점검항목, 배관의 작동점검항목)
	  - 분말소화설비의 점검표(저장용기의 종합점검항목)
	• 소방시설 성능시험조사표
	  - 스프링클러설비의 성능시험조사표 중 수압시험 및 감시제어반의 점검항목
	  - 도로터널의 성능시험조사표 중 제연설비의 점검항목
	• 소방시설법상 소방시설 등의 자체점검 결과의 조치 등
	  - 자체점검결과의 조치 중 중대위반사항
	  - 자체점검 결과 공개에 관한 내용
	  - 공기관식 차동식분포형감지기의 화재작동시험을 했을 경우 동작시간이 느린 경우(기준치 이상)의 원인
	• 지하구의 화재안전성능기준상 방화벽의 설치기준
	• 화재조기진압용 스프링클러설비에서 수원의 양
	• 화재안전기술기준(NFTC)
	  - 용어의 정의(펌프 프로포셔너, 프레셔 프로포셔너, 라인 프로포셔너, 프레셔사이드 프로포셔너, 압축공기포 믹싱챔버)
	  - 고층건축물의 화재안전기술기준상 피난안전구역에 설치하는 소방시설 중 인명구조기구의 설치기준
	• 특별피난계단의 계단실 및 부속실 제연설비의 화재안전성능기준상 제연설비의 시험기준

회 차	내 용
제24회	• 스프링클러설비의 펌프 주변의 도시기호를 이용한 시설 설치순서(펌프 흡입 측 배관, 성능시험배관, 기동용 수압개폐장치) • 스프링클러설비의 펌프 흡입 측 배관과 성능시험배관의 점검항목과 설치기준, 순환배관의 점검항목 • 스프링클러설비의 가압송수장치(펌프방식) 작동점검 항목(3가지) • 옥내소화전설비와 스프링클러설비의 펌프방식 점검항목 비교 시 공통사항은 제외하고 옥내소화전설비 점검표에만 있는 점검항목(4가지) • 소방시설 등 점검표 피난·방화시설(31-A) 점검항목(2가지) • 지하 2층, 지상 8층인 특정소방대상물(조건 생략)에 설치되어야 하는 소방시설 중 경보설비(4가지)와 소화활동설비(2가지) • 이산화탄소소화설비에서 솔레노이드밸브의 작동시험방법(4가지) • 이산화탄소소화설비의 점검표에서 안전시설 등의 점검항목(3가지) • 소화용수설비의 점검표에서 소화수조 및 저수조 중 채수구의 점검항목(4가지) • 기존 부분에 대해서 증축 당시의 소방시설의 설치에 관한 대통령령 또는 화재안전기준을 적용하지 않는 경우(4가지) • 간이스프링클러설비를 설치해야 할 다중이용업소의 영업장(3가지) • 특피 제연설비에서 배출댐퍼 및 개폐기의 직근 또는 제연구역에 설치된 수동기동장치로 작동 또는 개방하는 4가지 • 특별피난계단의 계단실 및 부속실 제연설비의 차압 등에 관한 기준 • 소방시설 등의 자체점검 후 소방서 제출 및 보수 처리과정 • 아파트(종합점검)와 공장(작동점검)에 점검일수 계산 • 수용인원 산정방법(침대가 없는 숙박시설, 휴게실 용도) • 특정소방대상물별 소방시설을 설치하지 않을 수 있는 소방시설의 종류 • 강화된 기준을 적용할 수 있는 의료시설에 설치하는 소방시설(4가지)
제25회	• 기동관누설시험기를 사용하여 이산화탄소소화설비의 기동용 조작동관 및 주변장치의 누설 시 점검사항(준비사항, 점검방법, 확인사항, 복구방법) • 옥내소화전설비의 방수압력 측정방법과 측정 시 주의사항 • 화재의 예방 및 안전관리에 관한 법령상 소방안전관리업무 대행 시 소방안전관리업무와 소방시설에 따른 대행인력 기술등급 • 소화펌프의 성능부족(미달) 현상에 대하여 기계적 원인과 전기적 원인 • 소방시설 설치 및 관리에 관한 법령상 공동주택 세대별 점검방법 • 둘 이상의 특정소방대상물을 하나의 특정소방대상물로 볼 수 있는 경우 • 할로겐화합물 및 불활성기체소화설비의 화재안전기술기준상 분사헤드의 설치기준(5가지) • 유량측정장치의 최소호칭지름과 선정 이유, 성능시험배관의 최소호칭지름과 선정 이유, 성능시험배관의 개폐밸브와 유량측정장치 사이의 직관부의 최소거리[mm] 및 유량측정장치와 유량조절밸브 사이의 직관부의 최소거리[mm] • 스프링클러설비의 습식, 건식, 부압식 스프링클러설비에 설치하는 시험장치 설치기준(3가지) • 준비작동식 스프링클러설비에서 해당 방호구역에 2개의 감지기를 작동시킨 경우 수신기에서의 확인사항(3가지) • 스프링클러설비의 화재안전기술기준상 보의 수평거리에 따른 스프링클러헤드의 수직거리 • 이산화탄소소화설비 점검표 중 "자동식 기동장치"의 점검항목 • 스프링클러설비를 설치해야 하는 특정소방대상물, 점검표의 음향장치 및 기동장치 중 "펌프 작동"의 점검항목(2가지) • 방수압력 측정 시 방수량 구하는 계산 • 초고층 및 지하연계 복합건축물 재난관리에 관한 특별법상 피난안전구역의 면적산정 기준과 피난안전구역에 설치하는 소방시설의 종류 • 자동화재탐지설비 및 시각경보장치 점검표에서 "수신기"의 종합점검항목(5가지) • 가스누설경보기 점검표에서 "수신부"의 점검항목(3가지) • 공동주택의 화재안전기술기준상 옥내소화전설비의 설치기준(3가지) • 전기저장시설의 화재안전기술기준상 자동화재탐지설비의 화재감지기에 관한 문제

GUIDE

소방시설관리사 시험안내

※ 다음 내용은 2025년 자격시험 공고문을 기준으로 작성된 것으로 세부내용이 변경될 수 있습니다. 자세한 사항은 반드시 큐넷 홈페이지 (www.q-net.or.kr)에서 확인하시기 바랍니다.

응시원서 접수

❶ **접수 방법** : 큐넷 소방시설관리사 자격시험 홈페이지(www.q-net.or.kr)를 통한 인터넷 접수

❷ **시험 일부(과목) 면제자의 접수 방법**
  ㉠ 일반응시자 및 제1차 시험 면제자(2025년 제25회 제1차 시험 합격자)는 별도의 제출서류 없이 큐넷 홈페이지에서 바로 원서접수 가능
  ㉡ 제1차 시험 및 제2차 시험 일부(과목) 면제에 해당하는 소방기술사 자격취득 후 소방실무경력자, 건축사 자격 취득자, 소방공무원은 면제 근거 서류를 시행기관에 제출하여 심사 및 승인을 받은 후 원서접수 가능

시험과목(소방시설법 시행령 부칙 제6조)

❶ **시험일정**

구 분	원서접수	시행지역	시험일자	합격자 발표
제1차 시험	3월 하순	서울, 부산, 대구, 인천, 광주, 대전	5월 초순	6월 초순
제2차 시험	7월 하순		9월 초순	12월 초순

❷ **시험과목[26. 12. 31까지 적용]**

구 분	과목명

제1차 시험	1. **소방안전관리론**(연소 및 소화·화재예방관리·건축물소방안전기준·인원수용 및 피난계획에 관한 부분으로 한정) 및 화재역학(화재의 성질·상태·화재하중·열전달·화염확산·연소속도·구획화재·연소생성물 및 연기의 생성 및 이동에 관한 부분에 한정)
	2. **소방수리학·약제화학 및 소방전기**(소방 관련 전기공사 재료 및 전기제어에 관한 부분으로 한정)
	3. 다음의 소방 관련 법령
	  ① 소방기본법, 같은 법 시행령 및 같은 법 시행규칙
	  ② 소방시설공사업법, 같은 법 시행령 및 같은 법 시행규칙
	  ③ 소방시설 설치 및 관리에 관한 법률, 같은 법 시행령 및 같은 법 시행규칙
	  ④ 화재의 예방 및 안전관리에 관한 법률, 같은 법 시행령 및 같은 법 시행규칙
	  ⑤ 위험물안전관리법, 같은 법 시행령 및 같은 법 시행규칙
	  ⑥ 다중이용업소의 안전관리에 관한 특별법, 같은 법 시행령 및 같은 법 시행규칙
	4. 위험물의 성질·상태 및 시설기준
	5. 소방시설의 구조원리(고장진단 및 정비를 포함)

제2차 시험	1. 소방시설의 점검실무행정(점검절차 및 점검기구 사용법을 포함) 2. 소방시설의 설계 및 시공

시험시간 및 문항수

구 분	시험과목		시험시간	문항수	시험방법
제1차 시험	5개 과목		09 : 30 ~ 11 : 35(125분)	과목별 25문항 (총 125문항)	4지 택일형
	4개 과목(일부 면제자)		09 : 30 ~ 11 : 10(100분)		
제2차 시험	1교시	소방시설의 점검실무행정	09 : 30 ~ 11 : 00(90분)	과목별 3문항 (총 6문항)	논문형 원칙 (기입형 포함 가능)
	2교시	소방시설의 설계 및 시공	11 : 50 ~ 13 : 20(90분)		

응시자격(소방시설법 시행령 부칙 제6조)[26. 12. 31까지 적용]

❶ 소방기술사·위험물기능장·건축사·건축기계설비기술사·건축전기설비기술사 또는 공조냉동기계기술사

❷ **소방설비기사** 자격을 취득한 후 **2년 이상** 소방청장이 정하여 고시하는 소방에 관한 실무경력(이하 "소방실무경력") 이 있는 사람

❸ **소방설비산업기사** 자격을 취득한 후 **3년 이상** 소방실무경력이 있는 사람

❹ 국가과학기술 경쟁력 강화를 위한 이공계지원 특별법 제2조 제1호에 따른 이공계(이하 "이공계") 분야를 전공한 사람으로서 다음의 어느 하나에 해당하는 사람
  ㉠ 이공계 분야의 박사학위를 취득한 사람
  ㉡ 이공계 분야의 석사학위를 취득한 후 2년 이상 소방실무경력이 있는 사람
  ㉢ 이공계 분야의 학사학위를 취득한 후 3년 이상 소방실무경력이 있는 사람

❺ **소방안전공학**(소방방재공학, 안전공학을 포함) 분야를 전공한 후 다음의 어느 하나에 해당하는 사람
  ㉠ 해당 분야의 석사학위 이상을 취득한 사람
  ㉡ 2년 이상 소방실무경력이 있는 사람

❻ 위험물산업기사 또는 위험물기능사 자격을 취득한 후 3년 이상 소방실무경력이 있는 사람

❼ 소방공무원으로 5년 이상 근무한 경력이 있는 사람

❽ **소방안전 관련 학과**의 학사학위를 취득한 후 **3년 이상** 소방실무경력이 있는 사람

❾ **산업안전기사** 자격을 취득한 후 **3년 이상** 소방실무경력이 있는 사람

❿ 다음의 어느 하나에 해당하는 사람
  ㉠ 특급 소방안전관리대상물의 소방안전관리자로 2년 이상 근무한 실무경력이 있는 사람
  ㉡ 1급 소방안전관리대상물의 소방안전관리자로 3년 이상 근무한 실무경력이 있는 사람
  ㉢ 2급 소방안전관리대상물의 소방안전관리자로 5년 이상 근무한 실무경력이 있는 사람
  ㉣ 3급 소방안전관리대상물의 소방안전관리자로 7년 이상 근무한 실무경력이 있는 사람
  ㉤ 10년 이상 소방실무경력이 있는 사람

GUIDE

시험의 일부(과목) 면제사항

❶ 과목 일부 면제자[26.12.31까지 적용]

번 호	자 격	1차 시험 면제 과목	2차 시험 면제 과목
1	소방기술사 자격을 취득한 후 15년 이상 소방실무경력이 있는 자	소방수리학·약제화학 및 소방전기(소방 관련 전기공사 재료 및 전기제어에 관한 부분에 한함)	
2	소방공무원으로 15년 이상 근무한 경력이 있는 사람으로서 5년 이상 소방청장이 정하여 고시하는 소방 관련 업무 경력이 있는 자	소방 관련 법령	
3	소방기술사·위험물기능장·건축사·건축기계설비기술사·건축전기설비기술사·공조냉동기계기술사 자격 취득자		소방시설의 설계 및 시공
4	소방공무원으로 5년 이상 근무한 경력이 있는 자		소방시설의 점검실무행정

※ 둘 이상의 면제 요건이 해당하는 경우 본인이 선택한 한 과목만 면제

❷ 전년도 제1차 시험 합격에 의한 면제자 : 제1차 시험에 합격한 자에 대하여는 다음 회의 시험에 한하여 제1차 시험을 면제함

❸ 제출 기관 : 서울·부산·대구·광주·대전지역본부, 인천지사

❹ 면제 대상별 제출서류
- ㉠ 소방기술사 자격을 취득한 후 15년 이상 소방실무경력이 있는 사람
  - 서류심사 신청서(공단 소정양식) 1부
  - 경력(재직)증명서 1부
  - 4대 보험 가입증명서 중 선택하여 1부
  - 소방실무경력 관련 입증 서류
- ㉡ 소방공무원으로 15년 이상 근무한 경력이 있는 사람으로서 5년 이상 소방청장이 정하여 고시하는 소방 관련 업무 경력이 있는 사람
  - 서류심사 신청서(공단 소정양식) 1부
  - 소방공무원 재직(경력)증명서 1부
  - 5년 이상 소방 업무가 명기된 경력(재직)증명원 1부
- ㉢ 소방기술사·위험물기능장·건축사·건축기계설비기술사·건축전기설비기술사 또는 공조냉동기계기술사
  - 서류심사 신청서(공단 소정양식) 1부
  - 건축사 자격증 사본(원본 지참 제시) 1부
- ㉣ 소방공무원으로 5년 이상 근무한 사람
  - 서류심사 신청서(공단 소정양식) 1부
  - 재직증명서 또는 경력증명서 원본 1부

❺ 제출 방법 : 방문 또는 우편 접수(우편접수는 서류제출 마감일 17:00까지 도착분에 한하며, 우편접수 시에는 등기우편을 이용하고 봉투에는 반드시 "소방시설관리사 시험과목 면제서류 재중"을 표기하여야 함)

GUIDE

소방실무경력의 인정범위(소방실무경력 인정범위에 관한 기준 고시)

❶ **소방 관련 업체에 근무 중이거나 근무한 경력**
　㉠ 소방시설공사업체에서 소방시설의 공사 또는 정비업무를 담당한 경력
　㉡ 소방시설관리업체에서 소방시설의 점검 또는 정비업무를 담당한 경력
　㉢ 소방시설설계업체에서 소방시설의 설계업무를 담당한 경력
　㉣ 소방시설공사감리업체에서 소방공사감리업무를 담당한 경력
　㉤ 위험물탱크안전성능시험업체에서 안전성능시험 또는 점검업무를 담당한 경력
　㉥ 위험물안전관리업무대행기관에서 안전관리업무를 담당한 경력
　㉦ 소방용 기계·기구 제조업체에서 소방용 기계·기구의 설계·시험 또는 제조업무를 담당한 경력

❷ **소방관계자로 근무 중이거나 근무한 경력**
　㉠ 소방안전관리대상물의 소방안전관리자 및 소방안전관리보조자 또는 건설현장 소방안전관리자로 선임되어 근무한 경력
　㉡ 위험물제조소 등의 위험물안전관리자로 근무한 경력(선임된 경력에 한정)
　㉢ 위험물제조소 등의 위험물시설안전원으로 근무한 경력
　㉣ 위험물안전관리법 제19조에 규정된 자체소방대에서 소방대원으로 근무한 경력
　㉤ 의용소방대원으로 근무한 경력
　㉥ 의무소방원으로 근무한 경력
　㉦ 청원소방원으로 근무한 경력
　㉧ 소방공무원으로 근무한 경력
　㉨ 군(軍) 소방대원으로 근무한 경력
　㉩ 시·도 소방본부 또는 소방서에서 화재안전특별조사요원으로 근무한 경력

❸ **산하·관련 단체에서 근무 중이거나 근무한 경력**
　㉠ 한국소방안전원에서 교육·진단·점검·홍보업무를 담당한 경력
　㉡ 한국소방산업기술원에서 교육·검정·시험·연구업무를 담당한 경력
　㉢ 한국화재보험협회에서 교육·점검·시험·연구업무를 담당한 경력
　㉣ 실무교육기관에서 교육업무를 담당한 경력
　㉤ 성능시험기관에서 성능시험업무를 담당한 경력
　㉥ 한국소방시설협회 또는 사단법인 한국소방시설관리협회에서 소방청 위탁업무, 소방 관련 법령 지원 및 연구업무를 담당한 경력

❹ **기타 근무경력**
　㉠ 손해보험회사의 소방점검부서에서 근무한 경력
　㉡ 건설업·전기공사업체에서 소방시설공사 및 설계·감리부서에서 근무한 경력(소방기술사, 소방설비기사·소방설비산업기사의 자격을 취득한 자에 한함)
　㉢ 국가·지방자치단체, 공공기관의 운영에 관한 법률에 따른 공공기관, 지방공기업법에 따른 지방공사 또는 지방공단, 국공립학교 및 사립학교법에 따른 사립학교에서 그 소속 공무원 또는 직원으로 소방시설의 설계·공사·감리 또는 소방안전관리 부서에서 안전 관련 업무를 수행한 경력(소방기술사, 소방설비기사·소방설비산업기사의 자격을 취득한 사람으로 한정)

GUIDE

❺ 실무경력 산정방법

㉠ 국가기술자격자의 실무경력 기간은 자격취득 후 경력에 한정하며 법령에 의한 자격정지 중의 처분기간은 경력 산정기간에서 제외한다.

㉡ 1개월 미만의 잔여경력 중 15일 이상은 1개월로 계산한다.

㉢ 응시자격 경력환산은 제1차 시험일을 기준으로 하여 계산한다.

㉣ 2가지 이상의 경력이 동기간 내에 같이 이루어진 경우에는 이 중 1가지만 인정하며, 중복되지 않는 기간의 경력은 각 경력기간을 해당 인정하는 경력 기준기간으로 나누어 합산한 수치가 1 이상이면 응시자격이 있는 것으로 본다.

❻ 소방에 관한 실무경력의 증명 등

경력인정을 받고자 하는 자는 소방시설 설치 및 관리에 관한 법률 시행규칙 별지 제19호 서식의 경력·재직증명서에 그 내용을 사실대로 기재 후 시험 실시권자에게 제출하여 증명을 받아야 한다. 다만, 한국소방시설협회에서 경력관리를 하고 있는 자의 경우는 한국소방시설협회장이 발행하는 경력증명서를 제출하여 경력증명을 받을 수 있다.

합격자 기준(소방시설법 시행령 제44조)

❶ 제1차 시험 : 과목당 100점 만점 기준, 모든 과목 40점 이상, 전 과목 평균 60점 이상 득점한 사람

❷ 제2차 시험 : 과목당 100점 만점 기준, 채점 점수 중 최고점수와 최저점수를 제외한 점수가 모든 과목에서 40점 이상, 전 과목 평균 60점 이상 득점한 사람

합격자 발표

구 분	발표일자	발표내용	발표방법
제1차 시험	6월 초순	- 개인별 합격 여부 - 과목별 득점 및 총점	- 소방시설관리사 홈페이지[60일간] - ARS(1600-0100, 유료)[4일간]
제2차 시험	12월 초순		

자격증 발급 신청

❶ 신청 기관 : (사)한국소방시설관리협회

❷ 신청 방법 : 우편 및 내방 접수

※ 발급신청서 및 안내 사항은 (사)한국소방시설관리협회 홈페이지 참조

CONTENTS

PART 01 소방관계법령

CHAPTER 01 화재의 예방 및 안전관리에 관한 법률, 영, 규칙

1. 소방용수시설의 설치기준   1-3
2. 소방안전관리에 대한 전반적인 사항   1-3
3. 보일러 등의 위치·구조 및 관리와 화재 1-8 예방을 위하여 불을 사용할 때 지켜야 하는 사항
4. 특수가연물의 저장 및 취급기준   1-10
   예상문제   1-12

CHAPTER 02 소방시설 설치 및 관리에 관한 법률, 영, 규칙

1. 무창층   1-20
2. 방염설치대상물, 방염대상물품, 방염   1-20 성능기준
3. 연소 우려가 있는 건축물의 구조   1-22
4. 피난시설·방화구획 및 방화시설의   1-22 관리 시 위법행위
5. 소방시설관리사시험의 응시자격   1-22
6. 소방시설관리사의 결격사유   1-24
7. 벌 칙   1-24
8. 행정처분   1-26
9. 소방시설의 종류   1-28
10. 특정소방대상물   1-31
11. 지하상가, 터널, 지하구   1-39
12. 하나와 별개의 특정소방대상물 구분   1-39
13. 임시소방시설의 종류와 설치기준   1-40
14. 소방용품   1-42
15. 성능인증 대상 소방용품   1-43
16. 소방시설 등의 자체점검의 구분·대상·   1-44 점검인원, 점검자격·점검방법 등
17. 소방시설 등의 자체점검 시 점검인력   1-49 배치기준
18. 수용인원의 산정방법   1-52
19. 소방시설의 내진설계   1-53
20. 성능위주설계를 해야 하는   1-54 특정소방대상물의 범위
21. 특정소방대상물에 설치·관리해야 하는   1-54 소방시설의 종류
22. 화재안전기준의 변경으로 강화된   1-63 기준을 적용하는 소방시설
23. 유사한 소방시설의 설치면제의 기준   1-63
24. 증축하는 경우 기존 부분을 증축 당시의 1-65 의 대통령령 또는 화재안전기준에서 제외하는 경우
25. 전체에 대하여 용도변경 전의 대통령령 1-65 또는 화재안전기준을 적용하는 경우
26. 소방시설을 설치하지 않을 수 있는   1-66 특정소방대상물
27. 하자보수 대상 소방시설과 하자보수   1-66 보증기간
28. 소방시설 폐쇄·차단 시 행동요령   1-66
29. 소방시설 자체점검사항 등에 관한 고시 1-67
    예상문제   1-69

CONTENTS

CHAPTER 03 다중이용업소의 안전관리에 관한 특별법, 영, 규칙

1. 용어 정의 　　　　　　　　　　　 1-99
2. 다중이용업의 종류 　　　　　　　 1-100
3. 다중이용업의 안전시설 등 　　　　1-102
4. 다중이용업소의 안전시설 등의 　　1-105
　　설치·유지기준
5. 다중이용업소의 피난안내도 비치대상 1-107
6. 다중이용업소에 대한 화재위험평가 등 1-109
7. 다중이용업소의 안전시설 등 　　 1-110
　　세부점검표
8. 건축물의 구조상 비상구를 설치할 수 1-111
　　없는 경우
9. 과태료 　　　　　　　　　　　　 1-111
10. 다중이용업소의 점검표 　　　　　1-113

　　예상문제 　　　　　　　　　　　 1-116

CHAPTER 04 건축관련법령

1. 내화구조 　　　　　　　　　　　 1-134
2. 방화벽, 방화문 　　　　　　　　 1-135
3. 방화구조 　　　　　　　　　　　 1-136
4. 방화구획 　　　　　　　　　　　 1-136
5. 피난안전구역 　　　　　　　　　 1-138
6. 피난계단 및 특별피난계단 　　　 1-139
7. 옥상광장 등의 설치 　　　　　　 1-141
8. 복합건축물의 피난시설 　　　　　1-142
9. 소방관 진입창의 기준 　　　　　 1-142
10. 고층건축물 피난안전구역 등의 　 1-143
　　피난용도표시
11. 방화지구 안의 지붕·방화문 및 외벽 등 1-143
12. 지하층의 비상탈출구 　　　　　　1-144
13. 피난용승강기의 설치기준 　　　　1-144
14. 신축, 증축 등 용어 정의 　　　　 1-145

　　예상문제 　　　　　　　　　　　 1-147

CHAPTER 05 초고층 및 지하연계 복합건축물 재난관리에 관한 특별법, 영, 규칙

1. 목 적 　　　　　　　　　　　　　1-158
2. 정 의 　　　　　　　　　　　　　1-158
3. 피난안전구역의 설치기준 등 　　　1-158
4. 종합방재실의 설치기준 　　　　　1-160

　　예상문제 　　　　　　　　　　　 1-162

PART 02 소방시설의 점검

CHAPTER 01 수계(水係) 소화설비

제1절 소화기구 및 자동소화장치 2-3
  1. 용어 정의 2-3
  2. 소화기구의 설치기준 2-5
  3. 주거용 주방자동소화장치의 설치기준 2-8
  4. 상업용 주방자동소화장치의 설치기준 2-8
  5. 캐비닛형 자동소화장치의 설치기준 2-9
  6. 가스, 분말, 고체에어로졸 자동소화장치의 설치기준 2-9
  7. 이산화탄소 또는 할론을 방출하는 소화기구를 설치할 수 없는 장소 2-10
  8. 소화기의 설치감소 2-10
  9. 소화기 용기의 표시사항 2-11
  10. 소화기구 및 자동소화장치의 점검표 2-12

제2절 옥내소화전설비 2-13
  1. 옥내소화전설비의 분류 2-13
  2. 펌프의 계통도 2-14
  3. 면제대상 2-15
  4. 소화용 전용수조 예외 규정 2-17
  5. 유효수량 2-17
  6. 수조의 설치기준 2-17
  7. 가압송수장치의 설치기준 2-18
  8. 물올림장치(호수조, Priming Tank) 2-22
  9. 기동용 수압개폐장치(압력챔버) 2-24
  10. 배관 등 2-28
  11. 옥내소화전 방수구의 설치기준 2-30
  12. 방수구의 설치제외 2-31
  13. 표시등의 설치기준 2-31
  14. 비상전원 2-31
  15. 소방시설에 따른 비상전원 설치대상 2-32
  16. 제어반 2-34
  17. 수계 소화설비에 표시해야 할 표지의 명칭과 설치위치 2-36
  18. 옥내소화전설비의 점검 2-40
  19. 배선에 사용되는 전선의 종류 및 공사방법 2-50
  20. 옥내소화전설비의 점검표 2-51
  21. 수계 소화설비 점검표의 점검항목 비교표 2-53

제3절 옥외소화전설비 2-63
  1. 방수량 및 수원 2-63
  2. 소화전함 등 2-63
  3. 수원 및 가압송수장치의 펌프 등의 겸용 2-64
  4. 기타 항목 2-64
  5. 옥외소화전설비의 점검표 2-65

제4절 스프링클러설비 2-67
  1. 용어 정의 2-68
  2. 스프링클러설비의 종류 2-70
  3. 폐쇄형 스프링클러헤드의 기준개수 2-73
  4. 펌프의 토출량 및 수원 2-73
  5. 가압송수장치 2-75
  6. 폐쇄형 스프링클러설비의 방호구역·유수검지장치 2-77
  7. 개방형 스프링클러설비의 방수구역 및 일제개방밸브의 기준 2-78
  8. 배관 기준 2-78
  9. 준비작동식 유수검지장치 또는 일제개방밸브를 사용하는 스프링클러설비의 유수검지장치 또는 밸브 2차 측 배관의 부대설비 기준 2-80

CONTENTS

10. 시험장치(말단시험밸브)   2-81
11. 음향장치 및 기동장치   2-82
12. 발신기의 설치기준   2-83
13. 헤드의 설치기준   2-83
14. 헤드의 설치제외   2-85
15. 송수구의 설치기준   2-86
16. 비상전원의 설치기준   2-86
17. 제어반의 설치기준   2-87
18. 드렌처설비의 설치기준   2-89
19. 급수개폐밸브 작동표시스위치   2-89
    (탬퍼스위치)
20. RDD, ADD 및 RTI의 정의   2-90
21. 스프링클러설비 밸브의 점검   2-92
22. 수계 소화설비 펌프의 문제점   2-100
23. 스프링클러설비의 점검   2-101
24. 스프링클러설비의 점검표   2-102

제5절 간이스프링클러설비   2-106
1. 수 원   2-106
2. 간이스프링클러설비의 수원을   2-107
   소방설비의 전용수조로 하지 않아도
   되는 경우
3. 간이스프링클러설비용 수조의   2-107
   설치기준
4. 가압송수장치   2-107
5. 배관 및 밸브   2-108
6. 간이헤드의 기준   2-110
7. 음향장치 및 기동장치의 설치기준   2-111
8. 송수구의 설치기준   2-112
9. 주택전용 간이스프링클러설비   2-112
10. 기타 설치기준   2-112
11. 간이스프링클러설비의 점검표   2-113

제6절 화재조기진압용 스프링클러설비   2-115
1. 설치장소의 구조 기준   2-115
2. 수 원   2-116

3. 가압송수장치(펌프 방식)   2-116
4. 방호구역 및 유수검지장치   2-116
5. 배 관   2-117
6. 음향장치   2-118
7. 헤드의 기준   2-118
8. 환기구의 기준   2-119
9. 송수구의 설치기준   2-119
10. 비상전원   2-119
11. 설치제외 물품   2-120
12. 각 확인회로마다 도통시험 및   2-120
    작동시험 기능
13. 화재조기진압용 스프링클러설비의   2-121
    점검표

제7절 물분무소화설비   2-124
1. 펌프의 토출량과 수원   2-124
2. 배 관   2-124
3. 송수구   2-125
4. 배수설비의 기준   2-126
5. 물분무헤드의 설치제외 장소   2-126
6. 물분무소화설비의 점검표   2-126

제8절 미분무소화설비   2-129
1. 정 의   2-129
2. 수 원   2-130
3. 수조의 설치기준   2-130
4. 가압송수장치   2-130
5. 개방형 미분무소화설비의 방수구역   2-131
6. 배관 등   2-131
7. 음향장치 및 기동장치   2-133
8. 헤드의 설치기준   2-134
9. 제어반   2-134
10. 미분무소화설비의 점검표   2-136

CONTENTS

제9절 포소화설비   2-138
  1. 적응 포소화설비   2-138
  2. 포소화설비의 수조 설치기준   2-138
  3. 가압송수장치   2-139
  4. 송수구의 설치기준   2-140
  5. 포소화약제의 저장탱크 설치기준   2-141
  6. 포소화약제 혼합방식의 종류   2-141
  7. 기동장치의 설치기준   2-143
  8. 호스릴 포소화설비 또는 포소화전설비   2-144
  9. 포방출구의 종류   2-145
  10. 포소화약제 보충 시 조작 순서   2-146
  11. 포소화설비의 점검표   2-147
      예상문제   2-150

CHAPTER 02 가스계(GAS係) 소화설비

제1절 이산화탄소소화설비   2-217
  1. 작동순서   2-217
  2. 용어 정의   2-218
  3. 가스계 소화설비의 사용부품   2-219
  4. 소화약제의 저장용기 설치장소 기준   2-220
  5. 소화약제의 저장용기 설치기준   2-220
  6. 수동식 기동장치의 설치기준   2-221
  7. 자동식 기동장치   2-222
  8. 제어반 등의 설치기준   2-223
  9. 배관 등   2-223
  10. 선택밸브의 설치기준   2-224
  11. 호스릴 이산화탄소소화설비(차고 또는 주차의 용도로 사용되는 부분은 제외)   2-225
  12. 호스릴 이산화탄소소화설비의 설치기준   2-225
  13. 분사헤드의 오리피스 구경 등의 기준   2-226
  14. 분사헤드 설치제외 장소   2-226
  15. 음향경보장치   2-226
  16. 자동폐쇄장치(전역방출방식) 설치기준   2-227
  17. 비상전원의 설치기준   2-227
  18. 배출설비 및 과압배출구   2-228
  19. 안전시설 등의 설치기준   2-228
  20. 가연성 액체 또는 가연성 가스의 소화에 필요한 설계농도   2-229
  21. 가스계 소화설비의 점검   2-229
  22. 용기의 약제량 산정방법   2-233
  23. 이산화탄소소화설비의 점검표   2-234
  24. 가스계 소화설비 점검표의 점검항목 비교표   2-237

제2절 할론소화설비   2-242
  1. 저장용기 등   2-242
  2. 기동장치   2-243
  3. 제어반 및 화재표시반의 설치기준   2-243
  4. 배관의 설치기준   2-244
  5. 분사헤드의 설치기준   2-244
  6. 음향경보장치   2-245
  7. 자동폐쇄장치   2-246
  8. 비상전원   2-246
  9. 할론소화설비 점검표   2-247

제3절 할로겐화합물 및 불활성기체소화설비   2-250
  1. 용어 정의   2-250
  2. 소화약제의 종류   2-250
  3. 설치제외 장소   2-251
  4. 저장용기 설치장소의 기준   2-251
  5. 소화약제 저장용기의 기준   2-251
  6. 기동장치의 설치기준   2-252
  7. 배 관   2-253
  8. 분사헤드   2-254
  9. 기타 설비   2-254
  10. 할로겐화합물 및 불활성기체소화설비의 점검표   2-255

CONTENTS

제4절 분말소화설비   2-258
   1. 저장용기의 설치기준   2-258
   2. 가압용 가스용기의 설치기준   2-258
   3. 기동장치   2-259
   4. 배관의 설치기준   2-260
   5. 호스릴방식의 분말소화설비   2-260
   6. 기타 설비   2-261
   7. 분말소화설비 점검표   2-261

제5절 고체에어로졸소화설비   2-263
   1. 정 의   2-263
   2. 고체에어로졸소화설비의 설치제외 화재 또는 장소   2-263
   3. 고체에어로졸 발생기의 최소 열 안전 이격거리의 설치기준   2-263
   4. 고체에어로졸화합물의 최소 질량   2-264
   5. 고체에어로졸소화설비의 기동   2-264
   6. 고체에어로졸소화설비 제어반의 설치기준   2-265
   7. 화재표시반의 설치기준   2-265
   8. 음향장치의 설치기준   2-265
   9. 화재감지기의 설치기준   2-266
   10. 자동폐쇄장치의 기준   2-266
   11. 비상전원   2-266

제6절 소방시설의 설치제외 장소   2-267
   1. 소화설비의 설치제외 장소   2-267
   2. 경보설비의 설치제외 장소   2-269
   3. 피난설비의 설치제외 장소   2-269
   4. 소화활동설비의 설치제외 장소   2-271
     예상문제   2-272

CHAPTER 03 경보설비

제1절 비상경보설비 및 단독경보형감지기   2-301
   1. 용어 정의   2-301
   2. 음향장치의 설치기준   2-302
   3. 발신기의 설치기준   2-302
   4. 비상벨 또는 자동식 사이렌설비의 기준   2-302
   5. 단독경보형감지기의 설치기준   2-303
   6. 비상경보설비 및 단독경보형감지기의 점검표   2-303

제2절 비상방송설비   2-304
   1. 음향장치의 설치기준   2-304
   2. 전원의 설치기준   2-305
   3. 비상방송설비의 점검표   2-305

제3절 자동화재탐지설비 및 시각경보장치   2-306
   1. 용어 정의   2-307
   2. 경계구역의 설정기준   2-307
   3. 축적기능이 있는 수신기 설치장소   2-308
   4. 수신기의 설치기준   2-308
   5. 중계기의 설치기준   2-309
   6. 특수장소 및 특수감지기   2-310
   7. 부착높이별 감지기의 종류   2-310
   8. 연기감지기의 설치장소   2-311
   9. 감지기의 설치기준   2-311
   10. 축적기능이 없는 것으로 설치해야 하는 감지기   2-312
   11. 공기관식 차동식분포형감지기의 설치기준   2-313
   12. 열전대식 차동식분포형감지기의 설치기준   2-313
   13. 연기감지기의 설치기준   2-313
   14. 정온식감지선형감지기의 설치기준   2-314
   15. 불꽃감지기의 설치기준   2-314
   16. 광전식분리형감지기의 설치기준   2-315
   17. 광전식분리형감지기 또는 불꽃감지기, 광전식공기흡입형감지기의 설치장소   2-315
   18. 감지기의 설치제외 장소   2-315

19. 설치장소별 감지기 적응성 Ⅰ(연기감지기를 설치할 수 없는 경우 적용)	2-316
20. 설치장소별 감지기 적응성 Ⅱ	2-318
21. 직상발화 우선경보방식	2-319
22. 비화재보	2-319
23. 음향장치의 구조 및 성능	2-320
24. 청각장애인용 시각경보장치의 설치기준	2-321
25. 발신기의 설치기준	2-321
26. 전원의 설치기준	2-321
27. 배선의 설치기준	2-322
28. 자동화재탐지설비의 점검	2-323
29. 자동화재탐지설비 및 시각경보장치의 점검표	2-328

제4절 자동화재속보설비   2-330
  1. 자동화재속보설비의 설치기준   2-330
  2. 자동화재속보설비의 화재동작시험   2-331
  3. 자동화재속보설비 및 통합감시시설의 점검표   2-331

제5절 누전경보기   2-332
  1. 설치방법   2-332
  2. 누전경보기의 수신부 설치제외 장소   2-332
  3. 전원의 설치기준   2-332
  4. 누전경보기의 점검표   2-333

제6절 가스누설경보기   2-334
  1. 개 요   2-334
  2. 용어 정의   2-334
  3. 종 류   2-334
  4. 가연성 가스의 경보기   2-335
  5. 일산화탄소 경보기   2-335
  6. 분리형경보기의 탐지부 및 단독형경보기를 설치할 수 없는 장소   2-336
  7. 가스누설경보기의 형식승인 및 제품검사의 기술기준   2-336
  8. 가스누설경보기의 점검표   2-337

제7절 화재알림설비   2-338
  1. 용어 정의   2-338
  2. 화재알림형 수신기   2-338
  3. 화재알림형 중계기   2-339
  4. 화재알림형 감지기   2-339
  5. 화재알림형 비상경보장치   2-340
  6. 원격감시서버   2-341

    예상문제   2-342

CHAPTER 04 피난구조설비

제1절 피난기구   2-366
  1. 설치장소별 피난기구의 적응성   2-366
  2. 피난기구의 설치개수   2-367
  3. 피난기구의 설치기준   2-368
  4. 피난기구의 설치제외 장소   2-369
  5. 피난기구 설치의 감소   2-370
  6. 인명구조기구   2-371
  7. 피난기구 및 인명구조기구의 점검표   2-373

제2절 유도등 및 유도표지   2-374
  1. 정 의   2-374
  2. 용도별 유도등 및 유도표지의 종류   2-375
  3. 피난구유도등   2-375
  4. 통로유도등의 설치기준   2-376
  5. 객석유도등의 설치기준   2-377
  6. 유도표지의 설치기준   2-377
  7. 축광방식의 피난유도선 설치기준   2-378
  8. 광원점등방식의 피난유도선 설치기준   2-378
  9. 유도등의 비상전원 60분 이상 작동 대상   2-378
  10. 3선식 배선 시 유도등이 자동으로 점등되어야 하는 경우   2-379

11. 2선식과 3선식 배선의 유도등의 설치장소   2-379
12. 유도등의 설치제외   2-379
13. 예비전원감시등의 점등 원인   2-380
14. 유도등 및 유도표지의 점검표   2-380

제3절 비상조명등   2-381
1. 비상조명등을 60분 이상 작동 대상   2-381
2. 휴대용 비상조명등의 설치기준   2-381
3. 비상조명등의 제외   2-382
4. 비상조명등 및 휴대용 비상조명등의 점검표   2-382

예상문제   2-383

CHAPTER 05 소화용수설비

제1절 상수도 소화용수설비   2-398
1. 설치기준   2-398
2. 용어 정의   2-398
3. 소화용수설비의 점검표   2-399

제2절 소화수조 및 저수조   2-399
1. 소화수조 등   2-399
2. 가압송수장치   2-400

예상문제   2-401

CHAPTER 06 소화활동설비 등

제1절 제연설비   2-404
1. 용어 정의   2-404
2. 제연설비의 구성요소   2-404
3. 제연구역의 구획기준   2-405
4. 제연구역의 구획 종류 및 기준   2-405
5. 배출구의 설치기준   2-406
6. 공기유입방식 및 유입구의 기준   2-407
7. 풍속의 기준   2-408
8. 댐퍼   2-408
9. 제연설비의 전원 및 기동   2-408
10. 성능확인   2-409
11. 제연설비의 설치제외   2-410
12. 제연설비의 점검표   2-410

제2절 특별피난계단의 계단실 및 부속실 제연설비   2-411
1. 전실제연설비의 구성요소   2-411
2. 제연방식의 기준   2-411
3. 제연구역의 선정   2-412
4. 차압의 기준   2-412
5. 방연풍속   2-413
6. 과압방지조치   2-413
7. 배출댐퍼의 설치기준   2-413
8. 제연구역에 대한 급기의 기준   2-414
9. 급기구의 댐퍼 설치기준   2-414
10. 제연구역의 출입문 기준   2-414
11. 옥내의 출입문 기준   2-415
12. 수동기동장치의 기능   2-415
13. 제어반의 기능   2-415
14. 비상전원의 설치기준   2-415
15. 제연설비의 TAB   2-416
16. 제연설비의 방연풍속이 부족한 원인   2-418
17. 전층이 폐쇄상태에서 차압의 과다·부족 원인   2-418
18. 특별피난계단의 계단실 및 부속실 제연설비의 점검표   2-419

제3절 연결송수관설비   2-420
1. 송수구의 설치기준   2-420
2. 배관 등   2-421

CONTENTS

- 3. 방수구의 설치기준 ... 2-422
- 4. 방수기구함의 설치기준 ... 2-423
- 5. 가압송수장치의 설치기준 ... 2-423
- 6. 비상전원의 설치기준 ... 2-425
- 7. 송수구의 겸용 ... 2-425
- 8. 연결송수관설비의 점검표 ... 2-426

제4절 연결살수설비 ... 2-427
- 1. 송수구 등의 설치기준 ... 2-427
- 2. 소방용 합성수지배관으로 설치할 수 있는 경우 ... 2-428
- 3. 연결살수설비 전용헤드 수별 급수관의 구경 ... 2-428
- 4. 연결살수설비의 헤드 설치기준 ... 2-428
- 5. 습식 연결살수설비 외의 설비에 설치하는 상향식 스프링클러헤드 예외 규정 ... 2-429
- 6. 가연성 가스의 저장·취급시설에 설치하는 연결살수설비의 헤드 ... 2-429
- 7. 연결살수설비 헤드의 설치제외 ... 2-429
- 8. 연결살수설비의 점검표 ... 2-430

제5절 비상콘센트설비 ... 2-431
- 1. 정 의 ... 2-431
- 2. 전원 및 콘센트 등 ... 2-431
- 3. 비상콘센트 보호함의 설치기준 ... 2-433
- 4. 비상콘센트설비의 점검표 ... 2-433

제6절 무선통신보조설비 ... 2-434
- 1. 용어 정의 ... 2-434
- 2. 설치제외 대상 ... 2-434
- 3. 누설동축케이블 등의 설치기준 ... 2-434
- 4. 옥외안테나 ... 2-435
- 5. 분배기 등(분배기, 분파기, 혼합기)의 설치기준 ... 2-435
- 6. 증폭기 등의 설치기준 ... 2-436
- 7. 무선통신보조설비의 점검표 ... 2-436

제7절 소방시설용 비상전원수전설비 ... 2-437
- 1. 특별고압 또는 고압으로 수전하는 비상전원 수전설비 ... 2-437
- 2. 큐비클형의 설치기준 ... 2-438
- 3. 저압으로 수전하는 비상전원설비의 설치기준 ... 2-438

제8절 도로터널 ... 2-440
- 1. 용어 정의 ... 2-440
- 2. 소화기의 설치기준 ... 2-440
- 3. 옥내소화전설비의 설치기준 ... 2-441
- 4. 비상경보설비의 설치기준 ... 2-442
- 5. 자동화재탐지설비의 설치기준 ... 2-442
- 6. 비상조명등의 설치기준 ... 2-443
- 7. 제연설비의 설치기준 ... 2-443
- 8. 연결송수관설비의 설치기준 ... 2-444
- 9. 무선통신보조설비의 설치기준 ... 2-444
- 10. 비상콘센트설비의 설치기준 ... 2-444

제9절 고층건축물 ... 2-445
- 1. 옥내소화전설비의 설치기준 ... 2-445
- 2. 스프링클러설비의 설치기준 ... 2-445
- 3. 비상방송설비의 설치기준 ... 2-446
- 4. 자동화재탐지설비의 설치기준 ... 2-447
- 5. 특별피난계단의 계단실 및 부속실 제연설비의 설치기준 ... 2-447
- 6. 연결송수관설비의 설치기준 ... 2-447
- 7. 피난안전구역에 설치하는 소방시설 설치기준 ... 2-448

제10절 지하구 ... 2-449
- 1. 용어 정의 ... 2-449
- 2. 소화기구 및 자동소화장치 ... 2-449
- 3. 자동화재탐지설비 ... 2-450
- 4. 연소방지설비 ... 2-450

CONTENTS

    5. 방화벽의 설치기준   2-451
    6. 연소방지설비의 점검표   2-452

제11절 건설현장   2-452
    1. 용어 정의   2-452
    2. 소화기의 설치기준   2-453
    3. 간이소화장치의 설치기준   2-453
    4. 비상경보장치의 설치기준   2-453
    5. 가스누설경보기의 설치기준   2-453
    6. 간이피난유도선의 설치기준   2-454
    7. 비상조명등의 설치기준   2-454
    8. 방화포의 설치기준   2-454

제12절 전기저장시설   2-454
    1. 용어 정의   2-454
    2. 스프링클러설비의 설치기준   2-455
    3. 배터리용 소화장치의 설치기준   2-455
    4. 자동화재탐지설비의 설치기준   2-455
    5. 배출설비의 설치기준   2-456
    6. 설치장소의 기준   2-456
    7. 화재안전성능과 관련된 시험기관   2-456

제13절 공동주택   2-456
    1. 용어 정의   2-456
    2. 소화기구 및 자동소화장치의 설치기준   2-457
    3. 옥내소화전설비의 설치기준   2-457
    4. 스프링클러설비의 설치기준   2-457
    5. 물분무소화설비의 설치기준   2-458
    6. 포소화설비의 설치기준   2-458
    7. 옥외소화전설비의 설치기준   2-459
    8. 자동화재탐지설비의 설치기준   2-459
    9. 비상방송설비의 설치기준   2-459
    10. 피난기구의 설치기준   2-459
    11. 유도등의 설치기준   2-460
    12. 비상조명등의 설치기준   2-460
    13. 연결송수관설비의 설치기준   2-460
    14. 비상콘센트의 설치기준   2-461

제14절 창고시설   2-461
    1. 용어 정의   2-461
    2. 소화기구 및 자동소화장치의 설치기준   2-461
    3. 옥내소화전설비의 설치기준   2-462
    4. 스프링클러설비의 설치기준   2-462
    5. 비상방송설비의 설치기준   2-464
    6. 자동화재탐지설비의 설치기준   2-464
    7. 유도등의 설치기준   2-464
    8. 소화수조 및 저수조의 설치기준   2-464

제15절 소방시설의 내진설계 기준   2-465
    1. 용어 정의   2-465
    2. 공통 적용사항   2-466
    3. 수 원   2-467
    4. 가압송수장치   2-467
    5. 지진분리장치   2-467
    6. 흔들림 방지 버팀대 설치기준   2-468
    7. 수평직선배관 흔들림 방지 버팀대   2-468
    8. 수직직선배관 흔들림 방지 버팀대   2-469
    9. 가지배관 고정장치 및 헤드   2-470
    10. 제어반 등   2-471
    11. 소화전함   2-471

제16절 방화셔터의 점검   2-472
    1. 적용범위   2-472
    2. 셔터의 구성   2-472
    3. 자동방화셔터의 요건 기준   2-472
    4. 셔터의 구분 및 동작   2-473
    5. 방화셔터의 작동방법   2-473
    6. 셔터의 작동점검   2-473

    예상문제   2-475

PART 03 기타 사항

CHAPTER 01 점검기구의 사용방법

1. 소화기구   3-3
2. 옥내·옥외소화전설비   3-5
3. 스프링클러설비, 포소화설비   3-7
4. 이산화탄소, 할론, 분말소화설비   3-8
5. 자동화재탐지설비   3-10
6. 누전경보기   3-14
7. 제연설비   3-15
8. 액면계(레벨미터 LD45S형)를 사용한 측정(고압식, CO_2 용기)   3-16
9. 절연저항계   3-18
10. 축전지설비   3-19
11. 통로유도등, 비상조명등   3-20
12. 전류전압 측정계   3-21
    예상문제   3-23

CHAPTER 02 소방시설 도시기호   3-28

CHAPTER 03 소방시설 등 외관점검표   3-33

CONTENTS

PART 04 과년도 + 최근 기출문제

제1회 과년도 기출문제	4-3
제2회 과년도 기출문제	4-8
제3회 과년도 기출문제	4-13
제4회 과년도 기출문제	4-19
제5회 과년도 기출문제	4-23
제6회 과년도 기출문제	4-27
제7회 과년도 기출문제	4-32
제8회 과년도 기출문제	4-36
제9회 과년도 기출문제	4-40
제10회 과년도 기출문제	4-45
제11회 과년도 기출문제	4-48
제12회 과년도 기출문제	4-52
제13회 과년도 기출문제	4-57
제14회 과년도 기출문제	4-63
제15회 과년도 기출문제	4-69
제16회 과년도 기출문제	4-74
제17회 과년도 기출문제	4-79
제18회 과년도 기출문제	4-94
제19회 과년도 기출문제	4-104
제20회 과년도 기출문제	4-115
제21회 과년도 기출문제	4-127
제22회 과년도 기출문제	4-135
제23회 과년도 기출문제	4-146
제24회 과년도 기출문제	4-155
제25회 최근 기출문제	4-169

교육은 우리 자신의 무지를 점차 발견해 가는 과정이다.

– 윌 듀란트 –

교육이란 사람이 학교에서 배운 것을 잊어버린 후에 남은 것을 말한다.

- 알버트 아인슈타인 -

PART 01

소방관계법령

- **CHAPTER 01** 화재의 예방 및 안전관리에 관한 법률, 영, 규칙
- **CHAPTER 02** 소방시설 설치 및 관리에 관한 법률, 영, 규칙
- **CHAPTER 03** 다중이용업소의 안전관리에 관한 특별법, 영, 규칙
- **CHAPTER 04** 건축관련법령
- **CHAPTER 05** 초고층 및 지하연계 복합건축물 재난관리에 관한 특별법, 영, 규칙

점검실무행정

www.sdedu.co.kr

> **알림**
> - 이 책의 외래어 표기는 국립국어원의 외래어 표기법을 따랐으며, 화학 용어는 대한화학회 화합물 명명법에 따라 한글 새이름을 반영하였습니다.
> - 소방관계법령의 잦은 개정으로 도서의 내용이 달라질 수 있음을 알려드립니다. 자세한 사항은 법제처 사이트(https://www.moleg.go.kr)를 참고 바랍니다.

CHAPTER 01 화재의 예방 및 안전관리에 관한 법률, 영, 규칙 (약칭 : 화재예방법)

PART 01 소방관계법령

1 소방용수시설의 설치기준 06 회 출제

(1) **종류** : 소화전, 저수조, 급수탑(소방기본법 규칙 별표 3)

(2) **공통기준**(소방기본법 규칙 별표 3)
   ① 국토의 계획 및 이용에 관한 법률 제36조 제1항 제1호의 규정에 의한 주거지역·상업지역 및 공업지역에 설치하는 경우 : 소방대상물과의 수평거리를 100[m] 이하가 되도록 할 것
   ② 그 외의 지역에 설치하는 경우 : 소방대상물과의 수평거리를 140[m] 이하가 되도록 할 것

(3) **소방용수시설별 설치기준**(소방기본법 규칙 별표 3)
   ① 소화전의 설치기준 : 상수도와 연결하여 지하식 또는 지상식의 구조로 하고, 소방용 호스와 연결하는 소화전의 연결금속구의 구경은 65[mm]로 할 것
   ② 급수탑의 설치기준 : 급수배관의 구경은 100[mm] 이상으로 하고, 개폐밸브는 지상에서 1.5[m] 이상 1.7[m] 이하의 위치에 설치하도록 할 것
   ③ 저수조의 설치기준
      ㉠ 지면으로부터의 낙차가 4.5[m] 이하일 것
      ㉡ 흡수부분의 수심이 0.5[m] 이상일 것
      ㉢ 소방펌프자동차가 쉽게 접근할 수 있도록 할 것
      ㉣ 흡수에 지장이 없도록 토사 및 쓰레기 등을 제거할 수 있는 설비를 갖출 것
      ㉤ 흡수관의 투입구가 사각형의 경우에는 한 변의 길이가 60[cm] 이상, 원형의 경우에는 지름이 60[cm] 이상일 것
      ㉥ 저수조에 물을 공급하는 방법은 상수도에 연결하여 자동으로 급수되는 구조일 것

2 소방안전관리에 대한 전반적인 사항

(1) **소방안전관리대상물의 구분**(영 별표 4)
   ① 특급 소방안전관리대상물
      ㉠ **특급 소방안전관리대상물의 범위**
         ㉮ **50층 이상(지하층은 제외한다)**이거나 지상으로부터 높이가 **200[m] 이상**인 아파트
         ㉯ **30층 이상(지하층을 포함한다)**이거나 지상으로부터 높이가 **120[m] 이상**인 특정소방대상물(아파트는 제외한다)

ⓒ ⓑ에 해당하지 않는 특정소방대상물로서 **연면적이 10만[m²] 이상**인 특정소방대상물(아파트는 제외한다)
　ⓛ **특급 소방안전관리대상물에 선임해야 하는 소방안전관리자의 자격**
　　다음의 어느 하나에 해당하는 사람으로서 특급 소방안전관리자 자격증을 발급받은 사람
　　㉮ 소방기술사 또는 소방시설관리사의 자격이 있는 사람
　　㉯ **소방설비기사**의 자격을 취득한 후 **5년 이상** 1급 소방안전관리대상물의 소방안전관리자로 근무한 실무경력(소방안전관리업무를 대행하는 관리업자를 감독할 수 있는 소방안전관리자로 선임되어 근무한 경력은 제외한다)이 있는 사람
　　㉰ **소방설비산업기사**의 자격을 취득한 후 **7년 이상** 1급 소방안전관리대상물의 소방안전관리자로 근무한 실무경력이 있는 사람
　　㉱ **소방공무원**으로 **20년 이상** 근무한 경력이 있는 사람
　　㉲ 소방청장이 실시하는 특급 소방안전관리대상물의 소방안전관리에 관한 시험에 합격한 사람
　ⓔ **특급 소방안전관리대상물에 선임인원 : 1명 이상**
② 1급 소방안전관리대상물
　㉠ **1급 소방안전관리대상물의 범위**
　　특급 소방안전관리대상물은 제외한다.
　　㉮ **30층 이상**(지하층은 제외한다)이거나 지상으로부터 높이가 **120[m] 이상**인 아파트
　　㉯ **연면적 1만5천[m²] 이상**인 특정소방대상물(아파트 및 연립주택은 제외한다)
　　㉰ ㉯에 해당하지 않는 특정소방대상물로서 지상층의 층수가 **11층 이상**인 특정소방대상물(아파트는 제외한다)
　　㉱ **가연성 가스를 1천[t] 이상** 저장·취급하는 시설
　ⓛ **1급 소방안전관리대상물에 선임해야 하는 소방안전관리자의 자격**
　　다음의 어느 하나에 해당하는 사람으로서 1급 소방안전관리자 자격증을 발급받은 사람 또는 특급 소방안전관리대상물의 소방안전관리자 자격증을 발급받은 사람
　　㉮ **소방설비기사** 또는 **소방설비산업기사**의 자격이 있는 사람
　　㉯ **소방공무원**으로 **7년 이상** 근무한 경력이 있는 사람
　　㉰ 소방청장이 실시하는 1급 소방안전관리대상물의 소방안전관리에 관한 시험에 합격한 사람
　ⓔ **1급 소방안전관리대상물에 선임인원 : 1명 이상**
③ 2급 소방안전관리대상물
　㉠ **2급 소방안전관리대상물의 범위**
　　특급 소방안전관리대상물, 1급 소방안전관리대상물은 제외한다.
　　㉮ **옥내소화전설비, 스프링클러설비, 물분무등소화설비**[호스릴(Hose Reel) 방식의 물분무등소화설비만을 설치한 경우는 제외한다]를 설치해야 하는 특정소방대상물

㈏ 가스 제조설비를 갖추고 도시가스사업의 허가를 받아야 하는 시설 또는 가연성 가스를 100[t] 이상 1천[t] 미만 저장·취급하는 시설
　㈐ 지하구
　㈑ 공동주택관리법 제2조 제1항 제2호의 어느 하나에 해당하는 **공동주택(옥내소화전설비 또는 스프링클러설비가 설치된 공동주택으로 한정한다)**
　㈒ 문화유산의 보존 및 활용에 관한 법률에 따라 **보물** 또는 **국보**로 지정된 **목조건축물**

ⓒ **2급 소방안전관리대상물에 선임해야 하는 소방안전관리자의 자격**

　다음의 어느 하나에 해당하는 사람으로서 2급 소방안전관리자 자격증을 발급받은 사람, 특급 소방안전관리대상물 또는 1급 소방안전관리대상물의 소방안전관리자 자격증을 발급받은 사람
　㈎ 위험물기능장·위험물산업기사 또는 위험물기능사 자격을 가진 사람
　㈏ 소방공무원으로 3년 이상 근무한 경력이 있는 사람
　㈐ 소방청장이 실시하는 2급 소방안전관리대상물의 소방안전관리에 관한 시험에 합격한 사람
　㈑ 기업활동 규제완화에 관한 특별조치법 제29조, 제30조 및 제32조에 따라 소방안전관리자로 선임된 사람(소방안전관리자로 선임된 기간으로 한정한다)

> **[기업활동 규제완화에 관한 특별조치법 제29조(안전관리자 겸직 허용), 제30조 및 제32조]**
> ① 고압가스 안전관리법에 따라 선임해야 하는 안전관리자
> ② 액화석유가스의 안전관리 및 사업법에 따라 선임해야 하는 안전관리자
> ③ 도시가스사업법에 따라 선임해야 하는 안전관리자
> ④ 위험물 안전관리법에 따라 선임해야 하는 위험물안전관리자
> ⑤ 화학물질관리법에 따라 선임해야 하는 유해화학물질관리자
> ⑥ 광산안전법에 따라 선임해야 하는 광산안전관리직원
> ⑦ 총포·도검·화약류 등의 안전관리에 관한 법률에 따라 선임해야 하는 화약류제조보안책임자 및 화약류관리보안책임자
> ⑧ 전기안전관리법에 따라 선임해야 하는 전기안전관리자
> ⑨ 에너지이용 합리화법에 따라 선임해야 하는 검사대상기기관리자
> ⑩ 산업안전보건법에 따라 사업주가 두어야 하는 안전관리자

ⓒ **2급 소방안전관리대상물에 선임인원 : 1명 이상**

④ **3급 소방안전관리대상물**

ⓐ **3급 소방안전관리대상물의 범위**

　특급 소방안전관리대상물, 1급 소방안전관리대상물, 2급 소방안전관리대상물은 제외한다.
　㈎ 간이스프링클러설비(주택전용 간이스프링클러설비는 제외한다)를 설치해야 하는 특정소방대상물
　㈏ 자동화재탐지설비를 설치해야 하는 특정소방대상물

ⓒ **3급 소방안전관리대상물에 선임해야 하는 소방안전관리자의 자격**
다음의 어느 하나에 해당하는 사람으로서 3급 소방안전관리자 자격증을 발급받은 사람, 특급 소방안전관리대상물, 1급 소방안전관리대상물 또는 2급 소방안전관리대상물의 소방안전관리자 자격증을 발급받은 사람

㉮ **소방공무원**으로 **1년 이상** 근무한 경력이 있는 사람
㉯ 소방청장이 실시하는 3급 소방안전관리대상물의 소방안전관리에 관한 시험에 합격한 사람
㉰ 기업활동 규제완화에 관한 특별조치법 제29조, 제30조 및 제32조에 따라 소방안전관리자로 선임된 사람(소방안전관리자로 선임된 기간으로 한정한다)

ⓒ 3급 소방안전관리대상물에 선임인원 : 1명 이상

(2) 소방안전관리대상물의 소방안전관리자와 특정소방대상물의 관계인의 업무(법 제24조, 영 제28조)

25 회 출제

업무 내용	소방안전관리대상물 소방안전관리자	특정소방대상물의 관계인	업무대행 기관의 업무
1. 피난계획에 관한 사항과 대통령령으로 정하는 사항이 포함된 소방계획서의 작성 및 시행	○	-	-
2. 자위소방대 및 초기대응체계의 구성·운영 및 교육	○	-	-
3. 소방시설 설치 및 관리에 관한 법률 제16조에 따른 피난시설, 방화구획 및 방화시설의 관리	○	○	○
4. 소방시설이나 그 밖의 소방 관련 시설의 관리	○	○	○
5. 소방훈련 및 교육	○	-	-
6. 화기취급의 감독	○	○	-
7. 행정안전부령으로 정하는 바에 따른 소방안전관리에 관한 업무수행에 관한 기록·유지(제3호, 제4호 및 제6호의 업무를 말한다)	○	-	-
8. 화재발생 시 초기대응	○	○	-
9. 그 밖에 소방안전관리에 필요한 업무	○	○	-

[피난계획의 수립 및 시행(규칙 제34조)]
소방안전관리대상물의 관계인은 그 장소에 근무하거나 거주 또는 출입하는 사람들이 화재가 발생할 경우에 안전하게 피난할 수 있도록 피난계획을 수립·시행해야 한다.
① 화재경보의 수단 및 방식
② 층별, 구역별 피난대상 인원의 연령별·성별 현황
③ 피난약자의 현황
④ 각 거실에서 옥외(옥상 또는 피난안전구역을 포함한다)로 이르는 피난경로
⑤ 피난약자 및 피난약자를 동반한 사람의 피난동선과 피난방법
⑥ 피난시설, 방화구획, 그 밖에 피난에 영향을 줄 수 있는 제반 사항

(3) 소방안전관리보조자(영 별표 5)

① 소방안전관리보조자를 선임해야 하는 소방안전관리대상물의 범위 및 인원

특정소방대상물	최소 인원
1. 300세대 이상인 아파트	1명 (다만, 초과되는 300세대마다 1명 이상을 추가로 선임)
2. 연면적이 15,000[m²] 이상인 특정소방대상물 (아파트 및 연립주택은 제외한다)	1명 {다만, 초과되는 연면적 15,000[m²](특정소방대상물의 방재실에 자위소방대가 24시간 상시 근무하고 소방장비관리법 시행령에 따른 소방자동차 중 소방펌프차, 소방물탱크차, 소방화학차 또는 무인방수차를 운용하는 경우 : 30,000[m²])마다 1명 이상 추가로 선임}
3. 1과 2에 따른 특정소방대상물을 제외한 다음 어느 하나에 해당하는 특정소방대상물 가. 공동주택 중 기숙사 나. 의료시설 다. 노유자시설 라. 수련시설 마. 숙박시설(숙박시설로 사용되는 바닥면적의 합계가 1,500[m²] 미만이고, 관계인이 24시간 상시 근무하고 있는 숙박시설은 제외한다)	1명 (다만, 해당 특정소방대상물이 소재하는 지역을 관할하는 소방서장이 야간이나 휴일에 해당 특정소방대상물이 이용되지 않는다는 것을 확인한 경우에는 소방안전관리보조자를 선임하지 않을 수 있다.)

② 소방안전관리보조자의 자격

  ㉠ 특급 소방안전관리대상물, 1급 소방안전관리대상물, 2급 소방안전관리대상물 또는 3급 소방안전관리대상물의 소방안전관리자 자격이 있는 사람
  ㉡ 국가기술자격법 제2조 제3호에 따른 국가기술자격의 직무분야 중 건축, 기계제작, 기계장비설비·설치, 화공, 위험물, 전기, 전자 및 안전관리에 해당하는 국가기술자격이 있는 사람
  ㉢ 공공기관의 소방안전관리에 관한 규정에 따른 강습교육을 수료한 사람
  ㉣ 특급, 1급, 2급, 3급 소방안전관리대상물의 소방안전관리에 관한 강습교육을 수료한 사람
  ㉤ 소방안전관리대상물에서 소방안전 관련 업무에 2년 이상 근무한 경력이 있는 사람

(4) 소방계획서의 포함사항(영 제27조)

① 소방안전관리대상물의 위치·구조·연면적·용도 및 수용인원 등 일반현황
② 소방안전관리대상물에 설치한 소방시설·방화시설, 전기시설·가스시설 및 위험물시설의 현황
③ 화재예방을 위한 자체점검계획 및 대응대책
④ 소방시설·피난시설 및 방화시설의 점검·정비계획
⑤ 피난층 및 피난시설의 위치와 피난경로의 설정, 화재안전취약자의 피난계획 등을 포함한 피난계획
⑥ 방화구획·제연구획·건축물의 내부마감재료 및 방염대상물품의 사용현황 그 밖의 방화구조 및 설비의 유지·관리계획
⑦ 관리의 권원이 분리된 특정소방대상물의 소방안전관리에 관한 사항
⑧ 소방훈련·교육에 관한 계획

⑨ 소방안전관리대상물의 근무자 및 거주자의 자위소방대 조직과 대원의 임무(화재안전취약자의 피난 보조임무를 포함한다)에 관한 사항
⑩ 화기취급작업에 대한 사전 안전조치 및 감독 등 공사 중 소방안전관리에 관한 사항
⑪ 소화에 관한 사항과 연소방지에 관한 사항
⑫ 위험물의 저장·취급에 관한 사항(예방규정을 정하는 제조소 등은 제외한다)
⑬ 소방안전관리에 대한 업무수행에 관한 기록 및 유지에 관한 사항
⑭ 화재발생 시 화재경보, 초기소화 및 피난유도 등 초기대응에 관한 사항
⑮ 그 밖에 소방본부장 또는 소방서장이 소방안전관리대상물의 위치·구조·설비 또는 관리 상황 등을 고려하여 소방안전관리에 필요하여 요청하는 사항

3 보일러 등의 위치·구조 및 관리와 화재예방을 위하여 불을 사용할 때 지켜야 하는 사항 (영 별표 1)

종 류	내 용
보일러 **15** 회 출제	1. 가연성 벽·바닥 또는 천장과 접촉하는 증기기관 또는 연통의 부분은 규조토 등 난연성 또는 불연성 단열재로 덮어씌워야 한다. 2. **경유·등유 등 액체연료를 사용하는 경우**에는 다음 사항을 지켜야 한다. 　가. 연료탱크는 보일러 본체로부터 수평거리 1[m] 이상의 간격을 두어 설치할 것 　나. 연료탱크에는 화재 등 긴급 상황이 발생하는 경우 연료를 차단할 수 있는 개폐밸브를 연료탱크로부터 0.5[m] 이내에 설치할 것 　다. 연료탱크 또는 보일러 등에 연료를 공급하는 배관에는 여과장치를 설치할 것 　라. 사용이 허용된 연료 외의 것을 사용하지 않을 것 　마. 연료탱크가 넘어지지 않도록 받침대를 설치하고, 연료탱크 및 연료탱크 받침대는 건축법 시행령에 따른 불연재료로 할 것 3. 기체연료를 사용하는 경우에는 다음 사항을 지켜야 한다. 　가. 보일러를 설치하는 장소에는 환기구를 설치하는 등 가연성 가스가 머무르지 않도록 할 것 　나. 연료를 공급하는 배관은 금속관으로 할 것 　다. 화재 등 긴급 시 연료를 차단할 수 있는 개폐밸브를 연료용기 등으로부터 0.5[m] 이내에 설치할 것 　라. 보일러가 설치된 장소에는 가스누설경보기를 설치할 것 4. 화목(火木) 등 고체연료를 사용할 때에는 다음 사항을 지켜야 한다. 　가. 고체연료는 보일러 본체와 수평거리 2[m] 이상 간격을 두어 보관하거나 불연재료로 된 별도의 구획된 공간에 보관할 것 　나. 연통은 천장으로부터 0.6[m] 떨어지고, 연통의 배출구는 건물 밖으로 0.6[m] 이상 나오도록 설치할 것 　다. 연통의 배출구는 보일러 본체보다 2[m] 이상 높게 설치할 것 　라. 연통이 관통하는 벽면, 지붕 등은 불연재료로 처리할 것 　마. 연통재질은 불연재료로 사용하고 연결부에 청소구를 설치할 것 5. **보일러 본체와 벽·천장 사이의 거리는 0.6[m] 이상**이어야 한다. 6. 보일러를 실내에 설치하는 경우에는 콘크리트바닥 또는 금속 외의 불연재료로 된 바닥 위에 설치해야 한다.

종 류	내 용

난 로	1. **연통은 천장으로부터 0.6[m] 이상** 떨어지고, 연통의 배출구는 건물 밖으로 0.6[m] 이상 나오게 설치해야 한다.
	2. 가연성 벽·바닥 또는 천장과 접촉하는 연통의 부분은 규조토 등 난연성 또는 불연성 단열재로 덮어씌워야 한다.
	3. **이동식난로는 다음의 장소에서 사용해서는 안 된다.** 다만, 난로가 쓰러지지 않도록 받침대를 두어 고정시키거나 쓰러지는 경우 즉시 소화되고 연료의 누출을 차단할 수 있는 장치가 부착된 경우에는 그렇지 않다.
	    가. 다중이용업소
	    나. 학 원
	    다. 독서실
	    라. 숙박업, 목욕장업, 세탁업의 영업장
	    마. 의원·치과의원·한의원, 조산원, 병원·치과병원·한방병원·요양병원·정신병원·종합병원
	    바. 식품접객업의 영업장
	    사. 영화상영관
	    아. 공연장
	    자. 박물관 및 미술관
	    차. 상점가
	    카. 가설건축물
	    타. 역·터미널

건조설비	1. 건조설비와 **벽·천장 사이의 거리는 0.5[m] 이상**이어야 한다. 2. 건조물품이 열원과 직접 접촉하지 않도록 해야 한다. 3. 실내에 설치하는 경우에 벽·천장 또는 바닥은 불연재료로 해야 한다.
가스·전기 시설	1. 가스시설의 경우 고압가스 안전관리법, 도시가스사업법 및 액화석유가스의 안전관리 및 사업법에서 정하는 바에 따른다. 2. 전기시설의 경우 전기사업법 및 전기안전관리법에서 정하는 바에 따른다.
불꽃을 사용 하는 용접· 용단기구 20 회 출제	용접 또는 용단 작업장에서는 다음의 사항을 지켜야 한다. 다만, 산업안전보건법 제38조의 적용을 받는 사업장에는 적용하지 않는다. 1. 용접 또는 용단 작업장 주변 반경 5[m] 이내에 소화기를 갖추어 둘 것 2. 용접 또는 용단 작업장 주변 반경 10[m] 이내에는 가연물을 쌓아두거나 놓아두지 말 것. 다만, 가연물의 제거가 곤란하여 방화포 등으로 방호조치를 한 경우는 제외한다.

노·화덕
설비
	1. 실내에 설치하는 경우에는 흙바닥 또는 금속 외의 불연재료로 된 바닥에 설치해야 한다.
	2. 노 또는 화덕을 설치하는 장소의 벽·천장은 불연재료로 된 것이어야 한다.
	3. 노 또는 화덕의 주위에는 녹는 물질이 확산되지 않도록 높이 0.1[m] 이상의 턱을 설치해야 한다.
	4. 시간당 열량이 30만[kcal] 이상인 노를 설치하는 경우에는 다음의 사항을 지켜야 한다.
	    가. 건축법 제2조 제1항 제7호에 따른 주요구조부는 불연재료 이상으로 할 것
	    나. 창문과 출입구는 건축법 시행령 제64조에 따른 60분+ 방화문 또는 60분 방화문으로 설치할 것
	    다. 노 주위에는 1[m] 이상 공간을 확보할 것

음식조리를 위하여 설치하는 설비	일반음식점 주방에서 조리를 위하여 불을 사용하는 설비를 설치하는 경우에는 다음의 사항을 지켜야 한다. 1. 주방설비에 부속된 배출덕트(공기배출통로)는 0.5[mm] 이상의 아연도금강판 또는 이와 같거나 그 이상의 내식성 불연재료로 설치할 것 2. 주방시설에는 동물 또는 식물의 기름을 제거할 수 있는 필터 등을 설치할 것 3. 열을 발생하는 조리기구는 반자 또는 선반으로부터 0.6[m] 이상 떨어지게 할 것 4. 열을 발생하는 조리기구로부터 0.15[m] 이내의 거리에 있는 가연성 주요구조부는 단열성이 있는 불연재료로 덮어씌울 것

4 특수가연물의 저장 및 취급기준(영 별표 2, 3)

(1) 종 류

품 명		수 량
면화류		200[kg] 이상
나무껍질 및 대팻밥		400[kg] 이상
넝마류 및 종이부스러기, 사류, 볏짚류		1,000[kg] 이상
가연성 고체류		3,000[kg] 이상
석탄·목탄류		10,000[kg] 이상
가연성 액체류		2[m³] 이상
목재가공품 및 나무부스러기		10[m³] 이상
고무류·플라스틱류	발포시킨 것	20[m³] 이상
	그 밖의 것	3,000[kg] 이상

(2) 특수가연물의 저장·취급기준 **17** 회 출제

특수가연물은 다음의 기준에 따라 쌓아 저장해야 한다. 다만, 석탄·목탄류를 발전용으로 저장하는 경우에는 제외한다.

① 품명별로 구분하여 쌓을 것
② 다음의 기준에 맞게 쌓을 것

구 분	살수설비를 설치하거나 방사능력 범위에 해당 특수가연물이 포함되도록 대형수동식소화기를 설치하는 경우	그 밖의 경우
높 이	15[m] 이하	10[m] 이하
쌓는 부분의 바닥면적	200[m²] (석탄·목탄류의 경우에는 300[m²]) 이하	50[m²] (석탄·목탄류의 경우에는 200[m²]) 이하

㉠ 실외에 쌓아 저장하는 경우 쌓는 부분이 대지경계선, 도로 및 인접 건축물과 최소 6[m] 이상 간격을 둘 것. 다만, 쌓는 높이보다 0.9[m] 이상 높은 건축법 시행령 제2조 제7호에 따른 내화구조 벽체를 설치한 경우는 그렇지 않다.
㉡ 실내에 쌓아 저장하는 경우 주요구조부는 내화구조이면서 불연재료여야 하고, 다른 종류의 특수가연물과 같은 공간에 보관하지 않을 것. 다만, 내화구조의 벽으로 분리하는 경우는 그렇지 않다.
㉢ 쌓는 부분 바닥면적의 사이는 실내의 경우 1.2[m] 또는 쌓는 높이의 1/2 중 큰 값 이상으로 간격을 두어야 하며, 실외의 경우 3[m] 또는 쌓는 높이 중 큰 값 이상으로 간격을 둘 것

(3) 특수가연물의 표지

① 특수가연물을 저장·취급하는 장소의 표지
  ㉠ 품 명
  ㉡ 최대저장수량
  ㉢ 단위부피당 질량 또는 단위체적당 질량
  ㉣ 관리책임자 성명·직책
  ㉤ 관리책임자의 연락처
  ㉥ 화기취급의 금지표시가 포함된 특수가연물 표지
② 특수가연물 표지의 규격

특수가연물	
화기엄금	
품 명	합성수지류
최대저장수량(배수)	000[t](00배)
단위부피당 질량(단위체적당 질량)	000[kg/m³]
관리자(직책)	000 팀장
연락처	000-000-0000

  ㉠ 특수가연물 표지는 한 변의 길이가 0.3[m] 이상, 다른 한 변의 길이가 0.6[m] 이상인 직사각형으로 할 것
  ㉡ 특수가연물 표지의 바탕은 흰색으로, 문자는 검은색으로 할 것. 다만, "화기엄금" 표시 부분은 제외한다.
  ㉢ 특수가연물 표지 중 화기엄금 표시 부분의 바탕은 붉은색으로, 문자는 백색으로 할 것
③ 특수가연물 표지는 특수가연물을 저장하거나 취급하는 장소 중 보기 쉬운 곳에 설치해야 한다.

CHAPTER 01 예상문제

01 소방용수시설의 설치기준을 기술하시오.

해답 소방용수시설의 설치기준(소방기본법 규칙 별표 3)
① 종류 : 소화전, 저수조, 급수탑
② 공통기준
  ㉠ 주거지역・상업지역 및 공업지역에 설치하는 경우 : 소방대상물과의 수평거리를 100[m] 이하가 되도록 할 것
  ㉡ ㉠ 외의 지역에 설치하는 경우 : 소방대상물과의 수평거리를 140[m] 이하가 되도록 할 것
③ 소방용수시설별 설치기준
  ㉠ 소화전의 설치기준 : 상수도와 연결하여 지하식 또는 지상식의 구조로 하고, 소방용 호스와 연결하는 소화전의 연결금속구의 구경은 65[mm]로 할 것
  ㉡ 급수탑의 설치기준 : 급수배관의 구경은 100[mm] 이상으로 하고, 개폐밸브는 지상에서 1.5[m] 이상 1.7[m] 이하의 위치에 설치하도록 할 것
  ㉢ 저수조의 설치기준
    ㉮ 지면으로부터의 낙차가 4.5[m] 이하일 것
    ㉯ 흡수부분의 수심이 0.5[m] 이상일 것
    ㉰ 소방펌프자동차가 쉽게 접근할 수 있도록 할 것
    ㉱ 흡수에 지장이 없도록 토사 및 쓰레기 등을 제거할 수 있는 설비를 갖출 것
    ㉲ 흡수관의 투입구가 사각형의 경우에는 한 변의 길이가 60[cm] 이상, 원형의 경우에는 지름이 60[cm] 이상일 것
    ㉳ 저수조에 물을 공급하는 방법은 상수도에 연결하여 자동으로 급수되는 구조일 것

02 특급, 1급, 2급 소방안전관리대상물을 구분하시오.

해답 소방안전관리대상물의 구분(영 별표 4)
① 특급 소방안전관리대상물
  ㉠ 50층 이상(지하층은 제외한다)이거나 지상으로부터 높이가 200[m] 이상인 아파트
  ㉡ 30층 이상(지하층을 포함한다)이거나 지상으로부터 높이가 120[m] 이상인 특정소방대상물(아파트는 제외한다)
  ㉢ ㉡에 해당하지 않는 특정소방대상물로서 **연면적이 10만[m²] 이상**인 특정소방대상물(아파트는 제외한다)
② 1급 소방안전관리대상물
  ㉠ **30층 이상(지하층은 제외한다)**이거나 지상으로부터 높이가 **120[m] 이상인 아파트**
  ㉡ **연면적 1만5천[m²] 이상**인 특정소방대상물(아파트 및 연립주택은 제외한다)
  ㉢ ㉡에 해당하지 않는 특정소방대상물로서 지상층의 층수가 **11층 이상**인 특정소방대상물(아파트는 제외한다)
  ㉣ 가연성 가스를 1천[t] 이상 저장·취급하는 시설
③ 2급 소방안전관리대상물
  ㉠ **옥내소화전설비, 스프링클러설비, 물분무등소화설비**[호스릴(Hose Reel) 방식의 물분무등소화설비만을 설치한 경우는 제외]를 설치해야 하는 특정소방대상물
  ㉡ 가스 제조설비를 갖추고 도시가스사업의 허가를 받아야 하는 시설 또는 가연성 가스를 100[t] 이상 1천[t] 미만 저장·취급하는 시설
  ㉢ 지하구
  ㉣ 공동주택관리법 제2조 제1항 제2호의 어느 하나에 해당하는 **공동주택**(옥내소화전설비 또는 스프링클러설비가 설치된 공동주택으로 한정한다)
  ㉤ 문화유산의 보존 및 활용에 관한 법률에 따라 **보물** 또는 **국보**로 지정된 **목조건축물**

03 특급과 1급 소방안전관리대상물의 선임자격을 쓰시오.

해답 소방안전관리대상물의 자격(영 별표 4)
① 특급 소방안전관리대상물의 선임자격
다음의 어느 하나에 해당하는 사람으로서 특급 소방안전관리자 자격증을 발급받은 사람
㉠ 소방기술사 또는 소방시설관리사의 자격이 있는 사람
㉡ **소방설비기사**의 자격을 취득한 후 **5년 이상** 1급 소방안전관리대상물의 소방안전관리자로 근무한 실무경력(소방안전관리업무를 대행하는 관리업자를 감독할 수 있는 소방안전관리자로 선임되어 근무한 경력은 제외한다)이 있는 사람
㉢ **소방설비산업기사**의 자격을 취득한 후 **7년 이상** 1급 소방안전관리대상물의 소방안전관리자로 근무한 실무경력이 있는 사람
㉣ **소방공무원**으로 **20년 이상** 근무한 경력이 있는 사람
㉤ 소방청장이 실시하는 특급 소방안전관리대상물의 소방안전관리에 관한 시험에 합격한 사람

② 1급 소방안전관리대상물의 선임자격
다음의 어느 하나에 해당하는 사람으로서 1급 소방안전관리자 자격증을 발급받은 사람 또는 특급 소방안전관리대상물의 소방안전관리자 자격증을 발급받은 사람
㉠ **소방설비기사** 또는 **소방설비산업기사**의 자격이 있는 사람
㉡ **소방공무원**으로 **7년 이상** 근무한 경력이 있는 사람
㉢ 소방청장이 실시하는 1급 소방안전관리대상물의 소방안전관리에 관한 시험에 합격한 사람

04 소방안전관리보조자를 두어야 하는 특정소방대상물 및 최소 인원, 보조자의 자격을 쓰시오.

해답 소방안전관리보조자(영 별표 5)
① 소방안전관리보조자를 선임해야 하는 소방안전관리대상물의 범위 및 인원

특정소방대상물	최소 인원
1. 300세대 이상인 아파트	1명 (다만, 초과되는 300세대마다 1명 이상을 추가로 선임)
2. 연면적이 15,000[m²] 이상인 특정소방대상물 (아파트 및 연립주택은 제외)	1명 {다만, 초과되는 연면적 15,000[m²](특정소방대상물의 방재실에 자위소방대가 24시간 상시 근무하고 소방장비관리법 시행령에 따른 소방자동차 중 소방펌프차, 소방물탱크차, 소방화학차 또는 무인방수차를 운용하는 경우 : 30,000[m²])마다 1명 이상 추가로 선임}

3. 1과 2에 따른 특정소방대상물을 제외한 다음 어느 하나에 해당하는 특정소방대상물
  가. 공동주택 중 기숙사
  나. 의료시설
  다. 노유자시설
  라. 수련시설
  마. 숙박시설(숙박시설로 사용되는 바닥면적의 합계가 1,500[m²] 미만이고, 관계인이 24시간 상시 근무하고 있는 숙박시설은 제외한다)
	1명
	(다만, 해당 특정소방대상물이 소재하는 지역을 관할하는 소방서장이 야간이나 휴일에 해당 특정소방대상물이 이용되지 않는다는 것을 확인한 경우에는 소방안전관리보조자를 선임하지 않을 수 있다)

② 소방안전관리보조자의 자격
   ㉠ 특급 소방안전관리대상물, 1급 소방안전관리대상물, 2급 소방안전관리대상물 또는 3급 소방안전관리대상물의 소방안전관리자 자격이 있는 사람
   ㉡ 국가기술자격법 제2조 제3호에 따른 국가기술자격의 직무분야 중 건축, 기계제작, 기계장비설비·설치, 화공, 위험물, 전기, 전자 및 안전관리에 해당하는 국가기술자격이 있는 사람
   ㉢ 공공기관의 소방안전관리에 관한 규정에 따른 강습교육을 수료한 사람
   ㉣ 특급, 1급, 2급, 3급 소방안전관리대상물의 소방안전관리에 관한 강습교육을 수료한 사람
   ㉤ 소방안전관리대상물에서 소방안전 관련 업무에 2년 이상 근무한 경력이 있는 사람

05 소방안전관리대상물의 소방안전관리자 업무를 기술하시오.

해답 소방안전관리대상물의 소방안전관리자와 특정소방대상물의 관계인의 업무(법 제24조, 영 제28조)

업무 내용	소방안전관리대상물 소방안전관리자	특정소방대상물의 관계인	업무대행기관의 업무
1. 피난계획에 관한 사항과 대통령령으로 정하는 사항이 포함된 소방계획서의 작성 및 시행	○	–	–
2. 자위소방대 및 초기대응체계의 구성·운영 및 교육	○	–	–
3. 소방시설 설치 및 관리에 관한 법률 제16조에 따른 피난시설, 방화구획 및 방화시설의 관리	○	○	○
4. 소방시설이나 그 밖의 소방 관련 시설의 관리	○	○	○
5. 소방훈련 및 교육	○	–	–
6. 화기취급의 감독	○	○	–
7. 행정안전부령으로 정하는 바에 따른 소방안전관리에 관한 업무수행에 관한 기록·유지(제3호, 제4호 및 제6호의 업무를 말한다)	○	–	–
8. 화재발생 시 초기대응	○	○	–
9. 그 밖에 소방안전관리에 필요한 업무	○	○	–

06 소방안전관리대상물 중 소방안전관리 업무의 대행 대상과 업무를 쓰시오.

해답 소방안전관리 업무의 대행 대상과 업무(영 제28조)
① 업무대행 대상
  ㉠ 지상층의 층수가 11층 이상인 1급 소방안전관리대상물(연면적 15,000[m^2] 이상인 특정소방대상물과 아파트는 제외한다)
  ㉡ 2급 소방안전관리대상물
  ㉢ 3급 소방안전관리대상물
② 대행 업무
  ㉠ 피난시설, 방화구획 및 방화시설의 관리
  ㉡ 소방시설이나 그 밖의 소방 관련 시설의 관리

07 소방안전관리자가 작성해야 하는 소방계획서의 포함사항을 기술하시오.

해답 소방계획서의 포함사항(영 제27조)
① 소방안전관리대상물의 위치·구조·연면적·용도 및 수용인원 등 일반현황
② 소방안전관리대상물에 설치한 소방시설·방화시설, 전기시설·가스시설 및 위험물시설의 현황
③ 화재예방을 위한 자체점검계획 및 대응대책
④ 소방시설·피난시설 및 방화시설의 점검·정비계획
⑤ 피난층 및 피난시설의 위치와 피난경로의 설정, 화재안전취약자의 피난계획 등을 포함한 피난계획
⑥ 방화구획·제연구획·건축물의 내부마감재료 및 방염대상물품의 사용현황 그 밖의 방화구조 및 설비의 유지·관리계획
⑦ 관리의 권원이 분리된 특정소방대상물의 소방안전관리에 관한 사항
⑧ 소방훈련·교육에 관한 계획
⑨ 소방안전관리대상물의 근무자 및 거주자의 자위소방대 조직과 대원의 임무(화재안전취약자의 피난보조임무를 포함한다)에 관한 사항
⑩ 화기취급작업에 대한 사전 안전조치 및 감독 등 공사 중 소방안전관리에 관한 사항
⑪ 소화에 관한 사항과 연소방지에 관한 사항
⑫ 위험물의 저장·취급에 관한 사항(예방규정을 정하는 제조소 등은 제외)
⑬ 소방안전관리에 대한 업무수행에 관한 기록 및 유지에 관한 사항
⑭ 화재발생 시 화재경보, 초기소화 및 피난유도 등 초기대응에 관한 사항
⑮ 그 밖에 소방본부장 또는 소방서장이 소방안전관리대상물의 위치·구조·설비 또는 관리 상황 등을 고려하여 소방안전관리에 필요하여 요청하는 사항

08 특정소방안전관리대상물의 관계인은 소방안전관리업무를 수행하기 위하여 화재 발생 시 피난계획을 수립하여 시행해야 한다. 이때 피난계획에 포함되어야 하는 사항 6가지를 쓰시오.

해답 피난계획에 포함되어야 하는 사항 6가지(규칙 제34조)
① 화재경보의 수단 및 방식
② 층별, 구역별 피난대상 인원의 연령별·성별 현황
③ 피난약자의 현황
④ 각 거실에서 옥외(옥상 또는 피난안전구역을 포함한다)로 이르는 피난경로
⑤ 피난약자 및 피난약자를 동반한 사람의 피난동선과 피난방법
⑥ 피난시설, 방화구획, 그 밖에 피난에 영향을 줄 수 있는 제반 사항

09 소방안전관리대상물의 관계인이 피난시설의 위치, 피난경로 또는 대피요령이 포함된 피난유도 안내정보를 근무자 또는 거주자에게 정기적으로 제공하는 방법을 쓰시오.

해답 피난유도 안내정보의 제공(규칙 제35조)
① 연 2회 피난안내 교육을 실시하는 방법
② 분기별 1회 이상 피난안내방송을 실시하는 방법
③ 피난안내도를 층마다 보기 쉬운 위치에 게시하는 방법
④ 엘리베이터, 출입구 등 시청이 용이한 지역에 피난안내영상을 제공하는 방법

10 화재의 예방 및 안전관리에 관한 법률 시행령 제18조 관련 "보일러 등의 위치·구조 및 관리와 화재예방을 위하여 불을 사용할 때 지켜야 하는 사항" 중 불꽃을 사용하는 용접·용단기구 작업 시 지켜야 하는 사항에 대해 쓰시오.

해답 불꽃을 사용하는 용접·용단기구 작업 시 지켜야 하는 사항(영 별표 1)
① 용접 또는 용단 작업장 주변 반경 5[m] 이내에 소화기를 갖추어 둘 것
② 용접 또는 용단 작업장 주변 반경 10[m] 이내에는 가연물을 쌓아두거나 놓아두지 말 것. 다만, 가연물의 제거가 곤란하여 방화포 등으로 방호조치를 한 경우는 제외한다.

11

화재의 예방 및 안전관리에 관한 법률 시행령 제5조 관련 "보일러 등의 위치·구조 및 관리와 화재예방을 위하여 불을 사용할 때 지켜야 하는 사항" 중 음식조리를 위하여 설치하는 설비 사용 시 지켜야 하는 사항에 대해 쓰시오.

해답 음식조리를 위하여 설치하는 설비 사용 시 지켜야 하는 사항(영 별표 1)
① 주방설비에 부속된 배출덕트(공기배출통로)는 0.5[mm] 이상의 아연도금강판 또는 이와 같거나 그 이상의 내식성 불연재료로 설치할 것
② 주방시설에는 동물 또는 식물의 기름을 제거할 수 있는 필터 등을 설치할 것
③ 열을 발생하는 조리기구는 반자 또는 선반으로부터 0.6[m] 이상 떨어지게 할 것
④ 열을 발생하는 조리기구로부터 0.15[m] 이내의 거리에 있는 가연성 주요구조부는 단열성이 있는 불연재료로 덮어씌울 것

12

화재의 예방 및 안전관리에 관한 법률에서 특수가연물의 저장·취급기준을 쓰시오.

해답 특수가연물의 저장·취급기준(영 별표 3)
특수가연물은 다음의 기준에 따라 쌓아 저장해야 한다. 다만, 석탄·목탄류를 발전용으로 저장하는 경우에는 제외한다.
① 품명별로 구분하여 쌓을 것
② 다음의 기준에 맞게 쌓을 것

구 분	살수설비를 설치하거나 방사능력 범위에 해당 특수가연물이 포함되도록 대형수동식소화기를 설치하는 경우	그 밖의 경우
높이	15[m] 이하	10[m] 이하
쌓는 부분의 바닥면적	200[m²] (석탄·목탄류의 경우에는 300[m²]) 이하	50[m²] (석탄·목탄류의 경우에는 200[m²]) 이하

㉠ 실외에 쌓아 저장하는 경우 쌓는 부분이 대지경계선, 도로 및 인접 건축물과 최소 6[m] 이상 간격을 둘 것. 다만, 쌓는 높이보다 0.9[m] 이상 높은 건축법 시행령 제2조 제7호에 따른 내화구조 벽체를 설치한 경우는 그렇지 않다.
㉡ 실내에 쌓아 저장하는 경우 주요구조부는 내화구조이면서 불연재료여야 하고, 다른 종류의 특수가연물과 같은 공간에 보관하지 않을 것. 다만, 내화구조의 벽으로 분리하는 경우는 그렇지 않다.
㉢ 쌓는 부분 바닥면적의 사이는 실내의 경우 1.2[m] 또는 쌓는 높이의 1/2 중 큰 값 이상으로 간격을 두어야 하며, 실외의 경우 3[m] 또는 쌓는 높이 중 큰 값 이상으로 간격을 둘 것

13 화재의 예방 및 안전관리에 관한 법률에서 특수가연물의 표지 기준을 쓰시오.

해답 **특수가연물의 표지(영 별표 3)**
① 특수가연물을 저장 또는 취급하는 장소에는 품명, 최대저장수량, 단위부피당 질량 또는 단위체적당 질량, 관리책임자 성명·직책, 연락처 및 화기취급의 금지표시가 포함된 특수가연물 표지를 설치해야 한다.
② 특수가연물 표지의 규격은 다음과 같다.

특수가연물	
화기엄금	
품 명	합성수지류
최대저장수량(배수)	000[t](00배)
단위부피당 질량(단위체적당 질량)	000[kg/m³]
관리책임자(직책)	000 팀장
연락처	000-000-0000

㉠ 특수가연물 표지는 한 변의 길이가 0.3[m] 이상, 다른 한 변의 길이가 0.6[m] 이상인 직사각형으로 할 것
㉡ 특수가연물 표지의 바탕은 흰색으로, 문자는 검은색으로 할 것. 다만, "화기엄금" 표시 부분은 제외한다.
㉢ 특수가연물 표지 중 화기엄금 표시 부분의 바탕은 붉은색으로, 문자는 백색으로 할 것

14 지하 3층 지상 5층 복합건축물의 소방안전관리자가 소방시설을 유지·관리하는 과정에서 고의로 제어반에서 화재 발생 시 소화펌프 및 제연설비가 자동으로 작동되지 않도록 조작하여 실제 화재가 발생했을 때 소화설비와 제연설비가 작동하지 않았다. 아래 물음에 답하시오(단, 이 사고는 소방시설 설치 및 관리에 관한 법률 제12조 제3항을 위반하여 동법 제56조의 벌칙을 적용받았다).

(1) 위 사례에서 소방안전관리자의 위반사항과 그에 따른 벌칙을 쓰시오.
  ① 위반내용
  ② 벌 칙
(2) 위 사례에서 화재로 인해 사람이 상해를 입은 경우, 소방안전관리자가 받게 될 벌칙을 쓰시오.

해답 **소방안전관리자가 소화펌프 및 제연설비가 정지된 상태에서 화재 발생**
(1) 위 사례에서 소방안전관리자의 위반사항과 그에 따른 벌칙
  ① 위반내용 : 소방시설을 유지·관리할 때 소방시설의 기능과 성능에 지장을 줄 수 있는 폐쇄(잠금을 포함한다)·차단 등의 행위를 하여서는 안 된다. 다만, 소방시설의 점검·정비를 위한 폐쇄·차단은 할 수 있다.
  ② 벌칙 : 소방시설에 폐쇄·차단 등의 행위를 한 자는 5년 이하의 징역 또는 5천만 원 이하의 벌금
(2) 위 사례에서 화재로 인해 사람이 상해를 입은 경우 소방안전관리자가 받게 될 벌칙
  ① 벌칙 : (1)의 죄를 범하여 사람을 상해에 이르게 한 때에는 7년 이하의 징역 또는 7천만 원 이하의 벌금

CHAPTER 02 소방시설 설치 및 관리에 관한 법률, 영, 규칙 (약칭 : 소방시설법)

PART 01 소방관계법령

1 무창층

(1) 무창층의 정의(영 제2조)

"무창층(無窓層)"이란 지상층 중 다음의 요건을 모두 갖춘 개구부의 면적의 합계가 해당 층의 바닥면적의 1/30 이하가 되는 층을 말한다.

① 크기는 지름 50[cm] 이상의 원이 통과할 수 있을 것
② 해당 층의 바닥면으로부터 개구부 밑부분까지의 높이가 1.2[m] 이내일 것
③ 도로 또는 차량이 진입할 수 있는 빈터를 향할 것
④ 화재 시 건축물로부터 쉽게 피난할 수 있도록 창살이나 그 밖의 장애물이 설치되지 않을 것
⑤ 내부 또는 외부에서 쉽게 부수거나 열 수 있을 것

> **Plus one**
>
> **개구부**
> 건축물에서 채광·환기·통풍 또는 출입 등을 위하여 만든 창·출입구 그 밖에 이와 비슷한 것

(2) 무창층이라는 용어를 사용하는 이유

① 피난자가 피난할 수 있는 창문 등이 충분한 건물의 층인지
② 소방대가 창문 등을 통하여 쉽게 접근하여 피난자를 구조할 수 있는 장소인지
③ 소방대가 소방활동을 하기 위하여 쉽게 내부로 진입할 수 있는 개구부가 적합하게 있는 장소인지

2 방염설치대상물, 방염대상물품, 방염성능기준

(1) 방염성능기준 이상의 실내장식물 등을 설치해야 하는 특정소방대상물(영 제30조)

① 근린생활시설 중 의원, 조산원, 치과의원, 한의원, 산후조리원, 체력단련장, 공연장 및 종교집회장
② 건축물의 옥내에 있는 다음의 시설
　㉠ 문화 및 집회시설
　㉡ 종교시설
　㉢ 운동시설(수영장은 제외한다)

③ 의료시설
④ 교육연구시설 중 합숙소
⑤ 노유자시설
⑥ 숙박이 가능한 수련시설
⑦ 숙박시설
⑧ 방송통신시설 중 방송국 및 촬영소
⑨ 다중이용업소의 영업소
⑩ ①~⑨까지의 시설에 해당하지 않는 것으로서 층수가 11층 이상인 것(아파트 등은 제외한다)

(2) **방염대상물품**(영 제31조)
① **제조** 또는 **가공 공정**에서 방염처리를 한 다음의 물품
  ㉠ 창문에 설치하는 커튼류(블라인드를 포함한다)
  ㉡ 카 펫
  ㉢ 벽지류(두께가 2[mm] 미만인 종이벽지는 제외한다)
  ㉣ 전시용 합판·목재 또는 섬유판, 무대용 합판·목재 또는 섬유판(합판·목재류의 경우 불가피하게 설치 현장에서 방염처리한 것을 포함한다)
  ㉤ 암막·무대막(영화상영관에 설치하는 스크린과 가상체험체육시설업에 설치하는 스크린을 포함한다)
  ㉥ 섬유류 또는 합성수지류 등을 원료로 하여 제작된 소파·의자(단란주점영업, 유흥주점영업 및 노래연습장업의 영업장에 설치하는 것으로 한정한다)
② **건축물 내부의 천장이나 벽에 부착하거나 설치하는** 다음의 것. 다만, 가구류(옷장, 찬장, 식탁, 식탁용 의자, 사무용 책상, 사무용 의자, 계산대 및 그 밖에 이와 비슷한 것을 말한다)와 너비 10[cm] 이하인 반자돌림대 등과 내부마감재료는 제외한다.
  ㉠ 종이류(두께 2[mm] 이상인 것을 말한다)·합성수지류 또는 섬유류를 주원료로 한 물품
  ㉡ 합판이나 목재
  ㉢ 공간을 구획하기 위하여 설치하는 간이 칸막이(접이식 등 이동 가능한 벽체나 천장 또는 반자가 실내에 접하는 부분까지 구획하지 않는 벽체를 말한다)
  ㉣ 흡음(吸音)을 위하여 설치하는 흡음재(흡음용 커튼을 포함한다)
  ㉤ 방음(防音)을 위하여 설치하는 방음재(방음용 커튼을 포함한다)

(3) **방염성능기준**(영 제31조)
① 버너의 불꽃을 제거한 때부터 불꽃을 올리며 연소하는 상태가 그칠 때까지 시간은 20초 이내일 것(잔염시간)

② 버너의 불꽃을 제거한 때부터 불꽃을 올리지 않고 연소하는 상태가 그칠 때까지 시간은 30초 이내일 것(잔신시간)
③ 탄화한 면적은 50[cm^2] 이내, 탄화한 길이는 20[cm] 이내일 것
④ 불꽃에 의하여 완전히 녹을 때까지 불꽃의 접촉 횟수는 3회 이상일 것
⑤ 소방청장이 정하여 고시한 방법으로 발연량을 측정하는 경우 최대연기밀도는 400 이하일 것

> **[특정소방대상물의 방염대상물품 권장사항]**
> 소방본부장 또는 소방서장은 방염대상물품 외에 다음의 물품은 방염처리된 물품을 사용하도록 권장할 수 있다.
> ① 다중이용업소, 의료시설, 노유자시설, 숙박시설 또는 장례식장에 사용하는 침구류, 소파 및 의자
> ② 건축물 내부의 천장 또는 벽에 부착하거나 설치하는 가구류

3 연소 우려가 있는 건축물의 구조(규칙 제17조)

(1) 건축물대장의 건축물 현황도에 표시된 대지경계선 안에 둘 이상의 건축물이 있는 경우
(2) 각각의 건축물이 다른 건축물의 외벽으로부터 수평거리가 1층의 경우에는 6[m] 이하, 2층 이상의 층의 경우에는 10[m] 이하인 경우
(3) 개구부(영 제2조 제1호 각 목 외의 부분에 따른 개구부를 말한다)가 다른 건축물을 향하여 설치되어 있는 경우

4 피난시설·방화구획 및 방화시설의 관리 시 위법행위(법 제16조)

(1) 피난시설, 방화구획 및 방화시설을 폐쇄하거나 훼손하는 등의 행위
(2) 피난시설, 방화구획 및 방화시설의 주위에 물건을 쌓아두거나 장애물을 설치하는 행위
(3) 피난시설, 방화구획 및 방화시설의 용도에 장애를 주거나 소방기본법 제16조에 따른 소방활동에 지장을 주는 행위
(4) 그 밖에 피난시설, 방화구획 및 방화시설을 변경하는 행위

5 소방시설관리사시험의 응시자격(영 부칙 제6조)[26. 12. 31까지 적용]

(1) 소방기술사·**위험물기능장**·건축사·건축기계설비기술사·건축전기설비기술사 또는 공조냉동기계기술사
(2) 소방설비기사 자격을 취득한 후 2년 이상 소방청장이 정하여 고시하는 소방에 관한 실무경력이 있는 사람

(3) 소방설비산업기사 자격을 취득한 후 3년 이상 소방실무경력이 있는 사람

(4) 국가과학기술 경쟁력 강화를 위한 이공계지원 특별법 제2조 제1호에 따른 **이공계 분야**를 전공한 사람으로서 다음의 어느 하나에 해당하는 사람
　① 이공계 분야의 **박사학위**를 취득한 사람
　② 이공계 분야의 **석사학위**를 취득한 후 **2년 이상** 소방실무경력이 있는 사람
　③ 이공계 분야의 **학사학위**를 취득한 후 **3년 이상** 소방실무경력이 있는 사람

(5) **소방안전공학**(소방방재공학, 안전공학을 포함한다) 분야를 전공한 후 다음의 어느 하나에 해당하는 사람
　① 해당 분야의 **석사학위 이상**을 취득한 사람
　② **2년 이상** 소방실무경력이 있는 사람

(6) **위험물산업기사** 또는 **위험물기능사** 자격을 취득한 후 **3년 이상** 소방실무경력이 있는 사람

(7) **소방공무원**으로 **5년 이상** 근무한 경력이 있는 사람

(8) **소방안전 관련 학과의 학사학위**를 취득한 후 **3년 이상** 소방실무경력이 있는 사람

(9) 산업안전기사 자격을 취득한 후 3년 이상 소방실무경력이 있는 사람

(10) 다음의 어느 하나에 해당하는 사람　**19** 회 출제
　① **특급** 소방안전관리대상물의 소방안전관리자로 **2년 이상** 근무한 실무경력이 있는 사람
　② **1급** 소방안전관리대상물의 소방안전관리자로 **3년 이상** 근무한 실무경력이 있는 사람
　③ **2급** 소방안전관리대상물의 소방안전관리자로 **5년 이상** 근무한 실무경력이 있는 사람
　④ **3급** 소방안전관리대상물의 소방안전관리자로 **7년 이상** 근무한 실무경력이 있는 사람
　⑤ **10년 이상 소방실무경력**이 있는 사람

[소방시설관리사시험의 응시자격](27. 1. 1 시행)
① 소방기술사·건축사·건축기계설비기술사·건축전기설비기술사 또는 공조냉동기계기술사
② 위험물기능장
③ 소방설비기사
④ 이공계 분야의 박사학위를 취득한 사람
⑤ 소방청장이 정하여 고시하는 소방안전 관련 분야의 석사 이상의 학위를 취득한 사람
⑥ 소방설비산업기사 또는 소방공무원 등 소방청장이 정하여 고시하는 사람 중 소방에 관한 실무경력(자격 취득 후의 실무경력으로 한정한다)이 3년 이상인 사람

6 소방시설관리사의 결격사유(법 제27조)

(1) 피성년후견인

(2) 소방시설 설치 및 관리에 관한 법률, 소방기본법, 화재의 예방 및 안전관리에 관한 법률, 소방시설공사업법 또는 위험물안전관리법을 위반하여 금고 이상의 실형을 선고받고 그 집행이 끝나거나(집행이 끝난 것으로 보는 경우를 포함한다) 집행이 면제된 날부터 2년이 지나지 않은 사람

(3) 소방시설 설치 및 관리에 관한 법률, 소방기본법, 화재의 예방 및 안전관리에 관한 법률, 소방시설공사업법 또는 위험물안전관리법을 위반하여 금고 이상의 형의 집행유예를 선고받고 그 유예기간 중에 있는 사람

(4) 제28조에 따라 자격이 취소(거짓이나 그 밖의 부정한 방법으로 시험에 합격한 경우에 해당하여 자격이 취소된 경우는 제외한다)된 날부터 2년이 지나지 않은 사람

7 벌 칙

(1) 특정소방대상물의 관계인은 소방시설을 설치·관리하는 경우 화재 시 소방시설의 기능과 성능에 지장을 줄 수 있는 폐쇄(잠금을 포함한다)·차단 등의 행위를 해서는 안 된다. 다만, 소방시설의 점검·정비를 위해 필요한 경우 폐쇄·차단은 할 수 있다(법 제12조 제3항).
   ① 제12조 제3항 본문을 위반하여 소방시설에 폐쇄·차단 등의 행위를 한 자는 **5년 이하의 징역 또는 5천만 원 이하의 벌금**에 처한다. **17** 회 출제
   ② ①의 죄를 범하여 사람을 상해에 이르게 한 때에는 **7년 이하의 징역** 또는 **7천만 원 이하의 벌금**에 처하며, 사망에 이르게 한 때에는 **10년 이하의 징역** 또는 **1억 원 이하의 벌금**에 처한다. **17** 회 출제

(2) 3년 이하의 징역 또는 3천만 원 이하의 벌금(법 제57조)
   ① 다음의 조치명령을 정당한 사유 없이 위반한 자
      ㉠ 소방본부장이나 소방서장은 제12조 ①에 따른 소방시설이 화재안전기준에 따라 설치·관리되고 있지 않을 때에는 해당 특정소방대상물의 관계인에게 필요한 조치를 명할 수 있다(법 제12조 ②항).
      ㉡ 소방본부장 또는 소방서장은 제15조 ①항이나 ②항에 따라 임시소방시설 또는 소방시설이 설치 및 관리되지 않을 때에는 해당 공사시공자에게 필요한 조치를 명할 수 있다(법 제15조 ③항).
      ㉢ 소방본부장이나 소방서장은 특정소방대상물의 관계인이 제16조 ①항의 어느 하나에 해당하는 행위를 한 경우에는 피난시설, 방화구획 및 방화시설의 관리를 위하여 필요한 조치를 명할 수 있다(법 제16조 ②항).
      ㉣ 소방본부장 또는 소방서장은 방염대상물품이 제20조 ①항에 따른 방염성능기준에 미치지 못하거나 제21조 제1항에 따른 방염성능검사를 받지 않은 것이면 특정소방대상물의 관계인에게 방염대상물품을 제거하도록 하거나 방염성능검사를 받도록 하는 등 필요한 조치를 명할 수 있다(법 제20조 ②항).

ⓜ 소방본부장 또는 소방서장은 관계인이 제23조 ④항에 따라 이행계획을 완료하지 않은 경우에는 필요한 조치의 이행을 명할 수 있고, 관계인은 이에 따라야 한다(법 제23조 ⑥항).
　　ⓗ 소방청장, 소방본부장 또는 소방서장은 제37조 ⑥항을 위반한 소방용품에 대하여는 그 제조자·수입자·판매자 또는 시공자에게 수거·폐기 또는 교체 등 행정안전부령으로 정하는 필요한 조치를 명할 수 있다(법 제37조 ⑦항).
　　ⓢ 소방청장은 제45조 ①항에 따른 수집검사 결과 행정안전부령으로 정하는 중대한 결함이 있다고 인정되는 소방용품에 대하여는 그 제조자 및 수입자에게 행정안전부령으로 정하는 바에 따라 회수·교환·폐기 또는 판매중지를 명하고, 형식승인 또는 성능인증을 취소할 수 있다(법 제45조 ②항).
　② 관리업의 등록을 하지 않고 영업을 한 자
　③ 소방용품의 형식승인을 받지 않고 소방용품을 제조하거나 수입한 자 또는 거짓이나 그 밖의 부정한 방법으로 형식승인을 받은 자
　④ 제품검사를 받지 않은 자 또는 거짓이나 그 밖의 부정한 방법으로 제품검사를 받은 자
　⑤ 소방용품을 판매·진열하거나 소방시설공사에 사용한 자
　⑥ 거짓이나 그 밖의 부정한 방법으로 성능인증 또는 제품검사를 받은 자
　⑦ 제품검사를 받지 않거나 합격표시를 하지 않은 소방용품을 판매·진열하거나 소방시설공사에 사용한 자
　⑧ 구매자에게 명령을 받은 사실을 알리지 않거나 필요한 조치를 하지 않은 자
　⑨ 거짓이나 그 밖의 부정한 방법으로 제46조 제1항에 따른 전문기관으로 지정을 받은 자

(3) 300만 원 이하의 과태료(법 제61조)
　① 소방시설을 화재안전기준에 따라 설치·관리하지 않은 자
　② 공사 현장에 임시소방시설을 설치·관리하지 않은 자
　③ 피난시설, 방화구획 또는 방화시설의 폐쇄·훼손·변경 등의 행위를 한 자
　④ 방염대상물품을 방염성능기준 이상으로 설치하지 않은 자
　⑤ 점검능력 평가를 받지 않고 점검을 한 관리업자
　⑥ 관계인에게 점검 결과를 제출하지 않은 관리업자 등
　⑦ 점검인력의 배치기준 등 자체점검 시 준수사항을 위반한 자
　⑧ 점검 결과를 보고하지 않거나 거짓으로 보고한 자
　⑨ 이행계획을 기간 내에 완료하지 않은 자 또는 이행계획 완료 결과를 보고하지 않거나 거짓으로 보고한 자

⑩ 점검기록표를 기록하지 않거나 특정소방대상물의 출입자가 쉽게 볼 수 있는 장소에 게시하지 않은 관계인
⑪ 관리업의 등록사항의 변경신고를 하지 않거나 거짓으로 신고한 자
⑫ 지위승계, 행정처분 또는 휴업·폐업의 사실을 특정소방대상물의 관계인에게 알리지 않거나 거짓으로 알린 관리업자
⑬ 소속 기술인력의 참여 없이 자체점검을 한 관리업자
⑭ 점검실적을 증명하는 서류 등을 거짓으로 제출한 자
⑮ 보고 또는 자료제출을 하지 않거나 거짓으로 보고 또는 자료제출을 한 자 또는 정당한 사유 없이 관계 공무원의 출입 또는 검사를 거부·방해 또는 기피한 자

8 행정처분

(1) 일반기준(규칙 별표 8) 15 회 출제

① 위반행위가 둘 이상이면 그중 무거운 처분기준(무거운 처분기준이 동일한 경우에는 그중 하나의 처분기준을 말한다)에 따른다. 다만, 둘 이상의 처분기준이 모두 영업정지이거나 사용정지인 경우에는 각 처분 기준을 합산한 기간을 넘지 않는 범위에서 무거운 처분기준에 각각 나머지 처분기준의 1/2 범위에서 가중한다.
② 영업정지 또는 사용정지 처분기간 중 영업정지 또는 사용정지에 해당하는 위반사항이 있는 경우에는 종전의 처분기간 만료일의 다음 날부터 새로운 위반사항에 따른 영업정지 또는 사용정지의 행정처분을 한다.
③ 위반행위의 횟수에 따른 행정처분의 기준은 **최근 1년간** 같은 위반행위로 행정처분을 받은 경우에 적용한다. 이 경우 적용일은 위반행위에 대한 행정처분일과 그 처분 후 한 위반행위가 다시 적발된 날을 기준으로 한다.
④ ③에 따라 가중된 부과처분을 하는 경우 가중처분의 적용 차수는 그 위반행위 전 부과처분 차수[③에 따른 기간 내에 행정처분이 둘 이상 있었던 경우에는 높은 차수를 말한다]의 다음 차수로 한다.
⑤ 처분권자는 위반행위의 동기·내용·횟수 및 위반정도 등 다음에 해당하는 사유를 고려하여 그 처분을 가중하거나 감경할 수 있다. 이 경우 그 처분이 영업정지 또는 자격정지인 경우에는 그 처분기준의 1/2의 범위에서 가중하거나 감경할 수 있고, 등록취소 또는 자격취소인 경우에는 등록취소 또는 자격취소 전 차수의 행정처분이 영업정지 또는 자격정지이면 그 처분기준의 2배 이하의 영업정지 또는 자격정지로 감경(법 제28조 제1호·제4호·제5호·제7호 및 법 제35조 제1항 제1호·제4호·제5호를 위반하여 등록취소 또는 자격취소된 경우는 제외한다)할 수 있다.

㉠ 가중 사유
  ㉮ 위반행위가 사소한 부주의나 오류가 아닌 고의나 중대한 과실에 의한 것으로 인정되는 경우
  ㉯ 위반의 내용·정도가 중대하여 관계인에게 미치는 피해가 크다고 인정되는 경우
㉡ 감경 사유
  ㉮ 위반행위가 사소한 부주의나 오류 등 과실로 인한 것으로 인정되는 경우
  ㉯ 위반의 내용·정도가 경미하여 관계인에게 미치는 피해가 적다고 인정되는 경우
  ㉰ 위반행위자가 처음 해당 위반행위를 한 경우로서 5년 이상 소방시설관리사의 업무, 소방시설관리업 등을 모범적으로 해 온 사실이 인정되는 경우
  ㉱ 그 밖에 다음의 **경미한 위반사항에 해당되는 경우** 11 회 출제
    • 스프링클러설비 헤드가 살수반경에 미치지 못하는 경우
    • 자동화재탐지설비 감지기 2개 이하가 설치되지 않은 경우
    • 유도등이 일시적으로 점등되지 않는 경우
    • 유도표지가 정해진 위치에 붙어 있지 않은 경우

(2) 개별기준(규칙 별표 8)

① 소방시설관리사에 대한 행정처분기준 22 회 출제

위반사항	근거 법조문	행정처분기준		
		1차 위반	2차 위반	3차 이상 위반
1) 거짓, 그 밖의 부정한 방법으로 시험에 합격한 경우	법 제28조 제1호	자격취소		
2) 화재의 예방 및 안전관리에 관한 법률 제25조 제2항에 따른 대행인력의 배치기준·자격·방법 등 준수사항을 지키지 않은 경우	법 제28조 제2호	경고 (시정명령)	자격정지 6개월	자격취소
3) 법 제22조에 따른 점검을 하지 않거나 거짓으로 한 경우	법 제28조 제3호			
가) 점검을 하지 않은 경우		자격정지 1개월	자격정지 6개월	자격취소
나) 거짓으로 점검한 경우		경고 (시정명령)	자격정지 6개월	자격취소
4) 법 제25조 제7항을 위반하여 소방시설관리사증을 다른 사람에게 빌려준 경우	법 제28조 제4호	자격취소		
5) 법 제25조 제8항을 위반하여 동시에 둘 이상의 업체에 취업한 경우	법 제28조 제5호	자격취소		
6) 법 제25조 제9항을 위반하여 성실하게 자체점검 업무를 수행하지 않은 경우	법 제28조 제6호	경고 (시정명령)	자격정지 6개월	자격취소
7) 법 제27조 각 호의 어느 하나의 결격사유에 해당하게 된 경우	법 제28조 제7호	자격취소		

② 소방시설관리업자에 대한 행정처분기준

위반사항	근거 법조문	행정처분기준		
		1차 위반	2차 위반	3차 이상 위반
1) 거짓, 그 밖의 부정한 방법으로 등록을 한 경우	법 제35조 제1항 제1호	등록취소		
2) 법 제22조 제1항에 따른 점검을 하지 않거나 거짓으로 한 경우	법 제35조 제1항 제2호			
가) 점검을 하지 않은 경우		영업정지 1개월	영업정지 3개월	등록취소
나) 거짓으로 점검한 경우		경고 (시정명령)	영업정지 3개월	등록취소
3) 법 제29조 제2항에 따른 등록기준에 미달하게 된 경우. 다만, 기술인력이 퇴직하거나 해임되어 30일 이내에 재선임하여 신고하는 경우는 제외한다.	법 제35조 제1항 제3호	경고 (시정명령)	영업정지 3개월	등록취소
4) 법 제30조 각 호의 어느 하나의 등록의 결격사유에 해당하게 된 경우. 다만, 제30조 제5호에 해당하는 법인으로서 결격사유에 해당하게 된 날부터 2개월 이내에 그 임원을 결격사유가 없는 임원으로 바꾸어 선임한 경우는 제외한다.	법 제35조 제1항 제4호	등록취소		
5) 법 제33조 제2항을 위반하여 등록증 또는 등록수첩을 빌려 준 경우	법 제35조 제1항 제5호	등록취소		
6) 법 제34조 제1항에 따른 점검능력 평가를 받지 않고 자체점검을 한 경우	법 제35조 제1항 제6호	영업정지 1개월	영업정지 3개월	등록취소

9 소방시설의 종류(영 별표 1)

> **소방시설** : 소화설비, 경보설비, 피난구조설비, 소화용수설비 그 밖에 소화활동설비로서 대통령령으로 정하는 것

(1) 소화설비

물 또는 그 밖의 소화약제를 사용하여 소화하는 기계·기구 또는 설비

① 소화기구

㉠ 소화기

㉡ 간이소화용구 : 에어로졸식 소화용구, 투척용 소화용구, 소공간용 소화용구 및 소화약제 외의 것을 이용한 간이소화용구

㉢ 자동확산소화기

② 자동소화장치

㉠ 주거용 주방자동소화장치

㉡ 상업용 주방자동소화장치

㉢ 캐비닛형 자동소화장치

㉣ 가스 자동소화장치

ⓜ 분말 자동소화장치
　　　ⓗ 고체에어로졸 자동소화장치
　③ 옥내소화전설비[호스릴(Hose Reel) 옥내소화전설비를 포함한다]
　④ 스프링클러설비 등
　　　㉠ 스프링클러설비
　　　㉡ 간이스프링클러설비(캐비닛형 간이스프링클러설비를 포함한다)
　　　㉢ 화재조기진압용 스프링클러설비
　⑤ **물분무등소화설비**
　　　㉠ 물분무소화설비
　　　㉡ **미분무소화설비**
　　　㉢ 포소화설비
　　　㉣ 이산화탄소소화설비
　　　㉤ 할론소화설비
　　　㉥ 할로겐화합물 및 불활성기체(다른 원소와 화학반응을 일으키기 어려운 기체를 말한다)소화설비
　　　㉦ 분말소화설비
　　　㉧ **강화액소화설비**
　　　㉨ 고체에어로졸소화설비
　⑥ 옥외소화전설비

(2) **경보설비**
　화재발생 사실을 통보하는 기계·기구 또는 설비
　① 단독경보형 감지기
　② **비상경보설비**
　　　㉠ 비상벨설비
　　　㉡ 자동식사이렌설비
　③ 자동화재탐지설비
　④ 시각경보기
　⑤ 화재알림설비
　⑥ 비상방송설비
　⑦ 자동화재속보설비
　⑧ 통합감시시설
　⑨ 누전경보기
　⑩ 가스누설경보기

(3) 피난구조설비
화재가 발생할 경우 피난하기 위하여 사용하는 기구 또는 설비
① 피난기구
　㉠ 피난사다리
　㉡ 구조대
　㉢ 완강기
　㉣ 간이완강기
　㉤ 그 밖에 화재안전기준으로 정하는 것(공기안전매트, 승강식피난기, 하향식 피난구용 내림식사
　　다리, 다수인피난장비, 미끄럼대, 피난교, 피난용트랩)
② 인명구조기구
　㉠ 방열복, 방화복(안전모, 보호장갑, 안전화를 포함한다)
　㉡ 공기호흡기
　㉢ 인공소생기
③ 유도등
　㉠ 피난유도선
　㉡ 피난구유도등
　㉢ 통로유도등
　㉣ 객석유도등
　㉤ 유도표지
④ 비상조명등 및 휴대용 비상조명등

(4) 소화용수설비
화재를 진압하는 데 필요한 물을 공급하거나 저장하는 설비
① 상수도 소화용수설비
② 소화수조·저수조, 그 밖의 소화용수설비

(5) 소화활동설비
화재를 진압하거나 인명구조활동을 위하여 사용하는 설비
① 제연설비
② 연결송수관설비
③ 연결살수설비
④ 비상콘센트설비
⑤ 무선통신보조설비
⑥ 연소방지설비

10 특정소방대상물(영 별표 2)

(1) 공동주택
① 아파트 등 : 주택으로 쓰이는 층수가 5층 이상인 주택
② 연립주택 : 주택으로 쓰는 1개 동의 바닥면적(2개 이상의 동을 지하주차장으로 연결하는 경우에는 각각의 동으로 본다) 합계가 660[m^2]를 초과하고, 층수가 4개 층 이하인 주택
③ 다세대주택 : 주택으로 쓰는 1개 동의 바닥면적(2개 이상의 동을 지하주차장으로 연결하는 경우에는 각각의 동으로 본다) 합계가 660[m^2] 이하이고, 층수가 4개 층 이하인 주택
④ 기숙사 : 학교 또는 공장 등의 학생 또는 종업원 등을 위하여 쓰는 것으로서 1개 동의 공동취사시설 이용 세대수가 전체의 50[%] 이상인 것(학생복지주택, 공공매입임대주택 중 독립된 주거의 형태를 갖추지 않은 것을 포함한다)

(2) 근린생활시설
① 슈퍼마켓과 일용품(식품, 잡화, 의류, 완구, 서적, 건축자재, 의약품, 의료기기 등) 등의 소매점으로서 같은 건축물(하나의 대지에 두 동 이상의 건축물이 있는 경우에는 이를 같은 건축물로 본다)에 해당 용도로 쓰는 바닥면적의 합계가 1,000[m^2] 미만인 것
② 휴게음식점, 제과점, 일반음식점, 기원, 노래연습장 및 단란주점(단란주점은 같은 건축물에 해당 용도로 쓰는 바닥면적의 합계가 150[m^2] 미만인 것만 해당한다)
③ 이용원, 미용원, 목욕장 및 세탁소(공장에 부설된 것과 배출시설의 설치허가 또는 신고의 대상이 되는 것은 제외한다)
④ **의원, 치과의원, 한의원, 침술원, 접골원, 조산원, 산후조리원** 및 안마원(안마시술소를 포함한다)
⑤ 탁구장, 테니스장, 체육도장, 체력단련장, 에어로빅장, 볼링장, 당구장, 실내낚시터, 가상체험체육시설업, 물놀이형 시설, 그 밖에 이와 비슷한 것으로서 같은 건축물에 해당 용도로 쓰는 바닥면적의 합계가 500[m^2] 미만인 것
⑥ 공연장(극장, 영화상영관, 연예장, 음악당, 서커스장, 비디오물감상실업의 시설, 비디오물소극장업의 시설) 또는 종교집회장[교회, 성당, 사찰, 기도원, 수도원, 수녀원, 제실, 사당, 그 밖에 이와 비슷한 것을 말한다]으로서 같은 건축물에 해당 용도로 쓰는 바닥면적의 합계가 300[m^2] 미만인 것
⑦ 금융업소, 사무소, 부동산중개사무소, 결혼상담소 등 소개업소, 출판사, 서점, 그 밖에 이와 비슷한 것으로서 같은 건축물에 해당 용도로 쓰는 바닥면적의 합계가 500[m^2] 미만인 것
⑧ 제조업소, 수리점, 그 밖에 이와 비슷한 것으로서 같은 건축물에 해당 용도로 쓰는 바닥면적의 합계가 500[m^2] 미만인 것(배출시설의 설치허가 또는 신고의 대상인 것은 제외한다)
⑨ 청소년게임제공업 및 일반게임제공업의 시설, **인터넷컴퓨터게임시설제공업의 시설**, 복합유통게임제공업의 시설로서 같은 건축물에 해당 용도로 쓰는 바닥면적의 합계가 500[m^2] 미만인 것

⑩ **사진관, 표구점, 학원**(같은 건축물에 해당 용도로 쓰는 바닥면적의 합계가 500[m^2] 미만인 것만 해당되며, 자동차학원 및 무도학원은 제외한다), **독서실, 고시원**(다중이용업 중 고시원업의 시설로서 독립된 주거의 형태를 갖추지 않은 것으로서 같은 건축물에 해당 용도로 쓰는 바닥면적의 합계가 500[m^2] 미만인 것을 말한다), **장의사, 동물병원, 총포판매사**, 그 밖에 이와 비슷한 것
⑪ 의약품 판매소, 의료기기 판매소 및 자동차영업소로서 같은 건축물에 해당 용도로 쓰는 바닥면적의 합계가 1,000[m^2] 미만인 것

(3) 문화 및 집회시설
① 공연장으로서 근린생활시설(바닥면적의 합계가 300[m^2] 미만인 것)에 해당하지 않는 것
② **집회장** : 예식장, 공회당, 회의장, 마권 장외 발매소, 마권 전화투표소, 그 밖에 이와 비슷한 것으로서 근린생활시설에 해당하지 않는 것
③ **관람장** : 경마장, 경륜장, 경정장, 자동차 경기장, 그 밖에 이와 비슷한 것과 체육관 및 운동장으로서 관람석의 바닥면적의 합계가 1,000[m^2] 이상인 것
④ **전시장** : 박물관, 미술관, 과학관, 문화관, 체험관, 기념관, 산업전시장, 박람회장, 견본주택, 그 밖에 이와 비슷한 것
⑤ **동·식물원** : 동물원, 식물원, 수족관, 그 밖에 이와 비슷한 것

(4) 종교시설
① 종교집회장으로서 근린생활시설(바닥면적의 합계가 300[m^2] 미만인 것)에 해당하지 않는 것
② 종교집회장에 설치하는 봉안당

(5) 판매시설
① **도매시장** : 농수산물도매시장, 농수산물공판장, 그 밖에 이와 비슷한 것(그 안에 있는 근린생활시설을 포함한다)
② **소매시장** : 시장, 대규모점포, 그 밖에 이와 비슷한 것(그 안에 있는 근린생활시설을 포함한다)
③ **전통시장** : 전통시장(그 안에 있는 근린생활시설을 포함하며, 노점형시장은 제외한다)
④ **상점** : 다음의 어느 하나에 해당하는 것(그 안에 있는 근린생활시설을 포함한다)
　㉠ (2)의 ①에 해당하는 용도로서 같은 건축물에 해당 용도로 쓰는 바닥면적 합계가 1,000[m^2] 이상인 것
　㉡ (2)의 ⑨에 해당하는 용도로서 같은 건축물에 해당 용도로 쓰는 바닥면적 합계가 500[m^2] 이상인 것

(6) 운수시설
① 여객자동차터미널
② 철도 및 도시철도시설[정비창 등 관련 시설을 포함한다]

③ 공항시설(항공관제탑을 포함한다)
④ 항만시설 및 종합여객시설

(7) 의료시설
① **병원** : 종합병원, 병원, 치과병원, 한방병원, 요양병원
② **격리병원** : 전염병원, 마약진료소, 그 밖에 이와 비슷한 것
③ 정신의료기관
④ 장애인 의료재활시설

(8) 교육연구시설
① 학 교
　㉠ 초등학교, 중학교, 고등학교, 특수학교, 그 밖에 이에 준하는 학교 : 학교시설사업 촉진법 제2조 제1호 나목의 교사(校舍)(교실·도서실 등 교수·학습활동에 직접 또는 간접적으로 필요한 시설물을 말하되, 병설유치원으로 사용되는 부분은 제외한다), 체육관, 학교급식법 제6조에 따른 급식시설, 합숙소(학교의 운동부, 기능선수 등이 집단으로 숙식하는 장소를 말한다)
　㉡ 대학, 대학교, 그 밖에 이에 준하는 각종 학교 : 교사 및 합숙소
② 교육원(연수원, 그 밖에 이와 비슷한 것을 포함한다)
③ 직업훈련소
④ 학원(근린생활시설에 해당하는 것과 자동차운전학원·정비학원 및 무도학원은 제외한다)
⑤ 연구소(연구소에 준하는 시험소와 계량계측소를 포함한다)
⑥ 도서관

(9) 노유자시설
① 노인 관련 시설 : 노인주거복지시설, 노인의료복지시설, 노인여가복지시설, 주·야간보호서비스나 단기보호서비스를 제공하는 재가노인복지시설(장기요양기관을 포함한다), 노인보호전문기관, 노인일자리지원기관, 학대피해노인 전용쉼터, 그 밖에 이와 비슷한 것
② 아동 관련 시설 : 아동복지시설, **어린이집**, **유치원**(병설유치원을 포함한다), 그 밖에 이와 비슷한 것
③ 장애인 관련 시설 : 장애인 거주시설, 장애인 지역사회 재활시설(장애인 심부름센터, 한국수어통역센터, 점자도서 및 녹음서 출판시설 등 장애인이 직접 그 시설 자체를 이용하는 것을 주된 목적으로 하지 않는 시설은 제외한다), 장애인 직업재활시설, 그 밖에 이와 비슷한 것
④ 정신질환자 관련 시설 : 정신재활시설(생산품 판매시설은 제외한다), 정신요양시설, 그 밖에 이와 비슷한 것
⑤ 노숙인 관련 시설 : 노숙인복지시설(노숙인일시보호시설, 노숙인자활시설, 노숙인재활시설, 노숙인요양시설, 쪽방상담소만 해당한다), 노숙인종합지원센터 및 그 밖에 이와 비슷한 것

⑥ 사회복지시설 중 결핵환자 또는 한센인 요양시설 등 다른 용도로 분류되지 않는 것

[노유자생활시설의 구분 및 설치해야 하는 소방시설]

① 노유자생활시설(영 별표 4 1.마, 5) : 단독주택과 공동주택에 설치되는 시설은 제외한다.
  ㉠ 학대피해노인전용쉼터
  ㉡ 아동복지시설(아동상담소, 아동전용시설 및 지역아동센터는 제외한다)
  ㉢ 장애인 거주시설
  ㉣ 정신질환자 관련 시설(공동생활가정을 제외한 재활훈련시설과 종합시설 중 24시간 주거를 제공하지 않는 시설은 제외한다)
  ㉤ 노숙인 관련 시설 중 노숙인자활시설, 노숙인재활시설 및 노숙인요양시설
  ㉥ 결핵환자나 한센인이 24시간 생활하는 노유자시설
② 노유자생활시설에 설치해야 하는 소방시설
  ㉠ 소화기구
  ㉡ 간이스프링클러설비
  ㉢ 자동화재탐지설비
  ㉣ 자동화재속보설비
  ㉤ 피난기구
  ㉥ 피난구유도등, 통로유도등 및 유도표지

---

(10) 수련시설

① **생활권 수련시설** : 청소년수련관, 청소년문화의집, 청소년특화시설, 그 밖에 이와 비슷한 것
② **자연권 수련시설** : 청소년수련원, 청소년야영장, 그 밖에 이와 비슷한 것
③ 유스호스텔

(11) 운동시설

① 탁구장, 체육도장, 테니스장, 체력단련장, 에어로빅장, 볼링장, 당구장, 실내낚시터, 가상체험체육시설업, 물놀이형 시설, 그 밖에 이와 비슷한 것으로서 근린생활시설에 해당하지 않는 것
② 체육관으로서 관람석이 없거나 관람석의 바닥면적이 1,000[m^2] 미만인 것
③ 운동장 : 육상장, 구기장, 볼링장, 수영장, 스케이트장, 롤러스케이트장, 승마장, 사격장, 궁도장, 골프장 등과 이에 딸린 건축물로서 관람석이 없거나 관람석의 바닥면적이 1,000[m^2] 미만인 것

(12) 업무시설

① **공공업무시설** : 국가 또는 지방자치단체의 청사와 외국공관의 건축물로서 근린생활시설에 해당하지 않는 것
② **일반업무시설** : 금융업소, 사무소, 신문사, **오피스텔**(업무를 주로 하며, 분양하거나 임대하는 구획 중 일부의 구획에서 숙식을 할 수 있도록 한 건축물로서 국토교통부장관이 고시하는 기준에 적합한 것을 말한다), 그 밖에 이와 비슷한 것으로서 근린생활시설에 해당하지 않는 것

③ 주민자치센터(동사무소), 경찰서, 지구대, 파출소, **소방서, 119안전센터**, 우체국, 보건소, 공공도서관, 국민건강보험공단, 그 밖에 이와 비슷한 용도로 사용하는 것
④ 마을회관, 마을공동작업소, 마을공동구판장, 그 밖에 이와 유사한 용도로 사용되는 것
⑤ 변전소, 양수장, 정수장, 대피소, 공중화장실, 그 밖에 이와 유사한 용도로 사용되는 것

(13) 숙박시설

① 일반형 숙박시설 : 공중위생관리법 시행령 제4조 제1호에 따른 숙박업의 시설

> 숙박업(일반) : 손님이 잠을 자고 머물 수 있도록 시설(취사시설은 제외한다) 및 설비 등의 서비스를 제공하는 영업

② 생활형 숙박시설 : 공중위생관리법 시행령 제4조 제2호에 따른 숙박업의 시설

> 숙박업(생활) : 손님이 잠을 자고 머물 수 있도록 시설(취사시설을 포함한다) 및 설비 등의 서비스를 제공하는 영업

③ 고시원[근린생활시설(바닥면적의 합계가 500[m^2] 미만인 것)에 해당하지 않는 것을 말한다]

(14) 위락시설

① 단란주점으로서 근린생활시설(바닥면적의 합계가 150[m^2] 미만인 것)에 해당하지 않는 것
② 유흥주점, 그 밖에 이와 비슷한 것
③ 관광진흥법에 따른 테마파크업의 시설, 그 밖에 이와 비슷한 시설(근린생활시설에 해당하는 것은 제외한다)
④ 무도장 및 무도학원
⑤ 카지노영업소

(15) 공 장

물품의 제조·가공[세탁·염색·도장·표백·재봉·건조·인쇄 등을 포함한다] 또는 수리에 계속적으로 이용되는 건축물로서 근린생활시설, 위험물 저장 및 처리 시설, 항공기 및 자동차 관련 시설, 자원순환 관련 시설, 묘지 관련 시설 등으로 따로 분류되지 않는 것

(16) 창고시설

위험물 저장 및 처리시설 또는 그 부속용도에 해당하는 것은 제외한다.
① 창고(물품저장시설로서 냉장·냉동 창고를 포함한다)
② 하역장
③ 물류시설의 개발 및 운영에 관한 법률에 따른 물류터미널
④ 유통산업발전법 제2조 제15호에 따른 집배송시설

(17) 위험물 저장 및 처리시설
① 제조소 등
② **가스시설** : 산소 또는 가연성 가스를 제조·저장 또는 취급하는 시설 중 지상에 노출된 산소 또는 가연성 가스 탱크의 저장용량의 합계가 100[t] 이상이거나 저장용량이 30[t] 이상인 탱크가 있는 가스시설로서 다음의 어느 하나에 해당하는 것
 ㉠ 가스 제조시설
  ㉮ 고압가스 안전관리법에 따른 고압가스의 제조허가를 받아야 하는 시설
  ㉯ 도시가스사업법에 따른 도시가스사업 허가를 받아야 하는 시설
 ㉡ 가스 저장시설
  ㉮ 고압가스 안전관리법에 따른 고압가스 저장소의 설치허가를 받아야 하는 시설
  ㉯ 액화석유가스의 안전관리 및 사업법에 따른 액화석유가스 저장소의 설치 허가를 받아야 하는 시설
 ㉢ 가스 취급시설 : 액화석유가스의 안전관리 및 사업법에 따른 액화석유가스 충전사업 또는 액화석유가스 집단공급사업의 허가를 받아야 하는 시설

(18) 항공기 및 자동차 관련 시설
① 항공기격납고
② 차고, 주차용 건축물, 철골 조립식 주차시설(바닥면이 조립식이 아닌 것을 포함한다) 및 기계장치에 의한 주차시설
③ 세차장
④ 폐차장
⑤ 자동차검사장
⑥ 자동차매매장
⑦ 자동차정비공장
⑧ 운전학원·정비학원
⑨ 다음 건축물을 제외한 건축물 내부에 설치된 주차장
 ㉠ 단독주택
 ㉡ 공동주택 중 50세대 미만인 연립주택 또는 50세대 미만인 다세대주택
⑩ 여객자동차 운수사업법, 화물자동차 운수사업법 및 건설기계관리법에 따른 차고 및 주기장(駐機場)

(19) 동물 및 식물 관련 시설
① 축사[부화장을 포함한다]
② **가축시설** : 가축용 운동시설, 인공수정센터, 관리사(管理舍), 가축용 창고, 가축시장, 동물검역소, 실험동물 사육시설, 그 밖에 이와 비슷한 것

③ 도축장
④ 도계장
⑤ 작물 재배사(栽培舍)
⑥ 종묘배양시설
⑦ 화초 및 분재 등의 온실
⑧ 식물과 관련된 ⑤부터 ⑦까지의 시설과 비슷한 것(동·식물원은 제외한다)

(20) 자원순환 관련 시설
① 하수 등 처리시설
② 고물상
③ 폐기물재활용시설
④ 폐기물처분시설
⑤ 폐기물감량화시설

(21) 교정 및 군사시설
① 보호감호소, 교도소, 구치소 및 그 지소
② 보호관찰소, 갱생보호시설, 그 밖에 범죄자의 갱생·보호·교육·보건 등의 용도로 쓰는 시설
③ 치료감호시설
④ 소년원 및 소년분류심사원
⑤ 출입국관리법 제52조 제2항에 따른 보호시설
⑥ 경찰관 직무집행법 제9조에 따른 유치장
⑦ 국방·군사시설

(22) 방송통신시설
① 방송국(방송프로그램 제작시설 및 송수신·중계시설을 포함한다)
② 전신전화국
③ 촬영소
④ 통신용 시설
⑤ 데이터 센터
⑥ 그 밖에 ①부터 ⑤까지의 시설과 비슷한 것

(23) 발전시설
① 원자력발전소
② 화력발전소
③ 수력발전소(조력발전소를 포함한다)
④ 풍력발전소

⑤ 전기저장시설(20[kWh]를 초과하는 리튬·나트륨·레독스플로우 계열의 2차 전지를 이용한 전기저장장치의 시설을 말한다)
⑥ 그 밖에 ①부터 ⑤까지의 시설과 비슷한 것(집단에너지 공급시설을 포함한다)

(24) 묘지 관련 시설
① 화장시설
② 봉안당(종교시설의 봉안당은 제외한다)
③ 묘지와 자연장지에 부수되는 건축물
④ 동물화장시설, 동물건조장시설 및 동물 전용의 납골시설

(25) 관광휴게시설
① 야외음악당
② 야외극장
③ 어린이회관
④ 관망탑
⑤ 휴게소
⑥ 공원·유원지 또는 관광지에 부수되는 건축물

(26) 장례시설
① 장례식장[의료시설의 부수시설(의료법 제36조 제1호에 따른 의료기관의 종류에 따른 시설을 말한다)은 제외한다]
② 동물 전용의 장례식장

(27) 복합건축물
① 하나의 건축물 안에 특정소방대상물 중 둘 이상의 용도로 사용되는 것

> **Plus one**
> **둘 이상 사용하지만 복합건축물로 보지 않는 경우** 14 회 출제
> ① 관계 법령에서 주된 용도의 부수시설로서 그 설치를 의무화하고 있는 용도 또는 시설
> ② 주택법 제35조 제1항 제3호 및 제4호에 따라 주택 안에 부대시설 또는 복리시설이 설치되는 특정소방대상물
> ③ 건축물의 주된 용도의 기능에 필수적인 용도로서 다음의 어느 하나에 해당하는 용도
> ㉠ 건축물의 설비(전기저장시설을 포함한다), 대피 또는 위생을 위한 용도, 그 밖에 이와 비슷한 용도
> ㉡ 사무, 작업, 집회, 물품저장 또는 주차를 위한 용도, 그 밖에 이와 비슷한 용도
> ㉢ 구내식당·구내세탁소·구내운동시설 등 종업원후생복리시설(기숙사는 제외한다) 및 구내소각 시설의 용도, 그 밖에 이와 비슷한 용도

② 하나의 건축물이 근린생활시설, 판매시설, 업무시설, 숙박시설 또는 위락시설의 용도와 주택의 용도로 함께 사용되는 것

11 지하상가, 터널, 지하구(영 별표 2)

(1) 지하상가
지하의 인공구조물 안에 설치되어 있는 상점, 사무실, 그 밖에 이와 비슷한 시설이 연속하여 지하도에 면하여 설치된 것과 그 지하도를 합한 것

※ 시행령 별표 2의 특정소방대상물(30종류)의 지하층의 지하상가와 연결되어 있는 경우 해당 지하층의 부분을 지하상가로 본다.

> **Plus one**
> 지하상가로 보지 않는 이유
> 지하상가와 연결되는 지하층에 지하층 또는 지하상가에 설치된 자동방화셔터 또는 60분+ 방화문이 화재 시 경보설비 또는 자동소화설비의 작동과 연동하여 자동으로 닫히는 구조이거나 그 윗부분에 드렌처설비가 설치된 경우에는 지하상가로 보지 않는다.

(2) 터 널
① 차량(궤도차량은 제외한다) 등의 통행을 목적으로 지하, 수저 또는 산을 뚫어서 만든 것
② 방음터널

(3) 지하구
① 전력·통신용의 전선이나 가스·냉난방용의 배관 또는 이와 비슷한 것을 집합수용하기 위하여 설치한 지하 인공구조물로서 사람이 점검 또는 보수를 하기 위하여 출입이 가능한 것 중 다음의 어느 하나에 해당하는 것
  ㉠ 전력 또는 통신사업용 지하 인공구조물로서 전력구(케이블 접속부가 없는 경우에는 제외한다) 또는 통신구 방식으로 설치된 것
  ㉡ ㉠ 외의 지하 인공구조물로서 폭이 1.8[m] 이상이고 높이가 2[m] 이상이며 길이가 50[m] 이상인 것
② 공동구

12 하나와 별개의 특정소방대상물 구분(영 별표 2) 10 회 출제

(1) 별개의 특정소방대상물
내화구조로 된 하나의 특정소방대상물이 개구부 및 연소 확대 우려가 없는 내화구조의 바닥과 벽으로 구획되어 있는 경우에는 그 구획된 부분을 각각 별개의 특정소방대상물로 본다. 다만, 소방시설법 영 제9조에 따라 성능위주설계를 해야 하는 범위를 정할 때에는 하나의 특정소방대상물로 본다.

(2) 둘 이상의 특정소방대상물을 하나의 특정소방대상물로 보는 경우 **25** 회 출제
  ① 내화구조로 된 연결통로가 다음의 어느 하나에 해당되는 경우
    ㉠ 벽이 없는 구조로서 그 길이가 6[m] 이하인 경우
    ㉡ 벽이 있는 구조로서 그 길이가 10[m] 이하인 경우. 다만, 벽 높이가 바닥에서 천장까지의 높이의 1/2 이상인 경우에는 벽이 있는 구조로 보고, 벽 높이가 바닥에서 천장까지의 높이의 1/2 미만인 경우에는 벽이 없는 구조로 본다.
  ② 내화구조가 아닌 연결통로로 연결된 경우
  ③ 컨베이어로 연결되거나 플랜트설비의 배관 등으로 연결되어 있는 경우
  ④ 지하보도, 지하상가, 터널로 연결된 경우
  ⑤ 자동방화셔터 또는 60분+ 방화문이 설치되지 않은 피트(전기설비 또는 배관설비 등이 설치된 공간을 말한다)로 연결된 경우
  ⑥ 지하구로 연결된 경우

(3) 연결통로 또는 지하구와 특정소방대상물의 양쪽에 별개의 특정소방대상물로 보는 경우
  ① 화재 시 경보설비 또는 자동소화설비의 작동과 연동하여 자동으로 닫히는 자동방화셔터 또는 60분+ 방화문이 설치된 경우
  ② 화재 시 자동으로 방수되는 방식의 드렌처설비 또는 개방형 스프링클러헤드가 설치된 경우

13 임시소방시설의 종류와 설치기준

(1) **화재위험작업**(영 제18조)
  다음에 해당하는 인화성 물품을 취급하는 작업 등 대통령령으로 정하는 작업(화재위험작업)
  ① 인화성·가연성·폭발성 물질을 취급하거나 가연성 가스를 발생시키는 작업
  ② 용접·용단(금속·유리·플라스틱 따위를 녹여서 절단하는 일을 말한다) 등 불꽃을 발생시키거나 화기를 취급하는 작업
  ③ 전열기구, 가열전선 등 열을 발생시키는 기구를 취급하는 작업
  ④ 알루미늄, 마그네슘 등을 취급하여 폭발성 부유분진(공기 중에 떠다니는 미세한 입자를 말한다)을 발생시킬 수 있는 작업
  ⑤ ①부터 ④까지와 비슷한 작업으로 소방청장이 정하여 고시하는 작업

(2) **임시소방시설의 종류**(영 별표 8)
  ① 소화기
  ② 간이소화장치 : 물을 방사하여 화재를 진화할 수 있는 장치로서 소방청장이 정하는 성능을 갖추고 있을 것

③ 비상경보장치 : 화재가 발생한 경우 주변에 있는 작업자에게 화재사실을 알릴 수 있는 장치로서 소방청장이 정하는 성능을 갖추고 있을 것
④ 가스누설경보기 : 가연성 가스가 누설되거나 발생된 경우 이를 탐지하여 경보하는 장치로서 법 제37조에 따른 형식승인 및 제품검사를 받은 것
⑤ 간이피난유도선 : 화재가 발생한 경우 피난구 방향을 안내할 수 있는 장치로서 소방청장이 정하는 성능을 갖추고 있을 것
⑥ 비상조명등 : 화재가 발생한 경우 안전하고 원활한 피난활동을 할 수 있도록 자동 점등되는 조명장치로서 소방청장이 정하는 성능을 갖추고 있을 것
⑦ 방화포 : 용접·용단 등의 작업 시 발생하는 불티로부터 가연물이 점화되는 것을 방지해주는 천 또는 불연성 물품으로서 소방청장이 정하는 성능을 갖추고 있을 것

(3) 임시소방시설을 설치해야 하는 공사의 종류와 규모(영 별표 8)
① 소화기 : 건축허가 등을 할 때 소방본부장 또는 소방서장의 동의를 받아야 하는 특정소방대상물의 신축·증축·개축·재축·이전·용도변경 또는 대수선 등을 위한 공사 중 화재위험작업의 현장에 설치한다.
② 간이소화장치 : 다음의 어느 하나에 해당하는 공사의 화재위험작업현장에 설치한다.
  ㉠ 연면적 3,000[m²] 이상
  ㉡ 지하층, 무창층 또는 4층 이상의 층. 이 경우 해당 층의 바닥면적이 600[m²] 이상인 경우만 해당한다.
③ 비상경보장치 : 다음의 어느 하나에 해당하는 공사의 화재위험작업현장에 설치한다.
  ㉠ 연면적 400[m²] 이상
  ㉡ 지하층 또는 무창층. 이 경우 해당 층의 바닥면적이 150[m²] 이상인 경우만 해당한다.
④ 가스누설경보기 : 바닥면적이 150[m²] 이상인 지하층 또는 무창층의 화재위험작업현장에 설치한다.
⑤ 간이피난유도선 : 바닥면적이 150[m²] 이상인 지하층 또는 무창층의 화재위험작업현장에 설치한다.
⑥ 비상조명등 : 바닥면적이 150[m²] 이상인 지하층 또는 무창층의 화재위험작업현장에 설치한다.
⑦ 방화포 : 용접·용단 작업이 진행되는 화재위험작업현장에 설치한다.

(4) 임시소방시설을 설치한 것으로 보는 소방시설(영 별표 8) **15** 회 출제
① 간이소화장치를 설치한 것으로 보는 소방시설 : **소방청장이 정하여 고시하는 기준에 맞는 소화기**(연결송수관설비의 방수구 인근에 설치한 경우로 한정한다) 또는 옥내소화전설비
② 비상경보장치를 설치한 것으로 보는 소방시설 : 비상방송설비 또는 자동화재탐지설비
③ 간이피난유도선을 설치한 것으로 보는 소방시설 : 피난유도선, 피난구유도등, 통로유도등 또는 비상조명등

14 소방용품(영 별표 3) 　14　회 출제

(1) 소화설비를 구성하는 제품 또는 기기
　① 소화기구(소화약제 외의 것을 이용한 간이소화용구는 제외한다)
　② 자동소화장치
　③ 소화설비를 구성하는 소화전, 관창, 소방호스, 스프링클러헤드, 기동용 수압개폐장치, 유수제어밸브 및 가스관선택밸브

(2) 경보설비를 구성하는 제품 또는 기기
　① 누전경보기 및 가스누설경보기
　② 경보설비를 구성하는 발신기, 수신기, 중계기, 감지기 및 음향장치(경종만 해당한다)

(3) 피난구조설비를 구성하는 제품 또는 기기
　① 피난사다리, 구조대, 완강기(지지대를 포함한다), 간이완강기(지지대를 포함한다)
　② 공기호흡기(충전기를 포함한다)
　③ 피난구유도등, 통로유도등, 객석유도등 및 예비전원이 내장된 비상조명등

(4) 소화용으로 사용하는 제품 또는 기기
　① 소화약제(별표 1 제1호 나목 2)와 3)의 자동소화장치와 같은 호 마목 3)부터 9)까지의 소화설비용만 해당)

> [별표 1 제1호 나목 2)와 3)]
> 2) 상업용 주방자동소화장치
> 3) 캐비닛형 자동소화장치
>
> [별표 1 제1호 마목 3)부터 9)]
> 3) 포소화설비
> 4) 이산화탄소소화설비
> 5) 할론소화설비
> 6) 할로겐화합물 및 불활성기체(다른 원소와 화학반응을 일으키기 어려운 기체를 말한다) 소화설비
> 7) 분말소화설비
> 8) 강화액소화설비
> 9) 고체에어로졸소화설비

　② 방염제(방염액・방염도료 및 방염성 물질을 말한다)

(5) 그 밖에 행정안전부령으로 정하는 소방 관련 제품 또는 기기

15 성능인증 대상 소방용품[소방용품의 품질관리 등에 관한 규칙(별표 7)]

① 축광표지
② 예비전원
③ 비상콘센트설비
④ 표시등
⑤ 소화전함
⑥ 스프링클러설비신축배관(가지관과 스프링클러헤드를 연결하는 플렉시블 파이프를 말한다)
⑦ 소방용전선(내화전선 및 내열전선)
⑧ 탐지부
⑨ 지시압력계
⑩ 공기안전매트
⑪ 소방용 밸브(개폐표시형밸브, 릴리프밸브, 풋밸브)
⑫ 소방용 스트레이너
⑬ 소방용 압력스위치
⑭ 소방용 합성수지배관
⑮ 비상경보설비의 축전지
⑯ 자동화재속보설비의 속보기
⑰ 소화설비용 헤드(물분무헤드, 분말헤드, 포헤드, 살수헤드)
⑱ 방수구
⑲ 소화기가압용 가스용기
⑳ 소방용흡수관
㉑ 그 밖에 소방청장이 고시하는 소방용품[성능인증의 대상이 되는 소방용품의 품목에 관한 고시 제2조(성능인증의 대상이 되는 소방용품의 품목)] **17 회 출제**

㉠ 분기배관	㉡ 포소화약제 혼합장치
㉢ **가스계소화설비 설계프로그램**	㉣ 시각경보장치
㉤ **자동차압급기댐퍼**	㉥ 자동폐쇄장치
㉦ **가압수조식 가압송수장치**	㉧ 피난유도선
㉨ 방염제품	㉩ 다수인 피난장비
㉪ **캐비닛형 간이스프링클러설비**	㉫ 승강식피난기
㉬ 미분무헤드	㉭ 방열복
㉮ **상업용 주방자동소화장치**	㉯ 압축공기포헤드
㉰ **압축공기포 혼합장치**	㉱ 플랩댐퍼
㉲ 비상문자동개폐장치	㉳ 가스계소화설비용 수동식 기동장치
㉴ 휴대용 비상조명등	㉵ 소방전원공급장치

㉔ 호스릴이산화탄소 소화장치　　㉕ 과압배출구
㉖ 흔들림방지버팀대　　㉗ 소방용 수격흡수기
㉘ 소방용행거　　㉙ 간이형수신기
ⓐ 방화포　　ⓑ 간이소화장치
ⓒ 유량측정장치　　ⓓ 배출댐퍼
ⓔ 송수구

> 자동차압・과압조절형급기댐퍼가 22. 12. 01 이후에 자동차압급기댐퍼로 개정되었음을 알려드립니다.

16 소방시설 등의 자체점검의 구분・대상・점검인원, 점검자격・점검방법 등
`07` `12` `13` `22` 회 출제

(1) 자체점검 구분(규칙 별표 3)
① **작동점검** : 소방시설 등을 인위적으로 조작하여 소방시설이 정상적으로 작동하는지를 소방청장이 정하여 고시하는 소방시설 등 작동점검표에 따라 점검하는 것
② **종합점검** : 소방시설 등의 작동점검을 포함하여 소방시설 등의 설비별 주요 구성 부품의 구조기준이 화재안전기준과 **건축법 등 관련 법령에서 정하는 기준**에 적합한지 여부를 소방청장이 정하여 고시하는 소방시설 등 종합점검표에 따라 점검하는 것을 말하며, 다음과 같이 구분한다.
　㉠ **최초점검** : 소방시설이 신설된 경우 건축법 제22조에 따라 건축물을 사용할 수 있게 된 날부터 60일 이내 점검하는 것을 말한다. `24` 회 출제
　㉡ **그 밖의 종합점검** : 최초점검을 제외한 종합점검을 말한다.

(2) 작동점검(규칙 별표 3)

구 분	내 용
대 상	영 제5조에 따른 특정소방대상물을 대상으로 한다. 다만, 다음의 어느 하나에 해당하는 특정소방대상물은 제외한다. 1. 특정소방대상물 중 화재의 예방 및 안전관리에 관한 법률 제24조 제1항에 해당하지 않는 특정소방대상물(소방안전관리자를 선임하지 않는 대상을 말한다) 2. 위험물안전관리법 제2조 제6호에 따른 제조소 등 3. 화재의 예방 및 안전관리에 관한 법률 시행령 별표 4 제1호 가목의 특급소방안전관리대상물
점검자의 자격	1. 간이스프링클러설비(주택전용 간이스프링클러설비는 제외한다) 또는 같은 표 제2호 다목의 자동화재탐지설비가 설치된 특정소방대상물 　㉠ 관계인 　㉡ 관리업에 등록된 기술인력 중 소방시설관리사 　㉢ 소방시설공사업법 시행규칙 별표 4의2에 따른 특급점검자 　㉣ 소방안전관리자로 선임된 소방시설관리사 및 소방기술사 2. 1.에 해당하지 않는 특정소방대상물 　㉠ 관리업에 등록된 소방시설관리사 　㉡ 소방안전관리자로 선임된 소방시설관리사 및 소방기술사

구 분	내 용
점검횟수	연 1회 이상 실시한다.
점검시기	1. 종합점검대상 : 종합점검(최초점검은 제외한다)을 받은 달부터 6개월이 되는 달에 실시한다. 2. 아래 기준일로 점검한다. 　1.에 해당하지 않는 특정소방대상물은 사용승인일이 속하는 달의 말일까지 실시한다. 　㉠ 특정소방대상물의 경우 : 사용승인일(건축물의 경우에는 건축물관리대장 또는 건물 등기사항증명서에 기재되어 있는 날 　㉡ 시설물의 경우 : 시설물의 안전 및 유지관리에 관한 특별법 제55조 제1항에 따른 시설물통합정보관리체계에 저장·관리되고 있는 날 　㉢ 건축물관리대장, 건물 등기사항증명서 및 시설물통합정보관리체계를 통해 확인되지 않는 경우 : 소방시설완공검사증명서에 기재된 날 　※ 건축물관리대장 또는 건물 등기사항증명서 등에 기입된 날이 서로 다른 경우에는 건축물관리대장에 기재되어 있는 날을 기준으로 점검한다.

(3) 종합점검(규칙 별표 3)

구 분	내 용
대 상	1. 법 제22조 제1항 제1호에 해당하는 특정소방대상물의 소방시설 등이 신설된 경우(신축 건축물) 2. **스프링클러설비**가 설치된 특정소방대상물 3. **물분무등소화설비**[호스릴방식의 물분무등소화설비만을 설치한 경우는 제외한다]가 설치된 **연면적 5,000[m²]** 이상인 특정소방대상물(제조소 등은 제외한다) 4. 다중이용업소의 안전관리에 관한 특별법 시행령 제2조 제1호 나목[**단란주점영업과 유흥주점영업**], 같은 조 제2호[**영화상영관, 비디오감상실업, 복합영상물제공업**(비디오물소극장업은 제외)]·제6호[**노래연습장업**]·제7호(**산후조리업**)·제7호의2(**고시원업**) 및 제7호의5(**안마시술소**)의 다중이용업의 영업장이 설치된 특정소방대상물로서 **연면적이 2,000[m²] 이상**인 것 5. **제연설비가 설치된 터널** 6. 공공기관의 소방안전관리에 관한 규정 제2조에 따른 **공공기관** 중 연면적(터널·지하구의 경우 그 길이와 평균 폭을 곱하여 계산된 값을 말한다)이 **1,000[m²] 이상**인 것으로서 **옥내소화전설비** 또는 **자동화재탐지설비**가 설치된 것. 다만, 소방기본법 제2조 제5호에 따른 소방대가 근무하는 공공기관은 제외한다.
점검자의 자격	다음 어느 하나에 해당하는 기술인력이 점검할 수 있다. 이 경우 별표 4에 따른 점검인력 배치기준을 준수해야 한다. 1. 관리업에 등록된 소방시설관리사 2. 소방안전관리자로 선임된 소방시설관리사 및 소방기술사
점검횟수	1. 연 1회 이상(화재의 예방 및 안전관리에 관한 법률 시행령 별표 4 제1호 가목의 특급소방안전관리대상물의 경우에는 반기에 1회 이상) 실시한다. 2. 1.에도 불구하고 소방본부장 또는 소방서장은 소방청장이 소방안전관리가 우수하다고 인정한 특정소방대상물에 대해서는 3년의 범위에서 소방청장이 고시하거나 정한 기간 동안 종합점검을 면제할 수 있다. 다만, 면제기간 중 화재가 발생한 경우는 제외한다.
점검시기	1. 소방시설 등이 신설된 경우 : 건축법 제22조에 따라 건축물을 사용할 수 있게 된 날부터 60일 이내 실시한다. 2. 1.을 제외한 특정소방대상물은 건축물의 사용승인일이 속하는 달에 실시한다. 다만, 공공기관의 안전관리에 관한 규정 제2조 제2호(국공립학교) 또는 제5호(사립학교)에 따른 학교의 경우에는 해당 건축물의 사용승인일이 1월에서 6월 사이에 있는 경우에는 6월 30일까지 실시할 수 있다. 3. 건축물 사용승인일 이후 "대상" 4.에 따라 종합점검 대상에 해당하게 된 때에는 그 다음 해부터 실시한다. 4. 하나의 대지경계선 안에 2개 이상의 자체점검 대상 건축물이 있는 경우에는 그 건축물 중 사용승인일이 가장 빠른 연도의 건축물의 사용승인일을 기준으로 점검할 수 있다.

(4) 자체점검 결과의 조치 중 중대위반사항(영 제34조) 23 회 출제
① 소화펌프(가압송수장치를 포함한다), 동력·감시 제어반 또는 소방시설용 전원(비상전원을 포함한다)의 고장으로 소방시설이 작동되지 않는 경우
② 화재 수신기의 고장으로 화재경보음이 자동으로 울리지 않거나 화재 수신기와 연동된 소방시설의 작동이 불가능한 경우
③ 소화배관 등이 폐쇄·차단되어 소화수(消火水) 또는 소화약제가 자동 방출되지 않는 경우
④ 방화문 또는 자동방화셔터가 훼손되거나 철거되어 본래의 기능을 못하는 경우

(5) 자체점검 결과의 조치 등(규칙 제23조, 제25조) 24 회 출제
① 관리업자 또는 소방안전관리자로 선임된 소방시설관리사 및 소방기술사(관리업자 등)가 자체점검을 실시한 경우 : **점검이 끝난 날부터 10일 이내**에 소방시설 등 자체점검 실시결과 보고서(전자문서로 된 보고서를 포함한다)에 소방청장이 정하여 고시하는 소방시설 등 점검표를 첨부하여 **관계인에게 제출**해야 한다.
② 자체점검 실시결과 보고서를 제출받거나 스스로 자체점검을 실시한 **관계인**은 자체점검이 끝난 날부터 **15일 이내**에 자체점검 실시결과 보고서에 다음 서류를 첨부하여 **소방본부장** 또는 **소방서장**에게 **서면**이나 소방청장이 지정하는 전산망을 통하여 보고해야 한다.
　㉠ 점검인력 배치확인서(관리업자가 점검한 경우만 해당한다)
　㉡ 별지 제10호 서식의 소방시설 등의 자체점검 결과 이행계획서
③ 자체점검 실시결과의 보고기간에는 공휴일 및 토요일은 산입하지 않는다.
④ 소방시설 등 자체점검 실시결과 보고서(소방시설 등 점검표를 포함한다)를 점검이 끝난 날부터 2년간 자체 보관해야 한다.
⑤ **자체점검 결과에 따른 이행계획의 완료기간**
　㉠ 소방시설 등을 구성하고 있는 기계·기구를 **수리하거나 정비**하는 경우 : **보고일부터 10일** 이내
　㉡ 소방시설 등의 전부 또는 일부를 **철거하고 새로 교체**하는 경우 : **보고일부터 20일 이내**
⑥ 자체점검 결과 보고를 마친 관계인은 보고한 날부터 10일 이내에 소방시설 등 자체점검기록표를 작성하여 특정소방대상물의 출입자가 쉽게 볼 수 있는 장소에 **30일 이상 게시**해야 한다.

(6) 기타 점검방법(규칙 별표 3)
① 공공기관의 소방안전관리에 관한 규정 제2조에 따른 공공기관의 장은 공공기관에 설치된 소방시설 등의 유지·관리상태를 맨눈 또는 신체감각을 이용하여 점검하는 외관점검을 월 1회 이상 실시(작동점검 또는 종합점검을 실시한 달에는 실시하지 않을 수 있다)하고, 그 점검 결과를 2년간 자체 보관해야 한다. 이 경우 외관점검의 점검자는 해당 특정소방대상물의 관계인, 소방안전관리자 또는 관리업자(소방시설관리사를 포함하여 등록된 기술인력을 말한다)로 해야 한다.

② 공동주택(아파트 등으로 한정한다) 세대별 점검방법 **25 회 출제**

㉠ 관리자(관리소장, 입주자대표회의 및 소방안전관리자를 포함한다) 및 입주민(세대 거주자를 말한다)은 **2년 주기**로 모든 세대에 대하여 점검을 해야 한다.

㉡ ㉠에도 불구하고 아날로그감지기 등 특수감지기가 설치되어 있는 경우에는 수신기에서 원격 점검할 수 있으며, 점검할 때마다 모든 세대를 점검해야 한다. 다만, 자동화재탐지설비의 선로 단선이 확인되는 때에는 단선이 난 세대 또는 그 경계구역에 대하여 현장점검을 해야 한다.

㉢ 관리자는 수신기에서 원격 점검이 불가능한 경우 매년 **작동점검만** 실시하는 **공동주택은 1회 점검 시마다 전체 세대수의 50[%] 이상**, **종합점검**을 실시하는 **공동주택은 1회 점검 시마다 전체 세대수의 30[%] 이상** 점검하도록 자체점검 계획을 수립·시행해야 한다.

㉣ 관리자 또는 해당 공동주택을 점검하는 관리업자는 입주민이 세대 내에 설치된 소방시설 등을 스스로 점검할 수 있도록 소방청 또는 사단법인 한국소방시설관리협회의 홈페이지에 게시되어 있는 공동주택 세대별 점검 동영상을 입주민이 시청할 수 있도록 안내하고, 점검서식(별지 제36호 서식 소방시설 외관점검표를 말한다)을 사전에 배부해야 한다.

㉤ 입주민은 점검서식에 따라 스스로 점검하거나 관리자 또는 관리업자로 하여금 대신 점검하게 할 수 있다. 입주민이 스스로 점검한 경우에는 그 점검 결과를 관리자에게 제출하고 관리자는 그 결과를 관리업자에게 알려주어야 한다.

㉥ 관리자는 관리업자로 하여금 세대별 점검을 하고자 하는 경우에는 사전에 점검 일정을 입주민에게 사전에 공지하고 세대별 점검 일자를 파악하여 관리업자에게 알려주어야 한다. 관리업자는 사전 파악된 일정에 따라 세대별 점검을 한 후 관리자에게 점검 현황을 제출해야 한다.

㉦ 관리자는 관리업자가 점검하기로 한 세대에 대하여 입주민의 사정으로 점검을 하지 못한 경우 입주민이 스스로 점검할 수 있도록 다시 안내해야 한다. 이 경우 입주민이 관리업자로 하여금 다시 점검받기를 원하는 경우 관리업자로 하여금 추가로 점검하게 할 수 있다.

㉧ 관리자는 세대별 점검현황(입주민 부재 등 불가피한 사유로 점검을 하지 못한 세대 현황을 포함한다)을 작성하여 자체점검이 끝난 날부터 2년간 자체 보관해야 한다.

(7) 소방시설 자체점검 점검자의 기술등급

① 기술자격에 따른 기술등급(소방시설공사업법 규칙 별표 4의2)

구 분	기술자격
특급점검자	• 소방시설관리사, 소방기술사 • 소방설비기사 자격을 취득한 후 8년 이상 소방 관련 업무를 수행한 사람 • 소방설비산업기사 자격을 취득한 후 소방시설관리업체에서 10년 이상 점검업무를 수행한 사람
고급점검자	• 소방설비기사 자격을 취득한 후 5년 이상 소방 관련 업무를 수행한 사람 • 소방설비산업기사 자격을 취득한 후 8년 이상 소방 관련 업무를 수행한 사람 • 건축설비기사, 건축기사, 공조냉동기계기사, 일반기계기사, 위험물기능장 자격을 취득한 후 15년 이상 소방 관련 업무를 수행한 사람

구 분	기술자격
중급점검자	• 소방설비기사 자격을 취득한 사람 • 소방설비산업기사 자격을 취득한 후 3년 이상 소방 관련 업무를 수행한 사람 • 건축설비기사, 건축기사, 공조냉동기계기사, 일반기계기사, 위험물기능장, 전기기사, 전기공사기사, 전파전자통신기사, 정보통신기사 자격을 취득한 후 10년 이상 소방 관련 업무를 수행한 사람
초급점검자	• 소방설비산업기사 자격을 취득한 사람 • 가스기능장, 전기기능장, 위험물기능장 자격을 취득한 사람 • 건축기사, 건축설비기사, 건설기계설비기사, 일반기계기사, 공조냉동기계기사, 화공기사, 가스기사, 전기기사, 전기공사기사, 산업안전기사, 위험물산업기사 자격을 취득한 사람 • 건축산업기사, 건축설비산업기사, 건설기계설비산업기사, 공조냉동기계산업기사, 화공산업기사, 가스산업기사, 전기산업기사, 전기공사산업기사, 산업안전산업기사, 위험물기능사 자격을 취득한 사람

② 학력·경력에 따른 기술등급(소방시설공사업법 규칙 별표 4의2)

구 분	학력·경력자	경력자
고급점검자	• 학사 이상의 학위를 취득한 후 9년 이상 소방 관련 업무를 수행한 사람 • 전문학사학위를 취득한 후 12년 이상 소방 관련 업무를 수행한 사람	• 학사 이상의 학위를 취득한 후 12년 이상 소방 관련 업무를 수행한 사람 • 전문학사학위를 취득한 후 15년 이상 소방 관련 업무를 수행한 사람 • 22년 이상 소방 관련 업무를 수행한 사람
중급점검자	• 학사 이상의 학위를 취득한 후 6년 이상 소방 관련 업무를 수행한 사람 • 전문학사학위를 취득한 후 9년 이상 소방 관련 업무를 수행한 사람 • 고등학교를 졸업한 후 12년 이상 소방 관련 업무를 수행한 사람	• 학사 이상의 학위를 취득한 후 9년 이상 소방 관련 업무를 수행한 사람 • 전문학사학위를 취득한 후 12년 이상 소방 관련 업무를 수행한 사람 • 고등학교를 졸업한 후 15년 이상 소방 관련 업무를 수행한 사람 • 18년 이상 소방 관련 업무를 수행한 사람
초급점검자	고등교육법 제2조 제1호부터 제6호까지에 해당하는 학교에서 제1호 나목에 해당하는 학과 또는 고등학교 소방학과를 졸업한 사람	• 4년제 대학 이상 또는 이와 같은 수준 이상의 교육기관을 졸업한 후 1년 이상 소방 관련 업무를 수행한 사람 • 전문대학 또는 이와 같은 수준 이상의 교육기관을 졸업한 후 3년 이상 소방 관련 업무를 수행한 사람 • 5년 이상 소방 관련 업무를 수행한 사람 • 3년 이상 제1호 다목2)에 해당하는 경력이 있는 사람 [제1호 다목 2)] 2) 소방공무원으로서 다음 어느 하나에 해당하는 업무를 수행한 경력 가) 건축허가 등의 동의 관련 업무 나) 소방시설 착공·감리·완공검사 관련 업무 다) 위험물 설치허가 및 완공검사 관련 업무 라) 다중이용업소 완비증명서 발급 및 방염 관련 업무 마) 소방시설점검 및 화재안전조사 관련 업무 바) 가)부터 마)까지의 업무와 관련된 법령의 제도개선 및 지도·감독 관련 업무

[비 고]
1. 동일한 기간에 수행한 경력이 두 가지 이상의 자격 기준에 해당하는 경우에는 하나의 자격 기준에 대해서만 그 기간을 인정하고 기간이 중복되지 않는 경우에는 각각의 기간을 경력으로 인정한다. 이 경우 동일 기술등급의 자격 기준별 경력기간을 해당 경력기준기간으로 나누어 합한 값이 1 이상이면 해당 기술등급의 자격 기준을 갖춘 것으로 본다.
2. 위 표에서 "학력·경력자"란 고등학교·대학 또는 이와 같은 수준 이상의 교육기관에서 제1호 나목에 해당하는 학과의 정해진 교육과정을 이수하고 졸업하거나 그 밖의 관계 법령에 따라 국내 또는 외국에서 이와 같은 수준 이상의 학력이 있다고 인정되는 사람을 말한다.
3. 위 표에서 "경력자"란 제1호 나목의 학과(소방 관련 학과) 외의 학과를 졸업하고 소방 관련 업무를 수행한 사람을 말한다.
4. 소방시설 자체점검 점검자의 경력 산정 시에는 소방시설관리업에서 소방시설의 점검 및 유지·관리 업무를 수행한 경력에 **1.2를 곱하여 계산된 값을 소방 관련 업무 경력에 산입한다.**

(8) 소방시설별 자체점검 장비(규칙 별표 3) 01 03 12 19 22 회 출제

소방시설	점검장비	규 격
모든 소방시설	방수압력측정계, 절연저항계(절연저항측정기), 전류전압측정계	
소화기구	저 울	
옥내소화전설비, 옥외소화전설비	소화전밸브압력계	
스프링클러설비, 포소화설비	헤드결합렌치(볼트, 너트, 나사 등을 죄거나 푸는 공구)	
이산화탄소소화설비, 분말소화설비, 할론소화설비, 할로겐화합물 및 불활성기체 소화설비	검량계, 기동관누설시험기, 그 밖에 소화약제의 저장량을 측정할 수 있는 점검기구	
자동화재탐지설비, 시각경보기	열감지기시험기, 연(煙)감지기시험기, 공기주입시험기, 감지기시험기연결막대, 음량계	
누전경보기	누전계	누전전류 측정용
무선통신보조설비	무선기	통화시험용
제연설비	풍속풍압계, 폐쇄력측정기, 차압계(압력차 측정기)	
통로유도등, 비상조명등	조도계(밝기 측정기)	최소 눈금이 0.1[lx] 이하인 것

[비 고]
1. 신축·증축·개축·재축·이전·용도변경 또는 대수선 등으로 소방시설이 새로 설치된 경우에는 해당 특정소방대상물의 소방시설 전체에 대하여 실시한다.
2. 작동점검 및 종합점검(최초점검은 제외한다)은 건축물 사용승인 후 그 다음 해부터 실시한다.
3. 특정소방대상물이 증축·용도변경 또는 대수선 등으로 사용승인일이 달라지는 경우 사용승인일이 빠른 날을 기준으로 자체점검을 실시한다.

17 소방시설 등의 자체점검 시 점검인력 배치기준(규칙 별표 4)

(1) 점검인력 1단위

① 관리업자가 점검하는 경우 : 주된 점검인력인 특급점검자 1명 + 보조점검인력(영 별표 9에 따른 주된 기술인력 또는 보조기술인력) 2명[보조점검인력으로 2명(같은 건축물을 점검할 때는 4명) 이내의 주된 기술인력 또는 보조기술인력을 추가할 수 있다]

② 소방안전관리자로 선임된 소방시설관리사 또는 소방기술사가 점검하는 경우 : 주된 점검인력인 소방시설관리사 또는 소방기술사 중 1명 + 보조점검인력 2명(점검인력 1단위에 2명 이내의 보조점검인력을 추가할 수 있다)

※ 보조점검인력 : 해당 특정소방대상물의 관계인, 소방안전관리보조자 또는 관리업자 소속의 소방기술인력

③ 관계인이 점검하는 경우 : 주된 점검인력인 관계인 1명 + 보조점검인력 2명

※ 보조점검인력 : 해당 특정소방대상물의 관계인, 소방안전관리자, 소방안전관리보조자, 관리업자 소속의 소방기술인력

(2) 점검인력의 배치기준(규칙 별표 4)

구 분	주된 점검인력	보조점검인력
가. 50층 이상 또는 성능위주설계를 한 특정소방대상물	소방시설관리사 경력 5년 이상인 특급점검자 1명 이상	고급점검자 이상의 기술인력 1명 이상 및 중급점검자 이상의 기술인력 1명 이상
나. **특급 소방안전관리대상물**(가목의 특정소방대상물은 제외한다)	소방시설관리사 경력 3년 이상인 특급점검자 1명 이상	고급점검자 이상의 기술인력 1명 이상 및 초급점검자 이상의 기술인력 1명 이상
다. 1급 또는 2급 소방안전관리대상물	소방시설관리사 경력 1년 이상인 특급점검자 1명 이상	중급점검자 이상의 기술인력 1명 이상 및 초급점검자 이상의 기술인력 1명 이상
라. 3급 소방안전관리대상물	특급점검자 1명 이상	초급점검자 이상의 기술인력 2명 이상

[비 고]
1. "주된 점검인력"이란 해당 점검 업무 전반을 총괄하는 사람을 말한다.
2. "보조점검인력"이란 주된 점검인력을 보조하고, 주된 점검인력의 지시를 받아 점검업무를 수행하는 사람을 말한다.
3. 점검인력의 등급 구분(특급점검자, 고급점검자, 중급점검자, 초급점검자)은 소방시설공사업법 시행규칙 별표 4의2에서 정하는 기준에 따른다.

(3) 점검한도 면적 22 회 출제

① 일반건축물

㉠ 점검한도면적

구 분	점검한도면적	보조점검인력 1명 추가 시	보조점검인력 4명 추가 시
종합점검	8,000[m²]	2,000[m²]	8,000[m²]
작동점검	10,000[m²]	2,500[m²]	10,000[m²]

㉡ 점검인력은 하루에 5개의 특정소방대상물에 한하여 배치할 수 있다. 다만 2개 이상의 특정소방대상물을 2일 이상 연속하여 점검하는 경우에는 배치기한을 초과해서는 안 된다.

㉢ 관리업자들이 하루 동안 점검한 실제점검면적 20 회 출제

- 지하구 = 길이 × 1.8[m](폭의 길이)
- 터널 3차로 이하 = 길이 × 3.5[m](폭의 길이)
- 터널 4차로 이상 = 길이 × 7[m](폭의 길이)
- 한쪽 측벽에 소방시설이 설치된 4차로 이상인 터널 = 길이 × 3.5[m](폭의 길이)

㉮ 실제점검면적에 가감계수는 곱한다. 20 회 출제

구 분	대상 용도	가감계수
1류	문화 및 집회시설, 종교시설, 판매시설, 의료시설, 노유자시설, 수련시설, 숙박시설, 위락시설, 창고시설, 교정시설, 발전시설, 지하상가, 복합건축물	1.1
2류	공동주택, 근린생활시설, 운수시설, 교육연구시설, 운동시설, 업무시설, 방송통신시설, 공장, 항공기 및 자동차 관련 시설, 군사시설, 관광휴게시설, 장례시설, 지하구	1.0
3류	위험물 저장 및 처리시설, 문화재(국가유산), 동물 및 식물 관련 시설, 자원순환 관련 시설, 묘지 관련 시설	0.9

㊓ 점검한 특정소방대상물이 다음의 어느 하나에 해당할 때에는 다음에 따라 계산된 값을 ㉮에 따라 계산된 값에서 뺀다.
  - 스프링클러설비가 설치되지 않은 경우 : ㉮에 따라 계산된 값에 0.1을 곱한 값
  - 물분무 등 소화설비가 설치되지 않은 경우 : ㉮에 따라 계산된 값에 0.1을 곱한 값
  - 제연설비가 설치되지 않은 경우 : ㉮에 따라 계산된 값에 0.1을 곱한 값

㉰ 2개 이상의 특정소방대상물을 하루에 점검하는 경우에는 특정소방대상물 상호 간의 좌표 최단거리 5[km]마다 점검한도면적에 0.02를 곱한 값을 점검한도면적에서 뺀다.

② 아파트 등(공용시설, 부대시설 또는 복지시설은 포함하고, 아파트 등이 포함된 복합건축물의 아파트 등 외의 부분은 제외)

구 분	점검한도 세대수	보조점검인력 1명 추가 시	보조점검인력 4명 추가 시
종합점검	250세대	60세대	240세대
작동점검	250세대	60세대	240세대

㉠ 점검한 아파트가 다음의 어느 하나에 해당할 때에는 다음에 따라 계산된 값을 실제점검 세대수에서 뺀다.
  - 스프링클러설비가 설치되지 않은 경우 : 실제점검 세대수에 0.1을 곱한 값
  - 물분무 등 소화설비가 설치되지 않은 경우 : 실제점검 세대수에 0.1을 곱한 값
  - 제연설비가 설치되지 않은 경우 : 실제점검 세대수에 0.1을 곱한 값

㉡ 2개 이상의 아파트를 하루에 점검하는 경우에는 아파트 상호 간의 좌표 최단거리 5[km]마다 점검한도 세대수에 0.02를 곱한 값을 점검한도 세대수에서 뺀다.

③ 아파트 등과 아파트 등 외 용도의 건축물을 하루에 점검할 때에는 종합점검의 경우 ②에 따라 계산된 값에 32, 작동점검의 경우 ②에 따라 계산된 값에 40을 곱한 값을 점검대상 연면적으로 본다.

④ 종합점검과 작동점검을 하루에 점검하는 경우에는 작동점검의 점검대상 연면적 또는 점검대상 세대수에 0.8을 곱한 값을 종합점검 점검대상 연면적 또는 점검대상 세대수로 본다.

⑤ 위의 규정에 따라 계산된 값은 소수점 이하 둘째 자리에서 반올림한다.

> **Plus one**
>
> 점검을 실시한 후 부착해야 하는 자체점검기록표 내용 **22 회 출제**
>
> ### 소방시설 등 자체점검기록표
>
> - 대상물명 :
> - 주　　소 :
> - 점검구분 :　　　　　[ ] 작동점검　　　　[ ] 종합점검
> - 점 검 자 :
> - 점검기간 :　　　　년　월　일　~　년　월　일
> - 불량사항 : [ ] 소화설비　　[ ] 경보설비　　[ ] 피난구조설비
> 　　　　　　[ ] 소화용수설비 [ ] 소화활동설비 [ ] 기타설비 [ ] 없음
> - 정비기간 :　　　　년　월　일　~　년　월　일
>
> 　　　　　　　　　　　　　　　　　　　년　월　일
>
> 「소방시설 설치 및 관리에 관한 법률」 제24조 제1항 및 같은 법 시행규칙 제25조에 따라 소방시설 등 자체점검결과를 게시합니다.
>
> ∴ 소방시설 등 자체점검기록표 내용 : 대상물명, 주소, 점검구분, 점검자, 점검기간, 불량사항, 정비기간

18 수용인원의 산정방법(영 별표 7) 12 24 회 출제

특정소방대상물		산정방법
숙박시설	침대가 있는 숙박시설	종사자의 수 + 침대의 수(2인용 침대는 2개로 산정)
숙박시설	침대가 없는 숙박시설	종사자의 수 + $\dfrac{\text{숙박시설의 바닥면적의 합계}[m^2]}{3[m^2]}$
기 타	강의실·교무실·상담실·실습실·휴게실 용도	$\dfrac{\text{바닥면적의 합계}[m^2]}{1.9[m^2]}$
기 타	강당, 문화 및 집회시설, 운동시설, 종교시설	$\dfrac{\text{바닥면적의 합계}[m^2]}{4.6[m^2]}$ (관람석이 있는 경우 고정식 의자를 설치한 부분은 그 부분의 의자수로 하고, 긴 의자의 경우에는 의자의 정면너비를 0.45[m]로 나누어 얻은 수로 한다)
기 타	그 밖의 특정소방대상물	$\dfrac{\text{바닥면적의 합계}[m^2]}{3[m^2]}$

[비 고]
1. 바닥면적을 산정하는 때에는 복도, 계단 및 화장실의 바닥면적을 포함하지 않는다.
2. 계산 결과 소수점 이하의 수는 반올림한다.

19 소방시설의 내진설계(영 제8조)

(1) 내진설계기준의 설정 대상시설(지진·화산재해대책법 시행령 제10조 제1항)
　① 건축법 시행령 제32조 제2항 각 호에 해당하는 건축물
　② 공유수면 관리 및 매립에 관한 법률과 방조제관리법 등 관계 법령에 따라 국가에서 설치·관리하고 있는 배수갑문 및 방조제
　③ 공항시설법 제2조 제7호에 따른 공항시설
　④ 하천법 제7조 제2항에 따른 국가하천의 수문 중 환경부장관이 정하여 고시한 수문
　⑤ 농어촌정비법 제2조 제6호에 따른 저수지 중 총저수용량 30만[t] 이상인 저수지
　⑥ 댐건설·관리 및 주변지역지원 등에 관한 법률에 따른 다목적댐
　⑦ 댐건설·관리 및 주변지역지원 등에 관한 법률 외에 다른 법령에 따른 댐 중 생활·공업 및 농업용수의 저장, 발전, 홍수 조절 등의 용도로 이용하기 위한 높이 15[m] 이상인 댐 및 그 부속시설
　⑧ 도로법 시행령 제2조 제2호에 따른 교량·터널
　⑨ 도시가스사업법 제2조 제5호에 따른 가스공급시설 및 고압가스 안전관리법 제4조 제4항에 따른 고압가스의 제조·저장 및 판매의 시설과 액화석유가스의 안전관리 및 사업법 제5조 제4항의 기준에 따른 액화저장탱크, 지지구조물, 기초 및 배관
　⑩ 도시철도법 제2조 제3호에 따른 도시철도시설 중 역사(驛舍), 본선박스, 다리
　⑪ 산업안전보건법 제83조에 따라 고용노동부장관이 유해하거나 위험한 기계·기구 및 설비에 대한 안전인증기준을 정하여 고시한 시설
　⑫ 석유 및 석유대체연료 사업법에 따른 석유정제시설, 석유비축시설, 석유저장시설, 액화석유가스의 안전관리 및 사업법 시행령 제8조에 따른 액화석유가스 저장시설 및 같은 영 제11조의 비축의무를 위한 저장시설
　⑬ 송유관 안전관리법 제2조 제2호에 따른 송유관
　⑭ 물환경보전법 시행령 제61조 제1호에 따른 산업단지 공공폐수처리시설
　⑮ 수도법 제3조 제17호에 따른 수도시설
　⑯ 어촌·어항법 제2조 제5호에 따른 어항시설
　⑰ 원자력안전법 제2조 제20호 및 같은 법 시행령 제10조에 따른 원자력이용시설 중 원자로 및 관계시설, 핵연료주기시설, 사용후핵연료 중간저장시설, 방사성폐기물의 영구처분시설, 방사성폐기물의 처리 및 저장시설
　⑱ 전기사업법 제2조에 따른 발전용 수력설비·화력설비, 송전설비, 변전설비 및 배전설비
　⑲ 철도산업발전 기본법 제3조 제2호 및 철도의 건설 및 철도시설 유지관리에 관한 법률 제2조 제6호에 따른 철도시설 중 다리, 터널 및 역사
　⑳ 폐기물관리법 제2조 제8호에 따른 폐기물처리시설

> **내진설계기준의 설정 대상시설 : 30개 시설이 있으나 20개만 표기함**

(2) 내진설계를 해야 하는 소방시설(영 제8조)
　① 옥내소화전설비
　② 스프링클러설비
　③ 물분무등소화설비

20 성능위주설계를 해야 하는 특정소방대상물의 범위(영 제9조)

(1) 연면적 20만[m^2] 이상인 특정소방대상물. 다만, 아파트 등은 제외한다.
(2) 50층 이상(지하층은 제외한다)이거나 지상으로부터 높이가 200[m] 이상인 아파트 등
(3) 30층 이상(지하층을 포함한다)이거나 지상으로부터 높이가 120[m] 이상인 특정소방대상물(아파트 등은 제외한다)
(4) **연면적 3만[m^2] 이상**인 특정소방대상물로서 다음의 어느 하나에 해당하는 특정소방대상물
　① 철도 및 도시철도시설
　② 공항시설
(5) 창고시설 중 연면적 10만[m^2] 이상인 것 또는 지하층의 층수가 2개 층 이상이고 지하층의 바닥면적의 합계가 3만[m^2] 이상인 것
(6) 하나의 건축물에 영화 및 비디오물의 진흥에 관한 법률 제2조 제10호에 따른 **영화상영관이 10개 이상인 특정소방대상물**
(7) 초고층 및 지하연계 복합건축물 재난관리에 관한 특별법 제2조 제2호에 따른 지하연계 복합건축물에 해당하는 특정소방대상물
(8) 터널 중 수저(水底)터널 또는 길이가 5,000[m] 이상인 것

21 특정소방대상물에 설치·관리해야 하는 소방시설의 종류(영 제11조, 영 별표 4)

(1) 소화설비

소방시설의 종류	설치대상
소화기구	1) 연면적 33[m^2] 이상인 것. 다만, 노유자시설의 경우에는 투척용 소화용구 등을 화재안전기준에 따라 산정된 소화기 수량의 1/2 이상으로 설치할 수 있다. 2) 1)에 해당하지 않는 시설로서 가스시설, 발전시설 중 전기저장시설 및 국가유산 3) 터 널 4) 지하구
자동소화장치	1) 주거용 주방자동소화장치를 설치해야 하는 것 : 아파트 등 및 오피스텔의 모든 층 2) 상업용 주방자동소화장치를 설치해야 하는 것 　① 판매시설 중 대규모점포에 입점해 있는 일반음식점 　② 집단급식소

소방시설의 종류	설치대상

옥내소화전설비	위험물 저장 및 처리 시설 중 가스시설, 지하구 및 업무시설 중 무인변전소(방재실 등에서 스프링클러설비 또는 물분무등소화설비를 원격으로 조정할 수 있는 무인변전소로 한정한다)는 제외한다.
	1) 다음의 어느 하나에 해당하는 경우에는 모든 층
	  ① 연면적 3,000[m²] 이상인 것(터널은 제외한다)
	  ② 지하층·무창층(축사는 제외한다)으로서 바닥면적이 600[m²] 이상인 층이 있는 것
	  ③ 층수가 4층 이상인 층 중에서 바닥면적이 600[m²] 이상인 층이 있는 것
	2) 1)에 해당하지 않는 근린생활시설, 판매시설, 운수시설, 의료시설, 노유자시설, 업무시설, 숙박시설, 위락시설, 공장, 창고시설, 항공기 및 자동차 관련 시설, 교정 및 군사시설 중 국방·군사시설, 방송통신시설, 발전시설, 장례시설 또는 복합건축물로서 다음의 어느 하나에 해당하는 경우에는 모든 층
	  ① 연면적 1,500[m²] 이상인 것
	  ② 지하층·무창층으로서 바닥면적이 300[m²] 이상인 층이 있는 것
	  ③ 층수가 4층 이상인 층 중에서 바닥면적이 300[m²] 이상인 층이 있는 것
	3) 건축물의 옥상에 설치된 차고·주차장으로서 사용되는 면적이 200[m²] 이상인 경우 해당 부분
	4) 다음의 어느 하나에 해당하는 터널
	  ① 길이가 1,000[m] 이상인 터널
	  ② 예상교통량, 경사도 등 터널의 특성을 고려하여 행정안전부령으로 정하는 터널
	5) 1) 및 2)에 해당하지 않는 공장 또는 창고시설로서 화재의 예방 및 안전관리에 관한 법률 시행령 별표 2에서 정하는 수량의 750배 이상의 특수가연물을 저장·취급하는 것

스프링클러설비	위험물 저장 및 처리 시설 중 가스시설 및 지하구는 제외한다.
	1) 층수가 6층 이상인 특정소방대상물의 경우에는 모든 층. 다만, 다음의 어느 하나에 해당하는 경우는 제외한다.
	  ① 주택 관련 법령에 따라 기존의 아파트 등을 리모델링하는 경우로서 건축물의 연면적 및 층의 높이가 변경되지 않는 경우. 이 경우 해당 아파트 등의 사용검사 당시의 소방시설의 설치에 관한 대통령령 또는 화재안전기준을 적용한다.
	  ② 스프링클러설비가 없는 기존의 특정소방대상물을 용도 변경하는 경우. 다만, 2)부터 6)까지 및 9)부터 12)까지의 규정에 해당하는 특정소방대상물로 용도 변경하는 경우에는 해당 규정에 따라 스프링클러설비를 설치한다.
	2) 기숙사(교육연구시설·수련시설 내에 있는 학생 수용을 위한 것을 말한다) 또는 복합건축물로서 연면적 5,000[m²] 이상인 경우에는 모든 층
	3) 문화 및 집회시설(동·식물원은 제외한다), 종교시설(주요구조부가 목조인 것은 제외한다), 운동시설(물놀이형 시설 및 바닥이 불연재료이고 관람석이 없는 운동시설은 제외한다)로서 다음의 어느 하나에 해당하는 경우에는 모든 층
	  ① 수용인원이 100명 이상인 것
	  ② 영화상영관의 용도로 쓰는 층의 바닥면적이 지하층 또는 무창층인 경우에는 500[m²] 이상, 그 밖의 층의 경우에는 1,000[m²] 이상인 것
	  ③ 무대부가 지하층·무창층 또는 4층 이상의 층에 있는 경우에는 무대부의 면적이 300[m²] 이상인 것
	  ④ 무대부가 ③ 외의 층에 있는 경우에는 무대부의 면적이 500[m²] 이상인 것
	4) 판매시설, 운수시설 및 창고시설(물류터미널로 한정한다)로서 바닥면적의 합계가 5,000[m²] 이상이거나 수용인원이 500명 이상인 경우에는 모든 층
	5) 다음의 어느 하나에 해당하는 용도로 사용되는 시설의 바닥면적의 합계가 600[m²] **이상인 것은 모든 층**
	  ① 근린생활시설 중 **조산원 및 산후조리원**
	  ② 의료시설 중 정신의료기관
	  ③ 의료시설 중 종합병원, 병원, 치과병원, 한방병원 및 요양병원
	  ④ 노유자시설
	  ⑤ 숙박이 가능한 수련시설
	  ⑥ 숙박시설
	6) 창고시설(물류터미널은 제외한다)로서 바닥면적의 합계가 5,000[m²] 이상인 경우에는 모든 층
	7) 특정소방대상물의 지하층·무창층(축사는 제외한다) 또는 층수가 4층 이상인 층으로서 바닥면적이 1,000[m²] 이상인 층이 있는 경우에는 해당 층

소방시설의 종류	설치대상
스프링클러설비	8) 랙식 창고(Rack Warehouse) : 랙(물건을 수납할 수 있는 선반이나 이와 비슷한 것을 말한다)을 갖춘 것으로서 천장 또는 반자(반자가 없는 경우에는 지붕의 옥내에 면하는 부분을 말한다)의 높이가 10[m]를 초과하고, 랙이 설치된 층의 바닥면적의 합계가 1,500[m²] 이상인 경우에는 모든 층 9) 공장 또는 창고시설로서 다음의 어느 하나에 해당하는 시설 　① 화재의 예방 및 안전관리에 관한 법률 시행령 별표 2에서 정하는 수량의 1,000배 이상의 특수가연물을 저장·취급하는 시설 　② 원자력안전법 시행령 제2조 제1호에 따른 중·저준위 방사성폐기물의 저장시설 중 소화수를 수집·처리하는 설비가 있는 저장시설 10) 지붕 또는 외벽이 불연재료가 아니거나 내화구조가 아닌 공장 또는 창고시설로서 다음의 어느 하나에 해당하는 것 　① 창고시설(물류터미널로 한정한다) 중 4)에 해당하지 않는 것으로서 바닥면적의 합계가 2,500[m²] 이상이거나 수용인원이 250명 이상인 경우에는 모든 층 　② 창고시설(물류터미널은 제외한다) 중 6)에 해당하지 않는 것으로서 바닥면적의 합계가 2,500[m²] 이상인 경우에는 모든 층 　③ 공장 또는 창고시설 중 7)에 해당하지 않는 것으로서 지하층·무창층 또는 층수가 4층 이상인 것 중 바닥면적이 500[m²] 이상인 경우에는 모든 층 　④ 랙식 창고 중 8)에 해당하지 않는 것으로서 바닥면적의 합계가 750[m²] 이상인 경우에는 모든 층 　⑤ 공장 또는 창고시설 중 9) ①에 해당하지 않는 것으로서 화재의 예방 및 안전관리에 관한 법률 시행령 별표 2에서 정하는 수량의 500배 이상의 특수가연물을 저장·취급하는 시설 11) 교정 및 군사시설 중 다음의 어느 하나에 해당하는 경우에는 해당 장소 　① 보호감호소, 교도소, 구치소 및 그 지소, 보호관찰소, 갱생보호시설, 치료감호시설, 소년원 및 소년분류심사원의 수용거실 　② 출입국관리법 제52조 제2항에 따른 보호시설(외국인보호소의 경우에는 보호대상자의 생활공간으로 한정한다)로 사용하는 부분. 다만, 보호시설이 임차건물에 있는 경우는 제외한다. 　③ 경찰관 직무집행법 제9조에 따른 유치장 12) 지하상가로서 연면적 1,000[m²] 이상인 것 13) 발전시설 중 전기저장시설 14) 1)부터 13)까지의 특정소방대상물에 부속된 보일러실 또는 연결통로 등
간이 스프링클러설비	1) 공동주택 중 연립주택 및 다세대주택(연립주택 및 다세대주택에 설치하는 간이스프링클러설비는 화재안전기준에 따른 주택전용 간이스프링클러설비를 설치한다) 2) 근린생활시설 중 다음의 어느 하나에 해당하는 것 　① 근린생활시설로 사용하는 부분의 바닥면적 합계가 1,000[m²] 이상인 것은 모든 층 　② 의원, 치과의원 및 한의원으로서 입원실 또는 인공신장실이 있는 시설 　③ **조산원 및 산후조리원으로서 연면적 600[m²] 미만인 시설** 3) 의료시설 중 다음의 어느 하나에 해당하는 시설 　① 종합병원, 병원, 치과병원, 한방병원 및 요양병원(의료재활시설은 제외한다)으로 사용되는 바닥면적의 합계가 600[m²] 미만인 시설 　② 정신의료기관 또는 의료재활시설로 사용되는 바닥면적의 합계가 300[m²] 이상 600[m²] 미만인 시설 　③ 정신의료기관 또는 의료재활시설로 사용되는 바닥면적의 합계가 300[m²] 미만이고, 창살(철재·플라스틱 또는 목재 등으로 사람의 탈출 등을 막기 위하여 설치한 것을 말하며, 화재 시 자동으로 열리는 구조로 되어 있는 창살은 제외한다)이 설치된 시설 4) 교육연구시설 내에 합숙소로서 연면적 100[m²] 이상인 경우에는 모든 층 5) 노유자시설로서 다음의 어느 하나에 해당하는 시설 　① 제7조 제1항 제7호 각 목에 따른 시설[같은 호 가목2) 및 같은 호 나목부터 바목까지의 시설 중 단독주택 또는 공동주택에 설치되는 시설은 제외하며, 이하 "노유자 생활시설"이라 한다] 　② ①에 해당하지 않는 노유자시설로 해당 시설로 사용하는 바닥면적의 합계가 300[m²] 이상 600[m²] 미만인 시설 　③ ①에 해당하지 않는 노유자시설로 해당 시설로 사용하는 바닥면적의 합계가 300[m²] 미만이고, 창살(철재·플라스틱 또는 목재 등으로 사람의 탈출 등을 막기 위하여 설치한 것을 말하며, 화재 시 자동으로 열리는 구조로 되어 있는 창살은 제외한다)이 설치된 시설 6) 숙박시설로 사용되는 바닥면적의 합계가 300[m²] 이상 600[m²] 미만인 시설 7) 건물을 임차하여 출입국관리법 제52조 제2항에 따른 보호시설로 사용하는 부분 8) 복합건축물(별표 2 제30호 나목의 복합건축물만 해당한다)로서 연면적 1,000[m²] 이상인 것은 모든 층

소방시설의 종류	설치대상
물분무등 소화설비	위험물 저장 및 처리 시설 중 가스시설, 발전시설의 전기저장시설 중 무정전전원공급장치(ups)의 시설 및 지하구는 제외한다. 1) 항공기 및 자동차 관련 시설 중 항공기 격납고 2) 차고, 주차용 건축물 또는 철골 조립식 주차시설. 이 경우 연면적 800[m²] 이상인 것만 해당한다. 3) 건축물의 내부에 설치된 차고·주차장으로서 차고 또는 주차의 용도로 사용되는 면적의 합계가 200[m²] 이상인 경우 해당 부분(50세대 미만 연립주택 및 다세대주택은 제외한다) 4) 기계장치에 의한 주차시설을 이용하여 20대 이상의 차량을 주차할 수 있는 시설 5) 특정소방대상물에 설치된 전기실·발전실·변전실(가연성 절연유를 사용하지 않는 변압기·전류차단기 등의 전기기기와 가연성 피복을 사용하지 않은 전선 및 케이블만을 설치한 전기실·발전실 및 변전실은 제외한다)·축전지실·통신기기실 또는 전산실, 그 밖에 이와 비슷한 것으로서 바닥면적이 300[m²] 이상인 것[하나의 방화구획 내에 둘 이상의 실(室)이 설치되어 있는 경우에는 이를 하나의 실로 보아 바닥면적을 산정한다]. 다만, 내화구조로 된 공정제어실 내에 설치된 주조정실로서 양압시설(외부 오염 공기 침투를 차단하고 내부의 나쁜 공기가 자연스럽게 외부로 흐를 수 있도록 한 시설을 말한다)이 설치되고 전기기기에 220[V] 이하인 저전압이 사용되며 종업원이 24시간 상주하는 곳은 제외한다. 6) 소화수를 수집·처리하는 설비가 설치되어 있지 않은 중·저준위 방사성폐기물의 저장시설. 이 시설에는 이산화탄소소화설비, 할론소화설비 또는 할로겐화합물 및 불활성기체 소화설비를 설치해야 한다. 7) 예상 교통량, 경사도 등 터널의 특성을 고려하여 행정안전부령으로 정하는 터널. 이 시설에는 물분무소화설비를 설치해야 한다. 8) 국가유산 중 문화유산의 보존 및 활용에 관한 법률에 따른 지정문화유산(문화유산자료를 제외한다) 또는 자연유산의 보존 및 활용에 관한 법률에 따른 천연기념물 등(자연유산자료를 제외한다)으로서 소방청장이 국가유산청장과 협의하여 정하는 것
옥외소화전설비	1) 지상 1층 및 2층의 바닥면적의 합계가 9,000[m²] 이상인 것. 이 경우 같은 구(區) 내의 둘 이상의 특정소방대상물이 행정안전부령으로 정하는 연소(延燒) 우려가 있는 구조인 경우에는 이를 하나의 특정소방대상물로 본다. 2) 문화유산 중 문화유산의 보존 및 활용에 관한 법률 제23조에 따라 보물 또는 국보로 지정된 목조건축물 3) 1)에 해당하지 않는 공장 또는 창고시설로서 화재의 예방 및 안전관리에 관한 법률 시행령 별표 2에서 정하는 수량의 750배 이상의 특수가연물을 저장·취급하는 것

(2) 경보설비

소방시설의 종류	설치대상
단독경보형 감지기	1) 교육연구시설 내에 있는 기숙사 또는 합숙소로서 연면적 2,000[m²] 미만인 것 2) 수련시설 내에 있는 기숙사 또는 합숙소로서 연면적 2,000[m²] 미만인 것 3) 다목 7)에 해당하지 않는 수련시설(숙박시설이 있는 것만 해당한다) [다목 7] 노유자시설로서 연면적 400[m²] 이상인 노유자시설 및 숙박시설이 있는 수련시설로서 수용인원 100명 이상인 경우에는 모든 층 4) 연면적 400[m²] 미만의 유치원 5) 공동주택 중 연립주택 및 다세대주택(연동형으로 설치할 것)
비상경보설비	모래·석재 등 불연재료 공장 및 창고시설, 위험물 저장 및 처리 시설 중 가스시설, 사람이 거주하지 않거나 벽이 없는 축사 등 동물 및 식물 관련 시설 및 지하구는 제외한다. 1) 연면적 400[m²] 이상인 것은 모든 층 2) 지하층 또는 무창층의 바닥면적이 150[m²](공연장의 경우 100[m²]) 이상인 것은 모든 층 3) 터널로서 길이가 500[m] 이상인 것 4) 50명 이상의 근로자가 작업하는 옥내 작업장

소방시설의 종류	설치대상

자동화재탐지설비	1) 공동주택 중 아파트 등·기숙사 및 숙박시설의 경우에는 모든 층
	2) 층수가 6층 이상인 건축물의 경우에는 모든 층
	3) 근린생활시설(목욕장은 제외한다), 의료시설(정신의료기관 및 요양병원은 제외한다), 위락시설, 장례시설 및 복합건축물로서 연면적 600[m^2] 이상인 경우에는 모든 층
	4) 근린생활시설 중 목욕장, 문화 및 집회시설, 종교시설, 판매시설, 운수시설, 운동시설, 업무시설, 공장, 창고시설, 위험물 저장 및 처리 시설, 항공기 및 자동차 관련 시설, 교정 및 군사시설 중 국방·군사시설, 방송통신시설, 발전시설, 관광 휴게시설, 지하상가로서 연면적 1,000[m^2] 이상인 경우에는 모든 층
	5) 교육연구시설(교육시설 내에 있는 기숙사 및 합숙소를 포함한다), 수련시설(수련시설 내에 있는 기숙사 및 합숙소를 포함하며, 숙박시설이 있는 수련시설은 제외한다), 동물 및 식물 관련 시설(기둥과 지붕만으로 구성되어 외부와 기류가 통하는 장소는 제외한다), 자원순환 관련 시설, 교정 및 군사시설(국방·군사시설은 제외한다) 또는 묘지 관련 시설로서 연면적 2,000[m^2] 이상인 경우에는 모든 층
	6) 노유자 생활시설의 경우에는 모든 층
	7) 6)에 해당하지 않는 노유자시설로서 연면적 400[m^2] 이상인 노유자시설 및 숙박시설이 있는 수련시설로서 수용인원 100명 이상인 경우에는 모든 층
	8) 의료시설 중 정신의료기관 또는 요양병원으로서 다음의 어느 하나에 해당하는 시설
	  ① 요양병원(의료재활시설은 제외한다)
	  ② 정신의료기관 또는 의료재활시설로 사용되는 바닥면적의 합계가 300[m^2] 이상인 시설
	  ③ 정신의료기관 또는 의료재활시설로 사용되는 바닥면적의 합계가 300[m^2] 미만이고, 창살(철재·플라스틱 또는 목재 등으로 사람의 탈출 등을 막기 위하여 설치한 것을 말하며, 화재 시 자동으로 열리는 구조로 되어 있는 창살은 제외한다)이 설치된 시설
	9) 판매시설 중 전통시장
	10) 터널로서 길이가 1,000[m] 이상인 것
	11) 지하구
	12) 3)에 해당하지 않는 근린생활시설 중 **조산원 및 산후조리원**
	13) 4)에 해당하지 않는 공장 및 창고시설로서 화재의 예방 및 안전관리에 관한 법률 시행령 별표 2에서 정하는 수량의 500배 이상의 특수가연물을 저장·취급하는 것
	14) 4)에 해당하지 않는 발전시설 중 전기저장시설

시각경보기	자동화재탐지설비를 설치해야 하는 특정소방대상물 중 다음의 어느 하나에 해당하는 것으로 한다. 1) 근린생활시설, 문화 및 집회시설, 종교시설, 판매시설, 운수시설, 의료시설, 노유자시설 2) 운동시설, 업무시설, 숙박시설, 위락시설, 창고시설 중 물류터미널, 발전시설 및 장례시설 3) 교육연구시설 중 도서관, 방송통신시설 중 방송국 4) 지하상가
화재알림설비	판매시설 중 전통시장
비상방송설비	위험물 저장 및 처리 시설 중 가스시설, 사람이 거주하지 않거나 벽이 없는 축사 등 동물 및 식물 관련 시설, 터널 및 지하구는 제외한다. 1) 연면적 3,500[m^2] 이상인 것은 모든 층 2) 층수가 11층 이상인 것은 모든 층 3) 지하층의 층수가 3층 이상인 것은 모든 층

소방시설의 종류	설치대상
자동화재속보 설비	방재실 등 화재 수신기가 설치된 장소에 24시간 화재를 감시할 수 있는 사람이 근무하고 있는 경우에는 자동화재속보설비를 설치하지 않을 수 있다. 1) 노유자 생활시설 2) 노유자시설로서 바닥면적이 500[m²] 이상인 층이 있는 것 3) 수련시설(숙박시설이 있는 것만 해당한다)로서 바닥면적이 500[m²] 이상인 층이 있는 것 4) 문화유산 중 문화유산의 보존 및 활용에 관한 법률 제23조에 따라 보물 또는 국보로 지정된 목조건축물 5) 근린생활시설 중 다음의 어느 하나에 해당하는 시설 ① 의원, 치과의원 및 한의원으로서 입원실이 있는 시설 ② **조산원 및 산후조리원** 6) 의료시설 중 다음의 어느 하나에 해당하는 것 ① 종합병원, 병원, 치과병원, 한방병원 및 요양병원(의료재활시설은 제외한다) ② 정신병원 및 의료재활시설로 사용되는 바닥면적의 합계가 500[m²] 이상인 층이 있는 것 7) 판매시설 중 전통시장
가스누설경보기	1) 문화 및 집회시설, 종교시설, 판매시설, 운수시설, 의료시설, 노유자시설 2) 수련시설, 운동시설, 숙박시설, 창고시설 중 물류터미널, 장례시설

(3) 피난구조설비

소방시설의 종류	설치대상
피난기구	피난기구는 특정소방대상물의 모든 층에 화재안전기준에 적합한 것으로 설치해야 한다. 다만, 피난층, 지상 1층, 지상 2층(노유자시설 중 피난층이 아닌 지상 1층과 피난층 아닌 지상 2층은 제외한다), 층수가 11층 이상인 층과 위험물 저장 및 처리시설 중 가스시설, 터널 및 지하구의 경우에는 그렇지 않다.
인명구조기구	1) 방열복 또는 방화복(안전모, 보호장갑 및 안전화를 포함한다), 인공소생기 및 공기호흡기를 설치해야 하는 특정소방대상물 : 지하층을 포함하는 층수가 7층 이상인 것 중 관광호텔 용도로 사용하는 층 2) 방열복 또는 방화복(안전모, 보호장갑 및 안전화를 포함한다) 및 공기호흡기를 설치해야 하는 특정소방대상물 : 지하층을 포함하는 층수가 5층 이상인 것 중 병원 용도로 사용하는 층 3) 공기호흡기를 설치해야 하는 특정소방대상물은 다음의 어느 하나에 해당하는 것으로 한다. ① 수용인원 100명 이상인 문화 및 집회시설 중 영화상영관 ② 판매시설 중 대규모점포 ③ 운수시설 중 지하역사 ④ 지하상가 ⑤ 이산화탄소소화설비(호스릴 이산화탄소소화설비는 제외한다)를 설치해야 하는 특정소방대상물
유도등	1) 피난구유도등, 통로유도등 및 유도표지는 특정소방대상물에 설치한다. 다만, 다음의 어느 하나에 해당하는 경우는 제외한다. ① 동물 및 식물 관련 시설 중 축사로서 가축을 직접 가두어 사육하는 부분 ② 터널 2) 객석유도등은 다음의 어느 하나에 해당하는 특정소방대상물에 설치한다. ① 유흥주점영업시설(유흥주점영업 중 손님이 춤을 출 수 있는 무대가 설치된 카바레, 나이트클럽 또는 그 밖에 이와 비슷한 영업시설만 해당한다) ② 문화 및 집회시설 ③ 종교시설 ④ 운동시설 3) 피난유도선은 화재안전기준에서 정하는 장소에 설치한다.

소방시설의 종류	설치대상
비상조명등	창고시설 중 창고 및 하역장, 위험물 저장 및 처리 시설 중 가스시설 및 사람이 거주하지 않거나 벽이 없는 축사 등 동물 및 식물 관련 시설은 제외한다. 1) 지하층을 포함하는 층수가 5층 이상인 건축물로서 연면적 3,000[m^2] 이상인 경우에는 모든 층 2) 1)에 해당하지 않는 특정소방대상물로서 그 지하층 또는 무창층의 바닥면적이 450[m^2] 이상인 경우에는 해당 층 3) 터널로서 그 길이가 500[m] 이상인 것
휴대용 비상조명등	1) 숙박시설 2) 수용인원 100명 이상의 영화상영관, 판매시설 중 대규모점포, 철도 및 도시철도시설 중 지하역사, 지하상가

(4) 소화용수설비

소방시설의 종류	설치대상
상수도 소화용수설비	상수도 소화용수설비를 설치해야 하는 특정소방대상물은 다음의 어느 하나에 해당하는 것으로 한다. 다만, 상수도 소화용수설비를 설치해야 하는 특정소방대상물의 대지 경계선으로부터 180[m] 이내에 지름 75[mm] 이상인 상수도용 배수관이 설치되지 않은 지역의 경우에는 화재안전기준에 따른 소화수조 또는 저수조를 설치해야 한다. 1) 연면적 5,000[m^2] 이상인 것. 다만, 위험물 저장 및 처리 시설 중 가스시설, 터널 또는 지하구의 경우에는 제외한다. 2) 가스시설로서 지상에 노출된 탱크의 저장용량의 합계가 100[t] 이상인 것 3) 자원순환 관련 시설 중 폐기물재활용시설 및 폐기물처분시설

(5) 소화활동설비

소방시설의 종류	설치대상
제연설비	1) 문화 및 집회시설, 종교시설, 운동시설 중 무대부의 바닥면적이 200[m^2] 이상인 경우에는 해당 무대부 2) 문화 및 집회시설 중 영화상영관으로서 수용인원 100명 이상인 경우에는 해당 영화상영관 3) 지하층이나 무창층에 설치된 근린생활시설, 판매시설, 운수시설, 숙박시설, 위락시설, 의료시설, 노유자시설 또는 창고시설(물류터미널로 한정한다)로서 해당 용도로 사용되는 바닥면적의 합계가 1,000[m^2] 이상인 경우 해당 부분 4) 운수시설 중 시외버스정류장, 철도 및 도시철도시설, 공항시설 및 항만시설의 대기실 또는 휴게시설로서 지하층 또는 무창층의 바닥면적이 1,000[m^2] 이상인 경우에는 모든 층 5) 지하상가로서 연면적 1,000[m^2] 이상인 것 6) 예상 교통량, 경사도 등 터널의 특성을 고려하여 행정안전부령으로 정하는 터널 7) 특정소방대상물(갓복도형 아파트 등은 제외한다)에 부설된 특별피난계단, 비상용 승강기의 승강장 또는 피난용 승강기의 승강장
연결송수관설비	위험물 저장 및 처리 시설 중 가스시설 및 지하구는 제외한다. 1) 층수가 5층 이상으로서 연면적 6,000[m^2] 이상인 경우에는 모든 층 2) 1)에 해당하지 않는 특정소방대상물로서 지하층을 포함하는 층수가 7층 이상인 경우에는 모든 층 3) 1) 및 2)에 해당하지 않는 특정소방대상물로서 지하층의 층수가 3층 이상이고 지하층의 바닥면적의 합계가 1,000[m^2] 이상인 경우에는 모든 층 4) 터널로서 길이가 1,000[m] 이상인 것

소방시설의 종류	설치대상
연결살수설비	지하구는 제외한다. 1) 판매시설, 운수시설, 창고시설 중 물류터미널로서 해당 용도로 사용되는 부분의 바닥면적의 합계가 1,000[m²] 이상인 경우에는 해당 시설 2) 지하층(피난층으로 주된 출입구가 도로와 접한 경우는 제외한다)으로서 바닥면적의 합계가 150[m²] 이상인 경우에는 지하층의 모든 층. 다만, 주택법 시행령 제46조 제1항에 따른 국민주택규모 이하인 아파트 등의 지하층(대피시설로 사용하는 것만 해당한다)과 교육연구시설 중 학교의 지하층의 경우에는 700[m²] 이상인 것으로 한다. 3) 가스시설 중 지상에 노출된 탱크의 용량이 30[t] 이상인 탱크시설 4) 1) 및 2)의 특정소방대상물에 부속된 연결통로
비상콘센트설비	위험물 저장 및 처리 시설 중 가스시설 및 지하구는 제외한다. 1) 층수가 11층 이상인 특정소방대상물의 경우에는 11층 이상의 층 2) 지하층의 층수가 3층 이상이고 지하층의 바닥면적의 합계가 1,000[m²] 이상인 것은 지하층의 모든 층 3) 터널로서 길이가 500[m] 이상인 것
무선통신보조설비	위험물 저장 및 처리 시설 중 가스시설은 제외한다. 1) 지하상가로서 연면적 1,000[m²] 이상인 것 2) 지하층의 바닥면적의 합계가 3,000[m²] 이상인 것 또는 지하층의 층수가 3층 이상이고 지하층의 바닥면적의 합계가 1,000[m²] 이상인 것은 지하층의 모든 층 3) 터널로서 길이가 500[m] 이상인 것 4) 지하구 중 공동구 5) 층수가 30층 이상인 것으로서 16층 이상 부분의 모든 층
연소방지설비	지하구(전력 또는 통신사업용인 것만 해당한다)

(1) 수용인원을 고려하여 설치해야 하는 소방시설의 종류와 기준
　① 스프링클러설비
　　㉠ 문화 및 집회시설(동·식물원은 제외한다), 종교시설(주요구조부가 목조인 것은 제외한다), 운동시설(물놀이형 시설 및 바닥이 불연재료이고 관람석이 없는 운동시설은 제외한다)로서 수용인원 100명 이상인 것은 모든 층
　　㉡ 판매시설, 운수시설 및 창고시설(물류터미널에 한정한다)로서 수용인원이 500명 이상인 경우에는 모든 층
　　㉢ 지붕 또는 외벽이 불연재료가 아니거나 내화구조가 아닌 공장 또는 창고시설(물류터미널에 한정한다)로서 수용인원이 250명 이상인 것은 모든 층
　② 자동화재탐지설비 : 연면적이 400[m²] 이상인 노유자시설 및 숙박시설이 있는 수련시설로서 수용인원 100명 이상인 경우에는 모든 층
　③ 단독경보형감지기 : 연면적 400[m²] 이상인 노유자시설 및 숙박시설이 있는 수련시설로서 수용인원 100명 미만인 것
　④ 공기호흡기, 제연설비, 휴대용 비상조명등 : 문화 및 집회시설 중 영화상영관으로서 수용인원 100명 이상인 것

(2) 터널 길이에 따른 소방시설

소방시설	터널의 길이
소화기구	길이에 관계없이 설치
비상경보설비, 비상조명등, 비상콘센트설비, 무선통신보조설비	500[m] 이상
옥내소화전설비, 연결송수관설비, 자동화재탐지설비	1,000[m] 이상

(3) 의료시설 중 정신의료기관과 요양병원에 설치해야 하는 소방시설의 종류
　① 소화기 : 연면적 33[m²] 이상인 것
　② 스프링클러설비
　　㉠ 의료시설 중 정신의료기관의 용도로 사용되는 시설의 바닥면적의 합계가 600[m²] 이상인 것은 모든 층

㉡ 의료시설 중 종합병원, 병원, 치과병원, 한방병원 및 요양병원의 용도로 사용되는 시설의 바닥면적의 합계가 600[m²] 이상인 것은 모든 층
　③ 간이스프링클러설비
　　　㉠ 종합병원, 병원, 치과병원, 한방병원 및 요양병원(의료재활시설은 제외한다)으로 사용되는 바닥면적의 합계가 600[m²] 미만인 시설
　　　㉡ 정신의료기관 또는 의료재활시설로 사용되는 바닥면적의 합계가 300[m²] 이상 600[m²] 미만인 시설
　　　㉢ 정신의료기관 또는 의료재활시설로 사용되는 바닥면적의 합계가 300[m²] 미만이고 창살(철재・플라스틱 또는 목재 등으로 사람의 탈출 등을 막기 위하여 설치한 것을 말하며, 화재 시 자동으로 열리는 구조로 되어 있는 창살은 제외한다)이 설치된 시설
　④ 자동화재탐지설비
　　　㉠ 요양병원(의료재활시설은 제외한다)
　　　㉡ 정신의료기관 또는 의료재활시설로 사용되는 바닥면적의 합계가 300[m²] 이상인 시설
　　　㉢ 정신의료기관 또는 의료재활시설로 사용되는 바닥면적의 합계가 300[m²] 미만이고 창살(철재・플라스틱 또는 목재 등으로 사람의 탈출 등을 막기 위하여 설치한 것을 말하며, 화재 시 자동으로 열리는 구조로 되어 있는 창살은 제외한다)이 설치된 시설
　⑤ 자동화재속보설비 : 종합병원, 병원, 치과병원, 한방병원 및 요양병원(의료재활시설은 제외한다)

(4) **지하층, 무창층에 설치해야 하는 소방시설의 종류**
　① 소화기 : 연면적 33[m²] 이상인 것
　② 옥내소화전설비 : 지하층・무창층(축사는 제외한다)으로서 바닥면적이 600[m²] 이상인 층이 있는 것
　③ 스프링클러설비 : 문화 및 집회시설(동・식물원은 제외한다), 종교시설(주요구조부가 목조인 것은 제외한다), 운동시설(물놀이형 시설 및 바닥이 불연재료이고 관람석이 없는 운동시설은 제외한다)로서 무대부가 지하층・무창층 또는 4층 이상의 층에 있는 경우에는 무대부의 면적이 300[m²] 이상인 것
　④ 비상경보설비 : 지하층 또는 무창층의 바닥면적이 150[m²](공연장의 경우 100[m²]) 이상인 것은 모든 층
　⑤ 비상조명등 : 지하층을 포함한 층수가 5층 이상인 건축물로서 연면적 3,000[m²] 이상인 아닌 특정소방대상물로서 그 지하층 또는 무창층의 바닥면적이 450[m²] 이상인 경우에는 해당 층
　⑥ 제연설비
　　　㉠ 지하층이나 무창층에 설치된 근린생활시설, 판매시설, 운수시설, 숙박시설, 위락시설, 의료시설, 노유자시설 또는 창고시설(물류터미널에 해당한다)로서 해당 용도로 사용되는 바닥면적의 합계가 1,000[m²] 이상인 경우 해당 부분
　　　㉡ 운수시설 중 시외버스정류장, 철도 및 도시철도시설, 공항시설 및 항만시설의 대기실 또는 휴게시설로서 지하층 또는 무창층의 바닥면적이 1,000[m²] 이상인 경우에는 모든 층

(5) **조산원 또는 산후조리원에 설치해야 하는 소방시설의 종류**
　① 소화기 : 연면적 33[m²] 이상인 것
　② 스프링클러설비 : 근린생활시설 중 조산원 및 산후조리원의 용도로써 사용되는 부분의 바닥면적의 합계가 600[m²] 이상인 것은 모든 층
　③ 간이스프링클러설비 : 근린생활시설 중 조산원 및 산후조리원으로써 연면적 600[m²] 미만인 시설
　④ 자동화재탐지설비 : 근린생활시설 중 조산원 및 산후조리원
　⑤ 자동화재속보설비 : 근린생활시설 중 조산원 및 산후조리원

22 화재안전기준의 변경으로 강화된 기준을 적용하는 소방시설(법 제13조, 영 제13조) 11 회 출제

(1) 다음 소방시설 중 대통령령 또는 화재안전기준으로 정하는 것
   ① 소화기구
   ② 비상경보설비
   ③ 자동화재탐지설비
   ④ 자동화재속보설비
   ⑤ 피난구조설비

(2) 다음 특정소방대상물에 설치하는 소방시설 중 대통령령 또는 화재안전기준으로 정하는 것
   24 회 출제 설계 16회
   ① 공동구 : 소화기, 자동소화장치, 자동화재탐지설비, 통합감시시설, 유도등 및 연소방지설비
   ② 전력 또는 통신사업용 지하구 : 소화기, 자동소화장치, 자동화재탐지설비, 통합감시시설, 유도등 및 연소방지설비
   ③ 노유자시설 : 간이스프링클러설비, 자동화재탐지설비, 단독경보형감지기
   ④ 의료시설 : 스프링클러설비, 간이스프링클러설비, 자동화재탐지설비 및 자동화재속보설비

23 유사한 소방시설의 설치면제의 기준(영 별표 5)

설치가 면제되는 소방시설	설치가 면제되는 기준
1. 자동소화장치	자동소화장치(주거용 주방자동소화장치 및 상업용 주방자동소화장치는 제외한다)를 설치해야 하는 특정소방대상물에 물분무등소화설비를 화재안전기준에 적합하게 설치한 경우에는 그 설비의 유효범위(해당 소방시설이 화재를 감지·소화 또는 경보할 수 있는 부분을 말한다)에서 설치가 면제된다.
2. 옥내소화전설비	소방본부장 또는 소방서장이 옥내소화전설비의 설치가 곤란하다고 인정하는 경우로서 호스릴 방식의 미분무소화설비 또는 옥외소화전설비를 화재안전기준에 적합하게 설치한 경우에는 그 설비의 유효범위에서 설치가 면제된다.
3. 스프링클러설비	가. 스프링클러설비를 설치해야 하는 특정소방대상물(발전시설 중 전기저장시설은 제외한다)에 적응성 있는 자동소화장치 또는 물분무등소화설비를 화재안전기준에 적합하게 설치한 경우에는 그 설비의 유효범위에서 설치가 면제된다. 나. 스프링클러설비를 설치해야 하는 전기저장시설에 소화설비를 소방청장이 정하여 고시하는 방법에 따라 설치한 경우에는 그 설비의 유효범위에서 설치가 면제된다.
4. 간이스프링클러설비	간이스프링클러설비를 설치해야 하는 특정소방대상물에 스프링클러설비, 물분무소화설비 또는 미분무소화설비를 화재안전기준에 적합하게 설치한 경우에는 그 설비의 유효범위에서 설치가 면제된다.
5. 물분무등소화설비	물분무등소화설비를 설치해야 하는 차고·주차장에 스프링클러설비를 화재안전기준에 적합하게 설치한 경우에는 그 설비의 유효범위에서 설치가 면제된다.
6. 옥외소화전설비	옥외소화전설비를 설치해야 하는 문화유산인 목조건축물에 상수도 소화용수설비를 화재안전기준에서 정하는 방수압력·방수량·옥외소화전함 및 호스의 기준에 적합하게 설치한 경우에는 설치가 면제된다.

설치가 면제되는 소방시설	설치가 면제되는 기준
7. 비상경보설비	비상경보설비를 설치해야 할 특정소방대상물에 단독경보형 감지기를 2개 이상의 단독경보형 감지기와 연동하여 설치한 경우에는 그 설비의 유효범위에서 설치가 면제된다.
8. 비상경보설비 또는 단독경보형 감지기	비상경보설비 또는 단독경보형 감지기를 설치해야 하는 특정소방대상물에 자동화재탐지설비 또는 화재알림설비를 화재안전기준에 적합하게 설치한 경우에는 그 설비의 유효범위에서 설치가 면제된다.
9. 자동화재탐지설비	자동화재탐지설비의 기능(감지·수신·경보기능을 말한다)과 성능을 가진 화재알림설비, 스프링클러설비 또는 물분무등소화설비를 화재안전기준에 적합하게 설치한 경우에는 그 설비의 유효범위에서 설치가 면제된다.
10. 화재알림설비	화재알림설비를 설치해야 하는 특정소방대상물에 자동화재탐지설비를 화재안전기준에 적합하게 설치한 경우에는 그 설비의 유효범위에서 설치가 면제된다.
11. 비상방송설비	비상방송설비를 설치해야 하는 특정소방대상물에 자동화재탐지설비 또는 비상경보설비와 같은 수준 이상의 음향을 발하는 장치를 부설한 방송설비를 화재안전기준에 적합하게 설치한 경우에는 그 설비의 유효범위에서 설치가 면제된다.
12. 자동화재속보설비	자동화재속보설비를 설치해야 하는 특정소방대상물에 화재알림설비를 화재안전기준에 적합하게 설치한 경우에는 그 설비의 유효범위에서 설치가 면제된다.
13. 누전경보기	누전경보기를 설치해야 하는 특정소방대상물 또는 그 부분에 아크경보기(옥내 배전선로의 단선이나 선로 손상 등으로 인하여 발생하는 아크를 감지하고 경보하는 장치를 말한다) 또는 전기 관련 법령에 따른 지락차단장치를 설치한 경우에는 그 설비의 유효범위에서 설치가 면제된다.
14. 피난구조설비	피난구조설비를 설치해야 하는 특정소방대상물에 그 위치·구조 또는 설비의 상황에 따라 피난상 지장이 없다고 인정되는 경우에는 화재안전기준에서 정하는 바에 따라 설치가 면제된다.
15. 비상조명등	비상조명등을 설치해야 하는 특정소방대상물에 피난구유도등 또는 통로유도등을 화재안전기준에 적합하게 설치한 경우에는 그 유도등의 유효범위에서 설치가 면제된다.
16. 상수도 소화용수설비	가. 상수도 소화용수설비를 설치해야 하는 특정소방대상물의 각 부분으로부터 수평거리 140[m] 이내에 공공의 소방을 위한 소화전이 화재안전기준에 적합하게 설치되어 있는 경우에는 설치가 면제된다. 나. 소방본부장 또는 소방서장이 상수도 소화용수설비의 설치가 곤란하다고 인정하는 경우로서 화재안전기준에 적합한 소화수조 또는 저수조가 설치되어 있거나 이를 설치하는 경우에는 그 설비의 유효범위에서 설치가 면제된다.
17. 제연설비	가. 제연설비를 설치해야 하는 특정소방대상물[별표 4 제5호 가목 6)은 제외한다]에 다음의 어느 하나에 해당하는 설비를 설치한 경우에는 설치가 면제된다. **16 회 출제** 1) 공기조화설비를 화재안전기준의 제연설비기준에 적합하게 설치하고 공기조화설비가 화재 시 제연설비기능으로 자동전환되는 구조로 설치되어 있는 경우 2) 직접 외부 공기와 통하는 배출구의 면적의 합계가 해당 제연구역[제연경계(제연설비의 일부인 천장을 포함한다)에 의하여 구획된 건축물 내의 공간을 말한다] 바닥면적의 100분의 1 이상이고, 배출구부터 각 부분까지의 수평거리가 30[m] 이내이며, 공기유입구가 화재안전기준에 적합하게(외부 공기를 직접 자연 유입할 경우에 유입구의 크기는 배출구의 크기 이상이어야 한다) 설치되어 있는 경우 나. 별표 4 제5호 가목7)에 따라 제연설비를 설치해야 하는 특정소방대상물 중 노대(露臺)와 연결된 특별피난계단, 노대가 설치된 비상용 승강기의 승강장 또는 건축법 시행령 제91조 제5호의 기준에 따라 배연설비가 설치된 피난용 승강기의 승강장에는 설치가 면제된다.
18. 연결송수관설비	연결송수관설비를 설치해야 하는 소방대상물에 옥외에 연결송수구 및 옥내에 방수구가 부설된 옥내소화전설비, 스프링클러설비, 간이스프링클러설비 또는 연결살수설비를 화재안전기준에 적합하게 설치한 경우에는 그 설비의 유효범위에서 설치가 면제된다. 다만, 지표면에서 최상층 방수구의 높이가 70[m] 이상인 경우에는 설치해야 한다.

설치가 면제되는 소방시설	설치가 면제되는 기준
19. 연결살수설비	가. 연결살수설비를 설치해야 하는 특정소방대상물에 송수구를 부설한 스프링클러설비, 간이스프링클러설비, 물분무소화설비 또는 미분무소화설비를 화재안전기준에 적합하게 설치한 경우에는 그 설비의 유효범위에서 설치가 면제된다. 나. 가스 관계 법령에 따라 설치되는 물분무장치 등에 소방대가 사용할 수 있는 연결송수구가 설치되거나 물분무장치 등에 6시간 이상 공급할 수 있는 수원이 확보된 경우에는 설치가 면제된다.
20. 무선통신보조설비	무선통신보조설비를 설치해야 하는 특정소방대상물에 이동통신 구내 중계기 선로설비 또는 무선이동중계기(전파법 제58조의2에 따른 적합성 평가를 받은 제품만 해당한다) 등을 화재안전기준의 무선통신보조설비기준에 적합하게 설치한 경우에는 설치가 면제된다.
21. 연소방지설비	연소방지설비를 설치해야 하는 특정소방대상물에 스프링클러설비, 물분무소화설비 또는 미분무소화설비를 화재안전기준에 적합하게 설치한 경우에는 그 설비의 유효범위에서 설치가 면제된다.

24 증축하는 경우 기존 부분을 증축 당시의 대통령령 또는 화재안전기준에서 제외하는 경우
(영 제15조) 24 회 출제

다음의 어느 하나에 해당하는 경우에는 **기존 부분에 대해서는 증축 당시의 소방시설의 설치**에 관한 대통령령 또는 **화재안전기준을 적용하지 않는다.**

(1) 기존 부분과 증축 부분이 내화구조로 된 바닥과 벽으로 구획된 경우

(2) 기존 부분과 증축 부분이 자동방화셔터 또는 60분+ 방화문으로 구획되어 있는 경우

(3) 자동차 생산공장 등 화재위험이 낮은 특정소방대상물 내부에 연면적 33$[m^2]$ 이하의 직원 휴게실을 증축하는 경우

(4) 자동차 생산공장 등 화재위험이 낮은 특정소방대상물에 캐노피(기둥으로 받치거나 매달아 놓은 덮개를 말하며, 3면 이상에 벽이 없는 구조의 것을 말한다)를 설치하는 경우

25 전체에 대하여 용도변경 전의 대통령령 또는 화재안전기준을 적용하는 경우(영 제15조)

다음의 어느 하나에 해당하는 경우에는 특정소방대상물 전체에 대하여 용도변경 전에 해당 특정소방대상물에 적용되던 소방시설의 설치에 관한 대통령령 또는 화재안전기준을 적용한다.

(1) 특정소방대상물의 구조・설비가 화재연소 확대 요인이 적어지거나 피난 또는 화재진압활동이 쉬워지도록 변경되는 경우

(2) 용도변경으로 인하여 천장・바닥・벽 등에 고정되어 있는 가연성 물질의 양이 줄어드는 경우

26 소방시설을 설치하지 않을 수 있는 특정소방대상물(영 별표 6) 24회 출제

구 분	특정소방대상물	소방시설
1. 화재위험도가 낮은 특정소방대상물	석재·불연성 금속·불연성 건축재료 등의 가공공장·기계조립공장 또는 불연성 물품을 저장하는 창고	옥외소화전설비 및 연결살수설비
2. 화재안전기준을 적용하기가 어려운 특정소방대상물 17회 출제	펄프공장의 작업장·음료수공장의 세정 또는 충전을 하는 작업장, 그 밖에 이와 비슷한 용도로 사용하는 것	스프링클러설비, 상수도 소화용수설비 및 연결살수설비
	정수장, 수영장, 목욕장, 농예·축산·어류 양식용 시설, 그 밖에 이와 비슷한 용도로 사용되는 것	자동화재탐지설비, 상수도 소화용수설비 및 연결살수설비
3. 화재안전기준을 달리 적용해야 하는 특수한 용도 또는 구조를 가진 특정소방대상물	원자력발전소, 중·저준위 방사성폐기물의 저장시설	연결송수관설비 및 연결살수설비
4. 위험물안전관리법 제19조에 따른 자체소방대가 설치된 특정소방대상물	자체소방대가 설치된 제조소 등에 부속된 사무실	옥내소화전설비, 소화용수설비, 연결살수설비 및 연결송수관설비

27 하자보수 대상 소방시설과 하자보수 보증기간(소방시설공사업법 영 제6조)

(1) **2년** : 비상경보설비, 비상방송설비, 피난기구, 유도등, 비상조명등 및 무선통신보조설비

(2) **3년** : 자동소화장치, 옥내소화전설비, 스프링클러설비 등, 물분무등소화설비, 옥외소화전설비, 자동화재탐지설비, 화재알림설비, 소화용수설비 및 소화활동설비(무선통신보조설비는 제외한다)

28 소방시설 폐쇄·차단 시 행동요령(소방시설 폐쇄·차단 시 행동요령 등에 관한 고시 제3조)
23회 출제

(1) 폐쇄·차단되어 있는 모든 소방시설(수신기, 스프링클러 밸브 등)을 정상상태로 복구한다.

(2) 즉시 소방관서(119)에 신고하고 재실자를 대피시키는 등 적절한 조치를 취한다.

(3) 화재신호가 발신된 장소로 이동하여 화재 여부를 확인한다.

(4) 화재로 확인된 경우에는 초기소화, 상황전파 등의 조치를 취한다.

(5) 화재가 아닌 것으로 확인된 경우에는 재실자에게 관련 사실을 안내하고 수신기에서 화재경보 복구 후 비화재보 방지를 위해 적절한 조치를 취한다.

29 소방시설 자체점검사항 등에 관한 고시

(1) 점검인력 배치상황 신고사항 수정(제3조)
   ① 공통기준
      ㉠ 배치신고 기간 내에는 관리업자가 직접 수정해야 한다. 다만 평가기관이 배치기준 적합여부 확인 결과 부적합인 경우에는 ②에 따라 수정한다.
      ㉡ 배치신고 기간을 초과한 경우에는 ②에 따라 수정한다.
   ② 관할 소방서의 담당자 승인 후에 평가기관이 수정할 수 있는 사항 **23 회 출제**
      ㉠ 소방시설의 설비 유무
      ㉡ 점검인력, 점검일자
      ㉢ 점검 대상물의 추가·삭제
      ㉣ 건축물대장에 기재된 내용으로 확인할 수 없는 사항
         ㉮ 점검 대상물의 주소, 동수
         ㉯ 점검 대상물의 주용도, 아파트(세대수를 포함한다) 여부, 연면적 수정
         ㉰ 점검 대상물의 점검 구분

(2) 최초점검(제5조)

건축물을 신축·증축·개축·재축·이전·용도변경 또는 대수선 등으로 소방시설이 신설되는 경우에는 건축물의 사용승인을 받은 날 또는 소방시설 완공검사증명서(일반용)를 받은 날로부터 60일 이내 최초점검을 실시하고, 다음 연도부터 작동점검과 종합점검을 실시한다.

(3) 자체점검대상 등 표본조사(제8조)
   ① 조사권자 : 소방청장, 소방본부장 또는 소방서장
   ② 표본조사 대상 **23 회 출제**
      ㉠ 점검인력 배치상황 확인 결과 점검인력 배치기준 등을 부적정하게 신고한 대상
      ㉡ 표준자체점검비 대비 현저하게 낮은 가격으로 용역계약을 체결하고 자체점검을 실시하여 부실점검이 의심되는 대상
      ㉢ 특정소방대상물 관계인이 자체점검한 대상
      ㉣ 그 밖에 소방청장, 소방본부장 또는 소방서장이 필요하다고 인정한 대상

(4) 소방시설 등 종합점검 면제대상 및 기간(제9조)
   ① 소방청장, 소방본부장 또는 소방서장은 안전관리가 우수한 소방대상물을 포상하고 자율적인 안전관리를 유도하기 위해 다음의 어느 하나에 해당하는 특정소방대상물의 경우에는 각 호에서 정하는 기간 동안에는 종합점검을 면제할 수 있다. 이 경우 특정소방대상물의 관계인은 1년에 1회 이상 작동점검은 실시해야 한다.

㉠ 화재의 예방 및 안전관리에 관한 법률 제44조 및 우수소방대상물의 선정 및 포상 등에 관한 규정에 따라 대한민국 안전대상을 수상한 우수소방대상물
  ㉮ 대통령, 국무총리 표창(상장·상패를 포함한다) : 3년
  ㉯ 장관, 소방청장 표창 : 2년
  ㉰ 시·도지사 표창 : 1년
㉡ 사단법인 한국안전인증원으로부터 공간안전인증을 받은 특정소방대상물 : 공간안전인증 기간(연장기간을 포함한다)
㉢ 사단법인 국가화재평가원으로부터 화재안전등급 지정을 받은 특정소방대상물 : 화재안전등급 지정기간
㉣ 규칙 별표 3 제3호 가목에 해당하는 특정소방대상물로서 그 안에 설치된 다중이용업소 전부가 안전관리우수업소로 인증받은 대상 : 그 대상의 안전관리우수업소 인증기간

② ①의 종합점검 면제기간은 포상일(상장 명기일) 또는 인증(지정)받은 다음 연도부터 기산한다. 다만, 화재가 발생한 경우에는 그렇지 않다.

③ ①에도 불구하고 특급 소방안전관리대상물 중 연 2회 종합점검 대상인 경우에는 종합점검 1회를 면제한다.

CHAPTER 02 예상문제

PART 01 소방관계법령

01 무창층의 정의와 개구부의 요건을 기술하시오.

해답 무창층의 정의와 개구부의 요건(영 제2조)
① 무창층의 정의 : 지상층 중 개구부의 요건을 모두 갖춘 개구부(건축물에서 채광, 환기, 통풍 또는 출입 등을 위하여 만든 창·출입구 그 밖에 이와 비슷한 것을 말한다)의 면적의 합계가 해당 층의 바닥면적의 1/30 이하가 되는 층을 말한다.
② 개구부의 요건
   ㉠ 크기는 지름 50[cm] 이상의 원이 통과할 수 있을 것
   ㉡ 해당 층의 바닥면으로부터 개구부 밑부분까지의 높이가 1.2[m] 이내일 것
   ㉢ 도로 또는 차량이 진입할 수 있는 빈터를 향할 것
   ㉣ 화재 시 건축물로부터 쉽게 피난할 수 있도록 창살이나 그 밖의 장애물이 설치되지 않을 것
   ㉤ 내부 또는 외부에서 쉽게 부수거나 열 수 있을 것

02 무창층이라는 용어를 사용하는 이유를 기술하시오.

해답 무창층이라는 용어를 사용하는 이유
① 피난자가 피난할 수 있는 창문 등이 충분한 건물의 층인지
② 소방대가 창문 등을 통하여 쉽게 접근하여 피난자를 구조할 수 있는 장소인지
③ 소방대가 소화활동을 하기 위하여 쉽게 내부로 진입할 수 있는 개구부가 적합하게 있는 장소인지

03 방염성능기준 이상의 실내장식물 등을 설치해야 하는 방염설치대상물, 방염대상물품, 방염성능기준을 기술하시오.

해답 방염설치대상물, 방염대상물품, 방염성능기준(영 제30조)

① 방염성능기준 이상의 실내장식물 등을 설치해야 하는 특정소방대상물
  ㉠ 근린생활시설 중 의원, 치과의원, 한의원, 조산원, 산후조리원, 체력단련장, 공연장 및 종교집회장
  ㉡ 건축물의 옥내에 있는 시설로서 다음의 시설
    ㉮ 문화 및 집회시설
    ㉯ 종교시설
    ㉰ 운동시설(수영장은 제외한다)
  ㉢ 의료시설
  ㉣ 교육연구시설 중 합숙소
  ㉤ 노유자시설
  ㉥ 숙박이 가능한 수련시설
  ㉦ 숙박시설
  ㉧ 방송통신시설 중 방송국 및 촬영소
  ㉨ 다중이용업소의 영업소
  ㉩ ㉠~㉨까지의 시설에 해당하지 않는 것으로서 층수가 11층 이상인 것(아파트 등은 제외한다)

② 방염대상물품
  ㉠ 제조 또는 가공 공정에서 방염처리를 한 물품
    ㉮ 창문에 설치하는 커튼류(블라인드를 포함한다)
    ㉯ 카 펫
    ㉰ 벽지류(두께가 2[mm] 미만인 종이벽지는 제외한다)
    ㉱ 전시용 합판·목재 또는 섬유판, 무대용 합판·목재 또는 섬유판(합판·목재류의 경우 불가피하게 설치 현장에서 방염처리한 것을 포함한다)
    ㉲ 암막·무대막(영화상영관에 설치하는 스크린과 가상체험체육시설업에 설치하는 스크린을 포함한다)
    ㉳ 섬유류 또는 합성수지류 등을 원료로 하여 제작된 소파·의자(단란주점영업, 유흥주점영업 및 노래연습장업의 영업장에 설치하는 것으로 한정한다)
  ㉡ 건축물 내부의 천장이나 벽에 부착하거나 설치하는 것으로서 다음의 것. 다만, 가구류(옷장, 찬장, 식탁, 식탁용 의자, 사무용 책상, 사무용 의자, 계산대 및 그 밖에 이와 비슷한 것을 말한다)와 너비 10[cm] 이하인 반자돌림대 등과 내부마감재료는 제외한다.
    ㉮ 종이류(두께 2[mm] 이상인 것을 말한다)·합성수지류 또는 섬유류를 주원료로 한 물품
    ㉯ 합판이나 목재
    ㉰ 공간을 구획하기 위하여 설치하는 간이 칸막이(접이식 등 이동 가능한 벽체나 천장 또는 반자가 실내에 접하는 부분까지 구획하지 않는 벽체를 말한다)
    ㉱ 흡음(吸音)을 위하여 설치하는 흡음재(흡음용 커튼을 포함한다)
    ㉲ 방음(防音)을 위하여 설치하는 방음재(방음용 커튼을 포함한다)

③ 방염성능기준
  ㉠ 버너의 불꽃을 제거한 때부터 불꽃을 올리며 연소하는 상태가 그칠 때까지 시간은 20초 이내일 것(잔염시간)

ⓒ 버너의 불꽃을 제거한 때부터 불꽃을 올리지 않고 연소하는 상태가 그칠 때까지 시간은 30초 이내일 것(잔신시간)
　　ⓒ 탄화(炭化)한 면적은 50[cm²] 이내, 탄화한 길이는 20[cm] 이내일 것
　　ⓔ 불꽃에 의하여 완전히 녹을 때까지 불꽃의 접촉 횟수는 3회 이상일 것
　　ⓜ 소방청장이 정하여 고시한 방법으로 발연량(發煙量)을 측정하는 경우 최대연기밀도는 400 이하일 것
④ 특정소방대상물의 방염대상물품 권장사항 : 소방본부장 또는 소방서장은 방염대상물품 외에 다음의 물품은 방염처리된 물품을 사용하도록 권장할 수 있다.
　　㉠ 다중이용업소, 의료시설, 노유자시설, 숙박시설 또는 장례식장에 사용하는 침구류, 소파 및 의자
　　㉡ 건축물 내부의 천장 또는 벽에 부착하거나 설치하는 가구류

04 다음 용어를 설명하시오.

(1) 연소할 우려가 있는 개구부
(2) 연소 우려가 있는 건축물의 구조
(3) 연소할 우려가 있는 부분

해답 (1) 연소할 우려가 있는 개구부(NFTC 503 – 연결살수설비)
각 방화구획을 관통하는 컨베이어·에스컬레이터 또는 이와 유사한 시설의 주위로서 방화구획을 할 수 없는 부분
(2) 연소 우려가 있는 건축물의 구조(소방시설법 규칙 제17조)
① 건축물대장의 건축물 현황도에 표시된 대지경계선 안에 둘 이상의 건축물이 있는 경우
② 각각의 건축물이 다른 건축물의 외벽으로부터 수평거리가 1층의 경우에는 6[m] 이하, 2층 이상의 층의 경우에는 10[m] 이하인 경우
③ 개구부(영 제2조 제1호의 각 목 외의 부분에 따른 개구부를 말한다)가 다른 건축물을 향하여 설치되어 있는 경우
(3) 연소할 우려가 있는 부분(건축물의 피난·방화구조 등의 기준에 관한 규칙 제22조)
인접대지경계선·도로중심선 또는 동일한 대지 안에 있는 2동 이상의 건축물(연면적의 합계가 500[m²] 이하인 건축물은 이를 하나의 건축물로 본다) 상호의 외벽 간의 중심선으로부터 1층에 있어서는 3[m] 이내, 2층 이상에 있어서는 5[m] 이내의 거리에 있는 건축물의 각 부분을 말한다. 다만, 공원·광장·하천의 공지나 수면 또는 내화구조의 벽 기타 이와 유사한 것에 접하는 부분을 제외한다.

05 피난시설·방화구획 및 방화시설의 유지·관리 시 위법행위를 기술하시오.

해답 위법행위(법 제16조)
① 피난시설, 방화구획 및 방화시설을 폐쇄하거나 훼손하는 등의 행위
② 피난시설, 방화구획 및 방화시설의 주위에 물건을 쌓아두거나 장애물을 설치하는 행위
③ 피난시설, 방화구획 및 방화시설의 용도에 장애를 주거나 소방기본법 제16조에 따른 소방활동에 지장을 주는 행위
④ 그 밖에 피난시설, 방화구획 및 방화시설을 변경하는 행위

06 소방시설관리사의 결격사유에 대하여 기술하시오.

해답 소방시설관리사의 결격사유(법 제27조)
① 피성년후견인
② 소방시설 설치 및 관리에 관한 법률, 소방기본법, 화재의 예방 및 안전관리에 관한 법률, 소방시설공사업법 또는 위험물안전관리법에 따른 금고 이상의 실형을 선고받고, 그 집행이 끝나거나(집행이 끝난 것으로 보는 경우를 포함한다) 집행이 면제된 날부터 2년이 지나지 않은 사람
③ 소방시설 설치 및 관리에 관한 법률, 소방기본법, 화재의 예방 및 안전관리에 관한 법률, 소방시설공사업법 또는 위험물안전관리법에 따른 금고 이상의 형의 집행유예를 선고받고 그 유예기간 중에 있는 사람
④ 제28조에 따라 자격이 취소(거짓이나 그 밖의 부정한 방법으로 시험에 합격한 경우에 해당하여 자격이 취소된 경우는 제외한다)된 날부터 2년이 지나지 않은 사람

07 소방시설관리사의 행정처분기준에 대하여 다음 물음에 답하시오.

(1) 대행인력의 배치기준·자격·방법 등 준수사항을 지키지 않은 경우
(2) 점검을 하지 않은 경우
(3) 소방시설관리사가 동시에 둘 이상의 업체에 취업한 경우

해답 소방시설관리사의 행정처분기준(규칙 별표 8)
  (1) 대행인력의 배치기준·자격·방법 등 준수사항을 지키지 않은 경우의 행정처분기준
    ① 1차 위반 : 경고(시정명령)
    ② 2차 위반 : 자격정지 6개월
    ③ 3차 이상 위반 : 자격취소
  (2) 점검을 하지 않은 경우의 행정처분기준
    ① 1차 위반 : 자격정지 1개월
    ② 2차 위반 : 자격정지 6개월
    ③ 3차 이상 위반 : 자격취소
  (3) 소방시설관리사가 동시에 둘 이상의 업체에 취업한 경우의 행정처분기준
    ① 1차 위반 : 자격취소
    ② 2차 위반 : 해당없음

위반사항	근거 법조문	행정처분기준		
		1차 위반	2차 위반	3차 이상 위반
1) 거짓, 그 밖의 부정한 방법으로 시험에 합격한 경우	법 제28조 제1호	자격취소		
2) 화재의 예방 및 안전관리에 관한 법률 제25조 제2항에 따른 대행인력의 배치기준·자격·방법 등 준수사항을 지키지 않은 경우	법 제28조 제2호	경고 (시정명령)	자격정지 6개월	자격취소
3) 법 제22조에 따른 점검을 하지 않거나 거짓으로 한 경우	법 제28조 제3호			
가) 점검을 하지 않은 경우		자격정지 1개월	자격정지 6개월	자격취소
나) 거짓으로 점검한 경우		경고 (시정명령)	자격정지 6개월	자격취소
4) 법 제25조 제7항을 위반하여 소방시설관리사증을 다른 사람에게 빌려준 경우	법 제28조 제4호	자격취소		
5) 법 제25조 제8항을 위반하여 동시에 둘 이상의 업체에 취업한 경우	법 제28조 제5호	자격취소		
6) 법 제25조 제9항을 위반하여 성실하게 자체점검 업무를 수행하지 않은 경우	법 제28조 제6호	경고 (시정명령)	자격정지 6개월	자격취소
7) 법 제27조 각 호의 어느 하나의 결격사유에 해당하게 된 경우	법 제28조 제7호	자격취소		

08 소방시설 설치 및 관리에 관한 법률 시행규칙 별표 8에서 규정하는 행정처분 일반기준에 대하여 쓰시오.

해답 **행정처분 일반기준(규칙 별표 8)**

① 위반행위가 둘 이상이면 그중 무거운 처분기준(무거운 처분기준이 동일한 경우에는 그중 하나의 처분기준을 말한다)에 따른다. 다만, 둘 이상의 처분기준이 모두 영업정지이거나 사용정지인 경우에는 각 처분 기준을 합산한 기간을 넘지 않는 범위에서 무거운 처분기준에 각각 나머지 처분기준의 1/2 범위에서 가중한다.

② 영업정지 또는 사용정지 처분기간 중 영업정지 또는 사용정지에 해당하는 위반사항이 있는 경우에는 종전의 처분기간 만료일의 다음 날부터 새로운 위반사항에 따른 영업정지 또는 사용정지의 행정처분을 한다.

③ 위반행위의 횟수에 따른 행정처분의 기준은 최근 1년간 같은 위반행위로 행정처분을 받은 경우에 적용한다. 이 경우 적용일은 위반행위에 대한 행정처분일과 그 처분 후 한 위반행위가 다시 적발된 날을 기준으로 한다.

④ ③에 따라 가중된 부과처분을 하는 경우 가중처분의 적용 차수는 그 위반행위 전 부과처분 차수[③에 따른 기간 내에 행정처분이 둘 이상 있었던 경우에는 높은 차수를 말한다]의 다음 차수로 한다.

⑤ 처분권자는 위반행위의 동기·내용·횟수 및 위반정도 등 다음에 해당하는 사유를 고려하여 그 처분을 가중하거나 감경할 수 있다. 이 경우 그 처분이 영업정지 또는 자격정지인 경우에는 그 처분기준의 1/2의 범위에서 가중하거나 감경할 수 있고, 등록취소 또는 자격취소인 경우에는 등록취소 또는 자격취소 전 차수의 행정처분이 영업정지 또는 자격정지이면 그 처분기준의 2배 이하의 영업정지 또는 자격정지로 감경(법 제28조 제1호·제4호·제5호·제7호 및 법 제35조 제1항 제1호·제4호·제5호를 위반하여 등록취소 또는 자격취소된 경우는 제외한다)할 수 있다

　㉠ 가중 사유
　　㉮ 위반행위가 사소한 부주의나 오류가 아닌 고의나 중대한 과실에 의한 것으로 인정되는 경우
　　㉯ 위반의 내용·정도가 중대하여 관계인에게 미치는 피해가 크다고 인정되는 경우
　㉡ 감경 사유
　　㉮ 위반행위가 사소한 부주의나 오류 등 과실에 의한 것으로 인정되는 경우
　　㉯ 위반의 내용·정도가 경미하여 관계인에게 미치는 피해가 적다고 인정되는 경우
　　㉰ 위반행위자가 처음 해당 위반행위를 한 경우로서 5년 이상 소방시설관리사의 업무, 소방시설관리업 등을 모범적으로 해 온 사실이 인정되는 경우
　　㉱ 그 밖에 다음의 **경미한 위반사항**에 해당되는 경우
　　　• 스프링클러설비 헤드가 살수반경에 미치지 못하는 경우
　　　• 자동화재탐지설비 감지기 2개 이하가 설치되지 않은 경우
　　　• 유도등이 일시적으로 점등되지 않는 경우
　　　• 유도표지가 정해진 위치에 붙어 있지 않은 경우

09 소방시설의 종류를 기술하시오.

해답 **소방시설의 종류(영 별표 1)**
① 소화설비 : 물 또는 그 밖의 소화약제를 사용하여 소화하는 기계・기구 또는 설비로서 다음의 것
  ㉠ 소화기구
    ㉮ 소화기
    ㉯ 간이소화용구 : 에어로졸식 소화용구, 투척용 소화용구, 소공간용 소화용구 및 소화약제 외의 것을 이용한 간이소화용구
    ㉰ 자동확산소화기
  ㉡ 자동소화장치
    ㉮ 주거용 주방자동소화장치
    ㉯ 상업용 주방자동소화장치
    ㉰ 캐비닛형 자동소화장치
    ㉱ 가스 자동소화장치
    ㉲ 분말 자동소화장치
    ㉳ 고체에어로졸 자동소화장치
  ㉢ 옥내소화전설비(호스릴 옥내소화전설비를 포함한다)
  ㉣ 스프링클러설비 등
    ㉮ 스프링클러설비
    ㉯ 간이스프링클러설비(캐비닛형 간이스프링클러설비를 포함한다)
    ㉰ 화재조기진압용 스프링클러설비
  ㉤ 물분무등소화설비
    ㉮ 물분무소화설비
    ㉯ 미분무소화설비
    ㉰ 포소화설비
    ㉱ 이산화탄소소화설비
    ㉲ 할론소화설비
    ㉳ 할로겐화합물 및 불활성기체(다른 원소와 화학반응을 일으키기 어려운 기체)소화설비
    ㉴ 분말소화설비
    ㉵ 강화액소화설비
    ㉶ 고체에어로졸소화설비
  ㉥ 옥외소화전설비
② 경보설비 : 화재발생 사실을 통보하는 기계・기구 또는 설비로서 다음의 것
  ㉠ 단독경보형 감지기
  ㉡ 비상경보설비
    ㉮ 비상벨설비
    ㉯ 자동식사이렌설비
  ㉢ 자동화재탐지설비
  ㉣ 시각경보기
  ㉤ 화재알림설비
  ㉥ 비상방송설비
  ㉦ 자동화재속보설비
  ㉧ 통합감시시설

ⓩ 누전경보기
　　　ⓩ 가스누설경보기
③ **피난구조설비** : 화재가 발생할 경우 피난하기 위하여 사용하는 기구 또는 설비로서 다음의 것
　㉠ 피난기구
　　㉮ 피난사다리
　　㉯ 구조대
　　㉰ 완강기
　　㉱ 간이완강기
　　㉲ 그 밖에 화재안전기준으로 정하는 것(공기안전매트, 승강식피난기, 하향식 피난구용 내림식사다리, 다수인피난장비, 미끄럼대, 피난교, 피난용트랩)
　㉡ 인명구조기구
　　㉮ 방열복, 방화복(안전모, 보호장갑, 안전화를 포함한다)
　　㉯ 공기호흡기
　　㉰ 인공소생기
　㉢ 유도등
　　㉮ 피난유도선
　　㉯ 피난구유도등
　　㉰ 통로유도등
　　㉱ 객석유도등
　　㉲ 유도표지
　㉣ 비상조명등 및 휴대용 비상조명등
④ **소화용수설비** : 화재를 진압하는 데 필요한 물을 공급하거나 저장하는 설비로서 다음의 것
　㉠ 상수도 소화용수설비
　㉡ 소화수조·저수조, 그 밖의 소화용수설비
⑤ **소화활동설비** : 화재를 진압하거나 인명구조활동을 위하여 사용하는 설비로서 다음의 것
　㉠ 제연설비
　㉡ 연결송수관설비
　㉢ 연결살수설비
　㉣ 비상콘센트설비
　㉤ 무선통신보조설비
　㉥ 연소방지설비

10 소방시설 설치 및 관리에 관한 법률에 규정하는 특정소방대상물 중 관광휴게시설의 종류 5가지를 나열하시오.

해답 관광휴게시설(영 별표 2)
① 야외음악당
② 야외극장
③ 어린이회관
④ 관망탑
⑤ 휴게소
⑥ 공원·유원지 또는 관광지에 부수되는 건축물

11 지하상가와 지하구를 설명하시오.

해답 지하상가, 지하구(영 별표 2)
① 지하상가
  ㉠ 지하의 인공구조물 안에 설치되어 있는 상점, 사무실, 그 밖에 이와 비슷한 시설로서 연속하여 지하도에 면하여 설치된 것과 그 지하도를 합한 것
  ㉡ 시행령 별표 2의 특정소방대상물(30종류)의 지하층이 지하상가와 연결되어 있는 경우 해당 지하층의 부분을 지하상가로 본다.
② 지하구
  ㉠ 전력·통신용의 전선이나 가스·냉난방용의 배관 또는 이와 비슷한 것을 집합수용하기 위하여 설치한 지하 인공구조물로서 사람이 점검 또는 보수를 하기 위하여 출입이 가능한 것 중 다음의 어느 하나에 해당하는 것
    ㉮ 전력 또는 통신사업용 지하 인공구조물로서 전력구(케이블 접속부가 없는 경우에는 제외한다) 또는 통신구 방식으로 설치된 것
    ㉯ ㉮ 외의 지하 인공구조물로서 폭이 1.8[m] 이상이고 높이가 2[m] 이상이며 길이가 50[m] 이상인 것
  ㉡ 공동구

12. 특정소방대상물의 연결 등으로 인한 하나의 특정소방대상물 또는 별개의 특정소방대상물로 구분하는 경우에 대해 논하시오.

해답 건축물의 구분(영 별표 2)

① 별개의 특정소방대상물 : 내화구조로 된 하나의 특정소방대상물이 개구부 및 연소 확대 우려가 없는 내화구조의 바닥과 벽으로 구획되어 있는 경우에는 그 구획된 부분을 각각 별개의 특정소방대상물로 본다.

② 둘 이상의 특정소방대상물을 하나의 특정소방대상물로 보는 경우
  ㉠ 내화구조로 된 **연결통로**가 다음의 어느 하나에 해당되는 경우
    ㉮ 벽이 없는 구조로서 그 길이가 6[m] 이하인 경우
    ㉯ 벽이 있는 구조로서 그 길이가 10[m] 이하인 경우. 다만, 벽 높이가 바닥에서 천장까지의 높이의 1/2 이상인 경우에는 벽이 있는 구조로 보고, 벽 높이가 바닥에서 천장까지의 높이의 1/2 미만인 경우에는 벽이 없는 구조로 본다.
  ㉡ 내화구조가 아닌 연결통로로 연결된 경우
  ㉢ 컨베이어로 연결되거나 플랜트설비의 배관 등으로 연결되어 있는 경우
  ㉣ 지하보도, 지하상가, 터널로 연결된 경우
  ㉤ 자동방화셔터 또는 60분+ 방화문이 설치되지 않은 피트(전기설비 또는 배관설비 등이 설치되는 공간을 말한다)로 연결된 경우
  ㉥ 지하구로 연결된 경우

③ 연결통로 또는 지하구와 특정소방대상물의 양쪽에 별개의 특정소방대상물로 보는 경우
  ㉠ 화재 시 경보설비 또는 자동소화설비의 작동과 연동하여 자동으로 닫히는 자동방화셔터 또는 60분+ 방화문이 설치된 경우
  ㉡ 화재 시 자동으로 방수되는 방식의 드렌처설비 또는 개방형 스프링클러헤드가 설치된 경우

13. 임시소방시설의 물음에 대하여 답하시오.

(1) 임시소방시설을 설치해야 하는 작업
(2) 임시소방시설의 종류
(3) 임시소방시설을 설치해야 하는 공사의 종류와 규모
(4) 임시소방시설을 설치한 것으로 보는 소방시설

해답 임시소방시설

(1) 임시소방시설을 설치해야 하는 작업(영 제18조)
  다음에 해당하는 인화성 물품을 취급하는 작업 등 대통령령으로 정하는 작업(화재위험작업)
  ① 인화성·가연성·폭발성 물질을 취급하거나 가연성 가스를 발생시키는 작업
  ② 용접·용단(금속·유리·플라스틱 따위를 녹여서 절단하는 일을 말한다) 등 불꽃을 발생시키거나 화기를 취급하는 작업
  ③ 전열기구, 가열전선 등 열을 발생시키는 기구를 취급하는 작업
  ④ 알루미늄, 마그네슘 등을 취급하여 폭발성 부유분진(공기 중에 떠다니는 미세한 입자를 말한다)을 발생시킬 수 있는 작업
  ⑤ ①부터 ④까지와 비슷한 작업으로 소방청장이 정하여 고시하는 작업

(2) 임시소방시설의 종류(영 별표 8)
① 소화기
② 간이소화장치 : 물을 방사하여 화재를 진화할 수 있는 장치로서 소방청장이 정하는 성능을 갖추고 있을 것
③ 비상경보장치 : 화재가 발생한 경우 주변에 있는 작업자에게 화재사실을 알릴 수 있는 장치로서 소방청장이 정하는 성능을 갖추고 있을 것
④ 가스누설경보기 : 가연성 가스가 누설되거나 발생된 경우 이를 탐지하여 경보하는 장치로서 법 제37조에 따른 형식승인 및 제품검사를 받은 것
⑤ 간이피난유도선 : 화재가 발생한 경우 피난구 방향을 안내할 수 있는 장치로서 소방청장이 정하는 성능을 갖추고 있을 것
⑥ 비상조명등 : 화재가 발생한 경우 안전하고 원활한 피난활동을 할 수 있도록 자동 점등되는 조명장치로서 소방청장이 정하는 성능을 갖추고 있을 것
⑦ 방화포 : 용접·용단 등의 작업 시 발생하는 불티로부터 가연물이 점화되는 것을 방지해주는 천 또는 불연성 물품으로서 소방청장이 정하는 성능을 갖추고 있을 것

(3) 임시소방시설을 설치해야 하는 공사의 종류와 규모(영 별표 8)
① 소화기 : 건축허가 등을 할 때 소방본부장 또는 소방서장의 동의를 받아야 하는 특정소방대상물의 신축·증축·개축·재축·이전·용도변경 또는 대수선 등을 위한 공사 중 화재위험작업의 현장에 설치한다.
② 간이소화장치 : 다음의 어느 하나에 해당하는 공사의 화재위험작업현장에 설치한다.
  ㉠ 연면적 3,000[m^2] 이상
  ㉡ 지하층, 무창층 또는 4층 이상의 층. 이 경우 해당 층의 바닥면적이 600[m^2] 이상인 경우만 해당한다.
③ 비상경보장치 : 다음의 어느 하나에 해당하는 공사의 화재위험작업현장에 설치한다.
  ㉠ 연면적 400[m^2] 이상
  ㉡ 지하층 또는 무창층. 이 경우 해당 층의 바닥면적이 150[m^2] 이상인 경우만 해당한다.
④ 가스누설경보기 : 바닥면적이 150[m^2] 이상인 지하층 또는 무창층의 화재위험작업현장에 설치한다.
⑤ 간이피난유도선 : 바닥면적이 150[m^2] 이상인 지하층 또는 무창층의 화재위험작업현장에 설치한다.
⑥ 비상조명등 : 바닥면적이 150[m^2] 이상인 지하층 또는 무창층의 화재위험작업현장에 설치한다.
⑦ 방화포 : 용접·용단 작업이 진행되는 화재위험작업현장에 설치한다.

(4) 임시소방시설을 설치한 것으로 보는 소방시설(영 별표 8)
① 간이소화장치를 설치한 것으로 보는 소방시설 : 소방청장이 정하여 고시하는 기준에 맞는 소화기(연결송수관설비의 방수구 인근에 설치한 경우로 한정한다) 또는 옥내소화전설비
② 비상경보장치를 설치한 것으로 보는 소방시설 : 비상방송설비 또는 자동화재탐지설비
③ 간이피난유도선을 설치한 것으로 보는 소방시설 : 피난유도선, 피난구유도등, 통로유도등 또는 비상조명등

14 건설현장의 화재안전기술기준에 대하여 물음에 답하시오.

(1) 소화기의 성능 및 설치기준
(2) 간이소화장치의 성능 및 설치기준
(3) 비상경보장치의 성능 및 설치기준
(4) 간이피난유도선의 성능 및 설치기준

해답 건설현장의 화재안전기술기준(NFTC 606)
(1) 소화기의 설치기준
   ① 소화기의 소화약제는 소화기구 및 자동소화장치의 화재안전기술기준(NFTC 101)의 2.1.1.1의 표 2.1.1.1에 따른 적응성이 있는 것을 설치할 것
   ② 각 층 계단실마다 계단실 출입구 부근에 능력단위 3단위 이상인 소화기 2개 이상을 설치하고, 영 제18조 제1항[화재위험작업(인화성 물품을 취급하는 작업 등 대통령령으로 정하는 작업)]에 해당하는 작업을 하는 경우 작업종료 시까지 작업지점으로부터 5[m] 이내 쉽게 보이는 장소에 능력단위 3단위 이상인 소화기 2개 이상과 대형소화기 1개 이상을 추가 배치할 것
(2) 간이소화장치의 설치기준
   영 제18조 제1항에 해당하는 작업을 하는 경우 작업종료 시까지 작업지점으로부터 25[m] 이내에 배치하여 즉시 사용이 가능하도록 할 것
(3) 비상경보장치의 설치기준
   ① 피난층 또는 지상으로 통하는 각 층 직통계단의 출입구마다 설치할 것
   ② 발신기를 누를 경우 해당 발신기와 결합된 경종이 작동할 것. 이 경우 다른 장소에 설치된 경종도 함께 연동하여 작동되도록 설치할 수 있다.
   ③ 발신기의 위치표시등은 함의 상부에 설치하되, 그 불빛은 부착면으로부터 15° 이상의 범위 안에서 부착지점으로부터 10[m] 이내의 어느 곳에서도 쉽게 식별할 수 있는 적색등으로 할 것
   ④ 시각경보장치는 발신기함 상부에 위치하도록 설치하되 바닥으로부터 2[m] 이상 2.5[m] 이하의 높이에 설치하여 건설 현장의 각 부분에 유효하게 경보할 수 있도록 할 것
   ⑤ "비상경보장치"라고 표시한 표지를 비상경보장치 상단에 부착할 것
(4) 간이피난유도선의 설치기준
   ① 지하층이나 무창층에는 간이피난유도선을 녹색 계열의 광원점등방식으로 해당 층의 직통 계단마다 계단의 출입구로부터 건물 내부로 10[m] 이상의 길이로 설치할 것
   ② 바닥으로부터 1[m] 이하의 높이에 설치하고, 피난유도선이 점멸하거나 화살표로 표시하는 등의 방법으로 작업장의 어느 위치에서도 피난유도선을 통해 출입구로의 피난방향을 알 수 있도록 할 것
   ③ 층 내부에 구획된 실이 있는 경우에는 구획된 각 실로부터 가장 가까운 직통계단의 출입구까지 연속하여 설치할 것

15 소방용품의 품질관리 등에 관한 규칙에서 다음 물음에 답하시오.

(1) 성능인증 대상 소방용품 10가지
(2) 소방청장이 고시하는 소방용품 10가지

해답 성능인증 대상 소방용품(소방용품의 품질관리 등에 관한 규칙 별표 7)
① 축광표지
② 예비전원
③ 비상콘센트설비
④ 표시등
⑤ 소화전함
⑥ 스프링클러설비신축배관(가지관과 스프링클러헤드를 연결하는 플렉시블 파이프를 말한다)
⑦ 소방용전선(내화전선 및 내열전선)
⑧ 탐지부
⑨ 지시압력계
⑩ 공기안전매트
⑪ 소방용 밸브(개폐표시형밸브, 릴리프밸브, 풋밸브)
⑫ 소방용 스트레이너
⑬ 소방용 압력스위치
⑭ 소방용 합성수지배관
⑮ 비상경보설비의 축전지
⑯ 자동화재속보설비의 속보기
⑰ 소화설비용 헤드(물분무헤드, 분말헤드, 포헤드, 살수헤드)
⑱ 방수구
⑲ 소화기가압용 가스용기
⑳ 소방용흡수관
㉑ 그 밖에 소방청장이 고시하는 소방용품[성능인증의 대상이 되는 소방용품의 품목에 관한 고시 제2조(성능인증의 대상이 되는 소방용품의 품목)]
　㉠ 분기배관
　㉡ 포소화약제 혼합장치
　㉢ 가스계소화설비 설계프로그램
　㉣ 시각경보장치
　㉤ 자동차압급기댐퍼
　㉥ 자동폐쇄장치
　㉦ 가압수조식 가압송수장치
　㉧ 피난유도선
　㉨ 방염제품
　㉩ 다수인 피난장비
　㉪ 캐비닛형 간이스프링클러설비
　㉫ 승강식피난기
　㉬ 미분무헤드
　㉭ 방열복
　㉮ 상업용 주방자동소화장치
　㉯ 압축공기포헤드
　㉰ 압축공기포 혼합장치
　㉱ 플랩댐퍼
　㉲ 비상문자동개폐장치
　㉳ 가스계소화설비용 수동식 기동장치
　㉴ 휴대용 비상조명등
　㉵ 소방전원공급장치
　㉶ 호스릴이산화탄소 소화장치
　㉷ 과압배출구
　㉸ 흔들림방지버팀대
　㉹ 소방용 수격흡수기
　㉺ 소방용행거
　㉻ 간이형수신기
　ⓐ 방화포
　ⓑ 간이소화장치
　ⓒ 유량측정장치
　ⓓ 배출댐퍼
　ⓔ 송수구

16 소방시설 등의 자체점검의 구분 · 대상 · 점검인원, 점검자의 자격 · 점검방법 및 점검횟수 등에 대하여 작성하시오.

> **해답** **자체점검(규칙 별표 3)**
> ① 자체점검 구분
>   ㉠ 작동점검 : 소방시설 등을 인위적으로 조작하여 정상적으로 작동하는지를 소방청장이 정하여 고시하는 소방시설 등 작동점검표에 따라 점검하는 것
>   ㉡ 종합점검 : 소방시설 등의 작동점검을 포함하여 소방시설 등의 설비별 주요 구성 부품의 구조기준이 화재안전기준과 **건축법 등 관련 법령에서 정하는 기준**에 적합한지 여부를 소방청장이 정하여 고시하는 소방시설 등 종합점검표에 따라 점검하는 것을 말하며, 다음과 같이 구분한다.
>   ㉮ 최초점검 : 소방시설이 신설된 경우 건축법 제22조에 따라 건축물을 사용할 수 있게 된 날부터 60일 이내 점검하는 것을 말한다.
>   ㉯ 그 밖의 종합점검 : 최초점검을 제외한 종합점검을 말한다.
> ② 작동점검

구 분	내 용
대 상	영 제5조에 따른 특정소방대상물을 대상으로 한다. 다만, 다음의 어느 하나에 해당하는 특정소방대상물은 제외한다. 1) 특정소방대상물 중 화재의 예방 및 안전관리에 관한 법률 제24조 제1항에 해당하지 않는 특정소방대상물(소방안전관리자를 선임하지 않는 대상을 말한다) 2) 위험물안전관리법 제2조 제6호에 따른 제조소 등 3) 화재의 예방 및 안전관리에 관한 법률 시행령 별표 4 제1호 가목의 특급소방안전관리대상물

점검자의 자격	1) 간이스프링클러설비(주택전용 간이스프링클러설비는 제외한다) 또는 같은 표 제2호 다목의 자동화재탐지설비가 설치된 특정소방대상물
	  ㉠ 관계인
	  ㉡ 관리업에 등록된 기술인력 중 소방시설관리사
	  ㉢ 소방시설공사업법 시행규칙 별표 4의2에 따른 특급점검자
	  ㉣ 소방안전관리자로 선임된 소방시설관리사 및 소방기술사
	2) 1)에 해당하지 않는 특정소방대상물
	  ㉠ 관리업에 등록된 소방시설관리사
	  ㉡ 소방안전관리자로 선임된 소방시설관리사 및 소방기술사

점검횟수	연 1회 이상 실시한다.

점검시기	1) 종합점검대상 : 종합점검(최초점검은 제외한다)을 받은 달부터 6개월이 되는 달에 실시한다.
	2) 아래 기준일로 점검한다.
	  1)에 해당하지 않는 특정소방대상물의 사용승인일이 속하는 달의 말일까지 실시한다.
	  ㉠ 특정소방대상물의 경우 : 사용승인일(건축물의 경우에는 건축물관리대장 또는 건물 등기사항증명서에 기재되어 있는 날
	  ㉡ 시설물의 경우 : 시설물의 안전 및 유지관리에 관한 특별법 제55조 제1항에 따른 시설물통합정보관리체계에 저장·관리되고 있는 날
	  ㉢ 건축물관리대장, 건물 등기사항증명서 및 시설물통합정보관리체계를 통해 확인되지 않는 경우 : 소방시설완공검사증명서에 기재된 날
	※ 건축물관리대장 또는 건물 등기사항증명서 등에 기입된 날이 서로 다른 경우에는 건축물관리대장에 기재되어 있는 날을 기준으로 점검한다.

③ 종합점검

구 분	내 용
대 상	1) 법 제22조 제1항 제1호에 해당하는 특정소방대상물의 소방시설 등이 신설된 경우(신축 건축물) 2) **스프링클러설비**가 설치된 특정소방대상물 3) **물분무등소화설비**(호스릴방식의 물분무등소화설비만을 설치한 경우는 제외한다)가 설치된 **연면적 5,000[m^2] 이상**인 특정소방대상물(제조소 등은 제외한다) 4) 다중이용업소의 안전관리에 관한 특별법 시행령 제2조 제1호 나목(**단란주점영업과 유흥주점영업**), 같은 조 제2호[**영화상영관, 비디오감상실업, 복합영상물제공업**(비디오물소극장업은 제외한다)]·제6호(**노래연습장업**)·제7호(**산후조리업**)·제7호의2(**고시원업**) 및 제7호의5(**안마시술소**)의 다중이용업의 영업장이 설치된 특정소방대상물로서 **연면적이 2,000[m^2] 이상**인 것 5) **제연설비가 설치된 터널** 6) 공공기관의 소방안전관리에 관한 규정 제2조에 따른 **공공기관** 중 연면적(터널·지하구의 경우 그 길이와 평균 폭을 곱하여 계산된 값을 말한다)이 **1,000[m^2] 이상**인 것으로서 **옥내소화전설비** 또는 **자동화재탐지설비**가 설치된 것. 다만, 소방기본법 제2조 제5호에 따른 소방대가 근무하는 공공기관은 제외한다.
점검자의 자격	다음 어느 하나에 해당하는 기술인력이 점검할 수 있다. 이 경우 별표 4에 따른 점검인력 배치기준을 준수해야 한다. 1) 관리업에 등록된 소방시설관리사 2) 소방안전관리자로 선임된 소방시설관리사 및 소방기술사
점검횟수	1) 연 1회 이상(화재의 예방 및 안전관리에 관한 법률 시행령 별표 4 제1호 가목의 특급소방안전관리대상물의 경우에는 반기에 1회 이상) 실시한다. 2) 1)에도 불구하고 소방본부장 또는 소방서장은 소방청장이 소방안전관리가 우수하다고 인정한 특정소방대상물에 대해서는 3년의 범위에서 소방청장이 고시하거나 정한 기간 동안 종합점검을 면제할 수 있다. 다만, 면제기간 중 화재가 발생한 경우는 제외한다.
점검시기	1) 소방시설 등이 신설된 경우 : 건축법 제22조에 따라 건축물을 사용할 수 있게 된 날부터 60일 이내 실시한다. 2) 1)을 제외한 특정소방대상물은 건축물의 사용승인일이 속하는 달에 실시한다. 다만, 공공기관의 소방안전관리에 관한 규정 제2조 제2호(국공립학교) 또는 제5호(사립학교)에 따른 학교의 경우에는 해당 건축물의 사용승인일이 1월에서 6월 사이에 있는 경우에는 6월 30일까지 실시할 수 있다. 3) 건축물 사용승인일 이후 "대상" 4)에 따라 종합점검 대상에 해당하게 된 때에는 그 다음 해부터 실시한다. 4) 하나의 대지경계선 안에 2개 이상의 자체점검 대상 건축물이 있는 경우에는 그 건축물 중 사용승인일이 가장 빠른 연도의 건축물의 사용승인일을 기준으로 점검할 수 있다.

17. 소방시설별 점검장비 기준을 쓰시오.

해답 소방시설별 자체점검 장비(규칙 별표 3)

소방시설	점검장비	규 격
모든 소방시설	방수압력측정계, 절연저항계(절연저항측정기), 전류전압측정계	
소화기구	저 울	
옥내소화전설비, 옥외소화전설비	소화전밸브압력계	
스프링클러설비, 포소화설비	헤드결합렌치(볼트, 너트, 나사 등을 죄거나 푸는 공구)	
이산화탄소소화설비, 분말소화설비, 할론소화설비, 할로겐화합물 및 불활성기체 소화설비	검량계, 기동관누설시험기, 그 밖에 소화약제의 저장량을 측정할 수 있는 점검기구	
자동화재탐지설비, 시각경보기	열감지기시험기, 연(煙)감지기시험기, 공기주입시험기, 감지기시험기연결막대, 음량계	
누전경보기	누전계	누전전류 측정용
무선통신보조설비	무선기	통화시험용
제연설비	풍속풍압계, 폐쇄력측정기, 차압계(압력차 측정기)	
통로유도등, 비상조명등	조도계(밝기 측정기)	최소 눈금이 0.1[lx] 이하인 것

18. 아래 ○○ 타워의 특정소방대상물의 작동점검 시 점검인력 배치기준을 계산하시오(단, 점검인력 1단위 기준으로 할 것).

점검 대상	작동점검			
소방대상물 구분	복합건축물			
건축물의 개요	층 수	연면적	아파트	근린생활시설 및 주차장
	지상 16층/지하 2층	5,000.60[m²]	50세대 연면적 3,500.6[m²]	1,500[m²]
소방시설 설치 여부	스프링클러설비	물분무등소화설비		제연설비
	있음	없음		있음

해답 점검인력 배치기준(규칙 별표 4)
① 연면적에 따른 점검면적
  ㉠ 가감계수를 반영한 면적
    • 아파트 환산면적 = 50세대 × 40 = 2,000[m²]
    • (아파트 환산면적 + 근린생활시설 및 주차장) × 가감계수(복합건축물 1.1)
      = (2,000[m²] + 1,500[m²]) × 1.1 = 3,850[m²]
  ㉡ 소방시설에 따른 감소면적(물분무등소화설비 없음 : 0.1)
    = 3,850 × 0.1 = 385[m²]
  ㉢ 점검면적 = ㉠ − ㉡ = 3,850[m²] − 385[m²] = 3,465[m²]
② 점검일수 : 점검인력 3명(주된 점검인력 + 보조점검인력2) = 3,465[m²] ÷ 10,000[m²] = 0.3465일
  ⇒ 1일

[다른 방법]
① 연면적에 따른 점검면적
  ㉠ 가감계수를 반영한 면적
    • 아파트 환산면적 = 50세대 − (50세대 × 0.1) = 45세대, 45세대 × 40 = 1,800[m²]
    • 근린생활시설 및 주차장 환산면적 = 1,500[m²] − (1,500[m²] × 0.1) = 1,350[m²]
  ㉡ 점검면적(아파트 환산면적 + 근린생활시설 및 주차장) × 가감계수(복합건축물 1.1)
    = (1,800[m²] + 1,350[m²]) × 1.1 = 3,465[m²]
② 점검일수 : 점검인력 3명(주된 점검인력 + 보조점검인력2) = 3,465[m²] ÷ 10,000[m²] = 0.3465일 → 1일

19 아래 ○○ 아파트의 특정소방대상물의 작동점검 시 점검인력 배치기준을 계산하시오(단, 점검인력은 관리사 1명과 보조점검인력 3명을 기준으로 할 것).

점검 대상	작동점검		
소방대상물 구분	공동주택		
건축물의 개요	층 수	연면적	아파트
	지상 15층/지하 3층	85,000.60[m²]	950세대
소방시설 설치 여부	스프링클러설비	물분무등소화설비	제연설비
	있음	없음	없음

해답 점검인력 배치기준(규칙 별표 4)
① 점검 한도세대수
  ㉠ 소방시설에 따른 감소세대수(물분무등소화설비 없음 : 0.1, 제연설비 없음 : 0.1)
    = (950세대 × 0.1) + (950세대 × 0.1) = 190세대
  ㉡ 점검세대수 = ㉠ − ㉡ = 950세대 − 190세대 = 760세대
② 점검일수
  ㉠ 점검인력 3명(주된 점검인력 + 보조점검인력2) = 760세대 ÷ 250세대 = 3.04일 ⇒ 4일
  ㉡ 점검인력 4명(주된 점검인력 + 보조점검인력3) = 760세대 ÷ 310(250 + 60)세대 = 2.45일 ⇒ 3일

20

아래 ○○ 빌딩의 특정소방대상물의 종합점검 시 점검인력 배치기준을 계산하시오(단, 점검인력은 관리사 1명과 보조점검인력 5명을 기준으로 할 것).

점검 대상	종합점검	
소방대상물 구분	노유자시설(노인요양병원)	
건축물의 개요	층 수	연면적
	지상 7층/지하 1층	20,000[m²]
소방시설 설치 여부	스프링클러설비	물분무등소화설비	제연설비
	있음	없음	없음

해답 점검인력 배치기준(규칙 별표 4)
① 연면적에 따른 점검면적
  ㉠ 가감계수를 반영한 면적 = 20,000[m²](연면적) × 1.1(노유자시설) = 22,000[m²]
  ㉡ 소방시설에 따른 감소면적(물분무등소화설비 없음 : 0.1, 제연설비 없음 : 0.1)
     = (22,000 × 0.1) + (22,000 × 0.1) = 4,400[m²]
  ㉢ 점검면적 = ㉠ - ㉡ = 22,000[m²] - 4,400[m²] = 17,600[m²]
② 점검일수
  ㉠ 점검인력 3명(주된 점검인력 + 보조점검인력2) = 17,600[m²] ÷ 8,000[m²] = 2.2일 ⇒ 3일
  ㉡ **점검인력 6명(주된 점검인력 + 보조점검인력5) = 17,600[m²] ÷ 14,000(8,000 + 2,000 + 2,000 + 2,000)[m²] = 1.26일 ⇒ 2일**

21

아래 ○○ 아파트의 특정소방대상물의 종합점검 시 점검인력 배치기준을 계산하시오(단, 점검인력은 관리사 1명과 보조점검인력 4명을 기준으로 할 것).

점검 대상	종합점검		
소방대상물 구분	공동주택(아파트)		
건축물의 개요	층 수	연면적	세대수
	지상 21층/지하 1층	19,375.45[m²]	500세대
소방시설 설치 여부	스프링클러설비	물분무등소화설비	제연설비
	있음	없음	있음

해답 점검인력 배치기준(규칙 별표 4)
① 점검 한도세대수
  ㉠ 소방시설에 따른 감소세대수(물분무등소화설비 없음 : 0.1)
     = (500세대 × 0.1) = 50세대
  ㉡ 점검세대수 = ㉠ - ㉡ = 500세대 - 50세대 = 450세대
② 점검일수
  ㉠ 점검인력 3명(주된 점검인력 + 보조점검인력2) = 450세대 ÷ 250세대 = 1.8일 ⇒ 2일
  ㉡ 점검인력 4명(주된 점검인력 + 보조점검인력3) = 450세대 ÷ 310(250 + 60)세대 = 1.45일 ⇒ 2일
  ㉢ **점검인력 5명(주된 점검인력 + 보조점검인력4) = 450세대 ÷ 370(250 + 60 + 60)세대 = 1.22일 ⇒ 2일**

22 수용인원의 산정방법에 대하여 기술하시오.

해답 수용인원의 산정방법(영 별표 7)

특정소방대상물		산정방법
숙박시설	침대가 있는 숙박시설	종사자의 수 + 침대의 수(2인용 침대는 2개로 산정)
숙박시설	침대가 없는 숙박시설	종사자의 수 + $\dfrac{\text{숙박시설의 바닥면적의 합계}[m^2]}{3[m^2]}$
기 타	강의실·교무실·상담실·실습실·휴게실 용도	$\dfrac{\text{바닥면적의 합계}[m^2]}{1.9[m^2]}$
기 타	강당, 문화 및 집회시설, 운동시설, 종교시설	$\dfrac{\text{바닥면적의 합계}[m^2]}{4.6[m^2]}$ (관람석이 있는 경우 고정식 의자를 설치한 부분은 그 부분의 의자수로 하고, 긴 의자의 경우에는 의자의 정면너비를 0.45[m]로 나누어 얻은 수로 한다)
기 타	그 밖의 특정소방대상물	$\dfrac{\text{바닥면적의 합계}[m^2]}{3[m^2]}$

[비 고]
1. 바닥면적을 산정하는 때에는 복도, 계단 및 화장실의 바닥면적을 포함하지 않는다.
2. 계산 결과 소수점 이하의 수는 반올림한다.

23 소방시설 등에 대하여는 변경 전의 대통령령 또는 화재안전기준을 적용하는 데 대통령령 또는 화재안전기준으로 강화된 기준을 적용해야 하는 소방시설을 기술하시오.

해답 화재안전기준의 변경으로 강화된 기준을 적용하는 소방시설(법 제13조, 영 제13조)
① 다음 소방시설 중 대통령령 또는 화재안전기준으로 정하는 것
  ㉠ 소화기구
  ㉡ 비상경보설비
  ㉢ 자동화재탐지설비
  ㉣ 자동화재속보설비
  ㉤ 피난구조설비
② 다음 특정소방대상물에 설치하는 소방시설 중 대통령령 또는 화재안전기준으로 정하는 것
  ㉠ 공동구 : 소화기, 자동소화장치, 자동화재탐지설비, 통합감시시설, 유도등 및 연소방지설비
  ㉡ 전력 또는 통신사업용 지하구 : 소화기, 자동소화장치, 자동화재탐지설비, 통합감시시설, 유도등 및 연소방지설비
  ㉢ 노유자시설 : 간이스프링클러설비, 자동화재탐지설비, 단독경보형감지기
  ㉣ 의료시설 : 스프링클러설비, 간이스프링클러설비, 자동화재탐지설비 및 자동화재속보설비

24 특정소방대상물이 증축되는 경우에는 기존 부분을 포함한 특정소방대상물의 전체에 대하여 증축 당시의 소방시설 등의 설치에 관한 대통령령 또는 화재안전기준을 적용해야 한다. 적용하지 않는 예외규정을 쓰시오.

해답 특정소방대상물의 증축시의 소방시설기준 적용의 특례(영 제15조)

소방본부장 또는 소방서장은 특정소방대상물이 증축되는 경우에는 기존 부분을 포함한 특정소방대상물의 전체에 대하여 증축 당시의 소방시설의 설치에 관한 대통령령 또는 화재안전기준을 적용해야 한다. 다만, 다음의 어느 하나에 해당하는 경우에는 기존 부분에 대해서는 증축 당시의 소방시설의 설치에 관한 대통령령 또는 화재안전기준을 적용하지 않는다.

① 기존 부분과 증축 부분이 내화구조로 된 바닥과 벽으로 구획된 경우
② 기존 부분과 증축 부분이 자동방화셔터 또는 60분+ 방화문으로 구획되어 있는 경우
③ 자동차 생산공장 등 화재위험이 낮은 특정소방대상물 내부에 연면적 33[m^2] 이하의 직원 휴게실을 증축하는 경우
④ 자동차 생산공장 등 화재위험이 낮은 특정소방대상물에 캐노피(기둥으로 받치거나 매달아 놓은 덮개를 말하며, 3면 이상에 벽이 없는 구조의 것을 말한다)를 설치하는 경우

25 특정소방대상물이 용도변경되는 경우에는 용도변경되는 부분에 한하여 용도변경 당시의 소방시설 등의 설치에 관한 대통령령 또는 화재안전기준을 적용한다. 전체에 대하여 용도변경 전의 화재안전 기준을 적용하는 경우를 쓰시오.

해답 용도변경 전의 대통령령 또는 화재안전기준을 적용하는 경우(영 제15조)

① 특정소방대상물의 구조·설비가 화재연소확대 요인이 적어지거나 피난 또는 화재진압활동이 쉬워지도록 변경되는 경우
② 용도변경으로 인하여 천장·바닥·벽 등에 고정되어 있는 가연성 물질의 양이 줄어드는 경우

26 지진이 발생할 경우 내진설계를 해야 하는 소방시설의 종류를 쓰시오.

해답 내진설계를 해야 하는 소방시설(영 제8조)
① 옥내소화전설비
② 스프링클러설비
③ 물분무등소화설비

27 노유자생활시설을 쓰고 노유자생활시설에 설치해야 하는 소방시설의 종류를 쓰시오.

해답 노유자생활시설 및 소방시설(영 제7조)
① 노유자생활시설 : 단독주택과 공동주택에 설치되는 시설은 제외한다.
　　㉠ 학대피해노인전용쉼터
　　㉡ 아동복지시설(아동상담소, 아동전용시설 및 지역아동센터는 제외한다)
　　㉢ 장애인 거주시설
　　㉣ 정신질환자 관련 시설(공동생활가정을 제외한 재활훈련시설과 종합시설 중 24시간 주거를 제공하지 않는 시설은 제외한다)
　　㉤ 노숙인 관련 시설 중 노숙인자활시설, 노숙인재활시설 및 노숙인요양시설
　　㉥ 결핵환자나 한센인이 24시간 생활하는 노유자시설
② 노유자생활시설에 설치해야 하는 소방시설
　　㉠ 소화기구
　　㉡ 간이스프링클러설비
　　㉢ 자동화재탐지설비
　　㉣ 자동화재속보설비
　　㉤ 피난기구
　　㉥ 피난구유도등, 통로유도등 및 유도표지

28 소방시설 설치 및 관리에 관한 법률 시행령에서 다음 물음에 답하시오.

(1) 의료시설 중 정신의료기관과 요양병원에 설치해야 하는 소방시설의 종류
(2) 지하층, 무창층에 설치해야 하는 소방시설의 종류

해답 특정소방대상물의 관계인이 특정소방대상물에 설치·관리해야 하는 소방시설의 종류(영 별표 4)
(1) 의료시설 중 정신의료기관과 요양병원에 설치해야 하는 소방시설의 종류
  ① 스프링클러설비
    ㉠ 의료시설 중 정신의료기관의 용도로 사용되는 시설의 바닥면적의 합계가 600[m^2] 이상인 것은 모든 층
    ㉡ 의료시설 중 종합병원, 병원, 치과병원, 한방병원 및 요양병원의 용도로 사용되는 시설의 바닥면적의 합계가 600[m^2] 이상인 것은 모든 층
  ② 간이스프링클러설비
    ㉠ 종합병원, 병원, 치과병원, 한방병원 및 요양병원(의료재활시설은 제외한다)으로 사용되는 바닥면적의 합계가 600[m^2] 미만인 시설
    ㉡ 정신의료기관 또는 의료재활시설로 사용되는 바닥면적의 합계가 300[m^2] 이상 600[m^2] 미만인 시설
    ㉢ 정신의료기관 또는 의료재활시설로 사용되는 바닥면적의 합계가 300[m^2] 미만이고 창살(철재·플라스틱 또는 목재 등으로 사람의 탈출 등을 막기 위하여 설치한 것을 말하며, 화재 시 자동으로 열리는 구조로 되어 있는 창살은 제외한다)이 설치된 시설
  ③ 자동화재탐지설비
    ㉠ 요양병원(의료재활시설은 제외한다)
    ㉡ 정신의료기관 또는 의료재활시설로 사용되는 바닥면적의 합계가 300[m^2] 이상인 시설
    ㉢ 정신의료기관 또는 의료재활시설로 사용되는 바닥면적의 합계가 300[m^2] 미만이고 창살(철재·플라스틱 또는 목재 등으로 사람의 탈출 등을 막기 위하여 설치한 것을 말하며, 화재 시 자동으로 열리는 구조로 되어 있는 창살은 제외한다)이 설치된 시설
  ④ 자동화재속보설비 : 종합병원, 병원, 치과병원, 한방병원 및 요양병원(의료재활시설은 제외한다)

(2) 지하층, 무창층에 설치해야 하는 소방시설의 종류
  ① 소화기 : 연면적 33[m^2] 이상인 것
  ② 옥내소화전설비 : 지하층, 무창층(축사는 제외한다)으로서 바닥면적이 600[m^2] 이상인 층이 있는 것
  ③ 스프링클러설비 : 문화 및 집회시설(동·식물원은 제외한다), 종교시설(주요구조부가 목조인 것은 제외한다), 운동시설(물놀이형 시설 및 바닥이 불연재료이고 관람석이 없는 운동시설은 제외한다)로서 무대부가 지하층, 무창층 또는 4층 이상의 층에 있는 경우에는 무대부의 면적이 300[m^2] 이상인 것
  ④ 비상경보설비 : 지하층 또는 무창층의 바닥면적이 150[m^2](공연장의 경우 100[m^2]) 이상인 것은 모든 층
  ⑤ 비상조명등 : 지하층을 포함한 층수가 5층 이상인 건축물로서 연면적 3,000[m^2] 이상인 아닌 특정소방대상물로서 그 지하층 또는 무창층의 바닥면적이 450[m^2] 이상인 경우에는 해당 층
  ⑥ 제연설비
    ㉠ 지하층이나 무창층에 설치된 근린생활시설, 판매시설, 운수시설, 숙박시설, 위락시설, 의료시설, 노유자시설 또는 창고시설(물류터미널에 해당한다)로서 해당 용도로 사용되는 바닥면적의 합계가 1,000[m^2] 이상인 경우 해당 부분
    ㉡ 운수시설 중 시외버스정류장, 철도 및 도시철도시설, 공항시설 및 항만시설의 대기실 또는 휴게시설로서 지하층 또는 무창층의 바닥면적이 1,000[m^2] 이상인 경우에는 모든 층

29. 소방시설 설치 및 관리에 관한 법률 시행령 별표 4에서 관계인이 수용인원을 고려하여 설치해야 하는 소방시설의 종류와 기준을 쓰시오.

해답 수용인원을 고려하여 설치해야 하는 소방시설의 종류와 기준(영 별표 4)

① 스프링클러설비
  ㉠ 문화 및 집회시설(동·식물원은 제외한다), 종교시설(주요구조부가 목조인 것은 제외한다), 운동시설(물놀이형 시설 및 바닥이 불연재료이고 관람석이 없는 운동시설은 제외한다)로서 수용인원 100명 이상인 것은 모든 층
  ㉡ 판매시설, 운수시설 및 창고시설(물류터미널에 한정한다)로서 수용인원이 500명 이상인 경우에는 모든 층
  ㉢ 지붕 또는 외벽이 불연재료가 아니거나 내화구조가 아닌 공장 또는 창고시설(물류터미널에 한정한다)로서 수용인원 250명 이상인 경우에는 모든 층
② 자동화재탐지설비 : 연면적이 400[m^2] 이상인 노유자시설 및 숙박시설이 있는 수련시설로서 수용인원 100명 이상인 경우에는 모든 층
③ 단독경보형감지기 : 연면적이 400[m^2] 이상인 노유자시설 및 숙박시설이 있는 수련시설로서 수용인원 100명 이상인 경우에는 모든 층에 해당하지 않는 수련시설
④ 공기호흡기, 제연설비, 휴대용 비상조명등 : 문화 및 집회시설 중 영화상영관으로서 수용인원 100명 이상인 것

30. 자동화재속보설비를 설치해야 하는 특정소방대상물을 쓰시오.

해답 자동화재속보설비를 설치해야 하는 특정소방대상물(영 별표 4)

방재실 등 화재 수신기가 설치된 장소에 24시간 화재를 감시할 수 있는 사람이 근무하고 있는 경우에는 자동화재속보설비를 설치하지 않을 수 있다.

① 노유자 생활시설
② 노유자시설로서 바닥면적이 500[m^2] 이상인 층이 있는 것
③ 수련시설(숙박시설이 있는 것만 해당한다)로서 바닥면적이 500[m^2] 이상인 층이 있는 것
④ 문화유산 중 문화유산의 보존 및 활용에 관한 법률 제23조에 따라 보물 또는 국보로 지정된 목조건축물
⑤ 근린생활시설 중 다음의 어느 하나에 해당하는 시설
  ㉠ 의원, 치과의원 및 한의원으로서 입원실이 있는 시설
  ㉡ 조산원 및 산후조리원
⑥ 의료시설 중 다음의 어느 하나에 해당하는 것
  ㉠ 종합병원, 병원, 치과병원, 한방병원 및 요양병원(의료재활시설은 제외한다)
  ㉡ 정신병원 및 의료재활시설로 사용되는 바닥면적의 합계가 500[m^2] 이상인 층이 있는 것
⑦ 판매시설 중 전통시장

31 단독경보형 감지기를 설치해야 하는 특정소방대상물을 나열하시오.

해답 단독경보형 감지기 설치 대상물(영 별표 4)
연립주택 및 다세대주택에 설치하는 단독경보형 감지기는 연동형으로 설치해야 한다.
① 교육연구시설 내에 있는 기숙사 또는 합숙소로서 연면적 2,000[m²] 미만인 것
② 수련시설 내에 있는 기숙사 또는 합숙소로서 연면적 2,000[m²] 미만인 것
③ 노유자시설로서 연면적 400[m²] 이상인 노유자시설 및 숙박시설이 있는 수련시설로서 수용인원 100명 미만인 경우에 해당하지 않는 수련시설(숙박시설이 있는 것만 해당한다)
④ 연면적 400[m²] 미만의 유치원
⑤ 공동주택 중 연립주택 및 다세대주택

32 터널의 길이가 500[m] 이상일 때 설치해야 하는 소방시설의 종류를 모두 나열하시오.

해답 소화기구, 비상경보설비, 비상조명등, 비상콘센트설비, 무선통신보조설비, 옥내소화전설비, 자동화재탐지설비, 연결송수관설비

소화설비	터널의 길이
소화기구	길이에 관계없이 설치
비상경보설비, 비상조명등, 비상콘센트설비, 무선통신보조설비	500[m] 이상
옥내소화전설비, 연결송수관설비, 자동화재탐지설비	1,000[m] 이상

33 시각경보기를 설치해야 하는 특정소방대상물을 나열하시오.

해답 시각경보기 설치 대상물(영 별표 4)
시각경보기를 설치해야 하는 특정소방대상물은 자동화재탐지설비를 설치해야 하는 특정소방대상물 중 다음 어느 하나에 해당하는 것으로 한다.
① 근린생활시설, 문화 및 집회시설, 종교시설, 판매시설, 운수시설, 의료시설, 노유자시설
② 운동시설, 업무시설, 숙박시설, 위락시설, 창고시설 중 물류터미널, 발전시설 및 장례시설
③ 교육연구시설 중 도서관, 방송통신시설 중 방송국
④ 지하상가

34

소방시설 설치 및 관리에 관한 법률 시행령 별표 4에서 다음에 대하여 답하시오.

(1) 무선통신보조설비를 설치해야 하는 특정소방대상물
(2) 설치해야 하는 물분무등소화설비의 종류
   ① 소화수를 수집·처리하는 설비가 설치되어 있지 않은 중·저준위 방사성폐기물의 저장시설
   ② 예상 교통량, 경사도 등 터널의 특성을 고려하여 행정안전부령으로 정하는 터널

해답 (1) 무선통신보조설비를 설치해야 하는 특정소방대상물(영 별표 4)
   ① 지하상가로서 연면적 1,000[m²] 이상인 것
   ② 지하층의 바닥면적의 합계가 3,000[m²] 이상인 것 또는 지하층의 층수가 3층 이상이고 지하층의 바닥면적의 합계가 1,000[m²] 이상인 것은 지하층의 모든 층
   ③ 터널로서 길이가 500[m] 이상인 것
   ④ 지하구 중 공동구
   ⑤ 층수가 30층 이상인 것으로서 16층 이상 부분의 모든 층
(2) 설치해야 하는 물분무등소화설비의 종류(영 별표 4)
   ① 소화수를 수집·처리하는 설비가 설치되어 있지 않은 중·저준위 방사성폐기물의 저장시설 : 이산화탄소소화설비, 할론소화설비 또는 할로겐화합물 및 불활성기체소화설비
   ② 예상 교통량, 경사도 등 터널의 특성을 고려하여 행정안전부령으로 정하는 터널 : 물분무소화설비

35

제연설비를 설치해야 하는 특정소방대상물에 제연설비가 면제되는 경우를 쓰시오.

해답 제연설비를 설치해야 하는 특정소방대상물에 제연설비가 면제되는 경우(영 별표 5)
   ① 공기조화설비를 화재안전기준의 제연설비기준에 적합하게 설치하고 공기조화설비가 화재 시 제연설비기능으로 자동전환되는 구조로 설치되어 있는 경우
   ② 직접 외부 공기와 통하는 배출구의 면적의 합계가 해당 제연구역[제연경계(제연설비의 일부인 천장을 포함한다)에 의하여 구획된 건축물 내의 공간을 말한다] 바닥면적의 100분의 1 이상이고, 배출구부터 각 부분까지의 수평거리가 30[m] 이내이며, 공기유입구가 화재안전기준에 적합하게(외부 공기를 직접 자연 유입할 경우에 유입구의 크기는 배출구의 크기 이상이어야 한다) 설치되어 있는 경우
   ③ 제연설비를 설치해야 하는 특정소방대상물 중 노대(露臺)와 연결된 특별피난계단, 노대가 설치된 비상용 승강기의 승강장 또는 건축법 시행령 제91조 제5호의 기준에 따라 배연설비가 설치된 피난용 승강기의 승강장에는 설치가 면제된다.

36 성능위주설계를 해야 하는 특정소방대상물의 범위를 쓰시오.

해답 성능위주설계를 해야 하는 특정소방대상물의 범위(영 제9조)
① 연면적 20만[m²] 이상인 특정소방대상물. 다만, 아파트 등은 제외한다.
② 50층 이상(지하층은 제외한다)이거나 지상으로부터 높이가 200[m] 이상인 아파트 등
③ 30층 이상(지하층을 포함한다)이거나 지상으로부터 높이가 120[m] 이상인 특정소방대상물(아파트 등은 제외한다)
④ 연면적 3만[m²] 이상인 특정소방대상물로서 다음의 어느 하나에 해당하는 특정소방대상물
  ㉠ 철도 및 도시철도시설
  ㉡ 공항시설
⑤ 창고시설 중 연면적 10만[m²] 이상인 것 또는 지하층의 층수가 2개 층 이상이고 지하층의 바닥면적의 합계가 3만[m²] 이상인 것
⑥ 하나의 건축물에 영화 및 비디오물의 진흥에 관한 법률 제2조 제10호에 따른 영화상영관이 10개 이상인 특정소방대상물
⑦ 초고층 및 지하연계 복합건축물 재난관리에 관한 특별법 제2조 제2호에 따른 지하연계 복합건축물에 해당하는 특정소방대상물
⑧ 터널 중 수저(水底)터널 또는 길이가 5,000[m] 이상인 것

37 소방시설별 하자보수 보증기간을 보증기간별로 구분하여 쓰시오.

해답 소방시설별 하자보수 보증기간(소방시설공사업법 영 제6조)
① 2년 : 비상경보설비, 비상방송설비, 피난기구, 유도등, 비상조명등 및 무선통신보조설비
② 3년 : 자동소화장치, 옥내소화전설비, 스프링클러설비 등, 물분무등소화설비, 옥외소화전설비, 자동화재탐지설비, 화재알림설비, 소화용수설비 및 소화활동설비(무선통신보조설비는 제외한다)

38 소방시설 폐쇄·차단 시 행동요령 등에 관한 고시상 소방시설의 점검·정비를 위하여 소방시설이 폐쇄·차단된 이후 수신기 등으로 화재신호가 수신되거나 화재상황을 인지한 경우 특정소방대상물의 관계인의 행동요령 5가지를 쓰시오.

해답 소방시설 폐쇄·차단 시 관계인의 행동요령(소방시설 폐쇄·차단 시 행동요령 등에 관한 고시 제3조)
① 폐쇄·차단되어 있는 모든 소방시설(수신기, 스프링클러 밸브 등)을 정상상태로 복구한다.
② 즉시 소방관서(119)에 신고하고 재실자를 대피시키는 등 적절한 조치를 취한다.
③ 화재신호가 발신된 장소로 이동하여 화재 여부를 확인한다.
④ 화재로 확인된 경우에는 초기소화, 상황전파 등의 조치를 취한다.
⑤ 화재가 아닌 것으로 확인된 경우에는 재실자에게 관련 사실을 안내하고 수신기에서 화재경보 복구 후 비화재보 방지를 위해 적절한 조치를 취한다.

39 평가기관은 배치 신고 시 오기로 인한 수정사항이 발생할 경우 점검인력 배치상황 신고사항을 수정해야 한다. 다만, 평가기관이 배치기준 적합여부 확인 결과 부적합인 경우에 관할 소방서의 담당자 승인 후에 평가기관이 수정할 수 있는 사항을 모두 쓰시오.

해답 평가기관이 수정할 수 있는 사항(소방시설 자체점검사항 등에 관한 고시 제3조)
① 소방시설의 설비 유무
② 점검인력, 점검일자
③ 점검 대상물의 추가·삭제
④ 건축물대장에 기재된 내용으로 확인할 수 없는 사항
  ㉠ 점검 대상물의 주소, 동수
  ㉡ 점검 대상물의 주용도, 아파트(세대수를 포함한다) 여부, 연면적 수정
  ㉢ 점검 대상물의 점검 구분

40 소방청장, 소방본부장 또는 소방서장이 부실점검을 방지하고 점검품질을 향상시키기 위하여 표본조사를 실시해야 하는 특정소방대상물 대상 4가지를 쓰시오.

해답 표본조사 대상(소방시설 자체점검사항 등에 관한 고시 제8조)
① 점검인력 배치상황 확인 결과 점검인력 배치기준 등을 부적정하게 신고한 대상
② 표준자체점검비 대비 현저하게 낮은 가격으로 용역계약을 체결하고 자체점검을 실시하여 부실점검이 의심되는 대상
③ 특정소방대상물 관계인이 자체점검한 대상
④ 그 밖에 소방청장, 소방본부장 또는 소방서장이 필요하다고 인정한 대상

41 소방청장, 소방본부장 또는 소방서장이 안전관리가 우수한 소방대상물을 포상하고 자율적인 안전관리를 유도하기 위해 특정소방대상물의 경우에는 일정 기간 동안에는 종합점검을 면제할 수 있다. 다음 해당하는 표창에 대하여 면제기간을 쓰시오.

(1) 대통령, 국무총리 표창
(2) 장관, 소방청장 표창
(3) 시·도지사 표창

해답 소방시설 등 종합점검 면제대상 및 기간(소방시설 자체점검사항 등에 관한 고시 제9조)
① 화재의 예방 및 안전관리에 관한 법률 제44조 및 우수소방대상물의 선정 및 포상 등에 관한 규정에 따라 대한민국 안전대상을 수상한 우수소방대상물
  ㉠ 대통령, 국무총리 표창(상장·상패를 포함한다) : 3년
  ㉡ 장관, 소방청장 표창 : 2년
  ㉢ 시·도지사 표창 : 1년
② 사단법인 한국안전인증원으로부터 공간안전인증을 받은 특정소방대상물 : 공간안전인증 기간(연장기간을 포함한다)
③ 사단법인 국가화재평가원으로부터 화재안전등급 지정을 받은 특정소방대상물 : 화재안전등급 지정기간
④ 규칙 별표 3 제3호 가목에 해당하는 특정소방대상물로서 그 안에 설치된 다중이용업소 전부가 안전관리우수업소로 인증 받은 대상 : 그 대상의 안전관리우수업소 인증기간
※ 면제기간에도 불구하고 특급 소방안전관리대상물 중 연 2회 종합점검 대상인 경우에는 종합점검 1회를 면제한다.

42 위험물안전관리자(기능사 이상 자격자, 취급자)의 선임대상을 기술하시오.

해답 제조소 등의 종류 및 규모에 따른 위험물안전관리자의 자격(위험물안전관리법 영 별표 6)

<table>
<tr><th colspan="3">제조소 등의 종류 및 규모</th><th>안전관리자의 자격</th></tr>
<tr><td rowspan="2">제조소</td><td colspan="2">1. 제4류 위험물만을 취급하는 것으로서 지정수량 5배 이하의 것</td><td>위험물기능장, 위험물산업기사, 위험물기능사, 안전관리자교육이수자 또는 소방공무원경력자</td></tr>
<tr><td colspan="2">2. 제1호에 해당하지 않는 것</td><td>위험물기능장, 위험물산업기사 또는 2년 이상의 실무경력이 있는 위험물기능사</td></tr>
<tr><td rowspan="13">저장소</td><td rowspan="2">1. 옥내저장소</td><td>제4류 위험물만을 저장하는 것으로서 지정수량 5배 이하의 것</td><td rowspan="11">위험물기능장, 위험물산업기사, 위험물기능사, 안전관리자교육이수자 또는 소방공무원경력자</td></tr>
<tr><td>제4류 위험물 중 알코올류·제2석유류·제3석유류·제4석유류·동식물유류만을 저장하는 것으로서 지정수량 40배 이하의 것</td></tr>
<tr><td rowspan="2">2. 옥외탱크저장소</td><td>제4류 위험물만을 저장하는 것으로서 지정수량 5배 이하의 것</td></tr>
<tr><td>제4류 위험물 중 제2석유류·제3석유류·제4석유류·동식물유류만을 저장하는 것으로서 지정수량 40배 이하의 것</td></tr>
<tr><td rowspan="2">3. 옥내탱크저장소</td><td>제4류 위험물만을 저장하는 것으로서 지정수량 5배 이하의 것</td></tr>
<tr><td>제4류 위험물 중 제2석유류·제3석유류·제4석유류·동식물유류만을 저장하는 것</td></tr>
<tr><td rowspan="2">4. 지하탱크저장소</td><td>제4류 위험물만을 저장하는 것으로서 지정수량 40배 이하의 것</td></tr>
<tr><td>제4류 위험물 중 제1석유류·알코올류·제2석유류·제3석유류·제4석유류·동식물유류만을 저장하는 것으로서 지정수량 250배 이하의 것</td></tr>
<tr><td colspan="2">5. 간이탱크저장소로서 제4류 위험물만을 저장하는 것</td></tr>
<tr><td colspan="2">6. 옥외저장소 중 제4류 위험물만을 저장하는 것으로서 지정수량 40배 이하의 것</td></tr>
<tr><td colspan="2">7. 보일러, 버너 그 밖에 이와 유사한 장치에 공급하기 위한 위험물을 저장하는 탱크저장소</td></tr>
<tr><td colspan="2">8. 선박주유취급소, 철도주유취급소 또는 항공기주유취급소의 고정주유설비에 공급하기 위한 위험물을 저장하는 탱크저장소로서 지정수량의 250배(제1석유류의 경우에는 지정수량의 100배) 이하의 것</td></tr>
<tr><td colspan="2">9. 제1호 내지 제8호에 해당하지 않는 저장소</td><td>위험물기능장, 위험물산업기사 또는 2년 이상의 실무경력이 있는 위험물기능사</td></tr>
</table>

제조소 등의 종류 및 규모			안전관리자의 자격
취급소	1. 주유취급소		위험물기능장, 위험물산업기사 또는 위험물기능사 안전관리자교육이수자 또는 소방공무원경력자
	2. 판매취급소	제4류 위험물만을 저장하는 것으로서 지정수량 5배 이하의 것	
		제4류 위험물 중 제1석유류 · 알코올류 · 제2석유류 · 제3석유류 · 제4석유류 · 동식물류만을 취급하는 것	
	3. 제4류 위험물 중 제1석유류 · 알코올류 · 제2석유류 · 제3석유류 · 제4석유류 · 동식물류만을 지정수량 50배 이하로 취급하는 일반취급소(제1석유류 · 알코올류의 취급량이 지정수량의 10배 이하인 경우에 한한다)로서 다음의 어느 하나에 해당하는 것 가. 보일러, 버너 그 밖에 이와 유사한 장치에 의하여 위험물을 소비하는 것 나. 위험물을 용기 또는 차량에 고정된 탱크에 주입하는 것		
	4. 제4류 위험물만을 취급하는 일반취급소로서 지정수량 10배 이하의 것		위험물기능장, 위험물산업기사 또는 위험물기능사 안전관리자교육이수자 또는 소방공무원경력자
	5. 제4류 위험물 중 제2석유류 · 제3석유류 · 제4석유류 · 동식물류만을 취급하는 일반취급소로서 지정수량 20배 이하의 것		
	6. 농어촌 전기공급사업 촉진법에 따라 설치된 자가발전시설에 사용되는 위험물을 취급하는 일반취급소		
	7. 제1호 내지 제6호에 해당하지 않는 취급소		위험물기능장, 위험물산업기사 또는 2년 이상의 실무경력이 있는 위험물기능사

43 공공기관의 종합점검 대상에서 제외 대상을 쓰시오.

해답 **종합점검(규칙 별표 3)**
소방대가 근무하는 공공기관

CHAPTER 03 다중이용업소의 안전관리에 관한 특별법, 영, 규칙 (약칭 : 다중이용업소법)

1 용어 정의

(1) 다중이용업(법 제2조)

불특정 다수인이 이용하는 영업 중 화재 등 재난 발생 시 생명·신체·재산상의 피해가 발생할 우려가 높은 것으로서 대통령령으로 정하는 영업을 말한다.

(2) 안전시설 등(법 제2조)

소방시설, 비상구, 영업장 내부 피난통로, 그 밖의 안전시설로서 대통령령으로 정하는 것을 말한다.

(3) 실내장식물(법 제2조)

건축물 내부의 천장 또는 벽에 설치하는 것으로서 **대통령령으로 정하는 것**을 말한다.

> **Plus one**
>
> **대통령령으로 정하는 실내장식물**(영 제3조)
> 건축물 내부의 천장이나 벽에 붙이는(설치하는) 것으로서 다음 어느 하나에 해당하는 것을 말한다. 다만, 가구류(옷장, 찬장, 식탁, 식탁용 의자, 사무용 책상, 사무용 의자 및 계산대, 그 밖에 이와 비슷한 것)와 너비 10[cm] 이하인 반자돌림대 등과 내부마감재료는 제외한다.
> ㉠ 종이류(두께 2[mm] 이상인 것), **합성수지류** 또는 섬유류를 주원료로 한 물품
> ㉡ **합판**이나 **목재**
> ㉢ 공간을 구획하기 위하여 설치하는 간이 칸막이(접이식 등 이동 가능한 벽체나 천장 또는 반자가 실내에 접하는 부분까지의 구획하지 않는 벽체를 말한다)
> ㉣ 흡음(吸音)이나 방음(防音)을 위하여 설치하는 **흡음재**(흡음용 커튼을 포함한다) 또는 방음재(방음용 커튼을 포함한다)

(4) 밀폐구조의 영업장(법 제2조, 영 제3조의2) **15** 회 출제

① 정의 : 지상층에 있는 다중이용업소의 영업장 중 채광·환기·통풍 및 피난 등이 용이하지 못한 구조로 되어 있으면서 대통령령으로 정하는 기준에 해당하는 영업장을 말한다.

② 영업장의 요건 : 대통령령으로 정하는 기준에 해당하는 영업장이란 다음 요건을 모두 갖춘 개구부(건축물에서 채광·환기·통풍 또는 출입 등을 위하여 만든 창·출입구, 그 밖에 이와 비슷한 것을 말한다)의 면적의 합계가 영업장으로 사용하는 바닥면적의 1/30 이하가 되는 것을 말한다.

㉠ 크기는 지름 50[cm] 이상의 원이 통과할 수 있을 것
㉡ 해당 층의 바닥면으로부터 개구부 밑부분까지의 높이가 1.2[m] 이내일 것
㉢ 도로 또는 차량이 진입할 수 있는 빈터를 향할 것

ⓔ 화재 시 건축물로부터 쉽게 피난할 수 있도록 창살이나 그 밖의 장애물이 설치되지 않을 것
　　ⓜ 내부 또는 외부에서 쉽게 부수거나 열 수 있을 것

2 다중이용업의 종류(영 제2조)

영업을 옥외 시설 또는 옥외 장소에서 하는 경우 그 영업은 제외한다.

(1) 식품위생법 시행령에 따른 식품접객업 중 다음 어느 하나에 해당하는 것
　① 휴게음식점영업·제과점영업 또는 일반음식점영업으로서 영업장으로 사용하는 바닥면적의 합계가 $100[m^2]$(영업장이 지하층에 설치된 경우에는 그 영업장의 바닥면적 합계가 $66[m^2]$) 이상인 것. 다만, 영업장(내부계단으로 연결된 복층구조의 영업장을 제외한다)이 다음의 어느 하나에 해당하는 층에 설치되고 그 영업장의 주된 출입구가 건축물 외부의 지면과 직접 연결되는 곳에서 하는 영업을 제외한다.
　　㉠ 지상 1층
　　㉡ 지상과 직접 접하는 층
　② 단란주점영업과 유흥주점영업

(2) 공유주방 운영업
　식품위생법 시행령 제21조 제9호에 따른 공유주방 운영업 중 휴게음식점영업·제과점영업 또는 일반음식점영업에 사용되는 공유주방을 운영하는 영업으로서 영업장 바닥면적의 합계가 $100[m^2]$(영업장이 지하층에 설치된 경우에는 그 바닥면적 합계가 $66[m^2]$) 이상인 것. 다만, 영업장(내부계단으로 연결된 복층구조의 영업장은 제외한다)이 다음의 어느 하나에 해당하는 층에 설치되고 그 영업장의 주된 출입구가 건축물 외부의 지면과 직접 연결되는 곳에서 하는 영업은 제외한다.
　① 지상 1층
　② 지상과 직접 접하는 층

(3) 영화상영관·비디오물감상실업·비디오물소극장업, 복합영상물제공업

(4) 학원으로서 다음 어느 하나에 해당하는 것
　① 소방시설 설치 및 관리에 관한 법률 시행령 별표 7에 따라 산정된 수용인원이 300명 이상인 것
　② 수용인원 100명 이상 300명 미만으로서 다음의 어느 하나에 해당하는 것. 다만, 학원으로 사용하는 부분과 다른 용도로 사용하는 부분(학원의 운영권자를 달리하는 학원과 학원을 포함한다)이 방화구획으로 나누어진 경우는 제외한다.
　　㉠ 하나의 건축물에 학원과 기숙사가 함께 있는 학원
　　㉡ 하나의 건축물에 학원이 둘 이상 있는 경우로서 학원의 수용인원이 300명 이상인 학원
　　㉢ 하나의 건축물에 다중이용업 중 어느 하나 이상의 다중이용업과 학원이 함께 있는 경우

(5) **목욕장업으로서 다음에 해당하는 것**
   ① 하나의 영업장에서 공중위생관리법 제2조 제1항 제3호 가목에 따른 목욕장업 중 맥반석·황토·옥 등을 직접 또는 간접 가열하여 발생하는 열기나 원적외선 등을 이용하여 땀을 배출하게 할 수 있는 시설 및 설비를 갖춘 것으로서 수용인원(물로 목욕을 할 수 있는 시설부분의 수용인원은 제외한다)이 100명 이상인 것
   ② 공중위생관리법 제2조 제1항 제3호 나목의 시설 및 설비를 갖춘 목욕장업

(6) **게임제공업·인터넷컴퓨터게임시설제공업 및 복합유통게임제공업**
   게임제공업·인터넷컴퓨터게임시설제공업 및 복합유통게임제공업. 다만, 게임제공업 및 인터넷컴퓨터게임시설제공업의 경우에는 영업장(내부계단으로 연결된 복층구조의 영업장은 제외한다)이 다음의 어느 하나에 해당하는 층에 설치되고 그 영업장의 주된 출입구가 건축물 외부의 지면과 직접 연결된 구조에 해당하는 경우는 제외한다.
   ① 지상 1층
   ② 지상과 직접 접하는 층

(7) **노래연습장업**

(8) **산후조리업**

(9) **고시원업**(구획된 실 안에 학습자가 공부할 수 있는 시설을 갖추고 숙박 또는 숙식을 제공하는 형태의 영업)

(10) **권총사격장**(실내사격장에 한한다)

(11) **가상체험체육시설업**(실내에 1개 이상의 별도의 구획된 실을 만들어 골프 종목의 운동이 가능한 시설을 경영하는 영업으로 한정한다)

(12) **안마시술소**

(13) **화재안전등급이 제11조 제1항(화재안전등급이 D등급 또는 E등급)에 해당하거나 화재발생 시 인명피해가 발생할 우려가 높은 불특정다수인이 출입하는 영업으로서 행정안전부령으로 정하는 영업**(규칙 제2조)
   ① **전화방업·화상대화방업** : 구획된 실 안에 전화기·텔레비전·모니터 또는 카메라 등 상대방과 대화할 수 있는 시설을 갖춘 형태의 영업

② **수면방업** : 구획된 실 안에 침대, 간이침대 그 밖에 휴식을 취할 수 있는 시설을 갖춘 형태의 영업
③ **콜라텍업** : 손님이 춤을 추는 시설 등을 갖춘 형태의 영업으로서 주류 판매가 허용되지 않는 영업
④ **방탈출카페업** : 제한된 시간 내에 방을 탈출하는 놀이 형태의 영업
⑤ **키즈카페업** : 다음의 영업
  ㉠ 기타유원시설업(테마파크업)으로서 실내공간에서 어린이에게 놀이를 제공하는 영업
  ㉡ 실내에 어린이놀이시설을 갖춘 영업
  ㉢ 휴게음식점영업으로서 실내공간에서 어린이에게 놀이를 제공하고 부수적으로 음식류를 판매・제공하는 영업
⑥ **만화카페업** : 만화책 등 다수의 도서를 갖춘 다음의 영업. 다만, 도서를 대여・판매만 하는 영업인 경우와 영업장으로 사용하는 바닥면적의 합계가 50[m^2] 미만인 경우는 제외한다.
  ㉠ 휴게음식점영업
  ㉡ 도서의 열람, 휴식공간 등을 제공할 목적으로 실내에 다수의 구획된 실을 만들거나 입체 형태의 구조물을 설치한 영업

3 다중이용업의 안전시설 등

(1) 안전시설 등의 용어 정의(영 별표 1의2, 규칙 별표 2)

① **피난유도선**(避難誘導線) : 햇빛이나 전등불로 축광(蓄光)하여 빛을 내거나 전류에 의하여 빛을 내는 유도체로서 화재 발생 시 등 어두운 상태에서 피난을 유도할 수 있는 시설
② **비상구** : 주된 출입구와 주된 출입구 외에 화재 발생 시 등 비상시 영업장의 내부로부터 지상・옥상 또는 그 밖의 안전한 곳으로 피난할 수 있도록 건축법 시행령에 따른 직통계단・피난계단・옥외피난계단 또는 발코니에 연결된 출입구
③ **구획된 실(室)** : 영업장 내부에 이용객 등이 사용할 수 있는 공간을 벽이나 칸막이 등으로 구획한 공간을 말한다. 다만, 영업장 내부를 벽이나 칸막이 등으로 구획한 공간이 없는 경우에는 영업장 내부 전체 공간을 하나의 구획된 실(室)로 본다.
④ **영상음향차단장치** : 영상 모니터에 화상(畵像) 및 음반 재생장치가 설치되어 있어 영화, 음악 등을 감상할 수 있는 시설이나 화상 재생장치 또는 음반 재생장치 중 한 가지 기능만 있는 시설을 차단하는 장치
⑤ **방화문** : 건축법 시행령 제64조에 따른 60분+ 방화문 또는 60분 방화문, 30분 방화문으로서 언제나 닫힌 상태를 유지하거나 화재로 인한 연기의 발생 또는 온도의 상승에 따라 자동적으로 닫히는 구조를 말한다. 다만, 자동으로 닫히는 구조 중 열에 의하여 녹는 퓨즈[도화선(導火線)을 말한다] 타입 구조의 방화문은 제외한다.

(2) 안전시설 등의 종류(영 별표 1) 09 회 출제

① 소방시설
- ㉠ 소화설비
  - ㉮ 소화기 또는 자동확산소화기
  - ㉯ 간이스프링클러설비(캐비닛형 간이스프링클러설비를 포함한다)
- ㉡ 경보설비
  - ㉮ 비상벨설비 또는 자동화재탐지설비
  - ㉯ 가스누설경보기
- ㉢ 피난설비(피난구조설비 : 소방시설법)
  - ㉮ 피난기구(미끄럼대, 피난사다리, 구조대, 완강기, 다수인피난장비, 승강식피난기)
  - ㉯ 피난유도선
  - ㉰ 유도등, 유도표지 또는 비상조명등
  - ㉱ 휴대용 비상조명등

② 비상구
③ 영업장 내부 피난통로
④ 그 밖의 안전시설
- ㉠ 영상음향차단장치
- ㉡ 누전차단기
- ㉢ 창 문

(3) 다중이용업소에 설치·유지해야 하는 안전시설 등(영 별표 1의2)

① 소방시설
- ㉠ 소화설비
  - ㉮ 소화기 또는 자동확산소화기
  - ㉯ 간이스프링클러설비(캐비닛형 간이스프링클러설비를 포함한다) 설계 20회 24 회 출제
    다만, 다음의 영업장에만 설치한다.
    - 지하층에 설치된 영업장
    - 숙박을 제공하는 형태의 다중이용업소의 영업장 중 다음에 해당하는 영업장. 다만, 지상 1층에 있거나 지상과 직접 맞닿아 있는 층(영업장의 주된 출입구가 건축물 외부의 지면과 직접 연결된 경우를 포함한다)에 설치된 영업장은 제외한다.
      - 산후조리업의 영업장
      - 고시원업의 영업장

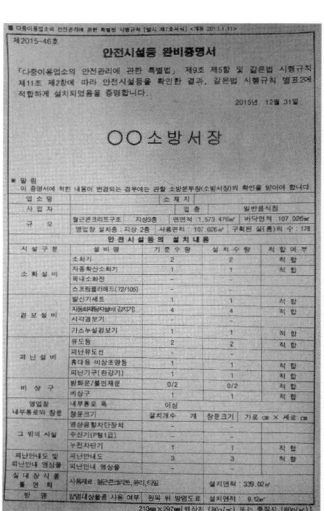

- 밀폐구조의 영업장
- 권총사격장의 영업장

  ⓒ **경보설비**
   ㉮ 비상벨설비 또는 자동화재탐지설비(다만, 노래반주기 등 영상음향차단장치를 사용하는 영업장에는 자동화재탐지설비를 설치해야 한다)
   ㉯ 가스누설경보기(다만, 가스시설을 사용하는 주방이나 난방시설이 있는 영업장에만 설치한다)

  ⓒ **피난설비**
   ㉮ 피난기구(미끄럼대, 피난사다리, 구조대, 완강기, 다수인피난장비, 승강식피난기)
   ㉯ **피난유도선**. 다만, 영업장 내부 피난통로 또는 복도가 있는 영업장에만 설치한다.
   ㉰ 유도등, 유도표지 또는 비상조명등
   ㉱ 휴대용 비상조명등

② **비상구**

> [영업장에 비상구를 설치하지 않아도 되는 경우]
> - 주된 출입구 외에 해당 영업장 내부에서 피난층 또는 지상으로 통하는 직통 계단이 주된 출입구 중심선으로부터 수평거리로 영업장의 긴 변 길이의 1/2 이상 떨어진 위치에 별도로 설치된 경우
> - 피난층에 설치된 영업장(영업장으로 사용하는 바닥면적이 33[m²] 이하인 경우로서 영업장 내부에 구획된 실(室)이 없고 영업장 전체가 개방된 구조의 영업장을 말한다)으로서 그 영업장의 각 부분으로부터 출입구까지 수평거리가 10[m] 이하인 경우

③ **영업장 내부 피난통로**. 다만, 구획된 실이 있는 영업장에만 설치한다. 설계 17회

④ **그 밖의 안전시설**
  ㉠ 영상음향차단장치(다만, 노래반주기 등 영상음향장치를 사용하는 영업장에만 설치한다)
  ⓒ 누전차단기
  ⓒ 창문(다만, 고시원업의 영업장에만 설치한다)

4 다중이용업소의 안전시설 등의 설치·유지기준(규칙 별표 2)

안전시설 등의 종류	설치·유지 기준
소방시설	1. **소화설비** ① 소화기 또는 자동확산소화기 : 영업장 안의 구획된 실마다 설치할 것 ② 간이스프링클러 설비 : 소방시설 설치 및 관리에 관한 법률 제2조 제6에 따른 화재안전기준에 따라 설치할 것. 다만, 영업장의 구획된 실마다 간이스프링클러헤드 또는 스프링클러헤드가 설치된 경우에는 그 설비의 유효범위 부분에는 간이스프링클러설비를 설치하지 않을 수 있다. 2. **비상벨설비 또는 자동화재탐지설비** ① 영업장의 구획된 실마다 비상벨설비 또는 자동화재탐지설비 중 하나 이상을 화재안전기준에 따라 설치할 것 ② 자동화재탐지설비를 설치하는 경우에는 감지기와 지구음향장치는 영업장의 구획된 실마다 설치할 것(다만, 영업장의 구획된 실에 비상방송설비의 음향장치가 설치된 경우 해당 실에는 지구음향장치를 설치하지 않을 수 있다) ③ **영상음향차단장치가 설치된 영업장에 자동화재탐지설비의 수신기를 별도로 설치**할 것 3. **피난설비** ① 피난기구 : 2층 이상 4층 이하에 위치하는 영업장의 발코니 또는 부속실과 연결되는 비상구에는 피난기구를 화재안전기준에 따라 설치할 것 ② 피난유도선 ㉠ 영업장 내부 피난통로 또는 복도에 소방시설 설치 및 관리에 관한 법률 제12조 제1항에 따라 소방청장이 정하여 고시하는 유도등 및 유도표지의 화재안전기준에 따라 설치할 것 ㉡ 전류에 의하여 빛을 내는 방식으로 할 것 ③ 유도등, 유도표지 또는 비상조명등 : 영업장의 구획된 실마다 유도등, 유도표지 또는 비상조명등 중 하나 이상을 화재안전기준에 따라 설치할 것 ④ 휴대용 비상조명등 : 영업장 안의 구획된 실마다 휴대용 비상조명등을 화재안전기준에 따라 설치할 것
주된 출입구 및 비상구 (비상구 등)	1. **공통 기준** ① **설치 위치** : 비상구는 영업장(2개 이상의 층이 있는 경우에는 각각의 층별 영업장을 말한다) 주된 출입구의 반대방향에 설치하되, 주된 출입구 중심선으로부터 수평거리가 영업장의 가장 긴 대각선의 길이, 가로 또는 세로 길이 중 가장 긴 길이의 1/2 이상 떨어진 위치에 설치할 것. 다만, 건물구조로 인하여 주된 출입구의 반대방향에 설치할 수 없는 경우에는 주된 출입구 중심선으로부터의 수평거리가 영업장의 가장 긴 대각선의 길이, 가로 또는 세로 길이 중 가장 긴 길이의 1/2 이상 떨어진 위치에 설치할 수 있다. **10 회 출제** ② **비상구 등 규격** : 가로 75[cm] 이상, 세로 150[cm] 이상(문틀을 제외한 가로길이 및 세로길이를 말한다)으로 할 것 **10 회 출제** ③ **구 조 20 회 출제** ㉠ 비상구 등은 구획된 실 또는 천장으로 통하는 구조가 아닌 것으로 할 것. 다만, 영업장 바닥에서 천장까지 불연재료 구획된 부속실(전실), 모자보건법 제2조 제10호에 따른 산후조리원에 설치하는 방풍실 또는 녹색건축물 조성 지원법에 따라 설계된 방풍구조는 그렇지 않다. ㉡ 비상구 등은 다른 영업장 또는 다른 용도의 시설(주차장은 제외한다)을 경유하는 구조가 아닌 것이어야 할 것

안전시설 등의 종류	설치·유지 기준

주된 출입구 및 비상구 (비상구 등)	④ 문 **20** 회 출제
	  ⊙ 문이 열리는 방향 : 피난 방향으로 열리는 구조로 할 것
	  ⓒ 문의 재질 : 주요구조부(영업장의 벽, 천장 및 바닥을 말한다)가 내화구조(耐火構造)인 경우 비상구 등의 문은 방화문(防火門)으로 설치할 것. 다만, 다음의 어느 하나에 해당하는 경우에는 불연재료로 설치할 수 있다.
	    ㉮ 주요구조부가 내화구조가 아닌 경우
	    ㉯ 건물의 구조상 비상구 등의 문이 지표면과 접하는 경우로서 화재의 연소 확대 우려가 없는 경우
	    ㉰ 비상구 등의 문이 건축법 시행령 제35조에 따른 피난계단 또는 특별피난계단의 설치기준에 따라 설치해야 하는 문이 아니거나 같은 영 제46조에 따라 설치되는 방화구획이 아닌 곳에 위치한 경우
	  ⓒ 주된 출입구의 문이 ⓒ ㉰에 해당하고, 다음의 기준을 모두 충족하는 경우에는 주된 출입구의 문을 자동문[미서기(슬라이딩)문을 말한다]으로 설치할 수 있다.
	    ㉮ 화재감지기와 연동하여 개방되는 구조
	    ㉯ 정전 시 자동으로 개방되는 구조
	    ㉰ 정전 시 수동으로 개방되는 구조
	2. **복층구조(複層構造) 영업장**(2개 이상의 층에 내부계단 또는 통로가 설치되어 하나의 층의 내부에서 다른 층의 내부로 출입할 수 있도록 되어 있는 구조의 영업장을 말한다)의 기준
	  ① 각 층마다 영업장 외부의 계단 등으로 피난할 수 있는 비상구를 설치할 것
	  ② 비상구 등의 문이 열리는 방향은 실내에서 외부로 열리는 구조로 할 것
	  ③ 비상구 등의 문의 재질은 1의 ④ ⓒ에 따른 재질로 설치할 것
	  ④ 영업장의 위치 및 구조가 다음의 어느 하나에 해당하는 경우에는 ①에도 불구하고 그 영업장으로 사용하는 어느 하나의 층에 비상구를 설치할 것
	    ⊙ 건축물 주요구조부를 훼손하는 경우
	    ⓒ 옹벽 또는 외벽이 유리로 설치된 경우 등
	3. **2층 이상 4층 이하에 위치하는 영업장의 발코니 또는 부속실과 연결되는 비상구를 설치하는 경우의 기준**
	  ① 피난 시에 유효한 발코니(활하중 5[kN/m^2] 이상, 가로 75[cm] 이상, 세로 150[cm] 이상, 면적 1.12[m^2] 이상, 난간의 높이 100[cm] 이상인 것을 말한다) 또는 부속실(불연재료로 바닥에서 천장까지 구획된 실로서 가로 75[cm] 이상, 세로 150[cm], 면적 1.12[m^2] 이상인 것을 말한다)을 설치하고, 그 장소에 적합한 피난기구를 설치할 것
	  ② 부속실을 설치하는 경우 부속실 입구의 문과 건물 외부로 나가는 문의 규격은 1의 ②에 따른 비상구 등의 규격으로 할 것. 다만, 120[cm] 이상의 난간이 있는 경우에는 발판 등을 설치하고 건축물 외부로 나가는 문의 규격과 재질을 가로 75[cm] 이상, 세로 100[cm] 이상의 창호로 설치할 수 있다.
	  ③ 추락 등의 방지를 위하여 다음 사항을 갖추도록 할 것 **20** 회 출제
	    ⊙ 발코니 및 부속실 입구의 문을 개방하면 경보음이 울리도록 경보음 발생 장치를 설치하고, 추락위험을 알리는 표지를 문(부속실의 경우 외부로 나가는 문도 포함한다)에 부착할 것
	    ⓒ 부속실에서 건물 외부로 나가는 문 안쪽에는 기둥·바닥·벽 등의 견고한 부분에 탈착이 가능한 쇠사슬 또는 안전로프 등을 바닥에서부터 120[cm] 이상의 높이에 가로로 설치할 것. 다만, 120[cm] 이상의 난간이 설치된 경우에는 쇠사슬 또는 안전로프를 설치하지 않을 수 있다.

영업장 구획 등	층별 영업장은 다른 영업장 또는 다른 용도의 시설과 불연재료·준불연재료로 된 차단벽이나 칸막이로 분리되도록 할 것. 다만, 1.부터 3.까지의 경우에는 분리 또는 구획하는 별도의 차단벽이나 칸막이 등을 설치하지 않을 수 있다. 1. 둘 이상의 영업소가 주방 외에 객실 부분을 공동으로 사용하는 등의 구조인 경우 2. 식품위생법 시행규칙 별표 14 제8호 가목 5) 다)에 해당되는 경우 3. 영 제9조에 따른 안전시설 등을 갖춘 경우로서 실내에 설치한 유원시설업(테마파크업)의 허가 면적 내에 관광진흥법 시행규칙 별표 1의2 제1호 가목에 따라 청소년게임제공업 또는 인터넷컴퓨터게임시설제공업이 설치된 경우

안전시설 등의 종류	설치·유지 기준
영업장 내부 피난통로	1. 내부 피난통로의 폭은 120[cm] 이상으로 할 것. 다만, 양 옆에 구획된 실이 있는 영업장으로서 구획된 실의 출입문 열리는 방향이 피난통로 방향인 경우에는 150[cm] 이상으로 설치해야 한다. 2. 구획된 실부터 주된 출입구 또는 비상구까지의 내부 피난통로의 구조는 세 번 이상 구부러지는 형태로 설치하지 말 것
창 문	1. 영업장 층별로 가로 50[cm] 이상, 세로 50[cm] 이상 열리는 창문을 1개 이상 설치할 것 2. 영업장 내부 피난통로 또는 복도에 바깥 공기와 접하는 부분에 설치할 것(구획된 실에 설치하는 것을 제외한다)
영상음향차단장치 17 회 출제	1. 화재 시 자동화재탐지설비의 감지기에 의하여 자동으로 음향 및 영상이 정지될 수 있는 구조로 설치하되, 수동(하나의 스위치로 전체의 음향 및 영상장치를 제어할 수 있는 구조를 말한다)으로도 조작할 수 있도록 설치할 것 2. 영상음향차단장치의 수동차단스위치를 설치하는 경우에는 관계인이 일정하게 거주하거나 일정하게 근무하는 장소에 설치할 것. 이 경우 수동차단스위치와 가장 가까운 곳에 "영상음향차단 스위치"라는 표지를 부착해야 한다. 3. 전기로 인한 화재발생 위험을 예방하기 위하여 부하용량에 알맞은 누전차단기(과전류차단기를 포함한다)를 설치할 것 4. 영상음향차단장치의 작동으로 실내 등의 전원이 차단되지 않는 구조로 설치할 것
보일러실과 영업장 사이의 방화구획	보일러실과 영업장 사이의 출입문은 방화문으로 설치하고, 개구부(開口部)에는 방화댐퍼(화재 시 연기 등을 차단하는 장치)를 설치할 것

5 다중이용업소의 피난안내도 비치대상(규칙 별표 2의2)

(1) 피난안내도 비치대상

영 제2조에 따른 다중이용업소의 영업장

> **Plus one**
>
> 피난안내도 비치 제외대상
> • 영업장으로 사용하는 바닥면적의 합계가 33[m^2] 이하인 경우
> • 영업장 내 구획된 실(室)이 없고 영업장 어느 부분에서도 출입구 및 비상구 확인이 가능한 경우

(2) 피난안내영상물 상영대상

① 영화상영관 및 비디오물소극장업의 영업장
② 노래연습장업의 영업장
③ 단란주점영업 및 유흥주점영업의 영업장. 다만, 피난안내영상물을 상영할 수 있는 시설이 설치된 경우만 해당한다.
④ 영 제2조 제8호에 해당하는 영업(전화방업·화상대화방업, 수면방업, 콜라텍업, 방탈출카페업, 키즈카페업, 만화카페업)으로서 피난안내영상물을 상영할 수 있는 시설을 갖춘 영업장

(3) 피난안내도 비치위치(어느 하나에 해당하는 위치에 모두 설치할 것)
① 영업장 주 출입구 부분의 손님이 쉽게 볼 수 있는 위치
② 구획된 실의 벽, 탁자 등 손님이 쉽게 볼 수 있는 위치
③ 인터넷컴퓨터게임시설제공업 영업장의 인터넷컴퓨터게임시설이 설치된 책상(다만, 책상 위에 비치된 컴퓨터에 피난안내도를 내장하여 새로운 이용객이 컴퓨터를 작동할 때마다 피난안내도가 모니터에 나오는 경우에는 책상에 피난안내도가 비치된 것으로 본다)

(4) 피난안내영상물 상영시간
① 영화상영관 및 비디오물소극장업 : 매회 영화상영 또는 비디오물 상영 시작 전
② 노래연습장업 등 그 밖의 영업 : 매회 새로운 이용객이 입장하여 노래방 기기 등을 작동할 때

(5) 피난안내도 및 피난안내영상물에 포함되어야 하는 내용
① 화재 시 대피할 수 있는 비상구 위치
② 구획된 실 등에서 비상구 및 출입구까지의 피난동선
③ 소화기, 옥내소화전 등 소방시설의 위치 및 사용방법
④ 피난 및 대처방법

(6) 피난안내도의 크기 및 재질
① 크기 : B4(257[mm] × 364[mm]) 이상의 크기로 할 것. 다만, 각 층별 영업장의 면적 또는 영업장이 위치한 층의 바닥면적이 각각 $400[m^2]$ 이상인 경우에는 A3(297[mm] × 420[mm]) 이상의 크기로 해야 한다.
② 재질 : 종이(코팅처리한 것을 말한다), 아크릴, 강판 등 쉽게 훼손 또는 변형되지 않는 것으로 할 것

(7) 피난안내도 및 피난안내영상물에 사용하는 언어
피난안내도 및 피난안내영상물은 한글 및 1개 이상의 외국어를 사용하여 작성해야 한다.

(8) 장애인을 위한 피난안내영상물 상영
영화상영관 중 전체 객석수의 합계가 300석 이상인 영화상영관의 경우 피난안내영상물은 장애인을 위한 한국수어·폐쇄자막·화면해설 등을 이용하여 상영해야 한다.

6 다중이용업소에 대한 화재위험평가 등

(1) 화재위험평가(법 제2조)
다중이용업의 영업소가 밀집한 지역 또는 건축물에 대하여 화재 발생 가능성과 화재로 인한 불특정 다수인의 생명·신체·재산상의 피해 및 주변에 미치는 영향을 예측·분석하고 이에 대한 대책을 마련하는 것을 말한다.

(2) 실시 시기(법 제15조)
해당하는 지역 또는 건축물에 대하여 화재를 예방하고 화재로 인한 생명·신체·재산상의 피해를 방지하기 위하여 필요하다고 인정되는 경우에는 화재위험평가를 할 수 있다.

(3) 실시권자(법 제15조)
소방청장·소방본부장 또는 소방서장

(4) 실시대상지역(법 제15조) 17 회 출제
① 2,000[m^2] 지역 안에 다중이용업소가 50개 이상 밀집하여 있는 경우
② 5층 이상인 건축물로서 다중이용업소가 10개 이상 있는 경우
③ 하나의 건축물에 다중이용업소로 사용하는 영업장 바닥면적의 합계가 1,000[m^2] 이상인 경우

(5) 소방안전교육 및 화재안전조사 면제(법 제15조, 영 제13조, 규칙 제15조의2)
① 대상 : 화재안전등급이 A등급인 다중이용업소
② 면제기간 : A등급에 해당한다고 통보받은 날부터 2년이 되는 날까지

7 다중이용업소의 안전시설 등 세부점검표(규칙 별지 제10호 서식) 11회 출제

안전시설 등 세부점검표

1. 점검대상

대 상 명		전화번호	
소 재 지		주 용 도	
건물구조		대표자		소방안전관리자	

2. 점검사항

점검사항	점검결과	조치사항

① 소화기 또는 자동확산소화기의 외관점검
  - 구획된 실마다 설치되어 있는지 확인
  - 약제 응고상태 및 압력게이지 지시침 확인		

② 간이스프링클러설비 작동점검
  - 시험밸브 개방 시 펌프기동, 음향경보 확인
  - 헤드의 누수·변형·손상·장애 등 확인		

③ 경보설비 작동점검
  - 비상벨설비의 누름스위치, 표시등, 수신기 확인
  - 자동화재탐지설비의 감지기, 발신기, 수신기 확인
  - 가스누설경보기 정상작동여부 확인		

④ 피난설비 작동점검 및 외관점검 20회 출제
  - 유도등·유도표지 등 부착상태 및 점등상태 확인
  - 구획된 실마다 휴대용 비상조명등 비치 여부
  - 화재신호 시 피난유도선 점등상태 확인
  - 피난기구(완강기, 피난사다리 등) 설치상태 확인		

⑤ 비상구 관리상태 확인
  - 비상구 폐쇄·훼손, 주변 물건 적치 등 관리상태
  - 구조변형, 금속표면부식·균열, 용접부·접합부 손상 등 확인
    (건축물 외벽에 발코니 형태의 비상구를 설치한 경우에만 해당)		

⑥ 영업장 내부 피난통로 관리상태 확인 - 영업장 내부 피난통로상 물건 적치 등 관리상태		
⑦ 창문(고시원) 관리상태 확인		

⑧ 영상음향차단장치 작동점검
  - 경보설비와 연동 및 수동작동 여부 점검
    (화재신호 시 영상음향차단 되는지 확인)		

⑨ 누전차단기 작동 여부 확인		
⑩ 피난안내도 설치 위치 확인		
⑪ 피난안내영상물 상영 여부 확인		

⑫ 실내장식물·내부구획 재료 교체 여부 확인
  - 커튼, 카펫 등 방염선처리제품 사용 여부
  - 합판·목재 방염성능확보 여부
  - 내부구획재료 불연재료 사용 여부		

⑬ 방염 소파·의자 사용 여부 확인		
⑭ 안전시설 등 세부점검표 분기별 작성 및 1년간 보관 여부		
⑮ 화재배상책임보험 가입여부 및 계약기간 확인		

점검일자 :　　　．　　．　　．　　점검자 :　　　　　(서명 또는 인)

※ 소방시설법 개정으로 일부 수정됨

8 건축물의 구조상 비상구를 설치할 수 없는 경우[기존다중이용업소(옥내권총사격장·가상체험체육시설업·안마시술소) 건축물의 구조상 비상구를 설치할 수 없는 경우에 관한 기준 제2조] 15 회 출제

(1) 비상구 설치를 위하여 건축법 제2조 제1항 제6호 규정의 주요구조부를 관통해야 하는 경우

(2) 비상구를 설치해야 하는 영업장이 인접 건축물과의 이격거리(건축물 외벽과 외벽 사이의 거리를 말한다)가 100[cm] 이하인 경우

(3) 다음의 어느 하나에 해당하는 경우
　① 비상구 설치를 위하여 해당 영업장 또는 다른 영업장의 공조설비, 냉·난방설비, 수도설비 등 고정설비를 철거 또는 이전해야 하는 등 그 설비의 기능과 성능에 지장을 초래하는 경우
　② 비상구 설치를 위하여 인접건물 또는 다른 사람 소유의 대지경계선을 침범하는 등 재산권 분쟁의 우려가 있는 경우
　③ 영업장이 도시미관지구에 위치하여 비상구를 설치하는 경우 건축물 미관을 훼손한다고 인정되는 경우
　④ 해당 영업장으로 사용되는 부분의 바닥면적 합계가 33[m^2] 이하인 경우

(4) 그 밖에 관할 소방서장이 현장여건 등을 고려하여 비상구를 설치할 수 없다고 인정하는 경우

9 과태료(영 별표 6)

(1) 과태료 금액의 1/2의 범위에서 감경하여 부과할 수 있는 경우
　① 위반행위가 질서위반행위규제법 시행령 제2조의2 제1항 각 호의 어느 하나에 해당하는 경우

> **Plus one**
> **질서위반행위규제법 시행령 제2조의2 제1항**
> • 국민기초생활 보장법 제2조에 따른 수급자
> • 한부모가족지원법 제5조 및 제5조의2 제2항·제3항에 따른 보호대상자
> • 장애인복지법 제2조에 따른 장애인 중 장애의 정도가 심한 장애인
> • 국가유공자 등 예우 및 지원에 관한 법률 제6조의4에 따른 1급부터 3급까지의 상이등급 판정을 받은 사람
> • 미성년자

　② 위반행위자가 처음 위반행위를 하는 경우로서 3년 이상 해당 업종을 모범적으로 영위한 사실이 인정되는 경우

③ 위반행위자가 화재 등 재난으로 재산에 현저한 손실이 발생하거나 사업여건의 악화로 사업이 중대한 위기에 처하는 등의 사정이 있는 경우
④ 위반행위가 고의나 중대한 과실이 아닌 사소한 부주의나 오류로 인한 것으로 인정되는 경우
⑤ 위반행위자가 같은 위반행위로 다른 법률에 따라 과태료・벌금・영업정지 등의 제재를 받은 경우
⑥ 위반행위자가 위법행위로 인한 결과를 시정하거나 해소한 경우
⑦ 그 밖에 위반행위의 정도, 위반행위의 동기와 그 결과 등을 고려하여 감경할 필요가 있다고 인정되는 경우

(2) 개별기준

위반행위	근거 법조문	과태료 금액(단위 : 만 원)		
		1회	2회	3회 이상
가. 다중이용업주가 법 제8조 제1항 및 제2항을 위반하여 소방안전교육을 받지 않거나 종업원이 소방안전교육을 받도록 하지 않은 경우	법 제25조 제1항 제1호	100	200	300
나. 법 제9조 제1항을 위반하여 안전시설 등을 기준에 따라 설치・유지하지 않은 경우	법 제25조 제1항 제2호			
1) 안전시설 등의 작동・기능에 지장을 주지 않는 경미한 사항을 2회 이상 위반한 경우			100	

2) 안전시설 등을 다음에 해당하는 고장상태 등으로 방치한 경우
    가) 소화펌프를 고장상태로 방치한 경우
    나) 수신반의 전원을 차단한 상태로 방치한 경우
    다) 동력(감시)제어반을 고장상태로 방치하거나 전원을 차단한 경우
    라) 소방시설용 비상전원을 차단한 경우
    마) 소화배관의 밸브를 잠금상태로 두어 소방시설이 작동할 때 소화수가 나오지 않거나 소화약제가 방출되지 않은 상태로 방치한 경우
			200	

3) 안전시설 등을 설치하지 않은 경우			300	
4) 비상구를 폐쇄・훼손・변경하는 등의 행위를 한 경우		100	200	300
5) 영업장 내부 피난통로에 피난에 지장을 주는 물건 등을 쌓아 놓은 경우		100	200	300

다. 법 제9조 제3항을 위반한 경우
  1) 안전시설 등 설치신고를 하지 않고 안전시설 등을 설치한 경우
  2) 안전시설 등 설치신고를 하지 않고 영업장 내부구조를 변경한 경우
  3) 안전시설 등의 공사를 마친 후 신고를 하지 않은 경우
	법 제25조 제1항 제2호의2	
		
		100
			
			100
			100
			200
				
				300

라. 법 제9조의2를 위반하여 비상구에 추락 등의 방지를 위한 장치를 기준에 따라 갖추지 않은 경우	법 제25조 제1항 제2호의3		300	
마. 법 제10조 제1항 및 제2항을 위반하여 실내장식물의 기준에 따라 실내장식물을 설치・유지하지 않은 경우	법 제25조 제1항 제3호		300	
바. 법 제10조의2 제1항 및 제2항을 위반하여 영업장의 내부구획 기준에 따라 내부구획을 설치・유지하지 않은 경우	법 제25조 제1항 제3호의2	100	200	300
사. 법 제11조를 위반하여 피난시설, 방화구획 또는 방화시설을 폐쇄・훼손・변경하는 등의 행위를 한 경우	법 제25조 제1항 제4호	100	200	300
아. 법 제12조 제1항을 위반하여 피난안내도를 갖추어 두지 않거나 피난안내에 관한 영상물을 상영하지 않은 경우	법 제25조 제1항 제5호	100	200	300

위반행위	근거 법조문	과태료 금액(단위 : 만 원)		
		1회	2회	3회 이상
자. 법 제13조 제1항 전단을 위반하여 다음의 어느 하나에 해당하는 경우 　1) 안전시설 등을 점검(법 제13조 제2항에 따라 위탁하여 실시하는 경우를 포함한다)하지 않은 경우 　2) 정기점검결과서를 작성하지 않거나 거짓으로 작성한 경우 　3) 정기점검결과서를 보관하지 않은 경우	법 제25조 제1항 제6호	100	200	300
차. 다중이용업주가 법 제13조의2 제1항을 위반하여 화재배상책임보험에 가입하지 않는 경우 　1) 가입하지 않는 기간이 10일 이하인 경우	법 제25조 제1항 제6호의2	100		
2) 가입하지 않는 기간이 10일 초과 30일 이하인 경우		100만 원에 11일째부터 계산하여 1일마다 1만 원을 더한 금액		
3) 가입하지 않는 기간이 30일 초과 60일 이하인 경우		120만 원에 31일째부터 계산하여 1일마다 2만 원을 더한 금액		
4) 가입하지 않는 기간이 60일 초과인 경우		180만 원에 61일째부터 계산하여 1일마다 3만 원을 더한 금액 다만, 과태료의 총액은 300만 원을 넘지 못한다.		
카. 보험회사가 법 제13조의3 제3항 또는 제4항을 위반하여 통지를 하지 않은 경우	법 제25조 제1항 제6호의3	300		
타. 보험회사가 법 제13조의5 제1항을 위반하여 다중이용업주와의 화재배상책임보험 계약 체결을 거부한 경우	법 제25조 제1항 제6호의4	300		
파. 보험회사가 법 제13조의6을 위반하여 임의로 계약을 해제 또는 해지한 경우	법 제25조 제1항 제6호의4	300		
하. 법 제14조에 따른 소방안전관리 업무를 하지 않은 경우	법 제25조 제1항 제7호	100	200	300
거. 법 제14조의2 제1항을 위반하여 보고 또는 즉시 보고를 하지 않거나 거짓으로 한 경우	법 제25조 제1항 제8호	200		

10 다중이용업소의 점검표(소방시설 자체점검사항 등에 관한 고시 별지 4)

번 호	점검항목	점검결과
32-A. 소화설비		
32-A-001 32-A-002 32-A-003 32-A-004 32-A-005	**소화기구(소화기, 자동확산소화기)** ○ 설치수량(구획된 실 등) 및 설치거리(보행거리) 적정 여부 ○ 설치장소(손쉬운 사용) 및 설치 높이 적정 여부 ○ 소화기 표지 설치상태 적정 여부 ○ 외형의 이상 또는 사용상 장애 여부 ○ 수동식 분말소화기 내용연수 적정 여부	
32-A-011 32-A-012 32-A-013 32-A-014 32-A-015 32-A-016 32-A-017 32-A-018	**간이스프링클러설비** 18 회 출제 ○ 수원의 양 적정 여부 ○ 가압송수장치의 정상 작동 여부 ○ 배관 및 밸브의 파손, 변형 및 잠김 여부 ○ 상용전원 및 비상전원의 이상 여부 ● 유수검지장치의 정상 작동 여부 ● 헤드의 적정 설치 여부(미설치, 살수장애, 도색 등) ● 송수구 결합부의 이상 여부 ● 시험밸브 개방 시 펌프기동 및 음향 경보 여부	

번 호	점검항목	점검결과

※ 펌프성능시험(펌프 명판 및 설계치 참조)

구 분		체절 운전	정격운전 (100[%])	정격유량의 150[%] 운전	적정 여부	
토출량 [L/min]	주				1. 체절운전 시 토출압은 정격토출압의 140[%] 이하일 것 ( ) 2. 정격운전 시 토출량과 토출압이 규정치 이상일 것 ( ) 3. 정격토출량의 150[%]에서 토출압이 정격토출압의 65[%] 이상일 것 ( )	○설정압력 : ○주펌프 　기동 :　　[MPa] 　정지 :　　[MPa] ○예비펌프 　기동 :　　[MPa] 　정지 :　　[MPa] ○충압펌프 　기동 :　　[MPa] 　정지 :　　[MPa]
	예비					
토출압 [MPa]	주					
	예비					

※ 릴리프밸브 작동압력 :　　[MPa]

32-B. 경보설비

	비상벨·자동화재탐지설비	
32-B-001	○ 구획된 실마다 감지기(발신기), 음향장치 설치 및 정상 작동 여부	
32-B-002	○ 전용 수신기가 설치된 경우 주수신기와 상호 연동되는지 여부	
32-B-003	○ 수신기 예비전원(축전지) 상태 적정 여부(상시 충전, 상용전원 차단 시 자동절환)	
	가스누설경보기　**16 회 출제**	
32-B-011	● 주방 또는 난방시설이 설치된 장소에 설치 및 정상 작동 여부	

32-C. 피난구조설비

	피난기구	
32-C-001	● 피난기구 종류 및 설치개수 적정 여부	
32-C-002	○ 피난기구의 부착 위치 및 부착 방법 적정 여부	
32-C-003	○ 피난기구(지지대 포함)의 변형·손상 또는 부식이 있는지 여부	
32-C-004	○ 피난기구의 위치표시 표지 및 사용방법 표지 부착 적정 여부	
32-C-005	● 피난에 유효한 개구부 확보(크기, 높이에 따른 발판, 창문 파괴장치) 및 관리 상태	
	피난유도선	
32-C-011	○ 피난유도선의 변형 및 손상 여부	
32-C-012	● 정상 점등(화재 신호와 연동 포함) 여부	
	유도등	
32-C-021	○ 상시(3선식의 경우 점검스위치 작동 시) 점등 여부	
32-C-022	○ 시각장애(규정된 높이, 적정위치, 장애물 등으로 인한 시각장애 유무) 여부	
32-C-023	○ 비상전원 성능 적정 및 상용전원 차단 시 예비전원 자동전환 여부	
	유도표지	
32-C-031	○ 설치 상태(유사 등화광고물·게시물 존재, 쉽게 떨어지지 않는 방식) 적정 여부	
32-C-032	○ 외광·조명장치로 상시 조명 제공 또는 비상조명등 설치 여부	
	비상조명등	
32-C-041	○ 설치위치의 적정 여부	
32-C-042	● 예비전원 내장형의 경우 점검스위치 설치 및 정상 작동 여부	
	휴대용 비상조명등	
32-C-051	○ 영업장 안의 구획된 실마다 잘 보이는 곳에 1개 이상 설치 여부	
32-C-052	● 설치높이 및 표지의 적합 여부	
32-C-053	● 사용 시 자동으로 점등되는지 여부	

32-D. 비상구

32-D-001	○ 피난동선에 물건을 쌓아두거나 장애물 설치 여부	
32-D-002	○ 피난구, 발코니 또는 부속실의 훼손 여부	
32-D-003	○ 방화문·방화셔터의 관리 및 작동상태	

번 호	점검항목	점검결과
32-E. 영업장 내부 피난통로·영상음향차단장치·누전차단기·창문		
32-E-001	○ 영업장 내부 피난통로 관리상태 적합 여부	
32-E-002	● 영상음향차단장치 설치 및 정상작동 여부	
32-E-003	● 누전차단기 설치 및 정상작동 여부	
32-E-004	○ 영업장 창문 관리상태 적합 여부	
32-F. 피난안내도·피난안내영상물		
32-F-001	○ 피난안내도의 정상 부착 및 피난안내영상물 상영 여부	
32-G. 방 염		
32-G-001	● 선처리 방염대상물품의 적합 여부(방염성능시험성적서 및 합격표시 확인)	
32-G-002	● 후처리 방염대상물품의 적합 여부(방염성능검사결과 확인)	
비 고	※ 방염성능시험성적서, 합격표시 및 방염성능검사결과의 확인이 불가한 경우 비고에 기재한다.	

※ 점검항목 중 "●"는 종합점검의 경우에만 해당한다.
※ 점검결과란은 양호 "○", 불량 "×", 해당없는 항목은 "/"로 표시한다.
※ 점검항목 내용 중 "설치기준" 및 "설치상태"에 대한 점검은 정상적인 작동 가능 여부를 포함한다.
※ '비고'란에는 특정소방대상물의 위치·구조·용도 및 소방시설의 상황 등이 이 표의 항목대로 기재하기 곤란하거나 이 표에서 누락된 사항을 기재한다.

CHAPTER 03 예상문제

PART 01 소방관계법령

01 다중이용업소의 안전관리에 관한 특별법에서 "밀폐구조의 영업장"의 정의와 영업장에 대한 요건을 쓰시오.

해답 밀폐구조의 영업장(법 제2조, 영 제3조의2)
① 정의 : 지상층에 있는 다중이용업소의 영업장 중 채광·환기·통풍 및 피난 등이 용이하지 못한 구조로 되어 있으면서 대통령령으로 정하는 기준에 해당하는 영업장
② 영업장의 요건 : 대통령령으로 정하는 기준에 해당하는 영업장이란 다음 요건을 모두 갖춘 개구부(건축물에서 채광·환기·통풍 또는 출입 등을 위하여 만든 창·출입구, 그 밖에 이와 비슷한 것을 말한다)의 면적의 합계가 영업장으로 사용하는 바닥면적의 1/30 이하가 되는 것을 말한다.
   ㉠ 크기는 지름 50[cm] 이상의 원이 통과할 수 있을 것
   ㉡ 해당 층의 바닥면으로부터 개구부 밑부분까지의 높이가 1.2[m] 이내일 것
   ㉢ 도로 또는 차량이 진입할 수 있는 빈터를 향할 것
   ㉣ 화재 시 건축물로부터 쉽게 피난할 수 있도록 창살이나 그 밖의 장애물이 설치되지 않을 것
   ㉤ 내부 또는 외부에서 쉽게 부수거나 열 수 있을 것

02 다중이용업소의 종류를 쓰시오.

해답 **다중이용업의 종류(영 제2조)**

영업을 옥외 시설 또는 옥외 장소에서 하는 경우 그 영업은 제외한다.
① 식품접객업 중 다음 어느 하나에 해당하는 것
  ㉠ 휴게음식점영업·제과점영업 또는 일반음식점영업으로서 영업장으로 사용하는 바닥면적의 합계가 100[m^2](영업장이 지하층에 설치된 경우에는 그 영업장의 바닥면적 합계가 66[m^2]) 이상인 것. 다만, 영업장(내부계단으로 연결된 복층구조의 영업장을 제외)이 다음 어느 하나에 해당하는 층에 설치되고 그 영업장의 주된 출입구가 건축물 외부의 지면과 직접 연결되는 곳에서 하는 영업을 제외한다.
    ㉮ 지상 1층
    ㉯ 지상과 직접 접하는 층
  ㉡ 단란주점영업과 유흥주점영업
② **공유주방 운영업** : 식품위생법 시행령 제21조 제9호에 따른 공유주방 운영업 중 휴게음식점영업·제과점영업 또는 일반음식점영업에 사용되는 공유주방을 운영하는 영업으로서 영업장 바닥면적의 합계가 100[m^2](영업장이 지하층에 설치된 경우에는 그 바닥면적 합계가 66[m^2]) 이상인 것. 다만, 영업장(내부계단으로 연결된 복층구조의 영업장은 제외한다)이 다음의 어느 하나에 해당하는 층에 설치되고 그 영업장의 주된 출입구가 건축물 외부의 지면과 직접 연결되는 곳에서 하는 영업은 제외한다.
  ㉠ 지상 1층
  ㉡ 지상과 직접 접하는 층
③ 영화상영관·비디오물감상실업·비디오물소극장업, 복합영상물제공업
④ **학원으로서 다음 어느 하나에 해당하는 것**
  ㉠ 수용인원이 300명 이상인 것
  ㉡ 수용인원 100명 이상 300명 미만으로서 다음의 어느 하나에 해당하는 것
    ㉮ 하나의 건축물에 학원과 기숙사가 함께 있는 학원
    ㉯ 하나의 건축물에 학원이 둘 이상 있는 경우로서 학원의 수용인원이 300명 이상인 학원
    ㉰ 하나의 건축물에 다중이용업 중 어느 하나 이상의 다중이용업과 학원이 함께 있는 경우
⑤ **목욕장업으로서 다음에 해당하는 것**
  ㉠ 하나의 영업장에서 목욕장업 중 맥반석·황토·옥 등을 직접 또는 간접 가열하여 발생하는 열기나 원적외선 등을 이용하여 땀을 배출하게 할 수 있는 시설 및 설비를 갖춘 것으로서 수용인원이 100명 이상인 것
  ㉡ 목욕장업
⑥ **게임제공업·인터넷컴퓨터게임시설제공업 및 복합유통게임제공업**
  게임제공업·인터넷컴퓨터게임시설제공업 및 복합유통게임제공업. 다만, 게임제공업 및 인터넷컴퓨터게임시설제공업의 경우에는 영업장(내부계단으로 연결된 복층구조의 영업장은 제외한다)이 다음의 어느 하나에 해당하는 층에 설치되고 그 영업장의 주된 출입구가 건축물 외부의 지면과 직접 연결된 구조에 해당하는 경우는 제외한다.
  ㉠ 지상 1층
  ㉡ 지상과 직접 접하는 층
⑦ 노래연습장업
⑧ 산후조리업
⑨ 고시원업(구획된 실 안에 학습자가 공부할 수 있는 시설을 갖추고 숙박 또는 숙식을 제공하는 형태의 영업)
⑩ 권총사격장(실내사격장에 한한다)

⑪ 가상체험체육시설업(실내에 1개 이상의 별도의 구획된 실을 만들어 골프 종목의 운동이 가능한 시설을 경영하는 영업으로 한정한다)
⑫ 안마시술소
⑬ 화재안전등급이 제11조 제1항(화재안전등급이 D등급 또는 E등급)에 해당하거나 화재발생 시 인명피해가 발생할 우려가 높은 불특정다수인이 출입하는 영업으로서 행정안전부령으로 정하는 영업
  ㉠ 전화방업·화상대화방업 : 구획된 실 안에 전화기·텔레비전·모니터 또는 카메라 등 상대방과 대화할 수 있는 시설을 갖춘 형태의 영업
  ㉡ 수면방업 : 구획된 실 안에 침대·간이침대 그 밖에 휴식을 취할 수 있는 시설을 갖춘 형태의 영업
  ㉢ 콜라텍업 : 손님이 춤을 추는 시설 등을 갖춘 형태의 영업으로서 주류판매가 허용되지 않는 영업
  ㉣ 방탈출카페업 : 제한된 시간 내에 방을 탈출하는 놀이 형태의 영업
  ㉤ 키즈카페업 : 다음의 영업
    ㉮ 기타유원시설업(테마파크업)으로서 실내공간에서 어린이에게 놀이를 제공하는 영업
    ㉯ 실내에 어린이놀이시설을 갖춘 영업
    ㉰ 휴게음식점영업으로서 실내공간에서 어린이에게 놀이를 제공하고 부수적으로 음식류를 판매·제공하는 영업
  ㉥ 만화카페업 : 만화책 등 다수의 도서를 갖춘 다음의 영업. 다만, 도서를 대여·판매만 하는 영업인 경우와 영업장으로 사용하는 바닥면적의 합계가 50[m^2] 미만인 경우는 제외한다.
    ㉮ 휴게음식점영업
    ㉯ 도서의 열람, 휴식공간 등을 제공할 목적으로 실내에 다수의 구획된 실을 만들거나 입체 형태의 구조물을 설치한 영업

03 다중이용업소의 안전시설 등의 정의를 쓰시오.

(1) 피난유도선
(2) 비상구
(3) 구획된 실
(4) 영상음향차단장치

해답 **안전시설 등의 정의**
(1) **피난유도선** : 햇빛이나 전등불로 축광하여 빛을 내거나 전류에 의하여 빛을 내는 유도체로서 화재발생 시 등 어두운 상태에서 피난을 유도할 수 있는 시설
(2) **비상구** : 주된 출입구와 주된 출입구 외에 화재 발생 시 등 비상시 영업장의 내부로부터 지상·옥상 또는 그 밖의 안전한 곳으로 피난할 수 있도록 건축법 시행령에 따른 직통계단·피난계단·옥외피난계단 또는 발코니에 연결된 출입구
(3) **구획된 실** : 영업장 내부에 이용객 등이 사용할 수 있는 공간을 벽이나 칸막이 등으로 구획한 공간을 말한다(다만, 영업장 내부를 벽이나 칸막이 등으로 구획한 공간이 없는 경우에는 영업장 내부 전체 공간을 하나의 구획된 실로 본다).
(4) **영상음향차단장치** : 영상 모니터에 화상 및 음반 재생장치가 설치되어 있어 영화, 음악 등을 감상할 수 있는 시설이나 화상 재생장치 또는 음반 재생장치 중 한 가지 기능만 있는 시설을 차단하는 장치

04 다중이용업소의 안전관리에 관한 특별법 시행규칙에서 안전점검에 대하여 다음 물음에 답하시오.

(1) 안점점검 대상
(2) 안전점검자의 자격
(3) 점검주기
(4) 점검방법

해답 안전점검(규칙 제14조)
(1) **안점점검 대상** : 다중이용업소의 영업장에 설치된 안전시설 등
(2) **안전점검자의 자격**
　① 해당 영업장의 다중이용업주 또는 다중이용업소가 위치한 특정소방대상물의 소방안전관리자(소방안전관리자로 선임된 경우에 한한다)
　② 해당 업소의 종업원 중 다음의 어느 하나에 해당하는 사람
　　㉠ 소방안전관리자 자격을 취득한 사람
　　㉡ 소방시설관리사 자격을 취득한 사람
　　㉢ 소방기술사・소방설비기사 또는 소방설비산업기사 자격을 취득한 사람
(3) **점검주기** : 매 분기별 1회 이상(다만, 자체점검을 실시한 경우에는 자체점검을 실시한 그 분기에는 점검을 하지 않을 수 있다)
(4) **점검방법** : 안전시설 등의 작동 및 유지・관리상태를 점검한다.

05 다중이용업소의 안전관리에 관한 특별법 시행령에서 안전시설 등의 종류를 쓰시오.

해답 안전시설 등의 종류(영 별표 1)
① 소방시설
　㉠ 소화설비
　　㉮ 소화기 또는 자동확산소화기
　　㉯ 간이스프링클러설비(캐비닛형 간이스프링클러설비를 포함한다)
　㉡ 경보설비
　　㉮ 비상벨설비 또는 자동화재탐지설비
　　㉯ 가스누설경보기
　㉢ 피난설비(피난구조설비)
　　㉮ 피난기구(미끄럼대, 피난사다리, 구조대, 완강기, 다수인피난장비, 승강식피난기)
　　㉯ 피난유도선
　　㉰ 유도등, 유도표지 또는 비상조명등
　　㉱ 휴대용 비상조명등
② 비상구
③ 영업장 내부 피난통로
④ 그 밖의 안전시설
　㉠ 영상음향차단장치
　㉡ 누전차단기
　㉢ 창 문

06 다중이용업소의 안전관리에 관한 특별법 시행령에서 다중이용업소에 설치·유지해야 하는 안전시설 등의 기준을 쓰시오.

해답 다중이용업소에 설치·유지해야 하는 안전시설 등(영 별표 1의2)
① 소방시설
  ㉠ 소화설비
    ㉮ 소화기 또는 자동확산소화기
    ㉯ 간이스프링클러설비(캐비닛형 간이스프링클러설비를 포함)를 설치해야 하는 영업장
      • 지하층에 설치된 영업장
      • 숙박을 제공하는 형태의 다중이용업소의 영업장 중 다음에 해당하는 영업장. 다만, 지상 1층에 있거나 지상과 직접 맞닿아 있는 층(영업장의 주된 출입구가 건축물 외부의 지면과 직접 연결된 경우를 포함한다)에 설치된 영업장은 제외한다.
        - 산후조리업의 영업장
        - 고시원업의 영업장
      • 밀폐구조의 영업장
      • 권총사격장의 영업장
  ㉡ 경보설비
    ㉮ 비상벨설비 또는 자동화재탐지설비(다만, 노래반주기 등 영상음향차단장치를 사용하는 영업장에는 자동화재탐지설비를 설치해야 한다)
    ㉯ 가스누설경보기(다만, 가스시설을 사용하는 주방이나 난방시설이 있는 영업장에만 설치한다)
  ㉢ 피난설비
    ㉮ 피난기구(미끄럼대, 피난사다리, 구조대, 완강기, 다수인피난장비, 승강식피난기)
    ㉯ 피난유도선. 영업장 내부 피난통로 또는 복도가 있는 영업장에만 설치한다.
    ㉰ 유도등, 유도표지 또는 비상조명등
    ㉱ 휴대용 비상조명등
② 비상구

  [영업장에 비상구를 설치하지 않아도 되는 경우]
  • 주된 출입구 외에 해당 영업장 내부에서 피난층 또는 지상으로 통하는 직통 계단이 주된 출입구 중심선으로부터 수평거리로 영업장의 긴 변 길이의 1/2 이상 떨어진 위치에 별도로 설치된 경우
  • 피난층에 설치된 영업장(영업장으로 사용하는 바닥면적이 33[m^2] 이하인 경우로서 영업장 내부에 구획된 실이 없고 영업장 전체가 개방된 구조의 영업장을 말한다)으로서 그 영업장의 각 부분으로부터 출입구까지의 수평거리가 10[m] 이하인 경우

③ 영업장 내부 피난통로. 다만, 구획된 실이 있는 영업장에만 설치한다.
④ 그 밖의 안전시설
  ㉠ 영상음향차단장치(다만, 노래반주기 등 영상음향장치를 사용하는 영업장에만 설치한다)
  ㉡ 누전차단기
  ㉢ 창문(다만, 고시원업의 영업장에만 설치)

07 다중이용업소에 설치하는 피난유도선의 설치대상을 쓰시오.

해답 피난유도선의 설치대상(영 별표 1의2)
영업장 내부 피난통로 또는 복도가 있는 영업장에만 설치한다.

08 다중이용업소의 안전관리에 관한 특별법 시행령에서 간이스프링클러설비를 설치해야 하는 영업장을 쓰시오.

해답 간이스프링클러설비(캐비닛형 간이스프링클러설비를 포함한다)를 설치해야 하는 영업장(영 별표 1의2)
① 지하층에 설치된 영업장
② 숙박을 제공하는 형태의 다중이용업소의 영업장 중 다음에 해당하는 영업장. 다만, 지상 1층에 있거나 지상과 직접 맞닿아 있는 층(영업장의 주된 출입구가 건축물 외부의 지면과 직접 연결된 경우를 포함한다)에 설치된 영업장은 제외한다.
  ㉠ 산후조리업의 영업장
  ㉡ 고시원업의 영업장
③ 밀폐구조의 영업장
④ 권총사격장의 영업장

09 다중이용업소의 안전시설 등의 설치·유지기준을 쓰시오.

해답 안전시설 등의 설치·유지기준(규칙 별표 2)

안전시설 등의 종류	설치·유지 기준

소방시설	1. **소화설비**
	① 소화기 또는 자동확산소화기 : 영업장 안의 구획된 실마다 설치할 것
	② 간이스프링클러 설비 : 소방시설 설치 및 관리에 관한 법률 제2조 제6에 따른 화재안전기준에 따라 설치할 것. 다만, 영업장의 구획된 실마다 간이스프링클러헤드 또는 스프링클러헤드가 설치된 경우에는 그 설비의 유효범위 부분에는 간이스프링클러설비를 설치하지 않을 수 있다.
	2. **비상벨설비 또는 자동화재탐지설비**
	① 영업장의 구획된 실마다 비상벨설비 또는 자동화재탐지설비 중 하나 이상을 화재안전기준에 따라 설치할 것
	② 자동화재탐지설비를 설치하는 경우에는 감지기와 지구음향장치는 영업장의 구획된 실마다 설치할 것(다만, 영업장의 구획된 실에 비상방송설비의 음향장치가 설치된 경우 해당 실에는 지구음향장치를 설치하지 않을 수 있다)
	③ **영상음향차단장치가 설치된 영업장**에 **자동화재탐지설비의 수신기를 별도로 설치할 것**
	3. **피난설비**
	① 피난기구 : 2층 이상 4층 이하에 위치하는 영업장의 발코니 또는 부속실과 연결되는 비상구에는 피난기구를 화재안전기준에 따라 설치할 것
	② 피난유도선
	  ㉠ 영업장 내부 피난통로 또는 복도에 소방시설 설치 및 관리에 관한 법률 제12조 제1항에 따라 소방청장이 정하여 고시하는 유도등 및 유도표지의 화재안전기준에 따라 설치할 것
	  ㉡ 전류에 의하여 빛을 내는 방식으로 할 것
	③ 유도등, 유도표지 또는 비상조명등 : 영업장의 구획된 실마다 유도등, 유도표지 또는 비상조명등 중 하나 이상을 화재안전기준에 따라 설치할 것
	④ 휴대용 비상조명등 : 영업장 안의 구획된 실마다 휴대용 비상조명등을 화재안전기준에 따라 설치할 것

주된 출입구 및 비상구
(비상구 등)
	1. **공통 기준**
	① **설치 위치** : 비상구는 영업장(2개 이상의 층이 있는 경우에는 각각의 층별 영업장을 말한다) 주된 출입구의 반대방향에 설치하되, 주된 출입구 중심선으로부터 수평거리가 영업장의 가장 긴 대각선의 길이, 가로 또는 세로 길이 중 가장 긴 길이의 1/2 이상 떨어진 위치에 설치할 것. 다만, 건물구조로 인하여 주된 출입구의 반대방향에 설치할 수 없는 경우에는 주된 출입구 중심선으로부터의 수평거리가 영업장의 가장 긴 대각선의 길이, 가로 또는 세로 길이 중 가장 긴 길이의 1/2 이상 떨어진 위치에 설치할 수 있다.
	② **비상구 등 규격** : 가로 75[cm] 이상, 세로 150[cm] 이상(문틀을 제외한 가로길이 및 세로길이를 말한다)으로 할 것
	③ **구 조**
	  ㉠ 비상구 등은 구획된 실 또는 천장으로 통하는 구조가 아닌 것으로 할 것. 다만, 영업장 바닥에서 천장까지 불연재료 구획된 부속실(전실), 모자보건법 제2조 제10호에 따른 산후조리원에 설치하는 방풍실 또는 녹색건축물 조성 지원법에 따라 설계된 방풍구조는 그렇지 않다.
	  ㉡ 비상구 등은 다른 영업장 또는 다른 용도의 시설(주차장은 제외한다)을 경유하는 구조가 아닌 것이어야 할 것
	④ **문**
	  ㉠ 문이 열리는 방향 : 피난 방향으로 열리는 구조로 할 것
	  ㉡ 문의 재질 : 주요구조부(영업장의 벽, 천장 및 바닥을 말한다)가 내화구조(耐火構造)인 경우 비상구 등의 문은 방화문(防火門)으로 설치할 것. 다만, 다음의 어느 하나에 해당하는 경우에는 불연재료로 설치할 수 있다.
	    ㉮ 주요구조부가 내화구조가 아닌 경우
	    ㉯ 건물의 구조상 비상구 등의 문이 지표면과 접하는 경우로서 화재의 연소 확대 우려가 없는 경우
	    ㉰ 비상구 등의 문이 건축법 시행령 제35조에 따른 피난계단 또는 특별피난계단의 설치기준에 따라 설치해야 하는 문이 아니거나 같은 영 제46조에 따라 설치되는 방화구획이 아닌 곳에 위치한 경우
	  ㉢ 주된 출입구의 문이 ㉡ 및 ㉰에 해당하고, 다음의 기준을 모두 충족하는 경우에는 주된 출입구의 문을 자동문[미서기(슬라이딩)문을 말한다]으로 설치할 수 있다.

안전시설 등의 종류	설치·유지 기준

주된 출입구 및 비상구 (비상구 등)	㉮ 화재감지기와 연동하여 개방되는 구조
	㉯ 정전 시 자동으로 개방되는 구조
	㉰ 정전 시 수동으로 개방되는 구조
	2. **복층구조(複層構造) 영업장**(2개 이상의 층에 내부계단 또는 통로가 설치되어 하나의 층의 내부에서 다른 층의 내부로 출입할 수 있도록 되어 있는 구조의 영업장을 말한다)의 기준
	① 각 층마다 영업장 외부의 계단 등으로 피난할 수 있는 비상구를 설치할 것
	② 비상구 등의 문이 열리는 방향은 실내에서 외부로 열리는 구조로 할 것
	③ 비상구 등의 문의 재질은 1의 ④ ⓒ에 따른 재질로 설치할 것
	④ 영업장의 위치 및 구조가 다음의 어느 하나에 해당하는 경우에는 ①에도 불구하고 그 영업장으로 사용하는 어느 하나의 층에 비상구를 설치할 것
	  ㉠ 건축물 주요구조부를 훼손하는 경우
	  ㉡ 옹벽 또는 외벽이 유리로 설치된 경우 등
	3. 2층 이상 4층 이하에 위치하는 영업장의 발코니 또는 부속실과 연결되는 비상구를 설치하는 경우의 기준
	① 피난 시에 유효한 발코니(활하중 5[kN/m²] 이상, 가로 75[cm] 이상, 세로 150[cm] 이상, 면적 1.12[m²] 이상, 난간의 높이 100[cm] 이상인 것을 말한다) 또는 부속실(불연재료로 바닥에서 천장까지 구획된 실로서 가로 75[cm] 이상, 세로 150[cm], 면적 1.12[m²] 이상인 것을 말한다)을 설치하고, 그 장소에 적합한 피난기구를 설치할 것
	② 부속실을 설치하는 경우 부속실 입구의 문과 건물 외부로 나가는 문의 규격은 1의 ②에 따른 비상구 등의 규격으로 할 것. 다만, 120[cm] 이상의 난간이 있는 경우에는 발판 등을 설치하고 건축물 외부로 나가는 문의 규격과 재질을 가로 75[cm] 이상, 세로 100[cm] 이상의 창호로 설치할 수 있다.
	③ 추락 등의 방지를 위하여 다음 사항을 갖추도록 할 것
	  ㉠ 발코니 및 부속실 입구의 문을 개방하면 경보음이 울리도록 경보음 발생 장치를 설치하고, 추락위험을 알리는 표지를 문(부속실의 경우 외부로 나가는 문도 포함한다)에 부착할 것
	  ㉡ 부속실에서 건물 외부로 나가는 문 안쪽에는 기둥·바닥·벽 등의 견고한 부분에 탈착이 가능한 쇠사슬 또는 안전로프 등을 바닥에서부터 120[cm] 이상의 높이에 가로로 설치할 것. 다만, 120[cm] 이상의 난간이 설치된 경우에는 쇠사슬 또는 안전로프를 설치하지 않을 수 있다.

영업장 구획 등	층별 영업장은 다른 영업장 또는 다른 용도의 시설과 불연재료·준불연재료로 된 차단벽이나 칸막이로 분리되도록 할 것. 다만, 1.부터 3.까지의 경우에는 분리 또는 구획하는 별도의 차단벽이나 칸막이 등을 설치하지 않을 수 있다. 1. 둘 이상의 영업소가 주방 외에 객실 부분을 공동으로 사용하는 등의 구조인 경우 2. 식품위생법 시행규칙 별표 14 제8호 가목 5) 다)에 해당되는 경우 3. 영 제9조에 따른 안전시설 등을 갖춘 경우로서 실내에 설치한 유원시설업(테마파크업)의 허가 면적 내에 관광진흥법 시행규칙 별표 1의2 제1호 가목에 따라 청소년게임제공업 또는 인터넷컴퓨터게임시설제공업이 설치된 경우
영업장 내부 피난통로	1. 내부 피난통로의 폭은 120[cm] 이상으로 할 것. 다만, 양 옆에 구획된 실이 있는 영업장으로서 구획된 실의 출입문 열리는 방향이 피난통로 방향인 경우에는 150[cm] 이상으로 설치해야 한다. 2. 구획된 실부터 주된 출입구 또는 비상구까지의 내부 피난통로의 구조는 세 번 이상 구부러지는 형태로 설치하지 말 것
창 문	1. 영업장 층별로 가로 50[cm] 이상, 세로 50[cm] 이상 열리는 창문을 1개 이상 설치할 것 2. 영업장 내부 피난통로 또는 복도에 바깥 공기와 접하는 부분에 설치할 것(구획된 실에 설치하는 것을 제외한다)
영상음향차단장치	1. 화재 시 자동화재탐지설비의 감지기에 의하여 자동으로 음향 및 영상이 정지될 수 있는 구조로 설치하되, 수동(하나의 스위치로 전체의 음향 및 영상장치를 제어할 수 있는 구조를 말한다)으로도 조작할 수 있도록 설치할 것 2. 영상음향차단장치의 수동차단스위치를 설치하는 경우에는 관계인이 일정하게 거주하거나 일정하게 근무하는 장소에 설치할 것. 이 경우 수동차단스위치와 가장 가까운 곳에 "영상음향차단 스위치"라는 표지를 부착해야 한다. 3. 전기로 인한 화재발생 위험을 예방하기 위하여 부하용량에 알맞은 누전차단기(과전류차단기를 포함한다)를 설치할 것 4. 영상음향차단장치의 작동으로 실내 등의 전원이 차단되지 않는 구조로 설치할 것
보일러실과 영업장 사이의 방화구획	보일러실과 영업장 사이의 출입문은 방화문으로 설치하고, 개구부(開口部)에는 방화댐퍼(화재 시 연기 등을 차단하는 장치)를 설치할 것

10 다중이용업소의 주된 출입구 및 비상구(비상구 등)의 기준에 대하여 다음 물음에 답하시오.

(1) 설치위치
(2) 비상구 등 규격
(3) 구 조
(4) 문의 열림방향
(5) 문의 재질

해답 비상구 등의 설치기준(규칙 별표 2)

(1) **설치위치** : 비상구는 영업장(2개 이상의 층이 있는 경우에는 각각의 층별 영업장을 말한다) 주된 출입구의 반대방향에 설치하되, 주된 출입구 중심선으로부터 수평거리가 영업장의 가장 긴 대각선 길이, 가로 또는 세로 길이 중 가장 긴 길이의 1/2 이상 떨어진 위치에 설치할 것. 다만, 건물구조로 인하여 주된 출입구의 반대방향에 설치할 수 없는 경우에는 주된 출입구 중심선으로부터의 수평거리가 영업장의 가장 긴 대각선 길이, 가로 또는 세로 길이 중 가장 긴 길이의 1/2 이상 떨어진 위치에 설치할 수 있다.

(2) **비상구 등 규격** : 가로 75[cm] 이상, 세로 150[cm] 이상(비상구 문틀을 제외한 비상구의 가로길이 및 세로길이를 말한다)으로 할 것

(3) **구 조**
① 비상구 등은 구획된 실 또는 천장으로 통하는 구조가 아닌 것으로 할 것[다만, 영업장 바닥에서 천장까지 불연재료로 구획된 부속실(전실), 모자보건법에 따른 산후조리원에 설치하는 방풍실, 녹색건축물조성지원법에 따라 설계된 방풍구조는 그렇지 않다]
② 비상구 등은 다른 영업장 또는 다른 용도의 시설(주차장은 제외)을 경유하는 구조가 아닌 것이어야 할 것

(4) **문이 열리는 방향** : 피난방향으로 열리는 구조로 할 것

(5) **문의 재질** : 주요구조부(영업장의 벽, 천장 및 바닥을 말한다)가 내화구조(耐火構造)인 경우 비상구 등의 문은 방화문(防火門)으로 설치할 것(다만, 다음의 어느 하나에 해당하는 경우에는 불연재료로 설치할 수 있다)
① 주요구조부가 내화구조가 아닌 경우
② 건물의 구조상 비상구 또는 주된 출입구의 문이 지표면과 접하는 경우로서 화재의 연소 확대 우려가 없는 경우
③ 비상구 등의 문이 건축법 시행령 제35조에 따른 피난계단 또는 특별피난계단의 설치기준에 따라 설치해야 하는 문이 아니거나 같은 영 제46조에 따라 설치되는 방화구획이 아닌 곳에 위치한 경우

11 다중이용업소의 안전시설 중 다음 항목의 설치기준을 답하시오.

(1) 영업장 내부 피난통로
(2) 창 문
(3) 영상음향차단장치

해답 안전시설 등의 설치기준(규칙 별표 2)
(1) 영업장 내부 피난통로
① 내부 피난통로의 폭은 120[cm] 이상으로 할 것. 다만, 양 옆에 구획된 실이 있는 영업장으로서 구획된 실의 출입문 열리는 방향이 피난통로 방향인 경우에는 150[cm] 이상으로 설치해야 한다.
② 구획된 실부터 주된 출입구 또는 비상구까지의 내부 피난통로의 구조는 세 번 이상 구부러지는 형태로 설치하지 말 것
(2) 창 문
① 영업장 층별로 가로 50[cm] 이상, 세로 50[cm] 이상 열리는 창문을 1개 이상 설치할 것
② 영업장 내부 피난통로 또는 복도에 바깥 공기와 접하는 부분에 설치할 것(구획된 실에 설치하는 것을 제외)
(3) 영상음향차단장치
① 화재 시 자동화재탐지설비의 감지기에 의하여 자동으로 음향 및 영상이 정지될 수 있는 구조로 설치하되, 수동(하나의 스위치로 전체의 음향 및 영상장치를 제어할 수 있는 구조를 말한다)으로도 조작할 수 있도록 설치할 것
② 영상음향차단장치의 수동차단스위치를 설치하는 경우에는 관계인이 일정하게 거주하거나 일정하게 근무하는 장소에 설치할 것. 이 경우 수동차단스위치와 가장 가까운 곳에 "영상음향차단스위치"라는 표지를 부착해야 한다.
③ 전기로 인한 화재발생 위험을 예방하기 위하여 부하용량에 알맞은 누전차단기(과전류차단기를 포함한다)를 설치할 것
④ 영상음향차단장치의 작동으로 실내 등의 전원이 차단되지 않는 구조로 설치할 것

12 다중이용업소의 피난안내도 비치 등에 대한 설명이다. 다음 물음에 답하시오.

(1) 피난안내도 비치대상
(2) 피난안내도 비치 제외대상
(3) 피난안내영상물 상영대상
(4) 피난안내도 비치위치
(5) 피난안내영상물 상영시간
(6) 피난안내도 및 피난안내영상물에 포함되어야 하는 내용
(7) 피난안내도의 크기 및 재질

해답 다중이용업소의 피난안내도 비치 등(규칙 별표 2의2)

(1) **피난안내도 비치대상** : 다중이용업의 영업장
(2) **피난안내도 비치 제외대상**
   ① 영업장으로 사용하는 바닥면적의 합계가 33$[m^2]$ 이하인 경우
   ② 영업장 내 구획된 실이 없고, 영업장 어느 부분에서도 출입구 및 비상구 확인이 가능한 경우
(3) **피난안내영상물 상영대상**
   ① 영화상영관 및 비디오물소극장업의 영업장
   ② 노래연습장업의 영업장
   ③ 단란주점영업 및 유흥주점영업의 영업장(다만, 피난안내영상물을 상영할 수 있는 시설이 설치된 경우만 해당한다)
   ④ 전화방업·화상대화방업, 수면방업, 콜라텍업, 방탈출카페업, 키즈카페업, 만화카페업으로서 피난안내영상물을 상영할 수 있는 시설을 갖춘 영업장
(4) **피난안내도 비치위치**
   다음의 어느 하나에 해당하는 위치에 모두 설치할 것
   ① 영업장 주 출입구 부분의 손님이 쉽게 볼 수 있는 위치
   ② 구획된 실의 벽, 탁자 등 손님이 쉽게 볼 수 있는 위치
   ③ 인터넷컴퓨터게임시설제공업 영업장의 인터넷컴퓨터게임시설이 설치된 책상(다만, 책상 위에 비치된 컴퓨터에 피난안내도를 내장하여 새로운 이용객이 컴퓨터를 작동할 때마다 피난안내도가 모니터에 나오는 경우에는 책상에 피난안내도가 비치된 것으로 본다)
(5) **피난안내영상물 상영시간**
   ① 영화상영관 및 비디오물소극장업 : 매회 영화상영 또는 비디오물 상영 시작 전
   ② 노래연습장업 등 그 밖의 영업 : 매회 새로운 이용객이 입장하여 노래방 기기 등을 작동할 때
(6) **피난안내도 및 피난안내영상물에 포함되어야 하는 내용**
   ① 화재 시 대피할 수 있는 비상구 위치
   ② 구획된 실 등에서 비상구 및 출입구까지의 피난동선
   ③ 소화기, 옥내소화전 등 소방시설의 위치 및 사용방법
   ④ 피난 및 대처방법
(7) **피난안내도의 크기 및 재질**
   ① 크기 : B4(257[mm] × 364[mm]) 이상의 크기로 할 것. 다만, 각 층별 영업장의 면적 또는 영업장이 위치한 층의 바닥면적이 각각 400$[m^2]$ 이상인 경우에는 A3(297[mm] × 420[mm]) 이상의 크기로 해야 한다.
   ② 재질 : 종이(코팅처리한 것을 말한다), 아크릴, 강판 등 쉽게 훼손 또는 변형되지 않는 것으로 할 것

13 다중이용업소의 실내장식물의 종류를 쓰시오.

해답 실내장식물의 종류(영 제3조)
① 종이류(두께 2[mm] 이상인 것을 말한다)·합성수지류 또는 섬유류를 주원료로 한 물품
② 합판이나 목재
③ 공간을 구획하기 위하여 설치하는 간이칸막이(접이식 등 이동 가능한 벽체나 천장 또는 반자가 실내에 접하는 부분까지의 구획하지 않는 벽체를 말한다)
④ 흡음(吸音)이나 방음(防音)을 위하여 설치하는 흡음재(흡음용 커튼을 포함한다) 또는 방음재(방음용 커튼을 포함한다)

14 다중이용업소 대상으로 화재위험평가를 실시해야 한다. 다음 물음에 답하시오.

(1) 실시 시기
(2) 실시권자
(3) 실시대상

해답 다중이용업소에 대한 화재위험평가 등(법 제15조)
(1) 실시 시기
  해당하는 지역 또는 건축물에 대하여 화재를 예방하고 화재로 인한 생명·신체·재산상의 피해를 방지하기 위하여 필요하다고 인정되는 경우
(2) 실시권자
  소방청장·소방본부장 또는 소방서장
(3) 실시대상지역
  ① 2,000[m²] 지역 안에 다중이용업소가 50개 이상 밀집하여 있는 경우
  ② 5층 이상인 건축물로서 다중이용업소가 10개 이상 있는 경우
  ③ 하나의 건축물에 다중이용업소로 사용하는 영업장 바닥면적의 합계가 1,000[m²] 이상인 경우

15 다중이용업소의 안전관리에 관한 특별법 시행령에 의거 안전관리우수업소의 요건을 쓰시오.

해답 안전관리우수업소(영 제19조)
① 공표일 기준으로 최근 3년 동안 소방시설 설치 및 관리에 관한 법률 **제16조 제1항** 각 호의 위반행위가 없을 것

> [소방시설법 제16조 제1항(피난시설, 방화구획 및 방화시설의 유지·관리)]
> 특정소방대상물의 **관계인**은 건축법 제49조에 따른 피난시설, 방화구획 및 방화시설에 대하여 정당한 사유가 없는 한 다음 각 호의 행위를 해서는 안 된다.
> 1. 피난시설, 방화구획 및 방화시설을 폐쇄하거나 **훼손**하는 등의 행위
> 2. 피난시설, 방화구획 및 방화시설의 주위에 **물건을 쌓아두거나 장애물을 설치**하는 행위
> 3. 피난시설, 방화구획 및 방화시설의 용도에 장애를 주거나 소방기본법 제16조에 따른 **소방활동에 지장**을 주는 행위
> 4. 그 밖에 피난시설, 방화구획 및 방화시설을 **변경하는 행위**

② 공표일 기준으로 최근 3년 동안 소방·건축·전기 및 가스 관련 법령 위반 사실이 없을 것
③ 공표일 기준으로 최근 3년 동안 화재 발생 사실이 없을 것
④ 자체계획을 수립하여 종업원의 소방교육 또는 소방훈련을 정기적으로 실시하고 공표일 기준으로 최근 3년 동안 그 기록을 보관하고 있을 것

16 기존다중이용업소(옥내권총사격장·가상체험체육시설업·안마시술소) 건축물의 구조상 비상구를 설치할 수 없는 경우에 관한 고시에서 비상구를 설치할 수 없는 경우를 쓰시오.

해답 비상구를 설치할 수 없는 경우(기존다중이용업소 건축물의 구조상 비상구를 설치할 수 없는 경우에 관한 기준 제2조)
① 비상구 설치를 위하여 건축법 제2조 제1항 제7호 규정의 주요구조부를 관통해야 하는 경우
② 비상구를 설치해야 하는 영업장이 인접 건축물과의 이격거리(건축물 외벽과 외벽 사이의 거리를 말한다)가 100[cm] 이하인 경우
③ 다음의 어느 하나에 해당하는 경우
　㉠ 비상구 설치를 위하여 해당 영업장 또는 다른 영업장의 공조설비, 냉난방설비, 수도설비 등 고정설비를 철거 또는 이전해야 하는 등 그 설비의 기능과 성능에 지장을 초래하는 경우
　㉡ 비상구 설치를 위하여 인접건물 또는 다른 사람 소유의 대지경계선을 침범하는 등 재산권 분쟁의 우려가 있는 경우
　㉢ 영업장이 도시미관지구에 위치하여 비상구를 설치하는 경우 건축물 미관을 훼손한다고 인정되는 경우
　㉣ 해당 영업장으로 사용되는 부분의 바닥면적 합계가 33[m^2] 이하인 경우
④ 그 밖에 관할 소방서장이 현장여건 등을 고려하여 비상구를 설치할 수 없다고 인정하는 경우

17 과태료 금액의 1/2의 범위에서 그 금액을 감경받을 수 있는 경우를 쓰시오.

해답 과태료 금액의 1/2의 범위에서 그 금액을 감경받을 수 있는 경우(영 별표 6)
① 위반행위가 질서위반행위규제법 시행령 제2조의2 제1항 각 호의 어느 하나에 해당하는 경우
② 위반행위자가 처음 위반행위를 하는 경우로서 3년 이상 해당 업종을 모범적으로 영위한 사실이 인정되는 경우
③ 위반행위자가 화재 등 재난으로 재산에 현저한 손실이 발생하거나 사업여건의 악화로 사업이 중대한 위기에 처하는 등의 사정이 있는 경우
④ 위반행위가 고의나 중대한 과실이 아닌 사소한 부주의나 오류 등 과실로 인한 것으로 인정되는 경우
⑤ 위반행위자가 같은 위반행위로 다른 법률에 따라 과태료·벌금·영업정지 등의 제재를 받은 경우
⑥ 위반행위자 위법행위로 인한 결과를 시정하거나 해소한 경우
⑦ 그 밖의 위반행위의 정도, 위반행위의 동기와 그 결과 등을 고려하여 감경할 필요가 있다고 인정되는 경우

18 다중이용업소의 소방안전관리자가 소방안전관리업무를 하지 않는 경우의 1회, 2회, 3회 위반 시 과태료 금액을 쓰시오.

해답 소방안전관리자가 소방안전관리업무를 하지 않는 경우(영 별표 6)
① 1회 위반 : 100만 원
② 2회 위반 : 200만 원
③ 3회 이상 위반 : 300만 원

19 다중이용업소의 안전관리에 관한 특별법 시행령에서 과태료 부과기준에서 횟수에 관계없이 200만 원에 해당하는 위반행위를 쓰시오.

해답 안전시설 등을 다음에 해당하는 고장상태 등으로 방치한 경우(영 별표 6)
① 소화펌프를 고장상태로 방치한 경우
② 수신반의 전원을 차단한 상태로 방치한 경우
③ 동력(감시)제어반을 고장상태로 방치하거나 전원을 차단한 경우
④ 소방시설용 비상전원을 차단한 경우
⑤ 소화배관의 밸브를 잠금상태로 두어 소방시설이 작동할 때 소화수가 나오지 않거나 소화약제가 방출되지 않은 상태로 방치한 경우

20 다중이용업소의 점검표에서 소화기구의 작동점검항목을 쓰시오.

해답 소화기구(소화기, 자동확산소화기) 작동점검항목(소방시설 자체점검사항 등에 관한 고시 별지 4)
① 설치수량(구획된 실 등) 및 설치거리(보행거리) 적정 여부
② 설치장소(손쉬운 사용) 및 설치 높이 적정 여부
③ 소화기 표지 설치상태 적정 여부
④ 외형의 이상 또는 사용상 장애 여부
⑤ 수동식 분말소화기 내용연수 적정 여부

> 작동점검과 종합점검항목이 같다.

21 다중이용업소의 점검표에서 간이스프링클러설비의 종합점검항목을 쓰시오.

해답 간이스프링클러설비의 종합점검항목(소방시설 자체점검사항 등에 관한 고시 별지 4)
① 수원의 양 적정 여부
② 가압송수장치의 정상 작동 여부
③ 배관 및 밸브의 파손, 변형 및 잠김 여부
④ 상용전원 및 비상전원의 이상 여부
⑤ 유수검지장치의 정상 작동 여부
⑥ 헤드의 적정 설치 여부(미설치, 살수장애, 도색 등)
⑦ 송수구 결합부의 이상 여부
⑧ 시험밸브 개방 시 펌프기동 및 음향 경보 여부

22 다중이용업소의 점검표에서 간이스프링클러설비의 작동점검항목을 쓰시오.

해답 간이스프링클러설비의 작동점검항목(소방시설 자체점검사항 등에 관한 고시 별지 4)
① 수원의 양 적정 여부
② 가압송수장치의 정상 작동 여부
③ 배관 및 밸브의 파손, 변형 및 잠김 여부
④ 상용전원 및 비상전원의 이상 여부

23 다중이용업소의 점검표에서 비상벨·자동화재탐지설비의 종합점검항목을 쓰시오.

해답 비상벨·자동화재탐지설비의 종합점검항목(소방시설 자체점검사항 등에 관한 고시 별지 4)
① 구획된 실마다 감지기(발신기), 음향장치 설치 및 정상 작동 여부
② 전용 수신기가 설치된 경우 주수신기와 상호 연동되는지 여부
③ 수신기 예비전원(축전지) 상태 적정 여부(상시 충전, 상용전원 차단 시 자동절환)

> 작동점검항목과 종합점검항목이 같다.

24 다중이용업소의 점검표에서 피난기구의 종합점검항목을 쓰시오.

해답 피난기구의 종합점검항목(소방시설 자체점검사항 등에 관한 고시 별지 4)
① 피난기구 종류 및 설치개수 적정 여부
② 피난기구의 부착 위치 및 부착 방법 적정 여부
③ 피난기구(지지대 포함)의 변형·손상 또는 부식이 있는지 여부
④ 피난기구의 위치표시 표지 및 사용방법 표지 부착 적정 여부
⑤ 피난에 유효한 개구부 확보(크기, 높이에 따른 발판, 창문 파괴장치) 및 관리 상태

> 작동점검항목은 ②, ③, ④만 해당된다.

25 다중이용업소의 점검표에서 피난유도선의 종합점검항목을 쓰시오.

해답 피난유도선의 종합점검항목(소방시설 자체점검사항 등에 관한 고시 별지 4)
① 피난유도선의 변형 및 손상 여부
② 정상 점등(화재 신호와 연동 포함) 여부

26 다중이용업소의 점검표에서 유도등과 유도표지의 종합점검항목을 쓰시오.

해답 유도등과 유도표지의 종합점검항목(소방시설 자체점검사항 등에 관한 고시 별지 4)
(1) 유도등
① 상시(3선식의 경우 점검스위치 작동 시) 점등 여부
② 시각장애(규정된 높이, 적정위치, 장애물 등으로 인한 시각장애 유무) 여부
③ 비상전원 성능 적정 및 상용전원 차단 시 예비전원 자동전환 여부
(2) 유도표지
① 설치 상태(유사 등화광고물·게시물 존재, 쉽게 떨어지지 않는 방식) 적정 여부
② 외광·조명장치로 상시 조명 제공 또는 비상조명등 설치 여부

> 작동점검항목과 종합점검항목이 같다.

27 다중이용업소의 점검표에서 휴대용 비상조명등의 종합점검항목을 쓰시오.

해답 휴대용 비상조명등의 종합점검항목(소방시설 자체점검사항 등에 관한 고시 별지 4)
① 영업장 안의 구획된 실마다 잘 보이는 곳에 1개 이상 설치 여부
② 설치높이 및 표지의 적합 여부
③ 사용 시 자동으로 점등되는지 여부

> 작동점검항목은 ①번만 해당된다.

28 다중이용업소의 점검표에서 비상구의 종합점검항목을 쓰시오.

해답 비상구의 종합점검항목(소방시설 자체점검사항 등에 관한 고시 별지 4)
① 피난동선에 물건을 쌓아두거나 장애물 설치 여부
② 피난구, 발코니 또는 부속실의 훼손 여부
③ 방화문·방화셔터의 관리 및 작동상태

> 작동점검항목과 종합점검항목이 같다.

29 다중이용업소의 점검표에서 영업장 내부 피난통로·영상음향차단장치·누전차단기·창문의 종합점검항목을 쓰시오.

해답 영업장 내부 피난통로·영상음향차단장치·누전차단기·창문의 종합점검항목(소방시설 자체점검사항 등에 관한 고시 별지 4)
① 영업장 내부 피난통로 관리상태 적합 여부
② 영상음향차단장치 설치 및 정상작동 여부
③ 누전차단기 설치 및 정상작동 여부
④ 영업장 창문 관리상태 적합 여부

30 다중이용업소의 점검표에서 영업장 내부 피난통로 · 영상음향차단장치 · 누전차단기 · 창문의 작동점검항목을 쓰시오.

해답 영업장 내부 피난통로 · 영상음향차단장치 · 누전차단기 · 창문의 작동점검항목(소방시설 자체점검사항 등에 관한 고시 별지 4)
① 영업장 내부 피난통로 관리상태 적합 여부
② 영업장 창문 관리상태 적합 여부

31 다중이용업소의 "안전시설 등 세부점검표"의 점검사항을 쓰시오.

해답 안전시설 등 세부점검표의 점검사항(규칙 별지 제10호 서식)
① 소화기 또는 자동확산소화기의 외관점검
  ㉠ 구획된 실마다 설치되어 있는지 확인
  ㉡ 약제 응고상태 및 압력게이지 지시침 확인
② 간이스프링클러설비 작동점검
  ㉠ 시험밸브 개방 시 펌프기동, 음향경보 확인
  ㉡ 헤드의 누수 · 변형 · 손상 · 장애 등 확인
③ 경보설비 작동점검
  ㉠ 비상벨설비의 누름스위치, 표시등, 수신기 확인
  ㉡ 자동화재탐지설비의 감지기, 발신기, 수신기 확인
  ㉢ 가스누설경보기의 정상작동여부 확인
④ 피난설비 작동점검 및 외관점검
  ㉠ 유도등 · 유도표지 등 부착상태 및 점등상태 확인
  ㉡ 구획된 실마다 휴대용 비상조명등 비치 여부
  ㉢ 화재신호 시 피난유도선 점등상태 확인
  ㉣ 피난기구(완강기, 피난사다리 등) 설치상태 확인
⑤ 비상구 관리상태 확인
  ㉠ 비상구 폐쇄 · 훼손, 주변 물건 적치 등 관리상태
  ㉡ 구조변형, 금속표면부식 · 균열, 용접부 · 접합부 손상 등 확인(건축물 외벽에 발코니 형태의 비상구를 설치한 경우에만 해당)
⑥ 영업장 내부 피난통로 관리상태 확인 : 영업장 내부 피난통로상 물건 적치 등 관리상태
⑦ 창문(고시원) 관리상태 확인
⑧ 영상음향차단장치 작동점검 : 경보설비와 연동 및 수동작동 여부 점검(화재신호 시 영상음향차단되는지 확인)
⑨ 누전차단기 작동 여부 확인
⑩ 피난안내도 설치위치 확인
⑪ 피난안내영상물 상영여부 확인
⑫ 실내장식물 · 내부구획 재료 교체 여부 확인
  ㉠ 커튼, 카펫 등 방염선처리제품 사용 여부
  ㉡ 합판 · 목재 방염성능확보 여부
  ㉢ 내부구획재료 불연재료 사용여부
⑬ 방염소파 · 의자 사용여부 확인
⑭ 안전시설 등 세부점검표 분기별 작성 및 1년간 보관 여부
⑮ 화재배상책임보험 가입여부 및 계약기간 확인

CHAPTER 04 건축관련법령

PART 01 소방관계법령

※ 건축물의 피난·방화구조 등의 기준에 관한 규칙(약칭 : 건피방)

1 내화구조(건축법 영 제2조, 건피방 제3조)

화재에 견딜 수 있는 성능을 가진 구조로서 국토교통부령으로 정하는 기준에 적합한 구조를 말한다.

(1) 벽의 경우

① 철근콘크리트조 또는 철골철근콘크리트조로서 두께가 10[cm] 이상인 것
② 골구를 철골조로 하고 그 양면을 두께 4[cm] 이상의 철망모르타르(그 바름바탕을 불연재료로 한 것으로 한정) 또는 두께 5[cm] 이상의 콘크리트블록·벽돌 또는 석재로 덮은 것
③ 철재로 보강된 콘크리트블록조·벽돌조 또는 석조로서 철재에 덮은 콘크리트블록 등의 두께가 5[cm] 이상인 것
④ 벽돌조로서 두께가 19[cm] 이상인 것
⑤ 고온·고압의 증기로 양생된 경량기포 콘크리트패널 또는 경량기포 콘크리트블록조로서 두께가 10[cm] 이상인 것

(2) 외벽 중 비내력벽의 경우

① 철근콘크리트조 또는 철골철근콘크리트조로서 두께가 7[cm] 이상인 것
② 골구를 철골조로 하고 그 양면을 두께 3[cm] 이상의 철망모르타르 또는 두께 4[cm] 이상의 콘크리트블록·벽돌 또는 석재로 덮은 것
③ 철재로 보강된 콘크리트블록조·벽돌조 또는 석조로서 철재에 덮은 콘크리트블록 등의 두께가 4[cm] 이상인 것
④ 무근콘크리트조·콘크리트블록조·벽돌조 또는 석조로서 그 두께가 7[cm] 이상인 것

(3) 기둥의 경우 그 작은 지름이 25[cm] 이상인 것으로 다음에 해당하는 것

① 철근콘크리트조 또는 철골철근콘크리트조
② 철골을 두께 6[cm](경량골재를 사용하는 경우에는 5[cm]) 이상의 철망모르타르 또는 두께 7[cm] 이상의 콘크리트블록·벽돌 또는 석재로 덮은 것
③ 철골을 두께 5[cm] 이상의 콘크리트로 덮은 것

(4) 바닥의 경우
① 철근콘크리트조 또는 철골철근콘크리트조로서 두께가 10[cm] 이상인 것
② 철재로 보강된 콘크리트블록조·벽돌조 또는 석조로서 철재에 덮은 콘크리트블록 등의 두께가 5[cm] 이상인 것
③ 철재의 양면을 두께 5[cm] 이상의 철망모르타르 또는 콘크리트로 덮은 것

(5) 보(지붕틀을 포함)의 경우
① 철근콘크리트조 또는 철골철근콘크리트조
② 철골을 두께 6[cm](경량골재를 사용하는 경우에는 5[cm]) 이상의 철망모르타르 또는 두께 5[cm] 이상의 콘크리트로 덮은 것
③ 철골조의 지붕틀(바닥으로부터 그 아랫부분까지의 높이가 4[m] 이상인 것에 한한다)로서 바로 아래에 반자가 없거나 불연재료로 된 반자가 있는 것

(6) 지붕의 경우
① 철근콘크리트조 또는 철골철근콘크리트조
② 철재로 보강된 콘크리트블록조·벽돌조 또는 석조
③ 철재로 보강된 유리블록 또는 망입유리(두꺼운 판유리에 철망을 넣은 것)로 된 것

(7) 계단의 경우
① 철근콘크리트조 또는 철골철근콘크리트조
② 무근콘크리트조·콘크리트블록조·벽돌조 또는 석조
③ 철재로 보강된 콘크리트블록조·벽돌조 또는 석조
④ 철골조

2 방화벽, 방화문

(1) 방화벽(건피방 제21조)
① 정의 : 화재 시 연소의 확산을 막고 피해를 줄이기 위해 주로 목조건축물에 설치하는 벽
② 구 조
  ㉠ 내화구조로서 홀로 설 수 있는 구조로 할 것
  ㉡ 방화벽의 양쪽 끝과 위쪽 끝을 건축물의 외벽면 및 지붕면으로부터 0.5[m] 이상 튀어나오게 할 것
  ㉢ 방화벽에 설치하는 출입문의 너비 및 높이는 각각 2.5[m] 이하로 하고 해당 출입문에는 60분+ 방화문 또는 60분 방화문을 설치할 것

(2) 방화문(건축법 시행령 제64조)

① 60분+ 방화문 : 연기 및 불꽃을 차단할 수 있는 시간이 60분 이상이고, 열을 차단할 수 있는 시간이 30분 이상인 방화문
② 60분 방화문 : 연기 및 불꽃을 차단할 수 있는 시간이 60분 이상인 방화문
③ 30분 방화문 : 연기 및 불꽃을 차단할 수 있는 시간이 30분 이상 60분 미만인 방화문

3 방화구조(건피방 제4조)

화염의 확산을 막을 수 있는 성능을 가진 구조로서 국토교통부령으로 정하는 기준에 적합한 구조를 말한다(건축법 영 제2조).
① 철망모르타르로서 그 바름두께가 2[cm] 이상인 것
② 석고판 위에 시멘트모르타르 또는 회반죽을 바른 것으로서 그 두께의 합계가 2.5[cm] 이상인 것
③ 시멘트모르타르 위에 타일을 붙인 것으로서 그 두께의 합계가 2.5[cm] 이상인 것
④ 심벽에 흙으로 맞벽치기한 것
⑤ 산업표준화법에 따른 한국산업표준에 따라 시험한 결과 방화 2급 이상에 해당하는 것

4 방화구획

구조물의 한 부분에서 화재가 발생 시 건물 전체로의 확대를 방지하려는 목적으로 하는 것으로 바닥, 천장, 벽, 문 등이 연소방지를 위한 내화도가 요구되며 건축물의 용도, 규모 및 내장재료의 종류 등에 의해 구획의 면적이 규제되어 있다.

(1) 방화구획의 기준(건피방 제14조) 08 회 출제

구획 종류		구획 기준	구획부분의 구조
면적별 구획	10층 이하의 층	• 바닥면적 1,000[m²] 이내 • 스프링클러 기타 이와 유사한 자동식 소화설비 설치 시 바닥면적 3,000[m²] 이내	내화구조의 바닥 및 벽, 방화문 또는 자동방화 셔터로 구획
	11층 이상의 층	• 바닥면적 200[m²] 이내 • 스프링클러 기타 이와 유사한 자동식 소화설비 설치 시 바닥면적 600[m²] 이내 • 벽 및 반자의 실내에 접하는 부분의 마감을 불연재료의 경우 바닥면적 500[m²] 이내 • 벽 및 반자의 실내에 접하는 부분의 마감을 불연재료이면서 자동식 소화설비 설치 시 바닥면적 1,500[m²] 이내	
층별 구획		매 층마다 구획할 것(지하 1층에서 지상으로 직접 연결하는 경사로 부위는 제외한다)	

※ 필로티나 그 밖에 이와 비슷한 구조(벽면적 1/2 이상이 그 층의 바닥면적에서 위층 바닥 아래면까지 공간으로 된 것만 해당한다)의 부분을 주차장으로 사용하는 경우 그 부분은 건축물의 다른 부분과 구획할 것

(2) 방화구획의 미적용 또는 완화조건(건축법 영 제46조) 17 회 출제

① 문화 및 집회시설(동·식물원은 제외한다), 종교시설, 운동시설 또는 장례시설의 용도에 쓰이는 거실로서 시선 및 활동공간의 확보를 위하여 불가피한 부분
② 물품의 제조·가공 및 운반 등(보관은 제외)에 필요한 고정식 대형기기 또는 설비의 설치를 위하여 불가피한 부분. 다만, 지하층인 경우에는 지하층의 외벽 한쪽 면(지하층의 바닥면에서 지상층 바닥 아래면까지의 외벽 면적 중 1/4 이상이 되는 면을 말한다) 전체가 건물 밖으로 개방되어 보행과 자동차의 진입·출입이 가능한 경우로 한정한다.
③ 계단실·복도 또는 승강기의 승강장 및 승강로로서 그 건축물의 다른 부분과 방화구획으로 구획된 부분. 다만, 해당 부분에 위치하는 설비배관 등이 바닥을 관통하는 부분은 제외한다.
④ 건축물의 최상층 또는 피난층으로서 대규모 회의장·강당·스카이라운지·로비 또는 피난안전구역 등의 용도로 쓰는 부분으로서 그 용도로 사용하기 위하여 불가피한 부분
⑤ 복층형 공동주택의 세대별 층간 바닥부분
⑥ 주요구조부가 내화구조 또는 불연재료로 된 주차장
⑦ 단독주택, 동물 및 식물 관련 시설 또는 국방·군사시설(집회, 체육, 창고 등의 용도로 사용되는 시설만 해당한다)로 쓰는 건축물
⑧ 건축물의 1층과 2층의 일부를 동일한 용도로 사용하며 그 건축물의 다른 부분과 방화구획으로 구획된 부분(바닥면적의 합계가 500[m^2] 이하인 경우로 한정한다)

(3) 공동주택 중 아파트로서 4층 이상인 층의 각 세대가 2개 이상의 직통계단을 사용할 수 없는 경우
(건축법 영 제46조)

발코니(발코니의 외부에 접하는 경우를 포함한다)에 인접 세대와 공동으로 또는 각 세대별로 다음의 요건을 모두 갖춘 대피공간을 하나 이상 설치해야 한다. 이 경우 인접 세대와 공동으로 설치하는 대피공간은 인접 세대를 통하여 2개 이상의 직통계단을 쓸 수 있는 위치에 우선 설치되어야 한다.
① 대피공간은 바깥의 공기와 접할 것
② 대피공간은 실내의 다른 부분과 방화구획으로 구획될 것
③ 대피공간의 바닥면적은 인접 세대와 공동으로 설치하는 경우에는 3[m^2] 이상, 각 세대별로 설치하는 경우에는 2[m^2] 이상일 것
④ 대피공간으로 통하는 출입문은 60분+ 방화문으로 설치할 것
⑤ 국토교통부장관이 정하는 기준에 적합할 것

(4) 아파트의 4층 이상인 층에서 발코니에 다음 어느 하나에 해당하는 구조 또는 시설을 갖춘 경우에 대피공간을 설치하지 않을 수 있는 경우(건축법 영 제46조)

① 발코니와 인접 세대와의 경계벽이 파괴하기 쉬운 경량구조 등인 경우
② 발코니의 경계벽에 피난구를 설치한 경우

③ 발코니의 바닥에 국토교통부령으로 정하는 하향식 피난구를 설치한 경우
④ 국토교통부장관이 기준에 따른 대피공간과 동일하거나 그 이상의 성능이 있다고 인정하여 고시하는 구조 또는 시설(대체시설)을 갖춘 경우. 이 경우 국토교통부장관은 대체시설의 성능에 대해 미리 한국건설기술연구원의 기술검토를 받은 후 고시해야 한다.

(5) 자동방화셔터의 요건(건피방 제14조)
① 피난이 가능한 60분+ 방화문 또는 60분 방화문으로부터 3[m] 이내에 별도로 설치할 것
② 전동방식이나 수동방식으로 개폐할 수 있을 것
③ 불꽃감지기 또는 연기감지기 중 하나와 열감지기를 설치할 것
④ 불꽃이나 연기를 감지한 경우 일부 폐쇄되는 구조일 것
⑤ 열을 감지한 경우 완전 폐쇄되는 구조일 것

5 피난안전구역(건피방 제8조의2)

(1) 피난안전구역은 해당 건축물의 1개층을 대피공간(최대 30개 층마다 1개 이상 설치)으로 하며, 대피에 장애가 되지 않는 범위에서 기계실, 보일러실, 전기실 등 건축설비를 설치하기 위한 공간과 같은 층에 설치할 수 있다. 이 경우 피난안전구역은 건축설비가 설치되는 공간과 내화구조로 구획해야 한다.

(2) 피난안전구역에 연결되는 특별피난계단은 피난안전구역을 거쳐서 상·하층으로 갈 수 있는 구조로 설치해야 한다.

(3) 피난안전구역의 구조 및 설비의 기준
① 피난안전구역의 바로 아래층 및 위층은 녹색건축물조성지원법에 적합한 단열재를 설치할 것. 이 경우 아래층은 최상층에 있는 거실의 반자 또는 지붕 기준을 준용하고, 위층은 최하층에 있는 거실의 바닥 기준을 준용할 것
② 피난안전구역의 내부마감재료는 불연재료로 설치할 것
③ 건축물의 내부에서 피난안전구역으로 통하는 계단은 특별피난계단의 구조로 설치할 것
④ 비상용 승강기는 피난안전구역에서 승하차할 수 있는 구조로 설치할 것
⑤ 피난안전구역에는 식수공급을 위한 급수전을 1개소 이상 설치하고 예비전원에 의한 조명설비를 설치할 것
⑥ 관리사무소 또는 방재센터 등과 긴급연락이 가능한 경보 및 통신시설을 설치할 것
⑦ 별표 1의2(피난안전구역의 면적 산정기준)에서 정하는 기준에 따라 산정한 면적 이상일 것

> **Plus one**
>
> 피난안전구역의 면적 산정기준(별표 1의2)
>
> > 피난안전구역의 면적 = (피난안전구역 위층의 재실자 수 × 0.5) × 0.28[m²]
>
> 피난안전구역 위층의 재실자 수는 해당 피난안전구역과 다음 피난안전구역 사이의 용도별 바닥면적을 사용 형태별 재실자 밀도(표 생략)로 나눈 값의 합계를 말한다. 다만, 문화·집회용도 중 벤치형 좌석을 사용하는 공간과 고정좌석을 사용하는 공간은 다음의 구분에 따라 피난안전구역 위층의 재실자 수를 산정한다.
> - 벤치형 좌석을 사용하는 공간 : 좌석길이/45.5[cm]
> - 고정좌석을 사용하는 공간 : 휠체어 공간 수 + 고정좌석 수

⑧ 피난안전구역의 높이는 2.1[m] 이상일 것
⑨ 건축물의 설비기준 등에 관한 규칙 제14조에 따른 배연설비를 설치할 것
⑩ 그 밖에 소방청장이 정하는 소방 등 재난관리를 위한 설비를 갖출 것

6 피난계단 및 특별피난계단(건피방 제9조)

(1) 피난계단의 설치기준

건축물의 **5층 이상** 또는 **지하 2층 이하의 층**으로부터 피난층 또는 지상으로 통하는 직통계단(지하 1층인 건축물의 경우에는 5층 이상의 층으로부터 피난층 또는 지상으로 통하는 직통계단과 직접 연결된 지하 1층의 계단을 포함한다)은 피난계단 또는 특별피난계단으로 설치해야 한다.

(2) 피난계단의 구조

① 건축물의 **내부에 설치하는 피난계단**
   ㉠ 계단실은 창문·출입구 기타 개구부(창문 등)를 제외한 해당 건축물의 다른 부분과 내화구조의 벽으로 구획할 것
   ㉡ 계단실의 실내에 접하는 부분(바닥 및 반자 등 실내에 면한 모든 부분)의 마감(마감을 위한 바탕을 포함한다)은 불연재료로 할 것
   ㉢ 계단실에는 예비전원에 의한 조명설비를 할 것
   ㉣ 계단실의 바깥쪽과 접하는 창문 등(망이 들어 있는 유리의 붙박이창으로서 그 면적이 각각 1[m²] 이하인 것은 제외한다)은 해당 건축물의 다른 부분에 설치하는 창문 등으로부터 2[m] 이상의 거리를 두고 설치할 것
   ㉤ 건축물의 내부와 접하는 계단실의 창문 등(출입구는 제외한다)은 망이 들어 있는 유리의 붙박이창으로서 그 면적을 각각 1[m²] 이하로 할 것
   ㉥ 건축물의 내부에서 계단실로 통하는 출입구의 유효너비는 0.9[m] 이상으로 하고, 그 출입구에는 피난의 방향으로 열 수 있는 것으로서 언제나 닫힌 상태를 유지하거나 화재로 인한 연기 또는 불꽃을 감지하여 자동적으로 닫히는 구조로 된 60분+ 방화문 또는 60분 방화문을 설치할 것.

다만, 연기 또는 불꽃을 감지하여 자동적으로 닫히는 구조로 할 수 없는 경우에는 온도를 감지하여 자동적으로 닫히는 구조로 할 수 있다.
ⓐ 계단은 내화구조로 하고 피난층 또는 지상까지 직접 연결되도록 할 것
② **건축물의 바깥쪽에 설치하는 피난계단** 21 회 출제
㉠ 계단은 그 계단으로 통하는 출입구 외의 창문 등(망이 들어 있는 유리의 붙박이창으로서 그 면적이 각각 1[m²] 이하인 것은 제외한다)으로부터 2[m] 이상의 거리를 두고 설치할 것
㉡ 건축물의 내부에서 계단으로 통하는 출입구에는 60분+ 방화문 또는 60분 방화문을 설치할 것
㉢ 계단의 유효너비는 0.9[m] 이상으로 할 것
㉣ 계단은 내화구조로 하고 지상까지 직접 연결되도록 할 것

(3) 특별피난계단의 구조

① 건축물의 내부와 계단실은 노대를 통하여 연결하거나 외부를 향하여 열 수 있는 면적 1[m²] 이상인 창문(바닥으로부터 1[m] 이상의 높이에 설치한 것) 또는 적합한 구조의 배연설비가 있는 면적 3[m²] 이상인 부속실을 통하여 연결할 것
② 계단실·노대 및 부속실은 창문 등을 제외하고는 내화구조의 벽으로 각각 구획할 것
③ 계단실 및 부속실의 실내에 접하는 부분(바닥 및 반자 등 실내에 면한 모든 부분)의 마감(마감을 위한 바탕을 포함한다)은 불연재료로 할 것
④ 계단실에는 예비전원에 의한 조명설비를 할 것
⑤ 계단실·노대 또는 부속실에 설치하는 건축물의 바깥쪽에 접하는 창문 등(망이 들어 있는 유리의 붙박이창으로서 그 면적이 각각 1[m²] 이하인 것은 제외한다)은 계단실·노대 또는 부속실 외의 해당 건축물의 다른 부분에 설치하는 창문 등으로부터 2[m] 이상의 거리를 두고 설치할 것
⑥ 계단실에는 노대 또는 부속실에 접하는 부분 외에는 건축물의 내부와 접하는 창문 등을 설치하지 않을 것
⑦ 계단실의 노대 또는 부속실에 접하는 창문 등(출입구는 제외한다)은 망이 들어 있는 유리의 붙박이창으로서 그 면적을 각각 1[m²] 이하로 할 것
⑧ 노대 및 부속실에는 계단실 외의 건축물의 내부와 접하는 창문 등(출입구는 제외한다)을 설치하지 않을 것
⑨ 건축물의 내부에서 노대 또는 부속실로 통하는 출입구에는 60분+ 방화문 또는 60분 방화문을 설치하고, 노대 또는 부속실로부터 계단실로 통하는 출입구에는 60분+ 방화문, 60분 방화문 또는 30분 방화문을 설치할 것. 이 경우 방화문은 언제나 닫힌 상태를 유지하거나 화재로 인한 연기 또는 불꽃을 감지하여 자동적으로 닫히는 구조로 해야 하고, 연기 또는 불꽃으로 감지하여 자동적으로 닫히는 구조로 할 수 없는 경우에는 온도를 감지하여 자동적으로 닫히는 구조로 할 수 있다.
⑩ 계단은 내화구조로 하되, 피난층 또는 지상까지 직접 연결되도록 할 것
⑪ 출입구의 유효너비는 0.9[m] 이상으로 하고 피난의 방향으로 열 수 있을 것

7 옥상광장 등(헬리포트)의 설치

(1) 옥상광장 설치대상(건축법 영 제40조)

5층 이상인 층이 제2종 근린생활시설 중 공연장·종교집회장·인터넷컴퓨터게임시설제공업소(해당 용도로 쓰는 바닥면적의 합계가 각각 300[m^2] 이상인 경우만 해당한다), 문화 및 집회시설(전시장 및 동·식물원은 제외한다), 종교시설, 판매시설, 위락시설 중 주점영업 또는 장례시설의 용도로 쓰는 경우에는 피난 용도로 쓸 수 있는 광장을 옥상에 설치해야 한다.

(2) 헬리포트의 설치기준(건피방 제13조)

① 헬리포트의 길이와 너비는 각각 22[m] 이상으로 할 것. 다만, 건축물의 옥상 바닥의 길이와 너비가 각각 22[m] 이하인 경우에는 헬리포트의 길이와 너비를 각각 15[m]까지 감축할 수 있다.
② 헬리포트의 중심으로부터 반경 12[m] 이내에는 헬리콥터의 이·착륙에 장애가 되는 건축물, 공작물, 조경시설 또는 난간 등을 설치하지 않을 것
③ 헬리포트의 주위한계선은 백색으로 하되, 그 선의 너비는 38[cm]로 할 것
④ 헬리포트의 중앙부분에는 지름 8[m]의 "Ⓗ"표지를 백색으로 하되, "H"표지의 선의 너비는 38[cm]로, "○"표지의 선의 너비는 60[cm]로 할 것
⑤ 헬리포트로 통하는 출입문에 영 제40조 제3항 각 호 외의 부분에 따른 비상문자동개폐장치를 설치할 것

(3) 옥상으로 통하는 출입문에 비상문자동개폐장치를 설치해야 하는 건축물(건축법 영 제40조)

① 비상문자동개폐장치 : 화재 등 비상시에 소방시스템과 연동되어 잠김 상태가 자동으로 풀리는 장치
② 설치대상
  ㉠ (1)(옥상광장 설치대상)에 따라 피난 용도로 쓸 수 있는 광장을 옥상에 설치해야 하는 건축물
  ㉡ 피난 용도로 쓸 수 있는 광장을 옥상에 설치하는 다음의 건축물
    ㉮ 다중이용 건축물
    ㉯ 연면적 1,000[m^2] 이상인 공동주택

(4) 옥상공간 확보(건축법 영 제40조)

층수가 11층 이상인 건축물로서 11층 이상인 층의 바닥면적의 합계가 10,000[m^2] 이상인 건축물의 옥상에는 다음 각 호의 구분에 따른 공간을 확보해야 한다.
① 건축물의 지붕을 평지붕으로 하는 경우 : 헬리포트를 설치하거나 헬리콥터를 통하여 인명 등을 구조할 수 있는 공간
② 건축물의 지붕을 경사지붕으로 하는 경우 : 경사지붕 아래에 설치하는 대피공간

(5) 경사지붕 아래에 설치하는 대피공간의 기준(건피방 제13조)
① 대피공간의 면적은 지붕 수평투영면적의 1/10 이상일 것
② 특별피난계단 또는 피난계단과 연결되도록 할 것
③ 출입구·창문을 제외한 부분은 해당 건축물의 다른 부분과 내화구조의 바닥 및 벽으로 구획할 것
④ 출입구는 유효너비 0.9[m] 이상으로 하고, 그 출입구에는 60분+ 방화문 또는 60분 방화문을 설치할 것
⑤ 방화문에 비상문자동개폐장치를 설치할 것
⑥ 내부마감재료는 불연재료로 할 것
⑦ 예비전원으로 작동하는 조명설비를 설치할 것
⑧ 관리사무소 등과 긴급 연락이 가능한 통신시설을 설치할 것

8 복합건축물의 피난시설(건피방 제14조의2)

건축물 안에 공동주택 등(공동주택·의료시설·아동 관련 시설 또는 노인복지시설) 중 하나 이상과 위락시설 등(위락시설·위험물저장 및 처리시설·공장 또는 자동차정비공장) 중 하나 이상을 함께 설치하고자 하는 경우
① 공동주택 등의 출입구와 위락시설 등의 출입구는 서로 그 보행거리가 30[m] 이상이 되도록 설치할 것
② 공동주택(해당 공동주택 등에 출입하는 통로를 포함한다) 등과 위락시설(해당 위락시설 등에 출입하는 통로를 포함한다) 등은 내화구조로 된 바닥 및 벽으로 구획하여 서로 차단할 것
③ 공동주택 등과 위락시설 등은 서로 이웃하지 않도록 배치할 것
④ 건축물의 주요구조부를 내화구조로 할 것
⑤ 거실의 벽 및 반자가 실내에 면하는 부분(반자돌림대·창대 그 밖에 이와 유사한 것을 제외한다)의 마감은 불연재료·준불연재료 또는 난연재료로 하고, 그 거실로부터 지상으로 통하는 주된 복도·계단 그 밖에 통로의 벽 및 반자가 실내에 면하는 부분의 마감은 불연재료 또는 준불연재료로 할 것(직접 지상으로 통하는 출입구가 있는 층은 제외한다)

9 소방관 진입창의 기준(건피방 제18조의2)
① 2층 이상 11층 이하인 층에 각각 1개소 이상 설치할 것. 다만, 직접 지상으로 통하는 출입구가 있는 층 및 바닥구조체 윗면의 높이가 지표면으로부터 44[m]를 초과하는 층에는 설치하지 않을 수 있다.
② 소방관이 진입할 수 있는 창의 가운데에서 벽면 끝까지의 수평거리가 40[m] 이상인 경우에는 40[m] 이내마다 소방관이 진입할 수 있는 창을 추가로 설치할 것. 다만, 불가피한 경우에는 소방시설 설치 및 관리에 관한 법률 제6조 제5항에 따른 소방본부장 또는 소방서장의 검토 자료 또는 의견서에 따라 완화하여 적용할 수 있다.

③ 소방차 진입로 또는 소방차 진입이 가능한 공터에 면할 것
④ 창문의 가운데에 지름 20[cm] 이상의 역삼각형을 야간에도 알아볼 수 있도록 빛 반사 등으로 붉은색으로 표시할 것
⑤ 창문의 한쪽 모서리에 타격지점을 지름 3[cm] 이상의 원형으로 표시할 것
⑥ 창문 유리의 크기는 폭 90[cm] 이상, 높이 1[m] 이상으로 하고, 실내 바닥면으로부터 창의 아랫부분까지의 높이는 80[cm](난간이 설치된 노대 등에 불가피하게 소방관 진입창을 설치하는 경우에는 120[cm]) 이내로 할 것
⑦ 다음의 어느 하나에 해당하는 유리를 사용할 것
  ⊙ 플로트판유리로서 그 두께가 6[mm] 이하인 것
  ⓒ 강화유리 또는 배강도유리로서 그 두께가 5[mm] 이하인 것
  ⓒ ⊙ 또는 ⓒ에 해당하는 유리로 구성된 이중 유리
  ⓔ ⊙ 또는 ⓒ에 해당하는 유리로 구성된 삼중 유리. 이 경우 각각의 유리에 비산방지필름을 부착하는 경우에는 그 필름 두께를 50[μm] 이하로 해야 한다.

10 고층건축물 피난안전구역 등의 피난용도표시(건피방 제22조의2)

(1) 피난안전구역
① 출입구 상부 벽 또는 측벽의 눈에 잘 띄는 곳에 "피난안전구역" 문자를 적은 표시판을 설치할 것
② 출입구 측벽의 눈에 잘 띄는 곳에 해당 공간의 목적과 용도, 다른 용도로 사용하지 않을 것을 안내하는 내용을 적은 표시판을 설치할 것

(2) 특별피난계단의 계단실 및 그 부속실, 피난계단의 계단실 및 피난용 승강기의 승강장
① 출입구 측벽의 눈에 잘 띄는 곳에 해당 공간의 목적과 용도, 다른 용도로 사용하지 않을 것을 안내하는 내용을 적은 표시판을 설치할 것
② 해당 건축물에 피난안전구역이 있는 경우 ①에 따른 표시판에 피난안전구역이 있는 층을 적을 것

(3) 대피공간 : 출입문에 해당 공간이 화재 등의 경우 대피장소이므로 물건적치 등 다른 용도로 사용하지 않을 것을 안내하는 내용을 적은 표시판을 설치할 것

11 방화지구 안의 지붕·방화문 및 외벽 등(건피방 제23조)

(1) 구조 : 방화지구 내 건축물의 지붕으로서 내화구조가 아닌 것은 불연재료로 해야 한다.

(2) 방화지구 내 건축물의 인접 대지경계선에 접하는 외벽에 설치하는 창문 등으로서 연소할 우려가 있는 부분에 설치하는 방화설비의 기준 17 회 출제
① 60분+ 방화문 또는 60분 방화문

② 소방법령이 정하는 기준에 적합하게 창문 등에 설치하는 드렌처
③ 해당 창문 등과 연소할 우려가 있는 다른 건축물의 부분을 차단하는 내화구조나 불연재료로 된 벽·담장 기타 이와 유사한 방화설비
④ 환기구멍에 설치하는 불연재료로 된 방화커버 또는 그물눈이 2[mm] 이하인 금속망

12 지하층의 비상탈출구(건피방 제25조)
① 비상탈출구의 유효너비는 0.75[m] 이상으로 하고, 유효높이는 1.5[m] 이상으로 할 것
② 비상탈출구의 문은 피난방향으로 열리도록 하고, 실내에서 항상 열 수 있는 구조로 해야 하며, 내부 및 외부에는 비상탈출구의 표시를 할 것
③ 비상탈출구는 출입구로부터 3[m] 이상 떨어진 곳에 설치할 것
④ 지하층의 바닥으로부터 비상탈출구의 아랫부분까지의 높이가 1.2[m] 이상이 되는 경우에는 벽체에 발판의 너비가 20[cm] 이상인 사다리를 설치할 것
⑤ 비상탈출구는 피난층 또는 지상으로 통하는 복도나 직통계단에 직접 접하거나 통로 등으로 연결될 수 있도록 설치해야 하며, 피난층 또는 지상으로 통하는 복도나 직통계단까지 이르는 피난통로의 유효너비는 0.75[m] 이상으로 하고, 피난통로의 실내에 접하는 부분의 마감과 그 바탕은 불연재료로 할 것
⑥ 비상탈출구의 진입부분 및 피난통로에는 통행에 지장이 있는 물건을 방치하거나 시설물을 설치하지 않을 것
⑦ 비상탈출구의 유도등과 피난통로의 비상조명등의 설치는 소방법령이 정하는 바에 의할 것

13 피난용승강기의 설치기준(건피방 제30조)

(1) 피난용승강기 승강장의 구조
① 승강장의 출입구를 제외한 부분은 해당 건축물의 다른 부분과 내화구조의 바닥 및 벽으로 구획할 것
② 승강장은 각 층의 내부와 연결될 수 있도록 하되, 그 출입구에는 60분+ 방화문 또는 60분 방화문을 설치할 것. 이 경우 방화문은 언제나 닫힌 상태를 유지할 수 있는 구조이어야 한다.
③ 실내에 접하는 부분(바닥 및 반자 등 실내에 면한 모든 부분을 말한다)의 마감(마감을 위한 바탕을 포함한다)은 불연재료로 할 것
④ 다음 어느 하나에 해당하는 설비를 설치할 것
　㉠ 배연설비
　㉡ 소방시설 설치 및 관리에 관한 법률 시행령(별표 4 제5호 가목)에 따른 제연설비

(2) 피난용승강기 승강로의 구조
① 승강로는 해당 건축물의 다른 부분과 내화구조로 구획할 것
② 승강로 상부에 배연설비 또는 제연설비를 설치할 것

(3) 피난용승강기 기계실의 구조
① 출입구를 제외한 부분은 해당 건축물의 다른 부분과 내화구조의 바닥 및 벽으로 구획할 것
② 출입구에는 60분+ 방화문 또는 60분 방화문을 설치할 것

(4) 피난용승강기 전용 예비전원 17 회 출제
① 정전 시 피난용승강기, 기계실, 승강장 및 폐쇄회로 텔레비전 등의 설비를 작동할 수 있는 별도의 예비전원 설비를 설치할 것
② ①에 따른 예비전원은 초고층 건축물의 경우에는 2시간 이상, 준초고층 건축물의 경우에는 1시간 이상 작동이 가능한 용량일 것
③ 상용전원과 예비전원의 공급을 자동 또는 수동으로 전환이 가능한 설비를 갖출 것
④ 전선관 및 배선은 고온에 견딜 수 있는 내열성 자재를 사용하고, 방수조치를 할 것

14 신축, 증축 등 용어 정의(건축법 영 제2조)

(1) 신축 : 건축물이 없는 대지(기존 건축물이 해체되거나 또는 멸실된 대지를 포함한다)에 새로 건축물을 축조하는 것(부속 건축물만 있는 대지에 새로 주된 건축물을 축조하는 것을 포함하되, 개축 또는 재축에 해당하는 경우는 제외한다)

(2) 증축 : 기존 건축물이 있는 대지에서 건축물의 건축면적, 연면적, 층수 또는 높이를 늘리는 것

(3) 개축 : 기존 건축물의 전부 또는 일부[내력벽·기둥·보·지붕틀(서까래는 제외한다) 중 셋 이상이 포함되는 경우를 말한다]를 해체하고 그 대지에 종전과 같은 규모의 범위에서 건축물을 다시 축조하는 것

(4) 재축 : 건축물이 천재지변이나 그 밖의 재해(災害)로 멸실된 경우 그 대지에 다음의 요건을 모두 갖추어 다시 축조하는 것
① 연면적 합계는 종전 규모 이하로 할 것
② 동(棟)수, 층수 및 높이는 다음의 어느 하나에 해당할 것
   ㉠ 동수, 층수 및 높이가 모두 종전 규모 이하일 것

ⓒ 동수, 층수 또는 높이의 어느 하나가 종전 규모를 초과하는 경우에는 해당 동수, 층수 및 높이가 건축법, 건축법 시행령 또는 건축조례에 모두 적합할 것

(5) 이전 : 건축물의 주요구조부를 해체하지 않고 같은 대지의 다른 위치로 옮기는 것

(6) 부속용도
건축물의 주된 용도의 기능에 필수적인 용도로서 다음의 어느 하나에 해당하는 용도를 말한다.
① 건축물의 설비, 대피, 위생, 그 밖에 이와 비슷한 시설의 용도
② 사무, 작업, 집회, 물품저장, 주차, 그 밖에 이와 비슷한 시설의 용도
③ 구내식당·직장어린이집·구내운동시설 등 종업원 후생복지시설, 구내소각시설, 그 밖에 이와 비슷한 시설의 용도. 이 경우 다음의 요건을 모두 갖춘 휴게음식점(별표 1 제3호의 제1종 근린생활시설 중 같은 호 나목에 따른 휴게음식점을 말한다)은 구내식당에 포함되는 것으로 본다.
  ㉠ 구내식당 내부에 설치할 것
  ㉡ 설치면적이 구내식당 전체 면적의 1/3 이하로서 50[m²] 이하일 것
  ㉢ 다류(茶類)를 조리·판매하는 휴게음식점일 것
④ 관계 법령에서 주된 용도의 부수시설로 설치할 수 있게 규정하고 있는 시설, 그 밖에 국토교통부장관이 이와 유사하다고 인정하여 고시하는 시설의 용도

(7) 대수선 : 건축물의 기둥, 보, 내력벽, 주계단 등의 구조나 외부 형태를 수선·변경하거나 증설하는 것으로서 대통령령으로 정하는 것(건축법 제2조)

(8) 대수선의 범위(건축법 영 제3조의2)
다음 어느 하나에 해당하는 것으로서 증축, 개축, 재축에 해당하지 않는 것을 말한다.
① **내력벽**을 증설 또는 해체하거나 그 벽면적을 30[m²] 이상 수선 또는 변경하는 것
② **기둥**을 증설 또는 해체하거나 **3개 이상 수선 또는 변경**하는 것
③ **보**를 증설 또는 해체하거나 **3개 이상 수선 또는 변경**하는 것
④ **지붕틀**(한옥의 경우에는 지붕틀의 범위에서 서까래는 제외한다)을 증설 또는 해체하거나 **3개 이상 수선 또는 변경**하는 것
⑤ 방화벽 또는 방화구획을 위한 바닥 또는 벽을 증설 또는 해체하거나 수선 또는 변경하는 것
⑥ 주계단·피난계단 또는 특별피난계단을 증설 또는 해체하거나 수선 또는 변경하는 것
⑦ 다가구주택의 가구 간 경계벽 또는 다세대주택의 세대 간 경계벽을 증설 또는 해체하거나 수선 또는 변경하는 것
⑧ 건축물의 외벽에 사용하는 마감재료를 증설 또는 해체하거나 벽면적 30[m²] 이상 수선 또는 변경하는 것

CHAPTER 04 예상문제

PART 01 소방관계법령

---

01 내화구조 중 벽의 경우를 설명하시오.

해답 내화구조(건축법 영 제2조, 건피방 제3조)
① 정의 : 화재에 견딜 수 있는 성능을 가진 구조로서 국토교통부령으로 정하는 기준에 적합한 구조를 말한다.
② 벽의 경우
  ㉠ 철근콘크리트조 또는 철골・철근콘크리트조로서 두께가 10[cm] 이상인 것
  ㉡ 골구를 철골조로 하고 그 양면을 두께 4[cm] 이상의 철망모르타르(그 바름바탕을 불연재료로 한 것으로 한정) 또는 두께 5[cm] 이상의 콘크리트블록・벽돌 또는 석재로 덮은 것
  ㉢ 철재로 보강된 콘크리트블록조・벽돌조 또는 석조로서 철재에 덮은 콘크리트블록 등의 두께가 5[cm] 이상인 것
  ㉣ 벽돌조로서 두께가 19[cm] 이상인 것
  ㉤ 고온・고압의 증기로 양생된 경량기포 콘크리트패널 또는 경량기포 콘크리트블록조로서 두께가 10[cm] 이상인 것

---

02 내화구조의 외벽 중 비내력벽의 경우를 설명하시오.

해답 외벽 중 비내력벽의 경우(건피방 제3조)
① 철근콘크리트조 또는 철골・철근콘크리트조로서 두께가 7[cm] 이상인 것
② 골구를 철골조로 하고 그 양면을 두께 3[cm] 이상의 철망모르타르 또는 두께 4[cm] 이상의 콘크리트블록・벽돌 또는 석재로 덮은 것
③ 철재로 보강된 콘크리트블록조・벽돌조 또는 석조로서 철재에 덮은 콘크리트블록 등의 두께가 4[cm] 이상인 것
④ 무근콘크리트조・콘크리트블록조・벽돌조 또는 석조로서 그 두께가 7[cm] 이상인 것

---

03 내화구조 중 바닥의 경우를 설명하시오.

해답 바닥의 경우(건피방 제3조)
① 철근콘크리트조 또는 철골철근콘크리트조로서 두께가 10[cm] 이상인 것
② 철재로 보강된 콘크리트블록조・벽돌조 또는 석조로서 철재에 덮은 콘크리트블록 등의 두께가 5[cm] 이상인 것
③ 철재의 양면을 두께 5[cm] 이상의 철망모르타르 또는 콘크리트로 덮은 것

04 방화벽의 구조에 대하여 설명하시오.

해답 방화벽(건피방 제21조)
① 정의 : 화재 시 연소의 확산을 막고 피해를 줄이기 위해 주로 목조건축물에 설치하는 벽
② 구 조
  ㉠ 내화구조로서 홀로 설 수 있는 구조로 할 것
  ㉡ 방화벽의 양쪽 끝과 위쪽 끝을 건축물의 외벽면 및 지붕면으로부터 0.5[m] 이상 튀어 나오게 할 것
  ㉢ 방화벽에 설치하는 출입문의 너비 및 높이는 각각 2.5[m] 이하로 하고 해당 출입문에는 60분+ 방화문 또는 60분 방화문을 설치할 것

05 방화구조에 대하여 간략히 설명하시오.

해답 방화구조(건축법 영 제2조, 건피방 제4조)
① 정의 : 화염의 확산을 막을 수 있는 성능을 가진 구조로서 국토교통부령으로 정하는 기준에 적합한 구조를 말한다.
② 방화구조의 기준
  ㉠ 철망모르타르로서 그 바름두께가 2[cm] 이상인 것
  ㉡ 석고판 위에 시멘트모르타르 또는 회반죽을 바른 것으로서 그 두께의 합계가 2.5[cm] 이상인 것
  ㉢ 시멘트모르타르 위에 타일을 붙인 것으로서 그 두께의 합계가 2.5[cm] 이상인 것
  ㉣ 심벽에 흙으로 맞벽치기한 것
  ㉤ 산업표준화법에 따른 한국산업표준에 따라 시험한 결과 방화 2급 이상에 해당하는 것

06 방화구획의 기준에 대해 기술하시오.

해답 방화구획의 기준(건피방 제14조)

구획 종류	구획 기준		구획부분의 구조
면적별 구획	10층 이하의 층	• 바닥면적 1,000[m²] 이내 • 스프링클러 기타 이와 유사한 자동식 소화설비 설치 시 바닥면적 3,000[m²] 이내	내화구조의 바닥 및 벽, 방화문 또는 자동방화셔터로 구획
	11층 이상의 층	• 바닥면적 200[m²] 이내 • 스프링클러 기타 이와 유사한 자동식 소화설비 설치 시 바닥면적 600[m²] 이내 • 벽 및 반자의 실내에 접하는 부분의 마감을 불연재료의 경우 바닥면적 500[m²] 이내 • 벽 및 반자의 실내에 접하는 부분의 마감을 불연재료이면서 자동식 소화설비 설치 시 바닥면적 1,500[m²] 이내	
층별 구획	매 층마다 구획할 것(지하 1층에서 지상으로 직접 연결하는 경사로 부위는 제외한다)		

※ 필로티나 그 밖에 이와 비슷한 구조(벽면적 1/2 이상이 그 층의 바닥면적에서 위층 바닥 아래면까지 공간으로 된 것만 해당한다)의 부분을 주차장으로 사용하는 경우 그 부분은 건축물의 다른 부분과 구획할 것

07 건축물에 방화구획을 적용하지 않거나 완화하여 적용할 수 있는 경우를 쓰시오.

해답 방화구획의 미적용 또는 완화조건(건축법 영 제46조)
① 문화 및 집회시설(동·식물원은 제외한다), 종교시설, 운동시설 또는 장례시설의 용도로 쓰는 거실로서 시선 및 활동공간의 확보를 위하여 불가피한 부분
② 물품의 제조·가공 및 운반 등(보관은 제외)에 필요한 고정식 대형기기 또는 설비의 설치를 위하여 불가피한 부분. 다만, 지하층인 경우에는 지하층의 외벽 한쪽 면(지하층의 바닥면에서 지상층 바닥 아래면까지의 외벽 면적 중 1/4 이상이 되는 면을 말한다) 전체가 건물 밖으로 개방되어 보행과 자동차의 진입·출입이 가능한 경우에 한정한다.
③ 계단실·복도 또는 승강기의 승강장 및 승강로로서 그 건축물의 다른 부분과 방화구획으로 구획된 부분. 다만, 해당 부분에 위치하는 설비배관 등이 바닥을 관통하는 부분은 제외한다.
④ 건축물의 최상층 또는 피난층으로서 대규모 회의장·강당·스카이라운지·로비 또는 피난안전구역 등의 용도로 쓰는 부분으로서 그 용도로 사용하기 위하여 불가피한 부분
⑤ 복층형 공동주택의 세대별 층간 바닥 부분
⑥ 주요구조부가 내화구조 또는 불연재료로 된 주차장
⑦ 단독주택, 동물 및 식물 관련 시설 또는 국방·군사시설(집회, 체육, 창고 등의 용도로 사용되는 시설만 해당한다)로 쓰는 건축물
⑧ 건축물의 1층과 2층의 일부를 동일한 용도로 사용하며 그 건축물의 다른 부분과 방화구획으로 구획된 부분(바닥면적의 합계가 $500[m^2]$ 이하인 경우로 한정한다)

08 아파트의 4층 이상인 층의 경우 다음 대피공간에 대해 설명하시오.

(1) 발코니에 대피공간을 설치하지 않을 수 있는 경우
(2) 공동주택 중 아파트로서 4층 이상인 층의 각 세대가 2개 이상의 직통계단을 사용할 수 없는 경우 발코니에 인접 세대와 공동으로 또는 각 세대별로 대피공간을 하나 이상 설치해야 하는 요건

해답 대피공간(건축법 영 제46조)
(1) 아파트의 4층 이상인 층에서 발코니에 대피공간을 설치하지 않을 수 있는 경우
① 발코니와 인접 세대와의 경계벽이 파괴하기 쉬운 경량구조 등인 경우
② 발코니의 경계벽에 피난구를 설치한 경우
③ 발코니의 바닥에 국토교통부령으로 정하는 하향식 피난구를 설치한 경우
④ 국토교통부장관이 기준에 따른 대피공간과 동일하거나 그 이상의 성능이 있다고 인정하여 고시하는 구조 또는 시설(대체시설)을 갖춘 경우. 이 경우 국토교통부장관은 대체시설의 성능에 대해 미리 한국건설기술연구원의 기술검토를 받은 후 고시해야 한다.

(2) 공동주택 중 아파트로서 4층 이상인 층의 각 세대가 2개 이상의 직통계단을 사용할 수 없는 경우 발코니에 인접 세대와 공동으로 또는 각 세대별로 대피공간을 하나 이상 설치해야 하는 요건
① 대피공간은 바깥의 공기와 접할 것
② 대피공간은 실내의 다른 부분과 방화구획으로 구획될 것
③ 대피공간의 바닥면적은 인접 세대와 공동으로 설치하는 경우에는 $3[m^2]$ 이상, 각 세대별로 설치하는 경우에는 $2[m^2]$ 이상일 것
④ 대피공간으로 통하는 출입문은 60분+ 방화문으로 설치할 것

09 건축물의 피난·방화구조 등의 기준에 관한 규칙에서 피난안전구역의 구조 및 설비기준 7가지를 쓰시오.

> **해답** 피난안전구역의 구조 및 설비기준(건피방 제8조의2)
> ① 피난안전구역의 바로 아래층 및 위층은 녹색건축물조성지원법에 적합한 단열재를 설치할 것. 이 경우 아래층은 최상층에 있는 거실의 반자 또는 지붕 기준을 준용하고, 위층은 최하층에 있는 거실의 바닥 기준을 준용할 것
> ② 피난안전구역의 내부마감재료는 불연재료로 설치할 것
> ③ 건축물의 내부에서 피난안전구역으로 통하는 계단은 특별피난계단의 구조로 설치할 것
> ④ 비상용 승강기는 피난안전구역에서 승하차할 수 있는 구조로 설치할 것
> ⑤ 피난안전구역에는 식수공급을 위한 급수전을 1개소 이상 설치하고 예비전원에 의한 조명설비를 설치할 것
> ⑥ 관리사무소 또는 방재센터 등과 긴급연락이 가능한 경보 및 통신시설을 설치할 것
> ⑦ 피난안전구역의 높이는 2.1[m] 이상일 것

10 피난계단의 설치장소를 쓰시오.

> **해답** 피난계단의 설치기준(건피방 제9조)
> 건축물의 5층 이상 또는 지하 2층 이하의 층으로부터 피난층 또는 지상으로 통하는 직통계단(지하 1층인 건축물의 경우에는 5층 이상의 층으로부터 피난층 또는 지상으로 통하는 직통계단과 직접 연결된 지하 1층의 계단을 포함한다)은 피난계단 또는 특별피난계단으로 설치해야 한다.

11 건축물의 내부에 설치하는 피난계단의 구조기준을 쓰시오.

해답 건축물의 내부에 설치하는 피난계단의 구조(건피방 제9조)
① 계단실은 창문·출입구 기타 개구부(창문 등)를 제외한 해당 건축물의 다른 부분과 내화구조의 벽으로 구획할 것
② 계단실의 실내에 접하는 부분(바닥 및 반자 등 실내에 면한 모든 부분)의 마감(마감을 위한 바탕을 포함한다)은 불연재료로 할 것
③ 계단실에는 예비전원에 의한 조명설비를 할 것
④ 계단실의 바깥쪽과 접하는 창문 등(망이 들어 있는 유리의 붙박이창으로서 그 면적이 각각 1[m^2] 이하인 것은 제외한다)은 해당 건축물의 다른 부분에 설치하는 창문 등으로부터 2[m] 이상의 거리를 두고 설치할 것
⑤ 건축물의 내부와 접하는 계단실의 창문 등(출입구는 제외한다)은 망이 들어 있는 유리의 붙박이창으로서 그 면적을 각각 1[m^2] 이하로 할 것
⑥ 건축물의 내부에서 계단실로 통하는 출입구의 유효너비는 0.9[m] 이상으로 하고, 그 출입구에는 피난의 방향으로 열 수 있는 것으로서 언제나 닫힌 상태를 유지하거나 화재로 인한 연기 또는 불꽃을 감지하여 자동적으로 닫히는 구조로 된 60분+ 방화문 또는 60분 방화문을 설치할 것. 다만, 연기 또는 불꽃을 감지하여 자동적으로 닫히는 구조로 할 수 없는 경우에는 온도를 감지하여 자동적으로 닫히는 구조로 할 수 있다.
⑦ 계단은 내화구조로 하고 피난층 또는 지상까지 직접 연결되도록 할 것

12 건축물의 바깥쪽에 설치하는 피난계단의 구조기준을 쓰시오.

해답 건축물의 바깥쪽에 설치하는 피난계단의 구조(건피방 제9조)
① 계단은 그 계단으로 통하는 출입구 외의 창문 등(망이 들어 있는 유리의 붙박이창으로서 그 면적이 각각 1[m^2] 이하인 것은 제외)으로부터 2[m] 이상의 거리를 두고 설치할 것
② 건축물의 내부에서 계단으로 통하는 출입구에는 60분+ 방화문 또는 60분 방화문을 설치할 것
③ 계단의 유효너비는 0.9[m] 이상으로 할 것
④ 계단은 내화구조로 하고 지상까지 직접 연결되도록 할 것

13 건축물에 설치하는 특별피난계단의 구조를 쓰시오.

해답 특별피난계단의 구조(건피방 제9조)
① 건축물의 내부와 계단실은 노대를 통하여 연결하거나 외부를 향하여 열 수 있는 면적 1[m²] 이상인 창문(바닥으로부터 1[m] 이상의 높이에 설치한 것) 또는 적합한 구조의 배연설비가 있는 면적 3[m²] 이상인 부속실을 통하여 연결할 것
② 계단실·노대 및 부속실은 창문 등을 제외하고는 내화구조의 벽으로 각각 구획할 것
③ 계단실 및 부속실의 실내에 접하는 부분(바닥 및 반자 등 실내에 면한 모든 부분)의 마감(마감을 위한 바탕을 포함한다)은 불연재료로 할 것
④ 계단실에는 예비전원에 의한 조명설비를 할 것
⑤ 계단실·노대 또는 부속실에 설치하는 건축물의 바깥쪽에 접하는 창문 등(망이 들어 있는 유리의 붙박이창으로서 그 면적이 각각 1[m²] 이하인 것은 제외한다)은 계단실·노대 또는 부속실 외의 해당 건축물의 다른 부분에 설치하는 창문 등으로부터 2[m] 이상의 거리를 두고 설치할 것
⑥ 계단실에는 노대 또는 부속실에 접하는 부분 외에는 건축물의 내부와 접하는 창문 등을 설치하지 않을 것
⑦ 계단실의 노대 또는 부속실에 접하는 창문 등(출입구는 제외한다)은 망이 들어 있는 유리의 붙박이창으로서 그 면적을 각각 1[m²] 이하로 할 것
⑧ 노대 및 부속실에는 계단실 외의 건축물의 내부와 접하는 창문 등(출입구는 제외한다)을 설치하지 않을 것
⑨ 건축물의 내부에서 노대 또는 부속실로 통하는 출입구에는 60분+ 방화문 또는 60분 방화문을 설치하고, 노대 또는 부속실로부터 계단실로 통하는 출입구에는 60분+ 방화문, 60분 방화문 또는 30분 방화문을 설치할 것. 이 경우 방화문은 언제나 닫힌 상태를 유지하거나 화재로 인한 연기 또는 불꽃을 감지하여 자동적으로 닫히는 구조로 할 것. 다만, 연기 또는 불꽃을 감지하여 자동적으로 닫히는 구조로 할 수 없는 경우에는 온도를 감지하여 자동적으로 닫히는 구조로 할 수 있다.
⑩ 계단은 내화구조로 하되, 피난층 또는 지상까지 직접 연결되도록 할 것
⑪ 출입구의 유효너비는 0.9[m] 이상으로 하고 피난의 방향으로 열 수 있을 것

14 건축물의 옥상에 설치하는 헬리포트의 설치기준을 쓰시오.

해답 헬리포트의 설치기준(건피방 제13조)
① 헬리포트의 길이와 너비는 각각 22[m] 이상으로 할 것(다만, 건축물의 옥상 바닥의 길이와 너비가 각각 22[m] 이하인 경우에는 헬리포트의 길이와 너비를 각각 15[m]까지 감축할 수 있다)
② 헬리포트의 중심으로부터 반경 12[m] 이내에는 헬리콥터의 이·착륙에 장애가 되는 건축물, 공작물, 조경시설 또는 난간 등을 설치하지 않을 것
③ 헬리포트의 주위한계선은 백색으로 하되, 그 선의 너비는 38[cm]로 할 것
④ 헬리포트의 중앙부분에는 지름 8[m]의 "Ⓗ"표지를 백색으로 하되, "H"표지의 선의 너비는 38[cm]로, "○"표지의 선의 너비는 60[cm]로 할 것
⑤ 헬리포트로 통하는 출입문에 영 제40조 제3항 각 호 외의 부분에 따른 비상문자동개폐장치를 설치할 것

15 건축물의 피난·방화구조 등의 기준에 관한 규칙에서 경사지붕 아래에 설치하는 대피공간의 설치기준을 쓰시오.

해답 경사지붕 아래에 설치하는 대피공간의 설치기준(건피방 제13조)
① 대피공간의 면적은 지붕 수평투영면적의 1/10 이상일 것
② 특별피난계단 또는 피난계단과 연결되도록 할 것
③ 출입구·창문을 제외한 부분은 해당 건축물의 다른 부분과 내화구조의 바닥 및 벽으로 구획할 것
④ 출입구는 유효너비 0.9[m] 이상으로 하고, 그 출입구에는 60분+ 방화문 또는 60분 방화문을 설치할 것
⑤ 방화문에 비상문자동개폐장치를 설치할 것
⑥ 내부마감재료는 불연재료로 할 것
⑦ 예비전원으로 작동하는 조명설비를 설치할 것
⑧ 관리사무소 등과 긴급 연락이 가능한 통신시설을 설치할 것

16 건축물의 피난·방화구조 등의 기준에 관한 규칙에서 소방관 진입창의 기준을 쓰시오.

해답 소방관 진입창의 기준(건피방 제18조의2)
① 2층 이상 11층 이하인 층에 각각 1개소 이상 설치할 것. 다만, 직접 지상으로 통하는 출입구가 있는 층 및 바닥구조체 윗면의 높이가 지표면으로부터 44[m]를 초과하는 층에는 설치하지 않을 수 있다.
② 소방관이 진입할 수 있는 창의 가운데에서 벽면 끝까지의 수평거리가 40[m] 이상인 경우에는 40[m] 이내마다 소방관이 진입할 수 있는 창을 추가로 설치할 것. 다만, 불가피한 경우에는 소방시설 설치 및 관리에 관한 법률 제6조 제5항에 따른 소방본부장 또는 소방서장의 검토 자료 또는 의견서에 따라 완화하여 적용할 수 있다.
③ 소방차 진입로 또는 소방차 진입이 가능한 공터에 면할 것
④ 창문의 가운데에 지름 20[cm] 이상의 역삼각형을 야간에도 알아볼 수 있도록 빛 반사 등으로 붉은색으로 표시할 것
⑤ 창문의 한쪽 모서리에 타격지점을 지름 3[cm] 이상의 원형으로 표시할 것
⑥ 창문 유리의 크기는 폭 90[cm] 이상, 높이 1[m] 이상으로 하고, 실내 바닥면으로부터 창의 아랫부분까지의 높이는 80[cm](난간이 설치된 노대 등에 불가피하게 소방관 진입창을 설치하는 경우에는 120[cm]) 이내로 할 것
⑦ 다음의 어느 하나에 해당하는 유리를 사용할 것
  ㉠ 플로트판유리로서 그 두께가 6[mm] 이하인 것
  ㉡ 강화유리 또는 배강도유리로서 그 두께가 5[mm] 이하인 것
  ㉢ ㉠ 또는 ㉡에 해당하는 유리로 구성된 이중 유리
  ㉣ ㉠ 또는 ㉡에 해당하는 유리로 구성된 삼중 유리. 이 경우 각각의 유리에 비산방지필름을 부착하는 경우에는 그 필름 두께를 50[μm] 이하로 해야 한다.

17 건축물의 피난·방화구조 등의 기준에 관한 규칙에서 고층건축물에 설치된 피난안전구역, 피난시설 또는 대피공간에 화재 등의 경우에 피난통로로 사용되는 것임을 표시해야 하는 내용을 쓰시오.

해답 표시 내용(건피방 제22조의2)
① 피난안전구역
  ㉠ 출입구 상부 벽 또는 측벽의 눈에 잘 띄는 곳에 "피난안전구역" 문자를 적은 표시판을 설치할 것
  ㉡ 출입구 측벽의 눈에 잘 띄는 곳에 해당 공간의 목적과 용도, 다른 용도로 사용하지 않을 것을 안내하는 내용을 적은 표시판을 설치할 것
② 특별피난계단의 계단실 및 그 부속실, 피난계단의 계단실 및 피난용 승강기의 승강장
  ㉠ 출입구 측벽의 눈에 잘 띄는 곳에 해당 공간의 목적과 용도, 다른 용도로 사용하지 않을 것을 안내하는 내용을 적은 표시판을 설치할 것
  ㉡ 해당 건축물에 피난안전구역이 있는 경우 ㉠에 따른 표시판에 피난안전구역이 있는 층을 적을 것
③ 대피공간 : 출입문에 해당 공간이 화재 등의 경우 대피장소이므로 물건적치 등 다른 용도로 사용하지 않을 것을 안내하는 내용을 적은 표시판을 설치할 것

18 방화지구 내 건축물의 인접 대지경계선에 접하는 외벽에 설치하는 창문 등으로서 연소할 우려가 있는 부분에 설치하는 설비를 쓰시오.

해답 방화지구 내 건축물의 인접 대지경계선에 접하는 외벽에 설치하는 창문 등으로서 연소할 우려가 있는 부분에 설치하는 설비(건피방 제23조)
① 60분+ 방화문 또는 60분 방화문
② 소방법령이 정하는 기준에 적합하게 창문 등에 설치하는 드렌처
③ 해당 창문 등과 연소할 우려가 있는 다른 건축물의 부분을 차단하는 내화구조나 불연재료로 된 벽·담장 기타 이와 유사한 방화설비
④ 환기구멍에 설치하는 불연재료로 된 방화커버 또는 그물눈이 2[mm] 이하인 금속망

19 건축물의 피난·방화구조 등의 기준에 관한 규칙에서 지하층에 설치하는 비상탈출구의 기준을 쓰시오.

해답 **비상탈출구의 기준(건피방 제25조)**
① 비상탈출구의 유효너비는 0.75[m] 이상으로 하고, 유효높이는 1.5[m] 이상으로 할 것
② 비상탈출구의 문은 피난방향으로 열리도록 하고, 실내에서 항상 열 수 있는 구조로 해야 하며, 내부 및 외부에는 비상탈출구의 표시를 할 것
③ 비상탈출구는 출입구로부터 3[m] 이상 떨어진 곳에 설치할 것
④ 지하층의 바닥으로부터 비상탈출구의 아랫부분까지의 높이가 1.2[m] 이상이 되는 경우에는 벽체에 발판의 너비가 20[cm] 이상인 사다리를 설치할 것
⑤ 비상탈출구는 피난층 또는 지상으로 통하는 복도나 직통계단에 직접 접하거나 통로 등으로 연결될 수 있도록 설치해야 하며, 피난층 또는 지상으로 통하는 복도나 직통계단까지 이르는 피난통로의 유효너비는 0.75[m] 이상으로 하고, 피난통로의 실내에 접하는 부분의 마감과 그 바탕은 불연재료로 할 것
⑥ 비상탈출구의 진입부분 및 피난통로에는 통행에 지장이 있는 물건을 방치하거나 시설물을 설치하지 않을 것
⑦ 비상탈출구의 유도등과 피난통로의 비상조명등의 설치는 소방법령이 정하는 바에 의할 것

20 건축물의 피난·방화구조 등의 기준에 관한 규칙에서 피난용승강기의 승강장의 구조기준을 쓰시오.

해답 **피난용승강기의 승강장의 구조기준(건피방 제30조)**
① 승강장의 출입구를 제외한 부분은 해당 건축물의 다른 부분과 내화구조의 바닥 및 벽으로 구획할 것
② 승강장은 각 층의 내부와 연결될 수 있도록 하되, 그 출입구에는 60분+ 방화문 또는 60분 방화문을 설치할 것. 이 경우 방화문은 언제나 닫힌 상태를 유지할 수 있는 구조이어야 한다.
③ 실내에 접하는 부분(바닥 및 반자 등 실내에 면한 모든 부분을 말한다)의 마감(마감을 위한 바탕을 포함한다)은 불연재료로 할 것
④ 다음 어느 하나에 해당하는 설비를 설치할 것
  ㉠ 배연설비
  ㉡ 소방시설 설치 및 관리에 관한 법률 시행령(별표 4 제5호 가목)에 따른 제연설비

21 비상용승강기에 대하여 다음 물음에 답하시오.

(1) 비상용승강기를 설치해야 하는 대상물
(2) 비상용승강기를 설치하지 않아도 되는 대상물
(3) 비상용승강기 승강장의 구조

해답 비상용승강기

(1) 비상용승강기를 설치해야 하는 대상물
   ① 높이 31[m]를 초과하는 건축물(승강기뿐만 아니라 비상용승강기를 추가로 설치해야 한다) - 건축법 제64조
   ② 10층 이상인 공동주택의 경우 - 주택건설기준 등에 관한 규정 제15조

(2) 비상용승강기를 설치하지 않아도 되는 대상물(건축물의 설비기준 등에 관한 규칙 제9조)
   ① 높이 31[m]를 넘는 각 층을 거실 외의 용도로 쓰는 건축물
   ② 높이 31[m]를 넘는 각 층의 바닥면적의 합계가 500[m^2] 이하인 건축물
   ③ 높이 31[m]를 넘는 층수가 4개층 이하로서 해당 각 층의 바닥면적의 합계 200[m^2](벽 및 반자가 실내에 접하는 부분의 마감을 불연재료로 한 경우에는 500[m^2]) 이내마다 방화구획으로 구획된 건축물

(3) 비상용승강기 승강장의 구조(건축물의 설비기준 등에 관한 규칙 제10조)
   ① 승강장의 창문·출입구 기타 개구부를 제외한 부분은 해당 건축물의 다른 부분과 내화구조의 바닥 및 벽으로 구획할 것. 다만, 공동주택의 경우에는 승강장과 특별피난계단의 부속실과의 겸용부분을 특별피난계단의 계단실과 별도로 구획하는 때에는 승강장을 특별피난계단의 부속실과 겸용할 수 있다.
   ② 승강장은 각 층의 내부와 연결될 수 있도록 하되, 그 출입구(승강로의 출입구를 제외한다)에는 60분+ 방화문 또는 60분 방화문을 설치할 것. 다만, 피난층에는 60분+ 방화문 또는 60분 방화문을 설치하지 않을 수 있다(개정될 예정).
   ③ 노대 또는 외부를 향하여 열 수 있는 창문이나 제14조 제2항의 규정에 의한 배연설비를 설치할 것
   ④ 벽 및 반자가 실내에 접하는 부분의 마감재료(마감을 위한 바탕을 포함한다)는 불연재료로 할 것
   ⑤ 채광이 되는 창문이 있거나 예비전원에 의한 조명설비를 할 것
   ⑥ 승강장의 바닥면적은 비상용승강기 1대에 대하여 6[m^2] 이상으로 할 것. 다만, 옥외에 승강장을 설치하는 경우에는 그렇지 않다.
   ⑦ 피난층이 있는 승강장의 출입구(승강장이 없는 경우에는 승강로의 출입구)로부터 도로 또는 공지(공원·광장 기타 이와 유사한 것으로서 피난 및 소화를 위한 해당 대지에의 출입에 지장이 없는 것을 말한다)에 이르는 거리가 30[m] 이하일 것
   ⑧ 승강장 출입구 부근의 잘 보이는 곳에 해당 승강기가 비상용승강기임을 알 수 있는 표지를 할 것

22 건축물의 기둥, 보, 내력벽, 주계단 등의 구조나 외부 형태를 수선·변경하거나 증설하는 대수선의 범위 5가지를 쓰시오.

해답 대수선의 범위(건축법 영 제3조의2)

다음 어느 하나에 해당하는 것으로서 증축, 개축, 재축에 해당하지 않는 것을 말한다.
① 내력벽을 증설 또는 해체하거나 그 벽면적을 30[m^2] 이상 수선 또는 변경하는 것
② 기둥을 증설 또는 해체하거나 3개 이상 수선 또는 변경하는 것
③ 보를 증설 또는 해체하거나 3개 이상 수선 또는 변경하는 것
④ 지붕틀을 증설 또는 해체하거나 3개 이상 수선 또는 변경하는 것
⑤ 방화벽 또는 방화구획을 위한 바닥 또는 벽을 증설 또는 해체하거나 수선 또는 변경하는 것

CHAPTER 05

PART 01 소방관계법령

초고층 및 지하연계 복합건축물 재난관리에 관한 특별법, 영, 규칙 (약칭 : 초고층재난관리법)

1 목적(법 제1조)

이 법은 초고층 및 지하연계 복합건축물과 그 주변지역의 재난관리를 위하여 재난의 예방·대비·대응 및 지원 등에 필요한 사항을 정하여 재난관리체제를 확립함으로써 국민의 생명, 신체, 재산을 보호하고 공공의 안전에 이바지함을 목적으로 한다.

[이 법에 적용되는 건축물 및 시설물]
① 초고층 건축물
② 지하연계 복합건축물
③ ①, ②에 준하여 재난관리에 필요한 것으로 대통령령으로 정하는 건축물 및 시설물

2 정의(법 제2조)

(1) "**초고층 건축물**"이란 층수가 **50층 이상** 또는 높이가 **200[m] 이상**인 건축물을 말한다(건축법 제84조에 따른 높이 및 층수를 말한다). **13** 회 출제

(2) "**지하연계 복합건축물**"이란 지하부분이 지하역사 또는 지하도상가와 연결된 건축물로서 다음의 요건을 모두 갖춘 것을 말한다. 다만, 화재 발생 시 열과 연기의 배출이 쉬운 구조를 갖춘 건축물로서 대통령령으로 정하는 건축물은 제외한다.
   ① 층수가 **11층 이상**이거나 용도별 바닥면적 등을 고려하여 대통령령으로 정하는 산정기준에 따른 수용인원이 **5천명 이상**인 건축물
   ② 건축물 안에 건축법에 따른 **문화 및 집회시설, 판매시설, 운수시설, 업무시설, 숙박시설, 위락시설 중 테마파크업의 시설** 또는 대통령령으로 정하는 용도의 시설(**종합병원, 요양병원**)이 하나 이상 있는 건축물

3 피난안전구역의 설치기준 등

(1) **피난안전구역의 설치기준**(영 제14조) **13** 회 출제
   ① 초고층 건축물 : 건축법 시행령 제34조 제3항에 따른 피난안전구역을 설치할 것

> **Plus one**
>
> 건축법 시행령 제34조
> ③ **초고층 건축물**에는 피난층 또는 지상으로 통하는 직통계단과 직접 연결되는 **피난안전구역**(건축물의 피난·안전을 위하여 건축물 중간층에 설치하는 대피공간을 말한다)을 지상층으로부터 최대 **30개 층마다 1개소 이상 설치**해야 한다.
> ④ **준초고층 건축물**에는 피난층 또는 지상으로 통하는 직통계단과 직접 연결되는 **피난안전구역**을 해당 건축물 **전체 층수의 1/2에 해당하는 층으로부터 상하 5개층 이내에 1개소 이상 설치**해야 한다. 다만, 국토교통부령으로 정하는 기준에 따라 피난층 또는 지상으로 통하는 직통계단을 설치하는 경우에는 그렇지 않다.

② 30층 이상 49층 이하인 지하연계 복합건축물 : 건축법 시행령 제34조 제4항에 따른 피난안전구역을 설치할 것

③ 16층 이상 29층 이하인 지하연계 복합건축물 : 지상층별 거주밀도가 1[m²]당 1.5명을 초과하는 층은 해당 층의 사용 형태별 면적의 합의 1/10에 해당하는 면적을 피난안전구역으로 설치할 것

④ 초고층 건축물 등의 지하층이 법 제2조 제2호 나목의 용도로 사용되는 경우 : 해당 지하층에 별표 2의 피난안전구역 면적 산정기준에 따라 피난안전구역을 설치할 것. 다만, 해당 지하층이 다음의 어느 하나에 해당하는 경우에는 피난안전구역을 설치하지 않을 수 있다.
  ㉠ 선큰(지표 아래에 있고 바깥 공기에 개방된 공간으로서 건축물 사용자 등의 보행·휴식 및 피난 등에 제공되는 공간)이 설치된 경우
  ㉡ 피난층에 해당하는 경우로서 건축물의 출입구가 지상과 직접 연결된 경우

(2) 피난안전구역에 설치해야 하는 소방시설(영 제14조) 13 25 회 출제

① 소화설비 중 **소화기구**(소화기 및 간이소화용구만 해당한다), **옥내소화전설비 및 스프링클러설비**

② 경보설비 중 **자동화재탐지설비**

③ 피난설비 중 **방열복, 공기호흡기**(보조마스크를 포함한다), **인공소생기, 피난유도선**(피난안전구역으로 통하는 직통계단 및 특별피난계단을 포함한다), 피난안전구역으로 피난을 유도하기 위한 **유도등·유도표지, 비상조명등 및 휴대용 비상조명등**

④ 소화활동설비 중 **제연설비, 무선통신보조설비**

> **Plus one**
>
> 피난안전구역의 면적 산정기준(영 별표 2) 13 25 회 출제
> ① 지하층이 하나의 용도로 사용되는 경우
>   피난안전구역 면적 = (수용인원 × 0.1) × 0.28[m²]
> ② 지하층이 둘 이상의 용도로 사용되는 경우
>   피난안전구역 면적 = (용도·사용 형태별 수용인원의 합 × 0.1) × 0.28[m²]
> [비 고]
> 수용인원은 용도·사용 형태별 면적과 별표 1에 따른 거주밀도를 곱한 값을 말한다.

(3) 피난안전구역에 설치해야 하는 설비 등(규칙 제8조)

① 자동심장충격기 등 심폐소생술을 할 수 있는 응급장비
② 다음의 구분에 따른 수량의 방독면
  ㉠ 초고층 건축물에 설치된 피난안전구역 : 피난안전구역 위층의 재실자 수(건축물의 피난·방화구조 등의 기준에 관한 규칙 별표 1의2에 따라 산정된 재실자 수를 말한다)의 1/10 이상
  ㉡ 지하연계 복합건축물에 설치된 피난안전구역 : 피난안전구역이 설치된 층의 수용인원(영 별표 2에 따라 산정된 수용인원을 말한다)의 1/10 이상

4 종합방재실의 설치기준

(1) 종합방재실의 개수(규칙 제7조) 13 회 출제

1개. 다만, 100층 이상인 초고층 건축물 등[건축법 제2조 제2항 제2호에 따른 공동주택(같은 법 제11조에 따른 건축허가를 받아 주택 외의 시설과 주택을 동일 건축물로 건축하는 경우는 제외한다)은 제외한다]의 관리주체는 종합방재실이 그 기능을 상실하는 경우에 대비하여 종합방재실을 추가로 설치하거나, 관계지역 내 다른 종합방재실에 보조종합재난관리체제를 구축하여 재난관리 업무가 중단되지 않도록 해야 한다.

(2) 종합방재실의 위치(규칙 제7조)

① **1층 또는 피난층**. 다만, **초고층 건축물 등**에 건축법 시행령 제35조에 따른 특별피난계단이 설치되어 있고, **특별피난계단 출입구로부터 5[m] 이내에 종합방재실을 설치하려는 경우**에는 **2층** 또는 **지하 1층**에 설치할 수 있으며, **공동주택의 경우**에는 **관리사무소 내에 설치**할 수 있다.
② 비상용 승강장, 피난 전용 승강장 및 특별피난계단으로 이동하기 쉬운 곳
③ 재난정보 수집 및 제공, 방재 활동의 거점 역할을 할 수 있는 곳
④ 소방대가 쉽게 도달할 수 있는 곳
⑤ 화재 및 침수 등으로 인하여 피해를 입을 우려가 적은 곳

(3) 종합방재실의 구조 및 면적(규칙 제7조)

① 다른 부분과 방화구획으로 설치할 것. 다만, 다른 제어실 등의 감시를 위하여 두께 7[mm] 이상의 망입유리(두께 16.3[mm] 이상의 접합유리 또는 두께 28[mm] 이상의 복층유리를 포함한다)로 된 4[m²] 미만의 붙박이창을 설치할 수 있다.
② 인력의 대기 및 휴식 등을 위하여 종합방재실과 방화구획된 부속실을 설치할 것
③ **면적은 20[m²] 이상**으로 할 것

④ 재난 및 안전관리, 방범 및 보안, 테러 예방을 위하여 필요한 시설·장비의 설치와 근무 인력의 재난 및 안전관리 활동, 재난 발생 시 소방대원의 지휘 활동에 지장이 없도록 설치할 것
⑤ 출입문에는 출입 제한 및 통제 장치를 갖출 것

(4) 종합방재실의 설비 등(규칙 제7조)
① 조명설비(예비전원을 포함한다) 및 급수·배수설비
② 상용전원과 예비전원의 공급을 자동 또는 수동으로 전환하는 설비
③ 급기·배기설비 및 냉난방 설비
④ 전력 공급 상황 확인 시스템
⑤ 공기조화·냉난방·소방·승강기 설비의 감시 및 제어시스템
⑥ 자료 저장 시스템
⑦ 지진계 및 풍향·풍속계(초고층 건축물에 한정한다)
⑧ 소화 장비 보관함 및 무정전 전원공급장치
⑨ 피난안전구역, 피난용 승강기 승강장 및 테러 등의 감시와 방범·보안을 위한 폐쇄회로텔레비전(CCTV)

(5) 초고층 건축물 등의 관리주체는 종합방재실에 재난 및 안전관리에 필요한 인력을 3명 이상 상주하도록 해야 한다.

(6) 초고층 건축물 등의 관리주체는 종합방재실의 기능이 항상 정상적으로 작동되도록 종합방재실의 시설 및 장비 등을 수시로 점검하고, 그 결과를 보관해야 한다.

CHAPTER 05 예상문제

PART 01 소방관계법령

01 다음 용어를 설명하시오.
(1) 초고층 건축물
(2) 지하연계 복합건축물

해답 용어 정의(법 제2조)
(1) **초고층 건축물** : 층수가 50층 이상 또는 높이가 200[m] 이상인 건축물을 말한다(건축법 제84조에 따른 높이 및 층수를 말한다).
(2) **지하연계 복합건축물** - 지하부분이 지하역사 또는 지하도상가와 연결된 건축물로서 다음의 요건을 모두 갖춘 것을 말한다. 다만, 화재 발생 시 열과 연기의 배출이 쉬운 구조를 갖춘 건축물로서 대통령령으로 정하는 건축물은 제외한다.
① 층수가 **11층 이상**이거나 용도별 바닥면적 등을 고려하여 대통령령으로 정하는 산정기준에 따른 수용인원이 **5천명 이상**인 건축물
② 건축물 안에 건축법에 따른 **문화 및 집회시설**, **판매시설**, **운수시설**, 업무시설, 숙박시설, **위락시설 중 테마파크업**의 시설 또는 대통령령으로 정하는 용도의 시설(**종합병원, 요양병원**)이 하나 이상 있는 건축물

02 피난안전구역의 면적 산정기준을 쓰시오.

(1) 초고층 및 지하연계 복합건축물 재난관리에 관한 특별법 시행령
(2) 건축물의 피난·방화구조 등의 기준에 관한 규칙

해답 피난안전구역의 면적 산정기준(영 별표 2)
(1) 초고층 및 지하연계 복합건축물 재난관리에 관한 특별법
① 지하층이 하나의 용도로 사용되는 경우

$$\text{피난안전구역 면적} = (\text{수용인원} \times 0.1) \times 0.28 [m^2]$$

② 지하층이 둘 이상의 용도로 사용되는 경우

$$\text{피난안전구역 면적} = (\text{용도·사용 형태별 수용인원의 합} \times 0.1) \times 0.28 [m^2]$$

※ 수용인원 = 용도·사용 형태별 면적 × 거주밀도

(2) 건축물의 피난·방화구조 등의 기준에 관한 규칙(건피방 별표 1의2)

$$\text{피난안전구역 면적} = (\text{피난안전구역 위층의 재실자 수} \times 0.5) \times 0.28 [m^2]$$

피난안전구역 위층의 재실자 수는 해당 피난안전구역과 다음 피난안전구역 사이의 용도별 바닥면적을 사용 형태별 재실자 밀도로 나눈 값의 합계를 말한다. 다만, 문화·집회용도 중 벤치형 좌석을 사용하는 공간과 고정좌석을 사용하는 공간은 다음의 구분에 따라 피난안전구역 위층의 재실자수를 산정한다.
① 벤치형 좌석을 사용하는 공간 : 좌석길이/45.5[cm]
② 고정좌석을 사용하는 공간 : 휠체어 공간 수 + 고정좌석 수

03 총괄재난관리자의 업무를 쓰시오.

해답 총괄재난관리자의 업무(법 제12조)
① 재난예방 및 피해경감계획의 수립·시행
② 협의회의 구성·운영
③ 교육 및 훈련
④ 종합방재실의 설치·운영
⑤ 종합재난관리체제의 구축·운영
⑥ 피난안전구역의 설치·운영
⑦ 유해·위험물질의 관리 등
⑧ 초기대응대의 구성·운영
⑨ 대피 및 피난유도
⑩ 그 밖에 재난 및 안전관리에 관한 업무로서 행정안전부령으로 정하는 사항

04 초고층 건축물의 피난안전구역 설치기준을 쓰시오.

해답 피난안전구역의 설치기준(영 제14조)
① 초고층 건축물 : 건축법 시행령 제34조 제3항에 따른 피난안전구역을 설치할 것
② 30층 이상 49층 이하인 지하연계 복합건축물 : 건축법 시행령 제34조 제4항에 따른 피난안전구역을 설치할 것
③ 16층 이상 29층 이하인 지하연계 복합건축물 : 지상층별 거주밀도가 1[m^2]당 1.5명을 초과하는 층은 해당 층의 사용 형태별 면적의 합의 1/10에 해당하는 면적을 피난안전구역으로 설치할 것
④ 초고층 건축물 등의 지하층이 법 제2조 제2호 나목의 용도로 사용되는 경우 : 해당 지하층에 별표 2의 피난안전구역 면적 산정기준에 따라 피난안전구역을 설치할 것. 다만, 해당 지하층이 다음의 어느 하나에 해당하는 경우에는 피난안전구역을 설치하지 않을 수 있다.
 ㉠ 선큰(지표 아래에 있고 바깥 공기에 개방된 공간으로서 건축물 사용자 등의 보행·휴식 및 피난 등에 제공되는 공간)이 설치된 경우
 ㉡ 피난층에 해당하는 경우로서 건축물의 출입구가 지상과 직접 연결된 경우

05 초고층 건축물의 피난안전구역에 설치하는 소방시설을 쓰시오.

해답 피난안전구역에 설치하는 소방시설(영 제14조)
① 소화설비 중 소화기구(소화기 및 간이소화용구만 해당한다), 옥내소화전설비 및 스프링클러설비
② 경보설비 중 자동화재탐지설비
③ 피난설비 중 방열복, 공기호흡기(보조마스크를 포함한다), 인공소생기, 피난유도선(피난안전구역으로 통하는 직통계단 및 특별피난계단을 포함한다), 피난안전구역으로 피난을 유도하기 위한 유도등·유도표지, 비상조명등 및 휴대용 비상조명등
④ 소화활동설비 중 제연설비, 무선통신보조설비

06 초고층 건축물의 피난안전구역에 설치하는 선큰의 설치기준을 쓰시오.

해답 선큰의 설치기준(영 제14조)
① 다음의 구분에 따라 용도별로 산정한 면적을 합산한 면적 이상으로 설치할 것
  ㉠ 문화 및 집회시설 중 공연장, 집회장 및 관람장은 해당 면적의 7[%] 이상
  ㉡ 판매시설 중 소매시장은 해당 면적의 7[%] 이상
  ㉢ 그 밖의 용도는 해당 면적의 3[%] 이상
② 다음의 기준에 맞게 설치할 것
  ㉠ 지상 또는 피난층(직접 지상으로 통하는 출입구가 있는 층 및 피난안전구역을 말한다)으로 통하는 너비 1.8[m] 이상의 직통계단을 설치하거나 너비 1.8[m] 이상 및 경사도 12.5[%] 이하의 경사로를 설치할 것
  ㉡ 거실(건축물 안에서 거주, 집무, 작업, 집회, 오락, 그 밖에 이와 유사한 목적을 위하여 사용되는 방을 말한다) 바닥면적 100[m^2]마다 0.6[m] 이상을 거실에 접하도록 하고, 선큰과 거실을 연결하는 출입문의 너비는 거실 바닥면적 100[m^2]마다 0.3[m]로 산정한 값 이상으로 할 것
③ 다음의 기준에 맞는 설비를 갖출 것
  ㉠ 빗물에 의한 침수 방지를 위하여 차수판, 집수정(물저장고), 역류방지기를 설치할 것
  ㉡ 선큰과 거실이 접하는 부분에 제연설비[드렌처(수막)설비 또는 공기조화설비와 별도로 운용하는 제연설비를 말한다]를 설치할 것. 다만, 선큰과 거실이 접하는 부분에 설치된 공기조화설비가 소방시설 설치 및 관리에 관한 법률 제12조 제1항에 따른 화재안전기준에 맞게 설치되어 있고, 화재발생 시 제연설비 기능으로 자동 전환되는 경우에는 제연설비를 설치하지 않을 수 있다.

07 초고층 건축물의 피난안전구역에 설치하는 설비의 종류를 쓰시오.

해답 피난안전구역에 설치하는 설비의 종류(규칙 제8조)
① 자동심장충격기 등 심폐소생술을 할 수 있는 응급장비
② 다음의 구분에 따른 수량의 방독면
  ㉠ 초고층 건축물에 설치된 피난안전구역 : 피난안전구역 위층의 재실자 수(건축물의 피난·방화구조 등의 기준에 관한 규칙 별표 1의2에 따라 산정된 재실자 수를 말한다)의 1/10 이상
  ㉡ 지하연계 복합건축물에 설치된 피난안전구역 : 피난안전구역이 설치된 층의 수용인원(영 별표 2에 따라 산정된 수용인원을 말한다)의 1/10 이상

08 초고층 건축물의 종합방재실의 최소 설치개수 및 위치기준을 쓰시오.

해답 **종합방재실의 설치기준(규칙 제7조)**

① 종합방재실의 개수 : 1개. 다만, 100층 이상인 초고층 건축물 등[건축법 제2조 제2항 제2호에 따른 공동주택(같은 법 제11조에 따른 건축허가를 받아 주택 외의 시설과 주택을 동일 건축물로 건축하는 경우는 제외한다)은 제외한다]의 관리주체는 종합방재실이 그 기능을 상실하는 경우에 대비하여 종합방재실을 추가로 설치하거나, 관계지역 내 다른 종합방재실에 보조종합재난관리체제를 구축하여 재난관리 업무가 중단되지 않도록 해야 한다.

② 종합방재실의 위치
  ㉠ 1층 또는 피난층. 다만, 초고층 건축물 등에 건축법 시행령 제35조에 따른 특별피난계단이 설치되어 있고, 특별피난계단 출입구로부터 5[m] 이내에 종합방재실을 설치하려는 경우에는 2층 또는 지하 1층에 설치할 수 있으며, 공동주택의 경우에는 관리사무소 내에 설치할 수 있다.
  ㉡ 비상용 승강장, 피난 전용 승강장 및 특별피난계단으로 이동하기 쉬운 곳
  ㉢ 재난정보 수집 및 제공, 방재 활동의 거점 역할을 할 수 있는 곳
  ㉣ 소방대가 쉽게 도달할 수 있는 곳
  ㉤ 화재 및 침수 등으로 인하여 피해를 입을 우려가 적은 곳

③ 종합방재실의 구조 및 면적
  ㉠ 다른 부분과 방화구획으로 설치할 것. 다만, 다른 제어실 등의 감시를 위하여 두께 7[mm] 이상의 망입유리(두께 16.3[mm] 이상의 접합유리 또는 두께 28[mm] 이상의 복층유리를 포함한다)로 된 4[m^2] 미만의 붙박이창을 설치할 수 있다.
  ㉡ 인력의 대기 및 휴식 등을 위하여 종합방재실과 방화구획된 부속실을 설치할 것
  ㉢ 면적은 20[m^2] 이상으로 할 것
  ㉣ 재난 및 안전관리, 방범 및 보안, 테러 예방을 위하여 필요한 시설·장비의 설치와 근무 인력의 재난 및 안전관리 활동, 재난 발생 시 소방대원의 지휘 활동에 지장이 없도록 설치할 것
  ㉤ 출입문에는 출입 제한 및 통제 장치를 갖출 것

④ 종합방재실의 설비 등
  ㉠ 조명설비(예비전원을 포함한다) 및 급수·배수설비
  ㉡ 상용전원과 예비전원의 공급을 자동 또는 수동으로 전환하는 설비
  ㉢ 급기·배기설비 및 냉난방 설비
  ㉣ 전력 공급 상황 확인 시스템
  ㉤ 공기조화·냉난방·소방·승강기 설비의 감시 및 제어시스템
  ㉥ 자료 저장 시스템
  ㉦ 지진계 및 풍향·풍속계(초고층 건축물에 한정한다)
  ㉧ 소화 장비 보관함 및 무정전 전원공급장치
  ㉨ 피난안전구역, 피난용 승강기 승강장 및 테러 등의 감시와 방범·보안을 위한 폐쇄회로텔레비전(CCTV)

⑤ 초고층 건축물 등의 관리주체는 종합방재실에 재난 및 안전관리에 필요한 인력을 3명 이상 상주하도록 해야 한다.

⑥ 초고층 건축물 등의 관리주체는 종합방재실의 기능이 항상 정상적으로 작동되도록 종합방재실의 시설 및 장비 등을 수시로 점검하고, 그 결과를 보관해야 한다.

PART 02

소방시설의 점검

CHAPTER 01	수계(水系) 소화설비
CHAPTER 02	가스계(GAS系) 소화설비
CHAPTER 03	경보설비
CHAPTER 04	피난구조설비
CHAPTER 05	소화용수설비
CHAPTER 06	소화활동설비 등

점검실무행정
www.sdedu.co.kr

알림
- 이 책의 외래어 표기는 국립국어원의 외래어 표기법을 따랐으며, 화학 용어는 대한화학회 화합물 명명법에 따라 한글 새이름을 반영하였습니다.
- 소방관계법령의 잦은 개정으로 도서의 내용이 달라질 수 있음을 알려드립니다. 자세한 사항은 법제처 사이트(https://www.moleg.go.kr)를 참고 바랍니다.

CHAPTER 01 수계(水系) 소화설비

PART 02 소방시설의 점검

제1절 소화기구 및 자동소화장치(NFTC 101, 소방시설법 영 별표 4)

[소화기구를 설치해야 하는 특정소방대상물]
1) 연면적 33[m²] 이상인 것. 다만, 노유자시설의 경우에는 투척용 소화용구 등을 화재안전기준에 따라 산정된 소화기 수량의 1/2 이상으로 설치할 수 있다.
2) 1)에 해당하지 않는 시설로서 가스시설, 발전시설 중 전기저장시설 및 국가유산
3) 터 널
4) 지하구

[자동소화장치를 설치해야 하는 특정소방대상물]
1) 주거용 주방자동소화장치를 설치해야 하는 것 : 아파트 등 및 오피스텔의 모든 층
2) 상업용 주방자동소화장치를 설치해야 하는 것 : 대규모 점포에 입점해 있는 일반음식점, 집단급식소
3) 캐비닛형 자동소화장치, 가스자동소화장치, 분말자동소화장치 또는 고체에어로졸 자동소화장치를 설치해야 하는 것 : 화재안전기준에서 정하는 장소

1 용어 정의

(1) 소화기

소화약제를 압력에 따라 방사하는 기구로서 사람이 수동으로 조작하여 소화하는 다음의 소화기
① **소형소화기** : **능력단위가 1단위 이상**이고 대형소화기의 능력단위 미만인 소화기
② **대형소화기** : 화재 시 사람이 운반할 수 있도록 운반대와 바퀴가 설치되어 있고 능력단위가 **A급 10단위 이상, B급 20단위 이상**인 것으로서 소화약제 충전량은 아래 표에 기재한 이상인 소화기

[대형소화기(소화기의 형식승인 및 제품검사의 기술기준 제10조)]

종 별	포소화기	강화액소화기	물소화기	분말소화기	할론소화기	이산화탄소소화기
소화약제 충전량	20[L]	60[L]	80[L]	20[kg]	30[kg]	50[kg]

※ 기술기준 및 하위 법령에서는 '할로겐화합물'로 명명하나, 상위 법령에 따라 '할론'으로 표기하였음을 알려드립니다.

③ **자동확산소화기** : 화재를 감지하여 자동으로 소화약제를 방출 확산시켜 국소적으로 소화하는 소화기 **23 회 출제**

　㉠ 일반화재용 자동확산소화기 : 보일러실, 건조실, 세탁소, 대량화기취급소 등에 설치되는 자동확산소화기
　㉡ 주방화재용 자동확산소화기 : 음식점, 다중이용업소, 호텔, 기숙사, 의료시설, 업무시설, 공장 등의 주방에 설치되는 자동확산소화기

ⓒ 전기설비용 자동확산소화기 : 변전실, 송전실, 변압기실, 배전반실, 제어반, 분전반 등에 설치되는 자동확산소화기

(2) 자동소화장치

소화약제를 자동으로 방사하는 고정된 소화장치로서 법에 따라 형식승인이나 성능인증을 받은 유효설치 범위(설계방호체적, 최대설치높이, 방호면적 등을 말한다) 이내에 설치하여 소화하는 다음 각 소화장치를 말한다.

① **주거용 주방자동소화장치** : 주거용 주방에 설치된 열발생 조리기구의 사용으로 인한 화재 발생 시 열원(전기 또는 가스)을 자동으로 차단하며 소화약제를 방출하는 소화장치
② **상업용 주방자동소화장치** : 상업용 주방에 설치된 열발생 조리기구의 사용으로 인한 화재 발생 시 열원(전기 또는 가스)을 자동으로 차단하며 소화약제를 방출하는 소화장치
③ **캐비닛형 자동소화장치** : 열, 연기 또는 불꽃 등을 감지하여 소화약제를 방사하여 소화하는 캐비닛 형태의 소화장치
④ **가스 자동소화장치** : 열, 연기 또는 불꽃 등을 감지하여 가스계 소화약제를 방사하여 소화하는 소화장치
⑤ **분말 자동소화장치** : 열, 연기 또는 불꽃 등을 감지하여 분말의 소화약제를 방사하여 소화하는 소화장치
⑥ **고체에어로졸 자동소화장치** : 열, 연기 또는 불꽃 등을 감지하여 에어로졸의 소화약제를 방사하여 소화하는 소화장치

(3) 소화약제 외의 것을 이용한 간이소화용구의 능력단위

간이소화용구		능력단위
1. 마른모래	삽을 상비한 50[L] 이상의 것 1포	0.5단위
2. 팽창질석 또는 팽창진주암	삽을 상비한 80[L] 이상의 것 1포	

(4) 화재의 종류

① **일반화재(A급 화재)** : 나무, 섬유, 종이, 고무, 플라스틱류와 같은 일반 가연물이 타고 나서 재가 남는 화재(일반화재에 대한 소화기의 적응 화재별 표시는 'A'로 표시한다)
② **유류화재(B급 화재)** : 인화성 액체, 가연성 액체, 석유, 그리스, 타르, 오일, 유성도료, 솔벤트, 래커, 알코올 및 인화성 가스와 같은 유류가 타고 나서 재가 남지 않는 화재(유류화재에 대한 소화기의 적응 화재별 표시는 'B'로 표시한다)
③ **전기화재(C급 화재)** : 전류가 흐르고 있는 전기기기, 배선과 관련된 화재(전기화재에 대한 소화기의 적응 화재별 표시는 'C'로 표시한다)
④ **주방화재(K급 화재)** : 주방에서 동식물유를 취급하는 조리기구에서 일어나는 화재(주방화재에 대한 소화기의 적응 화재별 표시는 'K'로 표시한다)
⑤ **금속화재(D급 화재)** : 마그네슘 합금 등 가연성 금속에서 일어나는 화재(금속화재에 대한 소화기의 적응 화재별 표시는 'D'로 표시한다)

2 소화기구의 설치기준

[강화액소화기] [이산화탄소소화기] [할론소화기] [분말소화기] [K급소화기]

(1) 소화기구의 소화약제별 적응성 [설계] [17회]

소화약제 구분	가 스			분 말		액 체				기 타			
적응대상	이산화탄소소화약제	할론소화약제	할로겐화합물 및 불활성기체소화약제	인산염류소화약제	중탄산염류소화약제	산알칼리소화약제	강화액소화약제	포소화약제	물·침윤소화약제	고체에어로졸화합물	마른모래	팽창질석·팽창진주암	그 밖의 것
일반화재(A급 화재)	–	○	○	○	–	○	○	○	○	○	○	○	–
유류화재(B급 화재)	○	○	○	○	○	○	○	○	○	○	○	○	–
전기화재(C급 화재)	○	○	○	○	○	*	*	*	*	○	–	–	–
주방화재(K급 화재)	–	–	–	–	*	–	*	*	*	–	–	–	*
금속화재(D급 화재)	–	–	–	–	*	–	–	–	–	–	○	○	*

[비 고] "*"의 소화약제별 적응성은 소방시설 설치 및 관리에 관한 법률 제37조에 의한 형식승인 및 제품검사의 기술기준에 따라 화재 종류별 적응성에 적합한 것으로 인정되는 경우에 한한다.

(2) 특정소방대상물별 소화기구의 능력단위 [설계] [12] [14] [17회]

특정소방대상물	소화기구의 능력단위
1. 위락시설	해당 용도의 바닥면적 30[m²]마다 능력단위 1단위 이상
2. 공연장, 집회장, 관람장, 문화재(국가유산), 장례식장, 의료시설	해당 용도의 바닥면적 50[m²]마다 능력단위 1단위 이상
3. 근린생활시설, 판매시설, 운수시설, 숙박시설, 노유자시설, 전시장, 공동주택, 업무시설, 방송통신시설, 공장, 창고시설, 항공기 및 자동차 관련 시설, 관광휴게시설	해당 용도의 바닥면적 100[m²]마다 능력단위 1단위 이상
4. 그 밖의 것	해당 용도의 바닥면적 200[m²]마다 능력단위 1단위 이상

[비 고] 소화기구의 능력단위를 산출함에 있어서 건축물의 주요구조부가 **내화구조**이고, 벽 및 반자의 실내에 면하는 부분이 불연재료·준불연재료 또는 난연재료로 된 특정소방대상물에 있어서는 위 표의 **바닥면적의 2배**를 해당 특정소방대상물의 기준면적으로 한다.

(3) 부속용도별 추가해야 할 소화기구 및 자동소화장치 〔설계 14회〕

용도별	소화기구의 능력단위
1. 다음의 시설. 다만, **스프링클러설비·간이스프링클러설비·물분무등소화설비** 또는 **상업용 주방자동소화장치**가 설치된 경우에는 **자동확산소화기**를 설치하지 않을 수 있다. 　가. 보일러실·건조실·세탁소·대량화기취급소 　나. 음식점(지하상가의 음식점을 포함한다)·다중이용업소·호텔·기숙사·노유자시설·의료시설·업무시설·공장·장례식장·교육연구시설·교정 및 군사시설의 주방. 다만, 의료시설·업무시설 및 공장의 주방은 공동취사를 위한 것에 한한다. 　다. 관리자의 출입이 곤란한 변전실·송전실·변압기실 및 배전반실(불연재료로 된 상자 안에 장치된 것을 제외한다)	1. 해당 용도의 바닥면적 25[m²]마다 능력단위 1단위 이상의 소화기로 할 것. 이 경우 나목의 주방에 설치하는 소화기 중 1개 이상은 주방화재용 소화기(K급)를 설치해야 한다. 2. 자동확산소화기는 해당 용도의 바닥면적을 기준으로 10[m²] 이하는 1개, 10[m²] 초과는 2개를 설치하되, 보일러, 조리기구, 변전설비 등 방호대상에 유효하게 분사될 수 있는 위치에 배치될 수 있는 수량으로 설치할 것
2. 발전실·변전실·송전실·변압기실·배전반실·통신기기실·전산기기실·기타 이와 유사한 시설이 있는 장소(다만, 제1호 다목의 장소를 제외한다)	해당 용도의 바닥면적 50[m²]마다 적응성이 있는 소화기 1개 이상 또는 유효설치방호체적 이내의 가스·분말·고체에어로졸 자동소화장치, 캐비닛형 자동소화장치(다만, 통신기기실·전자기기실을 제외한 장소에 있어서는 교류 600[V] 또는 직류 750[V] 이상의 것에 한한다)
3. 위험물안전관리법 시행령 별표 1에 따른 지정수량의 1/5 이상 지정수량 미만의 위험물을 저장 또는 취급하는 장소	능력단위 2단위 이상 또는 유효설치방호체적 이내의 가스·분말·고체에어로졸 자동소화장치, 캐비닛형 자동소화장치
4. 화재의 예방 및 안전관리에 관한 법률 시행령 별표 2에 따른 특수가연물을 저장 또는 취급하는 장소 / 화재의 예방 및 안전관리에 관한 법률 시행령 별표 2에서 정하는 수량 이상	화재의 예방 및 안전관리에 관한 법률 시행령 별표 2에서 정하는 수량의 50배 이상마다 능력단위 1단위 이상
4. (계속) / 화재의 예방 및 안전관리에 관한 법률 시행령 별표 2에서 정하는 수량의 500배 이상	대형소화기 1개 이상
5. 고압가스안전관리법·액화석유가스의 안전관리 및 사업법 및 도시가스사업법에서 규정하는 가연성 가스를 연료로 사용하는 장소 / 액화석유가스 기타 가연성 가스를 연료로 사용하는 연소기기가 있는 장소	각 연소기로부터 보행거리 10[m] 이내에 능력단위 3단위 이상의 소화기 1개 이상(다만, 상업용 주방자동소화장치가 설치된 장소는 제외한다)
5. (계속) / 액화석유가스 기타 가연성 가스를 연료로 사용하기 위하여 저장하는 저장실(저장량 300[kg] 미만은 제외한다)	능력단위 5단위 이상의 소화기 2개 이상 및 대형소화기 1개 이상
6. 고압가스안전관리법·액화석유가스의 안전관리 및 사업법 또는 도시가스사업법에서 규정하는 가연성 가스를 제조하거나 연료 외의 용도로 저장·사용하는 장소 / 저장하고 있는 양 또는 1개월 동안 제조·사용하는 양 / 200[kg] 미만 / 저장하는 장소	능력단위 3단위 이상의 소화기 2개 이상
6. (계속) / 200[kg] 미만 / 제조·사용하는 장소	능력단위 3단위 이상의 소화기 2개 이상
6. (계속) / 200[kg] 이상 300[kg] 미만 / 저장하는 장소	능력단위 5단위 이상의 소화기 2개 이상
6. (계속) / 200[kg] 이상 300[kg] 미만 / 제조·사용하는 장소	바닥면적 50[m²]마다 능력단위 5단위 이상의 소화기 1개 이상
6. (계속) / 300[kg] 이상 / 저장하는 장소	대형소화기 2개 이상
6. (계속) / 300[kg] 이상 / 제조·사용하는 장소	바닥면적 50[m²]마다 능력단위 5단위 이상의 소화기 1개 이상
7. 마그네슘 합금 칩을 저장 또는 취급하는 장소	금속화재용 소화기(D급) 1개 이상을 금속재료로부터 보행거리 20[m] 이내로 설치할 것

[비 고] 액화석유가스·기타 가연성 가스를 제조하거나 연료 외의 용도로 사용하는 장소에 소화기를 설치하는 때에는 해당 장소 바닥면적 50[m²] 이하인 경우에도 해당 소화기를 2개 이상 비치해야 한다.

(4) 소화기구의 설치기준

① 특정소방대상물의 각 층마다 설치하되, 각 층이 2 이상의 거실로 구획된 경우에는 각 층마다 설치하는 것 외에 바닥면적이 33[m²] 이상으로 구획된 각 거실에도 배치할 것

② 특정소방대상물의 각 부분으로부터 1개의 소화기까지의 보행거리가 소형소화기의 경우에는 20[m] 이내, 대형소화기의 경우에는 30[m] 이내가 되도록 배치할 것. 다만, 가연성물질이 없는 작업장의 경우에는 작업장의 실정에 맞게 보행거리를 완화하여 배치할 수 있다.

③ 능력단위가 2단위 이상이 되도록 소화기를 설치해야 할 특정소방대상물 또는 그 부분에 있어서는 간이소화용구의 능력단위가 전체 능력단위의 1/2을 초과하지 않게 할 것. 다만, 노유자 시설의 경우에는 그렇지 않다.

④ 소화기구(자동확산소화기를 제외한다)는 거주자 등이 손쉽게 사용할 수 있는 장소에 바닥으로부터 높이 1.5[m] 이하의 곳에 비치하고, 소화기에 있어서는 "**소화기**", 투척용 소화용구에 있어서는 "**투척용 소화용구**", 마른모래에 있어서는 "**소화용 모래**", 팽창진주암 및 팽창질석에 있어서는 "**소화질석**"이라고 표시한 표지를 보기 쉬운 곳에 부착할 것. 다만, 소화기 및 투척용 소화용구의 표지는 축광표지의 성능인증 및 제품검사의 기술기준에 적합한 축광식표지로 설치하고, 주차장의 경우 표지를 바닥으로부터 1.5[m] 이상의 높이에 설치할 것

⑤ 자동확산소화기의 설치기준
   ㉠ 방호대상물에 소화약제가 유효하게 방출될 수 있도록 설치할 것
   ㉡ 작동에 지장이 없도록 견고하게 고정할 것

[자동확산소화기]

[투척용 소화용구]

3 주거용 주방자동소화장치의 설치기준

[방출구]　　　　[차단장치]　　　　[수신부]　　　　　　[저장용기]

(1) 설치장소
아파트 등 및 오피스텔의 모든 층의 주방에 설치

(2) 설치기준
① 소화약제 방출구는 환기구(주방에서 발생하는 열기류 등을 밖으로 배출하는 장치를 말한다)의 청소부분과 분리되어 있어야 하며, 형식승인 받은 유효설치 높이 및 방호면적에 따라 설치할 것
② 감지부는 형식승인 받은 유효한 높이 및 위치에 설치할 것
③ 차단장치(전기 또는 가스)는 상시 확인 및 점검이 가능하도록 설치할 것
④ 가스용 주방자동소화장치를 사용하는 경우 탐지부는 수신부와 분리하여 설치하되, 공기보다 가벼운 가스를 사용하는 경우에는 천장면으로부터 30[cm] 이하의 위치에 설치하고, 공기보다 무거운 가스를 사용하는 장소에는 바닥면으로부터 30[cm] 이하의 위치에 설치할 것
⑤ 수신부는 주위의 열기류 또는 습기 등과 주위온도에 영향을 받지 않고 사용자가 상시 볼 수 있는 장소에 설치할 것

4 상업용 주방자동소화장치의 설치기준
① 소화장치는 조리기구의 종류별로 성능인증 받은 설계 매뉴얼에 적합하게 설치할 것
② 감지부는 성능인증 받은 유효높이 및 위치에 설치할 것
③ 차단장치(전기 또는 가스)는 상시 확인 및 점검이 가능하도록 설치할 것
④ 후드에 설치되는 분사헤드는 후드의 가장 긴 변의 길이까지 방출될 수 있도록 소화약제의 방출 방향 및 거리를 고려하여 설치할 것
⑤ 덕트에 설치되는 분사헤드는 성능인증 받은 길이 이내로 설치할 것

5 캐비닛형 자동소화장치의 설치기준

① 분사헤드(방출구)의 설치 높이는 방호구역의 바닥으로부터 형식승인을 받은 범위 내에서 유효하게 소화약제를 방출시킬 수 있는 높이에 설치할 것
② 화재감지기는 방호구역 내의 천장 또는 옥내에 면하는 부분에 설치하되 자동화재탐지설비 및 시각경보장치의 화재안전기술기준(NFTC 203) 2.4 (감지기)에 적합하도록 설치할 것
③ 방호구역 내의 화재감지기의 감지에 따라 작동되도록 할 것
④ 화재감지기의 회로는 교차회로방식으로 설치할 것. 다만, 화재감지기를 자동화재탐지설비 및 시각경보장치의 화재안전기술기준(NFTC 203) 2.4.1 단서의 각 감지기로 설치하는 경우에는 그렇지 않다.
⑤ 교차회로 내의 각 화재감지기 회로별로 설치된 화재감지기 1개가 담당하는 바닥면적은 자동화재탐지설비 및 시각경보장치의 화재안전기술기준(NFTC 203) 2.4.3.5, 2.4.3.8 및 2.4.3.10에 따른 바닥면적으로 할 것

[캐비닛형 자동소화장치]

⑥ 개구부 및 통기구(환기장치를 포함한다)를 설치한 것에 있어서는 소화약제가 방출되기 전에 해당 개구부 및 통기구를 자동으로 폐쇄할 수 있도록 할 것. 다만, 가스압에 의하여 폐쇄되는 것은 소화약제 방출과 동시에 폐쇄할 수 있다.
⑦ 작동에 지장이 없도록 견고하게 고정시킬 것
⑧ 구획된 장소의 방호체적 이상을 방호할 수 있는 소화성능이 있을 것

6 가스, 분말, 고체에어로졸 자동소화장치의 설치기준 설계 14회

① 소화약제 방출구는 형식승인을 받은 유효설치범위 내에 설치할 것
② 자동소화장치는 방호구역 내에 형식승인된 1개의 제품을 설치할 것. 이 경우 연동방식으로서 하나의 형식을 받은 경우에는 1개의 제품으로 본다.
③ 감지부는 형식승인된 유효설치범위 내에 설치해야 하며 설치장소의 평상시 최고주위온도에 따라 다음 표에 따른 표시온도의 것으로 설치할 것. 다만, 열감지선의 감지부는 형식승인 받은 최고 주위온도범위 내에 설치해야 한다.

[설치장소의 평상 시 최고 주위온도에 따른 감지부의 표시온도]

설치장소의 최고 주위온도	표시온도
39[℃] 미만	79[℃] 미만
39[℃] 이상 64[℃] 미만	79[℃] 이상 121[℃] 미만
64[℃] 이상 106[℃] 미만	121[℃] 이상 162[℃] 미만
106[℃] 이상	162[℃] 이상

[가스 자동소화장치]

④ ③에도 불구하고 화재감지기를 감지부로 사용하는 경우에는 5 캐비닛형 자동소화장치의 설치기준 ②부터 ⑤까지의 설치방법에 따를 것

7 이산화탄소 또는 할론을 방출하는 소화기구(자동확산소화기는 제외)를 설치할 수 없는 장소
① 지하층
② 무창층
③ 밀폐된 거실로서 그 바닥면적이 20[m^2] 미만의 장소

8 소화기의 설치감소 설계 17회
(1) 소형소화기를 설치해야 할 특정소방대상물
옥내소화전설비·스프링클러설비·물분무등소화설비·옥외소화전설비 또는 **대형소화기**를 설치한 경우에는 해당 설비의 유효범위의 부분에 대하여는 소형소화기 설치개수의 2/3(대형소화기를 둔 경우에는 1/2)를 감소할 수 있다.

(2) 소화기 설치감소(2/3, 1/2 감소) 제외 대상물
① 층수가 11층 이상인 부분
② 근린생활시설
③ 위락시설
④ 문화 및 집회시설
⑤ 운동시설
⑥ 판매시설
⑦ 운수시설
⑧ 숙박시설
⑨ 노유자시설
⑩ 의료시설
⑪ 업무시설(무인변전소를 제외한다)
⑫ 방송통신시설
⑬ 교육연구시설
⑭ 항공기 및 자동차 관련 시설
⑮ 관광휴게시설

(3) 대형소화기를 설치하지 않을 수 있는 경우
옥내소화전설비·스프링클러설비·물분무등소화설비 또는 **옥외소화전설비**를 설치한 경우에는 해당 설비의 유효범위 안의 부분에 대하여는 대형소화기를 설치하지 않을 수 있다.

9 소화기 용기의 표시사항(소화기의 형식승인 및 제품검사의 기술기준 제38조)

① 종별 및 형식
② 형식승인번호
③ 제조년월 및 제조번호, 내용연한(분말소화약제를 사용하는 소화기에 한함)
④ 제조업체명 또는 상호, 수입업체명(수입품에 한함)
⑤ 사용온도범위
⑥ 소화능력단위
⑦ 충전된 소화약제의 주성분 및 중(용)량
⑧ 방사시간, 방사거리
⑨ 가압용 가스용기의 가스종류 및 가스량(가압식 소화기에 한함)
⑩ 총중량
⑪ **취급상의 주의사항**
  ㉠ 유류화재 또는 전기화재에 사용하여서는 안 되는 소화기는 그 내용
  ㉡ 기타 주의사항
⑫ **적응화재별 표시사항**
  ㉠ 일반화재용 소화기의 경우 : A(일반화재용)
  ㉡ 유류화재용 소화기의 경우 : B(유류화재용)
  ㉢ 전기화재용 소화기의 경우 : C(전기화재용)
  ㉣ 금속화재용 소화기의 경우 : D(금속화재용)
  ㉤ 주방화재용 소화기의 경우 : K(주방화재용)
⑬ 사용방법
⑭ 품질보증에 관한 사항(보증기간, 보증내용, A/S방법, 자체검사필 등)
⑮ 소화기의 원산지 등
⑯ 소화기에 충전한 소화약제의 물질안전자료(MSDS)에 언급된 동일한 소화약제명의 다음의 정보
  ㉠ 1[%]를 초과하는 위험물질 목록
  ㉡ 5[%]를 초과하는 화학물질 목록
  ㉢ MSDS에 따른 위험한 약제에 관한 정보
⑰ 소화 가능한 가연성 금속재료의 종류 및 형태, 중량, 면적(D급 화재용 소화기에 한함)

10 소화기구 및 자동소화장치의 점검표(소방시설 자체점검사항 등에 관한 고시 별지 4)

번호	점검항목	점검결과
1-A. 소화기구(소화기, 자동확산소화기, 간이소화용구)		
1-A-001	○ 거주자 등이 손쉽게 사용할 수 있는 장소에 설치되어 있는지 여부	
1-A-002	○ 설치높이 적합 여부	
1-A-003	○ 배치거리(보행거리 소형 20[m] 이내, 대형 30[m] 이내) 적합 여부	
1-A-004	○ 구획된 거실(바닥면적 33[m²] 이상)마다 소화기 설치 여부	
1-A-005	○ 소화기 표지 설치상태 적정 여부	
1-A-006	○ 소화기의 변형·손상 또는 부식 등 외관의 이상 여부	
1-A-007	○ 지시압력계(녹색범위)의 적정 여부	
1-A-008	○ 수동식 분말소화기 내용연수(10년) 적정 여부	
1-A-009	● 설치수량 적정 여부	
1-A-010	● 적응성 있는 소화약제 사용 여부	
1-B. 자동소화장치		
	[주거용 주방자동소화장치]	
1-B-001	○ 수신부의 설치상태 적정 및 정상(예비전원, 음향장치 등) 작동 여부	
1-B-002	○ 소화약제의 지시압력 적정 및 외관의 이상 여부	
1-B-003	○ 소화약제 방출구의 설치상태 적정 및 외관의 이상 여부	
1-B-004	○ 감지부 설치상태 적정 여부	
1-B-005	○ 탐지부 설치상태 적정 여부	
1-B-006	○ 차단장치 설치상태 적정 및 정상 작동 여부	
	[상업용 주방자동소화장치] **21 회 출제**	
1-B-011	○ 소화약제의 지시압력 적정 및 외관의 이상 여부	
1-B-012	○ 후드 및 덕트에 감지부와 분사헤드의 설치상태 적정 여부	
1-B-013	○ 수동기동장치의 설치상태 적정 여부	
	[캐비닛형 자동소화장치]	
1-B-021	○ 분사헤드의 설치상태 적합 여부	
1-B-022	○ 화재감지기 설치상태 적합 여부 및 정상 작동 여부	
1-B-023	○ 개구부 및 통기구 설치 시 자동폐쇄장치 설치 여부	
	[가스·분말·고체에어로졸 자동소화장치]	
1-B-031	○ 수신부의 정상(예비전원, 음향장치 등) 작동 여부	
1-B-032	○ 소화약제의 지시압력 적정 및 외관의 이상 여부	
1-B-033	○ 감지부(또는 화재감지기) 설치상태 적정 및 정상 작동 여부	
비고		

※ 점검항목 중 "●"는 종합점검의 경우에만 해당한다.
※ 점검결과란은 양호 "○", 불량 "×", 해당없는 항목은 "/"로 표시한다.
※ 점검항목 내용 중 "설치기준" 및 "설치상태"에 대한 점검은 정상적인 작동 가능 여부를 포함한다.
※ '비고'란에는 특정소방대상물의 위치·구조·용도 및 소방시설의 상황 등이 이 표의 항목대로 기재하기 곤란하거나 이 표에서 누락된 사항을 기재한다.(이하 같다)

제2절 옥내소화전설비(NFTC 102, 소방시설법 영 별표 4)

[옥내소화전설비를 설치해야 하는 특정소방대상물]

위험물 저장 및 처리 시설 중 가스시설, 지하구 및 업무시설 중 무인변전소(방재실 등에서 스프링클러설비 또는 물분무등소화설비를 원격으로 조정할 수 있는 무인변전소로 한정한다)는 제외한다.

1) 다음의 어느 하나에 해당하는 경우에는 모든 층
    가) 연면적 3,000[m²] 이상인 것(터널은 제외한다)
    나) 지하층·무창층(축사는 제외한다)으로서 바닥면적이 600[m²] 이상인 층이 있는 것
    다) 4층 이상인 층 중에서 바닥면적이 600[m²] 이상인 층이 있는 것
2) 1)에 해당하지 않는 근린생활시설, 판매시설, 운수시설, 의료시설, 노유자시설, 업무시설, 숙박시설, 위락시설, 공장, 창고시설, 항공기 및 자동차 관련 시설, 교정 및 군사시설 중 국방·군사시설, 방송통신시설, 발전시설, 장례시설 또는 복합건축물로서 다음 어느 하나에 해당하는 경우에는 모든 층
    가) 연면적 1,500[m²] 이상인 것
    나) 지하층·무창층으로서 바닥면적이 300[m²] 이상인 층이 있는 것
    다) 4층 이상인 층 중에서 바닥면적이 300[m²] 이상인 층이 있는 것
3) 건축물의 옥상에 설치된 차고·주차장으로서 면적이 200[m²] 이상인 경우 해당 부분
4) 다음의 어느 하나에 해당하는 터널
    가) 길이가 1,000[m] 이상인 터널
    나) 예상교통량, 경사도 등 터널의 특성을 고려하여 행정안전부령으로 정하는 터널
5) 1) 및 2)에 해당하지 않는 공장 또는 창고시설로서 화재의 예방 및 안전관리에 관한 법률 시행령 별표 2에서 정하는 수량의 750배 이상의 특수가연물을 저장·취급하는 것

1 옥내소화전설비의 분류

(1) 기동방식에 의한 분류

① 수동기동방식(On-Off 스위치 방식) : 옥내소화전함에 설치된 앵글밸브를 열고 기동스위치(Botton)를 누르면 송수펌프가 기동되면서 방수가 되는 방식으로 소화전함에 On-Off 스위치가 설치되어 있으며 학교, 공장, 창고시설(옥상수조를 설치한 대상은 제외)에 설치된다.

② 자동기동방식(기동용 수압개폐장치 방식) : 옥내소화전함에 설치된 방수구의 앵글밸브를 열면 배관 내의 차있던 압력이 감소하면 이를 압력스

[옥내소화전설비]

위치가 감지하여 자동으로 가압송수펌프가 기동되어 계속 방수가 된다. 또한 학교, 공장, 창고 이외는 필히 자동기동방식으로 설치해야 한다. 기동용 수압개폐장치는 옥내소화전뿐만 아니라 스프링클러설비, 포소화설비, 물분무소화설비 등 수계소화설비에 필수적인 기동 방식이다.

(2) 가압송수방식에 의한 분류

① **펌프방식** : 방수구에서 법정 방수압력을 얻기 위해서 필수적으로 펌프를 설치해서 펌프의 가압에 의해서 방수압력을 얻는 방식으로 가장 많이 적용되는 방식이다.
② **고가수조방식** : 옥상이나 높은 곳에 물탱크를 설치하고 최상층 부분의 방수구에서 순수한 자연낙차 압력에 의해서 법정 방수압력을 토출할 수 있도록 낙차를 이용하는 가압송수방식으로 펌프는 설치되지 않는 방식이다.
③ **압력수조방식** : 압력탱크는 1/3은 에어컴프레셔에 의해 압축공기를, 2/3는 물을 급수펌프로 공급하여 방수구의 법정 방수압력을 공급하는 가압방식으로 물을 사용하는 소화 설비에는 모두 사용될 수 있으며 초대형 건물에 주로 사용된다.
④ **가압수조방식** : 가압원인 압축공기 또는 불연성 기체의 압력으로 소화용수를 가압하여 그 압력으로 급수하는 방식

2 펌프의 계통도 09 24 회 출제

① **정압흡입방식 : 수원이 펌프보다 높게 설치된 경우**로서 일반적으로 많이 사용하는 방식
② **부압흡입방식** : 수원이 펌프보다 낮게 설치된 경우로서 풋밸브, 진공계 또는 연성계, 물올림장치(물올림수조)가 추가로 필요하다.

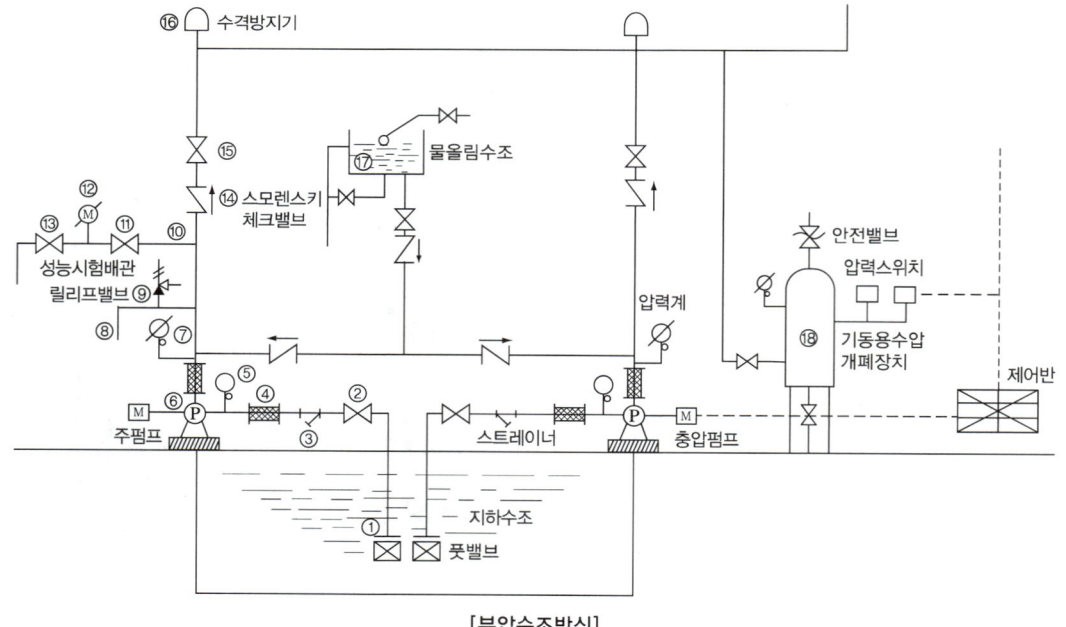

[부압수조방식]

③ 번호별 명칭 및 기능

번 호	명 칭	기 능
①	풋밸브	여과 기능, 역류방지기능
②	개폐밸브	배관의 개폐기능
③	스트레이너	흡입 측 배관 내의 이물질 제거(여과 기능)
④	플렉시블조인트	충격을 흡수하여 흡입 측 배관의 보호
⑤	진공계(연성계)	펌프의 흡입 측 압력 표시
⑥	주펌프	소화수에 압력과 유속 부여
⑦	압력계	펌프의 토출 측 압력 표시
⑧	순환배관	펌프의 체절운전 시 수온상승 방지
⑨	릴리프밸브	체절압력 미만에서 개방하여 압력수 방출
⑩	성능시험배관	가압송수장치의 성능시험
⑪	개폐밸브	펌프 성능시험배관의 개폐 기능
⑫	유량계	펌프의 유량 측정
⑬	유량조절밸브	펌프 성능시험배관의 개폐 기능
⑭	체크밸브	역류 방지, By-pass 기능, 수격작용방지
⑮	개폐표시형밸브	배관 수리 시 또는 펌프 성능시험 시 개폐 기능
⑯	수격방지기	펌프의 기동 및 정지 시 수격흡수 기능
⑰	물올림장치	펌프의 흡입 측 배관에 물을 충만하는 기능
⑱	기동용 수압개폐장치 (압력챔버)	주펌프의 자동기동, 충압펌프의 자동기동 및 자동정지 기능, 압력변화에 따른 완충 작용, 압력변동에 따른 설비보호

3 면제대상

(1) 옥상수조(유효수량의 1/3 옥상저장) 면제대상

① 지하층만 있는 건축물
② 고가수조를 가압송수장치로 설치한 경우
③ 수원이 건축물의 최상층에 설치된 방수구보다 높은 위치에 설치된 경우
④ 건축물의 높이가 지표면으로부터 10[m] 이하인 경우
⑤ 주펌프와 동등 이상의 성능이 있는 별도의 펌프로서 내연기관의 기동과 연동하여 작동되거나 비상전원을 연결하여 설치한 경우
⑥ 학교, 공장, 창고시설(옥상수조를 설치한 대상은 제외)로서 동결의 우려가 있는 장소에 있어서는 기동스위치에 보호판을 부착하여 옥내소화전함 내에 설치한 경우(ON-OFF 방식)
⑦ 가압수조를 가압송수장치로 설치한 경우

[수격방지기]

(2) 펌프 추가설치 면제대상

학교, 공장, 창고시설의 경우에는 주펌프와 동등 이상의 성능이 있는 별도의 펌프로서 내연기관과 연동하여 작동되거나 비상전원을 연결한 펌프를 추가로 설치할 것. 다만, 다음 어느 하나에 해당하는 경우는 제외한다.

① 지하층만 있는 건축물
② 고가수조를 가압송수장치로 설치한 경우
③ 수원이 건축물의 최상층에 설치된 방수구보다 높은 위치에 설치된 경우
④ 건축물의 높이가 지표면으로부터 10[m] 이하인 경우
⑤ 가압수조를 가압송수장치로 설치한 경우

Plus one

수계 소화설비 옥상수조 면제대상 비교

내 용	옥내소화전설비	스프링클러설비	화재조기진압용 스프링클러설비
① 지하층만 있는 건축물	○	○	○
② 고가수조를 가압송수장치로 설치한 경우	○	○	○
③ 수원이 건축물의 최상층에 설치된 방수구(헤드)보다 높은 위치에 설치된 경우	○	○	○
④ 건축물의 높이가 지표면으로부터 10[m] 이하인 경우	○	○	○
⑤ 주펌프와 동등 이상의 성능이 있는 별도의 펌프로서 내연기관의 기동과 연동하여 작동되거나 비상전원을 연결하여 설치한 경우	○	○	○
⑥ 학교, 공장, 창고시설로서 동결의 우려가 있는 장소에 있어서는 기동스위치에 보호판을 부착하여 옥내소화전함 내에 설치한 경우	○	×	×
⑦ 가압수조를 가압송수장치로 설치한 경우	○	○	○

고층건축물의 옥내소화전설비 화재안전기술기준(2.1.2)

수원은 규정에 따라 산출된 유효수량 외에 유효수량의 1/3 이상을 옥상(옥내소화전설비가 설치된 건축물의 주된 옥상을 말한다)에 설치해야 한다. 다만, 아래에 해당하는 경우에는 그렇지 않다.
① 고가수조를 가압송수장치로 설치한 경우
② 수원이 건축물의 최상층에 설치된 방수구보다 높은 위치에 설치된 경우
※ 고층건축물 : 층수가 30층 이상, 높이가 120[m] 이상인 건축물

4 소화용 전용수조 예외 규정

① 옥내소화전설비용 펌프의 풋밸브 또는 흡수배관의 흡수구(수직회전축 펌프의 흡수구를 포함한다)를 다른 설비(소화용설비 외의 것)의 풋밸브 또는 흡수구보다 낮은 위치에 설치한 때
② 고가수조로부터 옥내소화전설비의 수직배관에 물을 공급하는 급수구를 다른 설비의 급수구보다 낮은 위치에 설치한 때

5 유효수량

다른 설비와 겸용하여 옥내소화전설비용 수조를 설치하는 경우에는 옥내소화전설비의 풋밸브·흡수구 또는 수직배관의 급수구와 다른 설비의 풋밸브·흡수구 또는 수직배관의 급수구와의 사이의 수량을 그 유효수량으로 한다.

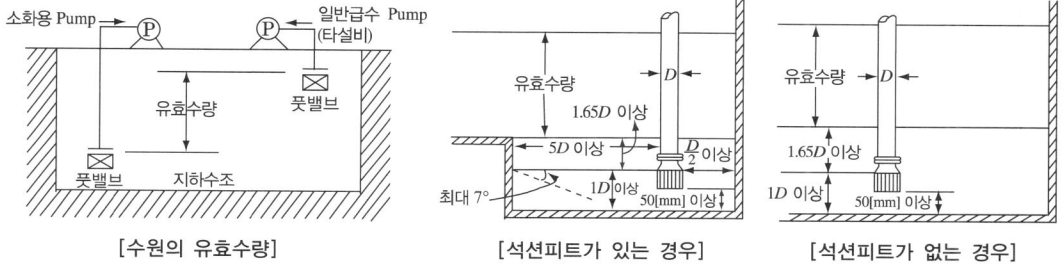

[수원의 유효수량] [석션피트가 있는 경우] [석션피트가 없는 경우]

6 수조의 설치기준(수계 소화설비는 동일)

① 점검에 편리한 곳에 설치할 것
② 동결방지조치를 하거나 동결의 우려가 없는 장소에 설치할 것
③ 수조 외측에 수위계를 설치할 것(다만, 구조상 불가피한 경우에는 수조의 맨홀 등을 통하여 수조 안의 물의 양을 쉽게 확인할 수 있도록 해야 한다)
④ 수조의 상단이 바닥보다 높은 때에는 수조 외측에 고정식 사다리를 설치할 것

⑤ 수조가 실내에 설치된 때에는 그 실내에 조명설비를 설치할 것
⑥ 수조의 밑부분에는 청소용 배수밸브 또는 배수관을 설치할 것
⑦ 수조 외측의 보기 쉬운 곳에 "**옥내소화전소화설비용 수조**"라고 표시한 표지를 할 것(이 경우 그 수조를 다른 설비와 겸용하는 때에는 그 겸용되는 설비의 이름을 표시한 표지를 함께 해야 한다)
⑧ **소화설비용 펌프**의 흡수배관 또는 **소화설비**의 수직배관과 수조의 접속부분에는 "**옥내소화전소화설비용 배관**"이라고 표시한 표지를 할 것[다만, 수조와 가까운 장소에 **소화설비용 펌프**가 설치되고 **옥내소화전펌프**에 **옥내소화전소화펌프**라고 표시하고 다른 설비와 겸용 시 겸용되는 설비의 이름을 표지와 함께 한 때에는 그렇지 않다]

> **Plus one**
>
> **수조의 설치기준**
> 수계 소화설비는 위의 ①~⑥까지는 동일하고 나머지는 고딕체 부분[⑦, ⑧]은 다음과 같다.
> - 스프링클러설비 : 옥내소화전 소화설비용 수조, 배관, 펌프 → 스프링클러 소화설비용 수조, 배관, 펌프
> - 간이스프링클러설비 : 옥내소화전 소화설비용 수조, 배관, 펌프 → 간이스프링클러 설비용 수조, 배관, 펌프
> - 화재조기진압용 스프링클러설비 : 옥내소화전 소화설비용 수조, 배관, 펌프 → 화재조기진압용 스프링클러설비용 수조, 배관, 펌프
> - 물분무소화설비 : 옥내소화전 소화설비용 수조, 배관, 펌프 → 물분무소화설비용 수조, 배관, 펌프
> - 포소화설비 : 옥내소화전 소화설비용 수조, 배관, 펌프 → 포소화설비용 수조, 배관, 펌프

7 가압송수장치의 설치기준

(1) 펌프방식

전동기 또는 내연기관에 따른 펌프를 이용하는 가압송수장치는 다음의 기준에 따라 설치해야 한다. 다만, 가압송수장치의 주펌프는 전동기에 따른 펌프로 설치해야 한다.

① 쉽게 접근할 수 있고 점검하기에 충분한 공간이 있는 장소로서 화재 및 침수 등의 재해로 인한 피해를 받을 우려가 없는 곳에 설치할 것

② 동결방지조치를 하거나 동결의 우려가 없는 장소에 설치할 것

③ 특정소방대상물의 어느 층에 있어서도 해당 층의 옥내소화전(2개 이상 설치된 경우에는 2개의 옥내소화전)을 동시에 사용할 경우 각 소화전의 노즐 선단(끝부분)에서의 방수압력이 0.17[MPa](호스릴 옥내소화전설비를 포함한다) 이상이고, 방수량이 130[L/min](호스릴 옥내소화전설비를 포함한다) 이상이 되는 성능의 것으로 할 것. 다만, 하나의 옥내소화전을 사용하는 노즐 선단(끝부분)에서의 방수압력이 0.7[MPa]을 초과할 경우에는 호스접결구의 인입 측에 **감압장치를 설치**해야 한다.

> 1. **감압장치를 설치하는 이유**
>   방수압력이 0.7[MPa] 이상이면 반동력으로 인하여 소화활동에 장애를 초래하므로 소화인력 1인당 반동력 20[kg$_f$]으로 제한하기 위하여
> 2. **반동력 계산**
>
> $$F[\text{N}] = 1.47PD^2$$
>
>   여기서, F : 노즐의 반동력[N] P : 노즐의 압력[MPa]
> D : 노즐의 구경(옥내소화전 13[mm])
> 3. **감압방법** 25 회 출제
>   ① 감압밸브 또는 오리피스를 설치하는 방식
>   ② 고가수조방식
>   ③ 펌프를 구분하는 방식
>   ④ 중계펌프 방식
>   ⑤ 계통별 감압변을 설치하는 방식

④ 펌프의 토출량은 옥내소화전이 가장 많이 설치된 층의 설치개수(옥내소화전이 2개 이상 설치된 경우에는 2개)에 130[L/min]를 곱한 양 이상이 되도록 할 것

Plus one

펌프의 토출량, 수원의 설치기준 17 회 출제

층 수	토출량	수 원
29층 이하	N(최대 2개)×130[L/min] 이상	N(최대 2개)×130[L/min]×20[min] = N(최대 2개)×2,600[L] = N(최대 2개)×2.6[m³] 이상

고층건축물의 옥내소화전설비 화재안전기술기준(2.1.1)
수원은 그 저수량이 옥내소화전의 설치개수가 가장 많은 층의 설치개수(5개 이상 설치된 경우에는 5개)에 5.2[m³](호스릴 옥내소화전설비를 포함)를 곱한 양 이상이 되도록 해야 한다. 다만, 층수가 **50층 이상**인 건축물의 경우에는 **7.8[m³]**를 곱한 양 이상이 되도록 해야 한다.

층 수	토출량	수 원
30층 이상 49층 이하	N(최대 5개)×130[L/min] 이상	N(최대 5개)×130[L/min]×40[min] = N(최대 5개)×5,200[L] = N(최대 5개)×5.2[m³] 이상
50층 이상	N(최대 5개)×130[L/min] 이상	N(최대 5개)×130[L/min]×60[min] = N(최대 5개)×7,800[L] = N(최대 5개)×7.8[m³] 이상

※ 고층건축물 : 층수가 30층 이상, 높이가 120[m] 이상인 건축물

⑤ 펌프는 전용으로 할 것. 다만, 다른 소화설비와 겸용하는 경우 각각의 소화설비의 성능에 지장이 없을 때에는 그렇지 않다.

Plus one

고층건축물의 옥내소화전설비 화재안전기술기준(2.1.3)
전동기 또는 내연기관을 이용한 펌프를 이용하는 가압송수장치는 옥내소화전설비 전용으로 설치해야 하며, 주펌프와 동등 이상의 성능이 있는 별도의 펌프로서 내연기관의 기동과 연동하여 작동되거나 비상전원을 연결한 예비펌프를 추가로 설치해야 한다.

⑥ 펌프의 토출 측에는 압력계를 체크밸브 이전에 펌프 토출 측 플랜지에서 가까운 곳에 설치하고, 흡입 측에는 연성계 또는 진공계를 설치할 것. 다만, 수원의 수위가 펌프의 위치보다 높거나 수직회전축 펌프의 경우에는 연성계 또는 진공계를 설치하지 않을 수 있다.
⑦ 펌프의 성능은 체절운전 시 정격토출압력의 140[%]를 초과하지 않고, 정격토출량의 150[%]로 운전 시 정격토출압력의 65[%] 이상이 되어야 하며, 펌프의 성능을 시험할 수 있는 성능시험배관을 설치할 것. 다만, 충압펌프의 경우에는 그렇지 않다. 19 회 출제
⑧ 가압송수장치에는 체절운전 시 수온의 상승을 방지하기 위한 순환배관을 설치할 것. 다만, 충압펌프의 경우에는 그렇지 않다.

⑨ 기동장치로는 기동용 수압개폐장치 또는 이와 동등 이상의 성능이 있는 것을 설치할 것. 다만, **학교·공장·창고시설**(옥상수조를 설치한 대상은 제외한다)로서 동결의 우려가 있는 장소에 있어서는 기동스위치에 보호판을 부착하여 옥내소화전함 내에 설치할 수 있다.

> **Plus one**
>
> **수동기동(ON-OFF)방식**
> - 작동방식 : ON-OFF 버튼을 사용하여 펌프를 원격으로 기동하는 방식
> - 설치장소 : **학교·공장·창고시설**(옥상수조를 설치한 대상은 제외)로서 동결의 우려가 있는 장소

⑩ 기동용 수압개폐장치(압력챔버)를 사용할 경우 그 용적은 100[L] 이상의 것으로 할 것

> **Plus one**
>
> **압력챔버의 용적**
> - 저층 건축물 : 100[L]
> - 고층 건축물 : 200[L]

⑪ 기동용 수압개폐장치를 기동장치로 사용할 경우 충압펌프의 설치기준
  ㉠ 펌프의 토출압력은 그 설비의 최고위 호스접결구의 자연압보다 적어도 0.2[MPa]이 더 크도록 하거나 가압송수장치의 정격토출압력과 같게 할 것
  ㉡ 펌프의 정격토출량은 정상적인 누설량보다 적어서는 안 되며, 옥내소화전설비가 자동적으로 작동할 수 있도록 충분한 토출량을 유지할 것

⑫ 내연기관을 사용하는 경우 설치기준
  ㉠ 내연기관의 기동은 ⑨의 기동장치를 설치하거나 또는 소화전함의 위치에서 원격조작이 가능하고 기동을 명시하는 적색등을 설치할 것
  ㉡ 제어반에 따라 내연기관의 자동기동 및 수동기동이 가능하고, 상시 충전되어 있는 축전지설비를 갖출 것
  ㉢ 내연기관의 연료량은 펌프를 20분(층수가 30층 이상 49층 이하는 40분, 50층 이상은 60분) 이상 운전할 수 있는 용량일 것

[내연기관]

⑬ 가압송수장치에는 "옥내소화전소화펌프"라고 표시한 표지를 할 것. 이 경우 그 가압송수장치를 다른 설비와 겸용하는 때에는 그 겸용되는 설비의 이름을 표시한 표지를 함께 해야 한다.
⑭ 가압송수장치가 기동이 된 경우에는 자동적으로 정지되지 않도록 할 것. 다만, 충압펌프의 경우에는 그렇지 않다.

Plus one

옥내소화전설비와 호스릴 옥내소화전설비의 비교

항목	구분	옥내소화전설비	호스릴 옥내소화전설비
방수압		0.17[MPa] 이상	0.17[MPa] 이상
방수량		130[L/min] 이상	130[L/min] 이상
수원(29층 이하)		설치개수(최대 2개)×2.6[m²] 이상	설치개수(최대 2개)×2.6[m²] 이상
배관구경	수직배관	50[mm] 이상	32[mm] 이상
	가지배관	40[mm] 이상	25[mm] 이상
방수구의 수평거리		25[m] 이하	25[m] 이하

(2) 고가수조를 이용한 가압송수장치 설계 12회

① 고가수조의 자연낙차 수두(수조의 하단으로부터 최고층에 설치된 소화전 호스접결구까지의 수직거리)

$$H = h_1 + h_2 + 17 \text{(호스릴 옥내소화전설비를 포함한다)}$$

여기서, H : 필요한 낙차[m]
　　　　h_1 : 호스 마찰손실수두[m]
　　　　h_2 : 배관의 마찰손실수두[m]

② 고가수조에는 수위계, 배수관, 급수관, 오버플로관, 맨홀을 설치할 것

(3) 압력수조를 이용한 가압송수장치

① 압력수조의 압력

$$P = p_1 + p_2 + p_3 + 0.17 \text{(호스릴 옥내소화전설비를 포함한다)}$$

여기서, P : 필요한 압력[MPa]
　　　　p_1 : 호스 마찰손실수두압[MPa]
　　　　p_2 : 배관의 마찰손실수두압[MPa]
　　　　p_3 : 낙차의 환산수두압[MPa]

② 압력수조에는 수위계, 급수관, 배수관, 급기관, 맨홀, 압력계, 안전장치 및 압력저하 방지를 위한 자동식 공기압축기를 설치할 것 22 회 출제

(4) 가압수조를 이용한 가압송수장치

① 가압수조의 압력은 펌프를 이용하는 가압송수장치에 따른 방수량(130[L/min]) 및 방수압(0.17[MPa])이 **20분 이상 유지되도록 할 것**

② 가압수조 및 가압원은 방화구획된 장소에 설치할 것
③ 가압수조를 이용한 가압송수장치는 소방청장이 정하여 고시한 가압수조식 가압송수장치의 성능인증 및 제품검사의 기술기준에 적합한 것으로 설치할 것

> **Plus one**
> **가압수조**
> 가압원인 압축공기 또는 불연성 기체의 압력으로 소방용수를 가압하여 그 압력으로 급수하는 수조를 말한다.

8 물올림장치(호수조, Priming Tank) 설계 01회

(1) 계통도

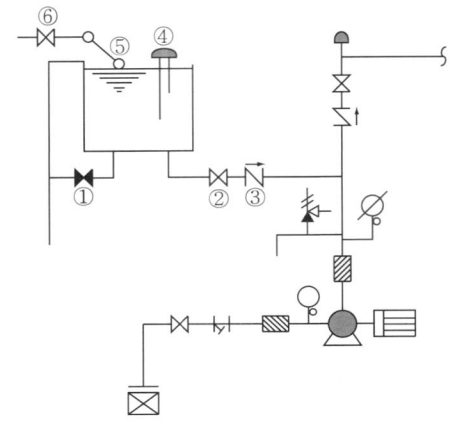

[물올림장치]

> **Plus one**
> **명칭과 용도**
> ① 배수밸브 : 물올림수조의 배수, 청소 시 개폐의 기능
> ② 개폐밸브 : 물올림수조의 체크밸브 수리 시 탱크의 물을 폐쇄하기 위한 개폐의 기능
> ③ 체크밸브 : 펌프 기동 시 가압수가 물올림수조로 역류를 방지하기 위한 밸브
> ④ 감수경보장치 : 저수위 경보 기능
> ⑤ 볼탭 : 저수위일 때에는 급수, 만수일 때에는 단수 기능
> ⑥ 급수밸브 : 볼탭 수리 시 또는 수조 점검 시 급수관의 개폐의 기능

(2) 설치목적

① 펌프의 위치가 수원의 위치보다 높은 경우(부압수조방식)에 물올림장치를 설치한다.
② 풋밸브의 고장으로 누수가 되어 흡입 측 배관과 펌프에 물이 없는 경우 펌프가 공회전 하는 것을 방지하기 위하여 설치하는 수조이다.

(3) 설치기준

① 물올림장치에는 전용의 수조를 설치할 것
② 수조의 유효수량은 100[L] 이상으로 하되 구경 15[mm] 이상의 급수배관에 따라 해당 수조에 물이 계속 보급되도록 할 것
③ 수조에 물을 공급하는 급수배관의 말단에 일정 수위가 되면 물의 공급을 차단하는 볼탭 등의 장치를 설치할 것
④ 수조 내에 물이 감소되었을 때 경보를 발하는 감수경보장치를 설치할 것
⑤ 수조에는 50[mm] 이상의 오버플로관과 배수관에 배수밸브를 설치할 것
⑥ 펌프로 연결되는 배관(25[mm] 이상)에는 체크밸브를 설치하여 역류를 방지할 것

(4) 물올림장치(수조)의 감수경보원인

① 펌프, 배관 접속부 등의 누수
② 장치 하단 배수밸브의 개방
③ 자동급수장치 고장
④ 물올림수조의 균열로 인한 누수
⑤ 저수위 감시스위치 고장
⑥ 풋밸브의 고장

(5) 감수경보장치의 정상 여부 확인방법

① 자동급수밸브를 잠근다.
② 배수밸브를 개방하여 배수한다.
③ 물올림수조 내의 수위가 1/2 정도 되었을 때 감수경보장치가 동작한다.
④ 수신반에서 물올림수조 저수위표시등 점등 및 경보가 되는지 확인한다.
⑤ 배수밸브를 잠근다.
⑥ 자동급수밸브를 개방하면 급수되어 감수경보장치가 동작한다.
⑦ 수신반의 물올림수조 저수위표시등 소등 및 경보(버저)가 정지되는지 확인한다.

(6) 물올림장치의 점검사항

① 외관 : 변형, 손상, 부식 여부
② 밸브류의 개폐 상태 및 조작의 정상 여부
③ 물올림수조는 전용수조인지 여부
④ 유효수량이 100[L] 이상인지 여부
⑤ **자동급수장치의 점검** : 물올림수조 수량의 2/3 정도 되었을 때 정상작동 여부
⑥ **감수경보장치 점검** : 물올림수조 수량의 1/2 정도 되었을 때 경보작동 여부
⑦ **급수상태 확인 점검** : 펌프 상단의 물올림컵 밸브를 개방하여 물이 바로 나오는지 확인

9 기동용 수압개폐장치(압력챔버)

(1) 역할

① **펌프의 자동기동 및 정지** : 압력챔버 내 수압의 변화를 감지하여 설정된 펌프의 기동점 및 정지점이 되었을 때 펌프를 기동 및 정지시킨다(주펌프는 자동정지 금지).

② **압력변화의 완충작용** : 급격한 압력변화에 따른 압력챔버의 상부에 충전된 공기가 완충작용을 한다.

- RANGE : 펌프의 작동 정지점
- DIFF : Range에 설정된 압력에서 Diff에 설정된 압력만큼 떨어지면 펌프가 작동되는 압력의 차이를 말한다.

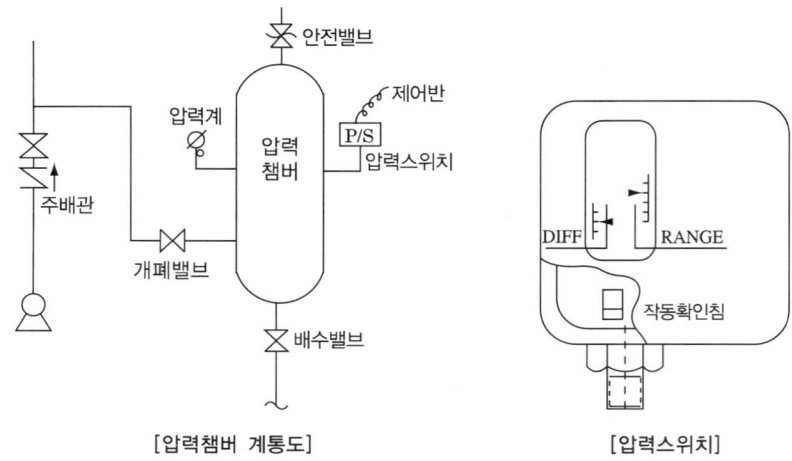

[압력챔버 계통도]   [압력스위치]

[압력챔버]

(2) 설정압력범위

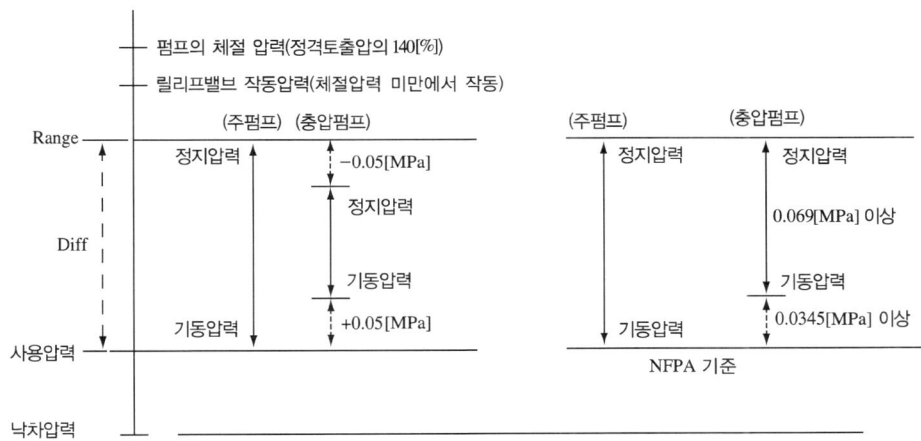

(3) 압력 설정의 예

① 압력스위치 설정방법

구 분	펌 프	기동점[MPa]	정지점[MPa]
스프링클러	주펌프	다음에서 구한 압력 중 큰 값을 사용 ① 최고 위 헤드에서 압력챔버까지의 낙차압 + 0.15[MPa] ② 옥상수조에서 압력챔버까지의 낙차압 + 0.05[MPa]	**(펌프의 전양정 ÷ 10)×1.1~1.3** (펌프의 성능에 따라 차이가 있으므로 체절압력 직근에 세팅하기보다는 약간 아래에 설정한다)
	충압펌프	주펌프의 기동점 + 0.05[MPa]	주펌프의 정지압
옥내소화전	주펌프	자연압(낙차) + 0.2[MPa]	**(펌프의 전양정 ÷ 10)×1.1~1.3**
	충압펌프	주펌프의 기동점 + 0.05[MPa]	주펌프의 정지압

주펌프의 기동점은 자연압(낙차) + K (옥내소화전 = 0.2[MPa], 스프링클러설비 = 0.15[MPa]) 옥내소화전설비의 방수압은 **0.17[MPa]**, 스프링클러설비의 방수압은 **0.1[MPa]**이므로 펌프의 기동에서 방수압력도달까지의 지연시간을 감안한 것이다.

② 현장압력스위치 설정방법 예시

옥내소화전설비의 주펌프의 양정 80[m], 충압펌프의 양정 80[m], 낙차 50[m]일 때 압력 설정방법 (압력챔버가 100[L]이고 사용압력이 0.1[MPa]이다. 예비펌프는 없다고 가정한다)

[현장 펌프 세팅방법]

펌 프	기동점	정지점
주펌프	주펌프의 정지점 − 0.2[MPa] = 0.8 − 0.2 = 0.6[MPa]	주펌프의 정지점 : 80[m]이므로 0.8[MPa]로 설정
충압펌프	충압펌프의 정지점 − 0.1[MPa] = 0.8 − 0.1 = 0.7[MPa]	주펌프의 정지점과 같게 0.8[MPa]로 설정

※ 낙차가 50[m]이므로 주펌프의 기동점이 0.6[MPa]은 60[m]로서 낙차보다 주펌프의 기동점이 높게 설정되면 세팅에 문제가 없다.

※ 주펌프의 기동점이 낙차보다 낮게 설정되면 펌프는 기동하지 않는다.

㉠ 압력스위치 방식 : 동작확인침이 상단에 붙어 있으면(현재 상태) 펌프가 정지되고 있는 상태이고 하단에 붙어 있으면 펌프가 기동된 상태이다.

[압력스위치]
[주펌프] [충압펌프] 동작확인침

㉡ 부르동관 압력스위치 방식 : 세팅 방법은 압력스위치의 낮은 쪽의 추는 펌프의 기동점이고 높은 쪽의 추는 펌프의 정지점이다. 적색의 배수밸브를 열면 배관 내의 압력감소로 하단의 추까지 압력이 떨어지면 충압펌프가 기동된다.

[부르동관 압력스위치]

㉢ 전자식 압력스위치 방식 : 세팅 방법은 0.47은 0.47[MPa]의 현재 압력이고 주펌프와 충압펌프의 정지압력과 기동압력을 각각 입력해야 한다. 압력챔버가 없으므로 적색의 배수밸브를 열면 배관 내의 압력감소로 충압펌프의 기동설정압력까지 떨어지면 펌프가 기동된다.

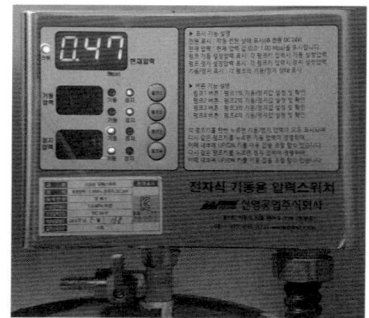

[전자식 기동용 압력스위치]

③ 압력스위치의 세팅 방법

펌 프	기동점	정지점
주펌프	주펌프의 정지점 − 0.2[MPa] = 0.8 − 0.2 = 0.6[MPa]	주펌프의 정지점 : 80[m]이므로 0.8[MPa]로 설정
충압펌프	충압펌프의 정지점 − 0.1[MPa] = 0.8 − 0.1 = 0.7[MPa]	주펌프의 정지점과 같게 0.8[MPa]로 설정

㉠ 동력제어반의 주펌프, 충압펌프의 스위치를 "수동(정지)" 위치에 놓는다.
㉡ 압력챔버의 주펌프의 압력스위치를 아래로 붙이면 감시제어반에서 주펌프의 P/S표시등이 점등되는 것을 확인하면 주펌프와 충압펌프의 압력스위치를 확인한다(주펌프와 충압펌프가 어느 것인지 확인하기 위하여).
㉢ 주배관과 압력챔버의 연결 배관의 개폐밸브를 폐쇄한다.
㉣ 압력챔버의 일정량의 물을 배수하고 충압펌프를 기동하여 물을 충수한다.

[펌프 정지상태]

작동점검, 종합점검 시에는 압력챔버의 물을 완전 배수하여 세척할 필요가 있다.

㉤ 정지점(Range)이 0.8[MPa](= 8[kg$_f$/cm^2])이므로 드라이버로 주펌프와 충압펌프의 정지점의 조절볼트로 동작확인침이 상부에 붙도록 위로 올리면 0.8[MPa]이 되면 똑딱 소리가 나면 정확히 0.8[MPa]이 맞게 설정된 것이다(펌프 정지점 설정완료).

Range의 눈금 압력으로 세팅하면 맞지 않으니 압력계의 압력을 보고 압력을 세팅한다.

㉥ 충압펌프의 기동점(= Range − Diff의 설정압력) 0.7[MPa]이므로 압력챔버의 물을 배수하여 드라이버로 충압펌프의 압력스위치의 조절볼트로 동작확인침이 하부에 붙도록 아래로 내리면 0.7[MPa]이 되면 똑딱 소리가 나면 정확히 0.7[MPa]이 맞게 설정된 것이다(충압펌프 기동점 설정완료).

충압펌프의 기동점 = Range(0.8) − Diff의 설정압력(0.1) = 0.7[MPa]에서 기동한다.

ⓐ 주펌프의 기동점 0.6[MPa]이므로 압력챔버의 물을 추가로 배수하여 드라이버로 주펌프의 압력스위치의 조절볼트로 동작확인침이 하부에 붙도록 아래로 내리면 0.6[MPa]이 되면 똑딱 소리가 나면 정확히 0.6[MPa]이 맞게 설정된 것이다(주펌프 기동점 설정완료).
ⓞ 주배관과 압력챔버의 연결 배관의 개폐밸브를 개방한다.
ⓩ 동력제어반의 충압펌프를 "자동" 위치로 하여 압력챔버에 물을 채운다.
ⓧ 충압펌프가 정지되면 동력제어반의 주펌프를 "자동" 위치로 한다.
ⓚ 압력챔버의 물을 배수하여 충압펌프 자동기동, 주펌프 자동기동을 확인한다.

[펌프 기동상태]

> 옥내소화전설비는 07. 12. 28, 스프링클러설비는 06. 12. 30 이후에는 주펌프는 한 번 기동이 되면 자동으로 정지되지 않는 구조이므로 동력제어반에서 수동으로 정지시켜야 한다.

10 배관 등

① 배관과 배관이음쇠는 다음의 어느 하나에 해당하는 것 또는 동등 이상의 강도·내식성 및 내열성 등을 국내·외 공인기관으로부터 인정받은 것을 사용해야 하고, 배관용 스테인리스 강관(KS D 3576)의 이음을 용접으로 할 경우에는 텅스텐 불활성가스 아크용접방식에 따른다.

　㉠ **배관 내 사용압력이 1.2[MPa] 미만일 경우**
　　㉮ 배관용 탄소 강관(KS D 3507)
　　㉯ 이음매 없는 구리 및 구리합금관(KS D 5301). 다만, 습식의 배관에 한한다.
　　㉰ 배관용 스테인리스 강관(KS D 3576) 또는 일반배관용 스테인리스 강관(KS D 3595)
　　㉱ 덕타일 주철관(KS D 4311)

　㉡ **배관 내 사용압력이 1.2[MPa] 이상일 경우**
　　㉮ 압력배관용 탄소 강관(KS D 3562)
　　㉯ 배관용 아크용접 탄소강 강관(KS D 3583)

② 소방용 합성수지배관으로 할 수 있는 경우 21 회 출제
　㉠ 배관을 지하에 매설하는 경우
　㉡ 다른 부분과 내화구조로 구획된 덕트 또는 피트의 내부에 설치하는 경우
　㉢ 천장(상층이 있는 경우에는 상층바닥의 하단을 포함한다)과 반자를 불연재료 또는 준불연재료로 설치하고 소화배관 내부에 항상 소화수가 채워진 상태로 설치하는 경우

③ 급수배관은 전용으로 해야 한다. 다만, 옥내소화전 기동장치의 조작과 동시에 다른 설비의 용도에 사용하는 배관의 송수를 차단할 수 있거나, 옥내소화전설비의 성능에 지장이 없는 경우에는 다른 설비와 겸용할 수 있다.

> **Plus one**
>
> **고층건축물의 옥내소화전설비 화재안전기술기준(2.1)**
> 2.1.5 **급수배관**은 **전용**으로 해야 한다. 다만, 옥내소화전설비의 성능에 지장이 없는 경우에는 연결송수관설비의 배관과 겸용할 수 있다.
> 2.1.6 **50층 이상인 건축물**의 옥내소화전 주배관 중 **수직배관은 2개 이상**(주배관 성능을 갖는 동일호칭배관)으로 설치해야 하며, 하나의 수직배관의 파손 등 작동 불능 시에도 다른 수직배관으로부터 소화용수가 공급되도록 구성해야 한다.

④ 배관의 유속 및 구경

항 목		규 격
토출 측 주배관의 구경		4[m/s] 이하가 될 수 있는 크기 이상
가지배관의 구경		40[mm] 이상
가지배관(호스릴방식일 경우)의 구경		25[mm] 이상
수직배관의 구경		50[mm] 이상
수직배관(호스릴방식일 경우)의 구경		32[mm] 이상
연결송수관설비와 겸용	주배관	100[mm] 이상
	방수구로 연결되는 배관	65[mm] 이상

⑤ 펌프의 성능시험배관 **19** **25** **회 출제**
   ㉠ 성능시험배관은 펌프의 토출 측에 설치된 개폐밸브 이전에서 분기하여 직선으로 설치하고, 유량측정장치를 기준으로 전단 직관부에 개폐밸브를 후단 직관부에는 유량조절밸브를 설치할 것. 이 경우 개폐밸브와 유량측정장치 사이의 직관부 거리 및 유량측정장치와 유량조절밸브 사이의 직관부 거리는 해당 유량측정장치 제조사의 설치사양에 따르고, 성능시험배관의 호칭지름은 유량측정장치의 호칭지름에 따른다.
   ㉡ 유량측정장치는 펌프의 정격토출량의 **175[%] 이상까지** 측정할 수 있는 성능이 있을 것
⑥ 가압송수장치의 체절운전 시 수온의 상승을 방지하기 위하여 체크밸브와 펌프 사이에서 분기한 구경 20[mm] 이상의 배관에 **체절압력 미만**에서 **개방되는 릴리프밸브**를 설치할 것
⑦ 배관은 다른 설비의 배관과 쉽게 구분이 될 수 있는 위치에 설치하거나, 그 배관표면 또는 배관 보온재표면의 색상은 한국산업표준(배관계의 식별표시, KSA 0503) 또는 적색으로 식별이 가능하도록 소방용설비의 배관임을 표시해야 한다.
⑧ 옥내소화전설비 송수구의 설치기준

[옥내소화전 송수구]

㉠ 소방차가 쉽게 접근할 수 있고 잘 보이는 장소에 설치하고 화재층으로부터 지면으로 떨어지는 유리창 등이 송수 및 그 밖의 소화작업에 지장을 주지 않는 장소에 설치할 것
㉡ 송수구로부터 옥내소화전설비의 주배관에 이르는 연결배관에는 개폐밸브를 설치하지 않을 것. 다만, 스프링클러설비・물분무소화설비・포소화설비 또는 연결송수관설비의 배관과 겸용하는 경우에는 그렇지 않다.
㉢ 지면으로부터 높이가 0.5[m] 이상 1[m] 이하의 위치에 설치할 것
㉣ 송수구는 구경 65[mm]의 쌍구형 또는 단구형으로 할 것
㉤ 송수구의 부근에는 자동배수밸브(또는 직경 5[mm]의 배수공) 및 체크밸브를 설치할 것. 이 경우 자동배수밸브는 배관 안의 물이 잘 빠질 수 있는 위치에 설치하되, 배수로 인하여 다른 물건 또는 장소에 피해를 주지 않아야 한다.
㉥ 송수구에는 이물질을 막기 위한 마개를 씌울 것

Plus one

수계 소화설비 송수구의 비교 설계 17회

소화설비의 종류	송수구(65[mm]) 쌍구형 또는 단구형	송수구(65[mm]) 쌍구형	개폐밸브 설치 여부	송수압력 범위표시	바닥면적 3,000[m²] 초과 시 1개 이상 설치
옥내소화전설비	○	–	×	×	×
스프링클러설비	–	○	○	○	○
간이스프링클러설비	○	–	○	×	×
화재조기진압용 스프링클러설비	–	○	○	○	○
물분무소화설비	–	○	○	○	○
포소화설비	–	○	○	○	○
연결송수관설비	–	○	○	○	×
연결살수설비	–	○ (살수헤드가 10개 이하 : 단구형)	×	×	×

※ 송수구의 설치기준은 약간 다르므로 화재안전기술기준을 보고 참고하세요.

11 옥내소화전 방수구의 설치기준

① 특정소방대상물의 층마다 설치하되, 해당 특정소방대상물의 각 부분으로부터 하나의 옥내소화전 방수구까지의 수평거리가 25[m](호스릴 옥내소화전설비를 포함한다) 이하가 되도록 할 것. 다만, 복층형 구조의 공동주택의 경우에는 세대의 출입구가 설치된 층에만 설치할 수 있다.
② 바닥으로부터의 높이가 1.5[m] 이하가 되도록 할 것
③ 호스는 구경 40[mm](호스릴 옥내소화전설비의 경우에는 25[mm]) 이상의 것으로서 특정소방대상물의 각 부분에 물이 유효하게 뿌려질 수 있는 길이로 설치할 것
④ 호스릴 옥내소화전설비의 경우 그 노즐에는 노즐을 쉽게 개폐할 수 있는 장치를 부착할 것

12 방수구의 설치제외 [설계 12회]

① 냉장창고 중 온도가 영하인 냉장실 또는 냉동창고의 냉동실
② 고온의 노가 설치된 장소 또는 물과 격렬하게 반응하는 물품의 저장 또는 취급 장소
③ 발전소·변전소 등으로서 전기시설이 설치된 장소
④ 식물원·수족관·목욕실·수영장(관람석 부분은 제외한다) 또는 그 밖의 이와 비슷한 장소
⑤ 야외음악당·야외극장 또는 그 밖의 이와 비슷한 장소

[호스릴 옥내소화전설비]

13 표시등의 설치기준

① 옥내소화전설비의 위치를 표시하는 표시등은 함의 상부에 설치하되, 소방청장이 고시하는 표시등의 성능인증 및 제품검사의 기술기준에 적합한 것으로 할 것
② 가압송수장치의 기동을 표시하는 표시등은 **옥내소화전함의 상부** 또는 **그 직근**에 설치하되 **적색등**으로 할 것. 다만, 자체소방대를 구성하여 운영하는 경우(위험물안전관리법 시행령 별표 8에서 정한 소방자동차와 자체소방대원의 규모를 말한다) 가압송수장치의 기동표시등을 설치하지 않을 수 있다.

[옥내소화전함]
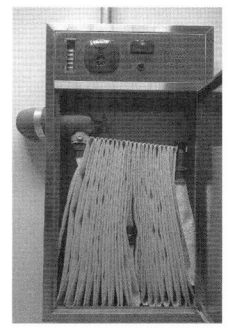
[방수구]

14 비상전원

(1) 비상전원의 종류 [설계 23회]

① 자가발전설비
② 축전지설비(내연기관에 따른 펌프를 사용하는 경우에는 내연기관의 기동 및 제어용 축전지를 말한다)
③ 전기저장장치(외부 전기에너지를 저장해 두었다가 필요한 때 전기를 공급하는 장치)

(2) 비상전원 설치 대상물

① 층수가 7층 이상으로서 연면적이 2,000[m²] 이상인 것
② ①에 해당하지 않는 특정소방대상물로서 지하층의 바닥면적의 합계가 3,000[m²] 이상인 것

(3) 비상전원을 설치하지 않을 수 있는 경우 [설계] [23회]

① 2 이상의 변전소에서 전력을 동시에 공급받을 수 있는 경우
② 하나의 변전소로부터 전력의 공급이 중단되는 때에는 자동으로 다른 변전소로부터 전원을 공급받을 수 있도록 상용전원을 설치한 경우
③ 가압수조방식인 경우

(4) 비상전원의 설치기준

① 점검에 편리하고 화재 및 침수 등의 재해로 인한 피해를 받을 우려가 없는 곳에 설치할 것
② 옥내소화전설비를 유효하게 **20분 이상** 작동할 수 있어야 할 것
③ 상용전원으로부터 전력의 공급이 중단된 때에는 자동으로 비상전원으로부터 전력을 공급받을 수 있도록 할 것
④ 비상전원(내연기관의 기동 및 제어용 축전지는 제외한다)의 설치장소는 다른 장소와 방화구획할 것. 이 경우 그 장소에는 비상전원의 공급에 필요한 기구나 설비 외의 것(열병합발전설비에 필요한 기구나 설비는 제외한다)을 두어서는 안 된다.
⑤ 비상전원을 실내에 설치하는 때에는 그 실내에 비상조명등을 설치할 것

> **Plus one**
>
> **비상전원의 작동시간(고층건축물의 옥내소화전설비 화재안전기술기준 2.1.7)**
> **비상전원**은 자가발전설비, 축전지설비(내연기관에 따른 펌프를 사용하는 경우에는 내연기관의 기동 및 제어용 축전지를 말한다) 또는 전기저장장치(외부 전기에너지를 저장해 두었다가 필요한 때 전기를 공급하는 장치)로서 옥내소화전설비를 유효하게 **40분 이상** 작동할 수 있을 것
>
> | 층 수 | 비상전원 용량 |
> | --- | --- |
> | 29층 이하 | 20분 이상 |
> | 30층 이상 49층 이하(고층건축물) | 40분 이상 |
> | 50층 이상(초고층건축물) | 60분 이상 |

15 소방시설에 따른 비상전원 설치대상

(1) 비상전원의 종류

① **자가발전설비** : 내연기관의 구동에 의한 발전기의 작동에 의하여 전력을 공급할 수 있는 설비
② **축전지설비** : 순간적인 전력공급에 신뢰도가 큰 비상전원
③ **비상전원수전설비** : 별도의 전원이 있는 것이 아니라 전력회사에서 공급되는 전원이 화재 시에도 불에 타서 없어지거나 차단되지 않고 소방시설에 공급될 수 있도록 한 전원수전설비
④ **전기저장장치** : 외부 전기에너지를 저장해 두었다가 필요한 때 전기를 공급하는 장치

(2) 소방시설에 따른 비상전원의 종류

소방시설의 종류	비상전원 설치대상	자가발전설비	축전지설비	비상전원수전설비	전기저장장치	용량
옥내소화전설비	• 7층 이상으로서 연면적 2,000[m²] 이상 • 지하층의 바닥면적의 합계가 3,000[m²] 이상	○	○	×	○	20분 이상 (고층 : 40분 이상, 50층 이상 : 60분 이상)
스프링클러설비	• 차고, 주차장으로 바닥면적의 합계가 1,000[m²] 미만(단, 비상전원수전설비 설치 대상) • 이외의 설치대상 모든 설비	○	○	○	○	20분 이상 (고층 : 40분 이상, 50층 이상 : 60분 이상)
간이스프링클러설비	설치대상 모든 설비	○	○	○	○	–
화재조기진압용 스프링클러설비	설치대상 모든 설비	○	○	×	○	20분 이상
물분무소화설비	설치대상 모든 설비	○	○	×	○	20분 이상
미분무소화설비	• 차고, 주차장으로 바닥면적 합계가 1,000[m²] 미만 – 비상전원수전설비 설치 대상 • 이외의 설치대상 모든 설비	○	○	○	○	20분 이상
포소화설비	• 호스릴포소화설비, 포소화전만을 설치한 차고, 주차장(비상전원수전설비 설치 대상) • 포헤드설비, 고정포방출설비가 설치된 부분의 바닥면적(차고, 주차장 바닥면적 포함)의 합계가 1,000[m²] 미만인 것 (비상전원수전설비 설치 대상)	○	○	○	○	20분 이상
	• 이외의 설치대상 모든 설비	○	○	×	○	20분 이상
CO₂, 할론, 할로겐화합물 및 불활성 기체, 분말소화설비	설치대상 모든 설비(호스릴 제외)	○	○	×	○	20분 이상
옥외소화전설비	해당 없음	×	×	×	×	–
비상벨설비, 자동식사이렌설비	설치대상 모든 설비	×	○	×	○	–
비상방송설비	설치대상 모든 설비	×	○	×	○	60분 지속 후 10분 이상 경보 (고층 : 60분 지속 후 30분 이상 경보)
자동화재탐지설비	설치대상 모든 설비	×	○	×	○	60분 지속 후 10분 이상 경보 (고층 : 60분 지속 후 30분 이상 경보)
유도등	설치대상 모든 설비	×	○	×	○	20분 이상(예외 : 60분 이상)
비상조명등	설치대상 모든 설비	○	○	×	○	20분 이상(예외 : 60분 이상), 예비전원을 내장할 경우 예외
제연설비	설치대상 모든 설비	○	○	×	○	20분 이상

소방시설의 종류	비상전원 설치대상	설치 비상전원				용량
		자가 발전 설비	축전지 설비	비상 전원 수전 설비	전기 저장 장치	
특피제연설비	설치대상 모든 설비	○	○	×	○	20분 이상 (고층 : 40분 이상, 50층 이상 : 60분 이상)
연결송수관설비	가압송수장치 설치 시	○	○	×	○	20분 이상 (고층 : 40분 이상, 50층 이상 : 60분 이상)
비상콘센트설비	• 지하층 제외 7층 이상, 연면적 2,000[m²] 이상 • 지하층 바닥면적의 합계가 3,000[m²] 이상	○	○	○	○	20분 이상
무선통신보조설비	증폭기에 비상전원 부착	×	○	×	○	30분 이상

※ 고층 : 30층 이상 49층 이하

16 제어반

(1) 감시제어반의 기능 10회 출제

① 각 펌프의 작동 여부를 확인할 수 있는 표시등 및 음향경보기능이 있어야 할 것
② 각 펌프를 자동 및 수동으로 작동시키거나 중단시킬 수 있어야 할 것
③ 비상전원을 설치한 경우에는 상용전원 및 비상전원의 공급 여부를 확인할 수 있어야 할 것
④ 수조 또는 물올림수조가 저수위로 될 때 표시등 및 음향으로 경보할 것
⑤ 다음의 각 확인회로마다 도통시험 및 작동시험을 할 수 있도록 할 것
  ㉠ 기동용 수압개폐장치의 압력스위치회로
  ㉡ 수조 또는 물올림수조의 저수위감시회로
  ㉢ 급수배관에 설치되어 있는 개폐밸브의 폐쇄상태 확인회로(Tamper Switch)
  ㉣ 그 밖에 이와 비슷한 회로
⑥ 예비전원이 확보되고 예비전원의 적합 여부를 시험할 수 있어야 할 것

> ㉠ 옥내소화전설비, 포소화설비는 ①~⑥까지 전부 해당됨
> ㉡ 스프링클러설비, 화재조기진압용, 미분무소화설비는 ⑤번은 해당 안 됨
> ㉢ 물분무소화설비, 옥외소화전설비는 ⑤의 ㉠과 ㉡만 해당됨

(2) 제어반(감시제어반과 동력제어반)을 구분하지 않아도 되는 경우 설계 12회

① 비상전원 설치대상에 해당하지 않는 특정소방대상물에 설치되는 옥내소화전설비
② 내연기관에 따른 가압송수장치를 사용하는 옥내소화전설비
③ 고가수조에 따른 가압송수장치를 사용하는 옥내소화전설비
④ 가압수조에 따른 가압송수장치를 사용하는 옥내소화전설비

(3) 감시제어반의 설치기준

① 화재 및 침수 등의 재해로 인한 피해를 받을 우려가 없는 곳에 설치할 것
② 감시제어반은 옥내소화전설비의 전용으로 할 것(다만, 옥내소화전설비의 제어에 지장이 없는 경우에는 다른 설비와 겸용할 수 있다)
③ 감시제어반은 다음의 기준에 따른 전용실 안에 설치할 것

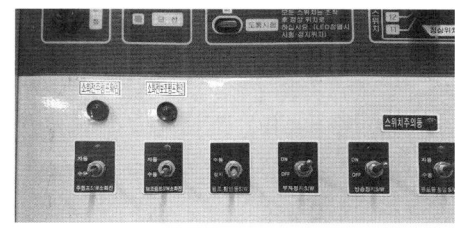
[감시제어반]

　㉠ 다른 부분과 방화구획을 할 것. 이 경우 전용실의 벽에는 기계실 또는 전기실 등의 감시를 위하여 두께 7[mm] 이상의 망입유리(두께 16.3[mm] 이상의 접합유리 또는 두께 28[mm] 이상의 복층유리를 포함한다)로 된 4[m²] 미만의 붙박이창을 설치할 수 있다.
　㉡ 피난층 또는 지하 1층에 설치할 것

> **Plus one**
> 지상 2층과 지하 1층 외의 지하층에 설치할 수 있는 경우
> • 특별피난계단이 설치되고 그 계단(부속실을 포함한다) 출입구로부터 보행거리 5[m] 이내에 전용실의 출입구가 있는 경우
> • 아파트의 관리동(관리동이 없는 경우에는 경비실)에 설치하는 경우

　㉢ 비상조명등 및 급·배기설비를 설치할 것
　㉣ 무선통신보조설비의 화재안전기술기준(NFTC 505, 2.2.3)에 따라 유효하게 통신이 가능할 것(무선통신보조설비가 설치된 특정소방대상물에 한한다)
　㉤ 바닥면적은 감시제어반의 설치에 필요한 면적 외에 화재 시 소방대원이 그 감시제어반의 조작에 필요한 최소면적 이상으로 할 것
④ 전용실에는 특정소방대상물의 기계·기구 또는 시설 등의 제어 및 감시설비 외의 것을 두지 않을 것

(4) 동력제어반의 설치기준

① 앞면은 적색으로 하고 "옥내소화전소화설비용 동력제어반"이라고 표시한 표지를 설치할 것
② 외함은 두께 1.5[mm] 이상의 강판 또는 이와 동등 이상의 강도 및 내열성능이 있는 것으로 할 것
③ 화재 및 침수 등의 재해로 인한 피해를 받을 우려가 없는 곳에 설치할 것
④ 동력제어반은 옥내소화전설비의 전용으로 할 것(다만, 옥내소화전설비의 제어에 지장이 없는 경우에는 다른 설비와 겸용할 수 있다)

[동력제어반]

17 수계 소화설비에 표시해야 할 표지의 명칭과 설치위치

(1) 옥내소화전설비(NFTC 102)

① 수조 외측의 보기 쉬운 곳에 "**옥내소화전소화설비용 수조**"라고 표시한 표지를 할 것. 이 경우 그 수조를 다른 설비와 겸용할 때에는 그 겸용되는 설비의 이름을 표시한 표지를 함께 해야 한다(2.1.6.7).

② 소화설비용 펌프의 흡수배관 또는 소화설비의 수직배관과 수조의 접속 부분에는 "**옥내소화전소화설비용 배관**"이라고 표시한 표지를 할 것. 다만, 수조와 가까운 장소에 소화설비용 펌프가 설치되고 해당 펌프에 2.2.1.15에 따른 표지를 설치한 때에는 그렇지 않다(2.1.6.8).

③ 가압송수장치에는 "**옥내소화전소화펌프**"라고 표시한 표지를 할 것. 이 경우 그 가압송수장치를 다른 설비와 겸용하는 때에는 그 겸용되는 설비의 이름을 표시한 표지를 함께 해야 한다(2.2.1.15).

④ 옥내소화전설비의 함에는 그 표면에 "**소화전**"이라는 표시를 해야 한다(2.4.4).

⑤ 동력제어반의 앞면은 적색으로 하고 "**옥내소화전소화설비용 동력제어반**"이라고 표시한 표지를 설치할 것(2.6.4.1).

⑥ 소화설비의 과전류차단기 및 개폐기에는 "**옥내소화전설비용 과전류차단기 또는 개폐기**"라고 표시한 표지를 해야 한다(2.7.3).

⑦ 전기배선의 접속단자에는 "**옥내소화전설비단자**"라고 표시한 표지를 부착할 것(2.7.4.1)

(2) 스프링클러설비(NFTC 103)

① 수조 외측의 보기 쉬운 곳에 "**스프링클러소화설비용 수조**"라고 표시한 표지를 할 것. 이 경우 그 수조를 다른 설비와 겸용할 때에는 그 겸용되는 설비의 이름을 표시한 표지를 함께 해야 한다(2.1.6.7).

② 소화설비용 펌프의 흡수배관 또는 소화설비의 수직배관과 수조의 접속 부분에는 "**스프링클러소화설비용 배관**"이라고 표시한 표지를 할 것. 다만, 수조와 가까운 장소에 소화설비용 펌프가 설치되고 해당 펌프에 2.2.1.16에 따른 표지를 설치한 때에는 그렇지 않다(2.1.6.8).

③ 가압송수장치에는 "**스프링클러소화펌프**"라고 표시한 표지를 할 것. 이 경우 그 가압송수장치를 다른 설비와 겸용하는 때에는 그 겸용되는 설비의 이름을 표시한 표지를 함께 해야 한다(2.2.1.16).

④ 유수검지장치는 실내에 설치하거나 보호용 철망 등으로 구획하여 바닥으로부터 0.8[m] 이상 1.5[m] 이하의 위치에 설치하되, 그 실 등에는 가로 0.5[m] 이상 세로 1[m] 이상의 개구부로서 그 개구부에는 출입문을 설치하고 그 출입문 상단에 "유수검지장치실"이라고 표시한 표지를 설치할 것. 다만, 유수검지장치를 기계실(공조용기계실을 포함한다) 안에 설치하는 경우에는 별도의 실 또는 보호용 철망을 설치하지 않고 기계실 출입문 상단에 "유수검지장치실"이라고 표시한 표지를 설치할 수 있다(2.3.1.4).

⑤ 송수구에는 그 가까운 곳의 보기 쉬운 곳에 송수압력범위를 표시한 표지를 할 것(2.8.1.4)

⑥ 동력제어반의 앞면은 적색으로 하고 "**스프링클러소화설비용 동력제어반**"이라고 표시한 표지를 설치할 것(2.10.4.1)

⑦ 소화설비의 과전류차단기 및 개폐기에는 "**스프링클러소화설비용 과전류차단기 또는 개폐기**"라고 표시한 표지를 해야 한다(2.11.3).

⑧ 전기배선의 접속단자에는 "**스프링클러소화설비 단자**"라고 표시한 표지를 부착할 것(2.11.4.1)

(3) 간이스프링클러설비(NFTC 103A)

① 수조 외측의 보기 쉬운 곳에 "**간이스프링클러설비용 수조**"라고 표시한 표지를 할 것. 이 경우 그 수조를 다른 설비와 겸용할 때에는 그 겸용되는 설비의 이름을 표시한 표지를 함께 해야 한다(2.1.4.7).

② 소화설비용 펌프의 흡수배관 또는 소화설비의 수직배관과 수조의 접속 부분에는 "**간이스프링클러설비용 배관**"이라고 표시한 표지를 할 것. 다만, 수조와 가까운 장소에 소화설비용 펌프가 설치되고 해당 펌프에 2.2.1.11에 따른 표지를 설치한 때에는 그렇지 않다(2.1.4.8).

③ 가압송수장치에는 "**간이스프링클러소화펌프**"라고 표시한 표지를 할 것. 이 경우 그 가압송수장치를 다른 설비와 겸용하는 때에는 그 겸용되는 설비의 이름을 표시한 표지를 함께 해야 한다(2.2.2.11).

④ 유수검지장치는 실내에 설치하거나 보호용 철망 등으로 구획하여 바닥으로부터 0.8[m] 이상 1.5[m] 이하의 위치에 설치하되, 그 실 등에는 가로 0.5[m] 이상 세로 1[m] 이상의 개구부로서 그 개구부에는 출입문을 설치하고 그 출입문 상단에 "유수검지장치실"이라고 표시한 표지를 설치할 것. 다만, 유수검지장치를 기계실(공조용기계실을 포함한다) 안에 설치하는 경우에는 별도의 실 또는 보호용 철망을 설치하지 않고 기계실 출입문 상단에 "유수검지장치실"이라고 표시한 표지를 설치할 수 있다(2.3.1.4).

(4) 화재조기진압용 스프링클러설비(NFTC 103B)

① 수조 외측의 보기 쉬운 곳에 "**화재조기진압용 스프링클러설비용 수조**"라고 표시한 표지를 할 것. 이 경우 그 수조를 다른 설비와 겸용할 때에는 그 겸용되는 설비의 이름을 표시한 표지를 함께 해야 한다(2.2.6.7).

② 소화설비용 펌프의 흡수배관 또는 소화설비의 수직배관과 수조의 접속 부분에는 "**화재조기진압용 스프링클러설비용 배관**"이라고 표시한 표지를 할 것. 다만, 수조와 가까운 장소에 소화설비용 펌프가 설치되고 해당 펌프에 2.3.1.13에 따른 표지를 설치한 때에는 그렇지 않다(2.2.6.8).

③ 가압송수장치에는 "**화재조기진압용 스프링클러펌프**"라고 표시한 표지를 할 것. 이 경우 그 가압송수장치를 다른 설비와 겸용하는 때에는 그 겸용되는 설비의 이름을 표시한 표지를 함께 해야 한다(2.3.1.13).

④ 송수구에는 그 가까운 곳의 보기 쉬운 곳에 송수압력범위를 표시한 표지를 할 것(2.10.1.4)

⑤ 동력제어반의 앞면은 적색으로 하고 "**화재조기진압용 스프링클러설비용 동력제어반**"이라고 표시한 표지를 설치할 것(2.12.4.1)

⑥ 소화설비의 과전류차단기 및 개폐기에는 "**화재조기진압용 스프링클러설비용**"이라고 표시한 표지를 해야 한다(2.13.3).

⑦ 전기배선의 접속단자에는 "**화재조기진압용 스프링클러설비단자**"라고 표시한 표지를 부착할 것 (2.13.4.1)

(5) 물분무소화설비(NFTC 104)
① 수조 외측의 보기 쉬운 곳에 "**물분무소화설비용 수조**"라고 표시한 표지를 할 것. 이 경우 그 수조를 다른 설비와 겸용하는 때에는 그 겸용되는 설비의 이름을 표시한 표지를 함께 해야 한다(2.1.4.7).
② 소화설비용 펌프의 흡수배관 또는 소화설비의 수직배관과 수조의 접속 부분에는 "**물분무소화설비용 배관**"이라고 표시한 표지를 할 것. 다만, 수조와 가까운 장소에 소화설비용 펌프가 설치되고 해당 펌프에 2.2.1.13에 따른 표지를 설치한 때에는 그렇지 않다(2.1.4.8).
③ 가압송수장치에는 "**물분무소화설비소화펌프**"라고 표시한 표지를 할 것. 이 경우 그 가압송수장치를 다른 설비와 겸용하는 때에는 그 겸용되는 설비의 이름을 표시한 표지를 함께 해야 한다(2.2.1.13).
④ 송수구에는 그 가까운 곳의 보기 쉬운 곳에 송수압력범위를 표시한 표지를 할 것(2.4.1.4)
⑤ 수동식기동장치의 가까운 곳의 보기 쉬운 곳에 "**기동장치**"라고 표시한 표지를 할 것(2.5.1.2)
⑥ 제어밸브의 가까운 곳의 보기 쉬운 곳에 "**제어밸브**"라고 표시한 표지를 할 것(2.6.1.2)
⑦ 동력제어반의 앞면은 적색으로 하고 "**물분무소화설비용 동력제어반**"이라고 표시한 표지를 설치할 것(2.10.4.1)
⑧ 소화설비의 과전류차단기 및 개폐기에는 "**물분무소화설비용 과전류차단기 또는 개폐기**"라고 표시한 표지를 해야 한다(2.11.3).
⑨ 전기배선의 접속단자에는 "**물분무소화설비단자**"라고 표시한 표지를 부착할 것(2.11.4.1)

(6) 미분무소화설비(NFTC 104A)
① 수조 외측의 보기 쉬운 곳에 "**미분무소화설비용 수조**"라고 표시한 표지를 할 것(2.4.3.7)
② 소화설비용 펌프의 흡수배관 또는 소화설비의 수직배관과 수조의 접속 부분에는 "**미분무소화설비용 배관**"이라고 표시한 표지를 할 것. 다만, 수조와 가까운 장소에 소화설비용 펌프가 설치되고 해당 펌프에 2.4.3.7에 따른 표지를 설치한 때에는 그렇지 않다(2.4.3.8).
③ 가압송수장치에는 "**미분무펌프**"라고 표시한 표지를 할 것. 다만, 호스릴 방식의 경우 "**호스릴 방식 미분무펌프**"라고 표시한 표지를 할 것(2.5.1.8)
④ 호스릴 방식의 소화약제 저장용기의 가장 가까운 곳의 보기 쉬운 곳에 표시등을 설치하고, "**호스릴 미분무소화설비**"라고 표시한 표지를 할 것(2.8.14.3)
⑤ 동력제어반의 앞면은 적색으로 하고 "**미분무소화설비용 동력제어반**"이라고 표시한 표지를 설치할 것(2.12.4.1)
⑥ 소화설비의 과전류차단기 및 개폐기에는 "**미분무소화설비용 과전류차단기 또는 개폐기**"라고 표시한 표지를 해야 한다(2.13.3).
⑦ 전기배선의 접속단자에는 "**미분무 소화설비단자**"라고 표시한 표지를 부착할 것(2.13.4.1).

(7) 포소화설비(NFTC 105)

① 수조 외측의 보기 쉬운 곳에 "**포소화설비용 수조**"라고 표시한 표지를 할 것. 이 경우 그 수조를 다른 설비와 겸용하는 때에는 그 겸용되는 설비의 이름을 표시한 표지를 함께 해야 한다(2.2.4.7).

② 소화설비용 펌프의 흡수배관 또는 소화설비의 수직배관과 수조의 접속 부분에는 "**포소화설비용 배관**"이라고 표시한 표지를 할 것. 다만, 수조와 가까운 장소에 소화설비용 펌프가 설치되고 해당 펌프에 2.3.1.14에 따른 표지를 설치한 때에는 그렇지 않다(2.2.4.8).

③ 가압송수장치에는 "**포소화설비펌프**"라고 표시한 표지를 할 것. 이 경우 그 가압송수장치를 다른 설비와 겸용하는 때에는 그 겸용되는 설비의 이름을 표시한 표지를 함께 해야 한다(2.3.1.14).

④ 송수구에는 그 가까운 곳의 보기 쉬운 곳에 송수압력범위를 표시한 표지를 할 것(2.4.14.4)

⑤ 기동장치의 조작부 및 호스접결구에는 가까운 곳의 보기 쉬운 곳에 각각 "**기동장치의 조작부**" 및 "**접결구**"라고 표시한 표지를 설치할 것(2.8.1.4)

⑥ 동력제어반의 앞면은 적색으로 하고 "**포소화설비용 동력제어반**"이라고 표시한 표지를 설치할 것(2.11.4.1)

⑦ 포소화설비의 과전류차단기 및 개폐기에는 "**포소화설비용 과전류차단기 또는 개폐기**"라고 표시한 표지를 해야 한다(2.12.3).

⑧ 전기배선의 접속단자에는 "**포소화설비단자**"라고 표시한 표지를 부착할 것(2.12.4.1).

(8) 옥외소화전설비(NFTC 109) **14** 회 출제

① 수조 외측의 보기 쉬운 곳에 "**옥외소화전설비용 수조**"라고 표시한 표지를 할 것. 이 경우 그 수조를 다른 설비와 겸용할 때에는 그 겸용되는 설비의 이름을 표시한 표지를 함께 해야 한다(2.1.4.7).

② 소화설비용 흡수배관 또는 소화설비의 수직배관과 수조의 접속 부분에는 "**옥외소화전설비용 배관**"이라고 표시한 표지를 할 것. 다만, 수조와 가까운 장소에 소화설비용 펌프가 설치되고 해당 펌프에 2.2.1.13에 따른 표지를 설치한 때에는 그렇지 않다(2.1.4.8).

③ 가압송수장치에는 "**옥외소화전펌프**"라고 표시한 표지를 할 것. 이 경우 그 가압송수장치를 다른 설비와 겸용하는 때에는 그 겸용되는 설비의 이름을 표시한 표지를 함께 해야 한다(2.2.1.13).

④ 옥외소화전설비의 함에는 그 표면에 "**옥외소화전**"이라는 표시를 해야 한다(2.4.3).

⑤ 동력제어반의 앞면은 적색으로 하고 "**옥외소화전설비용 동력제어반**"이라고 표시한 표지를 설치할 것(2.6.4.1)

⑥ 소화설비의 과전류차단기 및 개폐기에는 "**옥외소화전설비용**"이라고 표시한 표지를 해야 한다(2.7.3).

⑦ 소화설비용 전기배선의 접속단자에는 "**옥외소화전단자**"라고 표시한 표지를 부착할 것(2.7.4.1).

(9) 연결송수관설비(NFTC 502)

① 송수구에는 그 가까운 곳의 보기 쉬운 곳에 송수압력범위를 표시한 표지를 할 것(2.1.1.6)

② 송수구에는 가까운 곳의 보기 쉬운 곳에 "**연결송수관설비 송수구**"라고 표시한 표지를 설치할 것(2.1.1.9)

③ 방수기구함에는 "**방수기구함**"이라고 표시한 축광식 표지를 할 것. 이 경우 축광식 표지는 소방청장이 고시한 축광표지의 성능인증 및 제품검사의 기술기준에 적합한 것으로 설치해야 한다(2.5.1.3).
④ 1.5[mm] 이상의 강판함에 수납하여 설치하고 "**연결송수관설비 수동스위치**"라고 표시한 표지를 부착할 것. 이 경우 문짝은 불연재료로 설치할 수 있다(2.5.1.12.2).
⑤ 가압송수장치에는 "**연결송수관펌프**"라고 표시한 표지를 할 것. 이 경우 그 가압송수장치를 다른 설비와 겸용하는 때에는 그 겸용되는 설비의 이름을 표시한 표지를 함께 해야 한다(2.5.1.17).
⑥ 연결송수관설비의 과전류차단기 및 개폐기에는 "**연결송수관설비용**"이라고 표시한 표지를 해야 한다(2.7.2).
⑦ 전기배선의 접속단자에는 "**연결송수관설비단자**"라고 표지한 표지를 부착할 것(2.7.3.1)

(10) 연결살수설비(NFTC 503)
송수구의 부근에는 "**연결살수설비 송수구**"라고 표시한 표지와 송수구역 일람표를 설치할 것. 다만, 선택밸브를 설치한 경우에는 그렇지 않다(2.1.1.7).

18 옥내소화전설비의 점검
(1) 압력챔버의 공기교체 방법 02 16 회 출제

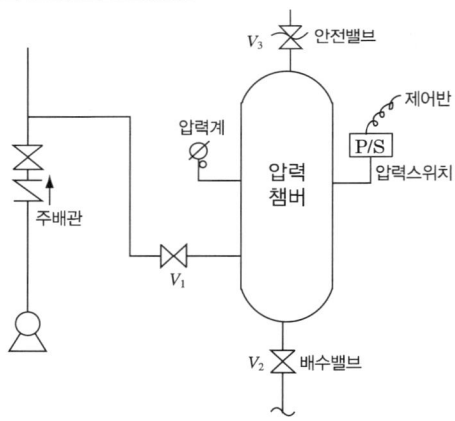

① 동력제어반에서 주펌프와 충압펌프를 정지(수동)시킨다.
② V_1밸브를 폐쇄하고, V_2를 개방하여 내부압력이 대기압이 되었을 때 V_3를 개방하여 챔버(탱크) 내의 물을 완전히 배수한다.
③ V_1밸브를 개방 및 폐쇄를 반복하여 챔버 내부를 2~3회 세척한 후 V_1밸브를 폐쇄한다.
④ V_3에 의하여 공기가 유입되면 V_3를 폐쇄하고, V_2밸브를 폐쇄한다.
⑤ V_1을 서서히 개방하여 주배관의 가압수가 압력챔버로 유입되도록 한다.
⑥ 충압펌프를 자동으로 하여 압력챔버에 가압수를 채워 정지점에 도달하면 자동 정지된다.

⑦ 동력제어반에서 주펌프와 충압펌프의 선택스위치를 자동위치로 전환한다.

> **[압력챔버 내 공기가 없는 경우]**
> 압력챔버 내부의 공기가 있어야 펌프의 기동 및 정지 시 원활한 쿠션역할을 해주어 펌프가 기동 및 정지가 정상적으로 될 수 있는데 **공기가 없을 경우**는 펌프가 연속적으로 운전되지 않고 자주 펌프의 기동 및 정지를 반복하는 현상이 생긴다.

(2) 체절압력 시험방법

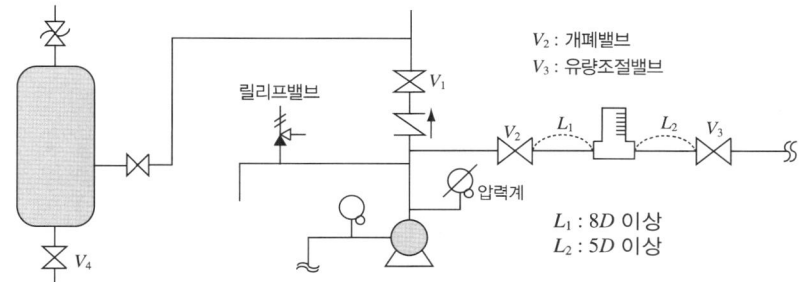

① 동력제어반에서 충압펌프의 선택스위치를 수동(정지)으로 한다.
② 펌프 토출 측의 개폐밸브(주밸브, V_1)를 잠근다.
③ 성능시험배관상에 설치된 V_2, V_3 밸브를 잠근다(평상시 잠근상태임).
④ 압력챔버의 배수밸브 V_4를 개방하고 주 펌프가 기동되면 V_4를 잠근다(현장에서는 동력제어반에서 주펌프를 수동 기동한다).
⑤ 릴리프밸브가 개방될 때의 압력을 압력계에서 읽고 그 값이 체절압력 미만인지 확인한다.

(3) 릴리프밸브의 개방압력을 조정하는 방법 10 회 출제

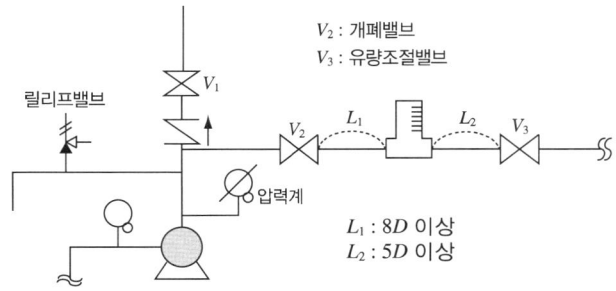

① 동력제어반에서 주펌프, 충압펌프의 선택스위치를 수동의 위치로 한다.
② 펌프 토출 측의 개폐밸브(주밸브, V_1)를 잠근다.
③ 동력제어반에서 주펌프를 수동으로 기동시킨다.
④ 펌프 토출 측 압력계의 최고치가 펌프 전양정의 140[%] 이하인가를 확인하고 이때 주펌프의 체절압력을 확인한다(평상시 V_2와 V_3는 폐쇄된 상태임).

⑤ 성능시험배관의 개폐밸브(V_2)를 완전개방하고 유량조절밸브(V_3)를 서서히 개방하고 **체절압력의 90[%]가 되었을 때** 유량조절밸브(V_3)를 멈춘다.

> 릴리프밸브의 작동점은 체절압력의 90[%]로 한다고 명시할 때

⑥ 릴리프밸브의 캡을 열고 조정나사를 스패너로 시계반대방향으로 서서히 돌려서 물이 흐르는 것이 확인되면 주펌프를 수동으로 정지시킨다.

⑦ 성능시험배관의 개폐밸브(V_2)와 유량조절밸브(V_3)를 잠근다.

⑧ 펌프 토출 측의 개폐밸브(V_1)를 개방한다.

⑨ 동력제어반에서 주펌프와 충압펌프의 선택스위치를 자동위치로 전환한다.

[릴리프밸브]

> [릴리프밸브 조절방법]
> ① 조절볼트를 오른쪽으로 돌리면(조인다) → 릴리프밸브의 작동압력이 높아진다.
> ② 조절볼트를 왼쪽으로 돌린다(풀린다) → 릴리프밸브의 작동압력이 낮아진다.

(4) 펌프의 성능시험방법 및 성능곡선 [17] 회 출제

① **성능시험방법** [05] 회 출제

㉠ 무부하시험(체절운전시험) : 펌프 토출 측의 주밸브와 성능시험배관의 유량조절밸브를 잠근 상태에서 운전할 경우에 토출압력이 정격토출압력의 140[%] 이하인지 확인하는 시험

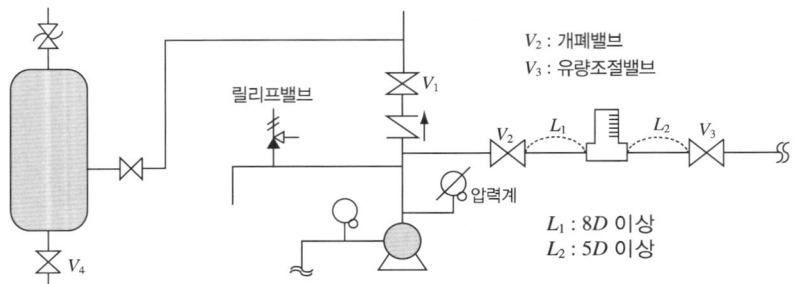

㉮ 동력제어반에서 주펌프와 충압펌프의 선택스위치를 수동(정지)으로 한다.

㉯ 펌프 토출 측의 개폐밸브(V_1)를 잠근다.

㉰ 성능시험배관상에 설치된 V_2, V_3밸브를 잠근다(평상시 잠근 상태임).

㉣ 동력제어반에서 주펌프를 수동으로 기동한다.
㉤ 체절운전에 따라 토출 측 압력계를 확인하고, 그 값이 정격토출압력의 140[%] 이하인지 확인한다.
㉥ 동력제어반에서 주펌프를 수동으로 정지한다.
㉦ 동력제어반에서 주펌프와 충압펌프의 선택스위치를 자동위치로 한다.

ⓒ **정격부하시험** : 펌프를 기동한 상태에서 유량조절밸브를 개방하여 유량계의 유량이 정격유량 상태(100[%])일 때 토출압력이 정격토출압력 이상이 되는지 확인하는 시험
㉮ 동력제어반에서 주펌프와 충압펌프의 선택스위치를 수동(정지)으로 한다.
㉯ 펌프 토출 측의 개폐밸브(V_1)를 잠근다.
㉰ 성능시험배관상에 설치된 V_2 밸브를 개방한다.
㉱ 동력제어반에서 주펌프를 수동으로 기동한다.
㉲ 유량조절밸브(V_3)를 서서히 개방하면서 유량계의 눈금이 정격토출량(100[%])이 될 때 펌프의 정격토출압력 이상인지 확인한다.
㉳ 동력제어반에서 주펌프를 수동으로 정지하고 성능시험배관의 V_2, V_3 밸브를 잠근다.
㉴ 동력제어반에서 주펌프와 충압펌프의 선택스위치를 자동위치로 한다.

ⓒ **피크부하시험(최대운전시험)** : 유량조절밸브를 개방하여 정격토출량의 150[%]로 운전 시 정격토출압력의 65[%] 이상이 되는지 확인하는 시험
㉮ 동력제어반에서 주펌프와 충압펌프의 선택스위치를 수동(정지)으로 한다.
㉯ 펌프 토출 측의 개폐밸브(V_1)를 잠근다.
㉰ 성능시험배관상에 설치된 V_2 밸브를 개방한다.
㉱ 동력제어반에서 주펌프를 수동으로 기동한다.
㉲ 유량조절밸브(V_3)를 서서히 개방하면서 유량계의 눈금이 정격토출량의 150[%]일 때 펌프의 정격토출압력의 65[%] 이상인지 확인한다.
㉳ 동력제어반에서 주펌프를 수동으로 정지하고 성능시험배관의 V_2, V_3 밸브를 잠근다.
㉴ 동력제어반에서 주펌프와 충압펌프의 선택스위치를 자동위치로 한다.

② **펌프의 성능곡선** 설계 03회

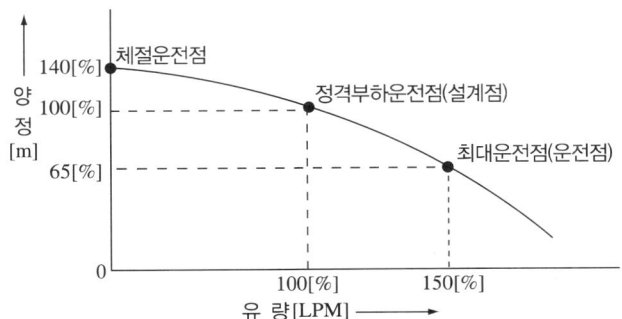

③ 펌프의 성능시험(유량측정시험)방법 03 19 회 출제

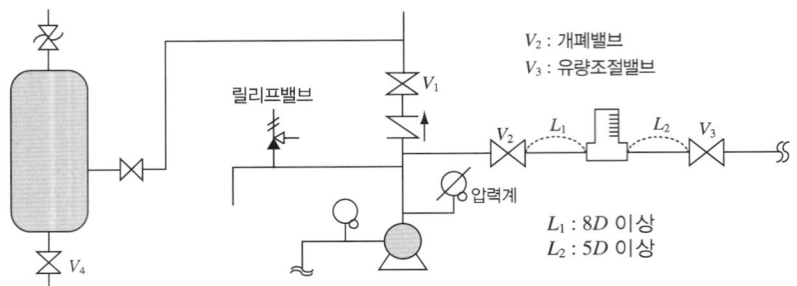

㉠ 동력제어반에서 충압펌프를 수동 또는 정지위치에 놓는다.
㉡ 성능시험배관상의 개폐밸브(V_2)를 완전 개방한다.
㉢ 펌프의 토출 측 개폐밸브(V_1)를 잠근다.
㉣ 동력제어반에서 주펌프를 수동기동한다.
㉤ 성능시험배관상의 유량조절밸브(V_3)를 서서히 개방하여 유량계를 통과하는 유량이 정격토출 유량(펌프사양에 명시됨)이 될 때 토출압력이 100[%] 이상인지 확인한다.

> 이때 정격토출유량이 되었을 때 펌프 토출 측 압력계를 보고 정격토출압력(펌프 사양에 명시된 전양정 ÷ 10의 값) 이상인지 확인한다.

㉥ 성능시험배관상의 유량조절밸브(V_3)를 조금 더 개방하여 유량계를 통과하는 유량이 정격토출 유량의 150[%]가 되도록 조절한다.

> [예시] 펌프의 토출유량이 3,200[LPM]([L/min])이면 3,200 × 1.5 = 4,800[LPM]이면 된다.

이때 펌프의 토출 측 압력은 정격토출압력의 65[%] 이상이어야 한다(Plus one 참조).

> [예시] 펌프의 전양정이 80[m]이면 약 0.8[MPa]이므로 현장에서는 0.8 × 0.65 = 0.52[MPa] 이상이어야 한다.
> ※ 주펌프를 기동하여 유량 4,800[L/min]으로 운전 시 압력이 0.52[MPa] 이상이 나와야 펌프의 성능시험은 양호하다.

ⓢ 주펌프를 정지하고 성능시험배관상의 밸브(V_2, V_3)를 서서히 잠근다.
ⓞ 펌프의 토출 측 개폐밸브(V_1)를 개방하고, 동력제어반에서 충압펌프의 선택스위치를 자동으로 하여 정지점까지 압력이 도달하면 충압펌프는 자동정지되면 주펌프를 자동위치로 한다.

Plus one

펌프성능시험 결과표

예 펌프의 양정이 80[m], 유량이 3,200[L/min]일 때의 펌프성능시험표 작성 17 회 출제

구 분	체절운전	정격운전 (100[%])	정격유량의 150[%] 운전	적정 여부
토출량 [L/min]	0	3,200	4,800	1. 체절운전 시 토출압은 정격토출압의 140[%] 이하 (○) 2. 정격운전 시 토출량과 토출압이 규정치 이상 (○) 　(펌프 명판 및 설계치 참조) 3. 정격토출량 150[%]에서 토출압이 정격토출압의 65[%] 이상 (○)
토출압 [MPa]	1.12[MPa] 이하	0.8[MPa] 이상	0.52[MPa] 이상	

- 체절운전일 때의 토출량 : 0[L/min]
- 정격운전(100[%])일 때의 토출량 : 3,200[L/min](명판에 기재)
- 정격운전(150[%])일 때의 토출량 : 3,200[L/min] × 1.5 = 4,800[L/min]
- 정격운전(100[%])일 때의 토출압 : 0.8[MPa](양정 80[m], 명판에 기재) 이상(실제 측정값 입력)
- 체절운전일 때의 토출압 : 0.8[MPa] × 1.4 = 1.12[MPa] 이하(실제 측정값 입력)
- 정격운전(150[%])일 때의 토출압 : 유량조절밸브로 성능시험배관의 유량이 150[%](4,800[L/min])로 토출할 때 펌프 토출 측의 압력계의 수치가 65[%](0.52[MPa], 실제 측정값) 이상이어야 한다.

감시제어반에서 펌프기동방법

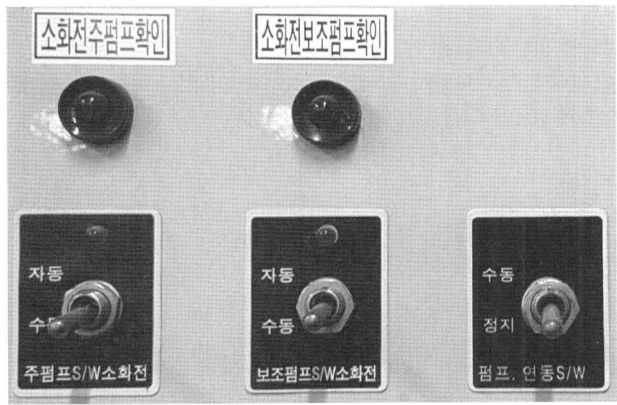

작동상태 \ S/W	주펌프S/W	충압펌프S/W	펌프연동S/W
평상시	자 동	자 동	정 지
충압펌프 수동기동 시	자 동	수 동	수 동
주펌프 수동기동 시	수 동	자 동	수 동

[참 고]
① 현장에서는 보조펌프라고 기재된 것은 **충압펌프**입니다.
② 평상시, 수동기동 시 스위치의 명칭이 제조사마다 차이가 있으니 수신기에 부착된 설명서를 참고 바랍니다.

④ 펌프성능시험 시 주의사항
   ㉠ 주펌프 토출 측의 개폐밸브 완전 폐쇄상태 확인
   ㉡ 개폐밸브 작동 시 급격한 개폐금지
   ㉢ 유량계에 기포통과 여부

   > **Plus one**
   > **기포 통과 원인**
   > - 흡입 배관의 이음매 부분에 공기가 유입될 경우
   > - 펌프에 공동현상이 발생할 경우
   > - 풋밸브와 수원의 수면과 가까울 경우

   ㉣ 성능시험 시 많은 물의 배수로 집수정으로 처리여부
   ㉤ 펌프의 회전축 근처 접근금지

(5) 펌프의 체크기능(풋밸브, 스모렌스키 체크밸브) 확인
① 물올림관의 물올림밸브를 개방한다.
② 물올림컵에 물이 차면 물올림탱크에서 주배관에 연결된 개폐밸브를 잠근다.
③ 물올림컵의 수위상태를 확인한다.

> **Plus one**
> **확인 결과**
> - 수위의 변화가 없으면 정상이다.
> - 물올림컵에서 물이 솟구치면 스모렌스키 체크밸브에 이상이 있다(체크기능 불능).
> - 물이 빨려 들어가면 풋밸브에 이상이 있다(체크기능 불능).

(6) 피토게이지의 방수압력의 측정 위치 및 측정방법 05 회 출제

① **측정 위치** : 관창 선단(끝부분)에서 관창구경의 1/2배 떨어진 위치

② **방수압력 측정방법** : 측정하고자 하는 층의 소화전을 모두(2개 이상은 2개) 개방한 후 가장 먼 쪽에 위치한 소화전 관창 끝부분에서 관창구경의 1/2배 떨어진 위치에서 피토게이지의 피토관 입구를 수류의 중심선과 일치하게 하여 물을 방사하면 방수압력이 게이지상에 나타난다.

05 25 회 출제 설계 06회

[방수압력 측정계]

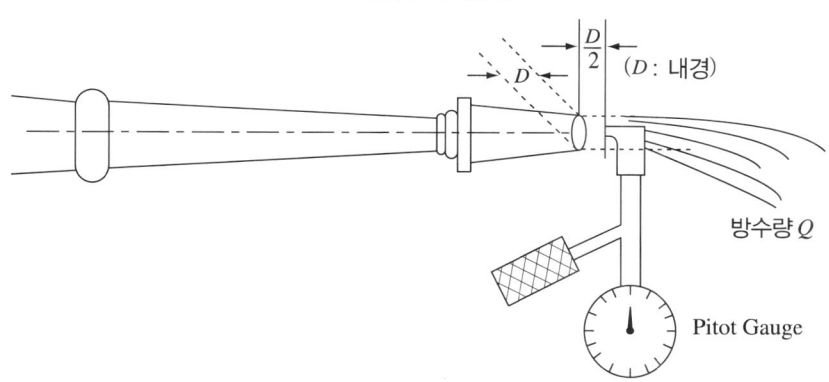

$$Q = 0.6597 CD^2 \sqrt{10P}$$ 21 회 출제

여기서, Q : 방수량[L/min]
 C : 유량계수
 D : 노즐내경[mm]
 P : 방수압력[MPa]

(7) 제어반의 점검

① 감시제어반의 스위치 및 표시등 확인

㉠ 펌프선택스위치 선택위치 : 충압펌프, 주펌프, 예비펌프의 선택스위치가 "자동(AUTO)" 위치 여부 확인

> 점검 시 충압펌프, 주펌프, 예비펌프는 "정지(수동)" 위치 상태이다.

[펌프 정지상태]

[펌프 자동상태]

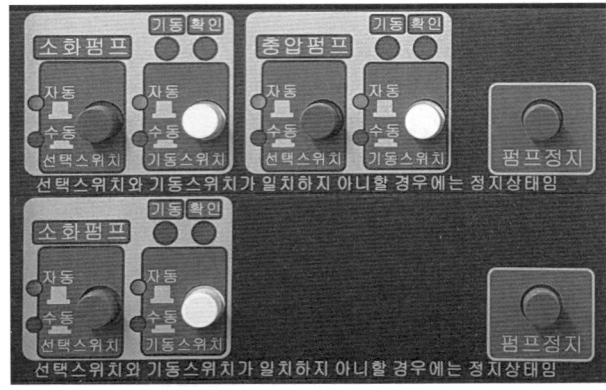

[펌프 자동(정상)상태]

ⓒ 각종 표시등 점등 여부
- 펌프 압력스위치 표시등의 "소등" 여부 확인

  > 펌프 압력스위치는 평상시에는 소등되고 점등되어 있으면 펌프가 기동된다.

- 저수위 감시스위치 표시등의 "소등" 여부 확인

  > 저수위 감시스위치는 평상시에는 소등되고 소화수가 없으면 점등이 된다.

② 동력제어반의 스위치 및 표시등 확인

펌프선택스위치 선택위치 : 충압펌프, 주펌프, 예비펌프의 선택스위치가 "자동(AUTO)" 위치 여부 확인

> 펌프가 "수동" 위치에 있으면 화재 시 펌프가 자동기동이 되지 않는다.

[펌프 자동상태]

19 배선에 사용되는 전선의 종류 및 공사방법

① 내화배선 20 회 출제 설계 05회 13회

사용전선의 종류	공사방법
1. 450/750[V] 저독성 난연 가교 폴리올레핀 절연 전선 2. 0.6/1[kV] 가교 폴리에틸렌 절연 저독성 난연 폴리올레핀 시스 전력 케이블 3. 6/10[kV] 가교 폴리에틸렌 절연 저독성 난연 폴리올레핀 시스 전력용 케이블 4. 가교 폴리에틸렌 절연 비닐시스 트레이용 난연 전력 케이블 5. 0.6/1[kV] EP 고무절연 클로로프렌 시스 케이블 6. 300/500[V] 내열성 실리콘 고무 절연전선(180[℃]) 7. 내열성 에틸렌-비닐 아세테이트 고무 절연 케이블 8. 버스덕트(Bus Duct) 9. 기타 전기용품 및 생활용품 안전관리법 및 전기설비기술기준에 따라 동등 이상의 내화성능이 있다고 주무부장관이 인정하는 것	금속관·2종 금속제 가요전선관 또는 합성 수지관에 수납하여 내화구조로 된 벽 또는 바닥 등에 벽 또는 바닥의 표면으로부터 25[mm] 이상의 깊이로 매설해야 한다. 다만, 다음의 기준에 적합하게 설치하는 경우에는 그렇지 않다. 가. 배선을 내화성능을 갖는 배선전용실 또는 배선용 샤프트·피트·덕트 등에 설치하는 경우 나. 배선전용실 또는 배선용 샤프트·피트·덕트 등에 다른 설비의 배선이 있는 경우에는 이로부터 15[cm] 이상 떨어지게 하거나 소화설비의 배선과 이웃하는 다른 설비의 배선 사이에 배선지름(배선의 지름이 다른 경우에는 가장 큰 것을 기준으로 한다)의 1.5배 이상의 높이의 불연성 격벽을 설치하는 경우
내화전선	케이블공사의 방법에 따라 설치해야 한다.

[비 고] 내화전선의 내화성능은 KS C IEC 60331-1과 2(온도 830[℃] / 가열시간 120분) 표준 이상을 충족하고, 난연성능 확보를 위해 KS C IEC 60332-3-24 성능 이상을 충족할 것

② 내열배선 20 회 출제

사용전선의 종류	공사방법
1. 450/750[V] 저독성 난연 가교 폴리올레핀 절연 전선 2. 0.6/1[kV] 가교 폴리에틸렌 절연 저독성 난연 폴리올레핀 시스 전력 케이블 3. 6/10[kV] 가교 폴리에틸렌 절연 저독성 난연 폴리올레핀 시스 전력용 케이블 4. 가교 폴리에틸렌 절연 비닐시스 트레이용 난연 전력 케이블 5. 0.6/1[kV] EP 고무절연 클로로프렌 시스 케이블 6. 300/500[V] 내열성 실리콘 고무 절연전선(180[℃]) 7. 내열성 에틸렌-비닐 아세테이트 고무 절연 케이블 8. 버스덕트(Bus Duct) 9. 기타 전기용품 및 생활용품 안전관리법 및 전기설비기술기준에 따라 동등 이상의 내열성능이 있다고 주무부장관이 인정하는 것	금속관·금속제 가요전선관·금속덕트 또는 케이블(불연성덕트에 설치하는 경우에 한한다) 공사방법에 따라야 한다. 다만, 다음의 기준에 적합하게 설치하는 경우에는 그렇지 않다. 가. 배선을 내화성능을 갖는 배선전용실 또는 배선용 샤프트·피트·덕트 등에 설치하는 경우 나. 배선전용실 또는 배선용 샤프트·피트·덕트 등에 다른 설비의 배선이 있는 경우에는 이로부터 15[cm] 이상 떨어지게 하거나 소화설비의 배선과 이웃하는 다른 설비의 배선 사이에 배선지름(배선의 지름이 다른 경우에는 지름이 가장 큰 것을 기준으로 한다)의 1.5배 이상의 높이의 불연성 격벽을 설치하는 경우
내화전선	케이블공사의 방법에 따라 설치해야 한다.

20 옥내소화전설비의 점검표(소방시설 자체점검사항 등에 관한 고시 별지 4)

번 호	점검항목	점검결과
2-A. 수 원		
2-A-001	○ 주된 수원의 유효수량 적정 여부(겸용설비 포함)	
2-A-002	○ 보조수원(옥상)의 유효수량 적정 여부	
2-B. 수 조 08 회 출제		
2-B-001	● 동결방지조치 상태 적정 여부	
2-B-002	○ 수위계 설치상태 적정 또는 수위 확인 가능 여부	
2-B-003	● 수조 외측 고정사다리 설치상태 적정 여부(바닥보다 낮은 경우 제외)	
2-B-004	● 실내설치 시 조명설비 설치상태 적정 여부	
2-B-005	○ "옥내소화전설비용 수조" 표지 설치상태 적정 여부	
2-B-006	● 다른 소화설비와 겸용 시 겸용설비의 이름 표시한 표지 설치상태 적정 여부	
2-B-007	● 수조-수직배관 접속부분 "옥내소화전설비용 배관" 표지 설치상태 적정 여부	
2-C. 가압송수장치		
2-C-001	[펌프방식] ● 동결방지조치 상태 적정 여부	
2-C-002	○ 옥내소화전 방수량 및 방수압력 적정 여부	
2-C-003	● 감압장치 설치 여부(방수압력 0.7[MPa] 초과 조건)	
2-C-004	○ 성능시험배관을 통한 펌프 성능시험 적정 여부	
2-C-005	● 다른 소화설비와 겸용인 경우 펌프 성능 확보 가능 여부	
2-C-006	○ 펌프 흡입 측 연성계·진공계 및 토출 측 압력계 등 부속장치의 변형·손상 유무	
2-C-007	○ 기동장치 적정 설치 및 기동압력 설정 적정 여부	
2-C-008	○ 기동스위치 설치 적정 여부(ON/OFF 방식)	
2-C-009	● 주펌프와 동등이상 펌프 추가설치 여부	
2-C-010	● 물올림장치 설치 적정(전용 여부, 유효수량, 배관구경, 자동급수) 여부	
2-C-011	● 충압펌프 설치 적정(토출압력, 정격토출량) 여부	
2-C-012	○ 내연기관 방식의 펌프 설치 적정[정상기동(기동장치 및 제어반) 여부, 축전지 상태, 연료량] 여부	
2-C-013	○ 가압송수장치의 "옥내소화전펌프" 표지설치 여부 또는 다른 소화설비와 겸용 시 겸용설비 이름 표시 부착 여부	
2-C-021	[고가수조방식] ○ 수위계·배수관·급수관·오버플로관·맨홀 등 부속장치의 변형·손상 유무	
2-C-031	[압력수조방식] ● 압력수조의 압력 적정 여부	
2-C-032	○ 수위계·급수관·급기관·압력계·안전장치·공기압축기 등 부속장치의 변형·손상 유무	
2-C-041	[가압수조방식] ● 가압수조 및 가압원 설치장소의 방화구획 여부	
2-C-042	○ 수위계·급수관·배수관·급기관·압력계 등 부속장치의 변형·손상 유무	
2-D. 송수구		
2-D-001	○ 설치장소 적정 여부	
2-D-002	● 연결배관에 개폐밸브를 설치한 경우 개폐상태 확인 및 조작가능 여부	
2-D-003	● 송수구 설치 높이 및 구경 적정 여부	
2-D-004	● 자동배수밸브(또는 배수공)·체크밸브 설치 여부 및 설치 상태 적정 여부	
2-D-005	○ 송수구 마개 설치 여부	

번 호	점검항목	점검결과
2-E. 배관 등		
2-E-001	● 펌프의 흡입 측 배관 여과장치의 상태 확인	
2-E-002	● 성능시험배관 설치(개폐밸브, 유량조절밸브, 유량측정장치) 적정 여부	
2-E-003	● 순환배관 설치(설치위치·배관구경, 릴리프밸브 개방압력) 적정 여부	
2-E-004	● 동결방지조치 상태 적정 여부	
2-E-005	○ 급수배관 개폐밸브 설치(개폐표시형, 흡입 측 버터플라이 제외) 적정 여부	
2-E-006	● 다른 설비의 배관과의 구분 상태 적정 여부	
2-F. 함 및 방수구 등		
2-F-001	○ 함 개방 용이성 및 장애물 설치 여부 등 사용 편의성 적정 여부	
2-F-002	○ 위치·기동 표시등 적정 설치 및 정상 점등 여부	
2-F-003	○ "소화전" 표시 및 사용요령(외국어 병기) 기재 표지판 설치상태 적정 여부	
2-F-004	● 대형 공간(기둥 또는 벽이 없는 구조) 소화전 함 설치 적정 여부	
2-F-005	● 방수구 설치 적정 여부	
2-F-006	○ 함 내 소방호스 및 관창 비치 적정 여부	
2-F-007	○ 호스의 접결상태, 구경, 방수 압력 적정 여부	
2-F-008	● 호스릴방식 노즐 개폐장치 사용 용이 여부	
2-G. 전 원		
2-G-001	● 대상물 수전방식에 따른 상용전원 적정 여부	
2-G-002	● 비상전원 설치장소 적정 및 관리 여부	
2-G-003	○ 자가발전설비인 경우 연료 적정량 보유 여부	
2-G-004	○ 자가발전설비인 경우 전기사업법에 따른 정기점검 결과 확인	
2-H. 제어반		
2-H-001	● 겸용 감시·동력 제어반 성능 적정 여부(겸용으로 설치된 경우)	
2-H-011	[감시제어반] ○ 펌프 작동 여부 확인 표시등 및 음향경보장치 정상작동 여부	※ 화재안전기술기준에 물올림탱크 → 물올 림수조로 개정됨
2-H-012	○ 펌프별 자동·수동 전환스위치 정상작동 여부	
2-H-013	● 펌프별 수동기동 및 수동중단 기능 정상작동 여부	
2-H-014	● 상용전원 및 비상전원 공급 확인 가능 여부(비상전원 있는 경우)	
2-H-015	● 수조·물올림수조 저수위 표시등 및 음향경보장치 정상작동 여부	
2-H-016	○ 각 확인회로별 도통시험 및 작동시험 정상작동 여부	
2-H-017	○ 예비전원 확보 유무 및 시험 적합 여부	
2-H-018	● 감시제어반 전용실 적정 설치 및 관리 여부	
2-H-019	● 기계·기구 또는 시설 등 제어 및 감시설비 외 설치 여부	
2-H-021	[동력제어반] ○ 앞면은 적색으로 하고, "옥내소화전설비용 동력제어반" 표지 설치 여부	
2-H-031	[발전기제어반] ● 소방전원보존형발전기는 이를 식별할 수 있는 표지 설치 여부	

※ 펌프성능시험(펌프 명판 및 설계치 참조)

구 분		체절운전	정격운전
			(100[%])
				정격유량의
				150[%] 운전
					적정 여부	○설정압력 :
						○주펌프
						  기동: [MPa]
						  정지: [MPa]
						○예비펌프
						  기동: [MPa]
						  정지: [MPa]
						○충압펌프
						  기동: [MPa]
						  정지: [MPa]

토출량
[L/min]
	주				1. 체절운전 시 토출압은 정격토출압의
					   140[%] 이하일 것 ( )
					2. 정격운전 시 토출량과 토출압이 규정치
					   이상일 것 ( )
					3. 정격토출량의 150[%]에서 토출압이 정
					   격토출압의 65[%] 이상일 것 ( )	

	예 비					
토출압 [MPa]	주					
	예 비					

※ 릴리프밸브 작동압력 :   [MPa]

비 고	

21 수계 소화설비 점검표의 점검항목 비교표(소방시설 자체점검사항 등에 관한 고시 별표 4)

종류 항목	옥내소화전설비	옥외소화전설비	스프링클러설비	간이스프링클러설비	화재조기진압용 스프링클러설비
수조	● 동결방지조치 상태 적정 여부 ○ 수위계 설치상태 적정 또는 수위 확인 가능 여부 ● 수조 외측 고정사다리 설치 여부(바닥보다 낮은 경우 제외) ● 실내설치 적정 여부(바닥보다 낮은 경우 제외) ● 실내설치 시 조명설비 설치상태 적정 여부 ○ "옥내소화전설비용 수조" 표지 설치상태 및 설비 명판 여부 ● 다른 소화설비와 겸용 시 겸용 소화설비의 이름 표시한 표지 설치상태 적정 여부 ● 수조-수직배관 접속부분 "옥내소화전설비용 배관" 표지 설치상태 적정 여부	● 동결방지조치 상태 적정 여부 ○ 수위계 설치 또는 수위 확인 가능 여부 ● 수조 외측 고정사다리 설치 여부(바닥보다 낮은 경우 제외) ● 실내설치 시 조명설비 설치 여부 ○ "옥외소화전설비용 수조" 표지 설치 여부 및 설치 상태 ● 다른 소화설비와 겸용 시 겸용 소화설비의 이름 표시한 표지설치 여부 ● 수조-수직배관 접속부 "옥외소화전설비용 배관" 표지설치 여부	● 동결방지조치 상태 적정 여부 ○ 수위계 설치 또는 수위 확인 가능 여부 ● 수조 외측 고정사다리 설치 여부(바닥보다 낮은 경우 제외) ● 실내설치 시 조명설비 설치 여부 ○ "스프링클러설비용 수조" 표시 설치 여부 및 설치 상태 ● 다른 소화설비와 겸용 시 겸용 설비의 이름 표시한 표지설치 여부 ● 수조-수직배관 접속부 "스프링클러설비용 배관" 표지설치 여부	● 동결방지조치 상태 적정 여부 ○ 수위계 설치 또는 수위 확인 가능 여부 ● 수조 외측 고정사다리 설치 여부(바닥보다 낮은 경우 제외) ● 실내설치 시 조명설비 설치 여부 ○ "간이스프링클러설비용 수조" 표지 설치상태 적정 여부 ● 다른 소화설비와 겸용 시 겸용 설비의 이름 표시한 표지설치 여부 ● 수조-수직배관 접속부 "간이스프링클러설비용 배관" 표지설치 여부 ○ 자동급수장치 설치 여부	● 동결방지조치 상태 적정 여부 ○ 수위계 설치 또는 수위 확인 가능 여부 ● 수조 외측 고정사다리 설치 여부(바닥보다 낮은 경우 제외) ● 실내설치 시 조명설비 설치 여부 ○ "화재조기진압용 스프링클러설비용 수조" 표지설치 여부 및 설치 상태 ● 다른 소화설비와 겸용 시 겸용 설비의 이름 표시한 표지설치 여부 ● 수조-수직배관 접속부 "화재조기진압용 스프링클러설비용 배관" 표지설치 여부

종류 항목	옥내소화전설비 24회 출제	옥외소화전설비	스프링클러설비	간이스프링클러설비	화재조기진압용 스프링클러설비
가압송수장치 (펌프방식)	● 동결방지조치 상태 적정 여부 ○ 옥내소화전 방수량 및 방수압력 적정 여부 ● 감압장치 설치 여부(방수압력 0.7[MPa] 초과 조건) ○ 성능시험배관을 통한 펌프 성능시험 적정 여부 ● 다른 소화설비와 겸용인 경우 펌프 성능 확보 가능 여부 ○ 펌프 흡입측 연성계·진공계 및 토출측 압력계 등 부속장치의 변형·손상 유무 ● 기동장치 적정 설치 및 기동압력 설정 적정 여부 ○ 기동스위치 설치 적정 여부 (ON/OFF 방식) ● 물올림장치 설치 적정(전용 여부, 유효수량, 배관구경, 자동급수) 여부 ● 충압펌프 설치 적정(토출압력, 정격토출량) 여부 ○ 내연기관 방식의 펌프 설치 적정(정상기동(기동장치 및 제어반) 여부, 축전지 상태, 연료량) 여부 ○ 가압송수장치의 "옥내소화전펌프" 표지설치 여부 또는 다른 소화설비와 겸용 시 겸용설비 이름 표시 부착 여부 ● 주펌프와 동등이상 펌프 추가 설치 여부	● 동결방지조치 상태 적정 여부 ○ 옥외소화전 방수량 및 방수압력 적정 여부 ● 감압장치 설치 여부(방수압력 0.7[MPa] 초과 조건) ○ 성능시험배관을 통한 펌프 성능시험 적정 여부 ● 다른 소화설비와 겸용인 경우 펌프 성능 확보 가능 여부 ○ 펌프 흡입측 연성계·진공계 및 토출측 압력계 등 부속장치의 변형·손상 유무 ● 기동장치 적정 설치 및 기동압력 설정 적정 여부 ○ 기동스위치 설치 적정 여부 (ON/OFF 방식) ● 물올림장치 설치 적정(전용 여부, 유효수량, 배관구경, 자동급수) 여부 ● 충압펌프 설치 적정(토출압력, 정격토출량) 여부 ○ 내연기관 방식의 펌프 설치 적정(정상기동(기동장치 및 제어반) 여부, 축전지 상태, 연료량) 여부 ○ 가압송수장치의 "옥외소화전펌프" 표지설치 여부 또는 다른 소화설비와 겸용 시 겸용설비 이름 표시 부착 여부	● 동결방지조치 상태 적정 여부 ○ 성능시험배관을 통한 펌프 성능시험 적정 여부 ● 다른 소화설비와 겸용인 경우 펌프 성능 확보 가능 여부 ○ 펌프 흡입측 연성계·진공계 및 토출측 압력계 등 부속장치의 변형·손상 유무 ● 기동장치 적정 설치 및 기동압력 설정 적정 여부 ● 물올림장치 설치 적정(전용 여부, 유효수량, 배관구경, 자동급수) 여부 ● 충압펌프 설치 적정(토출압력, 정격토출량) 여부 ○ 내연기관 방식의 펌프 설치 적정(정상기동(기동장치 및 제어반) 여부, 축전지 상태, 연료량) 여부 ○ 가압송수장치의 "스프링클러펌프" 표지설치 여부 또는 다른 소화설비와 겸용 시 겸용설비 이름 표시 부착 여부	● 동결방지조치 상태 적정 여부 ○ 성능시험배관을 통한 펌프 성능시험 적정 여부 ● 다른 소화설비와 겸용인 경우 펌프 성능 확보 가능 여부 ○ 펌프 흡입측 연성계·진공계 및 토출측 압력계 등 부속장치의 변형·손상 유무 ● 기동장치 적정 설치 및 기동압력 설정 적정 여부 ● 물올림장치 설치 적정(전용 여부, 유효수량, 배관구경, 자동급수) 여부 ● 충압펌프 설치 적정(토출압력, 정격토출량) 여부 ○ 내연기관 방식의 펌프 설치 적정(정상기동(기동장치 및 제어반) 여부, 축전지 상태, 연료량) 여부 ○ 가압송수장치의 "간이스프링클러펌프" 표지설치 여부 또는 다른 소화설비와 겸용 시 겸용설비 이름 표시 부착 여부	● 동결방지조치 상태 적정 여부 ○ 성능시험배관을 통한 펌프 성능시험 적정 여부 ● 다른 소화설비와 겸용인 경우 펌프 성능 확보 가능 여부 ○ 펌프 흡입측 연성계·진공계 및 토출측 압력계 등 부속장치의 변형·손상 유무 ● 기동장치 적정 설치 및 기동압력 설정 적정 여부 ● 물올림장치 설치 적정(전용 여부, 유효수량, 배관구경, 자동급수) 여부 ● 충압펌프 설치 적정(토출압력, 정격토출량) 여부 ○ 내연기관 방식의 펌프 설치 적정(정상기동(기동장치 및 제어반) 여부, 축전지 상태, 연료량) 여부 ○ 가압송수장치의 "화재조기진압용 스프링클러펌프" 표지설치 여부 또는 다른 소화설비와 겸용 시 겸용설비 이름 표시 부착 여부

종류 항목	물분무소화설비	미분무소화설비	포소화설비
수조	● 동결방지조치 상태 적정 여부 ○ 수위계 설치 또는 수위 확인 가능 여부 ○ 수조 외측 고정사다리 설치 여부(바닥보다 낮은 경우 제외) ○ 실내설치 시 조명설비 설치 여부 ● "물분무소화설비용 수조" 표지 설치상태 적정 여부 ○ 다른 소화설비와 겸용 시 겸용설비의 이름 표시한 표지 설치 여부 ● 수조-수직배관 접속부분 "물분무소화설비용 배관" 표지설치 여부	● 동결방지조치 상태 적정 여부 ○ 수위계 설치 또는 수위 확인 가능 여부 ○ 수조 외측 고정사다리 설치 여부(바닥보다 낮은 경우 제외) ○ 실내설치 시 조명설비 설치 여부 ● "미분무설비용 수조" 표지 설치상태 적정 여부 ● 수조-수직배관 접속부분 "미분무설비용 배관" 표지설치 여부 ● 전용 수조 사용 여부	● 동결방지조치 상태 적정 여부 ○ 수위계 설치 또는 수위 확인 가능 여부 ○ 수조 외측 고정사다리 설치 여부(바닥보다 낮은 경우 제외) ○ 실내설치 시 조명설비 설치 여부 ● "포소화설비용 수조" 표지설치 여부 및 설치 상태 ○ 다른 소화설비와 겸용 시 겸용설비의 이름 표시한 표지 설치 여부 ● 수조-수직배관 접속부분 "포소화설비용 배관" 표지설치 여부
가압송수장치 (펌프방식)	● 동결방지조치 상태 적정 여부 ○ 성능시험배관을 통한 펌프 성능시험 적정 여부 ○ 다른 소화설비와 겸용인 경우 펌프 성능 확보 가능 여부 ● 펌프 흡입 측 연성계·진공계 및 토출 측 압력계 등 부속장치의 변형·손상 유무 ● 기동장치 적정 설치 및 기동압력 설정 적정 여부 ● 물올림장치 설치 적정(전용 여부, 유효수량, 배관구경, 자동급수) 여부 ● 충압펌프 설치 적정(토출압력, 정격토출량) 여부 ○ 내연기관 방식의 펌프 설치 적정(정상기동(기동장치 및 제어반) 여부, 축전지 상태, 연료량) 여부 ○ 가압수조장치가 "물분무소화설비펌프" 표지설치 여부 또는 다른 소화설비와 겸용 시 겸용설비 이름 표시 부착 여부	● 동결방지조치 상태 적정 여부 ○ 성능시험배관을 통한 펌프 성능시험 적정 여부 ● 펌프 토출 측 압력계 등 부속장치의 변형·손상 유무 ● 전용 펌프 사용 여부	● 동결방지조치 상태 적정 여부 ○ 성능시험배관을 통한 펌프 성능시험 적정 여부 ○ 다른 소화설비와 겸용인 경우 펌프 성능 확보 가능 여부 ● 펌프 흡입 측 연성계·진공계 및 토출 측 압력계 등 부속장치의 변형·손상 유무 ● 기동장치 적정 설치 및 기동압력 설정 적정 여부 ● 물올림장치 설치 적정(전용 여부, 유효수량, 배관구경, 자동급수) 여부 ● 충압펌프 설치 적정(토출압력, 정격토출량) 여부 ○ 내연기관 방식의 펌프 설치 적정(정상기동(기동장치 및 제어반) 여부, 축전지 상태, 연료량) 여부 ○ 가압수조장치이 "포소화설비펌프" 표지설치 여부 또는 다른 소화설비와 겸용 시 겸용설비 이름 표시 부착 여부

종류 / 항목	옥내소화전설비	옥외소화전설비	스프링클러설비	간이스프링클러설비	화재조기진압용 스프링클러설비
송수구	○ 설치장소 적정 여부 ● 연결배관에 개폐밸브를 설치한 경우 개폐상태 확인 및 조작가능 여부 ● 송수구 설치 높이 및 구경 적정 여부 ● 자동배수밸브(또는 배수공)·체크밸브 설치 여부 및 설치 상태 적정 여부 ○ 송수구 마개 설치 여부	해당없음	○ 설치장소 적정 여부 ● 연결배관에 개폐밸브를 설치한 경우 개폐상태 확인 및 조작가능 여부 ● 송수구 설치 높이 및 구경 적정 여부 ○ 송수압력범위 표시 표지 설치 여부 ● 송수구 설치 개수 적정 여부(설치 스프링클러설비의 경우) ● 자동배수밸브(또는 배수공)·체크밸브 설치 여부 및 설치 상태 적정 여부 ○ 송수구 마개 설치 여부	○ 설치장소 적정 여부 ● 연결배관에 개폐밸브를 설치한 경우 개폐상태 확인 및 조작가능 여부 ● 송수구 설치 높이 및 구경 적정 여부 ● 자동배수밸브(또는 배수공)·체크밸브 설치 여부 및 설치 상태 적정 여부 ○ 송수구 마개 설치 여부	○ 설치장소 적정 여부 ● 연결배관에 개폐밸브를 설치한 경우 개폐상태 확인 및 조작가능 여부 ● 송수구 설치 높이 및 구경 적정 여부 ○ 송수압력범위 표시 표지 설치 여부 ● 송수구 설치 개수 적정 여부 ● 자동배수밸브(또는 배수공)·체크밸브 설치 여부 및 설치 상태 적정 여부 ○ 송수구 마개 설치 여부

종류 항목	옥내소화전설비	옥외소화전설비	스프링클러설비	간이스프링클러설비	화재조기진압용 스프링클러설비
배관 등	● 펌프의 흡입 측 배관 여과장치의 상태 확인 ● 성능시험배관 설치(개폐밸브, 유량조절밸브, 유량측정장치) 적정 여부 ● 순환배관 설치(설치위치·배관구경, 릴리프밸브 개방압력) 적정 여부 ● 동결방지조치 상태 적정 여부 ○ 급수배관 개폐밸브 설치(개폐표시형, 흡입 측 버터플라이 제외) 적정 여부 ● 다른 설비의 배관과의 구분 상태 적정 여부	● 펌프의 흡입 측 배관 여과장치의 상태 확인 ● 성능시험배관 설치(개폐밸브, 유량조절밸브, 유량측정장치) 적정 여부 ● 순환배관 설치(설치위치·배관구경, 릴리프밸브 개방압력) 적정 여부 ● 동결방지조치 상태 적정 여부 ○ 급수배관 개폐밸브 설치(개폐표시형, 흡입 측 버터플라이 제외) 적정 여부 ● 다른 설비의 배관과의 구분 상태 적정 여부 ● 호스접결구 높이 및 각 부분으로부터 호스접결구까지의 수평거리 적정 여부 ○ 호스 구경 적정 여부	● 펌프의 흡입 측 배관 여과장치의 상태 확인 ● 성능시험배관 설치(개폐밸브, 유량조절밸브, 유량측정장치) 적정 여부 ● 순환배관 설치(설치위치·배관구경, 릴리프밸브 개방압력) 적정 여부 ● 동결방지조치 상태 적정 여부 ○ 준비작동식 유수검지장치 및 일제개방밸브 2차 측 배관 부대설비 설치 적정(개폐표시형 밸브, 수직배수배관, 개폐밸브 설치 및 작동표시스위치, 일제개방밸브 설치 및 감시제어반 개방확인) 여부 ○ 급수배관 개폐밸브 설치(개폐표시형) 및 작동표시스위치 적정(제어반 표시 및 경보, 스위치 동작 및 도통시험) 여부 ○ 유수검지장치 시험장치 설치 적정(설치위치, 배관구경, 개폐밸브 및 개방형헤드, 물받이 통 및 배수관) 여부 ○ 주차장에 설치된 스프링클러방식 적정(습식 외의 방식) 여부 ● 다른 설비의 배관과의 구분 상태 적정 여부	**[배관 및 밸브]** ● 펌프의 흡입 측 배관 여과장치의 상태 확인 ● 성능시험배관 설치(개폐밸브, 유량조절밸브, 유량측정장치) 적정 여부 ● 순환배관 설치(설치위치·배관구경, 릴리프밸브 개방압력) 적정 여부 ● 동결방지조치 상태 적정 여부 ● 간이스프링클러설비 배관 및 밸브 등의 순서의 적정 시공 여부 ○ 상수도 직결형 수도배관 구경 및 유수검지 때 관할 때 배관 적응 수단 여부 ○ 준비작동식 유수검지장치 2차 측 배관 부대설비 설치 적정(개폐표시형 밸브, 수직배수배관, 개폐밸브 및 작동표시스위치, 일제개방밸브 설치 및 감시제어반 개방확인) 여부 ○ 급수배관 개폐밸브 설치(개폐표시형) 및 작동표시스위치 적정(제어반 표시 및 경보, 스위치 동작 및 도통시험) 여부 ○ 유수검지장치 시험장치 설치 적정(설치위치, 배관구경, 개폐밸브 및 개방형헤드, 물받이 통 및 배수관) 여부 ● 다른 설비의 배관과의 구분 상태 적정 여부	● 펌프의 흡입 측 배관 여과장치의 상태 확인 ● 성능시험배관 설치(개폐밸브, 유량조절밸브, 유량측정장치) 적정 여부 ● 순환배관 설치(설치위치·배관구경, 릴리프밸브 개방압력) 적정 여부 ● 동결방지조치 상태 적정 여부 ○ 급수배관 개폐밸브 설치(개폐표시형) 및 작동표시스위치 적정(제어반 표시 및 경보, 스위치 동작 및 도통시험) 여부 ○ 유수검지장치 시험장치 설치 적정(설치위치, 배관구경, 개폐밸브 및 개방형헤드, 물받이 통 및 배수관) 여부 ● 다른 설비의 배관과의 구분 상태 적정 여부

종류 항목	물분무소화설비	미분무소화설비	포소화설비
송수구	○ 설치장소 적정 여부 ● 연결배관에 개폐밸브를 설치한 경우 개폐상태 확인 및 조작가능 여부 ● 송수구 설치 높이 및 구경 적정 여부 ○ 송수압력범위 표시 적정 여부 ● 송수구 설치 개수 적정 여부 ● 자동배수밸브(또는 배수공)·체크밸브 설치 여부 및 설치 상태 마개 설치 여부 ○ 송수구 마개 설치 여부	해당없음	○ 설치장소 적정 여부 ● 연결배관에 개폐밸브를 설치한 경우 개폐상태 확인 및 조작가능 여부 ● 송수구 설치 높이 및 구경 적정 여부 ○ 송수압력범위 표시 적정 여부 ● 송수구 설치 개수 적정 여부 ● 자동배수밸브(또는 배수공)·체크밸브 설치 여부 및 설치 상태 마개 설치 여부 ○ 송수구 마개 설치 여부
배관 등	● 펌프의 흡입 측 배관 여과장치의 상태 확인 ● 성능시험배관 설치(개폐밸브, 유량조절밸브, 유량측정장치) 적정 여부 ● 순환배관 설치(설치위치·배관구경, 릴리프밸브 개방압력) 적정 여부 ● 동결방지조치 상태 적정 여부 ○ 급수배관 개폐밸브 설치(개폐표시형, 흡입 측 버터플라이 제외) 및 작동표시스위치 적정(제어반 표시 및 경보, 스위치 동작 및 도통시험) 여부 ● 다른 설비의 배관과의 구분 상태 적정 여부	● 성능시험배관 설치(개폐밸브, 유량조절밸브, 유량측정장치) 적정 여부 ○ 유수검지장치 시험장치 설치 적정(설치위치, 배관구경, 개폐밸브 및 개방형 헤드, 물받이 통 및 배수관) 여부 ● 동결방지조치 상태 적정 여부 ● 주차장에 설치된 미분무소화설비 방식 적정(습식 외의 방식) 여부 ● 급수배관 개폐밸브 설치(개폐표시형, 흡입 측 버터플라이 제외) 및 작동표시스위치 적정(제어반 표시 및 경보, 스위치 동작 및 도통시험) 여부 ● 다른 설비의 배관과의 구분 상태 적정 여부	● 펌프의 흡입 측 배관 여과장치의 상태 확인 ● 성능시험배관 설치(개폐밸브, 유량조절밸브, 유량측정장치) 적정 여부 ● 순환배관 설치(설치위치·배관구경, 릴리프밸브 개방압력) 적정 여부 ● 동결방지조치 상태 적정 여부 ○ 급수배관 개폐밸브 설치(개폐표시형, 흡입 측 버터플라이 제외) 적정 여부 ○ 급수배관 개폐밸브 작동표시스위치 설치 적정(제어반 표시 및 경보, 스위치 동작 및 도통시험, 전기배선 종류) 여부 ● 다른 설비의 배관과의 구분 상태 적정 여부 ● 송액관 기울기 및 배액밸브 설치 적정 여부

종류 항목	옥내소화전설비	옥외소화전설비	스프링클러설비	간이스프링클러설비	화재조기진압용 스프링클러설비
음향장치 및 기동장치	해당없음	해당없음	○ 유수검지에 따른 음향장치 작동 가능 여부(습식·건식의 경우) ○ 감지기 작동에 따라 음향장치 작동 여부(준비작동식 및 일제개방밸브의 경우) ● 음향장치 설치 담당구역 및 수평거리 적정 여부 ● 주 음향장치 수신기 내부 또는 직근 설치 여부 ● 우선경보방식에 따른 경보 적정 여부 ○ 음향장치(경종 등) 변형·손상 확인 및 정상 작동(음량 포함) 여부	○ 유수검지에 따른 음향장치 작동 가능 여부(습식의 경우) ● 음향장치 설치 담당구역 및 수평거리 적정 여부 ● 주 음향장치 수신기 내부 또는 직근 설치 여부 ● 우선경보방식에 따른 경보 적정 여부 ○ 음향장치(경종 등) 변형·손상 확인 및 정상 작동(음량 포함) 여부	○ 유수검지에 따른 음향장치 작동 가능 여부 ● 음향장치 설치 담당구역 및 수평거리 적정 여부 ● 주 음향장치 수신기 내부 또는 직근 설치 여부 ● 우선경보방식에 따른 경보 적정 여부 ○ 음향장치(경종 등) 변형·손상 확인 및 정상 작동(음량 포함) 여부
전원	● 대상물 수전방식에 따른 상용전원 적정 여부 ● 비상전원 설치장소 적정 및 관리 여부 ○ 자가발전설비인 경우 연료 적정량 보유 여부 ○ 자가발전설비인 경우 전기사업법에 따른 정기점검 결과 확인	● 대상물 수전방식에 따른 상용전원 적정 여부 ● 비상전원 설치장소 적정 및 관리 여부 ○ 자가발전설비인 경우 연료 적정량 보유 여부 ○ 자가발전설비인 경우 전기사업법에 따른 정기점검 결과 확인	● 대상물 수전방식에 따른 상용전원 적정 여부 ● 비상전원 설치장소 적정 및 관리 여부 ○ 자가발전설비인 경우 연료 적정량 보유 여부 ○ 자가발전설비인 경우 전기사업법에 따른 정기점검 결과 확인	● 대상물 수전방식에 따른 상용전원 적정 여부 ● 비상전원 설치장소 적정 및 관리 여부 ○ 자가발전설비인 경우 연료 적정량 보유 여부 ○ 자가발전설비인 경우 전기사업법에 따른 정기점검 결과 확인	● 대상물 수전방식에 따른 상용전원 적정 여부 ● 비상전원 설치장소 적정 및 관리 여부 ○ 자가발전설비인 경우 연료 적정량 보유 여부 ○ 자가발전설비인 경우 전기사업법에 따른 정기점검 결과 확인

종류 항목	옥내소화전설비	옥외소화전설비	스프링클러설비	간이스프링클러설비	화재조기진압용 스프링클러설비
감시제어반	○ 펌프 작동 여부 확인 표시등 및 음향경보기능 정상작동 여부	○ 펌프 작동 여부 확인 표시등 및 음향경보기능 정상작동 여부	○ 펌프 작동 여부 확인 표시등 및 음향경보장치 정상작동 여부	○ 펌프 작동 여부 확인 표시등 및 음향경보장치 정상작동 여부	○ 펌프 작동 여부 확인 표시등 및 음향경보장치 정상작동 여부
	○ 펌프별 자동·수동 전환스위치 정상작동 여부	○ 펌프별 자동·수동 전환스위치 정상작동 여부	○ 펌프별 자동·수동 전환스위치 정상작동 여부	○ 펌프별 자동·수동 전환스위치 정상작동 여부	○ 펌프별 자동·수동 전환스위치 정상작동 여부
	● 펌프별 수동기동 및 수동중단 기능 정상작동 여부	● 펌프별 수동기동 및 수동중단 기능 정상작동 여부	● 펌프별 수동기동 및 수동중단 기능 정상작동 여부	● 펌프별 수동기동 및 수동중단 기능 정상작동 여부	● 펌프별 수동기동 및 수동중단 기능 정상작동 여부
	● 상용전원 및 비상전원 공급 확인 기능 여부(비상전원 있는 경우)	● 상용전원 및 비상전원 공급 확인 기능 여부(비상전원 있는 경우)	● 상용전원 및 비상전원 공급 확인 기능 여부(비상전원 있는 경우)	● 상용전원 및 비상전원 공급 확인 기능 여부(비상전원 있는 경우)	● 상용전원 및 비상전원 공급 확인 기능 여부(비상전원 있는 경우)
	● 수조·물올림수조 저수위 표시등 및 음향경보장치 정상작동 여부	● 수조·물올림수조 저수위 표시등 및 음향경보장치 정상작동 여부	● 수조·물올림수조 저수위 표시등 및 음향경보장치 정상작동 여부	● 수조·물올림수조 저수위 표시등 및 음향경보장치 정상작동 여부	● 수조·물올림수조 저수위 표시등 및 음향경보장치 정상작동 여부
	○ 각 확인회로별 도통시험 및 작동시험 정상작동 여부	○ 각 확인회로별 도통시험 및 작동시험 정상작동 여부	○ 각 확인회로별 도통시험 및 작동시험 정상작동 여부	○ 각 확인회로별 도통시험 및 작동시험 정상작동 여부	○ 각 확인회로별 도통시험 및 작동시험 정상작동 여부
	○ 예비전원 확보 유무 및 시험 적합 여부	○ 예비전원 확보 유무 및 시험 적합 여부	○ 예비전원 확보 유무 및 시험 적합 여부	○ 예비전원 확보 유무 및 시험 적합 여부	○ 예비전원 확보 유무 및 시험 적합 여부
	● 감시제어반 전용실 적정 설치 및 관리 여부	● 감시제어반 전용실 적정 설치 및 관리 여부	● 감시제어반 전용실 적정 설치 및 관리 여부	● 감시제어반 전용실 적정 설치 및 관리 여부	● 감시제어반 전용실 적정 설치 및 관리 여부
	● 기계·기구 또는 시설 등 제어 및 감시설비 외 설치 여부	● 기계·기구 또는 시설 등 제어 및 감시설비 외 설치 여부	● 기계·기구 또는 시설 등 제어 및 감시설비 외 설치 여부	● 기계·기구 또는 시설 등 제어 및 감시설비 외 설치 여부	● 기계·기구 또는 시설 등 제어 및 감시설비 외 설치 여부
			○ 유수검지장치·일제개방밸브 작동 시 표시 및 경보 정상작동 여부	○ 유수검지장치 작동 시 표시 및 경보 정상작동 여부	○ 유수검지장치 작동 시 표시 및 경보 정상작동 여부
			● 감시제어반과 수신기 간 상호 연동 여부(별도로 설치된 경우)	● 감시제어반과 수신기 간 상호 연동 여부(별도로 설치된 경우)	● 감시제어반과 수신기 간 상호 연동 여부(별도로 설치된 경우)
			○ 일제개방밸브 사용 설비 화재감지기 회로별 수동조작스위치 설치 여부		
			● 일제개방밸브 사용 설비 화재표시 시 회로별 화재표시 적정 여부		

종류 항목	물분무소화설비	미분무소화설비	포소화설비
전원	● 대상물 수전방식에 따른 상용전원 적정 여부 ● 비상전원 설치장소 적정 및 관리 여부 ○ 자가발전설비인 경우 연료 적정량 보유 여부 ○ 자가발전설비인 경우 전기사업법에 따른 정기점검 결과 확인	● 대상물 수전방식에 따른 상용전원 적정 여부 ● 비상전원 설치장소 적정 및 관리 여부 ○ 자가발전설비인 경우 연료 적정량 보유 여부 ○ 자가발전설비인 경우 전기사업법에 따른 정기점검 결과 확인	● 대상물 수전방식에 따른 상용전원 적정 여부 ● 비상전원 설치장소 적정 및 관리 여부 ○ 자가발전설비인 경우 연료 적정량 보유 여부 ○ 자가발전설비인 경우 전기사업법에 따른 정기점검 결과 확인
감시제어반	○ 펌프 작동 여부 확인 표시등 및 음향경보장치 정상작동 여부 ○ 펌프별 자동·수동 전환스위치 정상작동 여부 ● 펌프별 수동기동 및 수동중단 기능 정상작동 여부 ● 상용전원 및 비상전원 공급 확인 기능 여부(비상전원 있는 경우) ● 수조·물올림수조 저수위 표시등 및 음향경보장치 정상작동 여부 ○ 각 확인회로별 도통시험 및 작동시험 정상작동 여부 ○ 예비전원 확보 유무 및 시험 적합 여부 ● 감시제어반 전용실 적정 설치 및 관리 여부 ● 기계·기구 또는 시설 등 제어 및 감시설비 외 설치 여부	○ 펌프 작동 여부 확인 표시등 및 음향경보장치 정상작동 여부 ○ 펌프별 자동·수동 전환스위치 정상작동 여부 ● 펌프별 수동기동 및 수동중단 기능 정상작동 여부 ● 상용전원 및 비상전원 공급 확인 기능 여부(비상전원 있는 경우) ● 수조·물올림수조 저수위 표시등 및 작동시험 정상작동 여부 ○ 각 확인회로별 도통시험 및 작동시험 정상작동 여부 ○ 예비전원 확보 유무 및 시험 적합 여부 ● 감시제어반 전용실 적정 설치 및 관리 여부 ● 기계·기구 또는 시설 등 제어 및 감시설비 외 설치 여부 ○ 감시제어반과 수신기 간 상호 연동 여부(별도로 설치된 경우)	○ 펌프 작동 여부 확인 표시등 및 음향경보장치 정상작동 여부 ○ 펌프별 자동·수동 전환스위치 정상작동 여부 ● 펌프별 수동기동 및 수동중단 기능 정상작동 여부 ● 상용전원 및 비상전원 공급 확인 기능 여부(비상전원 있는 경우) ● 수조·물올림수조 저수위 표시등 및 음향경보장치 정상작동 여부 ○ 각 확인회로별 도통시험 및 작동시험 정상작동 여부 ○ 예비전원 확보 유무 및 시험 적합 여부 ● 감시제어반 전용실 적정 설치 및 관리 여부 ● 기계·기구 또는 시설 등 제어 및 감시설비 외 설치 여부

종류 항목	옥내소화전설비	옥외소화전설비	스프링클러설비	간이스프링클러설비	화재조기진압용 스프링클러설비
기 타	**[함 및 방수구 등]** ○ 함 개방 용이성 및 장애물 설치 여부 등 사용 편의성 적정 여부 ○ 위치·기동 표시등 정상 점등 및 정상 점등 여부 ○ "소화전" 표시 및 사용요령(외국어 병기) 기재 표지판 설치상태 적정 여부 ○ 대용 공간(기둥 또는 벽이 없는 구조) 소화전함 설치 적정 여부 ● 방수구 설치 적정 여부 ○ 함 내 소방호스 및 관창 비치 적정 여부 ○ 호스의 접결상태, 구경, 방수 압력 적정 여부 ● 호스릴방식 노즐 개폐장치 사용 용이 여부	**[소화전함 등]** ○ 함 개방 용이성 및 장애물 설치 여부 등 사용 편의성 적정 여부 ○ 위치·기동 표시등 정상 점등 및 정상 점등 여부 ○ "옥외소화전" 표지 설치 여부 ● 소화전함 설치 수량 적정 여부 ○ 옥외소화전함 내 소방호스, 관창, 옥외소화전 개방 장치 비치 여부 ○ 호스의 접결상태, 구경, 방수 거리 적정 여부	**[헤 드]** ○ 헤드의 변형·손상 유무 ○ 헤드 설치 위치·장소·상태(고정) 적정 여부 ○ 헤드 살수장애 여부 ● 무대부 또는 연소우려 있는 개부부 헤드 설치 여부 ● 조기반응형 헤드 설치 여부(의무 설치 장소의 경우) ○ 경사진 천장의 경우 스프링클러헤드의 배치상태 ○ 연소할 우려가 있는 개부부 헤드 적정 설치 여부 ○ 습식·부압식 스프링클러 외의 설비 상향식 헤드 설치 여부 ○ 측벽형 헤드 설치 적정 여부 ● 감열부에 영향을 받을 우려가 있는 헤드의 차폐판 설치 여부	**[방호구역 및 유수검지장치]** ● 방호구역 적정 여부 ● 유수검지장치 설치 적정(수량, 접근·점검 편의성, 높이) 여부 ○ 유수검지장치실 설치 적정(실내 또는 구획, 출입문 크기, 표지) 여부 ○ 자연낙차에 의한 유수압과 유수검지장치의 유수검지압력 적정 여부 ● 주차장에 설치된 간이스프링클러 방식 적정(습식 외의 방식) 여부 **[간이헤드]** ○ 헤드의 변형·손상 유무 ○ 헤드 설치 위치·장소·상태(고정) 적정 여부 ○ 헤드 살수장애 여부 ● 감열부에 영향을 받을 우려가 있는 헤드의 차폐판 설치 여부 ● 헤드 설치 제외 적정 여부(설치 제외된 경우)	**[방호구역 및 유수검지장치]** ● 방호구역 적정 여부 ● 유수검지장치 설치 적정(수량, 접근·점검 편의성, 높이) 여부 ○ 유수검지장치실 설치 적정(실내 또는 구획, 출입문 크기, 표지) 여부 ○ 자연낙차에 의한 유수압과 유수검지장치의 유수검지압력 적정 여부 **[헤 드]** ○ 헤드의 변형·손상 유무 ○ 헤드 설치 위치·장소·상태(고정) 적정 여부 ○ 헤드 살수장애 여부 ● 감열부에 영향을 받을 우려가 있는 헤드의 차폐판 설치 여부

제3절 옥외소화전설비(NFTC 109, 소방시설법 영 별표 4)

> **[옥외소화전설비를 설치해야 하는 특정소방대상물]**
> 아파트 등, 위험물 저장 및 처리 시설 중 가스시설, 지하구 및 터널은 제외한다.
> 1) 지상 1층 및 2층의 바닥면적의 합계가 9,000[m^2] 이상인 것. 이 경우 같은 구(區) 내의 둘 이상의 특정소방대상물이 행정안전부령으로 정하는 연소(延燒) 우려가 있는 구조인 경우에는 이를 하나의 특정소방대상물로 본다.
> 2) 문화유산 중 문화유산의 보존 및 활용에 관한 법률 제23조에 따라 보물 또는 국보로 지정된 목조건축물
> 3) 1)에 해당하지 않는 공장 또는 창고시설로서 화재의 예방 및 안전관리에 관한 법률 시행령 별표 2에서 정하는 수량의 750배 이상의 특수가연물을 저장·취급하는 것

1 방수량 및 수원

① 방수량 = 소화전의 수(최대 2개) × 350[L/min] 이상
② 수원 = 소화전의 수(최대 2개) × 350[L/min] × 20[min] 이상
  = 소화전의 수(최대 2개) × 7.0[m^3] 이상

> **Plus one**
>
> 옥외소화전설비
> • 방수량 : 350[L/min] 이상
> • 방수압력 : 0.25[MPa] 이상

2 소화전함 등

(1) 소화전함의 설치기준

옥외소화전설비에는 옥외소화전마다 그로부터 5[m] 이내의 장소에 소화전함을 설치해야 한다.

① 옥외소화전이 10개 이하 설치된 때에는 옥외소화전마다 5[m] 이내의 장소에 1개 이상의 소화전함을 설치해야 한다.
② 옥외소화전이 11개 이상 30개 이하 설치된 때에는 11개 이상의 소화전함을 각각 분산하여 설치해야 한다.
③ 옥외소화전이 31개 이상 설치된 때에는 옥외소화전 3개마다 1개 이상의 소화전함을 설치해야 한다.

(2) 표시등의 설치기준

① 옥외소화전설비의 위치를 표시하는 표시등은 함의 상부에 설치하되, 소방청장이 정하여 고시한 표시등의 성능인증 및 제품검사의 기술기준에 적합한 것으로 할 것

② 가압송수장치의 기동을 표시하는 표시등은 옥외소화전함의 상부 또는 그 직근에 설치하되 적색등으로 할 것. 다만, 자체소방대를 구성하여 운영하는 경우(위험물안전관리법 시행령 별표 8에서 정한 소방자동차와 자체소방대원의 규모를 말한다) 가압송수장치의 기동표시등을 설치하지 않을 수 있다.

3 수원 및 가압송수장치의 펌프 등의 겸용

① **옥외소화전설비의 수원**을 옥내소화전설비·스프링클러설비·간이스프링클러설비·화재조기진압용 스프링클러설비·물분무소화설비 및 포소화설비의 수원과 겸용하여 설치하는 경우의 저수량은 각 소화설비에 필요한 저수량을 합한 양 이상이 되도록 해야 한다. 다만, 이들 소화설비 중 고정식 소화설비(펌프·배관과 소화수 또는 소화약제를 최종 방출하는 방출구가 고정된 설비를 말한다)가 2 이상 설치되어 있고, 그 소화설비가 설치된 부분이 방화벽과 방화문으로 구획되어 있는 경우에는 각 고정식 소화설비에 필요한 저수량 중 최대의 것 이상으로 할 수 있다.

② 옥외소화전설비의 **가압송수장치로 사용하는 펌프**를 옥내소화전설비·스프링클러설비·간이스프링클러설비·화재조기진압용 스프링클러설비·물분무소화설비 및 포소화설비의 가압송수장치와 겸용하여 설치하는 경우의 펌프의 토출량은 각 소화설비에 해당하는 토출량을 합한 양 이상이 되도록 해야 한다. 다만, 이들 소화설비 중 고정식 소화설비가 2 이상 설치되어 있고, 그 소화설비가 설치된 부분이 **방화벽과 방화문으로 구획**되어 있으며 각 소화설비에 지장이 없는 경우에는 펌프의 토출량 중 **최대의 것** 이상으로 할 수 있다.

③ 옥내소화전설비·스프링클러설비·간이스프링클러설비·화재조기진압용 스프링클러설비·물분무소화설비·포소화설비 및 옥외소화전설비의 가압송수장치에 있어서 각 토출 측 배관과 일반급수용의 가압송수장치의 토출 측 배관을 상호 연결하여 화재 시 사용할 수 있다. 이 경우 연결 배관에는 개폐표시형밸브를 설치해야 하며, 각 소화설비의 성능에 지장이 없도록 해야 한다.

4 기타 항목

수원, 가압송수장치, 배관 등, 전원, 제어반 등은 옥내소화전설비와 동일함

5 옥외소화전설비의 점검표(소방시설 자체점검사항 등에 관한 고시 별지 4)

번 호	점검항목	점검결과
13-A. 수 원		
13-A-001	○ 수원의 유효수량 적정 여부(겸용설비 포함)	
13-B. 수 조 08 회 출제		
13-B-001	● 동결방지조치 상태 적정 여부	
13-B-002	○ 수위계 설치 또는 수위 확인 가능 여부	
13-B-003	● 수조 외측 고정사다리 설치 여부(바닥보다 낮은 경우 제외)	
13-B-004	● 실내설치 시 조명설비 설치 여부	
13-B-005	○ "옥외소화전설비용 수조" 표지설치 여부 및 설치 상태	
13-B-006	● 다른 소화설비와 겸용 시 겸용설비의 이름 표시한 표지설치 여부	
13-B-007	● 수조-수직배관 접속부분 "옥외소화전설비용 배관" 표지설치 여부	
13-C. 가압송수장치		
13-C-001	[펌프방식] ● 동결방지조치 상태 적정 여부	
13-C-002	○ 옥외소화전 방수량 및 방수압력 적정 여부	
13-C-003	● 감압장치 설치 여부(방수압력 0.7[MPa] 초과 조건)	
13-C-004	○ 성능시험배관을 통한 펌프 성능시험 적정 여부	
13-C-005	● 다른 소화설비와 겸용인 경우 펌프 성능 확보 가능 여부	
13-C-006	○ 펌프 흡입 측 연성계・진공계 및 토출 측 압력계 등 부속장치의 변형・손상 유무	
13-C-007	● 기동장치 적정 설치 및 기동압력 설정 적정 여부	
13-C-008	○ 기동스위치 설치 적정 여부(ON/OFF 방식)	
13-C-009	● 물올림장치 설치 적정(전용 여부, 유효수량, 배관구경, 자동급수) 여부	
13-C-010	● 충압펌프 설치 적정(토출압력, 정격토출량) 여부	
13-C-011	○ 내연기관 방식의 펌프 설치 적정(정상기동(기동장치 및 제어반) 여부, 축전지 상태, 연료량) 여부	
13-C-012	○ 가압송수장치의 "옥외소화전펌프" 표지설치 여부 또는 다른 소화설비와 겸용 시 겸용설비 이름 표시 부착 여부	
13-C-021	[고가수조방식] ○ 수위계・배수관・급수관・오버플로관・맨홀 등 부속장치의 변형・손상 유무	
13-C-031	[압력수조방식] ● 압력수조의 압력 적정 여부	
13-C-032	○ 수위계・급수관・급기관・압력계・안전장치・공기압축기 등 부속장치의 변형・손상 유무	
13-C-041	[가압수조방식] ● 가압수조 및 가압원 설치장소의 방화구획 여부	
13-C-042	○ 수위계・급수관・배수관・급기관・압력계 등 부속장치의 변형・손상 유무	
13-D. 배관 등		
13-D-001	● 호스접결구 높이 및 각 부분으로부터 호스접결구까지의 수평거리 적정 여부	
13-D-002	○ 호스 구경 적정 여부	
13-D-003	● 펌프의 흡입 측 배관 여과장치의 상태 확인	
13-D-004	● 성능시험배관 설치(개폐밸브, 유량조절밸브, 유량측정장치) 적정 여부	
13-D-005	● 순환배관 설치(설치위치・배관구경, 릴리프밸브 개방압력) 적정 여부	
13-D-006	● 동결방지조치 상태 적정 여부	
13-D-007	○ 급수배관 개폐밸브 설치(개폐표시형, 흡입 측 버터플라이 제외) 적정 여부	
13-D-008	● 다른 설비의 배관과의 구분 상태 적정 여부	

번 호	점검항목	점검결과
13-E. 소화전함 등		
13-E-001	○ 함 개방 용이성 및 장애물 설치 여부 등 사용 편의성 적정 여부	
13-E-002	○ 위치·기동 표시등 적정 설치 및 정상 점등 여부	
13-E-003	○ "옥외소화전" 표시 설치 여부	
13-E-004	● 소화전함 설치 수량 적정 여부	
13-E-005	○ 옥외소화전함 내 소방호스, 관창, 옥외소화전 개방 장치 비치 여부	
13-E-006	○ 호스의 접결상태, 구경, 방수 거리 적정 여부	
13-F. 전 원		
13-F-001	● 대상물 수전방식에 따른 상용전원 적정 여부	
13-F-002	● 비상전원 설치장소 적정 및 관리 여부	
13-F-003	○ 자가발전설비인 경우 연료 적정량 보유 여부	
13-F-004	○ 자가발전설비인 경우 전기사업법에 따른 정기점검 결과 확인	
13-G. 제어반		
13-G-001	● 겸용 감시·동력 제어반 성능 적정 여부(겸용으로 설치된 경우)	
13-G-011	[감시제어반] ○ 펌프 작동 여부 확인 표시등 및 음향경보장치 정상작동 여부	
13-G-012	○ 펌프별 자동·수동 전환스위치 정상작동 여부	
13-G-013	● 펌프별 수동기동 및 수동중단 기능 정상작동 여부	
13-G-014	● 상용전원 및 비상전원 공급 확인 가능 여부(비상전원 있는 경우)	
13-G-015	● 수조·물올림수조 저수위 표시등 및 음향경보장치 정상작동 여부	
13-G-016	○ 각 확인회로별 도통시험 및 작동시험 정상작동 여부	
13-G-017	○ 예비전원 확보 유무 및 시험 적합 여부	
13-G-018	● 감시제어반 전용실 적정 설치 및 관리 여부	
13-G-019	● 기계·기구 또는 시설 등 제어 및 감시설비 외 설치 여부	
13-G-031	[동력제어반] ○ 앞면은 적색으로 하고, "옥외소화전설비용 동력제어반" 표지 설치 여부	
13-G-041	[발전기제어반] ● 소방전원보존형발전기는 이를 식별할 수 있는 표지 설치 여부	

※ 펌프성능시험(펌프 명판 및 설계치 참조)

구 분		체절운전	정격운전 (100[%])	정격유량의 150[%] 운전	적정 여부	
토출량 [L/min]	주				1. 체절운전 시 토출압은 정격토출압의 140[%] 이하일 것 ( ) 2. 정격운전 시 토출량과 토출압이 규정치 이상일 것 ( ) 3. 정격토출량의 150[%]에서 토출압이 정격토출압의 65[%] 이상일 것 ( )	○설정압력 : ○주펌프 　기동 :　　[MPa] 　정지 :　　[MPa] ○예비펌프 　기동 :　　[MPa] 　정지 :　　[MPa] ○충압펌프 　기동 :　　[MPa] 　정지 :　　[MPa]
	예비					
토출압 [MPa]	주					
	예비					

※ 릴리프밸브 작동압력 :　　　[MPa]

비 고	

제4절 스프링클러설비(NFTC 103, 소방시설법 영 별표 4)

[스프링클러설비를 설치해야 하는 특정소방대상물]
위험물 저장 및 처리 시설 중 가스시설 및 지하구는 제외한다.
1) 층수가 6층 이상인 특정소방대상물의 경우에는 모든 층. 다만, 다음의 어느 하나에 해당하는 경우에는 제외한다.
   가) 주택 관련 법령에 따라 기존의 아파트 등을 리모델링하는 경우로서 건축물의 연면적 및 층의 높이가 변경되지 않는 경우. 이 경우 해당 아파트 등의 사용검사 당시의 소방시설의 설치에 관한 대통령령 또는 화재안전기준을 적용한다.
   나) 스프링클러설비가 없는 기존의 특정소방대상물을 용도변경하는 경우. 다만, 2)부터 6)까지 및 9)부터 12)까지의 규정에 해당하는 특정소방대상물로 용도변경하는 경우에는 해당 규정에 따라 스프링클러설비를 설치한다.
2) 기숙사(교육연구시설·수련시설 내에 있는 학생 수용을 위한 것을 말한다) 또는 복합건축물로서 연면적 5,000[m^2] 이상인 경우에는 모든 층 **설계** **15회** **20회**
3) 문화 및 집회시설(동·식물원은 제외한다), 종교시설(주요구조부가 목조인 것은 제외한다), 운동시설(물놀이형 시설 및 바닥이 불연재료이고 관람석이 없는 운동시설은 제외한다)로서 다음의 어느 하나에 해당하는 경우에는 모든 층 **25 회 출제**
   가) 수용인원이 100명 이상인 것
   나) 영화상영관의 용도로 쓰이는 층의 바닥면적이 지하층 또는 무창층인 경우에는 500[m^2] 이상, 그 밖의 층의 경우에는 1,000[m^2] 이상인 것
   다) 무대부가 지하층·무창층 또는 4층 이상의 층에 있는 경우에는 무대부의 면적이 300[m^2] 이상인 것
   라) 무대부가 다) 외의 층에 있는 경우에는 무대부의 면적이 500[m^2] 이상인 것
4) 판매시설, 운수시설 및 창고시설(물류터미널에 한정한다)로서 바닥면적의 합계가 5,000[m^2] 이상이거나 수용인원이 500명 이상인 경우에는 모든 층
5) 다음의 어느 하나에 해당하는 용도로 사용되는 시설의 바닥면적의 합계가 600[m^2] 이상인 것은 모든 층
   가) 근린생활시설 중 조산원 및 산후조리원
   나) 의료시설 중 정신의료기관
   다) 의료시설 중 종합병원, 병원, 치과병원, 한방병원 및 요양병원
   라) 노유자시설
   마) 숙박이 가능한 수련시설
   바) 숙박시설
6) 창고시설(물류터미널은 제외한다)로서 바닥면적의 합계가 5,000[m^2] 이상인 경우에는 모든 층
7) 특정소방대상물의 지하층·무창층(축사는 제외한다) 또는 층수가 4층 이상인 층으로서 바닥면적이 1,000[m^2] 이상인 층이 있는 경우에는 해당 층
8) 랙식 창고(Rack Warehouse) : 랙(물건을 수납할 수 있는 선반이나 이와 비슷한 것을 갖춘 것을 말한다)을 갖춘 것으로서 천장 또는 반자(반자가 없는 경우에는 지붕의 옥내에 면하는 부분)의 높이가 10[m]를 초과하고, 랙이 설치된 층의 바닥면적의 합계가 1,500[m^2] 이상인 경우에는 모든 층
9) 공장 또는 창고시설로서 다음의 어느 하나에 해당하는 시설
   가) 화재의 예방 및 안전관리에 관한 법률 시행령 별표 2에서 정하는 수량의 1,000배 이상의 특수가연물을 저장·취급하는 시설
   나) 원자력안전법 시행령 제2조 제1호에 따른 중·저준위 방사성폐기물의 저장시설 중 소화수를 수집·처리하는 설비가 있는 저장시설

10) 지붕 또는 외벽이 불연재료가 아니거나 내화구조가 아닌 공장 또는 창고시설로서 다음의 어느 하나에 해당하는 것
   설계 17회
   가) 창고시설(물류터미널에 한정한다) 중 4)에 해당하지 않는 것으로서 바닥면적의 합계가 2,500[m²] 이상이거나 수용인원이 250명 이상인 경우에는 모든 층
   나) 창고시설(물류터미널은 제외한다) 중 6)에 해당하지 않는 것으로서 바닥면적의 합계가 2,500[m²] 이상인 경우에는 모든 층
   다) 공장 또는 창고시설 중 7)에 해당하지 않는 것으로서 지하층·무창층 또는 층수가 4층 이상인 것 중 바닥면적이 500[m²] 이상인 경우에는 모든 층
   라) 랙식 창고시설 중 8)에 해당하지 않는 것으로서 바닥면적의 합계가 750[m²] 이상인 경우에는 모든 층
   마) 공장 또는 창고시설 중 9) 가)에 해당하지 않는 것으로서 화재의 예방 및 안전관리에 관한 법률 시행령 별표 2에서 정하는 수량의 500배 이상의 특수가연물을 저장·취급하는 시설
11) 교정 및 군사시설 중 다음의 어느 하나에 해당하는 경우에는 해당 장소
   가) 보호감호소, 교도소, 구치소 및 그 지소, 보호관찰소, 갱생보호시설, 치료감호시설, 소년원 및 소년분류심사원의 수용거실
   나) 출입국관리법 제52조 제2항에 따른 보호시설(외국인보호소의 경우에는 보호대상자의 생활공간으로 한정한다)로 사용하는 부분. 다만, 보호시설이 임차건물에 있는 경우는 제외한다.
   다) 경찰관 직무집행법 제9조에 따른 유치장
12) 지하상가로서 연면적 1,000[m²] 이상인 것
13) 발전시설 중 전기저장시설
14) 1)부터 13)까지의 특정소방대상물에 부속된 보일러실 또는 연결통로 등

1 용어 정의

(1) 수 조

① 고가수조 : 구조물 또는 지형지물 등에 설치하여 자연낙차의 압력으로 급수하는 수조
② 압력수조 : 소화용수와 공기를 채우고 일정압력 이상으로 가압하여 그 압력으로 급수하는 수조
③ 가압수조 : 가압원인 압축공기 또는 불연성 기체의 압력으로 소화용수를 가압하여 그 압력으로 급수하는 수조

[스프링클러설비]

(2) 헤 드
① **개방형 스프링클러헤드** : 감열체 없이 방수구가 항상 열려져 있는 스프링클러헤드
② **폐쇄형 스프링클러헤드** : 정상상태에서 방수구를 막고 있는 감열체가 일정온도에서 자동적으로 파괴·용융 또는 이탈됨으로써 방수구가 개방되는 스프링클러헤드
③ **조기반응형 헤드** : 표준형 스프링클러헤드보다 기류온도 및 기류속도에 조기에 반응하는 것
④ **측벽형 스프링클러헤드** : 가압된 물이 분사될 때 헤드의 축심을 중심으로 한 반원상에 균일하게 분산시키는 헤드
⑤ **건식 스프링클러헤드** : 물과 오리피스가 분리되어 동파를 방지할 수 있는 스프링클러헤드

(3) 밸 브
유수제어밸브란 수계소화설비의 펌프 토출 측에 사용되는 유수검지장치와 일제개방밸브를 말한다.
① **유수검지장치** : 습식 유수검지장치(패들형 유수점지장치), 건식 유수검지장치, 준비작동식 유수검지장치를 말하며 본체 내의 유수현상을 자동적으로 검지하여 신호 또는 경보를 발하는 장치
② **일제개방밸브** : 개방형 스프링클러헤드를 사용하는 일제살수식 스프링클러설비에 설치하는 유수검지장치로서 화재발생 시 자동 또는 수동식 기동장치에 따라 밸브가 열려지는 것

(4) 배 관
① **가지배관** : 스프링클러헤드가 설치되어 있는 배관
② **교차배관** : 가지배관에 급수하는 배관
③ **주배관** : 가압송수장치 또는 송수구 등과 직접 연결되어 소화수를 이송하는 주된 배관
④ **신축배관** : 가지배관과 스프링클러헤드를 연결하는 구부림이 용이하고 유연성을 가진 배관
⑤ **급수배관** : 수원 또는 송수구 등으로부터 소화설비에 급수하는 배관

2 스프링클러설비의 종류

스프링클러설비는 사용하는 헤드의 종류에 따라 폐쇄형 헤드를 사용하는 방식과 개방형 헤드를 사용하는 방식이 있음

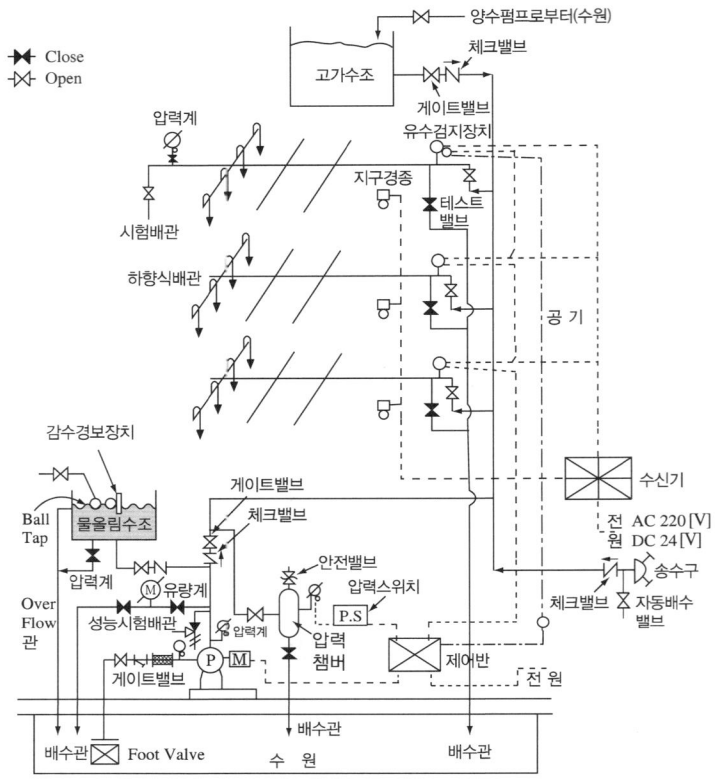

(1) 폐쇄형 헤드를 사용하는 설비

① 습식 스프링클러설비

　㉠ 설비 개요 : 가압송수장치에서 폐쇄형 스프링클러헤드까지 배관 내에 항상 물이 가압되어 있다가 화재로 인한 열로 폐쇄형 스프링클러헤드가 개방되면 배관 내에 유수가 발생하여 습식 유수검지장치가 작동하게 되는 방식으로서 기타 스프링클러설비에 비해 구조가 간단하고 즉시 소화가 가능한 장점이 있지만, 동결위험이 있는 장소에는 부적합하다.

　㉡ 주요 구성부분

　　㉮ 유수검지장치 : 유수검지장치는 헤드의 개방에 의한 배관 내의 유수를 자동적으로 검지하여 경보신호를 발생시키는 장치로서 알람체크밸브, 패들형 유수검지기, 유수작동밸브, 벤투리 유수검지기가 있으나 주로 알람체크밸브가 사용됨

㉯ 알람체크밸브(Alarm Check Valve) : 알람체크밸브는 클래퍼를 경계로 1차 측(가압송수장치측) 압력보다 2차 측(헤드 측) 압력이 상시 큰 상태를 유지하고 있다가 화재로 폐쇄형 헤드가 개방되면 2차 측 압력이 저하되어 밸브가 개방되며 1차 측 가압수가 2차 측으로 유수되고 일부는 리타딩챔버 또는 압력스위치로 유입됨

㉰ **리타딩챔버**(Retarding Chamber) : 리타딩챔버는 누수 등으로 인한 알람체크밸브의 오작동을 방지하기 위한 압력스위치 작동 지연장치로서 알람체크밸브의 클래퍼가 개방되어 압력수가 유입되어 챔버가 만수가 되면 상단에 설치된 압력스위치를 작동시키지만, 오작동을 방지하기 위한 타이머를 부착한 압력스위치에는 리타딩챔버를 생략할 수 있음

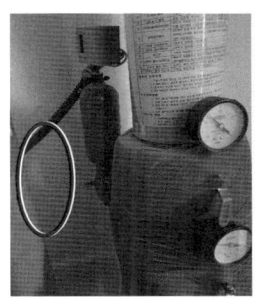

[리타딩체임버]

㉱ 압력스위치 : 리타딩챔버를 통하여 유수된 물의 압력이 압력스위치 내의 벨로스를 가압하여 전기적 회로를 연결시켜 수신부에 전기적 신호를 발신하며 화재표시와 경보를 발하게 하는 장치

② 건식 스프링클러설비
㉠ 설비 개요 : 건식 유수검지장치 2차 측에 압축공기 또는 질소 등의 기체로 충전된 배관에 폐쇄형 스프링클러헤드가 부착된 스프링클러설비로서, 폐쇄형 스프링클러헤드가 개방되어 배관 내의 압축공기 등이 방출되면 건식 유수검지장치 1차 측의 수압에 의하여 건식 유수검지장치가 작동하게 되는 방식으로서 동결의 우려가 있는 장소에 설치하며 습식 설비보다 화재 시 살수시간이 다소 지연되며 설비비가 많이 드는 단점이 있다.

㉡ 주요 구성부분 설계 01 16회
㉮ 건식밸브(Drypipe Valve) : 습식 설비의 알람체크밸브와 같은 기능을 하며 1차 측에는 가압수, 2차 측에는 압축공기 또는 질소가스로 충전됨

㉯ **액셀러레이터**(Accelerator) : 건식 설비의 2차 측에 설치된 스프링클러헤드가 작동하여 배관 내 압축공기의 압력이 설정압력 이하로 저하되면 액셀러레이터가 이를 감지하여 2차 측의 압축공기를 1차 측으로 우회시켜 클래퍼 하부에 있는 중간 챔버로 보내줌으로써 수압과 공기압이 합해져 클래퍼를 신속하게 개방시켜주는 기능을 함

㉰ **익져스터**(Exhauster) : 건식 설비의 2차 측에 설치된 스프링클러헤드가 작동하여 배관 내 압축공기의 압력이 설정압력 이하로 저하되면 익져스터가 이를 감지하여 2차 측 배관 내의 압축공기를 방호구역 외의 다른 곳으로 배출시키는 기능을 함

㉱ 에어컴프레서(Air Compressor) : 건식 스프링클러설비 체크밸브의 2차 측에 압축공기를 공급하기 위해 컴프레서를 설치할 것

㉲ 에어레귤레이터(Air Regulator) : 자동 컴프레서의 가압송기 시 압력조절장치이며 스프링클러설비 전용 컴프레서에는 필요가 없으며 타 설비와 겸용하는 컴프레서는 건식 밸브와 주공기공급관 사이에 에어레귤레이터를 설치할 것

③ 준비작동식 스프링클러설비
　㉠ 설비 개요 : 가압송수장치에서 준비작동식 유수검지장치 1차 측까지 배관 내에 항상 물이 가압되어 있고 2차 측에서 폐쇄형 스프링클러헤드까지 대기압 또는 저압으로 있다가 화재발생 시 감지기의 작동으로 준비작동식 밸브가 개방되면 폐쇄형 스프링클러헤드까지 소화수가 송수되고 폐쇄형 스프링클러헤드가 열에 의해 개방되면 방수가 되는 방식이다.
　㉡ 주요 구성부분
　　㉮ 프리액션밸브 : 감지용 스프링클러헤드나 화재감지기 등에 의해 프리액션밸브가 개방되며 경보가 울림과 동시에 가압송수장치를 기동시켜 가압수를 공급하는 역할을 하며, 작동방법에 따라 전기식, 기계식, 뉴매틱식이 있음
　　㉯ 슈퍼비조리 패널(Supervisory & Control Panel) : 준비작동식 설비의 제어기능을 하며 프리액션밸브를 작동시키고 전원차단 또는 자체 고장 시 경보장치가 작동하며 감지기와 프리액션밸브 작동연결기능 및 개구부 폐쇄작동기능도 함
④ **부압식 스프링클러설비** : 가압송수장치에서 준비작동식 유수검지장치의 **1차 측까지는 항상 정압의 물이 가압**되고, 2차 측 폐쇄형 스프링클러헤드까지는 **소화수가 부압으로 되어 있다가** 화재 시 감지기의 작동에 의해 **정압으로 변하여 유수가 발생**하면 작동하는 방식이다.

(2) **개방형 헤드를 사용하는 설비**(일제살수식 스프링클러설비)
　가압송수장치에서 일제개방밸브 1차 측까지 배관 내에 항상 물이 가압되어 있고 2차 측에서 개방형 스프링클러헤드까지 대기압으로 있다가 화재 시 자동감지장치 또는 수동식 기동장치의 작동으로 일제개방밸브(Deluge Valve)가 개방되면 스프링클러헤드까지 소화수가 송수되는 방식이다.

[스프링클러설비의 비교]

항 목	종 류	습 식	건 식	부압식	준비작동식	일제살수식
사용헤드		폐쇄형	폐쇄형	폐쇄형	폐쇄형	개방형
배 관	1차 측	가압수	가압수	가압수	가압수	가압수
	2차 측	가압수	압축공기	부압수	대기압, 저압공기	대기압(개방)
경보밸브		알람체크밸브	건식밸브	준비작동밸브	준비작동밸브	일제개방밸브
감지기의 유무		없다.	없다.	있다(단일회로).	있다(교차회로).	있다(교차회로).
시험장치유무		있다.	있다.	있다.	없다.	없다.

3 폐쇄형 스프링클러헤드의 기준개수

스프링클러설비 설치장소			기준개수
지하층을 제외한 층수가 10층 이하인 특정소방대상물	공 장	특수가연물을 저장·취급하는 것	30
		그 밖의 것	20
	근린생활시설·판매시설, 운수시설 또는 복합건축물	판매시설 또는 복합건축물 (판매시설이 설치된 복합건축물을 말한다)	30
		그 밖의 것	20
	그 밖의 것	헤드의 부착높이가 8[m] 이상인 것	20
		헤드의 부착높이가 8[m] 미만인 것	10
지하층을 제외한 층수가 11층 이상인 특정소방대상물·지하상가 또는 지하역사			30
아파트 (공동주택의 화재안전기술기준)		아파트	10
		각 동이 주차장으로 서로 연결된 경우의 주차장	30
창고시설(랙식 창고를 포함한다. 라지드롭형 스프링클러헤드 사용)			30

[비 고] 하나의 소방대상물이 2 이상의 "스프링클러헤드의 기준개수"란에 해당하는 때에는 기준개수가 많은 것을 기준으로 한다. 다만, 각 기준개수에 해당하는 수원을 별도로 설치하는 경우에는 그렇지 않다.

4 펌프의 토출량 및 수원

(1) 펌프의 토출량

$$Q = N \times 80[\text{L/min}] \text{ 이상(창고시설 : 160[L/min] 이상)}$$

여기서, Q : 펌프의 토출량[L/min]
N : 헤드 수

(2) 수원의 양

① 폐쇄형 헤드의 수원의 양 **17 회 출제**

$$29층 이하일 때 수원의 양[\text{L}] = N \times 80[\text{L/min}] \times 20[\text{min}] = N \times 1,600[\text{L}] = N \times 1.6[\text{m}^3] \text{ 이상}$$

여기서, N : 헤드 수

Plus one

고층건축물의 스프링클러설비 화재안전기술기준(2.2.1)
수원은 그 저수량이 스프링클러설비 설치장소별 스프링클러헤드의 기준개수에 3.2[m³]를 곱한 양 이상이 되도록 해야 한다. 다만, **50층 이상**인 건축물의 경우에는 **4.8[m³]**를 곱한 양 이상이 되도록 해야 한다.

층 수	토출량	수 원
30층 이상 49층 이하	N(헤드 수) $\times$ 80[L/min]	N(헤드 수) $\times$ 80[L/min] $\times$ 40[min] = N(헤드 수) $\times$ 3,200[L] = N(헤드 수) $\times$ 3.2[m³]
50층 이상	N(헤드 수) $\times$ 80[L/min]	N(헤드 수) $\times$ 80[L/min] $\times$ 60[min] = N(헤드 수) $\times$ 4,800[L] = N(헤드 수) $\times$ 4.8[m³]

> [창고시설의 수원]
> 일반 창고 = N(헤드 수, 최대 30개) $\times$ 160[L/min] $\times$ 20[min] = N(헤드 수, 최대 30개) $\times$ 3.2[m^3] 이상
> 랙식 창고 = N(헤드 수, 최대 30개) $\times$ 160[L/min] $\times$ 60[min] = N(헤드 수, 최대 30개) $\times$ 9.6[m^3] 이상

② 개방형 헤드의 수원의 양
  ㉠ 30개 이하일 때

> ① 30층 미만일 때 수원의 양 = $N \times 1.6$[m^3] 이상
> ② 30층 이상 49층 이하일 때 수원의 양 = $N \times 3.2$[m^3] 이상
> ③ 50층 이상일 때 수원의 양 = $N \times 4.8$[m^3] 이상

여기서, N : 헤드 수
  ㉡ 30개 초과일 때

> 수원[L] = $N \times Q(K\sqrt{10P}) \times 20$[min] 이상

여기서, Q : 헤드의 방수량[L/min] P : 방수압력[MPa]
    K : 상수(15[mm] : 80, 20[mm] : 111) N : 헤드 수

(3) 수원의 설치
① 스프링클러설비의 수원은 유효수량 외 유효수량의 1/3 이상은 옥상에 설치해야 한다.
② 수원을 옥상에 1/3을 설치하지 않아도 되는 경우(2.1.2)
  ㉠ 지하층만 있는 건축물
  ㉡ 고가수조를 가압송수장치로 설치한 경우
  ㉢ 수원이 건축물의 최상층에 설치된 헤드보다 높은 위치에 설치된 경우
  ㉣ 건축물의 높이가 지표면으로부터 10[m] 이하인 경우
  ㉤ 주펌프와 동등 이상의 성능이 있는 별도의 펌프로서 내연기관의 기동과 연동하여 작동되거나 비상전원을 연결하여 설치한 경우
  ㉥ 가압수조를 가압송수장치로 설치한 경우

> **Plus one**
>
> **고층건축물의 스프링클러설비 화재안전기술기준(2.2.2)**
> 수원은 2.2.1에 따라 산출된 유효수량 외에 유효수량의 1/3 이상을 옥상(스프링클러설비가 설치된 건축물의 주된 옥상을 말한다)에 설치해야 한다. 다만, 스프링클러설비의 화재안전기술기준(NFTC 103) 2.1.2(3) 또는 2.1.2(4)에 해당하는 경우에는 그렇지 않다.
>
> **스프링클러설비의 화재안전기술기준**
> 2.1.2(3) 수원이 건축물의 최상층에 설치된 헤드보다 높은 위치에 설치된 경우
> 2.1.2(4) 건축물의 높이가 지표면으로부터 10[m] 이하인 경우
> ※ **고층건축물** : 층수가 30층 이상, 높이가 120[m] 이상인 건축물

(4) 수원의 수조를 소방설비의 전용으로 하지 않아도 되는 경우
① 스프링클러설비용 펌프의 풋밸브 또는 흡수배관의 흡수구(수직회전축 펌프의 흡수구를 포함한다)를 **다른 설비(소화용 설비 외의 것을 말한다)**의 풋밸브 또는 흡수구보다 낮은 위치에 설치한 때
② 고가수조로부터 스프링클러설비의 수직배관에 물을 공급하는 급수구를 다른 설비의 급수구보다 낮은 위치에 설치한 때

(5) 수조의 설치기준
① 점검에 편리한 곳에 설치할 것
② 동결방지조치를 하거나 동결의 우려가 없는 장소에 설치할 것
③ 수조 외측에 수위계를 설치할 것. 다만, 구조상 불가피한 경우에는 수조의 맨홀 등을 통하여 수조 안의 물의 양을 쉽게 확인할 수 있도록 해야 한다.
④ 수조의 상단이 바닥보다 높은 때에는 수조 외측에 고정식 사다리를 설치할 것
⑤ 수조가 실내에 설치된 때에는 그 실내에 조명설비를 설치할 것
⑥ 수조의 밑부분에는 청소용 배수밸브 또는 배수관을 설치할 것
⑦ 수조 외측의 보기 쉬운 곳에 "**스프링클러소화설비용 수조**"라고 표시한 표지를 할 것. 이 경우 그 수조를 다른 설비와 겸용하는 때에는 그 겸용되는 설비의 이름을 표시한 표지를 함께 해야 한다.
⑧ 소화설비용 펌프의 흡수배관 또는 소화설비의 수직배관과 수조의 접속부분에는 "**스프링클러소화설비용 배관**"이라고 표시한 표지를 할 것. 다만, 수조와 가까운 장소에 소화설비용 펌프가 설치되고 해당 펌프에 2.2.1.16에 따른 표지를 설치한 때에는 그렇지 않다.

5 가압송수장치

(1) **전동기 또는 내연기관에 따른 가압송수장치의 설치기준** 설계 03회
가압송수장치의 주펌프는 전동기에 따른 펌프로 설치해야 한다.
① 쉽게 접근할 수 있고 점검하기에 충분한 공간이 있는 장소로서 화재 및 침수 등의 재해로 인한 피해를 받을 우려가 없는 곳에 설치할 것
② 동결방지조치를 하거나 동결의 우려가 없는 장소에 설치할 것
③ 펌프는 전용으로 할 것(다만, 다른 소화설비와 겸용하는 경우 각각의 소화설비의 성능에 지장이 없을 때에는 그렇지 않다)
④ 펌프의 **토출 측**에는 **압력계**를 체크밸브 이전에 펌프 토출 측 플랜지에서 가까운 곳에 설치하고 **흡입 측**에는 **연성계** 또는 **진공계**를 설치할 것

> 다만, 수원의 수위가 펌프의 위치보다 높거나 수직회전축 펌프의 경우에는 연성계 또는 진공계를 설치하지 않을 수 있다.

⑤ 펌프의 성능은 체절운전 시 정격토출압력의 140[%]를 초과하지 않고, 정격토출량의 150[%]로 운전 시 정격토출압력의 65[%] 이상이 되어야 하며, 펌프의 성능을 시험할 수 있는 성능시험배관을 설치할 것. 다만, 충압펌프의 경우에는 그렇지 않다.

⑥ 가압송수장치에는 체절운전 시 수온의 상승을 방지하기 위한 순환배관을 설치할 것. 다만, 충압펌프의 경우에는 그렇지 않다.

⑦ 기동용 수압개폐장치 중 압력챔버를 사용할 경우 그 용적은 100[L] 이상의 것으로 할 것

⑧ 물올림장치
  ㉠ 설치 : 수원의 수위가 펌프보다 낮은 위치에 있는 경우
  ㉡ 수조의 유효수량은 100[L] 이상으로 하되, 구경 15[mm] 이상의 급수배관에 따라 해당 수조에 물이 계속 보급되도록 할 것

⑨ **정격토출압력** : 0.1[MPa] 이상 1.2[MPa] 이하

⑩ **토출량** : 80[L/min] 이상(창고시설 : 160[L/min] 이상)

⑪ **충압펌프의 설치기준** 설계 20회
  ㉠ 펌프의 토출압력 : 그 설비의 최고위 살수장치(일제개방밸브의 경우에는 그 밸브) 자연압보다 적어도 0.2[MPa]이 더 크도록 하거나 가압송수장치의 정격토출압력과 같게 할 것
  ㉡ 펌프의 정격토출량 : 정상적인 누설량보다 적어서는 안 되며 스프링클러설비가 자동적으로 작동할 수 있도록 충분한 토출량을 유지할 것

⑫ 가압송수장치가 기동되는 경우에는 자동으로 정지되지 않도록 할 것. 다만, 충압펌프의 경우에는 그렇지 않다.

⑬ 가압송수장치는 부식 등으로 인한 펌프의 고착을 방지할 수 있도록 다음의 기준에 적합한 것으로 할 것. 다만, 충압펌프는 제외한다(수계소화설비는 같다).
  ㉠ 임펠러는 청동 또는 스테인리스 등 부식에 강한 재질을 사용할 것
  ㉡ 펌프축은 스테인리스 등 부식에 강한 재질을 사용할 것

(2) 가압송수장치의 종류 설계 03회
① 고가수조방식
  ㉠ 낙차 공식

$$H = h_1 + 10$$

  여기서, H : 필요한 낙차[m]
  　　　　h_1 : 배관의 마찰손실수두[m]
  ㉡ 설치부속물 : 수위계, 배수관, 급수관, 오버플로관, 맨홀

② 압력수조방식
  ㉠ 낙차공식

$$P = p_1 + p_2 + 0.1$$

  여기서, P : 필요한 낙차[MPa]
        p_1 : 낙차의 환산수두압[MPa]
        p_2 : 배관의 마찰손실수두압[MPa]
  ㉡ 설치부속물 : 수위계, 급수관, 배수관, **급기관**, 맨홀, **압력계**, 안전장치, 압력저하 방지를 위한 **자동식 공기압축기**

③ 펌프 방식

$$H = h_1 + h_2 + 10$$

  여기서, H : 펌프의 전양정[m]
        h_1 : 낙차[m]
        h_2 : 배관의 마찰손실수두[m]

④ 가압수조방식
  ㉠ **가압수조의 압력**은 규정에 따른 방수량 및 방수압이 **20분 이상** 유지되도록 할 것
  ㉡ 가압수조 및 가압원은 방화구획된 장소에 설치할 것

6 폐쇄형 스프링클러설비의 방호구역 및 유수검지장치 13 회 출제

① 하나의 방호구역의 바닥면적은 3,000[m²]를 초과하지 않을 것. 다만, 폐쇄형 스프링클러설비에 격자형 배관방식(2 이상의 수평주행배관 사이를 가지배관으로 연결하는 방식)을 채택하는 때에는 3,700[m²] 범위 내에서 펌프용량, 배관의 구경 등을 수리학적으로 계산한 결과 헤드의 방수압 및 방수량이 방호구역 범위 내에서 소화목적을 달성하는 데 충분하도록 해야 한다.
② **하나의 방호구역**에는 **1개 이상의 유수검지장치**를 **설치**하되, 화재 시 접근이 쉽고 점검하기 편리한 장소에 설치할 것
③ 하나의 방호구역은 2개 층에 미치지 않도록 할 것. 다만, 1개 층에 설치되는 스프링클러헤드의 수가 **10개 이하인 경우**와 **복층형 구조의 공동주택**에는 **3개층 이내**로 할 수 있다.
④ 유수검지장치를 실내에 설치하거나 보호용 철망 등으로 구획하여 바닥으로부터 0.8[m] 이상 1.5[m] 이하의 위치에 설치하되, 그 실 등에는 가로 0.5[m] 이상 세로 1[m] 이상의 개구부로서 그 개구부에는 출입문을 설치하고 그 출입문 상단에 "유수검지장치실"이라고 표시한 표지를 설치할 것. 다만, 유수검지장치를 기계실(공조용기계실을 포함한다) 안에 설치하는 경우에는 별도의 실 또는 보호용 철망을 설치하지 않고 기계실 출입문 상단에 "**유수검지장치실**"이라고 표시한 표지를 설치할 수 있다.

⑤ 스프링클러헤드에 공급되는 물은 유수검지장치를 지나도록 할 것(다만, 송수구를 통하여 공급되는 물은 그렇지 않다)
⑥ 자연낙차에 따른 압력수가 흐르는 배관 상에 설치된 유수검지장치는 화재 시 물의 흐름을 검지할 수 있는 최소한의 압력이 얻어질 수 있도록 수조의 하단으로부터 낙차를 두어 설치할 것
⑦ **조기반응형 스프링클러헤드를 설치하는 경우에는 습식 유수검지장치** 또는 **부압식 스프링클러설비**를 설치할 것

7 개방형 스프링클러설비의 방수구역 및 일제개방밸브의 기준

① 하나의 방수구역은 2개 층에 미치지 않아야 한다.
② 방수구역마다 일제개방밸브를 설치해야 한다.
③ 하나의 방수구역을 담당하는 헤드의 개수는 50개 이하로 할 것. 다만, 2개 이상의 방수구역으로 나눌 경우에는 하나의 방수구역을 담당하는 헤드의 개수는 25개 이상으로 해야 한다.
④ 일제개방밸브의 설치위치는 바닥으로부터 0.8[m] 이상 1.5[m] 이하의 위치에 설치하되, 표지는 "일제개방밸브실"이라고 표시할 것

8 배관 기준

(1) 배관 내 사용압력이 1.2[MPa] 미만일 경우

① 배관용 탄소 강관(KS D 3507)
② 이음매 없는 구리 및 구리합금관(KS D 5301). 다만, 습식의 배관에 한한다.
③ 배관용 스테인리스 강관(KS D 3576) 또는 일반배관용 스테인리스 강관(KS D 3595)
④ 덕타일 주철관(KS D 4311)

(2) 배관 내 사용압력이 1.2[MPa] 이상일 경우

① 압력 배관용 탄소 강관(KS D 3562)
② 배관용 아크용접 탄소강 강관(KS D 3583)

(3) 소방용 합성수지배관으로 설치할 수 있는 경우

① 배관을 지하에 매설하는 경우
② 다른 부분과 내화구조로 구획된 덕트 또는 피트의 내부에 설치하는 경우
③ 천장(상층이 있는 경우에는 상층바닥의 하단을 포함한다)과 반자를 불연재료 또는 준불연재료로 설치하고 소화배관 내부에 항상 소화수가 채워진 상태로 설치하는 경우

(4) 스프링클러헤드 수별 급수관의 구경 01 회 출제

구분 \ 구경	25	32	40	50	65	80	90	100	125	150
가	2	3	5	10	30	60	80	100	160	161 이상
나	2	4	7	15	30	60	65	100	160	161 이상
다	1	2	5	8	15	27	40	55	90	91 이상

[비 고]
1. 폐쇄형 스프링클러헤드를 사용하는 설비의 경우로서 1개 층에 하나의 급수배관(또는 밸브 등)이 담당하는 구역의 최대면적은 3,000[m²]를 초과하지 않을 것
2. 폐쇄형 스프링클러헤드를 설치하는 경우에는 "가"란의 헤드 수에 따를 것
3. 폐쇄형 스프링클러헤드를 설치하고 반자 아래의 헤드와 반자 속의 헤드를 동일 급수관의 가지관상에 병설하는 경우에는 "나"란의 헤드 수에 따를 것
4. 무대부·특수가연물 취급 장소에는 폐쇄형 스프링클러헤드를 설치하는 설비의 배관 구경은 "다"란에 따를 것
5. 개방형 스프링클러헤드를 설치하는 경우 하나의 방수구역이 담당하는 헤드의 개수가 30개 이하일 때는 "다"란의 헤드수에 의하고 30개를 초과할 때는 수리계산 방법에 따를 것

(5) 배관의 설치기준

① 펌프의 성능시험배관 24 25 회 출제

  ㉠ 성능시험배관은 펌프의 토출 측에 설치된 개폐밸브 이전에서 분기하여 직선으로 설치하고, 유량측정장치를 기준으로 전단 직관부에는 개폐밸브를 후단 직관부에는 유량조절밸브를 설치할 것. 이 경우 개폐밸브와 유량측정장치 사이의 직관부 거리 및 유량측정장치와 유량조절밸브 사이의 직관부 거리는 해당 유량측정장치 제조사의 설치사양에 따르고, 성능시험배관의 호칭지름은 유량측정장치의 호칭지름에 따른다.

  ㉡ 유량측정장치는 펌프의 정격토출량의 175[%] 이상 측정할 수 있는 성능이 있을 것

② 가압송수장치의 체절운전 시 수온의 상승을 방지하기 위하여 체크밸브와 펌프 사이에서 분기한 구경 20[mm] 이상의 배관에 체절압력 미만에서 개방되는 릴리프밸브를 설치해야 한다.

③ 헤드의 개수 : 교차배관에서 분기되는 지점을 기점으로 한쪽 가지배관에 설치되는 헤드의 개수는 8개 이하로 할 것

> **Plus one**
>
> **한쪽 가지배관에 헤드 수는 8개 이하로 해야 하는 규정 예외**
> - 기존의 방호구역 안에서 칸막이 등으로 구획하여 1개의 헤드를 증설하는 경우
> - 습식 스프링클러설비 또는 부압식 스프링클러설비에 격자형 배관방식(2 이상의 수평주행배관 사이를 가지배관으로 연결하는 방식을 말한다)을 채택하는 때에는 펌프의 용량, 배관의 구경 등을 수리학적으로 계산한 결과 헤드의 방수압 및 방수량이 소화목적을 달성하는 데 충분하다고 인정되는 경우

④ 교차배관의 위치·청소구 및 가지배관의 헤드 설치기준
  ㉠ 교차배관은 가지배관과 수평으로 설치하거나 또는 가지배관 밑에 설치하고, 최소 구경이 40[mm] 이상이 되도록 할 것. 다만, 패들형 유수검지장치를 사용하는 경우에는 교차배관의 구경과 동일하게 설치할 수 있다.
  ㉡ 청소구는 교차배관 끝에 40[mm] 이상 크기의 개폐밸브를 설치하고, 호스접결이 가능한 나사식 또는 고정배수 배관식으로 할 것. 이 경우 나사식의 개폐밸브는 옥내소화전 호스접결용의 것으로 하고, 나사보호용의 캡으로 마감해야 한다.
⑤ 스프링클러설비 배관의 배수를 위한 기울기
  ㉠ 습식 스프링클러설비 또는 부압식 스프링클러설비의 배관을 수평으로 할 것. 다만, 배관의 구조상 소화수가 남아 있는 곳에는 배수밸브를 설치해야 한다.
  ㉡ 습식 스프링클러설비 또는 부압식 스프링클러설비 외의 설비에는 헤드를 향하여 상향으로 수평주행배관의 기울기를 1/500 이상, 가지배관의 기울기를 1/250 이상으로 할 것. 다만, 배관의 구조상 기울기를 줄 수 없는 경우에는 배수를 원활하게 할 수 있도록 배수밸브를 설치해야 한다.

9 **준비작동식 유수검지장치 또는 일제개방밸브를 사용하는 스프링클러설비의 유수검지장치 또는 밸브 2차 측 배관의 부대설비 기준** 설계 17회
① 개폐표시형 밸브를 설치할 것
② 개폐표시형 밸브와 준비작동식 유수검지장치 또는 일제개방밸브 사이의 배관은 다음과 같은 구조로 할 것
  ㉠ 수직배수배관과 연결하고 동 연결배관상에는 개폐밸브를 설치할 것
  ㉡ 자동배수장치 및 압력스위치를 설치할 것
  ㉢ 압력스위치는 수신부에서 준비작동식 유수검지장치 또는 일제개방밸브의 작동 여부를 확인할 수 있게 설치할 것

10 시험장치(말단시험밸브)

[말단시험밸브]

(1) 설치기준 25 회 출제

① 습식 스프링클러설비 및 부압식 스프링클러설비에 있어서는 유수검지장치 2차 측 배관에 연결하여 설치하고 건식 스프링클러설비인 경우 유수검지장치에서 가장 먼 거리에 위치한 가지배관의 끝으로부터 연결하여 설치할 것. 이 경우 유수검지장치 2차 측 설비의 내용적이 2,840[L]를 초과하는 건식 스프링클러설비는 시험장치 개폐밸브를 완전 개방 후 1분 이내에 물이 방사되어야 한다.

② 시험장치 배관의 구경은 25[mm] 이상으로 하고, 그 끝에 개폐밸브 및 개방형 헤드 또는 스프링클러헤드와 동등한 방수성능을 가진 오리피스를 설치할 것. 이 경우 개방형 헤드는 반사판 및 프레임을 제거한 오리피스만으로 설치할 수 있다.

③ 시험배관의 끝에는 물받이 통 및 배수관을 설치하여 시험 중 방사된 물이 바닥에 흘러내리지 않도록 할 것. 다만, 목욕실·화장실 또는 그 밖의 곳으로서 배수처리가 쉬운 장소에 시험배관을 설치한 경우에는 그렇지 않다.

(2) 설치목적

헤드를 개방하지 않고 다음의 작동상태를 확인하기 위하여 설치한다.

① 유수검지장치의 기능이 작동되는지를 확인
② 수신반의 화재표시등의 점등 및 경보가 작동되는지 확인
③ 해당 방호구역의 음향경보장치가 작동되는지 확인
④ 압력챔버의 작동으로 펌프가 작동되는지 확인
⑤ 시험밸브함 내의 압력계가 적정한지 확인(권장사항)

(3) 시험밸브 작동 시 확인사항 01 회 출제
① 수신반의 확인사항
　㉠ 화재표시등 점등 확인
　㉡ 수신반의 경보(버저) 작동 확인
　㉢ 알람밸브 작동표시등 점등 확인
② 펌프 자동기동 여부 확인
③ 해당 방호구역의 경보(사이렌) 작동 확인

(4) 시험장치 설치대상
① 습식 유수검지장치를 사용하는 스프링클러설비
② 건식 유수검지장치를 사용하는 스프링클러설비
③ 부압식 스프링클러설비

11 음향장치 및 기동장치

① 습식 유수검지장치 또는 건식 유수검지장치를 사용하는 설비에 있어서는 헤드가 개방되면 유수검지장치가 화재신호를 발신하고 그에 따라 음향장치가 경보되도록 할 것
② 준비작동식 유수검지장치 또는 일제개방밸브를 사용하는 설비에는 화재감지기의 감지에 따라 음향장치가 경보되도록 할 것. 이 경우 화재감지기 회로를 교차회로방식으로 하는 때에는 하나의 화재감지기 회로가 화재를 감지하는 때에도 음향장치가 경보되도록 해야 한다.

> **Plus one**
>
> **교차회로방식**
> 하나의 준비작동식 유수검지장치 또는 일제개방밸브의 담당구역 내에 2 이상의 화재감지기 회로를 설치하고 인접한 2 이상의 화재감지기가 동시에 감지되는 때에 준비작동식 유수검지장치 또는 일제개방밸브가 개방·작동되는 방식

③ 음향장치는 유수검지장치 및 일제개방밸브 등의 담당 구역마다 설치하되 그 구역의 각 부분으로부터 하나의 음향장치까지의 수평거리는 25[m] 이하가 되도록 할 것
④ **음향장치**는 **경종** 또는 **사이렌(전자식 사이렌을 포함한다)**으로 하되, 주위의 소음 및 다른 용도의 경보와 구별이 가능한 음색으로 할 것(이 경우 경종 또는 사이렌은 자동화재탐지설비·비상벨설비 또는 자동식사이렌설비의 음향장치와 겸용할 수 있다)
⑤ 주음향장치는 수신기의 내부 또는 그 직근에 설치할 것
⑥ 층수가 11층(공동주택의 경우에는 16층) 이상인 특정소방대상물
　㉠ 2층 이상의 층에서 발화한 때 : 발화층, 그 직상 4개층
　㉡ 1층에서 발화한 때 : 발화층, 그 직상 4개층 및 지하층

ⓒ 지하층에서 발화한 때 : 발화층·그 직상층 및 기타의 지하층에 경보를 발할 것
⑦ 음향장치의 기준
　㉠ 정격전압의 80[%] 전압에서 음향을 발할 수 있는 것으로 할 것
　㉡ 음향의 크기는 부착된 음향장치의 중심으로부터 1[m] 떨어진 위치에서 90[dB] 이상이 되는 것으로 할 것

12 발신기의 설치기준

자동화재탐지설비의 발신기가 설치된 경우에는 그렇지 않다.
① 조작이 쉬운 장소에 설치하고, 스위치는 바닥으로부터 0.8[m] 이상 1.5[m] 이하의 높이에 설치할 것
② 특정소방대상물의 층마다 설치하되, 해당 특정소방대상물의 각 부분으로부터 하나의 발신기까지의 수평거리가 25[m] 이하가 되도록 할 것. 다만, 복도 또는 별도로 구획된 실로서 보행거리가 40[m] 이상일 경우에는 추가로 설치해야 한다.
③ 발신기의 위치를 표시하는 표시등은 함의 상부에 설치하되, 그 불빛은 부착면으로부터 15° 이상의 범위 안에서 부착지점으로부터 10[m] 이내의 어느 곳에서도 쉽게 식별할 수 있는 적색등으로 할 것

13 헤드의 설치기준

(1) 스프링클러헤드까지의 설치 거리

스프링클러헤드는 특정소방대상물의 천장·반자·천장과 반자 사이·덕트·선반 기타 이와 유사한 부분(폭이 1.2[m]를 초과하는 것에 한한다)에 설치해야 한다. 다만, 폭이 9[m] 이하인 실내에 있어서는 측벽에 설치할 수 있다.

설치장소			설치기준
폭 1.2[m]를 초과하는 천장, 반자, 천장과 반자 사이, 덕트, 선반, 기타 이와 유사한 부분		무대부, 특수가연물을 저장 또는 취급하는 장소	수평거리 1.7[m] 이하
		내화구조	수평거리 2.3[m] 이하
		기타(비내화)구조	수평거리 2.1[m] 이하
아파트 등의 세대			수평거리 2.6[m] 이하
랙식 창고	라지드롭형 스프링클러헤드 설치	특수가연물을 저장·취급	수평거리 1.7[m] 이하
		내화구조	수평거리 2.3[m] 이하
		기타구조	수평거리 2.1[m] 이하
	라지드롭형 스프링클러헤드(습식·건식 외의 것)		랙 높이 3[m] 이하마다

(2) 개방형 스프링클러헤드 설치장소

① 무대부
② 연소할 우려가 있는 개구부

(3) 조기반응형 스프링클러헤드의 설치장소
① 공동주택·노유자시설의 거실
② 오피스텔·숙박시설의 침실
③ 병원·의원의 입원실

(4) 폐쇄형 스프링클러헤드의 최고 주위온도에 따른 표시온도 [03회 출제]
폐쇄형 스프링클러헤드의 높이가 4[m] 이상인 공장에 설치하는 스프링클러헤드는 그 설치장소의 평상시 최고 주위온도에 관계없이 표시온도 121[℃] 이상의 것으로 할 수 있다.

설치장소의 최고 주위온도	표시온도
39[℃] 미만	79[℃] 미만
39[℃] 이상 64[℃] 미만	79[℃] 이상 121[℃] 미만
64[℃] 이상 106[℃] 미만	121[℃] 이상 162[℃] 미만
106[℃] 이상	162[℃] 이상

(5) 표시온도에 따른 헤드의 색상(폐쇄형 헤드에 한한다) [12회 출제]
[표시(스프링클러헤드의 형식승인 및 제품검사의 기술기준 제12조의6)]

유리벌브형		퓨지블링크형	
표시온도[℃]	액체의 색별	표시온도[℃]	프레임의 색별
57[℃]	오렌지	77[℃] 미만	색 표시 안 함
68[℃]	빨 강	78~120[℃]	흰 색
79[℃]	노 랑	121~162[℃]	파 랑
93[℃]	초 록	163~203[℃]	빨 강
141[℃]	파 랑	204~259[℃]	초 록
182[℃]	연한자주	260~319[℃]	오렌지
227[℃] 이상	검 정	320[℃] 이상	검 정

(6) 스프링클러헤드의 설치방법
① 살수가 방해되지 않도록 스프링클러헤드로부터 반경 60[cm] 이상의 공간을 보유할 것. 다만, 벽과 스프링클러헤드 간의 공간은 10[cm] 이상으로 한다.
② 스프링클러헤드와 그 부착면(상향식 헤드의 경우에는 그 헤드의 직상부의 천장·반자 또는 이와 비슷한 것을 말한다)과의 거리는 30[cm] 이하로 할 것
③ 배관·행거 및 조명기구 등 살수를 방해하는 것이 있는 경우에는 그로부터 아래에 설치하여 살수에 장애가 없도록 할 것. 다만, 스프링클러헤드와 장애물과의 이격거리를 장애물 폭의 3배 이상 확보한 경우에는 그렇지 않다.
④ 스프링클러헤드의 반사판은 그 부착면과 평행하게 설치할 것. 다만, 측벽형 헤드 또는 연소할 우려가 있는 개구부에 설치하는 스프링클러헤드의 경우에는 그렇지 않다.

⑤ 습식 스프링클러설비 및 부압식 스프링클러설비 외의 경우 상향식 스프링클러헤드 설치 시 설치제외 사항 설계 07회
  ㉠ 드라이펜던트 스프링클러헤드를 사용하는 경우
  ㉡ 스프링클러헤드의 설치장소가 동파의 우려가 없는 곳인 경우
  ㉢ 개방형 스프링클러헤드를 사용하는 경우

14 헤드의 설치제외

① 계단실(특별피난계단의 부속실을 포함한다)·경사로·**승강기의 승강로·비상용 승강기의 승강장**·파이프덕트 및 덕트피트(파이프·덕트를 통과시키기 위한 구획된 구멍에 한한다)·**목욕실**·수영장(관람석 부분은 제외한다)·**화장실**·직접 외기에 개방되어 있는 복도·기타 이와 유사한 장소
② **통신기기실**·전자기기실·기타 이와 유사한 장소
③ **발전실**·변전실·변압기·기타 이와 유사한 **전기설비**가 설치되어 있는 장소
④ 병원의 수술실·응급처치실·기타 이와 유사한 장소
⑤ 천장과 반자 양쪽이 불연재료로 되어 있는 경우로서 그 사이의 거리 및 구조가 다음의 어느 하나에 해당하는 부분 17 회 출제
  ㉠ 천장과 반자 사이의 거리가 2[m] 미만인 부분
  ㉡ 천장과 반자 사이의 벽이 불연재료이고 천장과 반자 사이의 거리가 2[m] 이상으로서 그 사이에 가연물이 존재하지 않는 부분
⑥ 천장·반자 중 한쪽이 불연재료로 되어있고 천장과 반자 사이의 거리가 1[m] 미만인 부분 17 회 출제
⑦ 천장 및 반자가 불연재료 외의 것으로 되어 있고 천장과 반자 사이의 거리가 0.5[m] 미만인 부분 17 회 출제
⑧ **펌프실**·물탱크실·엘리베이터 권상기실 그 밖의 이와 비슷한 장소
⑨ 현관 또는 로비 등으로서 바닥으로부터 높이가 20[m] 이상인 장소
⑩ 영하의 냉장창고의 냉장실 또는 냉동창고의 냉동실
⑪ 고온의 노가 설치된 장소 또는 물과 격렬하게 반응하는 물품의 저장 또는 취급장소
⑫ 불연재료로 된 특정소방대상물 또는 그 부분으로서 다음에 해당하는 장소 설계 25회
  ㉠ 정수장·오물처리장 그 밖의 이와 비슷한 장소
  ㉡ 펄프공장의 작업장·음료수 공장의 세정 또는 충전하는 작업장 그 밖의 이와 비슷한 장소
  ㉢ 불연성의 금속·석재 등의 가공공장으로서 가연성 물질을 저장 또는 취급하지 않는 장소
  ㉣ 가연성 물질이 존재하지 않는 건축물의 에너지절약설계기준에 따른 방풍실
⑬ 실내에 설치된 테니스장·게이트볼장·정구장 또는 이와 비슷한 장소로서 실내 바닥·벽·천장이 불연재료 또는 준불연재료로 구성되어 있고 가연물이 존재하지 않는 장소로서 관람석이 없는 운동시설(지하층은 제외한다)

15 송수구의 설치기준

① 소방차가 쉽게 접근할 수 있고 잘 보이는 장소에 설치하고 화재층으로부터 지면으로 떨어지는 유리창 등이 송수 및 그 밖의 소화작업에 지장을 주지 않는 장소에 설치할 것
② 송수구로부터 스프링클러설비의 주배관에 이르는 연결배관에 개폐밸브를 설치한 때에는 그 개폐상태를 쉽게 확인 및 조작할 수 있는 옥외 또는 기계실 등의 장소에 설치할 것
③ 송수구는 **구경 65[mm]의 쌍구형**으로 할 것
④ 송수구에는 그 가까운 곳의 보기 쉬운 곳에 **송수압력범위**를 표시한 **표지**를 할 것
⑤ 폐쇄형 스프링클러헤드를 사용하는 스프링클러설비의 송수구는 하나의 층의 바닥면적이 3,000[m^2]를 넘을 때마다 1개 이상(5개를 넘을 경우에는 5개로 한다)을 설치할 것
⑥ 지면으로부터 높이가 0.5[m] 이상 1[m] 이하의 위치에 설치할 것
⑦ 송수구의 부근에는 자동배수밸브(또는 직경 5[mm]의 배수공) 및 체크밸브를 설치할 것. 이 경우 자동배수밸브는 배관 안의 물이 잘 빠질 수 있는 위치에 설치하되, 배수로 인하여 다른 물건 또는 장소에 피해를 주지 않아야 한다.
⑧ 송수구에는 이물질을 막기 위한 마개를 씌울 것

> **Plus one**
>
> 송수압력 범위를 표시해야 하는 소방시설 설계 17회
> - 스프링클러설비
> - 화재조기진압용 스프링클러설비
> - 물분무소화설비
> - 포소화설비
> - 연결송수관설비

16 비상전원의 설치기준

(1) 종 류

① 자가발전설비
② 축전지설비(내연기관에 따른 펌프를 설치한 경우에는 내연기관의 기동 및 제어용 축전지를 말한다)
③ 전기저장장치(외부 전기에너지를 저장해 두었다가 필요한 때 전기를 공급하는 장치)
④ 비상전원수전설비[차고·주차장으로서 스프링클러설비가 설치된 부분의 바닥면적(포소화설비의 화재안전기술기준(NFTC 105)의 2.10.2.2에 따른 차고·주차장의 바닥면적을 포함한다)의 합계가 1,000 [m^2] 미만인 경우]

(2) 비상전원의 설치기준

① 점검에 편리하고 화재 및 침수 등의 재해로 인한 피해를 받을 우려가 없는 곳에 설치할 것
② 스프링클러설비를 유효하게 **20분 이상** 작동할 수 있어야 할 것

③ 상용전원으로부터 전력의 공급이 중단된 때에는 자동으로 비상전원으로부터 전력을 공급받을 수 있도록 할 것
④ 비상전원(내연기관의 기동 및 제어용 축전지는 제외한다)의 설치장소는 다른 장소와 방화구획할 것. 이 경우 그 장소에는 비상전원의 공급에 필요한 기구나 설비 외의 것(열병합발전설비에 필요한 기구나 설비는 제외한다)을 두어서는 안 된다.
⑤ 비상전원을 실내에 설치하는 때에는 그 실내에 비상조명등을 설치할 것
⑥ 옥내에 설치하는 비상전원실에는 옥외로 직접 통하는 충분한 용량의 급배기설비를 설치할 것
⑦ 비상전원실의 출입구 외부에는 실의 위치와 비상전원의 종류를 알아볼 수 있도록 표지판을 부착할 것

> **Plus one**
>
> **비상전원의 작동시간**
> - 29층 이하 : 20분 이상
> - 30층 이상 49층 이하 : 40분 이상
> - 50층 이상 : 60분 이상
>
> **고층건축물의 스프링클러설비 화재안전기술기준(2.2.9)**
> 비상전원을 설치할 경우 자가발전설비 또는 축전지설비(내연기관에 따른 펌프를 사용하는 경우에는 내연기관의 기동 및 제어용 축전지를 말한다) 또는 전기저장장치로서 스프링클러설비를 유효하게 **40분 이상** 작동할 수 있을 것. 다만, **50층 이상**인 건축물의 경우에는 **60분 이상** 작동할 수 있어야 한다.

(3) 비상전원 설치제외 대상

① 2 이상의 변전소(전기사업법에 따른 변전소를 말한다)에서 전력을 동시에 공급받을 수 있거나 하나의 변전소로부터 전력의 공급이 중단되는 때에는 자동으로 다른 변전소로부터 전력을 공급받을 수 있도록 상용전원을 설치한 경우
② 가압수조방식인 경우

17 제어반의 설치기준

(1) 감시제어반의 기능

① 각 펌프의 작동 여부를 확인할 수 있는 표시등 및 음향경보기능이 있어야 할 것
② 각 펌프를 자동 및 수동으로 작동시키거나 중단시킬 수 있어야 할 것
③ 비상전원을 설치한 경우에는 상용전원 및 비상전원의 공급 여부를 확인할 수 있어야 할 것
④ 수조 또는 물올림수조가 저수위로 될 때 표시등 및 음향으로 경보할 것
⑤ 예비전원이 확보되고 예비전원의 적합 여부를 시험할 수 있어야 할 것

(2) 제어반(감시제어반과 동력제어반)을 구분하지 않아도 되는 경우 설계 12회
① 다음 어느 하나에 해당하지 않는 특정소방대상물에 설치되는 스프링클러설비
  ㉠ 지하층을 제외한 층수가 **7층 이상**으로서 연면적이 **2,000[m²] 이상**인 것
  ㉡ ㉠에 해당하지 않는 특정소방대상물로서 지하층의 바닥면적의 합계가 3,000[m²] 이상인 것
② 내연기관에 따른 가압송수장치를 사용하는 스프링클러설비
③ 고가수조에 따른 가압송수장치를 사용하는 스프링클러설비
④ 가압수조에 따른 가압송수장치를 사용하는 스프링클러설비

(3) 감시제어반의 설치기준
① 화재 및 침수 등의 재해로 인한 피해를 받을 우려가 없는 곳에 설치할 것
② 감시제어반은 스프링클러설비의 전용으로 할 것. 다만, 스프링클러설비의 제어에 지장이 없는 경우에는 다른 설비와 겸용할 수 있다.
③ 감시제어반은 다음의 기준에 따른 전용실 안에 설치할 것
  ㉠ 다른 부분과 방화구획을 할 것. 이 경우 전용실의 벽에는 기계실 또는 전기실 등의 감시를 위하여 두께 7[mm] 이상의 망입유리(두께 16.3[mm] 이상의 접합유리 또는 두께 28[mm] 이상의 복층유리를 포함한다)로 된 4[m²] 미만의 붙박이창을 설치할 수 있다.
  ㉡ 피난층 또는 지하 1층에 설치할 것

> **Plus one**
> **지상 2층과 지하 1층 외의 지하층에 설치할 수 있는 경우**
> • 특별피난계단이 설치되고 그 계단(부속실을 포함한다) 출입구로부터 보행거리 5[m] 이내에 전용실의 출입구가 있는 경우
> • 아파트의 관리동(관리동이 없는 경우에는 경비실)에 설치하는 경우

  ㉢ **비상조명등 및 급·배기설비**를 설치할 것
  ㉣ 바닥면적은 감시제어반의 설치에 필요한 면적 외에 화재 시 소방대원이 그 감시제어반의 조작에 필요한 최소 면적 이상으로 할 것
④ 전용실에는 특정소방대상물의 기계·기구 또는 시설 등의 제어 및 감시설비 외의 것을 두지 않을 것
⑤ 각 유수검지장치 또는 일제개방밸브의 작동 여부를 확인할 수 있는 표시 및 경보기능이 있도록 할 것
⑥ 일제개방밸브의 경우에는 밸브를 개방시킬 수 있는 수동조작스위치를 설치할 것
⑦ 일제개방밸브를 사용하는 경우에는 설비의 화재감지는 각 경계회로별로 화재표시가 되도록 할 것
⑧ **도통시험 및 작동시험을 할 수 있는 회로** 11 회 출제
  ㉠ 기동용 수압개폐장치의 압력스위치회로
  ㉡ 수조 또는 물올림수조의 저수위감시회로

ⓒ 유수검지장치 또는 일제개방밸브의 압력스위치회로
② 일제개방밸브를 사용하는 설비의 화재감지기회로
⑩ 급수배관에 설치되어 있는 개폐밸브의 폐쇄상태 확인회로

18 드렌처설비의 설치기준 설계 05회

① 드렌처헤드는 개구부 위측에 2.5[m] 이내마다 1개를 설치할 것
② 제어밸브(일제개방밸브·개폐표시형 밸브 및 수동조작부를 합한 것)는 특정소방대상물 층마다에 바닥면으로부터 0.8[m] 이상 1.5[m] 이하의 위치에 설치할 것
③ 수원의 수량은 드렌처헤드가 가장 많이 설치된 제어밸브의 드렌처헤드의 설치개수에 1.6[m^3]를 곱하여 얻은 수치 이상이 되도록 할 것
④ 드렌처설비는 드렌처헤드가 가장 많이 설치된 제어밸브에 설치된 드렌처헤드를 동시에 사용하는 경우에 각각의 헤드 선단(끝부분)에 방수압력이 0.1[MPa] 이상, 방수량이 80[L/min] 이상이 되도록 할 것
⑤ 수원에 연결하는 가압송수장치는 점검이 쉽고 화재 등의 재해로 인한 피해우려가 없는 장소에 설치할 것

19 급수개폐밸브 작동표시스위치(탬퍼스위치)

(1) 정 의

급수배관에 설치되어 급수를 차단할 수 있는 개폐밸브에 설치하여 밸브의 개폐상태를 감시제어반에서 확인할 수 있도록 한 것으로서 밸브의 폐쇄 시 제어반에 표시 및 경보가 되도록 되어 있다.

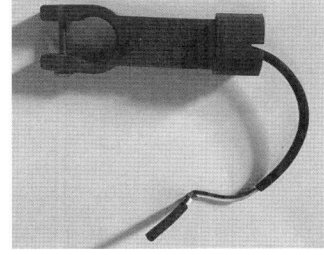

[탬퍼스위치]

(2) 설치장소

① 주펌프 흡입 측 배관에 설치된 개폐밸브
② 주펌프 토출 측 배관에 설치된 개폐밸브
③ 고가수조(옥상수조)와 입상배관에 연결된 배관상의 개폐밸브
④ 유수검지장치, 일제개방밸브의 1차 측과 2차 측에 설치된 개폐밸브
⑤ 옥외송수구 배관상에 설치된 개폐밸브

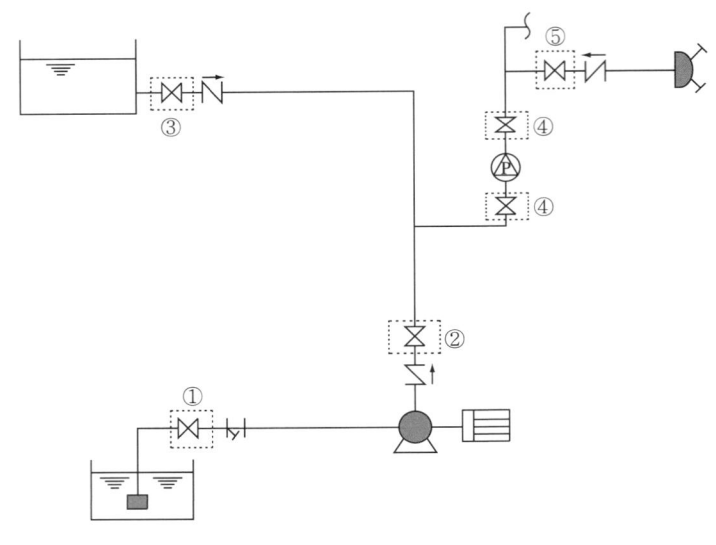

[탬퍼스위치 설치위치]

(3) 설치기준 설계 20회
① 급수개폐밸브가 잠길 경우 탬퍼스위치의 동작으로 인하여 감시제어반 또는 수신기에 표시되어야 하며 경보음을 발할 것
② 탬퍼스위치는 감시제어반 또는 수신기에서 동작의 유무확인과 동작시험, 도통시험을 할 수 있을 것
③ 급수개폐밸브의 작동표시 스위치에 사용되는 전기배선은 내화전선 또는 내열전선으로 설치할 것

(4) 제어반에서 탬퍼스위치 표시등 점등 시 원인 및 조치방법
① 개폐밸브가 폐쇄된 경우 : 제어반에 표시된 장소의 개폐밸브가 폐쇄된 경우이므로 개방시켜 놓는다.
② 개폐밸브는 개방되어 있으나 제어반에 폐쇄신호가 들어오는 경우(개폐밸브는 개방된 상태이나 탬퍼스위치 접점이 정확하게 일치하지 않는 경우) : 개폐밸브는 개방된 상태에서 탬퍼스위치 접점이 정확하게 일치되지 않는 경우이므로 밸브를 돌려 접점위치에 맞게 조정한다.

20 RDD, ADD 및 RTI의 정의

(1) RDD(Required Delivered Density, 필요방사밀도) 설계 21회

① 필요방사밀도 = $\dfrac{\text{연소 표면에 필요한 방사량[LPM]}}{\text{가연물 상단의 표면적}[m^2]}$ 으로서 특정소방대상물의 화재가혹도와 화재하중에 따라 소화에 필요한 물의 양이다. 시간이 경과하면 화세가 확대되어 물의 양이 많이 필요하므로 RDD는 증가한다.

② RDD의 영향요인
  ㉠ 가연물의 종류
  ㉡ 분사면적
  ㉢ 단위시간당 흡수 열량
  ㉣ 물입자의 크기

(2) ADD(Actual Delivered Density, 실제방사밀도) 설계 21회

① 실제방사밀도 = $\dfrac{\text{연소 표면에 도달한 방사량[LPM]}}{\text{가연물 상단의 표면적}[m^2]}$ 으로서 스프링클러 헤드로 방사되어 화재면에 도달한 물의 양을 말한다. ADD가 RDD보다 크면 화재 발생 시 초기 진화가 가능하다. 화세의 강도, 물입자의 크기, 물의 운동량, 열방출률이 ADD에 관련된 요소이다.

RTI	초기진화	RDD	ADD	헤드의 열감도
클수록	ADD > RDD	커진다.	작아진다.	늦어진다.
작을수록		작아진다.	커진다.	빨라진다.

② ADD의 영향요인
  ㉠ 개방된 헤드 수
  ㉡ 화염의 강도
  ㉢ 헤드의 구경
  ㉣ 분사 시 물입자의 크기
  ㉤ 헤드 상호 간의 거리
  ㉥ 살수분포 상태
  ㉦ 화재 시 대류열
  ㉧ 헤드와 가연물과의 거리

(3) RTI(Response Time Index, 반응시간지수) 12 회 출제

① 기류의 온도, 속도 및 작동시간에 대하여 스프링클러헤드의 반응을 예상하는 지수로서 RTI가 낮을수록 개방온도에 빨리 도달한다.

$$\text{RTI} = r\sqrt{u}$$

여기서, r : 감열체의 시간상수[초]
       u : 기류속도[m/s]

② RTI값(스프링클러헤드의 우수품질인증 기술기준 제11조)
  ㉠ 조기반응형(Fast Response) : 50 이하
  ㉡ 특수반응형(Special Response) : 50 초과 80 이하
  ㉢ 표준반응형(Standard Response) : 80 초과 350 이하

21 스프링클러설비 밸브의 점검

(1) 자동경보밸브(Alarm Valve, 알람밸브)

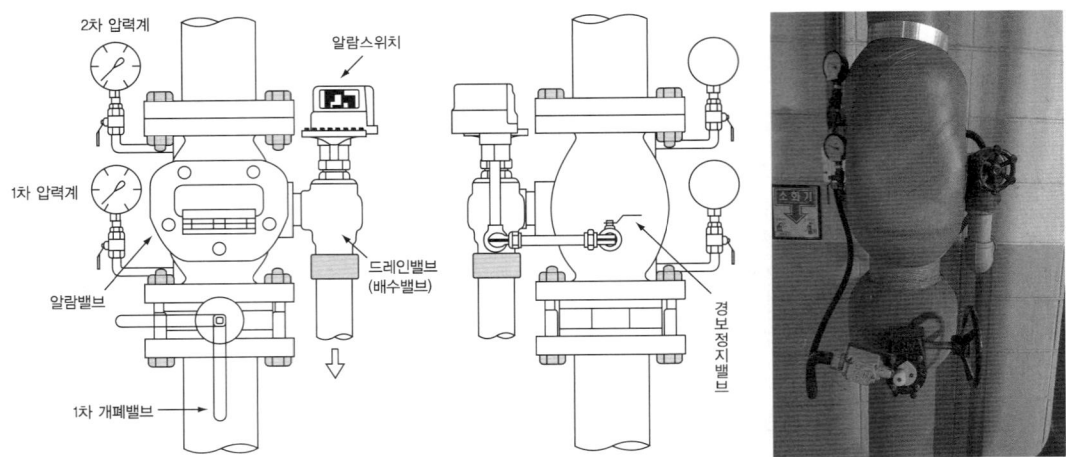

① 부품별 명칭 및 기능

명 칭	기 능	평상시 유지상태
1차 개폐밸브	알람밸브 1차 측을 개폐할 때 사용	OPEN
배수밸브	알람밸브 2차 측의 가압수를 배수할 때 사용	CLOSE
1차 압력계	알람밸브 1차 측의 가압수의 압력 표시	-
2차 압력계	알람밸브 2차 측의 가압수의 압력 표시	-
알람스위치(압력스위치)	알람밸브 동작 시 제어반에 밸브개방의 신호 송출	알람밸브 동작 시 작동
경보정지밸브	경보를 정지하고자 할 때 사용	OPEN

② 시험작동방법 03 회 출제

㉠ 알람밸브 1차 측에 설치된 시험밸브를 개방하여 클래퍼의 개폐상태와 관계없이 압력스위치에 수압을 가하는 방법(현재는 사용하지 않는 방법이다)

㉡ 알람밸브 2차 측에 설치된 배수밸브를 개방하여 2차 측 배관의 압력 강하로 인한 클래퍼의 개방에 따라 압력스위치에 수압을 가하는 방법

㉢ 알람밸브 2차 측 말단에 설치된 시험용 배관의 밸브를 개방하여 2차 측 배관의 압력강하로 인한 클래퍼의 개방에 따라 압력스위치에 수압을 가하는 방법

③ 시험작동 시 확인사항 03 회 출제

㉠ 해당 방호구역 내에 경보(사이렌) 발령

㉡ 수신반의 화재표시등 점등

㉢ 수신반의 경보(버저) 작동

㉣ 수신반의 알람밸브작동표시등 점등

㉤ 수신반의 펌프 기동표시등 점등

④ 작동점검방법
  ㉠ 세팅(Setting)
   ㉮ 1차 측의 개폐밸브를 잠근다.
   ㉯ 수신반의 경보스위치(ON, OFF)로 경보 여부를 결정한다.

   > 점검 시에는 경보스위치를 OFF 위치에 놓고 점검한다.

  ㉡ 작동(Operation)
   ㉮ 헤드 말단에 설치된 시험밸브를 열어 가압수를 배출시킨다.
   ㉯ 알람밸브의 2차 측의 압력 감소로 클래퍼가 개방된다.
   ㉰ 설정된 지연장치의 지연시간이 지난 후 압력스위치가 작동된다.
  ㉢ 복구(Rehabilitation)
   ㉮ 말단에 설치된 시험밸브를 잠근다(가압수에 의하여 클래퍼가 자동 복구되어 배관이 가압되면 펌프는 자동으로 정지된다).
   ㉯ 경보정지밸브를 잠근다(경보 정지).
   ㉰ 1차 측의 개폐밸브를 서서히 개방한다.
   ㉱ 1차, 2차 측 압력계의 압력이 정상으로 되면 경보정지밸브를 개방한다(경보가 울리지 않으면 정상복구된 것).
   ㉲ 제어반의 스위치를 정상상태로 복구한다.

(2) 건식 밸브(Dry Valve)

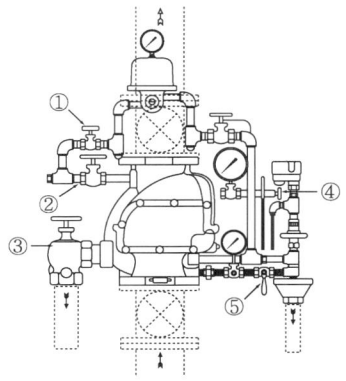

① 부품별 명칭 및 기능 04 회 출제

번호	명칭	기능	평상시 유지상태
①	공기차단밸브	2차 측의 배관을 Air로 완전히 충압될 때까지 Accelerator로 공기 유입을 차단시키는 밸브	OPEN
②	공기공급밸브	2차 측 배관 내로 공기를 공급하는 밸브	OPEN
③	배수밸브	2차 측의 가압수를 배수시키는 밸브	CLOSE
④	수위확인밸브	초기 Setting을 위하여 2차 측에 적정 수위를 채우고 그 여부를 확인하는 밸브	CLOSE
⑤	경보시험밸브	건식 밸브를 동작시키지 않고 압력스위치를 동작시켜 알람(경보)를 발하는지 확인하는 시험용 밸브	CLOSE

② **시험작동방법**
  ㉠ 건식 밸브 1차 측에 설치된 시험밸브를 개방하여 압력스위치 1차 측에 수압을 가하는 방법
  ㉡ 건식 밸브 2차 측 주배관의 제어밸브를 폐쇄한 후 클래퍼 2차 측의 압축공기를 배출하여 클래퍼의 개방에 따라 압력스위치에 수압을 가하는 방법
  ㉢ 건식 밸브 2차 측 주배관의 제어밸브를 개방한 상태에서 압축공기 공급밸브를 폐쇄하고 주배관의 압축공기를 배출하여 클래퍼의 개방에 따라 압력스위치에 수압을 가하는 방법

③ **시험작동 시 확인사항**
  ㉠ 수신반의 화재표시등 점등
  ㉡ 수신반의 건식밸브 작동표시등 점등
  ㉢ 수신반의 경보(버저) 작동
  ㉣ 해당 방호구역의 경보장치(사이렌) 작동
  ㉤ 수신반의 펌프 기동표시등 점등

④ **작동점검방법** 04 회 출제
  ㉠ 세팅(Setting)
    ㉮ 2차 측의 개폐밸브를 잠근다.
    ㉯ 수신반의 경보스위치(ON, OFF)로 경보 여부를 결정한다.

    > 점검 시에는 경보스위치를 OFF 위치에 놓고 점검한다.

  ㉡ 작동(Operation)
    ㉮ 수위확인 밸브를 열어 건식 밸브 내의 공기압력의 누설을 확인한다.
    ㉯ 액셀러레이터가 작동하여 중간 챔버로 급속하게 공기압을 흡입시켜 다이어프램을 밀어 올려 클래퍼를 개방시킨다.
    ㉰ 1차 측의 가압수가 수위확인밸브를 통하여 방출한다.
    ㉱ 시트링을 통하여 유입된 가압수가 압력스위치를 작동시킨다.

  ㉢ 작동 후 조치
    ㉮ 배 수
      ⓐ 경보정지 시 경보정지밸브 폐쇄
      ⓑ 1차 측 개폐밸브를 폐쇄하여 펌프를 정지시킨다.
      ⓒ 물 공급밸브를 폐쇄한다.
      ⓓ 배수밸브를 개방하여 2차 측의 가압수를 배수시킨다.
      ⓔ 볼드립밸브를 통하여 잔류된 물을 배수시킨다.
      ⓕ 수신반의 스위치를 복구시킨다.
    ㉯ 복구(Rehabilitation)
      ⓐ 복구레버를 돌려 클래퍼를 안착시킨다.

ⓑ 배수밸브, 누설시험밸브, 세팅밸브, 공기공급밸브, 물공급밸브, 경보시험밸브, 바이패스밸브가 닫혀 있는지 확인한다.
ⓒ 물공급밸브를 개방하여 중간 챔버에 가압수를 공급하여 Push Rod를 전진시켜 클래퍼의 락을 해제하면 클래퍼가 폐쇄, 고정된다.
ⓓ 공기압축기를 이용하여 2차 측에 유지해야 할 압력을 세팅한다.
ⓔ 공기공급밸브를 개방하여 2차 측 개폐밸브를 개방하여 압축공기를 공급하여 세팅압력까지 충전한다.
ⓕ 1차 측 개폐밸브를 서서히 개방한다.
ⓖ 2차 측 개폐밸브를 서서히 완전 개방한다.
ⓗ 수신반의 스위치 상태를 확인한다.
ⓘ 소화펌프를 자동으로 전환한다.

⑤ **경보 작동시험방법**
㉠ 경보시험밸브 개방하면 압력스위치가 작동하면서 경보를 발령한다.
㉡ 경보를 확인한 후 경보시험밸브를 잠근다.
㉢ 수신반의 스위치를 복구시킨다.

(3) 준비작동식밸브(Pre-action Valve) 02 회 출제

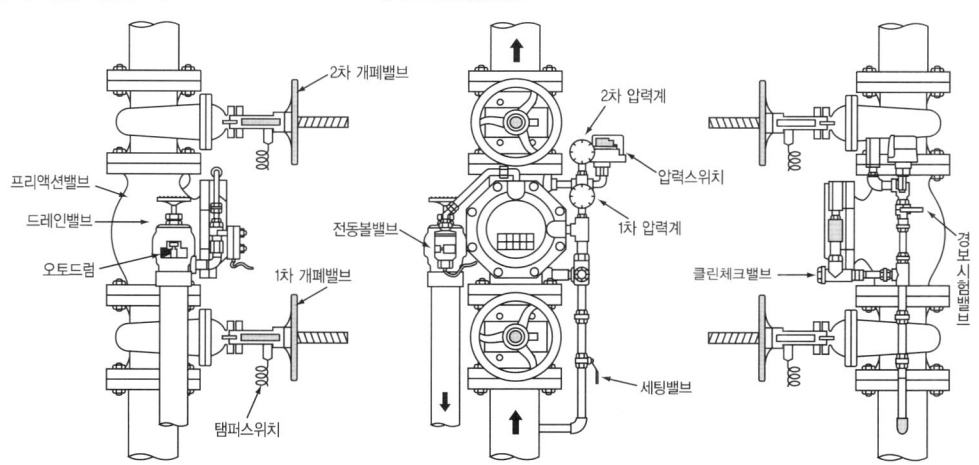

① **부품별 명칭 및 기능**

명 칭	기 능	평상시 유지상태
세팅밸브	Setting 시 개방하여 중간챔버에 급수하기 위한 밸브	CLOSE
탬퍼스위치	밸브의 개폐 상태를 제어반에서 감시할 수 있도록 한 스위치	-
드레인밸브	2차 측의 가압수를 배수하는 밸브	CLOSE
1차 개폐밸브	준비작동식밸브 1차 측을 개폐 시 사용하는 밸브	OPEN
2차 개폐밸브	준비작동식밸브 2차 측을 개폐 시 사용하는 밸브	OPEN
1차 압력계	준비작동식밸브 1차 측의 압력 표시	-
2차 압력계	준비작동식밸브 2차 측의 압력 표시	-
압력스위치	준비작동식밸브 개방 시 압력수에 의하여 동작되면 제어반에 밸브개방의 신호를 보내는 스위치	준비작동식밸브 동작 시 작동
경보시험밸브	준비작동식밸브를 동작하지 않고 압력스위치를 동작시켜 경보발령 여부를 시험하는 밸브	CLOSE
전자밸브(Solenoid Valve)	준비작동식밸브 작동 시 전자밸브가 작동	CLOSE

② **프리액션밸브의 작동방법** 04 06 07 19 회 출제
  ㉠ 해당 방호구역의 감지기 A, B의 2개 회로 작동
  ㉡ 슈퍼비조리패널(SVP)의 수동조작스위치 작동
  ㉢ 수신반의 프리액션밸브 수동기동스위치 작동
  ㉣ 수신반의 회로선택스위치 및 동작시험스위치로 2회로 작동
  ㉤ 프리액션밸브에 부착된 수동기동밸브 개방

[SVP]

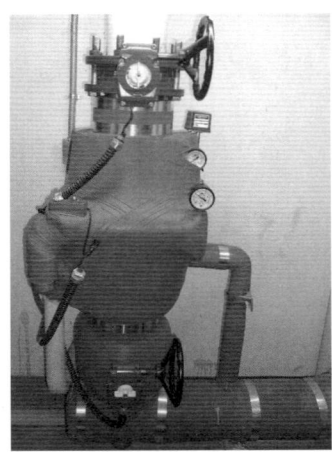
[프리액션밸브]

> **Plus one**
>
> **슈퍼비조리패널(SVP)**
> • 밸브개방 : 준비작동식밸브(압력스위치) 작동
> • 댐퍼(밸브)주의 : 개폐밸브가 폐쇄된 상태

③ 시험작동 시 확인사항
  ㉠ 수신반의 화재표시등 점등
  ㉡ 수신반의 해당 방호구역의 감지기 작동표시등 점등
  ㉢ 수신반의 해당 방호구역의 준비작동식밸브 개방표시등 점등
  ㉣ 수신반의 경보(버저) 작동
  ㉤ 해당 방호구역의 경보장치(사이렌) 작동
  ㉥ 수신반의 펌프 기동표시등 점등

④ 작동점검방법
  ㉠ 세팅(Setting)
    ㉮ 2차 개폐밸브를 폐쇄하고 배수밸브를 개방한다.

> 준비작동식밸브 작동 시 2차 측으로 가압수를 통과하지 않고 배수밸브를 통하여 배수하기 위하여

  ㉯ 수신반의 경보스위치(ON, OFF)로 경보 여부를 결정한다.

> 점검 시에는 경보스위치를 OFF 위치에 놓고 점검한다.

  ㉡ 작동(Operation)
    ㉮ 감지기 1개 회로를 작동시킨다(경보발령).
    ㉯ 감지기 2개 회로를 작동시키면 전자밸브가 작동하며 개방된다.
    ㉰ 중간챔버의 압력저하로 Clapper가 개방된다.
    ㉱ 2차 측 개폐밸브까지 가압수로 가압한다.
    ㉲ 유입된 가압수가 압력스위치를 작동시킨다.

> 전자밸브(전동볼밸브)는 한 번 작동하면 수신기에서는 복구되지 않고 현장에서 전자밸브의 푸시버튼을 누르고 전자밸브 손잡이를 돌려서 복구한다.

  ㉢ 작동 후 조치 06 07 19 회 출제
    ㉮ 배 수
      ⓐ 1차 측 개폐밸브를 폐쇄하여 펌프를 정지시킨다.
      ⓑ 개방된 배수밸브를 통하여 2차 측의 물을 배수시킨다.
      ⓒ 제어반의 스위치를 복구시킨다.
    ㉯ 복구(Rehabilitation)
      ⓐ 배수밸브를 잠근다.
      ⓑ 전자밸브를 수동으로 복구시킨다.
      ⓒ 세팅밸브를 개방하여 중간 챔버로 가압수를 공급하면 Clapper가 자동복구된다(1차 압력계의 압력확인).
      ⓓ 1차 측 개폐밸브를 서서히 개방한다(2차 측의 압력계의 압력이 0이면 클래퍼가 복구된 것).

ⓔ 세팅밸브를 잠근다.
ⓕ 수신반의 스위치 상태를 확인한다.
ⓖ 2차 측 개폐밸브를 서서히 개방한다.

⑤ **경보장치 작동시험방법**
㉠ 2차 측의 개폐밸브를 잠근다.
㉡ 경보시험밸브를 개방시켜 압력스위치를 작동시키고 경보장치를 작동시킨다.
㉢ 경보를 확인한 후 경보시험밸브를 잠근다.
㉣ 경보 시험 시 넘어간 물을 트립체크밸브를 수동으로 눌러 배수시킨다.
㉤ 수신반의 복구스위치를 눌러 복구시킨다.
㉥ 2차 측의 개폐밸브를 서서히 개방시킨다.

⑥ **PORV(Pressure Operated Relief Valve)** : 준비작동식밸브의 기동밸브가 수동 및 자동으로 기동 되었다가 폐쇄되더라도 밸브 본체 중간챔버의 물을 계속 배수시킴으로써 한 번 개방된 준비작동식 밸브는 계속 개방상태를 유지하도록 하는 장치

> **Plus one**
> **준비작동식밸브의 오작동 원인** 04 회 출제
> • 해당 방호구역에 설치된 감지기의 오작동
> • 감시제어반에서 동작시험스위치 작동 시 연동정지스위치를 동작하지 않은 경우
> • 슈퍼비조리패널에서 동작시험 시 자동복구를 하지 않고 동작한 경우
> • 감시제어반에서 동작시험 시 자동복구를 하지 않고 동작한 경우
> • 솔레노이드밸브의 누수 또는 고장
> • 수동개방밸브의 누수 또는 사람이 오작동

(4) 일제개방밸브(Deluge Valve)

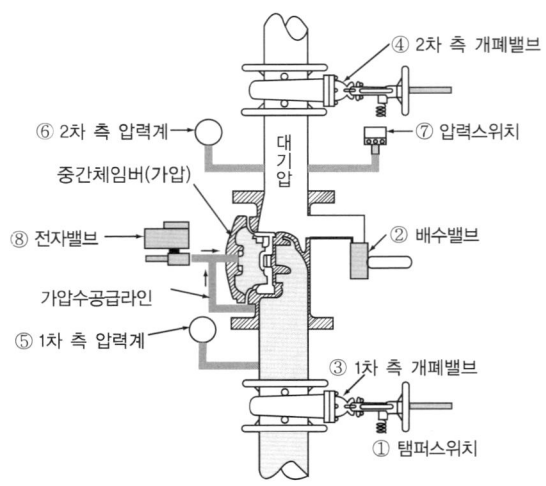

① **부품별 명칭 및 기능**

명 칭	기 능	평상시 유지상태
① 탬퍼스위치	밸브의 개폐 상태를 제어반에서 감시할 수 있도록 한 스위치	-
② 배수밸브	2차 측의 가압수를 배수하는 밸브	CLOSE
③ 1차 개폐밸브	일제개방밸브 1차 측을 개폐 시 사용하는 밸브	OPEN
④ 2차 개폐밸브	일제개방밸브 2차 측을 개폐 시 사용하는 밸브	OPEN
⑤ 1차 압력계	일제개방밸브 1차 측의 압력 표시	-
⑥ 2차 압력계	일제개방밸브 2차 측의 압력 표시	-
⑦ 압력스위치	일제개방밸브 개방 시 압력수에 의하여 동작되면 제어반에 밸브개방의 신호를 보내는 스위치	일제개방밸브 동작 시 작동
⑧ 전자밸브(Solenoid Valve)	일제개방밸브 작동 시 전자밸브가 작동	CLOSE

② **일제개방밸브의 작동방법**
  ㉠ 해당 방수구역의 감지기 A, B의 2개 회로 작동
  ㉡ 수동조작함의 수동조작스위치를 눌러 작동
  ㉢ 수신반의 일제개방밸브 수동기동스위치 작동
  ㉣ 수신반의 회로선택스위치 및 동작시험스위치로 2개 회로 작동
  ㉤ 일제개방밸브에 부착된 수동기동밸브 개방

③ **시험작동 시 확인사항**
  ㉠ 수신반의 화재표시등 점등
  ㉡ 수신반의 해당 방수구역의 감지기 작동표시등 점등
  ㉢ 수신반의 해당 방수구역의 일제개방밸브 개방표시등 점등
  ㉣ 수신반의 경보(버저) 작동
  ㉤ 해당 방수구역의 경보장치(사이렌) 작동
  ㉥ 수신반의 펌프 기동표시등 점등

④ **작동점검방법**
  ㉠ 세팅(Setting)
    ㉮ 2차 개폐밸브를 폐쇄하고 배수밸브를 개방한다.

> 일제개방밸브 작동 시 2차 측으로 가압수를 통과하지 않고 배수밸브를 통하여 배수하기 위하여

  ㉯ 수신반의 경보스위치(ON, OFF)로 경보 여부를 결정한다.

> 점검 시에는 경보스위치를 OFF 위치에 놓고 점검한다.

  ㉡ 작동(Operation)
    ㉮ 감지기 1개 회로(연기감지기)를 작동시킨다(경보발령).
    ㉯ 감지기 2개 회로(열감지기)를 작동시키면 전자밸브가 작동하며 개방된다.
    ㉰ 중간챔버의 압력저하로 일제개방밸브가 개방된다.

㉑ 유입된 가압수가 압력스위치를 작동시킨다.
　㉢ **복구(Rehabilitation)**
　　　㉮ 배수밸브를 잠근다.
　　　㉯ 전자밸브를 수동으로 복구시킨다.
　　　㉰ 1차 측 개폐밸브를 서서히 개방하면 중간챔버로 가압수가 자동 공급된다.
　　　㉱ 중간 챔버로 유입된 가압수에 의해 디스크가 자동 복구되어 일제개방밸브는 자동으로 세팅된다.
　　　㉲ 2차 측의 배수밸브로 완전히 배수 후 다시 잠근다.
　　　㉳ 수신반의 스위치 상태를 확인한다.
　　　㉴ 소화펌프를 자동으로 전환시킨다(수동일 때).
　　　㉵ 2차 측 개폐밸브를 서서히 개방한다.

22 수계 소화설비 펌프의 문제점

(1) 충압펌프가 5분마다 기동 및 정지를 반복하는 원인 **09 21 회 출제**
　① 펌프 토출 측의 체크밸브 2차 측 배관이 누수될 때
　② 압력챔버의 배수밸브의 개방 또는 누수될 때
　③ 펌프 토출 측의 체크밸브의 미세한 개방으로 역류될 때
　④ 송수구의 체크밸브가 미세한 개방으로 역류될 때
　⑤ 말단시험밸브의 미세한 개방 또는 누수될 때
　⑥ 자동경보밸브의 배수밸브가 미세한 개방 또는 누수될 때

(2) 방수시험 시 펌프가 기동되지 않는 원인 **09 회 출제**
　① 펌프가 고장일 때
　② 상용전원의 정전 및 차단되었을 때
　③ 기동용 수압개폐장치에 설치된 압력스위치가 고장일 때
　④ 기동용 수압개폐장치에 연결된 개폐밸브가 폐쇄되었을 때
　⑤ 동력제어반의 기동스위치가 정지위치에 있을 때
　⑥ 감시제어반에서 기동스위치가 정지위치에 있을 때
　⑦ 감시제어반의 고장 또는 예비전원의 고장일 때

(3) 펌프기동 시 물이 송수되지 않는 원인
　① 물탱크(수조)에 물이 없을 때
　② 흡입 측의 스트레이너에 이물질이 끼어 고장났을 때

③ 흡입 측 배관에 공기가 차 있을 때(공동현상)
④ 흡입 측 배관에 설치된 개폐밸브가 폐쇄되었을 때
⑤ 모터의 회전방향이 반대로 연결되어 있을 때
⑥ 동력제어반의 기동스위치가 정지위치에 있을 때
⑦ 감시제어반에서 기동스위치가 정지위치에 있을 때

(4) 배관 내의 수압 저하 시 주펌프가 먼저 기동하는 경우
① 압력스위치 설정이 잘못되었을 때
② 충압펌프의 선로가 단선일 때

23 스프링클러설비의 점검

(1) 말단시험밸브를 개방했는데 헤드에 물이 방수되지 않는 원인
① 수조(물탱크)에 물이 없을 때
② 펌프가 고장 났을 때
③ 풋밸브가 막혔을 때
④ 흡입 측의 스트레이너에 이물질이 막혀 있을 때
⑤ 흡입 측 배관에 설치된 개폐밸브가 폐쇄되어 있을 때
⑥ 흡입 측 배관에 공기가 차 있을 때(공동현상)
⑦ 압력챔버의 압력스위치가 고장났을 때
⑧ 수직배관(입상관)의 주밸브가 폐쇄되었을 때
⑨ 자동경보밸브의 1차 측의 개폐밸브가 폐쇄되었을 때
⑩ 배관 내의 이물질로 헤드가 막혔을 때
⑪ 제어반의 펌프의 스위치가 수동 위치에 있을 때

(2) 말단시험밸브를 개방했는데 경보가 울리지 않는 원인
① 음향장치가 불량일 때
② 압력스위치의 접점이 나쁠 때
③ 음향장치나 압력스위치가 단선일 때
④ 경보정지밸브가 막혀 있을 때
⑤ 전원차단, 퓨즈단선 등 수신기의 이상현상이 발생할 때
⑥ 전압이 저전압일 때

(3) 비화재 시에 오보가 수시로 울리는 원인(습식 스프링클러설비)
① 주펌프가 수시로 기동할 때
② 충압펌프가 수시로 기동할 때
③ 알람밸브의 부착된 배수밸브가 완전히 잠겨 있지 않을 때
④ 알람밸브의 클래퍼와 시트 사이에 이물질이 끼여 있을 때
⑤ 알람밸브의 압력스위치가 불량일 때

(4) 비화재 시에 건식 밸브가 작동된 원인
① 2차 측 배관의 압축공기가 샐 때
② 2차 측의 압력이 1차 측의 압력보다 현저히 낮을 때
③ 수위조절밸브가 개방되었을 때
④ 말단시험밸브가 완전히 닫히지 않을 때
⑤ 청소용 앵글밸브가 열려 있을 때

(5) 비화재 시에 준비작동식밸브가 작동된 원인(오동작의 원인)
① 해당 방호구역의 감지기가 오동작 되었을 때
② 수동조작함의 기동스위치를 눌렀을 때
③ 감시제어반의 수동기동스위치를 동작하였을 때
④ 감시제어반에서 연동정지 않고 동작시험 도중 작동되었을 때
⑤ 준비작동식밸브의 수동기동밸브가 개방되었을 때
⑥ 다이어프램이 손상되었을 때

24 스프링클러설비의 점검표(소방시설 자체점검사항 등에 관한 고시 별지 4)

번호	점검항목	점검결과
3-A. 수원		
3-A-001	○ 주된 수원의 유효수량 적정 여부(겸용설비 포함)	
3-A-002	○ 보조수원(옥상)의 유효수량 적정 여부	
3-B. 수조		
3-B-001	● 동결방지조치 상태 적정 여부	
3-B-002	○ 수위계 설치 또는 수위 확인 가능 여부	
3-B-003	● 수조 외측 고정사다리 설치 여부(바닥보다 낮은 경우 제외)	
3-B-004	● 실내설치 시 조명설비 설치 여부	
3-B-005	○ "스프링클러설비용 수조" 표지설치 여부 및 설치 상태	
3-B-006	● 다른 소화설비와 겸용 시 겸용설비의 이름 표시한 표지설치 여부	
3-B-007	● 수조-수직배관 접속부분 "스프링클러설비용 배관" 표지설치 여부	

번 호	점검항목	점검결과
3-C. 가압송수장치 08 회 출제		
	[펌프방식]	
3-C-001	● 동결방지조치 상태 적정 여부	
3-C-002	○ 성능시험배관을 통한 펌프 성능시험 적정 여부	
3-C-003	● 다른 소화설비와 겸용인 경우 펌프 성능 확보 가능 여부	
3-C-004	○ 펌프 흡입 측 연성계·진공계 및 토출 측 압력계 등 부속장치의 변형·손상 유무	
3-C-005	● 기동장치 적정 설치 및 기동압력 설정 적정 여부	
3-C-006	● 물올림장치 설치 적정(전용 여부, 유효수량, 배관구경, 자동급수) 여부	
3-C-007	● 충압펌프 설치 적정(토출압력, 정격토출량) 여부	
3-C-008	● 내연기관 방식의 펌프 설치 적정[정상기동(기동장치 및 제어반) 여부, 축전지 상태, 연료량] 여부	
3-C-009	● 가압송수장치의 "스프링클러펌프" 표지설치 여부 또는 다른 소화설비와 겸용 시 겸용설비 이름 표시 부착 여부	
	[고가수조방식]	
3-C-021	○ 수위계·배수관·급수관·오버플로관·맨홀 등 부속장치의 변형·손상 유무	
	[압력수조방식]	
3-C-031	● 압력수조의 압력 적정 여부	
3-C-032	○ 수위계·급수관·급기관·압력계·안전장치·공기압축기 등 부속장치의 변형·손상 유무	
	[가압수조방식]	
3-C-041	● 가압수조 및 가압원 설치장소의 방화구획 여부	
3-C-042	○ 수위계·급수관·배수관·급기관·압력계 등 부속장치의 변형·손상 유무	
3-D. 폐쇄형 스프링클러설비 방호구역 및 유수검지장치		
3-D-001	● 방호구역 적정 여부	
3-D-002	● 유수검지장치 설치 적정(수량, 접근·점검 편의성, 높이) 여부	
3-D-003	○ 유수검지장치실 설치 적정(실내 또는 구획, 출입문 크기, 표지) 여부	
3-D-004	● 자연낙차에 의한 유수압력과 유수검지장치의 유수검지압력 적정 여부	
3-D-005	● 조기반응형 헤드 적합 유수검지장치 설치 여부	
3-E. 개방형 스프링클러설비 방수구역 및 일제개방밸브		
3-E-001	● 방수구역 적정 여부	
3-E-002	● 방수구역별 일제개방밸브 설치 여부	
3-E-003	● 하나의 방수구역을 담당하는 헤드 개수 적정 여부	
3-E-004	○ 일제개방밸브실 설치 적정[실내(구획), 높이, 출입문, 표지] 여부	
3-F. 배 관 24 회 출제		
3-F-001	● 펌프의 흡입 측 배관 여과장치의 상태 확인	
3-F-002	● 성능시험배관 설치(개폐밸브, 유량조절밸브, 유량측정장치) 적정 여부	
3-F-003	● 순환배관 설치(설치위치·배관구경, 릴리프밸브 개방압력) 적정 여부	
3-F-004	● 동결방지조치 상태 적정 여부	
3-F-005	○ 급수배관 개폐밸브 설치(개폐표시형, 흡입 측 버터플라이 제외) 및 작동표시스위치 적정(제어반 표시 및 경보, 스위치 동작 및 도통시험) 여부	
3-F-006	○ 준비작동식 유수검지장치 및 일제개방밸브 2차 측 배관 부대설비 설치 적정(개폐표시형 밸브, 수직배수배관, 개폐밸브, 자동배수장치, 압력스위치 설치 및 감시제어반 개방 확인) 여부	
3-F-007	○ 유수검지장치 시험장치 설치 적정(설치위치, 배관구경, 개폐밸브 및 개방형 헤드, 물받이 통 및 배수관) 여부	
3-F-008	● 주차장에 설치된 스프링클러 방식 적정(습식 외의 방식) 여부	
3-F-009	● 다른 설비의 배관과의 구분 상태 적정 여부	

번호	점검항목	점검결과
3-G. 음향장치 및 기동장치		
3-G-001	○ 유수검지에 따른 음향장치 작동 가능 여부(습식·건식의 경우)	
3-G-002	○ 감지기 작동에 따라 음향장치 작동 여부(준비작동식 및 일제개방밸브의 경우)	
3-G-003	● 음향장치 설치 담당구역 및 수평거리 적정 여부	
3-G-004	● 주 음향장치 수신기 내부 또는 직근 설치 여부	
3-G-005	● 우선경보방식에 따른 경보 적정 여부	
3-G-006	○ 음향장치(경종 등) 변형·손상 확인 및 정상 작동(음량 포함) 여부	
3-G-011 3-G-012	[펌프 작동] 25 회 출제 ○ 유수검지장치의 발신이나 기동용 수압개폐장치의 작동에 따른 펌프 기동 확인(습식·건식의 경우) ○ 화재감지기의 감지나 기동용 수압개폐장치의 작동에 따른 펌프 기동 확인(준비작동식 및 일제개방밸브의 경우)	
3-G-021 3-G-022	[준비작동식 유수검지장치 또는 일제개방밸브 작동] ○ 담당구역 내 화재감지기 동작(수동 기동 포함)에 따라 개방 및 작동 여부 ○ 수동조작함(설치높이, 표시등) 설치 적정 여부	
3-H. 헤 드		
3-H-001	○ 헤드의 변형·손상 유무	
3-H-002	○ 헤드 설치 위치·장소·상태(고정) 적정 여부	
3-H-003	○ 헤드 살수장애 여부	
3-H-004	● 무대부 또는 연소우려 있는 개구부 개방형 헤드 설치 여부	
3-H-005	● 조기반응형 헤드 설치 여부(의무 설치 장소의 경우)	
3-H-006	● 경사진 천장의 경우 스프링클러헤드의 배치상태	
3-H-007	● 연소할 우려가 있는 개구부 헤드 설치 적정 여부	
3-H-008	● 습식·부압식 스프링클러 외의 설비 상향식 헤드 설치 여부	
3-H-009	● 측벽형 헤드 설치 적정 여부	
3-H-010	● 감열부에 영향을 받을 우려가 있는 헤드의 차폐판 설치 여부	
3-I. 송수구		
3-I-001	○ 설치장소 적정 여부	
3-I-002	● 연결배관에 개폐밸브를 설치한 경우 개폐상태 확인 및 조작가능 여부	
3-I-003	● 송수구 설치 높이 및 구경 적정 여부	
3-I-004	○ 송수압력범위 표시 표지 설치 여부	
3-I-005	● 송수구 설치 개수 적정 여부(폐쇄형 스프링클러설비의 경우)	
3-I-006	● 자동배수밸브(또는 배수공)·체크밸브 설치 여부 및 설치 상태 적정 여부	
3-I-007	○ 송수구 마개 설치 여부	
3-J. 전 원		
3-J-001	● 대상물 수전방식에 따른 상용전원 적정 여부	
3-J-002	● 비상전원 설치장소 적정 및 관리 여부	
3-J-003	○ 자가발전설비인 경우 연료 적정량 보유 여부	
3-J-004	○ 자가발전설비인 경우 전기사업법에 따른 정기점검 결과 확인	

번 호	점검항목	점검결과
3-K. 제어반		
3-K-001	● 겸용 감시·동력 제어반 성능 적정 여부(겸용으로 설치된 경우)	
3-K-011	[감시제어반] ○ 펌프 작동 여부 확인 표시등 및 음향경보장치 정상작동 여부	
3-K-012	○ 펌프별 자동·수동 전환스위치 정상작동 여부	
3-K-013	● 펌프별 수동기동 및 수동중단 기능 정상작동 여부	
3-K-014	● 상용전원 및 비상전원 공급 확인 가능 여부(비상전원이 있는 경우)	
3-K-015	● 수조·물올림수조 저수위 표시등 및 음향경보장치 정상작동 여부	
3-K-016	○ 각 확인회로별 도통시험 및 작동시험 정상작동 여부	
3-K-017	○ 예비전원 확보 유무 및 시험 적합 여부	
3-K-018	● 감시제어반 전용실 적정 설치 및 관리 여부	
3-K-019	● 기계·기구 또는 시설 등 제어 및 감시설비 외 설치 여부	
3-K-020	○ 유수검지장치·일제개방밸브 작동 시 표시 및 경보 정상작동 여부	
3-K-021	○ 일제개방밸브 수동조작스위치 설치 여부	
3-K-022	● 일제개방밸브 사용 설비 화재감지기 회로별 화재표시 적정 여부	
3-K-023	● 감시제어반과 수신기 간 상호 연동 여부(별도로 설치된 경우)	
3-K-031	[동력제어반] ○ 앞면은 적색으로 하고, "스프링클러설비용 동력제어반" 표지 설치 여부	
3-K-041	[발전기제어반] ● 소방전원보존형발전기는 이를 식별할 수 있는 표지 설치 여부	
3-L. 헤드 설치제외		
3-L-001	● 헤드 설치 제외 적정 여부(설치 제외된 경우)	
3-L-002	● 드렌처설비 설치 적정 여부	

※ 펌프성능시험(펌프 명판 및 설계치 참조)

구 분		체절운전	정격운전 (100[%])	정격유량의 150[%] 운전	적정 여부	○설정압력 : ○주펌프 기동 : [MPa] 정지 : [MPa] ○예비펌프 기동 : [MPa] 정지 : [MPa] ○충압펌프 기동 : [MPa] 정지 : [MPa]
토출량 [L/min]	주				1. 체절운전 시 토출압은 정격토출압의 140[%] 이하일 것 ( ) 2. 정격운전 시 토출량과 토출압이 규정치 이상일 것 ( ) 3. 정격토출량의 150[%]에서 토출압이 정격토출압의 65[%] 이상일 것 ( )	
	예 비					
토출압 [MPa]	주					
	예 비					

※ 릴리프밸브 작동압력 :   [MPa]

비 고

제5절 간이스프링클러설비(NFTC 103A, 소방시설법 영 별표 4)

[간이스프링클러설비를 설치해야 하는 특정소방대상물] 설계 20회

1) 공동주택 중 연립주택 및 다세대주택(연립주택 및 다세대주택에 설치하는 간이스프링클러설비는 화재안전기준에 따른 주택전용 간이스프링클러설비를 설치한다)
2) 근린생활시설 중 다음의 어느 하나에 해당하는 것
   가) 근린생활시설로 사용하는 부분의 바닥면적 합계가 1,000[m²] 이상인 것은 모든 층
   나) 의원, 치과의원 및 한의원으로서 입원실 또는 인공신장실이 있는 시설
   다) 조산원 및 산후조리원으로서 연면적 600[m²] 미만인 시설
3) 의료시설 중 다음의 어느 하나에 해당하는 시설
   가) 종합병원, 병원, 치과병원, 한방병원 및 요양병원(의료재활시설은 제외한다)으로 사용되는 바닥면적의 합계가 600[m²] 미만인 시설
   나) 정신의료기관 또는 의료재활시설로 사용되는 바닥면적의 합계가 300[m²] 이상 600[m²] 미만인 시설
   다) 정신의료기관 또는 의료재활시설로 사용되는 바닥면적의 합계가 300[m²] 미만이고, 창살(철재ㆍ플라스틱 또는 목재 등으로 사람의 탈출 등을 막기 위하여 설치한 것을 말하며, 화재 시 자동으로 열리는 구조로 되어 있는 창살은 제외한다)이 설치된 시설
4) 교육연구시설 내에 합숙소로서 연면적 100[m²] 이상인 경우에는 모든 층
5) 노유자시설로서 다음의 어느 하나에 해당하는 시설
   가) 제7조 제1항 제7호 각 목에 따른 시설(같은 호 가목 2) 및 같은 호 나목부터 바목까지의 시설 중 단독주택 또는 공동주택에 설치되는 시설은 제외하며, 이하 "노유자 생활시설"이라 한다)
   나) 가)에 해당하지 않는 노유자시설로 해당 시설로 사용하는 바닥면적의 합계가 300[m²] 이상 600[m²] 미만인 시설
   다) 가)에 해당하지 않는 노유자시설로 해당 시설로 사용하는 바닥면적의 합계가 300[m²] 미만이고, 창살(철재ㆍ플라스틱 또는 목재 등으로 사람의 탈출 등을 막기 위하여 설치한 것을 말하며, 화재 시 자동으로 열리는 구조로 되어 있는 창살은 제외한다)이 설치된 시설
6) 숙박시설로 사용되는 바닥면적의 합계가 300[m²] 이상 600[m²] 미만인 시설
7) 건물을 임차하여 출입국관리법 제52조 제2항에 따른 보호시설로 사용하는 부분
8) 복합건축물(하나의 건축물에 근린생활시설, 판매시설, 업무시설, 숙박시설 또는 위락시설의 용도와 주택의 용도로 함께 사용되는 것만 해당한다)로서 연면적 1,000[m²] 이상인 것은 모든 층

1 수 원

① 상수도 직결형의 경우에는 수돗물

② 수조("캐비닛형"을 포함한다)를 사용하고자 하는 경우에는 적어도 1개 이상의 자동급수장치를 갖추어야 하며, 2개의 간이헤드에서 최소 **10분[영 별표 4 제1호 마목 2) 가) 또는 6), 8)에 해당하는 경우에는 5개의 간이헤드에서 최소 20분]** 이상 방수할 수 있는 양 이상을 수조에 확보할 것

> **Plus one**
>
> 소방시설법 영 별표 4 제1호 마목
> 2) 가) 근린생활시설로 사용하는 부분의 바닥면적 합계가 1,000[m²] 이상인 것은 모든 층
> 6) 숙박시설로 사용되는 바닥면적의 합계가 300[m²] 이상 600[m²] 미만인 시설
> 8) 복합건축물(하나의 건축물에 근린생활시설, 판매시설, 업무시설, 숙박시설 또는 위락시설의 용도와 주택의 용도로 함께 사용되는 것만 해당한다)로서 연면적이 1,000[m²] 이상인 것은 모든 층

2 간이스프링클러설비의 수원을 소방설비의 전용수조로 하지 않아도 되는 경우

① 간이스프링클러설비용 펌프의 풋밸브 또는 흡수배관의 흡수구(수직회전축 펌프의 흡수구를 포함한다)를 다른 설비(소화용 설비 외의 것을 말한다)의 풋밸브 또는 흡수구보다 낮은 위치에 설치한 때
② 고가수조로부터 소화설비의 수직배관에 물을 공급하는 급수구를 다른 설비의 급수구보다 낮은 위치에 설치한 때

3 간이스프링클러설비용 수조의 설치기준

① 점검에 편리한 곳에 설치할 것
② 동결방지조치를 하거나 동결의 우려가 없는 장소에 설치할 것
③ 수조 외측에 수위계를 설치할 것. 다만, 구조상 불가피한 경우에는 수조의 맨홀 등을 통하여 수조 안의 물의 양을 쉽게 확인할 수 있도록 해야 한다.
④ 수조의 상단이 바닥보다 높은 때에는 수조 외측에 고정식 사다리를 설치할 것
⑤ 수조가 실내에 설치된 때에는 그 실내에 조명설비를 설치할 것
⑥ 수조의 밑부분에는 청소용 배수밸브 또는 배수관을 설치할 것
⑦ 수조 외측의 보기 쉬운 곳에 "간이스프링클러설비용 수조"라고 표시한 표지를 할 것. 이 경우 그 수조를 다른 설비와 겸용하는 때에는 그 겸용되는 설비의 이름을 표시한 표지를 함께 해야 한다.
⑧ 소화설비용 펌프의 흡수배관 또는 소화설비의 수직배관과 수조의 접속 부분에는 "간이스프링클러설비용 배관"이라고 표시한 표지를 할 것. 다만, 수조와 가까운 장소에 소화설비용 펌프가 설치되고 해당 펌프에 따라 표지를 설치한 때에는 그렇지 않다.

4 가압송수장치

① 방수압력(상수도 직결형의 상수도압력)은 가장 먼 가지배관에서 2개[영 별표 4 제1호 마목 2) 가) 또는 6)과 8)에 해당하는 경우에는 5개]의 간이헤드를 동시에 개방할 경우 각각의 간이헤드 선단(끝부분) 방수압력은 0.1[MPa] 이상, 방수량은 50[L/min] 이상이어야 한다. 다만, **주차장**에 **표준반응형 스프링클러헤드**를 사용할 경우 헤드 1개의 방수량은 **80[L/min] 이상**이어야 한다.
② 전동기 또는 내연기관에 따른 펌프를 이용하는 가압송수장치의 설치기준
　㉠ 쉽게 접근할 수 있고 점검하기에 충분한 공간이 있는 장소로서 화재 및 침수 등의 재해로 인한 피해를 받을 우려가 없는 곳에 설치할 것
　㉡ 동결방지조치를 하거나 동결의 우려가 없는 장소에 설치할 것
　㉢ 펌프는 전용으로 할 것. 다만, 다른 소화설비와 겸용하는 경우 각각의 소화설비의 성능에 지장이 없을 때에는 그렇지 않다.

② 펌프의 토출 측에는 압력계를 체크밸브 이전에 펌프 토출 측 플랜지에서 가까운 곳에 설치하고, 흡입 측에는 연성계 또는 진공계를 설치할 것. 다만, 수원의 수위가 펌프의 위치보다 높거나 수직회전축 펌프의 경우에는 연성계 또는 진공계를 설치하지 않을 수 있다.
◎ 펌프의 성능은 체절운전 시 정격토출압력의 140[%]를 초과하지 않고, 정격토출량의 150[%]로 운전 시 정격토출압력의 65[%] 이상이 되어야 하며, 펌프의 성능을 시험할 수 있는 성능시험배관을 설치할 것. 다만, 충압펌프의 경우에는 그렇지 않다.
ⓗ 가압송수장치에는 체절운전 시 수온의 상승을 방지하기 위한 순환배관을 설치할 것
ⓢ 기동용 수압개폐장치를 기동장치로 사용할 경우에는 다음 기준에 따른 충압펌프를 설치할 것. 다만, 캐비닛형 간이스프링클러설비의 경우에는 그렇지 않다.
㉮ 펌프의 토출압력은 그 설비의 최고위 살수장치의 자연압보다 적어도 0.2[MPa]이 더 크도록 하거나 가압송수장치의 정격토출압력과 같게 할 것
㉯ 펌프의 정격토출량은 정상적인 누설량보다 적어서는 안되며 간이스프링클러설비가 자동적으로 작동할 수 있도록 충분한 토출량을 유지할 것
ⓞ 수원의 수위가 펌프보다 낮은 위치에 있는 가압송수장치에는 다음의 기준에 따른 물올림장치를 설치할 것. 다만, 캐비닛형 간이스프링클러설비의 경우에는 그렇지 않다.
㉮ 물올림장치에는 전용의 수조를 설치할 것
㉯ 수조의 유효수량은 100[L] 이상으로 하되, 구경 15[mm] 이상의 급수배관에 따라 해당 수조에 물이 계속 보급되도록 할 것
ⓩ 내연기관을 사용하는 경우에는 제어반에 따라 내연기관의 자동기동 및 수동기동이 가능하고, 상시 충전되어 있는 축전지설비를 갖출 것
ⓩ 가압송수장치에는 "간이스프링클러 소화펌프"라고 표시한 표지를 할 것. 이 경우 그 가압송수장치를 다른 설비와 겸용하는 때에는 그 겸용되는 설비의 이름을 함께 표시한 표지를 해야 한다.
③ **상수도 직결형 및 캐비닛형 간이스프링클러설비 가압송수장치를 설치할 수 없는 특정소방대상물** 설계 20회
㉠ 근린생활시설로 사용하는 부분의 바닥면적의 합계가 1,000[m²] 이상인 것은 모든 층
㉡ 숙박시설로 사용되는 바닥면적의 합계가 300[m²] 이상 600[m²] 미만인 시설
㉢ 복합건축물(하나의 건축물에 근린생활시설, 판매시설, 업무시설, 숙박시설 또는 위락시설의 용도와 주택의 용도로 함께 사용되는 것만 해당한다)로서 연면적이 1,000[m²] 이상인 것은 모든 층

5 배관 및 밸브

(1) 배관기준

① 배관 내 사용압력이 1.2[MPa] 미만일 경우에는 다음의 어느 하나에 해당하는 것
㉠ 배관용 탄소 강관(KS D 3507)

        ⓒ 이음매 없는 구리 및 구리합금관(KS D 5301). 다만, 습식의 배관에 한한다.
        ⓒ 배관용 스테인리스 강관(KS D 3576) 또는 일반배관용 스테인리스 강관(KS D 3595)
        ② 덕타일 주철관(KS D 4311)
    ② 배관 내 사용압력이 1.2[MPa] 이상일 경우에는 다음의 어느 하나에 해당하는 것
        ⓐ 압력배관용 탄소 강관(KS D 3562)
        ⓒ 배관용 아크용접 탄소강 강관(KS D 3583)

(2) 소방용 합성수지배관으로 할 수 있는 경우
① 배관을 지하에 매설하는 경우
② 다른 부분과 내화구조로 구획된 덕트 또는 피트의 내부에 설치하는 경우
③ 천장(상층이 있는 경우에는 상층바닥의 하단을 포함한다)과 반자를 불연재료 또는 준불연재료로 설치하고 소화배관 내부에 항상 소화수가 채워진 상태로 설치하는 경우

(3) 급수배관
① 전용으로 할 것. 다만, 상수도 직결형의 경우에는 수도배관 호칭지름 32[mm] 이상의 배관이어야 하고, 간이헤드가 개방될 경우에는 유수신호 작동과 동시에 다른 용도로 사용하는 배관의 송수를 자동 차단할 수 있도록 해야 하며, 배관과 연결되는 이음쇠 등의 부속품은 물이 고이는 현상을 방지하는 조치를 해야 한다.
② 급수배관에 설치되어 급수를 차단할 수 있는 개폐밸브는 개폐표시형으로 할 것. 이 경우 펌프의 흡입 측 배관에는 버터플라이밸브 외의 개폐표시형밸브를 설치해야 한다.
③ 배관의 구경은 규정에 적합하도록 수리계산에 의하거나 아래 표의 기준에 따라 설치할 것. 다만, 수리계산에 따르는 경우 가지배관의 유속은 6[m/s], 그 밖의 배관의 유속은 10[m/s]를 초과할 수 없다.

급수관의 구경 구 분	25	32	40	50	65	80	100	125	150
가	2	3	5	10	30	60	100	160	161 이상
나	2	4	7	15	30	60	100	160	161 이상

[비 고] 1. 폐쇄형 스프링클러헤드를 사용하는 설비의 경우로서 1개 층에 하나의 급수배관(또는 밸브 등)이 담당하는 구역의 최대면적은 1,000[m²]를 초과하지 않을 것
2. 폐쇄형 간이헤드를 설치하는 경우에는 "가"란의 헤드 수에 따를 것
3. 폐쇄형 간이헤드를 설치하고 반자 아래의 헤드와 반자 속의 헤드를 동일 급수관의 가지관상에 병설하는 경우에는 "나"란의 헤드 수에 따를 것
4. "캐비닛형" 및 "상수도 직결형"을 사용하는 경우 주배관은 32[mm], 수평주행배관은 32[mm], 가지배관은 25[mm] 이상으로 할 것. 이 경우 최장배관은 성능인증 및 제품검사의 기술기준에 따라 인정받은 길이로 하며 하나의 가지배관에는 간이헤드를 3개 이내로 설치해야 한다. 설계 20회

(4) 간이스프링클러설비의 배관 및 밸브 등의 순서

① 상수도 직결형 : 수도용 계량기 → 급수차단장치 → 개폐표시형 밸브 → 체크밸브 → 압력계 → 유수검지장치(압력스위치 등 유수검지장치와 동등 이상의 기능과 성능이 있는 것을 포함한다) → 2개의 시험밸브의 순으로 설치할 것 설계 16회

② 펌프 방식 : 수원 → 연성계 또는 진공계(수원이 펌프보다 높은 경우를 제외한다) → 펌프 또는 압력수조 → 압력계 → 체크밸브 → 성능시험배관 → 개폐표시형 밸브 → 유수검지장치 → 시험밸브의 순으로 설치할 것 설계 16회

③ 가압수조 방식 : 수원 → 가압수조 → 압력계 → 체크밸브 → 성능시험배관 → 개폐표시형 밸브 → 유수검지장치 → 2개의 시험밸브의 순으로 설치할 것 설계 20회

④ 캐비닛형 방식 : 수원 → 연성계 또는 진공계(수원이 펌프보다 높은 경우를 제외한다) → 펌프 또는 압력수조 → 압력계 → 체크밸브 → 개폐표시형 밸브 → 2개의 시험밸브의 순으로 설치할 것. 다만, 소화용수의 공급은 상수도와 직결된 바이패스관 또는 펌프에서 공급받아야 한다.

6 간이헤드의 기준

① 폐쇄형 간이헤드를 사용할 것

② 간이헤드의 작동온도 19 회 출제

최대 주위천장온도	공칭작동온도
0[℃] 이상 38[℃] 이하	57[℃]에서 77[℃]의 것
39[℃] 이상 66[℃] 이하	79[℃]에서 109[℃]의 것

③ 간이헤드를 설치하는 천장·반자·천장과 반자 사이·덕트·선반 등의 각 부분으로부터 간이헤드까지의 수평거리는 2.3[m](스프링클러헤드의 형식승인 및 제품검사의 기술기준 유효반경의 것으로 한다) 이하가 되도록 해야 한다. 다만, 성능이 별도로 인정된 간이헤드를 수리계산에 따라 설치하는 경우에는 그렇지 않다.

④ 상향식 간이헤드 또는 하향식 간이헤드의 설치기준
  ㉠ 간이헤드의 디플렉터에서 천장 또는 반자까지의 거리 : 25[mm]에서 102[mm] 이내
  ㉡ 측벽형 간이헤드의 경우 : 102[mm]에서 152[mm] 사이에 설치
  ㉢ 플러시 스프링클러헤드의 경우에는 천장 또는 반자까지의 거리 : 102[mm] 이하

⑤ 간이헤드는 천장 또는 반자의 경사·보·조명장치 등에 따라 살수장애의 영향을 받지 않도록 설치할 것

⑥ ④의 규정에도 불구하고 특정소방대상물의 보와 가장 가까운 간이헤드는 다음 표의 기준에 따라 설치할 것. 다만, 천장면에서 보의 하단까지의 길이가 55[cm]를 초과하고 보의 하단 측면 끝부분으로부터 간이헤드까지의 거리가 간이헤드 상호 간 거리의 1/2 이하가 되는 경우에는 간이헤드와 그 부착면과의 거리를 55[cm] 이하로 할 수 있다.

간이헤드의 반사판 중심과 보의 수평거리	간이헤드의 반사판 높이와 보의 하단 높이의 수직거리
0.75[m] 미만	보의 하단보다 낮을 것
0.75[m] 이상 1[m] 미만	0.1[m] 미만일 것
1[m] 이상 1.5[m] 미만	0.15[m] 미만일 것
1.5[m] 이상	0.3[m] 미만일 것

⑦ 상향식 간이헤드 아래에 설치되는 하향식 간이헤드에는 상향식 간이헤드의 방출수를 차단할 수 있는 유효한 차폐판을 설치할 것
⑧ **주차장**에는 **표준반응형 스프링클러헤드**를 설치해야 한다.

7 음향장치 및 기동장치의 설치기준

① 습식 유수검지장치를 사용하는 설비에 있어서는 간이헤드가 개방되면 유수검지장치가 화재신호를 발신하고 그에 따라 음향장치가 경보되도록 할 것
② 음향장치는 습식 유수검지장치의 담당구역마다 설치하되 그 구역의 각 부분으로부터 하나의 음향장치까지의 수평거리는 25[m] 이하가 되도록 할 것
③ 음향장치는 경종 또는 사이렌(전자식 사이렌을 포함한다)으로 하되, 주위의 소음 및 다른 용도의 경보와 구별이 가능한 음색으로 할 것. 이 경우 경종 또는 사이렌은 자동화재탐지설비·비상벨설비 또는 자동식 사이렌설비의 음향장치와 겸용할 수 있다.

[유수검지장치]

④ 주 음향장치는 수신기의 내부 또는 그 직근에 설치할 것
⑤ 층수가 11층(공동주택의 경우에는 16층) 이상인 특정소방대상물
  ㉠ 2층 이상의 층에서 발화 : 발화층, 그 직상 4개층
  ㉡ 1층에서 발화 : 발화층, 그 직상 4개층, 지하층
  ㉢ 지하층에서 발화 : 발화층, 그 직상층, 기타의 지하층에 경보를 발할 수 있도록 할 것
⑥ 음향장치는 다음의 기준에 따른 구조 및 성능의 것으로 할 것
  ㉠ 정격전압의 80[%] 전압에서 음향을 발할 수 있는 것으로 할 것
  ㉡ 음향의 크기는 부착된 음향장치의 중심으로부터 1[m] 떨어진 위치에서 90[dB] 이상이 되는 것으로 할 것

8 송수구의 설치기준

① 소방차가 쉽게 접근할 수 있고 잘 보이는 장소에 설치하고 화재층으로부터 지면으로 떨어지는 유리창 등이 송수 및 그 밖의 소화작업에 지장을 주지 않는 장소에 설치할 것
② 송수구로부터 간이스프링클러설비의 주배관에 이르는 연결배관에 개폐밸브를 설치한 때에는 그 개폐상태를 쉽게 확인 및 조작할 수 있는 옥외 또는 기계실 등의 장소에 설치할 것
③ 송수구는 구경 65[mm]의 쌍구형 또는 단구형으로 할 것. 이 경우 송수배관의 안지름은 40[mm] 이상으로 해야 한다.
④ 지면으로부터 높이가 **0.5[m] 이상 1[m] 이하**의 위치에 설치할 것
⑤ 송수구의 부근에는 자동배수밸브(또는 직경 5[mm]의 배수공) 및 체크밸브를 설치할 것. 이 경우 자동배수밸브는 배관 안의 물이 잘 빠질 수 있는 위치에 설치하되, 배수로 인하여 다른 물건 또는 장소에 피해를 주지 않아야 한다.
⑥ 송수구에는 이물질을 막기 위한 마개를 씌울 것
※ 상수도 직결형 또는 캐비닛형의 경우에는 송수구를 설치하지 않을 수 있다.

[송수구]

9 주택전용 간이스프링클러설비

① 상수도에 직접 연결하는 방식으로 수도용 계량기 이후에서 분기하여 수도용 역류방지밸브, 개폐표시형밸브, 세대별 개폐밸브 및 간이헤드의 순으로 설치할 것. 이 경우 개폐표시형 밸브와 세대별 개폐밸브는 그 설치위치를 쉽게 식별할 수 있는 표시를 해야 한다.
② 방수압력과 방수량은 **4** 가압송수장치 ①에 따를 것
③ 배관은 **5**에 따라 설치할 것. 다만, 세대 내 배관은 소방용 합성수지배관으로 설치할 수 있다.
④ 간이헤드와 송수구는 **6** 간이헤드의 기준, 송수구는 **8** 송수구의 설치기준에 따라 설치할 것
⑤ 주택전용 간이스프링클러설비에는 가압송수장치, 유수검지장치, 제어반, 음향장치, 기동장치 및 비상전원은 적용하지 않을 수 있다.

10 기타 설치기준

스프링클러설비와 같다.

11 간이스프링클러설비의 점검표(소방시설 자체점검사항 등에 관한 고시 별지 4)

번호	점검항목	점검결과
4-A. 수 원		
4-A-001	○ 수원의 유효수량 적정 여부(겸용설비 포함)	
4-B. 수 조		
4-B-001	○ 자동급수장치 설치 여부	
4-B-002	● 동결방지조치 상태 적정 여부	
4-B-003	○ 수위계 설치 또는 수위 확인 가능 여부	
4-B-004	● 수조 외측 고정사다리 설치 여부(바닥보다 낮은 경우 제외)	
4-B-005	● 실내설치 시 조명설비 설치 여부	
4-B-006	○ "간이스프링클러설비용 수조" 표지 설치상태 적정 여부	
4-B-007	● 다른 소화설비와 겸용 시 겸용설비의 이름 표시한 표지설치 여부	
4-B-008	● 수조-수직배관 접속부분 "간이스프링클러설비용 배관" 표지설치 여부	
4-C. 가압송수장치		
4-C-001	[상수도 직결형] ○ 방수량 및 방수압력 적정 여부	
4-C-011	[펌프방식] ● 동결방지조치 상태 적정 여부	
4-C-012	○ 성능시험배관을 통한 펌프 성능시험 적정 여부	
4-C-013	● 다른 소화설비와 겸용인 경우 펌프 성능 확보 가능 여부	
4-C-014	○ 펌프 흡입 측 연성계·진공계 및 토출 측 압력계 등 부속장치의 변형·손상 유무	
4-C-015	● 기동장치 적정 설치 및 기동압력 설정 적정 여부	
4-C-016	● 물올림장치 설치 적정(전용 여부, 유효수량, 배관구경, 자동급수) 여부	
4-C-017	● 충압펌프 설치 적정(토출압력, 정격토출량) 여부	
4-C-018	○ 내연기관 방식의 펌프 설치 적정[정상기동(기동장치 및 제어반) 여부, 축전지 상태, 연료량] 여부	
4-C-019	○ 가압송수장치의 "간이스프링클러펌프" 표지설치 여부 또는 다른 소화설비와 겸용 시 겸용설비 이름 표시 부착 여부	
4-C-031	[고가수조방식] ○ 수위계·배수관·급수관·오버플로관·맨홀 등 부속장치의 변형·손상 유무	
4-C-041	[압력수조방식] ● 압력수조의 압력 적정 여부	
4-C-042	○ 수위계·급수관·급기관·압력계·안전장치·공기압축기 등 부속장치의 변형·손상 유무	
4-C-051	[가압수조방식] ● 가압수조 및 가압원 설치장소의 방화구획 여부	
4-C-052	○ 수위계·급수관·배수관·급기관·압력계 등 부속장치의 변형·손상 유무	
4-D. 방호구역 및 유수검지장치		
4-D-001	● 방호구역 적정 여부	
4-D-002	● 유수검지장치 설치 적정(수량, 접근·점검 편의성, 높이) 여부	
4-D-003	○ 유수검지장치실 설치 적정(실내 또는 구획, 출입문 크기, 표지) 여부	
4-D-004	● 자연낙차에 의한 유수압력과 유수검지장치의 유수검지압력 적정 여부	
4-D-005	● 주차장에 설치된 간이스프링클러 방식 적정(습식 외의 방식) 여부	

번호	점검항목	점검결과
4-E. 배관 및 밸브		
4-E-001	○ 상수도 직결형 수도배관 구경 및 유수검지에 따른 다른 배관 자동 송수 차단 여부	
4-E-002	○ 급수배관 개폐밸브 설치(개폐표시형, 흡입 측 버터플라이 제외) 및 작동표시스위치 적정(제어반 표시 및 경보, 스위치 동작 및 도통시험) 여부	
4-E-003	● 펌프의 흡입 측 배관 여과장치의 상태 확인	
4-E-004	● 성능시험배관 설치(개폐밸브, 유량조절밸브, 유량측정장치) 적정 여부	
4-E-005	● 순환배관 설치(설치위치·배관구경, 릴리프밸브 개방압력) 적정 여부	
4-E-006	● 동결방지조치 상태 적정 여부	
4-E-007	● 준비작동식 유수검지장치 2차 측 배관 부대설비 설치 적정(개폐표시형 밸브, 수직배수배관·개폐밸브, 자동배수장치, 압력스위치 설치 및 감시제어반 개방 확인) 여부	
4-E-008	○ 유수검지장치 시험장치 설치 적정(설치위치, 배관구경, 개폐밸브 및 개방형 헤드, 물받이 통 및 배수관) 여부	
4-E-009	● 간이스프링클러설비 배관 및 밸브 등의 순서의 적정 시공 여부	
4-E-010	● 다른 설비의 배관과의 구분 상태 적정 여부	
4-F. 음향장치 및 기동장치		
4-F-001	○ 유수검지에 따른 음향장치 작동 가능 여부(습식의 경우)	
4-F-002	● 음향장치 설치 담당구역 및 수평거리 적정 여부	
4-F-003	● 주 음향장치 수신기 내부 또는 직근 설치 여부	
4-F-004	● 우선경보방식에 따른 경보 적정 여부	
4-F-005	○ 음향장치(경종 등) 변형·손상 확인 및 정상 작동(음량 포함) 여부	
4-F-011	[펌프 작동] ○ 유수검지장치의 발신이나 기동용 수압개폐장치의 작동에 따른 펌프 기동 확인(습식의 경우)	
4-F-012	○ 화재감지기의 감지나 기동용 수압개폐장치의 작동에 따른 펌프 기동 확인(준비작동식의 경우)	
4-F-021	[준비작동식 유수검지장치 작동] ○ 담당구역 내 화재감지기 동작(수동 기동 포함)에 따라 개방 및 작동 여부	
4-F-022	○ 수동조작함(설치높이, 표시등) 설치 적정 여부	
4-G. 간이헤드		
4-G-001	○ 헤드의 변형·손상 유무	
4-G-002	○ 헤드 설치 위치·장소·상태(고정) 적정 여부	
4-G-003	○ 헤드 살수장애 여부	
4-G-004	● 감열부에 영향을 받을 우려가 있는 헤드의 차폐판 설치 여부	
4-G-005	● 헤드 설치 제외 적정 여부(설치 제외된 경우)	
4-H. 송수구		
4-H-001	○ 설치장소 적정 여부	
4-H-002	● 연결배관에 개폐밸브를 설치한 경우 개폐상태 확인 및 조작가능 여부	
4-H-003	● 송수구 설치 높이 및 구경 적정 여부	
4-H-004	● 자동배수밸브(또는 배수공)·체크밸브 설치 여부 및 설치 상태 적정 여부	
4-H-005	○ 송수구 마개 설치 여부	
4-I. 제어반		
4-I-001	● 겸용 감시·동력 제어반 성능 적정 여부(겸용으로 설치된 경우)	
4-I-011	[감시제어반] ○ 펌프 작동 여부 확인 표시등 및 음향경보장치 정상작동 여부	
4-I-012	○ 펌프별 자동·수동 전환스위치 정상작동 여부	
4-I-013	● 펌프별 수동기동 및 수동중단 기능 정상작동 여부	
4-I-014	● 상용전원 및 비상전원 공급 확인 가능 여부(비상전원 있는 경우)	
4-I-015	● 수조·물올림수조 저수위 표시등 및 음향경보장치 정상작동 여부	
4-I-016	○ 각 확인회로별 도통시험 및 작동시험 정상작동 여부	
4-I-017	○ 예비전원 확보 유무 및 시험 적합 여부	
4-I-018	● 감시제어반 전용실 적정 설치 및 관리 여부	
4-I-019	● 기계·기구 또는 시설 등 제어 및 감시설비 외 설치 여부	
4-I-020	○ 유수검지장치 작동 시 표시 및 경보 정상작동 여부	
4-I-021	● 감시제어반과 수신기 간 상호 연동 여부(별도로 설치된 경우)	

번 호	점검항목	점검결과
4-I-031	[동력제어반] ○ 앞면은 적색으로 하고, "간이스프링클러설비용 동력제어반" 표지 설치 여부	
4-I-041	[발전기제어반] ● 소방전원보존형발전기는 이를 식별할 수 있는 표지 설치 여부	
4-J. 전 원		
4-J-001	● 대상물 수전방식에 따른 상용전원 적정 여부	
4-J-002	● 비상전원 설치장소 적정 및 관리 여부	
4-J-003	○ 자가발전설비인 경우 연료 적정량 보유 여부	
4-J-004	○ 자가발전설비인 경우 전기사업법에 따른 정기점검 결과 확인	

※ 펌프성능시험(펌프 명판 및 설계치 참조)

구 분		체절운전	정격운전
			(100[%])
				정격유량의
				150[%] 운전
					적정 여부	○설정압력 :
						○주펌프
						  기동 : [MPa]
						  정지 : [MPa]
						○예비펌프
						  기동 : [MPa]
						  정지 : [MPa]
						○충압펌프
						  기동 : [MPa]
						  정지 : [MPa]

토출량
[L/min]
	주				1. 체절운전 시 토출압은 정격토출압의 140[%]
					   이하일 것 ( )
					2. 정격운전 시 토출량과 토출압이 규정치 이상
					   일 것 ( )
					3. 정격토출량의 150[%]에서 토출압이 정격토
					   출압의 65[%] 이상일 것 ( )	

	예 비					
토출압 [MPa]	주					
	예 비					

※ 릴리프밸브 작동압력 :   [MPa]

비 고	

제6절 화재조기진압용 스프링클러설비(NFTC 103B)

1 설치장소의 구조 기준 설계 21회

① 해당 층의 높이가 13.7[m] 이하일 것. 다만, 2층 이상일 경우에는 해당 층의 바닥을 내화구조로 하고 다른 부분과 방화구획할 것
② 천장의 기울기가 168/1,000을 초과하지 않아야 하고, 이를 초과하는 경우에는 반자를 지면과 수평으로 설치할 것
③ 천장은 평평해야 하며 철재나 목재트러스 구조인 경우, 철재나 목재의 돌출부분이 102[mm]를 초과하지 않을 것
④ 보로 사용되는 목재·콘크리트 및 철재 사이의 간격이 0.9[m] 이상 2.3[m] 이하일 것. 다만, 보의 간격이 2.3[m] 이상인 경우에는 화재조기진압용 스프링클러헤드의 동작을 원활히 하기 위해 보로 구획된 부분의 천장 및 반자의 넓이가 28[m^2]를 초과하지 않을 것
⑤ 창고 내의 선반 등의 형태는 하부로 물이 침투되는 구조로 할 것

2 수 원 23회 출제

수리학적으로 가장 먼 가지 배관 3개에 각각 4개의 스프링클러헤드가 동시에 개방되었을 때 헤드 선단(끝부분)의 압력이 **다음 표**에 따른 값 이상으로 60분간 방수할 수 있는 양 이상으로 계산식은 다음과 같다.

$$Q = 12 \times 60 \times K\sqrt{10p}$$

여기서, Q : 수원의 양[L] K : 상수[(L/min)/MPa$^{1/2}$]
p : 헤드 선단(끝부분)의 압력[MPa]

최대층고 [m]	최대저장높이 [m]	화재조기진압용 스프링클러헤드의 최소방사압력[MPa]				
		K = 360 하향식	K = 320 하향식	K = 240 하향식	K = 240 상향식	K = 200 하향식
13.7	12.2	0.28	0.28	–	–	–
13.7	10.7	0.28	0.28	–	–	–
12.2	10.7	0.17	0.28	0.36	0.36	0.52
10.7	9.1	0.14	0.24	0.36	0.36	0.52
9.1	7.6	0.10	0.17	0.24	0.24	0.34

3 가압송수장치(펌프 방식)

① 쉽게 접근할 수 있고 점검하기에 충분한 공간이 있는 장소로서 화재 및 침수 등의 재해로 인한 피해를 받을 우려가 없는 곳에 설치할 것
② 동결방지조치를 하거나 동결의 우려가 없는 장소에 설치할 것
③ 펌프는 전용으로 할 것. 다만, 다른 소화설비와 겸용하는 경우 각각의 소화설비의 성능에 지장이 없을 때에는 그렇지 않다.
④ 펌프의 토출 측에는 압력계를 체크밸브 이전에 펌프 토출 측 플랜지에서 가까운 곳에 설치하고, 흡입 측에는 연성계 또는 진공계를 설치할 것. 다만, 수원의 수위가 펌프의 위치보다 높거나 수직회전축 펌프의 경우에는 연성계 또는 진공계를 설치하지 않을 수 있다.
⑤ 펌프의 성능은 체절운전 시 정격토출압력의 140[%]를 초과하지 않고, 정격토출량의 150[%]로 운전 시 정격토출압력의 65[%] 이상이 되어야 하며, 펌프의 성능을 시험할 수 있는 성능시험배관을 설치할 것. 다만, 충압펌프의 경우에는 그렇지 않다.
⑥ 가압송수장치에는 체절운전 시 수온의 상승을 방지하기 위한 순환배관을 설치할 것. 다만, 충압펌프의 경우에는 그렇지 않다.
⑦ 기동장치로는 기동용 수압개폐장치 또는 이와 동등 이상의 성능이 있는 것을 설치할 것
⑧ 기동용 수압개폐장치 중 압력챔버를 사용할 경우 그 용적은 100[L] 이상의 것으로 할 것

4 방호구역 및 유수검지장치

화재조기진압용 스프링클러설비의 방호구역(화재조기진압용 스프링클러설비의 소화범위에 포함된 영역을 말한다) 및 유수검지장치는 다음의 기준에 적합해야 한다.

① 하나의 방호구역의 바닥면적은 3,000[m²]를 초과하지 않을 것
② 하나의 방호구역에는 1개 이상의 유수검지장치를 설치하되, 화재 시 접근이 쉽고 점검하기 편리한 장소에 설치할 것
③ 하나의 방호구역은 2개 층에 미치지 않도록 할 것. 다만, 1개 층에 설치되는 화재조기진압용 스프링클러헤드의 수가 10개 이하인 경우에는 3개 층 이내로 할 수 있다.
④ 유수검지장치를 실내에 설치하거나 보호용 철망 등으로 구획하여 바닥으로부터 0.8[m] 이상 1.5[m] 이하의 위치에 설치하되, 그 실 등에는 가로 0.5[m] 이상 세로 1[m] 이상의 개구부로서 그 개구부에는 출입문을 설치하고 그 출입문 상단에 "유수검지장치실"이라고 표시한 표지를 설치할 것. 다만, 유수검지장치를 기계실(공조용기계실을 포함한다) 안에 설치하는 경우에는 별도의 실 또는 보호용 철망을 설치하지 않고 기계실 출입문 상단에 "유수검지장치실"이라고 표시한 표지를 설치할 수 있다.
⑤ 화재조기진압용 스프링클러헤드에 공급되는 물은 유수검지장치를 지나도록 할 것. 다만, 송수구를 통하여 공급되는 물은 그렇지 않다.
⑥ 자연낙차에 따른 압력수가 흐르는 배관 상에 설치된 유수검지장치는 소화수의 방수 시 물의 흐름을 검지할 수 있는 최소한의 압력이 얻어질 수 있도록 수조의 하단으로부터 낙차를 두어 설치할 것

5 배 관

(1) 배관기준

① 배관 내 사용압력이 1.2[MPa] 미만일 경우에는 다음의 어느 하나에 해당하는 것
  ㉠ 배관용 탄소 강관(KS D 3507)
  ㉡ 이음매 없는 구리 및 구리합금관(KS D 5301). 다만, 습식의 배관에 한한다.
  ㉢ 배관용 스테인리스 강관(KS D 3576) 또는 일반배관용 스테인리스 강관(KS D 3595)
  ㉣ 덕타일 주철관(KS D 4311)
② 배관 내 사용압력이 1.2[MPa] 이상일 경우에는 다음의 어느 하나에 해당하는 것
  ㉠ 압력 배관용 탄소 강관(KS D 3562)
  ㉡ 배관용 아크용접 탄소강 강관(KS D 3583)

(2) 소방용 합성수지배관으로 할 수 있는 경우

① 배관을 지하에 매설하는 경우
② 다른 부분과 내화구조로 구획된 덕트 또는 피트의 내부에 설치하는 경우
③ 천장(상층이 있는 경우에는 상층바닥의 하단을 포함한다)과 반자를 불연재료 또는 준불연재료로 설치하고 소화배관 내부에 항상 소화수가 채워진 상태로 설치하는 경우

(3) 성능시험배관

① 성능시험배관은 펌프의 토출 측에 설치된 개폐밸브 이전에서 분기하여 직선으로 설치하고, 유량측정장치를 기준으로 전단 직관부에는 개폐밸브를 후단 직관부에는 유량조절밸브를 설치할 것. 이 경우 개폐밸브와 유량측정장치 사이의 직관부 거리 및 유량측정장치와 유량조절밸브 사이의 직관부 거리는 해당 유량측정장치 제조사의 설치사양에 따르고, 성능시험배관의 호칭지름은 유량측정장치의 호칭지름에 따른다.
② 유량측정장치는 펌프의 정격토출량의 175[%] 이상까지 측정할 수 있는 성능이 있을 것
③ 가압송수장치의 체절운전 시 수온의 상승을 방지하기 위하여 체크밸브와 펌프 사이에서 분기한 구경 20[mm] 이상의 배관에 체절압력 미만에서 개방되는 릴리프밸브를 설치할 것

6 음향장치

① 음향장치는 유수검지장치의 담당구역마다 설치하되 그 구역의 각 부분으로부터 하나의 음향장치까지의 수평거리는 25[m] 이하가 되도록 할 것
② **층수가 11층(공동주택의 경우에는 16층) 이상인 특정소방대상물**
   ㉠ 2층 이상의 층에서 발화 : 발화층, 그 직상 4개층
   ㉡ 1층에서 발화 : 발화층, 그 직상 4개층, 지하층
   ㉢ 지하층에서 발화 : 발화층, 그 직상층, 기타의 지하층에 경보를 발할 수 있도록 할 것

7 헤드의 기준 설계 21회

① 헤드 하나의 방호면적은 6.0[m^2] 이상 9.3[m^2] 이하로 할 것
② 가지배관의 헤드 사이의 거리

천장의 높이	가지배관의 헤드 사이의 거리
9.1[m] 미만	2.4[m] 이상 3.7[m] 이하
9.1[m] 이상 13.7[m] 이하	3.1[m] 이하

③ 헤드의 반사판은 천장 또는 반자와 평행하게 설치하고 저장물의 최상부와 914[mm] 이상 확보되도록 할 것
④ 하향식 헤드의 반사판의 위치는 천장이나 반자 아래 125[mm] 이상 355[mm] 이하일 것
⑤ 상향식 헤드의 감지부 중앙은 천장 또는 반자와 101[mm] 이상 152[mm] 이하이어야 하며, 반사판의 위치는 스프링클러 배관의 윗부분에서 최소 178[mm] 상부에 설치되도록 할 것
⑥ 헤드와 벽과의 거리는 헤드 상호 간 거리의 1/2을 초과하지 않아야 하며 최소 102[mm] 이상일 것
⑦ 헤드의 작동온도는 74[℃] 이하일 것. 다만, 헤드 주위의 온도가 38[℃] 이상의 경우에는 그 온도에서의 화재시험 등에서 헤드 작동에 관하여 공인기관의 시험을 거친 것을 사용할 것
⑧ 상부에 설치된 헤드의 방출수에 따라 감열부에 영향을 받을 우려가 있는 헤드에는 방출수를 차단할 수 있는 유효한 차폐판을 설치할 것

8 환기구의 기준

① 공기의 유동으로 인하여 헤드의 작동온도에 영향을 주지 않는 구조 및 위치일 것
② 화재감지기와 연동하여 동작하는 자동식 환기장치를 설치하지 않을 것. 다만, 자동식 환기장치를 설치할 경우에는 최소 작동온도가 180[℃] 이상일 것

9 송수구의 설치기준

① 소방차가 쉽게 접근할 수 있고 잘 보이는 장소에 설치하고, 화재층으로부터 지면으로 떨어지는 유리창 등이 송수 및 그 밖의 소화작업에 지장을 주지 않는 장소에 설치할 것
② 송수구로부터 화재조기진압용 스프링클러설비의 주배관에 이르는 연결배관에 개폐밸브를 설치한 때에는 그 개폐상태를 쉽게 확인 및 조작할 수 있는 옥외 또는 기계실 등의 장소에 설치할 것
③ 송수구는 구경 **65[mm]의 쌍구형**으로 할 것
④ 송수구에는 그 가까운 곳의 보기 쉬운 곳에 **송수압력범위**를 표시한 **표지**를 할 것
⑤ 송수구는 하나의 층의 바닥면적이 3,000[m²]를 넘을 때마다 1개(5개를 넘을 경우에는 5개로 한다) 이상을 설치할 것
⑥ 지면으로부터 높이가 **0.5[m] 이상 1[m] 이하**의 위치에 설치할 것
⑦ 송수구의 부근에는 자동배수밸브(또는 직경 5[mm]의 배수공) 및 체크밸브를 설치할 것. 이 경우 자동배수밸브는 배관 안의 물이 잘 빠질 수 있는 위치에 설치하되, 배수로 인하여 다른 물건 또는 장소에 피해를 주지 않아야 한다.
⑧ 송수구에는 이물질을 막기 위한 마개를 씌울 것

10 비상전원

(1) 종 류

① 자가발전설비
② 축전지설비 : 내연기관에 따른 펌프를 설치한 경우에는 내연기관의 기동 및 제어용 축전지
③ 전기저장장치 : 외부 전기에너지를 저장해 두었다가 필요한 때 전기를 공급하는 장치

(2) 비상전원을 설치하지 않을 수 있는 경우

① 2 이상의 변전소에서 전력을 동시에 공급받을 수 있는 경우
② 하나의 변전소로부터 전력의 공급이 중단되는 때에는 자동으로 다른 변전소로부터 전원을 공급받을 수 있도록 상용전원을 설치한 경우
③ 가압수조방식인 경우

(3) 비상전원의 설치기준
① 점검에 편리하고 화재 및 침수 등의 재해로 인한 피해를 받을 우려가 없는 곳에 설치할 것
② 화재조기진압용 스프링클러설비를 유효하게 20분 이상 작동할 수 있어야 할 것
③ 상용전원으로부터 전력의 공급이 중단된 때에는 자동으로 비상전원으로부터 전력을 공급받을 수 있도록 할 것
④ 비상전원(내연기관의 기동 및 제어용 축전기를 제외한다)의 설치장소는 다른 장소와 방화구획할 것. 이 경우 그 장소에는 비상전원의 공급에 필요한 기구나 설비 외의 것(열병합발전설비에 필요한 기구나 설비는 제외한다)을 두어서는 안 된다.
⑤ 비상전원을 실내에 설치하는 때에는 그 실내에 비상조명등을 설치할 것

11 설치제외 물품 **17회 출제**
① 제4류 위험물
② 타이어, 두루마리 종이 및 섬유류, 섬유제품 등 연소 시 화염의 속도가 빠르고 방사된 물이 하부까지에 도달하지 못하는 것

12 각 확인회로마다 도통시험 및 작동시험 기능
① 기동용 수압개폐장치의 압력스위치회로
② 수조 또는 물올림수조의 저수위감시회로
③ 유수검지장치 또는 압력스위치회로
④ 급수배관에 설치된 급수배관을 차단하는 개폐밸브의 폐쇄상태 확인회로
⑤ 그 밖의 이와 비슷한 회로

13 화재조기진압용 스프링클러설비의 점검표(소방시설 자체점검사항 등에 관한 고시 별지 4)

번호	점검항목	점검결과
5-A. 설치장소의 구조		
5-A-001	● 설비 설치장소의 구조(층고, 내화구조, 방화구획, 천장 기울기, 천장 자재 돌출부 길이, 보 간격, 선반 물 침투구조) 적합 여부	
5-B. 수 원		
5-B-001	○ 주된 수원의 유효수량 적정 여부(겸용설비 포함)	
5-B-002	○ 보조수원(옥상)의 유효수량 적정 여부	
5-C. 수 조		
5-C-001	● 동결방지조치 상태 적정 여부	
5-C-002	○ 수위계 설치 또는 수위 확인 가능 여부	
5-C-003	● 수조 외측 고정사다리 설치 여부(바닥보다 낮은 경우 제외)	
5-C-004	● 실내설치 시 조명설비 설치 여부	
5-C-005	○ "화재조기진압용 스프링클러설비용 수조" 표지설치 여부 및 설치 상태	
5-C-006	● 다른 소화설비와 겸용 시 겸용설비의 이름 표시한 표지설치 여부	
5-C-007	● 수조-수직배관 접속부분 "화재조기진압용 스프링클러설비용 배관" 표지설치 여부	
5-D. 가압송수장치		
	[펌프방식]	
5-D-001	● 동결방지조치 상태 적정 여부	
5-D-002	○ 성능시험배관을 통한 펌프 성능시험 적정 여부	
5-D-003	● 다른 소화설비와 겸용인 경우 펌프 성능 확보 가능 여부	
5-D-004	○ 펌프 흡입 측 연성계·진공계 및 토출 측 압력계 등 부속장치의 변형·손상 유무	
5-D-005	● 기동장치 적정 설치 및 기동압력 설정 적정 여부	
5-D-006	● 물올림장치 설치 적정(전용 여부, 유효수량, 배관구경, 자동급수) 여부	
5-D-007	● 충압펌프 설치 적정(토출압력, 정격토출량) 여부	
5-D-008	○ 내연기관 방식의 펌프 설치 적정[정상기동(기동장치 및 제어반) 여부, 축전지 상태, 연료량] 여부	
5-D-009	○ 가압송수장치의 "화재조기진압용 스프링클러펌프" 표지설치 여부 또는 다른 소화설비와 겸용 시 겸용설비 이름 표시 부착 여부	
	[고가수조방식]	
5-D-021	○ 수위계·배수관·급수관·오버플로관·맨홀 등 부속장치의 변형·손상 유무	
	[압력수조방식]	
5-D-031	● 압력수조의 압력 적정 여부	
5-D-032	○ 수위계·급수관·급기관·압력계·안전장치·공기압축기 등 부속장치의 변형·손상 유무	
	[가압수조방식]	
5-D-041	● 가압수조 및 가압원 설치장소의 방화구획 여부	
5-D-042	○ 수위계·급수관·배수관·급기관·압력계 등 부속장치의 변형·손상 유무	

번 호	점검항목	점검결과
5-E. 방호구역 및 유수검지장치		
5-E-001	● 방호구역 적정 여부	
5-E-002	● 유수검지장치 설치 적정(수량, 접근·점검 편의성, 높이) 여부	
5-E-003	○ 유수검지장치실 설치 적정(실내 또는 구획, 출입문 크기, 표지) 여부	
5-E-004	● 자연낙차에 의한 유수압력과 유수검지장치의 유수검지압력 적정 여부	
5-F. 배 관		
5-F-001	● 펌프의 흡입 측 배관 여과장치의 상태 확인	
5-F-002	● 성능시험배관 설치(개폐밸브, 유량조절밸브, 유량측정장치) 적정 여부	
5-F-003	● 순환배관 설치(설치위치·배관구경, 릴리프밸브 개방압력) 적정 여부	
5-F-004	● 동결방지조치 상태 적정 여부	
5-F-005	○ 급수배관 개폐밸브 설치(개폐표시형, 흡입 측 버터플라이 제외) 및 작동표시스위치 적정(제어반 표시 및 경보, 스위치 동작 및 도통시험) 여부	
5-F-006	○ 유수검지장치 시험장치 설치 적정(설치위치, 배관구경, 개폐밸브 및 개방형 헤드, 물받이 통 및 배수관) 여부	
5-F-007	● 다른 설비의 배관과의 구분 상태 적정 여부	
5-G. 음향장치 및 기동장치		
5-G-001	○ 유수검지에 따른 음향장치 작동 가능 여부	
5-G-002	● 음향장치 설치 담당구역 및 수평거리 적정 여부	
5-G-003	● 주 음향장치 수신기 내부 또는 직근 설치 여부	
5-G-004	● 우선경보방식에 따른 경보 적정 여부	
5-G-005	○ 음향장치(경종 등) 변형·손상 확인 및 정상 작동(음량 포함) 여부	
5-G-011	[펌프 작동] ○ 유수검지장치의 발신이나 기동용 수압개폐장치의 작동에 따른 펌프 기동 확인	
5-H. 헤 드		
5-H-001	○ 헤드의 변형·손상 유무	
5-H-002	○ 헤드 설치 위치·장소·상태(고정) 적정 여부	
5-H-003	○ 헤드 살수장애 여부	
5-H-004	● 감열부에 영향을 받을 우려가 있는 헤드의 차폐판 설치 여부	
5-I. 저장물의 간격 및 환기구		
5-I-001	● 저장물품 배치 간격 적정 여부	
5-I-002	● 환기구 설치 상태 적정 여부	
5-J. 송수구		
5-J-001	○ 설치장소 적정 여부	
5-J-002	● 연결배관에 개폐밸브를 설치한 경우 개폐상태 확인 및 조작가능 여부	
5-J-003	● 송수구 설치 높이 및 구경 적정 여부	
5-J-004	○ 송수압력범위 표시 표지 설치 여부	
5-J-005	● 송수구 설치 개수 적정 여부	
5-J-006	● 자동배수밸브(또는 배수공)·체크밸브 설치 여부 및 설치 상태 적정 여부	
5-J-007	○ 송수구 마개 설치 여부	
5-K. 전 원		
5-K-001	● 대상물 수전방식에 따른 상용전원 적정 여부	
5-K-002	● 비상전원 설치장소 적정 및 관리 여부	
5-K-003	○ 자가발전설비인 경우 연료 적정량 보유 여부	
5-K-004	○ 자가발전설비인 경우 전기사업법에 따른 정기점검 결과 확인	

번 호	점검항목	점검결과
5-L. 제어반		
5-L-001	● 겸용 감시·동력 제어반 성능 적정 여부(겸용으로 설치된 경우)	
5-L-001	[감시제어반] ○ 펌프 작동 여부 확인 표시등 및 음향경보장치 정상작동 여부	
5-L-002	○ 펌프별 자동·수동 전환스위치 정상작동 여부	
5-L-003	● 펌프별 수동기동 및 수동중단 기능 정상작동 여부	
5-L-004	● 상용전원 및 비상전원 공급 확인 가능 여부(비상전원 있는 경우)	
5-L-005	● 수조·물올림수조 저수위 표시등 및 음향경보장치 정상작동 여부	
5-L-006	○ 각 확인회로별 도통시험 및 작동시험 정상작동 여부	
5-L-007	○ 예비전원 확보 유무 및 시험 적합 여부	
5-L-008	● 감시제어반 전용실 적정 설치 및 관리 여부	
5-L-009	● 기계·기구 또는 시설 등 제어 및 감시설비 외 설치 여부	
5-L-010	○ 유수검지장치 작동 시 표시 및 경보 정상작동 여부	
5-L-011	○ 감시제어반과 수신기 간 상호 연동 여부(별도로 설치된 경우)	
5-L-021	[동력제어반] ○ 앞면은 적색으로 하고, "화재조기진압용 스프링클러설비용 동력제어반" 표지 설치 여부	
5-L-031	[발전기제어반] ● 소방전원보존형발전기는 이를 식별할 수 있는 표지 설치 여부	
5-M. 설치금지 장소		
5-M-001	● 설치가 금지된 장소(제4류 위험물 등이 보관된 장소) 설치 여부	

※ 펌프성능시험(펌프 명판 및 설계치 참조)

구 분		체절 운전	정격운전 (100[%])	정격유량의 150[%] 운전	적정 여부	

토출량
[L/min]
	주				1. 체절운전 시 토출압은 정격토출압의
					140[%] 이하일 것 ( )
					2. 정격운전 시 토출량과 토출압이 규정치
					이상일 것 ( )
					3. 정격토출량의 150[%]에서 토출압이 정
					격토출압의 65[%] 이상일 것( )
						○설정압력 :
						○주펌프
						  기동 : [MPa]
						  정지 : [MPa]
						○예비펌프
						  기동 : [MPa]
						  정지 : [MPa]
						○충압펌프
						  기동 : [MPa]
						  정지 : [MPa]

	예 비					
토출압 [MPa]	주					
	예 비					

※ 릴리프밸브 작동압력 :   [MPa]

비 고	

제7절 물분무소화설비(NFTC 104, 소방시설법 영 별표 4)

[물분무등소화설비를 설치해야 하는 특정소방대상물]

위험물 저장 및 처리 시설 중 가스시설, 발전시설의 전기저장시설 중 무정전전원공급장치(UPS)의 시설 및 지하구는 제외한다.

1) 항공기 및 자동차 관련 시설 중 항공기격납고
2) 차고, 주차용 건축물 또는 철골 조립식 주차시설. 이 경우 연면적 800[m²] 이상인 것만 해당한다.
3) 건축물 내부에 설치된 차고 또는 주차장으로서 차고 또는 주차의 용도로 사용되는 면적의 합계가 200[m²] 이상인 경우 해당 부분(50세대 미만인 연립주택 및 다세대주택은 제외한다)
4) 기계장치에 의한 주차시설을 이용하여 20대 이상의 차량을 주차할 수 있는 시설
5) 특정소방대상물에 설치된 전기실·발전실·변전실(가연성 절연유를 사용하지 않는 변압기·전류차단기 등의 전기기기와 가연성 피복을 사용하지 않은 전선 및 케이블만을 설치한 전기실·발전실 및 변전실은 제외한다)·축전지실·통신기기실 또는 전산실, 그 밖에 이와 비슷한 것으로서 바닥면적이 300[m²] 이상인 것[하나의 방화구획 내에 둘 이상의 실(室)이 설치되어 있는 경우에는 이를 하나의 실로 보아 바닥면적을 산정한다]. 다만, 내화구조로 된 공정제어실 내에 설치된 주조정실로서 양압시설(외부 오염 공기 침투를 차단하고 내부의 나쁜 공기가 자연스럽게 외부로 흐를 수 있도록 한 시설을 말한다)이 설치되고 전기기기에 220[V] 이하인 저전압이 사용되며 종업원이 24시간 상주하는 곳은 제외한다.
6) 소화수를 수집·처리하는 설비가 설치되어 있지 않은 중·저준위 방사성폐기물의 저장시설. 이 시설에는 이산화탄소소화설비, 할론소화설비 또는 할로겐화합물 및 불활성기체소화설비를 설치해야 한다.
7) 예상 교통량, 경사도 등 터널의 특성을 고려하여 행정안전부령으로 정하는 터널. 다만, 이 시설에는 물분무소화설비를 설치해야 한다.
8) 국가유산 중 문화유산의 보존 및 활용에 관한 법률에 따른 지정문화유산(문화유산자료를 제외한다) 또는 자연유산의 보존 및 활용에 관한 법률에 따른 천연기념물 등(자연유산자료를 제외한다)으로서 소방청장이 국가유산청장과 협의하여 정하는 것

1 펌프의 토출량과 수원 설계 11회

특정소방대상물	펌프의 토출량[L/min]	수원의 양[L]
특수가연물을 저장 또는 취급	바닥면적(50[m²] 이하는 50[m²]로)×10[L/min·m²]	바닥면적(50[m²] 이하는 50[m²]로)×10[L/min·m²]×20[min]
차고 또는 주차장	바닥면적(50[m²] 이하는 50[m²]로)×20[L/min·m²]	바닥면적(50[m²] 이하는 50[m²]로)×20[L/min·m²]×20[min]
절연유 봉입변압기	표면적(바닥부분 제외)×10[L/min·m²]	표면적(바닥부분 제외)×10[L/min·m²]×20[min]
케이블트레이, 케이블덕트	투영된 바닥면적×12[L/min·m²]	투영된 바닥면적×12[L/min·m²]×20[min]
컨베이어 벨트 등	벨트 부분의 바닥면적×10[L/min·m²]	벨트 부분의 바닥면적×10[L/min·m²]×20[min]

2 배 관

(1) 배관기준

① 배관 내 사용압력이 1.2[MPa] 미만일 경우에는 다음의 어느 하나에 해당하는 것
  ㉠ 배관용 탄소 강관(KS D 3507)
  ㉡ 이음매 없는 구리 및 구리합금관(KS D 5301). 다만, 습식의 배관에 한한다.

ⓒ 배관용 스테인리스 강관(KS D 3576) 또는 일반배관용 스테인리스 강관(KS D 3595)
　　　ⓔ 덕타일 주철관(KS D 4311)
　② 배관 내 사용압력이 1.2[MPa] 이상일 경우에는 다음의 어느 하나에 해당하는 것
　　　㉠ 압력 배관용 탄소 강관(KS D 3562)
　　　㉡ 배관용 아크용접 탄소강 강관(KS D 3583)

(2) 소방용 합성수지배관으로 할 수 있는 경우
　① 배관을 지하에 매설하는 경우
　② 다른 부분과 내화구조로 구획된 덕트 또는 피트의 내부에 설치하는 경우
　③ 천장(상층이 있는 경우에는 상층바닥의 하단을 포함한다)과 반자를 불연재료 또는 준불연재료로 설치하고 소화배관 내부에 항상 소화수가 채워진 상태로 설치하는 경우

(3) 성능시험배관
　① 성능시험배관은 펌프의 토출 측에 설치된 개폐밸브 이전에서 분기하여 직선으로 설치하고, 유량측정장치를 기준으로 전단 직관부에는 개폐밸브를 후단 직관부에는 유량조절밸브를 설치할 것. 이 경우 개폐밸브와 유량측정장치 사이의 직관부 거리 및 유량측정장치와 유량조절밸브 사이의 직관부 거리는 해당 유량측정장치 제조사의 설치사양에 따르고, 성능시험배관의 호칭지름은 유량측정장치의 호칭지름에 따른다.
　② 유량측정장치는 펌프의 정격토출량의 175[%] 이상까지 측정할 수 있는 성능이 있을 것

(4) 가압송수장치의 체절운전 시 수온의 상승을 방지하기 위하여 체크밸브와 펌프 사이에서 분기한 구경 20[mm] 이상의 배관에 체절압력 미만에서 개방되는 릴리프밸브를 설치할 것

3 송수구

　① 송수구는 화재층으로부터 지면으로 떨어지는 유리창 등이 송수 및 그 밖의 소화작업에 지장을 주지 않는 장소에 설치할 것. 이 경우 가연성 가스의 저장·취급시설에 설치하는 송수구는 그 방호대상물로부터 20[m] 이상의 거리를 두거나, 방호대상물에 면하는 부분이 높이 1.5[m] 이상 폭 2.5[m] 이상의 철근콘크리트 벽으로 가려진 장소에 설치해야 한다.
　② 송수구로부터 물분무소화설비의 주배관에 이르는 연결배관에 개폐밸브를 설치한 때에는 그 개폐상태를 쉽게 확인 및 조작할 수 있는 옥외 또는 기계실 등의 장소에 설치할 것
　③ **송수구**는 구경 **65[mm]의 쌍구형**으로 할 것
　④ 송수구에는 그 가까운 곳의 보기 쉬운 곳에 **송수압력범위를 표시한 표지**를 할 것
　⑤ 송수구는 하나의 층의 바닥면적이 3,000[m²]를 넘을 때마다 1개 이상(5개를 넘을 경우에는 5개로 한다)을 설치할 것

⑥ 지면으로부터 높이가 0.5[m] 이상 1[m] 이하의 위치에 설치할 것
⑦ 송수구의 부근에는 자동배수밸브(또는 직경 5[mn]의 배수공) 및 체크밸브를 설치할 것. 이 경우 자동배수밸브는 배관 안의 물이 잘 빠질 수 있는 위치에 설치하되, 배수로 인하여 다른 물건이나 장소에 피해를 주지 않아야 한다.
⑧ 송수구에는 이물질을 막기 위한 마개를 씌울 것

4 배수설비의 기준 설계 11회

① 차량이 주차하는 장소의 적당한 곳에 높이 10[cm] 이상의 경계턱으로 배수구를 설치할 것
② 배수구에는 새어나온 기름을 모아 소화할 수 있도록 길이 40[m] 이하마다 집수관·소화피트 등 기름분리장치를 설치할 것
③ 차량이 주차하는 바닥은 배수구를 향하여 2/100 이상의 기울기를 유지할 것
④ 배수설비는 가압송수장치의 최대송수능력의 수량을 유효하게 배수할 수 있는 크기 및 기울기로 할 것

5 물분무헤드의 설치제외 장소

① 물에 심하게 반응하는 물질 또는 물과 반응하여 위험한 물질을 생성하는 물질을 저장 또는 취급하는 장소
② 고온의 물질 및 증류범위가 넓어 끓어 넘치는 위험이 있는 물질을 저장 또는 취급하는 장소
③ 운전시에 표면의 온도가 260[℃] 이상으로 되는 등 직접 분무를 하는 경우 그 부분에 손상을 입힐 우려가 있는 기계장치 등이 있는 장소

6 물분무소화설비의 점검표(소방시설 자체점검사항 등에 관한 고시 별지 4)

번 호	점검항목	점검결과
6-A. 수 원		
6-A-001	○ 수원의 유효수량 적정 여부(겸용설비 포함)	
6-B. 수 조		
6-B-001	● 동결방지조치 상태 적정 여부	
6-B-002	○ 수위계 설치 또는 수위 확인 가능 여부	
6-B-003	● 수조 외측 고정사다리 설치 여부(바닥보다 낮은 경우 제외)	
6-B-004	● 실내설치 시 조명설비 설치 여부	
6-B-005	○ "물분무소화설비용 수조" 표지 설치상태 적정 여부	
6-B-006	● 다른 소화설비와 겸용 시 겸용설비의 이름 표시한 표지설치 여부	
6-B-007	● 수조-수직배관 접속부분 "물분무소화설비용 배관" 표지설치 여부	

번호	점검항목	점검결과
6-C. 가압송수장치		
	[펌프방식]	
6-C-001	● 동결방지조치 상태 적정 여부	
6-C-002	○ 성능시험배관을 통한 펌프 성능시험 적정 여부	
6-C-003	● 다른 소화설비와 겸용인 경우 펌프 성능 확보 가능 여부	
6-C-004	○ 펌프 흡입 측 연성계·진공계 및 토출 측 압력계 등 부속장치의 변형·손상 유무	
6-C-005	● 기동장치 적정 설치 및 기동압력 설정 적정 여부	
6-C-006	● 물올림장치 설치 적정(전용 여부, 유효수량, 배관구경, 자동급수) 여부	
6-C-007	● 충압펌프 설치 적정(토출압력, 정격토출량) 여부	
6-C-008	○ 내연기관 방식의 펌프 설치 적정[정상기동(기동장치 및 제어반) 여부, 축전지 상태, 연료량] 여부	
6-C-009	○ 가압송수장치의 "물분무소화설비펌프" 표지설치 여부 또는 다른 소화설비와 겸용 시 겸용설비 이름 표시 부착 여부	
	[고가수조방식]	
6-C-021	○ 수위계·배수관·급수관·오버플로관·맨홀 등 부속장치의 변형·손상 유무	
	[압력수조방식]	
6-C-031	● 압력수조의 압력 적정 여부	
6-C-032	○ 수위계·급수관·급기관·압력계·안전장치·공기압축기 등 부속장치의 변형·손상 유무	
	[가압수조방식]	
6-C-041	● 가압수조 및 가압원 설치장소의 방화구획 여부	
6-C-042	○ 수위계·급수관·배수관·급기관·압력계 등 부속장치의 변형·손상 유무	
6-D. 기동장치		
6-D-001	○ 수동식 기동장치 조작에 따른 가압송수장치 및 개방밸브 정상 작동 여부	
6-D-002	○ 수동식 기동장치 인근 "기동장치" 표지설치 여부	
6-D-003	○ 자동식 기동장치는 화재감지기의 작동 및 헤드 개방과 연동하여 경보를 발하고, 가압송수장치 및 개방밸브 정상 작동 여부	
6-E. 제어밸브 등		
6-E-001	○ 제어밸브 설치 위치(높이) 적정 및 "제어밸브" 표지 설치 여부	
6-E-002	● 자동개방밸브 및 수동식 개방밸브 설치위치(높이) 적정 여부	
6-E-003	● 자동개방밸브 및 수동식 개방밸브 시험장치 설치 여부	
6-F. 물분무헤드		
6-F-001	○ 헤드의 변형·손상 유무	
6-F-002	○ 헤드 설치 위치·장소·상태(고정) 적정 여부	
6-F-003	● 전기절연 확보를 위한 전기기기와 헤드 간 거리 적정 여부	
6-G. 배관 등		
6-G-001	● 펌프의 흡입 측 배관 여과장치의 상태 확인	
6-G-002	● 성능시험배관 설치(개폐밸브, 유량조절밸브, 유량측정장치) 적정 여부	
6-G-003	● 순환배관 설치(설치위치·배관구경, 릴리프밸브 개방압력) 적정 여부	
6-G-004	● 동결방지조치 상태 적정 여부	
6-G-005	○ 급수배관 개폐밸브 설치(개폐표시형, 흡입 측 버터플라이 제외) 및 작동표시스위치 적정(제어반 표시 및 경보, 스위치 동작 및 도통시험) 여부	
6-G-006	● 다른 설비의 배관과의 구분 상태 적정 여부	

번 호	점검항목	점검결과
6-H. 송수구		
6-H-001	○ 설치장소 적정 여부	
6-H-002	● 연결배관에 개폐밸브를 설치한 경우 개폐상태 확인 및 조작가능 여부	
6-H-003	● 송수구 설치 높이 및 구경 적정 여부	
6-H-004	○ 송수압력범위 표시 표지 설치 여부	
6-H-005	● 송수구 설치 개수 적정 여부	
6-H-006	● 자동배수밸브(또는 배수공)·체크밸브 설치 여부 및 설치 상태 적정 여부	
6-H-007	○ 송수구 마개 설치 여부	
6-I. 배수설비(차고·주차장의 경우)		
6-I-001	● 배수설비(배수구, 기름분리장치 등) 설치 적정 여부	
6-J. 제어반		
6-J-001	● 겸용 감시·동력 제어반 성능 적정 여부(겸용으로 설치된 경우)	
6-J-011	[감시제어반] ○ 펌프 작동 여부 확인 표시등 및 음향경보장치 정상작동 여부	
6-J-012	○ 펌프별 자동·수동 전환스위치 정상작동 여부	
6-J-013	● 펌프별 수동기동 및 수동중단 기능 정상작동 여부	
6-J-014	● 상용전원 및 비상전원 공급 확인 가능 여부(비상전원 있는 경우)	
6-J-015	● 수조·물올림수조 저수위 표시등 및 음향경보장치 정상작동 여부	
6-J-016	○ 각 확인회로별 도통시험 및 작동시험 정상작동 여부	
6-J-017	○ 예비전원 확보 유무 및 시험 적합 여부	
6-J-018	● 감시제어반 전용실 적정 설치 및 관리 여부	
6-J-019	● 기계·기구 또는 시설 등 제어 및 감시설비 외 설치 여부	
6-J-031	[동력제어반] ○ 앞면은 적색으로 하고, "물분무소화설비용 동력제어반" 표지 설치 여부	
6-J-041	[발전기제어반] ● 소방전원보존형발전기는 이를 식별할 수 있는 표지 설치 여부	
6-K. 전 원		
6-K-001	● 대상물 수전방식에 따른 상용전원 적정 여부	
6-K-002	● 비상전원 설치장소 적정 및 관리 여부	
6-K-003	○ 자가발전설비인 경우 연료 적정량 보유 여부	
6-K-004	○ 자가발전설비인 경우 전기사업법에 따른 정기점검 결과 확인	
6-L. 물분무헤드의 제외		
6-L-001	● 헤드 설치 제외 적정 여부(설치 제외된 경우)	

※ 펌프성능시험(펌프 명판 및 설계치 참조)

구 분		체절운전	정격운전 (100[%])	정격유량의 150[%] 운전	적정 여부	○설정압력 : ○주펌프 기동 : [MPa] 정지 : [MPa] ○예비펌프 기동 : [MPa] 정지 : [MPa] ○충압펌프 기동 : [MPa] 정지 : [MPa]
토출량 [L/min]	주				1. 체절운전 시 토출압은 정격토출압의 140[%] 이하일 것 ( ) 2. 정격운전 시 토출량과 토출압이 규정치 이상일 것 ( ) 3. 정격토출량의 150[%]에서 토출압이 정격토출압의 65[%] 이상일 것 ( )	
	예 비					
토출압 [MPa]	주					
	예 비					

※ 릴리프밸브 작동압력 :   [MPa]

비 고	

제8절 미분무소화설비(NFTC 104A)

1 정 의

(1) 미분무소화설비 20 회 출제

가압된 물이 헤드 통과 후 미세한 입자로 분무됨으로써 소화성능을 가지는 설비를 말하며, 소화력을 증가시키기 위해 강화액 등을 첨가할 수 있다.
① **저압 미분무소화설비** : 최고사용압력이 1.2[MPa] 이하
② **중압 미분무소화설비** : 사용압력이 1.2[MPa] 초과 3.5[MPa] 이하
③ **고압 미분무소화설비** : 최저사용압력이 3.5[MPa] 초과

(2) 미분무 20 회 출제

물만을 사용하여 소화하는 방식으로 최소설계압력에서 헤드로부터 방출되는 물입자 중 99[%]의 누적체적분포가 400[μm] 이하로 분무되고 A, B, C급 화재에 적응성을 갖는 것을 말한다.

(3) 전역방출방식

고정식 미분무소화설비에 배관 및 헤드를 고정 설치하여 구획된 방호구역 전체에 소화수를 방출하는 설비를 말한다.

(4) 국소방출방식

고정식 미분무소화설비에 배관 및 헤드를 설치하여 직접 화점에 소화수를 방출하는 설비로서 화재발생 부분에 집중적으로 소화수를 방출하도록 설치하는 방식을 말한다.

(5) 호스릴방식

소화수 또는 소화약제 저장용기 등에 연결된 호스릴을 이용하여 사람이 직접 화점에 소화수 또는 소화약제를 방출하는 소화설비를 말한다.

(6) 교차회로방식

하나의 방호구역 내에 2 이상의 화재감지기회로를 설치하고 인접한 2 이상의 화재감지기에 화재가 감지되어 작동되는 때에 소화설비가 작동하는 방식을 말한다.

(7) 설계도서

점화원, 연료의 특성과 형태 등에 따라서 건축물에서 발생할 수 있는 화재의 유형이 고려되어 작성된 것을 말한다.

2 수 원 설계 13회

$$Q = (N \times D \times T \times S) + V$$

여기서, Q : 수원의 양[m³]
N : 방호구역(방수구역) 내 헤드의 개수
D : 설계유량[m³/min]
T : 설계방수시간[min]
S : 안전율(1.2 이상)
V : 배관의 총체적[m³]

3 수조의 설치기준

① 전용수조로 하고, 점검에 편리한 곳에 설치할 것
② 동결방지조치를 하거나 동결의 우려가 없는 장소에 설치할 것
③ 수조 외측에 수위계를 설치할 것. 다만, 구조상 불가피한 경우에는 수조의 맨홀 등을 통하여 수조 안의 물의 양을 쉽게 확인할 수 있도록 해야 한다.
④ 수조의 상단이 바닥보다 높은 때에는 수조 외측에 고정식 사다리를 설치할 것
⑤ 수조가 실내에 설치된 때에는 그 실내에 조명설비를 설치할 것
⑥ 수조의 밑부분에는 청소용 배수밸브 또는 배수관을 설치할 것
⑦ 수조 외측의 보기 쉬운 곳에 "미분무소화설비용 수조"라고 표시한 표지를 할 것
⑧ 소화설비용 펌프의 흡수배관 또는 소화설비의 수직배관과 수조의 접속부분에는 "미분무소화설비용 배관"이라고 표시한 표지를 할 것. 다만, 수조와 가까운 장소에 소화설비용 펌프가 설치되고 해당 펌프에 ⑦에 따른 표지를 설치한 때에는 그렇지 않다.

4 가압송수장치

(1) 펌프방식

① 펌프는 전용으로 할 것
② 펌프의 토출 측에는 압력계를 체크밸브 이전에 펌프 토출 측 플랜지에서 가까운 곳에 설치할 것
③ **펌프의 성능**은 체절운전 시 정격토출압력의 **140[%]를 초과하지 않고**, 정격토출량의 150[%]로 운전 시 정격토출압력의 **65[%] 이상**이 되어야 하며, 펌프의 성능을 시험할 수 있는 성능시험배관을 설치할 것
④ 가압송수장치의 송수량은 최저설계압력에서 설계유량[L/min] 이상의 방수성능을 가진 기준개수의 모든 헤드로부터의 방수량을 충족시킬 수 있는 양 이상의 것으로 할 것

⑤ 내연기관을 사용하는 경우에는 제어반에 따라 내연기관의 자동기동 및 수동기동이 가능하고, 상시 충전되어 있는 축전지설비를 갖출 것
⑥ 가압송수장치에는 "미분무펌프"라고 표시한 표지를 할 것. 다만, 호스릴 방식의 경우 "호스릴 방식 미분무펌프"라고 표시한 표지를 할 것
⑦ 가압송수장치가 기동되는 경우에는 자동으로 정지되지 않도록 할 것

(2) 압력수조방식
① 압력수조는 전용으로 할 것
② **압력수조에는 수위계ㆍ급수관ㆍ배수관ㆍ급기관ㆍ맨홀ㆍ압력계ㆍ안전장치** 및 압력저하 방지를 위한 **자동식 공기압축기**를 설치할 것
③ 압력수조의 토출 측에는 **사용압력의 1.5배 범위를 초과하는 압력계**를 설치해야 한다.

(3) 가압수조방식
① 가압수조의 압력은 설계 방수량 및 방수압이 설계방수시간 이상 유지되도록 할 것
② 가압수조 및 가압원은 건축법 시행령 제46조에 따른 방화구획된 장소에 설치할 것
③ 가압수조는 전용으로 설치할 것

5 개방형 미분무소화설비의 방수구역
① 하나의 방수구역은 2개 층에 미치지 않을 것
② 하나의 방수구역을 담당하는 헤드의 개수는 최대설계개수 이하로 할 것. 다만, 2 이상의 방수구역으로 나눌 경우에는 하나의 방수구역을 담당하는 헤드의 개수는 최대설계개수의 1/2 이상으로 할 것
③ 터널, 지하상가 등에 설치할 경우 동시에 방수되어야 하는 방수구역은 화재가 발생된 방수구역 및 접한 방수구역으로 할 것

6 배관 등

(1) 성능시험배관
① 성능시험배관은 펌프의 토출 측에 설치된 개폐밸브 이전에서 분기하여 직선으로 설치하고, 유량측정장치를 기준으로 전단 직관부에는 개폐밸브를 후단 직관부에는 유량조절밸브를 설치할 것. 이 경우 개폐밸브와 유량측정장치 사이의 직관부 거리 및 유량측정장치와 유량조절밸브 사이의 직관부 거리는 해당 유량측정장치 제조사의 설치사양에 따르고, 성능시험배관의 호칭지름은 유량측정장치의 호칭지름에 따른다.
② 유입구에는 개폐밸브를 둘 것

③ **유량측정장치**는 펌프의 정격토출량의 **175[%] 이상** 측정할 수 있는 성능이 있을 것

(2) 릴리프밸브

가압송수장치의 체절운전 시 수온의 상승을 방지하기 위하여 체크밸브와 펌프 사이에서 분기한 구경 20[mm] 이상의 배관에 체절압력 미만에서 개방되는 릴리프밸브를 설치할 것

(3) 교차배관의 위치ㆍ청소구 및 가지배관의 헤드 설치기준

① 교차배관은 가지배관과 수평으로 설치하거나 또는 가지배관 밑에 설치할 것
② 청소구는 교차배관 끝에 개폐밸브를 설치하고, 호스접결이 가능한 나사식 또는 고정배수 배관식으로 할 것. 이 경우 나사식의 개폐밸브는 나사보호용의 캡으로 마감할 것

(4) 시험장치

① 가압송수장치에서 가장 먼 가지배관의 끝으로부터 연결하여 설치할 것
② 시험장치 배관의 구경은 가압송수장치에서 가장 먼 가지배관의 구경과 동일한 구경으로 하고, 그 끝에 개방형 헤드를 설치할 것. 이 경우 개방형 헤드는 동일 형태의 오리피스만으로 설치할 수 있다.
③ 시험배관의 끝에는 물받이 통 및 배수관을 설치하여 시험 중 방사된 물이 바닥에 흘러내리지 않도록 할 것. 다만, 목욕실ㆍ화장실 또는 그 밖의 곳으로서 배수처리가 쉬운 장소에 시험배관을 설치한 경우에는 그렇지 않다.

(5) 수직배수배관의 구경은 50[mm] 이상으로 해야 한다. 다만, 수직배관의 구경이 50[mm] 미만인 경우에는 수직배관과 동일한 구경으로 할 수 있다.

(6) 주차장의 미분무소화설비는 **습식 외의 방식**으로 해야 한다.

> **Plus one**
>
> 주차장이 벽 등으로 차단되어 있고 출입구가 자동으로 열리고 닫히는 구조인 것으로서 주차장에 습식 설비로 할 수 있는 경우
> • 동절기에 상시 난방이 되는 곳이거나 그 밖에 동결의 염려가 없는 곳
> • 미분무소화설비의 동결을 방지할 수 있는 구조 또는 장치가 된 것

(7) 급수개폐밸브 작동표시스위치의 설치기준

① 급수개폐밸브가 잠길 경우 탬퍼스위치의 동작으로 인하여 감시제어반 또는 수신기에 표시되어야 하며 경보음을 발할 것
② 탬퍼스위치는 감시제어반 또는 수신기에서 동작의 유무확인과 동작시험, 도통시험을 할 수 있을 것
③ 급수개폐밸브의 작동표시 스위치에 사용되는 전기배선은 내화전선 및 내열전선으로 설치할 것

(8) 배관의 배수를 위한 기울기

① 폐쇄형 미분무소화설비의 배관을 수평으로 할 것. 다만, 배관의 구조상 소화수가 남아 있는 곳에는 배수밸브를 설치해야 한다.
② 개방형 미분무소화설비에는 헤드를 향하여 상향으로 수평주행배관의 기울기를 1/500 이상, 가지배관의 기울기를 1/250 이상으로 할 것. 다만, 배관의 구조상 기울기를 줄 수 없는 경우에는 배수를 원활하게 할 수 있도록 배수밸브를 설치해야 한다.

(9) 호스릴방식의 설치기준

① 차고 또는 주차장 외의 장소에 설치하되 방호대상물의 각 부분으로부터 하나의 호스접결구까지의 수평거리가 25[m] 이하가 되도록 할 것
② 소화약제 저장용기의 개방밸브는 호스의 설치장소에서 수동으로 개폐할 수 있는 것으로 할 것
③ 소화약제 저장용기의 가장 가까운 곳의 보기 쉬운 곳에 표시등을 설치하고 "호스릴 미분무소화설비"라고 표시한 표지를 할 것

7 음향장치 및 기동장치

① 폐쇄형 미분무헤드가 개방되면 화재신호를 발신하고 그에 따라 음향장치가 경보되도록 할 것
② 개방형 미분무소화설비는 화재감지기의 감지에 따라 음향장치가 경보되도록 할 것. 이 경우 화재감지기 회로를 교차회로방식으로 하는 때에는 하나의 화재감지기 회로가 화재를 감지하는 때에도 음향장치가 경보되도록 해야 한다.
③ **음향장치**는 방호구역 또는 방수구역마다 설치하되 그 구역의 각 부분으로부터 하나의 음향장치까지의 **수평거리**는 **25[m] 이하**가 되도록 할 것
④ 음향장치는 경종 또는 사이렌(전자식 사이렌을 포함한다)으로 하되, 주위의 소음 및 다른 용도의 경보와 구별이 가능한 음색으로 할 것(이 경우 경종 또는 사이렌은 자동화재탐지설비·비상벨설비 또는 자동식사이렌설비의 음향장치와 겸용할 수 있다)
⑤ 주 음향장치는 수신기의 내부 또는 그 직근에 설치할 것
⑥ 층수가 11층(공동주택의 경우에는 16층) 이상인 특정소방대상물
  ㉠ 2층 이상의 층에서 발화 : 발화층, 그 직상 4개층
  ㉡ 1층에서 발화 : 발화층, 그 직상 4개층, 지하층
  ㉢ 지하층에서 발화 : 발화층, 그 직상층, 기타의 지하층에 경보를 발할 수 있도록 할 것
⑦ 음향장치는 다음의 기준에 따른 구조 및 성능의 것으로 할 것
  ㉠ 정격전압의 80[%] 전압에서 음향을 발할 수 있는 것으로 할 것
  ㉡ 음향의 크기는 부착된 음향장치의 중심으로부터 1[m] 떨어진 위치에서 90[dB] 이상이 되는 것으로 할 것

⑧ 발신기의 설치기준

다만, 자동화재탐지설비의 발신기가 설치된 경우에는 그렇지 않다.

㉠ 조작이 쉬운 장소에 설치하고, 스위치는 바닥으로부터 **0.8[m] 이상 1.5[m] 이하**의 높이에 설치할 것

㉡ 소방대상물의 층마다 설치하되, 해당 소방대상물의 각 부분으로부터 하나의 발신기까지의 **수평거리가 25[m] 이하**가 되도록 할 것. 다만, 복도 또는 별도로 구획된 실로서 보행거리가 40[m] 이상일 경우에는 추가로 설치해야 한다.

㉢ 발신기의 위치를 표시하는 표시등은 함의 상부에 설치하되, 그 불빛은 부착면으로부터 15° 이상의 범위 안에서 부착지점으로부터 10[m] 이내의 어느 곳에서도 쉽게 식별할 수 있는 적색등으로 할 것

8 헤드의 설치기준

① 미분무헤드는 소방대상물의 천장·반자·천장과 반자 사이·덕트·선반 기타 이와 유사한 부분에 설계자의 의도에 적합하도록 설치해야 한다.

② 하나의 헤드까지의 수평거리 산정은 설계자가 제시해야 한다.

③ 미분무설비에 사용되는 헤드는 **조기반응형 헤드를 설치**해야 한다.

④ 폐쇄형 미분무헤드는 그 설치장소의 평상시 최고 주위온도에 따라 다음 식에 따른 표시온도의 것으로 설치해야 한다. 설계 13회

$$T_a = 0.9\,T_m - 27.3[℃]$$

여기서, T_a : 최고 주위온도
  T_m : 헤드의 표시온도

⑤ 미분무헤드는 배관, 행거 등으로부터 살수가 방해되지 않도록 설치해야 한다.

⑥ 미분무헤드는 '한국소방산업기술원' 또는 '소방시설법 제46조제1항'의 규정에 따라 성능시험기관으로 지정받은 기관에서 검증받아야 한다.

9 제어반

(1) 감시제어반의 기능

① 각 펌프의 작동 여부를 확인할 수 있는 표시등 및 음향경보기능이 있어야 할 것

② 각 펌프를 자동 및 수동으로 작동시키거나 작동을 중단시킬 수 있어야 할 것

③ 비상전원을 설치한 경우에는 상용전원 및 비상전원의 공급 여부를 확인할 수 있어야 할 것

④ 수조가 저수위로 될 때 표시등 및 음향으로 경보할 것
⑤ 예비전원이 확보되고 예비전원의 적합 여부를 시험할 수 있어야 할 것

(2) 감시제어반의 설치기준
① 화재 및 침수 등의 재해로 인한 피해를 받을 우려가 없는 곳에 설치할 것
② 감시제어반은 미분무소화설비의 전용으로 할 것
③ 감시제어반은 다음의 기준에 따른 전용실 안에 설치할 것
  ㉠ 다른 부분과 방화구획을 할 것. 이 경우 전용실의 벽에는 기계실 또는 전기실 등의 감시를 위하여 두께 7[mm] 이상의 망입유리(두께 16.3[mm] 이상의 접합유리 또는 두께 28[mm] 이상의 복층유리를 포함한다)로 된 4[m^2] 미만의 붙박이창을 설치할 수 있다.
  ㉡ **피난층** 또는 **지하 1층**에 설치할 것
  ㉢ 바닥면적은 감시제어반의 설치에 필요한 면적 외에 화재 시 소방대원이 그 감시제어반의 조작에 필요한 최소 면적 이상으로 할 것
④ **확인회로**마다 **도통시험** 및 **작동시험**을 할 수 있도록 할 것
  ㉠ **수조**의 **저수위감시회로**
  ㉡ **개방형 미분무소화설비**의 **화재감지기회로**
  ㉢ 급수배관에 설치되어 있는 **개폐밸브**의 **폐쇄상태 확인회로**
  ㉣ 그 밖의 이와 비슷한 회로

10 미분무소화설비의 점검표(소방시설 자체점검사항 등에 관한 고시 별지 4)

번 호	점검항목	점검결과
7-A. 수 원		
7-A-001	○ 수원의 수질 및 필터(또는 스트레이너) 설치 여부	
7-A-002	● 주배관 유입 측 필터(또는 스트레이너) 설치 여부	
7-A-003	○ 수원의 유효수량 적정 여부	
7-A-004	● 첨가제의 양 산정 적정 여부(첨가제를 사용한 경우)	
7-B. 수 조		
7-B-001	○ 전용 수조 사용 여부	
7-B-002	● 동결방지조치 상태 적정 여부	
7-B-003	○ 수위계 설치 또는 수위 확인 가능 여부	
7-B-004	● 수조 외측 고정사다리 설치 여부(바닥보다 낮은 경우 제외)	
7-B-005	● 실내설치 시 조명설비 설치 여부	
7-B-006	○ "미분무설비용 수조" 표지 설치상태 적정 여부	
7-B-007	● 수조-수직배관 접속부분 "미분무설비용 배관" 표지설치 여부	
7-C. 가압송수장치		
	[펌프방식]	
7-C-001	● 동결방지조치 상태 적정 여부	
7-C-002	● 전용 펌프 사용 여부	
7-C-003	○ 펌프 토출 측 압력계 등 부속장치의 변형·손상 유무	
7-C-004	○ 성능시험배관을 통한 펌프 성능시험 적정 여부	
7-C-005	○ 내연기관 방식의 펌프 설치 적정[정상기동(기동장치 및 제어반) 여부, 축전지 상태, 연료량] 여부	
7-C-006	○ 가압송수장치의 "미분무펌프" 등 표지설치 여부	
	[압력수조방식] **17 회 출제**	
7-C-011	○ 동결방지조치 상태 적정 여부	
7-C-012	● 전용 압력수조 사용 여부	
7-C-013	○ 압력수조의 압력 적정 여부	
7-C-014	○ 수위계·급수관·급기관·압력계·안전장치·공기압축기 등 부속장치의 변형·손상 유무	
7-C-015	○ 압력수조 토출 측 압력계 설치 및 적정 범위 여부	
7-C-016	○ 작동장치 구조 및 기능 적정 여부	
	[가압수조방식]	
7-C-021	● 전용 가압수조 사용 여부	
7-C-022	● 가압수조 및 가압원 설치장소의 방화구획 여부	
7-C-023	○ 수위계·급수관·배수관·급기관·압력계 등 구성품의 변형·손상 유무	
7-D. 폐쇄형 미분무소화설비의 방호구역 및 개방형 미분무소화설비의 방수구역		
7-D-001	○ 방호(방수)구역의 설정기준(바닥면적, 층 등) 적정 여부	
7-E. 배관 등		
7-E-001	○ 급수배관 개폐밸브 설치(개폐표시형, 흡입 측 버터플라이 제외) 및 작동표시스위치 적정(제어반 표시 및 경보, 스위치 동작 및 도통시험) 여부	
7-E-002	● 성능시험배관 설치(개폐밸브, 유량조절밸브, 유량측정장치) 적정 여부	
7-E-003	● 동결방지조치 상태 적정 여부	
7-E-004	○ 유수검지장치 시험장치 설치 적정(설치위치, 배관구경, 개폐밸브 및 개방형 헤드, 물받이 통 및 배수관) 여부	
7-E-005	● 주차장에 설치된 미분무소화설비 방식 적정(습식 외의 방식) 여부	
7-E-006	○ 다른 설비의 배관과의 구분 상태 적정 여부	
	[호스릴 방식]	
7-E-011	● 방호대상물 각 부분으로부터 호스접결구까지 수평거리 적정 여부	
7-E-012	○ 소화약제 저장용기의 위치표시등 정상 점등 및 표지 설치 여부	

번 호	점검항목	점검결과
7-F. 음향장치		
7-F-001	○ 유수검지에 따른 음향장치 작동 가능 여부	
7-F-002	○ 개방형 미분무설비는 감지기 작동에 따라 음향장치 작동 여부	
7-F-003	● 음향장치 설치 담당구역 및 수평거리 적정 여부	
7-F-004	● 주 음향장치 수신기 내부 또는 직근 설치 여부	
7-F-005	● 우선경보방식에 따른 경보 적정 여부	
7-F-006	○ 음향장치(경종 등) 변형·손상 확인 및 정상 작동(음량 포함) 여부	
7-F-007	○ 발신기(설치높이, 설치거리, 표시등) 설치 적정 여부	
7-G. 헤드		
7-G-001	○ 헤드 설치 위치·장소·상태(고정) 적정 여부	
7-G-002	○ 헤드의 변형·손상 유무	
7-G-003	○ 헤드 살수장애 여부	
7-H. 전원		
7-H-001	● 대상물 수전방식에 따른 상용전원 적정 여부	
7-H-002	● 비상전원 설치장소 적정 및 관리 여부	
7-H-003	○ 자가발전설비인 경우 연료 적정량 보유 여부	
7-H-004	○ 자가발전설비인 경우 전기사업법에 따른 정기점검 결과 확인	
7-I. 제어반		
	[감시제어반]	
7-I-001	○ 펌프 작동 여부 확인 표시등 및 음향경보장치 정상작동 여부	
7-I-002	○ 펌프별 자동·수동 전환스위치 정상작동 여부	
7-I-003	● 펌프별 수동기동 및 수동중단 기능 정상작동 여부	
7-I-004	● 상용전원 및 비상전원 공급 확인 가능 여부(비상전원 있는 경우)	
7-I-005	● 수조·물올림수조 저수위 표시등 및 음향경보장치 정상작동 여부	
7-I-006	○ 각 확인회로별 도통시험 및 작동시험 정상작동 여부	
7-I-007	○ 예비전원 확보 유무 및 시험 적합 여부	
7-I-008	● 감시제어반 전용실 적정 설치 및 관리 여부	
7-I-009	● 기계·기구 또는 시설 등 제어 및 감시설비 외 설치 여부	
7-I-010	○ 감시제어반과 수신기 간 상호 연동 여부(별도로 설치된 경우)	
	[동력제어반]	
7-I-021	○ 앞면은 적색으로 하고, "미분무소화설비용 동력제어반" 표지 설치 여부	
	[발전기제어반]	
7-I-031	● 소방전원보존형발전기는 이를 식별할 수 있는 표지 설치 여부	

※ 펌프성능시험(펌프 명판 및 설계치 참조)

구 분		체절운전	정격운전 (100[%])	정격유량의 150[%] 운전	적정 여부	
토출량 [L/min]	주				1. 체절운전 시 토출압은 정격토출압의 140[%] 이하일 것 ( )	○설정압력 : ○주펌프 기동 : [MPa] 정지 : [MPa] ○예비펌프 기동 : [MPa] 정지 : [MPa] ○충압펌프 기동 : [MPa] 정지 : [MPa]
	예 비				2. 정격운전 시 토출량과 토출압이 규정치 이상일 것 ( )	
토출압 [MPa]	주				3. 정격토출량의 150[%]에서 토출압이 정격 토출압의 65[%] 이상일 것 ( )	
	예 비					

※ 릴리프밸브 작동압력 :   [MPa]

비 고	

제9절 포소화설비(NFTC 105)

1 적응 포소화설비

특정소방대상물		적응 소화설비
특수가연물을 저장·취급하는 공장 또는 창고		① 포워터 스프링클러설비 ② 포헤드설비 ③ 고정포방출설비 ④ 압축공기포 소화설비
차고, 주차장	일반적인 경우	① 포워터 스프링클러설비 ② 포헤드설비 ③ 고정포방출설비 ④ 압축공기포 소화설비
	특별한 경우*	① 호스릴 포소화설비 ② 포소화전설비
항공기격납고	일반적인 경우	① 포워터 스프링클러설비 ② 포헤드설비 ③ 고정포방출설비 ④ 압축공기포 소화설비
	바닥면적의 합계가 1,000[m^2] 이상이고 항공기의 격납위치가 한정되어 있는 경우에는 그 한정된 장소 외의 부분	호스릴 포소화설비
발전기실, 엔진펌프실 변압기, 전기케이블실, 유압설비	바닥면적의 합계가 300[m^2] 미만	고정식 압축공기포 소화설비

※ **특별한 경우** 설계 15회
- 완전 개방된 옥상주차장 또는 고가 밑의 주차장으로서 주된 벽이 없고 기둥뿐이거나 주위가 위해방지용 철주 등으로 둘러싸인 부분
- 지상 1층으로서 지붕이 없는 부분

2 포소화설비의 수조 설치기준

① 점검에 편리한 곳에 설치할 것
② 동결방지조치를 하거나 동결의 우려가 없는 장소에 설치할 것
③ 수조 외측에 수위계를 설치할 것. 다만, 구조상 불가피한 경우에는 수조의 맨홀 등을 통하여 수조 안의 물의 양을 쉽게 확인할 수 있도록 해야 한다.
④ 수조의 상단이 바닥보다 높은 때에는 수조 외측에 고정식 사다리를 설치할 것
⑤ 수조가 실내에 설치된 때에는 그 실내에 조명설비를 설치할 것
⑥ 수조의 밑부분에는 청소용 배수밸브 또는 배수관을 설치할 것
⑦ 수조 외측의 보기 쉬운 곳에 "포소화설비용 수조"라고 표시한 표지를 할 것. 이 경우 그 수조를 다른 설비와 겸용하는 때에는 그 겸용되는 설비의 이름을 표시한 표지를 함께 해야 한다.
⑧ 포소화설비 펌프의 흡수배관 또는 포소화설비의 수직배관과 수조의 접속부분에는 "포소화설비용 배관"이라고 표시한 표지를 할 것. 다만, 수조와 가까운 장소에 소화설비용 펌프가 설치되고 해당 펌프에 규정(2.3.1.14)에 따른 표지를 설치한 때에는 그렇지 않다.

3 가압송수장치

(1) 전동기 또는 내연기관에 따른 펌프를 이용하는 가압송수장치

① 쉽게 접근할 수 있고 점검하기에 충분한 공간이 있는 장소로서 화재 및 침수 등의 재해로 인한 피해를 받을 우려가 없는 곳에 설치할 것

② 동결방지조치를 하거나 동결의 우려가 없는 장소에 설치할 것. 다만, 포소화설비의 가압송수장치에 보온재를 사용할 경우에는 난연재료 성능 이상의 것으로 해야 한다.

③ 소화약제가 변질될 우려가 없는 곳에 설치할 것

④ 펌프의 토출량은 포헤드·고정포방출구 또는 이동식 포노즐의 설계압력 또는 노즐의 방사압력의 허용범위 안에서 포수용액을 방출 또는 방사할 수 있는 양 이상이 되도록 할 것

⑤ 펌프는 전용으로 할 것. 다만, 다른 소화설비와 겸용하는 경우 각각의 소화설비의 성능에 지장이 없을 때에는 그렇지 않다.

⑥ 펌프의 토출 측에는 압력계를 체크밸브 이전에 펌프 토출 측 플랜지에서 가까운 곳에 설치하고, 흡입 측에는 연성계 또는 진공계를 설치할 것. 다만, 수원의 수위가 펌프의 위치보다 높거나 수직회전축 펌프의 경우에는 연성계 또는 진공계를 설치하지 않을 수 있다.

⑦ **펌프의 성능**은 체절운전 시 **정격토출압력의 140[%]를 초과하지 않고**, 정격토출량의 150[%]로 운전 시 정격토출압력의 **65[%] 이상**이 되어야 하며, 펌프의 성능을 시험할 수 있는 성능시험배관을 설치할 것. 다만, 충압펌프의 경우에는 그렇지 않다.

⑧ 가압송수장치에는 체절운전 시 수온의 상승을 방지하기 위한 순환배관을 설치할 것. 다만, 충압펌프의 경우에는 그렇지 않다.

⑨ 기동장치로는 기동용 수압개폐장치 또는 이와 동등 이상의 성능이 있는 것을 설치하고, **기동용 수압개폐장치 중 압력챔버**를 사용할 경우 그 용적은 **100[L] 이상**의 것으로 할 것

⑩ **압축공기포 소화설비**에 설치되는 펌프의 양정은 **0.4[MPa] 이상**이 되어야 한다. 다만, 자동으로 급수장치를 설치한 때에는 전용펌프를 설치하지 않을 수 있다.

(2) 고가수조의 자연낙차를 이용한 가압송수장치

① 고가수조의 자연낙차수두(수조의 하단으로부터 최고층에 설치된 포헤드까지의 수직거리를 말한다)식

$$H = h_1 + h_2 + h_3$$

여기서, H : 필요한 낙차[m]
h_1 : 방출구의 설계압력 환산수두 또는 노즐 선단의 방사압력 환산수두[m]
h_2 : 배관의 마찰손실수두[m]
h_3 : 호스의 마찰손실수두[m]

② 고가수조에는 수위계·배수관·급수관·오버플로관 및 맨홀을 설치할 것

(3) 압력수조를 이용한 가압송수장치

① 압력수조의 압력

$$P = P_1 + P_2 + P_3 + P_4$$

여기서, P : 필요한 압력[MPa]
 P_1 : 방출구의 설계압력 환산수두 또는 노즐 선단의 방사압력[MPa]
 P_2 : 배관의 마찰손실수두압[MPa]
 P_3 : 낙차의 환산수두압[MPa]
 P_4 : 호스의 마찰손실수두압[MPa]

② 압력수조에는 수위계·급수관·배수관·급기관·맨홀·압력계·안전장치 및 압력저하 방지를 위한 자동식 공기압축기를 설치할 것

4 송수구의 설치기준

① 송수구는 화재층으로부터 지면으로 떨어지는 유리창 등이 송수 및 그 밖의 소화작업에 지장을 주지 않는 장소에 설치할 것
② 송수구로부터 포소화설비의 주배관에 이르는 연결배관에 개폐밸브를 설치한 때에는 그 개폐상태를 쉽게 확인 및 조작할 수 있는 옥외 또는 기계실 등의 장소에 설치할 것
③ 송수구는 **구경 65[mm]의 쌍구형**으로 할 것
④ 송수구에는 그 가까운 곳의 보기 쉬운 곳에 **송수압력범위**를 **표시**한 표지를 할 것
⑤ 송수구는 하나의 층의 바닥면적이 3,000[m²]를 넘을 때마다 1개 이상(5개를 넘을 경우에는 5개로 한다)을 설치할 것
⑥ 지면으로부터 높이가 0.5[m] 이상 1[m] 이하의 위치에 설치할 것
⑦ 송수구의 부근에는 자동배수밸브(또는 직경 5[mm]의 배수공) 및 체크밸브를 설치할 것. 이 경우 자동배수밸브는 배관 안의 물이 잘 빠질 수 있는 위치에 설치하되, 배수로 인하여 다른 물건이나 장소에 피해를 주지 않아야 한다.
⑧ 송수구에는 이물질을 막기 위한 마개를 씌울 것
⑨ 압축공기포 소화설비를 스프링클러보조설비로 설치하거나, 압축공기포 소화설비에 자동으로 급수되는 장치를 설치할 때에는 송수구를 설치하지 않을 수 있다.

5 포소화약제의 저장탱크 설치기준

[폼원액탱크(FOAM LIQUID TANK) 횡형 TYPE]

① 화재 등의 재해로 인한 피해를 받을 우려가 없는 장소에 설치할 것
② 기온의 변동으로 포의 발생에 장애를 주지 않는 장소에 설치할 것. 다만, 기온의 변동에 영향을 받지 않는 포소화약제의 경우에는 그렇지 않다.
③ 포소화약제가 변질될 우려가 없고 점검에 편리한 장소에 설치할 것
④ 가압송수장치 또는 포소화약제 혼합장치의 기동에 따라 압력이 가해지는 것 또는 상시 가압된 상태로 사용되는 것은 압력계를 설치할 것
⑤ 포소화약제 저장량의 확인이 쉽도록 액면계 또는 계량봉 등을 설치할 것
⑥ 가압식이 아닌 저장탱크는 글라스게이지를 설치하여 액량을 측정할 수 있는 구조로 할 것

6 포소화약제 혼합방식의 종류 점검 23 회 출제 설계 01 07

기계포 소화약제에는 비례혼합장치와 정량혼합장치가 있는데 비례혼합장치는 소화원액이 지정농도의 범위 내로 방사 유량에 비례하여 혼합하는 장치를 말하고 정량 혼합장치는 방사 구역 내에서 지정 농도 범위 내의 혼합이 가능한 것만을 성능으로 하지 않는 것으로 지정농도에 관계없이 일정한 양을 혼합하는 장치이다.

[포혼합장치(Foam Mixer)]

(1) 펌프 프로포셔너 방식(Pump Proportioner, 펌프 혼합방식)

펌프의 토출관과 흡입관 사이의 배관 도중에 설치한 흡입기에 펌프에서 토출된 물의 일부를 보내고 농도조정밸브에서 조정된 포소화약제의 필요량을 포소화약제 저장탱크에서 펌프 흡입 측으로 보내어 약제를 혼합하는 방식

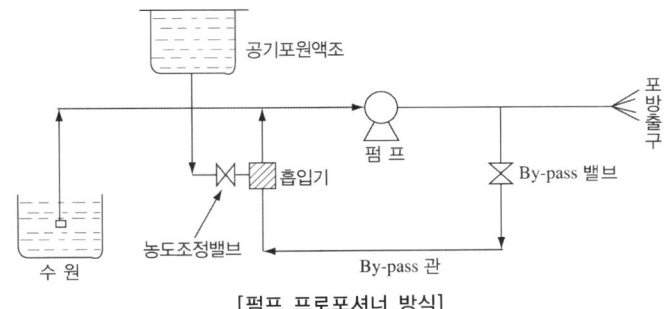

[펌프 프로포셔너 방식]

(2) 라인 프로포셔너 방식(Line Proportioner, 관로 혼합방식)

펌프와 발포기의 중간에 설치된 벤투리관의 벤투리작용에 따라 포소화약제를 흡입·혼합하는 방식. 이 방식은 옥외소화전에 연결 주로 1층에 사용하며 원액 흡입력 때문에 송수압력의 손실이 크고, 토출 측 호스의 길이, 포원액 탱크의 높이 등에 민감하므로 아주 정밀설계와 시공을 요한다.

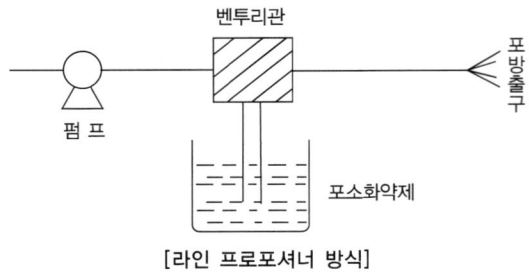

[라인 프로포셔너 방식]

(3) 프레셔 프로포셔너 방식(Pressure Proportioner, 차압 혼합방식)

펌프와 발포기의 중간에 설치된 벤투리관의 벤투리작용과 펌프 가압수의 포소화약제 저장탱크에 대한 압력에 따라 포소화약제를 흡입·혼합하는 방식. 현재 우리나라에서는 3[%] 단백포 차압혼합방식을 많이 사용하고 있다.

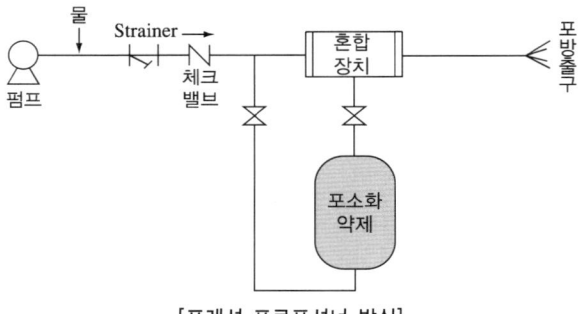

[프레셔 프로포셔너 방식]

(4) 프레셔 사이드 프로포셔너 방식(Pressure Side Proportioner, 압입 혼합방식)

펌프의 토출관에 압입기를 설치하여 포소화약제 압입용 펌프로 포소화약제를 압입시켜 혼합하는 방식

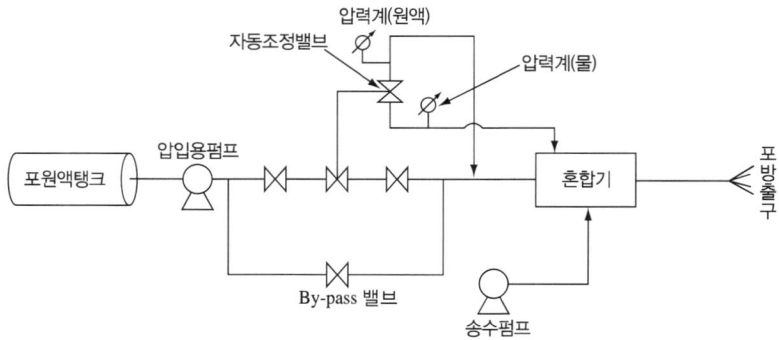

[프레셔 사이드 프로포셔너 방식]

(5) 압축공기포 믹싱챔버방식

물, 포소화약제 및 공기를 믹싱챔버로 강제주입시켜 챔버 내에서 포수용액을 생성한 후 포를 방사하는 방식

7 기동장치의 설치기준

(1) 수동식 기동장치의 설치기준

① 직접조작 또는 원격조작에 따라 가압송수장치・수동식 개방밸브 및 소화약제 혼합장치를 기동할 수 있는 것으로 할 것
② 2 이상의 방사구역을 가진 포소화설비에는 방사구역을 선택할 수 있는 구조로 할 것
③ 기동장치의 조작부는 화재 시 쉽게 접근할 수 있는 곳에 설치하되, 바닥으로부터 0.8[m] 이상 1.5[m] 이하의 위치에 설치하고, 유효한 보호장치를 설치할 것
④ 기동장치의 조작부 및 호스접결구에는 가까운 곳의 보기 쉬운 곳에 각각 "기동장치의 조작부" 및 "접결구"라고 표시한 표지를 설치할 것
⑤ **차고** 또는 **주차장**에 설치하는 포소화설비의 수동식 기동장치는 방사구역마다 **1개 이상** 설치할 것
⑥ **항공기격납고**에 설치하는 포소화설비의 수동식 기동장치는 각 방사구역마다 **2개 이상**을 설치하되, 그중 1개는 각 방사구역으로부터 가장 가까운 곳 또는 조작에 편리한 장소에 설치하고, 1개는 화재감지기의 수신기를 설치한 감시실 등에 설치할 것

(2) 자동식 기동장치의 설치기준

① 폐쇄형 스프링클러헤드를 사용하는 경우
  ㉠ 표시온도가 79[℃] 미만인 것을 사용하고, 1개의 스프링클러헤드의 경계면적은 20[m²] 이하로 할 것
  ㉡ 부착면의 높이는 바닥으로부터 5[m] 이하로 하고, 화재를 유효하게 감지할 수 있도록 할 것
  ㉢ 하나의 감지장치 경계구역은 하나의 층이 되도록 할 것
② 화재감지기를 사용하는 경우
  ㉠ 화재감지기는 자동화재탐지설비 및 시각경보장치의 화재안전기술기준 NFTC 203, 2.4(감지기)의 기준에 따라 설치할 것
  ㉡ 화재감지기 회로에는 다음 기준에 따른 발신기를 설치할 것
    ㉮ 조작이 쉬운 장소에 설치하고, 스위치는 바닥으로부터 0.8[m] 이상 1.5[m] 이하의 높이에 설치할 것
    ㉯ 특정소방대상물의 층마다 설치하되, 해당 특정소방대상물의 각 부분으로부터 수평거리가 25[m] 이하가 되도록 할 것. 다만, 복도 또는 별도로 구획된 실로서 보행거리가 40[m] 이상일 경우에는 추가로 설치해야 한다.

㉢ 발신기의 위치를 표시하는 표시등은 함의 상부에 설치하되, 그 불빛은 부착면으로부터 15° 이상의 범위 안에서 부착지점으로부터 10[m] 이내의 어느 곳에서도 쉽게 식별할 수 있는 적색등으로 할 것

③ 동결의 우려가 있는 장소의 포소화설비의 자동식 기동장치는 자동화재탐지설비와 연동으로 할 것

(3) 기동장치에 설치하는 자동경보장치의 설치기준 설계 15회

다만, 자동화재탐지설비에 따라 경보를 발할 수 있는 경우에는 음향경보장치를 설치하지 않을 수 있다.

① 방사구역마다 일제개방밸브와 그 일제개방밸브의 작동 여부를 발신하는 발신부를 설치할 것. 이 경우 각 일제개방밸브에 설치되는 발신부 대신 1개 층에 1개의 유수검지장치를 설치할 수 있다.

② 상시 사람이 근무하고 있는 장소에 수신기를 설치하되, 수신기에는 폐쇄형 스프링클러헤드의 개방 또는 감지기의 작동 여부를 알 수 있는 표시장치를 설치할 것

③ 하나의 소방대상물에 2 이상의 수신기를 설치하는 경우에는 수신기가 설치된 장소 상호 간에 동시 통화가 가능한 설비를 할 것

8 호스릴 포소화설비 또는 포소화전설비

(1) 설치 대상 : 차고, 주차장

(2) 설치기준

① 특정소방대상물의 어느 층에 있어서도 그 층에 설치된 호스릴포방수구 또는 포소화전방수구(호스릴포방수구 또는 포소화전방수구가 5개 이상 설치된 경우에는 5개)를 동시에 사용할 경우 각 이동식 포노즐 선단(끝부분)의 포수용액 방사압력이 0.35[MPa] 이상이고 300[L/min] 이상(1개 층의 바닥면적이 200[m^2] 이하인 경우에는 230[L/min] 이상)의 포수용액을 수평거리 15[m] 이상으로 방사할 수 있도록 할 것

② 저발포의 포소화약제를 사용할 수 있는 것으로 할 것

③ 호스릴 또는 호스를 호스릴포방수구 또는 포소화전방수구로 분리하여 비치하는 때에는 그로부터 3[m] 이내의 거리에 호스릴함 또는 호스함을 설치할 것

④ 호스릴함 또는 호스함은 바닥으로부터 높이 1.5[m] 이하의 위치에 설치하고 그 표면에는 "포호스릴함(또는 포소화전함)"이라고 표시한 표지와 적색의 위치표시등을 설치할 것

⑤ 방호대상물의 각 부분으로부터 하나의 호스릴포방수구까지의 수평거리는 15[m] 이하(포소화전방수구의 경우에는 25[m] 이하)가 되도록 하고 호스릴 또는 호스의 길이는 방호대상물의 각 부분에 포가 유효하게 뿌려질 수 있도록 할 것

9 포방출구의 종류(위험물안전관리에 관한 세부기준 제133조)

(1) Ⅰ형

고정지붕구조의 탱크에 상부포주입법(고정포방출구를 탱크옆판의 상부에 설치하여 액표면상에 포를 방출하는 방법을 말한다)을 이용하는 것으로서 방출된 포가 액면 아래로 몰입되거나 액면을 뒤섞지 않고 액면상을 덮을 수 있는 통계단 또는 미끄럼판 등의 설비 및 탱크 내의 위험물 증기가 외부로 역류되는 것을 저지할 수 있는 구조·기구를 갖는 포방출구

(2) Ⅱ형 13 회 출제

고정지붕구조 또는 부상덮개부착고정지붕구조(옥외저장탱크의 액상에 금속제의 플로팅, 팬 등의 덮개를 부착한 고정지붕구조의 것을 말한다)의 탱크에 상부포주입법을 이용하는 것으로서 방출된 포가 탱크옆판의 내면을 따라 흘러내려 가면서 액면 아래로 몰입되거나 액면을 뒤섞지 않고 액면상을 덮을 수 있는 반사판 및 탱크 내의 위험물 증기가 외부로 역류되는 것을 저지할 수 있는 구조·기구를 갖는 포방출구

(3) 특 형

부상지붕구조의 탱크에 상부포주입법을 이용하는 것으로서 부상지붕의 부상부분상에 높이 0.9[m] 이상의 금속제의 칸막이(방출된 포의 유출을 막을 수 있고 충분한 배수능력을 갖는 배수구를 설치한 것에 한한다)를 탱크옆판의 내측으로부터 1.2[m] 이상 이격하여 설치하고 탱크옆판과 칸막이에 의하여 형성된 환상부분에 포를 주입하는 것이 가능한 구조의 반사판을 갖는 포방출구

(4) Ⅲ형(표면하 주입식)

고정지붕구조의 탱크에 저부포주입법(탱크의 액면하에 설치된 포방출구로부터 포를 탱크 내에 주입하는 방법을 말한다)을 이용하는 것으로서 송포관(발포기 또는 포발생기에 의하여 발생된 포를 보내는 배관을 말한다. 해당 배관으로 탱크 내의 위험물이 역류되는 것을 저지할 수 있는 구조·기구를 갖는 것에 한한다)으로부터 포를 방출하는 포방출구

(5) Ⅳ형 13 회 출제

고정지붕구조의 탱크에 저부포주입법을 이용하는 것으로서 평상시에는 탱크의 액면하의 저부에 설치된 격납통(포를 보내는 것에 의하여 용이하게 이탈되는 캡을 갖는 것을 포함한다)에 수납되어 있는 특수호스 등이 송포관의 말단에 접속되어 있다가 포를 보내는 것에 의하여 특수호스 등이 전개되어 그 선단(끝부분)이 액면까지 도달한 후 포를 방출하는 포방출구

10 포소화약제 보충 시 조작 순서

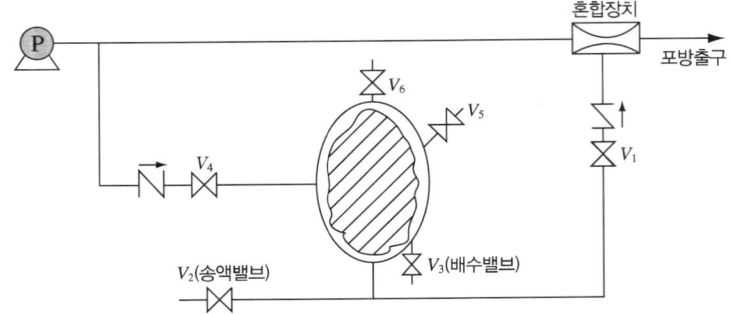

① V_1, V_4 밸브를 폐쇄한다.
② V_3와 V_5 밸브를 개방하여 자켓 내의 물을 배수시킨다.
③ 배수시킨 후 V_3 밸브를 폐쇄한다.
④ V_6 밸브를 개방하고 V_2 밸브에 송액장치를 접속시킨다.
⑤ V_2 밸브를 개방하여 서서히 약제를 주입시킨다.
⑥ 약제를 완전히 보충한 후 V_2 밸브를 폐쇄한다.
⑦ 소화펌프를 기동하여 V_4 밸브를 서서히 개방하여 탱크 내를 가압한다.
⑧ V_5와 V_6 밸브로 공기를 제거한 후 V_5와 V_6 밸브를 폐쇄시킨다.
⑨ 소화펌프를 정지하고 V_1 밸브를 개방한다.

11 포소화설비의 점검표(소방시설 자체점검사항 등에 관한 고시 별지 4)

번 호	점검항목	점검결과
8-A. 종류 및 적응성		
8-A-001	● 특정소방대상물별 포소화설비 종류 및 적응성 적정 여부	
8-B. 수 원		
8-B-001	○ 수원의 유효수량 적정 여부(겸용설비 포함)	
8-C. 수 조		
8-C-001	● 동결방지조치 상태 적정 여부	
8-C-002	○ 수위계 설치 또는 수위 확인 가능 여부	
8-C-003	● 수조 외측 고정사다리 설치 여부(바닥보다 낮은 경우 제외)	
8-C-004	● 실내설치 시 조명설비 설치 여부	
8-C-005	○ "포소화설비용 수조" 표지설치 여부 및 설치 상태	
8-C-006	● 다른 소화설비와 겸용 시 겸용설비의 이름 표시한 표지설치 여부	
8-C-007	● 수조-수직배관 접속부분 "포소화설비용 배관" 표지설치 여부	
8-D. 가압송수장치		
8-D-001 8-D-002 8-D-003 8-D-004 8-D-005 8-D-006 8-D-007 8-D-008 8-D-009	[펌프방식] ● 동결방지조치 상태 적정 여부 ○ 성능시험배관을 통한 펌프 성능시험 적정 여부 ● 다른 소화설비와 겸용인 경우 펌프 성능 확보 가능 여부 ○ 펌프 흡입 측 연성계·진공계 및 토출 측 압력계 등 부속장치의 변형·손상 유무 ● 기동장치 적정 설치 및 기동압력 설정 적정 여부 ● 물올림장치 설치 적정(전용 여부, 유효수량, 배관구경, 자동급수) 여부 ● 충압펌프 설치 적정(토출압력, 정격토출량) 여부 ○ 내연기관 방식의 펌프 설치 적정[정상기동(기동장치 및 제어반) 여부, 축전지 상태, 연료량] 여부 ○ 가압송수장치의 "포소화설비펌프" 표지설치 여부 또는 다른 소화설비와 겸용 시 겸용설비 이름 표시 부착 여부	
8-D-021	[고가수조방식] ○ 수위계·배수관·급수관·오버플로관·맨홀 등 부속장치의 변형·손상 유무	
8-D-031 8-D-032	[압력수조방식] ● 압력수조의 압력 적정 여부 ○ 수위계·급수관·급기관·압력계·안전장치·공기압축기 등 부속장치의 변형·손상 유무	
8-D-041 8-D-042	[가압수조방식] ● 가압수조 및 가압원 설치장소의 방화구획 여부 ○ 수위계·급수관·배수관·급기관·압력계 등 부속장치의 변형·손상 유무	
8-E. 배관 등		
8-E-001	● 송액관 기울기 및 배액밸브 설치 적정 여부	
8-E-002	● 펌프의 흡입 측 배관 여과장치의 상태 확인	
8-E-003	● 성능시험배관 설치(개폐밸브, 유량조절밸브, 유량측정장치) 적정 여부	
8-E-004	● 순환배관 설치(설치위치·배관구경, 릴리프밸브 개방압력) 적정 여부	
8-E-005	● 동결방지조치 상태 적정 여부	
8-E-006	○ 급수배관 개폐밸브 설치(개폐표시형, 흡입 측 버터플라이 제외) 적정 여부	
8-E-007	○ 급수배관 개폐밸브 작동표시스위치 설치 적정(제어반 표시 및 경보, 스위치 동작 및 도통시험, 전기배선 종류) 여부	
8-E-008	● 다른 설비의 배관과의 구분 상태 적정 여부	

번 호	점검항목	점검결과
8-F. 송수구		
8-F-001	○ 설치장소 적정 여부	
8-F-002	● 연결배관에 개폐밸브를 설치한 경우 개폐상태 확인 및 조작가능 여부	
8-F-003	● 송수구 설치 높이 및 구경 적정 여부	
8-F-004	○ 송수압력범위 표시 표지 설치 여부	
8-F-005	● 송수구 설치 개수 적정 여부	
8-F-006	● 자동배수밸브(또는 배수공)·체크밸브 설치 여부 및 설치 상태 적정 여부	
8-F-007	○ 송수구 마개 설치 여부	
8-G. 저장탱크		
8-G-001	● 포약제 변질 여부	
8-G-002	● 액면계 또는 계량봉 설치상태 및 저장량 적정 여부	
8-G-003	● 글라스게이지 설치 여부(가압식이 아닌 경우)	
8-G-004	○ 포소화약제 저장량의 적정 여부	
8-H. 개방밸브		
8-H-001	○ 자동 개방밸브 설치 및 화재감지장치의 작동에 따라 자동으로 개방되는지 여부	
8-H-002	○ 수동식 개방밸브 적정 설치 및 작동 여부	
8-I. 기동장치		
8-I-001	[수동식 기동장치] ○ 직접·원격조작 가압송수장치·수동식 개방밸브·소화약제 혼합장치 기동 여부	
8-I-002	● 기동장치 조작부의 접근성 확보, 설치 높이, 보호장치 설치 적정 여부	
8-I-003	○ 기동장치 조작부 및 호스접결구 인근 "기동장치의 조작부" 및 "접결구" 표지설치 여부	
8-I-004	● 수동식 기동장치 설치개수 적정 여부	
8-I-011	[자동식 기동장치] ○ 화재감지기 또는 폐쇄형 스프링클러헤드의 개방과 연동하여 가압송수장치·일제개방밸브 및 포소화약제 혼합장치 기동 여부	
8-I-012	● 폐쇄형 스프링클러헤드 설치 적정 여부	
8-I-013	● 화재감지기 및 발신기 설치 적정 여부	
8-I-014	● 동결우려 장소 자동식기동장치 자동화재탐지설비 연동 여부	
8-I-021	[자동경보장치] ○ 방사구역마다 발신부(또는 층별 유수검지장치) 설치 여부	
8-I-022	○ 수신기는 설치 장소 및 헤드개방·감지기 작동 표시장치 설치 여부	
8-I-023	● 2 이상 수신기 설치 시 수신기 간 상호 동시 통화 가능 여부	
8-J. 포헤드 및 고정포방출구 **01** 회 출제		
8-J-001	[포헤드] ○ 헤드의 변형·손상 유무	
8-J-002	○ 헤드 수량 및 위치 적정 여부	
8-J-003	○ 헤드 살수장애 여부	
8-J-011	[호스릴 포소화설비 및 포소화전설비] ○ 방수구와 호스릴함 또는 호스함 사이의 거리 적정 여부	
8-J-012	○ 호스릴함 또는 호스함 설치 높이, 표지 및 위치표시등 설치 여부	
8-J-013	● 방수구 설치 및 호스릴·호스 길이 적정 여부	
8-J-021	[전역방출방식의 고발포용 고정포 방출구] ○ 개구부 자동폐쇄장치 설치 여부	
8-J-022	● 방호구역의 관포체적에 대한 포수용액 방출량 적정 여부	
8-J-023	● 고정포방출구 설치 개수 적정 여부	
8-J-024	○ 고정포방출구 설치 위치(높이) 적정 여부	
8-J-031	[국소방출방식의 고발포용 고정포 방출구] ● 방호대상물 범위 설정 적정 여부	
8-J-032	● 방호대상물별 방호면적에 대한 포수용액 방출량 적정 여부	

번호	점검항목	점검결과
8-K. 전원		
8-K-001	● 대상물 수전방식에 따른 상용전원 적정 여부	
8-K-002	● 비상전원 설치장소 적정 및 관리 여부	
8-K-003	○ 자가발전설비인 경우 연료 적정량 보유 여부	
8-K-004	○ 자가발전설비인 경우 전기사업법에 따른 정기점검 결과 확인	
8-L. 제어반		
8-L-001	● 겸용 감시·동력 제어반 성능 적정 여부(겸용으로 설치된 경우)	
	[감시제어반]	
8-L-011	○ 펌프 작동 여부 확인 표시등 및 음향경보장치 정상작동 여부	
8-L-012	○ 펌프별 자동·수동 전환스위치 정상작동 여부	
8-L-013	● 펌프별 수동기동 및 수동중단 기능 정상작동 여부	
8-L-014	● 상용전원 및 비상전원 공급 확인 가능 여부(비상전원 있는 경우)	
8-L-015	● 수조·물올림수조 저수위 표시등 및 음향경보장치 정상작동 여부	
8-L-016	○ 각 확인회로별 도통시험 및 작동시험 정상작동 여부	
8-L-017	○ 예비전원 확보 유무 및 시험 적합 여부	
8-L-018	● 감시제어반 전용실 적정 설치 및 관리 여부	
8-L-019	● 기계·기구 또는 시설 등 제어 및 감시설비 외 설치 여부	
	[동력제어반]	
8-L-031	○ 앞면은 적색으로 하고, "포소화설비용 동력제어반"표지 설치 여부	
	[발전기제어반]	
8-L-041	● 소방전원보존형발전기는 이를 식별할 수 있는 표지 설치 여부	

※ 펌프성능시험(펌프 명판 및 설계치 참조)

구 분		체절운전	정격운전(100[%])	정격유량의 150[%] 운전	적정 여부
토출량 [L/min]	주				1. 체절운전 시 토출압은 정격토출압의 140[%] 이하일 것 ( )
	예 비				2. 정격운전 시 토출량과 토출압이 규정치 이상일 것 ( )
토출압 [MPa]	주				3. 정격토출량의 150[%]에서 토출압이 정격토출압의 65[%] 이상일 것 ( )
	예 비				

○ 설정압력 :
○ 주펌프
  기동 :　　　[MPa]
  정지 :　　　[MPa]
○ 예비펌프
  기동 :　　　[MPa]
  정지 :　　　[MPa]
○ 충압펌프
  기동 :　　　[MPa]
  정지 :　　　[MPa]

※ 릴리프밸브 작동압력 :　　　[MPa]

비 고

CHAPTER 01 예상문제

PART 02 소방시설의 점검

01 간이소화용구의 능력단위를 쓰시오.

해답 간이소화용구의 능력단위(NFTC 101)

간이소화용구		능력단위
1. 마른모래	삽을 상비한 50[L] 이상의 것 1포	0.5단위
2. 팽창질석 또는 팽창진주암	삽을 상비한 80[L] 이상의 것 1포	0.5단위

02 소화기구 및 자동소화장치의 화재안전기술기준에서 다음 용어를 설명하시오.

(1) 일반화재(A급 화재)
(2) 유류화재(B급 화재)
(3) 전기화재(C급 화재)
(4) 주방화재(K급 화재)

해답 화재의 종류(NFTC 101)

(1) 일반화재(A급 화재)
나무, 섬유, 종이, 고무, 플라스틱류와 같은 일반 가연물이 타고 나서 재가 남는 화재를 말한다. 일반화재에 대한 소화기의 적응 화재별 표시는 "A"로 표시한다.

(2) 유류화재(B급 화재)
인화성 액체, 가연성 액체, 석유, 그리스, 타르, 오일, 유성도료, 솔벤트, 래커, 알코올 및 인화성 가스와 같은 유류가 타고 나서 재가 남지 않는 화재를 말한다. 유류화재에 대한 소화기의 적응화재별 표시는 "B"로 표시한다.

(3) 전기화재(C급 화재)
전류가 흐르고 있는 전기기기, 배선과 관련된 화재를 말한다. 전기화재에 대한 소화기의 적응 화재별 표시는 "C"로 표시한다.

(4) 주방화재(K급 화재)
주방에서 동식물유를 취급하는 조리기구에서 일어나는 화재를 말한다. 주방화재에 대한 소화기의 적응 화재별 표시는 "K"로 표시한다.

03 소화기구의 소화약제별 적응성에서 전기화재(C급 화재)에 적합한 소화약제 6가지를 쓰시오(단, 전기전도성 시험에 적합한 액체 소화약제는 제외).

해답 전기화재에 적합한 소화약제(NFTC 101)
① 이산화탄소소화약제
② 할론소화약제
③ 할로겐화합물 및 불활성기체소화약제
④ 인산염류소화약제
⑤ 중탄산염류소화약제
⑥ 고체에어로졸화합물

04 특정소방대상물별 소화기구의 능력단위기준을 쓰시오.

해답 특정소방대상물별 능력단위(NFTC 101)

특정소방대상물	소화기구의 능력단위
1. 위락시설	해당 용도의 바닥면적 30[m²]마다 능력단위 1단위 이상
2. 공연장, 집회장, 관람장, 문화재(국가유산), 장례식장, 의료시설	해당 용도의 바닥면적 50[m²]마다 능력단위 1단위 이상
3. 근린생활시설, 판매시설, 운수시설, 숙박시설, 노유자시설, 전시장, 공동주택, 업무시설, 방송통신시설, 공장, 창고시설, 항공기 및 자동차 관련 시설, 관광휴게시설	해당 용도의 바닥면적 100[m²]마다 능력단위 1단위 이상
4. 그 밖의 것	해당 용도의 바닥면적 200[m²]마다 능력단위 1단위 이상

[비 고] 소화기구의 능력단위를 산출함에 있어서 건축물의 주요구조부가 내화구조이고, 벽 및 반자의 실내에 면하는 부분이 불연재료·준불연재료 또는 난연재료로 된 특정소방대상물에 있어서는 위 표의 바닥면적의 2배를 해당 특정소방대상물의 기준면적으로 한다.

05

건축물의 주요구조부가 내화구조이고, 벽 및 반자의 실내에 면하는 부분이 불연재료로 되어있는 바닥면적이 60,000[m²]인 교육연구시설(초등학교)은 소화기구의 능력단위는 얼마인가?

해답 교육연구시설은 그 밖의 것에 해당되어 200[m²]이나 주요구조부가 내화구조이고 벽 및 반자의 실내에 면하는 부분이 불연재료이면 기준면적에 2배이므로
200[m²] × 2배 = 400[m²]
∴ 60,000[m²] ÷ 400[m²] = 150단위

06

소화기구의 화재안전기술기준의 부속용도별 추가 소화기구에 대하여 답하시오.

(1) 부속용도별 추가해야 할 소화기구 및 자동소화장치의 대상
(2) 부속용도별 추가해야 할 소화기구의 능력단위기준
(3) 자동확산소화기 설치 면제대상

해답 **추가 소화기구 및 자동소화장치**(NFTC 101)
(1) 부속용도별 추가해야 할 소화기구 및 자동소화장치의 대상
  ① 보일러실·건조실·세탁소·대량화기취급소
  ② 음식점(지하상가의 음식점을 포함한다)·다중이용업소·호텔·기숙사·노유자시설·의료시설·업무시설·공장·장례식장·교육연구시설·교정 및 군사시설의 주방. 다만, 의료시설·업무시설 및 공장의 주방은 공동취사를 위한 것에 한한다.
  ③ 관리자의 출입이 곤란한 변전실·송전실·변압기실 및 배전반실(불연재료로 된 상자 안에 장치된 것을 제외한다)
(2) 부속용도별 추가해야 할 소화기구의 능력단위기준
  ① 해당 용도의 바닥면적 25[m²]마다 능력단위 1단위 이상의 소화기로 할 것. 이 경우 (1) ②의 주방에 설치하는 소화기 중 1개 이상은 주방화재용 소화기(K급)를 설치해야 한다.
  ② 자동확산소화기는 해당 용도의 바닥면적을 기준으로 10[m²] 이하는 1개, 10[m²] 초과는 2개를 설치하되, 보일러, 조리기구, 변전설비 등 방호대상에 유효하게 분사될 수 있는 위치에 배치될 수 있는 수량으로 설치할 것
(3) 자동확산소화기 설치 면제대상
  스프링클러설비·간이스프링클러설비·물분무등소화설비 또는 상업용 주방자동소화장치가 설치된 경우

07 고압가스의 양이 300[kg] 이상일 때 저장하는 장소와 1개월 동안 제조, 사용하는 장소에 설치해야 하는 소화기구를 쓰시오.

해답 저장과 제조, 사용하는 장소의 소화기구(NFTC 101)
① 저장하는 장소의 소화기구 : 대형소화기 2개 이상
② 제조·사용하는 장소의 소화기구 : 바닥면적 50[m²]마다 능력단위 5단위 이상의 소화기 1개 이상

08 소화기구의 설치기준을 쓰시오.

해답 소화기구의 설치기준(NFTC 101)
① 특정소방대상물의 각 층마다 설치하되, 각 층이 2 이상의 거실로 구획된 경우에는 각 층마다 설치하는 것 외에 바닥면적이 33[m²] 이상으로 구획된 각 거실에도 배치할 것
② 특정소방대상물의 각 부분으로부터 1개의 소화기까지의 보행거리가 소형소화기의 경우에는 20[m] 이내, 대형소화기의 경우에는 30[m] 이내가 되도록 배치할 것. 다만, 가연성물질이 없는 작업장의 경우에는 작업장의 실정에 맞게 보행거리를 완화하여 배치할 수 있다.
③ 능력단위가 2단위 이상이 되도록 소화기를 설치해야 할 특정소방대상물 또는 그 부분에 있어서는 간이소화용구의 능력단위가 전체 능력단위의 1/2을 초과하지 않게 할 것(다만, 노유자시설의 경우에는 그렇지 않다)
④ 소화기구(자동확산소화기를 제외한다)는 거주자 등이 손쉽게 사용할 수 있는 장소에 바닥으로부터 높이 1.5[m] 이하의 곳에 비치하고, 소화기에 있어서는 "소화기", 투척용 소화용구에 있어서는 "투척용 소화용구", 마른모래에 있어서는 "소화용 모래", 팽창진주암 및 팽창질석에 있어서는 "소화질석"이라고 표시한 표지를 보기 쉬운 곳에 부착할 것. 다만, 소화기 및 투척용 소화용구의 표지는 축광표지의 성능인증 및 제품검사의 기술기준에 적합한 축광식표지로 설치하고, 주차장의 경우 표지를 바닥으로부터 1.5[m] 이상의 높이에 설치할 것

09 주거용과 상업용 자동소화장치의 설치기준을 쓰시오.

해답 **자동소화장치의 설치기준**(NFTC 101)
(1) 주거용 주방자동소화장치
① 소화약제 방출구는 환기구(주방에서 발생하는 열기류 등을 밖으로 배출하는 장치를 말한다)의 청소부분과 분리되어 있어야 하며, 형식승인 받은 유효설치 높이 및 방호면적에 따라 설치할 것
② 감지부는 형식승인 받은 유효한 높이 및 위치에 설치할 것
③ 차단장치(전기 또는 가스)는 상시 확인 및 점검이 가능하도록 설치할 것
④ 가스용 주방자동소화장치를 사용하는 경우 탐지부는 수신부와 분리하여 설치하되, 공기보다 가벼운 가스를 사용하는 경우에는 천장면으로부터 30[cm] 이하의 위치에 설치하고, 공기보다 무거운 가스를 사용하는 장소에는 바닥면으로부터 30[cm] 이하의 위치에 설치할 것
⑤ 수신부는 주위의 열기류 또는 습기 등과 주위온도에 영향을 받지 않고 사용자가 상시 볼 수 있는 장소에 설치할 것

(2) 상업용 주방자동소화장치
① 소화장치는 조리기구의 종류별로 성능인증 받은 설계 매뉴얼에 적합하게 설치할 것
② 감지부는 성능인증 받은 유효높이 및 위치에 설치할 것
③ 차단장치(전기 또는 가스)는 상시 확인 및 점검이 가능하도록 설치할 것
④ 후드에 설치되는 분사헤드는 후드의 가장 긴 변의 길이까지 방출될 수 있도록 소화약제의 방출 방향 및 거리를 고려하여 설치할 것
⑤ 덕트에 설치되는 분사헤드는 성능인증 받은 길이 이내로 설치할 것

10. 캐비닛형 자동소화장치의 설치기준을 쓰시오.

해답 캐비닛형 자동소화장치의 설치기준(NFTC 101)
① 분사헤드(방출구)의 설치높이는 방호구역의 바닥으로부터 형식승인 받은 범위 내에서 유효하게 소화약제를 방출시킬 수 있는 높이에 설치할 것
② 화재감지기는 방호구역 내의 천장 또는 옥내에 면하는 부분에 설치하되 자동화재탐지설비 및 시각경보장치의 화재안전기술기준(NFTC 203) 2.4(감지기)에 적합하도록 설치할 것
③ 방호구역 내의 화재감지기의 감지에 따라 작동되도록 할 것
④ 화재감지기의 회로는 교차회로방식으로 설치할 것. 다만, 화재감지기를 자동화재탐지설비 및 시각경보장치의 화재안전기술기준(NFTC 203) 2.4.1 단서의 각 감지기로 설치하는 경우에는 그렇지 않다.

> **[자동화재탐지설비 및 시각경보장치의 화재안전기술기준(NFTC 203) 2.4.1 단서]**
> 다만, 지하층·무창층 등으로서 환기가 잘 되지 않거나 실내면적이 40[m²] 미만인 장소, 감지기의 부착면과 실내바닥과의 거리가 2.3[m] 이하인 곳으로서 일시적으로 발생한 열·연기 또는 먼지 등으로 인하여 화재신호를 발신할 우려가 있는 장소(2.2.2 본문에 따른 수신기를 설치한 장소를 제외)에는 다음 기준에서 정한 감지기 중 적응성 있는 감지기를 설치해야 한다.
> • 불꽃감지기 • 정온식감지선형감지기
> • 분포형감지기 • 복합형감지기
> • 광전식분리형감지기 • 아날로그방식의 감지기
> • 다신호방식의 감지기 • 축적방식의 감지기

⑤ 교차회로 내의 각 화재감지기 회로별로 설치된 화재감지기 1개가 담당하는 바닥면적은 자동화재탐지설비 및 시각경보장치의 화재안전기술기준(NFTC 203) 2.4.3.5, 2.4.3.8 및 2.4.3.10에 따른 바닥면적으로 할 것
⑥ 개구부 및 통기구(환기장치를 포함한다)를 설치한 것에 있어서는 소화약제가 방출되기 전에 해당 개구부 및 통기구를 자동으로 폐쇄할 수 있도록 할 것. 다만, 가스압에 의하여 폐쇄되는 것은 소화약제 방출과 동시에 폐쇄할 수 있다.
⑦ 작동에 지장이 없도록 견고하게 고정시킬 것
⑧ 구획된 장소의 방호체적 이상을 방호할 수 있는 소화성능이 있을 것

11 이산화탄소 또는 할론을 방사하는 소화기구(자동확산소화기를 제외한다)를 설치할 수 없는 장소를 쓰시오.

> **해답** 소화기구를 설치할 수 없는 장소(NFTC 101)
> ① 지하층
> ② 무창층
> ③ 밀폐된 거실로서 그 바닥면적이 20[m²] 미만의 장소

12 소형소화기를 설치해야 하는 특정소방대상물에 2/3를 감소할 수 있는 경우를 쓰시오.

> **해답** 소형소화기 2/3를 감소할 수 있는 경우(NFTC 101)
> 소형소화기를 설치해야 할 특정소방대상물 또는 그 부분에 옥내소화전설비·스프링클러설비·물분무등소화설비·옥외소화전설비 또는 대형소화기를 설치한 경우에는 해당 설비의 유효범위의 부분에 대하여는 소형소화기 설치개수의 2/3(대형소화기를 둔 경우에는 1/2)를 감소할 수 있다.

13 소방시설 외관점검표에서 점검내용을 쓰시오.

(1) 소화기(간이소화용구 포함)의 점검내용
(2) 자동소화장치의 점검내용
(3) 화기시설의 점검내용
(4) 자동화재탐지설비, 비상경보설비, 시각경보장치, 비상방송설비, 자동화재속보설비의 점검내용

해답 소방시설 외관점검표에서 점검내용(소방시설 자체점검사항 등에 관한 고시 별지 6)
(1) **소화기(간이소화용구 포함)의 점검내용**
  ① 거주자 등이 손쉽게 사용할 수 있는 장소에 설치되어 있는지 여부
  ② 구획된 거실(바닥면적 33[m²] 이상)마다 소화기 설치 여부
  ③ 소화기 표지 설치 여부
  ④ 소화기의 변형·손상 또는 부식이 있는지 여부
  ⑤ 지시압력계(녹색범위)의 적정 여부
  ⑥ 수동식 분말소화기 내용연수(10년) 적정 여부
(2) **자동소화장치의 점검내용**
  ① 수신부가 설치된 경우 수신부 정상(예비전원, 음향장치 등) 여부
  ② 본체용기, 방출구, 분사헤드 등의 변형·손상 또는 부식이 있는지 여부
  ③ 소화약제의 지시압력 적정 및 외관의 이상 여부
  ④ 감지부(또는 화재감지기) 및 차단장치 설치상태 적정 여부
(3) **화기시설의 점검내용**
  ① 화기시설 주변 적정(거리, 수량, 능력단위)소화기 설치 유무
  ② 건축물의 가연성 부분 및 가연성 물질로부터 1[m] 이상의 안전거리 확보 유무
  ③ 가연성 가스 또는 증기가 발생하거나 체류할 우려가 없는 장소에 설치 유무
  ④ 연료탱크가 연소기로부터 2[m] 이상의 수평거리 확보 유무
  ⑤ 채광 및 환기설비 설치 유무
  ⑥ 방화환경조성 및 주의, 경고표시 유무
(4) **자동화재탐지설비, 비상경보설비, 시각경보장치, 비상방송설비, 자동화재속보설비의 점검내용**
  ① 수신기
    ㉠ 설치장소 적정 및 스위치 정상 위치 여부
    ㉡ 상용전원 공급 및 전원표시등 정상점등 여부
    ㉢ 예비전원(축전지)상태 적정 여부
  ② 감지기 : 감지기의 변형 또는 손상이 있는지 여부(단독경보형감지기 포함)
  ③ 음향장치 : 음향장치(경종 등) 변형·손상 여부
  ④ 시각경보장치 : 시각경보장치 변형·손상 여부
  ⑤ 발신기
    ㉠ 발신기 변형·손상여부
    ㉡ 위치표시등 변형·손상 및 정상점등 여부
  ⑥ 비상방송설비
    ㉠ 확성기 설치 적정(층마다 설치, 수평거리) 여부
    ㉡ 조작부상 설비 작동층 또는 작동구역 표시 여부
  ⑦ 자동화재속보설비 : 상용전원 공급 및 전원표시등 정상 점등 여부

14 소화기구 및 자동소화장치의 점검표에서 소화기구의 종합점검항목을 쓰시오.

해답 소화기구의 종합점검항목(소방시설 자체점검사항 등에 관한 고시 별지 4)
① 거주자 등이 손쉽게 사용할 수 있는 장소에 설치되어 있는지 여부
② 설치높이 적합 여부
③ 배치거리(보행거리 소형 20[m] 이내, 대형 30[m] 이내) 적합 여부
④ 구획된 거실(바닥면적 33[m^2] 이상)마다 소화기 설치 여부
⑤ 소화기 표지 설치상태 적정 여부
⑥ 소화기의 변형·손상 또는 부식 등 외관의 이상 여부
⑦ 지시압력계(녹색범위)의 적정 여부
⑧ 수동식 분말소화기 내용연수(10년) 적정 여부
⑨ 설치수량 적정 여부
⑩ 적응성 있는 소화약제 사용 여부

15 소화기구 및 자동소화장치의 점검표에서 소화기구의 작동점검항목을 쓰시오.

해답 소화기구의 작동점검항목(소방시설 자체점검사항 등에 관한 고시 별지 4)
① 거주자 등이 손쉽게 사용할 수 있는 장소에 설치되어 있는지 여부
② 설치높이 적합 여부
③ 배치거리(보행거리 소형 20[m] 이내, 대형 30[m] 이내) 적합 여부
④ 구획된 거실(바닥면적 33[m^2] 이상)마다 소화기 설치 여부
⑤ 소화기 표지 설치상태 적정 여부
⑥ 소화기의 변형·손상 또는 부식 등 외관의 이상 여부
⑦ 지시압력계(녹색범위)의 적정 여부
⑧ 수동식 분말소화기 내용연수(10년) 적정 여부

16 소화기구 및 자동소화장치의 점검표에서 자동소화장치의 종합점검항목을 쓰시오.

해답 자동소화장치의 종합점검항목(소방시설 자체점검사항 등에 관한 고시 별지 4)
(1) 주거용 주방자동소화장치
① 수신부의 설치상태 적정 및 정상(예비전원, 음향장치 등) 작동 여부
② 소화약제의 지시압력 적정 및 외관의 이상 여부
③ 소화약제 방출구의 설치상태 적정 및 외관의 이상 여부
④ 감지부 설치상태 적정 여부
⑤ 탐지부 설치상태 적정 여부
⑥ 차단장치 설치상태 적정 및 정상 작동 여부
(2) 상업용 주방자동소화장치
① 소화약제의 지시압력 적정 및 외관의 이상 여부
② 후드 및 덕트에 감지부와 분사헤드의 설치상태 적정 여부
③ 수동기동장치의 설치상태 적정 여부
(3) 캐비닛형 자동소화장치
① 분사헤드의 설치상태 적합 여부
② 화재감지기 설치상태 적합 여부 및 정상 작동 여부
③ 개구부 및 통기구 설치 시 자동폐쇄장치 설치 여부
(4) 가스 · 분말 · 고체에어로졸 자동소화장치
① 수신부의 정상(예비전원, 음향장치 등) 작동 여부
② 소화약제의 지시압력 적정 및 외관의 이상 여부
③ 감지부(또는 화재감지기) 설치상태 적정 및 정상 작동 여부

> 작동점검항목과 종합점검항목이 같다.

17 주거용 주방자동소화장치에 표시사항 10가지를 쓰시오.

해답 주거용 주방자동소화장치에 표시사항(주거용 주방자동소화장치의 형식승인 및 제품검사의 기술기준 제35조)
① 품명 및 형식(전기식 또는 가스식)
② 형식승인번호
③ 제조년월 및 제조번호
④ 제조업체명 또는 상호, 수입업체명(수입품에 한정한다)
⑤ 공칭작동온도 및 사용온도범위
⑥ 공칭방호면적(가로×세로)
⑦ 소화약제의 주성분과 중량 또는 용량
⑧ 극성이 있는 단자에는 극성을 표시하는 기호
⑨ 퓨즈 및 퓨즈홀더 부근에는 정격전류값
⑩ 스위치 등 조작부 또는 조정부 부근에는 "열림" 및 "닫힘" 등의 표시
⑪ 취급방법의 개요 및 주의사항
⑫ 품질보증에 관한 사항(보증기간, 보증내용, A/S방법, 자체검사필증 등을 말한다)
⑬ 설치방법
⑭ 감지부의 설치개수, 설치위치 및 높이의 범위
⑮ 방출구의 설치개수, 설치위치 및 높이의 범위
⑯ 전기차단장치 또는 가스차단장치의 설치개수
⑰ 탐지부 유무의 표시 및 설치개수
⑱ 다음의 부품에 대한 원산지
  ㉠ 용기
  ㉡ 밸브
  ㉢ 소화약제
⑲ 자동소화장치에 충전한 소화약제의 물질안전보건자료(MSDS)에 언급된 동일한 소화약제명의 다음의 정보
  ㉠ 충전한 소화약제의 1[%]를 초과하는 위험물질 목록
  ㉡ 충전한 소화약제의 5[%]를 초과하는 화학물질 목록
  ㉢ 물질안전보건자료에 따른 위험한 약제에 관한 정보

18 옥내소화전설비의 수조의 설치기준 5가지를 쓰시오.

해답 수조의 설치기준(NFTC 102)
① 점검에 편리한 곳에 설치할 것
② 동결방지조치를 하거나 동결의 우려가 없는 장소에 설치할 것
③ 수조 외측에 수위계를 설치할 것(다만, 구조상 불가피한 경우에는 수조의 맨홀 등을 통하여 수조 안의 물의 양을 쉽게 확인할 수 있도록 해야 한다)
④ 수조의 상단이 바닥보다 높은 때에는 수조 외측에 고정식 사다리를 설치할 것
⑤ 수조가 실내에 설치된 때에는 그 실내에 조명설비를 설치할 것

19 펌프 주변의 계통도를 그리고 각 기기의 명칭을 표시하고 기능을 설명하시오.

[조 건]
- 수조의 수위보다 펌프가 높게 설치되어 있다.
- 물올림장치 부분의 부속류를 도시한다.
- 펌프 흡입 측 배관의 밸브 및 부속류를 도시한다.
- 펌프 토출 측 배관의 밸브 및 부속류를 도시한다.
- 성능시험배관의 밸브 및 부속류를 도시한다.

해답 (1) 계통도

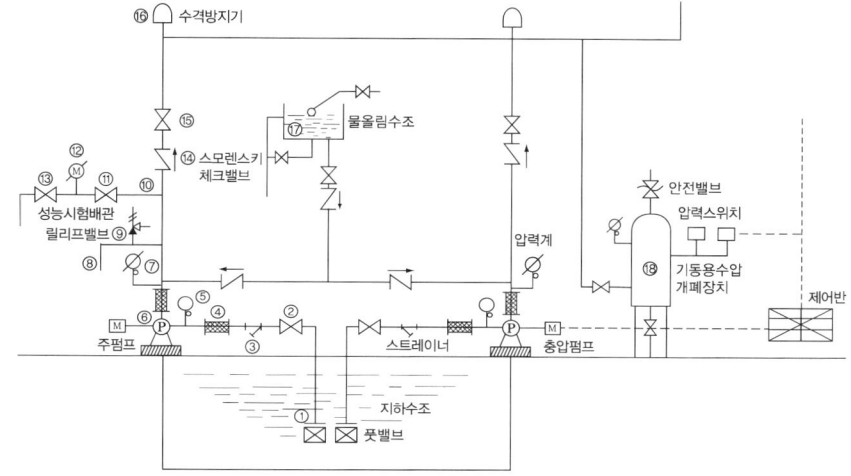

[부압수조방식]

(2) 기기의 명칭 및 기능

번 호	명 칭	기 능
①	풋밸브	여과 기능, 역류방지기능
②	개폐밸브	배관의 개폐기능
③	스트레이너	흡입측 배관 내의 이물질 제거(여과 기능)
④	플렉시블조인트	충격을 흡수하여 흡입 측 배관의 보호
⑤	진공계(연성계)	펌프의 흡입 측 압력 표시
⑥	주펌프	소화수에 압력과 유속 부여
⑦	압력계	펌프의 토출 측 압력 표시
⑧	순환배관	펌프의 체절운전 시 수온상승 방지
⑨	릴리프밸브	체절압력 미만에서 개방하여 압력수 방출
⑩	성능시험배관	가압송수장치의 성능시험
⑪	개폐밸브	펌프 성능시험배관의 개폐 기능
⑫	유량계	펌프의 유량 측정
⑬	유량조절밸브	펌프 성능시험배관의 개폐 기능
⑭	체크밸브	역류 방지, By-pass 기능, 수격작용방지
⑮	개폐표시형밸브	배관 수리 시 또는 펌프성능시험 시 개폐 기능
⑯	수격방지기	펌프의 기동 및 정지 시 수격흡수 기능
⑰	물올림장치	펌프의 흡입 측 배관에 물을 충만하는 기능
⑱	기동용수압개폐장치 (압력챔버)	주펌프의 자동기동, 충압펌프의 자동기동 및 자동정지 기능, 압력변화에 따른 완충 작용, 압력변동에 따른 설비보호

20 옥내소화전설비의 옥상수조 면제 규정에 대하여 작성하시오.

해답 옥상수조 면제대상(NFTC 102)
① 지하층만 있는 건축물
② 고가수조를 가압송수장치로 설치한 경우
③ 수원이 건축물의 최상층에 설치된 방수구보다 높은 위치에 설치된 경우
④ 건축물의 높이가 지표면으로부터 10[m] 이하인 경우
⑤ 주펌프와 동등 이상의 성능이 있는 별도의 펌프로서 내연기관의 기동과 연동하여 작동되거나 비상전원을 연결하여 설치한 경우
⑥ 학교·공장·창고시설(옥상수조를 설치한 대상은 제외)로서 동결의 우려가 있는 장소에 있어서는 기동스위치에 보호판을 부착하여 옥내소화전함 내에 설치한 경우
⑦ 가압수조를 가압송수장치로 설치한 경우

21 옥내소화전설비와 호스릴 옥내소화전설비를 비교 설명하시오.

해답 옥내소화전설비와 호스릴 옥내소화전설비의 비교

항 목	구 분	옥내소화전설비	호스릴 옥내소화전설비
방수압		0.17[MPa] 이상	0.17[MPa] 이상
방수량		130[L/min] 이상	130[L/min] 이상
수 원		설치개수(최대 2개)×2.6[m³] 이상	설치개수(최대 2개)×2.6[m³] 이상
배관구경	수직배관	50[mm] 이상	32[mm] 이상
	가지배관	40[mm] 이상	25[mm] 이상
방수구의 수평거리		25[m] 이하	25[m] 이하

22. 수계 소화설비에서 급수개폐밸브 작동표시스위치(탬퍼스위치)의 설치위치를 쓰시오.

해답 급수개폐밸브 작동표시스위치(탬퍼스위치)의 설치위치
① 주펌프의 흡입 측 배관의 개폐밸브
② 주펌프의 토출 측 배관의 개폐밸브
③ 고가수조(옥상수조)와 주배관상에 설치된 개폐밸브
④ 유수검지장치·일제개방밸브의 1차 측과 2차 측에 설치된 개폐밸브
⑤ 옥외송수구와 주배관상에 설치된 개폐밸브(스프링클러설비, 화재조기진압용 스프링클러설비, 물분무소화설비, 포소화설비, 연결송수관설비)

> 옥내소화전설비와 연결살수설비는 송수구로부터 주배관에 이르는 **연결배관에는 개폐밸브를 설치하지 않을 것**. 다만, 스프링클러설비·물분무소화설비·포소화설비 또는 연결송수관 설비의 배관과 겸용하는 경우에는 그렇지 않다.

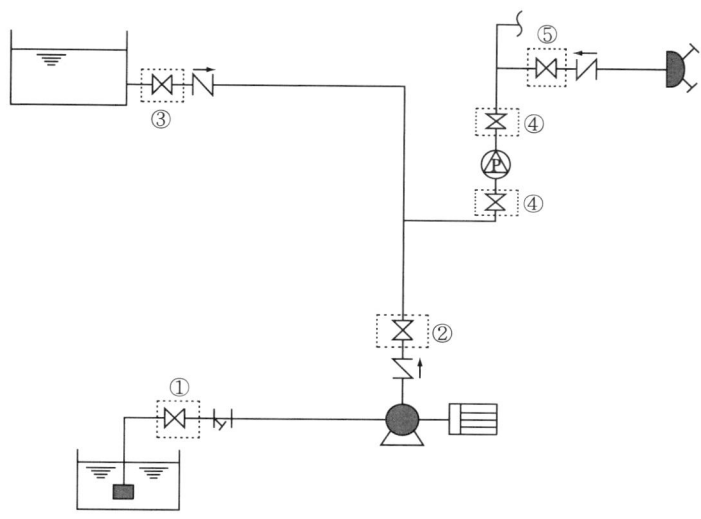

[탬퍼스위치 설치위치]

23. 수계 소화설비에 설치하는 물올림장치의 감수경보원인 5가지를 쓰시오.

해답 감수경보원인
① 펌프, 배관 접속부 등의 누수
② 장치 하단 배수밸브의 개방
③ 자동급수장치(볼탭)의 고장
④ 저수위 감시스위치 고장
⑤ 풋밸브의 고장

24 물올림장치의 감수경보장치가 정상인지를 확인하는 방법을 설명하시오.

해답 감수경보장치 정상 여부 확인방법
① 자동급수밸브를 잠근다.
② 배수밸브를 개방하여 배수한다.
③ 물올림수조 내의 수위가 1/2 정도 되었을 때 감수경보장치가 동작한다.
④ 수신반에서 물올림수조 저수위표시등 점등 및 경보가 되는지 확인한다.
⑤ 배수밸브를 잠근다.
⑥ 자동급수밸브를 개방하면 급수되어 감수경보장치가 동작한다.
⑦ 수신반의 물올림수조 저수위표시등 소등 및 경보(버저)가 정지되는지 확인한다.

25 수원의 수위가 펌프보다 낮은 위치에 있는 가압송수장치의 물올림장치 설치기준을 쓰시오.

해답 물올림장치의 설치기준(NFTC 102)
① 물올림장치에는 전용의 수조를 설치할 것
② 수조의 유효수량은 100[L] 이상으로 하되, 구경 15[mm] 이상의 급수배관에 따라 해당 수조에 물이 계속 보급되도록 할 것

26 옥내소화전설비에서 물올림장치에 대하여 물음에 답하시오.

(1) 수조의 유효수량
(2) 급수관의 구경
(3) 오버플로관의 구경

해답 물올림장치의 설치기준(NFTC 102)
① 수조의 유효수량 : 100[L] 이상
② 급수관의 구경 : 15[mm] 이상
③ 오버플로관의 구경 : 50[mm] 이상

27 펌프의 흡입 측 배관의 설치기준을 쓰시오.

해답 흡입 측 배관의 설치기준
① 공기 고임이 생기지 않는 구조로 하고 여과장치를 설치할 것
② 수조가 펌프보다 낮게 설치된 경우에는 각 펌프(충압펌프를 포함)마다 수조로부터 별도로 설치할 것

28 옥내소화전설비의 배관의 구경에 관련하여 쓰시오.

해답 배관의 구경(NFTC 102)
① 펌프의 토출 측 주배관의 구경 : 유속이 4[m/s] 이하가 될 수 있는 크기 이상으로 해야 한다.
② 옥내소화전 방수구와 연결되는 가지배관의 구경은 40[mm](호스릴 옥내소화전설비의 경우에는 25[mm]) 이상으로 해야 한다.
③ 주배관 중 수직 배관의 구경은 50[mm](호스릴 옥내소화전설비의 경우에는 32[mm]) 이상으로 해야 한다.
④ 연결송수관설비의 배관과 겸용할 경우의 주배관은 구경 100[mm] 이상, 방수구로 연결되는 배관의 구경은 65[mm] 이상의 것으로 해야 한다.

29 펌프의 성능기준 및 성능시험배관 설치기준에 대해 기술하시오.

해답 펌프의 성능기준 및 성능시험배관의 기준(NFTC 102)
① 펌프의 성능기준 : 체절운전 시 정격토출압력의 140[%]를 초과하지 않고, 정격토출량의 150[%]로 운전 시 정격토출압력의 65[%] 이상이 되어야 하며, 펌프의 성능을 시험할 수 있는 성능시험배관을 설치할 것. 다만, 충압펌프의 경우에는 그렇지 않다.
② 펌프의 성능시험배관의 설치기준
  ㉠ 성능시험배관은 펌프의 토출 측에 설치된 개폐밸브 이전에서 분기하여 직선으로 설치하고, 유량측정장치를 기준으로 전단 직관부에 개폐밸브를 후단 직관부에는 유량조절밸브를 설치할 것
  ㉡ 유량측정장치는 펌프의 정격토출량의 175[%] 이상까지 측정할 수 있는 성능이 있을 것

30 옥내소화전설비 송수구의 설치기준을 쓰시오.

해답 **송수구의 설치기준(NFTC 102)**
① 소방차가 쉽게 접근할 수 있고 잘 보이는 장소에 설치하고 화재층으로부터 지면으로 떨어지는 유리창 등이 송수 및 그 밖의 소화작업에 지장을 주지 않는 장소에 설치할 것
② 송수구로부터 옥내소화전설비의 주배관에 이르는 연결배관에는 개폐밸브를 설치하지 않을 것
  [예외] 스프링클러설비·물분무소화설비·포소화설비 또는 연결송수관설비의 배관과 겸용하는 경우
③ 지면으로부터 높이가 0.5[m] 이상 1[m] 이하의 위치에 설치할 것
④ 송수구의 구경 65[mm]의 쌍구형 또는 단구형으로 할 것
⑤ 송수구의 부근에는 자동배수밸브(또는 직경 5[mm]의 배수공) 및 체크밸브를 설치할 것. 이 경우 자동 배수밸브는 배관 안의 물이 잘 빠질 수 있는 위치에 설치하되, 배수로 인하여 다른 물건 또는 장소에 피해를 주지 않아야 한다.
⑥ 송수구에는 이물질을 막기 위한 마개를 씌울 것

31 옥내소화전설비 방수구의 설치기준을 쓰시오.

해답 **방수구의 설치기준(NFTC 102)**
① 특정소방대상물의 층마다 설치하되, 해당 특정소방대상물의 각 부분으로부터 하나의 옥내소화전방수 구까지의 수평거리가 25[m](호스릴 옥내소화전설비를 포함) 이하가 되도록 할 것. 다만, 복층형 구조 의 공동주택의 경우에는 세대의 출입구가 설치된 층에만 설치할 수 있다.
② 바닥으로부터의 높이가 1.5[m] 이하가 되도록 할 것
③ 호스는 구경 40[mm](호스릴 옥내소화전설비의 경우에는 25[mm]) 이상의 것으로서 특정소방대상물 의 각 부분에 물이 유효하게 뿌려질 수 있는 길이로 설치할 것
④ 호스릴 옥내소화전설비의 경우 그 노즐에는 노즐을 쉽게 개폐할 수 있는 장치를 부착할 것

32 옥내소화전설비 방수구의 설치제외 장소 5곳을 쓰시오.

해답 **방수구의 설치제외 장소(NFTC 102)**
① 냉장창고 중 온도가 영하인 냉장실 또는 냉동창고의 냉동실
② 고온의 노가 설치된 장소 또는 물과 격렬하게 반응하는 물품의 저장 또는 취급 장소
③ 발전소·변전소 등으로서 전기시설이 설치된 장소
④ 식물원·수족관·목욕실·수영장(관람석 부분은 제외) 또는 그 밖의 이와 비슷한 장소
⑤ 야외음악당·야외극장 또는 그 밖의 이와 비슷한 장소

33 옥내소화전설비에서 소방용 합성수지배관의 설치가 가능한 경우를 기술하시오.

해답 소방용 합성수지배관의 설치가 가능한 경우(NFTC 102)
① 배관을 지하에 매설하는 경우
② 다른 부분과 내화구조로 구획된 덕트 또는 피트의 내부에 설치하는 경우
③ 천장(상층이 있는 경우에는 상층 바닥의 하단을 포함)과 반자를 불연재료 또는 준불연재료로 설치하고 소화배관 내부에 항상 소화수가 채워진 상태로 설치하는 경우

34 옥내소화전설비에서 배관의 설치기준을 쓰시오.

해답 배관과 배관이음쇠는 다음의 어느 하나에 해당하는 것 또는 동등 이상의 강도·내식성 및 내열성을 국내·외 공인기관으로부터 인정받은 것을 사용해야 하고, 배관용 스테인리스 강관(KS D 3576)의 이음을 용접으로 할 경우에는 텅스텐 불활성가스 아크용접방식에 따른다.
① 배관 내 사용압력이 1.2[MPa] 미만일 경우
 ㉠ 배관용 탄소 강관(KS D 3507)
 ㉡ 이음매 없는 구리 및 구리합금관(KS D 5301). 다만, 습식의 배관에 한한다.
 ㉢ 배관용 스테인리스 강관(KS D 3576) 또는 일반배관용 스테인리스 강관(KS D 3595)
 ㉣ 덕타일 주철관(KS D 4311)
② 배관 내 사용압력이 1.2[MPa] 이상일 경우
 ㉠ 압력배관용 탄소 강관(KS D 3562)
 ㉡ 배관용 아크용접 탄소강 강관(KS D 3583)

35 옥내소화전설비의 표시등 설치기준을 설명하시오.

해답 표시등 설치기준(NFTC 102)
① 옥내소화전설비의 위치를 표시하는 표시등은 함의 상부에 설치하되, 소방청장이 고시하는 표시등의 성능인증 및 제품검사의 기술기준에 적합한 것으로 할 것
② 가압송수장치의 기동을 표시하는 표시등은 옥내소화전함의 상부 또는 그 직근에 설치하되 적색등으로 할 것. 다만, 자체소방대를 구성하여 운영하는 경우(위험물안전관리법 시행령 별표 8에서 정한 소방자동차와 자체소방대원의 규모를 말한다) 가압송수장치의 기동표시등을 설치하지 않을 수 있다.

36 옥내소화전설비의 비상전원을 설치해야 하는 대상과 설치제외 대상을 쓰시오.

해답 비상전원(NFTC 102)
① 설치대상
  ㉠ 층수가 7층 이상으로서 연면적이 2,000[m²] 이상인 것
  ㉡ ㉠에 해당하지 않은 특정소방대상물로서 지하층의 바닥면적의 합계가 3,000[m²] 이상인 것
② 설치제외 대상
  ㉠ 2 이상의 변전소에서 전력을 동시에 공급받을 수 있는 경우
  ㉡ 하나의 변전소로부터 전력의 공급이 중단되는 때에는 자동으로 다른 변전소로부터 전원을 공급받을 수 있도록 상용전원을 설치한 경우
  ㉢ 가압수조방식일 경우

37 옥내소화전설비의 비상전원(자가발전설비·축전지설비 또는 전기저장장치) 설치기준을 쓰시오.

해답 비상전원의 설치기준(NFTC 102)
① 점검에 편리하고 화재 및 침수 등의 재해로 인한 피해를 받을 우려가 없는 곳에 설치할 것
② 옥내소화전설비를 유효하게 **20분 이상** 작동할 수 있어야 할 것
③ 상용전원으로부터 전력의 공급이 중단된 때에는 자동으로 비상전원으로부터 전력을 공급받을 수 있도록 할 것
④ 비상전원(내연기관의 기동 및 제어용 축전지는 제외한다)의 설치장소는 다른 장소와 방화구획할 것. 이 경우 그 장소에는 비상전원의 공급에 필요한 기구나 설비 외의 것(열병합발전설비에 필요한 기구나 설비는 제외한다)을 두어서는 안 된다.
⑤ 비상전원을 실내에 설치하는 때에는 그 실내에 비상조명등을 설치할 것

38 옥내소화전설비의 감시제어반과 동력제어반을 함께 설치할 수 있는 경우를 쓰시오.

해답 감시제어반과 동력제어반을 함께 설치할 수 있는 경우(NFTC 102)
① 비상전원을 설치하지 않은 특정소방대상물에 설치되는 옥내소화전설비
② 내연기관에 따른 가압송수장치를 사용하는 옥내소화전설비
③ 고가수조에 따른 가압송수장치를 사용하는 옥내소화전설비
④ 가압수조에 따른 가압송수장치를 사용하는 옥내소화전설비

39 옥내소화전설비의 감시제어반의 기능에 대해 기술하시오.

해답 감시제어반의 기능(NFTC 102)
① 각 펌프의 작동 여부를 확인할 수 있는 표시등 및 음향경보기능이 있어야 할 것
② 각 펌프를 자동 및 수동으로 작동시키거나 중단시킬 수 있어야 할 것
③ 비상전원을 설치한 경우에는 상용전원 및 비상전원의 공급 여부를 확인할 수 있어야 할 것
④ 수조 또는 물올림수조가 저수위로 될 때 표시등 및 음향으로 경보할 것
⑤ 다음의 각 확인회로마다 도통시험 및 작동시험을 할 수 있도록 할 것
　　㉠ 기동용 수압개폐장치의 압력스위치회로
　　㉡ 수조 또는 물올림수조의 저수위감시회로
　　㉢ 급수배관에 설치되어 있는 개폐밸브의 폐쇄상태 확인회로
　　㉣ 그 밖에 이와 비슷한 회로
⑥ 예비전원이 확보되고 예비전원의 적합 여부를 시험할 수 있어야 할 것

40 옥내소화전설비의 감시제어반을 전용실 안에 설치하지 않아도 되는 경우를 기술하시오.

해답 감시제어반을 전용실 안에 설치하지 않아도 되는 경우(NFTC 102)
① 다음 기준의 어느 하나에 해당하는 경우
　　㉠ 비상전원을 설치하지 않는 특정소방대상물에 설치되는 옥내소화전설비
　　㉡ 내연기관에 따른 가압송수장치를 사용하는 옥내소화전설비
　　㉢ 고가수조에 따른 가압송수장치를 사용하는 옥내소화전설비
　　㉣ 가압수조에 따른 가압송수장치를 사용하는 옥내소화전설비
② 공장, 발전소 등에서 설비를 집중 제어, 운전할 목적으로 설치하는 중앙제어실 내에 감시제어반을 설치하는 경우

41 옥내소화전설비의 감시제어반은 피난층 또는 지하 1층에 설치해야 하는데 지상 2층 또는 지하 1층 외의 지하층에 설치할 수 있는 경우를 쓰시오.

해답 지상 2층 또는 지하 1층 외의 지하층에 설치할 수 있는 경우(NFTC 102)
① 특별피난계단이 설치되고 그 계단(부속실을 포함한다) 출입구로부터 보행거리 5[m] 이내에 전용실의 출입구가 있는 경우
② 아파트의 관리동(관리동이 없는 경우에는 경비실)에 설치하는 경우

42 내화배선(내열배선)의 종류 8가지를 기술하시오.

해답 **내화(내열)배선의 종류(NFTC 102)**
① 450/750[V] 저독성 난연 가교 폴리올레핀 절연 전선
② 0.6/1[kV] 가교 폴리에틸렌 절연 저독성 난연 폴리올레핀 시스 전력 케이블
③ 6/10[kV] 가교 폴리에틸렌 절연 저독성 난연 폴리올레핀 시스 전력용 케이블
④ 가교 폴리에틸렌 절연 비닐시스 트레이용 난연 전력 케이블
⑤ 0.6/1[kV] EP 고무절연 클로로프렌 시스 케이블
⑥ 300/500[V] 내열성 실리콘 고무 절연전선(180[℃])
⑦ 내열성 에틸렌-비닐 아세테이트 고무 절연 케이블
⑧ 버스덕트(Bus Duct)

43 옥내소화전설비의 압력챔버의 공기를 교체하는 방법을 기술하시오.

해답 **압력챔버의 공기 교체방법**
① 동력제어반에서 주펌프와 충압펌프를 정지(수동)시킨다.
② V_1 밸브를 폐쇄하고, V_2를 개방하여 내부압력이 대기압이 되었을 때 V_3를 개방하여 챔버 내의 물을 완전히 배수한다.
③ V_1 밸브를 개방 및 폐쇄를 반복하여 챔버 내부를 2~3회 세척한 후 V_1 밸브를 폐쇄한다.
④ V_3에 의하여 공기가 유입되면 V_3를 폐쇄하고, V_2 밸브를 폐쇄한다.
⑤ V_1을 서서히 개방하여 주배관의 가압수가 압력챔버로 유입되도록 한다.
⑥ 충압펌프를 자동으로 하여 압력챔버에 가압수를 채워 정지점에 도달하면 자동 정지된다.
⑦ 동력제어반에서 주펌프와 충압펌프의 선택스위치를 자동위치로 전환한다.

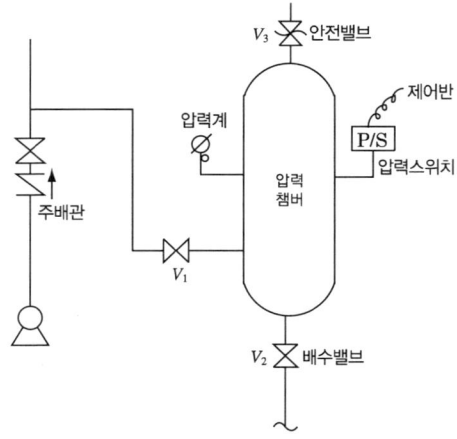

44 20층인 근린생활시설에 옥내소화전설비와 스프링클러설비의 펌프를 겸용으로 사용한다. 펌프성능시험배관에 설치하는 오리피스타입 유량계를 선정할 경우 유량계의 최소구경[mm]은 표에서 구하시오(단, 옥내소화전은 층당 6개이고 양정은 120[m]이다).

규 격	25A	32A	40A	50A	65A	80A	100A	125A	150A
유량범위 [L/min]	35~180	70~360	100~550	220~1,100	450~2,200	700~3,300	900~4,500	1,200~6,000	2,000~10,000

해답 **유량계의 선정**

① 정격유량 = $(2 \times 130[L/min]) + (30 \times 80[L/min]) = 2,660[L/min]$
② 최대유량 = $2,660[L/min] \times 1.75(175[\%]) = 4,655[L/min]$

> 유량측정장치는 펌프의 정격토출량의 175[%] 이상까지 측정할 수 있는 성능이 있을 것

③ 결론 : 2,660[L/min]과 4,655[L/min]를 측정할 수 있는 유량계의 최소 구경은 125A이다.

45 옥내소화전설비의 체절압력 시험방법을 설명하시오.

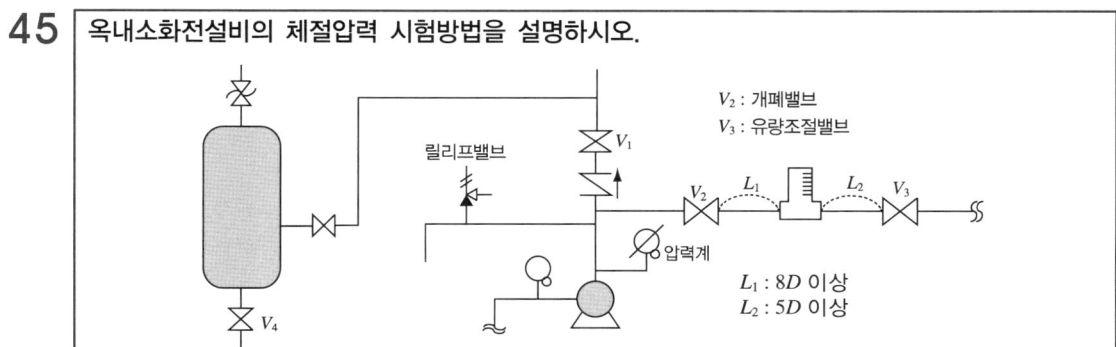

해답 **체절압력 시험방법**

① 동력제어반에서 충압펌프의 선택스위치를 수동(정지)으로 한다.
② 펌프 토출 측의 개폐밸브(V_1)를 잠근다.
③ 성능시험배관상에 설치된 V_2, V_3 밸브를 잠근다(평상시 잠근상태임).
④ 압력챔버의 배수밸브 V_4를 개방하고 주 펌프가 기동되면 V_4를 잠근다(현장에서는 주펌프를 수동기동한다).
⑤ 릴리프밸브가 개방될 때의 압력을 압력계에서 읽고 그 값이 체절압력 미만인지 확인한다.

46. 릴리프밸브의 개방압력을 조정하는 방법을 기술하시오.

V_2 : 개폐밸브
V_3 : 유량조절밸브
L_1 : 8D 이상
L_2 : 5D 이상

해답 **릴리프밸브의 개방압력을 조정하는 방법**

① 동력제어반에서 주펌프, 충압펌프의 선택스위치를 수동(정지)으로 한다.
② 펌프 토출 측의 개폐밸브(V_1)를 잠근다.
③ 동력제어반에서 주펌프를 수동으로 기동시킨다.
④ 펌프 토출 측 압력계의 최고치가 펌프 전양정의 140[%] 이하인가를 확인하고 이때 주펌프의 체절압력을 확인한다.
⑤ 성능시험배관의 개폐밸브(V_2)를 완전개방하고 유량조절밸브(V_3)를 서서히 개방하고 체절압력의 90[%]가 되었을 때 유량조절밸브(V_3)를 멈춘다.

> 릴리프밸브의 작동점은 체절압력의 90[%]로 한다고 명시할 때

⑥ 릴리프밸브의 캡을 열고 조정나사를 스패너로 시계반대방향으로 서서히 돌려서 물이 흐르는 것이 확인되면 주펌프를 수동으로 정지시킨다.
⑦ 성능시험배관의 개폐밸브(V_2)와 유량조절밸브(V_3)를 잠근다.
⑧ 펌프 토출 측의 개폐밸브(V_1)를 개방한다.
⑨ 동력제어반에서 주펌프와 충압펌프의 선택스위치를 자동위치로 전환한다.

47 수계소화설비 펌프의 성능시험방법을 설명하시오.

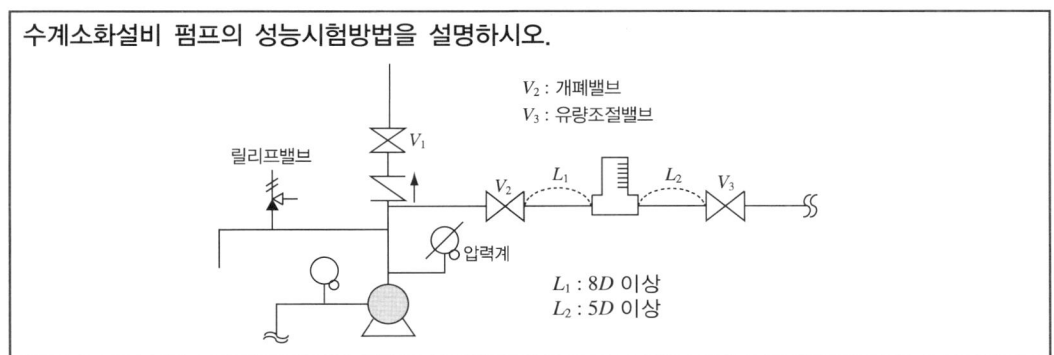

해답 **성능시험방법**

① 펌프의 토출 측 개폐밸브(V_1)를 잠근다.
② 성능시험배관상의 개폐밸브(V_2)를 완전 개방한다.
③ 동력제어반에서 충압펌프의 선택스위치를 수동 또는 정지위치에 놓는다.
④ 동력제어반에서 주펌프를 수동기동한다.
⑤ 성능시험배관상의 유량조절밸브(V_3)를 서서히 개방하여 유량계를 통과하는 유량이 정격토출량(펌프 사양에 명시됨)이 될 때 토출압력이 100[%] 이상인지 확인한다.
⑥ 성능시험배관상의 유량조절밸브(V_3)를 조금 더 개방하여 유량계를 통과하는 유량이 정격토출량의 150[%]가 되도록 조절한다. 이때 펌프의 토출 측 압력은 정격토출압력의 65[%] 이상이어야 한다.
⑦ 동력제어반에서 주펌프를 정지하고 성능시험배관상의 밸브(V_2, V_3)를 서서히 잠근다.
⑧ 펌프의 토출 측 개폐밸브(V_1)를 개방하고, 동력제어반에서 충압펌프의 선택스위치를 자동으로 하여 정지점까지 압력이 도달하면 충압펌프는 자동정지되고 주펌프를 자동위치로 한다.

48. 펌프의 성능시험방법 및 성능곡선을 설명하시오.

해답 성능시험방법 및 성능곡선

① 성능시험방법
  ㉠ 무부하시험(체절운전시험) : 펌프 토출 측의 주밸브와 성능시험배관의 유량조절밸브를 잠근 상태에서 운전할 경우에 토출압력이 정격토출압력의 140[%] 이하인지 확인하는 시험
  ㉡ 정격부하시험 : 펌프를 기동한 상태에서 유량조절밸브를 개방하여 유량계의 유량이 정격유량상태(100[%])일 때 토출압력이 정격토출압력 이상이 되는지 확인하는 시험
  ㉢ 피크부하시험(최대운전시험) : 유량조절밸브를 개방하여 정격토출량의 150[%]로 운전 시 정격토출압력의 65[%] 이상이 되는지 확인하는 시험

② 펌프의 성능곡선

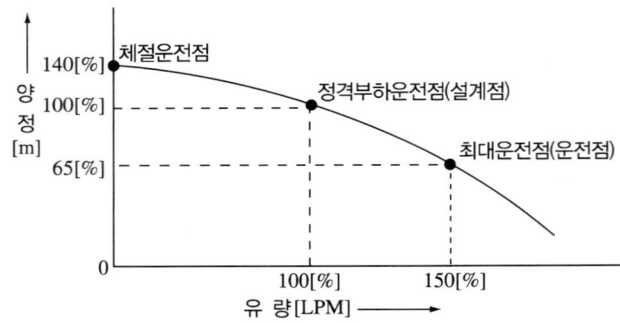

49 옥내소화전설비의 방수압력의 측정 위치와 측정방법을 설명하시오.

해답 방수압력의 측정
① 측정 위치 : 관창 끝부분에서 관창구경의 1/2배 떨어진 위치
② 방수압력 측정방법 : 관창 끝부분에서 관창구경의 1/2배 떨어진 위치에서 피토게이지의 피토관 입구를 수류의 중심선과 일치하게 하여 물을 방사하면 방수압력이 게이지상에 나타난다.

$$Q = 0.6597 CD^2 \sqrt{10P}$$

여기서, Q : 방수량[L/min]
C : 유량계수
D : 노즐내경[mm]
P : 방수압력[MPa]

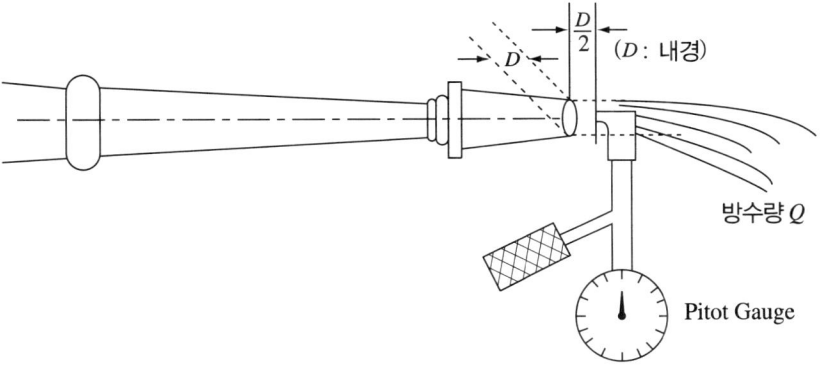

50 옥내소화전설비의 점검표에서 종합점검항목을 쓰시오.

(1) 수 원 (2) 수 조

해답 옥내소화전설비의 종합점검항목(소방시설 자체점검사항 등에 관한 고시 별지 4)
(1) 수 원
① 주된 수원의 유효수량 적정 여부(겸용설비 포함)
② 보조수원(옥상)의 유효수량 적정 여부
(2) 수 조
① 동결방지조치 상태 적정 여부
② 수위계 설치상태 적정 또는 수위 확인 가능 여부
③ 수조 외측 고정사다리 설치상태 적정 여부(바닥보다 낮은 경우 제외)
④ 실내설치 시 조명설비 설치상태 적정 여부
⑤ "옥내소화전설비용 수조" 표지 설치상태 적정 여부
⑥ 다른 소화설비와 겸용 시 겸용설비의 이름 표시한 표지 설치상태 적정 여부
⑦ 수조-수직배관 접속부분 "옥내소화전설비용 배관" 표지 설치상태 적정 여부

수조의 작동점검항목은 ②, ⑤번만 해당된다.

51 옥내소화전설비의 점검표에서 가압송수장치의 종합점검항목과 작동점검항목을 쓰시오.

해답 가압송수장치의 종합점검 및 작동점검항목(소방시설 자체점검사항 등에 관한 고시 별지 4)

(1) 종합점검항목
  ① 펌프방식
    ㉠ 동결방지조치 상태 적정 여부
    ㉡ 옥내소화전 방수량 및 방수압력 적정 여부
    ㉢ 감압장치 설치 여부(방수압력 0.7[MPa] 초과 조건)
    ㉣ 성능시험배관을 통한 펌프 성능시험 적정 여부
    ㉤ 다른 소화설비와 겸용인 경우 펌프 성능 확보 가능 여부
    ㉥ 펌프 흡입 측 연성계·진공계 및 토출 측 압력계 등 부속장치의 변형·손상 유무
    ㉦ 기동장치 적정 설치 및 기동압력 설정 적정 여부
    ㉧ 기동스위치 설치 적정 여부(ON/OFF 방식)
    ㉨ 주펌프와 동등 이상 펌프 추가설치 여부
    ㉩ 물올림장치 설치 적정(전용 여부, 유효수량, 배관구경, 자동급수) 여부
    ㉪ 충압펌프 설치 적정(토출압력, 정격토출량) 여부
    ㉫ 내연기관 방식의 펌프 설치 적정[정상기동(기동장치 및 제어반) 여부, 축전지 상태, 연료량] 여부
    ㉬ 가압송수장치의 "옥내소화전펌프" 표지설치 여부 또는 다른 소화설비와 겸용 시 겸용 설비 이름 표시 부착 여부
  ② 고가수조방식 : 수위계·배수관·급수관·오버플로관·맨홀 등 부속장치의 변형·손상 유무
  ③ 압력수조방식
    ㉠ 압력수조의 압력 적정 여부
    ㉡ 수위계·급수관·급기관·압력계·안전장치·공기압축기 등 부속장치의 변형·손상 유무
  ④ 가압수조방식
    ㉠ 가압수조 및 가압원 설치장소의 방화구획 여부
    ㉡ 수위계·급수관·배수관·급기관·압력계 등 부속장치의 변형·손상 유무

(2) 작동점검항목
  ① 펌프방식
    ㉠ 옥내소화전 방수량 및 방수압력 적정 여부
    ㉡ 성능시험배관을 통한 펌프 성능시험 적정 여부
    ㉢ 펌프 흡입 측 연성계·진공계 및 토출 측 압력계 등 부속장치의 변형·손상 유무
    ㉣ 기동스위치 설치 적정 여부(ON/OFF 방식)
    ㉤ 내연기관 방식의 펌프 설치 적정[정상기동(기동장치 및 제어반) 여부, 축전지 상태, 연료량] 여부
    ㉥ 가압송수장치의 "옥내소화전펌프" 표지설치 여부 또는 다른 소화설비와 겸용 시 겸용 설비 이름 표시 부착 여부
  ② 고가수조방식 : 수위계·배수관·급수관·오버플로관·맨홀 등 부속장치의 변형·손상 유무
  ③ 압력수조방식 : 수위계·급수관·급기관·압력계·안전장치·공기압축기 등 부속장치의 변형·손상 유무
  ④ 가압수조방식 : 수위계·급수관·배수관·급기관·압력계 등 부속장치의 변형·손상 유무

52 옥내소화전설비의 점검표에서 송수구의 종합점검항목을 쓰시오.

해답 송수구의 종합점검항목(소방시설 자체점검사항 등에 관한 고시 별지 4)
① 설치장소 적정 여부
② 연결배관에 개폐밸브를 설치한 경우 개폐상태 확인 및 조작가능 여부
③ 송수구 설치 높이 및 구경 적정 여부
④ 자동배수밸브(또는 배수공)·체크밸브 설치 여부 및 설치 상태 적정 여부
⑤ 송수구 마개 설치 여부

[수계 소화설비 송수구의 종합점검항목 비교]

NO	점검항목	옥내 소화전 설비	스프링 클러 설비	간이 스프링 클러	화재 조기 진압용	물분무 소화 설비	포소화 설비
1	설치장소 적정 여부	○	○	○	○	○	○
2	연결배관에 개폐밸브를 설치한 경우 개폐상태 확인 및 조작가능 여부	○	○	○	○	○	○
3	송수구 설치 높이 및 구경 적정 여부	○	○	○	○	○	○
4	자동배수밸브(또는 배수공)·체크밸브 설치 여부 및 설치 상태 적정 여부	○	○	○	○	○	○
5	송수구 마개 설치 여부	○	○	○	○	○	○
6	송수압력범위 표시 표지 설치 여부	–	○	–	○	○	○
7	송수구 설치 개수 적정 여부(폐쇄형 스프링클러설비의 경우)	–	○	–	–	–	–
8	송수구 설치 개수 적정 여부	–	–	–	○	○	○

※ 미분무소화설비는 송수구의 점검항목이 없다.

53 옥내소화전설비의 점검표에서 배관 등의 종합점검항목을 쓰시오.

해답 배관 등의 종합점검항목(소방시설 자체점검사항 등에 관한 고시 별지 4)
① 펌프의 흡입 측 배관 여과장치의 상태 확인
② 성능시험배관 설치(개폐밸브, 유량조절밸브, 유량측정장치) 적정 여부
③ 순환배관 설치(설치위치·배관구경, 릴리프밸브 개방압력) 적정 여부
④ 동결방지조치 상태 적정 여부
⑤ 급수배관 개폐밸브 설치(개폐표시형, 흡입 측 버터플라이 제외) 적정 여부
⑥ 다른 설비의 배관과의 구분 상태 적정 여부

> 작동점검항목은 ⑤번만 해당된다.

54 옥내소화전설비의 점검표에서 함 및 방수구 등의 종합점검항목을 쓰시오.

해답 함 및 방수구 등의 종합점검항목(소방시설 자체점검사항 등에 관한 고시 별지 4)
① 함 개방 용이성 및 장애물 설치 여부 등 사용 편의성 적정 여부
② 위치·기동 표시등 적정 설치 및 정상 점등 여부
③ "소화전" 표시 및 사용요령(외국어 병기) 기재 표지판 설치상태 적정 여부
④ 대형 공간(기둥 또는 벽이 없는 구조) 소화전 함 설치 적정 여부
⑤ 방수구 설치 적정 여부
⑥ 함 내 소방호스 및 관창 비치 적정 여부
⑦ 호스의 접결상태, 구경, 방수 압력 적정 여부
⑧ 호스릴방식 노즐 개폐장치 사용 용이 여부

> 작동점검항목은 ①, ②, ③, ⑥, ⑦번만 해당된다.

55 옥내소화전설비의 점검표에서 감시제어반의 종합점검항목을 쓰시오.

해답 감시제어반의 종합점검항목(소방시설 자체점검사항 등에 관한 고시 별지 4)
① 펌프 작동 여부 확인 표시등 및 음향경보장치 정상작동 여부
② 펌프별 자동·수동 전환스위치 정상작동 여부
③ 펌프별 수동기동 및 수동중단 기능 정상작동 여부
④ 상용전원 및 비상전원 공급 확인 가능 여부(비상전원 있는 경우)
⑤ 수조·물올림수조 저수위 표시등 및 음향경보장치 정상작동 여부
⑥ 각 확인회로별 도통시험 및 작동시험 정상작동 여부
⑦ 예비전원 확보 유무 및 시험 적합 여부
⑧ 감시제어반 전용실 적정 설치 및 관리 여부
⑨ 기계·기구 또는 시설 등 제어 및 감시설비 외 설치 여부

> 작동점검항목은 ①, ②, ⑥, ⑦번만 해당된다.

56. 스프링클러설비의 종류를 쓰고 설명하시오.

해답 스프링클러설비의 종류(NFTC 103)

① **습식 스프링클러설비**: 가압송수장치에서 폐쇄형 스프링클러헤드까지 배관 내에 항상 물이 가압되어 있다가 화재로 인한 열로 폐쇄형 스프링클러헤드가 개방되면 배관 내에 유수가 발생하여 습식 유수검지장치가 작동하게 되는 방식으로서 기타 스프링클러설비에 비해 구조가 간단하고 즉시 소화가 가능한 장점이 있지만, 동결위험이 있는 장소에는 부적합하다.

② **건식 스프링클러설비**: 건식 유수검지장치 2차 측에 압축공기 또는 질소 등의 기체로 충전된 배관에 폐쇄형 스프링클러헤드가 부착된 스프링클러설비로서 폐쇄형 스프링클러헤드가 개방되어 배관 내의 압축공기 등이 방출되면 건식 유수검지장치 1차 측의 수압에 의하여 건식 유수검지장치가 작동하게 되는 방식으로서 동결의 우려가 있는 장소에 설치하며 습식 설비보다 화재 시 살수시간이 다소 지연되며 설비비가 많이 드는 단점이 있다.

③ **준비작동식 스프링클러설비**: 가압송수장치에서 준비작동식 유수검지장치 1차 측까지 배관 내에 항상 물이 가압되어 있고 2차 측에서 폐쇄형 스프링클러헤드까지 대기압 또는 저압으로 있다가 화재발생 시 감지기의 작동으로 준비작동식 밸브가 개방되면 폐쇄형 스프링클러헤드까지 소화수가 송수되어 폐쇄형 스프링클러헤드가 열에 의해 개방되면 방수가 되는 방식이다.

④ **부압식 스프링클러설비**: 가압송수장치에서 준비작동식 유수검지장치의 1차 측까지는 항상 정압의 물이 가압되고, 2차 측 폐쇄형 스프링클러헤드까지는 소화수가 부압으로 되어 있다가 화재 시 감지기의 작동에 의해 정압으로 변하여 유수가 발생하면 작동하는 스프링클러설비를 말한다.

⑤ **일제살수식 스프링클러설비**: 가압송수장치에서 일제개방밸브 1차 측까지 배관 내에 항상 물이 가압되어 있고 2차 측에서 개방형 스프링클러헤드까지 대기압으로 있다가 화재 시 자동감지장치 또는 수동식 기동장치의 작동으로 일제개방밸브(Deluge Valve)가 개방되면 스프링클러헤드까지 소화수가 송수되는 방식이다.

[스프링클러설비의 비교]

항목	종류	습식	건식	부압식	준비작동식	일제살수식
사용 헤드		폐쇄형	폐쇄형	폐쇄형	폐쇄형	개방형
배관	1차 측	가압수	가압수	가압수	가압수	가압수
	2차 측	가압수	압축공기	부압수	대기압, 저압공기	대기압(개방)
경보밸브		알람체크밸브	건식밸브	준비작동밸브	준비작동밸브	일제개방밸브
감지기의 유무		없다.	없다.	있다(단일회로).	있다(교차회로).	있다(교차회로).
시험장치유무		있다.	있다.	있다.	없다.	없다.

57 스프링클러설비의 가압송수장치에서 펌프의 흡입 측에 연성계 또는 진공계를 설치하지 않을 수 있는 경우를 쓰시오.

> **해답** 연성계 또는 진공계를 설치하지 않을 수 있는 경우(NFTC 103)
> ① 수원의 수위가 펌프보다 높게 설치된 경우
> ② 수직회전축 펌프의 경우

58 스프링클러설비의 하나의 방호구역은 2개 층에 미치지 않도록 규정하고 있으나 3개 층 이내로 할 수 있는 경우를 쓰시오.

> **해답** 3개 층 이내로 할 수 있는 경우
> ① 1개 층에 설치하는 스프링클러헤드의 수가 10개 이하인 경우
> ② 복층형 구조의 공동주택

59 개방형 스프링클러설비의 방수구역 및 일제개방밸브의 기준을 쓰시오.

> **해답** 방수구역 및 일제개방밸브의 기준(NFTC 103)
> ① 하나의 방수구역은 2개 층에 미치지 않아야 한다.
> ② 방수구역마다 일제개방밸브를 설치해야 한다.
> ③ 하나의 방수구역을 담당하는 헤드의 개수는 50개 이하로 할 것. 다만, 2개 이상의 방수구역으로 나눌 경우에는 하나의 방수구역을 담당하는 헤드의 개수는 25개 이상으로 해야 한다.
> ④ 일제개방밸브의 설치위치는 바닥으로부터 0.8[m] 이상 1.5[m] 이하의 위치에 설치하되, 표지는 "일제개방밸브실"이라고 표시할 것

60 교차배관에서 분기되는 지점을 기점으로 한쪽 가지배관에 설치되는 헤드의 개수를 8개 이하로 하지 않아도 되는 경우 2가지를 쓰시오.

해답 예외(NFTC 103)
① 기존의 방호구역 안에서 칸막이 등으로 구획하여 1개의 헤드를 증설하는 경우
② 습식 스프링클러설비 또는 부압식 스프링클러설비에 격자형 배관방식(2 이상의 수평주행배관 사이를 가지배관으로 연결하는 방식을 말한다)을 채택하는 때에는 펌프의 용량, 배관의 구경 등을 수리학적으로 계산한 결과 헤드의 방수압 및 방수량이 소화목적을 달성하는 데 충분하다고 인정되는 경우

61 준비작동식 유수검지장치 또는 일제개방밸브의 화재감지기회로를 교차회로 방식으로 하지 않아도 되는 경우를 쓰시오.

해답 교차회로 방식으로 하지 않아도 되는 경우(NFTC 103)
(1) 스프링클러설비의 배관 또는 헤드에 누설경보용 물 또는 압축공기가 채워지거나 부압식 스프링클러설비의 경우
(2) 자동화재탐지설비의 감지기를 아래의 감지기로 설치한 경우
① 불꽃감지기
② 정온식감지선형감지기
③ 분포형감지기
④ 복합형감지기
⑤ 광전식분리형감지기
⑥ 아날로그방식의 감지기
⑦ 다신호방식의 감지기
⑧ 축적방식의 감지기

62 습식 유수검지장치의 말단시험밸브의 설치목적, 설치기준, 작동 시 확인사항을 쓰시오.

해답 말단시험밸브(시험장치)(NFTC 103)

(1) 설치목적

헤드를 개방하지 않고 다음의 작동상태를 확인하기 위하여 설치한다.
① 유수검지장치의 기능이 작동되는지 확인
② 수신반의 화재표시등의 점등 및 경보가 작동되는지 확인
③ 해당 방호구역의 음향경보장치가 작동되는지 확인
④ 압력챔버의 작동으로 펌프가 작동되는지 확인
⑤ 시험밸브함 내의 압력계가 적정한지 확인(권장사항)

(2) 설치기준

① 습식 스프링클러설비 및 부압식 스프링클러설비에 있어서는 유수검지장치 2차 측 배관에 연결하여 설치하고 건식 스프링클러설비인 경우 유수검지장치에서 가장 먼 거리에 위치한 가지배관의 끝으로부터 연결하여 설치할 것. 이 경우 유수검지장치 2차 측 설비의 내용적이 2,840[L]를 초과하는 건식 스프링클러설비는 시험장치 개폐밸브를 완전 개방 후 1분 이내에 물이 방사되어야 한다.
② 시험장치 배관의 구경은 25[mm] 이상으로 하고, 그 끝에 개폐밸브 및 개방형 헤드 또는 스프링클러헤드와 동등한 방수성능을 가진 오리피스를 설치할 것. 이 경우 개방형 헤드는 반사판 및 프레임을 제거한 오리피스만으로 설치할 수 있다.
③ 시험배관의 끝에는 물받이통 및 배수관을 설치하여 시험 중 방사된 물이 바닥에 흘러내리지 않도록 할 것. 다만, 목욕실·화장실 또는 그 밖의 곳으로서 배수처리가 쉬운 장소에 시험배관을 설치한 경우에는 그렇지 않다.

(3) 시험밸브 작동 시 확인사항

① 수신반의 확인사항
  ㉠ 화재표시등 점등 확인
  ㉡ 수신반의 경보(버저) 작동 확인
  ㉢ 알람밸브 작동표시등 점등 확인
② 소화펌프 자동기동 여부확인
③ 해당 방호구역의 경보(사이렌) 작동 확인

63 조기반응형 스프링클러헤드를 설치해야 하는 장소를 쓰시오.

해답 조기반응형 스프링클러헤드의 설치장소(NFTC 103)

① 공동주택·노유자시설의 거실
② 오피스텔·숙박시설의 침실
③ 병원·의원의 입원실

64 습식, 부압식 스프링클러설비 외의 설비에 하향식 스프링클러헤드를 설치할 수 있는 경우를 쓰시오.

해답 하향식 스프링클러헤드를 설치하는 경우(NFTC 103)
① 드라이펜던트 스프링클러헤드를 사용하는 경우
② 스프링클러헤드의 설치장소가 동파의 우려가 없는 곳인 경우
③ 개방형 스프링클러헤드를 사용하는 경우

65 스프링클러헤드의 설치제외 장소를 기술하시오.

해답 스프링클러헤드의 설치제외(NFTC 103)
① 계단실(특별피난계단의 부속실을 포함)·경사로·승강기의 승강로·비상용 승강기의 승강장·파이프덕트 및 덕트피트(파이프·덕트를 통과시키기 위한 구획된 구멍에 한한다)·목욕실·수영장(관람석 부분은 제외)·화장실·직접 외기에 개방되어 있는 복도·기타 이와 유사한 장소
② 통신기기실·전자기기실·기타 이와 유사한 장소
③ 발전실·변전실·변압기·기타 이와 유사한 전기설비가 설치되어 있는 장소
④ 병원의 수술실·응급처치실·기타 이와 유사한 장소
⑤ 천장과 반자 양쪽이 불연재료로 되어 있는 경우로서 그 사이의 거리 및 구조가 다음의 어느 하나에 해당하는 부분
  ㉠ 천장과 반자 사이의 거리가 2[m] 미만인 부분
  ㉡ 천장과 반자 사이의 벽이 불연재료이고 천장과 반자 사이의 거리가 2[m] 이상으로서 그 사이에 가연물이 존재하지 않는 부분
⑥ 천장·반자 중 한쪽이 불연재료로 되어있고 천장과 반자 사이의 거리가 1[m] 미만인 부분
⑦ 천장 및 반자가 불연재료 외의 것으로 되어 있고 천장과 반자 사이의 거리가 0.5[m] 미만인 부분
⑧ 펌프실·물탱크실·엘리베이터 권상기실 그 밖의 이와 비슷한 장소
⑨ 현관 또는 로비 등으로서 바닥으로부터 높이가 20[m] 이상인 장소
⑩ 영하의 냉장창고의 냉장실 또는 냉동창고의 냉동실
⑪ 고온의 노가 설치된 장소 또는 물과 격렬하게 반응하는 물품의 저장 또는 취급장소
⑫ 불연재료로 된 특정소방대상물 또는 그 부분으로서 다음 어느 하나에 해당하는 장소
  ㉠ 정수장·오물처리장 그 밖의 이와 비슷한 장소
  ㉡ 펄프공장의 작업장·음료수공장의 세정 또는 충전하는 작업장 그 밖의 이와 비슷한 장소
  ㉢ 불연성의 금속·석재 등의 가공공장으로서 가연성 물질을 저장 또는 취급하지 않는 장소
  ㉣ 가연성 물질이 존재하지 않는 건축물의 에너지절약설계기준에 따른 방풍실
⑬ 실내에 설치된 테니스장·게이트볼장·정구장 또는 이와 비슷한 장소로서 실내 바닥·벽·천장이 불연재료 또는 준불연재료로 구성되어 있고 가연물이 존재하지 않는 장소로서 관람석이 없는 운동시설(지하층은 제외)

66 드렌처설비의 설치기준을 쓰시오.

해답 드렌처설비의 설치기준(NFTC 103)
① 드렌처헤드는 개구부 위측에 2.5[m] 이내마다 1개를 설치할 것
② 제어밸브(일제개방밸브·개폐표시형 밸브 및 수동조작부를 합한 것)는 특정소방대상물 층마다에 바닥면으로부터 0.8[m] 이상 1.5[m] 이하의 위치에 설치할 것
③ 수원의 수량은 드렌처헤드가 가장 많이 설치된 제어밸브의 드렌처헤드의 설치개수에 1.6[m^3]를 곱하여 얻은 수치 이상이 되도록 할 것
④ 드렌처설비는 드렌처헤드가 가장 많이 설치된 제어밸브에 설치된 드렌처헤드를 동시에 사용하는 경우에 각각의 헤드 선단(끝부분)에 방수압력이 0.1[MPa] 이상, 방수량이 80[L/min] 이상이 되도록 할 것
⑤ 수원에 연결하는 가압송수장치는 점검이 쉽고 화재 등의 재해로 인한 피해우려가 없는 장소에 설치할 것

67 탬퍼스위치의 설치위치와 설치기준을 기술하시오.

해답 탬퍼스위치
(1) 설치장소
① 주펌프 흡입 측 배관에 설치된 개폐밸브
② 주펌프 토출 측 배관에 설치된 개폐밸브
③ 고가수조(옥상수조)와 입상배관에 연결된 배관상의 개폐밸브
④ 유수검지장치, 일제개방밸브의 1차 측과 2차 측에 설치된 개폐밸브
⑤ 옥외송수구 배관상에 설치된 개폐밸브

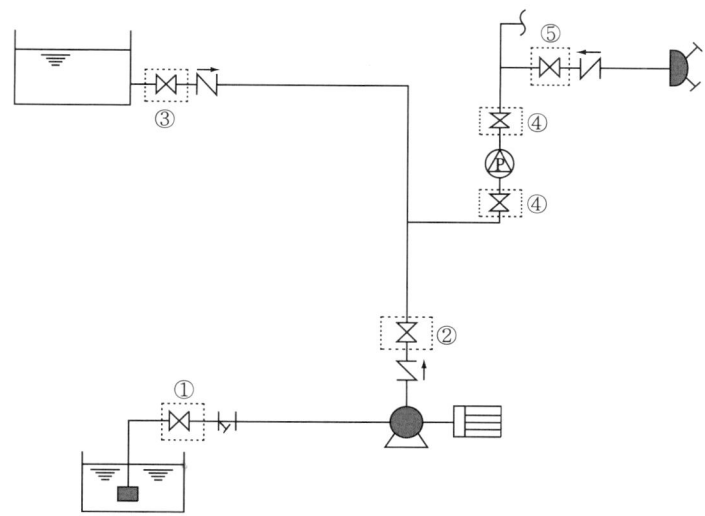

[탬퍼스위치 설치위치]

(2) 설치기준(NFTC 103)
① 급수개폐밸브가 잠길 경우 탬퍼스위치의 동작으로 인하여 감시제어반 또는 수신기에 표시되어야 하며 경보음을 발할 것
② 탬퍼스위치는 감시제어반 또는 수신기에서 동작의 유무확인과 동작시험, 도통시험을 할 수 있을 것
③ 급수개폐밸브의 작동표시스위치에 사용되는 전기배선은 내화전선 또는 내열전선으로 설치할 것

68 감시제어반에서 도통시험 및 작동시험을 할 수 있는 회로를 기술하시오.

해답 도통시험 및 작동시험 회로(NFTC 103)
① 기동용 수압개폐장치의 압력스위치회로
② 수조 또는 물올림수조의 저수위감시회로
③ 유수검지장치 또는 일제개방밸브의 압력스위치회로
④ 일제개방밸브를 사용하는 설비의 화재감지기회로
⑤ 급수배관에 설치되어 있는 급수 개폐밸브의 폐쇄상태 확인회로

69. 다음 그림은 자동경보밸브의 상세이다. 부품별 명칭 및 기능, 시험작동방법, 점검방법을 기술하시오.

해답 자동경보밸브

(1) 부품별 명칭 및 기능

명 칭	기 능	평상시 유지상태
① 1차 개폐밸브	알람밸브 1차 측을 개폐할 때 사용	OPEN
② 배수(드레인)밸브	알람밸브 2차 측의 가압수를 배수할 때 사용	CLOSE
③ 1차 압력계	알람밸브 1차 측의 가압수의 압력 표시	–
④ 2차 압력계	알람밸브 2차 측의 가압수의 압력 표시	–
⑤ 알람스위치(압력스위치)	알람밸브 동작 시 제어반에 밸브개방의 신호 송출	알람밸브 동작 시 작동
⑥ 경보정지밸브	경보를 정지하고자 할 때 사용	OPEN

(2) 시험작동방법
 ① 알람밸브 1차 측에 설치된 시험밸브를 개방하여 클래퍼의 개폐상태와 관계없이 압력스위치에 수압을 가하는 방법
 ② 알람밸브 2차 측에 설치된 배수밸브를 개방하여 2차 측 배관의 압력 강하로 인한 클래퍼의 개방에 따라 압력스위치에 수압을 가하는 방법
 ③ 알람밸브 2차 측 말단에 설치된 시험용 배관의 밸브를 개방하여 2차 측 배관의 압력강하로 인한 클래퍼의 개방에 따라 압력스위치에 수압을 가하는 방법

(3) 작동점검방법
 ① 세팅(Setting)
  ㉠ 1차 측의 개폐밸브를 잠근다.
  ㉡ 수신반의 경보스위치(ON, OFF)로 경보 여부를 결정한다.

  > 점검 시에는 경보스위치를 OFF 위치에 놓고 점검한다.

 ② 작동(Operation)
  ㉠ 헤드 말단에 설치된 시험밸브를 열어 가압수를 배출시킨다.
  ㉡ 알람밸브의 2차 측의 압력 감소로 클래퍼가 개방된다.
  ㉢ 설정된 지연장치의 지연시간이 지난 후 압력스위치가 작동된다.
 ③ 복구(Rehabilitation)
  ㉠ 말단에 설치된 시험밸브를 잠근다(가압수에 의하여 클래퍼가 자동 복구되어 배관이 가압되면 펌프는 자동으로 정지된다).

ⓒ 경보정지밸브를 잠근다(경보 정지).
　　ⓓ 1차 측의 개폐밸브를 서서히 개방한다.
　　ⓔ 1차, 2차 측 압력계의 압력이 정상으로 되면 경보정지밸브를 개방한다(경보가 울리지 않으면 정상복구된 것임).
　　ⓕ 제어반의 스위치를 정상상태로 복구한다.

70 Dry Valve의 시험작동방법, 시험작동 시 확인사항, 점검방법, 경보 작동시험방법을 기술하시오.

해답 건식 밸브(Dry Valve)

(1) 시험작동방법
　① 건식 밸브 1차 측에 설치된 시험밸브를 개방하여 압력스위치 1차 측에 수압을 가하는 방법
　② 건식 밸브 2차 측 주배관의 제어밸브를 폐쇄한 후 클래퍼 2차 측의 압축공기를 배출하여 클래퍼의 개방에 따라 압력스위치에 수압을 가하는 방법
　③ 건식 밸브 2차 측 주배관의 제어밸브를 개방한 상태에서 압축공기 공급밸브를 폐쇄하고 주배관의 압축공기를 배출하여 클래퍼의 개방에 따라 압력스위치에 수압을 가하는 방법

(2) 시험작동 시 확인사항
　① 수신반의 화재표시등 점등
　② 수신반의 건식 밸브 작동표시등 점등
　③ 수신반의 경보(버저) 작동
　④ 해당 방호구역의 경보장치(사이렌) 작동
　⑤ 수신반의 펌프 기동표시등 점등

(3) 작동점검방법
　① 세팅(Setting)
　　㉠ 2차 측의 개폐밸브를 잠근다.
　　㉡ 수신반의 경보스위치(ON, OFF)로 경보 여부를 결정한다.

　　　　점검 시에는 경보스위치를 OFF 위치에 놓고 점검한다.

② 작동(Operation)
  ㉠ 수위확인 밸브를 열어 건식 밸브 내의 공기압력의 누설을 확인한다.
  ㉡ 액셀러레이터가 작동하여 중간챔버로 급속하게 공기압을 흡입시켜 다이어프램을 밀어 올려 클래퍼를 개방시킨다.
  ㉢ 1차 측의 가압수가 수위확인밸브를 통하여 방출한다.
  ㉣ 시트링을 통하여 유입된 가압수가 압력스위치를 작동시킨다.
③ 작동 후 조치
  ㉠ 배 수
    ㉮ 경보정지 시 경보정지밸브 폐쇄
    ㉯ 1차 측 개폐밸브를 폐쇄하여 펌프를 정지시킨다.
    ㉰ 물 공급밸브를 폐쇄한다.
    ㉱ 배수밸브를 개방하여 2차 측의 가압수를 배수시킨다.
    ㉲ 볼드립밸브를 통하여 잔류된 물을 배수시킨다.
    ㉳ 수신반의 스위치를 복구시킨다.
  ㉡ 복구(Rehabilitation)
    ㉮ 복구레버를 돌려 클래퍼를 안착시킨다.
    ㉯ 배수밸브, 누설시험밸브, 세팅밸브, 공기공급밸브, 물공급밸브, 경보시험밸브, 바이패스밸브가 닫혀 있는지 확인한다.
    ㉰ 물공급밸브를 개방하여 중간챔버에 가압수를 공급하여 Push Rod를 전진시켜 클래퍼의 락을 해제하면 클래퍼가 폐쇄, 고정된다.
    ㉱ 공기압축기를 이용하여 2차 측에 유지해야 할 압력을 세팅한다.
    ㉲ 공기공급밸브를 개방하여 2차 측 개폐밸브를 개방하여 압축공기를 공급하여 세팅압력까지 충전한다.
    ㉳ 1차 측 개폐밸브를 서서히 개방한다.
    ㉴ 2차 측 개폐밸브를 서서히 완전 개방한다.
    ㉵ 수신반의 스위치 상태를 확인한다.
    ㉶ 소화펌프의 선택스위치를 자동으로 전환한다.
(4) 경보 작동시험방법
  ① 경보시험밸브 개방하면 압력스위치가 작동하면서 경보를 발령한다.
  ② 경보를 확인 한 후 경보시험밸브를 잠근다.
  ③ 수신반의 스위치를 복구시킨다.

71 자동경보밸브의 시험작동 시 나타나는 확인사항을 기술하시오.

해답 시험작동 시 확인사항
① 해당 방호구역 내에 경보 발령
② 수신반의 화재표시등 점등
③ 수신반의 경보(버저) 작동
④ 수신반의 알람밸브작동표시등 점등
⑤ 수신반의 펌프 기동표시등 점등

72 Pre-action Valve의 부품별 명칭 및 기능, 작동방법, 시험작동 시 확인사항, 점검방법, 경보 작동시험방법을 기술하시오.

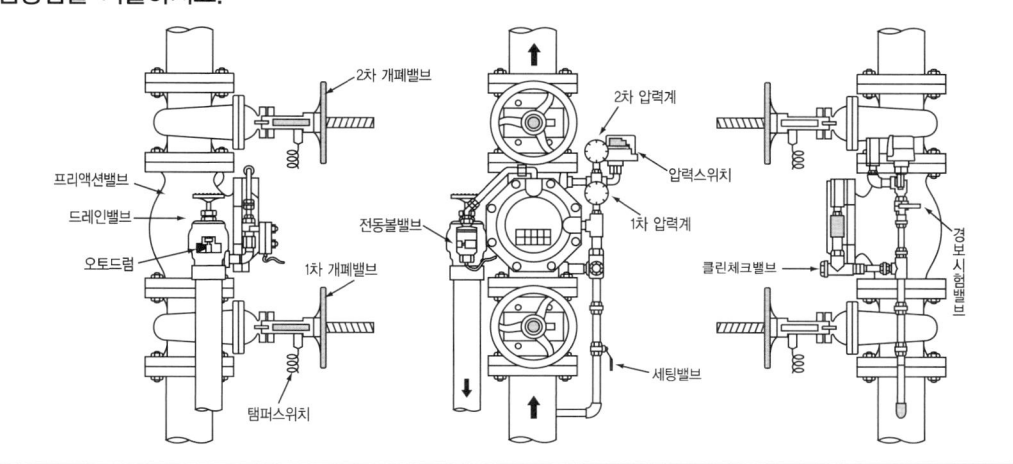

해답 Pre-action Valve

(1) 부품별 명칭 및 기능

명 칭	기 능	평상시 유지상태
① 세팅밸브	Setting 시 개방하여 중간챔버에 급수하기 위한 밸브	CLOSE
② 탬퍼스위치	밸브의 개폐 상태를 제어반에서 감시할 수 있도록 한 스위치	–
③ 드레인밸브	2차 측의 가압수를 배수하는 밸브	CLOSE
④ 1차 개폐밸브	준비작동식밸브 1차 측을 개폐 시 사용하는 밸브	OPEN
⑤ 2차 개폐밸브	준비작동식밸브 2차 측을 개폐 시 사용하는 밸브	OPEN
⑥ 1차 압력계	준비작동식밸브 1차 측의 압력 표시	–
⑦ 2차 압력계	준비작동식밸브 2차 측의 압력 표시	–
⑧ 압력스위치	준비작동식밸브 개방 시 압력수에 의하여 동작되면 제어반에 밸브개방의 신호를 보내는 스위치	준비작동식 밸브 동작 시 작동
⑨ 경보시험밸브	준비작동식밸브를 동작하지 않고 압력스위치를 동작시켜 경보발령 여부를 시험하는 밸브	CLOSE
⑩ 전자밸브 (Solenoid Valve)	준비작동식밸브 작동 시 전자밸브가 작동	CLOSE

(2) 프리액션밸브의 작동방법
 ① 해당 방호구역의 감지기 A, B의 2개 회로 작동
 ② 슈퍼비조리패널(SVP)의 수동조작스위치 작동
 ③ 수신반의 프리액션밸브 수동기동스위치 작동
 ④ 수신반의 회로선택스위치 및 동작시험스위치로 2회로 작동
 ⑤ 프리액션밸브에 부착된 수동기동밸브 개방

(3) 시험작동 시 확인사항
 ① 수신반의 화재표시등 점등
 ② 수신반의 해당 방호구역의 감지기 작동표시등 점등
 ③ 수신반의 해당 방호구역의 준비작동식밸브 개방표시등 점등
 ④ 수신반의 경보(버저) 작동
 ⑤ 해당 방호구역의 경보장치(사이렌) 작동
 ⑥ 수신반의 펌프 기동표시등 점등

(4) 작동점검방법

① 세팅(Setting)
  ㉠ 2차 개폐밸브를 폐쇄하고 배수밸브를 개방한다.

> 준비작동식밸브 작동 시 2차 측으로 가압수를 통과하지 않고 배수밸브를 통하여 배수하기 위하여

  ㉡ 수신반의 경보스위치(ON, OFF)로 경보 여부를 결정한다.

> 점검 시에는 경보스위치를 OFF 위치에 놓고 점검한다.

② 작동(Operation)
  ㉠ 감지기 1개 회로를 작동시킨다(경보발령).
  ㉡ 감지기 2개 회로를 작동시키면 전자밸브가 작동하며 개방된다.
  ㉢ 중간챔버의 압력저하로 Clapper가 개방된다.
  ㉣ 2차 측 개폐밸브까지 가압수로 가압한다.
  ㉤ 유입된 가압수가 압력스위치를 작동시킨다.

> 전자밸브(전동볼밸브)는 한 번 작동하면 수신기에서는 복구되지 않고 현장에서 전자밸브의 푸시버튼을 누르고 전자밸브 손잡이를 돌려서 복구한다.

③ 작동 후 조치
  ㉠ 배 수
    ㉮ 1차 측 개폐밸브를 폐쇄하여 펌프를 정지시킨다.
    ㉯ 개방된 배수밸브를 통하여 2차 측의 물을 배수시킨다.
    ㉰ 제어반의 스위치를 복구시킨다.
  ㉡ 복구(Rehabilitation)
    ㉮ 배수밸브를 잠근다.
    ㉯ 전자밸브를 수동으로 복구시킨다.
    ㉰ 세팅밸브를 개방하여 중간챔버로 가압수를 공급하면 Clapper가 자동복구된다(1차 압력계의 압력확인).
    ㉱ 1차 측 개폐밸브를 서서히 개방한다(2차 측의 압력계의 압력이 0이면 클래퍼가 복구된 것임).
    ㉲ 세팅밸브를 잠근다.
    ㉳ 수신반의 스위치 상태를 확인한다.
    ㉴ 2차 측 개폐밸브를 서서히 개방한다.

(5) 경보장치 작동시험방법

① 2차 측의 개폐밸브를 잠근다.
② 경보시험밸브를 개방시켜 압력스위치를 작동시키고 경보장치를 작동시킨다.
③ 경보를 확인한 후 경보시험밸브를 잠근다.
④ 경보 시험 시 넘어간 물을 트립체크밸브를 수동으로 눌러 배수시킨다.
⑤ 수신반의 복구스위치를 눌러 복구시킨다.
⑥ 2차 측의 개폐밸브를 서서히 개방시킨다.

73 비화재 시에 준비작동식밸브가 작동된 원인을 기술하시오.

해답 비화재 시에 준비작동식밸브가 작동된 원인(오동작의 원인)
① 해당 방호구역의 설치된 감지기가 오동작 되었을 때
② 수동조작함의 기동스위치를 눌렀을 때
③ 감시제어반의 수동기동스위치를 동작하였을 때
④ 감시제어반에서 연동정지 않고 동작시험 도중 작동되었을 때
⑤ 준비작동식밸브의 수동기동밸브가 개방되었을 때

74 DELUGE VALVE의 작동방법과 시험작동 시 확인사항을 기술하시오.

해답 DELUGE VALVE
(1) DELUGE VALVE의 작동방법
① 해당 방수구역의 감지기 A, B의 2개 회로 작동
② 수동조작함의 수동조작스위치를 눌러 작동
③ 수신반의 일제개방밸브 수동기동스위치 작동
④ 수신반의 회로선택스위치 및 동작시험스위치로 2회로 작동
⑤ 일제개방밸브에 부착된 수동기동밸브 개방
(2) 시험작동 시 확인사항
① 수신반의 화재표시등 점등
② 수신반의 해당 방수구역의 감지기 작동표시등 점등
③ 수신반의 해당 방수구역의 일제개방밸브 개방표시등 점등
④ 수신반의 경보(버저) 작동
⑤ 해당 방수구역의 경보장치(사이렌) 작동
⑥ 수신반의 펌프 기동표시등 점등

75 수계 소화설비에서 충압펌프가 자주 기동 또는 정지되는 원인을 기술하시오.

해답 충압펌프가 자주 기동 또는 정지되는 원인
① 펌프 토출 측의 체크밸브 2차 측 배관이 누수될 때
② 압력챔버의 배수밸브의 개방 또는 누수될 때
③ 펌프 토출 측의 체크밸브의 미세한 개방으로 역류될 때
④ 송수구의 체크밸브가 미세한 개방으로 역류될 때
⑤ 말단시험밸브의 미세한 개방 또는 누수될 때
⑥ 자동경보밸브의 배수밸브가 미세한 개방 또는 누수될 때

76. 수계 소화설비에서 방수시험 시 펌프가 기동되지 않는 원인을 기술하시오.

해답 방수시험 시 펌프가 기동되지 않는 원인
① 펌프가 고장일 때
② 상용전원의 정전 및 차단되었을 때
③ 기동용 수압개폐장치에 설치된 압력스위치가 고장일 때
④ 기동용 수압개폐장치에 연결된 개폐밸브가 폐쇄되었을 때
⑤ 동력제어반의 기동스위치가 정지위치에 있을 때
⑥ 감시제어반의 고장 또는 예비전원의 고장일 때

77. 말단시험밸브를 개방했는데 헤드에 물이 방수되지 않는 원인을 기술하시오.

해답 말단시험밸브를 개방했는데 헤드에 물이 방수되지 않는 원인
① 수조(물탱크)에 물이 없을 때
② 펌프가 고장났을 때
③ 풋밸브가 막혔을 때
④ 흡입 측의 스트레이너에 이물질이 막혀 있을 때
⑤ 흡입 측 배관에 설치된 개폐밸브가 폐쇄되어 있을 때
⑥ 흡입 측 배관에 공기가 차 있을 때(공동현상)
⑦ 압력챔버의 압력스위치가 고장 났을 때
⑧ 수직배관(입상관)의 주밸브가 폐쇄되었을 때
⑨ 자동경보밸브의 1차 측의 개폐밸브가 폐쇄되었을 때
⑩ 배관 내의 이물질로 헤드가 막혔을 때
⑪ 제어반의 펌프의 스위치가 수동 위치에 있을 때

78. 말단시험밸브를 개방했는데 경보가 울리지 않는 원인을 기술하시오.

해답 말단시험밸브를 개방했는데 경보가 울리지 않는 원인
① 음향장치가 불량일 때
② 압력스위치의 접점이 나쁠 때
③ 음향장치나 압력스위치가 단선일 때
④ 경보정지밸브가 막혀 있을 때
⑤ 전원차단, 퓨즈단선 등 수신기의 이상현상이 발생할 때
⑥ 전압이 저전압일 때

79 비화재 시에 건식 밸브가 작동된 원인을 기술하시오.

해답 비화재 시에 건식 밸브가 작동된 원인
① 2차 측 배관의 압축공기가 샐 때
② 2차 측의 압력이 1차 측의 압력보다 현저히 낮을 때
③ 수위조절밸브가 개방되었을 때
④ 말단시험밸브가 완전히 닫히지 않을 때
⑤ 청소용 앵글밸브가 열려 있을 때

80 스프링클러설비 배관 내의 수압저하 시 주펌프가 먼저 기동하는 원인을 기술하시오.

해답 주펌프가 먼저 기동하는 원인
① 압력스위치 설정이 잘못되었을 때
② 충압펌프의 선로가 단선일 때

81 스프링클러설비의 수조를 전용수조로 설치하지 않아도 되는 경우를 쓰시오.

해답 전용수조로 하지 않아도 되는 경우
① 스프링클러설비용 펌프의 풋밸브 또는 흡수배관의 흡수구를 다른 설비의 풋밸브 또는 흡수구보다 낮은 위치에 설치한 때
② 고가수조로부터 스프링클러설비의 수직배관에 물을 공급하는 급수구를 다른 설비의 급수구보다 낮은 위치에 설치한 때

82 스프링클러설비 점검표에서 종합점검항목을 쓰시오.

(1) 수 원　　　　　　　　　　　　(2) 수 조

해답 스프링클러설비의 종합점검항목(소방시설 자체점검사항 등에 관한 고시 별지 4)
(1) 수 원
　① 주된 수원의 유효수량 적정 여부(겸용설비 포함)
　② 보조수원(옥상)의 유효수량 적정 여부
(2) 수 조
　① 동결방지조치 상태 적정 여부
　② 수위계 설치 또는 수위 확인 가능 여부
　③ 수조 외측 고정사다리 설치 여부(바닥보다 낮은 경우 제외)
　④ 실내설치 시 조명설비 설치 여부
　⑤ "스프링클러설비용 수조" 표지설치 여부 및 설치 상태
　⑥ 다른 소화설비와 겸용 시 겸용설비의 이름 표시한 표지설치 여부
　⑦ 수조-수직배관 접속부분 "스프링클러설비용 배관" 표지설치 여부

(2) 수조의 작동점검항목은 ②, ⑤만 해당된다.

83 스프링클러설비 점검표에서 가압송수장치(펌프방식)의 종합점검항목을 쓰시오.

해답 가압송수장치(펌프방식)의 종합점검항목(소방시설 자체점검사항 등에 관한 고시 별지 4)
① 동결방지조치 상태 적정 여부
② 성능시험배관을 통한 펌프 성능시험 적정 여부
③ 다른 소화설비와 겸용인 경우 펌프 성능 확보 가능 여부
④ 펌프 흡입 측 연성계·진공계 및 토출 측 압력계 등 부속장치의 변형·손상 유무
⑤ 기동장치 적정 설치 및 기동압력 설정 적정 여부
⑥ 물올림장치 설치 적정(전용 여부, 유효수량, 배관구경, 자동급수) 여부
⑦ 충압펌프 설치 적정(토출압력, 정격토출량) 여부
⑧ 내연기관 방식의 펌프 설치 적정[정상기동(기동장치 및 제어반) 여부, 축전지 상태, 연료량] 여부
⑨ 가압송수장치의 "스프링클러펌프" 표지설치 여부 또는 다른 소화설비와 겸용 시 겸용 설비 이름 표시 부착 여부

작동점검항목은 ②, ④, ⑧, ⑨만 해당된다.

84 스프링클러설비의 점검표에서 종합점검항목을 쓰시오.

(1) 폐쇄형 스프링클러설비의 방호구역 및 유수검지장치
(2) 개방형 스프링클러설비의 방수구역 및 일제개방밸브

해답 스프링클러설비의 종합점검항목(소방시설 자체점검사항 등에 관한 고시 별지 4)
(1) 폐쇄형 스프링클러설비의 방호구역 및 유수검지장치
① 방호구역 적정 여부
② 유수검지장치 설치 적정(수량, 접근·점검 편의성, 높이) 여부
③ 유수검지장치실 설치 적정(실내 또는 구획, 출입문 크기, 표지) 여부
④ 자연낙차에 의한 유수압력과 유수검지장치의 유수검지압력 적정 여부
⑤ 조기반응형헤드 적합 유수검지장치 설치 여부
(2) 개방형 스프링클러설비의 방수구역 및 일제개방밸브
① 방수구역 적정 여부
② 방수구역별 일제개방밸브 설치 여부
③ 하나의 방수구역을 담당하는 헤드 개수 적정 여부
④ 일제개방밸브실 설치 적정[실내(구획), 높이, 출입문, 표지] 여부

85 스프링클러설비의 점검표에서 배관의 종합점검항목을 쓰시오.

해답 배관의 종합점검항목(소방시설 자체점검사항 등에 관한 고시 별지 4)
① 펌프의 흡입 측 배관 여과장치의 상태 확인
② 성능시험배관 설치(개폐밸브, 유량조절밸브, 유량측정장치) 적정 여부
③ 순환배관 설치(설치위치·배관구경, 릴리프밸브 개방압력) 적정 여부
④ 동결방지조치 상태 적정 여부
⑤ 급수배관 개폐밸브 설치(개폐표시형, 흡입 측 버터플라이 제외) 및 작동표시스위치 적정(제어반 표시 및 경보, 스위치 동작 및 도통시험) 여부
⑥ 준비작동식 유수검지장치 및 일제개방밸브 2차 측 배관 부대설비 설치 적정(개폐표시형 밸브, 수직배수배관, 개폐밸브, 자동배수장치, 압력스위치 설치 및 감시제어반 개방 확인) 여부
⑦ 유수검지장치 시험장치 설치 적정(설치위치, 배관구경, 개폐밸브 및 개방형 헤드, 물받이 통 및 배수관) 여부
⑧ 주차장에 설치된 스프링클러 방식 적정(습식 외의 방식) 여부
⑨ 다른 설비의 배관과의 구분 상태 적정 여부

작동점검항목은 ⑤, ⑥, ⑦만 해당된다.

86 스프링클러설비 점검표에서 음향장치 및 기동장치의 종합점검항목을 쓰시오.

해답 음향장치 및 기동장치의 종합점검항목(소방시설 자체점검사항 등에 관한 고시 별지 4)
① 유수검지에 따른 음향장치 작동 가능 여부(습식·건식의 경우)
② 감지기 작동에 따라 음향장치 작동 여부(준비작동식 및 일제개방밸브의 경우)
③ 음향장치 설치 담당구역 및 수평거리 적정 여부
④ 주 음향장치 수신기 내부 또는 직근 설치 여부
⑤ 우선경보방식에 따른 경보 적정 여부
⑥ 음향장치(경종 등) 변형·손상 확인 및 정상 작동(음량 포함) 여부

> 작동점검항목은 ①, ②, ⑥만 해당된다.

87 스프링클러설비 점검표에서 헤드의 종합점검항목을 쓰시오.

해답 헤드의 종합점검항목(소방시설 자체점검사항 등에 관한 고시 별지 4)
① 헤드의 변형·손상 유무
② 헤드 설치 위치·장소·상태(고정) 적정 여부
③ 헤드 살수장애 여부
④ 무대부 또는 연소우려 있는 개구부 개방형 헤드 설치 여부
⑤ 조기반응형 헤드 설치 여부(의무 설치 장소의 경우)
⑥ 경사진 천장의 경우 스프링클러헤드의 배치상태
⑦ 연소할 우려가 있는 개구부 헤드 설치 적정 여부
⑧ 습식·부압식 스프링클러 외의 설비 상향식 헤드 설치 여부
⑨ 측벽형 헤드 설치 적정 여부
⑩ 감열부에 영향을 받을 우려가 있는 헤드의 차폐판 설치 여부

> 작동점검항목은 ①, ②, ③만 해당된다.

88 스프링클러설비 점검표에서 송수구의 종합점검항목을 쓰시오.

해답 송수구의 종합점검항목(소방시설 자체점검사항 등에 관한 고시 별지 4)
① 설치장소 적정 여부
② 연결배관에 개폐밸브를 설치한 경우 개폐상태 확인 및 조작가능 여부
③ 송수구 설치 높이 및 구경 적정 여부
④ 송수압력범위 표시 표지 설치 여부
⑤ 송수구 설치 개수 적정 여부(폐쇄형 스프링클러설비의 경우)
⑥ 자동배수밸브(또는 배수공)·체크밸브 설치 여부 및 설치 상태 적정 여부
⑦ 송수구 마개 설치 여부

> 작동점검항목은 ①, ④, ⑦만 해당된다.

89 스프링클러설비 점검표에서 전원의 종합점검항목을 쓰시오.

해답 전원의 종합점검항목(소방시설 자체점검사항 등에 관한 고시 별지 4)
① 대상물 수전방식에 따른 상용전원 적정 여부
② 비상전원 설치장소 적정 및 관리 여부
③ 자가발전설비인 경우 연료 적정량 보유 여부
④ 자가발전설비인 경우 전기사업법에 따른 정기점검 결과 확인

90 스프링클러설비 점검표에서 감시제어반의 종합점검항목을 쓰시오.

해답 감시제어반의 종합점검항목(소방시설 자체점검사항 등에 관한 고시 별지 4)
① 펌프 작동 여부 확인 표시등 및 음향경보장치 정상작동 여부
② 펌프별 자동·수동 전환스위치 정상작동 여부
③ 펌프별 수동기동 및 수동중단 기능 정상작동 여부
④ 상용전원 및 비상전원 공급 확인 가능 여부(비상전원이 있는 경우)
⑤ 수조·물올림수조 저수위 표시등 및 음향경보장치 정상작동 여부
⑥ 각 확인회로별 도통시험 및 작동시험 정상작동 여부
⑦ 예비전원 확보 유무 및 시험 적합 여부
⑧ 감시제어반 전용실 적정 설치 및 관리 여부
⑨ 기계·기구 또는 시설 등 제어 및 감시설비 외 설치 여부
⑩ 유수검지장치·일제개방밸브 작동 시 표시 및 경보 정상작동 여부
⑪ 일제개방밸브 수동조작스위치 설치 여부
⑫ 일제개방밸브 사용 설비 화재감지기 회로별 화재표시 적정 여부
⑬ 감시제어반과 수신기 간 상호 연동 여부(별도로 설치된 경우)

[수계 소화설비 감시제어반의 종합점검항목 비교]

NO	점검항목	옥내소화전설비	스프링클러설비	간이스프링클러	화재조기진압용	물분무소화설비	미분무소화설비	포소화설비
1	펌프 작동 여부 확인 표시등 및 음향경보장치 정상작동 여부	○	○	○	○	○	○	○
2	펌프별 자동·수동 전환스위치 정상작동 여부	○	○	○	○	○	○	○
3	펌프별 수동기동 및 수동중단 기능 정상작동 여부	○	○	○	○	○	○	○
4	상용전원 및 비상전원 공급 확인 가능 여부(비상전원 있는 경우)	○	○	○	○	○	○	○
5	수조·물올림수조 저수위 표시등 및 음향경보장치 정상작동 여부	○	○	○	○	○	○	○
6	각 확인회로별 도통시험 및 작동시험 정상작동 여부	○	○	○	○	○	○	○
7	예비전원 확보 유무 및 시험 적합 여부	○	○	○	○	○	○	○
8	감시제어반 전용실 적정 설치 및 관리 여부	○	○	○	○	○	○	○
9	기계·기구 또는 시설 등 제어 및 감시설비 외 설치 여부	○	○	○	○	○	○	○
10	유수검지장치·일제개방밸브 작동 시 표시 및 경보 정상작동 여부	-	○	-	-	-	-	-
11	일제개방밸브 수동조작스위치 설치 여부	-	○	-	-	-	-	-
12	일제개방밸브 사용 설비 화재감지기 회로별 화재표시 적정 여부	-	○	-	-	-	-	-
13	감시제어반과 수신기 간 상호 연동 여부(별도로 설치된 경우)	-	○	○	○	-	○	-
14	유수검지장치 작동 시 표시 및 경보 정상작동 여부	-	-	○	○	-	-	-

91 스프링클러설비 점검표에서 감시제어반의 작동점검항목을 쓰시오.

해답 감시제어반의 작동점검항목(소방시설 자체점검사항 등에 관한 고시 별지 4)
① 펌프 작동 여부 확인 표시등 및 음향경보장치 정상작동 여부
② 펌프별 자동·수동 전환스위치 정상작동 여부
③ 각 확인회로별 도통시험 및 작동시험 정상작동 여부
④ 예비전원 확보 유무 및 시험 적합 여부
⑤ 유수검지장치·일제개방밸브 작동 시 표시 및 경보 정상작동 여부
⑥ 일제개방밸브 수동조작스위치 설치 여부

92 현행 피트공간 등 소방시설 설치기준 적용지침 중 적용을 제외(헤드 등 소방시설을 설치하지 않을 수 있는 경우)할 수 있는 경우를 쓰시오.

해답 피트공간의 헤드 제외하는 경우
(1) 11. 4. 20 이전 완공된 특정소방대상물
① 피트공간이 타 용도로 사용되지 않고 출입구에 시건장치를 설치하여 관리자 외의 출입이 엄격히 통제될 경우 소방시설 설치제외
② 피트층의 출입구가 타용도로 사용되지 않도록 1[m²] 이하의 60분+ 방화문 또는 60분 방화문 이상의 성능을 가진 재질로 시건장치를 하여 관리자 외의 출입이 엄격히 통제될 경우 소방시설 설치제외
(2) 11. 4. 21 이후 완공되는 특정소방대상물
① 점검구(1개소에 한함)는 1[m²] 이하 크기로 두께 1.5[mm] 이상의 철판 또는 60분+ 방화문 또는 60분 방화문 이상의 성능이 있는 재질로 4곳 이상 볼트 조임하는 경우 소방시설 설치제외
② 배관 등 시설물을 제외한 공간의 크기가 가로·세로·높이 각각 1.2[m] 미만인 경우 소방시설 설치제외

93 간이스프링클러설비의 수원 및 가압송수장치에 관하여 기술하시오.

해답 간이스프링클러설비의 수원 및 가압송수장치(NFTC 103A)
(1) 수 원
　① 상수도 직결형의 경우에는 수돗물
　② 수조(캐비닛형을 포함)를 사용하고자 하는 경우에는 적어도 1개 이상의 자동급수장치를 갖추어야 하며, 2개의 간이헤드에서 최소 10분[영 별표 4 제1호 마목 2) 가) 또는 6)과 8)에 해당하는 경우에는 5개의 간이헤드에서 최소 20분] 이상 방수할 수 있는 양 이상으로 할 것
(2) 가압송수장치
　방수압력(상수도 직결형의 상수도압력)은 가장 먼 가지배관에서 2개[영 별표 4 제1호 마목 2) 가) 또는 6)과 8)에 해당하는 경우에는 5개]의 간이헤드를 동시에 개방할 경우 각각의 간이헤드 선단(끝부분) 방수압력은 0.1[MPa] 이상, 방수량은 50[L/min] 이상이어야 한다. 다만, **주차장에 표준반응형 스프링클러헤드**를 사용할 경우 헤드 1개의 방수량은 **80[L/min] 이상**이어야 한다.

> **[소방시설법 영 별표 4 제1호 마목]**
> 2) 가) 근린생활시설로 사용하는 부분의 바닥면적 합계가 1,000[m²] 이상인 것은 모든 층
> 6) 숙박시설로 사용되는 바닥면적의 합계가 300[m²] 이상 600[m²] 미만인 시설
> 8) 복합건축물(하나의 건축물에 근린생활시설, 판매시설, 업무시설, 숙박시설 또는 위락시설의 용도와 주택의 용도로 함께 사용되는 것만 해당한다)로서 연면적이 1,000[m²] 이상인 것은 모든 층

94 간이스프링클러설비의 수조(캐비닛형 포함)를 사용하고자 하는 경우에는 적어도 1개 이상의 자동급수장치를 갖추어야 하며, 5개의 간이헤드에서 최소 20분 이상 방수할 수 있는 양 이상의 수조를 확보해야 하는 특정소방대상물을 쓰시오.

해답 5개의 간이헤드에서 최소 20분 이상 방수할 수 있는 양 이상의 수조를 확보해야 하는 특정소방대상물(소방시설법 영 별표 4)
　① 근린생활시설로 사용하는 부분의 바닥면적 합계가 1,000[m²] 이상인 것은 모든 층
　② 숙박시설로 사용되는 바닥면적의 합계가 300[m²] 이상 600[m²] 미만인 시설
　③ 복합건축물(하나의 건축물에 근린생활시설, 판매시설, 업무시설, 숙박시설 또는 위락시설의 용도와 주택의 용도로 함께 사용되는 것만 해당)로서 연면적이 1,000[m²] 이상인 것은 모든 층

95 간이스프링클러설비의 상수도 직결형의 배관 및 밸브 등의 순서에 대해 쓰시오.

해답 상수도 직결형(NFTC 103A)
수도용 계량기 → 급수차단장치 → 개폐표시형 밸브 → 체크밸브 → 압력계 → 유수검지장치(압력스위치 등 유수검지장치와 동등 이상의 기능과 성능이 있는 것을 포함한다) → 2개의 시험밸브의 순으로 설치할 것

96 간이스프링클러설비 점검표에서 수조의 작동점검항목을 쓰시오.

해답 수조의 작동점검항목(소방시설 자체점검사항 등에 관한 고시 별지 4)
① 자동급수장치 설치 여부
② 수위계 설치 또는 수위 확인 가능 여부
③ "간이스프링클러설비용 수조" 표지 설치상태 적정 여부

97 간이스프링클러설비 점검표에서 수조의 종합점검항목을 쓰시오.

해답 수조의 종합점검항목(소방시설 자체점검사항 등에 관한 고시 별지 4)
① 자동급수장치 설치 여부
② 동결방지조치 상태 적정 여부
③ 수위계 설치 또는 수위 확인 가능 여부
④ 수조 외측 고정사다리 설치 여부(바닥보다 낮은 경우 제외)
⑤ 실내설치 시 조명설비 설치 여부
⑥ "간이스프링클러설비용 수조" 표지 설치상태 적정 여부
⑦ 다른 소화설비와 겸용 시 겸용설비의 이름 표시한 표지설치 여부
⑧ 수조-수직배관 접속부분 "간이스프링클러설비용 배관" 표지설치 여부

98 간이스프링클러설비 점검표에서 펌프방식의 가압송수장치의 종합점검항목을 쓰시오.

해답 펌프방식의 가압송수장치의 종합점검항목(소방시설 자체점검사항 등에 관한 고시 별지 4)
① 동결방지조치 상태 적정 여부
② 성능시험배관을 통한 펌프 성능시험 적정 여부
③ 다른 소화설비와 겸용인 경우 펌프 성능 확보 가능 여부
④ 펌프 흡입 측 연성계·진공계 및 토출 측 압력계 등 부속장치의 변형·손상 유무
⑤ 기동장치 적정 설치 및 기동압력 설정 적정 여부
⑥ 물올림장치 설치 적정(전용 여부, 유효수량, 배관구경, 자동급수) 여부
⑦ 충압펌프 설치 적정(토출압력, 정격토출량) 여부
⑧ 내연기관 방식의 펌프 설치 적정[정상기동(기동장치 및 제어반) 여부, 축전지 상태, 연료량] 여부
⑨ 가압송수장치의 "간이스프링클러펌프" 표지설치 여부 또는 다른 소화설비와 겸용 시 겸용설비 이름 표시 부착 여부

99 간이스프링클러설비 점검표에서 종합점검항목을 쓰시오.

> (1) 상수도 직결형
> (2) 고가수조방식
> (3) 압력수조방식
> (4) 가압수조방식

해답 간이스프링클러설비의 종합점검항목(소방시설 자체점검사항 등에 관한 고시 별지 4)
(1) 상수도 직결형
 방수량 및 방수압력 적정 여부
(2) 고가수조방식
 수위계·배수관·급수관·오버플로관·맨홀 등 부속장치의 변형·손상 유무
(3) 압력수조방식
 ① 압력수조의 압력 적정 여부
 ② 수위계·급수관·급기관·압력계·안전장치·공기압축기 등 부속장치의 변형·손상 유무
(4) 가압수조방식
 ① 가압수조 및 가압원 설치장소의 방화구획 여부
 ② 수위계·급수관·배수관·급기관·압력계 등 부속장치의 변형·손상 유무

100 간이스프링클러설비 점검표에서 방호구역 및 유수검지장치의 종합점검항목을 쓰시오.

해답 방호구역 및 유수검지장치의 종합점검항목(소방시설 자체점검사항 등에 관한 고시 별지 4)
① 방호구역 적정 여부
② 유수검지장치 설치 적정(수량, 접근·점검 편의성, 높이) 여부
③ 유수검지장치실 설치 적정(실내 또는 구획, 출입문 크기, 표지) 여부
④ 자연낙차에 의한 유수압력과 유수검지장치의 유수검지압력 적정 여부
⑤ 주차장에 설치된 간이스프링클러 방식 적정(습식 외의 방식) 여부

101 간이스프링클러설비 점검표에서 배관 및 밸브의 종합점검항목을 쓰시오.

해답 배관 및 밸브의 종합점검항목(소방시설 자체점검사항 등에 관한 고시 별지 4)
① 상수도 직결형 수도배관 구경 및 유수검지에 따른 다른 배관 자동 송수 차단 여부
② 급수배관 개폐밸브 설치(개폐표시형, 흡입 측 버터플라이 제외) 및 작동표시스위치 적정(제어반 표시 및 경보, 스위치 동작 및 도통시험) 여부
③ 펌프의 흡입 측 배관 여과장치의 상태 확인
④ 성능시험배관 설치(개폐밸브, 유량조절밸브, 유량측정장치) 적정 여부
⑤ 순환배관 설치(설치위치·배관구경, 릴리프밸브 개방압력) 적정 여부
⑥ 동결방지조치 상태 적정 여부
⑦ 준비작동식 유수검지장치 2차 측 배관 부대설비 설치 적정(개폐표시형 밸브, 수직배수 배관·개폐밸브, 자동배수장치, 압력스위치 설치 및 감시제어반 개방 확인) 여부
⑧ 유수검지장치 시험장치 설치 적정(설치위치, 배관구경, 개폐밸브 및 개방형 헤드, 물받이 통 및 배수관) 여부
⑨ 간이스프링클러설비 배관 및 밸브 등의 순서의 적정 시공 여부
⑩ 다른 설비의 배관과의 구분 상태 적정 여부

102 간이스프링클러설비 점검표에서 배관 및 밸브의 작동점검항목을 쓰시오.

해답 배관 및 밸브의 작동점검항목(소방시설 자체점검사항 등에 관한 고시 별지 4)
① 상수도 직결형 수도배관 구경 및 유수검지에 따른 다른 배관 자동 송수 차단 여부
② 급수배관 개폐밸브 설치(개폐표시형, 흡입 측 버터플라이 제외) 및 작동표시스위치 적정(제어반 표시 및 경보, 스위치 동작 및 도통시험) 여부
③ 준비작동식 유수검지장치 2차 측 배관 부대설비 설치 적정(개폐표시형 밸브, 수직배수 배관·개폐밸브, 자동배수장치, 압력스위치 설치 및 감시제어반 개방 확인) 여부
④ 유수검지장치 시험장치 설치 적정(설치위치, 배관구경, 개폐밸브 및 개방형 헤드, 물받이 통 및 배수관) 여부

103 간이스프링클러설비 간이헤드의 종합점검항목을 쓰시오.

해답 간이헤드의 종합점검항목(소방시설 자체점검사항 등에 관한 고시 별지 4)
① 헤드의 변형·손상 유무
② 헤드 설치 위치·장소·상태(고정) 적정 여부
③ 헤드 살수장애 여부
④ 감열부에 영향을 받을 우려가 있는 헤드의 차폐판 설치 여부
⑤ 헤드 설치 제외 적정 여부(설치 제외된 경우)

작동점검항목은 ①, ②, ③만 해당된다.

104 간이스프링클러설비 점검표에서 송수구의 종합점검항목을 쓰시오.

해답 송수구의 종합점검항목(소방시설 자체점검사항 등에 관한 고시 별지 4)
① 설치장소 적정 여부
② 연결배관에 개폐밸브를 설치한 경우 개폐상태 확인 및 조작가능 여부
③ 송수구 설치 높이 및 구경 적정 여부
④ 자동배수밸브(또는 배수공)·체크밸브 설치 여부 및 설치 상태 적정 여부
⑤ 송수구 마개 설치 여부

105 화재조기진압용 스프링클러 설치제외 물품을 쓰시오.

해답 화재조기진압용 스프링클러 설치제외 물품(NFTC 103B)
① 제4류 위험물
② 타이어, 두루마리 종이 및 섬유류, 섬유제품 등 연소 시 화염의 속도가 빠르고 방사된 물이 하부까지에 도달하지 못하는 것

106 화재조기진압용 스프링클러설비의 수원을 기술하시오.

해답 수원의 기준(NFTC 103B)
수리학적으로 가장 먼 가지 배관 3개에 각각 4개의 스프링클러헤드가 동시에 개방되었을 때 헤드 선단의 압력이 아래 표에 따른 값 이상으로 60분간 방수할 수 있는 양 이상으로 계산식은 다음과 같다.

$$Q = 12 \times 60 \times K\sqrt{10p}$$

여기서, Q : 수원의 양[L]
K : 상수[(L/min)/MPa$^{1/2}$]
p : 헤드 선단(끝부분)의 압력[MPa]

최대층고 [m]	최대저장높이 [m]	화재조기진압용 스프링클러헤드의 최소방사입력[MPa]				
		$K=360$ 하향식	$K=320$ 하향식	$K=240$ 하향식	$K=240$ 상향식	$K=200$ 하향식
13.7	12.2	0.28	0.28	-	-	-
13.7	10.7	0.28	0.28	-	-	-
12.2	10.7	0.17	0.28	0.36	0.36	0.52
10.7	9.1	0.14	0.24	0.36	0.36	0.52
9.1	7.6	0.10	0.17	0.24	0.24	0.34

107 화재조기진압용 스프링클러설비의 점검표에서 종합점검항목을 쓰시오.

(1) 설치장소의 구조
(2) 수 원

해답 화재조기진압용 스프링클러설비의 종합점검항목(소방시설 자체점검사항 등에 관한 고시 별지 4)
(1) 설치장소의 구조
 설비 설치장소의 구조(층고, 내화구조, 방화구획, 천장 기울기, 천장 자재 돌출부 길이, 보 간격, 선반 물 침투구조) 적합 여부
(2) 수 원
 ① 주된 수원의 유효수량 적정 여부(겸용설비 포함)
 ② 보조수원(옥상)의 유효수량 적정 여부

108 화재조기진압용 스프링클러설비의 점검표에서 수조의 종합점검항목을 쓰시오.

해답 수조의 종합점검항목(소방시설 자체점검사항 등에 관한 고시 별지 4)
① 동결방지조치 상태 적정 여부
② 수위계 설치 또는 수위 확인 가능 여부
③ 수조 외측 고정사다리 설치 여부(바닥보다 낮은 경우 제외)
④ 실내설치 시 조명설비 설치 여부
⑤ "화재조기진압용 스프링클러설비용 수조" 표지설치 여부 및 설치 상태
⑥ 다른 소화설비와 겸용 시 겸용설비의 이름 표시한 표지설치 여부
⑦ 수조-수직배관 접속부분 "화재조기진압용 스프링클러설비용 배관" 표지설치 여부

작동점검항목은 ②, ⑤만 해당된다.

109 화재조기진압용 스프링클러설비의 점검표에서 펌프방식의 가압송수장치의 종합점검항목을 쓰시오.

해답 펌프방식의 가압송수장치의 종합점검항목(소방시설 자체점검사항 등에 관한 고시 별지 4)
① 동결방지조치 상태 적정 여부
② 성능시험배관을 통한 펌프 성능시험 적정 여부
③ 다른 소화설비와 겸용인 경우 펌프 성능 확보 가능 여부
④ 펌프 흡입 측 연성계·진공계 및 토출 측 압력계 등 부속장치의 변형·손상 유무
⑤ 기동장치 적정 설치 및 기동압력 설정 적정 여부
⑥ 물올림장치 설치 적정(전용 여부, 유효수량, 배관구경, 자동급수) 여부
⑦ 충압펌프 설치 적정(토출압력, 정격토출량) 여부
⑧ 내연기관 방식의 펌프 설치 적정[정상기동(기동장치 및 제어반) 여부, 축전지 상태, 연료량] 여부
⑨ 가압송수장치의 "화재조기진압용 스프링클러펌프" 표지설치 여부 또는 다른 소화설비와 겸용 시 겸용 설비 이름 표시 부착 여부

> 작동점검항목은 ②, ④, ⑧, ⑨만 해당된다.

110 화재조기진압용 스프링클러설비의 점검표에서 배관의 종합점검항목을 쓰시오.

해답 배관의 종합점검항목(소방시설 자체점검사항 등에 관한 고시 별지 4)
① 펌프의 흡입 측 배관 여과장치의 상태 확인
② 성능시험배관 설치(개폐밸브, 유량조절밸브, 유량측정장치) 적정 여부
③ 순환배관 설치(설치위치·배관구경, 릴리프밸브 개방압력) 적정 여부
④ 동결방지조치 상태 적정 여부
⑤ 급수배관 개폐밸브 설치(개폐표시형, 흡입 측 버터플라이 제외) 및 작동표시스위치 적정(제어반 표시 및 경보, 스위치 동작 및 도통시험) 여부
⑥ 유수검지장치 시험장치 설치 적정(설치위치, 배관구경, 개폐밸브 및 개방형 헤드, 물받이 통 및 배수관) 여부
⑦ 다른 설비의 배관과의 구분 상태 적정 여부

> 작동점검항목은 ⑤, ⑥만 해당된다.

111 화재조기진압용 스프링클러설비의 점검표에서 헤드의 종합점검항목을 쓰시오.

해답 헤드의 종합점검항목(소방시설 자체점검사항 등에 관한 고시 별지 4)
① 헤드의 변형·손상 유무
② 헤드 설치 위치·장소·상태(고정) 적정 여부
③ 헤드 살수장애 여부
④ 감열부에 영향을 받을 우려가 있는 헤드의 차폐판 설치 여부

> 작동점검항목은 ①, ②, ③만 해당된다.

112 화재조기진압용 스프링클러설비의 점검표에서 송수구의 종합점검항목을 쓰시오.

해답 송수구의 종합점검항목(소방시설 자체점검사항 등에 관한 고시 별지 4)
① 설치장소 적정 여부
② 연결배관에 개폐밸브를 설치한 경우 개폐상태 확인 및 조작가능 여부
③ 송수구 설치 높이 및 구경 적정 여부
④ 송수압력범위 표시 표지 설치 여부
⑤ 송수구 설치 개수 적정 여부
⑥ 자동배수밸브(또는 배수공)·체크밸브 설치 여부 및 설치 상태 적정 여부
⑦ 송수구 마개 설치 여부

> 작동점검항목은 ①, ④, ⑦만 해당된다.

113 화재조기진압용 스프링클러설비의 점검표에서 감시제어반의 종합점검항목을 쓰시오.

해답 감시제어반의 종합점검항목(소방시설 자체점검사항 등에 관한 고시 별지 4)
① 펌프 작동 여부 확인 표시등 및 음향경보장치 정상작동 여부
② 펌프별 자동·수동 전환스위치 정상작동 여부
③ 펌프별 수동기동 및 수동중단 기능 정상작동 여부
④ 상용전원 및 비상전원 공급 확인 가능 여부(비상전원 있는 경우)
⑤ 수조·물올림수조 저수위 표시등 및 음향경보장치 정상작동 여부
⑥ 각 확인회로별 도통시험 및 작동시험 정상작동 여부
⑦ 예비전원 확보 유무 및 시험 적합 여부
⑧ 감시제어반 전용실 적정 설치 및 관리 여부
⑨ 기계·기구 또는 시설 등 제어 및 감시설비 외 설치 여부
⑩ 유수검지장치 작동 시 표시 및 경보 정상작동 여부
⑪ 감시제어반과 수신기 간 상호 연동 여부(별도로 설치된 경우)

> 작동점검항목은 ①, ②, ⑥, ⑦, ⑩, ⑪만 해당된다.

114. 물분무설비의 수원과 토출량에 대하여 기술하시오.

해답 수원(NFTC 104)

특정소방대상물	펌프의 토출량[L/min]	수원의 양[L]
특수가연물을 저장 또는 취급	바닥면적(50[m²] 이하는 50[m²]로) × 10[L/min·m²]	바닥면적(50[m²] 이하는 50[m²]로) × 10[L/min·m²] × 20[min]
차고 또는 주차장	바닥면적(50[m²] 이하는 50[m²]로) × 20[L/min·m²]	바닥면적(50[m²] 이하는 50[m²]로) × 20[L/min·m²] × 20[min]
절연유 봉입변압기	표면적(바닥면적 제외) × 10[L/min·m²]	표면적(바닥면적 제외) × 10[L/min·m²] × 20[min]
케이블트레이, 케이블덕트	투영된 바닥면적 × 12[L/min·m²]	투영된 바닥면적 × 12[L/min·m²] × 20[min]
컨베이어 벨트 등	벨트 부분의 바닥면적 × 10[L/min·m²]	벨트 부분의 바닥면적 × 10[L/min·m²] × 20[min]

115. 물분무소화설비를 설치하는 차고·주차장의 배수설비 기준에 대해 기술하시오.

해답 배수설비의 기준(NFTC 104)
① 차량이 주차하는 장소의 적당한 곳에 높이 10[cm] 이상의 경계턱으로 배수구를 설치할 것
② 배수구에는 새어나온 기름을 모아 소화할 수 있도록 길이 40[m] 이하마다 집수관·소화피트 등 기름분리장치를 설치할 것
③ 차량이 주차하는 바닥은 배수구를 향하여 2/100 이상의 기울기를 유지할 것
④ 배수설비는 가압송수장치의 최대송수능력의 수량을 유효하게 배수할 수 있는 크기 및 기울기로 할 것

116. 물분무헤드의 설치제외 장소를 쓰시오.

해답 물분무헤드의 설치제외 장소(NFTC 104)
① 물에 심하게 반응하는 물질 또는 물과 반응하여 위험한 물질을 생성하는 물질을 저장 또는 취급하는 장소
② 고온의 물질 및 증류범위가 넓어 끓어 넘치는 위험이 있는 물질을 저장 또는 취급하는 장소
③ 운전 시에 표면의 온도가 260[℃] 이상으로 되는 등 직접 분무를 하는 경우 그 부분에 손상을 입힐 우려가 있는 기계장치 등이 있는 장소

117 물분무소화설비의 점검표에서 수조의 종합점검항목을 쓰시오.

해답 수조의 종합점검항목(소방시설 자체점검사항 등에 관한 고시 별지 4)
① 동결방지조치 상태 적정 여부
② 수위계 설치 또는 수위 확인 가능 여부
③ 수조 외측 고정사다리 설치 여부(바닥보다 낮은 경우 제외)
④ 실내설치 시 조명설비 설치 여부
⑤ "물분무소화설비용 수조" 표지 설치상태 적정 여부
⑥ 다른 소화설비와 겸용 시 겸용설비의 이름 표시한 표지설치 여부
⑦ 수조-수직배관 접속부분 "물분무소화설비용 배관" 표지설치 여부

118 물분무소화설비의 점검표에서 펌프방식의 가압송수장치의 종합점검항목을 쓰시오.

해답 펌프방식의 가압송수장치의 종합점검항목(소방시설 자체점검사항 등에 관한 고시 별지 4)
① 동결방지조치 상태 적정 여부
② 성능시험배관을 통한 펌프 성능시험 적정 여부
③ 다른 소화설비와 겸용인 경우 펌프 성능 확보 가능 여부
④ 펌프 흡입 측 연성계·진공계 및 토출 측 압력계 등 부속장치의 변형·손상 유무
⑤ 기동장치 적정 설치 및 기동압력 설정 적정 여부
⑥ 물올림장치 설치 적정(전용 여부, 유효수량, 배관구경, 자동급수) 여부
⑦ 충압펌프 설치 적정(토출압력, 정격토출량) 여부
⑧ 내연기관 방식의 펌프 설치 적정[정상기동(기동장치 및 제어반) 여부, 축전지 상태, 연료량] 여부
⑨ 가압송수장치의 "물분무소화설비펌프" 표지설치 여부 또는 다른 소화설비와 겸용 시 겸용설비 이름 표시 부착 여부

작동점검항목은 ②, ④, ⑧, ⑨만 해당된다.

119 물분무소화설비의 점검표에서 송수구의 종합점검항목을 쓰시오.

해답 송수구의 종합점검항목(소방시설 자체점검사항 등에 관한 고시 별지 4)
① 설치장소 적정 여부
② 연결배관에 개폐밸브를 설치한 경우 개폐상태 확인 및 조작가능 여부
③ 송수구 설치 높이 및 구경 적정 여부
④ 송수압력범위 표시 표지 설치 여부
⑤ 송수구 설치 개수 적정 여부
⑥ 자동배수밸브(또는 배수공)·체크밸브 설치 여부 및 설치 상태 적정 여부
⑦ 송수구 마개 설치 여부

> 작동점검항목은 ①, ④, ⑦만 해당된다.

120 미분무소화설비의 점검표에서 수원의 종합점검항목을 쓰시오.

해답 수원의 종합점검항목(소방시설 자체점검사항 등에 관한 고시 별지 4)
① 수원의 수질 및 필터(또는 스트레이너) 설치 여부
② 주배관 유입 측 필터(또는 스트레이너) 설치 여부
③ 수원의 유효수량 적정 여부
④ 첨가제의 양 산정 적정 여부(첨가제를 사용한 경우)

121 미분무소화설비의 점검표에서 가압송수장치의 종합점검항목을 쓰시오.

해답 가압송수장치의 종합점검항목(소방시설 자체점검사항 등에 관한 고시 별지 4)
(1) 펌프방식
　　① 동결방지조치 상태 적정 여부
　　② 전용 펌프 사용 여부
　　③ 펌프 토출 측 압력계 등 부속장치의 변형·손상 유무
　　④ 성능시험배관을 통한 펌프 성능시험 적정 여부
　　⑤ 내연기관 방식의 펌프 설치 적정[정상기동(기동장치 및 제어반) 여부, 축전지 상태, 연료량] 여부
　　⑥ 가압송수장치의 "미분무펌프" 등 표지설치 여부
(2) 압력수조방식
　　① 동결방지조치 상태 적정 여부
　　② 전용 압력수조 사용 여부
　　③ 압력수조의 압력 적정 여부
　　④ 수위계·급수관·급기관·압력계·안전장치·공기압축기 등 부속장치의 변형·손상 유무
　　⑤ 압력수조 토출 측 압력계 설치 및 적정 범위 여부
　　⑥ 작동장치 구조 및 기능 적정 여부
(3) 가압수조방식
　　① 전용 가압수조 사용 여부
　　② 가압수조 및 가압원 설치장소의 방화구획 여부
　　③ 수위계·급수관·배수관·급기관·압력계 등 구성품의 변형·손상 유무

122 미분무소화설비의 점검표에서 음향장치의 종합점검항목을 쓰시오.

해답 음향장치의 종합점검항목(소방시설 자체점검사항 등에 관한 고시 별지 4)
① 유수검지에 따른 음향장치 작동 가능 여부
② 개방형 미분무설비는 감지기 작동에 따라 음향장치 작동 여부
③ 음향장치 설치 담당구역 및 수평거리 적정 여부
④ 주 음향장치 수신기 내부 또는 직근 설치 여부
⑤ 우선경보방식에 따른 경보 적정 여부
⑥ 음향장치(경종 등) 변형·손상 확인 및 정상 작동(음량 포함) 여부
⑦ 발신기(설치높이, 설치거리, 표시등) 설치 적정 여부

　　　　작동점검항목은 ①, ②, ⑥, ⑦만 해당된다.

123 포소화설비의 송수구의 설치기준을 기술하시오.

해답 송수구의 설치기준(NFTC 105)
① 송수구는 화재층으로부터 지면으로 떨어지는 유리창 등이 송수 및 그 밖의 소화작업에 지장을 주지 않는 장소에 설치할 것
② 송수구로부터 포소화설비의 주배관에 이르는 연결배관에 개폐밸브를 설치한 때에는 그 개폐상태를 쉽게 확인 및 조작할 수 있는 옥외 또는 기계실 등의 장소에 설치할 것
③ 송수구는 구경 65[mm]의 쌍구형으로 할 것
④ 송수구에는 그 가까운 곳의 보기 쉬운 곳에 송수압력범위를 표시한 표지를 할 것
⑤ 송수구는 하나의 층의 바닥면적이 3,000[m^2]를 넘을 때마다 1개 이상(5개를 넘을 경우에는 5개로 한다)을 설치할 것
⑥ 지면으로부터 높이가 0.5[m] 이상 1[m] 이하의 위치에 설치할 것
⑦ 송수구의 부근에는 자동배수밸브(또는 직경 5[mm]의 배수공) 및 체크밸브를 설치할 것. 이 경우 자동배수밸브는 배관 안의 물이 잘 빠질 수 있는 위치에 설치하되, 배수로 인하여 다른 물건이나 장소에 피해를 주지 않아야 한다.
⑧ 송수구에는 이물질을 막기 위한 마개를 씌울 것
⑨ 압축공기포 소화설비를 스프링클러보조설비로 설치하거나, 압축공기포 소화설비에 자동으로 급수되는 장치를 설치할 때에는 송수구를 설치하지 않을 수 있다.

124 포소화설비의 저장탱크의 설치기준을 기술하시오.

해답 저장탱크의 설치기준(NFTC 105)
① 화재 등의 재해로 인한 피해를 받을 우려가 없는 장소에 설치할 것
② 기온의 변동으로 포의 발생에 장애를 주지 않는 장소에 설치할 것. 다만, 기온의 변동에 영향을 받지 않는 포소화약제의 경우에는 그렇지 않다.
③ 포소화약제가 변질될 우려가 없고 점검에 편리한 장소에 설치할 것
④ 가압송수장치 또는 포소화약제 혼합장치의 기동에 따라 압력이 가해지는 것 또는 상시 가압된 상태로 사용되는 것에 있어서는 압력계를 설치할 것
⑤ 포소화약제 저장량의 확인이 쉽도록 액면계 또는 계량봉 등을 설치할 것
⑥ 가압식이 아닌 저장탱크는 글라스게이지를 설치하여 액량을 측정할 수 있는 구조로 할 것

125 포소화설비의 혼합방식의 종류를 기술하시오.

해답 혼합방식의 종류(NFTC 105)
① 펌프 프로포셔너방식 : 펌프의 토출관과 흡입관 사이의 배관 도중에 설치한 흡입기에 펌프에서 토출된 물의 일부를 보내고, 농도조정밸브에서 조정된 포소화약제의 필요량을 포소화약제 저장탱크에서 펌프 흡입측으로 보내어 이를 혼합하는 방식
② 프레셔 프로포셔너방식 : 펌프와 발포기의 중간에 설치된 벤투리관의 벤투리작용과 펌프 가압수의 포소화약제 저장탱크에 대한 압력에 따라 포소화약제를 흡입·혼합하는 방식
③ 라인 프로포셔너방식 : 펌프와 발포기의 중간에 설치된 벤투리관의 벤투리작용에 따라 포소화약제를 흡입·혼합하는 방식
④ 프레셔사이드 프로포셔너방식 : 펌프의 토출관에 압입기를 설치하여 포소화약제 압입용 펌프로 포소화약제를 압입시켜 혼합하는 방식
⑤ 압축공기포 믹싱챔버방식 : 물, 포 소화약제 및 공기를 믹싱챔버로 강제주입시켜 챔버 내에서 포수용액을 생성한 후 포를 방사하는 방식

126 포소화설비의 수동식 기동장치 설치기준을 기술하시오.

해답 수동식 기동장치 설치기준(NFTC 105)
① 직접조작 또는 원격조작에 따라 가압송수장치·수동식 개방밸브 및 소화약제 혼합장치를 기동할 수 있는 것으로 할 것
② 2 이상의 방사구역을 가진 포소화설비에는 방사구역을 선택할 수 있는 구조로 할 것
③ 기동장치의 조작부는 화재 시 쉽게 접근할 수 있는 곳에 설치하되, 바닥으로부터 0.8[m] 이상 1.5[m] 이하의 위치에 설치하고, 유효한 보호장치를 설치할 것
④ 기동장치의 조작부 및 호스접결구에는 가까운 곳의 보기 쉬운 곳에 각각 "기동장치의 조작부" 및 "접결구"라고 표시한 표지를 설치할 것
⑤ 차고 또는 주차장에 설치하는 포소화설비의 수동식 기동장치는 방사구역마다 1개 이상 설치할 것
⑥ 항공기격납고에 설치하는 포소화설비의 수동식 기동장치는 각 방사구역마다 2개 이상 설치하되, 그중 1개는 각 방사구역으로부터 가장 가까운 곳 또는 조작에 편리한 장소에 설치하고, 1개는 화재감지기의 수신기를 설치한 감시실 등에 설치할 것

127 압축공기포 소화설비의 설치대상물을 쓰시오.

해답 압축공기포 소화설비의 설치대상물(NFTC 105)
① 특수가연물을 저장·취급하는 공장 또는 창고
② 차고 또는 주차장
③ 항공기격납고
④ 발전기실, 엔진펌프실, 변압기, 전기케이블실, 유압설비로서 바닥면적의 합계가 300[m^2] 미만인 장소 (고정식 압축공기포 소화설비)

128 포소화설비의 점검표에서 수조의 종합점검항목을 쓰시오.

해답 수조의 종합점검항목(소방시설 자체점검사항 등에 관한 고시 별지 4)
① 동결방지조치 상태 적정 여부
② 수위계 설치 또는 수위 확인 가능 여부
③ 수조 외측 고정사다리 설치 여부(바닥보다 낮은 경우 제외)
④ 실내설치 시 조명설비 설치 여부
⑤ "포소화설비용 수조" 표지설치 여부 및 설치 상태
⑥ 다른 소화설비와 겸용 시 겸용설비의 이름 표시한 표지설치 여부
⑦ 수조-수직배관 접속부분 "포소화설비용 배관" 표지설치 여부

> 작동점검항목은 ②, ⑤만 해당된다.

129 포소화설비의 점검표에서 저장탱크의 종합점검항목을 쓰시오.

해답 저장탱크의 종합점검항목(소방시설 자체점검사항 등에 관한 고시 별지 4)
① 포약제 변질 여부
② 액면계 또는 계량봉 설치상태 및 저장량 적정 여부
③ 글라스게이지 설치 여부(가압식이 아닌 경우)
④ 포소화약제 저장량의 적정 여부

130 포소화설비의 점검표에서 기동장치의 종합점검항목을 쓰시오.

해답 기동장치의 종합점검항목(소방시설 자체점검사항 등에 관한 고시 별지 4)
(1) 수동식 기동장치
① 직접·원격조작 가압송수장치·수동식 개방밸브·소화약제 혼합장치 기동 여부
② 기동장치 조작부의 접근성 확보, 설치 높이, 보호장치 설치 적정 여부
③ 기동장치 조작부 및 호스접결구 인근 "기동장치의 조작부" 및 "접결구" 표지설치 여부
④ 수동식 기동장치 설치개수 적정 여부
(2) 자동식 기동장치
① 화재감지기 또는 폐쇄형 스프링클러헤드의 개방과 연동하여 가압송수장치·일제개방밸브 및 포소화약제 혼합장치 기동 여부
② 폐쇄형 스프링클러헤드 설치 적정 여부
③ 화재감지기 및 발신기 설치 적정 여부
④ 동결우려 장소 자동식기동장치 자동화재탐지설비 연동 여부

131 포소화설비의 점검표에서 포헤드의 종합점검항목을 쓰시오.

해답 포헤드의 종합점검항목(소방시설 자체점검사항 등에 관한 고시 별지 4)
① 헤드의 변형·손상 유무
② 헤드 수량 및 위치 적정 여부
③ 헤드 살수장애 여부

132 포저장탱크의 소화약제를 보충하고자 할 때 조작 순서를 기술하시오.

해답 포소화약제 보충 시 조작 순서
① V_1, V_4 밸브를 폐쇄한다.
② V_3와 V_5 밸브를 개방하여 자켓 내의 물을 배수시킨다.
③ 배수시킨 후 V_3 밸브를 폐쇄한다.
④ V_6 밸브를 개방하고 V_2 밸브에 송액장치를 접속시킨다.
⑤ V_2 밸브를 개방하여 서서히 약제를 주입시킨다.
⑥ 약제를 완전히 보충한 후 V_2 밸브를 폐쇄한다.
⑦ 소화펌프를 기동하여 V_4 밸브를 서서히 개방하여 탱크 내를 가압한다.
⑧ V_5와 V_6 밸브로 공기를 제거한 후 V_5와 V_6 밸브를 폐쇄시킨다.
⑨ 소화펌프를 정지하고 V_1 밸브를 개방한다.

133 위험물안전관리에 관한 세부기준에 따른 Ⅱ형 포방출구, Ⅳ형 포방출구의 정의를 쓰시오.

해답 포방출구의 종류(위험물안전관리에 관한 세부기준 제133조)

① Ⅰ형 : 고정지붕구조의 탱크에 상부포주입법(고정포방출구를 탱크옆판의 상부에 설치하여 액표면상에 포를 방출하는 방법을 말한다)을 이용하는 것으로서 방출된 포가 액면 아래로 몰입되거나 액면을 뒤섞지 않고 액면상을 덮을 수 있는 통계단 또는 미끄럼판 등의 설비 및 탱크 내의 위험물증기가 외부로 역류되는 것을 저지할 수 있는 구조·기구를 갖는 포방출구

② Ⅱ형 : 고정지붕구조 또는 부상덮개부착고정지붕구조(옥외저장탱크의 액상에 금속제의 플로팅, 팬 등의 덮개를 부착한 고정지붕구조의 것을 말한다)의 탱크에 상부포주입법을 이용하는 것으로서 방출된 포가 탱크옆판의 내면을 따라 흘러내려 가면서 액면 아래로 몰입되거나 액면을 뒤섞지 않고 액면상을 덮을 수 있는 반사판 및 탱크 내의 위험물 증기가 외부로 역류되는 것을 저지할 수 있는 구조·기구를 갖는 포방출구

③ 특형 : 부상지붕구조의 탱크에 상부포주입법을 이용하는 것으로서 부상지붕의 부상부분상에 높이 0.9[m] 이상의 금속제의 칸막이(방출된 포의 유출을 막을 수 있고 충분한 배수능력을 갖는 배수구를 설치한 것에 한한다)를 탱크옆판의 내측으로부터 1.2[m] 이상 이격하여 설치하고 탱크옆판과 칸막이에 의하여 형성된 환상부분에 포를 주입하는 것이 가능한 구조의 반사판을 갖는 포방출구

④ Ⅲ형 : 고정지붕구조의 탱크에 저부포주입법(탱크의 액면하에 설치된 포방출구로부터 포를 탱크 내에 주입하는 방법을 말한다)을 이용하는 것으로서 송포관(발포기 또는 포발생기에 의하여 발생된 포를 보내는 배관을 말한다. 해당 배관으로 탱크 내의 위험물이 역류되는 것을 저지할 수 있는 구조·기구를 갖는 것에 한한다)으로부터 포를 방출하는 포방출구

⑤ Ⅳ형 : 고정지붕구조의 탱크에 저부포주입법을 이용하는 것으로서 평상시에는 탱크의 액면하의 저부에 설치된 격납통(포를 보내는 것에 의하여 용이하게 이탈되는 캡을 갖는 것을 포함한다)에 수납되어 있는 특수호스 등이 송포관의 말단에 접속되어 있다가 포를 보내는 것에 의하여 특수호스 등이 전개되어 그 선단(끝부분)이 액면까지 도달한 후 포를 방출하는 포방출구

CHAPTER 02 가스계(GAS系) 소화설비

PART 02 소방시설의 점검

제1절 이산화탄소소화설비(NFTC 106)

1 작동순서 03 07 회 출제

작동개요
본 설비는 CO_2 소화설비로서 화재발생 시 해당 지역 내 감지장치의 동작으로 수신반작동, 전자사이렌경보, 팬모터정지, 기동용 가스의 개방, 선택밸브의 개방, 니들밸브 작동순으로 CO_2 실린더 내의 가스가 분사 헤드를 통해 방출하여 해당 지역 내 화재를 완전 진화할 수 있는 CO_2 소화설비다.

자동조작방식	수동조작방식
1. 화재발생 지역 내 감지기 동작 2. 수신반 작동 3. 전자사이렌 경보, 팬모터정지 4. 기동용기 개방 5. 선택밸브 개방 6. 니들밸브 작동 7. CO_2 실린더 밸브 개방 8. (분사헤드) 가스 방출 9. 완전진화 확인 10. 수신반 기동장치 복구 11. 기동용기 및 CO_2 재충전	1. 화재발생 지역 내 화재확인 2. 해당 지역용 수동조작함 조작 3. 수동기동 장치 수동레버 조작 4. 선택밸브 수동조작 5. 니들밸브 수동조작 6. CO_2 실린더 밸브 개방 7. (분사헤드) 가스 방출 8. 완전진화 확인 9. 기동용기 및 CO_2 재충전

주의사항
1. 고압가스 용기 저장 장소이므로 타 물질의 접근을 금한다. 2. 관리자 이외는 절대 손대지 말 것

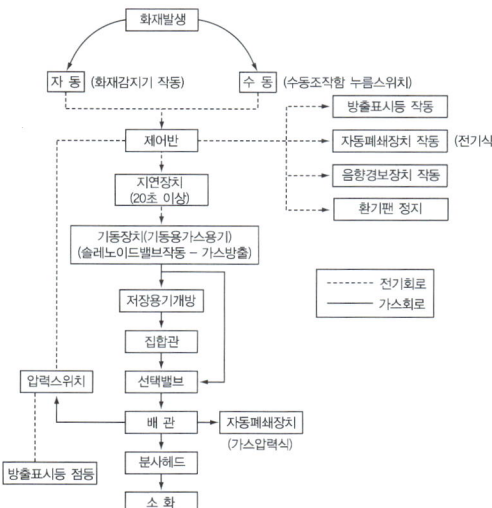

[이산화탄소소화설비]

2 용어 정의

① **전역방출방식** : 소화약제 공급장치에 배관 및 분사헤드 등을 설치하여 밀폐 방호구역 전체에 소화약제를 방출하는 방식
② **국소방출방식** : 소화약제 공급장치에 배관 및 분사헤드 등을 설치하여 직접 화점에 소화약제를 방출하는 방식
③ **호스릴방식** : 소화수 또는 소화약제 저장용기 등에 연결된 호스릴을 이용하여 사람이 직접 화점에 소화수 또는 소화약제를 방출하는 방식
④ **심부화재** : 목재 또는 섬유류와 같은 고체가연물에서 발생하는 화재형태로서 가연물 내부에서 연소하는 화재
⑤ **표면화재** : 가연성 물질의 표면에서 연소하는 화재
⑥ **충전비** : 소화약제 저장용기의 내부 용적과 소화약제의 중량과의 비(용적/중량)

$$충전비 = \frac{용기의\ 내용적[L]}{약제의\ 중량[kg]}$$

⑦ **교차회로방식** : 하나의 방호구역 내에 2 이상의 화재감지기 회로를 설치하고 인접한 2 이상의 화재감지기에 화재가 감지되는 때에 소화설비가 작동하는 방식
⑧ **방화문** : 건축법 시행령 제64조의 규정에 따른 60분+ 방화문, 60분 방화문 또는 30분 방화문
⑨ **선택밸브** : 2 이상의 방호구역 또는 방호대상물이 있어 소화수 또는 소화약제를 해당하는 방호구역 또는 방호대상물에 선택적으로 방출되도록 제어하는 밸브
⑩ **설계농도** : 방호대상물 또는 방호구역의 소화약제 저장량을 산출하기 위한 농도로서 소화농도에 안전율을 고려하여 설정한 농도
⑪ **소화농도** : 규정된 실험 조건의 화재를 소화하는데 필요한 소화약제의 농도(형식승인 대상의 소화약제는 형식승인된 소화농도)

항목 \ 종류	이산화탄소	할론	할로겐화합물 및 불활성기체	
			할로겐화합물	불활성기체
주된 소화효과	질식효과	부촉매효과	부촉매효과	질식효과
약제저장상태	액체	액체	액체	기체
방사형태	고농도 장시간	저농도 단시간	저농도 단시간	고농도 장시간
설계농도	34~78[%]	5~10[%]	6~16[%]	38[%]
방출시간	표면화재 : 1분 심부화재 : 7분 (설계농도가 2분 이내 30[%]에 도달)	10초	10초 (최소설계농도의 95[%] 이상의 약제량 방출)	A·C급 화재 : 2분 이내 B급 화재 : 1분 이내 (최소설계농도의 95[%] 이상의 약제량 방출)
약제유출관점	자유유출	무유출	무유출	자유유출

3 가스계 소화설비의 사용부품

명 칭	구 조	설치기준
제어반		하나의 특정소방대상물에 1개가 설치된다. ※ 현장 : 가스계 소화설비가 있으면 별도로 설치 가능
기동용 솔레노이드밸브		각 방호구역당 1개씩 설치한다.
안전밸브		집합관에 1개를 설치한다.
수동조작함		출입문 부근에 설치하되 방호구역당 1개씩 설치한다.
음향경보장치 (사이렌)		사이렌은 실내에 설치하여 화재 발생 시 인명을 대피하기 위하여 각 방호구역당 1개씩 설치한다.
기동용기		각 방호구역당 1개씩 설치한다.
방출표시등		출입문 외부 위에 설치하여 약제가 방출되는 것을 알리는 것으로 각 방호구역당 1개씩 설치한다.
선택밸브		방호구역 또는 방호 대상물마다 설치한다.
분사헤드		개수는 방호구역에 방사시간이 충족되도록 설치한다.
가스체크밸브		• 저장용기와 집합관 사이 : 용기 수만큼 • 역류방지용 : 용기의 병수에 따라 다름 • 저장용기의 적정 방사용 : 방호구역에 따라 다름
감지기		교차회로방식을 적용하여 각 방호구역당 2개씩 설치해야 한다.

명 칭	구 조	설치기준
피스톤릴리즈		가스방출 시 자동적으로 개구부를 차단시키는 장치로서 각 방호구역당 1개씩 설치한다.
압력스위치		각 방호구역당 1개씩 설치한다.

4 소화약제의 저장용기 설치장소 기준 10 회 출제

① 방호구역 외의 장소에 설치할 것. 다만, 방호구역 내에 설치할 경우에는 피난 및 조작이 용이하도록 피난구 부근에 설치해야 한다.
② 온도가 40[℃] 이하이고, 온도 변화가 작은 곳에 설치할 것
③ 직사광선 및 빗물이 침투할 우려가 없는 곳에 설치할 것
④ 방화문으로 구획된 실에 설치할 것
⑤ 용기의 설치장소에는 해당 용기가 설치된 곳임을 표시하는 표지를 할 것
⑥ 용기 간의 간격은 점검에 지장이 없도록 3[cm] 이상의 간격을 유지할 것
⑦ 저장용기와 집합관을 연결하는 연결배관에는 체크밸브를 설치할 것. 다만, 저장용기가 하나의 방호구역만을 담당하는 경우에는 그렇지 않다.

[저장용기, 체크밸브]

> **Plus one**
> 저장용기의 설치기준
> • 할론소화설비, 분말소화설비는 동일하다.
> • 할로겐화합물 및 불활성기체소화설비는 ②번의 온도가 55[℃] 이하이고 나머지는 동일하다.

5 소화약제의 저장용기 설치기준 23 회 출제 설계 13회

① 저장용기의 충전비는 고압식은 1.5 이상 1.9 이하, 저압식은 1.1 이상 1.4 이하로 할 것
② 저압식 저장용기에는 내압시험압력의 0.64배부터 0.8배까지의 압력에서 작동하는 안전밸브와 내압시험압력의 0.8배부터 내압시험압력에서 작동하는 봉판을 설치할 것
③ 저압식 저장용기에는 액면계 및 압력계와 2.3[MPa] 이상 1.9[MPa] 이하의 압력에서 작동하는 압력경보장치를 설치할 것
④ 저압식 저장용기에는 용기 내부의 온도가 영하 18[℃] 이하에서 2.1[MPa]의 압력을 유지할 수 있는 자동냉동장치를 설치할 것
⑤ 저장용기는 고압식은 25[MPa] 이상, 저압식은 3.5[MPa] 이상의 내압시험압력에 합격한 것으로 할 것

Plus one

저장용기의 안전장치
이산화탄소 소화약제 저장용기와 선택밸브 또는 개폐밸브 사이에는 배관의 최소사용설계압력과 최대허용압력 사이의 압력에서 작동하는 안전장치를 설치해야 하며, 안전장치를 통하여 나온 소화가스는 전용의 배관 등을 통하여 건축물 외부로 배출될 수 있도록 해야 한다. 이 경우 안전장치로 용전식을 사용해서는 안 된다. 설계 05회

고압식과 저압식의 비교

항 목 \ 구 분	고압식	저압식
저장용기	68[L]의 내용적에 45[kg] 용기사용	대형탱크(1.5~60[t]) 1개 사용
저장압력	20[℃]에서 6[MPa]	−18[℃]에서 2.1[MPa]
충전비	1.5~1.9	1.1~1.4
방출압력	2.1[MPa](분사헤드 기준) 이상	1.05[MPa](분사헤드 기준) 이상
배 관	압력배관용 탄소 강관(스케줄 80)	압력배관용 탄소 강관(스케줄 40)
저장용기의 내압시험압력	25[MPa] 이상	3.5[MPa] 이상
안전장치	안전밸브	안전밸브, 봉판, 압력계, 압력경보장치, 액면계
약제량 측정	현장(액화가스레벨미터, 저울)에서 측정	원격감시(이산화탄소 레벨 모니터 이용)
적 응	소용량	대용량

6 수동식 기동장치의 설치기준 06 회 출제

수동식 기동장치의 부근에는 소화약제의 방출을 지연시킬 수 있는 방출지연스위치(자동복귀형 스위치로서 수동식 기동장치의 타이머를 순간 정지시키는 기능의 스위치를 말한다)를 설치해야 한다.

① 전역방출방식은 방호구역마다, 국소방출방식은 방호대상물마다 설치할 것
② 해당 방호구역의 출입구 부근 등 조작을 하는 자가 쉽게 피난할 수 있는 장소에 설치할 것
③ 기동장치의 조작부는 바닥으로부터 높이 0.8[m] 이상 1.5[m] 이하의 위치에 설치하고, 보호판 등에 따른 보호장치를 설치할 것
④ 기동장치 인근의 보기 쉬운 곳에 "이산화탄소소화설비 수동식 기동장치"라고 표지를 할 것
⑤ 전기를 사용하는 기동장치에는 전원표시등을 설치할 것
⑥ 기동장치의 방출용 스위치는 음향경보장치와 연동하여 조작될 수 있는 것으로 할 것
⑦ 기동장치에는 보호장치를 설치해야 하며, 보호장치를 개방하는 경우 기동장치에 설치된 버저 또는 벨 등에 의하여 경고음을 발할 것

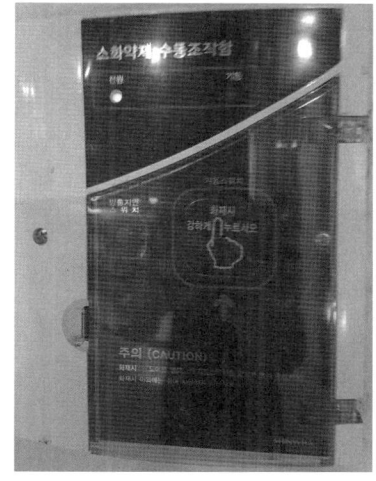

[수동조작함]

⑧ 기동장치를 옥외에 설치하는 경우 빗물 또는 외부 충격의 영향을 받지 않도록 설치할 것

7 자동식 기동장치

(1) 종 류
① **전기식** : 솔레노이드밸브를 용기밸브에 부착하여 화재 발생 시 감지기의 작동에 의하여 수신기의 기동출력이 솔레노이드에 전달되어 파괴침이 용기밸브의 봉판을 파괴하여 약제가 방출되는 방식으로 패키지 타입에 주로 사용하는 방식이다.
② **가스압력식** : 감지기의 작동에 의하여 솔레노이드밸브의 파괴침이 작동하면 기동용기가 작동하여 가스압에 의하여 니들밸브의 니들핀이 용기 안으로 움직여 봉판을 파괴하여 약제를 방출되는 방식으로 일반적으로 주로 사용하는 방식이다.
③ **기계식** : 용기밸브를 기계적인 힘으로 개방시켜 주는 방식이다.

(2) **기동장치의 설치기준** 06 회 출제
① **전기식 기동장치** : 7병 이상의 저장용기를 동시에 개방하는 설비는 2병 이상의 저장용기에 전자개방밸브를 부착할 것
② **가스압력식 기동장치**
㉠ 기동용 가스용기 및 해당 용기에 사용하는 밸브는 25[MPa] 이상의 압력에 견딜 수 있는 것으로 할 것
㉡ 기동용 가스용기에는 내압시험압력의 0.8배부터 내압시험압력 이하에서 작동하는 안전장치를 설치할 것
㉢ 기동용 가스용기의 체적은 5[L] 이상으로 하고, 해당 용기에 저장하는 질소 등의 비활성기체는 6.0[MPa] 이상(21[℃] 기준)의 압력으로 충전할 것
㉣ 질소 등의 비활성기체 기동용 가스용기에는 충전여부를 확인할 수 있는 압력게이지를 설치할 것

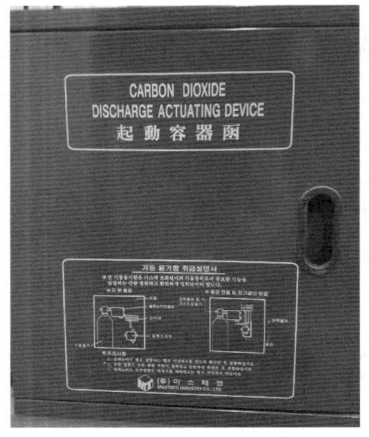

[가스압력식 기동장치]

③ **기계식 기동장치** : 저장용기를 쉽게 개방할 수 있는 구조로 할 것

> **Plus one**
> 자동식 기동장치의 설치기준
> • 할론소화설비, 분말소화설비는 동일하다.
> • 할로겐화합물 및 불활성기체소화설비는 다르다.

8 제어반 등의 설치기준

① 제어반은 수동기동장치 또는 화재감지기에서의 신호를 수신하여 음향경보장치의 작동, 소화약제의 방출 또는 지연 등 기타의 제어기능을 가진 것으로 하고, 제어반에는 전원표시등을 설치할 것
② 화재표시반은 제어반에서의 신호를 수신하여 작동하는 기능을 가진 것으로 하되, 다음 기준에 따라 설치할 것
  ㉠ 각 방호구역마다 음향경보장치의 조작 및 감지기의 작동을 명시하는 표시등과 이와 연동하여 작동하는 벨·버저 등의 경보기를 설치할 것. 이 경우 음향경보장치의 조작 및 감지기의 작동을 명시하는 표시등을 겸용할 수 있다.
  ㉡ 수동식 기동장치는 그 방출용스위치의 작동을 명시하는 표시등을 설치할 것
  ㉢ 소화약제의 방출을 명시하는 표시등을 설치할 것
  ㉣ 자동식 기동장치는 자동·수동의 절환을 명시하는 표시등을 설치할 것
③ 제어반 및 화재표시반은 화재 및 침수 등의 재해로 인한 피해를 받을 우려가 없고 점검에 편리한 장소에 설치할 것
④ 제어반 및 화재표시반에는 해당 회로도 및 취급설명서를 비치할 것
⑤ 수동잠금밸브의 개폐 여부를 확인할 수 있는 표시등을 설치할 것

> **Plus one**
> 제어반 등의 설치기준
> • 할론소화설비, 분말소화설비는 동일하다.
> • 할로겐화합물 및 불활성기체소화설비는 다르다.

9 배관 등 설계 02회

(1) 배관의 설치기준

① 배관은 전용으로 할 것

② 강관을 사용하는 경우의 배관은 압력배관용 탄소 강관(KS D 3562) 중 스케줄 80(저압식 40) 이상의 것 또는 이와 동등 이상의 강도를 가진 것으로 아연도금 등으로 방식처리된 것을 사용할 것. 다만, 배관의 호칭구경이 20[mm] 이하인 경우에는 스케줄 40 이상인 것을 사용할 수 있다.
③ 동관을 사용하는 경우의 배관은 이음이 없는 동 및 동합금관(KS D 5301)으로서 고압식은 16.5[MPa] 이상, 저압식은 3.75[MPa] 이상의 압력에 견딜 수 있는 것을 사용할 것
④ 고압식의 1차 측(개폐밸브 또는 선택밸브 이전) 배관 부속의 최소사용설계압력은 9.5[MPa]로 하고, 고압식의 2차 측과 저압식의 배관 부속의 최소사용설계압력은 4.5[MPa]로 할 것

(2) 배관 구경에 따른 약제 소요량 방출시간
 ① 전역방출방식에 있어서 가연성 액체 또는 가연성 가스 등 표면화재 방호대상물 : 1분 이내
 ② 전역방출방식에 있어서 종이, 목재, 석탄, 섬유류, 합성수지류 등 심부화재 방호대상물 : 7분 이내(이 경우 2분 이내에 설계농도의 30[%]에 도달해야 한다)
 ③ 국소방출방식 : 30초 이내
(3) 소화약제의 저장용기와 선택밸브 사이의 집합배관에는 수동잠금밸브를 설치하되 선택밸브 직전에 설치할 것. 다만, 선택밸브가 없는 설비의 경우에는 저장용기실 내에 설치하되 조작 및 점검이 쉬운 위치에 설치해야 한다.

10 선택밸브의 설치기준

[작동 전]

[작동 후]

① 방호구역 또는 방호대상물마다 설치할 것
② 각 선택밸브에는 해당 방호구역 또는 방호대상물을 표시할 것

11 호스릴 이산화탄소소화설비(차고 또는 주차의 용도로 사용되는 부분은 제외)

(1) 설치대상
화재 시 현저하게 연기가 찰 우려가 없는 장소

(2) 설치기준
① 지상 1층 및 피난층에 있는 부분으로서 지상에서 수동 또는 원격조작에 따라 개방할 수 있는 개구부의 유효면적의 합계가 바닥면적의 15[%] 이상이 되는 부분
② 전기설비가 설치되어 있는 부분 또는 다량의 화기를 사용하는 부분(해당 설비의 주위 5[m] 이내의 부분을 포함한다)의 바닥면적이 해당 설비가 설치되어 있는 구획의 바닥면적의 1/5 미만이 되는 부분

> **Plus one**
>
> **호스릴 설치대상물**
> - 할론소화설비, 분말소화설비는 동일하다.
> - 할로겐화합물 및 불활성기체소화설비는 다르다.

12 호스릴 이산화탄소소화설비의 설치기준 14 회 출제

[호스릴 CO_2]

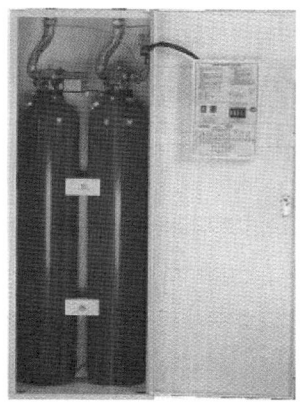
[캐비닛형 CO_2]

① 방호대상물의 각 부분으로부터 하나의 호스접결구까지의 수평거리가 15[m] 이하가 되도록 할 것
② 호스릴 이산화탄소소화설비의 노즐은 20[℃]에서 하나의 노즐마다 60[kg/min] 이상의 소화약제를 방출할 수 있는 것으로 할 것
③ 소화약제 저장용기는 호스릴을 설치하는 장소마다 설치할 것
④ 소화약제 저장용기의 개방밸브는 호스릴의 설치장소에서 수동으로 개폐할 수 있는 것으로 할 것
⑤ 소화약제 저장용기의 가장 가까운 곳의 보기 쉬운 곳에 적색의 표시등을 설치하고, 호스릴 이산화탄소소화설비가 있다는 뜻을 표시한 표지를 할 것

> **Plus one**
>
> 가스계 소화설비의 호스릴방식의 분당 방사량
>
> | 항 목 | 구 분 | 분당 방사량 |
> |---|---|---|
> | 이산화탄소소화설비 | | 60[kg/min] 이상 |
> | 할론소화설비 | 할론2402 | 45[kg/min] 이상 |
> | | 할론1211 | 40[kg/min] 이상 |
> | | 할론1301 | 35[kg/min] 이상 |
> | 분말소화설비 | 제1종 분말 | 45[kg/min] 이상 |
> | | 제2종, 제3종 분말 | 27[kg/min] 이상 |
> | | 제4종 분말 | 18[kg/min] 이상 |

13 분사헤드의 오리피스 구경 등의 기준 [19회 출제]

① 분사헤드에는 부식방지조치를 해야 하며 오리피스의 크기, 제조일자, 제조업체가 표시되도록 할 것
② 분사헤드의 개수는 방호구역에 소화약제의 방출시간이 충족되도록 설치할 것
③ 분사헤드의 방출률 및 방출압력은 제조업체에서 정한 값으로 할 것
④ 분사헤드의 오리피스의 면적은 분사헤드가 연결되는 배관구경 면적의 70[%] 이하가 되도록 할 것

> **Plus one**
>
> 오리피스 구경의 기준
> 할로겐화합물소화설비와 동일하다.

14 분사헤드 설치제외 장소 [03회 출제] [설계 13, 21회]

① 방재실·제어실 등 사람이 상시 근무하는 장소
② 나이트로셀룰로오스·셀룰로이드제품 등 자기연소성 물질을 저장·취급하는 장소
③ 나트륨·칼륨·칼슘 등 활성금속물질을 저장·취급하는 장소
④ 전시장 등의 관람을 위하여 다수인이 출입·통행하는 통로 및 전시실 등

15 음향경보장치

(1) 음향경보장치의 설치기준

① 수동식 기동장치를 설치한 것은 그 기동장치의 조작과정에서, 자동식 기동장치를 설치한 것은 화재감지기와 연동하여 자동으로 경보를 발하는 것으로 할 것
② 소화약제의 방출개시 후 1분 이상 경보를 계속할 수 있는 것으로 할 것
③ 방호구역 또는 방호대상물이 있는 구획 안에 있는 자에게 유효하게 경보할 수 있는 것으로 할 것

(2) 방송에 따른 경보장치의 설치기준

① 증폭기 재생장치는 화재 시 연소의 우려가 없고, 유지관리가 쉬운 장소에 설치할 것
② 방호구역 또는 방호대상물이 있는 구획의 각 부분으로부터 하나의 확성기까지의 수평거리는 25[m] 이하가 되도록 할 것
③ 제어반의 복구스위치를 조작하여도 경보를 계속 발할 수 있는 것으로 할 것

16 자동폐쇄장치(전역방출방식) 설치기준 설계 10회

① 환기장치 등을 설치한 것은 소화약제가 방출되기 전에 해당 환기장치 등이 정지될 수 있도록 할 것
② 개구부가 있거나 천장으로부터 1[m] 이상의 아랫 부분 또는 바닥으로부터 해당 층의 높이의 2/3 이내의 부분에 통기구가 있어 소화약제의 유출에 따라 소화효과를 감소시킬 우려가 있는 것은 소화약제가 방출되기 전에 해당 개구부 및 통기구를 폐쇄할 수 있도록 할 것
③ 자동폐쇄장치는 방호구역 또는 방호대상물이 있는 구획의 밖에서 복구할 수 있는 구조로 하고, 그 위치를 표시하는 표지를 할 것

Plus one
자동식폐쇄장치의 설치기준
할론소화설비, 할로겐화합물 및 불활성기체소화설비, 분말소화설비는 동일하다.

17 비상전원의 설치기준

(1) 종 류

① 자가발전설비
② 축전지설비(제어반에 내장하는 경우를 포함한다)
③ 전기저장장치(외부 전기에너지를 저장해 두었다가 필요한 때 전기를 공급하는 장치를 말한다)

(2) 비상전원을 설치하지 않을 수 있는 경우

① 2 이상의 변전소에서 전력을 동시에 공급받을 수 있는 경우
② 하나의 변전소로부터 전력의 공급이 중단되는 때에는 자동으로 다른 변전소로부터 전원을 공급받을 수 있도록 상용전원을 설치한 경우

(3) 설치기준

① 점검에 편리하고 화재 및 침수 등의 재해로 인한 피해를 받을 우려가 없는 곳에 설치할 것
② 이산화탄소소화설비를 유효하게 20분 이상 작동할 수 있어야 할 것

③ 상용전원으로부터 전력의 공급이 중단된 때에는 자동으로 비상전원으로부터 전력을 공급받을 수 있도록 할 것
④ 비상전원의 설치장소는 다른 장소와 방화구획할 것. 이 경우 그 장소에는 비상전원의 공급에 필요한 기구나 설비 외의 것(열병합발전설비에 필요한 기구나 설비는 제외한다)을 두어서는 안 된다.
⑤ 비상전원을 실내에 설치하는 때에는 그 실내에 비상조명등을 설치할 것

> **Plus one**
> 비상전원의 설치기준
> 할론소화설비, 할로겐화합물 및 불활성기체소화설비, 분말소화설비는 동일하다.

18 배출설비 및 과압배출구

① 배출설비 : 지하층, 무창층 및 밀폐된 거실 등에 이산화탄소소화설비를 설치한 경우에는 방출된 소화약제를 배출하기 위한 배출설비를 갖추어야 한다.
② 과압배출구 : 이산화탄소소화설비의 방호구역에는 소화약제 방출 시 발생하는 과(부)압으로 인한 구조물 등의 손상을 방지하기 위해 아래 사항을 검토하여 과압배출구를 설치해야 한다. 다만, 과(부)압이 발생해도 구조물 등에 손상이 생길 우려가 없음을 시험 또는 공학적인 자료로 입증하는 경우 설치하지 않을 수 있다.
  ㉠ 방호구역 누설면적
  ㉡ 방호구역의 최대허용압력
  ㉢ 소화약제 방출 시 최고압력
  ㉣ 소화농도 유지시간

19 안전시설 등의 설치기준

(1) 안전시설 설치
① 소화약제 방출 시 방호구역 내와 부근에 가스 방출 시 영향을 미칠 수 있는 장소에 시각경보장치를 설치하여 소화약제가 방출되었음을 알도록 할 것
② 방호구역의 출입구 부근 잘 보이는 장소에 약제방출에 따른 위험경고표지를 부착할 것

(2) 이산화탄소 소화약제가 방출되는 경우 후각을 통해 이를 인지할 수 있는 부취발생기 설치 방식
① 부취발생기를 소화약제 저장용기실 내의 소화배관에 설치하여 소화약제의 방출에 따라 부취제가 혼합되도록 하는 방식

⊙ 소화약제 저장용기실 내의 소화배관에 설치할 것
ⓒ 점검 및 관리가 쉬운 위치에 설치할 것
ⓒ 방호구역별로 선택밸브 직후 2차 측 배관에 설치할 것. 다만, 선택밸브가 없는 경우에는 집합배관에 설치할 수 있다.
② 방호구역 내에 부취발생기를 설치하여 이산화탄소소화설비의 기동에 따라 소화약제 방출 전에 부취제가 방출되도록 하는 방식

20 가연성 액체 또는 가연성 가스의 소화에 필요한 설계농도 설계 21회

방호대상물	설계농도[%]
수소(Hydrogen)	75
아세틸렌(Acetylene)	66
일산화탄소(Carbon Monoxide)	64
산화에틸렌(Ethylene Oxide)	53
에틸렌(Ethylene)	49
에테인(에탄, Ethane)	40
석탄가스, 천연가스(Coal, Natural gas), 사이클로프로페인(사이크로프로판, Cyclo Propane)	37
아이소뷰테인(이소부탄, Iso Butane), 프로페인(프로판, Propane)	36
뷰테인(부탄, Butane), 메테인(메탄, Methane)	34

21 가스계 소화설비의 점검

(1) 작동시험방법

① **점검하기 전 조치사항** 19 회 출제
  ⊙ 제어반의 솔레노이드밸브 연동정지 위치로 전환한다.
  ⓒ 선택밸브에 연결된 동관을 분리한다(솔레노이드밸브가 오격발이 되어 저장용기의 가스가 작동되지 않게 하기 위하여).
  ⓒ 기동용기함 내부에 설치된 솔레노이드밸브에 안전핀을 체결한다(솔레노이드밸브 분리 시 격발을 방지하기 위하여).
  ② 기동용기에서 솔레노이드밸브를 분리하고, 밸브에 체결된 안전핀을 분리한다.

② **작동시험방법** 10 24 회 출제
  ⊙ **방호구역 내 감지기 2개회로 동작** : 화재 시 방호구역 내의 A, B 감지기가 자동적으로 화재를 감지하여 정상적으로 작동되는지의 여부를 확인하는 시험
    ㉮ A회로의 감지기 동작 : 해당 방호구역의 A회로의 화재표시등 및 경보 여부확인

㈏ B회로의 감지기 동작 : 해당 방호구역의 B회로의 화재표시등 및 경보 여부확인 및 지연타이머가 작동 여부를 확인한다(지연타이머의 세팅된 시간이 지난 후 **솔레노이드밸브가 격발되는지 확인한다**).

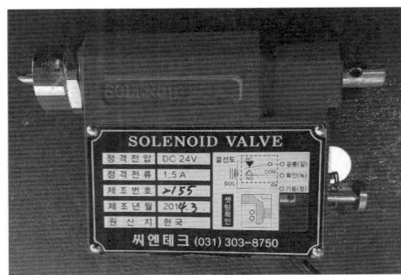

[격발 전]   [격발 후]

㉡ **수동조작함의 수동조작스위치 동작** : 화재 발견자가 수동조작함을 수동조작으로 동작시켜 정상적으로 작동되는지의 여부를 확인하는 시험
  ㉮ 수동조작함의 조작스위치를 조작하여 화재 발생 여부를 확인한다.
  ㉯ 지연타이머의 세팅된 시간이 지난 후 솔레노이드밸브가 격발되는지 확인한다.

㉢ **제어반의 동작시험스위치와 회로선택스위치 동작** : 동작시험스위치와 회로선택스위치를 이용하여 정상적으로 작동되는지의 여부를 확인하는 시험
  ㉮ 제어반에서 솔레노이드밸브의 연동스위치를 정지위치로 한다.
  ㉯ 회로선택스위치를 시험하고자 하는 방호구역의 A회로로 전환한다.
  ㉰ 동작시험스위치를 시험위치로 전환한다.
  ㉱ 회로선택스위치를 시험하고자 하는 방호구역의 B회로로 전환한다.
  ㉲ 제어반에서 솔레노이드밸브의 연동스위치를 자동위치로 한다.
  ㉳ 해당 방호구역에 설치된 지연타이머의 세팅된 시간이 지난 후 솔레노이드밸브가 격발되는지 확인한다.

㉣ **제어반의 수동스위치 동작** : 제어반에 설치된 해당 방호구역의 수동조작 스위치를 조작하여 방호구역마다 시험을 하는 방법

㉤ **솔레노이드밸브의 수동조작버튼 동작** : 정상적으로 작동되지 않을 때 사용하는 방법으로 솔레노이드밸브의 안전핀을 제거한 후 수동조작버튼을 누르면 솔레노이드밸브가 동작한다.

③ **작동 시 확인사항(솔레노이드밸브 작동상태 확인)** 10 회 출제
  ㉠ 제어반의 화재표시등 및 해당 방호구역의 감지기 동작표시등 점등 여부
  ㉡ 해당 방호구역의 경보발령 여부
  ㉢ 제어반에서 지연장치의 지연시간 확인
  ㉣ 제어반의 솔레노이드밸브 기동표시등 점등 여부
  ㉤ 해당 방호구역의 솔레노이드밸브 정상작동 여부
  ㉥ 자동폐쇄장치의 작동, 환기장치 등의 정지 여부 확인(전기식일 경우)

④ **복 구**
  ㉠ 제어반의 스위치를 복구(동작시험, 회로선택, 음향경보스위치 복구 및 제어반 복구)한다.
  ㉡ 수동조작함 조작 시 누름스위치를 복구한다.
  ㉢ 제어반의 솔레노이드밸브를 연동스위치를 정지위치로 한다.
  ㉣ 기동용기함에 설치된 솔레노이드밸브의 안전핀을 솔레노이드의 파괴침 끝에 끼우고 누르면 딸깍 소리가 나면서 솔레노이드밸브가 원상태(파괴침이 들어감)로 된 것이다.
  ㉤ 솔레노이드밸브에 안전핀을 체결하고 기동용기에 솔레노이드밸브를 결합한다.
  ㉥ 제어반의 연동스위치를 정상상태로 하고 확인한다.
  ㉦ 솔레노이드밸브에서 안전핀을 분리하고 기동용기함의 문짝을 살며시 닫는다.
  ㉧ 점검하기 전에 분리했던 동관을 연결한다.

(2) 가스계 소화설비의 방출지연스위치 작동점검순서 **19 회 출제**

① 제어반에서 솔레노이드밸브 연동스위치를 정지위치로 한다.
② 기동용기(기동용 가스용기)에서 저장용기로 가는 동관을 분리한다.
③ 기동용기함 내부에 설치된 솔레노이드 밸브에 안전핀을 체결하고 솔레노이드 밸브를 분리시킨 후 안전핀을 제거한다(안전핀을 체결하지 않고 분리하면 솔레노이드가 격발의 우려가 있기 때문).
④ 제어반에서 솔레노이드밸브를 연동정지 해제하고(음향경보장치는 정지) A, B 감지기 작동 또는 수동조작스위치를 작동시킨다.
⑤ 타이머가 30초(설정시간 : 30초)가 되었을 때 방출지연스위치를 눌러 타이머가 정지되는지 확인한다.
⑥ 방출지연스위치를 해제하여 솔레노이드밸브의 격발(타이머가 0초가 되면 격발함)을 확인한 후 파괴침을 복구하고 솔레노이드밸브를 기동용기함에 체결한다.

(3) 가스계 소화설비의 오동작 원인

① 점검조작미숙으로 솔레노이드밸브 격발
② 솔레노이드밸브 체결 및 분리 시 오격발
③ 점검 후 복구되지 않는 연감지기 재동작에 의한 격발
④ 장난으로 수동작함을 작동시켜 솔레노이드밸브 격발

(4) 화재감지기가 2회로(A, B)를 작동하였으나 약제 방출되지 않는 원인 **04 회 출제**

① 기동용 솔레노이드밸브에 안전핀이 체결된 경우
② 기동용 가스용기 내 가스가 없는 경우

③ 기동용 가스용기가 고장인 경우
④ 조작동관의 연결이 잘못된 경우
⑤ 조작동관이 막히거나 누설이 발생한 경우
⑥ 조작동관상의 가스체크밸브 방향이 흐름방향과 반대로 설치된 경우
⑦ 저장용기에 소화약제가 없는 경우
⑧ 선택밸브가 고장인 경우
⑨ 제어반에서 연동스위치를 정지위치로 한 경우
⑩ 제어반의 자동, 수동절환스위치가 수동의 위치에 놓인 경우

(5) 선택밸브가 개방(작동)되지 않는 원인
① 기동용 솔레노이드밸브에 안전핀이 체결된 경우
② 전원이 차단된 경우
③ 기동스위치가 불량인 경우
④ 기동용 가스용기 밸브가 개방되지 않는 경우
⑤ 기동용 가스용기 내 가스가 없는 경우
⑥ 조작동관이 막히거나 누설이 발생한 경우
⑦ 피스톤릴리즈가 작동되지 않는 경우

(6) 솔레노이드밸브가 작동되지 않는 원인
① 솔레노이드밸브에 안전핀이 체결된 경우
② 솔레노이드밸브가 불량인 경우
③ 제어반의 연동스위치가 정지위치에 있는 경우
④ 제어반이 고장난 경우
⑤ 제어반과 솔레노이드연결 배선이 단선 또는 접속불량인 경우

(7) 방출표시등이 점등되지 않는 원인
① 압력스위치와 제어반의 배선이 단선 또는 접속불량인 경우
② 방출표시등과 제어반의 배선이 단선 또는 접속불량인 경우
③ 압력스위치가 불량인 경우
④ 방출표시등 내부의 램프가 단선인 경우
⑤ 방출표시등의 배선이 잘못 결선된 경우

22 용기의 약제량 산정방법 06 회 출제

(1) 이너젠가스 저장용기
① 산정방법 : 압력측정방법
② 점검방법 : 용기밸브의 고압용 게이지를 확인하여 저장용기 내부의 압력을 측정
③ 판정방법 : 압력손실이 5[%]를 초과할 경우 재충전하거나 저장용기를 교체할 것

(2) 이산화탄소 저장용기
① 산정방법 : 액면계(액화가스레벨미터)를 사용하여 약제량을 측정하는 방법
② 점검방법
  ㉠ 액면계의 전원스위치를 넣고 전압을 체크한다.
  ㉡ 용기는 통상의 상태 그대로 하고 액면계 프로브와 방사선원 간에 용기를 끼워 넣듯이 삽입한다.
  ㉢ 액면계의 검출부를 조심하여 저장용기의 상하방향으로 이동시켜 메타지침의 흔들림이 크게 다른 부분을 발견하여 그 위치가 용기의 바닥에서 얼마만큼의 높이인가를 측정한다.
  ㉣ 액면의 높이와 약제량과의 환산은 전용의 환산척을 이용한다.
③ 판정방법 : 약제량의 측정 결과를 중량표와 비교하여 그 차이가 5[%] 이하일 것(5[%] 초과 시 불량)

(3) 기동용 가스용기
① 산정방법 : 전자저울을 사용하여 약제량을 측정하는 방법
② 점검방법
  ㉠ 기동용 가스용기함의 문을 개방한다.
  ㉡ 솔레노이드밸브에 안전핀을 체결한다(분리 시 오격발을 방지하기 위하여).
  ㉢ 기동용 가스용기에서 솔레노이드밸브를 분리한다.
  ㉣ 기동용 가스용기함에서 기동용 가스용기를 분리한다.
  ㉤ 저울에 올려놓아 가스의 중량을 측정한다.

> 가스 중량[kg] = 4.05(전체 중량) − 2.8(기동용기의 중량) − 0.6(용기밸브의 중량) = 0.65[kg]

③ 판정방법 : 중량이 0.6[kg] 이상일 것

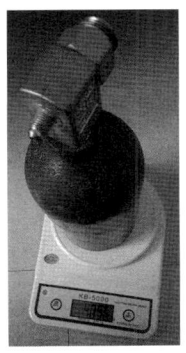

23 이산화탄소소화설비의 점검표(소방시설 자체점검사항 등에 관한 고시 별지 4)

번 호	점검항목	점검결과
9-A. 저장용기		
9-A-001	● 설치장소 적정 및 관리 여부	
9-A-002	○ 저장용기 설치장소 표지 설치 여부	
9-A-003	● 저장용기 설치 간격 적정 여부	
9-A-004	○ 저장용기 개방밸브 자동·수동 개방 및 안전장치 부착 여부	
9-A-005	● 저장용기와 집합관 연결배관상 체크밸브 설치 여부	
9-A-006	● 저장용기와 선택밸브(또는 개폐밸브) 사이 안전장치 설치 여부	
	[저압식]	
9-A-011	● 안전밸브 및 봉판 설치 적정(작동 압력) 여부	
9-A-012	● 액면계·압력계 설치 여부 및 압력강하경보장치 작동 압력 적정 여부	
9-A-013	○ 자동냉동장치의 기능	
9-B. 소화약제		
9-B-001	○ 소화약제 저장량 적정 여부	
9-C. 기동장치		
9-C-001	○ 방호구역별 출입구 부근 소화약제 방출표시등 설치 및 정상 작동 여부	
	[수동식 기동장치] 22 회 출제	
9-C-011	○ 기동장치 부근에 비상스위치 설치 여부	
9-C-012	● 방호구역별 또는 방호대상별 기동장치 설치 여부	
9-C-013	○ 기동장치 설치 적정(출입구 부근 등, 높이, 보호장치, 표지, 전원표시등) 여부	
9-C-014	○ 방출용 스위치 음향경보장치 연동 여부	
	[자동식 기동장치] 25 회 출제	
9-C-021	○ 감지기 작동과의 연동 및 수동기동 가능 여부	
9-C-022	● 저장용기 수량에 따른 전자개방밸브 수량 적정 여부(전기식 기동장치의 경우)	
9-C-023	○ 기동용 가스용기의 용적, 충전압력 적정 여부(가스압력식 기동장치의 경우)	
9-C-024	● 기동용 가스용기의 안전장치, 압력게이지 설치 여부(가스압력식 기동장치의 경우)	
9-C-025	● 저장용기 개방구조 적정 여부(기계식 기동장치의 경우)	
9-D. 제어반 및 화재표시반 15 회 출제		
9-D-001	○ 설치장소 적정 및 관리 여부	
9-D-002	○ 회로도 및 취급설명서 비치 여부	
9-D-003	● 수동잠금밸브 개폐여부 확인 표시등 설치 여부	
	[제어반]	
9-D-011	○ 수동기동장치 또는 감지기 신호 수신 시 음향경보장치 작동 기능 정상 여부	
9-D-012	○ 소화약제 방출·지연 및 기타 제어 기능 적정 여부	
9-D-013	○ 전원표시등 설치 및 정상 점등 여부	
	[화재표시반]	
9-D-021	○ 방호구역별 표시등(음향경보장치 조작, 감지기 작동), 경보기 설치 및 작동 여부	
9-D-022	○ 수동식 기동장치 작동표시 표시등 설치 및 정상 작동 여부	
9-D-023	○ 소화약제 방출표시등 설치 및 정상 작동 여부	
9-D-024	● 자동식 기동장치 자동·수동 절환 및 절환표시등 설치 및 정상 작동 여부	
9-E. 배관 등		
9-E-001	○ 배관의 변형·손상 유무	
9-E-002	● 수동잠금밸브 설치 위치 적정 여부	

번호	점검항목	점검결과
9-F. 선택밸브		
9-F-001	● 선택밸브 설치 기준 적합 여부	
9-G. 분사헤드		
9-G-001 9-G-002	[전역방출방식] ○ 분사헤드의 변형·손상 유무 ● 분사헤드의 설치위치 적정 여부	
9-G-011 9-G-012	[국소방출방식] ○ 분사헤드의 변형·손상 유무 ● 분사헤드의 설치장소 적정 여부	
9-G-021 9-G-022 9-G-023	[호스릴방식] ● 방호대상물 각 부분으로부터 호스접결구까지 수평거리 적정 여부 ○ 소화약제 저장용기의 위치표시등 정상 점등 및 표지 설치 여부 ● 호스릴소화설비 설치장소 적정 여부	
9-H. 화재감지기		
9-H-001 9-H-002 9-H-003	○ 방호구역별 화재감지기 감지에 의한 기동장치 작동 여부 ● 교차회로(또는 NFTC 203 2.4.1 단서 감지기) 설치 여부 ● 화재감지기별 유효 바닥면적 적정 여부	
9-I. 음향경보장치		
9-I-001 9-I-002 9-I-003	○ 기동장치 조작 시(수동식-방출용스위치, 자동식-화재감지기) 경보 여부 ○ 약제 방사 개시(또는 방출 압력스위치 작동) 후 경보 적정 여부 ● 방호구역 또는 방호대상물 구획 안에서 유효한 경보 가능 여부	
9-I-011 9-I-012 9-I-013	[방송에 따른 경보장치] ● 증폭기 재생장치의 설치장소 적정 여부 ● 방호구역·방호대상물에서 확성기 간 수평거리 적정 여부 ● 제어반 복구스위치 조작 시 경보 지속 여부	
9-J. 자동폐쇄장치		
9-J-001 9-J-002 9-J-003	○ 환기장치 자동정지 기능 적정 여부 ○ 개구부 및 통기구 자동폐쇄장치 설치 장소 및 기능 적합 여부 ● 자동폐쇄장치 복구장치 설치기준 적합 및 위치표지 적합 여부	
9-K. 비상전원 19 회 출제		
9-K-001 9-K-002 9-K-003	● 설치장소 적정 및 관리 여부 ○ 자가발전설비인 경우 연료 적정량 보유 여부 ○ 자가발전설비인 경우 전기사업법에 따른 정기점검 결과 확인	
9-L. 배출설비		
9-L-001	● 배출설비 설치상태 및 관리 여부	
9-M. 과압배출구		
9-M-001	● 과압배출구 설치상태 및 관리 여부	
9-N. 안전시설 등 22 24 회 출제		
9-N-001 9-N-002 9-N-003	○ 소화약제 방출알림 시각경보장치 설치기준 적합 및 정상 작동 여부 ○ 방호구역 출입구 부근 잘 보이는 장소에 소화약제 방출 위험경고표지 부착 여부 ○ 방호구역 출입구 외부 인근에 공기호흡기 설치 여부	
비 고		

※ 약제저장량 점검리스트

설치위치	용기 No.	실내 온도[℃]	약제높이 [cm]	충전량 [kg]	손실량 [kg]	점검 결과	비 고
							※ 약제량 손실 5[%] 초과 시 불량으로 판정 합니다.

24 가스계 소화설비 점검항목 점검표의 점검항목 비교표(소방시설 자체점검사항 등에 관한 고시 별지 4)

종류 항목	이산화탄소소화설비	할론소화설비	할로겐화합물 및 불활성기체소화설비	분말소화설비
저장용기	● 설치장소 적정 및 관리 여부 ○ 저장용기 설치장소 표지 설치 여부 ● 저장용기 설치 간격 적정 여부 ○ 저장용기 개방밸브 자동·수동 개방 및 안전장치 부착 여부 ● 저장용기와 집합관 연결배관상 체크밸브 설치 여부 ● 저장용기와 선택밸브(또는 개폐밸브) 사이 안전장치 설치 여부	● 설치장소 적정 및 관리 여부 ○ 저장용기 설치장소 표지 설치상태 적정 여부 ● 저장용기 설치 간격 적정 여부 ○ 저장용기 개방밸브 자동·수동 개방 및 안전장치 부착 여부 ● 저장용기와 집합관 연결배관상 체크밸브 설치 여부 ● 저장용기와 선택밸브(또는 개폐밸브) 사이 안전장치 설치 여부 ● 저장용기와 저장용기의 압력 적정 여부 ○ 축압식 저장용기의 압력 적정 여부 ● 가압용 가스용기 내 질소가스 사용 및 압력 적정 여부 ● 가압식 저장용기 압력조정장치 설치 여부	● 설치장소 적정 및 관리 여부 ○ 저장용기 설치장소 표지 설치 여부 ● 저장용기 설치 간격 적정 여부 ○ 저장용기 개방밸브 자동·수동 개방 및 안전장치 부착 여부 ● 저장용기와 집합관 연결배관상 체크밸브 설치 여부	● 설치장소 적정 및 관리 여부 ○ 저장용기 설치장소 표지 설치 여부 ● 저장용기 설치 간격 적정 여부 ○ 저장용기 개방밸브 자동·수동 개방 및 안전장치 부착 여부 ● 저장용기와 집합관 연결배관상 체크밸브 설치 여부 ● 저장용기 안전밸브 설치 적정 여부 ● 저장용기 정압작동장치 설치 적정 여부 ● 저장용기 청소장치 설치 적정 여부 ○ 저장용기 지시압력계 설치 및 충전압력 적정 여부(축압식의 경우)

종류/항목	이산화탄소소화설비	할론소화설비	할로겐화합물 및 불활성기체소화설비	분말소화설비
기동장치	[수동식 기동장치] ○ 기동장치 부근에 비상스위치 설치 여부 ● 방호구역별 또는 방호대상별 기동장치 설치 여부 ○ 기동장치 설치상태 적정(출입구 부근 등, 높이, 보호장치, 표지, 전원표시등) 여부 ○ 방출용 스위치 음향경보장치 연동 여부 [자동식 기동장치] ○ 감지기 작동과의 연동 및 수동기동 가능 여부 ● 저장용기 수량에 따른 전자개방밸브 수량 적정 여부(전기식 기동장치의 경우) ○ 기동용 가스용기의 용적, 충전압력 적정 여부(가스압력식 기동장치의 경우) ● 기동용 가스용기의 안전장치, 압력게이지 설치 여부(가스압력식 기동장치의 경우) ● 저장용기 개방구조 적정 여부(기계식 기동장치의 경우)	[수동식 기동장치] ○ 기동장치 부근에 비상스위치 설치 여부 ● 방호구역별 또는 방호대상별 기동장치 설치 여부 ○ 기동장치 설치상태 적정(출입구 부근 등, 높이, 보호장치, 표지, 전원표시등) 여부 ○ 방출용 스위치 음향경보장치 연동 여부 [자동식 기동장치] ○ 감지기 작동과의 연동 및 수동기동 가능 여부 ● 저장용기 수량에 따른 전자개방밸브 수량 적정 여부(전기식 기동장치의 경우) ○ 기동용 가스용기의 용적, 충전압력 적정 여부(가스압력식 기동장치의 경우) ● 기동용 가스용기의 안전장치, 압력게이지 설치 여부(가스압력식 기동장치의 경우) ● 저장용기 개방구조 적정 여부(기계식 기동장치의 경우)	[수동식 기동장치] ○ 기동장치 부근에 비상스위치 설치 여부 ● 방호구역별 또는 방호대상별 기동장치 설치 여부 ○ 기동장치 설치 적정(출입구 부근 등, 높이, 보호장치, 표지, 전원표시등) 여부 ○ 방출구 스위치 음향경보장치 연동 여부 [자동식 기동장치] ○ 감지기 작동과의 연동 및 수동기동 가능 여부 ● 저장용기 수량에 따른 전자개방밸브 수량 적정 여부(전기식 기동장치의 경우) ○ 기동용 가스용기의 용적, 충전압력 적정 여부(가스압력식 기동장치의 경우) ● 기동용 가스용기의 안전장치, 압력게이지 설치 여부(가스압력식 기동장치의 경우) ● 저장용기 개방구조 적정 여부(기계식 기동장치의 경우)	[수동식 기동장치] ○ 기동장치 부근에 비상스위치 설치 여부 ● 방호구역별 또는 방호대상별 기동장치 설치 여부 ○ 기동장치 설치 적정(출입구 부근 등, 높이, 보호장치, 표지, 전원표시등) 여부 ○ 방출용 스위치 음향경보장치 연동 여부 [자동식 기동장치] ○ 감지기 작동과의 연동 및 수동기동 가능 여부 ● 저장용기 수량에 따른 전자개방밸브 수량 적정 여부(전기식 기동장치의 경우) ○ 기동용 가스용기의 용적, 충전압력 적정 여부(가스압력식 기동장치의 경우) ● 기동용 가스용기의 안전장치, 압력게이지 설치 여부(가스압력식 기동장치의 경우) ● 저장용기 개방구조 적정 여부(기계식 기동장치의 경우)

종류 항목	이산화탄소소화설비	할론소화설비	할로겐화합물 및 불활성기체소화설비	분말소화설비
제어반 및 화재표시반	**[공통사항]** ○ 설치장소 적정 및 관리 여부 ○ 회로도 및 취급설명서 비치 여부 ● 수동잠금밸브 개폐여부 확인 표시등 설치 여부 **[제어반]** ○ 수동기동장치 또는 감지기 신호 수신 시 음향경보장치 작동 기능 정상 여부 ○ 소화약제 방출·지연 및 기타 제어 기능 적정 여부 ○ 전원표시등 설치 및 정상 점등 여부 **[화재표시반]** ○ 방호구역별 표시등(음향경보장치 조작, 감지기 작동), 경보기 설치 및 작동 여부 ○ 수동식 기동장치 작동표시 표시등 설치 및 정상 작동 여부 ○ 소화약제 방출표시등 설치 및 정상 작동 여부 ● 자동식 기동장치 자동·수동 절환 및 절환 표시등 설치 및 정상 작동 여부	**[공통사항]** ○ 설치장소 적정 및 관리 여부 ○ 회로도 및 취급설명서 비치 여부 **[제어반]** ○ 수동기동장치 또는 감지기 신호 수신 시 음향경보장치 작동 기능 정상 여부 ○ 소화약제 방출·지연 및 기타 제어 기능 적정 여부 ○ 전원표시등 설치 및 정상 점등 여부 **[화재표시반]** ○ 방호구역별 표시등(음향경보장치 조작, 감지기 작동), 경보기 설치 및 작동 여부 ○ 수동식 기동장치 작동표시 표시등 설치 및 정상 작동 여부 ○ 소화약제 방출표시등 설치 및 정상 작동 여부 ● 자동식 기동장치 자동·수동 절환 및 절환 표시등 설치 및 정상 작동 여부	**[공통사항]** ○ 설치장소 적정 및 관리 여부 ○ 회로도 및 취급설명서 비치 여부 **[제어반]** ○ 수동기동장치 또는 감지기 신호 수신 시 음향경보장치 작동 기능 정상 여부 ○ 소화약제 방출·지연 및 기타 제어 기능 적정 여부 ○ 전원표시등 설치 및 정상 점등 여부 **[화재표시반]** ○ 방호구역별 표시등(음향경보장치 조작, 감지기 작동), 경보기 설치 및 작동 여부 ○ 수동식 기동장치 작동표시 표시등 설치 및 정상 작동 여부 ○ 소화약제 방출표시등 설치 및 정상 작동 여부 ● 자동식 기동장치 자동·수동 절환 및 절환 표시등 설치 및 정상 작동 여부	**[공통사항]** ○ 설치장소 적정 및 관리 여부 ○ 회로도 및 취급설명서 비치 여부 **[제어반]** ○ 수동기동장치 또는 감지기 신호 수신 시 음향경보장치 작동 기능 정상 여부 ○ 소화약제 방출·지연 및 기타 제어 기능 적정 여부 ○ 전원표시등 설치 및 정상 점등 여부 **[화재표시반]** ○ 방호구역별 표시등(음향경보장치 조작, 감지기 작동), 경보기 설치 및 작동 여부 ○ 수동식 기동장치 작동표시 표시등 설치 및 정상 작동 여부 ○ 소화약제 방출표시등 설치 및 정상 작동 여부 ● 자동식 기동장치 자동·수동 절환 및 정상 작동 여부

※ 가스계 소화설비(이산화탄소, 할론, 할로겐화합물 및 불활성기체)와 분말소화설비의 종합점검항목과 작동점검항목은 같다.

종류\항목	이산화탄소소화설비	할론소화설비	할로겐화합물 및 불활성기체 소화설비	분말소화설비
분사헤드	**[전역방출방식]** ○ 분사헤드의 변형·손상 유무 ● 분사헤드의 설치위치 적정 여부 **[국소방출방식]** ○ 분사헤드의 변형·손상 유무 ● 분사헤드의 설치장소 적정 여부 **[호스릴방식]** ● 방호대상물 각 부분으로부터 호스 접결구까지 수평거리 적정 여부 ○ 소화약제 저장용기의 위치표시등 정상 점등 및 표지 설치 여부 ● 호스릴소화설비 설치장소 적정 여부	**[전역방출방식]** ○ 분사헤드의 변형·손상 유무 ● 분사헤드의 설치위치 적정 여부 **[국소방출방식]** ○ 분사헤드의 변형·손상 유무 ● 분사헤드의 설치장소 적정 여부 **[호스릴방식]** ● 방호대상물 각 부분으로부터 호스 접결구까지 수평거리 적정 여부 ○ 소화약제 저장용기의 위치표시등 정상 점등 및 표지 설치 여부 ● 호스릴소화설비 설치장소 적정 여부	○ 분사헤드의 변형·손상 유무 ● 분사헤드의 설치높이 적정 여부	**[전역방출방식]** ○ 분사헤드의 변형·손상 유무 ● 분사헤드의 설치위치 적정 여부 **[국소방출방식]** ○ 분사헤드의 변형·손상 유무 ● 분사헤드의 설치장소 적정 여부 **[호스릴방식]** ● 방호대상물 각 부분으로부터 호스 접결구까지 수평거리 적정 여부 ○ 소화약제 저장용기의 위치표시등 정상 점등 및 표지 설치 여부 ● 호스릴소화설비 설치장소 적정 여부
화재감지기	○ 방호구역별 화재감지기 작동 여부 ○ 교차회로(또는 NFTC 203 2.4.1 단서 감지기) 설치 여부 ● 화재감지기별 유효 바닥면적 적정 여부	○ 방호구역별 화재감지기 작동 여부 ○ 교차회로(또는 NFTC 203 2.4.1 단서 감지기) 설치 여부 ● 화재감지기별 유효 바닥면적 적정 여부	○ 방호구역별 화재감지기 작동 여부 ○ 교차회로(또는 NFTC 203 2.4.1 단서 감지기) 설치 여부 ● 화재감지기별 유효 바닥면적 적정 여부	
음향경보장치	○ 기동장치 조작 시(수동식·방출용스위치, 자동식·화재감지기) 경보 여부 ○ 약제 방사 개시(또는 방출 압력스위치 작동) 후 경보 여부 ● 방송효력 또는 방호대상물 구획 안에서 유효한 경보 가능 여부	○ 기동장치 조작 시(수동식·방출용스위치, 자동식·화재감지기) 경보 여부 ○ 약제 방사 개시(또는 방출 압력스위치 작동) 후 경보 여부 ● 방송효력 또는 방호대상물 구획 안에서 유효한 경보 가능 여부	○ 기동장치 조작 시(수동식·화재감지기) 경보 여부 ○ 약제 방사 개시(또는 방출 압력스위치 작동) 후 경보 여부 ● 방송효력 또는 방호대상물 구획 안에서 유효한 경보 가능 여부	○ 기동장치 조작 시(수동식·방출용스위치, 자동식·화재감지기) 경보 여부 ○ 약제 방사 개시(또는 방출 압력스위치 작동) 후 경보 1분 이상 지속 여부 ● 방송효력 또는 방호대상물 구획 안에서 유효한 경보 가능 여부

종류 항목	이산화탄소소화설비	할론소화설비	할로겐화합물 및 불활성기체 소화설비	분말소화설비
자동 폐쇄장치	○ 환기장치 자동정지 기능 적정 여부 ○ 개구부 및 통기구 자동폐쇄장치 설치 장소 및 기능 적합 여부 ● 자동폐쇄장치 복구장치 설치기준 적합 및 위치표지 적합 여부	○ 환기장치 자동정지 기능 적정 여부 ○ 개구부 및 통기구 자동폐쇄장치 설치 장소 및 기능 적합 여부 ● 자동폐쇄장치 복구장치 및 위치표지 설치상태 적정 여부	○ 환기장치 자동정지 기능 적정 여부 ○ 개구부 및 통기구 자동폐쇄장치 설치 장소 및 기능 적합 여부 ● 자동폐쇄장치 복구장치 설치기준 적합 및 위치표지 적합 여부	해당없음
비상전원	● 설치장소 적정 및 관리 여부 ○ 자가발전설비인 경우 연료 적정량 보유 여부 ○ 자가발전설비인 경우 전기사업법에 따른 정기점검 결과 확인	● 설치장소 적정 및 관리 여부 ○ 자가발전설비인 경우 연료 적정량 보유 여부 ○ 자가발전설비인 경우 전기사업법에 따른 정기점검 결과 확인	● 설치장소 적정 및 관리 여부 ○ 자가발전설비인 경우 연료 적정량 보유 여부 ○ 자가발전설비인 경우 전기사업법에 따른 정기점검 결과 확인	● 설치장소 적정 및 관리 여부 ○ 자가발전설비인 경우 연료 적정량 보유 여부 ○ 자가발전설비인 경우 전기사업법에 따른 정기점검 결과 확인
안전시설 등	○ 소화약제 방출알림 시각경보장치 설치 기준 적합 및 정상 작동 여부 ○ 방호구역 출입구 부근 잘 보이는 장소에 소화약제 방출 위험경고표지 부착 여부 ○ 방호구역 출입구 외부 인근에 공기호흡기 설치 여부	해당없음	해당없음	해당없음

제2절 할론소화설비(NFTC 107)

1 저장용기 등

(1) 저장용기의 설치장소의 기준

① 방호구역 외의 장소에 설치할 것. 다만, 방호구역 내에 설치할 경우에는 피난 및 조작이 용이하도록 피난구 부근에 설치해야 한다.
② 온도가 40[℃] 이하이고, 온도 변화가 작은 곳에 설치할 것
③ 직사광선 및 빗물이 침투할 우려가 없는 곳에 설치할 것
④ 방화문으로 방화구획된 실에 설치할 것
⑤ 용기의 설치장소에는 해당 용기가 설치된 곳임을 표시하는 표지를 할 것
⑥ 용기 간의 간격은 점검에 지장이 없도록 3[cm] 이상의 간격을 유지할 것
⑦ 저장용기와 집합관을 연결하는 연결배관에는 체크밸브를 설치할 것. 다만, 저장용기가 하나의 방호구역만을 담당하는 경우에는 그렇지 않다.

(2) 저장용기 등의 기준

① 축압식 저장용기의 압력

약 제	할론1301	할론1211
저압식	2.5[MPa]	1.1[MPa]
고압식	4.2[MPa]	2.5[MPa]

② 저장용기의 충전비

약 제	할론1301	할론1211	할론2402	
충전비	0.9 이상 1.6 이하	0.7 이상 1.4 이하	가압식	0.51 이상 0.67 미만
			축압식	0.67 이상 2.75 이하

③ 동일 집합관에 접속되는 저장용기의 소화약제 충전량은 동일 충전비의 것으로 할 것
④ 가압용 가스용기는 질소가스가 충전된 것으로 하고, 그 압력은 21[℃]에서 2.5[MPa] 또는 4.2[MPa]이 되도록 해야 한다.
⑤ 할론소화약제의 저장용기의 개방밸브는 전기식·가스압력식 또는 기계식에 따라 자동으로 개방되고 수동으로도 개방되는 것으로서 안전장치가 부착된 것으로 해야 한다.
⑥ 가압식 저장용기에는 2.0[MPa] 이하의 압력으로 조정할 수 있는 압력조정장치를 설치해야 한다.

⑦ 하나의 방호구역을 담당하는 소화약제 저장용기의 소화약제량의 체적 합계보다 그 소화약제 방출 시 방출경로가 되는 배관(집합관을 포함한다)의 내용적의 비율이 1.5배 이상일 경우에는 해당 방호구역에 대한 설비는 별도 독립방식으로 해야 한다.

2 기동장치

(1) 수동식 기동장치

수동식 기동장치의 부근에는 소화약제의 방출을 지연시킬 수 있는 방출지연스위치(자동복귀형 스위치로서 수동식 기동장치의 타이머를 순간 정지시키는 기능의 스위치를 말한다)를 설치해야 한다.
① 전역방출방식은 방호구역마다, 국소방출방식은 방호대상물마다 설치할 것
② 해당 방호구역의 출입구 부근 등 조작을 하는 자가 쉽게 피난할 수 있는 장소에 설치할 것
③ 기동장치의 조작부는 바닥으로부터 0.8[m] 이상 1.5[m] 이하의 위치에 설치하고, 보호판 등에 따른 보호장치를 설치할 것
④ 기동장치 인근의 보기 쉬운 곳에 "할론소화설비 수동식 기동장치"라는 표지를 할 것
⑤ 전기를 사용하는 기동장치에는 전원표시등을 설치할 것
⑥ 기동장치의 방출용스위치는 음향경보장치와 연동하여 조작될 수 있는 것으로 할 것

(2) 자동식 기동장치

할론소화설비의 자동식 기동장치는 자동화재탐지설비의 감지기의 작동과 연동하는 것으로서 다음의 기준에 따라 설치해야 한다.
① 자동식 기동장치에는 수동으로도 기동할 수 있는 구조로 할 것
② 전기식 기동장치로서 7병 이상의 저장용기를 동시에 개방하는 설비는 2병 이상의 저장용기에 전자개방밸브를 부착할 것
③ 가스압력식 기동장치는 다음의 기준에 따를 것
  ㉠ 기동용 가스용기 및 해당 용기에 사용하는 밸브는 25[MPa] 이상의 압력에 견딜 수 있는 것으로 할 것
  ㉡ 기동용 가스용기에는 내압시험압력의 0.8배부터 내압시험압력 이하에서 작동하는 안전장치를 설치할 것
  ㉢ 기동용 가스용기의 체적은 5[L] 이상으로 하고, 해당 용기에 저장하는 질소 등의 비활성기체는 6.0[MPa] 이상(21[℃] 기준)의 압력으로 충전할 것. 다만, 기동용 가스용기의 체적을 1[L] 이상으로 하고, 해당 용기에 저장하는 이산화탄소의 양은 0.6[kg] 이상으로 하며, 충전비는 1.5 이상 1.9 이하의 기동용 가스용기로 할 수 있다.
④ 기계식 기동장치는 저장용기를 쉽게 개방할 수 있는 구조로 할 것

3 제어반 및 화재표시반의 설치기준

자동화재탐지설비의 수신기 제어반이 화재표시반의 기능을 가지고 있는 것은 화재표시반을 설치하지 않을 수 있다.

① 제어반은 수동기동장치 또는 감지기에서의 신호를 수신하여 음향경보장치의 작동, 소화약제의 방출 또는 지연 등 기타의 제어기능을 가진 것으로 하고, 제어반에는 전원표시등을 설치할 것
② 화재표시반은 제어반에서의 신호를 수신하여 작동하는 기능을 가진 것으로 하되, 다음의 기준에 따라 설치할 것
　㉠ 각 방호구역마다 음향경보장치의 조작 및 감지기의 작동을 명시하는 표시등과 이와 연동하여 작동하는 벨·버저 등의 경보기를 설치할 것. 이 경우 음향경보장치의 조작 및 감지기의 작동을 명시하는 표시등을 겸용할 수 있다.
　㉡ 수동식 기동장치는 그 방출용스위치의 작동을 명시하는 표시등을 설치할 것
　㉢ 소화약제의 방출을 명시하는 표시등을 설치할 것
　㉣ 자동식 기동장치는 자동·수동의 절환을 명시하는 표시등을 설치할 것
③ 제어반 및 화재표시반은 화재 및 침수 등의 재해로 인한 피해를 받을 우려가 없고 점검에 편리한 장소에 설치할 것
④ 제어반 및 화재표시반에는 해당 회로도 및 취급설명서를 비치할 것

4 배관의 설치기준

① 배관은 전용으로 할 것
② 강관을 사용하는 경우의 배관은 압력배관용 탄소 강관(KS D 3562) 중 스케줄 40 이상의 것 또는 이와 동등 이상의 강도를 가진 것으로서 아연도금 등에 따라 방식처리된 것을 사용할 것
③ 동관을 사용하는 경우에는 이음이 없는 동 및 동합금관(KS D 5301)의 것으로서 고압식은 16.5[MPa] 이상, 저압식은 3.75[MPa] 이상의 압력에 견딜 수 있는 것을 사용할 것
④ 배관 부속 및 밸브류는 강관 또는 동관과 동등 이상의 강도 및 내식성이 있는 것으로 할 것

5 분사헤드의 설치기준

(1) 전역방출방식의 분사헤드

① 방출된 소화약제가 방호구역의 전역에 균일하고 신속하게 확산할 수 있도록 할 것
② 할론2402를 방출하는 분사헤드는 해당 소화약제가 무상으로 분무되는 것으로 할 것
③ 분사헤드의 방출압력

[할론분사헤드]

약 제	할론2402	할론1211	할론1301
방출압력	0.1[MPa] 이상	0.2[MPa] 이상	0.9[MPa] 이상

④ 기준 저장량의 소화약제를 10초 이내에 방출할 수 있는 것으로 할 것

(2) 호스릴방식의 할론소화설비 설치장소(화재 시 현저하게 연기가 찰 우려가 없는 장소)
① 지상 1층 및 피난층에 있는 부분으로서 지상에서 수동 또는 원격조작에 따라 개방할 수 있는 개구부의 유효면적의 합계가 바닥면적의 15[%] 이상이 되는 부분
② 전기설비가 설치되어 있는 부분 또는 다량의 화기를 사용하는 부분(해당 설비의 주위 5[m] 이내의 부분을 포함한다)의 바닥면적이 해당 설비가 설치되어 있는 구획의 바닥면적의 1/5 미만이 되는 부분

(3) 호스릴방식의 할론소화설비 설치기준
① 방호대상물의 각 부분으로부터 하나의 호스접결구까지의 수평거리가 20[m] 이하가 되도록 할 것
② 소화약제 저장용기의 개방밸브는 호스릴의 설치장소에서 수동으로 개폐할 수 있는 것으로 할 것
③ 소화약제 저장용기는 호스릴을 설치하는 장소마다 설치할 것
④ 호스릴방식의 할론소화설비의 노즐은 20[℃]에서 하나의 노즐마다 1분당 다음 표에 따른 소화약제를 방출할 수 있는 것으로 할 것

소화약제의 종별	할론2402	할론1211	할론1301
1분당 방출하는 소화약제의 양	45[kg]	40[kg]	35[kg]

⑤ 소화약제 저장용기의 가장 가까운 곳의 보기 쉬운 곳에 적색의 표시등을 설치하고, 호스릴방식의 할론소화설비가 있다는 뜻을 표시한 표지를 할 것

(4) 할론소화설비의 분사헤드의 오리피스 구경 등은 다음의 기준에 적합해야 한다.
① 분사헤드에는 부식방지조치를 해야 하며 오리피스의 크기, 제조일자, 제조업체가 표시되도록 할 것
② 분사헤드의 개수는 방호구역에 소화약제의 방출 시간이 충족되도록 설치할 것
③ 분사헤드의 방출률 및 방출압력은 제조업체에서 정한 값으로 할 것
④ 분사헤드의 오리피스의 면적은 분사헤드가 연결되는 배관구경 면적의 70[%] 이하가 되도록 할 것

6 음향경보장치
① 수동식 기동장치를 설치한 것은 그 기동장치의 조작과정에서 자동식 기동장치를 설치한 것은 화재감지기와 연동하여 자동으로 경보를 발하는 것으로 할 것
② 소화약제의 방출 개시 후 1분 이상 경보를 계속할 수 있는 것으로 할 것
③ 방호구역 또는 방호대상물이 있는 구획 안에 있는 자에게 유효하게 경보할 수 있는 것으로 할 것
④ 방송에 따른 경보장치를 설치할 경우의 기준
  ㉠ 증폭기 재생장치는 화재 시 연소의 우려가 없고, 유지관리가 쉬운 장소에 설치할 것
  ㉡ 방호구역 또는 방호대상물이 있는 구획의 각 부분으로부터 하나의 확성기까지의 수평거리는 25[m] 이하가 되도록 할 것
  ㉢ 제어반의 복구스위치를 조작하여도 경보를 계속 발할 수 있는 것으로 할 것

7 자동폐쇄장치

전역방출방식의 할론소화설비를 설치한 특정소방대상물 또는 그 부분에 대하여는 다음의 기준에 따라 자동폐쇄장치를 설치해야 한다.
① 환기장치 등을 설치한 것은 소화약제가 방출되기 전에 해당 환기장치 등이 정지될 수 있도록 할 것
② 개구부가 있거나 천장으로부터 1[m] 이상의 아랫부분 또는 바닥으로부터 해당 층의 높이의 2/3 이내의 부분에 통기구가 있어 소화약제의 유출에 따라 소화효과를 감소시킬 우려가 있는 것은 소화약제가 방출되기 전에 해당 개구부 및 통기구를 폐쇄할 수 있도록 할 것
③ 자동폐쇄장치는 방호구역 또는 방호대상물이 있는 구획의 밖에서 복구할 수 있는 구조로 하고, 그 위치를 표시하는 표지를 할 것

8 비상전원

(1) 종 류
① 자가발전설비
② 축전지설비(제어반에 내장하는 경우를 포함한다)
③ 전기저장장치(외부 전기에너지를 저장해 두었다가 필요한 때 전기를 공급하는 장치를 말한다)

(2) 설치기준
① 점검에 편리하고 화재 및 침수 등의 재해로 인한 피해를 받을 우려가 없는 곳에 설치할 것
② 할론소화설비를 유효하게 20분 이상 작동할 수 있어야 할 것
③ 상용전원으로부터 전력의 공급이 중단된 때에는 자동으로 비상전원으로부터 전력을 공급받을 수 있도록 할 것
④ 비상전원의 설치장소는 다른 장소와 방화구획할 것. 이 경우 그 장소에는 비상전원의 공급에 필요한 기구나 설비 외의 것(열병합발전설비에 필요한 기구나 설비는 제외한다)을 두어서는 안 된다.
⑤ 비상전원을 실내에 설치하는 때에는 그 실내에 비상조명등을 설치할 것

(3) 설치제외 대상
① 2 이상의 변전소에서 전력을 동시에 공급받을 수 있는 경우
② 하나의 변전소로부터 전력의 공급이 중단되는 때에는 자동으로 다른 변전소로부터 전력을 공급받을 수 있도록 상용전원을 설치한 경우

9 할론소화설비의 점검표(소방시설 자체점검사항 등에 관한 고시 별지 4)

번 호	점검항목	점검결과
10-A. 저장용기		
10-A-001	● 설치장소 적정 및 관리 여부	
10-A-002	○ 저장용기 설치장소 표지 설치상태 적정 여부	
10-A-003	● 저장용기 설치 간격 적정 여부	
10-A-004	○ 저장용기 개방밸브 자동·수동 개방 및 안전장치 부착 여부	
10-A-005	● 저장용기와 집합관 연결배관상 체크밸브 설치 여부	
10-A-006	● 저장용기와 선택밸브(또는 개폐밸브) 사이 안전장치 설치 여부	
10-A-007	○ 축압식 저장용기의 압력 적정 여부	
10-A-008	● 가압용 가스용기 내 질소가스 사용 및 압력 적정 여부	
10-A-009	● 가압식 저장용기 압력조정장치 설치 여부	
10-B. 소화약제		
10-B-001	○ 소화약제 저장량 적정 여부	
10-C. 기동장치		
10-C-001	○ 방호구역별 출입구 부근 소화약제 방출표시등 설치 및 정상 작동 여부	
	[수동식 기동장치]	
10-C-011	○ 기동장치 부근에 비상스위치 설치 여부	
10-C-012	● 방호구역별 또는 방호대상별 기동장치 설치 여부	
10-C-013	○ 기동장치 설치상태 적정(출입구 부근 등, 높이, 보호장치, 표지, 전원표시등) 여부	
10-C-014	○ 방출용 스위치 음향경보장치 연동 여부	
	[자동식 기동장치]	
10-C-021	○ 감지기 작동과의 연동 및 수동기동 가능 여부	
10-C-022	● 저장용기 수량에 따른 전자개방밸브 수량 적정 여부(전기식 기동장치의 경우)	
10-C-023	○ 기동용 가스용기의 용적, 충전압력 적정 여부(가스압력식 기동장치의 경우)	
10-C-024	● 기동용 가스용기의 안전장치, 압력게이지 설치 여부(가스압력식 기동장치의 경우)	
10-C-025	● 저장용기 개방구조 적정 여부(기계식 기동장치의 경우)	

번호	점검항목	점검결과
10-D. 제어반 및 화재표시반		
10-D-001	○ 설치장소 적정 및 관리 여부	
10-D-002	○ 회로도 및 취급설명서 비치 여부	
	[제어반]	
10-D-011	○ 수동기동장치 또는 감지기 신호 수신 시 음향경보장치 작동 기능 정상 여부	
10-D-012	○ 소화약제 방출·지연 및 기타 제어 기능 적정 여부	
10-D-013	○ 전원표시등 설치 및 정상 점등 여부	
	[화재표시반]	
10-D-021	○ 방호구역별 표시등(음향경보장치 조작, 감지기 작동), 경보기 설치 및 작동 여부	
10-D-022	○ 수동식 기동장치 작동표시 표시등 설치 및 정상 작동 여부	
10-D-023	○ 소화약제 방출표시등 설치 및 정상 작동 여부	
10-D-024	● 자동식 기동장치 자동·수동 절환 및 절환표시등 설치 및 정상 작동 여부	
10-E. 배관 등		
10-E-001	○ 배관의 변형·손상 유무	
10-F. 선택밸브		
10-F-001	● 선택밸브 설치 기준 적합 여부	
10-G. 분사헤드		
	[전역방출방식]	
10-G-001	○ 분사헤드의 변형·손상 유무	
10-G-002	● 분사헤드의 설치위치 적정 여부	
	[국소방출방식]	
10-G-011	○ 분사헤드의 변형·손상 유무	
10-G-012	● 분사헤드의 설치장소 적정 여부	
	[호스릴방식]	
10-G-021	● 방호대상물 각 부분으로부터 호스접결구까지 수평거리 적정 여부	
10-G-022	○ 소화약제 저장용기의 위치표시등 정상 점등 및 표지 설치상태 적정 여부	
10-G-023	● 호스릴소화설비 설치장소 적정 여부	
10-H. 화재감지기		
10-H-001	○ 방호구역별 화재감지기 감지에 의한 기동장치 작동 여부	
10-H-002	● 교차회로(또는 NFTC 203 2.4.1 단서 감지기) 설치 여부	
10-H-003	● 화재감지기별 유효 바닥면적 적정 여부	
10-I. 음향경보장치		
10-I-001	○ 기동장치 조작 시(수동식-방출용스위치, 자동식-화재감지기) 경보 여부	
10-I-002	○ 약제 방사 개시(또는 방출 압력스위치 작동) 후 경보 적정 여부	
10-I-003	● 방호구역 또는 방호대상물 구획 안에서 유효한 경보 가능 여부	
	[방송에 따른 경보장치]	
10-I-011	● 증폭기 재생장치의 설치장소 적정 여부	
10-I-012	● 방호구역·방호대상물에서 확성기 간 수평거리 적정 여부	
10-I-013	● 제어반 복구스위치 조작 시 경보 지속 여부	
10-J. 자동폐쇄장치		
10-J-001	○ 환기장치 자동정지 기능 적정 여부	
10-J-002	○ 개구부 및 통기구 자동폐쇄장치 설치 장소 및 기능 적합 여부	
10-J-003	● 자동폐쇄장치 복구장치 및 위치표지 설치상태 적정 여부	
10-K. 비상전원		
10-K-001	● 설치장소 적정 및 관리 여부	
10-K-002	○ 자가발전설비인 경우 연료 적정량 보유 여부	
10-K-003	○ 자가발전설비인 경우 전기사업법에 따른 정기점검 결과 확인	

※ 약제저장량 점검리스트

설치위치	용기 No.	실내 온도[℃]	약제높이 [cm]	충전량 [kg]	손실량 [kg]	점검 결과	비 고
							※ 약제량 손실 5[%] 초과 시 불량으로 판정 합니다.

제3절 할로겐화합물 및 불활성기체소화설비(NFTC 107A)

1 용어 정의 설계 10회

① 할로겐화합물 및 불활성기체소화약제 : 할로겐화합물(할론1301, 할론2402, 할론1211 제외) 및 불활성 기체로서 전기적으로 비전도성이며 휘발성이 있거나 증발 후 잔여물을 남기지 않는 소화약제
② 할로겐화합물소화약제 : 불소(플루오린, F), 염소(Cl), 브롬(브로민, Br) 또는 요오드(아이오딘, I) 중 하나 이상의 원소를 포함하고 있는 유기화합물을 기본 성분으로 하는 소화약제
③ 불활성기체소화약제 : 헬륨(He), 네온(Ne), 아르곤(Ar) 또는 질소(N_2) 가스 중 하나 이상의 원소를 기본 성분으로 하는 소화약제
④ 오존파괴지수(ODP) : 어떤 물질의 오존파괴능력을 상대적으로 나타내는 지표의 정의

$$ODP = \frac{어떤\ 물질\ 1[kg]이\ 파괴하는\ 오존양}{CFC-11(CFCl_3)\ 1[kg]이\ 파괴하는\ 오존양}$$

⑤ 지구온난화지수(GWP) : 어떤 물질이 기여하는 온난화 정도를 상대적으로 나타내는 지표의 정의

$$GWP = \frac{어떤\ 물질\ 1[kg]이\ 기여하는\ 온난화\ 정도}{CO_2\ 1[kg]이\ 기여하는\ 온난화\ 정도}$$

2 소화약제의 종류 설계 04회

소화약제	화학식
퍼플루오로뷰테인(FC-3-1-10)	C_4F_{10}
하이드로클로로플루오로카본혼화제(HCFC BLEND A)(국내시판) 설계 14회	HCFC-123($CHCl_2CF_3$) : 4.75[%] HCFC-22($CHClF_2$) : 82[%] HCFC-124($CHClFCF_3$) : 9.5[%] $C_{10}H_{16}$: 3.75[%]
클로로테트라플루오로에테인(HCFC-124)	$CHClFCF_3$
펜타플루오로에테인(HFC-125)(국내시판)	CHF_2CF_3
헵타플루오로프로페인(HFC-227ea)(국내시판)	CF_3CHFCF_3
트라이플루오로메테인(HFC-23)(국내시판)	CHF_3
헥사플루오로프로페인(HFC-236fa)	$CF_3CH_2CF_3$
트라이플루오로이오다이드(FIC-13I1)	CF_3I
불연성·불활성기체 혼합가스(IG-01)	Ar
불연성·불활성기체 혼합가스(IG-100)	N_2
불연성·불활성기체 혼합가스(IG-541)(국내시판)	N_2 : 52[%], Ar : 40[%], CO_2 : 8[%]
불연성·불활성기체 혼합가스(IG-55)	N_2 : 50[%], Ar : 50[%]
도데카플루오로-2-메틸펜테인-3-원(FK-5-1-12)	$CF_3CF_2C(O)CF(CF_3)_2$

3 설치제외 장소 설계 10회

① 사람이 상주하는 곳으로써 최대허용설계농도(표 2.4.2)를 초과하는 장소
② 제3류 위험물 및 제5류 위험물을 저장·보관·사용하는 장소. 다만, 소화성능이 인정되는 위험물은 제외한다.

> ㉠ 제3류 위험물 : 자연발화성 및 금수성 물질
> ㉡ 제5류 위험물 : 자기반응성 물질

4 저장용기 설치장소의 기준

① 방호구역 외의 장소에 설치할 것. 다만, 방호구역 내에 설치할 경우에는 피난 및 조작이 용이하도록 피난구 부근에 설치해야 한다.
② 온도가 **55[℃] 이하**이고 온도 변화가 작은 곳에 설치할 것
③ 직사광선 및 빗물이 침투할 우려가 없는 곳에 설치할 것
④ 저장용기를 방호구역 외에 설치한 경우에는 방화문으로 구획된 실에 설치할 것
⑤ 용기의 설치장소에는 해당 용기가 설치된 곳임을 표시하는 표지를 할 것
⑥ 용기 간의 간격은 점검에 지장이 없도록 3[cm] 이상의 간격을 유지할 것
⑦ 저장용기와 집합관을 연결하는 연결배관에는 체크밸브를 설치할 것. 다만, 저장용기가 하나의 방호구역만을 담당하는 경우에는 그렇지 않다.

5 소화약제 저장용기의 기준

① 저장용기는 약제명·저장용기의 자체중량과 총중량·충전일시·충전압력 및 약제의 체적을 표시할 것
② 동일 집합관에 접속되는 저장용기는 동일한 내용적을 가진 것으로 충전량 및 충전압력이 같도록 할 것
③ 저장용기에 충전량 및 충전압력을 확인할 수 있는 장치를 하는 경우에는 해당 소화약제에 적합한 구조로 할 것
④ **저장용기의 교체시기** : 저장용기의 **약제량 손실이 5[%]를 초과**하거나 **압력손실이 10[%]를 초과**할 경우에는 **재충전**하거나 **저장용기를 교체**할 것. 다만, **불활성기체소화약제** 저장용기의 경우에는 **압력손실이 5[%]를 초과**할 경우 재충전하거나 저장용기를 교체해야 한다. 설계 10회

⑤ 해당 방호구역의 설비를 별도 **독립방식으로 할 수 있는 경우** : 하나의 방호구역을 담당하는 저장용기의 소화약제의 체적 합계보다 소화약제의 방출 시 방출경로가 되는 배관(집합관을 포함한다)의 내용적의 비율이 할로겐화합물 및 불활성기체소화약제 제조업체의 설계기준에서 정한 값 이상일 경우
⑥ 할로겐화합물 및 불활성기체소화약제 저장용기와 선택밸브 또는 개폐밸브 사이에는 배관의 최소사용설계압력과 최대허용압력 사이의 압력에서 작동하는 안전장치를 설치해야 하며, 안전장치를 통하여 나온 소화가스는 전용의 배관 등을 통하여 건축물 외부로 배출될 수 있도록 해야 한다. 이 경우 안전장치로 용전식을 사용해서는 안 된다.

6 기동장치의 설치기준

(1) 수동식 기동장치

수동식 기동장치의 부근에는 소화약제의 방출을 지연시킬 수 있는 방출지연스위치(자동복귀형 스위치로서 수동식 기동장치의 타이머를 순간 정지시키는 기능의 스위치를 말한다)를 설치해야 한다.
① 방호구역마다 설치할 것
② 해당 방호구역의 출입구 부근 등 조작을 하는 자가 쉽게 피난할 수 있는 장소에 설치할 것
③ 기동장치의 조작부는 바닥으로부터 0.8[m] 이상 1.5[m] 이하의 위치에 설치하고, 보호판 등에 따른 보호장치를 설치할 것
④ 기동장치 인근의 보기 쉬운 곳에 "할로겐화합물 및 불활성기체소화설비 수동식 기동장치"라는 표지를 할 것
⑤ 전기를 사용하는 기동장치에는 전원표시등을 설치할 것
⑥ 기동장치의 방출용 스위치는 음향경보장치와 연동하여 조작될 수 있는 것으로 할 것
⑦ 50[N] 이하의 힘을 가하여 기동할 수 있는 구조로 설치할 것
⑧ 기동장치에는 보호장치를 설치해야 하며, 보호장치를 개방하는 경우 기동장치에 설치된 버저 또는 벨 등에 의하여 경고음을 발할 것
⑨ 기동장치를 옥외에 설치하는 경우 빗물 또는 외부 충격의 영향을 받지 않도록 설치할 것

(2) 자동식 기동장치

① 자동식 기동장치에는 수동으로도 기동할 수 있는 구조로 할 것
② 전기식 기동장치로서 7병 이상의 저장용기를 동시에 개방하는 설비는 2병 이상의 저장용기에 전자개방밸브를 부착할 것

③ 가스압력식 기동장치
  ㉠ 기동용 가스용기 및 해당 용기에 사용하는 밸브는 25[MPa] 이상의 압력에 견딜 수 있는 것으로 할 것
  ㉡ 기동용 가스용기에는 내압시험압력의 0.8배부터 내압시험압력 이하에서 작동하는 안전장치를 설치할 것
  ㉢ 기동용 가스용기의 체적은 5[L] 이상으로 하고, 해당 용기에 저장하는 질소 등의 비활성기체는 6.0[MPa] 이상(21[℃] 기준)의 압력으로 충전할 것. 다만, 기동용 가스용기의 체적은 1[L] 이상으로 하고 해당 용기에 저장하는 이산화탄소의 양은 0.6[kg] 이상으로 하며 충전비는 1.5 이상 1.9 이하의 기동용 가스용기로 할 수 있다.
  ㉣ 질소 등의 비활성기체 기동용 가스용기에는 충전 여부를 확인할 수 있는 압력게이지를 설치할 것
④ 기계식 기동장치는 저장용기를 쉽게 개방할 수 있는 구조로 할 것

7 배 관

(1) 배관의 두께 계산식(방출헤드 설치부는 제외)

$$\text{배관의 두께}(t) = \frac{PD}{2SE} + A \quad \text{설계 17회 19회}$$

여기서, t : 배관의 두께[mm]
  P : 최대허용압력[kPa]
  D : 배관의 바깥지름[mm]
  SE : 최대허용응력[kPa]

SE = 배관재질 인장강도의 1/4 값과 항복점의 2/3 값 중 작은 값 × 배관이음효율 × 1.2

배관이음효율
- 이음매 없는 배관 : 1.0
- 전기저항 용접배관 : 0.85
- 가열맞대기 용접배관 : 0.60

A : 나사이음, 홈이음 등의 허용값[mm](헤드 설치부분은 제외)
- 나사이음 : 나사의 높이
- 절단홈이음 : 홈의 깊이
- 용접이음 : 0

(2) 배관과 배관, 배관부속, 밸브류의 접속방법
   ① 나사접합
   ② 용접접합
   ③ 압축접합
   ④ 플랜지접합

(3) 배관의 구경은 해당 방호구역에 **할로겐화합물소화약제는 10초 이내**에, **불활성기체소화약제는 A·C급 화재 2분, B급 화재 1분 이내**에 방호구역 각 부분에 최소설계농도의 **95[%] 이상**에 해당하는 **약제량이 방출**되도록 해야 한다.

8 분사헤드 25 회 출제

① 분사헤드의 설치높이는 방호구역의 바닥으로부터 최소 0.2[m] 이상 최대 3.7[m] 이하로 해야 하며 천장높이가 3.7[m]를 초과할 경우에는 추가로 다른 열의 분사헤드를 설치할 것. 다만, 분사헤드의 성능인정 범위 내에서 설치하는 경우에는 그렇지 않다.

② 분사헤드의 개수는 방호구역 2.7.3에 따른 방출시간이 충족되도록 설치할 것

> **Plus one**
> [NFTC 107A 2.7.3]
> 배관의 구경은 해당 방호구역에 할로겐화합물소화약제는 10초(불활성기체소화약제는 A·C급 화재 2분, B급 화재는 1분) 이내에 방호구역 각 부분에 최소설계농도의 95[%] 이상 해당하는 약제량이 방출되도록 해야 한다.

③ 분사헤드에는 부식방지조치를 해야 하며 오리피스의 크기, 제조일자, 제조업체가 표시되도록 할 것

④ 분사헤드의 방출률 및 방출압력은 제조업체에서 정한 값으로 할 것

⑤ 분사헤드의 오리피스의 면적은 분사헤드가 연결되는 배관구경 면적의 70[%] 이하가 되도록 할 것

9 기타 설비

음향경보장치, 자동폐쇄장치, 비상전원, 과압배출구는 이산화탄소소화설비와 동일함

10 할로겐화합물 및 불활성기체소화설비의 점검표(소방시설 자체점검사항 등에 관한 고시 별지 4)

번호	점검항목	점검결과
11-A. 저장용기 **08** 회 출제		
11-A-001	● 설치장소 적정 및 관리 여부	
11-A-002	○ 저장용기 설치장소 표지 설치 여부	
11-A-003	● 저장용기 설치 간격 적정 여부	
11-A-004	○ 저장용기 개방밸브 자동·수동 개방 및 안전장치 부착 여부	
11-A-005	● 저장용기와 집합관 연결배관상 체크밸브 설치 여부	
11-B. 소화약제		
11-B-001	○ 소화약제 저장량 적정 여부	
11-C. 기동장치		
11-C-001	○ 방호구역별 출입구 부근 소화약제 방출표시등 설치 및 정상 작동 여부	
11-C-011	[수동식 기동장치] **11** 회 출제 ○ 기동장치 부근에 비상스위치 설치 여부	
11-C-012	● 방호구역별 또는 방호대상별 기동장치 설치 여부	
11-C-013	○ 기동장치 설치 적정(출입구 부근 등, 높이, 보호장치, 표지, 전원표시등) 여부	
11-C-014	○ 방출용 스위치 음향경보장치 연동 여부	
11-C-021	[자동식 기동장치] ○ 감지기 작동과의 연동 및 수동기동 가능 여부	
11-C-022	● 저장용기 수량에 따른 전자개방밸브 수량 적정 여부(전기식 기동장치의 경우)	
11-C-023	○ 기동용 가스용기의 용적, 충전압력 적정 여부(가스압력식 기동장치의 경우)	
11-C-024	● 기동용 가스용기의 안전장치, 압력게이지 설치 여부(가스압력식 기동장치의 경우)	
11-C-025	● 저장용기 개방구조 적정 여부(기계식 기동장치의 경우)	

번호	점검항목	점검결과
11-D. 제어반 및 화재표시반		
11-D-001	○ 설치장소 적정 및 관리 여부	
11-D-002	○ 회로도 및 취급설명서 비치 여부	
11-D-011	[제어반] ○ 수동기동장치 또는 감지기 신호 수신 시 음향경보장치 작동 기능 정상 여부	
11-D-012	○ 소화약제 방출·지연 및 기타 제어 기능 적정 여부	
11-D-013	○ 전원표시등 설치 및 정상 점등 여부	
11-D-021	[화재표시반] ○ 방호구역별 표시등(음향경보장치 조작, 감지기 작동), 경보기 설치 및 작동 여부	
11-D-022	○ 수동식 기동장치 작동표시 표시등 설치 및 정상 작동 여부	
11-D-023	○ 소화약제 방출표시등 설치 및 정상 작동 여부	
11-D-024	● 자동식 기동장치 자동·수동 절환 및 절환표시등 설치 및 정상 작동 여부	
11-E. 배관 등		
11-E-001	○ 배관의 변형·손상 유무	
11-F. 선택밸브		
11-F-001	○ 선택밸브 설치 기준 적합 여부	
11-G. 분사헤드		
11-G-001	○ 분사헤드의 변형·손상 유무	
11-G-002	● 분사헤드의 설치높이 적정 여부	
11-H. 화재감지기		
11-H-001	○ 방호구역별 화재감지기 감지에 의한 기동장치 작동 여부	
11-H-002	● 교차회로(또는 NFTC 203 2.4.1 단서 감지기) 설치 여부	
11-H-003	● 화재감지기별 유효 바닥면적 적정 여부	
11-I. 음향경보장치		
11-I-001	○ 기동장치 조작 시(수동식-방출용스위치, 자동식-화재감지기) 경보 여부	
11-I-002	○ 약제 방사 개시(또는 방출 압력스위치 작동) 후 경보 적정 여부	
11-I-003	● 방호구역 또는 방호대상물 구획 안에서 유효한 경보 가능 여부	
11-I-011	[방송에 따른 경보장치] ● 증폭기 재생장치의 설치장소 적정 여부	
11-I-012	● 방호구역·방호대상물에서 확성기 간 수평거리 적정 여부	
11-I-013	● 제어반 복구스위치 조작 시 경보 지속 여부	
11-J. 자동폐쇄장치 16 회 출제		
11-J-001	[화재표시반] ○ 환기장치 자동정지 기능 적정 여부	
11-J-002	○ 개구부 및 통기구 자동폐쇄장치 설치 장소 및 기능 적합 여부	
11-J-003	● 자동폐쇄장치 복구장치 설치기준 적합 및 위치표지 적합 여부	
11-K. 비상전원		
11-K-001	● 설치장소 적정 및 관리 여부	
11-K-002	○ 자가발전설비인 경우 연료 적정량 보유 여부	
11-K-003	○ 자가발전설비인 경우 전기사업법에 따른 정기점검 결과 확인	
11-L. 과압배출구		
11-L-001	● 과압배출구 설치상태 및 관리 여부	
비 고		

※ 약제저장량 점검리스트

설치위치	용기 No.	실내온도 [℃]	약제높이 [cm]	충전량(압) [kg][kg/cm^2]	손실량 [kg]	점검 결과	비 고 (손실 5[%] 초과)

※ 약제량 손실 (불활성기체는 압력손실) 5[%] 초과 시 불량으로 판정합니다.

※ 불활성기체는 손실량에 압력게이지 값을 기록합니다.

제4절 분말소화설비(NFTC 108)

1 저장용기의 설치기준

① 저장용기의 내용적

소화약제의 종류	소화약제 1[kg]당 저장용기의 내용적
제1종 분말(탄산수소나트륨을 주성분으로 한 분말)	0.8[L]
제2종 분말(탄산수소칼륨을 주성분으로 한 분말)	1.0[L]
제3종 분말(인산염을 주성분으로 한 분말)	1.0[L]
제4종 분말(탄산수소칼륨과 요소가 화합된 분말)	1.25[L]

② 저장용기에는 **가압식은 최고사용압력의 1.8배 이하, 축압식은** 용기의 **내압시험압력의 0.8배 이하**의 압력에서 작동하는 **안전밸브**를 설치할 것
③ 저장용기에는 저장용기의 내부압력이 설정압력으로 되었을 때 주밸브를 개방하는 정압작동장치를 설치할 것
④ 저장용기의 **충전비**는 **0.8 이상**으로 할 것
⑤ 저장용기 및 배관에는 잔류 소화약제를 처리할 수 있는 청소장치를 설치할 것
⑥ 축압식 저장용기에는 사용압력 범위를 표시한 지시압력계를 설치할 것

2 가압용 가스용기의 설치기준

① 분말소화약제의 가스용기는 분말소화약제의 저장용기에 접속하여 설치해야 한다.
② 분말소화약제의 가압용 가스용기를 3병 이상 설치한 경우에는 2개 이상의 용기에 전자개방밸브를 부착해야 한다.
③ 분말소화약제의 가압용 가스용기에는 2.5[MPa] 이하의 압력에서 조정이 가능한 압력조정기를 설치해야 한다.
④ 가압용 가스 또는 축압용 가스의 설치기준
  ㉠ 가압용 가스 또는 축압용 가스는 질소가스 또는 이산화탄소로 할 것
  ㉡ 가압용 가스에 질소가스를 사용하는 것의 질소가스는 소화약제 1[kg]마다 40[L](35[℃]에서 1기압의 압력상태로 환산한 것) 이상, 이산화탄소를 사용하는 것의 이산화탄소는 소화약제 1[kg]에 대하여 20[g]에 배관의 청소에 필요한 양을 가산한 양 이상으로 할 것
  ㉢ 축압용 가스에 질소가스를 사용하는 것의 질소가스는 소화약제 1[kg]에 대하여 10[L](35[℃]에서 1기압의 압력상태로 환산한 것) 이상, 이산화탄소를 사용하는 것의 이산화탄소는 소화약제 1[kg]에 대하여 20[g]에 배관의 청소에 필요한 양을 가산한 양 이상으로 할 것
  ㉣ 저장용기 및 배관의 청소에 필요한 양의 가스는 별도의 용기에 저장할 것

3 기동장치

(1) 수동식 기동장치

수동식 기동장치의 부근에는 소화약제의 방출을 지연시킬 수 있는 방출지연스위치(자동복귀형 스위치로서 수동식 기동장치의 타이머를 순간 정지시키는 기능의 스위치를 말한다)를 설치해야 한다.
① 전역방출방식은 방호구역마다, 국소방출방식은 방호대상물마다 설치할 것
② 해당 방호구역의 출입구 부근 등 조작을 하는 자가 쉽게 피난할 수 있는 장소에 설치할 것
③ 기동장치의 조작부는 바닥으로부터 0.8[m] 이상 1.5[m] 이하의 위치에 설치하고, 보호판 등에 따른 보호장치를 설치할 것
④ 기동장치 인근의 보기 쉬운 곳에 "분말소화설비 수동식 기동장치"라는 표지를 할 것
⑤ 전기를 사용하는 기동장치에는 전원표시등을 설치할 것
⑥ 기동장치의 방출용스위치는 음향경보장치와 연동하여 조작될 수 있는 것으로 할 것

(2) 자동식 기동장치

자동화재탐지설비의 감지기의 작동과 연동하는 것으로서 다음의 기준에 따라 설치해야 한다.
① 자동식 기동장치에는 수동으로도 기동할 수 있는 구조로 할 것
② 전기식 기동장치로서 7병 이상의 저장용기를 동시에 개방하는 설비는 2병 이상의 저장용기에 전자개방밸브를 부착할 것
③ 가스압력식 기동장치는 다음의 기준에 따를 것 **17 회 출제**
  ㉠ 기동용 가스용기 및 해당 용기에 사용하는 밸브는 25[MPa] 이상의 압력에 견딜 수 있는 것으로 할 것
  ㉡ 기동용 가스용기에는 내압시험압력의 0.8배부터 내압시험압력 이하에서 작동하는 안전장치를 설치할 것
  ㉢ 기동용 가스용기의 체적은 5[L] 이상으로 하고, 해당 용기에 저장하는 질소 등의 비활성기체는 6.0[MPa] 이상(21[℃] 기준)의 압력으로 충전할 것. 다만, 기동용 가스용기의 체적을 1[L] 이상으로 하고, 해당 용기에 저장하는 이산화탄소의 양은 0.6[kg] 이상으로 하며, 충전비는 1.5 이상 1.9 이하의 기동용 가스용기로 할 수 있다.
④ 기계식 기동장치는 저장용기를 쉽게 개방할 수 있는 구조로 할 것

(3) 분말소화설비가 설치된 부분의 출입구 등의 보기 쉬운 곳에 소화약제의 방출을 표시하는 표시등을 설치해야 한다.

4 배관의 설치기준 설계 03회

① 배관은 전용으로 할 것
② 강관을 사용하는 경우의 배관은 아연도금에 따른 배관용 탄소 강관(KS D 3507)이나 이와 동등 이상의 강도·내식성 및 내열성을 가진 것으로 할 것. 다만, 축압식 분말소화설비에 사용하는 것 중 20[℃]에서 압력이 2.5[MPa] 이상 4.2[MPa] 이하인 것에 있어서는 압력배관용 탄소 강관(KS D 3562) 중 이음이 없는 스케줄 40 이상의 것 또는 이와 동등 이상의 강도를 가진 것으로서 아연도금으로 방식처리된 것을 사용해야 한다.
③ 동관을 사용하는 경우의 배관은 고정압력 또는 최고사용압력의 1.5배 이상의 압력에 견딜 수 있는 것을 사용할 것
④ 밸브류는 개폐위치 또는 개폐방향을 표시한 것으로 할 것
⑤ 배관의 관부속 및 밸브류는 배관과 동등 이상의 강도 및 내식성이 있는 것으로 할 것
⑥ 확관형 분기배관을 사용할 경우에는 소방청장이 정하여 고시한 분기배관의 성능인증 및 제품검사의 기술기준에 적합한 것으로 설치할 것

5 호스릴방식의 분말소화설비

(1) 화재 시 현저하게 연기가 찰 우려가 없는 장소로서 호스릴방식을 설치할 수 있는 경우. 다만, 차고 또는 주차의 용도로 사용되는 장소는 제외한다.

① 지상 1층 및 피난층에 있는 부분으로서 지상에서 수동 또는 원격조작에 따라 개방할 수 있는 개구부의 유효면적의 합계가 바닥면적의 15[%] 이상이 되는 부분
② 전기설비가 설치되어 있는 부분 또는 다량의 화기를 사용하는 부분(해당 설비의 주위 5[m] 이내의 부분을 포함한다)의 바닥면적이 해당 설비가 설치되어 있는 구획의 바닥면적의 1/5 미만이 되는 부분

(2) 설치기준

① 방호대상물의 각 부분으로부터 하나의 호스접결구까지의 수평거리가 15[m] 이하가 되도록 할 것
② 소화약제 저장용기의 개방밸브는 호스릴의 설치장소에서 수동으로 개폐할 수 있는 것으로 할 것
③ 소화약제 저장용기는 호스릴을 설치하는 장소마다 설치할 것
④ 노즐은 하나의 노즐마다 1분당 다음 표에 따른 소화약제를 방출할 수 있는 것으로 할 것

소화약제의 종별	1분당 방출하는 소화약제의 양
제1종 분말	45[kg]
제2종 분말 또는 제3종 분말	27[kg]
제4종 분말	18[kg]

⑤ 소화약제 저장용기의 가장 가까운 곳의 보기 쉬운 곳에 적색의 표시등을 설치하고, 호스릴방식의 분말소화설비가 있다는 뜻을 표시한 표지를 할 것

6 기타 설비

기동장치, 제어반등, 선택밸브, 음향경보장치, 자동폐쇄장치, 비상전원은 이산화탄소소화설비와 동일하다.

7 분말소화설비의 점검표(소방시설 자체점검사항 등에 관한 고시 별지 4)

번호	점검항목	점검결과
12-A. 저장용기 **23** 회 출제		
12-A-001	● 설치장소 적정 및 관리 여부	
12-A-002	○ 저장용기 설치장소 표지 설치 여부	
12-A-003	● 저장용기 설치 간격 적정 여부	
12-A-004	○ 저장용기 개방밸브 자동·수동 개방 및 안전장치 부착 여부	
12-A-005	● 저장용기와 집합관 연결배관상 체크밸브 설치 여부	
12-A-006	● 저장용기 안전밸브 설치 적정 여부	
12-A-007	● 저장용기 정압작동장치 설치 적정 여부	
12-A-008	● 저장용기 청소장치 설치 적정 여부	
12-A-009	○ 저장용기 지시압력계 설치 및 충전압력 적정 여부(축압식의 경우)	
12-B. 가압용 가스용기 **21** 회 출제		
12-B-001	○ 가압용 가스용기 저장용기 접속 여부	
12-B-002	○ 가압용 가스용기 전자개방밸브 부착 적정 여부	
12-B-003	○ 가압용 가스용기 압력조정기 설치 적정 여부	
12-B-004	○ 가압용 또는 축압용 가스 종류 및 가스량 적정 여부	
12-B-005	● 배관 청소용 가스 별도 용기 저장 여부	
12-C. 소화약제		
12-C-001	○ 소화약제 저장량 적정 여부	
12-D. 기동장치		
12-D-001	○ 방호구역별 출입구 부근 소화약제 방출표시등 설치 및 정상 작동 여부	
12-D-011	[수동식 기동장치]	
	○ 기동장치 부근에 비상스위치 설치 여부	
12-D-012	● 방호구역별 또는 방호대상별 기동장치 설치 여부	
12-D-013	○ 기동장치 설치 적정(출입구 부근 등, 높이, 보호장치, 표지, 전원표시등) 여부	
12-D-014	○ 방출용 스위치 음향경보장치 연동 여부	
12-D-021	[자동식 기동장치]	
	○ 감지기 작동과의 연동 및 수동기동 가능 여부	
12-D-022	● 저장용기 수량에 따른 전자개방밸브 수량 적정 여부(전기식 기동장치의 경우)	
12-D-023	○ 기동용 가스용기의 용적, 충전압력 적정 여부(가스압력식 기동장치의 경우)	
12-D-024	● 기동용 가스용기의 안전장치, 압력게이지 설치 여부(가스압력식 기동장치의 경우)	
12-D-025	● 저장용기 개방구조 적정 여부(기계식 기동장치의 경우)	

번호	점검항목	점검결과
12-E. 제어반 및 화재표시반		
12-E-001	○ 설치장소 적정 및 관리 여부	
12-E-002	○ 회로도 및 취급설명서 비치 여부	
12-E-011	[제어반] ○ 수동기동장치 또는 감지기 신호 수신 시 음향경보장치 작동 기능 정상 여부	
12-E-012	○ 소화약제 방출·지연 및 기타 제어 기능 적정 여부	
12-E-013	○ 전원표시등 설치 및 정상 점등 여부	
12-E-021	[화재표시반] ○ 방호구역별 표시등(음향경보장치 조작, 감지기 작동), 경보기 설치 및 작동 여부	
12-E-022	○ 수동식 기동장치 작동표시 표시등 설치 및 정상 작동 여부	
12-E-023	○ 소화약제 방출표시등 설치 및 정상 작동 여부	
12-E-024	● 자동식 기동장치 자동·수동 절환 및 절환표시등 설치 및 정상 작동 여부	
12-F. 배관 등		
12-F-001	○ 배관의 변형·손상 유무	
12-G. 선택밸브		
12-G-001	○ 선택밸브 설치 기준 적합 여부	
12-H. 분사헤드		
12-H-001	[전역방출방식] ○ 분사헤드의 변형·손상 유무	
12-H-002	● 분사헤드의 설치위치 적정 여부	
12-H-011	[국소방출방식] ○ 분사헤드의 변형·손상 유무	
12-H-012	● 분사헤드의 설치장소 적정 여부	
12-H-021	[호스릴방식] ● 방호대상물 각 부분으로부터 호스접결구까지 수평거리 적정 여부	
12-H-022	○ 소화약제 저장용기의 위치표시등 정상 점등 및 표지 설치 여부	
12-H-023	● 호스릴소화설비 설치장소 적정 여부	
12-I. 화재감지기		
12-I-001	○ 방호구역별 화재감지기 감지에 의한 기동장치 작동 여부	
12-I-002	● 교차회로(또는 NFTC 203 2.4.1 단서 감지기) 설치 여부	
12-I-003	● 화재감지기별 유효 바닥면적 적정 여부	
12-J. 음향경보장치		
12-J-001	○ 기동장치 조작 시(수동식-방출용스위치, 자동식-화재감지기) 경보 여부	
12-J-002	○ 약제 방사 개시(또는 방출 압력스위치 작동) 후 1분 이상 경보 여부	
12-J-003	● 방호구역 또는 방호대상물 구획 안에서 유효한 경보 가능 여부	
12-J-011	[방송에 따른 경보장치] ● 증폭기 재생장치의 설치장소 적정 여부	
12-J-012	● 방호구역·방호대상물에서 확성기 간 수평거리 적정 여부	
12-J-013	● 제어반 복구스위치 조작 시 경보 지속 여부	
12-K. 비상전원		
12-K-001	● 설치장소 적정 및 관리 여부	
12-K-002	○ 자가발전설비인 경우 연료 적정량 보유 여부	
12-K-003	○ 자가발전설비인 경우 전기사업법에 따른 정기점검 결과 확인	
비 고		

제5절 고체에어로졸소화설비(NFTC 110)

1 정 의

① **고체에어로졸소화설비** : 설계밀도 이상의 고체에어로졸을 방호구역 전체에 균일하게 방출하는 설비로서 분산(Dispersed)방식이 아닌 압축(Condensed)방식
② **고체에어로졸화합물** : 과산화물질, 가연성물질 등의 혼합물로서 화재를 소화하는 비전도성의 미세 입자인 에어로졸을 만드는 고체화합물
③ **고체에어로졸** : 고체에어로졸화합물의 연소과정에 의해 생성된 직경 10[μm] 이하의 고체 입자와 기체 상태의 물질로 구성된 혼합물
④ **소화밀도** : 방호공간 내 규정된 시험조건의 화재를 소화하는 데 필요한 단위체적[m^3]당 고체에어로졸화합물의 질량[g]
⑤ **안전계수** : 설계밀도를 결정하기 위한 안전율을 말하며 1.3으로 한다.
⑥ **설계밀도** : 소화설계를 위하여 필요한 것으로 소화밀도에 안전계수를 곱하여 얻어지는 값
⑦ **열 안전이격거리** : 고체에어로졸 방출 시 발생하는 온도에 영향을 받을 수 있는 모든 구조·구성요소와 고체에어로졸 발생기 사이에 안전확보를 위해 필요한 이격거리

2 고체에어로졸소화설비의 설치제외 화재 또는 장소

① 나이트로셀룰로오스, 화약 등의 산화성 물질
② 리튬, 나트륨, 칼륨, 마그네슘, 타이타늄, 지르코늄, 우라늄 및 플루토늄과 같은 자기반응성 금속
③ 금속 수소화물
④ 유기 과산화수소, 하이드라진 등 자동 열분해를 하는 화학물질
⑤ 가연성 증기 또는 분진 등 폭발성 물질이 대기에 존재할 가능성이 있는 장소

3 고체에어로졸 발생기의 최소 열 안전이격거리의 설치기준

① 인체와의 최소 이격거리는 고체에어로졸 방출 시 75[℃]를 초과하는 온도가 인체에 영향을 미치지 않는 거리
② 가연물과의 최소 이격거리는 고체에어로졸 방출 시 200[℃]를 초과하는 온도가 가연물에 영향을 미치지 않는 거리

4 고체에어로졸화합물의 최소 질량

$$m = d \times V$$

여기서, m : 필수 소화약제량[g]
d : 설계밀도[g/m³] = 소화밀도[g/m³] × 1.3(안전계수)
(소화밀도 : 형식승인 받은 제조사의 설계 매뉴얼에 제시된 소화밀도)
V : 방호체적[m³]

5 고체에어로졸소화설비의 기동

(1) 고체에어로졸소화설비는 화재감지기 및 수동식 기동장치의 작동과 연동하여 기계적 또는 전기적 방식으로 작동해야 한다.

(2) 고체에어로졸소화설비 기동 시에는 1분 이내에 고체에어로졸 설계밀도의 95[%] 이상을 방호구역에 균일하게 방출해야 한다.

(3) **수동식 기동장치의 설치기준**
① 제어반마다 설치할 것
② 방호구역의 출입구마다 설치하되 출입구 인근에 사람이 쉽게 조작할 수 있는 위치에 설치할 것
③ 기동장치의 조작부는 바닥으로부터 0.8[m] 이상 1.5[m] 이하의 위치에 설치할 것
④ 기동장치의 조작부에 보호판 등의 보호장치를 부착할 것
⑤ 기동장치 인근의 보기 쉬운 곳에 "고체에어로졸소화설비 수동식 기동장치"라고 표시한 표지를 부착할 것
⑥ 전기를 사용하는 기동장치에는 전원표시등을 설치할 것
⑦ 방출용 스위치의 작동을 명시하는 표시등을 설치할 것
⑧ 50[N] 이하의 힘으로 방출용 스위치를 기동할 수 있도록 할 것

(4) **방출지연스위치의 설치기준**
① 수동으로 작동하는 방식으로 설치하되 누르고 있는 동안만 지연되도록 할 것
② 방호구역의 출입구마다 설치하되 피난이 용이한 출입구 인근에 사람이 쉽게 조작할 수 있는 위치에 설치할 것
③ 방출지연스위치 작동 시에는 음향경보를 발할 것
④ 방출지연스위치 작동 중 수동식 기동장치가 작동되면 수동식 기동장치의 기능이 우선될 것

6 고체에어로졸소화설비 제어반의 설치기준

① 전원표시등을 설치할 것
② 화재, 진동 및 충격에 따른 영향과 부식의 우려가 없고 점검에 편리한 장소에 설치할 것
③ 제어반에는 해당 회로도 및 취급설명서를 비치할 것
④ 고체에어로졸소화설비의 작동방식(자동 또는 수동)을 선택할 수 있는 장치를 설치할 것
⑤ 수동식 기동장치 또는 화재감지기에서 신호를 수신할 경우 다음의 기능을 수행할 것
  ㉠ 음향경보장치의 작동
  ㉡ 고체에어로졸의 방출
  ㉢ 기타 제어기능 작동

7 화재표시반의 설치기준

① 전원표시등을 설치할 것
② 화재, 진동 및 충격에 따른 영향 및 부식의 우려가 없고 점검에 편리한 장소에 설치할 것
③ 화재표시반에는 해당 회로도 및 취급설명서를 비치할 것
④ 고체에어로졸소화설비의 작동방식(자동 또는 수동)을 표시등으로 명시할 것
⑤ 고체에어로졸소화설비가 기동할 경우 음향장치를 통해 경보를 발할 것
⑥ 제어반에서 신호를 수신할 경우 방호구역별 경보장치의 작동, 수동식 기동장치의 작동 및 화재감지기의 작동 등을 표시등으로 명시할 것

8 음향장치의 설치기준

① 화재감지기가 작동하거나 수동식 기동장치가 작동할 경우 음향장치가 작동할 것
② 음향장치는 방호구역마다 설치하되 해당 구역의 각 부분으로부터 하나의 음향장치까지의 수평거리는 25[m] 이하가 되도록 할 것
③ 음향장치는 경종 또는 사이렌(전자식 사이렌을 포함한다)으로 하되, 주위의 소음 및 다른 용도의 경보와 구별이 가능한 음색으로 할 것. 이 경우 경종 또는 사이렌은 자동화재탐지설비·비상벨설비 또는 자동식사이렌설비의 음향장치와 겸용할 수 있다.
④ 주 음향장치는 화재표시반의 내부 또는 그 직근에 설치할 것
⑤ 음향장치는 다음의 기준에 따른 구조 및 성능의 것으로 할 것
  ㉠ 정격전압의 80[%] 전압에서 음향을 발할 수 있는 것으로 할 것
  ㉡ 음량은 부착된 음향장치의 중심으로부터 1[m] 떨어진 위치에서 90[dB] 이상이 되는 것으로 할 것
⑥ 고체에어로졸의 방출 개시 후 1분 이상 경보를 계속 발할 것

9 화재감지기의 설치기준

① 고체에어로졸소화설비에는 다음의 감지기 중 하나를 설치할 것
　㉠ 광전식 공기흡입형 감지기
　㉡ 아날로그 방식의 광전식 스포트형 감지기
　㉢ 중앙소방기술심의위원회의 심의를 통해 고체에어로졸소화설비에 적응성이 있다고 인정된 감지기
② 화재감지기 1개가 담당하는 바닥면적은 자동화재탐지설비 및 시각경보장치의 화재안전기술기준(NFTC 203)의 2.4.3의 규정에 따른 바닥면적으로 할 것

10 자동폐쇄장치의 기준

① 방호구역 내의 개구부와 통기구는 고체에어로졸이 방출되기 전에 폐쇄되도록 할 것
② 방호구역 내의 환기장치는 고체에어로졸이 방출되기 전에 정지되도록 할 것
③ 자동폐쇄장치의 복구장치는 제어반 또는 그 직근에 설치하고, 해당 장치를 표시하는 표지를 부착할 것

11 비상전원

(1) 종류

① 자가발전설비
② 축전지설비(제어반에 내장하는 경우를 포함한다)
③ 전기저장장치(외부 전기에너지를 저장해 두었다가 필요한 때 전기를 공급하는 장치)

(2) 설치기준

① 점검에 편리하고 화재 및 침수 등의 재해로 인한 피해를 받을 우려가 없는 곳에 설치할 것
② 고체에어로졸소화설비에 최소 20분 이상 유효하게 전원을 공급할 것
③ 상용전원으로부터 전력의 공급이 중단된 때에는 자동으로 비상전원으로부터 전력을 공급받을 수 있도록 할 것
④ 비상전원의 설치장소는 다른 장소와 방화구획할 것(제어반에 내장하는 경우는 제외한다). 이 경우 그 장소에는 비상전원의 공급에 필요한 기구나 설비 외의 것(열병합발전설비에 필요한 기구나 설비는 제외한다)을 두어서는 안 된다.
⑤ 비상전원을 실내에 설치하는 때에는 그 실내에 비상조명등을 설치할 것

(3) 설치제외 대상

① 2 이상의 변전소에서 전력을 동시에 공급받을 수 있는 경우
② 하나의 변전소로부터 전력이 중단되는 때에는 자동으로 다른 변전소로부터 전력을 공급받을 수 있도록 상용전원을 설치한 경우

제6절 소방시설의 설치제외 장소

1 소화설비의 설치제외 장소

(1) 옥내소화전의 방수구 설치제외 장소(NFTC 102)
① 냉장창고 중 온도가 영하인 냉장실 또는 냉동창고의 냉동실
② 고온의 노가 설치된 장소 또는 물과 격렬하게 반응하는 물품의 저장 또는 취급 장소
③ 발전소·변전소 등으로서 전기시설이 설치된 장소
④ 식물원·수족관·목욕실·수영장(관람석 부분을 제외한다) 또는 그 밖의 이와 비슷한 장소
⑤ 야외음악당·야외극장 또는 그 밖의 이와 비슷한 장소

(2) 스프링클러헤드의 설치제외 장소(NFTC 103)
① 계단실(특별피난계단의 부속실을 포함한다)·경사로·승강기의 승강로·비상용승강기의 승강장·파이프덕트 및 덕트피트(파이프·덕트를 통과시키기 위한 구획된 구멍에 한한다)·목욕실·수영장(관람석 부분을 제외한다)·화장실·직접 외기에 개방되어 있는 복도·기타 이와 유사한 장소
② 통신기기실·전자기기실·기타 이와 유사한 장소
③ 발전실·변전실·변압기·기타 이와 유사한 전기설비가 설치되어 있는 장소
④ 병원의 수술실·응급처치실·기타 이와 유사한 장소
⑤ 천장과 반자 양쪽이 불연재료로 되어 있는 경우로서 그 사이의 거리 및 구조가 다음의 어느 하나에 해당하는 부분
  ㉠ 천장과 반자 사이의 거리가 2[m] 미만인 부분
  ㉡ 천장과 반자 사이의 벽이 불연재료이고 천장과 반자 사이의 거리가 2[m] 이상으로서 그 사이에 가연물이 존재하지 않는 부분
⑥ 천장·반자 중 한쪽이 불연재료로 되어있고 천장과 반자 사이의 거리가 1[m] 미만인 부분
⑦ 천장 및 반자가 불연재료 외의 것으로 되어 있고 천장과 반자 사이의 거리가 0.5[m] 미만인 부분
⑧ 펌프실·물탱크실 엘리베이터 권상기실 그 밖의 이와 비슷한 장소
⑨ 현관 또는 로비 등으로서 바닥으로부터 높이가 20[m] 이상인 장소
⑩ 영하의 냉장창고의 냉장실 또는 냉동창고의 냉동실
⑪ 고온의 노가 설치된 장소 또는 물과 격렬하게 반응하는 물품의 저장 또는 취급장소
⑫ 불연재료로 된 특정소방대상물 또는 그 부분으로서 다음의 어느 하나에 해당하는 장소
  ㉠ 정수장·오물처리장 그 밖의 이와 비슷한 장소
  ㉡ 펄프공장의 작업장·음료수공장의 세정 또는 충전하는 작업장 그 밖의 이와 비슷한 장소
  ㉢ 불연성의 금속·석재 등의 가공공장으로서 가연성물질을 저장 또는 취급하지 않는 장소
  ㉣ 가연성물질이 존재하지 않는 건축물의 에너지절약 설계기준에 따른 방풍실

⑬ 실내에 설치된 테니스장·게이트볼장·정구장 또는 이와 비슷한 장소로서 실내 바닥·벽·천장이 불연재료 또는 준불연재료로 구성되어 있고 가연물이 존재하지 않는 장소로서 관람석이 없는 운동시설(지하층은 제외한다)

(3) 화재조기진압용 스프링클러설비의 설치제외 물품(NFTC 103B)
물품에 대한 화재시험 등 공인기관의 시험을 받은 것은 제외한다.
① 제4류 위험물
② 타이어, 두루마리 종이 및 섬유류, 섬유제품 등 연소 시 화염의 속도가 빠르고 방사된 물이 하부까지에 도달하지 못하는 것

(4) 물분무헤드의 설치제외 장소(NFTC 104)
① 물에 심하게 반응하는 물질 또는 물과 반응하여 위험한 물질을 생성하는 물질을 저장 또는 취급하는 장소
② 고온의 물질 및 증류범위가 넓어 끓어 넘치는 위험이 있는 물질을 저장 또는 취급하는 장소
③ 운전 시에 표면의 온도가 260[℃] 이상으로 되는 등 직접 분무를 하는 경우 그 부분에 손상을 입힐 우려가 있는 기계장치 등이 있는 장소

(5) 이산화탄소소화설비의 분사헤드 설치제외 장소(NFTC 106) 설계 13회 21회
① 방재실·제어실 등 사람이 상시 근무하는 장소
② 나이트로셀룰로오스·셀룰로이드제품 등 자기연소성 물질을 저장·취급하는 장소
③ 나트륨·칼륨·칼슘 등 활성금속물질을 저장·취급하는 장소
④ 전시장 등의 관람을 위하여 다수인이 출입·통행하는 통로 및 전시실 등

(6) 할로겐화합물 및 불활성기체소화설비의 설치제외 장소(NFTC 107A)
① 사람이 상주하는 곳으로써 최대허용설계농도(표 2.4.2)를 초과하는 장소
② 위험물안전관리법 시행령 별표 1의 제3류 위험물 및 제5류 위험물을 저장·보관·사용하는 장소. 다만, 소화성능이 인정되는 위험물은 제외한다.

(7) 고체에어로졸소화설비의 설치제외 화재 또는 장소(NFTC 110)
① 나이트로셀룰로오스, 화약 등의 산화성 물질
② 리튬, 나트륨, 칼륨, 마그네슘, 타이타늄, 지르코늄, 우라늄 및 플루토늄과 같은 자기반응성 금속
③ 금속 수소화물
④ 유기 과산화수소, 하이드라진 등 자동 열분해를 하는 화학물질
⑤ 가연성 증기 또는 분진 등 폭발성 물질이 대기에 존재할 가능성이 있는 장소

2 경보설비의 설치제외 장소

(1) 자동화재탐지설비의 감지기 설치제외 장소(NFTC 203)

① **천장 또는 반자의 높이가 20[m] 이상**인 장소. 다만, (NFTC 203) 2.4.1 단서의 감지기로서 부착높이에 따라 적응성이 있는 장소는 제외한다.
② 헛간 등 외부와 기류가 통하는 장소로서 감지기에 따라 화재발생을 유효하게 감지할 수 없는 장소
③ **부식성가스가 체류**하고 있는 장소
④ 고온도 및 저온도로서 감지기의 기능이 정지되기 쉽거나 감지기의 유지관리가 어려운 장소
⑤ **목욕실·욕조나 샤워시설이 있는 화장실**·기타 이와 유사한 장소
⑥ 파이프덕트 등 그 밖의 이와 비슷한 것으로서 2개 층마다 방화구획된 것이나 수평단면적이 5[m^2] 이하인 것
⑦ **먼지·가루 또는 수증기가 다량으로 체류하는 장소** 또는 주방 등 평상시 연기가 발생하는 장소(연기감지기에 한한다)
⑧ 프레스공장·주조공장 등 화재발생의 위험이 적은 장소로서 감지기의 유지관리가 어려운 장소

(2) 누전경보기의 수신부 설치제외 장소(NFTC 205)

① 가연성의 증기·먼지·가스 등이나 부식성의 증기·가스 등이 다량으로 체류하는 장소
② 화약류를 제조하거나 저장 또는 취급하는 장소
③ 습도가 높은 장소
④ 온도의 변화가 급격한 장소
⑤ 대전류회로·고주파 발생회로 등에 따른 영향을 받을 우려가 있는 장소

3 피난설비(유도등 및 유도표지, 비상조명등)의 설치제외 장소

(1) 피난구유도등의 설치제외 장소(NFTC 303)

① 바닥면적이 1,000[m^2] 미만인 층으로서 옥내로부터 직접 지상으로 통하는 출입구(외부의 식별이 용이한 경우에 한한다)
② 대각선 길이가 15[m] 이내인 구획된 실의 출입구
③ 거실 각 부분으로부터 하나의 출입구에 이르는 보행거리가 20[m] 이하이고 비상조명등과 유도표지가 설치된 거실의 출입구
④ 출입구가 3개소 이상 있는 거실로서 그 거실 각 부분으로부터 하나의 출입구에 이르는 보행거리가 30[m] 이하인 경우에는 주된 출입구 2개소 외의 출입구(유도표지가 부착된 출입구를 말한다). 다만, 공연장·집회장·관람장·전시장·판매시설·운수시설·숙박시설·노유자시설·의료시설·장례식장의 경우에는 그렇지 않다.

(2) 통로유도등의 설치제외 장소(NFTC 303)
① 구부러지지 않은 복도 또는 통로로서 길이가 30[m] 미만인 복도 또는 통로
② ①에 해당하지 않는 복도 또는 통로로서 보행거리가 20[m] 미만이고 그 복도 또는 통로와 연결된 출입구 또는 그 부속실의 출입구에 피난구유도등이 설치된 복도 또는 통로

(3) 객석유도등의 설치제외 장소(NFTC 303)
① 주간에만 사용하는 장소로서 채광이 충분한 객석
② 거실 등의 각 부분으로부터 하나의 거실출입구에 이르는 보행거리가 20[m] 이하인 객석의 통로로서 그 통로에 통로유도등이 설치된 객석

(4) 유도표지의 설치제외 장소(NFTC 303)
① 피난구유도등, 통로유도등이 규정에 적합하게 설치된 출입구·복도·계단 및 통로
② 다음의 규정에 해당하는 출입구·복도·계단 및 통로
  ㉠ 바닥면적이 1,000[m²] 미만인 층으로서 옥내로부터 직접 지상으로 통하는 출입구(외부의 식별이 용이한 경우에 한한다)
  ㉡ 대각선 길이가 15[m] 이내인 구획된 실의 출입구
  ㉢ 구부러지지 않은 복도 또는 통로로서 길이가 30[m] 미만인 복도 또는 통로
  ㉣ ㉢에 해당하지 않는 복도 또는 통로로서 보행거리가 20[m] 미만이고 그 복도 또는 통로와 연결된 출입구 또는 그 부속실의 출입구에 피난구유도등이 설치된 복도 또는 통로

(5) 비상조명등의 설치제외 장소(NFTC 304)
① 거실의 각 부분으로부터 하나의 출입구에 이르는 보행거리가 15[m] 이내인 부분
② 의원·경기장·공동주택·의료시설·학교의 거실

(6) 휴대용 비상조명등의 설치제외 장소(NFTC 304)
① 지상 1층 또는 피난층으로서 복도나 통로 또는 창문 등의 개구부를 통하여 피난이 용이한 경우
② 숙박시설로서 복도에 비상조명등을 설치한 경우

4 소화활동설비의 설치제외 장소

(1) 연결송수관설비의 방수구 설치제외 장소(NFTC 502) 20 회 출제
① 아파트의 1층 및 2층
② 소방차의 접근이 가능하고 소방대원이 소방차로부터 각 부분에 쉽게 도달할 수 있는 피난층
③ 송수구가 부설된 옥내소화전을 설치한 특정소방대상물(집회장·관람장·백화점·도매시장·소매시장·판매시설·공장·창고시설 또는 지하상가를 제외한다)로서 다음의 어느 하나에 해당하는 층
  ㉠ 지하층을 제외한 층수가 4층 이하이고 연면적이 6,000[m^2] 미만인 특정소방대상물의 지상층
  ㉡ 지하층의 층수가 2 이하인 특정소방대상물의 지하층

(2) 무선통신보조설비의 설치제외 장소(NFTC 505) 17 회 출제
① 지하층으로서 특정소방대상물의 바닥부분 2면 이상이 지표면과 동일한 경우
② 지표면으로부터의 깊이가 1[m] 이하인 경우

CHAPTER 02 예상문제

PART 02 소방시설의 점검

01 이산화탄소소화설비가 오작동으로 방출되었다. 방출 시 미치는 영향에 대하여 농도별로 쓰시오.

해답 이산화탄소가 인체에 미치는 영향

공기 중의 CO_2 농도	인체에 미치는 영향
2[%]	불쾌감이 있다.
4[%]	눈의 자극, 두통, 귀울림, 혈압상승
8[%]	현기증, 혼수, 인사불성
9[%]	구토, 혈압상실
10[%]	시력장애, 1분 이내 의식상실, 경변, 혈압박진, 장기간 노출 시 사망
20[%]	중추신경 마비, 단기간 내 사망

02 이산화탄소소화약제의 저장용기의 설치기준을 기술하시오.

항목 \ 구분	고압식	저압식
저장압력		
충전비		
방출압력		
저장용기의 내압시험압력		

해답 고압식과 저압식의 비교(NFTC 106)

항목 \ 구분	고압식	저압식
저장용기	68[L]의 내용적에 48[kg] 용기사용	대형탱크 1개 사용
저장압력	20[℃]에서 6[MPa]	−18[℃]에서 2.1[MPa]
충전비	1.5 ~ 1.9	1.1 ~ 1.4
방출압력	2.1[MPa](분사헤드 기준) 이상	1.05[MPa](분사헤드 기준) 이상
배관	압력배관용 탄소 강관(스케줄 80)	압력배관용 탄소 강관(스케줄 40)
저장용기의 내압시험압력	25[MPa] 이상	3.5[MPa] 이상
안전장치	안전밸브	안전밸브, 봉판, 압력계, 압력경보장치, 액면계
약제량 측정	현장(액화가스 레벨미터, 저울)에서 측정	원격감시(이산화탄소 레벨 모니터 이용)
적응	소용량	대용량

03 이산화탄소소화약제 저장용기 설치장소 기준에 대하여 기술하시오.

해답 저장용기 설치장소 기준(NFTC 106)
① 방호구역 외의 장소에 설치할 것. 다만, 방호구역 내에 설치할 경우에는 피난 및 조작이 용이하도록 피난구 부근에 설치해야 한다.
② 온도가 40[℃] 이하이고, 온도 변화가 작은 곳에 설치할 것
③ 직사광선 및 빗물이 침투할 우려가 없는 곳에 설치할 것
④ 방화문으로 구획된 실에 설치할 것
⑤ 용기의 설치장소에는 해당 용기가 설치된 곳임을 표시하는 표지를 할 것
⑥ 용기 간의 간격은 점검에 지장이 없도록 3[cm] 이상의 간격을 유지할 것
⑦ 저장용기와 집합관을 연결하는 연결배관에는 체크밸브를 설치할 것. 다만, 저장용기가 하나의 방호구역만을 담당하는 경우에는 그렇지 않다.

04 이산화탄소소화설비의 자동식 기동장치의 종류 3가지를 설명하시오.

해답 자동식 기동장치의 종류(NFTC 106)
① 전기식 : 솔레노이드밸브를 용기밸브에 부착하여 화재 발생 시 감지기의 작동에 의하여 수신기의 기동출력이 솔레노이드에 전달되어 파괴침이 용기밸브의 봉판을 파괴하여 약제를 방출되는 방식으로 패키지 타입에 주로 사용하는 방식이다.
② 가스압력식 : 감지기의 작동에 의하여 솔레노이드밸브의 파괴침이 작동하면 기동용기가 작동하여 가스압에 의하여 니들밸브의 니들핀이 용기 안으로 움직여 봉판을 파괴하여 약제를 방출되는 방식으로 일반적으로 주로 사용하는 방식이다.
③ 기계식 : 용기밸브를 기계적인 힘으로 개방시켜 주는 방식이다.

05 이산화탄소소화설비의 자동식 기동장치의 설치기준을 기술하시오.

해답 **자동식 기동장치의 설치기준**(NFTC 106)
① 전기식 기동장치 : 7병 이상의 저장용기를 동시에 개방하는 설비는 2병 이상의 저장용기에 전자개방밸브를 부착할 것
② 가스압력식 기동장치
  ㉠ 기동용 가스용기 및 해당 용기에 사용하는 밸브는 25[MPa] 이상의 압력에 견딜 수 있는 것으로 할 것
  ㉡ 기동용 가스용기에는 내압시험압력의 0.8배부터 내압시험압력 이하에서 작동하는 안전장치를 설치할 것
  ㉢ 기동용 가스용기의 체적은 5[L] 이상으로 하고, 해당 용기에 저장하는 질소 등의 비활성기체는 6.0[MPa] 이상(21[℃] 기준)의 압력으로 충전할 것
  ㉣ 질소 등의 비활성기체 기동용 가스용기에는 충전여부를 확인할 수 있는 압력게이지를 설치할 것
③ 기계식 기동장치 : 저장용기를 쉽게 개방할 수 있는 구조로 할 것

06 이산화탄소소화설비의 수동식 기동장치의 설치기준을 기술하시오.

해답 **수동식 기동장치의 설치기준**(NFTC 106)
수동식 기동장치의 부근에는 소화약제의 방출을 지연시킬 수 있는 방출지연스위치(자동복귀형 스위치로서 수동식 기동장치의 타이머를 순간 정지시키는 기능의 스위치를 말한다)를 설치해야 한다.
① 전역방출방식은 방호구역마다, 국소방출방식은 방호대상물마다 설치할 것
② 해당 방호구역의 출입구 부근 등 조작을 하는 자가 쉽게 피난할 수 있는 장소에 설치할 것
③ 기동장치의 조작부는 바닥으로부터 높이 0.8[m] 이상 1.5[m] 이하의 위치에 설치하고, 보호판 등에 따른 보호장치를 설치할 것
④ 기동장치 인근의 보기 쉬운 곳에 "이산화탄소소화설비 수동식 기동장치"라는 표지를 할 것
⑤ 전기를 사용하는 기동장치에는 전원표시등을 설치할 것
⑥ 기동장치의 방출용 스위치는 음향경보장치와 연동하여 조작될 수 있는 것으로 할 것
⑦ 기동장치에는 보호장치를 설치해야 하며, 보호장치를 개방하는 경우 기동장치에 설치된 버저 또는 벨 등에 의하여 경고음을 발할 것
⑧ 기동장치를 옥외에 설치하는 경우 빗물 또는 외부 충격의 영향을 받지 않도록 설치할 것

07 이산화탄소소화설비에 설치하는 제어반 및 화재표시반의 설치기준을 쓰시오.

해답 **이산화탄소소화설비에 설치하는 제어반 및 화재표시반의 설치기준**(NFTC 106)
자동화재탐지설비의 수신기 제어반이 화재표시반의 기능을 가지고 있는 것은 화재표시반을 설치하지 않을 수 있다.
① 제어반은 수동기동장치 또는 화재감지기에서의 신호를 수신하여 음향경보장치의 작동, 소화약제의 방출 또는 지연 등 기타의 제어기능을 가진 것으로 하고, 제어반에는 전원표시등을 설치할 것
② 화재표시반은 제어반에서의 신호를 수신하여 작동하는 기능을 가진 것으로 하되, 다음 기준에 따라 설치할 것
　㉠ 각 방호구역마다 음향경보장치의 조작 및 감지기의 작동을 명시하는 표시등과 이와 연동하여 작동하는 벨·버저 등의 경보기를 설치할 것. 이 경우 음향경보장치의 조작 및 감지기의 작동을 명시하는 표시등을 겸용할 수 있다.
　㉡ 수동식 기동장치는 그 방출용 스위치의 작동을 명시하는 표시등을 설치할 것
　㉢ 소화약제의 방출을 명시하는 표시등을 설치할 것
　㉣ 자동식 기동장치는 자동·수동의 절환을 명시하는 표시등을 설치할 것
③ 제어반 및 화재표시반은 화재 및 침수 등의 재해로 인한 피해를 받을 우려가 없고 점검에 편리한 장소에 설치할 것
④ 제어반 및 화재표시반에는 해당 회로도 및 취급설명서를 비치할 것
⑤ 수동잠금밸브의 개폐 여부를 확인할 수 있는 표시등을 설치할 것

08 이산화탄소소화설비의 화재표시반의 설치기준을 기술하시오.

해답 **화재표시반의 설치기준**(NFTC 106)
① 각 방호구역마다 음향경보장치의 조작 및 감지기의 작동을 명시하는 표시등과 이와 연동하여 작동하는 벨·버저 등의 경보기를 설치할 것. 이 경우 음향경보장치의 조작 및 감지기의 작동을 명시하는 표시등을 겸용할 수 있다.
② 수동식 기동장치는 그 방출용 스위치의 작동을 명시하는 표시등을 설치할 것
③ 소화약제의 방출을 명시하는 표시등을 설치할 것
④ 자동식 기동장치는 자동·수동의 절환을 명시하는 표시등을 설치할 것

09 이산화탄소소화설비의 배관 설치기준에 대하여 기술하시오.

해답 배관의 설치기준(NFTC 106)
① 배관은 전용으로 할 것
② 강관을 사용하는 경우의 배관은 압력배관용 탄소 강관(KS D 3562) 중 스케줄 80(저압식 40) 이상의 것 또는 이와 동등 이상의 강도를 가진 것으로 아연도금 등으로 방식처리된 것을 사용할 것. 다만, 배관의 호칭구경이 20[mm] 이하인 경우에는 스케줄 40 이상인 것을 사용할 수 있다.
③ 동관을 사용하는 경우의 배관은 이음이 없는 동 및 동합금관(KS D 5301)으로서 고압식은 16.5[MPa] 이상, 저압식은 3.75[MPa] 이상의 압력에 견딜 수 있는 것을 사용할 것
④ 고압식의 1차 측(개폐밸브 또는 선택밸브 이전) 배관 부속의 최소사용설계압력은 9.5[MPa]로 하고, 고압식의 2차 측과 저압식의 배관 부속의 최소사용설계압력은 4.5[MPa]로 할 것

10 호스릴 이산화탄소소화설비를 설치할 수 있는 대상물 2가지를 기술하시오.

해답 호스릴 이산화탄소소화설비를 설치할 수 있는 대상물(차고 또는 주차의 용도로 사용되는 부분 제외) (NFTC 106)
① 지상 1층 및 피난층에 있는 부분으로서 지상에서 수동 또는 원격조작에 따라 개방할 수 있는 개구부의 유효면적의 합계가 바닥면적의 15[%] 이상이 되는 부분
② 전기설비가 설치되어 있는 부분 또는 다량의 화기를 사용하는 부분(해당 설비의 주위 5[m] 이내의 부분을 포함한다)의 바닥면적이 해당 설비가 설치되어 있는 구획의 바닥면적의 1/5 미만이 되는 부분

11 이산화탄소소화설비의 분사헤드 설치제외 장소에 대하여 기술하시오.

해답 분사헤드 설치제외 장소(NFTC 106)
① 방재실·제어실 등 사람이 상시 근무하는 장소
② 나이트로셀룰로오스·셀룰로이드제품 등 자기연소성 물질을 저장·취급하는 장소
③ 나트륨·칼륨·칼슘 등 활성금속물질을 저장·취급하는 장소
④ 전시장 등의 관람을 위하여 다수인이 출입·통행하는 통로 및 전시실 등

12 그림과 같은 CO_2 소화설비 계통도를 보고 전역방출방식에서 화재 발생 시부터 Head 방사까지의 동작흐름을 제시된 그림을 이용하여 Block Diagram으로 표시하라(예 : □ → □).

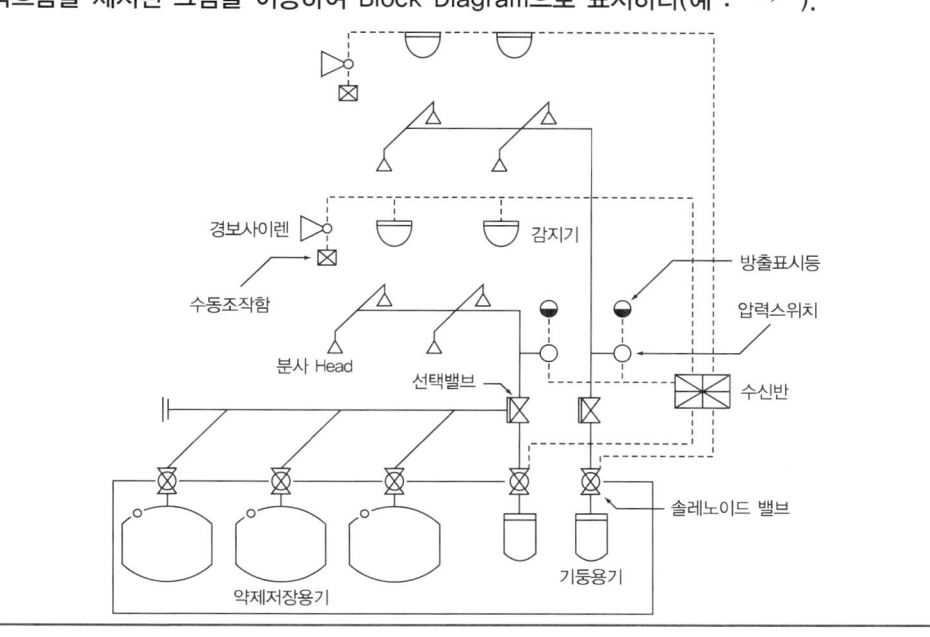

해답 ▶ Block Diagram

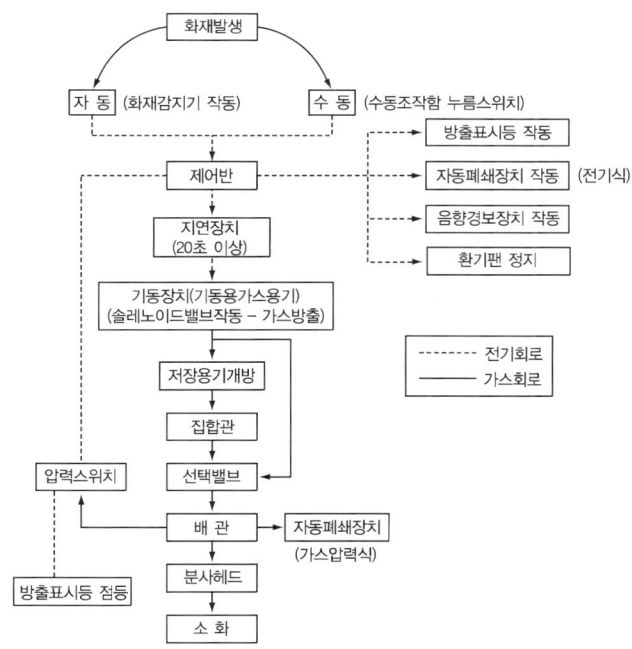

13 이산화탄소소화설비의 자동폐쇄장치 설치기준에 대하여 기술하시오.

해답 **자동폐쇄장치의 설치기준**(NFTC 106)
① 환기장치 등을 설치한 것은 소화약제가 방출되기 전에 해당 환기장치 등이 정지될 수 있도록 할 것
② 개구부가 있거나 천장으로부터 1[m] 이상의 아랫부분 또는 바닥으로부터 해당 층의 높이의 2/3 이내의 부분에 통기구가 있어 소화약제의 유출에 따라 소화효과를 감소시킬 우려가 있는 것은 소화약제가 방출되기 전에 해당 개구부 및 통기구를 폐쇄할 수 있도록 할 것
③ 자동폐쇄장치는 방호구역 또는 방호대상물이 있는 구획의 밖에서 복구할 수 있는 구조로 하고, 그 위치를 표시하는 표지를 할 것

14 이산화탄소소화설비의 비상전원의 설치기준에 대하여 기술하시오.

해답 **비상전원의 설치기준**(NFTC 106)
① 점검에 편리하고 화재 및 침수 등의 재해로 인한 피해를 받을 우려가 없는 곳에 설치할 것
② 이산화탄소소화설비를 유효하게 20분 이상 작동할 수 있어야 할 것
③ 상용전원으로부터 전력의 공급이 중단된 때에는 자동으로 비상전원으로부터 전력을 공급받을 수 있도록 할 것
④ 비상전원의 설치장소는 다른 장소와 방화구획할 것. 이 경우 그 장소에는 비상전원의 공급에 필요한 기구나 설비 외의 것(열병합발전설비에 필요한 기구나 설비는 제외)을 두어서는 안 된다.
⑤ 비상전원을 실내에 설치하는 때에는 그 실내에 비상조명등을 설치할 것

15 이산화탄소소화설비의 과압배출구는 어떤 장소에 설치해야 하는지 쓰시오.

해답 이산화탄소소화설비의 방호구역에는 소화약제 방출 시 발생하는 과(부)압으로 인한 구조물 등의 손상을 방지하기 위하여 과압배출구를 설치해야 한다.

16 이산화탄소소화설비가 설치된 장소의 안전시설 등의 설치기준을 쓰시오.

해답 안전시설 등의 설치기준(NFTC 106)
① 안전시설 설치
  ㉠ 소화약제 방출 시 방호구역 내와 부근에 가스 방출 시 영향을 미칠 수 있는 장소에 시각경보장치를 설치하여 소화약제가 방출되었음을 알도록 할 것
  ㉡ 방호구역의 출입구 부근 잘 보이는 장소에 약제방출에 따른 위험경고표지를 부착할 것
② 이산화탄소 소화약제가 방출되는 경우 후각을 통해 이를 인지할 수 있는 부취발생기 설치 방식
  ㉠ 부취발생기를 소화약제 저장용기실 내의 소화배관에 설치하여 소화약제의 방출에 따라 부취제가 혼합되도록 하는 방식
    • 소화약제 저장용기실 내의 소화배관에 설치할 것
    • 점검 및 관리가 쉬운 위치에 설치할 것
    • 방호구역별로 선택밸브 직후 2차 측 배관에 설치할 것. 다만, 선택밸브가 없는 경우에는 집합배관에 설치할 수 있다.
  ㉡ 방호구역 내에 부취발생기를 설치하여 이산화탄소소화설비의 기동에 따라 소화약제 방출 전에 부취제가 방출되도록 하는 방식

17 이산화탄소소화설비의 비상전원을 설치하지 않을 수 있는 경우를 쓰시오.

해답 비상전원을 설치하지 않을 수 있는 경우(NFTC 106)
① 2 이상의 변전소에서 전력을 동시에 공급받을 수 있는 경우
② 하나의 변전소로부터 전력의 공급이 중단되는 때에는 자동으로 다른 변전소로부터 전원을 공급받을 수 있도록 상용전원을 설치한 경우

18 가스계 소화설비의 동작시험방법 5가지를 기술하시오.

해답 **동작시험방법**
① 방호구역 내 감지기 2개 회로 동작 : 화재 시 방호구역 내의 A, B 감지기가 자동적으로 화재를 감지하여 정상적으로 작동되는지의 여부를 확인하는 시험
  ㉠ A회로의 감지기 동작 : 해당 방호구역의 A회로의 화재표시등 및 경보 여부 확인
  ㉡ B회로의 감지기 동작 : 해당 방호구역의 B회로의 화재표시등 및 경보 여부 확인 및 지연타이머가 작동 여부를 확인한다(지연타이머의 세팅된 시간이 지난 후 솔레노이드밸브가 격발되는지 확인한다).
② 수동조작함의 수동조작스위치 동작 : 화재 발견자가 수동조작함을 수동조작으로 동작시켜 정상적으로 작동되는지의 여부를 확인하는 시험
  ㉠ 수동조작함의 조작스위치를 조작하여 화재 발생 여부를 확인한다.
  ㉡ 지연 타이머의 세팅된 시간이 지난 후 솔레노이드밸브가 격발되는지 확인한다.
③ 제어반의 동작시험스위치와 회로선택스위치 동작 : 동작시험스위치와 회로선택스위치를 이용하여 정상적으로 작동되는지의 여부를 확인하는 시험
  ㉠ 제어반에서 솔레노이드밸브의 연동스위치를 정지위치로 한다.
  ㉡ 회로선택스위치를 시험하고자 하는 방호구역의 A회로로 전환한다.
  ㉢ 동작시험스위치를 시험위치로 전환한다.
  ㉣ 회로선택스위치를 시험하고자 하는 방호구역의 B회로로 전환한다.
  ㉤ 제어반에서 솔레노이드밸브의 연동스위치를 자동위치로 한다.
  ㉥ 지연 타이머의 세팅된 시간이 지난 후 솔레노이드밸브가 격발되는지 확인한다.
④ 제어반의 수동스위치 동작 : 제어반에 설치된 해당 방호구역의 수동조작 스위치를 조작하여 방호구역마다 시험을 하는 방법
⑤ 솔레노이드밸브의 수동조작버튼 동작 : 정상적으로 작동되지 않을 때 사용하는 방법으로 솔레노이드밸브의 안전핀을 제거한 후 수동조작버튼을 누르면 솔레노이드밸브가 작동한다.

19 가스계 소화설비의 솔레노이드밸브의 복구방법을 기술하시오.

해답 **솔레노이드밸브의 복구방법**
① 제어반의 스위치를 복구(동작시험, 회로선택, 음향경보스위치 복구 및 제어반 복구)한다.
② 수동조작함 조작 시 누름스위치를 복구한다.
③ 제어반의 솔레노이드밸브를 연동스위치를 정지위치로 한다.
④ 기동용기함에 설치된 솔레노이드밸브의 안전핀을 솔레노이드의 파괴침 끝에 끼우고 누르면 딸깍 소리가 나면서 솔레노이드밸브가 원상태(파괴침이 들어감)로 된 것이다.
⑤ 솔레노이드밸브에 안전핀을 체결하고 기동용기에 솔레노이드밸브를 결합한다.
⑥ 제어반의 스위치를 정상상태로 하고 확인한다.
⑦ 솔레노이드밸브에서 안전핀을 분리하고 기동용기함의 문짝을 살며시 닫는다.
⑧ 점검하기 전에 분리했던 동관을 연결한다.

20 가스압력식 기동장치가 설치된 이산화탄소소화설비의 작동시험에서 방호구역 내에 설치된 교차회로감지기를 동시에 작동시킨 후 이산화탄소소화설비의 정상작동 여부를 판단할 수 있는 확인사항에 대해 쓰시오.

해답 소화설비의 정상작동 여부 확인사항
① 제어반의 화재표시등 및 해당 방호구역의 감지기 동작표시등 점등 여부
② 해당 방호구역의 경보발령 여부
③ 제어반에서 지연장치의 지연시간 확인
④ 제어반의 솔레노이드밸브 기동표시등 점등 여부
⑤ 해당 방호구역의 솔레노이드밸브 정상작동 여부
⑥ 자동폐쇄장치의 작동, 환기장치 등의 정지 여부 확인(전기식일 경우)

21 가스계 소화설비에서 화재감지기가 2회로(A, B)를 작동하였으나 약제 방출되지 않는 원인을 기술하시오.

해답 화재감지기가 2회로(A, B)를 작동하였으나 약제 방출되지 않는 원인
① 기동용 솔레노이드밸브에 안전핀이 체결된 경우
② 기동용 가스용기 내 가스가 없는 경우
③ 기동용 가스용기가 고장인 경우
④ 조작동관의 연결이 잘못된 경우
⑤ 조작동관이 막히거나 누설이 발생한 경우
⑥ 조작동관상의 가스체크밸브 방향이 흐름방향과 반대로 설치된 경우
⑦ 저장용기에 소화약제가 없는 경우
⑧ 선택밸브가 고장인 경우
⑨ 제어반의 조작스위치가 연동정지에 있는 경우
⑩ 제어반의 자동, 수동절환스위치가 수동의 위치에 놓인 경우

22 불연성 가스계 소화설비의 가스압력식 기동방식 점검 시 오동작으로 가스방출이 일어날 수 있다. 소화약제의 방출을 방지하기 위한 대책을 쓰시오.

해답 소화약제의 방출을 방지하기 위한 대책
① 기동용기에 부착된 솔레노이드밸브에 안전핀이 체결된 경우
② 기동용기에 부착된 솔레노이드밸브와 기동용기를 분리한 경우
③ 제어반에서 연동스위치를 정지위치로 한 경우
④ 기동용 가스동관을 기동용기와 분리한 경우
⑤ 저장용기에 부착된 용기개방밸브를 기동용기와 분리

23 가스계 소화설비에서 선택밸브가 개방(작동)되지 않는 원인을 기술하시오.

해답 선택밸브가 개방되지 않는 원인
① 기동용 솔레노이드밸브에 안전핀이 체결된 경우
② 전원이 차단된 경우
③ 기동스위치가 불량인 경우
④ 기동용 가스용기밸브가 개방되지 않는 경우
⑤ 기동용 가스용기 내 가스가 없는 경우
⑥ 조작동관이 막히거나 누설이 발생한 경우
⑦ 피스톤릴리즈가 작동되지 않는 경우

24 가스계 소화설비의 이너젠가스 저장용기, 이산화탄소 저장용기, 기동용 가스용기의 가스양 산정(점검)방법을 각각 설명하시오.

해답 용기의 가스양 산정(점검)방법
① 이너젠가스 저장용기
  ㉠ 산정방법 : 압력측정방법
  ㉡ 점검방법 : 용기밸브의 고압용 게이지를 확인하여 저장용기 내부의 압력을 측정
  ㉢ 판정방법 : 압력손실이 5[%]를 초과할 경우 재충전하거나 저장용기를 교체할 것
② 이산화탄소 저장용기
  ㉠ 산정방법 : 액면계(액화가스레벨미터)를 사용하여 약제량을 측정하는 방법
  ㉡ 점검방법
    ㉮ 액면계의 전원스위치를 넣고 전압을 체크한다.
    ㉯ 용기는 통상의 상태 그대로 하고 액면계 프로브와 방사선원 간에 용기를 끼워 넣듯이 삽입한다.
    ㉰ 액면계의 검출부를 조심하여 저장용기의 상하방향으로 이동시켜 메타지침의 흔들림이 크게 다른 부분을 발견하여 그 위치가 용기의 바닥에서 얼마만큼의 높이인가를 측정한다.
    ㉱ 액면의 높이와 약제량과의 환산은 전용의 환산척을 이용한다.
  ㉢ 판정방법 : 약제량의 측정 결과를 중량표와 비교하여 그 차이가 5[%] 이하일 것
③ 기동용 가스용기
  ㉠ 산정방법 : 전자저울을 사용하여 약제량을 측정하는 방법
  ㉡ 점검방법
    ㉮ 기동용 가스용기함의 문을 개방한다.
    ㉯ 솔레노이드밸브에 안전핀을 체결한다(분리 시 오격발을 방지하기 위하여).
    ㉰ 기동용 가스용기에서 솔레노이드밸브를 분리한다.
    ㉱ 기동용 가스용기함에서 기동용 가스용기를 분리한다.
    ㉲ 저울에 올려놓아 가스의 중량을 측정한다.
      (전체중량 − 용기의 중량 − 용기밸브의 중량 = 약제량)
  ㉢ 판정방법 : 중량이 0.6[kg] 이상일 것

25 이산화탄소소화설비의 점검표에서 저장용기의 종합점검항목을 쓰시오.

해답 저장용기의 종합점검항목(소방시설 자체점검사항 등에 관한 고시 별지 4)
① 설치장소 적정 및 관리 여부
② 저장용기 설치장소 표지 설치 여부
③ 저장용기 설치 간격 적정 여부
④ 저장용기 개방밸브 자동·수동 개방 및 안전장치 부착 여부
⑤ 저장용기와 집합관 연결배관상 체크밸브 설치 여부
⑥ 저장용기와 선택밸브(또는 개폐밸브) 사이 안전장치 설치 여부

26 이산화탄소소화설비의 점검표에서 기동장치의 종합점검항목을 쓰시오.

해답 기동장치의 종합점검항목(소방시설 자체점검사항 등에 관한 고시 별지 4)
(1) 공통사항
 방호구역별 출입구 부근 소화약제 방출표시등 설치 및 정상 작동 여부
(2) 수동식 기동장치
 ① 기동장치 부근에 비상스위치 설치 여부
 ② 방호구역별 또는 방호대상별 기동장치 설치 여부
 ③ 기동장치 설치 적정(출입구 부근 등, 높이, 보호장치, 표지, 전원표시등) 여부
 ④ 방출용 스위치 음향경보장치 연동 여부
(3) 자동식 기동장치
 ① 감지기 작동과의 연동 및 수동기동 가능 여부
 ② 저장용기 수량에 따른 전자개방밸브 수량 적정 여부(전기식 기동장치의 경우)
 ③ 기동용 가스용기의 용적, 충전압력 적정 여부(가스압력식 기동장치의 경우)
 ④ 기동용 가스용기의 안전장치, 압력게이지 설치 여부(가스압력식 기동장치의 경우)
 ⑤ 저장용기 개방구조 적정 여부(기계식 기동장치의 경우)

27 이산화탄소소화설비의 점검표에서 제어반 및 화재표시반의 종합점검항목을 쓰시오.

해답 제어반 및 화재표시반의 종합점검항목(소방시설 자체점검사항 등에 관한 고시 별지 4)
  (1) 공통사항
    ① 설치장소 적정 및 관리 여부
    ② 회로도 및 취급설명서 비치 여부
    ③ 수동잠금밸브 개폐여부 확인 표시등 설치 여부
  (2) 제어반
    ① 수동기동장치 또는 감지기 신호 수신 시 음향경보장치 작동 기능 정상 여부
    ② 소화약제 방출·지연 및 기타 제어 기능 적정 여부
    ③ 전원표시등 설치 및 정상 점등 여부
  (3) 화재표시반
    ① 방호구역별 표시등(음향경보장치 조작, 감지기 작동), 경보기 설치 및 작동 여부
    ② 수동식 기동장치 작동표시 표시등 설치 및 정상 작동 여부
    ③ 소화약제 방출표시등 설치 및 정상 작동 여부
    ④ 자동식 기동장치 자동·수동 절환 및 절환표시등 설치 및 정상 작동 여부

28 이산화탄소소화설비의 점검표에서 호스릴방식 분사헤드의 종합점검항목을 쓰시오.

해답 호스릴방식 분사헤드의 종합점검항목(소방시설 자체점검사항 등에 관한 고시 별지 4)
  ① 방호대상물 각 부분으로부터 호스접결구까지 수평거리 적정 여부
  ② 소화약제 저장용기의 위치표시등 정상 점등 및 표지 설치 여부
  ③ 호스릴소화설비 설치장소 적정 여부

29 이산화탄소소화설비의 점검표에서 음향경보장치의 종합점검항목을 쓰시오.

해답 음향경보장치의 종합점검항목(소방시설 자체점검사항 등에 관한 고시 별지 4)
  ① 기동장치 조작 시(수동식-방출용스위치, 자동식-화재감지기) 경보 여부
  ② 약제 방사 개시(또는 방출 압력스위치 작동) 후 경보 적정 여부
  ③ 방호구역 또는 방호대상물 구획 안에서 유효한 경보 가능 여부

30 이산화탄소소화설비의 점검표에서 자동폐쇄장치의 종합점검항목을 쓰시오.

해답 자동폐쇄장치의 종합점검항목(소방시설 자체점검사항 등에 관한 고시 별지 4)
  ① 환기장치 자동정지 기능 적정 여부
  ② 개구부 및 통기구 자동폐쇄장치 설치 장소 및 기능 적합 여부
  ③ 자동폐쇄장치 복구장치 설치기준 적합 및 위치표지 적합 여부

31 이산화탄소소화설비의 점검표에서 안전시설 등의 종합점검항목을 쓰시오.

해답 안전시설 등의 종합점검항목(소방시설 자체점검사항 등에 관한 고시 별지 4)
① 소화약제 방출알림 시각경보장치 설치기준 적합 및 정상 작동 여부
② 방호구역 출입구 부근 잘 보이는 장소에 소화약제 방출 위험경고표지 부착 여부
③ 방호구역 출입구 외부 인근에 공기호흡기 설치 여부

> 안전시설 등의 작동점검항목과 종합점검항목은 같다.

32 할론소화설비의 수동식 기동장치의 설치기준을 쓰시오.

해답 수동식 기동장치의 설치기준(NFTC 107)
이 경우 수동식 기동장치의 부근에는 소화약제의 방출을 지연시킬 수 있는 방출지연스위치(자동복귀형 스위치로서 수동식 기동장치의 타이머를 순간 정지시키는 기능의 스위치를 말한다)를 설치해야 한다.
① 전역방출방식은 방호구역마다, 국소방출방식은 방호대상물마다 설치할 것
② 해당 방호구역의 출입구 부근 등 조작을 하는 자가 쉽게 피난할 수 있는 장소에 설치할 것
③ 기동장치의 조작부는 바닥으로부터 높이 0.8[m] 이상 1.5[m] 이하의 위치에 설치하고, 보호판 등에 따른 보호장치를 설치할 것
④ 기동장치 인근의 보기 쉬운 곳에 "할론소화설비 수동식 기동장치"라는 표지를 할 것
⑤ 전기를 사용하는 기동장치에는 전원표시등을 설치할 것
⑥ 기동장치의 방출용스위치는 음향경보장치와 연동하여 조작될 수 있는 것으로 할 것

33 할론소화설비의 자동식 기동장치(자동화재탐지설비의 감지기 작동과 연동하는 것)의 설치기준을 쓰시오.

해답 자동식 기동장치의 설치기준(NFTC 107)
① 자동식 기동장치에는 수동으로도 기동할 수 있는 구조로 할 것
② 전기식 기동장치로서 7병 이상의 저장용기를 동시에 개방하는 설비는 2병 이상의 저장용기에 전자개방밸브를 부착할 것
③ 가스압력식 기동장치는 다음의 기준에 따를 것
  ㉠ 기동용 가스용기 및 해당 용기에 사용하는 밸브는 25[MPa] 이상의 압력에 견딜 수 있는 것으로 할 것
  ㉡ 기동용 가스용기에는 내압시험압력 0.8배부터 내압시험압력 이하에서 작동하는 안전장치를 설치할 것
  ㉢ 기동용 가스용기의 체적은 5[L] 이상으로 하고, 해당 용기에 저장하는 질소 등의 비활성기체는 6.0[MPa] 이상(21[℃] 기준)의 압력으로 충전할 것. 다만, 기동용 가스용기의 체적을 1[L] 이상으로 하고, 해당 용기에 저장하는 이산화탄소의 양은 0.6[kg] 이상으로 하며, 충전비는 1.5 이상 1.9 이하의 기동용 가스용기로 할 수 있다.
④ 기계식 기동장치는 저장용기를 쉽게 개방할 수 있는 구조로 할 것

34 할론소화설비의 제어반 및 화재표시반의 설치기준을 쓰시오.

해답 제어반 및 화재표시반의 설치기준(NFTC 107)
① 제어반은 수동기동장치 또는 감지기에서의 신호를 수신하여 음향경보장치의 작동, 소화약제의 방출 또는 지연 등 기타의 제어기능을 가진 것으로 하고 제어반에는 전원표시등을 설치할 것
② 화재표시반은 제어반에서의 신호를 수신하여 작동하는 기능을 가진 것으로 하되, 다음의 기준에 따라 설치할 것
  ㉠ 각 방호구역마다 음향경보장치의 조작 및 감지기의 작동을 명시하는 표시등과 이와 연동하여 작동하는 벨·버저 등의 경보기를 설치할 것. 이 경우 음향경보장치의 조작 및 감지기의 작동을 명시하는 표시등을 겸용할 수 있다.
  ㉡ 수동식 기동장치는 그 방출용스위치의 작동을 명시하는 표시등을 설치할 것
  ㉢ 소화약제의 방출을 명시하는 표시등을 설치할 것
  ㉣ 자동식 기동장치는 자동·수동의 절환을 명시하는 표시등을 설치할 것
③ 제어반 및 화재표시반은 화재 및 침수 등의 재해로 인한 피해를 받을 우려가 없고 점검에 편리한 장소에 설치할 것
④ 제어반 및 화재표시반에는 해당 회로도 및 취급설명서를 비치할 것

35 할론소화설비 배관의 설치기준을 쓰시오.

해답 배관의 설치기준(NFTC 107)
① 배관은 전용으로 할 것
② 강관을 사용하는 경우의 배관은 압력배관용 탄소 강관(KS D 3562) 중 스케줄 40 이상의 것 또는 이와 동등 이상의 강도를 가진 것으로서 아연도금 등에 따라 방식처리된 것을 사용할 것
③ 동관을 사용하는 경우에는 이음이 없는 동 및 동합금관(KS D 5301)의 것으로서 고압식은 16.5[MPa] 이상, 저압식은 3.75[MPa] 이상의 압력에 견딜 수 있는 것을 사용할 것
④ 배관 부속 및 밸브류는 강관 또는 동관과 동등 이상의 강도 및 내식성이 있는 것으로 할 것

36 전역방출방식 할론소화설비의 분사헤드 설치기준을 쓰시오.

해답 분사헤드 설치기준(NFTC 107)
① 방출된 소화약제가 방호구역의 전역에 균일하고 신속하게 확산할 수 있도록 할 것
② 할론2402를 방출하는 분사헤드는 해당 소화약제가 무상으로 분무되는 것으로 할 것
③ 분사헤드의 방출압력은 할론2402를 방출하는 것은 0.1[MPa] 이상, 할론1211을 방출하는 것은 0.2[MPa] 이상, 할론1301을 방출하는 것은 0.9[MPa] 이상으로 할 것
④ 기준 저장량의 소화약제를 10초 이내에 방출할 수 있는 것으로 할 것

37 화재 시 현저하게 연기가 찰 우려가 없는 장소로서 호스릴방식의 할론소화설비를 설치할 수 있는 경우를 쓰시오.

해답 호스릴방식의 할론소화설비를 설치할 수 있는 경우(NFTC 107)
① 지상 1층 및 피난층에 있는 부분으로서 지상에서 수동 또는 원격조작에 따라 개방할 수 있는 개구부의 유효면적의 합계가 바닥면적의 15[%] 이상이 되는 부분
② 전기설비가 설치되어 있는 부분 또는 다량의 화기를 사용하는 부분(해당 설비의 주위 5[m] 이내의 부분을 포함)의 바닥면적이 해당 설비가 설치되어 있는 구획의 바닥면적의 1/5 미만이 되는 부분

38 할론소화설비 분사헤드의 오리피스 구경, 방출률, 크기 등의 기준을 쓰시오.

해답 분사헤드의 오리피스 구경, 방출률, 크기 등의 기준(NFTC 107)
① 분사헤드에는 부식방지조치를 해야 하며 오리피스의 크기, 제조일자, 제조업체가 표시되도록 할 것
② 분사헤드의 개수는 방호구역에 소화약제의 방출시간이 충족되도록 설치할 것
③ 분사헤드의 방출률 및 방출압력은 제조업체에서 정한 값으로 할 것
④ 분사헤드의 오리피스의 면적은 분사헤드가 연결되는 배관구경 면적의 70[%] 이하가 되도록 할 것

39 전역방출방식의 할론소화설비를 설치하는 자동폐쇄장치의 설치기준을 쓰시오.

해답 자동폐쇄장치의 설치기준(NFTC 107)
① 환기장치 등을 설치한 것은 소화약제가 방출되기 전에 해당 환기장치가 정지될 수 있도록 할 것
② 개구부가 있거나 천장으로부터 1[m] 이상의 아랫부분 또는 바닥으로부터 해당 층의 높이의 2/3 이내의 부분에 통기구가 있어 소화약제의 유출에 따라 소화효과를 감소시킬 우려가 있는 것은 소화약제가 방출되기 전에 해당 개구부 및 통기구를 폐쇄할 수 있도록 할 것
③ 자동폐쇄장치는 방호구역 또는 방호대상물이 있는 구획의 밖에서 복구할 수 있는 구조로 하고, 그 위치를 표시하는 표지를 할 것

40 할론소화설비의 점검표에서 저장용기의 종합점검항목을 쓰시오.

해답 저장용기의 종합점검항목(소방시설 자체점검사항 등에 관한 고시 별지 4)
① 설치장소 적정 및 관리 여부
② 저장용기 설치장소 표지 설치상태 적정 여부
③ 저장용기 설치 간격 적정 여부
④ 저장용기 개방밸브 자동·수동 개방 및 안전장치 부착 여부
⑤ 저장용기와 집합관 연결배관상 체크밸브 설치 여부
⑥ 저장용기와 선택밸브(또는 개폐밸브) 사이 안전장치 설치 여부
⑦ 축압식 저장용기의 압력 적정 여부
⑧ 가압용 가스용기 내 질소가스 사용 및 압력 적정 여부
⑨ 가압식 저장용기 압력조정장치 설치 여부

> 작동점검항목은 ②, ④, ⑦번만 해당된다.

41 할론소화설비의 점검표에서 기동장치의 종합점검항목을 쓰시오.

해답 기동장치의 종합점검항목(소방시설 자체점검사항 등에 관한 고시 별지 4)
(1) 공통사항
  방호구역별 출입구 부근 소화약제 방출표시등 설치 및 정상 작동 여부
(2) 수동식 기동장치
  ① 기동장치 부근에 비상스위치 설치 여부
  ② 방호구역별 또는 방호대상별 기동장치 설치 여부
  ③ 기동장치 설치 적정(출입구 부근 등, 높이, 보호장치, 표지, 전원표시등) 여부
  ④ 방출용 스위치 음향경보장치 연동 여부
(3) 자동식 기동장치
  ① 감지기 작동과의 연동 및 수동기동 가능 여부
  ② 저장용기 수량에 따른 전자개방밸브 수량 적정 여부(전기식 기동장치의 경우)
  ③ 기동용 가스용기의 용적, 충전압력 적정 여부(가스압력식 기동장치의 경우)
  ④ 기동용 가스용기의 안전장치, 압력게이지 설치 여부(가스압력식 기동장치의 경우)
  ⑤ 저장용기 개방구조 적정 여부(기계식 기동장치의 경우)

> 기동장치의 종합점검항목은 이산화탄소, 할론, 할로겐화합물 및 불활성기체, 분말소화설비가 모두 같다.

42 할론소화설비의 점검표에서 제어반의 종합점검항목을 쓰시오.

해답 제어반의 종합점검항목(소방시설 자체점검사항 등에 관한 고시 별지 4)
① 수동기동장치 또는 감지기 신호 수신 시 음향경보장치 작동 기능 정상 여부
② 소화약제 방출·지연 및 기타 제어 기능 적정 여부
③ 전원표시등 설치 및 정상 점등 여부

> 작동점검항목이나 종합점검항목은 같다.

43 할론소화설비의 점검표에서 화재표시반의 종합점검항목을 쓰시오.

해답 화재표시반의 종합점검항목(소방시설 자체점검사항 등에 관한 고시 별지 4)
① 방호구역별 표시등(음향경보장치 조작, 감지기 작동), 경보기 설치 및 작동 여부
② 수동식 기동장치 작동표시 표시등 설치 및 정상 작동 여부
③ 소화약제 방출표시등 설치 및 정상 작동 여부
④ 자동식 기동장치 자동·수동 절환 및 절환표시등 설치 및 정상 작동 여부

> 작동점검항목은 ①, ②, ③번만 해당된다.

44 할론소화설비의 점검표에서 음향경보장치의 종합점검항목을 쓰시오.

해답 음향경보장치의 종합점검항목(소방시설 자체점검사항 등에 관한 고시 별지 4)
① 기동장치 조작 시(수동식-방출용스위치, 자동식-화재감지기) 경보 여부
② 약제 방사 개시(또는 방출 압력스위치 작동) 후 경보 적정 여부
③ 방호구역 또는 방호대상물 구획 안에서 유효한 경보 가능 여부

45 할론소화설비의 점검표에서 비상전원의 종합점검항목을 쓰시오.

해답 비상전원의 종합점검항목(소방시설 자체점검사항 등에 관한 고시 별지 4)
① 설치장소 적정 및 관리 여부
② 자가발전설비인 경우 연료 적정량 보유 여부
③ 자가발전설비인 경우 전기사업법에 따른 정기점검 결과 확인

46 할로겐화합물 및 불활성기체소화약제의 용어의 정의를 설명하시오.

(1) 할로겐화합물 및 불활성기체소화약제
(2) 할로겐화합물소화약제
(3) 불활성기체소화약제

해답 용어의 정의(NFTC 107A)
(1) 할로겐화합물 및 불활성기체소화약제 : 할로겐화합물(할론1301, 할론2402, 할론1211 제외) 및 불활성기체로서 전기적으로 비전도성이며 휘발성이 있거나 증발 후 잔여물을 남기지 않는 소화약제
(2) 할로겐화합물소화약제 : 불소(플루오린, F), 염소, 브롬(브로민, Br) 또는 요오드(아이오딘, I) 중 하나 이상의 원소를 포함하고 있는 유기화합물을 기본 성분으로 하는 소화약제
(3) 불활성기체소화약제 : 헬륨, 네온, 아르곤 또는 질소 가스 중 하나 이상의 원소를 기본 성분으로 하는 소화약제

47 할로겐화합물 및 불활성기체소화약제의 저장용기 설치장소의 기준을 쓰시오.

해답 할로겐화합물 및 불활성기체의 저장용기 설치장소의 기준(NFTC 107A)
① 방호구역 외의 장소에 설치할 것. 다만, 방호구역 내에 설치할 경우에는 피난 및 조작이 용이하도록 피난구 부근에 설치해야 한다.
② 온도가 55[℃] 이하이고 온도 변화가 작은 곳에 설치할 것
③ 직사광선 및 빗물이 침투할 우려가 없는 곳에 설치할 것
④ 저장용기를 방호구역 외에 설치한 경우에는 방화문으로 구획된 실에 설치할 것
⑤ 용기의 설치장소에는 해당 용기가 설치된 곳임을 표시하는 표지를 할 것
⑥ 용기 간의 간격은 점검에 지장이 없도록 3[cm] 이상의 간격을 유지할 것
⑦ 저장용기와 집합관을 연결하는 연결배관에는 체크밸브를 설치할 것. 다만, 저장용기가 하나의 방호구역만을 담당하는 경우에는 그렇지 않다.

48 할로겐화합물 및 불활성기체의 종류와 화학식을 작성하시오.

해답 할로겐화합물 및 불활성기체의 종류(NFTC 107A)

소화약제	화학식
퍼플루오로뷰테인(FC-3-1-10)	C_4F_{10}
하이드로클로로플루오로카본혼화제(HCFC BLEND A)	HCFC-123($CHCl_2CF_3$) : 4.75[%] HCFC-22($CHClF_2$) : 82[%] HCFC-124($CHClFCF_3$) : 9.5[%] $C_{10}H_{16}$: 3.75[%]
클로로테트라플루오로에테인(HCFC-124)	$CHClFCF_3$
펜타플루오로에테인(HFC-125)	CHF_2CF_3
헵타플루오로프로페인(HFC-227ea)	CF_3CHFCF_3
트라이플루오로메테인(HFC-23)	CHF_3
헥사플루오로프로페인(HFC-236fa)	$CF_3CH_2CF_3$
트라이플루오로이오다이드(FIC-13I1)	CF_3I
불연성·불활성기체 혼합가스(IG-01)	Ar
불연성·불활성기체 혼합가스(IG-100)	N_2
불연성·불활성기체 혼합가스(IG-541)	N_2 : 52[%], Ar : 40[%], CO_2 : 8[%]
불연성·불활성기체 혼합가스(IG-55)	N_2 : 50[%], Ar : 50[%]
도데카플루오로-2-메틸펜테인-3-원(FK-5-1-12)	$CF_3CF_2C(O)CF(CF_3)_2$

49 할로겐화합물 및 불활성기체소화설비의 설치제외 장소를 쓰시오.

해답 할로겐화합물 및 불활성기체소화설비의 설치제외 장소(NFTC 107A)
① 사람이 상주하는 곳으로써 최대허용설계농도(표 2.4.2)를 초과하는 장소
② 제3류 위험물 및 제5류 위험물을 저장·보관·사용하는 장소. 다만, 소화성능이 인정되는 위험물은 제외한다.

50 할로겐화합물 및 불활성기체소화설비의 저장용기 기준을 쓰시오.

해답 할로겐화합물 및 불활성기체소화설비의 저장용기 기준(NFTC 107A)
① 저장용기는 약제명·저장용기의 자체중량과 총중량·충전일시·충전압력 및 약제의 체적을 표시할 것
② 동일 집합관에 접속되는 저장용기는 동일한 내용적을 가진 것으로 충전량 및 충전압력이 같도록 할 것
③ 저장용기에 충전량 및 충전압력을 확인할 수 있는 장치를 하는 경우에는 해당 소화약제에 적합한 구조로 할 것
④ **저장용기의 교체시기** : 저장용기의 약제량 손실이 5[%]를 초과하거나 압력손실이 10[%]를 초과할 경우에는 재충전하거나 저장용기를 교체할 것. 다만, 불활성기체소화약제 저장용기의 경우에는 압력손실이 5[%]를 초과할 경우 재충전하거나 저장용기를 교체해야 한다.

51 할로겐화합물 및 불활성기체소화설비의 수동식 기동장치의 설치기준을 쓰시오.

해답 수동식 기동장치의 설치기준(NFTC 107A)
이 경우 수동식 기동장치의 부근에는 소화약제의 방출을 지연시킬 수 있는 방출지연스위치(자동복귀형 스위치로서 수동식 기동장치의 타이머를 순간 정지시키는 기능의 스위치를 말한다)를 설치해야 한다.
① 방호구역마다 설치할 것
② 해당 방호구역의 출입구 부근 등 조작을 하는 자가 쉽게 피난할 수 있는 장소에 설치할 것
③ 기동장치의 조작부는 바닥으로부터 0.8[m] 이상 1.5[m] 이하의 위치에 설치하고, 보호판 등에 따른 보호장치를 설치할 것
④ 기동장치 인근의 보기 쉬운 곳에 "할로겐화합물 및 불활성기체소화설비 수동식 기동장치"라는 표지를 할 것
⑤ 전기를 사용하는 기동장치에는 전원표시등을 설치할 것
⑥ 기동장치의 방출용 스위치는 음향경보장치와 연동하여 조작될 수 있는 것으로 할 것
⑦ 50[N] 이하의 힘을 가하여 기동할 수 있는 구조로 설치할 것
⑧ 기동장치에는 보호장치를 설치해야 하며, 보호장치를 개방하는 경우 기동장치에 설치된 버저 또는 벨 등에 의하여 경고음을 발할 것
⑨ 기동장치를 옥외에 설치하는 경우 빗물 또는 외부 충격의 영향을 받지 않도록 설치할 것

52 할로겐화합물 및 불활성기체소화설비의 분사헤드의 설치기준을 쓰시오.

해답 분사헤드의 설치기준(NFTC 107A)
① 분사헤드의 설치높이는 방호구역의 바닥으로부터 최소 0.2[m] 이상 최대 3.7[m] 이하로 해야 하며 천장높이가 3.7[m]를 초과할 경우에는 추가로 다른 열의 분사헤드를 설치할 것. 다만, 분사헤드의 성능인정 범위 내에서 설치하는 경우에는 그렇지 않다.
② 분사헤드의 개수는 방호구역에 2.7.3에 따른 방출시간이 충족되도록 설치할 것

> **Plus one**
> [NFTC 107A 2.7.3]
> 배관의 구경은 해당 방호구역에 할로겐화합물 소화약제는 10초(불활성기체소화약제는 A·C급 화재 2분, B급 화재는 1분) 이내에 방호구역 각 부분에 최소설계농도의 95[%] 이상 해당하는 약제량이 방출되도록 해야 한다.

③ 분사헤드에는 부식방지조치를 해야 하며 오리피스의 크기, 제조일자, 제조업체가 표시되도록 할 것
④ 분사헤드의 방출률 및 방출압력은 제조업체에서 정한 값으로 한다.
⑤ 분사헤드의 오리피스의 면적은 분사헤드가 연결되는 배관구경 면적의 70[%] 이하가 되도록 할 것

53 할로겐화합물 및 불활성기체소화설비의 점검표에서 저장용기의 종합점검항목을 쓰시오.

해답 저장용기의 종합점검항목(소방시설 자체점검사항 등에 관한 고시 별지 4)
① 설치장소 적정 및 관리 여부
② 저장용기 설치장소 표지 설치 여부
③ 저장용기 설치 간격 적정 여부
④ 저장용기 개방밸브 자동·수동 개방 및 안전장치 부착 여부
⑤ 저장용기와 집합관 연결배관상 체크밸브 설치 여부

54 할로겐화합물 및 불활성기체소화설비의 점검표에서 기동장치의 종합점검항목을 쓰시오.

해답 기동장치의 종합점검항목(소방시설 자체점검사항 등에 관한 고시 별지 4)
(1) 공통사항
방호구역별 출입구 부근 소화약제 방출표시등 설치 및 정상 작동 여부
(2) 수동식 기동장치
① 기동장치 부근에 비상스위치 설치 여부
② 방호구역별 또는 방호대상별 기동장치 설치 여부
③ 기동장치 설치 적정(출입구 부근 등, 높이, 보호장치, 표지, 전원표시등) 여부
④ 방출용 스위치 음향경보장치 연동 여부
(3) 자동식 기동장치
① 감지기 작동과의 연동 및 수동기동 가능 여부
② 저장용기 수량에 따른 전자개방밸브 수량 적정 여부(전기식 기동장치의 경우)
③ 기동용 가스용기의 용적, 충전압력 적정 여부(가스압력식 기동장치의 경우)
④ 기동용 가스용기의 안전장치, 압력게이지 설치 여부(가스압력식 기동장치의 경우)
⑤ 저장용기 개방구조 적정 여부(기계식 기동장치의 경우)

55 분말소화설비 저장용기의 설치기준에 대하여 기술하시오.

해답 저장용기의 설치기준(NFTC 108)
① 저장용기의 내용적

소화약제의 종류	소화약제 1[kg]당 저장용기의 내용적
제1종 분말(탄산수소나트륨을 주성분으로 한 분말)	0.8[L]
제2종 분말(탄산수소칼륨을 주성분으로 한 분말)	1.0[L]
제3종 분말(인산염을 주성분으로 한 분말)	1.0[L]
제4종 분말(탄산수소칼륨과 요소가 화합된 분말)	1.25[L]

② 저장용기에는 가압식은 최고사용압력의 1.8배 이하, 축압식은 용기의 내압시험압력의 0.8배 이하의 압력에서 작동하는 안전밸브를 설치할 것
③ 저장용기에는 저장용기의 내부압력이 설정압력으로 되었을 때 주밸브를 개방하는 정압작동장치를 설치할 것
④ 저장용기의 충전비는 0.8 이상으로 할 것
⑤ 저장용기 및 배관에는 잔류 소화약제를 처리할 수 있는 청소장치를 설치할 것
⑥ 축압식 저장용기에는 사용압력 범위를 표시한 지시압력계를 설치할 것

56 분말소화약제설비의 배관 설치기준에 대하여 기술하시오.

해답 배관의 설치기준(NFTC 108)
① 배관은 전용으로 할 것
② 강관을 사용하는 경우의 배관은 아연도금에 따른 배관용 탄소 강관(KS D 3507)이나 이와 동등 이상의 강도·내식성 및 내열성을 가진 것으로 할 것. 다만, 축압식 분말소화설비에 사용하는 것 중 20[℃]에서 압력이 2.5[MPa] 이상 4.2[MPa] 이하인 것에 있어서는 압력배관용 탄소 강관(KS D 3562) 중 이음이 없는 스케줄 40 이상의 것 또는 이와 동등 이상의 강도를 가진 것으로서 아연도금으로 방식처리된 것을 사용해야 한다.
③ 동관을 사용하는 경우의 배관은 고정압력 또는 최고사용압력의 1.5배 이상의 압력에 견딜 수 있는 것을 사용할 것
④ 밸브류는 개폐위치 또는 개폐방향을 표시한 것으로 할 것
⑤ 배관의 관부속 및 밸브류는 배관과 동등 이상의 강도 및 내식성이 있는 것으로 할 것
⑥ 확관형 분기배관을 사용할 경우에는 소방청장이 정하여 고시한 분기배관의 성능인증 및 제품검사의 기술기준에 적합한 것으로 설치할 것

57 분말소화설비의 점검표에서 저장용기의 종합점검항목을 쓰시오.

해답 저장용기의 종합점검항목(소방시설 자체점검사항 등에 관한 고시 별지 4)
① 설치장소 적정 및 관리 여부
② 저장용기 설치장소 표지 설치 여부
③ 저장용기 설치 간격 적정 여부
④ 저장용기 개방밸브 자동·수동 개방 및 안전장치 부착 여부
⑤ 저장용기와 집합관 연결배관상 체크밸브 설치 여부
⑥ 저장용기 안전밸브 설치 적정 여부
⑦ 저장용기 정압작동장치 설치 적정 여부
⑧ 저장용기 청소장치 설치 적정 여부
⑨ 저장용기 지시압력계 설치 및 충전압력 적정 여부(축압식의 경우)

작동점검항목은 ②, ④, ⑨번만 해당된다.

58 분말소화설비의 점검표에서 가압용 가스용기의 종합점검항목을 쓰시오.

해답 가압용 가스용기의 종합점검항목(소방시설 자체점검사항 등에 관한 고시 별지 4)
① 가압용 가스용기 저장용기 접속 여부
② 가압용 가스용기 전자개방밸브 부착 적정 여부
③ 가압용 가스용기 압력조정기 설치 적정 여부
④ 가압용 또는 축압용 가스 종류 및 가스량 적정 여부
⑤ 배관 청소용 가스 별도 용기 저장 여부

59 분말소화설비의 점검표에서 기동장치의 종합점검항목을 쓰시오.

해답 기동장치의 종합점검항목(소방시설 자체점검사항 등에 관한 고시 별지 4)
(1) 공통사항
   방호구역별 출입구 부근 소화약제 방출표시등 설치 및 정상 작동 여부
(2) 수동식 기동장치
   ① 기동장치 부근에 비상스위치 설치 여부
   ② 방호구역별 또는 방호대상별 기동장치 설치 여부
   ③ 기동장치 설치 적정(출입구 부근 등, 높이, 보호장치, 표지, 전원표시등) 여부
   ④ 방출용 스위치 음향경보장치 연동 여부
(3) 자동식 기동장치
   ① 감지기 작동과의 연동 및 수동기동 가능 여부
   ② 저장용기 수량에 따른 전자개방밸브 수량 적정 여부(전기식 기동장치의 경우)
   ③ 기동용 가스용기의 용적, 충전압력 적정 여부(가스압력식 기동장치의 경우)
   ④ 기동용 가스용기의 안전장치, 압력게이지 설치 여부(가스압력식 기동장치의 경우)
   ⑤ 저장용기 개방구조 적정 여부(기계식 기동장치의 경우)

60 고체에어로졸소화설비의 용어를 설명하시오.

(1) 고체에어로졸소화설비
(2) 고체에어로졸화합물
(3) 고체에어로졸

해답 용어 정의(NFTC 110)
(1) **고체에어로졸소화설비** : 설계밀도 이상의 고체에어로졸을 방호구역 전체에 균일하게 방출하는 설비로서 분산(Dispersed)방식이 아닌 압축(Condensed)방식
(2) **고체에어로졸화합물** : 과산화물질, 가연성물질 등의 혼합물로서 화재를 소화하는 비전도성의 미세입자인 에어로졸을 만드는 고체화합물
(3) **고체에어로졸** : 고체에어로졸화합물의 연소과정에 의해 생성된 직경 10[μm] 이하의 고체 입자와 기체상태의 물질로 구성된 혼합물

61 고체에어로졸소화설비의 설치제외 화재 또는 장소를 쓰시오.

해답 고체에어로졸소화설비의 설치제외 화재 또는 장소(NFTC 110)
① 나이트로셀룰로오스, 화약 등의 산화성 물질
② 리튬, 나트륨, 칼륨, 마그네슘, 타이타늄, 지르코늄, 우라늄 및 플루토늄과 같은 자기반응성 금속
③ 금속 수소화물
④ 유기 과산화수소, 하이드라진 등 자동 열분해를 하는 화학물질
⑤ 가연성 증기 또는 분진 등 폭발성 물질이 대기에 존재할 가능성이 있는 장소

62 고체에어로졸발생기의 최소 열 안전이격거리 설치기준을 쓰시오.

해답 고체에어로졸발생기의 최소 열 안전이격거리 설치기준(NFTC 110)
① 인체와의 최소 이격거리는 고체에어로졸 방출 시 75[℃]를 초과하는 온도가 인체에 영향을 미치지 않는 거리
② 가연물과의 최소 이격거리는 고체에어로졸 방출 시 200[℃]를 초과하는 온도가 가연물에 영향을 미치지 않는 거리

63. 고체에어로졸소화설비의 고체에어로졸화합물의 최소 질량을 설명하시오.

해답 고체에어로졸화합물의 최소 질량(NFTC 110)

$$m = d \times V$$

여기서, m : 필수 소화약제량[g]
　　　　d : 설계밀도[g/m³] = 소화밀도[g/m³] × 1.3(안전계수)
　　　　　　(소화밀도 : 형식승인 받은 제조사의 설계 매뉴얼에 제시된 소화밀도)
　　　　V : 방호체적[m³]

64. 고체에어로졸소화설비의 수동식 기동장치의 설치기준을 쓰시오.

해답 수동식 기동장치의 설치기준(NFTC 110)
① 제어반마다 설치할 것
② 방호구역의 출입구마다 설치하되 출입구 인근에 사람이 쉽게 조작할 수 있는 위치에 설치할 것
③ 기동장치의 조작부는 바닥으로부터 0.8[m] 이상 1.5[m] 이하의 위치에 설치할 것
④ 기동장치의 조작부에 보호판 등의 보호장치를 부착할 것
⑤ 기동장치 인근의 보기 쉬운 곳에 "고체에어로졸소화설비 수동식 기동장치"라고 표시한 표지를 부착할 것
⑥ 전기를 사용하는 기동장치에는 전원표시등을 설치할 것
⑦ 방출용 스위치의 작동을 명시하는 표시등을 설치할 것
⑧ 50[N] 이하의 힘으로 방출용 스위치를 기동할 수 있도록 할 것

65. 고체에어로졸소화설비의 방출지연스위치의 설치기준을 쓰시오.

해답 방출지연스위치의 설치기준(NFTC 110)
① 수동으로 작동하는 방식으로 설치하되 누르고 있는 동안만 지연되도록 할 것
② 방호구역의 출입구마다 설치하되 피난이 용이한 출입구 인근에 사람이 쉽게 조작할 수 있는 위치에 설치할 것
③ 방출지연스위치 작동 시에는 음향경보를 발할 것
④ 방출지연스위치 작동 중 수동식 기동장치가 작동되면 수동식 기동장치의 기능이 우선될 것

66 고체에어로졸소화설비의 제어반의 설치기준을 쓰시오.

해답 제어반의 설치기준(NFTC 110)
① 전원표시등을 설치할 것
② 화재, 진동 및 충격에 따른 영향과 부식의 우려가 없고 점검에 편리한 장소에 설치할 것
③ 제어반에는 해당 회로도 및 취급설명서를 비치할 것
④ 고체에어로졸소화설비의 작동방식(자동 또는 수동)을 선택할 수 있는 장치를 설치할 것
⑤ 수동식 기동장치 또는 화재감지기에서 신호를 수신할 경우 다음의 기능을 수행할 것
　㉠ 음향경보장치의 작동
　㉡ 고체에어로졸의 방출
　㉢ 기타 제어기능 작동

67 고체에어로졸소화설비의 화재표시반의 설치기준을 쓰시오.

해답 화재표시반의 설치기준(NFTC 110)
① 전원표시등을 설치할 것
② 화재, 진동 및 충격에 따른 영향 및 부식의 우려가 없고 점검에 편리한 장소에 설치할 것
③ 화재표시반에는 해당 회로도 및 취급설명서를 비치할 것
④ 고체에어로졸소화설비의 작동방식(자동 또는 수동)을 표시등으로 명시할 것
⑤ 고체에어로졸소화설비가 기동할 경우 음향장치를 통해 경보를 발할 것
⑥ 제어반에서 신호를 수신할 경우 방호구역별 경보장치의 작동, 수동식 기동장치의 작동 및 화재감지기의 작동 등을 표시등으로 명시할 것

68 고체에어로졸소화설비의 음향장치의 설치기준을 쓰시오.

해답 음향장치의 설치기준(NFTC 110)
① 화재감지기가 작동하거나 수동식 기동장치가 작동할 경우 음향장치가 작동할 것
② 음향장치는 방호구역마다 설치하되 해당 구역의 각 부분으로부터 하나의 음향장치까지의 수평거리는 25[m] 이하가 되도록 할 것
③ 음향장치는 경종 또는 사이렌(전자식 사이렌을 포함한다)으로 하되, 주위의 소음 및 다른 용도의 경보와 구별이 가능한 음색으로 할 것. 이 경우 경종 또는 사이렌은 자동화재탐지설비·비상벨설비 또는 자동식사이렌설비의 음향장치와 겸용할 수 있다.
④ 주 음향장치는 화재표시반의 내부 또는 그 직근에 설치할 것
⑤ 음향장치는 다음의 기준에 따른 구조 및 성능의 것으로 할 것
　㉠ 정격전압의 80[%] 전압에서 음향을 발할 수 있는 것으로 할 것
　㉡ 음량은 부착된 음향장치의 중심으로부터 1[m] 떨어진 위치에서 90[dB] 이상이 되는 것으로 할 것
⑥ 고체에어로졸의 방출 개시 후 1분 이상 경보를 계속 발할 것

69 고체에어로졸소화설비의 화재감지기의 설치기준을 쓰시오.

해답 화재감지기의 설치기준(NFTC 110)
① 고체에어로졸소화설비에는 다음의 감지기 중 하나를 설치할 것
  ㉠ 광전식 공기흡입형 감지기
  ㉡ 아날로그 방식의 광전식 스포트형 감지기
  ㉢ 중앙소방기술심의위원회의 심의를 통해 고체에어로졸소화설비에 적응성이 있다고 인정된 감지기
② 화재감지기 1개가 담당하는 바닥면적은 자동화재탐지설비 및 시각경보장치의 화재안전기술기준(NFTC 203) 2.4.3의 규정에 따른 바닥면적으로 할 것

70 고체에어로졸소화설비의 비상전원에 대하여 설명을 쓰시오.

(1) 종 류
(2) 설치기준
(3) 설치제외 대상

해답 비상전원(NFTC 110)
(1) 종 류
  ① 자가발전설비
  ② 축전지설비(제어반에 내장하는 경우를 포함한다)
  ③ 전기저장장치(외부 전기에너지를 저장해 두었다가 필요한 때 전기를 공급하는 장치를 말한다)
(2) 설치기준
  ① 점검에 편리하고 화재 및 침수 등의 재해로 인한 피해를 받을 우려가 없는 곳에 설치할 것
  ② 고체에어로졸소화설비에 최소 20분 이상 유효하게 전원을 공급할 것
  ③ 상용전원으로부터 전력의 공급이 중단된 때에는 자동으로 비상전원으로부터 전력을 공급받을 수 있도록 할 것
  ④ 비상전원의 설치장소는 다른 장소와 방화구획할 것(제어반에 내장하는 경우는 제외한다). 이 경우 그 장소에는 비상전원의 공급에 필요한 기구나 설비 외의 것(열병합발전설비에 필요한 기구나 설비는 제외한다)을 두지 않을 것
  ⑤ 비상전원을 실내에 설치하는 때에는 그 실내에 비상조명등을 설치할 것
(3) 설치제외 대상
  ① 2 이상의 변전소에서 전력을 동시에 공급 받을 수 있는 경우
  ② 하나의 변전소로부터 전력이 중단되는 때에는 자동으로 다른 변전소로부터 전력을 공급받을 수 있도록 상용전원을 설치한 경우

CHAPTER 03 경보설비

PART 02 소방시설의 점검

제1절 비상경보설비 및 단독경보형감지기(NFTC 201, 소방시설법 영 별표 4)

[비상경보설비를 설치해야 하는 특정소방대상물]
모래·석재 등 불연재료 공장 및 창고시설, 위험물 저장 및 처리 시설 중 가스시설, 사람이 거주하지 않거나 벽이 없는 축사 등 동물 및 식물 관련 시설 및 지하구는 제외한다)은 다음의 어느 하나에 해당하는 것으로 한다.
1) 연면적 400[m^2] 이상인 것은 모든 층
2) 지하층 또는 무창층의 바닥면적이 150[m^2](공연장의 경우 100[m^2]) 이상인 것은 모든 층
3) 터널로서 길이가 500[m] 이상인 것
4) 50명 이상의 근로자가 작업하는 옥내 작업장

[단독경보형감지기를 설치해야 하는 특정소방대상물] 19 회 출제
1) 교육연구시설 내에 있는 기숙사 또는 합숙소로서 연면적 2,000[m^2] 미만인 것
2) 수련시설 내에 있는 기숙사 또는 합숙소로서 연면적 2,000[m^2] 미만인 것
3) 다목7)에 해당하지 않는 수련시설(숙박시설이 있는 것만 해당한다)
4) 연면적 400[m^2] 미만의 유치원
5) 공동주택 중 연립주택 및 다세대주택(연동형으로 설치할 것)
※ 다목 7) 6)에 해당하지 않는 노유자시설로서 연면적 400[m^2] 이상인 노유자시설 및 숙박시설이 있는 수련시설로서 수용인원 100명 이상인 경우에는 모든 층

1 용어 정의

① 비상벨설비 : 화재발생 상황을 경종으로 경보하는 설비
② 자동식 사이렌설비 : 화재발생 상황을 사이렌으로 경보하는 설비
③ 단독경보형감지기 : 화재발생 상황을 단독으로 감지하여 자체에 내장된 음향장치로 경보하는 감지기
④ 발신기 : 화재발생 신호를 수신기에 수동으로 발신하는 장치
⑤ 수신기 : 발신기에서 발하는 화재신호를 직접 수신하여 화재의 발생을 표시 및 경보하여 주는 장치
⑥ 신호처리방식 : 화재신호 및 상태신호 등을 송수신하는 방식
  ㉠ 유선식 : 화재신호 등을 배선으로 송수신하는 방식의 것
  ㉡ 무선식 : 화재신호 등을 전파에 의해 송수신하는 방식의 것
  ㉢ 유·무선식 : 유선식과 무선식을 겸용으로 사용하는 방식의 것

2 음향장치의 설치기준

① 지구음향장치는 특정소방대상물의 층마다 설치하되, 해당 층의 각 부분으로부터 하나의 음향장치까지의 수평거리가 25[m] 이하가 되도록 하고, 해당 층의 각 부분에 유효하게 경보를 발할 수 있도록 설치해야 한다. 다만, 비상방송설비의 화재안전기술기준(NFTC 202)에 적합한 방송설비를 비상벨설비 또는 자동식 사이렌설비와 연동하여 작동하도록 설치한 경우에는 지구음향장치를 설치하지 않을 수 있다.
② 음향장치는 정격전압의 80[%] 전압에서도 음향을 발할 수 있도록 해야 한다. 다만, 건전지는 주전원으로 사용하는 음향장치는 그렇지 않다.
③ 음향장치의 음향의 크기는 부착된 음향장치의 중심으로부터 1[m] 떨어진 위치에서 음압이 90[dB] 이상이 되는 것으로 해야 한다.

3 발신기의 설치기준 21 회 출제

① 조작이 쉬운 장소에 설치하고, 조작스위치는 바닥으로부터 0.8[m] 이상 1.5[m] 이하의 높이에 설치할 것
② 특정소방대상물의 층마다 설치하되, 해당 층의 각 부분으로부터 하나의 발신기까지의 **수평거리가 25[m] 이하**가 되도록 할 것. 다만, 복도 또는 별도로 구획된 실로서 보행거리가 **40[m] 이상**일 경우에는 **추가로 설치**해야 한다.
③ 발신기의 위치표시등은 **함의 상부**에 설치하되, 그 불빛은 부착면으로부터 15° 이상의 범위 안에서 부착지점으로부터 10[m] 이내의 어느 곳에서도 쉽게 식별할 수 있는 **적색등**으로 할 것

4 비상벨 또는 자동식 사이렌설비의 기준

① 비상벨설비 또는 자동식 사이렌설비에는 그 설비에 대한 감시상태를 60분간 지속한 후 유효하게 10분 이상 경보할 수 있는 비상전원으로서 축전지설비(수신기에 내장하는 경우를 포함한다) 또는 전기저장장치(외부 전기에너지를 저장해두었다가 필요한 때 전기를 공급하는 장치)를 설치해야 한다. 다만, 상용전원이 축전지설비인 경우 또는 건전지를 주전원으로 사용하는 무선식 설비인 경우에는 그렇지 않다.
② 상용전원의 기준
  ㉠ 상용전원은 전기가 정상적으로 공급되는 축전지설비, 전기저장장치(외부 전기에너지를 저장해 두었다가 필요한 때 전기를 공급하는 장치) 또는 교류전압의 옥내 간선으로 하고, 전원까지의 배선은 전용으로 할 것
  ㉡ 개폐기에는 "비상벨설비 또는 자동식 사이렌설비용"이라고 표시한 표지를 할 것

5 단독경보형감지기의 설치기준 [설계] [11회]

① 각 실(이웃하는 실내의 바닥면적이 각각 30[m²] 미만이고 벽체의 상부의 전부 또는 일부가 개방되어 이웃하는 실내와 공기가 상호 유통되는 경우에는 이를 1개의 실로 본다)마다 설치하되, 바닥면적이 150[m²]를 초과하는 경우에는 150[m²]마다 1개 이상 설치할 것
② 계단실은 최상층의 계단실 천장(외기가 상통하는 계단실의 경우를 제외한다)에 설치할 것
③ 건전지를 주전원으로 사용하는 단독경보형감지기는 정상적인 작동상태를 유지할 수 있도록 주기적으로 건전지를 교환할 것
④ 상용전원을 주전원으로 사용하는 단독경보형감지기의 2차 전지는 제품검사에 합격한 것을 사용할 것

6 비상경보설비 및 단독경보형감지기의 점검표(소방시설 자체점검사항 등에 관한 고시 별지 4)

번호	점검항목	점검결과
14-A. 비상경보설비 [22] 회 출제		
14-A-001	○ 수신기 설치장소 적정(관리용이) 및 스위치 정상 위치 여부	
14-A-002	○ 수신기 상용전원 공급 및 전원표시등 정상점등 여부	
14-A-003	○ 예비전원(축전지) 상태 적정 여부(상시 충전, 상용전원 차단 시 자동절환)	
14-A-004	○ 지구음향장치 설치기준 적합 여부	
14-A-005	○ 음향장치(경종 등) 변형·손상 확인 및 정상 작동(음량 포함) 여부	
14-A-006	○ 발신기 설치장소, 위치(수평거리) 및 높이 적정 여부	
14-A-007	○ 발신기 변형·손상 확인 및 정상 작동 여부	
14-A-008	○ 위치표시등 변형·손상 확인 및 정상 점등 여부	
14-B. 단독경보형감지기		
14-B-001	○ 설치위치(각 실, 바닥면적 기준 추가설치, 최상층 계단실) 적정 여부	
14-B-002	○ 감지기의 변형 또는 손상이 있는지 여부	
14-B-003	○ 정상적인 감시상태를 유지하고 있는지 여부(시험작동 포함)	
비 고		

제2절 비상방송설비(NFTC 202, 소방시설법 영 별표 4)

> **[비상방송설비를 설치해야 하는 특정소방대상물]**
> 비상방송설비를 설치해야 하는 특정소방대상물(위험물 저장 및 처리 시설 중 가스시설, 사람이 거주하지 않거나 벽이 없는 축사 등 동물 및 식물 관련 시설, 터널 및 지하구는 제외한다)은 다음의 어느 하나에 해당하는 것으로 한다.
> 1) 연면적 3,500[m²] 이상인 것은 모든 층 **24 회 출제**
> 2) 층수가 11층 이상인 것은 모든 층
> 3) 지하층의 층수가 3층 이상인 것은 모든 층

1 음향장치의 설치기준

① 확성기의 음성입력은 3[W](실내 1[W]) 이상일 것
② 확성기는 각 층마다 설치하되, 그 층의 각 부분으로부터 하나의 확성기까지의 수평거리가 25[m] 이하가 되도록 하고, 해당 층의 각 부분에 유효하게 경보를 발할 수 있도록 설치할 것
③ 음량조정기를 설치하는 경우 음량조정기의 배선은 3선식으로 할 것
④ 조작부의 조작스위치는 바닥으로부터 0.8[m] 이상 1.5[m] 이하의 높이에 설치할 것
⑤ 조작부는 기동장치의 작동과 연동하여 해당 기동장치가 작동한 층 또는 구역을 표시할 수 있는 것으로 할 것
⑥ 증폭기 및 조작부는 수위실 등 상시 사람이 근무하는 장소로서 점검이 편리하고 방화상 유효한 곳에 설치할 것
⑦ 층수가 11층(공동주택의 경우에는 16층) 이상의 특정소방대상물은 다음의 기준에 따라 경보를 발할 수 있도록 해야 한다.
  ㉠ 2층 이상의 층에서 발화한 때에는 발화층 및 그 직상 4개층에 경보를 발할 것
  ㉡ 1층에서 발화한 때에는 발화층·그 직상 4개층 및 지하층에 경보를 발할 것
  ㉢ 지하층에서 발화한 때에는 발화층·그 직상층 및 기타의 지하층에 경보를 발할 것

> **Plus one**
> **고층건축물의 비상방송설비 화재안전기술기준(2.3)**
> 2.3.1 비상방송설비의 음향장치는 다음의 기준에 따라 경보를 발할 수 있도록 해야 한다.
> 1. **2층 이상의 층**에서 발화한 때에는 **발화층 및 그 직상 4개층**에 경보를 발할 것
> 2. 1층에서 발화한 때에는 **발화층·그 직상 4개층 및 지하층**에 경보를 발할 것
> 3. **지하층**에서 발화한 때에는 **발화층·그 직상층 및 기타의 지하층**에 경보를 발할 것
> 2.3.2 비상방송설비에는 그 설비에 대한 감시상태를 60분간 지속한 후 유효하게 30분 이상 경보할 수 있는 비상전원으로서 축전지설비(수신기에 내장하는 경우를 포함한다) 또는 전기저장장치를 설치해야 한다.

⑧ 다른 방송설비와 공용하는 것은 화재 시 비상경보 외의 방송을 차단할 수 있는 구조로 할 것
⑨ 기동장치에 따른 화재신호를 수신한 후 필요한 음량으로 화재발생 상황 및 피난에 유효한 방송이 자동으로 개시될 때까지의 소요시간은 10초 이내로 할 것

2 전원의 설치기준

① 상용전원의 설치기준
  ㉠ 상용전원은 전기가 정상적으로 공급되는 축전지설비, 전기저장장치(외부 전기에너지를 저장해 두었다가 필요한 때 전기를 공급하는 장치) 또는 교류전압의 옥내 간선으로 하고, 전원까지의 배선은 전용으로 할 것
  ㉡ 개폐기에는 "비상방송설비용"이라고 표시한 표지를 할 것
② **비상방송설비**에는 그 설비에 대한 감시상태를 **60분간 지속**한 후 유효하게 **10분 이상 경보**할 수 있는 비상전원으로서 축전지설비(수신기에 내장하는 경우를 포함한다) 또는 전기저장장치(외부 전기에너지를 저장해 두었다가 필요한 때 전기를 공급하는 장치)를 설치해야 한다.

3 비상방송설비의 점검표(소방시설 자체점검사항 등에 관한 고시 별지 4)

번 호	점검항목	점검결과
16-A. 음향장치		
16-A-001	● 확성기 음성입력 적정 여부	
16-A-002	● 확성기 설치 적정(층마다 설치, 수평거리, 유효하게 경보) 여부	
16-A-003	● 조작부 조작스위치 높이 적정 여부	
16-A-004	● 조작부상 설비 작동층 또는 작동구역 표시 여부	
16-A-005	● 증폭기 및 조작부 설치장소 적정 여부	
16-A-006	● 우선경보방식 적용 적정 여부	
16-A-007	● 겸용설비 성능 적정(화재 시 다른 설비 차단) 여부	
16-A-008	● 다른 전기회로에 의한 유도장애 발생 여부	
16-A-009	● 2 이상 조작부 설치 시 상호 동시통화 및 전 구역 방송 가능 여부	
16-A-010	● 화재신호 수신 후 방송개시 소요시간 적정 여부	
16-A-011	○ 자동화재탐지설비 작동과 연동하여 정상 작동 가능 여부	
16-B. 배선 등		
16-B-001	● 음량조절기를 설치한 경우 3선식 배선 여부	
16-B-002	● 하나의 층에 단락, 단선 시 다른 층의 화재통보 적부	
16-C. 전 원		
16-C-001	○ 상용전원 적정 여부	
16-C-002	● 예비전원 성능 적정 및 상용전원 차단 시 예비전원 자동전환 여부	
비 고		

제3절 자동화재탐지설비 및 시각경보장치(NFTC 203, 소방시설법 영 별표 4)

[자동화재탐지설비를 설치해야 하는 특정소방대상물]

1) 공동주택 중 아파트 등·기숙사 및 숙박시설의 경우에는 모든 층
2) 층수가 6층 이상인 건축물의 경우에는 모든 층
3) 근린생활시설(목욕장은 제외한다), 의료시설(정신의료기관 또는 요양병원은 제외한다), 위락시설, 장례시설 및 복합건축물로서 연면적 600[m²] 이상인 경우에는 모든 층 **24 회 출제**
4) 근린생활시설 중 목욕장, 문화 및 집회시설, 종교시설, 판매시설, 운수시설, 운동시설, 업무시설, 공장, 창고시설, 위험물 저장 및 처리 시설, 항공기 및 자동차 관련 시설, 교정 및 군사시설 중 국방·군사시설, 방송통신시설, 발전시설, 관광 휴게시설, 지하상가로서 연면적 1,000[m²] 이상인 경우에는 모든 층
5) 교육연구시설(교육시설 내에 있는 기숙사 및 합숙소를 포함한다), 수련시설(수련시설 내에 있는 기숙사 및 합숙소를 포함하며, 숙박시설이 있는 수련시설은 제외한다), 동물 및 식물 관련 시설(기둥과 지붕만으로 구성되어 외부와 기류가 통하는 장소는 제외한다), 자원순환 관련 시설, 교정 및 군사시설(국방·군사시설은 제외한다) 또는 묘지 관련 시설로서 연면적 2,000[m²] 이상인 경우에는 모든 층
6) 노유자 생활시설의 경우에는 모든 층
7) 6)에 해당하지 않는 노유자시설로서 연면적 400[m²] 이상인 노유자시설 및 숙박시설이 있는 수련시설로서 수용인원 100명 이상인 경우에는 모든 층
8) 의료시설 중 정신의료기관 또는 요양병원으로서 다음의 어느 하나에 해당하는 시설
   가) 요양병원(의료재활시설은 제외한다)
   나) 정신의료기관 또는 의료재활시설로 사용되는 바닥면적의 합계가 300[m²] 이상인 시설
   다) 정신의료기관 또는 의료재활시설로 사용되는 바닥면적의 합계가 300[m²] 미만이고, 창살(철재·플라스틱 또는 목재 등으로 사람의 탈출 등을 막기 위하여 설치한 것을 말하며, 화재 시 자동으로 열리는 구조로 되어 있는 창살은 제외한다)이 설치된 시설
9) 판매시설 중 전통시장
10) 터널로서 길이가 1,000[m] 이상인 것
11) 지하구
12) 3)에 해당하지 않는 근린생활시설 중 조산원 및 산후조리원
13) 4)에 해당하지 않는 공장 및 창고시설로서 화재의 예방 및 안전관리에 관한 법률 시행령 별표 2에서 정하는 수량의 500배 이상의 특수가연물을 저장·취급하는 것
14) 4)에 해당하지 않는 발전시설 중 전기저장시설

[시각경보기를 설치해야 하는 특정소방대상물] **19 24 회 출제**

시각경보기를 설치해야 하는 특정소방대상물은 자동화재탐지설비를 설치해야 하는 특정소방대상물 중 다음의 어느 하나에 해당하는 것과 같다.
1) 근린생활시설, 문화 및 집회시설, 종교시설, 판매시설, 운수시설, 의료시설, 노유자시설
2) 운동시설, 업무시설, 숙박시설, 위락시설, 창고시설 중 물류터미널, 발전시설 및 장례시설
3) 교육연구시설 중 도서관, 방송통신시설 중 방송국
4) 지하상가

1 용어 정의

① 경계구역 : 특정소방대상물 중 화재신호를 발신하고 그 신호를 수신 및 유효하게 제어할 수 있는 구역
② 수신기 : 감지기나 발신기에서 발하는 화재신호를 직접 수신하거나 중계기를 통하여 수신하여 화재의 발생을 표시 및 경보하여 주는 장치
③ 중계기 : 감지기·발신기 또는 전기적인 접점 등의 작동에 따른 신호를 받아 이를 수신기에 전송하는 장치
④ 감지기 : 화재 시 발생하는 열, 연기, 불꽃 또는 연소생성물을 자동적으로 감지하여 수신기에 화재신호 등을 발신하는 장치
⑤ 발신기 : 수동누름버튼 등의 작동으로 화재 신호를 수신기에 발신하는 장치
⑥ 시각경보장치 : 자동화재탐지설비에서 발하는 화재신호를 시각경보기에 전달하여 청각장애인에게 점멸형태의 시각경보를 하는 것

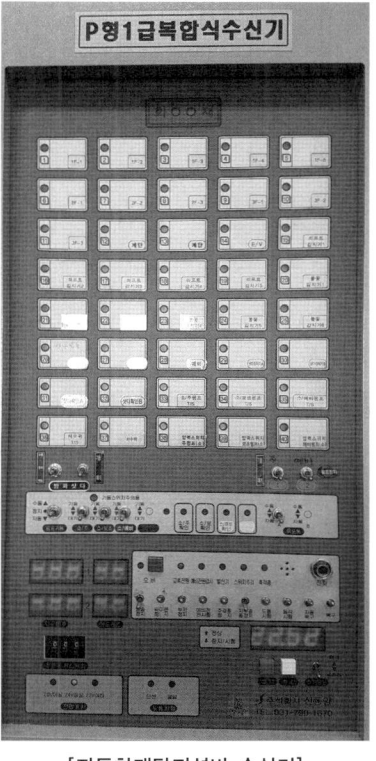

[자동화재탐지설비 수신기]

2 경계구역의 설정기준

① 하나의 경계구역이 2 이상의 건축물에 미치지 않도록 할 것
② 하나의 경계구역이 2 이상의 층에 미치지 않도록 할 것. 다만, 500[m²] 이하의 범위 안에서는 2개의 층을 하나의 경계구역으로 할 수 있다.
③ 하나의 경계구역의 면적은 600[m²] 이하로 하고 한 변의 길이는 50[m] 이하로 할 것. 다만, 해당 특정소방대상물의 주된 출입구에서 그 내부 전체가 보이는 것에 있어서는 한 변의 길이가 50[m] 범위 내에서 1,000[m²] 이하로 할 수 있다.

> **Plus one**
>
> **경계구역**
> - **계단**(직통계단 외의 것에 있어서는 떨어져 있는 상하 계단의 상호 간의 수평거리가 5[m] 이하로서 서로 간에 구획되지 않은 것에 한한다)·**경사로**(에스컬레이터 경사로 포함)·**엘리베이터 승강로**(권상기실이 있는 경우에는 권상기실)·**린넨슈트·파이프 피트 및 덕트** 기타 이와 유사한 부분에 대하여는 **별도로 경계구역**을 설정하되, 하나의 경계구역은 **높이 45[m] 이하**(계단 및 경사로에 한한다)로 하고, **지하층의 계단 및 경사로**(지하층의 층수가 한 개 층일 경우는 제외한다)는 **별도로 하나의 경계구역**으로 해야 한다.
> - 외기에 면하여 상시 개방된 부분이 있는 차고·주차장·창고 등에 있어서는 외기에 면하는 각 부분으로부터 5[m] 미만의 범위 안에 있는 부분은 경계구역의 면적에 산입하지 않는다.
> - 스프링클러설비·물분무등소화설비 또는 제연설비의 화재감지장치로서 화재감지기를 설치한 경우의 경계구역은 해당 소화설비의 방호구역 또는 제연구역과 동일하게 설정할 수 있다.

3 축적기능이 있는 수신기 설치장소

① 특정소방대상물 또는 그 부분이 지하층·무창층 등으로서 환기가 잘 되지 않거나 실내면적이 40[m^2] 미만인 장소
② 감지기의 부착면과 실내 바닥과의 거리가 2.3[m] 이하인 장소로서 일시적으로 발생한 열·연기 또는 먼지 등으로 인하여 감지기가 화재신호를 발신할 우려가 있는 때

> **Plus one**
> **축적기능 등이 있는 것**
> 축적형 감지기가 설치된 장소에는 감지기회로의 감시전류를 단속적으로 차단시켜 화재를 판단하는 방식 외의 것

4 수신기의 설치기준

① 수위실 등 상시 사람이 근무하는 장소에 설치할 것. 다만, 사람이 상시 근무하는 장소가 없는 경우에는 관계인이 쉽게 접근할 수 있고 관리가 용이한 장소에 설치할 수 있다.
② 수신기가 설치된 장소에는 **경계구역 일람도**를 비치할 것. 다만, 모든 수신기와 연결되어 각 수신기의 상황을 감시하고 제어할 수 있는 수신기(주수신기)를 설치하는 경우에는 주수신기를 제외한 기타 수신기는 그렇지 않다.
③ 수신기의 음향기구는 그 음량 및 음색이 다른 기기의 소음 등과 명확히 구별될 수 있는 것으로 할 것
④ 수신기는 감지기·중계기 또는 발신기가 작동하는 경계구역을 표시할 수 있는 것으로 할 것
⑤ 화재·가스 전기 등에 대한 종합방재반을 설치한 경우에는 해당 조작반에 수신기의 작동과 연동하여 감지기·중계기 또는 발신기가 작동하는 경계구역을 표시할 수 있는 것으로 할 것
⑥ 하나의 경계구역은 하나의 표시등 또는 하나의 문자로 표시되도록 할 것
⑦ 수신기의 조작스위치는 바닥으로부터의 높이가 0.8[m] 이상 1.5[m] 이하인 장소에 설치할 것
⑧ 하나의 특정소방대상물에 2 이상의 수신기를 설치하는 경우에는 수신기를 상호 간 연동하여 화재발생 상황을 각 수신기마다 확인할 수 있도록 할 것
⑨ 화재로 인하여 하나의 층의 지구음향장치 배선이 단락되어도 다른 층의 화재통보에 지장이 없도록 각 층 배선상에 유효한 조치를 할 것

항목 \ 구분	P형 수신기	R형 수신기
신호방식	공통신호, 접점신호	고유신호, 통신신호
신호전송방식	접점신호방식	통신신호방식
배 선	실선 배선	통신 배선
중계기	필요 없다.	분산형, 집합형
설치대상	소형 건축물	대형 건축물
최대회로수	100회로 정도	무제한

> **Plus one**
>
> 신호 전송
>
>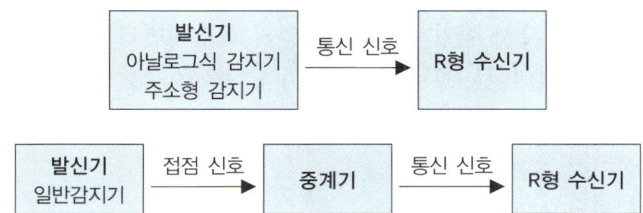
>
> 수신기의 기록장치 저장 내용(수신기 형식승인 및 제품검사의 기술기준 제17조의2) 20 회 출제
> ① 주전원과 예비전원의 ON/OFF 상태
> ② 경계구역의 감지기, 중계기 및 발신기 등의 화재신호와 소화설비, 소화활동설비, 소화용수설비의 작동신호
> ③ 수신기와 외부배선(지구음향장치용의 배선, 확인장치용의 배선 및 전화장치용의 배선을 제외한다)과의 단선 상태
> ④ 수신기에서 제어하는 설비로의 수동작동에 의한 신호, 출력신호와 수신기에 설비의 작동 확인표시가 있는 경우 확인신호
> ⑤ 수신기의 주경종스위치, 지구경종스위치, 복구스위치 등 수신기의 제어기능을 조작하기 위한 스위치의 정지 상태
> ⑥ 가스누설신호(단, 가스누설신호표시가 있는 경우에 한함)
> ⑦ 제15조의2 제2항에 해당하는 신호(무선식 감지기·무선식 중계기·무선식 발신기·무선식 경종·무선식 시각경보장치와 연결되는 경우에 한함)
> ⑧ 제15조의2 제3항에 의한 확인신호, 제15조의2 제4항에 의한 통신점검신호 및 재확인 신호를 수신하지 못한 내역(무선식 감지기·무선식 중계기·무선식 발신기·무선식 경종·무선식 시각경보장치와 연결되는 경우에 한함)
> ⑨ 제12조 제9항 제4호·제5호의 예비경보·축적경보에 의한 신호(아날로그식 축적형인 수신기에 한함)
> ⑩ 제3조 제21의 2호의 차단된 회로에 의한 신호 등
> ※ 4개는 생략함

5 중계기의 설치기준 19 회 출제 설계 02회

① 수신기에서 직접 감지기회로의 도통시험을 하지 않는 것에 있어서는 수신기와 감지기 사이에 설치할 것
② 조작 및 점검에 편리하고 화재 및 침수 등의 재해로 인한 피해를 받을 우려가 없는 장소에 설치할 것
③ 수신기에 따라 감시되지 않는 배선을 통하여 전력을 공급받는 것에 있어서는 전원입력 측의 배선에 과전류 차단기를 설치하고 해당 전원의 정전이 즉시 수신기에 표시되는 것으로 하며, 상용전원 및 예비전원의 시험을 할 수 있도록 할 것

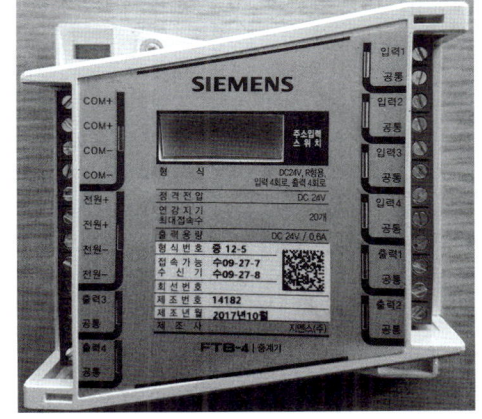

[중계기]

6 특수장소 및 특수감지기 [설계] [11회]

(1) 특수장소
① 지하층·무창층 등으로서 환기가 잘 되지 않거나 실내면적이 40[m²] 미만인 장소
② 감지기의 부착면과 실내 바닥과의 거리가 2.3[m] 이하인 곳으로서 일시적으로 발생한 열·연기 또는 먼지 등으로 인하여 화재신호를 발신할 우려가 있는 장소

(2) 특수장소에 설치하는 적응성(2.4.1)
① 불꽃감지기
② 정온식감지선형감지기
③ 분포형감지기
④ 복합형감지기
⑤ 광전식분리형감지기
⑥ 아날로그방식의 감지기
⑦ 다신호방식의 감지기
⑧ 축적방식의 감지기

7 부착높이별 감지기의 종류

부착높이	감지기의 종류
4[m] 미만	• 차동식(스포트형, 분포형) • 보상식 스포트형 • 정온식(스포트형, 감지선형) • 이온화식 또는 광전식(스포트형, 분리형, 공기흡입형) • 열복합형 • 연기복합형 • 열연기복합형 • 불꽃감지기
4[m] 이상 8[m] 미만	• 차동식(스포트형, 분포형) • 보상식 스포트형 • 정온식(스포트형, 감지선형) 특종 또는 1종 • 이온화식 1종 또는 2종 • 광전식(스포트형, 분리형, 공기흡입형) 1종 또는 2종 • 열복합형 • 연기복합형 • 열연기복합형 • 불꽃감지기
8[m] 이상 15[m] 미만	• 차동식 분포형 • 이온화식 1종 또는 2종 • 광전식(스포트형, 분리형, 공기흡입형) 1종 또는 2종 • 연기복합형 • 불꽃감지기
15[m] 이상 20[m] 미만	• 이온화식 1종 • 연기복합형 • 광전식(스포트형, 분리형, 공기흡입형) 1종 • 불꽃감지기
20[m] 이상	• 불꽃감지기 • 광전식(분리형, 공기흡입형) 중 아날로그방식

[비 고] 1. 감지기별 부착높이 등에 대하여 별도로 형식승인 받은 경우에는 그 성능인정 범위 내에서 사용할 수 있다.
2. 부착높이 20[m] 이상에 설치되는 광전식 중 아날로그방식의 감지기는 공칭감지농도 하한값이 감광률 5[%/m] 미만인 것으로 한다.

8 연기감지기의 설치장소

① 계단·경사로 및 에스컬레이터 경사로
② 복도(30[m] 미만의 것을 제외)
③ 엘리베이터 승강로(권상기실이 있는 경우에는 권상기실)·린넨슈트·파이프피트 및 덕트 기타 이와 유사한 장소
④ 천장 또는 반자의 높이가 15[m] 이상 20[m] 미만의 장소
⑤ 다음 어느 하나에 해당하는 특정소방대상물의 취침·숙박·입원 등 이와 유사한 용도로 사용되는 거실 19 회 출제
　㉠ 공동주택·오피스텔·숙박시설·노유자시설·수련시설
　㉡ 교육연구시설 중 합숙소
　㉢ 의료시설, 근린생활시설 중 입원실이 있는 의원·조산원
　㉣ 교정 및 군사시설
　㉤ 근린생활시설 중 고시원

9 감지기의 설치기준

교차회로방식에 사용되는 감지기, 급속한 연소 확대가 우려되는 장소에 사용되는 감지기 및 축적기능이 있는 수신기에 연결하여 사용하는 감지기는 축적기능이 없는 것으로 설치해야 한다.

① 감지기(차동식 분포형의 것을 제외한다)는 실내로의 공기유입구로부터 1.5[m] 이상 떨어진 위치에 설치할 것
② 감지기는 천장 또는 반자의 옥내에 면하는 부분에 설치할 것
③ 보상식스포트형 감지기는 정온점이 감지기 주위의 평상시 최고온도보다 20[℃] 이상 높은 것으로 설치할 것
④ 정온식감지기는 주방·보일러실 등으로서 다량의 화기를 취급하는 장소에 설치하되, 공칭작동온도가 최고 주위온도보다 20[℃] 이상 높은 것으로 설치할 것
⑤ 차동식스포트형·보상식스포트형 및 정온식스포트형 감지기는 그 부착높이 및 특정소방대상물에 따라 다음 표에 따른 바닥면적마다 1개 이상을 설치할 것

부착높이 및 특정소방대상물의 구분		감지기의 종류(단위 : [m²])						
		차동식 스포트형		보상식 스포트형		정온식 스포트형		
		1종	2종	1종	2종	특 종	1종	2종
4[m] 미만	주요구조부를 내화구조로 한 특정소방대상물 또는 그 부분	90	70	90	70	70	60	20
	기타 구조의 특정소방대상물 또는 그 부분	50	40	50	40	40	30	15
4[m] 이상 8[m] 미만	주요구조부를 내화구조로 한 특정소방대상물 또는 그 부분	45	35	45	35	35	30	–
	기타 구조의 특정소방대상물 또는 그 부분	30	25	30	25	25	15	–

⑥ 스포트형감지기는 45° 이상 경사되지 않도록 부착할 것

10 축적기능이 없는 것으로 설치해야 하는 감지기

① 교차회로방식에 사용되는 감지기
② 급속한 연소확대가 우려되는 장소에 사용되는 감지기
③ 축적기능이 있는 수신기에 연결하여 사용하는 감지기

> **Plus one**
>
> **교차회로방식**
> (1) **정의** : 하나의 방호구역 내에 2 이상의 화재감지기를 설치하고 인접한 서로 다른 감지기가 동시에 감지되는 때에 소화설비가 작동되는 방식
> (2) **교차회로방식을 사용하는 설비**
>   ① 준비작동식 스프링클러설비
>   ② 일제살수식 스프링클러설비
>   ③ 미분무소화설비
>   ④ 포소화설비(화재안전기준에는 강제 규정이 아니지만 현장에는 설치함)
>   ⑤ 이산화탄소소화설비
>   ⑥ 할론소화설비
>   ⑦ 할로겐화합물 및 불활성기체소화설비
>   ⑧ 분말소화설비
> (3) **교차회로방식을 사용하는 설비의 작동방법**
>   ① 수동조작함의 수동스위치 작동
>   ② 감지기 2개 회로 작동
>   ③ 수신기의 기동스위치 작동
>   ④ 수신기에서 동작시험스위치 및 회로선택스위치 작동
> (4) **교차회로방식을 적용하지 않는 감지기의 종류**
>   ① 불꽃감지기
>   ② 정온식감지선형감지기
>   ③ 분포형감지기
>   ④ 복합형감지기
>   ⑤ 광전식분리형감지기
>   ⑥ 아날로그방식의 감지기
>   ⑦ 다신호방식의 감지기
>   ⑧ 축적방식의 감지기

11 공기관식 차동식분포형감지기의 설치기준 19 회 출제

① 공기관의 노출 부분은 감지구역마다 20[m] 이상이 되도록 할 것
② 공기관과 감지구역의 각 변과의 수평거리는 1.5[m] 이하가 되도록 하고, 공기관 상호 간의 거리는 6[m](주요구조부를 내화구조로 한 특정소방대상물 또는 그 부분은 9[m]) 이하가 되도록 할 것
③ 공기관은 도중에서 분기하지 않도록 할 것
④ 하나의 검출 부분에 접속하는 공기관의 길이는 100[m] 이하로 할 것
⑤ 검출부는 5° 이상 경사되지 않도록 부착할 것
⑥ 검출부는 바닥으로부터 0.8[m] 이상 1.5[m] 이하의 위치에 설치할 것

12 열전대식 차동식분포형감지기의 설치기준

① 열전대부는 감지구역의 바닥면적 18[m^2](주요구조부가 내화구조로 된 특정소방대상물은 22[m^2])마다 1개 이상으로 할 것. 다만, 바닥면적이 72[m^2](주요구조부가 내화구조로 된 특정소방대상물은 88[m^2]) 이하인 특정소방대상물에 있어서는 4개 이상으로 해야 한다.
② 하나의 검출부에 접속하는 열전대부는 20개 이하로 할 것. 다만, 각각의 열전대부에 대한 작동 여부를 검출부에서 표시할 수 있는 것(주소형)은 형식승인 받은 성능인정범위 내의 수량으로 설치할 수 있다.

13 연기감지기의 설치기준

① 감지기의 부착높이에 따라 다음 표에 따른 바닥면적마다 1개 이상으로 할 것

부착높이	감지기의 종류(단위 : [m^2])	
	1종 및 2종	3종
4[m] 미만	150	50
4[m] 이상 20[m] 미만	75	-

② 감지기는 다음 기준에 따라 1개 이상으로 할 것

구 분	감지기의 종류	
	1종 및 2종	3종
복도 및 통로	보행거리 30[m]마다	보행거리 20[m]마다
계단 및 경사로	수직거리 15[m]마다	수직거리 10[m]마다

> **Plus one**
>
> 감지기 설치개수
>
> | 장 소 | 설치기준 |
> |---|---|
> | 복도 및 통로
(연기감지기) | 감지기 설치개수 = $\dfrac{\text{감지구역의 보행거리[m]}}{\text{감지기 1개의 설치 보행거리[m]}}$ |
> | 계단 및 경사로
(연기감지기) | 감지기 설치개수 = $\dfrac{\text{감지구역의 수직거리[m]}}{\text{감지기 1개의 설치 수직거리[m]}}$ |
>
> ※ 위 공식에 의해 산출결과 소수점 이하는 1개로 산정한다.

③ 천장 또는 반자가 낮은 실내 또는 좁은 실내에 있어서는 출입구의 가까운 부분에 설치할 것
④ 천장 또는 반자 부근에 배기구가 있는 경우에는 그 부근에 설치할 것
⑤ 감지기는 벽 또는 보로부터 0.6[m] 이상 떨어진 곳에 설치할 것

14 정온식감지선형감지기의 설치기준 14 회 출제 설계 18회 21회

① 보조선이나 고정금구를 사용하여 감지선이 늘어지지 않도록 설치할 것
② 단자부와 마감 고정금구와의 설치간격은 10[cm] 이내로 설치할 것
③ 감지선형감지기의 굴곡반경은 5[cm] 이상으로 할 것
④ 감지기와 감지구역의 각 부분과의 수평거리

구 분	감지기의 종류	
	1종	2종
내화구조	4.5[m] 이하	3[m] 이하
비내화구조	3[m] 이하	1[m] 이하

⑤ 케이블트레이에 감지기를 설치하는 경우에는 케이블트레이 받침대에 마감금구를 사용하여 설치할 것
⑥ 지하구나 창고의 천장 등에 지지물이 적당하지 않는 장소에서는 보조선을 설치하고 그 보조선에 설치할 것
⑦ 분전반 내부에 설치하는 경우 접착제를 이용하여 돌기를 바닥에 고정시키고 그곳에 감지기를 설치할 것
⑧ 그 밖의 설치방법은 형식승인 내용에 따르며 형식승인 사항이 아닌 것은 제조사의 시방서에 따라 설치할 것

15 불꽃감지기의 설치기준 12 회 출제

① 공칭감시거리 및 공칭시야각은 형식승인 내용에 따를 것
② 감지기는 공칭감시거리와 공칭시야각을 기준으로 감시구역이 모두 포용될 수 있도록 설치할 것
③ 감지기는 화재감지를 유효하게 감지할 수 있는 모서리 또는 벽 등에 설치할 것
④ 감지기를 천장에 설치하는 경우에는 감지기는 바닥을 향하여 설치할 것
⑤ 수분이 많이 발생할 우려가 있는 장소에는 방수형으로 설치할 것
⑥ 그 밖의 설치기준은 형식승인 내용에 따르며 형식승인 사항이 아닌 것은 제조사의 시방서에 따라 설치할 것

16 광전식분리형감지기의 설치기준 19 회 출제

① 감지기의 수광면은 햇빛을 직접 받지 않도록 설치할 것
② 광축(송광면과 수광면의 중심을 연결한 선)은 나란한 벽으로부터 0.6[m] 이상 이격하여 설치할 것
③ 감지기의 송광부와 수광부는 설치된 뒷벽으로부터 1[m] 이내 위치에 설치할 것
④ 광축의 높이는 천장 등(천장의 실내에 면한 부분 또는 상층의 바닥하부면을 말한다) 높이의 **80[%]** 이상일 것
⑤ 감지기의 광축의 길이는 공칭감시거리 범위 이내일 것
⑥ 그 밖의 설치기준은 형식승인 내용에 따르며 형식승인 사항이 아닌 것은 제조사의 시방서에 따라 설치할 것

[불꽃감지기 전원장치]

17 광전식분리형감지기 또는 불꽃감지기, 광전식공기흡입형감지기의 설치장소

① 화학공장·격납고·제련소 등 : 광전식분리형감지기 또는 불꽃감지기
② 전산실 또는 반도체 공장 등 : 광전식공기흡입형감지기

18 감지기의 설치제외 장소

① 천장 또는 반자의 높이가 20[m] 이상인 장소. 다만, (NFTC 203) 2.4.1 단서의 감지기로서 부착높이에 따라 적응성이 있는 장소는 제외한다.
② 헛간 등 외부와 기류가 통하는 장소로서 감지기에 따라 화재발생을 유효하게 감지할 수 없는 장소
③ 부식성 가스가 체류하고 있는 장소
④ 고온도 및 저온도로서 감지기의 기능이 정지되기 쉽거나 감지기의 유지관리가 어려운 장소
⑤ **목욕실·욕조나 샤워시설이 있는 화장실**·기타 이와 유사한 장소
⑥ 파이프덕트 등 그 밖의 이와 비슷한 것으로서 2개 층마다 방화구획된 것이나 수평단면적이 5[m^2] 이하인 것
⑦ 먼지·가루 또는 수증기가 다량으로 체류하는 장소 또는 주방 등 평상시 연기가 발생하는 장소(연기감지기에 한한다)
⑧ **프레스공장, 주조공장 등 화재발생의 위험이 적은 장소**로서 감지기의 유지관리가 어려운 장소

19 설치장소별 감지기 적응성 Ⅰ(연기감지기를 설치할 수 없는 경우 적용)

설치장소		적응열감지기									비고
환경 상태	적응 장소	차동식 스포트형		차동식 분포형		보상식 스포트형		정온식		열아날로그식	불꽃감지기	
		1종	2종	1종	2종	1종	2종	특종	1종			
먼지 또는 미분 등이 다량으로 체류하는 장소 12회 출제	쓰레기장, 하역장, 도장실, 섬유·목재·석재 등 가공 공장	○	○	○	○	○	○	○	×	○	○	1. 불꽃감지기에 따라 감시가 곤란한 장소는 적응성이 있는 열감지기를 설치할 것 2. 차동식분포형감지기를 설치하는 경우에는 검출부에 먼지, 미분 등이 침입하지 않도록 조치할 것 3. 차동식스포트형감지기 또는 보상식스포트형감지기를 설치하는 경우에는 검출부에 먼지, 미분 등이 침입하지 않도록 조치할 것 4. 섬유, 목재가공 공장 등 화재확대가 급속하게 진행될 우려가 있는 장소에 설치하는 경우 정온식감지기는 특종으로 설치할 것. 공칭작동 온도 75[℃] 이하, 열아날로그식스포트형감지기는 화재표시 설정은 80[℃] 이하가 되도록 할 것
수증기가 다량으로 머무는 장소	증기세정실, 탕비실, 소독실 등	×	×	×	○	×	○	○	○	○	○	1. 차동식분포형감지기 또는 보상식스포트형감지기는 급격한 온도 변화가 없는 장소에 한하여 사용할 것 2. 차동식분포형감지기를 설치하는 경우에는 검출부에 수증기가 침입하지 않도록 조치할 것 3. 보상식스포트형감지기, 정온식감지기 또는 열아날로그식감지기를 설치하는 경우에는 방수형으로 설치할 것 4. 불꽃감지기를 설치할 경우 방수형으로 할 것
부식성 가스가 발생할 우려가 있는 장소 15 17회 출제	도금공장, 축전지실, 오수처리장 등	×	×	○	○	○	○	○	×	○	○	1. 차동식분포형감지기를 설치하는 경우에는 감지부가 피복되어 있고 검출부가 부식성 가스에 영향을 받지 않는 것 또는 검출부에 부식성 가스가 침입하지 않도록 조치할 것 2. 보상식스포트형감지기, 정온식감지기 또는 열아날로그식스포트형감지기를 설치하는 경우에는 부식성 가스의 성상에 반응하지 않는 내산형 또는 내알칼리형으로 설치할 것
주방, 기타 평상시에 연기가 체류하는 장소	주방, 조리실, 용접작업장 등	×	×	×	×	×	×	○	○	○	○	1. 주방, 조리실 등 습도가 많은 장소에는 방수형 감지기를 설치할 것 2. 불꽃감지기는 UV/IR형을 설치할 것

설치장소		적응열감지기								불꽃감지기	비 고
환경 상태	적응 장소	차동식 스포트형		차동식 분포형		보상식 스포트형		정온식		열아날로그식	
		1종	2종	1종	2종	1종	2종	특종	1종		
현저하게 고온으로 되는 장소 20 회 출제	건조실, 살균실, 보일러실, 주조실, 영사실, 스튜디오	×	×	×	×	×	×	○	○	○	×	
배기가스가 다량으로 체류하는 장소	주차장, 차고, 화물취급소 차로, 자가발전실, 트럭터미널, 엔진시험실	○	○	○	○	○	○	×	×	○	○	1. 불꽃감지기에 따라 감시가 곤란한 장소는 적응성이 있는 열감지기를 설치할 것 2. 열아날로그식스포트형감지기는 화재표시 설정이 60[℃] 이하가 바람직하다.
연기가 다량으로 유입할 우려가 있는 장소	음식물배급실, 주방전실, 주방 내 식품저장실, 음식물운반용 엘리베이터, 주방 주변의 복도 및 통로, 식당 등	○	○	○	○	○	○	○	○	○	×	1. 고체연료 등 가연물이 수납되어 있는 음식물배급실, 주방전실에 설치하는 정온식감지기는 특종으로 설치할 것 2. 주방 주변의 복도 및 통로, 식당 등에는 정온식감지기를 설치하지 않을 것 3. 제1호 및 제2호의 장소에 열아날로그식스포트형감지기를 설치하는 경우에는 화재표시 설정을 60[℃] 이하로 할 것
물방울이 발생하는 장소 17 회 출제	스레트 또는 철판으로 설치한 지붕 창고·공장, 패키지형 냉각기전용 수납실, 밀폐된 지하창고, 냉동실 주변 등	×	×	○	○	○	○	○	○	○	○	1. 보상식스포트형감지기, 정온식감지기 또는 열아날로그식스포트형감지기를 설치하는 경우에는 방수형으로 설치할 것 2. 보상식스포트형감지기는 급격한 온도변화가 없는 장소에 한하여 설치할 것 3. 불꽃감지기를 설치하는 경우에는 방수형으로 설치할 것
불을 사용하는 설비로서 불꽃이 노출되는 장소	유리공장, 용선로가 있는 장소, 용접실, 주방, 작업장, 주조실 등	×	×	×	×	×	×	○	○	○	×	

[비 고] 1. "○"는 해당 설치장소에 적응하는 것을 표시, "×"는 해당 설치장소에 적응하지 않는 것을 표시
2. 차동식스포트형, 차동식분포형 및 보상식스포트형 1종은 감도가 예민하기 때문에 비화재보 발생은 2종에 비해 불리한 조건이라는 것을 유의할 것
3. 차동식분포형 3종 및 정온식 2종은 소화설비와 연동하는 경우에 한해서 사용할 것
4. 다신호식감지기는 그 감지기가 가지고 있는 종별, 공칭작동온도별로 따르지 말고 상기 표에 따른 적응성이 있는 감지기로 할 것

Plus one

고층건축물의 자동화재탐지설비 화재안전기술기준(2.4.1)
감지기는 아날로그방식의 감지기로서 감지기의 작동 및 설치지점을 수신기에서 확인할 수 있는 것으로 설치해야 한다. 다만, 공동주택의 경우에는 감지기별로 작동 및 설치지점을 수신기에서 확인할 수 있는 아날로그방식 외의 감지기로 설치할 수 있다.

20 설치장소별 감지기 적응성 Ⅱ 14회 출제

설치장소		적응열감지기				적응연기감지기					불꽃감지기	비고
환경상태	적응장소	차동식 스포트형	차동식 분포형	보상식 스포트형	정온식	열아날로그식	이온화식 스포트형	광전식 스포트형	이온아날로그식 스포트형	광전아날로그식 스포트형	광전식 분리형	광전아날로그식 분리형		
흡연에 의해 연기가 체류하며 환기가 되지 않는 장소	회의실, 응접실, 휴게실, 노래연습실, 오락실, 다방, 음식점, 대합실, 카바레 등의 객실, 집회장, 연회장 등	○	○	○				◎		◎	○	○	
취침시설로 사용하는 장소	호텔 객실, 여관, 수면실 등						◎	◎	◎	◎	○	○	
연기 이외의 미분이 떠다니는 장소	복도, 통로 등						◎	◎	◎	◎	○	○	○
바람에 영향을 받기 쉬운 장소	로비, 교회, 관람장, 옥탑에 있는 기계실		○					◎		◎	○	○	
연기가 멀리 이동해서 감지기에 도달하는 장소	계단, 경사로							○		○	○	○		광전식스포트형감지기 또는 광전아날로그식스포트형감지기를 설치하는 경우에는 해당 감지기회로에 축적기능을 갖지 않는 것으로 할 것
훈소화재의 우려가 있는 장소	전화기기실, 통신기기실, 전산실, 기계제어실							○		○	○	○	
넓은 공간으로 천장이 높아 열 및 연기가 확산하는 장소	체육관, 항공기 격납고, 높은 천장의 창고·공장, 관람석 상부 등 감지기 부착 높이가 8[m] 이상의 장소		○								○	○	○	

[비 고] 1. "○"는 해당 설치장소에 적응하는 것을 표시
2. "◎" 해당 설치장소에 연기감지기를 설치하는 경우에는 해당 감지회로에 축적기능을 갖는 것을 표시
3. 차동식스포트형, 차동식분포형, 보상식스포트형 및 연기식(해당 감지기회로에 축적기능을 갖지 않는 것) 1종은 감도가 예민하기 때문에 비화재보 발생은 2종에 비해 불리한 조건이라는 것을 유의할 것
4. 차동식분포형 3종 및 정온식 2종은 소화설비와 연동하는 경우에 한해서 사용할 것
5. 광전식분리형감지기는 평상시 연기가 발생하는 장소 또는 공간이 협소한 경우에는 적응성이 없음
6. 넓은 공간으로 천장이 높아 열 및 연기가 확산하는 장소 차동식분포형 또는 광전식분리형 2종을 설치하는 경우에는 제조사의 사양에 따를 것
7. 다신호식감지기는 그 감지기가 가지고 있는 종별, 공칭작동온도별로 따르고 표에 따른 적응성이 있는 감지기로 할 것
8. 축적형감지기 또는 축적형중계기 혹은 축적형수신기를 설치하는 경우에는 감지기 기준에 따를 것

21 직상발화 우선경보방식

(1) 우선경보 대상
층수가 11층(공동주택의 경우에는 16층) 이상의 특정소방대상물

(2) 우선경보 기준 08 회 출제 설계 09회

발화층	경보를 발하는 층
2층 이상의 층	발화층 및 그 직상 4개층
1층	발화층, 그 직상 4개층, 지하층
지하층	발화층, 그 직상층, 기타의 지하층

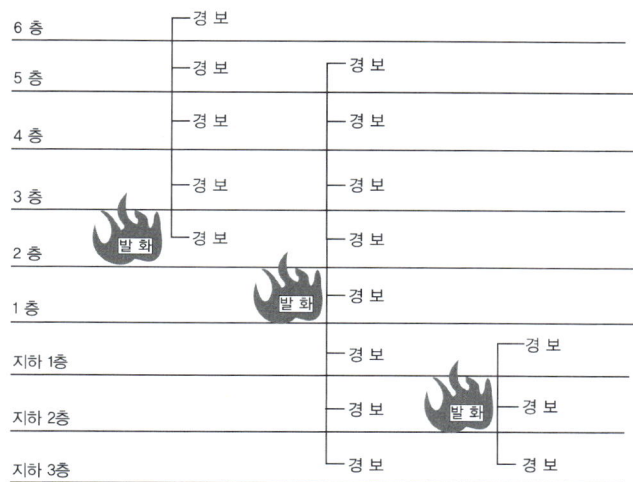

Plus one

30층 이상의 고층건축물
① 2층 이상의 층에서 발화한 때 : 발화층 및 그 직상 4개 층
② 1층에서 발화한 때 : 발화층·그 직상 4개 층 및 지하층
③ 지하층에서 발화한 때 : 발화층·그 직상층 및 기타의 지하층에 경보를 발할 것

22 비화재보

(1) 정 의
열 또는 연기감지기 이외의 원인에 의하여 자동화재탐지설비가 작동하여 화재 발생 사실을 알리는 것을 말한다.

(2) 발생원인
　① 환경적인 원인
　　㉠ 먼지, 수증기 등의 발생
　　㉡ 온도, 습도, 기압변화에 따른 이상기후
　② 인위적인 원인
　　㉠ 흡연에 의한 연기 발생
　　㉡ 음식조리에 의한 열, 연기 발생
　　㉢ 작업 중에 먼지, 분진 등의 비산
　　㉣ 공조설비에 의한 환기(바람)
　　㉤ 난방시설로 열 발생
　③ 기능상의 원인
　　㉠ 감지기의 리크 홀 폐쇄
　　㉡ 회로 불량
　　㉢ 감지기의 접점 부식

(3) 방지대책
　① 오동작이 적은 감지기로 교체
　② 오동작이 적은 수신기로 교체
　③ 감지기 내부의 먼지, 이물질을 정기적으로 청소
　④ 환기구에서 이격거리(1.5[m] 이상) 유지
　⑤ 감지기 주위에 난방, 취사기구 미사용으로 인한 오동작 방지

[비화재보방지기 작동 시 작동상태]

작동상황	축적상태(작동상태)	비축적상태(미작동상태)
화재표시등	점등 또는 소등되다가 일정시간 후 점등	점 등
지구표시등	점 등	점 등
주경종	출력 또는 울리지 않다가 일정시간 후 출력	출 력
지구경종	울리지 않다가 일정시간 후 출력	출 력

23 음향장치의 구조 및 성능
① 정격전압의 80[%] 전압에서 음향을 발할 수 있는 것으로 할 것. 다만, 건전지를 주전원으로 사용하는 음향장치는 그렇지 않다.
② 음향의 크기는 부착된 음향장치의 중심으로부터 1[m] 떨어진 위치에서 90[dB] 이상이 되는 것으로 할 것
③ 감지기 및 발신기의 작동과 연동하여 작동할 수 있는 것으로 할 것

24 청각장애인용 시각경보장치의 설치기준 20회 출제 설계 17회

① 복도·통로·청각장애인용 객실 및 공용으로 사용하는 거실(로비, 회의실, 강의실, 식당, 휴게실, 오락실, 대기실, 체력단련실, 접객실, 안내실, 전시실, 기타 이와 유사한 장소)에 설치하며, 각 부분으로부터 유효하게 경보를 발할 수 있는 위치에 설치할 것
② 공연장·집회장·관람장 또는 이와 유사한 장소에 설치하는 경우에는 시선이 집중되는 무대부 부분 등에 설치할 것
③ 설치높이는 바닥으로부터 2[m] 이상 2.5[m] 이하의 장소에 설치할 것. 다만, 천장의 높이가 2[m] 이하인 경우에는 천장으로부터 0.15[m] 이내의 장소에 설치해야 한다.
④ 시각경보장치의 광원은 전용의 축전지설비 또는 전기저장장치(외부 전기에너지를 저장해 두었다가 필요한 때 전기를 공급하는 장치)에 의하여 점등되도록 할 것. 다만, 시각경보기에 작동전원을 공급할 수 있도록 형식승인을 얻은 수신기를 설치한 경우에는 그렇지 않다.

[시각경보장치]

25 발신기의 설치기준

① 조작이 쉬운 장소에 설치하고, 스위치는 바닥으로부터 0.8[m] 이상 1.5[m] 이하의 높이에 설치할 것
② 특정소방대상물의 층마다 설치하되, 해당 층의 각 부분으로부터 하나의 발신기까지의 수평거리가 25[m] 이하가 되도록 할 것. 다만, 복도 또는 별도로 구획된 실로서 보행거리가 40[m] 이상일 경우에는 추가로 설치해야 한다.
③ ②에도 불구하고 ②의 기준을 초과하는 경우로서 기둥 또는 벽이 설치되지 않은 대형공간의 경우 발신기는 설치대상 장소의 가장 가까운 장소의 벽 또는 기둥에 설치할 것
④ 발신기의 위치를 표시하는 표시등은 함의 상부에 설치하되, 그 불빛은 부착면으로부터 15° 이상의 범위 안에서 부착지점으로부터 10[m] 이내의 어느 곳에서도 쉽게 식별할 수 있는 적색등으로 해야 한다.

26 전원의 설치기준 설계 09회

① 상용전원은 전기가 정상적으로 공급되는 축전지설비, 전기저장장치(외부 전기에너지를 저장해 두었다가 필요한 때 전기를 공급하는 장치) 또는 교류전압의 옥내 간선으로 하고, 전원까지의 배선은 전용으로 할 것

② 개폐기에는 "자동화재탐지설비용"이라고 표시한 표지를 할 것
③ 자동화재탐지설비에는 그 설비에 대한 감시상태를 **60분간 지속**한 후 유효하게 **10분 이상 경보**할 수 있는 비상전원으로서 축전지설비(수신기에 내장하는 경우를 포함한다) 또는 전기저장장치(외부 전기에너지를 저장해 두었다가 필요한 때 전기를 공급하는 장치)를 설치해야 한다. 다만, 상용전원이 축전지설비인 경우 또는 건전지를 주전원으로 사용하는 무선식 설비인 경우에는 그렇지 않다.

> **Plus one**
> **고층건축물의 자동화재탐지설비 화재안전기술기준(2.4.4)**
> 자동화재탐지설비에는 그 설비에 대한 감시상태를 60분간 지속한 후 유효하게 30분 이상 경보할 수 있는 비상전원으로서 축전지설비(수신기에 내장하는 경우를 포함한다) 또는 전기저장장치(외부 전기에너지를 저장해두었다가 필요한 때 전기를 공급하는 장치)를 설치해야 한다. 다만, 상용전원이 축전지설비인 경우에는 그렇지 않다.

27 배선의 설치기준

① 감지기 상호 간 또는 감지기로부터 수신기에 이르는 감지기회로의 배선은 다음의 기준에 따라 설치할 것
  ㉠ 아날로그식, 다신호식 감지기나 R형 수신기용으로 사용되는 것은 전자파 방해를 받지 않는 실드선 등을 사용해야 하며, 광케이블의 경우에는 전자파 방해를 받지 않고 내열성능이 있는 경우 사용할 것. 다만 전자파 방해를 받지 않는 방식의 경우에는 그렇지 않다.
  ㉡ 일반배선을 사용할 때는 옥내소화전설비의 화재안전기술기준(NFTC 102) 표 2.7.2(1) 또는 표 2.7.2(2)의 표에 따른 내화배선 또는 내열배선으로 사용할 것

> **Plus one**
> **고층건축물의 자동화재탐지설비 화재안전기술기준(2.4.3)**
> 50층 이상인 건축물에 설치하는 통신·신호배선은 이중배선을 설치하도록 하고 단선 시에도 고장표시가 되며 정상 작동할 수 있는 성능을 갖도록 설비를 해야 한다.
> 1. 수신기와 수신기 사이의 통신배선
> 2. 수신기와 중계기 사이의 신호배선
> 3. 수신기와 감지기 사이의 신호배선

② 종단저항의 설치기준 **20** 회 출제 설계 **17회**
  ㉠ 점검 및 관리가 쉬운 장소에 설치할 것
  ㉡ 전용함을 설치하는 경우 그 설치높이는 바닥으로부터 1.5[m] 이내로 할 것
  ㉢ 감지기 회로의 끝부분에 설치하며, 종단감지기에 설치할 경우에는 구별이 쉽도록 해당 감지기의 기판 및 감지기 외부 등에 별도의 표시를 할 것
③ 감지기 사이의 회로의 배선은 송배선식으로 할 것

28 자동화재탐지설비의 점검

(1) 수신기(P형) 고장 및 원인 점검

고장증상		예상원인	조치방법
1. 상용전원 감시등 소등		1. 정전	상용전원 확인
		2. 퓨즈 단선	전원 스위치 끄고 퓨즈 교체
		3. 입력전원 전원선 불량	외부 전원선 점검
		4. 전원 회로부 훼손	트랜스 2차 측 24[V] AC 및 다이오드 출력 24[V] DC 확인
2. 예비전원 감시등 소등 **19 회 출제**		1. 퓨즈 단선	확인 교체
		2. 충전 불량	충전전압 확인
		3. 배터리 소켓 접속불량	배터리 감시 표시등의 점등 확인 및 소켓단자 확인
		4. 배터리의 완전 방전	
3. 지구표시등 소등		※ 지구 및 주경종을 정지시키고 회로를 동작시켜 지구회로가 동작하는지 확인	
		1. 램프 단선	램프 교체
		2. 지구표시부 퓨즈 단선	확인 교체
		3. 회로 퓨즈 단선	퓨즈 점검 및 교체
		4. 전원표시부 퓨즈 단선	전압계 지침확인
4. 화재표시등의 고장		지구표시등의 점검방법과 동일	
5. 지구표시등의 계속 점등	복구되지 않을 때 복구스위치를 누르면 OFF/ON	1. 회로선 합선, 감지기나 수동발신기의 지속동작	감지기 선로 점검, 릴레이 동작 점검
	복구는 되나 다시 동작	2. 감지기의 불량	현장의 감지기 오동작 확인 교체
6. 지구경종 동작불능		1. 퓨즈 단선	점검 및 교체
		2. 릴레이의 접점 불량	지구릴레이 동작 확인 및 점검
		3. 외부 경종선 합선	단자저항 확인
7. 지구경종 동작 불능 및 지구표시등 상태	작 동	4항에 의해 조치	
	부작동	릴레이의 접점 합선	릴레이 동작 점검 및 교체
8. 주경종 고장		지구경종 점검방법과 동일	
9. 릴레이의 소음 발생		1. 정류 다이오드 1개 불량으로 인한 정류전압 이항	정류다이오드 출력단자전압 확인(18[V] 이하)
		2. 릴레이 열화	릴레이 코일 양단전압 확인(22[V] 이상)
10. 전화통화 불량		1. 송수화기 잭 접속불량	플러그 재삽입 후 회전시켜 접속 확인
		2. 송수화기 불량	송수화기의 저항값 점검(R×1에서 50~100)
11. 전화버저 동작불능		1. 송수화기 잭 접속불량	플러그 재삽입 후 회전시켜 접속 확인
12. 아날로그감지기 통신선로의 단선표시등 점등 **21 회 출제**		1. 아날로그감지기 통신선로 단선	아날로그감지기 통신선로 보수
		2. 아날로그감지기 불량	아날로그감지기 보수 또는 교체
		3. 중계기 고장	중계기 보수 또는 교체
		4. R형 수신기의 통신기판 불량	R형 수신기 통신기판 교체 또는 정비

(2) 수신기의 시험방법

① **화재표시 작동시험** **02 06 회 출제**

㉠ 목적 : 감지기나 발신기가 동작하였을 때 수신기가 정상적으로 작동하는지 확인하는 시험

ⓛ 시험방법
㉮ 회로선택스위치가 설치되어 있는 경우
ⓐ 소화설비, 비상방송설비 등의 연동스위치를 정지위치로 한다.
ⓑ 축적·비축적의 선택스위치를 비축적 위치로 전환한다.
ⓒ 동작시험스위치와 자동복구스위치를 누른다.
ⓓ 회로선택스위치를 순차적으로 회전시킨다.
ⓔ 화재표시등, 지구표시등, 음향장치 등의 동작상황을 확인한다.
㉯ 감지기 또는 발신기의 동작시험과 병행하는 경우 : 감지기 또는 발신기를 차례로 동작시켜 경계구역과 지구표시등의 접속상태를 확인한다.
ⓒ 가부판정기준
㉮ 각 릴레이의 작동, 화재표시등과 지구표시등 점등, 음향장치가 작동하면 정상이다.
㉯ 경계구역의 일치 여부 : 각 회선의 표시창과 회로번호를 대조하여 일치하는지 확인한다.

② **회로도통시험** 02 06 회 출제
㉠ 목적 : 수신기에서 감지기회로의 단선 유무와 기기 등의 접속 상황을 확인하기 위한 시험
ⓛ 시험방법
㉮ 회로 도통시험 스위치를 누른다(점멸 확인).
㉯ 회로선택스위치를 순차적으로 회전시킨다.
㉰ 각 회로별로 전압계의 전압을 확인한다(도통시험 확인등이 있는 경우 정상은 녹색, 단선은 적색램프 점등확인).
㉱ 종단저항 등의 접속 상황을 조사한다.
ⓒ 가부판정기준
㉮ 각 회로별 단선 표시가 없으면 정상일 것
㉯ 전압계가 있는 경우
ⓐ 0[V] 지시 : 단선상태
ⓑ 2~6[V] : 정상상태

③ **공통선시험** 02 06 회 출제
㉠ 목적 : 공통선이 담당하고 있는 경계구역 수의 적정 여부를 확인하기 위한 시험
ⓛ 시험방법
㉮ 수신기 내 접속단자의 공통선을 1선 제거한다.
㉯ 회로도통시험스위치를 누르고 회로선택스위치를 차례로 회전시킨다.
㉰ 시험용계기의 지시등이 단선(0)을 표시한 경계구역의 회선을 조사한다.
ⓒ 가부판정기준 : 하나의 공통선이 담당하고 있는 경계구역의 수가 7 이하일 것

④ **동시작동시험** 02 06 회 출제
㉠ 목적 : 감지기가 동시에 수회선 동작하여도 수신기의 기능에 이상이 없는지를 확인하는 시험

ⓒ 시험방법
㉮ 소화설비, 비상방송설비 등의 연동스위치를 정지위치로 한다.
㉯ 축적·비축적의 선택스위치를 비축적 위치로 전환한다.
㉰ 수신기의 동작시험스위치를 누른다.
㉱ 회로선택스위치를 순차적으로 회전시켜 5회선을 동작시킨다.
㉲ 주·지구음향장치 등의 동작상황을 확인한다.
㉳ 부수신기를 설치하였을 때 모두 정상상태로 놓고 시험한다.
ⓒ 가부판정기준 : 각 회선을 동시에 작동시켰을 때 수신기, 부수신기, 음향장치 등에 이상이 없을 것

⑤ **저전압시험** 06 회 출제
㉠ 목적 : 전원 전압이 저하하는 경우에 그 기능이 충분히 유지되는지를 확인하는 시험
ⓒ 시험방법
㉮ 자동화재탐지설비용 전압시험기 또는 가변저항기 등을 사용하여 교류전원 전압을 정격전압의 80[%] 이하로 할 것
㉯ 축전지설비인 경우에는 축전지의 단자를 전환하여 정격전압의 80[%] 이하로 한다.
㉰ 화재표시작동시험에 준하여 실행한다.
ⓒ 가부판정기준 : 화재신호를 정상적으로 수신할 수 있을 것

⑥ **회로저항시험** 02 회 출제
㉠ 목적 : 감지기회로의 1회선의 회로 저항치가 수신기의 기능에 이상을 가져오는지의 여부를 확인하는 시험
ⓒ 시험방법
㉮ 저항계를 사용하여 감지기회로의 공통선과 표시선 사이의 전로에 대해 저항을 측정한다.
㉯ 항상 개로식인 것에 있어서는 회로의 말단상태를 도통상태로 종단저항을 제거 후 단락상태하에 측정한다.
ⓒ 가부판정기준 : 하나의 감지기회로의 합성저항치가 50[Ω] 이하일 것

⑦ **지구음향장치의 작동시험**
㉠ 목적 : 감지기 또는 발신기의 작동과 연동하여 해당 지구음향장치가 정상적으로 작동하는지의 여부를 확인하는 시험
ⓒ 시험방법 : 임의의 감지기 또는 발신기를 작동시킨다.
ⓒ 가부판정기준
㉮ 감지기 또는 발신기를 작동시켰을 때 수신기에 연결된 해당 지구음향장치가 작동하고 음량이 정상일 것
㉯ 음향의 크기는 부착된 음향장치의 중심으로부터 1[m] 떨어진 위치에서 90[dB] 이상일 것

⑧ **예비전원시험**
   ㉠ 목적 : 상용전원이 사고 등으로 정전된 경우 자동적으로 예비전원으로 절환되며 또한 정전 복구 시에는 자동적으로 일반 상용전원으로 절환되는지의 여부를 확인하는 시험
   ㉡ 시험방법
      ㉮ 예비전원 시험스위치를 누른다.
      ㉯ 전압계의 지시치가 지정치(24[V])의 범위 내에 있을 것
      ㉰ 교류전원을 차단하여 자동절환 릴레이의 작동상황을 조사한다.
   ㉢ 가부판정기준 : 전압지시계가 24[V]이고 상용전원에서 예비전원으로 자동 절환되며, 스위치 복구 시 예비전원에서 상용전원으로 자동 복구되면 정상이다.

⑨ **비상전원시험**
   ㉠ 목적 : 상용전원이 정전되었을 때 자동적으로 비상전원(비상전원전용수전설비 제외)으로 절환되며 정전 복구 시에는 자동적으로 상용전원으로 복구되는지의 여부를 확인하는 시험
   ㉡ 시험방법
      ㉮ 비상전원으로 축전지설비를 사용하는 것에 대하여 행한다.
      ㉯ 충전용 전원을 개로의 상태로 하고 전압계의 지시치가 적정한가를 확인한다.
      ㉰ 화재표시작동시험에 준하여 시험한 경우 전압계의 지시치가 정격전압의 80[%] 이상임을 확인한다.
   ㉢ 가부판정기준 : 비상전원의 전압, 용량, 절환상황, 복구작동 등이 정상이어야 한다.

⑩ **절연저항시험**
   ㉠ 사용하는 측정기 : 직류 250[V]의 절연저항측정기
   ㉡ 시험방법(감지기회로 및 부속기기회로)
      ㉮ 기기를 부착시키기 전에 측정할 때 : 감지기 및 부속기기를 접속하지 않은 상태에서 배선 상호 간을 측정할 것
      ㉯ 기기를 부착시킨 후에 측정할 때 : 부하를 전체적으로 일괄한 경우에 배선과 대지 사이를 측정할 것
      ㉰ 절연저항값은 0.1[MΩ] 이상일 것

(3) 공기관식 차동식분포형감지기의 시험방법
① **화재작동시험** 03 09 회 출제
   ㉠ 목적 : 감지기의 작동 공기압에 상당하는 공기량을 공기주입시험기로 투입하여 작동시간 및 경계구역 표시가 적정한지 여부를 확인하는 시험
   ㉡ 시험방법 19 회 출제
      ㉮ 검출부의 시험구멍에 공기주입시험기를 접속한다.
      ㉯ 시험코크 또는 열쇠를 조작해서 시험위치(T 위치)에 놓는다.

㉰ 검출부에 표시된 공기량을 공기관에 투입한다(공기관 길이에 따라 공기량이 다름).
㉱ 공기를 투입한 후 작동시간을 측정한다.
ⓒ 판정방법
　㉮ 작동시간은 제원표 수치범위 이내일 것
　㉯ 경계구역 표시가 수신반과 일치할 것

> **Plus one**
>
> **작동개시시간에 이상이 있는 경우** 09 23 회 출제
> ① 기준치 이상인 경우(작동시간이 느린 경우)
> 　㉠ 리크 저항치가 규정치보다 작다(리크 구멍이 크다).
> 　㉡ 접점 수고값이 규정치보다 높다(힘 또는 간격이 크다).
> 　㉢ 공기관의 누설, 폐쇄, 변형상태
> 　㉣ 공기관의 길이가 주입량에 비해 길다.
> 　㉤ 공기관의 접점의 접촉 불량
> ② 기준치 미달인 경우(작동시간이 빠른 경우)
> 　㉠ 리크 저항치가 규정치보다 크다.
> 　㉡ 접점 수고값이 규정치보다 낮다.
> 　㉢ 공기관의 길이가 주입량에 비해 짧다.

② **작동계속시험**
　㉠ 목적 : 감지기가 작동하여 리크밸브에 의하여 공기가 누설되어 접점이 분리될 때까지의 시간을 측정하는 시험
　㉡ 시험방법 19 회 출제
　　㉮ 검출부의 시험구멍에 공기주입시험기를 접속한다.
　　㉯ 시험코크 또는 열쇠를 조작해서 시험위치(T 위치)에 놓는다.
　　㉰ 검출부에 표시된 공기량을 공기관에 투입한다(공기관 길이에 따라 공기량이 다름).
　　㉱ 공기를 투입한 후 작동시간을 측정한다.
　ⓒ 판정방법 : 작동지속시간은 검출부에 표시된 시간 이내인지를 확인한다.

> **Plus one**
>
> **작동지속시간에 이상이 있는 경우**
> ① 기준치 이상인 경우(작동시간이 느린 경우)
> 　㉠ 리크 저항치가 규정치보다 크다(리크 구멍이 작다).
> 　㉡ 접점 수고값이 규정치보다 낮다(힘 또는 간격이 작다).
> 　㉢ 공기관의 누설, 폐쇄, 변형상태
> ② 기준치 미달인 경우(작동시간이 빠른 경우) 19 회 출제
> 　㉠ 리크 저항치가 규정치보다 작다.
> 　㉡ 접점 수고값이 규정치보다 높다.
> 　㉢ 공기관의 누설이 발생된 경우

③ 유통시험
  ㉠ 목적 : 공기관에 공기를 유입시켜 공기관이 새거나, 줄어듦 등의 유무 및 공기관의 길이를 확인하는 시험
  ㉡ 시험방법
    ㉮ 검출부의 시험구멍에 공기주입시험기를 접속한다.
    ㉯ 시험코크 또는 열쇠를 조작해서 시험위치(T 위치)에 놓는다.
    ㉰ 시험펌프로 공기를 주입하고 마노미터 수위를 약 100[mm] 상승시켜 수위를 정지시키고 수위가 정상인지를 확인한다.
    ㉱ 공기주입시험기를 시험위치(T 위치)에서 분리하여 공기관 내부의 공기를 시험구멍으로 빼낼 때 수위가 1/2(50[mm])이 될 때까지 시간을 측정하고 이것을 유통시간으로 한다.
  ㉢ 판정방법
    ㉮ 유통시간에 의한 공기관의 길이를 계산한다.
    ㉯ 마노미터의 수위가 정지되지 않는 경우 : 공기관이 누설되었을 때
    ㉰ 마노미터의 수위가 올라가지 않는 경우 : 공기관이 막히거나 변형되었을 때

④ 접점 수고시험
  ㉠ 목적 : 접점 수고값이 적정값인가를 확인하는 시험

> **Plus one**
>
> **접점 수고값**
> ① 접점 수고값이 규정 이하 : 감도 예민, 비화재보 원인
> ② 접점 수고값이 규정 이상 : 감도 저하, 작동지연 원인

  ㉡ 시험방법
    ㉮ 검출부 시험공 또는 공기관 단자에 마노미터 및 시험펌프를 연결한다.
    ㉯ 시험코크 또는 스위치를 접점 수고시험 위치로 조정하고 시험펌프에서 미량의 공기를 서서히 주입한다.
    ㉰ 감지기의 접점이 폐쇄되었을 때(벨의 명동, 램프의 점등으로 확인) 공기의 송입을 막고 마노미터의 수위를 읽고 접점수고를 측정한다.
  ㉢ 판정방법 : 접점 수고값이 각 검출부에 지정되어 있는 값의 범위 내에 있는지를 확인한다.

29 자동화재탐지설비 및 시각경보장치의 점검표(소방시설 자체점검사항 등에 관한 고시 별지 4)

번 호	점검항목	점검결과
15-A. 경계구역		
15-A-001	● 경계구역 구분 적정 여부	
15-A-002	● 감지기를 공유하는 경우 스프링클러·물분무소화·제연설비 경계구역 일치 여부	

번 호	점검항목	점검결과

15-B. 수신기 `15` `19` `25` 회 출제

번호	점검항목	점검결과
15-B-001	○ 수신기 설치장소 적정(관리용이) 여부	
15-B-002	○ 조작스위치의 높이는 적정하며 정상 위치에 있는지 여부	
15-B-003	● 개별 경계구역 표시 가능 회선수 확보 여부	
15-B-004	● 축적기능 보유 여부(환기·면적·높이 조건에 해당할 경우)	
15-B-005	○ 경계구역 일람도 비치 여부	
15-B-006	○ 수신기 음향기구의 음량·음색 구별 가능 여부	
15-B-007	● 감지기·중계기·발신기 작동 경계구역 표시 여부(종합방재반 연동 포함)	
15-B-008	● 1개 경계구역 1개 표시등 또는 문자 표시 여부	
15-B-009	● 하나의 대상물에 수신기가 2 이상 설치된 경우 상호 연동되는지 여부	
15-B-010	○ 수신기 기록장치 데이터 발생 표시시간과 표준시간 일치 여부	

15-C. 중계기

번호	점검항목	점검결과
15-C-001	● 중계기 설치위치 적정 여부(수신기에서 감지기회로 도통시험하지 않는 경우)	
15-C-002	● 설치장소(조작·점검 편의성, 화재·침수 피해 우려) 적정 여부	
15-C-003	● 전원입력 측 배선상 과전류차단기 설치 여부	
15-C-004	● 중계기 전원 정전 시 수신기 표시 여부	
15-C-005	● 상용전원 및 예비전원 시험 적정 여부	

15-D. 감지기

번호	점검항목	점검결과
15-D-001	● 부착높이 및 장소별 감지기 종류 적정 여부	
15-D-002	● 특정 장소(환기불량, 면적협소, 저층고)에 적응성이 있는 감지기 설치 여부	
15-D-003	○ 연기감지기 설치장소 적정 설치 여부	
15-D-004	● 감지기와 실내로의 공기유입구 간 이격거리 적정 여부	
15-D-005	● 감지기 부착면 적정 여부	
15-D-006	○ 감지기 설치(감지면적 및 배치거리) 적정 여부	
15-D-007	● 감지기별 세부 설치기준 적합 여부	
15-D-008	● 감지기 설치제외 장소 적합 여부	
15-D-009	○ 감지기 변형·손상 확인 및 작동시험 적합 여부	

15-E. 음향장치

번호	점검항목	점검결과
15-E-001	○ 주음향장치 및 지구음향장치 설치 적정 여부	
15-E-002	○ 음향장치(경종 등) 변형·손상 확인 및 정상 작동(음량 포함) 여부	
15-E-003	● 우선경보 기능 정상작동 여부	

15-F. 시각경보장치 `11` `15` 회 출제

번호	점검항목	점검결과
15-F-001	○ 시각경보장치 설치장소 및 높이 적정 여부	
15-F-002	○ 시각경보장치 변형·손상 확인 및 정상 작동 여부	

15-G. 발신기

번호	점검항목	점검결과
15-G-001	○ 발신기 설치장소, 위치(수평거리) 및 높이 적정 여부	
15-G-002	○ 발신기 변형·손상 확인 및 정상 작동 여부	
15-G-003	○ 위치표시등 변형·손상 확인 및 정상 점등 여부	

15-H. 전원

번호	점검항목	점검결과
15-H-001	○ 상용전원 적정 여부	
15-H-002	○ 예비전원 성능 적정 및 상용전원 차단 시 예비전원 자동전환 여부	

15-I. 배선

번호	점검항목	점검결과
15-I-001	● 종단저항 설치장소, 위치 및 높이 적정 여부	
15-I-002	● 종단저항 표지 부착 여부(종단감지기에 설치할 경우)	
15-I-003	○ 수신기 도통시험 회로 정상 여부	
15-I-004	● 감지기회로 송배전식 적용 여부	
15-I-005	● 1개 공통선 접속 경계구역 수량 적정 여부(P형 또는 GP형의 경우)	
비 고		

제4절 자동화재속보설비(NFTC 204, 소방시설법 영 별표 4)

[자동화재속보설비를 설치해야 하는 특정소방대상물]
방재실 등 화재 수신기가 설치된 장소에 24시간 화재를 감시할 수 있는 사람이 근무하고 있는 경우에는 자동화재속보설비를 설치하지 않을 수 있다.
1) 노유자 생활시설
2) 노유자시설로서 바닥면적이 500[m²] 이상인 층이 있는 것
3) 수련시설(숙박시설이 있는 것만 해당한다)로서 바닥면적이 500[m²] 이상인 층이 있는 것
4) 문화유산 중 문화유산의 보존 및 활용에 관한 법률 제23조에 따라 보물 또는 국보로 지정된 목조건축물
5) 근린생활시설 중 다음의 어느 하나에 해당하는 시설
   가) 의원, 치과의원 및 한의원으로서 입원실이 있는 시설
   나) 조산원 및 산후조리원 **24 회 출제**
6) 의료시설 중 다음의 어느 하나에 해당하는 것
   가) 종합병원, 병원, 치과병원, 한방병원 및 요양병원(의료재활시설은 제외한다)
   나) 정신병원 및 의료재활시설로 사용되는 바닥면적의 합계가 500[m²] 이상인 층이 있는 것
7) 판매시설 중 전통시장

1 자동화재속보설비의 설치기준

① 자동화재탐지설비와 연동으로 작동하여 자동적으로 화재 신호를 소방관서에 전달되는 것으로 할 것. 이 경우 부가적으로 특정소방대상물의 관계인에게 화재 신호를 전달되도록 할 수 있다.

② 조작스위치는 바닥으로부터 0.8[m] 이상 1.5[m] 이하의 높이에 설치할 것

③ 속보기는 소방관서에 통신망으로 통보하도록 하며, 데이터 또는 코드전송방식을 부가적으로 설치할 수 있다. 다만, 데이터 및 코드전송방식의 기준은 소방청장이 정하여 고시한 자동화재속보설비의 속보기의 성능인증 및 제품검사의 기술기준 제5조 제12호에 따른다.

[자동화재속보설비]

④ 문화재(국가유산)에 설치하는 자동화재속보설비는 ①의 기준에 불구하고 속보기에 감지기를 직접 연결하는 방식(자동화재탐지설비 1개의 경계구역에 한한다)으로 할 수 있다.

2 자동화재속보설비의 화재동작시험

① 주경종, 지구경종의 스위치를 정지위치로 한다.
② 동작시험스위치를 시험위치로 한다.
③ 회로선택스위치를 1개 회로를 선택한다.
④ 주경종을 정상위치로 전환한다.
⑤ 화재신호가 수신기에서 자동화재속보설비로 입력된다.
⑥ 화재속보기의 경보표시등 점등, LCD에 동작시간의 표시와 동시에 자동으로 119로 발신한다.
⑦ 소방관서에 전화가 수신되면 음성이 3회 반복하여 송출된다.
⑧ 복구방법
  ㉠ 동작시험스위치와 회로선택스위치를 원상태로 복구한다.
  ㉡ 수신기를 복구한다.
  ㉢ 주경종, 지구경종의 스위치를 원상태로 복구한다.
  ㉣ 화재속보기의 복구스위치를 눌러 복구한다.

3 자동화재속보설비 및 통합감시시설의 점검표(소방시설 자체점검사항 등에 관한 고시 별지 4)

번호	점검항목	점검결과
17-A. 자동화재속보설비 **15회 출제**		
17-A-001	○ 상용전원 공급 및 전원표시등 정상 점등 여부	
17-A-002	○ 조작스위치 높이 적정 여부	
17-A-003	○ 자동화재탐지설비 연동 및 화재신호 소방관서 전달 여부	
17-B. 통합감시시설		
17-B-001	● 주·보조 수신기 설치 적정 여부	
17-B-002	○ 수신기 간 원격제어 및 정보공유 정상 작동 여부	
17-B-003	● 예비선로 구축 여부	
비고		

제5절 누전경보기(NFTC 205, 소방시설법 영 별표 4)

> **[누전경보기를 설치해야 하는 특정소방대상물]**
> 계약전류용량(같은 건축물에 계약 종류가 다른 전기가 공급되는 경우에는 그중 최대계약전류 용량을 말한다)이 100[A]를 초과하는 특정소방대상물(내화구조가 아닌 건축물로서 벽·바닥 또는 반자의 전부나 일부를 불연재료 또는 준불연재료가 아닌 재료에 철망을 넣어 만든 것만 해당한다)에 설치해야 한다. 다만, 위험물 저장 및 처리 시설 중 가스시설, 터널 및 지하구의 경우에는 그렇지 않다.

1 설치방법

① 경계전로의 정격전류가 60[A]를 초과하는 전로에 있어서는 1급 누전경보기를, 60[A] 이하의 전로에 있어서는 1급 또는 2급 누전경보기를 설치할 것. 다만, 정격전류가 60[A]를 초과하는 경계전로가 분기되어 각 분기회로의 정격전류가 60[A] 이하로 되는 경우 해당 분기회로마다 2급 누전경보기를 설치한 때에는 해당 경계전로에 1급 누전경보기를 설치한 것으로 본다.
② 변류기는 특정소방대상물의 형태, 인입선의 시설방법 등에 따라 옥외 인입선의 제1지점의 부하 측 또는 제2종 접지선 측의 점검이 쉬운 위치에 설치할 것. 다만, 인입선의 형태 또는 특정소방대상물의 구조상 부득이한 경우에는 인입구에 근접한 옥내에 설치할 수 있다.
③ 변류기를 옥외의 전로에 설치하는 경우에는 옥외형으로 설치할 것

2 누전경보기의 수신부 설치제외 장소

① 가연성의 증기·먼지·가스 등이나 부식성의 증기·가스 등이 다량으로 체류하는 장소
② 화약류를 제조하거나 저장 또는 취급하는 장소
③ 습도가 높은 장소
④ 온도의 변화가 급격한 장소
⑤ 대전류회로·고주파 발생회로 등에 따른 영향을 받을 우려가 있는 장소

3 전원의 설치기준

① 전원은 분전반으로부터 전용회로로 하고, 각 극에 개폐기 및 15[A] 이하의 과전류차단기(배선용 차단기에 있어서는 20[A] 이하의 것으로 각 극을 개폐할 수 있는 것)를 설치할 것
② 전원을 분기할 때에는 다른 차단기에 따라 전원이 차단되지 않도록 할 것
③ 전원의 개폐기에는 "누전경보기용"이라고 표시한 표지를 할 것

4 누전경보기의 점검표(소방시설 자체점검사항 등에 관한 고시 별지 4)

번 호	점검항목	점검결과
18-A. 설치방법		
18-A-001	● 정격전류에 따른 설치 형태 적정 여부	
18-A-002	● 변류기 설치위치 및 형태 적정 여부	
18-B. 수신부 22 회 출제		
18-B-001	○ 상용전원 공급 및 전원표시등 정상 점등 여부	
18-B-002	● 가연성 증기, 먼지 등 체류 우려 장소의 경우 차단기구 설치 여부	
18-B-003	○ 수신부의 성능 및 누전경보 시험 적정 여부	
18-B-004	○ 음향장치 설치장소(상시 사람이 근무) 및 음량·음색 적정 여부	
18-C. 전 원 22 회 출제		
18-C-001	● 분전반으로부터 전용회로 구성 여부	
18-C-002	● 개폐기 및 과전류차단기 설치 여부	
18-C-003	● 다른 차단기에 의한 전원차단 여부(전원을 분기할 경우)	
비 고		

제6절 가스누설경보기(NFTC 206, 소방시설법 영 별표 4)

[가스누설경보기를 설치해야 하는 특정소방대상물]
1) 문화 및 집회시설, 종교시설, 판매시설, 운수시설, 의료시설, 노유자시설
2) 수련시설, 운동시설, 숙박시설, 창고시설 중 물류터미널, 장례시설

1 개 요

가스누설경보기란 LPG, LNG, CO 등 가연성 가스가 **누설**되어 공기 중의 산소와 점화원이 존재하여 연소범위 내에 있을 때 폭발사고 방지와 독성가스유출로 인한 중독사고를 미연에 방지하고자 **가연성 가스 저장소**나 **충전소**에 가스누설경보기를 설치하여 가스누설 시 **자동**으로 **경보**를 알려주는 경보장치이다.

2 용어 정의

① **가연성 가스 경보기** : 보일러 등 가스연소기에서 액화석유가스(LPG), 액화천연가스(LNG) 등의 가연성 가스가 새는 것을 탐지하여 관계자나 이용자에게 경보하여 주는 것을 말한다. 다만, 탐지소자 외의 방법에 의하여 가스가 새는 것을 탐지하는 것, 점검용으로 만들어진 휴대용탐지기 또는 연동기기에 의하여 경보를 발하는 것은 제외한다.

② **일산화탄소 경보기** : 일산화탄소가 새는 것을 탐지하여 관계자나 이용자에게 경보하여 주는 것을 말한다. 다만, 탐지소자 외의 방법에 의하여 가스가 새는 것을 탐지하는 것, 점검용으로 만들어진 휴대용탐지기 또는 연동기기에 의하여 경보를 발하는 것은 제외한다.

③ **탐지부** : 가스누설경보기 중 가스누설을 탐지하여 중계기 또는 수신부에 가스누설의 신호를 발신하는 부분을 말한다.

④ **수신부** : 경보기 중 탐지부에서 발하여진 가스누설 신호를 직접 또는 중계기를 통하여 수신하고 이를 관계자에게 음향으로서 경보하여 주는 것을 말한다.

3 종 류

(1) 단독형

탐지부와 수신부가 일체로 되어 있는 형태의 경보기를 말한다.

(2) 분리형

탐지부와 수신부가 분리되어 있는 형태의 경보기를 말한다.

4 가연성 가스의 경보기

(1) 분리형경보기의 수신부 설치기준
① 가스연소기 주위의 경보기의 상태 확인 및 유지 관리에 용이한 위치에 설치할 것
② 가스누설 경보음향의 음량과 음색이 다른 기기의 소음 등과 명확히 구별될 것
③ 가스누설 경보음향의 크기는 수신부로부터 1[m] 떨어진 위치에서 음압이 70[dB] 이상일 것
④ 수신부의 조작스위치는 바닥으로부터의 높이가 0.8[m] 이상 1.5[m] 이하인 장소에 설치할 것
⑤ 수신부가 설치된 장소에는 관계자 등에게 신속히 연락할 수 있도록 비상연락 번호를 기재한 표를 비치할 것

(2) 분리형경보기의 탐지부 설치기준
① 탐지부는 가스연소기의 중심으로부터 직선거리 8[m](공기보다 무거운 가스를 사용하는 경우에는 4[m]) 이내에 1개 이상 설치해야 한다.
② 탐지부는 천장으로부터 탐지부 하단까지의 거리가 0.3[m] 이하가 되도록 설치한다. 다만, 공기보다 무거운 가스를 사용하는 경우에는 바닥면으로부터 탐지부 상단까지의 거리는 0.3[m] 이하로 한다.

(3) 단독형경보기의 설치기준
① 가스연소기 주위의 경보기의 상태 확인 및 유지 관리에 용이한 위치에 설치할 것
② 가스누설 경보음향의 음량과 음색이 다른 기기의 소음 등과 명확히 구별될 것
③ 가스누설 경보음향장치는 수신부로부터 1[m] 떨어진 위치에서 음압이 70[dB] 이상일 것
④ 단독형경보기는 가스연소기의 중심으로부터 직선거리 8[m](공기보다 무거운 가스를 사용하는 경우에는 4[m]) 이내에 1개 이상 설치해야 한다.
⑤ 단독형경보기는 천장으로부터 경보기 하단까지의 거리가 0.3[m] 이하가 되도록 설치한다. 다만, 공기보다 무거운 가스를 사용하는 경우에는 바닥면으로부터 단독형경보기 상단까지의 거리는 0.3[m] 이하로 한다.
⑥ 경보기가 설치된 장소에는 관계자 등에게 신속히 연락할 수 있도록 비상연락 번호를 기재한 표를 비치할 것

5 일산화탄소 경보기

(1) 분리형경보기의 수신부 설치기준
① 가스누설 경보음향의 음량과 음색이 다른 기기의 소음 등과 명확히 구별될 것
② 가스누설 경보음향의 크기는 수신부로부터 1[m] 떨어진 위치에서 음압이 70[dB] 이상일 것
③ 수신부의 조작스위치는 바닥으로부터 높이가 0.8[m] 이상 1.5[m] 이하인 장소에 설치할 것

④ 수신부가 설치된 장소에는 관계자 등에게 신속히 연락할 수 있도록 비상연락 번호를 기재한 표를 비치할 것

(2) 분리형경보기의 탐지부 설치기준
천장으로부터 탐지부 하단까지의 거리가 0.3[m] 이하가 되도록 설치한다.

(3) 단독형경보기의 설치기준
① 가스누설 경보음향의 음량과 음색이 다른 기기의 소음 등과 명확히 구별될 것
② 가스누설 경보음향장치는 수신부로부터 1[m] 떨어진 위치에서 음압이 70[dB] 이상일 것
③ 단독형경보기는 천장으로부터 경보기 하단까지의 거리가 0.3[m] 이하가 되도록 설치한다.
④ 경보기가 설치된 장소에는 관계자 등에게 신속히 연락할 수 있도록 비상연락 번호를 기재한 표를 비치할 것

6 분리형경보기의 탐지부 및 단독형경보기를 설치할 수 없는 장소 22 회 출제
① 출입구 부근 등으로서 외부의 기류가 통하는 곳
② 환기구 등 공기가 들어오는 곳으로부터 1.5[m] 이내인 곳
③ 연소기의 폐가스에 접촉하기 쉬운 곳
④ 가구·보·설비 등에 가려져 누설가스의 유통이 원활하지 못한 곳
⑤ 수증기 또는 기름 섞인 연기 등이 직접 접촉될 우려가 있는 곳

7 가스누설경보기의 형식승인 및 제품검사의 기술기준

(1) 경보기의 일반구조(제4조)
① 가스누설경보기의 수신부 및 분리형 가스누설경보기의 탐지부 외함(지구창, 지도판, 수납용뚜껑, 스위치손잡이, 발광다이오드, 지시전기계기 및 표시명판을 제외한다)에 합성수지를 사용하는 경우에는 (90±2)[℃]의 온도에서 7일간 방치하는 경우 열로 인한 변형이 생기지 않아야 하며, UL 94 규정에 의한 V-2 이상의 난연성능이 있어야 한다.
② 전원공급의 상태를 쉽게 확인할 수 있는 녹색계열의 **표시등**이 있을 것
③ 정격전압이 60[V]를 초과하는 기구의 금속제 외함에는 **접지단자**를 설치할 것
④ **예비전원**을 가스누설경보기의 **주전원**으로 **사용하지 말 것**
⑤ 예비전원을 단락사고 등으로부터 보호하기 위한 퓨즈 등 과전류 보호장치를 설치할 것
⑥ 축전지를 **병렬**로 **접속**하는 경우에는 **역충전방지 등의 조치**를 할 것

> **Plus one**
>
> 예비전원
> 알칼리계 2차 축전지, 리튬계 2차 축전지, 무보수밀폐형 연축전지

⑦ 흡입량 시험은 30분 동안 안정화시킨 다음 배기구에서 측정하였을 때 **1.5[L/min]** 이상일 것(제6조의2)

(2) 표시등의 설치기준(제8조)

① 전구는 **2개 이상**을 **병렬**로 접속할 것(방전등 또는 발광다이오드는 제외)
② 표시등의 점등색
　㉠ **누설등**(가스의 누설을 표시하는 표시등) : **황색**
　㉡ **지구등**(가스가 누설할 경계구역의 위치를 표시하는 표시등) : **황색**
③ 주위의 밝기가 300[lx]인 장소에서 측정하여 앞면으로부터 3[m] 떨어진 곳에서 켜진 등이 확실히 식별될 수 있을 것

8 가스누설경보기의 점검표(소방시설 자체점검사항 등에 관한 고시 별지 4)

번 호	점검항목	점검결과
19-A. 수신부　25 회 출제		
19-A-001 19-A-002 19-A-003	○ 수신부 설치 장소 적정 여부 ○ 상용전원 공급 및 전원표시등 정상 점등 여부 ○ 음향장치의 음량·음색·음압 적정 여부	
19-B. 탐지부		
19-B-001 19-B-002	○ 탐지부의 설치방법 및 설치상태 적정 여부 ○ 탐지부의 정상 작동 여부	
19-C. 차단기구		
19-C-001 19-C-002	○ 차단기구는 가스 주배관에 견고히 부착되어 있는지 여부 ○ 시험장치에 의한 가스차단밸브의 정상 개폐 여부	
비 고		

제7절 화재알림설비(NFTC 207, 소방시설법 영 별표 4)

[화재알림설비를 설치해야 하는 특정소방대상물]
판매시설 중 전통시장

1 용어 정의

① **화재알림형 감지기** : 화재 시 발생하는 열, 연기, 불꽃을 자동적으로 감지하는 기능 중 두 가지 이상의 성능을 가진 열·연기 또는 열·연기·불꽃 복합형 감지기로서 화재알림형 수신기에 주위의 온도 또는 연기의 양의 변화에 따라 각각 다른 전류 또는 전압 등(화재정보값)의 출력을 발하고, 불꽃을 감지하는 경우 화재신호를 발신하며, 자체 내장된 음향장치에 의하여 경보하는 것

② **화재알림형 중계기** : 화재알림형 감지기, 발신기 또는 전기적인 접점 등의 작동에 따른 화재정보값 또는 화재신호 등을 받아 이를 화재알림형 수신기에 전송하는 장치

③ **화재알림형 수신기** : 화재알림형 감지기나 발신기에서 발하는 화재정보값 또는 화재신호 등을 직접 수신하거나 화재알림형 중계기를 통해 수신하여 화재의 발생을 표시 및 경보하고, 화재정보값 등을 자동으로 저장하여, 자체 내장된 속보기능에 의해 화재신호를 통신망을 통하여 소방관서에는 음성 등의 방법으로 통보하고, 관계인에게는 문자로 전달할 수 있는 장치

④ **화재알림형 비상경보장치** : 발신기, 표시등, 지구음향장치(경종 또는 사이렌 등)를 내장한 것으로 화재발생 상황을 경보하는 장치

⑤ **원격감시서버** : 원격지에서 각각의 화재알림설비로부터 수신한 화재정보값 및 화재신호, 상태신호 등을 원격으로 감시하기 위한 서버

2 화재알림형 수신기

(1) 화재알림형 수신기의 기준에 적합할 것

① 화재알림형 감지기, 발신기 등의 작동 및 설치지점을 확인할 수 있는 것으로 설치할 것

② 해당 특정소방대상물에 가스누설탐지설비가 설치된 경우에는 가스누설탐지설비로부터 가스누설신호를 수신하여 가스누설경보를 할 수 있는 것으로 설치할 것. 다만, 가스누설탐지설비의 수신부를 별도로 설치한 경우에는 제외한다.

③ 화재알림형 감지기, 발신기 등에서 발신되는 화재정보·신호 등을 자동으로 1년 이상 저장할 수 있는 용량의 것으로 설치할 것. 이 경우 저장된 데이터는 수신기에서 확인할 수 있어야 하며, 복사 및 출력도 가능해야 한다.

④ 화재알림형 수신기에 내장된 속보기능은 화재신호를 자동적으로 통신망을 통하여 소방관서에는 음성 등의 방법으로 통보하고, 관계인에게는 문자로 전달할 수 있는 것으로 설치할 것

(2) 화재알림형 수신기의 설치기준

① 상시 사람이 근무하는 장소에 설치할 것. 다만, 사람이 상시 근무하는 장소가 없는 경우에는 관계인이 쉽게 접근할 수 있고 관리가 용이한 장소로서 화재 및 침수 등의 재해로 인한 피해를 받을 우려가 없는 곳에 설치해야 한다.
② 화재알림형 수신기가 설치된 장소에는 화재알림설비 일람도를 비치할 것
③ 화재알림형 수신기의 내부 또는 그 직근에 주음향장치를 설치할 것
④ 화재알림형 수신기의 음향기구는 그 음압 및 음색이 다른 기기의 소음 등과 명확히 구별될 수 있는 것으로 할 것
⑤ 화재알림형 수신기의 조작스위치는 바닥으로부터의 높이가 0.8[m] 이상 1.5[m] 이하인 장소에 설치할 것
⑥ 하나의 특정소방대상물에 2 이상의 화재알림형 수신기를 설치하는 경우에는 화재알림형 수신기를 상호 간 연동하여 화재발생 상황을 각 화재알림형 수신기마다 확인할 수 있도록 할 것
⑦ 화재로 인하여 하나의 층의 화재알림형 비상경보장치 또는 배선이 단락되어도 다른 층의 화재통보에 지장이 없도록 각 층 배선 상에 유효한 조치를 할 것. 다만, 무선식의 경우 제외한다.

3 화재알림형 중계기

① 화재알림형 수신기와 화재알림형 감지기 사이에 설치할 것
② 조작 및 점검에 편리하고 화재 및 침수 등의 재해로 인한 피해를 받을 우려가 없는 장소에 설치할 것. 다만, 외기에 개방되어 있는 장소에 설치하는 경우 빗물·먼지 등으로부터 화재알림형 중계기를 보호할 수 있는 구조로 설치해야 한다.
③ 화재알림형 수신기에 따라 감시되지 않는 배선을 통하여 전력을 공급받는 것에 있어서는 전원입력측의 배선에 과전류 차단기를 설치하고 해당 전원의 정전이 즉시 화재알림형 수신기에 표시되는 것으로 하며, 상용전원 및 예비전원의 시험을 할 수 있도록 할 것

4 화재알림형 감지기

① 화재알림형 감지기 중 열을 감지하는 경우 공칭감지온도범위, 연기를 감지하는 경우 공칭감지농도범위, 불꽃을 감지하는 경우 공칭감시거리 및 공칭시야각 등에 따라 적합한 장소에 설치해야 한다. 다만, 이 기준에서 정하지 않는 설치방법에 대하여는 형식승인 사항이나 제조사의 시방서에 따라 설치할 수 있다.
② 무선식의 경우 화재를 유효하게 검출할 수 있도록 해당 특정소방대상물에 음영구역이 없도록 설치해야 한다.
③ 동작된 감지기는 자체 내장된 음향장치에 의하여 경보를 발해야 하며, 음압은 부착된 화재알림형 감지기의 중심으로부터 1[m] 떨어진 위치에서 85[dB] 이상 되어야 한다.

5 화재알림형 비상경보장치

(1) 설치기준

전통시장의 경우 공용부분에 한하여 설치할 수 있다.

① 층수가 11층(공동주택의 경우에는 16층) 이상의 특정소방대상물은 발화층에 따라 경보하는 층을 달리하여 경보를 발할 수 있도록 할 것. 다만, 그 외 특정소방대상물은 전층경보방식으로 경보를 발할 수 있도록 설치해야 한다.

발화층	경보를 발하는 층
2층 이상	발화층, 그 직상 4개층
1층	발화층, 그 직상 4개층, 지하층
지하층	발화층, 그 직상층, 기타의 지하층

② 화재알림형 비상경보장치는 특정소방대상물의 층마다 설치하되, 해당 특정소방대상물의 각 부분으로부터 하나의 화재알림형 비상경보장치까지의 수평거리가 25[m] 이하(다만, 복도 또는 별도로 구획된 실로서 보행거리 40[m] 이상일 경우에는 추가로 설치해야 한다)가 되도록 하고, 해당 층의 각 부분에 유효하게 경보를 발할 수 있도록 설치할 것. 다만, 비상방송설비의 화재안전기술기준(NFTC 202)에 적합한 방송설비를 화재알림형 감지기와 연동하여 작동하도록 설치한 경우에는 비상경보장치를 설치하지 않고, 발신기만 설치할 수 있다.

③ ②에도 불구하고 ②의 기준을 초과하는 경우로서 기둥 또는 벽이 설치되지 않은 대형공간의 경우 화재알림형 비상경보장치는 설치대상 장소 중 가장 가까운 장소의 벽 또는 기둥 등에 설치할 것

④ 화재알림형 비상경보장치는 조작이 쉬운 장소에 설치하고, 발신기의 스위치는 바닥으로부터 0.8[m] 이상 1.5[m] 이하의 높이에 설치할 것

⑤ 화재알림형 비상경보장치의 위치를 표시하는 표시등은 함의 상부에 설치하되, 그 불빛은 부착면으로부터 15° 이상의 범위 안에서 부착지점으로부터 10[m] 이내의 어느 곳에서도 쉽게 식별할 수 있는 적색등으로 설치할 것

(2) 구조 및 성능기준

① 정격전압의 80[%] 전압에서 음압을 발할 수 있는 것으로 할 것. 다만, 건전지를 주전원으로 사용하는 화재알림형 비상경보장치는 그렇지 않다.

② 음압은 부착된 화재알림형 비상경보장치의 중심으로부터 1[m] 떨어진 위치에서 90[dB] 이상이 되는 것으로 할 것

③ 화재알림형 감지기 및 발신기의 작동과 연동하여 작동할 수 있는 것으로 할 것

(3) 하나의 특정소방대상물에 2 이상의 화재알림형 수신기가 설치된 경우 어느 화재알림형 수신기에서도 화재알림형 비상경보장치를 작동할 수 있도록 해야 한다.

6 원격감시서버

(1) 원격감시서버의 비상전원은 상용전원 차단 시 24시간 이상 전원을 유효하게 공급될 수 있는 것으로 설치한다.

(2) 화재알림설비로부터 수신한 정보(주소, 화재정보·신호 등)를 1년 이상 저장할 수 있는 용량을 확보한다.
  ① 저장된 데이터는 원격감시서버에서 확인할 수 있어야 하며 복사 및 출력도 가능할 것
  ② 저장된 데이터는 임의로 수정이나 삭제를 방지할 수 있는 기능이 있을 것

01 비상경보설비 발신기의 설치기준을 쓰시오.

해답 발신기의 설치기준(NFTC 201)
① 조작이 쉬운 장소에 설치하고, 조작스위치는 바닥으로부터 0.8[m] 이상 1.5[m] 이하의 높이에 설치할 것
② 특정소방대상물의 층마다 설치하되, 해당 층의 각 부분으로부터 하나의 발신기까지의 수평거리가 25[m] 이하가 되도록 할 것. 다만, 복도 또는 별도로 구획된 실로서 보행거리가 40[m] 이상일 경우에는 추가로 설치해야 한다.
③ 발신기의 위치표시등은 함의 상부에 설치하되, 그 불빛은 부착면으로부터 15° 이상의 범위 안에서 부착지점으로부터 10[m] 이내의 어느 곳에서도 쉽게 식별할 수 있는 적색등으로 할 것

02 단독경보형감지기의 설치기준을 쓰시오.

해답 단독경보형감지기의 설치기준(NFTC 201)
① 각 실(이웃하는 실내의 바닥면적이 각각 30[m²] 미만이고 벽체의 상부의 전부 또는 일부가 개방되어 이웃하는 실내와 공기가 상호 유통되는 경우에는 이를 1개의 실로 본다)마다 설치하되, 바닥면적이 150[m²]를 초과하는 경우에는 150[m²]마다 1개 이상 설치할 것
② 계단실은 최상층의 계단실의 천장(외기가 상통하는 계단실의 경우를 제외한다)에 설치할 것
③ 건전지를 주전원으로 사용하는 단독경보형감지기는 정상적인 작동상태를 유지할 수 있도록 주기적으로 건전지를 교환할 것
④ 상용전원을 주전원으로 사용하는 단독경보형감지기의 2차 전지는 성능시험에 합격한 것을 사용할 것

03 비상경보설비 및 단독경보형감지기의 점검표에서 비상경보설비의 종합점검항목을 쓰시오.

해답 비상경보설비의 종합점검항목(소방시설 자체점검사항 등에 관한 고시 별지 4)
① 수신기 설치장소 적정(관리용이) 및 스위치 정상 위치 여부
② 수신기 상용전원 공급 및 전원표시등 정상점등 여부
③ 예비전원(축전지) 상태 적정 여부(상시 충전, 상용전원 차단 시 자동절환)
④ 지구음향장치 설치기준 적합 여부
⑤ 음향장치(경종 등) 변형·손상 확인 및 정상 작동(음량 포함) 여부
⑥ 발신기 설치장소, 위치(수평거리) 및 높이 적정 여부
⑦ 발신기 변형·손상 확인 및 정상 작동 여부
⑧ 위치표시등 변형·손상 확인 및 정상 점등 여부

> 작동점검항목이나 종합점검항목은 같다.

04 비상경보설비 및 단독경보형감지기의 점검표에서 단독경보형감지기의 종합점검항목을 쓰시오.

해답 단독경보형감지기의 종합점검항목(소방시설 자체점검사항 등에 관한 고시 별지 4)
① 설치위치(각 실, 바닥면적 기준 추가설치, 최상층 계단실) 적정 여부
② 감지기의 변형 또는 손상이 있는지 여부
③ 정상적인 감시상태를 유지하고 있는지 여부(시험작동 포함)

05 비상방송설비의 음향장치 설치기준에 대하여 5가지만 작성하시오.

해답 음향장치의 설치기준(NFTC 202)
① 확성기의 음성입력은 3[W](실내 1[W]) 이상일 것
② 확성기는 각 층마다 설치하되, 그 층의 각 부분으로부터 하나의 확성기까지의 수평거리가 25[m] 이하가 되도록 하고, 해당 층의 각 부분에 유효하게 경보를 발할 수 있도록 설치할 것
③ 음량조정기를 설치하는 경우 음량조정기의 배선은 3선식으로 할 것
④ 조작부의 조작스위치는 바닥으로부터 0.8[m] 이상 1.5[m] 이하의 높이에 설치할 것
⑤ 조작부는 기동장치의 작동과 연동하여 해당 기동장치가 작동한 층 또는 구역을 표시할 수 있는 것으로 할 것

06 비상방송설비의 직상발화 우선경보방식의 대상과 우선경보기준을 설명하시오.

해답 **우선경보방식**(NFTC 202)
① 우선경보대상 : 층수가 11층(공동주택의 경우에는 16층) 이상의 특정소방대상물
② 우선경보기준

발화층	경보를 발하는 층
2층 이상의 층	발화층 및 그 직상 4개층
1층	발화층, 그 직상 4개층, 지하층
지하층	발화층, 그 직상층, 기타의 지하층

07 30층 이상 고층건축물의 비상방송설비 경보기준을 설명하시오.

해답 **30층 이상의 고층건축물**(NFTC 604)
① 2층 이상의 층에서 발화한 때 : 발화층 및 그 직상 4개 층
② 1층에서 발화한 때 : 발화층, 그 직상 4개 층 및 지하층
③ 지하층에서 발화한 때 : 발화층, 그 직상층 및 기타의 지하층에 경보를 발할 것

08 비상방송설비의 점검표에서 음향장치의 종합점검항목을 쓰시오.

해답 **음향장치의 종합점검항목**(소방시설 자체점검사항 등에 관한 고시 별지 4)
① 확성기 음성입력 적정 여부
② 확성기 설치 적정(층마다 설치, 수평거리, 유효하게 경보) 여부
③ 조작부 조작스위치 높이 적정 여부
④ 조작부상 설비 작동층 또는 작동구역 표시 여부
⑤ 증폭기 및 조작부 설치장소 적정 여부
⑥ 우선경보방식 적용 적정 여부
⑦ 겸용설비 성능 적정(화재 시 다른 설비 차단) 여부
⑧ 다른 전기회로에 의한 유도장애 발생 여부
⑨ 2 이상 조작부 설치 시 상호 동시통화 및 전 구역 방송 가능 여부
⑩ 화재신호 수신 후 방송개시 소요시간 적정 여부
⑪ 자동화재탐지설비 작동과 연동하여 정상 작동 가능 여부

09 자동화재탐지설비의 경계구역 설정기준을 설명하시오.

해답 경계구역 설정기준(NFTC 203)
① 하나의 경계구역이 2 이상의 건축물에 미치지 않도록 할 것
② 하나의 경계구역이 2 이상의 층에 미치지 않도록 할 것(다만, 500[m²] 이하의 범위 안에서는 2개의 층을 하나의 경계구역으로 할 수 있다)
③ 하나의 경계구역의 면적은 600[m²] 이하로 하고 한 변의 길이는 50[m] 이하로 할 것(다만, 해당 특정소방대상물의 주된 출입구에서 그 내부 전체가 보이는 것에 있어서는 한 변의 길이가 50[m] 범위 내에서 1,000[m²] 이하로 할 수 있다)

10 지하 5층, 지상 20층인 근린생활시설인 건축물에 각 층의 층고는 3[m]이고 지하 5층부터 지상 20층까지 통하는 계단과 파이프덕트가 설치되어 있을 때 몇 개의 수직적 경계구역으로 산정해야 하는가?

해설 경계구역의 수(NFTC 203)
① 계 단
  ㉠ 지하층은 별도로 구역해야 하므로 **1개 구역**이 된다.
  ㉡ 지상층의 높이는 60[m](3[m] × 20개층)이므로 60[m]/45[m] = 1.33 ⇒ **2개 구역**으로 한다.
② 파이프덕트 : 지상층과 지하층은 구분이 없이 **1개의 경계구역**으로 할 수 있다.

해답 4개

11 특정소방대상물이 지상 8층, 지하 3층, 층별 바닥면적 550[m²], 층간 높이 3[m], 계단 1개, 엘리베이터 1개인 경우 최소 경계구역 수는?

해설 ① 수평적 경계구역 : 각 층마다 1개씩, 총 11개
② 수직적 경계구역 : 엘리베이터 권상기실 1개, 계단[지상(45[m] 이하) + 지하층(45[m] 이하)] 2개

해답 14개

12 아파트(계단실형 아파트로서 하나의 계단으로부터 출입할 수 있는 세대수가 층당 2세대 이하임)로서 지상 22층(바닥면적이 550[m²]), 지하 1층(주차장, 2,500[m²]), 층별 높이 3[m], 엘리베이터 1개, 계단 1개, 준비작동식 스프링클러설비 설치 시 최소 경계구역 수는?

해설 ① 수평적 경계구역 : 스프링클러가 설치된 주택 부분 1~22층까지 = 22개
　　　　　　스프링클러가 설치된 주차장 = 1개
② 수직적 경계구역 : 계단(지상 22층 × 3[m] = 66[m]) ⇒ 2개(45[m]까지 1개)(지하 1층이니까 제외),
　　　　　　엘리베이터 권상기실 1개

해답 26개

13 자동화재탐지설비의 축적기능이 있는 수신기를 설치해야 하는 장소를 나열하시오.

해답 **축적기능이 있는 수신기 설치장소**(NFTC 203)
① 특정소방대상물 또는 그 부분이 지하층·무창층 등으로서 환기가 잘 되지 않거나 실내면적이 40[m²] 미만인 장소
② 감지기의 부착면과 실내 바닥과의 거리가 2.3[m] 이하인 장소로서 일시적으로 발생한 열·연기 또는 먼지 등으로 인하여 감지기가 화재신호를 발신할 우려가 있는 때

14 자동화재탐지설비의 수신기 설치기준을 설명하시오.

해답 **수신기 설치기준**(NFTC 203)
① 수위실 등 상시 사람이 근무하는 장소에 설치할 것. 다만, 사람이 상시 근무하는 장소가 없는 경우에는 관계인이 쉽게 접근할 수 있고 관리가 용이한 장소에 설치할 수 있다.
② 수신기가 설치된 장소에는 경계구역 일람도를 비치할 것. 다만, 모든 수신기와 연결되어 각 수신기의 상황을 감시하고 제어할 수 있는 수신기(주수신기)를 설치하는 경우에는 주수신기를 제외한 기타 수신기는 그렇지 않다.
③ 수신기의 음향기구는 그 음량 및 음색이 다른 기기의 소음 등과 명확히 구별될 수 있는 것으로 할 것
④ 수신기는 감지기·중계기 또는 발신기가 작동하는 경계구역을 표시할 수 있는 것으로 할 것
⑤ 화재·가스 전기 등에 대한 종합방재반을 설치한 경우에는 해당 조작반에 수신기의 작동과 연동하여 감지기·중계기 또는 발신기가 작동하는 경계구역을 표시할 수 있는 것으로 할 것
⑥ 하나의 경계구역은 하나의 표시등 또는 하나의 문자로 표시되도록 할 것
⑦ 수신기의 조작스위치는 바닥으로부터의 높이가 0.8[m] 이상 1.5[m] 이하인 장소에 설치할 것
⑧ 하나의 특정소방대상물에 2 이상의 수신기를 설치하는 경우에는 수신기를 상호간 연동하여 화재발생 상황을 각 수신기마다 확인할 수 있도록 할 것
⑨ 화재로 인하여 하나의 층의 지구음향장치 배선이 단락되어도 다른 층의 화재통보에 지장이 없도록 각 층 배선상에 유효한 조치를 할 것

15 자동화재탐지설비의 중계기 설치기준을 쓰시오.

해답 중계기 설치기준(NFTC 203)
① 수신기에서 직접 감지기회로의 도통시험을 하지 않는 것에 있어서는 수신기와 감지기 사이에 설치할 것
② 조작 및 점검에 편리하고 화재 및 침수 등의 재해로 인한 피해를 받을 우려가 없는 장소에 설치할 것
③ 수신기에 따라 감시되지 않는 배선을 통하여 전력을 공급받는 것에 있어서는 전원입력 측의 배선에 과전류 차단기를 설치하고 해당 전원의 정전이 즉시 수신기에 표시되는 것으로 하며, 상용전원 및 예비전원의 시험을 할 수 있도록 할 것

16 특수감지기를 설치해야 할 장소와 감지기 종류에 대해 기술하시오.

해답 특수감지기(NFTC 203)
(1) 장 소
① 지하층·무창층 등으로서 환기가 잘 되지 않거나 실내면적이 40[m²] 미만인 장소
② 감지기의 부착면과 실내 바닥과의 거리가 2.3[m] 이하인 곳으로서 일시적으로 발생한 열·연기 또는 먼지 등으로 인하여 화재신호를 발신할 우려가 있는 장소
(2) 감지기의 종류
① 불꽃감지기
② 정온식감지선형감지기
③ 분포형감지기
④ 복합형감지기
⑤ 광전식분리형감지기
⑥ 아날로그방식의 감지기
⑦ 다신호방식의 감지기
⑧ 축적방식의 감지기

17 | 8[m] 이상 15[m] 미만과 20[m] 이상의 높이에 설치 가능한 감지기를 나열하시오.

해답 감지기 부착높이에 따른 감지기의 종류(NFTC 203)

부착높이	감지기의 종류
8[m] 이상 15[m] 미만	차동식 분포형 이온화식 1종 또는 2종 광전식(스포트형, 분리형, 공기흡입형) 1종 또는 2종 연기복합형 불꽃감지기
20[m] 이상	불꽃감지기 광전식(분리형, 공기흡입형) 중 아날로그방식

18 | 연기감지기의 설치장소를 기술하시오.

해답 연기감지기의 설치장소(NFTC 203)
① 계단·경사로 및 에스컬레이터 경사로
② 복도(30[m] 미만의 것을 제외한다)
③ 엘리베이터 승강로(권상기실이 있는 경우에는 권상기실)·린넨슈트·파이프 피트 및 덕트 기타 이와 유사한 장소
④ 천장 또는 반자의 높이가 15[m] 이상 20[m] 미만의 장소
⑤ 다음의 어느 하나에 해당하는 특정소방대상물의 취침·숙박·입원 등 이와 유사한 용도로 사용되는 거실
  ㉠ 공동주택·오피스텔·숙박시설·노유자시설·수련시설
  ㉡ 교육연구시설 중 합숙소
  ㉢ 의료시설, 근린생활시설 중 입원실이 있는 의원·조산원
  ㉣ 교정 및 군사시설
  ㉤ 근린생활시설 중 고시원

19 | 축적기능이 없는 것으로 설치해야 하는 감지기를 나열하시오.

해답 축적기능이 없는 것으로 설치해야 하는 감지기(NFTC 203)
① 교차회로방식에 사용되는 감지기
② 급속한 연소 확대가 우려되는 장소에 사용되는 감지기
③ 축적기능이 있는 수신기에 연결하여 사용하는 감지기

20 교차회로방식을 사용해야 하는 소방시설의 종류를 쓰시오.

해답 교차회로방식을 사용하는 설비
① 준비작동식 스프링클러설비
② 일제살수식 스프링클러설비
③ 미분무소화설비
④ 이산화탄소소화설비
⑤ 할론소화설비
⑥ 할로겐화합물 및 불활성기체소화설비
⑦ 분말소화설비

Plus one

교차회로방식
① **정의** : 하나의 방호구역 내에 2 이상의 화재감지기를 설치하고 인접한 서로 다른 감지기가 동시에 감지되는 때에 소화설비가 작동되는 방식
② **교차회로방식을 사용하는 설비**
  ㉠ 준비작동식 스프링클러설비
  ㉡ 일제살수식 스프링클러설비
  ㉢ 미분무소화설비
  ㉣ 포소화설비(화재안전기준에는 강제 규정이 아니지만 현장에는 설치함)
  ㉤ 이산화탄소소화설비
  ㉥ 할론소화설비
  ㉦ 할로겐화합물 및 불활성기체소화설비
  ㉧ 분말소화설비
③ **교차회로방식을 사용하는 설비의 작동방법**
  ㉠ 수동조작함의 수동스위치 작동
  ㉡ 감지기 2개 회로 작동
  ㉢ 수신기의 기동스위치 작동
  ㉣ 수신기에서 동작시험스위치 및 회로선택스위치 작동
④ **교차회로방식을 적용하지 않는 감지기의 종류**
  ㉠ 불꽃감지기
  ㉡ 정온식감지선형감지기
  ㉢ 분포형감지기
  ㉣ 복합형감지기
  ㉤ 광전식분리형감지기
  ㉥ 아날로그방식의 감지기
  ㉦ 다신호방식의 감지기
  ㉧ 축적방식의 감지기

21. 교차회로방식을 적용하지 않는 감지기의 종류를 쓰시오.

해답 교차회로방식을 적용하지 않는 감지기의 종류
① 불꽃감지기
② 정온식감지선형감지기
③ 분포형감지기
④ 복합형감지기
⑤ 광전식분리형감지기
⑥ 아날로그방식의 감지기
⑦ 다신호방식의 감지기
⑧ 축적방식의 감지기

22. 공기관식 차동식분포형감지기의 설치기준을 쓰시오.

해답 공기관식 차동식분포형감지기의 설치기준(NFTC 203)
① 공기관의 노출 부분은 감지구역마다 20[m] 이상이 되도록 할 것
② 공기관과 감지구역의 각 변과의 수평거리는 1.5[m] 이하가 되도록 하고, 공기관 상호 간의 거리는 6[m](주요구조부를 내화구조로 한 특정소방대상물 또는 그 부분은 9[m]) 이하가 되도록 할 것
③ 공기관은 도중에서 분기하지 않도록 할 것
④ 하나의 검출 부분에 접속하는 공기관의 길이는 100[m] 이하로 할 것
⑤ 검출부는 5° 이상 경사되지 않도록 부착할 것
⑥ 검출부는 바닥으로부터 0.8[m] 이상 1.5[m] 이하의 위치에 설치할 것

23. 차동식스포트형·보상식스포트형 및 정온식스포트형 감지기의 그 부착높이에 따른 바닥면적을 기술하시오.

해답 부착높이와 바닥면적에 따른 감지기 종류(NFTC 203)

부착높이 및 특정소방대상물의 구분		감지기의 종류(단위 : [m²])						
		차동식 스포트형		보상식 스포트형		정온식 스포트형		
		1종	2종	1종	2종	특종	1종	2종
4[m] 미만	주요구조부를 내화구조로 한 특정소방대상물 또는 그 부분	90	70	90	70	70	60	20
	기타 구조의 특정소방대상물 또는 그 부분	50	40	50	40	40	30	15
4[m] 이상 8[m] 미만	주요구조부를 내화구조로 한 특정소방대상물 또는 그 부분	45	35	45	35	35	30	-
	기타 구조의 특정소방대상물 또는 그 부분	30	25	30	25	25	15	-

24 높이 3.5[m], 바닥면적 200[m²]인 내화구조로 된 거실에 다음의 감지기 설치개수를 구하시오.

① 차동식스포트형감지기(1종)
② 보상식스포트형감지기(2종)
③ 정온식스포트형감지기(1종)
④ 연기감지기(1종)

해설 감지기 설치개수(NFTC 203)
(1) 열감지기의 설치기준

부착높이 및 특정소방대상물의 구분		감지기의 종류(단위 : [m²])						
		차동식 스포트형		보상식 스포트형		정온식 스포트형		
		1종	2종	1종	2종	특종	1종	2종
4[m] 미만	주요구조부를 내화구조로 한 특정소방대상물 또는 그 부분	90	70	90	70	70	60	20
	기타 구조의 특정소방대상물 또는 그 부분	50	40	50	40	40	30	15
4[m] 이상 8[m] 미만	주요구조부를 내화구조로 한 특정소방대상물 또는 그 부분	45	35	45	35	35	30	–
	기타 구조의 특정소방대상물 또는 그 부분	30	25	30	25	25	15	–

(2) 연기감지기의 설치기준

부착높이	감지기의 종류(단위 : [m²])	
	1종 및 2종	3종
4[m] 미만	150	50
4[m] 이상 20[m] 미만	75	–

① 차동식스포트형감지기(1종)

$$\therefore \text{감지기 설치개수} = \frac{\text{감지구역의 면적}[\text{m}^2]}{\text{감지기 1개의 설치 바닥면적}[\text{m}^2]} = \frac{200[\text{m}^2]}{90[\text{m}^2]} = 2.22 \rightarrow 3개$$

② 보상식스포트형감지기(2종)

$$\therefore \text{감지기 설치개수} = \frac{200[\text{m}^2]}{70[\text{m}^2]} = 2.85 \rightarrow 3개$$

③ 정온식스포트형감지기(1종)

$$\therefore \text{감지기 설치개수} = \frac{200[\text{m}^2]}{60[\text{m}^2]} = 3.33 \rightarrow 4개$$

④ 연기감지기(1종)

$$\therefore \text{감지기 설치개수} = \frac{200[\text{m}^2]}{150[\text{m}^2]} = 1.33 \rightarrow 2개$$

해답 ① 3개, ② 3개, ③ 4개, ④ 2개

25. 보행거리가 40[m]인 복도에 연기감지기(1종)를 설치하고자 한다. 감지기의 설치개수를 구하시오.

해답 연기감지기의 설치개수(NFTC 203)

부착높이	감지기의 종류	
	1종 및 2종	3종
복도 및 통로	보행거리 30[m]마다	보행거리 20[m]마다
계단 및 경사로	수직거리 15[m]마다	수직거리 10[m]마다

$$\text{감지기 설치개수} = \frac{\text{감지구역의 보행거리[m]}}{\text{감지기 1개의 설치 보행거리[m]}}$$

∴ 감지기 설치개수 $= \dfrac{40[\text{m}]}{30[\text{m}]} = 1.33 \rightarrow 2$개

26. 수직거리가 30[m]인 계단에 연기감지기(1종)를 설치하고자 한다. 감지기의 설치개수를 구하시오.

해답 연기감지기의 설치개수(NFTC 203)

∴ 감지기 설치개수 $= \dfrac{30[\text{m}]}{15[\text{m}]} = 2$개

27. 정온식 감지선형감지기의 설치기준을 쓰시오.

해답 정온식 감지선형감지기의 설치기준(NFTC 203)
① 보조선이나 고정금구를 사용하여 감지선이 늘어지지 않도록 설치할 것
② 단자부와 마감 고정금구와의 설치간격은 10[cm] 이내로 설치할 것
③ 감지선형감지기의 굴곡반경은 5[cm] 이상으로 할 것
④ 감지기와 감지구역의 각 부분과의 수평거리

구 분	감지기의 종류	
	1종	2종
내화구조	4.5[m] 이하	3[m] 이하
비내화구조(기타 구조)	3[m] 이하	1[m] 이하

⑤ 케이블트레이에 감지기를 설치하는 경우에는 케이블트레이 받침대에 마감금구를 사용하여 설치할 것
⑥ 지하구나 창고의 천장 등에 지지물이 적당하지 않는 장소에서는 보조선을 설치하고 그 보조선에 설치할 것
⑦ 분전반 내부에 설치하는 경우 접착제를 이용하여 돌기를 바닥에 고정시키고 그곳에 감지기를 설치할 것
⑧ 그 밖의 설치방법은 형식승인 내용에 따르며 형식승인 사항이 아닌 것은 제조사의 시방서에 따라 설치할 것

28 불꽃감지기의 설치기준을 쓰시오.

해답 불꽃감지기의 설치기준(NFTC 203)
① 공칭감시거리 및 공칭시야각은 형식승인 내용에 따를 것
② 감지기는 공칭감시거리와 공칭시야각을 기준으로 감시구역이 모두 포용될 수 있도록 설치할 것
③ 감지기는 화재감지를 유효하게 감지할 수 있는 모서리 또는 벽 등에 설치할 것
④ 감지기를 천장에 설치하는 경우에는 감지기는 바닥을 향하여 설치할 것
⑤ 수분이 많이 발생할 우려가 있는 장소에는 방수형으로 설치할 것
⑥ 그 밖의 설치기준은 형식승인 내용에 따르며, 형식승인 사항이 아닌 것은 제조사의 시방서에 따라 설치할 것

29 광전식분리형감지기 또는 불꽃감지기, 광전식공기흡입형감지기의 설치장소를 쓰시오.

해답 광전식분리형감지기 또는 불꽃감지기, 광전식공기흡입형감지기의 설치장소(NFTC 203)
① 화학공장·격납고·제련소 등 : 광전식분리형감지기 또는 불꽃감지기
② 전산실 또는 반도체 공장 등 : 광전식공기흡입형감지기

30 흡연에 의해 연기가 체류하며 환기가 되지 않는 장소에 적응성이 있는 감지기를 기술하시오.

해설 설치장소별 감지기의 적응성(NFTC 203)

설치장소	환경상태	흡연에 의해 연기가 체류하며 환기가 되지 않는 장소
	적응장소	회의실, 응접실, 휴게실, 노래연습실, 오락실, 다방, 음식점, 대합실, 카바레 등의 객실, 집회장, 연회장 등
적응열감지기	차동식스포트형	○(적응성이 있다)
	차동식분포형	○(적응성이 있다)
	보상식스포트형	○(적응성이 있다)
	정온식	—
	열아날로그식	—
적응연기감지기	이온화식스포트형	—
	광전식스포트형	◎(감지회로의 축적기능을 갖는 것을 표시)
	이온아날로그식스포트형	—
	광전아날로그식스포트형	◎
	광전식분리형	○(적응성이 있다)
	광전아날로그식분리형	○(적응성이 있다)
	불꽃감지기	—

해답
① 차동식 스포트형
② 차동식 분포형
③ 보상식 스포트형
④ 광전식 스포트형
⑤ 광전아날로그식 스포트형
⑥ 광전식 분리형
⑦ 광전아날로그식 분리형

31 훈소화재의 우려가 있는 장소에 적응성이 있는 감지기를 기술하시오.

해답 설치장소별 감지기의 적응성(NFTC 203)
① 적응장소 : 전화기기실, 통신기기실, 전산실, 기계제어실
② 적응연기감지기 : 광전식 스포트형, 광전아날로그식 스포트형, 광전식 분리형, 광전아날로그식 분리형

32 감지기의 설치제외 장소를 쓰시오.

해답 감지기의 설치제외 장소(NFTC 203)
① 천장 또는 반자의 높이가 20[m] 이상인 장소. 다만, 2.4.1 단서의 감지기로서 부착높이에 따라 적응성이 있는 장소는 제외한다.
② 헛간 등 외부와 기류가 통하는 장소로서 감지기에 따라 화재발생을 유효하게 감지할 수 없는 장소
③ 부식성 가스가 체류하고 있는 장소
④ 고온도 및 저온도로서 감지기의 기능이 정지되기 쉽거나 감지기의 유지관리가 어려운 장소
⑤ 목욕실·욕조나 샤워 시설이 있는 화장실·기타 이와 유사한 장소
⑥ 파이프덕트 등 그 밖의 이와 비슷한 것으로서 2개 층마다 방화구획된 것이나 수평단면적이 5[m^2] 이하인 것
⑦ 먼지·가루 또는 수증기가 다량으로 체류하는 장소 또는 주방 등 평상시 연기가 발생하는 장소(연기감지기에 한한다)
⑧ 프레스공장, 주조공장 등 화재발생의 위험이 적은 장소로서 감지기의 유지관리가 어려운 장소

33 자동화재탐지설비의 경보를 발하는 층을 쓰시오.

층수가 11층(공동주택의 경우에는 16층) 이상의 특정소방대상물

해답 경보를 발하는 층(NFTC 203)
(1) 층수가 11층(공동주택의 경우에는 16층) 이상의 특정소방대상물
① 2층 이상의 층에서 발화한 때 : 발화층 및 그 직상 4개층
② 1층에서 발화한 때 : 발화층·그 직상 4개층 및 지하층
③ 지하층에서 발화한 때 : 발화층·그 직상층 및 기타의 지하층
(2) 층수가 30층 이상의 고층건축물
① 2층 이상의 층에서 발화한 때 : 발화층 및 그 직상 4개 층
② 1층에서 발화한 때 : 발화층·그 직상 4개 층 및 지하층
③ 지하층에서 발화한 때 : 발화층·그 직상층 및 기타의 지하층

34 청각장애인용 시각경보장치의 설치기준에 대하여 작성하시오.

해답 시각경보장치의 설치기준(NFTC 203)
① 복도·통로·청각장애인용 객실 및 공용으로 사용하는 거실(로비, 회의실, 강의실, 식당, 휴게실, 오락실, 대기실, 체력단련실, 접객실, 안내실, 전시실, 기타 이와 유사한 장소)에 설치하며, 각 부분으로부터 유효하게 경보를 발할 수 있는 위치에 설치할 것
② 공연장·집회장·관람장 또는 이와 유사한 장소에 설치하는 경우에는 시선이 집중되는 무대부 부분 등에 설치할 것
③ 설치높이는 바닥으로부터 2[m] 이상 2.5[m] 이하의 장소에 설치할 것. 다만, 천장의 높이가 2[m] 이하인 경우에는 천장으로부터 0.15[m] 이내의 장소에 설치해야 한다.
④ 시각경보장치의 광원은 전용의 축전지설비, 전기저장장치(외부 전기에너지를 저장해 두었다가 필요한 때 전기를 공급하는 장치)에 의하여 점등되도록 할 것. 다만, 시각경보기에 작동전원을 공급할 수 있도록 형식승인을 얻은 수신기를 설치한 경우에는 그렇지 않다.

35 자동화재탐지설비의 발신기 설치기준을 쓰시오.

해답 발신기의 설치기준(NFTC 203)
① 조작이 쉬운 장소에 설치하고, 스위치는 바닥으로부터 **0.8[m] 이상 1.5[m] 이하**의 높이에 설치할 것
② 특정소방대상물의 **층마다 설치**하되, 해당 층의 각 부분으로부터 하나의 발신기까지의 수평거리가 **25[m] 이하**가 되도록 할 것(다만, 복도 또는 별도로 구획된 실로서 보행거리가 40[m] 이상일 경우에는 추가로 설치해야 한다)
③ ②에도 불구하고 ②의 기준을 초과하는 경우로서 기둥 또는 벽이 설치되지 않은 대형공간의 경우 발신기는 설치 대상 장소의 가장 가까운 장소의 벽 또는 기둥 등에 설치할 것
④ 발신기의 위치를 표시하는 표시등은 함의 상부에 설치하되, 그 불빛은 부착면으로부터 15° 이상의 범위 안에서 부착지점으로부터 10[m] 이내의 어느 곳에서도 쉽게 식별할 수 있는 적색등으로 해야 한다.

36 자동화재탐지설비의 종단저항 설치기준을 쓰시오.

해답 종단저항의 설치기준(NFTC 203)
① 점검 및 관리가 쉬운 장소에 설치할 것
② 전용함을 설치하는 경우 그 설치높이는 바닥으로부터 1.5[m] 이내로 할 것
③ 감지기 회로의 끝부분에 설치하며, 종단감지기에 설치할 경우에는 구별이 쉽도록 해당 감지기의 기판 및 감지기 외부 등에 별도의 표시를 할 것

37 자동화재탐지설비의 상용전원 감시등이 점등되지 않는 원인을 기술하시오.

해답 상용전원 감시등이 점등되지 않는 원인
① 정전이 되었을 때
② 퓨즈가 단선되었을 때
③ 입력전원의 전원선이 불량일 때
④ 전원회로부가 훼손되었을 때

38. 자동화재탐지설비의 설치장소별 감지기 적응성에서 연기감지기를 설치할 수 없는 장소에서 수증기가 다량으로 머무는 장소에 감지기를 설치하는 경우 확인사항 4가지를 쓰시오.

해답 설치장소별 감지기 적응성(NFTC 203)

1. 차동식분포형감지기 또는 보상식스포트형감지기는 급격한 온도 변화가 없는 장소에 한하여 사용할 것
2. 차동식분포형감지기를 설치하는 경우에는 검출부에 수증기가 침입하지 않도록 조치할 것
3. 보상식스포트형감지기, 정온식감지기 또는 열아날로그식감지기를 설치하는 경우에는 방수형으로 설치할 것
4. 불꽃감지기를 설치할 경우 방수형으로 할 것

39 수신기의 외관점검방법에 대하여 기술하시오.

해답 수신기의 외관점검방법
① 설치장소 적정 및 스위치 정상 위치 여부
② 상용전원 공급 및 전원표시등 정상 점등 여부
③ 예비전원(축전지) 상태 적정 여부

40 수신기의 기능점검방법에 대하여 기술하시오.

(1) 화재표시 작동시험   (2) 회로도통시험
(3) 공통선시험   (4) 동시작동시험
(5) 저전압시험   (6) 회로저항시험

해답 수신기의 기능점검방법
(1) 화재표시 작동시험
   ① 목적 : 감지기나 발신기가 동작하였을 때 수신기가 정상적으로 작동하는지 확인하는 시험
   ② 시험방법
      ㉠ 회로선택스위치가 설치되어 있는 경우
         ㉮ 소화설비, 비상방송설비등의 연동스위치를 정지위치로 한다.
         ㉯ 축적·비축적의 선택스위치를 비축적 위치로 전환한다.
         ㉰ 동작시험스위치와 자동복구스위치를 누른다.
         ㉱ 회로선택스위치를 순차적으로 회전시킨다.
         ㉲ 화재표시등, 지구표시등, 음향장치 등의 동작상황을 확인한다.
      ㉡ 감지기 또는 발신기의 동작시험과 병행하는 경우 : 감지기 또는 발신기를 차례로 동작시켜 경계구역과 지구표시등의 접속상태를 확인한다.
   ③ 가부판정기준
      ㉠ 각 릴레이의 작동, 화재표시등과 지구표시등 점등, 음향장치가 작동하면 정상이다.
      ㉡ 경계구역의 일치 여부 : 각 회선의 표시창과 회로번호를 대조하여 일치하는지 확인한다.
(2) 회로도통시험
   ① 목적 : 수신기에서 감지기회로의 단선 유무와 기기 등의 접속 상황을 확인하기 위한 시험
   ② 시험방법
      ㉠ 회로도통시험 스위치를 누른다(점멸 확인).
      ㉡ 회로선택스위치를 순차적으로 회전시킨다.
      ㉢ 각 회로별로 전압계의 전압을 확인한다(도통시험 확인 등이 있는 경우 정상은 녹색, 단선은 적색램프 점등 확인).
      ㉣ 종단저항 등의 접속상황을 조사한다.
   ③ 가부판정기준
      ㉠ 각 회로별 단선 표시가 없으면 정상일 것
      ㉡ 전압계가 있는 경우
         ㉮ 0[V] 지시 : 단선 상태
         ㉯ 2~6[V] : 정상 상태

(3) 공통선시험
　① **목적** : 공통선이 담당하고 있는 경계구역의 적정 여부를 확인하기 위한 시험
　② **시험방법**
　　㉠ 수신기 내 접속단자의 공통선을 1선 제거한다.
　　㉡ 회로도통시험스위치를 누르고 회로선택스위치를 차례로 회전시킨다.
　　㉢ 시험용 계기의 지시등이 단선(0)을 표시한 경계구역의 회선을 조사한다.
　③ **가부판정기준** : 하나의 공통선이 담당하고 있는 경계구역의 수가 7 이하일 것

(4) 동시작동시험
　① **목적** : 감지기가 동시에 수회선 동작하여도 수신기의 기능에 이상이 없는지를 확인하는 시험
　② **시험방법**
　　㉠ 소화설비, 비상방송설비 등의 연동스위치를 정지위치로 한다.
　　㉡ 축적·비축적의 선택스위치를 비축적 위치로 전환한다.
　　㉢ 수신기의 동작시험스위치를 누른다.
　　㉣ 회로선택스위치를 순차적으로 회전시켜 5회선을 동작시킨다.
　　㉤ 주·지구음향장치 등의 동작상황을 확인한다.
　　㉥ 부수신기를 설치하였을 때 모두 정상상태로 놓고 시험한다.
　③ **가부판정기준** : 각 회선을 동시에 작동시켰을 때 수신기, 부수신기, 음향장치 등에 이상이 없을 것

(5) 저전압시험
　① **목적** : 전원 전압이 저하하는 경우에 그 기능이 충분히 유지되는지를 확인하는 시험
　② **시험방법**
　　㉠ 자동화재탐지설비용 전압시험기 또는 가변저항기 등을 사용하여 교류전원 전압을 정격전압의 80[%] 이하로 할 것
　　㉡ 축전지설비인 경우에는 축전지의 단자를 전환하여 정격전압의 80[%] 이하로 한다.
　　㉢ 화재표시작동시험에 준하여 실행한다.
　③ **가부판정기준** : 화재신호를 정상적으로 수신할 수 있을 것

(6) 회로저항시험
　① **목적** : 감지기회로의 1회선의 회로 저항치가 수신기의 기능에 이상을 가져오는지의 여부를 확인하는 시험
　② **시험방법**
　　㉠ 저항계를 사용하여 감지기회로의 공통선과 표시선 사이의 전로에 대해 저항을 측정한다.
　　㉡ 항상 개로식인 것에 있어서는 회로의 말단상태를 도통상태로 종단저항을 제거 후 단락 상태하에 측정한다.
　③ **가부판정기준** : 하나의 감지기회로의 합성저항치가 50[Ω] 이하일 것

41 공기관식 차동식분포형감지기의 화재작동시험 방법을 설명하시오.

해답 공기관식 차동식분포형감지기의 화재작동시험 시험방법
(1) 목적 : 감지기의 작동 공기압에 상당하는 공기량을 공기주입시험기로 투입하여 작동시간 및 경계구역 표시가 적정한지 여부 확인하는 시험
(2) 시험방법
① 검출부의 시험구멍에 공기주입시험기를 접속한다.
② 검출부의 시험용 레버를 PA위치로 돌린다.
③ 공기주입시험기를 시험구멍(T 위치)에 접속한다.
④ 검출부에 표시된 공기량을 공기관에 투입한다(공기관 길이에 따라 공기량이 다름).
⑤ 공기를 투입한 후 작동시간을 측정한다.
(3) 판정방법
① 작동시간은 제원표 수치범위 이내일 것
② 경계구역 표시가 수신반과 일치할 것

> **Plus one**
>
> 작동개시시간에 이상이 있는 경우
> (1) 기준치 이상인 경우(작동시간이 느린 경우)
> ① 리크 저항치가 규정치보다 작다(리크 구멍이 크다).
> ② 접점 수고값이 규정치보다 높다(힘 또는 간격이 크다).
> ③ 공기관의 누설, 폐쇄, 변형상태
> ④ 공기관의 길이가 주입량에 비해 길다.
> ⑤ 공기관의 접점의 접촉 불량
> (2) 기준치 미달인 경우(작동시간이 빠른 경우)
> ① 리크 저항치가 규정치보다 크다.
> ② 접점 수고값이 규정치보다 낮다.
> ③ 공기관의 길이가 주입량에 비해 짧다.

42 자동화재탐지설비의 점검표에서 경계구역의 종합점검항목을 쓰시오.

해답 경계구역의 종합점검항목(소방시설 자체점검사항 등에 관한 고시 별지 4)
① 경계구역 구분 적정 여부
② 감지기를 공유하는 경우 스프링클러·물분무소화·제연설비 경계구역 일치 여부

43 자동화재탐지설비의 점검표에서 수신기의 종합점검항목을 쓰시오.

해답 수신기의 종합점검항목(소방시설 자체점검사항 등에 관한 고시 별지 4)
① 수신기 설치장소 적정(관리용이) 여부
② 조작스위치의 높이는 적정하며 정상 위치에 있는지 여부
③ 개별 경계구역 표시 가능 회선수 확보 여부
④ 축적기능 보유 여부(환기·면적·높이 조건에 해당할 경우)
⑤ 경계구역 일람도 비치 여부
⑥ 수신기 음향기구의 음량·음색 구별 가능 여부
⑦ 감지기·중계기·발신기 작동 경계구역 표시 여부(종합방재반 연동 포함)
⑧ 1개 경계구역 1개 표시등 또는 문자 표시 여부
⑨ 하나의 대상물에 수신기가 2 이상 설치된 경우 상호 연동되는지 여부
⑩ 수신기 기록장치 데이터 발생 표시시간과 표준시간 일치 여부

작동점검항목은 ①, ②, ⑤, ⑥, ⑩번만 해당된다.

44 자동화재탐지설비의 점검표에서 중계기의 종합점검항목을 쓰시오.

해답 중계기의 종합점검항목(소방시설 자체점검사항 등에 관한 고시 별지 4)
① 중계기 설치위치 적정 여부(수신기에서 감지기회로 도통시험하지 않는 경우)
② 설치장소(조작·점검 편의성, 화재·침수 피해 우려) 적정 여부
③ 전원입력 측 배선상 과전류차단기 설치 여부
④ 중계기 전원 정전 시 수신기 표시 여부
⑤ 상용전원 및 예비전원 시험 적정 여부

작동점검항목은 없다.

45 자동화재탐지설비의 점검표에서 감지기의 종합점검항목을 쓰시오.

해답 감지기의 종합점검항목(소방시설 자체점검사항 등에 관한 고시 별지 4)
① 부착높이 및 장소별 감지기 종류 적정 여부
② 특정 장소(환기불량, 면적협소, 저층고)에 적응성이 있는 감지기 설치 여부
③ 연기감지기 설치장소 적정 설치 여부
④ 감지기와 실내로의 공기유입구 간 이격거리 적정 여부
⑤ 감지기 부착면 적정 여부
⑥ 감지기 설치(감지면적 및 배치거리) 적정 여부
⑦ 감지기별 세부 설치기준 적합 여부
⑧ 감지기 설치제외 장소 적합 여부
⑨ 감지기 변형·손상 확인 및 작동시험 적합 여부

작동점검항목은 ③, ⑥, ⑨번만 해당된다.

46 자동화재탐지설비의 점검표에서 시각경보장치의 종합점검항목을 쓰시오.

해답 **시각경보장치의 종합점검항목**(소방시설 자체점검사항 등에 관한 고시 별지 4)
① 시각경보장치 설치장소 및 높이 적정 여부
② 시각경보장치 변형·손상 확인 및 정상 작동 여부

> 종합점검항목이나 작동점검항목이 같다.

47 자동화재탐지설비의 점검표에서 발신기의 종합점검항목을 쓰시오.

해답 **발신기의 종합점검항목**(소방시설 자체점검사항 등에 관한 고시 별지 4)
① 발신기 설치장소, 위치(수평거리) 및 높이 적정 여부
② 발신기 변형·손상 확인 및 정상 작동 여부
③ 위치표시등 변형·손상 확인 및 정상 점등 여부

> 종합점검항목이나 작동점검항목이 같다.

48 자동화재탐지설비의 점검표에서 배선의 종합점검항목을 쓰시오.

해답 **배선의 종합점검항목**(소방시설 자체점검사항 등에 관한 고시 별지 4)
① 종단저항 설치장소, 위치 및 높이 적정 여부
② 종단저항 표지 부착 여부(종단감지기에 설치할 경우)
③ 수신기 도통시험 회로 정상 여부
④ 감지기회로 송배전식(송배선식) 적용 여부
⑤ 1개 공통선 접속 경계구역 수량 적정 여부(P형 또는 GP형의 경우)

49 자동화재속보설비의 점검표에서 자동화재속보설비의 종합점검항목을 쓰시오.

> **해답** 자동화재속보설비의 종합점검항목(소방시설 자체점검사항 등에 관한 고시 별지 4)
> ① 상용전원 공급 및 전원표시등 정상 점등 여부
> ② 조작스위치 높이 적정 여부
> ③ 자동화재탐지설비 연동 및 화재신호 소방관서 전달 여부

50 누전경보기의 점검표에서 수신부의 종합점검항목을 쓰시오.

> **해답** 수신부의 종합점검항목(소방시설 자체점검사항 등에 관한 고시 별지 4)
> ① 상용전원 공급 및 전원표시등 정상 점등 여부
> ② 가연성 증기, 먼지 등 체류 우려 장소의 경우 차단기구 설치 여부
> ③ 수신부의 성능 및 누전경보 시험 적정 여부
> ④ 음향장치 설치장소(상시 사람이 근무) 및 음량·음색 적정 여부

51 가스누설경보기의 일산화탄소 단독형 경보기의 설치기준을 쓰시오.

> **해답** 일산화탄소 단독형 경보기의 설치기준(NFTC 206)
> ① 가스누설 경보음향의 음량과 음색이 다른 기기의 소음 등과 명확히 구별될 것
> ② 가스누설 경보음향장치는 수신부로부터 1[m] 떨어진 위치에서 음압이 70[dB] 이상일 것
> ③ 단독형경보기는 천장으로부터 경보기 하단까지의 거리가 0.3[m] 이하가 되도록 설치한다.
> ④ 경보기가 설치된 장소에는 관계자 등에게 신속히 연락할 수 있도록 비상연락 번호를 기재한 표를 비치할 것

52 가스누설경보기의 화재안전기술기준에서 분리형경보기의 탐지부 및 단독형경보기를 설치할 수 없는 장소를 쓰시오.

해답 분리형경보기의 탐지부 및 단독형경보기를 설치할 수 없는 장소(NFTC 206)
① 출입구 부근 등으로서 외부의 기류가 통하는 곳
② 환기구 등 공기가 들어오는 곳으로부터 1.5[m] 이내인 곳
③ 연소기의 폐가스에 접촉하기 쉬운 곳
④ 가구·보·설비 등에 가려져 누설가스의 유통이 원활하지 못한 곳
⑤ 수증기 또는 기름 섞인 연기 등이 직접 접촉될 우려가 있는 곳

53 가스누설경보기의 점검표에서 수신부의 종합점검항목을 쓰시오.

해답 수신부의 종합점검항목(소방시설 자체점검사항 등에 관한 고시 별지 4)
① 수신부 설치 장소 적정 여부
② 상용전원 공급 및 전원표시등 정상 점등 여부
③ 음향장치의 음량·음색·음압 적정 여부

54 화재알림설비에서 수신기의 설치기준을 쓰시오.

해답 수신기의 설치기준(NFTC 207)
① 상시 사람이 근무하는 장소에 설치할 것. 다만, 사람이 상시 근무하는 장소가 없는 경우에는 관계인이 쉽게 접근할 수 있고 관리가 용이한 장소로서 화재 및 침수 등의 재해로 인한 피해를 받을 우려가 없는 곳에 설치해야 한다.
② 화재알림형 수신기가 설치된 장소에는 화재알림설비 일람도를 비치할 것
③ 화재알림형 수신기의 내부 또는 그 직근에 주 음향장치를 설치할 것
④ 화재알림형 수신기의 음향기구는 그 음압 및 음색이 다른 기기의 소음 등과 명확히 구별될 수 있는 것으로 할 것
⑤ 화재알림형 수신기의 조작스위치는 바닥으로부터의 높이가 0.8[m] 이상 1.5[m] 이하인 장소에 설치할 것
⑥ 하나의 특정소방대상물에 2 이상의 화재알림형 수신기를 설치하는 경우에는 화재알림형 수신기를 상호 간 연동하여 화재발생 상황을 각 화재알림형 수신기마다 확인할 수 있도록 할 것
⑦ 화재로 인하여 하나의 층의 화재알림형 비상경보장치 또는 배선이 단락되어도 다른 층의 화재통보에 지장이 없도록 각 층 배선 상에 유효한 조치를 할 것. 다만, 무선식의 경우 제외한다.

55 화재알림설비에서 중계기의 설치기준을 쓰시오.

해답 **중계기의 설치기준(NFTC 207)**
① 화재알림형 수신기와 화재알림형 감지기 사이에 설치할 것
② 조작 및 점검에 편리하고 화재 및 침수 등의 재해로 인한 피해를 받을 우려가 없는 장소에 설치할 것. 다만, 외기에 개방되어 있는 장소에 설치하는 경우 빗물·먼지 등으로부터 화재알림형 중계기를 보호할 수 있는 구조로 설치해야 한다.
③ 화재알림형 수신기에 따라 감시되지 않는 배선을 통하여 전력을 공급받는 것에 있어서는 전원입력 측의 배선에 과전류 차단기를 설치하고 해당 전원의 정전이 즉시 화재알림형 수신기에 표시되는 것으로 하며, 상용전원 및 예비전원의 시험을 할 수 있도록 할 것

56 화재알림설비에서 비상경보장치의 설치기준을 쓰시오.

해답 **비상경보장치의 설치기준(NFTC 207)**
전통시장의 경우 공용부분에 한하여 설치할 수 있다.
① 층수가 11층(공동주택의 경우에는 16층) 이상의 특정소방대상물은 발화층에 따라 경보하는 층을 달리하여 경보를 발할 수 있도록 할 것. 다만, 그 외 특정소방대상물은 전층경보방식으로 경보를 발할 수 있도록 설치해야 한다.

발화층	경보를 발하는 층
2층 이상	발화층, 그 직상 4개층
1층	발화층, 그 직상 4개층, 지하층
지하층	발화층, 그 직상층, 기타의 지하층

② 화재알림형 비상경보장치는 특정소방대상물의 층마다 설치하되, 해당 특정소방대상물의 각 부분으로부터 하나의 화재알림형 비상경보장치까지의 수평거리가 25[m] 이하(다만, 복도 또는 별도로 구획된 실로서 보행거리 40[m] 이상일 경우에는 추가로 설치해야 한다)가 되도록 하고, 해당 층의 각 부분에 유효하게 경보를 발할 수 있도록 설치할 것. 다만, 비상방송설비의 화재안전기술기준(NFTC 202)에 적합한 방송설비를 화재알림형 감지기와 연동하여 작동하도록 설치한 경우에는 비상경보장치를 설치하지 않고, 발신기만 설치할 수 있다.
③ ②에도 불구하고 ②의 기준을 초과하는 경우로서 기둥 또는 벽이 설치되지 않은 대형공간의 경우 화재알림형 비상경보장치는 설치대상 장소 중 가장 가까운 장소의 벽 또는 기둥 등에 설치할 것
④ 화재알림형 비상경보장치는 조작이 쉬운 장소에 설치하고, 발신기의 스위치는 바닥으로부터 0.8[m] 이상 1.5[m] 이하의 높이에 설치할 것
⑤ 화재알림형 비상경보장치의 위치를 표시하는 표시등은 함의 상부에 설치하되, 그 불빛은 부착면으로부터 15° 이상의 범위 안에서 부착지점으로부터 10[m] 이내의 어느 곳에서도 쉽게 식별할 수 있는 적색등으로 설치할 것

CHAPTER 04 피난구조설비

PART 02 소방시설의 점검

제1절 피난기구(NFTC 301, 소방시설법 영 별표 4)

[피난기구를 설치해야 하는 특정소방대상물]
피난기구는 특정소방대상물의 모든 층에 화재안전기준에 적합한 것으로 설치해야 한다. 다만, 피난층, 지상 1층, 지상 2층(노유자시설 중 피난층이 아닌 지상 1층과 피난층이 아닌 지상 2층은 제외한다) 및 층수가 11층 이상인 층과 위험물 저장 및 처리 시설 중 가스시설, 터널 또는 지하구의 경우에는 그렇지 않다. 20 회 출제

1 설치장소별 피난기구의 적응성

설치장소별 \ 층별	1층	2층	3층	4층 이상 10층 이하
1. 노유자시설	• 미끄럼대 • 구조대 • 피난교 • 다수인피난장비 • 승강식피난기	• 미끄럼대 • 구조대 • 피난교 • 다수인피난장비 • 승강식피난기	• 미끄럼대 • 구조대 • 피난교 • 다수인피난장비 • 승강식피난기	• 구조대[1] • 피난교 • 다수인피난장비 • 승강식피난기
2. 의료시설·근린생활시설 중 입원실이 있는 의원·접골원·조산원	–	–	• 미끄럼대 • 구조대 • 피난교 • 피난용트랩 • 다수인피난장비 • 승강식피난기	• 구조대 • 피난교 • 피난용트랩 • 다수인피난장비 • 승강식피난기
3. 다중이용업소의 안전관리에 관한 특별법 시행령 제2조에 따른 다중이용업소로서 영업장의 위치가 4층 이하인 다중이용업소	–	• 미끄럼대 • 피난사다리 • 구조대 • 완강기 • 다수인피난장비 • 승강식피난기	• 미끄럼대 • 피난사다리 • 구조대 • 완강기 • 다수인피난장비 • 승강식피난기	• 미끄럼대 • 피난사다리 • 구조대 • 완강기 • 다수인피난장비 • 승강식피난기

설치장소별 \ 층별	1층	2층	3층	4층 이상 10층 이하
4. 그 밖의 것	-	-	• 미끄럼대 • 피난사다리 • 구조대 • 완강기 • 피난교 • 피난용트랩 • 간이완강기[2] • 공기안전매트 • 다수인피난장비 • 승강식피난기	• 피난사다리 • 구조대 • 완강기 • 피난교 • 간이완강기[2] • 공기안전매트 • 다수인피난장비 • 승강식피난기

[비 고]
1) 구조대의 적응성은 장애인 관련 시설로서 주된 사용자 중 스스로 피난이 불가한 자가 있는 경우 2.1.2.1에 따라 추가로 설치하는 경우에 한한다.
2) 간이완강기의 적응성은 2.1.2.2에 따라 숙박시설의 3층 이상에 있는 객실에 추가로 설치하는 경우에 한한다.

2 피난기구의 설치개수

① 설치개수

설치대상물	설치기준
특정소방대상물	층마다 1개 이상 설치
숙박시설, 노유자시설 및 의료시설로 사용되는 층	바닥면적 500[m^2]마다 1개 이상 설치
위락시설, 문화 및 집회시설, 운동시설, 판매시설로 사용되는 층 또는 복합용도의 층	바닥면적 800[m^2]마다 1개 이상 설치
계단실형 아파트	각 세대마다
그 밖의 용도의 층	바닥면적 1,000[m^2]마다 1개 이상

② 피난기구의 추가 설치기준

특정소방대상물	설치기준	추가로 설치해야 하는 피난기구
숙박시설 (휴양콘도미니엄은 제외)	객실마다	완강기 또는 2 이상의 간이완강기
의무관리대상 공동주택 (공동주택의 화재안전기술기준)	하나의 관리주체가 관리하는 공동주택 구역마다	공기안전매트 1개 이상(옥상으로 피난이 가능하거나 수평 또는 수직 방향의 인접세대로 피난할 수 있는 구조인 경우에는 제외한다)
4층 이상의 층에 설치된 노유자시설 중 장애인 관련 시설로서 주된 사용자 중 스스로 피난이 불가한 자가 있는 경우	층마다	구조대 1개 이상

3 피난기구의 설치기준 설계 18회

[피난사다리]

[완강기]

① 피난기구는 계단·피난구 기타 피난시설로부터 적당한 거리에 있는 안전한 구조로 된 피난 또는 소화활동상 유효한 **개구부(가로 0.5[m] 이상 세로 1[m] 이상**인 것을 말한다. 이 경우 개구부 하단이 바닥에서 **1.2[m] 이상**이면 발판 등을 설치해야 하고, 밀폐된 창문은 쉽게 파괴할 수 있는 파괴장치를 비치해야 한다)에 고정하여 설치하거나 필요한 때에 신속하고 유효하게 설치할 수 있는 상태에 둘 것

② 피난기구를 설치하는 개구부는 서로 동일직선상이 아닌 위치에 있을 것. 다만, 피난교·피난용트랩·간이완강기·아파트에 설치되는 피난기구(다수인 피난장비는 제외한다) 기타 피난상 지장이 없는 것에 있어서는 그렇지 않다.

③ 피난기구는 특정소방대상물의 기둥·바닥·보 기타 구조상 견고한 부분에 볼트조임·매입·용접 기타의 방법으로 견고하게 부착할 것

④ 4층 이상의 층에 피난사다리(하향식 피난구용 내림식 사다리는 제외한다)를 설치하는 경우에는 금속성 고정사다리를 설치하고, 해당 고정사다리에는 쉽게 피난할 수 있는 구조의 노대를 설치할 것

⑤ 완강기는 강하 시 로프가 건축물 또는 구조물 등과 접촉하여 손상되지 않도록 하고, 로프의 길이는 부착위치에서 지면 또는 기타 피난상 유효한 착지면까지의 길이로 할 것

⑥ 미끄럼대는 안전한 강하속도를 유지하도록 하고, 전락방지를 위한 안전조치를 할 것

⑦ 구조대의 길이는 피난상 지장이 없고 안정한 강하속도를 유지할 수 있는 길이로 할 것

⑧ **다수인 피난장비의 설치기준** 13 회 출제
  ㉠ 피난에 용이하고 안전하게 하강할 수 있는 장소에 적재 하중을 충분히 견딜 수 있도록 건축물의 구조기준 등에 관한 규칙 제3조에서 정하는 구조안전의 확인을 받아 견고하게 설치할 것
  ㉡ 다수인 피난장비 보관실은 건물 외측보다 돌출되지 않고, 빗물·먼지 등으로부터 장비를 보호할 수 있는 구조일 것
  ㉢ 사용 시에 보관실 외측 문이 먼저 열리고 탑승기가 외측으로 자동으로 전개될 것
  ㉣ 하강 시에 탑승기가 건물 외벽이나 돌출물에 충돌하지 않도록 설치할 것
  ㉤ 상·하층에 설치할 경우에는 탑승기의 하강경로가 중첩되지 않도록 할 것
  ㉥ 하강 시에는 안전하고 일정한 속도를 유지하도록 하고 전복, 흔들림, 경로이탈 방지를 위한 안전조치를 할 것

ⓗ 보관실의 문에는 오작동 방지조치를 하고, 문 개방 시에는 해당 특정소방대상물에 설치된 경보설비와 연동하여 유효한 경보음을 발하도록 할 것
　　ⓘ 피난층에는 해당 층에 설치된 피난기구가 착지에 지장이 없도록 충분한 공간을 확보할 것
⑨ **승강식 피난기 및 하향식 피난구용 내림식 사다리의 설치기준** 설계 16회
　　㉠ 승강식 피난기 및 하향식 피난구용 내림식 사다리는 설치경로가 설치층에서 피난층까지 연계될 수 있는 구조로 설치할 것. 다만, 건축물의 구조 및 설치 여건상 불가피한 경우에는 그렇지 않다.
　　㉡ 대피실의 면적은 2[m^2](2세대 이상일 경우에는 3[m^2]) 이상으로 하고, 건축법 시행령 제46조 제4항의 규정에 적합해야 하며 하강구(개구부) 규격은 직경 60[cm] 이상일 것. 다만, 외기와 개방된 장소에는 그렇지 않다.
　　㉢ 하강구 내측에는 기구의 연결 금속구 등이 없어야 하며 전개된 피난기구는 하강구 수평투영면적 공간 내의 범위를 침범하지 않는 구조이어야 할 것. 다만, 직경 60[cm] 크기의 범위를 벗어난 경우이거나, 직하층의 바닥면으로부터 높이 50[cm] 이하의 범위는 제외한다.
　　㉣ 대피실의 출입문은 60분+ 방화문 또는 60분 방화문으로 설치하고, 피난방향에서 식별할 수 있는 위치에 "대피실" 표지판을 부착할 것. 다만, 외기와 개방된 장소에는 그렇지 않다.
　　㉤ 착지점과 하강구는 상호 수평거리 15[cm] 이상의 간격을 둘 것
　　㉥ 대피실 내에는 비상조명등을 설치할 것
　　㉦ 대피실에는 층의 위치표시와 피난기구 사용설명서 및 주의사항 표지판을 부착할 것
　　㉧ 대피실 출입문이 개방되거나, 피난기구 작동 시 해당층 및 직하층 거실에 설치된 표시등 및 경보장치가 작동되고, 감시제어반에서는 피난기구의 작동을 확인할 수 있어야 할 것
　　㉨ 사용 시 기울거나 흔들리지 않도록 설치할 것

4 피난기구의 설치제외 장소

숙박시설(휴양콘도미니엄을 제외한다)에 설치되는 완강기 및 간이완강기의 경우에는 그렇지 않다.

(1) 다음의 기준에 적합한 층
① 주요구조부가 내화구조로 되어 있어야 할 것
② 실내의 면하는 부분의 마감이 불연재료·준불연재료 또는 난연재료로 되어 있고 방화구획이 건축법 시행령 제46조의 규정에 적합하게 구획되어 있어야 할 것
③ 거실의 각 부분으로부터 직접 복도로 쉽게 통할 수 있어야 할 것
④ 복도에 2 이상의 피난계단 또는 특별피난계단이 건축법 시행령 제35조의 규정에 적합하게 설치되어 있어야 할 것
⑤ 복도의 어느 부분에서도 2 이상의 방향으로 각각 다른 계단에 도달할 수 있어야 할 것

(2) 다음의 기준에 적합한 특정소방대상물 중 그 옥상의 직하층 또는 최상층(문화 및 집회시설, 운동시설 또는 판매시설은 제외)
   ① 주요구조부가 내화구조로 되어 있어야 할 것
   ② 옥상의 면적이 1,500[m^2] 이상이어야 할 것
   ③ 옥상으로 쉽게 통할 수 있는 창 또는 출입구가 설치되어 있어야 할 것
   ④ 옥상이 소방사다리차가 쉽게 통행할 수 있는 도로(폭 6[m] 이상의 것) 또는 공지(공원 또는 광장 등)에 면하여 설치되어 있거나 옥상으로부터 피난층 또는 지상으로 통하는 2 이상의 피난계단 또는 특별피난계단이 건축법 시행령 제35조의 규정에 적합하게 설치되어 있어야 할 것

(3) 주요구조부가 내화구조이고 지하층을 제외한 층수가 4층 이하이며 소방사다리차가 쉽게 통행할 수 있는 도로 또는 공지에 면하는 부분에 개구부가 2 이상 설치되어 있는 층(문화 및 집회시설, 운동시설, 판매시설 및 영업시설 또는 노유자시설의 용도로 사용되는 층으로서 그 층의 바닥면적이 1,000[m^2] 이상인 것은 제외)

(4) 갓복도식 아파트 또는 건축법 시행령 제46조 제5항에 해당하는 구조 또는 시설을 설치하여 인접(수평 또는 수직) 세대로 피난할 수 있는 아파트

(5) 주요구조부가 내화구조로서 거실의 각 부분으로 직접 복도로 피난할 수 있는 학교(강의실 용도로 사용되는 층에 한한다)

(6) 무인공장 또는 자동창고로서 사람의 출입이 금지된 장소(관리를 위하여 일시적으로 출입하는 장소를 포함한다)

(7) 건축물의 옥상부분으로서 거실에 해당되지 않고 건축법 시행령 제119조 제1항 제9호에 해당하여 층수로 산정된 층으로 사람이 근무하거나 거주하지 않는 장소

5 피난기구 설치의 감소 15 회 출제

(1) 피난기구를 1/2로 감소할 수 있는 경우(층)
   이 경우 설치해야 할 피난기구의 수에 있어서 소수점 이하의 수는 1로 한다.
   ① 주요구조부가 내화구조로 되어 있을 것
   ② 직통계단인 피난계단 또는 특별피난계단이 2 이상 설치되어 있을 것

(2) 피난기구 설치대상물에 주요구조부가 내화구조이고 다음 기준에 건널 복도가 설치되어 있는 층에는 피난기구의 수에서 해당 건널 복도의 수의 2배의 수를 뺀 수로 한다.
　① 내화구조 또는 철골조로 되어 있을 것
　② 건널 복도 양단의 출입구에 자동폐쇄장치를 한 60분+ 방화문 또는 60분 방화문(방화셔터를 제외한다)이 설치되어 있을 것
　③ 피난, 통행 또는 운반의 전용 용도일 것

(3) 피난기구 설치대상물에 다음 기준에 적합하게 노대가 설치된 거실의 바닥면적은 설치개수 산정을 위한 바닥면적에서 제외하는 경우
　① 노대를 포함한 특정소방대상물의 주요구조부가 내화구조일 것
　② 노대가 거실의 외기에 면하는 부분에 피난상 유효하게 설치되어 있어야 할 것
　③ 노대가 소방사다리차가 쉽게 통행할 수 있는 도로 또는 공지에 면하여 설치되어 있거나 또는 거실 부분과 방화구획되어 있거나 또는 노대에 지상으로 통하는 계단 그 밖의 피난기구가 설치되어 있어야 할 것

6 인명구조기구(NFTC 302)

(1) 인명구조기구를 설치해야 하는 특정소방대상물(소방시설법 영 별표 4)
　① 방열복 또는 방화복(안전모, 보호장갑 및 안전화를 포함한다), 인공소생기 및 공기호흡기를 설치해야 하는 특정소방대상물 : 지하층을 포함하는 층수가 7층 이상인 것 중 관광호텔 용도로 사용하는 층
　② 방열복 또는 방화복(안전모, 보호장갑 및 안전화를 포함한다) 및 공기호흡기를 설치해야 하는 특정소방대상물 : 지하층을 포함하는 층수가 5층 이상인 것 중 병원 용도로 사용하는 층
　③ 공기호흡기를 설치해야 하는 특정소방대상물은 다음의 어느 하나에 해당하는 것으로 본다.
　　18 회 출제
　　㉠ 수용인원 100명 이상인 문화 및 집회시설 중 영화상영관
　　㉡ 판매시설 중 대규모점포
　　㉢ 운수시설 중 지하역사
　　㉣ 지하상가
　　㉤ 이산화탄소소화설비(호스릴 이산화탄소소화설비는 제외한다)를 설치해야 하는 특정소방대상물

(2) 특정소방대상물의 용도 및 장소별로 설치해야 할 인명구조기구(NFTC 302, 2.1) 18회 출제

특정소방대상물	인명구조기구	설치수량
지하층을 포함하는 층수가 7층 이상인 관광호텔 및 5층 이상인 병원	• 방열복 또는 방화복(안전모, 보호장갑 및 안전화를 포함) • 공기호흡기 • 인공소생기	각 2개 이상 비치할 것(다만, 병원의 경우에는 인공소생기를 설치하지 않을 수 있다)
• 문화 및 집회시설 중 수용인원이 100명 이상의 영화상영관 • 판매시설 중 대규모 점포 • 운수시설 중 지하역사 • 지하상가	공기호흡기	층마다 2개 이상 비치할 것(다만, 각 층마다 갖추어 두어야 할 공기호흡기 중 일부를 직원이 상주하는 인근 사무실에 갖추어 둘 수 있다)
물분무등소화설비 중 이산화탄소소화설비를 설치해야 하는 특정소방대상물	공기호흡기	이산화탄소소설비가 설치된 장소의 출입구 외부 인근에 1개 이상 비치할 것

[공기호흡기]

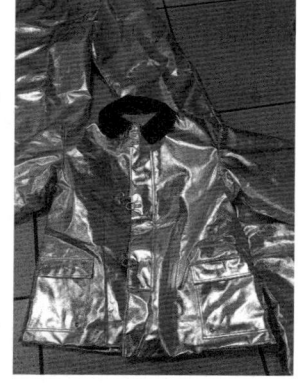
[방열복]

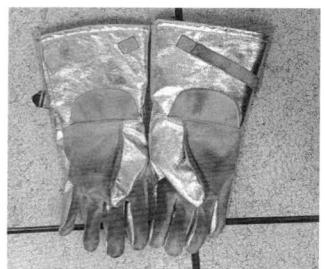
[보호장갑]

7 피난기구 및 인명구조기구의 점검표(소방시설 자체점검사항 등에 관한 고시 별지 4)

번 호	점검항목	점검결과
20-A. 피난기구 공통사항		
20-A-001	● 대상물 용도별·층별·바닥면적별 피난기구 종류 및 설치개수 적정 여부	
20-A-002	○ 피난에 유효한 개구부 확보(크기, 높이에 따른 발판, 창문 파괴장치) 및 관리상태	
20-A-003	● 개구부 위치 적정(동일직선상이 아닌 위치) 여부	
20-A-004	○ 피난기구의 부착 위치 및 부착 방법 적정 여부	
20-A-005	○ 피난기구(지지대 포함)의 변형·손상 또는 부식이 있는지 여부	
20-A-006	○ 피난기구의 위치표시 표지 및 사용방법 표지 부착 적정 여부	
20-A-007	● 피난기구의 설치제외 및 설치감소 적합 여부	
20-B. 공기안전매트·피난사다리·(간이)완강기·미끄럼대·구조대		
20-B-001	● 공기안전매트 설치 여부	
20-B-002	● 공기안전매트 설치 공간 확보 여부	
20-B-003	● 피난사다리(4층 이상의 층)의 구조(금속성 고정사다리) 및 노대 설치 여부	
20-B-004	● (간이)완강기의 구조(로프 손상방지) 및 길이 적정 여부	
20-B-005	● 숙박시설의 객실마다 완강기(1개) 또는 간이완강기(2개 이상) 추가 설치 여부	
20-B-006	● 미끄럼대의 구조 적정 여부	
20-B-007	● 구조대의 길이 적정 여부	
20-C. 다수인 피난장비		
20-C-001	● 설치장소 적정(피난용이, 안전하게 하강, 피난층의 충분한 착지 공간) 여부	
20-C-002	● 보관실 설치 적정(건물외측 돌출, 빗물·먼지 등으로부터 장비 보호) 여부	
20-C-003	● 보관실 외측문 개방 및 탑승기 자동 전개 여부	
20-C-004	● 보관실 문 오작동 방지조치 및 문 개방 시 경보설비 연동(경보) 여부	
20-D. 승강식 피난기·하향식 피난구용 내림식 사다리 17 회 출제		
20-D-001	● 대피실 출입문 60분+ 방화문 또는 60분 방화문 설치 및 표지 부착 여부	
20-D-002	● 대피실 표지(층별 위치표시, 피난기구 사용설명서 및 주의사항) 부착 여부	
20-D-003	● 대피실 출입문 개방 및 피난기구 작동 시 표시등·경보장치 작동 적정 여부 및 감시제어반 피난기구 작동 확인 가능 여부	
20-D-004	● 대피실 면적 및 하강구 규격 적정 여부	
20-D-005	● 하강구 내측 연결금속구 존재 및 피난기구 전개 시 장애발생 여부	
20-D-006	● 대피실 내부 비상조명등 설치 여부	
20-E. 인명구조기구		
20-E-001	○ 설치장소 적정(화재 시 반출 용이성) 여부	
20-E-002	○ "인명구조기구" 표시 및 사용방법 표지 설치 적정 여부	
20-E-003	○ 인명구조기구의 변형 또는 손상이 있는지 여부	
20-E-004	● 대상물 용도별·장소별 설치 인명구조기구 종류 및 설치개수 적정 여부	
비 고		

※ 화재안전기술기준(NFTC)에는 갑종방화문이 60분+ 방화문 또는 60분 방화문으로 용어가 변경되었지만, 소방시설 자체점검사항 등에 관한 고시에서는 현재 법령(22.12.01) 기준으로 용어가 변경되지 않았습니다.

제2절 유도등 및 유도표지(NFTC 303, 소방시설법 영 별표 4)

> **[유도등을 설치해야 하는 특정소방대상물, 소방시설법 영 별표 4]**
> 1) 피난구유도등, 통로유도등 및 유도표지는 특정소방대상물에 설치한다. 다만, 다음의 어느 하나에 해당하는 경우는 제외한다.
>   가) 동물 및 식물 관련 시설 중 축사로서 가축을 직접 가두어 사육하는 부분
>   나) 터 널
> 2) 객석유도등은 다음의 어느 하나에 해당하는 특정소방대상물에 설치한다.
>   가) 유흥주점영업시설(식품위생법 시행령 제21조 제8호 라목의 유흥주점영업 중 손님이 춤을 출 수 있는 무대가 설치된 카바레, 나이트클럽 또는 그 밖에 이와 비슷한 영업시설만 해당한다)
>   나) 문화 및 집회시설
>   다) 종교시설
>   라) 운동시설

1 정 의

① **유도등** : 화재 시에 피난을 유도하기 위한 등으로서 정상상태에서는 상용전원에 따라 켜지고 상용전원이 정전되는 경우에는 비상전원으로 자동전환되어 켜지는 등

② **피난구유도등** : 피난구 또는 피난경로로 사용되는 출입구를 표시하여 피난을 유도하는 등

③ **통로유도등** : 피난통로를 안내하기 위한 유도등으로 복도통로유도등, 거실통로유도등, 계단통로유도등 **16 회 출제**

  ㉠ **복도통로유도등** : 피난통로가 되는 복도에 설치하는 통로유도등으로서 피난구의 방향을 명시하는 것

  ㉡ **거실통로유도등** : 거주, 집무, 작업, 집회, 오락 그 밖에 이와 유사한 목적을 위하여 계속적으로 사용하는 **거실, 주차장 등 개방된 통로**에 설치하는 유도등으로 피난의 방향을 명시하는 것

  ㉢ **계단통로유도등** : 피난통로가 되는 계단이나 경사로에 설치하는 통로유도등으로 바닥면 및 디딤 바닥면을 비추는 것

④ **객석유도등** : 객석의 통로, 바닥 또는 벽에 설치하는 유도등

⑤ **피난구유도표지** : 피난구 또는 피난경로로 사용되는 출입구를 표시하여 피난을 유도하는 표지

⑥ **통로유도표지** : 피난통로가 되는 복도, 계단 등에 설치하는 것으로서 피난구의 방향을 표시하는 유도표지

⑦ **피난유도선** : 햇빛이나 전등불에 따라 축광(축광방식)하거나 전류에 따라 빛을 발하는(광원점등방식) 유도체로서 어두운 상태에서 피난을 유도할 수 있도록 띠 형태로 설치되는 피난유도시설

⑧ **입체형** : 유도등 표시면을 2면 이상으로 하고 각 면마다 피난유도표시가 있는 것

2 용도별 유도등 및 유도표지의 종류

설치장소	유도등 및 유도표지의 종류
1. 공연장·집회장(종교집회장 포함)·관람장·운동시설	• 대형피난구유도등 • 통로유도등 • 객석유도등
2. 유흥주점영업시설(유흥주점영업 중 손님이 춤을 출 수 있는 무대가 설치된 카바레, 나이트클럽 또는 그 밖에 이와 비슷한 영업시설만 해당한다)	
3. 위락시설·판매시설·운수시설·관광숙박업·의료시설·장례식장·방송통신시설·전시장·지하상가·지하철역사	• 대형피난구유도등 • 통로유도등
4. 숙박시설(제3호의 관광숙박업 외의 것을 말한다)·오피스텔	• 중형피난구유도등 • 통로유도등
5. 제1호부터 제3호까지 외의 건축물로서 지하층·무창층 및 11층 이상인 특정소방대상물	
6. 제1호부터 제5호까지 외의 건축물로서 근린생활시설·노유자시설·업무시설·발전시설·종교시설(집회장 용도로 사용되는 부분 제외)·교육연구시설·수련시설·공장·교정 및 군사시설(국방·군사시설 제외)·자동차정비공장·운전학원 및 정비학원·다중이용업소·**복합건축물**	• 소형피난구유도등 • 통로유도등
7. 그 밖의 것	• 피난구유도표지 • 통로유도표지

[비 고]
1. 소방서장은 **특정소방대상물**의 위치·구조 및 설비의 상황을 판단하여 대형피난구유도등을 설치해야 할 장소에 중형피난구유도등 또는 소형피난구유도등을, 중형피난구유도등을 설치해야 할 장소에 소형피난구유도등을 설치하게 할 수 있다.
2. 복합건축물의 경우 주택의 세대 내에는 유도등을 설치하지 않을 수 있다.

3 피난구유도등

(1) 설치장소
① 옥내로부터 직접 지상으로 통하는 출입구 및 그 부속실의 출입구
② 직통계단·직통계단의 계단실 및 그 부속실의 출입구
③ 출입구에 이르는 복도 또는 통로로 통하는 출입구
④ 안전구획된 거실로 통하는 출입구

(2) 설치기준
① 피난구유도등은 피난구의 바닥으로부터 높이 **1.5[m] 이상**으로서 출입구에 인접하도록 설치해야 한다.
② 피난층으로 향하는 피난구의 위치를 안내할 수 있도록 출입구 인근 천장에, 피난구유도등의 면과 수직이 되도록 피난구유도등을 추가로 설치해야 한다.
③ 추가로 설치하는 피난구유도등은 피난구의 식별이 용이하도록 피난구 방향의 화살표가 함께 표시된 것으로 설치해야 한다.

[피난구유도등]

(3) 피난유도표시방법(유도등의 형식승인 및 제품검사의 기술기준 제9조)

① 국제표준화기구(ISO)의 기준에 의한 그림문자를 준용하며, 이때 식별이 용이하도록 비상문·EXIT·FIRE EXIT, 화살표 등을 함께 표시할 수 있다.

② 비상문 문자로 하며 EXIT 등의 외국어 문자, 화살표를 함께 표시할 수 있다.

③ ISO 기준에 의한 그림문자를 준용한 비상문 그림문자에 비상문 등의 문자 조합으로 표시하며 화살표를 함께 표시할 수 있다.

④ ISO 기준에 의한 그림문자를 준용한 비상문 그림문자에 한국산업표준(KS) 기준의 인체 도안 조합으로 표시하며 비상문·EXIT·FIRE EXIT, 화살표 등을 함께 표시할 수 있다.

⑤ 피난유도표시의 크기는 다음에 따른다.

　㉠ ISO 기준에 의한 그림문자를 준용한 비상문 그림문자는 표시면 짧은 변의 길이(H)를 기준으로 좌우 측 폭은 $(23/100)H$, 상부 폭은 $(3/40)H$로 표시할 것

　㉡ 인체 도안 및 화살표는 KS S ISO 3864-3을 적용할 것

　㉢ 비상문 문자의 가로 길이는 세로 길이에 2배 비율로 할 것

※ ①~④ 중 하나와 ⑤에 적합해야 한다.

4 통로유도등의 설치기준

(1) 복도통로유도등 설계 15회

① 복도에 설치하되 피난구유도등이 설치된 출입구의 맞은편 복도에는 입체형으로 설치하거나 바닥에 설치할 것

② 구부러진 모퉁이 및 ①에 따라 설치된 통로유도등을 기점으로 보행거리 20[m]마다 설치할 것

③ 바닥으로부터 높이 1[m] 이하의 위치에 설치할 것. 다만, 지하층 또는 무창층의 용도가 **도매시장·소매시장·여객자동차터미널·지하역사** 또는 **지하상가**인 경우에는 **복도·통로 중앙 부분의 바닥에 설치**해야 한다.

④ 바닥에 설치하는 통로유도등은 하중에 따라 파괴되지 않는 강도의 것으로 할 것

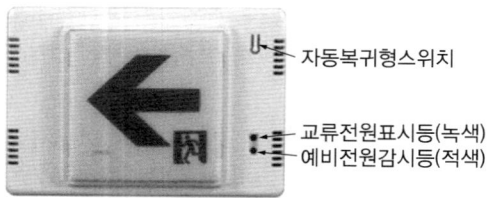

[통로유도등]

(2) 거실통로유도등

① 거실의 통로에 설치할 것. 다만, 거실의 통로가 벽체 등으로 구획된 경우에는 복도통로유도등을 설치할 것

② 구부러진 모퉁이 및 보행거리 20[m]마다 설치할 것

③ 바닥으로부터 높이 1.5[m] 이상의 위치에 설치할 것. 다만, 거실 통로에 기둥이 설치된 경우에는 기둥 부분의 바닥으로부터 높이 1.5[m] 이하의 위치에 설치할 수 있다.

(3) 계단통로유도등

① 각 층의 경사로참 또는 계단참마다(1개 층에 경사로참 또는 계단참이 2 이상 있는 경우에는 2개의 계단참마다) 설치할 것
② 바닥으로부터 높이 1[m] 이하의 위치에 설치할 것

(4) 통행에 지장이 없도록 설치할 것

(5) 주위에 이와 유사한 등화광고물·게시물 등을 설치하지 않을 것

[유도등, 유도표시의 설치기준]

종 류	설치장소	설치기준
복도통로유도등	복도, 바닥, 구부러진 모퉁이, 보행거리 20[m]마다 설치	바닥으로부터 1[m] 이하
거실통로유도등	거실의 통로, 구부러진 모퉁이, 보행거리 20[m]마다 설치	바닥으로부터 1.5[m] 이상(기둥에 설치 시 1.5[m] 이하)
계단통로유도등	각 층의 경사로참 또는 계단참마다 설치	바닥으로부터 1[m] 이하
객석유도등	객석의 통로, 바닥, 벽	-
유도표지	각 층마다 복도 및 통로의 각 부분으로부터 하나의 유도표지까지의 보행거리가 15[m] 이하가 되는 곳과 구부러진 모퉁이의 벽(계단에 설치하는 것은 제외한다)	① 피난구유도표지 : 출입구 상단 ② 통로유도표지 : 바닥으로부터 1[m] 이하
피난유도선	구획된 각 실로부터 주 출입구 또는 비상구까지	본문 참고

5 객석유도등의 설치기준

① 객석유도등은 객석의 통로, 바닥 또는 벽에 설치해야 한다.
② 객석 내의 통로가 경사로 또는 수평로로 되어 있는 부분은 다음의 식에 따라 산출한 개수(소수점 이하의 수는 1로 본다)의 유도등을 설치해야 한다.

[객석유도등]

$$\text{설치개수} = \frac{\text{객석 통로의 직선부분 길이[m]}}{4} - 1$$

③ 객석 내의 통로가 옥외 또는 이와 유사한 부분에 있는 경우에는 해당 통로 전체에 미칠 수 있는 개수의 유도등을 설치해야 한다.

6 유도표지의 설치기준

① 계단에 설치하는 것을 제외하고는 각 층마다 복도 및 통로의 각 부분으로부터 하나의 유도표지까지의 보행거리가 15[m] 이하가 되는 곳과 구부러진 모퉁이의 벽에 설치할 것

② 피난구 유도표지는 출입구 상단에 설치하고, 통로유도표지는 바닥으로부터 높이 1[m] 이하의 위치에 설치할 것
③ 주위에는 이와 유사한 등화·광고물·게시물 등을 설치하지 않을 것
④ 유도표지는 부착판 등을 사용하여 쉽게 떨어지지 않도록 설치할 것
⑤ 축광방식의 유도표지는 외광 또는 조명장치에 의하여 상시 조명이 제공되거나 비상조명등에 의한 조명이 제공되도록 설치할 것

7 축광방식의 피난유도선 설치기준

① 구획된 각 실로부터 주 출입구 또는 비상구까지 설치할 것
② 바닥으로부터 높이 50[cm] 이하의 위치 또는 바닥면에 설치할 것
③ 피난유도 표시부는 50[cm] 이내의 간격으로 연속되도록 설치할 것
④ 부착대에 의하여 견고하게 설치할 것
⑤ 외부의 빛 또는 조명장치에 의하여 상시 조명이 제공되거나 비상조명등에 의한 조명이 제공되도록 설치할 것

8 광원점등방식의 피난유도선 설치기준 12회 출제

① 구획된 각 실로부터 주 출입구 또는 비상구까지 설치할 것
② 피난유도 표시부는 바닥으로부터 높이 1[m] 이하의 위치 또는 바닥면에 설치할 것
③ 피난유도 표시부는 50[cm] 이내의 간격으로 연속되도록 설치하되 실내장식물 등으로 설치가 곤란할 경우 1[m] 이내로 설치할 것
④ 수신기로부터의 화재신호 및 수동조작에 의하여 광원이 점등되도록 설치할 것
⑤ 비상전원이 상시 충전상태를 유지하도록 설치할 것
⑥ 바닥에 설치되는 피난유도 표시부는 매립하는 방식을 사용할 것
⑦ 피난유도 제어부는 조작 및 관리가 용이하도록 바닥으로부터 0.8[m] 이상 1.5[m] 이하의 높이에 설치할 것

[피난유도선]

9 유도등의 비상전원 60분 이상 작동 대상 설계 15회

① 지하층을 제외한 층수가 11층 이상의 층
② 지하층 또는 무창층으로서 용도가 도매시장·소매시장·여객자동차터미널·지하역사 또는 지하상가

> 비상조명등의 비상전원을 60분 이상 작동해야 하는 대상도 유도등과 동일하다.

10 3선식 배선 시 유도등이 자동으로 점등되어야 하는 경우 01 08 21 회 출제

① 자동화재탐지설비의 감지기 또는 발신기가 작동되는 때
② 비상경보설비의 발신기가 작동되는 때
③ 상용전원이 정전되거나 전원선이 단선되는 때
④ 방재업무를 통제하는 곳 또는 전기실의 배전반에서 수동으로 점등하는 때
⑤ 자동소화설비가 작동되는 때

11 2선식과 3선식 배선의 유도등의 설치장소 01 07 회 출제

(1) 2선식 배선(평상시 점등)
모든 특정소방대상물

(2) 3선식 배선(평상시 소등)
① 특정소방대상물 또는 그 부분에 사람이 없는 경우
② 다음 장소에 3선식 배선에 따라 상시 충전되는 구조인 경우
    ㉠ 외부의 빛에 의해 피난구 또는 피난방향을 쉽게 식별할 수 있는 장소
    ㉡ 공연장, 암실 등으로서 어두워야 할 필요가 있는 장소
    ㉢ 특정소방대상물의 관계인 또는 종사원이 주로 사용하는 장소

12 유도등의 설치제외

(1) 피난구유도등의 설치제외 12 23 회 출제
① 바닥면적이 1,000[m^2] 미만인 층으로서 옥내로부터 직접 지상으로 통하는 출입구(외부의 식별이 용이한 경우에 한한다)
② 대각선 길이가 15[m] 이내인 구획된 실의 출입구
③ 거실 각 부분으로부터 하나의 출입구에 이르는 보행거리가 20[m] 이하이고 비상조명등과 유도표지가 설치된 거실의 출입구
④ 출입구가 3개소 이상 있는 거실로서 그 거실 각 부분으로부터 하나의 출입구에 이르는 보행거리가 30[m] 이하인 경우에는 주된 출입구 2개소 외의 출입구(유도표지가 부착된 출입구를 말한다). 다만, 공연장·집회장·관람장·전시장·판매시설·운수시설·숙박시설·노유자시설·의료시설·장례식장의 경우에는 그렇지 않다.

(2) 통로유도등의 설치제외 23 회 출제
① 구부러지지 않은 복도 또는 통로로서 길이가 30[m] 미만인 복도 또는 통로
② ①에 해당하지 않는 복도 또는 통로로서 보행거리가 20[m] 미만이고 그 복도 또는 통로와 연결된 출입구 또는 그 부속실의 출입구에 피난구유도등이 설치된 복도 또는 통로

(3) 객석유도등의 설치제외 23 회 출제
① 주간에만 사용하는 장소로서 채광이 충분한 객석
② 거실 등의 각 부분으로부터 하나의 거실출입구에 이르는 보행거리가 20[m] 이하인 객석의 통로로서 그 통로에 통로유도등이 설치된 객석

13 예비전원감시등의 점등 원인 08 회 출제
① 예비전원의 충전상태 불량
② 예비전원의 충전장치 불량
③ 관리자 부주의로 장시간 상용전원 공급 중지로 예비전원 방전
④ 예비전원의 연결 소켓 불량
⑤ 퓨즈 단선

14 유도등 및 유도표지의 점검표(소방시설 자체점검사항 등에 관한 고시 별지 4)

번 호	점검항목	점검결과
21-A. 유도등		
21-A-001	○ 유도등의 변형 및 손상 여부	
21-A-002	○ 상시(3선식의 경우 점검스위치 작동 시) 점등 여부	
21-A-003	○ 시각장애(규정된 높이, 적정위치, 장애물 등으로 인한 시각장애 유무) 여부	
21-A-004	○ 비상전원 성능 적정 및 상용전원 차단 시 예비전원 자동전환 여부	
21-A-005	● 설치장소(위치) 적정 여부	
21-A-006	● 설치높이 적정 여부	
21-A-007	● 객석유도등의 설치개수 적정 여부	
21-B. 유도표지		
21-B-001	○ 유도표지의 변형 및 손상 여부	
21-B-002	○ 설치 상태(유사 등화광고물·게시물 존재, 쉽게 떨어지지 않는 방식) 적정 여부	
21-B-003	○ 외광·조명장치로 상시 조명 제공 또는 비상조명등 설치 여부	
21-B-004	○ 설치방법(위치 및 높이) 적정 여부	
21-C. 피난유도선		
21-C-001	○ 피난유도선의 변형 및 손상 여부	
21-C-002	○ 설치방법(위치·높이 및 간격) 적정 여부	
	[축광방식의 경우]	
21-C-011	● 부착대에 견고하게 설치 여부	
21-C-012	○ 상시조명 제공 여부	
	[광원점등방식의 경우]	
21-C-021	○ 수신기 화재신호 및 수동조작에 의한 광원점등 여부	
21-C-022	○ 비상전원 상시 충전상태 유지 여부	
21-C-023	● 바닥에 설치되는 경우 매립방식 설치 여부	
21-C-024	● 제어부 설치위치 적정 여부	
비 고		

제3절 　비상조명등(NFTC 304, 소방시설법 영 별표 4)

[비상조명등을 설치해야 하는 특정소방대상물]
창고시설 중 창고 및 하역장, 위험물 저장 및 처리 시설 중 가스시설 및 사람이 거주하지 않거나 벽이 없는 축사등 동물 및 식물 관련 시설은 제외한다.
1) 지하층을 포함하는 층수가 5층 이상인 건축물로서 연면적 3,000[m²] 이상인 경우에는 모든 층
2) 1)에 해당하지 않는 특정소방대상물로서 그 지하층 또는 무창층의 바닥면적이 450[m²] 이상인 경우에는 해당 층
3) 터널로서 그 길이가 500[m] 이상인 것

[휴대용 비상조명등을 설치해야 하는 특정소방대상물]
1) 숙박시설
2) 수용인원 100명 이상의 영화상영관, 판매시설 중 대규모점포, 철도 및 도시철도시설 중 지하역사, 지하상가

1 비상조명등을 60분 이상 작동 대상 　21　회 출제

① 지하층을 제외한 층수가 11층 이상의 층
② 지하층 또는 무창층으로서 용도가 **도매시장·소매시장·여객자동차터미널· 지하역사** 또는 **지하상가**

> 비상조명등의 비상전원을 20분 이상 작동시킬 수 있는 용량으로 해야 한다.

[비상조명등]

2 휴대용 비상조명등의 설치기준

① 다음의 장소에 설치할 것 　설계 25회
　㉠ 숙박시설 또는 다중이용업소에는 객실 또는 영업장 안의 구획된 실마다 잘 보이는 곳(외부에 설치 시 출입문 손잡이로부터 1[m] 이내 부분)에 1개 이상 설치할 것
　㉡ 대규모점포(지하상가 및 지하역사는 제외한다) 및 영화상영관에는 보행거리 50[m] 이내마다 3개 이상 설치할 것
　㉢ 지하상가 및 지하역사에는 보행거리 25[m] 이내마다 3개 이상 설치할 것
② 설치높이는 바닥으로부터 0.8[m] 이상 1.5[m] 이하의 높이에 설치할 것
③ 어둠 속에서 위치를 확인할 수 있도록 할 것
④ 사용 시 자동으로 점등되는 구조일 것
⑤ 외함은 난연성능이 있을 것

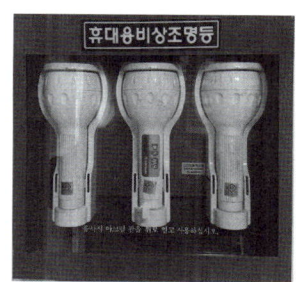

[휴대용비상조명등]

⑥ 건전지를 사용하는 경우에는 방전방지조치를 해야 하고, 충전식 배터리의 경우에는 상시 충전되도록 할 것
⑦ 건전지 및 충전식 배터리의 용량은 20분 이상 유효하게 사용할 수 있는 것으로 할 것

3 비상조명등의 제외

(1) 비상조명등의 설치제외
① 거실의 각 부분으로부터 하나의 출입구에 이르는 보행거리가 15[m] 이너인 부분
② 의원, 경기장, **공동주택**, 의료시설, 학교의 거실

(2) 휴대용 비상조명등의 설치제외
① 지상 1층 또는 피난층으로서 복도나 통로 또는 창문 등의 개구부를 통하여 피난이 용이한 경우
② 숙박시설로서 복도에 비상조명등을 설치한 경우

4 비상조명등 및 휴대용 비상조명등의 점검표(소방시설 자체점검사항 등에 관한 고시 별지 4)

번 호	점검항목	점검결과
22-A. 비상조명등		
22-A-001	○ 설치 위치(거실, 지상에 이르는 복도·계단, 그 밖의 통로) 적정 여부	
22-A-002	○ 비상조명등 변형·손상 확인 및 정상 점등 여부	
22-A-003	● 조도 적정 여부	
22-A-004	○ 예비전원 내장형의 경우 점검스위치 설치 및 정상 작동 여부	
22-A-005	● 비상전원 종류 및 설치장소 기준 적합 여부	
22-A-006	○ 비상전원 성능 적정 및 상용전원 차단 시 예비전원 자동전환 여부	
22-B. 휴대용 비상조명등 **22 회 출제**		
22-B-001	○ 설치대상 및 설치 수량 적정 여부	
22-B-002	○ 설치높이 적정 여부	
22-B-003	○ 휴대용 비상조명등의 변형 및 손상 여부	
22-B-004	○ 어둠 속에서 위치를 확인할 수 있는 구조인지 여부	
22-B-005	○ 사용 시 자동으로 점등되는지 여부	
22-B-006	○ 건전지를 사용하는 경우 유효한 방전 방지조치가 되어 있는지 여부	
22-B-007	○ 충전식 배터리의 경우에는 상시 충전되도록 되어 있는지의 여부	
비 고		

CHAPTER 04 예상문제

PART 02 소방시설의 점검

---

01 피난기구의 설치대상물에 따른 설치기준을 설명하시오.

해답 피난기구의 설치개수(NFTC 301)

① 설치개수

설치대상물	설치기준
특정소방대상물	층마다 1개 이상 설치
숙박시설, 노유자시설 및 의료시설로 사용되는 층	바닥면적 500[m^2]마다 1개 이상 설치
위락시설, 문화 및 집회시설, 운동시설, 판매시설로 사용되는 층 또는 복합용도의 층	바닥면적 800[m^2]마다 1개 이상 설치
계단실형 아파트	각 세대마다
그 밖의 용도의 층	바닥면적 1,000[m^2]마다 1개 이상

② 피난기구의 추가 설치기준

특정소방대상물	설치기준	추가로 설치해야 하는 피난기구
숙박시설 (휴양콘도미니엄은 제외)	객실마다	완강기 또는 2 이상의 간이완강기
의무관리대상 공동주택 (공동주택의 화재안전기술기준)	하나의 관리주체가 관리하는 공동주택 구역마다	공기안전매트 1개 이상(옥상으로 피난이 가능하거나 수평 또는 수직 방향의 인접세대로 피난할 수 있는 구조인 경우에는 제외한다)
4층 이상의 층에 설치된 노유자시설 중 장애인 관련 시설로서 주된 사용자 중 스스로 피난이 불가한 자가 있는 경우	층마다	구조대 1개 이상

02 피난기구의 설치기준을 설명하시오(다수인 피난장비, 승강식 피난기 및 하향식 피난구용 내림식 사다리는 제외).

해답 피난기구의 설치기준(NFTC 301)

① 피난기구는 계단·피난구 기타 피난시설로부터 적당한 거리에 있는 안전한 구조로 된 피난 또는 소화활동상 유효한 개구부(가로 0.5[m] 이상 세로 1[m] 이상인 것. 이 경우 개구부 하단이 바닥에서 1.2[m] 이상이면 발판 등을 설치해야 하고, 밀폐된 창문은 쉽게 파괴할 수 있는 파괴장치를 비치해야 한다)에 고정하여 설치하거나 필요한 때에 신속하고 유효하게 설치할 수 있는 상태에 둘 것
② 피난기구를 설치하는 개구부는 서로 동일직선상이 아닌 위치에 있을 것. 다만, 피난교·피난용트랩·간이완강기·아파트에 설치되는 피난기구(다수인 피난장비는 제외) 기타 피난상 지장이 없는 것에 있어서는 그렇지 않다.
③ 피난기구는 특정소방대상물의 기둥·바닥·보 기타 구조상 견고한 부분에 볼트조임·매입·용접 기타의 방법으로 견고하게 부착할 것
④ 4층 이상의 층에 피난사다리를 설치하는 경우에는 금속성 고정사다리를 설치하고, 해당 고정사다리에는 쉽게 피난할 수 있는 구조의 노대를 설치할 것
⑤ 완강기는 강하 시 로프가 건축물 또는 구조물 등과 접촉하여 손상되지 않도록 하고, 로프의 길이는 부착위치에서 지면 또는 기타 피난상 유효한 착지면까지의 길이로 할 것
⑥ 미끄럼대는 안전한 강하속도를 유지하도록 하고, 전락방지를 위한 안전조치를 할 것
⑦ 구조대의 길이는 피난상 지장이 없고 안정한 강하속도를 유지할 수 있는 길이로 할 것

03 다수인 피난장비의 설치기준을 쓰시오.

해답 다수인 피난장비의 설치기준(NFTC 301)

① 피난에 용이하고 안전하게 하강할 수 있는 장소에 적재 하중을 충분히 견딜 수 있도록 규정에서 정하는 구조안전의 확인을 받아 견고하게 설치할 것
② 다수인 피난장비 보관실은 건물 외측보다 돌출되지 않고, 빗물·먼지 등으로부터 장비를 보호할 수 있는 구조일 것
③ 사용 시에 보관실 외측 문이 먼저 열리고 탑승기가 외측으로 자동으로 전개될 것
④ 하강 시에 탑승기가 건물 외벽이나 돌출물에 충돌하지 않도록 설치할 것
⑤ 상·하층에 설치할 경우에는 탑승기의 하강경로가 중첩되지 않도록 할 것
⑥ 하강 시에는 안전하고 일정한 속도를 유지하도록 하고 전복, 흔들림, 경로이탈 방지를 위한 안전조치를 할 것
⑦ 보관실의 문에는 오작동 방지조치를 하고, 문 개방 시에는 해당 특정소방대상물에 설치된 경보설비와 연동하여 유효한 경보음을 발하도록 할 것
⑧ 피난층에는 해당 층에 설치된 피난기구가 착지에 지장이 없도록 충분한 공간을 확보할 것

04 승강식 피난기 및 하향식 피난구용 내림식 사다리의 설치기준 5가지를 쓰시오.

해답 승강식 피난기 및 하향식 피난구용 내림식 사다리의 설치기준(NFTC 301)
① 승강식 피난기 및 하향식 피난구용 내림식 사다리는 설치경로가 설치층에서 피난층까지 연계될 수 있는 구조로 설치할 것. 다만, 건축물의 구조 및 설치 여건상 불가피한 경우에는 그렇지 않다.
② **대피실**의 **면적**은 2[m²](2세대 이상일 경우에는 3[m²]) 이상으로 하고, 건축법 시행령 제46조 제4항의 규정에 적합해야 하며 하강구(개구부) 규격은 직경 60[cm] 이상일 것. 다만, 외기와 개방된 장소에는 그렇지 않다.
③ **착지점과 하강구**는 상호 **수평거리 15[cm]** 이상의 간격을 둘 것
④ 대피실 내에는 비상조명등을 설치할 것
⑤ 대피실에는 층의 위치표시와 피난기구 사용설명서 및 주의사항 표지판을 부착할 것

05 피난기구를 어떤 장소에 설치해야 하고, 어떤 표지를 부착해야 하는지 쓰시오.

해답 피난기구
① 설치장소 : 가까운 곳의 보기 쉬운 곳
② 표지부착 : 피난기구의 위치를 표시하는 발광식 또는 축광식 표지와 그 사용방법을 표시한 표지(외국어 및 그림 병기)를 부착

06 피난기구의 설치제외 장소를 기술하시오.

해답 피난기구의 설치제외 장소(NFTC 301)
(1) 다음의 기준에 적합한 층
  ① 주요구조부가 내화구조로 되어 있어야 할 것
  ② 실내의 면하는 부분의 마감이 불연재료·준불연재료 또는 난연재료로 되어 있고 방화구획이 건축법 시행령 제46조의 규정에 적합하게 구획되어 있어야 할 것
  ③ 거실의 각 부분으로부터 직접 복도로 쉽게 통할 수 있어야 할 것
  ④ 복도에 2 이상의 피난계단 또는 특별피난계단이 건축법 시행령 제35조의 규정에 적합하게 설치되어 있어야 할 것
  ⑤ 복도의 어느 부분에서도 2 이상의 방향으로 각각 다른 계단에 도달할 수 있어야 할 것
(2) 다음의 기준에 적합한 특정소방대상물 중 그 옥상의 직하층 또는 최상층(문화 및 집회시설, 운동시설, 판매시설은 제외)
  ① 주요구조부가 내화구조로 되어 있어야 할 것
  ② 옥상의 면적이 1,500[m^2] 이상이어야 할 것
  ③ 옥상으로 쉽게 통할 수 있는 창 또는 출입구가 설치되어 있어야 할 것
  ④ 옥상이 소방사다리차가 쉽게 통행할 수 있는 도로(폭 6[m] 이상의 것) 또는 공지(공원 또는 광장 등)에 면하여 설치되어 있거나 옥상으로부터 피난층 또는 지상으로 통하는 2 이상의 피난계단 또는 특별피난계단이 건축법 시행령 제35조의 규정에 적합하게 설치되어 있어야 할 것
(3) 주요구조부가 내화구조이고 지하층을 제외한 층수가 4층 이하이고 소방사다리차가 쉽게 통행할 수 있는 도로 또는 공지에 면하는 부분에 개구부가 2 이상 설치되어 있는 층(문화 및 집회시설, 운동시설, 판매시설 및 영업시설 또는 노유자시설의 용도로 사용되는 층으로서 그 층의 바닥면적이 1,000[m^2] 이상인 것은 제외)
(4) 갓복도식 아파트 또는 건축법 시행령 제46조 제5항에 해당하는 구조 또는 시설을 설치하여 인접(수평 또는 수직) 세대로 피난할 수 있는 아파트
(5) 주요구조부가 내화구조로서 거실의 각 부분으로 직접 복도로 피난할 수 있는 학교(강의실 용도로 사용되는 층에 한한다)
(6) 무인공장 또는 자동창고로서 사람의 출입이 금지된 장소(관리를 위하여 일시적으로 출입하는 장소를 포함한다)
(7) 건축물의 옥상부분으로서 거실에 해당하지 않고 건축법 시행령 제119조 제1항 제9호에 해당하여 층수로 산정된 층으로 사람이 근무하거나 거주하지 않는 장소

07 피난기구를 1/2로 감소할 수 있는 경우(층)를 설명하시오.

해답 피난기구를 1/2로 감소할 수 있는 경우(층)(NFTC 301)
  ① 주요구조부가 내화구조로 되어 있을 것
  ② 직통계단인 피난계단 또는 특별피난계단이 2 이상 설치되어 있을 것

08 의료시설, 접골원, 조산원의 경우 층별로 피난기구의 적응성을 작성하시오.

해답 특정소방대상물의 설치장소별 피난기구의 적응성(NFTC 301)

설치장소별 \ 층별	1층	2층	3층	4층 이상 10층 이하
의료시설, 근린생활시설 중 입원실이 있는 의원, 접골원, 조산원	-	-	미끄럼대 구조대 피난교 피난용트랩 다수인피난장비 승강식피난기	구조대 피난교 피난용트랩 다수인피난장비 승강식피난기

09 피난 및 방화시설의 외관점검 내용을 설명하시오.

해답 기타 사항 점검표 중 피난·방화시설의 외관점검(소방시설 자체점검사항 등에 관한 고시 별지 4)
① 방화문 및 방화셔터의 관리상태(폐쇄·훼손·변경) 및 정상 기능 적정 여부
② 비상구 및 피난통로 확보 적정여부(피난·방화시설 주변 장애물 적치 포함)

10 피난기구 및 인명구조기구 점검표에서 종합점검항목 중 피난기구의 공통사항을 쓰시오.

해답 종합점검항목 중 피난기구의 공통사항(소방시설 자체점검사항 등에 관한 고시 별지 4)
① 대상물 용도별·층별·바닥면적별 피난기구 종류 및 설치개수 적정 여부
② 피난에 유효한 개구부 확보(크기, 높이에 따른 발판, 창문 파괴장치) 및 관리상태
③ 개구부 위치 적정(동일직선상이 아닌 위치) 여부
④ 피난기구의 부착 위치 및 부착 방법 적정 여부
⑤ 피난기구(지지대 포함)의 변형·손상 또는 부식이 있는지 여부
⑥ 피난기구의 위치표시 표지 및 사용방법 표지 부착 적정 여부
⑦ 피난기구의 설치제외 및 설치감소 적합 여부

11 피난기구 및 인명구조기구 점검표에서 공기안전매트, 피난사다리, 완강기, 미끄럼대, 구조대의 종합점검항목을 쓰시오.

해답 공기안전매트, 피난사다리, 완강기, 미끄럼대, 구조대의 종합점검항목(소방시설 자체점검사항 등에 관한 고시 별지 4)
① 공기안전매트 설치 여부
② 공기안전매트 설치 공간 확보 여부
③ 피난사다리(4층 이상의 층)의 구조(금속성 고정사다리) 및 노대 설치 여부
④ (간이)완강기의 구조(로프 손상방지) 및 길이 적정 여부
⑤ 숙박시설의 객실마다 완강기(1개) 또는 간이완강기(2개 이상) 추가 설치 여부
⑥ 미끄럼대의 구조 적정 여부
⑦ 구조대의 길이 적정 여부

12 피난기구 및 인명구조기구 점검표에서 다수인 피난장비의 종합점검항목을 쓰시오.

해답 다수인 피난장비의 종합점검항목(소방시설 자체점검사항 등에 관한 고시 별지 4)
① 설치장소 적정(피난용이, 안전하게 하강, 피난층의 충분한 착지 공간) 여부
② 보관실 설치 적정(건물외측 돌출, 빗물·먼지 등으로부터 장비 보호) 여부
③ 보관실 외측문 개방 및 탑승기 자동 전개 여부
④ 보관실 문 오작동 방지조치 및 문 개방 시 경보설비 연동(경보) 여부

13 피난기구 및 인명구조기구 점검표에서 승강식 피난기·하향식 피난구용 내림식 사다리의 종합점검항목을 쓰시오.

해답 승강식 피난기·하향식 피난구용 내림식 사다리의 종합점검항목(소방시설 자체점검사항 등에 관한 고시 별지 4)
① 대피실 출입문 60분+ 방화문 또는 60분 방화문 설치 및 표지 부착 여부
② 대피실 표지(층별 위치표시, 피난기구 사용설명서 및 주의사항) 부착 여부
③ 대피실 출입문 개방 및 피난기구 작동 시 표시등·경보장치 작동 적정 여부 및 감시제어반 피난기구 작동 확인 가능 여부
④ 대피실 면적 및 하강구 규격 적정 여부
⑤ 하강구 내측 연결금속구 존재 및 피난기구 전개 시 장애발생 여부
⑥ 대피실 내부 비상조명등 설치 여부

14 피난기구 및 인명구조기구 점검표에서 인명구조기구의 종합점검항목을 쓰시오.

해답 인명구조기구의 종합점검항목(소방시설 자체점검사항 등에 관한 고시 별지 4)
① 설치장소 적정(화재 시 반출 용이성) 여부
② "인명구조기구" 표시 및 사용방법 표지 설치 적정 여부
③ 인명구조기구의 변형 또는 손상이 있는지 여부
④ 대상물 용도별·장소별 설치 인명구조기구 종류 및 설치개수 적정 여부

15 특정소방대상물의 용도 및 장소별로 설치해야 할 인명구조기구를 쓰시오.

해답 인명구조기구의 설치대상(NFTC 302)

특정소방대상물	인명구조기구	설치수량
지하층을 포함하는 층수가 7층 이상인 관광호텔 및 5층 이상인 병원	방열복 또는 방화복 (안전모, 보호장갑 및 안전화를 포함), 공기호흡기, 인공소생기	각 2개 이상 비치할 것(다만, 병원의 경우에는 인공소생기를 설치하지 않을 수 있다)
• 문화 및 집회시설 중 수용인원 100명 이상의 영화상영관 • 판매시설 중 대규모 점포 • 운수시설 중 지하역사 • 지하상가	공기호흡기	층마다 2개 이상 비치할 것(다만, 각 층마다 갖추어 두어야 할 공기호흡기 중 일부를 직원이 상주하는 인근 사무실에 갖추어 둘 수 있다)
물분무등소화설비 중 이산화탄소소화설비를 설치해야 하는 특정소방대상물	공기호흡기	이산화탄소소화설비가 설치된 장소의 출입구 외부 인근에 1개 이상 비치할 것

16. 대형피난구유도등의 설치대상물 10가지를 쓰시오.

해답 유도등의 설치대상물(NFTC 303)

설치장소	유도등 및 유도표지의 종류
1. 공연장·집회장(종교집회장 포함)·관람장·운동시설	• 대형피난구유도등 • 통로유도등 • 객석유도등
2. 유흥주점영업시설(유흥주점영업 중 손님이 춤을 출 수 있는 무대가 설치된 카바레, 나이트클럽 또는 그 밖에 이와 비슷한 영업시설만 해당한다)	
3. 위락시설·판매시설·운수시설·관광숙박업·의료시설·장례식장·방송통신시설·전시장·지하상가·지하철역사	• 대형피난구유도등 • 통로유도등
4. 숙박시설(제3호의 관광숙박업 외의 것을 말한다)·오피스텔	• 중형피난구유도등 • 통로유도등
5. 제1호부터 제3호까지 외의 건축물로서 지하층·무창층 및 11층 이상인 특정소방대상물	
6. 제1호부터 제5호까지 외의 건축물로서 근린생활시설·노유자시설·업무시설·발전시설·종교시설(집회장 용도로 사용되는 부분 제외)·교육연구시설·수련시설·공장·교정 및 군사시설(국방·군사시설 제외)·자동차정비공장·운전학원 및 정비학원·다중이용업소·**복합건축물**	• 소형피난구유도등 • 통로유도등
7. 그 밖의 것	• 피난구유도표지 • 통로유도표지

[비 고]
1. 소방서장은 **특정소방대상물**의 위치·구조 및 설비의 상황을 판단하여 대형피난구유도등을 설치해야 할 장소에 중형피난구유도등 또는 소형피난구유도등을, 중형피난구유도등을 설치해야 할 장소에 소형피난구유도등을 설치하게 할 수 있다.
2. 복합건축물의 경우 주택의 세대 내에는 유도등을 설치하지 않을 수 있다.

17. 피난구유도등의 설치장소에 대하여 설명하시오.

해답 피난구유도등의 설치장소(NFTC 303)
① 옥내로부터 직접 지상으로 통하는 출입구 및 그 부속실의 출입구
② 직통계단·직통계단의 계단실 및 그 부속실의 출입구
③ 출입구에 이르는 복도 또는 통로로 통하는 출입구
④ 안전구획된 거실로 통하는 출입구

18. 복도통로유도등의 설치기준을 설명하시오.

해답 복도통로유도등의 설치기준(NFTC 303)
① 복도에 설치하되 피난구유도등이 설치된 출입구의 맞은편 복도에는 입체형으로 설치하거나, 바닥에 설치할 것
② 구부러진 모퉁이 및 ①에 따라 설치된 통로유도등을 기점으로 보행거리 20[m]마다 설치할 것
③ 바닥으로부터 높이 1[m] 이하의 위치에 설치할 것. 다만, 지하층 또는 무창층의 용도가 도매시장·소매시장·여객자동차터미널·지하역사 또는 지하상가인 경우에는 복도·통로 중앙 부분의 바닥에 설치해야 한다.
④ 바닥에 설치하는 통로유도등은 하중에 따라 파괴되지 않는 강도의 것으로 할 것

| **19** | 거실통로유도등의 설치기준을 설명하시오. |

해답 **거실통로유도등의 설치기준**(NFTC 303)
① 거실의 통로에 설치할 것. 다만, 거실의 통로가 벽체 등으로 구획된 경우에는 복도통로유도등을 설치할 것
② 구부러진 모퉁이 및 보행거리 20[m]마다 설치할 것
③ 바닥으로부터 높이 1.5[m] 이상의 위치에 설치할 것. 다만, 거실 통로에 기둥이 설치된 경우에는 기둥 부분의 바닥으로부터 높이 1.5[m] 이하의 위치에 설치할 수 있다.

| **20** | 유도등의 설치제외 장소를 기술하시오. |

해답 **유도등의 설치제외**(NFTC 303)
(1) **피난구유도등의 설치제외**
① 바닥면적이 1,000[m²] 미만인 층으로서 옥내로부터 직접 지상으로 통하는 출입구(외부의 식별이 용이한 경우에 한한다)
② 대각선 길이가 15[m] 이내인 구획된 실의 출입구
③ 거실 각 부분으로부터 하나의 출입구에 이르는 보행거리가 20[m] 이하이고 비상조명등과 유도표지가 설치된 거실의 출입구
④ 출입구가 3개소 이상 있는 거실로서 그 거실 각 부분으로부터 하나의 출입구에 이르는 보행거리가 30[m] 이하인 경우에는 주된 출입구 2개소 외의 출입구(유도표지가 부착된 출입구를 말한다). 다만, 공연장·집회장·관람장·전시장·판매시설·운수시설·숙박시설·노유자시설·의료시설·장례식장의 경우에는 그렇지 않다.
(2) **통로유도등의 설치제외**
① 구부러지지 않은 복도 또는 통로로서 길이가 30[m] 미만인 복도 또는 통로
② ①에 해당하지 않는 복도 또는 통로로서 보행거리가 20[m] 미만이고 그 복도 또는 통로와 연결된 출입구 또는 그 부속실의 출입구에 피난구유도등이 설치된 복도 또는 통로
(3) **객석유도등의 설치제외**
① 주간에만 사용하는 장소로서 채광이 충분한 객석
② 거실 등의 각 부분으로부터 하나의 거실출입구에 이르는 보행거리가 20[m] 이하인 객석의 통로로서 그 통로에 통로유도등이 설치된 객석

21. 유도표지의 설치기준을 쓰시오.

해답 유도표지의 설치기준(NFTC 303)
① 계단에 설치하는 것을 제외하고는 각 층마다 복도 및 통로의 각 부분으로부터 하나의 유도표지까지의 보행거리가 15[m] 이하가 되는 곳과 구부러진 모퉁이의 벽에 설치할 것
② 피난구 유도표지는 출입구 상단에 설치하고, 통로유도표지는 바닥으로부터 높이 1[m] 이하의 위치에 설치할 것
③ 주위에는 이와 유사한 등화·광고물·게시물 등을 설치하지 않을 것
④ 유도표지는 부착판 등을 사용하여 쉽게 떨어지지 않도록 설치할 것
⑤ 축광방식의 유도표지는 외광 또는 조명장치에 의하여 상시 조명이 제공되거나 비상조명등에 의한 조명이 제공되도록 설치할 것

22. 축광방식의 피난유도선 설치기준을 설명하시오.

해답 축광방식의 피난유도선 설치기준(NFTC 303)
① 구획된 각 실로부터 주 출입구 또는 비상구까지 설치할 것
② 바닥으로부터 높이 50[cm] 이하의 위치 또는 바닥면에 설치할 것
③ 피난유도 표시부는 50[cm] 이내의 간격으로 연속되도록 설치할 것
④ 부착대에 의하여 견고하게 설치할 것
⑤ 외부의 빛 또는 조명장치에 의하여 상시 조명이 제공되거나 비상조명등에 의한 조명이 제공되도록 설치할 것

23. 광원점등방식의 피난유도선 설치기준을 설명하시오.

해답 광원점등방식의 피난유도선 설치기준(NFTC 303)
① 구획된 각 실로부터 주 출입구 또는 비상구까지 설치할 것
② 피난유도 표시부는 바닥으로부터 높이 1[m] 이하의 위치 또는 바닥면에 설치할 것
③ 피난유도 표시부는 50[cm] 이내의 간격으로 연속되도록 설치하되 실내장식물 등으로 설치가 곤란할 경우 1[m] 이내로 설치할 것
④ 수신기로부터의 화재신호 및 수동조작에 의하여 광원이 점등되도록 설치할 것
⑤ 비상전원이 상시 충전상태를 유지하도록 설치할 것
⑥ 바닥에 설치되는 피난유도 표시부는 매립하는 방식을 사용할 것
⑦ 피난유도 제어부는 조작 및 관리가 용이하도록 바닥으로부터 0.8[m] 이상 1.5[m] 이하의 높이에 설치할 것

24. 3선식 배선에 따라 상시 충전되는 유도등의 전기회로에 점멸기를 설치하는 경우에 점등되는 기준을 쓰시오.

해답 3선식 배선 시 유도등이 자동으로 점등되는 기준(NFTC 303)
① 자동화재탐지설비의 감지기 또는 발신기가 작동되는 때
② 비상경보설비의 발신기가 작동되는 때
③ 상용전원이 정전되거나 전원선이 단선되는 때
④ 방재업무를 통제하는 곳 또는 전기실의 배전반에서 수동으로 점등하는 때
⑤ 자동소화설비가 작동되는 때

25. 유도등의 다음 물음에 답하시오.

(1) 평상시 점등상태
(2) 2선식과 3선식의 장단점

해답 유도등
(1) 평상시 점등상태
　　① 2선식 배선 : 평상시 점등상태
　　② 3선식 배선 : 평상시 소등상태
(2) 2선식과 3선식의 장단점
　　① 2선식 배선 장점
　　　㉠ 평상시 점등상태로 고장 여부와 피난구의 방향을 쉽게 알 수 있다.
　　　㉡ 배선비가 적게 든다.
　　② 2선식 배선 단점
　　　㉠ 평상시 점등되어 있어 전력소모가 크다.
　　　㉡ 평상시 점등되므로 고장, 보수로 인한 유지비가 많이 든다.
　　③ 3선식 배선 장점
　　　㉠ 평상시 소등되어 있어 전력소모가 거의 없다.
　　　㉡ 평상시 소등되어 있어 등기구의 수명이 길다.
　　④ 3선식 배선 단점
　　　㉠ 평상시 소등되어 있어 고장 여부와 피난구의 방향을 구분하기 힘들다.
　　　㉡ 배선비가 많이 든다.

26 2선식과 3선식 배선의 유도등의 설치장소를 기술하시오.

> **해답** 2선식과 3선식 배선의 유도등의 설치장소(NFTC 303)
> (1) 2선식 배선 : 모든 특정소방대상물
> (2) 3선식 배선
>   ① 특정소방대상물 또는 그 부분에 사람이 없는 경우
>   ② 다음 장소에 3선식 배선에 따라 상시 충전되는 구조인 경우
>   ㉠ 외부의 빛에 의해 피난구 또는 피난방향을 쉽게 식별할 수 있는 장소
>   ㉡ 공연장, 암실 등으로서 어두워야 할 필요가 있는 장소
>   ㉢ 특정소방대상물의 관계인 또는 종사원이 주로 사용하는 장소

27 유도등의 예비전원감시등이 점등되는 원인 5가지를 쓰시오.

> **해답** 예비전원감시등의 점등 원인
> ① 예비전원의 충전상태 불량
> ② 예비전원의 충전장치 불량
> ③ 관리자 부주의로 장시간 상용전원 공급 중지로 예비전원 방전
> ④ 예비전원의 연결 소켓 불량
> ⑤ 퓨즈 단선

28 유도등 및 유도표지 점검표에서 유도등의 종합점검항목을 쓰시오.

> **해답** 유도등의 종합점검항목(소방시설 자체점검사항 등에 관한 고시 별지 4)
> ① 유도등의 변형 및 손상 여부
> ② 상시(3선식의 경우 점검스위치 작동 시) 점등 여부
> ③ 시각장애(규정된 높이, 적정위치, 장애물 등으로 인한 시각장애 유무) 여부
> ④ 비상전원 성능 적정 및 상용전원 차단 시 예비전원 자동전환 여부
> ⑤ 설치장소(위치) 적정 여부
> ⑥ 설치높이 적정 여부
> ⑦ 객석유도등의 설치개수 적정 여부
>
> 작동점검항목은 ①, ②, ③, ④번만 해당된다.

29 유도등 및 유도표지 점검표에서 유도표지의 종합점검항목을 쓰시오.

해답 유도표지의 종합점검항목(소방시설 자체점검사항 등에 관한 고시 별지 4)
① 유도표지의 변형 및 손상 여부
② 설치 상태(유사 등화광고물·게시물 존재, 쉽게 떨어지지 않는 방식) 적정 여부
③ 외광·조명장치로 상시 조명 제공 또는 비상조명등 설치 여부
④ 설치방법(위치 및 높이) 적정 여부

30 유도등 및 유도표지 점검표에서 피난유도선의 종합점검항목 공통사항을 쓰시오.

해답 피난유도선의 종합점검항목(소방시설 자체점검사항 등에 관한 고시 별지 4)
① 피난유도선의 변형 및 손상 여부
② 설치방법(위치·높이 및 간격) 적정 여부

31 유도등을 60분 이상 작동시킬 수 있는 용량으로 해야 할 대상을 설명하시오.

해답 유도등을 60분 이상 유효하게 작동시킬 수 있는 용량으로 해야 할 대상(NFTC 303)
① 지하층을 제외한 층수가 11층 이상의 층
② 지하층 또는 무창층으로서 용도가 도매시장, 소매시장, 여객자동차터미널, 지하역사 또는 지하상가

32 비상조명등을 60분 이상 작동시킬 수 있는 용량으로 해야 할 대상을 쓰시오.

해답 60분 이상 작동용량인 대상(NFTC 304)
① 지하층을 제외한 층수가 11층 이상의 층
② 지하층 또는 무창층으로서 용도가 도매시장, 소매시장, 여객자동차터미널, 지하역사 또는 지하상가

33 휴대용 비상조명등을 설치해야 하는 장소를 쓰시오.

해답 휴대용 비상조명등의 설치장소(NFTC 304)
① 숙박시설 또는 다중이용업소에는 객실 또는 영업장 안의 구획된 실마다 잘 보이는 곳(외부에 설치 시 출입문 손잡이로부터 1[m] 이내 부분)에 1개 이상 설치할 것
② 대규모점포(지하상가 및 지하역사는 제외한다)와 영화상영관에는 보행거리 50[m] 이내마다 3개 이상 설치할 것
③ 지하상가 및 지하역사에는 보행거리 25[m] 이내마다 3개 이상 설치할 것

34 휴대용 비상조명등의 설치기준을 쓰시오.

해답 휴대용 비상조명등의 설치기준(NFTC 304)
① 다음의 장소에 설치할 것
　㉠ 숙박시설 또는 다중이용업소에는 객실 또는 영업장 안의 구획된 실마다 잘 보이는 곳(외부에 설치 시 출입문 손잡이로부터 1[m] 이내 부분)에 1개 이상 설치
　㉡ 대규모점포(지하상가 및 지하역사를 제외한다)와 영화상영관에는 보행거리 50[m] 이내마다 3개 이상 설치
　㉢ 지하상가 및 지하역사에는 보행거리 25[m] 이내마다 3개 이상 설치
② 설치높이는 바닥으로부터 0.8[m] 이상 1.5[m] 이하의 높이에 설치할 것
③ 어둠 속에서 위치를 확인할 수 있도록 할 것
④ 사용 시 자동으로 점등되는 구조일 것
⑤ 외함은 난연성능이 있을 것
⑥ 건전지를 사용하는 경우에는 방전방지조치를 해야 하고, 충전식 배터리의 경우에는 상시 충전되도록 할 것
⑦ 건전지 및 충전식 배터리의 용량은 20분 이상 유효하게 사용할 수 있는 것으로 할 것

35 비상조명등과 휴대용 비상조명등을 설치하지 않아도 되는 경우를 설명하시오.

해답 비상조명등의 제외(NFTC 304)
(1) 비상조명등의 설치제외
　① 거실의 각 부분으로부터 하나의 출입구에 이르는 보행거리가 15[m] 이내 부분
　② 의원, 경기장, 공동주택, 의료시설, 학교의 거실
(2) 휴대용 비상조명등의 설치제외
　① 지상 1층 또는 피난층으로서 복도나 통로 또는 창문 등의 개구부를 통하여 피난이 용이한 경우
　② 숙박시설로서 복도에 비상조명등을 설치한 경우

36. 비상조명등 및 휴대용 비상조명등 점검표에서 비상조명등의 종합점검항목을 쓰시오.

해답 비상조명등의 종합점검항목(소방시설 자체점검사항 등에 관한 고시 별지 4)
① 설치 위치(거실, 지상에 이르는 복도·계단, 그 밖의 통로) 적정 여부
② 비상조명등 변형·손상 확인 및 정상 점등 여부
③ 조도 적정 여부
④ 예비전원 내장형의 경우 점검스위치 설치 및 정상 작동 여부
⑤ 비상전원 종류 및 설치장소 기준 적합 여부
⑥ 비상전원 성능 적정 및 상용전원 차단 시 예비전원 자동전환 여부

37. 비상조명등 및 휴대용 비상조명등 점검표에서 휴대용 비상조명등의 종합점검항목을 쓰시오.

해답 휴대용 비상조명등의 종합점검항목(소방시설 자체점검사항 등에 관한 고시 별지 4)
① 설치대상 및 설치 수량 적정 여부
② 설치높이 적정 여부
③ 휴대용 비상조명등의 변형 및 손상 여부
④ 어둠 속에서 위치를 확인할 수 있는 구조인지 여부
⑤ 사용 시 자동으로 점등되는지 여부
⑥ 건전지를 사용하는 경우 유효한 방전 방지조치가 되어 있는지 여부
⑦ 충전식 배터리의 경우에는 상시 충전되도록 되어 있는지의 여부

CHAPTER 05 소화용수설비

제1절 상수도 소화용수설비(NFTC 401, 소방시설법 영 별표 4)

> **[소화용수설비를 설치해야 하는 특정소방대상물]**
> 상수도 소화용수설비를 설치해야 하는 특정소방대상물의 대지 경계선으로부터 180[m] 이내에 지름 75[mm] 이상인 상수도용 배수관이 설치되지 않은 지역의 경우에는 화재안전기준에 따른 소화수조 또는 저수조를 설치해야 한다.
> 1) 연면적 5,000[m^2] 이상인 것. 다만, 위험물 저장 및 처리 시설 중 가스시설, 터널 또는 지하구의 경우에는 그렇지 않다.
> 2) 가스시설로서 지상에 노출된 탱크의 저장용량의 합계가 100[t] 이상인 것
> 3) 자원순환 관련 시설 중 폐기물재활용시설 및 폐기물처분시설

1 설치기준

① 호칭지름 75[mm] 이상의 수도배관에 호칭지름 100[mm] 이상의 소화전을 접속할 것
② 소화전은 소방자동차 등의 진입이 쉬운 도로변 또는 공지에 설치할 것
③ 소화전은 특정소방대상물의 수평투영면의 각 부분으로부터 140[m] 이하가 되도록 설치할 것
④ 지상식 소화전의 호스접결구는 지면으로부터 높이가 0.5[m] 이상 1[m] 이하가 되도록 설치할 것

2 용어 정의

① 소화전 : 소방관이 사용하는 설비로서 수도배관에 접속·설치되어 소화수를 공급하는 설비
② 수평투영면 : 건축물을 수평으로 투영하였을 경우의 면
③ 제수변(제어밸브) : 배관의 도중에 설치되어 배관 내 물의 흐름을 개폐할 수 있는 밸브

3 소화용수설비의 점검표(소방시설 자체점검사항 등에 관한 고시 별지 4)

번 호	점검항목	점검결과
23-A. 소화수조 및 저수조		
23-A-001	[수 원] ○ 수원의 유효수량 적정 여부	
23-A-011	[흡수관투입구] ○ 소방차 접근 용이성 적정 여부	
23-A-012	● 크기 및 수량 적정 여부	
23-A-013	○ "흡수관투입구" 표지 설치 여부	
23-A-021	[채수구] **24** 회 출제 ○ 소방차 접근 용이성 적정 여부	
23-A-022	● 결합금속구 구경 적정 여부	
23-A-023	● 채수구 수량 적정 여부	
23-A-024	○ 개폐밸브의 조작 용이성 여부	
23-A-031	[가압송수장치] ○ 기동스위치 채수구 직근 설치 여부 및 정상 작동 여부	
23-A-032	○ "소화용수설비펌프" 표지 설치상태 적정 여부	
23-A-033	● 동결방지조치 상태 적정 여부	
23-A-034	● 토출 측 압력계, 흡입 측 연성계 또는 진공계 설치 여부	
23-A-035	○ 성능시험배관 적정 설치 및 정상작동 여부	
23-A-036	○ 순환배관 설치 적정 여부	
23-A-037	● 물올림장치 설치 적정(전용 여부, 유효수량, 배관구경, 자동급수) 여부	
23-A-038	○ 내연기관 방식의 펌프 설치 적정(제어반 기동, 채수구 원격조작, 기동표시등 설치, 축전지 설비) 여부	
23-B. 상수도 소화용수설비		
23-B-001	○ 소화전 위치 적정 여부	
23-B-002	○ 소화전 관리 상태(변형·손상 등) 및 방수 원활 여부	
비 고		

제2절 소화수조 및 저수조(NFTC 402)

1 소화수조 등

(1) 저수량 설계 12회

소방대상물의 연면적을 기준면적으로 나누어 얻은 수(소수점 이하는 1로 본다) × 20[m³] 이상

소방대상물의 구분	기준면적
1. 1층 및 2층의 바닥면적 합계가 15,000[m²] 이상인 소방대상물	7,500[m²]
2. 제1호에 해당되지 않는 그 밖의 소방대상물	12,500[m²]

(2) 소화수조의 흡수관투입구 설치기준 설계 12회

지하에 설치하는 소화용수설비의 흡수관투입구는 그 한 변이 0.6[m] 이상이거나 직경이 0.6[m] 이상인 것으로 하고, 소요수량이 80[m³] 미만인 것은 1개 이상, 80[m³] 이상인 것은 2개 이상을 설치해야 하며, "흡수관투입구"라고 표시한 표지를 할 것

(3) 소화용수설비의 채수구 설치기준 설계 12회

① 채수구는 소방용호스 또는 소방용흡수관에 사용하는 구경 65[mm] 이상의 나사식 결합금속구를 설치할 것

소요수량	20[m³] 이상 40[m³] 미만	40[m³] 이상 100[m³] 미만	100[m³] 이상
채수구의 수	1개	2개	3개

② 채수구는 지면으로부터의 높이가 0.5[m] 이상 1[m] 이하의 위치에 설치하고 "채수구"라고 표시한 표지를 할 것

(4) 소화수조 면제조건

유수의 양이 0.8[m³/min] 이상인 유수를 사용할 수 있는 경우

(5) 소화수조 및 저수조의 채수구 또는 흡수관투입구는 소방차가 2[m] 이내의 지점까지 접근할 수 있는 위치에 설치할 것

※ 소화수조는 소화용수의 전용수조를 말하고 저수조란 소화용수와 일반 생활용수의 겸용수조를 말한다.

2 가압송수장치(소화수조 등이 지표면으로부터의 깊이가 4.5[m] 이상인 지하에 있는 경우)

(1) 양수량

소요수량	20[m³] 이상 40[m³] 미만	40[m³] 이상 100[m³] 미만	100[m³] 이상
1분당 양수량	1,100[L] 이상	2,200[L] 이상	3,300[L] 이상

(2) 소화수조가 옥상 또는 옥탑의 부분에 설치된 경우에는 지상에 설치된 채수구에서의 압력이 0.15[MPa] 이상이 되도록 해야 한다.

CHAPTER 05 예상문제

PART 02 소방시설의 점검

01 상수도 소화용수설비의 설치기준을 설명하시오.

해답 상수도 소화용수설비의 설치기준(NFTC 401)
① 호칭지름 75[mm] 이상의 수도배관에 호칭지름 100[mm] 이상의 소화전을 접속할 것
② 소화전은 소방자동차 등의 진입이 쉬운 도로변 또는 공지에 설치할 것
③ 소화전은 특정소방대상물의 수평투영면의 각 부분으로부터 140[m] 이하가 되도록 설치할 것
④ 지상식 소화전의 호스접결구는 지면으로부터 높이가 0.5[m] 이상 1[m] 이하가 되도록 설치할 것

02 소방용수시설에 있어서 수원의 기준을 기술하시오.

해답 소방용수시설의 수원 기준(소방기본법 규칙 별표 3)
① 공통기준
  ㉠ 국토의 계획 및 이용에 관한 법률 제36조 제1항 제1호의 규정에 의한 주거지역·상업지역 및 공업지역에 설치하는 경우 : 소방대상물과의 수평거리를 100[m] 이하가 되도록 할 것
  ㉡ 그 외의 지역에 설치하는 경우 : 소방대상물과의 수평거리를 140[m] 이하가 되도록 할 것
② 소방용수시설별 설치기준
  ㉠ 소화전의 설치기준 : 상수도와 연결하여 지하식 또는 지상식의 구조로 하고, 소방용 호스와 연결하는 소화전의 연결금속구의 구경은 65[mm]로 할 것
  ㉡ 급수탑의 설치기준 : 급수배관의 구경은 100[mm] 이상으로 하고, 개폐밸브는 지상에서 1.5[m] 이상 1.7[m] 이하의 위치에 설치하도록 할 것
  ㉢ 저수조의 설치기준
    ㉮ 지면으로부터의 낙차가 4.5[m] 이하일 것
    ㉯ 흡수부분의 수심이 0.5[m] 이상일 것
    ㉰ 소방펌프자동차가 쉽게 접근할 수 있도록 할 것
    ㉱ 흡수에 지장이 없도록 토사 및 쓰레기 등을 제거할 수 있는 설비를 갖출 것
    ㉲ 흡수관의 투입구가 사각형의 경우에는 한 변의 길이가 60[cm] 이상, 원형의 경우에는 지름이 60[cm] 이상일 것
    ㉳ 저수조에 물을 공급하는 방법은 상수도에 연결하여 자동으로 급수되는 구조일 것

> 소방용수시설의 종류 : 소화전, 저수조, 급수탑

03 소화용수설비 점검표에서 채수구의 종합점검항목을 쓰시오.

해답 **채수구의 종합점검항목**(소방시설 자체점검사항 등에 관한 고시 별지 4)
① 소방차 접근 용이성 적정 여부
② 결합금속구 구경 적정 여부
③ 채수구 수량 적정 여부
④ 개폐밸브의 조작 용이성 여부

04 소화용수설비 점검표에서 가압송수장치의 종합점검항목을 쓰시오.

해답 **가압송수장치의 종합점검항목**(소방시설 자체점검사항 등에 관한 고시 별지 4)
① 기동스위치 채수구 직근 설치 여부 및 정상 작동 여부
② "소화용수설비펌프" 표지 설치상태 적정 여부
③ 동결방지조치 상태 적정 여부
④ 토출 측 압력계, 흡입 측 연성계 또는 진공계 설치 여부
⑤ 성능시험배관 적정 설치 및 정상작동 여부
⑥ 순환배관 설치 적정 여부
⑦ 물올림장치 설치 적정(전용 여부, 유효수량, 배관구경, 자동급수) 여부
⑧ 내연기관 방식의 펌프 설치 적정(제어반 기동, 채수구 원격조작, 기동표시등 설치, 축전지 설비) 여부

05 소화수조 등의 설치기준을 설명하시오.

해답 소화수조 등의 설치기준(NFTC 402)

(1) 설치위치
소화수조, 저수조의 채수구 또는 흡수관투입구는 소방차가 2[m] 이내의 지점까지 접근할 수 있는 곳

(2) 소화수조 또는 저수조의 저수량
소방대상물의 연면적을 기준면적으로 나누어 얻은 수(소수점 이하의 수는 1로 본다)에 20[m³]를 곱한 양 이상

소방대상물의 구분	기준면적
1. 1층 및 2층의 바닥면적 합계가 15,000[m²] 이상인 소방대상물	7,500[m²]
2. 제1호에 해당되지 않는 그 밖의 소방대상물	12,500[m²]

(3) 흡수관투입구 또는 채수구의 설치기준
① 지하에 설치하는 소화용수설비의 흡수관투입구
  ㉠ 크기 : 한 변이 0.6[m] 이상이거나 직경이 0.6[m] 이상인 것으로 할 것
  ㉡ 개수 : 소요수량이 80[m³] 미만인 것은 1개 이상, 80[m³] 이상인 것은 2개 이상을 설치할 것
  ㉢ 표시 : "흡수관투입구"라고 표시한 표지를 할 것
② 소화용수설비에 설치하는 채수구
  ㉠ 채수구는 소방용호스 또는 소방용흡수관에 사용하는 구경 65[mm] 이상의 나사식 결합금속구를 설치할 것
  ㉡ 채수구의 개수

소요수량	20[m³] 이상 40[m³] 미만	40[m³] 이상 100[m³] 미만	100[m³] 이상
채수구의 수	1개	2개	3개

  ㉢ 설치위치 및 표시 : 채수구는 지면으로부터의 높이가 0.5[m] 이상 1[m] 이하의 위치에 설치하고 "채수구"라고 표시한 표지를 할 것

> 소화용수설비를 설치해야 할 특정소방대상물에 있어서 유수의 양이 0.8[m³/min] 이상인 유수를 사용할 수 있는 경우에는 소화수조를 설치하지 않을 수 있다.

06 소화용수설비 점검표에서 상수도 소화용수설비의 종합점검항목을 쓰시오.

해답 상수도 소화용수설비의 종합점검항목(소방시설 자체점검사항 등에 관한 고시 별지 4)
① 소화전 위치 적정 여부
② 소화전 관리 상태(변형·손상 등) 및 방수 원활 여부

CHAPTER 06 소화활동설비 등

제1절 제연설비(NFTC 501, 소방시설법 영 별표 4)

[제연설비를 설치해야 하는 특정소방대상물] 16 회 출제
1) 문화 및 집회시설, 종교시설, 운동시설로서 무대부의 바닥면적이 200[m²] 이상인 경우에는 해당 무대부
2) 문화 및 집회시설 중 영화상영관으로서 수용인원 100명 이상인 경우에는 해당 영화상영관
3) 지하층이나 무창층에 설치된 근린생활시설, 판매시설, 운수시설, 숙박시설, 위락시설, 의료시설, 노유자시설 또는 창고시설(물류터미널로 한정한다)로서 해당 용도로 사용되는 바닥면적의 합계가 1,000[m²] 이상인 경우 해당 부분 24 회 출제
4) 운수시설 중 시외버스정류장, 철도 및 도시철도시설, 공항시설 및 항만시설의 대기실 또는 휴게시설로서 지하층 또는 무창층의 바닥면적이 1,000[m²] 이상인 경우에는 모든 층
5) 지하상가로서 연면적 1,000[m²] 이상인 것
6) 예상 교통량, 경사도 등 터널의 특성을 고려하여 행정안전부령으로 정하는 터널
7) 특정소방대상물(갓복도형 아파트 등은 제외한다)에 부설된 특별피난계단, 비상용 승강기의 승강장 또는 피난용 승강기의 승강장

1 용어 정의

① **제연설비** : 화재가 발생한 거실의 연기를 배출함과 동시에 옥외의 신선한 공기를 공급하여 거주자들이 안전하게 피난하고, 소방대가 원활한 소화활동을 할 수 있도록 연기를 제어하는 설비
② **제연경계** : 연기를 예상제연구역 내에 가두거나 이동을 억제하기 위한 보 또는 제연경계벽 등
③ **통로배출방식** : 거실 내 연기를 직접 옥외로 배출하지 않고 거실에 면한 통로의 연기를 옥외로 배출하는 방식
④ **댐퍼** : 풍도 내부의 연기 또는 공기의 흐름을 조절하기 위해 설치하는 장치 설계 25회
⑤ **풍량조절댐퍼** : 송풍기(또는 공기조화기) 토출 측에 설치하여 유입풍도로 공급되는 공기의 유량을 조절하는 장치 설계 25회

2 제연설비의 구성요소

(1) 팬(Fan)

연기를 배출하는 **배기 Fan**과 공기를 공급하는 **급기 Fan**이 있다.

(2) 덕트(Duct)

연기를 배출하거나 공기를 공급하는 통로

[Duct]

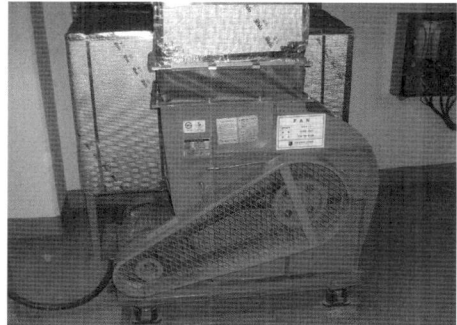
[Fan]

(3) 거실제연설비의 구성요소

① 댐퍼 : 덕트의 관로를 개폐하기 위하여 설치하는 것으로 덕트에 설치한다.
② 수동조작함 : 화재를 발견한 사람이 수동으로 조작하기 위하여 해당 제연구역에 설치한다.
③ 방화문 : 건축법 시행령 제64조의 규정에 따른 60분+ 방화문, 60분 방화문 또는 30분 방화문으로써 언제나 닫힌 상태를 유지하거나 화재감지기와 연동하여 자동적으로 닫히는 구조

[수동조작함]

3 제연구역의 구획기준 [설계] [07] [15] [19회]

① 하나의 제연구역의 면적은 1,000[m²] 이내로 할 것
② 거실과 통로(복도를 포함)는 각각 제연구획할 것
③ 통로상의 제연구역은 보행중심선의 길이가 60[m]를 초과하지 않을 것
④ 하나의 제연구역은 직경 60[m] 원내에 들어갈 수 있을 것
⑤ 하나의 제연구역은 2 이상의 층에 미치지 않도록 할 것. 다만, 층의 구분이 불분명한 부분은 그 부분을 다른 부분과 별도로 제연구획 해야 한다.

4 제연구역의 구획 종류 및 기준

(1) 구획의 종류

보·제연경계벽, 벽(화재 시 자동으로 구획되는 가동벽·방화셔터·방화문 포함)

(2) 구획기준 19 회 출제

① 재질은 내화재료, 불연재료 또는 제연경계벽으로 성능을 인정받은 것으로서 화재 시 쉽게 변형·파괴되지 않고 연기가 누설되지 않는 기밀성 있는 재료로 할 것
② 제연경계는 제연경계의 폭이 0.6[m] 이상이고, 수직거리는 2[m] 이내이어야 한다. 다만, 구조상 불가피한 경우는 2[m]를 초과할 수 있다.
③ 제연경계벽은 배연 시 기류에 따라 그 하단이 쉽게 흔들리지 않고 가동식의 경우에는 급속히 하강하여 인명에 위해를 주지 않는 구조일 것

5 배출구의 설치기준

(1) 바닥면적 400[m²] 미만인 예상제연구역(통로인 예상제연구역은 제외)에 대한 배출구의 설치위치 기준 14 회 출제

① 예상제연구역이 벽으로 구획되어 있는 경우의 배출구는 천장 또는 반자와 바닥 사이의 중간 윗부분에 설치할 것
② 예상제연구역 중 어느 한 부분이 제연경계로 구획되어 있는 경우에는 천장·반자 또는 이에 가까운 벽의 부분에 설치할 것. 다만, 배출구를 벽에 설치하는 경우에는 배출구의 하단이 해당 예상제연구역에서 제연경계의 폭이 가장 짧은 제연경계의 하단보다 높이 되도록 해야 한다.

(2) 통로인 예상제연구역과 바닥면적 400[m²] 이상인 통로 외의 예상제연구역에 대한 배출구의 설치위치 기준

① 예상제연구역이 벽으로 구획되어 있는 경우의 배출구는 천장·반자 또는 이에 가까운 벽의 부분에 설치할 것. 다만, 배출구를 벽에 설치한 경우에는 배출구의 하단과 바닥 간의 최단거리가 2[m] 이상이어야 한다.
② 예상제연구역 중 어느 한 부분이 제연경계로 구획되어 있을 경우에는 천장·반자 또는 이에 가까운 벽의 부분(제연경계를 포함한다)에 설치할 것. 다만, 배출구를 벽 또는 제연경계에 설치하는 경우에는 배출구의 하단이 해당 예상제연구역에서 제연경계의 폭이 가장 짧은 제연경계의 하단보다 높이 되도록 설치해야 한다.

(3) 예상제연구역의 각 부분으로부터 하나의 배출구까지의 **수평거리는 10[m] 이내**가 되도록 해야 한다.

6 공기유입방식 및 유입구의 기준

(1) 예상제연구역에 설치되는 공기유입구

① 바닥면적 400[m²] 미만의 거실인 예상제연구역(제연경계에 따른 구획을 제외한다. 다만, 거실과 통로와의 구획은 그렇지 않다)에 대해서는 공기유입구와 배출구 간의 직선거리는 5[m] 이상 또는 구획된 실의 장변의 1/2 이상으로 할 것. 다만, 공연장·집회장·위락시설의 용도로 사용되는 부분의 바닥면적이 200[m²]를 초과하는 경우의 공기유입구는 2.5.2.2의 기준에 따른다.

② 바닥면적이 400[m²] 이상의 거실인 예상제연구역(제연경계에 따른 구획을 제외한다. 다만, 거실과 통로와의 구획은 그렇지 않다)에 대해서는 바닥으로부터 1.5[m] 이하의 높이에 설치하고 그 주변은 공기의 유입에 장애가 없도록 할 것

③ ①과 ②에 해당하는 것 외의 예상제연구역(통로인 예상제연구역을 포함한다)에 대한 유입구는 다음의 기준에 따를 것. 다만, 제연경계로 인접하는 구역의 유입공기가 해당 예상제연구역으로 유입되게 한 때에는 그렇지 않다.
  ㉠ 유입구를 벽에 설치할 경우에는 ②의 기준에 따를 것
  ㉡ 유입구를 벽 외의 장소에 설치할 경우에는 유입구 상단이 천장 또는 반자와 바닥 사이의 중간 아랫부분보다 낮게 되도록 하고, 수직거리가 가장 짧은 제연경계 하단보다 낮게 되도록 설치할 것

(2) 공동예상제연구역에 설치되는 공기유입구

① 공동예상제연구역 안에 설치된 각 예상제연구역이 벽으로 구획되어 있을 때에는 각 예상제연구역의 바닥면적에 따라 (1)의 ① 및 ②에 따라 설치할 것

② 공동예상제연구역 안에 설치된 각 예상제연구역의 일부 또는 전부가 제연경계로 구획되어 있을 때에는 공동예상제연구역 안의 1개 이상의 장소에 (1)의 ③에 따라 설치할 것

(3) 예상제연구역에 공기가 유입되는 순간의 풍속은 5[m/s] 이하가 되도록 하고, 유입구의 구조는 유입공기를 상향으로 분출하지 않도록 해야 한다. 다만, 유입구가 바닥에 설치되는 경우에는 상향으로 분출이 가능하며 이때의 풍속은 1[m/s] 이하가 되도록 해야 한다.

(4) 예상제연구역에 대한 공기유입구의 크기는 해당 예상제연구역 배출량 1[m³/min]에 대하여 35[cm²] 이상으로 해야 한다. 설계 16회

(5) 예상제연구역에 대한 공기유입량은 배출량 및 배출방식에 따른 배출량의 배출에 지장이 없는 양으로 해야 한다.

7 풍속의 기준

① 배출기의 흡입 측 풍도 안의 풍속은 15[m/s] 이하로 할 것
② 배출 측 풍속은 20[m/s] 이하로 할 것
③ 유입풍도 안의 풍속은 20[m/s]로 할 것

8 댐 퍼

① 제연설비의 풍도에 댐퍼를 설치하는 경우 댐퍼를 확인, 정비할 수 있는 점검구를 풍도에 설치할 것. 이 경우 댐퍼가 반자 내부에 설치되는 때에는 댐퍼 직근의 반자에도 점검구(지름 60[cm] 이상의 원이 내접할 수 있는 크기)를 설치하고 제연설비용 점검구임을 표시해야 한다.
② 제연설비 댐퍼의 설정된 개방 및 폐쇄 상태를 제어반에서 상시 확인할 수 있도록 할 것
③ 제연설비가 영 별표 5 제17호 가목 1)에 따라 공기조화설비와 겸용으로 설치되는 경우 풍량조절댐퍼는 각 설비별 기능에 따른 작동 시 각각의 풍량을 충족하는 개구율로 자동 조절될 수 있는 기능이 있어야 할 것

9 제연설비의 전원 및 기동

(1) 종 류

① 자가발전설비
② 축전지설비
③ 전기저장장치(외부 전기에너지를 저장해 두었다가 필요한 때 전기를 공급하는 장치)

(2) 비상전원을 설치하지 않을 수 있는 경우

① 2 이상의 변전소에서 전력을 동시에 공급받을 수 있는 경우
② 하나의 변전소로부터 전력의 공급이 중단되는 때에는 자동으로 다른 변전소로부터 전원을 공급받을 수 있도록 상용전원을 설치한 경우

(3) 설치기준

① 점검에 편리하고 화재 및 침수 등의 재해로 인한 피해를 받을 우려가 없는 곳에 설치할 것
② 제연설비를 유효하게 **20분 이상** 작동할 수 있도록 할 것
③ 상용전원으로부터 전력의 공급이 중단된 때에는 자동으로 비상전원으로부터 전력을 공급받을 수 있도록 할 것
④ 비상전원의 설치장소는 다른 장소와 방화구획할 것. 이 경우 그 장소에는 비상전원의 공급에 필요한 기구나 설비 외의 것(열병합발전설비에 필요한 기구나 설비는 제외한다)을 두지 않을 것
⑤ 비상전원을 실내에 설치하는 때에는 그 실내에 비상조명등을 설치할 것

(4) 제연설비의 작동은 해당 제연구역에 설치된 화재감지기와 연동되어야 하며, 예상제연구역(또는 인접장소)마다 설치된 수동기동장치 및 제어반에서 수동으로 기동이 가능하도록 해야 한다.

(5) 예상제연구역(또는 인접장소)마다 설치되는 수동기동장치는 바닥으로부터 0.8[m] 이상 1.5[m] 이하의 높이에 문 개방 등으로 인한 위치 확인에 장애가 없고 접근이 쉬운 위치에 설치해야 한다.

(6) **제연설비의 작동에 포함되어야 하는 사항**
   ① 해당 제연구역의 구획을 위한 제연경계벽 및 벽의 작동
   ② 해당 제연구역의 공기유입 및 연기배출 관련 댐퍼의 작동
   ③ 공기유입송풍기 및 배출송풍기의 작동

10 성능확인

(1) 시험 등
제연설비는 설계목적에 적합한지 검토하고 제연설비의 성능과 관련된 건물의 모든 부분(건축설비를 포함한다)이 완성되는 시점에 맞추어 시험·측정 및 조정(시험 등)을 해야 한다.

(2) 제연설비의 시험 기준
① 송풍기 풍량 및 송풍기 모터의 전류, 전압을 측정할 것
② 제연설비 시험 시 제연구역에 설치된 화재감지기(수동기동장치를 포함한다)를 동작시켜 해당 제연설비가 정상적으로 작동되는지 확인할 것
③ 제연구역의 공기유입량 및 유입풍속, 배출량은 모든 유입구 및 배출구에서 측정할 것
④ 제연구역의 출입문, 방화셔터, 공기조화설비 등이 제연설비와 연동된 상태에서 측정할 것

(3) 제연설비 시험 등의 평가 기준
① 배출구별 배출량은 배출구별 설계 배출량의 60[%] 이상이어야 하며, 제연구역별 배출구의 배출량 합계는 배출량 및 배출방식에 따른 설계배출량 이상일 것
② 유입구별 공기유입량은 유입구별 설계 유입량의 60[%] 이상이어야 하며, 제연구역별 유입구의 공기유입량 합계는 공기유입방식 및 유입구에 따른 설계유입량을 충족할 것
③ 제연구역의 구획이 설계조건과 동일한 조건에서 ①에 따라 측정한 배출량이 설계배출량 이상인 경우에는 ②에 따라 측정한 공기유입량이 설계유입량에 일부 미달되더라도 적합한 성능으로 볼 것

11 제연설비의 설치제외 16 회 출제

화장실·목욕실·주차장·발코니를 설치한 숙박시설(가족호텔 및 휴양콘도미니엄에 한한다)의 객실과 사람이 상주하지 않는 기계실·전기실·공조실·50[m²] 미만의 창고 등으로 사용되는 부분에 대하여는 배출구·공기유입구의 설치 및 배출량 산정에서 이를 제외할 수 있다.

12 제연설비의 점검표(소방시설 자체점검사항 등에 관한 고시 별지 4)

번호	점검항목	점검결과
24-A. 제연구역의 구획		
24-A-001	● 제연구역의 구획 방식 적정 여부 - 제연경계의 폭, 수직거리 적정 설치 여부 - 제연경계벽은 가동 시 급속하게 하강되지 않는 구조	
24-B. 배출구		
24-B-001	● 배출구 설치 위치(수평거리) 적정 여부	
24-B-002	○ 배출구 변형·훼손 여부	
24-C. 유입구		
24-C-001	○ 공기유입구 설치 위치 적정 여부	
24-C-002	○ 공기유입구 변형·훼손 여부	
24-C-003	● 옥외에 면하는 배출구 및 공기유입구 설치 적정 여부	
24-D. 배출기 14 20 21 회 출제		
24-D-001	● 배출기와 배출풍도 사이 캔버스 내열성 확보 여부	
24-D-002	○ 배출기 회전이 원활하며 회전방향 정상 여부	
24-D-003	○ 변형·훼손 등이 없고 V-벨트 기능 정상 여부	
24-D-004	○ 본체의 방청, 보존상태 및 캔버스 부식 여부	
24-D-005	● 배풍기 내열성 단열재 단열처리 여부	
24-E. 비상전원		
24-E-001	● 비상전원 설치장소 적정 및 관리 여부	
24-E-002	○ 자가발전설비인 경우 연료 적정량 보유 여부	
24-E-003	○ 자가발전설비인 경우 전기사업법에 따른 정기점검 결과 확인	
24-F. 기동 13 16 회 출제		
24-F-001	○ 가동식의 벽·제연경계벽·댐퍼 및 배출기 정상 작동(화재감지기 연동) 여부	
24-F-002	○ 예상제연구역 및 제어반에서 가동식의 벽·제연경계벽·댐퍼 및 배출기 수동 기동 가능 여부	
24-F-003	○ 제어반 각종 스위치류 및 표시장치(작동표시등 등) 기능의 이상 여부	
비고		

제2절 특별피난계단의 계단실 및 부속실 제연설비(NFTC 501A)

1 전실제연설비의 구성요소

① 급기댐퍼 : 평상시에는 폐쇄되어 있다가 화재 시 급기댐퍼가 개방되어 외부의 신선한 공기를 제연구역에 공급하는 댐퍼로서 제연구역의 급기구에 설치한다.

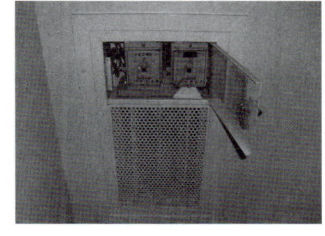

[급기댐퍼]

　㉠ 일반급기댐퍼 : 평상시에는 폐쇄되어 있다가 화재가 발생하면 급기댐퍼가 개방되어 제연구역에 외부의 신선한 공기를 공급하는 댐퍼
　㉡ 자동차압급기댐퍼 : 제연구역과 옥내 사이의 차압을 압력센서 등으로 감지하여 제연구역에 공급되는 풍량의 조절로 제연구역의 차압 유지를 자동으로 제어할 수 있는 댐퍼
② 배기댐퍼 : 평상시에는 폐쇄되어 있다가 화재가 발생하면 발화층의 배기댐퍼가 개방되어 제연구역의 옥내에서 유입된 공기를 배출하는 댐퍼
③ 플랩댐퍼 : 제연구역의 압력이 설정압력범위를 초과하는 경우 제연구역의 압력을 배출하여 설정압범위를 유지하게 하는 과압방지장치로서 일반급기댐퍼를 사용하는 경우에 설치한다.

> 플랩댐퍼는 적정 차압일 때에는 닫히고 설정압력을 초과할 때에는 개방되어 적정차압을 유지시켜 주는 댐퍼이다.

④ 차압측정공 : 제연구역과 비제연구역과의 압력 차를 측정하기 위해 제연구역과 비제연구역과 사이의 출입문 등에 설치된 공기가 흐를 수 있는 관통형 통로

2 제연방식의 기준 설계 10회

① 제연구역에 옥외의 신선한 공기를 공급하여 제연구역의 기압을 제연구역 이외의 옥내보다 높게 하되 일정한 기압의 차이(차압)를 유지하게 함으로써 옥내로부터 제연구역 내로 연기가 침투하지 못하도록 할 것
② 피난을 위하여 제연구역의 출입문이 일시적으로 개방되는 경우 방연풍속을 유지하도록 옥외의 공기를 제연구역 내로 보충 공급하도록 할 것
③ 출입문이 닫히는 경우 제연구역의 과압을 방지할 수 있는 유효한 조치를 하여 차압을 유지할 것

3 제연구역의 선정 설계 10회

① 계단실 및 그 부속실을 동시에 제연하는 것
② 부속실을 단독으로 제연하는 것
③ 계단실을 단독으로 제연하는 것

4 차압의 기준 24 회 출제

① 제연구역과 옥내와의 사이에 유지해야 하는 최소 차압은 40[Pa](옥내에 스프링클러설비가 설치된 경우에는 12.5[Pa]) 이상으로 해야 한다.
② 제연설비가 가동되었을 경우 출입문의 개방에 필요한 힘은 110[N] 이하로 해야 한다.
③ 출입문이 일시적으로 개방되는 경우 개방되지 않는 제연구역과 옥내와의 차압은 최소 차압의 70[%] 이상이어야 한다.
④ 계단실과 부속실을 동시에 제연하는 경우 부속실의 기압은 계단실과 같게 하거나 계단실의 기압보다 낮게 할 경우에는 부속실과 계단실의 압력 차이는 5[Pa] 이하가 되도록 해야 한다.

> **Plus one**
>
> **제연구역의 방화문을 개방하기 위하여 필요한 힘** 17 회 출제 설계 10회
>
> $$F = F_{dc} + F_P \qquad F_P = \frac{K_d \cdot W \cdot A \cdot \Delta P}{2(W-d)}$$
>
> 여기서, F : 문을 개방하는 데 필요한 전체 힘[N]
> F_{dc} : 도어체크의 저항력[N]
> F_P : 차압에 의해 방화문에 미치는 힘[N]
> K_d : SI단위일 경우 상수값(=1.0)
> W : 문의 폭[m]
> A : 방화문의 면적[m²]
> ΔP : 비제연구역과의 차압[Pa]
> d : 손잡이에서 문의 모서리까지의 거리

5 방연풍속

제연구역		방연풍속
계단실 및 그 부속실을 동시에 제연하는 것 또는 계단실만 단독으로 제연하는 것		0.5[m/s] 이상
부속실만 단독으로 제연하는 것	부속실 또는 승강장이 면하는 옥내가 거실인 경우	0.7[m/s] 이상
	부속실이 면하는 옥내가 복도로서 그 구조가 방화구조(내화시간이 30분 이상인 구조를 포함한다)인 것	0.5[m/s] 이상

6 과압방지조치

제연구역에서 발생하는 과압을 해소하기 위해 과압방지장치를 설치하는 등의 과압방지조치를 해야 한다. 다만, 제연구역 내에 과압발생의 우려가 없다는 것을 시험 또는 공학적인 자료로 입증하는 경우에는 과압방지조치를 하지 않을 수 있다.

7 배출댐퍼의 설치기준

① 배출댐퍼는 두께 1.5[mm] 이상의 강판 또는 이와 동등 이상의 성능이 있는 것으로 설치해야 하며 비내식성 재료의 경우에는 부식방지 조치를 할 것
② 평상시 닫힌 구조로 기밀상태를 유지할 것
③ 개폐 여부를 해당 장치 및 제어반에서 확인할 수 있는 감지 기능을 내장하고 있을 것
④ 구동부의 작동상태와 닫혀 있을 때의 기밀상태를 수시로 점검할 수 있는 구조일 것
⑤ 풍도의 내부마감상태에 대한 점검 및 댐퍼의 정비가 가능한 이·탈착식 구조로 할 것
⑥ 화재 층에 설치된 화재감지기의 동작에 따라 해당 층의 댐퍼가 개방될 것
⑦ 개방 시의 실제 개구부(개구율을 감안한 것을 말한다)의 크기는 2.11.1.4의 기준에 따른 수직풍도의 최소 내부 단면적 이상으로 할 것
⑧ 댐퍼는 풍도 내의 공기흐름에 지장을 주지 않도록 수직풍도의 내부로 돌출하지 않게 설치할 것

8 제연구역에 대한 급기의 기준 설계 13회

① 부속실만을 제연하는 경우 동일수직선상의 모든 부속실은 하나의 전용 수직풍도에 따라 동시에 급기할 것(다만, 동일 수직선상에 2대 이상의 급기송풍기가 설치되는 경우에는 수직풍도를 분리하여 설치할 수 있다)
② 계단실 및 부속실을 동시에 제연하는 경우 계단실에 대하여는 그 부속실의 수직풍도에 따라 급기할 수 있다.
③ 계단실만 제연하는 경우에는 전용 수직풍도를 설치하거나 계단실에 급기풍도 또는 급기송풍기를 직접 연결하여 급기하는 방식으로 할 것
④ 하나의 수직풍도마다 전용의 송풍기로 급기할 것
⑤ 비상용승강기 또는 피난용승강기의 승강장을 제연하는 경우에는 해당 승강기의 승강로를 급기풍도로 사용할 수 있다.

9 급기구의 댐퍼 설치기준

① 급기댐퍼의 재질은 자동차압급기댐퍼의 성능인증 및 제품검사의 기술기준에 적합한 것으로 할 것
② 자동차압급기댐퍼는 자동차압급기댐퍼의 성능인증 및 제품검사의 기술기준에 적합한 것으로 설치할 것
③ 자동차압급기댐퍼가 아닌 댐퍼는 개구율을 수동으로 조절할 수 있는 구조로 할 것
④ 화재감지기에 따라 모든 제연구역의 댐퍼가 개방되도록 할 것. 다만, 둘 이상의 특정소방대상물이 지하에 설치된 주차장으로 연결되어 있는 경우에는 특정소방대상물의 화재감지기 및 주차장에서 하나의 특정소방대상물의 제연구역으로 들어가는 입구에 설치된 제연용 연기감지기의 작동에 따라 해당 특정소방대상물의 수직풍도에 연결된 모든 제연구역의 댐퍼가 개방되도록 하거나 해당 특정소방대상물을 포함한 둘 이상의 특정소방대상물의 모든 제연구역의 댐퍼가 개방되도록 할 것

10 제연구역의 출입문 기준

① 제연구역의 출입문(창문을 포함한다)은 언제나 닫힌 상태를 유지하거나 자동폐쇄장치에 의해 자동으로 닫히는 구조로 할 것. 다만, 아파트인 경우 제연구역과 계단실 사이의 출입문은 자동폐쇄장치에 의하여 자동으로 닫히는 구조로 해야 한다.
② 제연구역의 출입문에 설치하는 자동폐쇄장치는 제연구역의 기압에도 불구하고 출입문을 용이하게 닫을 수 있는 충분한 폐쇄력이 있을 것
③ 제연구역의 출입문 등에 자동폐쇄장치를 사용하는 경우에는 자동폐쇄장치의 성능인증 및 제품검사의 기술기준의 기준에 적합한 것으로 설치할 것

11 옥내의 출입문(방화구조의 복도가 있는 경우로서 복도와 거실 사이의 출입문에 한한다) 기준 설계 17회

① 출입문은 언제나 닫힌 상태를 유지하거나 자동폐쇄장치에 의해 자동으로 닫히는 구조로 할 것
② 거실 쪽으로 열리는 구조의 출입문에 자동폐쇄장치를 설치하는 경우에는 출입문의 개방 시 유입공기의 압력에도 불구하고 출입문을 용이하게 닫을 수 있는 충분한 폐쇄력이 있는 것으로 할 것

12 수동기동장치의 기능 24회 출제

① 전 층의 제연구역에 설치된 급기댐퍼의 개방
② 해당 층의 배출댐퍼 또는 개폐기의 개방
③ 급기송풍기 및 유입공기의 배출용 송풍기(설치한 경우에 한한다)의 작동
④ 개방·고정된 모든 출입문(제연구역과 옥내 사이의 출입문에 한한다)의 개폐장치의 작동

13 제어반의 기능 설계 09회

① 급기용 댐퍼의 개폐에 대한 감시 및 원격조작기능
② 배출댐퍼 또는 개폐기의 작동 여부에 대한 감시 및 원격조작기능
③ 급기송풍기와 유입공기의 배출용 송풍기(설치한 경우에 한한다)의 작동 여부에 대한 감시 및 원격조작기능
④ 제연구역의 출입문의 일시적인 고정개방 및 해정에 대한 감시 및 원격조작기능
⑤ 수동기동장치의 작동 여부에 대한 감시기능
⑥ 급기구 개구율의 자동조절장치(설치하는 경우에 한한다)의 작동 여부에 대한 감시기능. 다만, 급기구에 차압표시계를 고정 부착한 자동차압급기댐퍼를 설치하고 해당 제어반에도 차압표시계를 설치한 경우에는 그렇지 않다.
⑦ 감시선로의 단선에 대한 감시기능
⑧ 예비전원이 확보되고 예비전원의 적합 여부를 시험할 수 있어야 할 것

14 비상전원의 설치기준

(1) 종류

① 자가발전설비
② 축전지설비
③ 전기저장장치(외부 전기에너지를 저장해 두었다가 필요한 때 전기를 공급하는 장치)

(2) 설치기준

① 점검에 편리하고 화재 및 침수 등의 재해로 인한 피해를 받을 우려가 없는 곳에 설치할 것
② 제연설비를 유효하게 20분 이상 작동할 수 있도록 할 것

> **Plus one**
> **고층건축물의 특별피난계단의 계단실 및 부속실 제연설비 화재안전기술기준(2.5.1)**
> 특별피난계단의 계단실 및 그 부속실 제연설비의 화재안전기술기준(NFTC 501A)에 따라 설치하되, **비상전원**은 **자가발전설비**, 축전지설비, 전기저장장치로 하고 제연설비를 유효하게 **40분 이상 작동**할 수 있도록 해야 한다. 다만, **50층 이상**인 건축물의 경우에는 **60분 이상 작동**할 수 있어야 한다.

③ 상용전원으로부터 전력의 공급이 중단된 때에는 자동으로 비상전원으로부터 전력을 공급받을 수 있도록 할 것
④ 비상전원의 설치장소는 다른 장소와 방화구획할 것. 이 경우 그 장소에는 비상전원의 공급에 필요한 기구나 설비 외의 것(열병합발전설비에 필요한 기구나 설비는 제외한다)을 두어서는 안 된다.
⑤ 비상전원을 실내에 설치하는 때에는 그 실내에 비상조명등을 설치할 것

(3) 비상전원을 설치하지 않을 수 있는 경우

① 2 이상의 변전소에서 전력을 동시에 공급받을 수 있는 경우
② 하나의 변전소로부터 전력의 공급이 중단되는 때에는 자동으로 다른 변전소로부터 전원을 공급받을 수 있도록 상용전원을 설치한 경우

15 제연설비의 TAB

(1) 정 의

① T : Testing – 시험(측정)
② A : Adjusting – 조정(풍속, 풍량, 개폐력)
③ B : Balancing – 균형(풍량, 압력)

(2) 시험 등 측정 시기

제연설비의 성능과 관련된 건물의 모든 부분(건축설비를 포함한다)이 완성되는 시점

(3) 제연설비의 시험 등의 실시기준 18 23 회 출제

① 제연구역의 출입문의 크기와 열리는 방향 확인 : 제연구역의 모든 출입문 등의 크기와 열리는 방향이 설계 시와 동일한지 여부를 확인하고, 동일하지 않은 경우 급기량과 보충량 등을 다시 산출하여 조정가능 여부 또는 재설계·개수의 여부를 결정할 것

② 폐쇄력 측정 : 제연구역의 출입문 및 복도와 거실(옥내가 복도와 거실로 되어 있는 경우에 한함) 사이의 출입문마다 제연설비가 작동하고 있지 않은 상태에서 그 폐쇄력(단위는 [kg$_f$] 또는 [N]을 말한다)을 측정할 것
③ 제연설비의 작동 여부 : 층별로 화재감지기(수동기동장치를 포함한다)를 동작시켜 제연설비가 작동하는지 여부를 확인할 것
④ 제연설비 작동 시 확인 사항
　㉠ **방연풍속의 적정 여부** 20 회 출제
　　㉮ 조건 : 부속실과 면하는 옥내 및 계단실의 출입문을 동시 개방할 경우
　　　ⓐ 부속실(승강장)의 수가 20개 이하 : 1개 층
　　　ⓑ 부속실(승강장)의 수가 20개 초과 : 2개 층
　　㉯ 측정 : 유입공기의 풍속은 출입문의 개방에 따른 개구부를 대칭적으로 균등 분할하는 10 이상의 지점에서 측정하는 풍속의 평균치로 할 것
　　㉰ 판정 여부 : 유입공기의 풍속이 **방연풍속**에 적합한지 여부를 확인한다.
　　㉱ 적합하지 않은 경우
　　　ⓐ 급기구의 개구율 조정
　　　ⓑ 플랩댐퍼(설치한 경우에 한한다) 조정
　　　ⓒ 풍량조절용 댐퍼 등의 조정

> **Plus one**
>
> **방연풍속**
>
> | 제연구역 | | 방연풍속 |
> |---|---|---|
> | 계단실 및 그 부속실을 동시에 제연하는 것 또는 계단실만 단독으로 제연하는 것 | | 0.5[m/s] 이상 |
> | 부속실만 단독으로 제연하는 것 | 부속실 또는 승강장이 면하는 옥내가 거실인 경우 | 0.7[m/s] 이상 |
> | | 부속실이 면하는 옥내가 복도로서 그 구조가 방화구조(내화시간이 30분 이상인 구조를 포함한다)인 것 | 0.5[m/s] 이상 |

　㉡ 출입문을 개방하지 않는 상태에서 제연설비 작동 후
　　㉮ 차압의 적정 여부
　　　ⓐ 측정 상태 : 계단실과 부속실의 출입문 폐쇄와 승강기 운행 중단
　　　ⓑ 차압을 측정하는 출입문 : 제연구역의 부속실과 면하는 옥내의 출입문
　　　ⓒ 측정방법 : 출입문 등에 차압측정공을 설치하고 이를 통하여 차압측정기구로 실측하여 확인·조정할 것
　　　ⓓ 최저 차압 : 40[Pa](옥내에 스프링클러설비가 설치된 경우에는 12.5[Pa]) 이상
　　　ⓔ 출입문 일시 개방 시 다른 층의 차압 : 기준차압의 70[%] 이상일 것

㈏ 출입문 개방에 필요한 힘 측정
　　　ⓐ 측정상태 : 계단실과 부속실의 출입문 폐쇄와 승강기 운행 중단
　　　ⓑ 측정하는 문 : 제연구역의 부속실과 면하는 옥내의 출입문
　　　ⓒ 판정 여부 : 개방력이 110[N] 이하일 것
　　　ⓓ 적합하지 않은 경우
　　　　• 급기구의 개구율 조정
　　　　• 플랩댐퍼(설치한 경우에 한한다) 조정
　　　　• 풍량조절용 댐퍼 등의 조정
　　※ 이때 제연구역의 출입문과 면하는 옥내에 거실제연설비가 설치된 경우에는 이 기준에 따라 제연설비와 해당 거실제연설비를 동시에 작동시킨 상태에서 출입문의 개방력을 측정할 것
　㈐ 출입문의 자동폐쇄상태 확인 : 부속실의 개방된 출입문이 자동으로 완전히 닫히는지 여부를 확인하고, 닫힌 상태를 유지할 수 있도록 조정할 것

16 제연설비의 방연풍속이 부족한 원인 21 회 출제

① 전실 내의 출입문 틈새 누설량이 많을 때
② 송풍기(Blower)의 규격용량이 적을 때
③ 급기댐퍼의 규격이 과소하게 설계되었을 때
④ 덕트 부속류의 손실이 많을 때
⑤ 급기풍도의 규격 미달로 과다손실이 발생할 때

17 전층이 폐쇄상태에서 차압의 과다·부족 원인 21 회 출제

차압의 과다 원인	차압의 부족 원인
① 송풍기(Blower)의 용량이 클 때	① 송풍기(Blower)의 용량이 작을 때
② 플랩댐퍼를 설치하지 않았을 때	② 송풍기의 성능이 미달된 때
③ 자동차압급기댐퍼가 폐쇄된 상태에서 누설량이 많을 때	③ 전실의 출입문 틈새로 누설량이 많을 때
④ 팬룸의 풍량조절댐퍼가 조절이 안 될 때	④ 급기풍도의 규격 미달로 과다손실이 발생할 때

18 특별피난계단의 계단실 및 부속실 제연설비의 점검표(소방시설 자체점검사항 등에 관한 고시 별지 4) 05 09 회 출제

번 호	점검항목	점검결과
25-A. 과압방지조치		
25-A-001	● 자동차압급기댐퍼(또는 플랩댐퍼)를 사용한 경우 성능 적정 여부	
25-B. 수직풍도에 따른 배출		
25-B-001	○ 배출댐퍼 설치(개폐여부 확인 기능, 화재감지기 동작에 따른 개방) 적정 여부	
25-B-002	○ 배출용 송풍기가 설치된 경우 화재감지기 연동 기능 적정 여부	
25-C. 급기구		
25-C-001	○ 급기댐퍼 설치 상태(화재감지기 동작에 따른 개방) 적정 여부	
25-D. 송풍기		
25-D-001	○ 설치장소 적정(화재영향, 접근·점검 용이성) 여부	
25-D-002	○ 화재감지기 동작 및 수동조작에 따라 작동하는지 여부	
25-D-003	● 송풍기와 연결되는 캔버스 내열성 확보 여부	
25-E. 외기취입구		
25-E-001	○ 설치위치(오염공기 유입방지, 배기구 등으로부터 이격거리) 적정 여부	
25-E-002	● 설치구조(빗물·이물질 유입방지, 옥외의 풍속과 풍향에 영향) 적정 여부	
25-F. 제연구역의 출입문		
25-F-001	○ 폐쇄상태 유지 또는 화재 시 자동폐쇄 구조 여부	
25-F-002	● 자동폐쇄장치 폐쇄력 적정 여부	
25-G. 수동기동장치		
25-G-001	○ 기동장치 설치(위치, 전원표시등 등) 적정 여부	
25-G-002	○ 수동기동장치(옥내 수동발신기 포함) 조작 시 관련 장치 정상 작동 여부	
25-H. 제어반		
25-H-001	○ 비상용 축전지의 정상 여부	
25-H-002	○ 제어반 감시 및 원격조작 기능 적정 여부	
25-I. 비상전원		
25-I-001	● 비상전원 설치장소 적정 및 관리 여부	
25-I-002	○ 자가발전설비인 경우 연료 적정량 보유 여부	
25-I-003	○ 자가발전설비인 경우 전기사업법에 따른 정기점검 결과 확인	
비 고		

※ 현재 화재안전기술기준(NFTC)에는 자동차압급기댐퍼, 점검표에는 자동차압·과압조절형댐퍼로 되어 있습니다. 본 책은 상위법인 NFTC에 따라 '자동차압급기댐퍼'로 수정함을 알려드립니다.

제3절 연결송수관설비(NFTC 502, 소방시설법 영 별표 4)

> **[연결송수관설비를 설치해야 하는 특정소방대상물]**
> 위험물 저장 및 처리 시설 중 가스시설 또는 지하구는 제외한다.
> 1) 층수가 5층 이상으로서 연면적 6,000[m²] 이상인 경우에는 모든 층 **24 회 출제**
> 2) 1)에 해당하지 않는 특정소방대상물로서 지하층을 포함하는 층수가 7층 이상인 경우에는 모든 층
> 3) 1) 및 2)에 해당하지 않는 특정소방대상물로서 지하층의 층수가 3층 이상이고 지하층의 바닥면적의 합계가 1,000[m²] 이상인 경우에는 모든 층
> 4) 터널로서 길이가 1,000[m] 이상인 것

1 송수구의 설치기준

① 소방차가 쉽게 접근할 수 있고 잘 보이는 장소에 설치할 것
② 지면으로부터 높이가 **0.5[m] 이상 1[m] 이하**의 위치에 설치할 것
③ 송수구는 화재층으로부터 지면으로 떨어지는 유리창 등이 송수 및 그 밖의 소화작업에 지장을 주지 않는 장소에 설치할 것
④ 송수구로부터 연결송수관설비의 주배관에 이르는 연결배관에 개폐밸브를 설치한 때에는 그 개폐상태를 쉽게 확인 및 조작할 수 있는 옥외 또는 기계실 등의 장소에 설치할 것. 이 경우 개폐밸브에는 그 밸브의 개폐상태를 감시제어반에서 확인할 수 있도록 급수개폐밸브 작동표시 스위치(탬퍼스위치)를 다음의 기준에 따라 설치해야 한다. **설계 17회**

[쌍구형 송수구]

㉠ 급수개폐밸브가 잠길 경우 탬퍼스위치의 동작으로 인하여 감시제어반 또는 수신기에 표시되어야 하며 경보음을 발할 것
㉡ 탬퍼스위치는 감시제어반 또는 수신기에서 동작의 유무확인과 동작시험, 도통시험을 할 수 있을 것
㉢ 탬퍼스위치에 사용되는 전기배선은 내화전선 또는 내열전선으로 설치할 것

⑤ 구경 **65[mm]의 쌍구형**으로 할 것
⑥ 송수구에는 그 가까운 곳의 보기 쉬운 곳에 **송수압력범위**를 표시한 표지를 할 것
⑦ **송수구**는 연결송수관의 **수직배관마다 1개 이상**을 설치할 것. 다만, 하나의 건축물에 설치된 각 수직배관이 중간에 개폐밸브가 설치되지 않는 배관으로 상호 연결되어 있는 경우에는 건축물마다 1개씩 설치할 수 있다.
⑧ 송수구의 부근에는 자동배수밸브 및 체크밸브를 다음의 기준에 따라 설치할 것. 이 경우 자동배수밸브는 배관 안의 물이 잘빠질 수 있는 위치에 설치하되, 배수로 인하여 다른 물건이나 장소에 피해를 주지 않아야 한다.

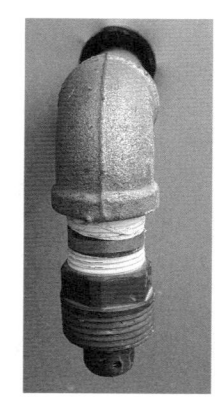
[자동배수밸브]

⊙ 습식의 경우에는 **송수구 · 자동배수밸브 · 체크밸브**의 순으로 설치할 것
ⓒ 건식의 경우에는 **송수구 · 자동배수밸브 · 체크밸브 · 자동배수밸브**의 순으로 설치할 것
⑨ 송수구에는 가까운 곳의 보기 쉬운 곳에 "연결송수관설비 송수구"라고 표시한 표지를 설치할 것
⑩ 송수구에는 이물질을 막기 위해 마개를 씌울 것

2 배관 등

① 주배관의 구경은 100[mm] 이상의 것으로 할 것. 다만, 주배관의 구경이 100[mm] 이상인 옥내소화전설비의 배관과는 겸용할 수 있다.
② 지면으로부터의 높이가 **31[m] 이상**인 특정소방대상물 또는 **지상 11층 이상**인 특정소방대상물에 있어서는 **습식설비**로 할 것
③ 배관의 재질 : 배관과 배관이음쇠는 다음의 어느 하나에 해당하는 것 또는 동등 이상의 강도 · 내식성 및 내열성을 국내 · 외 공인기관으로부터 인정받은 것을 사용해야 한다. 다만, 본 기준에서 정하지 않은 사항은 건설기술진흥법 제44조 제1항의 규정에 따른 "건설기준"에 따른다.
　⊙ 배관 내 사용압력이 **1.2[MPa] 미만일 경우**
　　㉮ 배관용 탄소 강관(KS D 3507)
　　㉯ 이음매 없는 구리 및 구리합금관(KS D 5301). 다만, 습식의 배관에 한한다.
　　㉰ 배관용 스테인리스 강관(KS D 3576) 또는 일반배관용 스테인리스 강관(KS D 3595)
　　㉱ 덕타일 주철관(KS D 4311)
　ⓒ 배관 내 사용압력이 **1.2[MPa] 이상일 경우**
　　㉮ 압력배관용 탄소 강관(KS D 3562)
　　㉯ 배관용 아크용접 탄소강 강관(KS D 3583)
④ 소방용 합성수지배관으로 설치할 수 있는 경우
　⊙ 배관을 지하에 매설하는 경우
　ⓒ 다른 부분과 내화구조로 구획된 덕트 또는 피트의 내부에 설치하는 경우
　ⓒ 천장(상층이 있는 경우에는 상층바닥의 하단을 포함한다)과 반자를 불연재료 또는 준불연재료로 설치하고 **소화배관 내부에 항상 소화수가 채워진 상태로 설치하는 경우**
⑤ 성능시험배관은 펌프의 토출 측에 설치된 개폐밸브 이전에서 분기하여 설치하고, 유량측정장치를 기준으로 전단에 개폐밸브를 후단에 유량조절밸브를 설치해야 한다.
⑥ 성능시험배관에 설치하는 유량측정장치는 성능시험배관의 직관부에 설치하되, 펌프 정격토출량의 175[%] 이상을 측정할 수 있는 것으로 해야 한다.

> **Plus one**
>
> **고층건축물의 연결송수관설비 화재안전기술기준(2.7.1)**
> 연결송수관설비의 배관은 전용으로 한다. 다만, 주배관의 구경이 100[mm] 이상인 옥내소화전설비와 겸용할 수 있다.

3 방수구의 설치기준

① 연결송수관설비의 **방수구**는 그 특정소방대상물의 **층마다 설치**할 것

> **Plus one**
>
> **방수구 설치제외 대상** 20 회 출제
> - 아파트의 1층 및 2층
> - 소방차의 접근이 가능하고 소방대원이 소방차로부터 각 부분에 쉽게 도달할 수 있는 피난층
> - 송수구가 부설된 옥내소화전을 설치한 특정소방대상물(집회장, 관람장, 백화점, 도매시장, 소매시장, 판매시설, 공장, 창고시설, 지하상가는 제외)로서 다음 어느 하나에 해당하는 층
>   - 지하층을 제외한 층수가 4층 이하이고 연면적이 6,000[m^2] 미만인 특정소방대상물의 지상층
>   - 지하층의 층수가 2 이하인 특정소방대상물의 지하층

② 아파트 또는 바닥면적이 1,000[m^2] 미만인 층에 있어서는 계단(계단이 둘 이상 있는 경우에는 그중 1개의 계단을 말한다)으로부터 5[m] 이내에 설치할 것. 이 경우 부속실이 있는 계단은 부속실의 옥내 출입구로부터 5[m] 이내에 설치할 수 있다.

③ 바닥면적 1,000[m^2] 이상인 층(아파트를 제외한다)에 있어서는 각 계단(계단의 부속실을 포함하며 계단이 셋 이상 있는 층의 경우에는 그중 두 개의 계단을 말한다)으로부터 5[m] 이내에 설치할 것. 이 경우 부속실이 있는 계단은 부속실의 옥내 출입구로부터 5[m] 이내에 설치할 수 있다.

④ ② 또는 ③에 따라 설치하는 방수구로부터 그 층의 각 부분까지의 거리가 다음의 기준을 초과하는 경우에는 그 기준 이하가 되도록 방수구를 추가하여 설치할 것

  ㉠ 지하상가 또는 지하층의 바닥면적의 합계가 3,000[m^2] 이상인 것은 수평거리 25[m]

  ㉡ ㉠에 해당하지 않는 것은 수평거리 50[m]

⑤ **11층 이상**의 부분에 설치하는 방수구는 **쌍구형**으로 할 것

[방수구]

> **Plus one**
>
> **단구형으로 설치할 수 있는 경우**
> - 아파트의 용도로 사용되는 층
> - 스프링클러설비가 유효하게 설치되어 있고 방수구가 2개소 이상 설치된 층

⑥ 방수구의 호스접결구는 바닥으로부터 높이 **0.5[m] 이상 1[m] 이하**의 위치에 설치할 것

⑦ 방수구는 연결송수관설비의 전용방수구 또는 옥내소화전 방수구로서 구경 **65[mm]의 것**으로 설치할 것

⑧ 방수구의 위치표시는 표시등 또는 축광식표지로 하되 다음의 기준에 따라 설치할 것
  ㉠ 표시등을 설치하는 경우에는 함의 상부에 설치하되, 소방청장이 고시한 표시등의 성능인증 및 제품검사의 기술기준에 적합한 것으로 설치할 것
  ㉡ 축광식표지를 설치하는 경우에는 소방청장이 고시한 축광표지의 성능인증 및 제품검사의 기술기준에 적합한 것으로 설치할 것
⑨ 방수구는 개폐기능을 가진 것으로 설치해야 하며 평상시 닫힌 상태를 유지할 것

4 방수기구함의 설치기준

① **방수기구함**은 피난층과 가장 가까운 층을 기준으로 **3개 층마다 설치**하되, 그 층의 방수구마다 **보행거리 5[m] 이내**에 설치할 것
② 방수기구함에는 길이 15[m]의 호스와 방사형 관창을 다음의 기준에 따라 비치할 것
  ㉠ 호스는 방수구에 연결하였을 때 그 방수구가 담당하는 구역의 각 부분에 유효하게 물이 뿌려질 수 있는 개수 이상을 비치할 것. 이 경우 쌍구형 방수구는 단구형 방수구의 2배 이상의 개수를 설치해야 한다.
  ㉡ 방사형 관창은 단구형 방수구의 경우에는 1개, 쌍구형 방수구의 경우에는 2개 이상 비치할 것
③ 방수기구함에는 "방수기구함"이라고 표시한 축광식 표지를 할 것. 이 경우 축광식 표지는 소방청장이 고시한 축광표지의 성능인증 및 제품검사의 기술기준에 적합한 것으로 설치해야 한다.

5 가압송수장치의 설치기준

지표면에서 최상층 방수구의 높이가 **70[m] 이상**의 특정소방대상물에는 다음의 기준에 따라 연결송수관설비의 가압송수장치를 설치해야 한다.
① 쉽게 접근할 수 있고 점검하기에 충분한 공간이 있는 장소로서 화재 및 침수 등의 재해로 인한 피해를 받을 우려가 없는 곳에 설치할 것
② 동결방지조치를 하거나 동결의 우려가 없는 장소에 설치할 것
③ 펌프는 전용으로 할 것. 다만, 각각의 소화설비의 성능에 지장이 없을 때에는 다른 소화설비와 겸용 할 수 있다.
④ 펌프의 토출 측에는 압력계를 체크밸브 이전에 펌프 토출 측 플랜지에서 가까운 곳에 설치하고, 흡입 측에는 연성계 또는 진공계를 설치할 것. 다만, 수원의 수위가 펌프의 위치보다 높거나 수직회전축 펌프의 경우에는 연성계 또는 진공계를 설치하지 않을 수 있다.
⑤ 가압송수장치에는 정격부하운전 시 펌프의 성능을 시험하기 위한 배관을 설치할 것. 다만, 충압펌프의 경우에는 그렇지 않다.

⑥ 펌프의 성능시험을 위한 전용의 수조를 설치할 것. 다만, 성능시험에 지장을 주지 않는 경우 다른 설비의 수조와 겸용할 수 있다.
⑦ 수조의 유효수량은 펌프 정격토출량의 150[%]로 5분 이상 방수할 수 있는 양 이상이 되도록 해야 한다.
⑧ 펌프의 성능시험 시 방수되는 물로 침수 피해가 발생하지 않도록 배수설비가 되어 있을 것
⑨ 가압송수장치에는 체절운전 시 수온의 상승을 방지하기 위한 순환배관을 설치할 것. 다만, 충압펌프의 경우에는 그렇지 아니하다.
⑩ 펌프의 토출량은 2,400[L/min](**계단식 아파트**의 경우에는 **1,200[L/min]**) **이상**이 되는 것으로 할 것. 다만, 해당 층에 설치된 방수구가 3개를 초과(방수구가 5개 이상인 경우에는 5개)하는 것에 있어서는 1개마다 800[L/min](계단식 아파트의 경우에는 400[L/min])를 가산한 양이 되는 것으로 할 것

[수동스위치]

⑪ 펌프의 양정은 최상층에 설치된 노즐 선단(끝부분)의 압력이 **0.35[MPa] 이상**의 압력이 되도록 할 것
⑫ 가압송수장치는 방수구가 개방될 때 자동으로 기동되거나 또는 수동스위치의 조작에 따라 기동되도록 할 것(이 경우 **수동스위치는 2개 이상**을 설치하되 **그중 1개**는 다음 기준에 따라 **송수구 부근**에 **설치**해야 한다)
　㉠ 송수구로부터 5[m] 이내에 보기 쉬운 장소에 바닥으로부터 높이 0.8[m] 이상 1.5[m] 이하로 설치할 것
　㉡ 1.5[mm] 이상의 강판함에 수납하여 설치하고 "연결송수관설비 수동스위치"라고 표시한 표지를 부착할 것. 이 경우 문짝은 불연재료로 설치할 수 있다.
　㉢ 전기사업법 제67조에 따른 전기설비기술기준에 따라 접지하고, 빗물 등이 들어가지 않는 구조로 할 것
⑬ 기동장치로는 기동용 수압개폐장치 또는 이와 동등 이상의 성능이 있는 것으로 설치할 것. 다만, 기동용 수압개폐장치 중 압력챔버를 사용할 경우 그 내용적은 100[L] 이상의 것으로 할 것

6 비상전원의 설치기준

(1) 종 류

　① 자가발전설비
　② 축전지설비(내연기관에 따른 펌프를 사용하는 경우에는 내연기관의 기동 및 제어용 축전지를 말한다)
　③ 전기저장장치(외부 전기에너지를 저장해두었다가 필요한 때 전기를 공급하는 장치)

(2) 설치기준

　① 점검에 편리하고 화재 및 침수 등의 재해로 인한 피해를 받을 우려가 없는 곳에 설치할 것
　② 연결송수관설비를 유효하게 **20분 이상** 작동할 수 있어야 할 것

> **Plus one**
>
> 고층건축물의 연결송수관설비 화재안전기술기준(2.7.3)
> 연결송수관설비의 **비상전원**은 자가발전설비, 축전지설비(내연기관에 따른 펌프를 사용하는 경우에는 내연기관의 기동 및 제어용 축전지를 말한다) 또는 전기저장장치로서 연결송수관설비를 유효하게 **40분 이상** 작동할 수 있어야 할 것. 다만, **50층 이상**인 건축물의 경우에는 **60분 이상** 작동할 수 있어야 한다.

　③ 상용전원으로부터 전력의 공급이 중단된 때에는 자동으로 비상전원으로부터 전력을 공급받을 수 있도록 할 것
　④ 비상전원의 설치장소는 다른 장소와 방화구획하고 비상전원의 공급에 필요한 기구나 설비가 아닌 것(열병합발전설비에 필요한 기구나 설비는 제외한다)을 두지 않을 것
　⑤ 비상전원을 실내에 설치하는 때에는 그 실내에 비상조명등을 설치할 것

7 송수구의 겸용

연결송수관설비의 송수구를 옥내소화전설비와 겸용으로 설치하는 경우에는 연결송수관설비의 송수구 설치기준에 따르되 각각의 소화설비의 기능에 지장이 없도록 해야 한다.

8 연결송수관설비의 점검표(소방시설 자체점검사항 등에 관한 고시 별지 4)

번 호	점검항목	점검결과
26-A. 송수구		
26-A-001	○ 설치장소 적정 여부	
26-A-002	○ 지면으로부터 설치높이 적정 여부	
26-A-003	○ 급수개폐밸브가 설치된 경우 설치 상태 적정 및 정상 기능 여부	
26-A-004	○ 수직배관별 1개 이상 송수구 설치 여부	
26-A-005	○ "연결송수관설비 송수구" 표지 및 송수압력범위 표지 적정 설치 여부	
26-A-006	○ 송수구 마개 설치 여부	
26-B. 배관 등		
26-B-001	● 겸용 급수배관 적정 여부	
26-B-002	● 다른 설비의 배관과의 구분 상태 적정 여부	
26-C. 방수구		
26-C-001	● 설치기준(층, 개수, 위치, 높이) 적정 여부	
26-C-002	○ 방수구 형태 및 구경 적정 여부	
26-C-003	○ 위치표시(표시등, 축광식표지) 적정 여부	
26-C-004	○ 개폐기능 설치 여부 및 상태 적정(닫힌 상태) 여부	
26-D. 방수기구함		
26-D-001	● 설치기준(층, 위치) 적정 여부	
26-D-002	○ 호스 및 관창 비치 적정 여부	
26-D-003	○ "방수기구함" 표지 설치상태 적정 여부	
26-E. 가압송수장치		
26-E-001	● 가압송수장치 설치장소 기준 적합 여부	
26-E-002	● 펌프 흡입 측 연성계·진공계 및 토출 측 압력계 설치 여부	
26-E-003	● 성능시험배관 및 순환배관 설치 적정 여부	
26-E-004	○ 펌프 토출량 및 양정 적정 여부	
26-E-005	○ 방수구 개방 시 자동기동 여부	
26-E-006	○ 수동기동스위치 설치 상태 적정 및 수동스위치 조작에 따른 기동 여부	
26-E-007	○ 가압송수장치 "연결송수관펌프" 표지 설치 여부	
26-E-008	● 비상전원 설치장소 적정 및 관리 여부	
26-E-009	○ 자가발전설비인 경우 연료 적정량 보유 여부	
26-E-010	○ 자가발전설비인 경우 전기사업법에 따른 정기점검 결과 확인	
비 고		

제4절 연결살수설비(NFTC 503, 소방시설법 영 별표 4)

[연결살수설비를 설치해야 하는 특정소방대상물]
지하구는 제외한다.
1) 판매시설, 운수시설, 창고시설 중 물류터미널로서 해당 용도로 사용되는 부분의 바닥면적의 합계가 1,000[m^2] 이상인 경우에는 해당 시설
2) 지하층(피난층으로 주된 출입구가 도로와 접한 경우는 제외한다)으로서 바닥면적의 합계가 150[m^2] 이상인 경우에는 지하층의 모든 층. 다만, 주택법 시행령 제46조 제1항에 따른 국민주택규모 이하인 아파트 등의 지하층(대피시설로 사용하는 것만 해당한다)과 교육연구시설 중 학교의 지하층의 경우에는 700[m^2] 이상인 것으로 한다.
3) 가스시설 중 지상에 노출된 탱크의 용량이 30[t] 이상인 탱크시설
4) 1) 및 2)의 특정소방대상물에 부속된 연결통로

1 송수구 등의 설치기준

(1) 송수구의 설치기준
① 소방차가 쉽게 접근할 수 있고 노출된 장소에 설치할 것
② 가연성 가스의 저장·취급시설에 설치하는 연결살수설비의 송수구는 그 방호대상물로부터 20[m] 이상의 거리를 두거나 방호대상물에 면하는 부분이 높이 1.5[m] 이상 폭 2.5[m] 이상의 철근콘크리트 벽으로 가려진 장소에 설치해야 한다.
③ **송수구**는 구경 **65[mm]의 쌍구형**으로 설치할 것. 다만, 하나의 송수구역에 부착하는 **살수헤드**의 수가 **10개 이하**인 것은 **단구형**인 것으로 할 수 있다.
④ 개방형 헤드를 사용하는 송수구의 호스접결구는 각 송수구역마다 설치할 것. 다만, 송수구역을 선택할 수 있는 선택밸브가 설치되어 있고 각 송수구역의 주요구조부가 내화구조로 되어 있는 경우에는 그렇지 않다.
⑤ 소방관의 호스연결 등 소화작업에 용이하도록 지면으로부터 높이가 0.5[m] 이상 1[m] 이하의 위치에 설치할 것
⑥ 송수구로부터 주배관에 이르는 연결배관에는 개폐밸브를 설치하지 않을 것. 다만, 스프링클러설비, 물분무소화설비, 포소화설비 또는 연결송수관설비의 배관과 겸용하는 경우에는 그렇지 않다.
⑦ 송수구의 부근에는 "연결살수설비 송수구"라고 표시한 표지와 **송수구역 일람표**를 설치할 것. 다만, [(2) 선택밸브의 설치기준]에 따른 선택밸브를 설치한 경우에는 그렇지 않다.
⑧ 송수구에는 이물질을 막기 위한 마개를 씌워야 한다.

(2) 선택밸브의 설치기준
송수구를 송수구역마다 설치한 때에는 그렇지 않다.
① 화재 시 연소의 우려가 없는 장소로서 조작 및 점검이 쉬운 위치에 설치할 것

② 자동개방밸브에 따른 선택밸브를 사용하는 경우에는 송수구역에 방수하지 않고 자동밸브의 작동시험이 가능하도록 할 것
③ 선택밸브의 부근에는 **송수구역 일람표**를 설치할 것

(3) 송수구의 가까운 부분에 자동배수밸브와 체크밸브 설치기준
① 폐쇄형 헤드를 사용하는 설비의 경우에는 송수구, 자동배수밸브, 체크밸브의 순서로 설치할 것
② 개방형 헤드를 사용하는 설비의 경우에는 송수구, 자동배수밸브의 순서로 설치할 것
③ 자동배수밸브는 배관 안의 물이 잘 빠질 수 있는 위치에 설치하되, 배수로 인하여 다른 물건 또는 장소에 피해를 주지 않을 것

[연결살수헤드]

(4) 개방형 헤드를 사용하는 연결살수설비에 있어서 하나의 송수구역에 설치하는 살수헤드의 수는 10개 이하가 되도록 해야 한다.

2 소방용 합성수지배관으로 설치할 수 있는 경우
① 배관을 지하에 매설하는 경우
② 다른 부분과 내화구조로 구획된 덕트 또는 피트의 내부에 설치하는 경우
③ 천장(상층이 있는 경우에는 상층바닥의 하단을 포함)과 반자를 불연재료 또는 준불연재료로 설치하고 **소화배관 내부에 항상 소화수가 채워진 상태로 설치하는 경우**

3 연결살수설비 전용헤드 수별 급수관의 구경

하나의 배관에 부착하는 연결살수설비 전용헤드의 개수	1개	2개	3개	4개 또는 5개	6개 이상 10개 이하
배관의 구경[mm]	32	40	50	65	80

4 연결살수설비의 헤드 설치기준
① 천장 또는 반자의 실내에 면하는 부분에 설치할 것
② 천장 또는 반자의 각 부분으로부터 하나의 살수헤드까지의 수평거리가 연결살수설비 전용헤드의 경우는 3.7[m] 이하, 스프링클러헤드의 경우는 2.3[m] 이하로 할 것. 다만, 살수헤드의 부착면과 바닥과의 높이가 2.1[m] 이하인 부분에 있어서는 살수헤드의 살수분포에 따른 거리로 할 수 있다.

5 습식 연결살수설비 외의 설비에 설치하는 상향식 스프링클러헤드 예외 규정
① 드라이펜던트 스프링클러헤드를 사용하는 경우
② 스프링클러헤드의 설치장소가 동파의 우려가 없는 곳인 경우
③ 개방형 스프링클러헤드를 사용하는 경우

6 가연성 가스의 저장·취급시설에 설치하는 연결살수설비의 헤드
① 연결살수설비 전용의 개방형 헤드를 설치할 것
② 가스저장탱크·가스홀더 및 가스발생기의 주위에 설치하되, 헤드 상호 간의 거리는 3.7[m] 이하로 할 것
③ 헤드의 살수범위는 가스저장탱크·가스홀더 및 가스발생기의 몸체의 중간 윗부분의 모든 부분이 포함되도록 해야 하고 살수된 물이 흘러내리면서 살수범위에 포함되지 않은 부분에도 모두 적셔질 수 있도록 할 것

7 연결살수설비 헤드의 설치제외
① 상점(판매시설과 운수시설을 말하며, 바닥면적이 150[m²] 이상인 지하층에 설치된 것을 제외)으로서 주요구조부가 내화구조 또는 방화구조로 되어 있고 바닥면적이 500[m²] 미만으로 방화구획되어 있는 특정소방대상물 또는 그 부분
② **계단실**(특별피난계단의 부속실은 포함)·**경사로·승강기의 승강로·파이프덕트·목욕실·수영장(관람석 부분은 제외한다)·화장실**·직접 외기에 개방되어 있는 복도 그 밖의 이와 유사한 장소
③ **통신기기실·전자기기실**·기타 이와 유사한 장소
④ **발전실·변전실·변압기**·기타 이와 유사한 전기설비가 설치되어 있는 장소
⑤ **병원의 수술실·응급처치실**·기타 이와 유사한 장소
⑥ 천장과 반자 양쪽이 불연재료로 되어 있는 경우로서 그 사이의 거리 및 구조가 다음에 해당하는 부분
　㉠ 천장과 반자 사이의 거리가 2[m] 미만인 부분
　㉡ 천장과 반자 사이의 벽이 불연재료이고 천장과 반자 사이의 거리가 2[m] 이상으로서 그 사이에 가연물이 존재하지 않는 부분
⑦ 천장·반자 중 한쪽이 불연재료로 되어 있고 천장과 반자 사이의 거리가 1[m] 미만인 부분
⑧ 천장 및 반자가 불연재료 외의 것으로 되어 있고 천장과 반자 사이의 거리가 0.5[m] 미만인 부분
⑨ 펌프실·물탱크실 그 밖의 이와 비슷한 장소
⑩ 현관 또는 로비 등으로서 바닥으로부터 높이가 20[m] 이상인 장소
⑪ 냉장창고의 영하의 냉장실 또는 냉동창고의 냉동실

⑫ 고온의 노가 설치된 장소 또는 물과 격렬하게 반응하는 물품의 저장 또는 취급장소

⑬ 불연재료로 된 특정소방대상물 또는 그 부분으로서 다음에 해당하는 장소

    ㉠ 정수장·오물처리장 그 밖의 이와 비슷한 장소

    ㉡ 펄프공장의 작업장·음료수공장의 세정 또는 충전하는 작업장 그 밖의 이와 비슷한 장소

    ㉢ 불연성의 금속·석재 등의 가공공장으로서 가연성 물질을 저장 또는 취급하지 않는 장소

⑭ 실내에 설치된 테니스장, 게이트볼장, 정구장 또는 이와 비슷한 장소로서 실내바닥·벽·천장이 불연재료 또는 준불연재료로 구성되어 있고 가연물이 존재하지 않는 장소로서 관람석이 없는 운동시설 부분(지하층은 제외한다)

8 연결살수설비의 점검표(소방시설 자체점검사항 등에 관한 고시 별지 4)

번호	점검항목	점검결과
27-A. 송수구 23 회 출제		
27-A-001	○ 설치장소 적정 여부	
27-A-002	○ 송수구 구경(65[mm]) 및 형태(쌍구형) 적정 여부	
27-A-003	○ 송수구역별 호스접결구 설치 여부(개방형 헤드의 경우)	
27-A-004	○ 설치높이 적정 여부	
27-A-005	● 송수구에서 주배관상 연결배관 개폐밸브 설치 여부	
27-A-006	○ "연결살수설비 송수구" 표지 및 송수구역 일람표 설치 여부	
27-A-007	○ 송수구 마개 설치 여부	
27-A-008	○ 송수구의 변형 또는 손상 여부	
27-A-009	● 자동배수밸브 및 체크밸브 설치 순서 적정 여부	
27-A-010	○ 자동배수밸브 설치 상태 적정 여부	
27-A-011	● 1개 송수구역 설치 살수헤드 수량 적정 여부(개방형 헤드의 경우)	
27-B. 선택밸브		
27-B-001	○ 선택밸브 적정 설치 및 정상 작동 여부	
27-B-002	○ 선택밸브 부근 송수구역 일람표 설치 여부	
27-C. 배관 등 23 회 출제		
27-C-001	○ 급수배관 개폐밸브 설치 적정(개폐표시형, 흡입 측 버터플라이 제외) 여부	
27-C-002	● 동결방지조치 상태 적정 여부(습식의 경우)	
27-C-003	● 주배관과 타설비 배관 및 수조 접속 적정 여부(폐쇄형 헤드의 경우)	
27-C-004	○ 시험장치 설치 적정 여부(폐쇄형 헤드의 경우)	
27-C-005	● 다른 설비의 배관과의 구분 상태 적정 여부	
27-D. 헤드 01 회 출제		
27-D-001	○ 헤드의 변형·손상 유무	
27-D-002	○ 헤드 설치 위치·장소·상태(고정) 적정 여부	
27-D-003	○ 헤드 살수장애 여부	
비고		

제5절 비상콘센트설비(NFTC 504, 소방시설법 영 별표 4)

> **[비상콘센트설비를 설치해야 하는 특정소방대상물]**
> 위험물 저장 및 처리 시설 중 가스시설 및 지하구는 제외한다.
> 1) 층수가 11층 이상인 특정소방대상물의 경우에는 11층 이상의 층
> 2) 지하층의 층수가 3층 이상이고 지하층의 바닥면적의 합계가 1,000[m²] 이상인 것은 지하층의 모든 층
> 3) 터널로서 길이가 500[m] 이상인 것

1 정 의

① 저압 : 직류는 1.5[kV] 이하, 교류는 1[kV] 이하인 것
② 고압 : 직류는 1.5[kV]를, 교류는 1[kV]를 초과하고 7[kV] 이하인 것
③ 특별고압 : 7[kV]를 초과하는 것

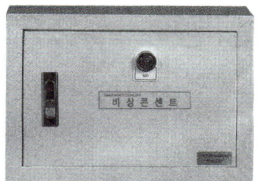

[비상콘센트]

2 전원 및 콘센트 등

(1) 비상전원의 종류

① 자가발전설비
② 비상전원수전설비
③ 축전지설비
④ 전기저장장치

(2) 비상전원을 설치하지 않을 수 있는 경우

① 2 이상의 변전소에서 전력을 동시에 공급받을 수 있는 경우
② 하나의 변전소로부터 전력의 공급이 중단되는 때에는 자동으로 다른 변전소로부터 전원을 공급받을 수 있도록 상용전원을 설치한 경우

(3) 전원의 설치기준 07 회 출제

① 상용전원 회로의 배선은 **저압수전**인 경우에는 **인입개폐기의 직후**에서, **고압수전** 또는 **특고압수전**인 경우에는 **전력용변압기 2차 측의 주차단기 1차 측 또는 2차 측에서 분기**하여 전용배선으로 할 것
② 지하층을 제외한 층수가 7층 이상으로서 **연면적이 2,000[m²] 이상**이거나 **지하층의 바닥면적의 합계가 3,000[m²] 이상**인 특정소방대상물의 비상콘센트설비에는 **자가발전설비, 비상전원수전설비, 축전지설비** 또는 **전기저장장치**(외부 전기에너지를 저장해 두었다가 필요한 때 전기를 공급하는 장치)를 **비상전원**으로 설치할 것

(4) 비상전원의 설치기준

비상전원수전설비는 소방시설용 비상전원수전설비의 화재안전기술기준(NFTC 602)에 따라 설치할 것

① 점검에 편리하고 화재 및 침수 등의 재해로 인한 피해를 받을 우려가 없는 곳에 설치할 것
② 비상콘센트설비를 유효하게 20분 이상 작동시킬 수 있는 용량으로 할 것
③ 상용전원으로부터 전력의 공급이 중단된 때에는 자동으로 비상전원으로부터 전력을 공급받을 수 있도록 할 것
④ 비상전원의 설치장소는 다른 장소와 방화구획할 것. 이 경우 그 장소에는 비상전원의 공급에 필요한 기구나 설비 외의 것(열병합발전설비에 필요한 기구나 설비는 제외한다)을 두어서는 안 된다.
⑤ 비상전원을 실내에 설치하는 때에는 그 실내에 비상조명등을 설치할 것

(5) 전원회로의 설치기준

① 비상콘센트설비의 전원회로는 단상교류 220[V]인 것으로서, 그 공급용량은 1.5[kVA] 이상인 것으로 할 것 **07 회 출제**
② 전원회로는 각 층에 2 이상이 되도록 설치할 것. 다만, 설치해야 할 층의 비상콘센트가 1개인 때에는 하나의 회로로 할 수 있다. **07 회 출제**
③ 전원회로는 주배전반에서 전용회로로 할 것. 다만, 다른 설비 회로의 사고에 따른 영향을 받지 않도록 되어 있는 것은 그렇지 않다.
④ 전원으로부터 각 층의 비상콘센트에 분기되는 경우에는 분기배선용 차단기를 보호함 안에 설치할 것
⑤ 콘센트마다 배선용 차단기(KS C 8321)를 설치해야 하며, 충전부가 노출되지 않도록 할 것
⑥ 개폐기에는 "비상콘센트"라고 표시한 표지를 할 것
⑦ 비상콘센트용의 풀박스 등은 방청도장을 한 것으로서, 두께 1.6[mm] 이상의 철판으로 할 것
⑧ 하나의 전용회로에 설치하는 비상콘센트는 10개 이하로 할 것. 이 경우 전선의 용량은 각 비상콘센트(비상콘센트가 3개 이상인 경우에는 3개)의 공급용량을 합한 용량 이상의 것으로 해야 한다.

(6) 플러그접속기

① 접지형 2극 플러그접속기(KS C 8305)를 사용해야 한다.
② 플러그접속기의 칼받이의 접지극에는 접지공사를 해야 한다.

(7) 비상콘센트의 설치기준 **07 회 출제**

① 바닥으로부터 높이 0.8[m] 이상 1.5[m] 이하의 위치에 설치할 것
② 비상콘센트의 배치

특정소방대상물	설치기준
㉮ 바닥면적이 1,000[m²] 미만인 층	계단의 출입구(계단의 부속실을 포함하며 계단이 2 이상 있는 경우에는 그중 1개의 계단을 말한다)로부터 5[m] 이내
㉯ 바닥면적 1,000[m²] 이상인 층	각 계단의 출입구 또는 계단부속실의 출입구(계단의 부속실을 포함하며 계단이 3 이상 있는 층의 경우에는 그중 2개의 계단을 말한다)로부터 5[m] 이내

특정소방대상물		설치기준
㉰ 추가로 설치하는 경우	㉠ 지하상가 또는 지하층의 바닥면적의 합계가 3,000[m²] 이상	수평거리 25[m] 이하마다 추가로 설치
	㉡ ㉠에 해당되지 않는 것	수평거리 50[m] 이하마다 추가로 설치

(8) 절연저항 및 절연내력의 기준

① 절연저항은 전원부와 외함 사이를 500[V] 절연저항계로 측정할 때 20[MΩ] 이상일 것
② 절연내력은 전원부와 외함 사이에 정격전압이 150[V] 이하인 경우에는 1,000[V]의 실효전압을, 정격전압이 150[V] 초과인 경우에는 그 정격전압에 2를 곱하여 1,000을 더한 실효전압을 가하는 시험에서 1분 이상 견디는 것으로 할 것

3 비상콘센트 보호함의 설치기준 07 회 출제

① 보호함에는 쉽게 개폐할 수 있는 문을 설치할 것
② 보호함 표면에 "비상콘센트"라고 표시한 표지를 할 것
③ 보호함 상부에 적색의 표시등을 설치할 것. 다만, 비상콘센트의 보호함을 옥내소화전함 등과 접속하여 설치하는 경우에는 옥내소화전함 등의 표시등과 겸용할 수 있다.

4 비상콘센트설비의 점검표(소방시설 자체점검사항 등에 관한 고시 별지 4)

번 호	점검항목	점검결과
28-A. 전 원		
28-A-001	● 상용전원 적정 여부	
28-A-002	● 비상전원 설치장소 적정 및 관리 여부	
28-A-003	○ 자가발전설비인 경우 연료 적정량 보유 여부	
28-A-004	○ 자가발전설비인 경우 전기사업법에 따른 정기점검 결과 확인	
28-B. 전원회로		
28-B-001	● 전원회로 방식(단상교류 220[V]) 및 공급용량(1.5[kVA] 이상) 적정 여부	
28-B-002	● 전원회로 설치개수(각 층에 2 이상) 적정 여부	
28-B-003	● 전용 전원회로 사용 여부	
28-B-004	● 1개 전용회로에 설치되는 비상콘센트 수량 적정(10개 이하) 여부	
28-B-005	● 보호함 내부에 분기배선용 차단기 설치 여부	
28-C. 콘센트		
28-C-001	○ 변형·손상·현저한 부식이 없고 전원의 정상 공급 여부	
28-C-002	● 콘센트별 배선용 차단기 설치 및 충전부 노출 방지 여부	
28-C-003	○ 비상콘센트 설치높이, 설치위치 및 설치수량 적정 여부	
28-D. 보호함 및 배선		
28-D-001	○ 보호함 개폐용이한 문 설치 여부	
28-D-002	○ "비상콘센트" 표지 설치상태 적정 여부	
28-D-003	○ 위치표시등 설치 및 정상 점등 여부	
28-D-004	○ 점검 또는 사용상 장애물 유무	
비 고		

제6절 무선통신보조설비(NFTC 505, 소방시설법 영 별표 4)

> **[무선통신보조설비를 설치해야 하는 특정소방대상물]** 22 회 출제
> 위험물 저장 및 처리 시설 중 가스시설은 제외한다.
> 1) 지하상가로서 연면적 1,000[m²] 이상인 것
> 2) 지하층의 바닥면적의 합계가 3,000[m²] 이상인 것 또는 지하층의 층수가 3층 이상이고 지하층의 바닥면적의 합계가 1,000[m²] 이상인 것은 지하층의 모든 층
> 3) 터널로서 길이가 500[m] 이상인 것
> 4) 지하구 중 공동구
> 5) 층수가 30층 이상인 것으로서 16층 이상 부분의 모든 층

1 용어 정의

① 누설동축케이블 : 동축케이블의 외부 도체에 가느다란 홈을 만들어서 전파가 외부로 새어나갈 수 있도록 한 케이블
② 분배기 : 신호의 전송로가 분기되는 장소에 설치하는 것으로 임피던스 매칭(Matching)과 신호 균등분배를 위해 사용하는 장치
③ 분파기 : 서로 다른 주파수의 합성된 신호를 분리하기 위해서 사용하는 장치
④ 혼합기 : 2 이상의 입력신호를 원하는 비율로 조합한 출력이 발생하도록 하는 장치
⑤ 증폭기 : 전압·전류의 진폭을 늘려 감도 등을 개선하는 장치
⑥ 무선중계기 : 안테나를 통하여 수신된 무전기 신호를 증폭한 후 음영지역에 재방사하여 무전기 상호 간 송수신이 가능하도록 하는 장치
⑦ 옥외안테나 : 감시제어반 등에 설치된 무선중계기의 입력과 출력포트에 연결되어 송수신 신호를 원활하게 방사·수신하기 위해 옥외에 설치하는 장치

2 설치제외 대상 17 회 출제

지하층으로서 특정소방대상물의 바닥부분 2면 이상이 지표면과 동일하거나 지표면으로부터의 깊이가 1[m] 이하인 경우에는 해당 층에 한하여 무선통신보조설비를 설치하지 않을 수 있다.

3 누설동축케이블 등의 설치기준

① 소방전용주파수대에서 전파의 전송 또는 복사에 적합한 것으로서 소방전용의 것으로 할 것. 다만, 소방대 상호 간의 무선 연락에 지장이 없는 경우에는 다른 용도와 겸용할 수 있다.
② 누설동축케이블과 이에 접속하는 안테나 또는 동축케이블과 이에 접속하는 안테나로 구성할 것

③ 누설동축케이블 및 동축케이블은 불연 또는 난연성의 것으로서 습기 등의 환경조건에 따라 전기의 특성이 변질되지 않는 것으로 하고, 노출하여 설치한 경우에는 피난 및 통행에 장애가 없도록 할 것
④ 누설동축케이블 및 동축케이블은 화재에 따라 해당 케이블의 피복이 소실된 경우에 케이블 본체가 떨어지지 않도록 4[m] 이내마다 금속제 또는 자기제 등의 지지금구로 벽·천장·기둥 등에 견고하게 고정시킬 것. 다만, 불연재료로 구획된 반자 안에 설치하는 경우에는 그렇지 않다.
⑤ 누설동축케이블 및 안테나는 금속판 등에 따라 전파의 복사 또는 특성이 현저하게 저하되지 않는 위치에 설치할 것
⑥ 누설동축케이블 및 안테나는 고압의 전로로부터 1.5[m] 이상 떨어진 위치에 설치할 것. 다만, 해당 전로에 정전기 차폐장치를 유효하게 설치한 경우에는 그렇지 않다.
⑦ 누설동축케이블의 끝부분에는 무반사 종단저항을 견고하게 설치할 것
⑧ 누설동축케이블 또는 동축케이블의 임피던스는 50[Ω]으로 하고, 이에 접속하는 안테나·분배기 기타의 장치는 해당 임피던스에 적합한 것으로 해야 한다.
⑨ 무선통신보조설비는 다음의 기준에 따라 설치해야 한다.
　㉠ 누설동축케이블 또는 동축케이블과 이에 접속하는 안테나가 설치된 층은 모든 부분(계단실, 승강기, 별도 구획된 실 포함)에서 유효하게 통신이 가능할 것
　㉡ 옥외안테나와 연결된 무전기와 건축물 내부에 존재하는 무전기 간의 상호통신, 건축물 내부에 존재하는 무전기 간의 상호통신, 옥외안테나와 연결된 무전기와 방재실 또는 건축물 내부에 존재하는 무전기와 방재실 간의 상호통신이 가능할 것

4 옥외안테나

옥외안테나는 다음의 기준에 따라 설치해야 한다.
① 건축물, 지하상가, 터널 또는 공동구의 출입구(건축법 시행령 제39조에 따른 출구 또는 이와 유사한 출입구를 말한다) 및 출입구 인근에서 통신이 가능한 장소에 설치할 것
② 다른 용도로 사용되는 안테나로 인한 통신장애가 발생하지 않도록 설치할 것
③ 옥외안테나는 견고하게 파손의 우려가 없는 곳에 설치하고 그 가까운 곳의 보기 쉬운 곳에 "무선통신보조설비 안테나"라는 표시와 함께 통신 가능거리를 표시한 표지를 설치할 것
④ 수신기가 설치된 장소 등 사람이 상시 근무하는 장소에는 옥외안테나의 위치가 모두 표시된 옥외안테나 위치표시도를 비치할 것

5 분배기 등(분배기, 분파기, 혼합기)의 설치기준

① 먼지·습기 및 부식 등에 따라 기능에 이상을 가져오지 않도록 할 것
② 임피던스는 50[Ω]의 것으로 할 것
③ 점검에 편리하고 화재 등의 재해로 인한 피해의 우려가 없는 장소에 설치할 것

6 증폭기 등의 설치기준

① 상용전원은 전기가 정상적으로 공급되는 축전지설비, 전기저장장치(외부 전기에너지를 저장해 두었다가 필요한 때 전기를 공급하는 장치) 또는 교류전압의 옥내간선으로 하고, 전원까지의 배선은 전용으로 할 것
② 증폭기의 전면에는 주 회로 전원의 정상 여부를 표시할 수 있는 표시등 및 전압계를 설치할 것
③ 증폭기에는 비상전원이 부착된 것으로 하고 해당 비상전원 용량은 무선통신보조설비를 유효하게 30분 이상 작동시킬 수 있는 것으로 할 것
④ 증폭기 및 무선중계기를 설치하는 경우에는 전파법 제58조의 2에 따른 적합성 평가를 받은 제품으로 설치하고 임의로 변경하지 않도록 할 것
⑤ 디지털 방식의 무전기를 사용하는 데 지장이 없도록 설치할 것

7 무선통신보조설비의 점검표(소방시설 자체점검사항 등에 관한 고시 별지 4)

번 호	점검항목	점검결과
29-A. 누설동축케이블 등 **14 22 회 출제**		
29-A-001	○ 피난 및 통행 지장 여부(노출하여 설치한 경우)	
29-A-002	● 케이블 구성 적정(누설동축케이블 + 안테나 또는 동축케이블 + 안테나) 여부	
29-A-003	● 지지금구 변형·손상 여부	
29-A-004	● 누설동축케이블 및 안테나 설치 적정 및 변형·손상 여부	
29-A-005	● 누설동축케이블 말단 '무반사 종단저항' 설치 여부	
29-B. 무선기기접속단자, 옥외안테나		
29-B-001	○ 설치장소(소방활동 용이성, 상시 근무장소) 적정 여부	
29-B-002	● 단자 설치높이 적정 여부	
29-B-003	● 지상 접속단자 설치거리 적정 여부	
29-B-004	● 접속단자 보호함 구조 적정 여부	
29-B-005	○ 접속단자 보호함 "무선기기접속단자" 표지 설치 여부	
29-B-006	○ 옥외안테나 통신장애 발생 여부	
29-B-007	○ 안테나 설치 적정(견고함, 파손 우려) 여부	
29-B-008	○ 옥외안테나에 "무선통신보조설비 안테나" 표지 설치 여부	
29-B-009	○ 옥외안테나 통신 가능거리 표지 설치 여부	
29-B-010	○ 수신기 설치장소 등에 옥외안테나 위치표시도 비치 여부	
29-C. 분배기, 분파기, 혼합기 **14 회 출제**		
29-C-001	● 먼지, 습기, 부식 등에 의한 기능 이상 여부	
29-C-002	● 설치장소 적정 및 관리 여부	
29-D. 증폭기 및 무선중계기 **22 회 출제**		
29-D-001	● 상용전원 적정 여부	
29-D-002	○ 전원표시등 및 전압계 설치상태 적정 여부	
29-D-003	● 증폭기 비상전원 부착 상태 및 용량 적정 여부	
29-D-004	○ 적합성 평가 결과 임의 변경 여부	
29-E. 기능점검		
29-E-001	● 무선통신 가능 여부	
비 고		

제7절 소방시설용 비상전원수전설비(NFTC 602)

1 특별고압 또는 고압으로 수전하는 비상전원 수전설비

① 형태 : 방화구획형, 옥외개방형 또는 큐비클(Cubicle)형
② 설치기준
  ㉠ 전용의 방화구획 내에 설치할 것
  ㉡ 소방회로배선은 일반회로배선과 불연성의 격벽으로 구획할 것. 다만, 소방회로배선과 일반회로배선을 15[cm] 이상 떨어져 설치한 경우는 그렇지 않다.
  ㉢ 일반회로에서 과부하, 지락사고 또는 단락사고가 발생한 경우에도 이에 영향을 받지 않고 계속하여 소방회로에 전원을 공급시켜 줄 수 있어야 할 것
  ㉣ 소방회로용 개폐기 및 과전류차단기에는 "소방시설용"이라 표시할 것
  ㉤ 전기회로는 그림과 같이 결선할 것

[그림 2.2.1.5] 고압 또는 특별고압 수전의 경우

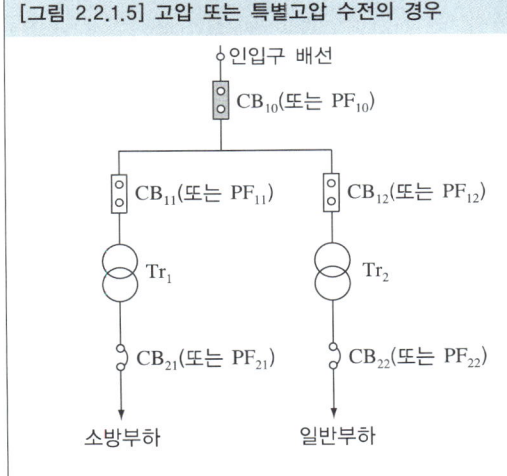

(가) 전용의 전력용변압기에서 소방부하에 전원을 공급하는 경우
1. 일반회로의 과부하 또는 단락사고 시에 CB_{10}(또는 PF_{10})이 CB_{12}(또는 PF_{12}) 및 CB_{22}(또는 F_{22})보다 먼저 차단되어서는 안 된다.
2. CB_{11}(또는 PF_{11})은 CB_{12}(또는 PF_{12})와 동등 이상의 차단 용량일 것

약 호	명 칭
CB	전력차단기
PF	전력퓨즈(고압 또는 특별고압용)
F	퓨즈(저압용)
Tr	전력용변압기

(나) 공용의 전력용변압기에서 소방부하에 전원을 공급하는 경우
1. 일반회로의 과부하 또는 단락사고 시에 CB_{10}(또는 PF_{10})이 CB_{22}(또는 F_{22}) 및 CB(또는 F)보다 먼저 차단되어서는 안 된다.
2. CB_{21}(또는 F_{21})은 CB_{22}(또는 F_{22})와 동등 이상의 차단 용량일 것

약 호	명 칭
CB	전력차단기
PF	전력퓨즈(고압 또는 특별고압용)
F	퓨즈(저압용)
Tr	전력용변압기

2 큐비클형의 설치기준

① 전용큐비클 또는 공용큐비클식으로 설치할 것

② 외함은 두께 2.3[mm] 이상의 강판과 이와 동등 이상의 강도와 내화성능이 있는 것으로 제작해야 하며, 개구부(③의 기준에 해당하는 것은 제외한다)에는 건축법 시행령 제64조에 따른 방화문으로서 60분+ 방화문, 60분 방화문 또는 30분 방화문을 설치할 것

③ 다음(옥외에 설치하는 것에 있어서는 ㉠부터 ㉢까지)에 해당하는 것은 외함에 노출하여 설치할 수 있다.
　㉠ 표시등(불연성 또는 난연성재료로 덮개를 설치한 것에 한한다)
　㉡ 전선의 인입구 및 인출구
　㉢ 환기장치
　㉣ 전압계(퓨즈 등으로 보호한 것에 한한다)
　㉤ 전류계(변류기의 2차 측에 접속된 것에 한한다)
　㉥ 계기용 전환스위치(불연성 또는 난연성재료로 제작된 것에 한한다)

④ 외함은 건축물의 바닥 등에 견고하게 고정할 것

⑤ 외함에 수납하는 수전설비, 변전설비 그 밖의 기기 및 배선은 다음의 기준에 적합하게 설치할 것
　㉠ 외함 또는 프레임(Frame) 등에 견고하게 고정할 것
　㉡ 외함의 바닥에서 10[cm](시험단자, 단자대 등의 충전부는 15[cm]) 이상의 높이에 설치할 것

⑥ 전선 인입구 및 인출구에는 금속관 또는 금속제 가요전선관을 쉽게 접속할 수 있도록 할 것

⑦ **환기장치**는 다음에 적합하게 설치할 것　**14 회 출제**
　㉠ 내부의 온도가 상승하지 않도록 환기장치를 할 것
　㉡ 자연환기구의 개구부 면적의 합계는 외함의 한 면에 대하여 해당 면적의 1/3 이하로 할 것. 이 경우 하나의 통기구의 크기는 직경 10[mm] 이상의 둥근 막대가 들어가서는 안 된다.
　㉢ 자연환기구에 따라 충분히 환기할 수 없는 경우에는 환기설비를 설치할 것
　㉣ 환기구에는 금속망, 방화댐퍼 등으로 방화조치를 하고, 옥외에 설치하는 것은 빗물 등이 들어가지 않도록 할 것

⑧ 공용큐비클식의 소방회로와 일반회로에 사용되는 배선 및 배선용기기는 불연재료로 구획할 것

⑨ 그 밖의 큐비클형의 설치에 관하여는 **1**의 ② 설치기준 ㉡부터 ㉤까지의 규정 및 한국산업표준에 적합할 것

3 저압으로 수전하는 비상전원설비[전용배전반(1·2종), 전용분전반(1·2종), 공용분전반(1·2종)]의 설치기준

(1) 제1종 배전반 또는 제1종 분전반의 설치기준

① 외함은 두께 1.6[mm](전면판 및 문은 2.3[mm]) 이상의 강판과 이와 동등 이상의 강도와 내화성능이 있는 것으로 제작할 것

② 외함의 내부는 외부의 열에 의해 영향을 받지 않도록 내열성 및 단열성이 있는 재료를 사용하여 단열할 것. 이 경우 단열부분은 열 또는 진동에 따라 쉽게 변형되지 않아야 한다.
③ 다음의 기준에 해당하는 것은 외함에 노출하여 설치할 수 있다.
   ㉠ 표시등(불연성 또는 난연성재료로 덮개를 설치한 것에 한한다)
   ㉡ 전선의 인입구 및 입출구
④ 외함은 금속관 또는 금속제 가요전선관을 쉽게 접속할 수 있도록 하고, 해당 접속부분에는 단열조치를 할 것
⑤ 공용배전반 및 공용분전반의 경우 소방회로와 일반회로에 사용하는 배선 및 배선용 기기는 불연재료로 구획되어야 할 것

(2) 제2종 배전반 또는 제2종 분전반의 설치기준
① 외함은 두께 1[mm](함 전면의 면적이 1,000[cm^2]를 초과하고 2,000[cm^2] 이하인 경우에는 1.2[mm], 2,000[cm^2]를 초과하는 경우에는 1.6[mm]) 이상의 강판과 이와 동등 이상의 강도와 내화성능이 있는 것으로 제작할 것
② (1)의 ③에서 정한 것과 120[℃]의 온도를 가했을 때 이상이 없는 전압계 및 전류계는 외함에 노출하여 설치할 것
③ 단열을 위해 배선용 불연전용실 내에 설치할 것
④ 전기회로는 그림과 같이 결선할 것

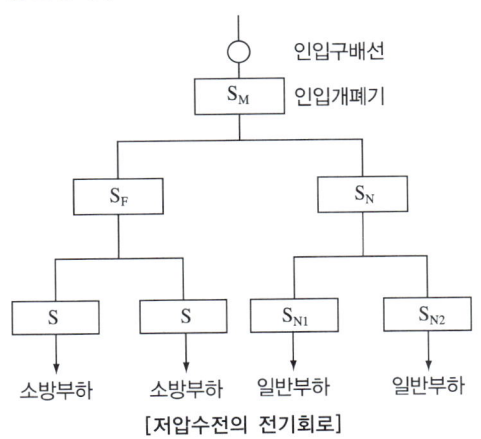

[저압수전의 전기회로]

1. 일반회로의 과부하 또는 단락 사고 시 S$_M$이 S$_N$, S$_{N1}$ 및 S$_{N2}$보다 먼저 차단되어서는 안 된다.
2. S$_F$는 S$_N$과 동등 이상의 차단용량일 것

약 호	명 칭
S	저압용개폐기 및 과전류차단기

제8절 도로터널(NFTC 603)

1 용어 정의

① **도로터널** : 도로법 제10조에 따른 도로의 일부로서 자동차의 통행을 위해 지붕이 있는 구조물
② **설계화재강도** : 터널 내 화재 시 소화설비 및 제연설비 등의 용량산정을 위해 적용하는 차종별 최대열방출률[MW]
③ **종류환기방식** : 터널 안의 배기가스와 연기 등을 배출하는 환기설비로서 기류를 종방향(출입구 방향)으로 흐르게 하여 환기하는 방식
④ **횡류환기방식** : 터널 안의 배기가스와 연기 등을 배출하는 환기설비로서 기류를 횡방향(바닥에서 천장)으로 흐르게 하여 환기하는 방식
⑤ **반횡류환기방식** : 터널 안의 배기가스와 연기 등을 배출하는 환기설비로서 터널에 수직배기구를 설치해서 횡방향과 종방향으로 기류를 흐르게 하여 환기하는 방식
⑥ **양방향터널** : 하나의 터널 안에서 차량의 흐름이 서로 마주보게 되는 터널
⑦ **일방향터널** : 하나의 터널 안에서 차량의 흐름이 하나의 방향으로만 진행되는 터널
⑧ **연기발생률** : 일정한 설계화재강도의 차량에서 단위 시간당 발생하는 연기량
⑨ **피난연결통로** : 본선터널과 병설된 상대터널 또는 본선터널과 평행한 피난대피터널을 연결하는 통로
⑩ **배기구** : 터널 안의 오염공기를 배출하거나 화재 시 연기를 배출하기 위한 개구부

2 소화기의 설치기준

(1) 능력단위 및 중량

① 소화기의 능력단위는 A급 화재에 3단위 이상, B급 화재에 5단위 이상 및 C급 화재에 적응성이 있는 것으로 할 것
② 소화기의 총중량은 사용 및 운반의 편리성을 고려하여 7[kg] 이하로 할 것

(2) 설치기준

터널 구분	설치기준
• 편도 1차선 양방향 터널 • 3차로 이하의 일방향 터널	주행차로의 우측 측벽에 50[m] 이내의 간격으로 2개 이상 설치
• 편도 2차선 이상의 양방향 터널 • 4차로 이상의 일방향 터널	주행차로의 양쪽 측벽에 각각 50[m] 이내의 간격으로 엇갈리게 2개 이상 설치

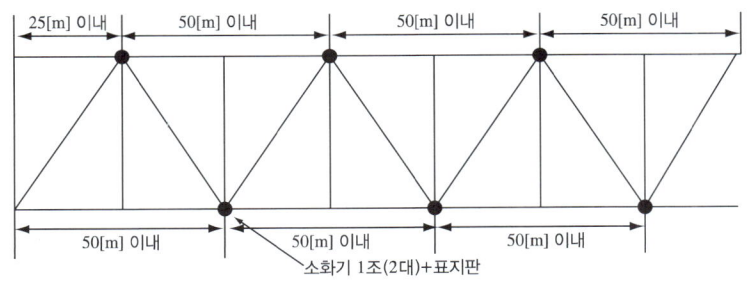

(3) 바닥면(차로 또는 보행로를 말한다)으로부터 1.5[m] 이하의 높이에 설치할 것

(4) 소화기구함의 상부에 "소화기"라고 조명식 또는 반사식의 표지판을 부착하여 사용자가 쉽게 인지할 수 있도록 할 것

3 옥내소화전설비의 설치기준

① 소화전함과 방수구의 설치기준

터널 구분	설치기준
• 편도 1차선 양방향 터널 • 3차로 이하의 일방향 터널	주행차로의 우측 측벽을 따라 50[m] 이내의 간격으로 설치
• 편도 2차선 이상의 양방향 터널 • 4차로 이상의 일방향 터널	주행차로의 양쪽 측벽에 각각 50[m] 이내의 간격으로 엇갈리게 설치

② 수원은 그 저수량이 옥내소화전의 설치개수 2개(4차로 이상의 터널의 경우 3개)를 동시에 40분 이상 사용할 수 있는 충분한 양 이상을 확보할 것

③ 가압송수장치는 옥내소화전 2개(4차로 이상의 터널인 경우 3개)를 동시에 사용할 경우 각 옥내소화전의 노즐 선단(끝부분)에서의 방수압력은 0.35[MPa] 이상이고 방수량은 190[L/min] 이상이 되는 성능의 것으로 할 것. 다만, 하나의 옥내소화전을 사용하는 노즐 선단(끝부분)에서의 방수압력이 0.7[MPa]을 초과할 경우에는 호스접결구의 인입 측에 감압장치를 설치해야 한다. 설계 12회

> **Plus one**
>
> **옥내소화전설비** 설계 12회
> • 방수압력 : 0.35[MPa] 이상
> • 방수량 : 190[L/min] 이상
> • 펌프의 토출량 = 소화전의 수(2개, 4차로 이상의 터널 : 3개)×190[L/min] 이상
> • 수원 = 소화전의 수(2개, 4차로 이상의 터널 : 3개)×190[L/min]×40[min] 이상
>   = 소화전의 수(2개, 4차로 이상의 터널 : 3개)×7.6[m³](7,600[L]) 이상

④ 압력수조나 고가수조가 아닌 전동기 또는 내연기관에 의한 펌프를 이용하는 가압송수장치는 주펌프와 동등 이상의 성능이 있는 별도의 펌프로서 내연기관의 기동과 연동하여 작동되거나 비상전원을 연결한 예비펌프를 추가로 설치할 것

⑤ 방수구는 40[mm] 구경의 단구형을 옥내소화전이 설치된 벽면의 바닥면으로부터 1.5[m] 이하의 쉽게 사용 가능한 높이에 설치할 것
⑥ 소화전함에는 옥내소화전 방수구 1개, 15[m] 이상의 소방호스 3본 이상 및 방수노즐을 비치할 것
⑦ 옥내소화전설비의 비상전원은 옥내소화전설비를 유효하게 **40분 이상** 작동할 수 있을 것

4 비상경보설비의 설치기준 설계 15회

① 발신기의 설치기준

터널 구분	설치기준
• 편도 1차선 양방향 터널 • 3차로 이하의 일방향 터널	주행차로 한쪽 측벽에 50[m] 이내의 간격으로 설치
• 편도 2차선 이상의 양방향 터널 • 4차로 이상의 일방향 터널	주행차로의 양쪽 측벽에 각각 50[m] 이내의 간격으로 엇갈리게 설치

② 발신기는 바닥면으로부터 0.8[m] 이상 1.5[m] 이하의 높이에 설치할 것
③ 음향장치는 발신기 설치위치와 동일하게 설치할 것. 다만, 비상방송설비의 화재안전기술기준(NFTC 202)에 적합하게 설치된 방송설비를 비상경보설비와 연동하여 작동하도록 설치한 경우에는 비상경보설비의 지구음향장치를 설치하지 않을 수 있다.
④ 음향장치의 음량은 부착된 음향장치의 중심으로부터 1[m] 떨어진 위치에서 90[dB] 이상이 되도록 하고 음향장치는 터널 내부 전체에 동시에 경보를 발하도록 할 것
⑤ 시각경보기는 주행차로 한쪽 측벽에 50[m] 이내의 간격으로 비상경보설비의 상부 직근에 설치하고, 설치된 전체 시각경보기는 동기방식에 의해 작동될 수 있도록 할 것

5 자동화재탐지설비의 설치기준

(1) 터널에 설치할 수 있는 감지기의 종류
　① 차동식분포형감지기
　② 정온식감지선형감지기(아날로그식에 한한다)
　③ 중앙기술심의위원회의 심의를 거쳐 터널화재에 적응성이 있다고 인정된 감지기

(2) 하나의 경계구역의 길이는 100[m] 이하로 해야 한다.

(3) 터널에 설치하는 감지기의 설치기준
　중앙기술심의위원회의 심의를 거쳐 제조사의 시방서에 따른 설치방법이 터널화재에 적합하다고 인정되는 경우에는 다음의 기준에 의하지 않고 심의결과에 의한 제조사 시방서에 따라 설치할 수 있다.
　① 감지기의 감열부(열을 감지하는 기능을 갖는 부분)와 감열부 사이의 이격거리는 10[m] 이하로, 감지기와 터널 좌·우측 벽면과의 이격거리는 6.5[m] 이하로 설치할 것

② ①의 규정에 불구하고 터널 천장의 구조가 아치형의 터널에 감지기를 터널 진행방향으로 설치하고자 하는 경우에는 감열부와 감열부 사이의 이격거리를 10[m] 이하로 하여 아치형 천장의 중앙 최상부에 1열로 감지기를 설치해야 하며, 감지기를 2열 이상으로 설치하고자 하는 경우에는 감열부와 감열부 사이의 이격거리는 10[m] 이하로 감지기 간의 이격거리는 6.5[m] 이하로 설치할 것
③ 감지기를 천장면(터널 안 도로 등에 면한 부분 또는 상층의 바닥 하부면을 말한다)에 설치하는 경우에는 감지기가 천장면에 밀착되지 않도록 고정금구 등을 사용하여 설치할 것

(4) 발신기 및 지구음향장치 : 비상경보설비의 기준에 준한다.

6 비상조명등의 설치기준

① 상시 조명이 소등된 상태에서 비상조명등이 점등되는 경우 터널 안의 차도 및 보도의 바닥면의 조도는 10[lx] 이상, 그 외 모든 지점의 조도는 1[lx] 이상이 될 수 있도록 설치할 것
② 비상조명등의 비상전원은 상용전원이 차단되는 경우 자동으로 비상조명등을 유효하게 **60분 이상** 작동할 수 있어야 할 것
③ 비상조명등에 내장된 예비전원이나 축전지설비는 상용전원의 공급에 의하여 상시 충전상태를 유지할 수 있도록 설치할 것

7 제연설비의 설치기준

(1) 제연설비의 설계 사양

① 설계화재강도 20[MW]를 기준으로 하고, 이때 연기발생률은 80[m^3/s]로 하며, 배출량은 발생된 연기와 혼합된 공기를 충분히 배출할 수 있는 용량 이상을 확보할 것
② ①의 규정에도 불구하고 화재강도가 설계화재강도보다 높을 것으로 예상될 경우 위험도분석을 통하여 설계화재강도를 설정하도록 할 것

(2) 제연설비의 설치기준

① 종류환기방식의 경우 제트팬의 소손을 고려하여 예비용 제트팬을 설치하도록 할 것
② 횡류환기방식(또는 반횡류환기방식) 및 대배기구 방식의 배연용 팬은 덕트의 길이에 따라서 노출온도가 달라질 수 있으므로 수치해석 등을 통해서 내열온도 등을 검토한 후에 적용하도록 할 것
③ 대배기구의 개폐용 전동모터는 정전 등 전원이 차단되는 경우에도 조작상태를 유지할 수 있도록 할 것
④ 화재에 노출이 우려되는 제연설비와 전원공급선 및 제트팬 사이의 전원공급장치 등은 250[℃]의 온도에서 60분 이상 운전상태를 유지할 수 있도록 할 것 설계 15회

(3) 제연설비를 자동 및 수동으로 기동되어야 하는 경우 설계 15회
① 화재감지기가 동작되는 경우
② 발신기의 스위치 조작 또는 자동소화설비의 기동장치를 동작시키는 경우
③ 화재수신기 또는 감시제어반의 수동조작스위치를 동작시키는 경우

(4) 제연설비의 비상전원은 제연설비를 유효하게 **60분 이상** 작동할 수 있도록 해야 한다.

8 연결송수관설비의 설치기준
① 방수노즐 선단에서의 방수압력은 0.35[MPa] 이상, 방수량은 400[L/min] 이상을 유지할 수 있도록 할 것
② 방수구는 50[m] 이내의 간격으로 옥내소화전함에 병설하거나 독립적으로 터널 출입구 부근과 피난연결통로에 설치할 것
③ 방수기구함은 50[m] 이내의 간격으로 옥내소화전함 안에 설치하거나 독립적으로 설치하고, 하나의 방수기구함에는 65[mm] 방수노즐 1개와 15[m] 이상의 호스 3본을 설치하도록 비치할 것

9 무선통신보조설비의 설치기준
① 무선통신보조설비의 옥외안테나는 방재실 인근과 터널의 입구 및 출구, 피난연결통로 등에 설치해야 한다.
② 라디오 재방송설비가 설치되는 터널의 경우에는 무선통신보조설비와 겸용으로 설치할 수 있다.

10 비상콘센트설비의 설치기준 설계 12회

(1) 비상콘센트설비의 전원회로
① 비상콘센트설비의 전원회로는 단상교류 220[V]인 것으로서, 그 공급용량은 1.5[kVA] 이상인 것으로 할 것
② 전원회로는 주배전반에서 전용회로로 할 것. 다만, 다른 설비의 회로 사고에 따른 영향을 받지 않도록 되어있는 것은 그렇지 않다.

(2) 콘센트
① 콘센트마다 배선용 차단기(KS C 8321)를 설치해야 하며, 충전부가 노출되지 않도록 할 것
② 주행차로의 우측 측벽에 **50[m] 이내의 간격**으로 바닥으로부터 0.8[m] 이상 1.5[m] 이하의 높이에 설치할 것

제9절 고층건축물(NFTC 604)

> **Plus one**
> 건축법 제2조 제1항 제19호
> 고층건축물 : 층수가 30층 이상이거나 높이가 120[m] 이상인 건축물

1 옥내소화전설비의 설치기준

① **수원**은 그 저수량이 옥내소화전의 설치개수가 가장 많은 층의 설치개수(5개 이상 설치된 경우에는 5개)에 **5.2[m³]**(호스릴 옥내소화전설비를 포함한다)를 곱한 양 이상이 되도록 해야 한다. 다만, 층수가 **50층 이상**인 건축물의 경우에는 **7.8[m³]**를 곱한 양 이상이 되도록 해야 한다.

② **수원**은 ①에 따라 산출된 **유효수량 외에 유효수량의 3분의 1 이상**을 **옥상**(옥내소화전설비가 설치된 건축물의 주된 옥상을 말한다)**에 설치**해야 한다. 다만, 옥내소화전설비의 화재안전기술기준(NFTC 102) 2.1.2(2) 또는 2.1.2(3)에 해당하는 경우에는 그렇지 않다.

③ 전동기 또는 내연기관을 이용한 펌프를 이용하는 가압송수장치는 옥내소화전설비 전용으로 설치해야 하며, 주펌프와 동등 이상의 성능이 있는 별도의 펌프로서 내연기관의 기동과 연동하여 작동되거나 비상전원을 연결한 예비펌프를 추가로 설치해야 한다.

④ 내연기관의 연료량은 펌프를 40분(50층 이상인 건축물의 경우에는 60분) 이상 운전할 수 있는 용량일 것

⑤ **급수배관**은 **전용**으로 해야 한다. 다만, 옥내소화전설비의 성능에 지장이 없는 경우에는 연결송수관설비의 배관과 겸용할 수 있다.

⑥ **50층 이상**인 건축물의 옥내소화전 주배관 중 **수직배관은 2개 이상**(주배관 성능을 갖는 동일호칭배관)으로 설치해야 하며, 하나의 수직배관의 파손 등 작동 불능 시에도 다른 수직배관으로부터 소화용수가 공급되도록 구성해야 한다.

⑦ **비상전원**은 **자가발전설비**, **축전지설비**(내연기관에 따른 펌프를 사용하는 경우에는 내연기관의 기동 및 제어용 축전지를 말한다) 또는 **전기저장장치**(외부 전기에너지를 저장해 두었다가 필요한 때 전기를 공급하는 장치)로서 옥내소화전설비를 유효하게 **40분**(50층 이상인 건축물의 경우에는 60분) **이상 작동**할 수 있어야 한다.

2 스프링클러설비의 설치기준

① **수원**은 그 저수량이 스프링클러설비 설치장소별 스프링클러헤드의 기준개수에 **3.2[m³]**를 곱한 양 이상이 되도록 해야 한다. 다만, **50층 이상**인 건축물의 경우에는 **4.8[m³]**를 곱한 양 이상이 되도록 해야 한다.

② 스프링클러설비의 **수원**은 ①에 따라 산출된 **유효수량 외에 유효수량의 3분의 1 이상을 옥상**(스프링클러설비가 설치된 건축물의 주된 옥상을 말한다)**에 설치**해야 한다. 다만, 스프링클러설비의 화재안전기술기준(NFTC 103) 2.1.2(2) 또는 2.1.2(3)에 해당하는 경우에는 그렇지 않다.
③ 전동기 또는 내연기관을 이용한 펌프를 이용하는 가압송수장치는 스프링클러설비 전용으로 설치해야 하며, 주펌프와 동등 이상의 성능이 있는 별도의 펌프로서 내연기관의 기동과 연동하여 작동되거나 비상전원을 연결한 예비펌프를 추가로 설치해야 한다.
④ 내연기관의 연료량은 펌프를 40분(50층 이상인 건축물의 경우에는 60분) 이상 운전할 수 있는 용량일 것
⑤ **급수배관**은 **전용**으로 설치해야 한다.
⑥ 50층 이상인 건축물의 스프링클러설비 주배관 중 수직배관은 2개 이상(주배관 성능을 갖는 동일호칭배관)으로 설치하고, 하나의 수직배관이 파손 등 작동 불능 시에도 다른 수직배관으로부터 소화수가 공급되도록 구성해야 하며, 각각의 수직배관에 유수검지장치를 설치해야 한다.
⑦ **50층 이상**인 건축물의 스프링클러 헤드에는 **2개 이상의 가지배관으로부터 양방향**에서 소화수가 공급되도록 하고, 수리계산에 의한 설계를 해야 한다.
⑧ 스프링클러설비의 음향장치는 스프링클러설비의 화재안전기술기준(NFTC 103) 2.6(음향장치 및 기동장치)에 따라 설치하되, 다음의 기준에 따라 경보를 발할 수 있도록 해야 한다.
　㉠ **2층 이상**의 층에서 발화한 때에는 **발화층 및 그 직상 4개층**에 경보를 발할 것
　㉡ **1층**에서 발화한 때에는 **발화층·그 직상 4개층 및 지하층**에 경보를 발할 것
　㉢ **지하층**에서 발화한 때에는 **발화층·그 직상층 및 기타의 지하층**에 경보를 발할 것
⑨ **비상전원**은 **자가발전설비, 축전지설비**(내연기관에 따른 펌프를 사용하는 경우에는 내연기관의 기동 및 제어용 축전지를 말한다) 또는 **전기저장장치**로서 스프링클러설비를 유효하게 **40분 이상 작동**할 수 있을 것. 다만, **50층 이상**인 건축물의 경우에는 **60분 이상 작동**할 수 있어야 한다.

3 비상방송설비의 설치기준

① 비상방송설비의 음향장치는 다음의 기준에 따라 경보를 발할 수 있도록 해야 한다.
　㉠ **2층 이상**의 층에서 발화한 때에는 **발화층 및 그 직상 4개층**에 경보를 발할 것
　㉡ **1층**에서 발화한 때에는 **발화층·그 직상 4개층 및 지하층**에 경보를 발할 것
　㉢ **지하층**에서 발화한 때에는 **발화층·그 직상층 및 기타의 지하층**에 경보를 발할 것
② 비상방송설비에는 그 설비에 대한 감시상태를 **60분간** 지속한 후 유효하게 **30분 이상 경보**할 수 있는 비상전원으로서 축전지설비(수신기에 내장하는 경우를 포함한다) 또는 전기저장장치를 설치할 것

4 자동화재탐지설비의 설치기준

① 감지기는 아날로그방식의 감지기로서 감지기의 작동 및 설치지점을 수신기에서 확인할 수 있는 것으로 설치해야 한다. 다만, **공동주택**의 경우에는 감지기별로 작동 및 설치지점을 수신기에서 확인할 수 있는 **아날로그방식 외의 감지기**로 설치할 수 있다.

② 자동화재탐지설비의 음향장치는 다음의 기준에 따라 경보를 발할 수 있도록 해야 한다.
  ㉠ **2층 이상**의 층에서 발화한 때에는 **발화층 및 그 직상 4개층**에 경보를 발할 것
  ㉡ 1층에서 발화한 때에는 **발화층·그 직상 4개층 및 지하층**에 경보를 발할 것
  ㉢ **지하층**에서 발화한 때에는 **발화층·그 직상층 및 기타의 지하층**에 경보를 발할 것

③ 50층 이상인 건축물에 설치하는 통신·신호배선은 이중배선을 설치하도록 하고 단선 시에도 고장표시가 되며 정상 작동할 수 있는 성능을 갖도록 설비를 해야 한다. **17 회 출제**
  ㉠ 수신기와 수신기 사이의 통신배선
  ㉡ 수신기와 중계기 사이의 신호배선
  ㉢ 수신기와 감지기 사이의 신호배선

④ 자동화재탐지설비에는 그 설비에 대한 감시상태를 60분간 지속한 후 유효하게 30분 이상 경보할 수 있는 비상전원으로서 축전지설비(수신기에 내장하는 경우를 포함한다) 또는 전기저장장치(외부 전기에너지를 저장해두었다가 필요한 때 전기를 공급하는 장치)를 설치해야 한다. 다만, 상용전원이 축전지설비인 경우에는 그렇지 않다.

5 특별피난계단의 계단실 및 부속실 제연설비의 설치기준

특별피난계단의 계단실 및 그 부속실 제연설비의 화재안전기술기준(NFTC 501A)에 따라 설치하되, 비상전원은 자가발전설비, 축전지설비, 전기저장장치로 하고 **제연설비**를 유효하게 **40분 이상 작동**할 수 있도록 할 것. 다만, **50층 이상**인 건축물의 경우에는 **60분 이상 작동**할 수 있어야 한다.

6 연결송수관설비의 설치기준

① 연결송수관설비의 배관은 전용으로 한다. 다만, 주배관의 구경이 100[mm] 이상인 옥내소화전설비와 겸용할 수 있다.

② 내연기관의 연료량은 펌프를 40분(50층 이상인 건축물의 경우에는 60분) 이상 운전할 수 있는 용량일 것

③ 연결송수관설비의 **비상전원**은 자가발전설비, 축전지설비(내연기관에 따른 펌프를 사용하는 경우에는 내연기관의 기동 및 제어용 축전지를 말한다), 전기저장장치로서 연결송수관설비를 유효하게 **40분 이상 작동**할 수 있어야 할 것. 다만, **50층 이상**인 건축물의 경우에는 **60분 이상 작동**할 수 있어야 한다.

7 피난안전구역에 설치하는 소방시설의 설치기준(표 2.6.1)

구 분	설치기준
1. 제연설비	피난안전구역과 비제연구역 간의 차압은 50[Pa](옥내에 스프링클러설비가 설치된 경우에는 12.5[Pa]) 이상으로 해야 한다. 다만 피난안전구역의 한쪽 면 이상이 외기에 개방된 구조의 경우에는 설치하지 않을 수 있다.
2. 피난유도선	피난유도선은 다음의 기준에 따라 설치해야 한다. • 피난안전구역이 설치된 층의 계단실 출입구에서 피난안전구역의 주 출입구 또는 비상구까지 설치할 것 • 계단실에 설치하는 경우 계단 및 계단참에 설치할 것 • 피난유도 표시부의 너비는 최소 25[mm] 이상으로 설치할 것 • 광원점등방식(전류에 의하여 빛을 내는 방식)으로 설치하되, 60분 이상 유효하게 작동할 것
3. 비상조명등	피난안전구역의 비상조명등은 상시 조명이 소등된 상태에서 그 비상조명등이 점등되는 경우 각 부분의 바닥에서 조도는 10[lx] 이상이 될 수 있도록 설치할 것

4. 휴대용 비상조명등	• 피난안전구역에는 휴대용 비상조명등을 다음의 기준에 따라 설치해야 한다.
	  – 초고층 건축물에 설치된 피난안전구역 : 피난안전구역 위층의 재실자수(건축물의 피난·방화구조 등의 기준에 관한 규칙 별표 1의2에 따라 산정된 재실자 수를 말한다)의 10분의 1 이상
	  – 지하연계 복합건축물에 설치된 피난안전구역 : 피난안전구역이 설치된 층의 수용인원(영 별표 7에 따라 산정된 수용인원을 말한다)의 10분의 1 이상
	• 건전지 및 충전식 건전지의 용량은 40분 이상 유효하게 사용할 수 있는 것으로 한다. 다만, 피난안전구역이 50층 이상에 설치되어 있을 경우의 용량은 60분 이상으로 할 것

5. 인명구조기구	• 방열복, 인공소생기를 각 2개 이상 비치할 것 • 45분 이상 사용할 수 있는 성능의 공기호흡기(보조마스크를 포함한다)를 2개 이상 비치해야 한다. 다만, 피난안전구역이 50층 이상에 설치되어 있을 경우에는 동일한 성능의 예비용기를 10개 이상 비치할 것 • 화재 시 쉽게 반출할 수 있는 곳에 비치할 것 • 인명구조기구가 설치된 장소의 보기 쉬운 곳에 "인명구조기구"라는 표지판 등을 설치할 것

제10절 지하구(NFTC 605)

1 용어 정의

① 제어반 : 설비, 장치 등의 조작과 확인을 위해 제어용 계기류, 스위치 등을 금속제 외함에 수납한 것
② 분전반 : 분기개폐기·분기과전류차단기와 그 밖에 배선용기기 및 배선을 금속제 외함에 수납한 것
③ 방화벽 : 화재 시 발생한 열, 연기 등의 확산을 방지하기 위하여 설치하는 벽 **18 회 출제**
④ 케이블 접속부 : 케이블이 지하구 내에 포설되면서 발생하는 직선 접속부분을 전용의 접속재로 접속한 부분
⑤ 특고압 케이블 : 사용전압이 7,000[V]를 초과하는 전로에 사용하는 케이블

2 소화기구 및 자동소화장치

(1) 소화기의 능력단위

① A급 화재 : 개당 3단위 이상
② B급 화재 : 개당 5단위 이상
③ C급 화재 : C급 화재에 적응성이 있는 것으로 할 것

(2) 소화기 한 대의 총중량은 사용 및 운반의 편리성을 고려하여 7[kg] 이하로 할 것

(3) 소화기는 사람이 출입할 수 있는 출입구(환기구, 작업구 포함) 부근에 5개 이상 설치할 것

(4) 소화기는 바닥면으로부터 1.5[m] 이하의 높이에 설치할 것

(5) 소화기의 상부에 "소화기"라고 표시한 조명식 또는 반사식의 표지판을 부착하여 사용자가 쉽게 알 수 있도록 할 것

(6) 가스·분말·고체에어로졸·캐비닛형 자동소화장치의 설치대상

지하구 내 발전실·변전실·송전실·변압기실·배전반실·통신기기실·전산기기실, 기타 이와 유사한 장소 중 바닥면적이 300[m^2] 미만인 곳(해당 장소에 물분무등소화설비를 설치한 경우에는 설치하지 않을 수 있다)

(7) 가스·분말·고체에어로졸 자동소화장치 또는 소공간용 소화용구의 설치대상

제어반 또는 분전반마다 설치할 것

3 자동화재탐지설비

(1) 감지기의 설치기준
① 지하구 천장의 중심부에 설치하되 감지기와 천장 중심부 하단과의 수직거리는 30[cm] 이내로 할 것
② 발화지점이 지하구의 실제거리와 일치하도록 수신기 등에 표시할 것
③ 공동구 내부에 상수도용 또는 냉·난방용 설비만 존재하는 부분은 감지기를 설치하지 않을 수 있다.

(2) 발신기, 지구음향장치 및 시각경보기는 설치하지 않을 수 있다.

4 연소방지설비

(1) 배관의 설치기준
① 연소방지설비 전용헤드 수별 급수관의 구경

하나의 배관에 부착하는 연소방지설비 전용헤드의 개수	1개	2개	3개	4개 또는 5개	6개 이상
배관의 구경[mm]	32	40	50	65	80

② 교차배관은 가지배관과 수평으로 설치하거나 또는 가지배관 밑에 설치하고 그 구경은 ①의 표에 따르되 최소 구경은 40[mm] 이상이 되도록 할 것
③ 행거의 설치기준
  ㉠ 가지배관 : 가지배관에는 헤드의 설치지점 사이마다 1개 이상의 행거를 설치하되, 헤드 간의 거리가 3.5[m]를 초과하는 경우에는 3.5[m] 이내마다 1개 이상을 설치할 것(이 경우 상향식 헤드와 행거 사이에는 8[cm] 이상 간격유지)
  ㉡ 교차배관 : 교차배관에는 가지배관과 가지배관 사이마다 1개 이상의 행거를 설치하되, 가지배관 사이의 거리가 4.5[m]를 초과하는 경우에는 4.5[m] 이내마다 1개 이상 설치할 것
  ㉢ 수평주행배관 : 수평주행배관에는 4.5[m] 이내마다 1개 이상 설치할 것

(2) 헤드의 설치기준
① 천장 또는 벽면에 설치할 것
② 헤드 간의 수평거리

헤드의 종류	연소방지설비 전용헤드	개방형 스프링클러 헤드
수평거리	2[m] 이하	1.5[m] 이하

③ 소방대원의 출입이 가능한 환기구·작업구마다 지하구의 양쪽 방향으로 살수 헤드를 설정하되, 한쪽 방향의 살수구역의 길이는 3[m] 이상으로 할 것. 다만, 환기구의 간격이 700[m]를 초과할 경우에는 700[m] 이내마다 살수구역을 설정하되, 지하구의 구조를 고려하여 방화벽을 설치한 경우에는 그렇지 않다.

(3) 송수구의 설치기준

① 소방차가 쉽게 접근할 수 있는 노출된 장소에 설치하되, 눈에 띄기 쉬운 보도 또는 차도에 설치할 것
② 송수구는 구경 65[mm]의 쌍구형으로 할 것
③ 송수구로부터 1[m] 이내에 살수구역 안내표지를 설치할 것
④ 지면으로부터 높이가 0.5[m] 이상 1[m] 이하의 위치에 설치할 것
⑤ 송수구의 가까운 부분에 자동배수밸브(또는 직경 5[mm]의 배수공)를 설치할 것. 이 경우 자동배수밸브는 배관 안의 물이 잘 빠질 수 있는 위치에 설치하되, 배수로 인하여 다른 물건 또는 장소에 피해를 주지 않아야 한다.
⑥ 송수구로부터 주 배관에 이르는 연결배관에는 개폐밸브를 설치하지 않을 것
⑦ 송수구에는 이물질을 막기 위한 마개를 씌울 것

5 방화벽의 설치기준 18 23 회 출제

방화벽의 출입문은 항상 닫힌 상태를 유지하거나 자동폐쇄장치에 의하여 화재신호를 받으면 자동으로 닫히는 구조로 해야 한다.
① 내화구조로서 홀로 설 수 있는 구조일 것
② 방화벽의 출입문은 60분+ 방화문 또는 60분 방화문으로 설치할 것
③ 방화벽을 관통하는 케이블·전선 등에는 국토교통부 고시(건축자재 등 품질인정 및 관리기준)에 따라 내화채움구조로 마감할 것
④ 방화벽은 분기구 및 국사·변전소 등의 건축물과 지하구가 연결되는 부위(건축물로부터 20[m] 이내)에 설치할 것
⑤ 자동폐쇄장치를 사용하는 경우에는 자동폐쇄장치의 성능인증 및 제품검사의 기술기준에 적합한 것으로 설치할 것

> NFPC상 방화벽의 설치기준(23회 출제)과 NFTC와는 약간 다릅니다.

6 연소방지설비의 점검표(소방시설 자체점검사항 등에 관한 고시 별지 4)

번 호	점검항목	점검결과
30-A. 배 관		
30-A-001	○ 급수배관 개폐밸브 적정(개폐표시형) 설치 및 관리상태 적합 여부	
30-A-002	● 다른 설비의 배관과의 구분 상태 적정 여부	
30-B. 방수헤드		
30-B-001	○ 헤드의 변형·손상 유무	
30-B-002	○ 헤드 살수장애 여부	
30-B-003	○ 헤드 상호 간 거리 적정 여부	
30-B-004	● 살수구역 설정 적정 여부	
30-C. 송수구		
30-C-001	○ 설치장소 적정 여부	
30-C-002	● 송수구 구경(65[mm]) 및 형태(쌍구형) 적정 여부	
30-C-003	○ 송수구 1[m] 이내 살수구역 안내표지 설치상태 적정 여부	
30-C-004	○ 설치 높이 적정 여부	
30-C-005	● 자동배수밸브 설치상태 적정 여부	
30-C-006	● 연결배관에 개폐밸브를 설치한 경우 개폐상태 확인 및 조작 가능 여부	
30-C-007	○ 송수구 마개 설치상태 적정 여부	
30-D. 방화벽		
30-D-001	● 방화문 관리상태 및 정상기능 적정 여부	
30-D-002	● 관통부위 내화성 화재차단제 마감 여부	
비 고		

※ 연소방지설비가 지하구의 화재안전기술기준으로 개정되었으나 점검표는 개정되지 않았으니 참고 바랍니다.

제11절 건설현장(NFTC 606)

1 용어 정의

① **임시소방시설** : 소방시설법 제15조 제1항에 따른 설치 및 철거가 쉬운 화재대비시설
② **간이소화장치** : 건설현장에서 화재발생 시 신속한 화재 진압이 가능하도록 물을 방수하는 형태의 소화장치
③ **비상경보장치** : 발신기, 경종, 표시등 및 시각경보장치가 결합된 형태의 것으로서 화재위험작업 공간 등에서 수동조작에 의해서 화재경보상황을 알려줄 수 있는 비상벨 장치
④ **가스누설경보기** : 건설현장에서 발생하는 가연성 가스를 탐지하여 경보하는 장치
⑤ **간이피난유도선** : 화재발생 시 작업자의 피난을 유도할 수 있는 케이블 형태의 장치
⑥ **비상조명등** : 화재발생 시 안전하고 원활한 피난활동을 할 수 있도록 계단실 내부에 설치되어 자동 점등되는 조명등
⑦ **방화포** : 건설현장 내 용접·용단 등의 작업 시 발생하는 금속성 불티로부터 가연물이 점화되는 것을 방지해 주는 차단막

2 소화기의 설치기준

① 소화기의 소화약제는 소화기구 및 자동소화장치의 화재안전기술기준(NFTC 101)의 표 2.1.1.1에 따른 적응성이 있는 것을 설치할 것
② **각 층 계단실마다** 계단실 출입구 부근에 **능력단위 3단위 이상인 소화기 2개 이상을 설치**하고, 영 제18조 제1항(**화재위험작업 및 임시소방시설 등**)에 해당하는 경우 작업종료 시까지 작업지점으로부터 5[m] 이내 쉽게 보이는 장소에 **능력단위 3단위 이상인 소화기 2개 이상**과 **대형소화기 1개 이상을 추가 배치**할 것
③ "소화기"라고 표시한 축광식 표지를 소화기 설치장소 보기 쉬운 곳에 부착해야 한다.

3 간이소화장치의 설치기준

영 제18조 제1항에 해당하는 작업을 하는 경우 작업종료 시까지 작업지점으로부터 **25[m] 이내**에 배치하여 즉시 사용이 가능하도록 할 것

4 비상경보장치의 설치기준

① 피난층 또는 지상으로 통하는 각 층 직통계단의 출입구마다 설치할 것
② 발신기를 누를 경우 해당 발신기와 결합된 경종이 작동할 것. 이 경우 다른 장소에 설치된 경종도 함께 연동하여 작동되도록 설치할 수 있다.
③ 발신기의 위치표시등은 함의 상부에 설치하되, 그 불빛은 부착면으로부터 15° 이상의 범위 안에서 부착지점으로부터 10[m] 이내의 어느 곳에서도 쉽게 식별할 수 있는 적색등으로 할 것
④ **시각경보장치**는 발신기함 상부에 위치하도록 설치하되 바닥으로부터 **2[m] 이상 2.5[m] 이하**의 높이에 설치하여 건설현장의 각 부분에 유효하게 경보할 수 있도록 할 것
⑤ "**비상경보장치**"라고 표시한 표지를 **비상경보장치 상단**에 부착할 것

5 가스누설경보기의 설치기준

영 제18조 제1항 제1호에 따른 가연성 가스를 발생시키는 작업을 하는 지하층 또는 무창층 내부(내부에 구획된 실이 있는 경우에는 구획실마다)에 가연성 가스를 발생시키는 작업을 하는 부분으로부터 **수평거리 10[m] 이내**에 바닥으로부터 **탐지부 상단까지의 거리가 0.3[m] 이하**인 위치에 설치할 것

6 간이피난유도선의 설치기준

① 영 제18조 제2항 별표 8 제2호에 따른 지하층이나 무창층에는 간이피난유도선을 녹색 계열의 광원점등방식으로 해당 층의 직통계단마다 계단의 출입구로부터 건물 내부로 10[m] 이상의 길이로 설치할 것
② 바닥으로부터 **1[m] 이하**의 높이에 설치하고, 피난유도선이 점멸하거나 화살표로 표시하는 등의 방법으로 작업장의 어느 위치에서도 피난유도선을 통해 출입구로의 피난 방향을 알 수 있도록 할 것
③ 층 내부에 구획된 실이 있는 경우에는 구획된 각 실로부터 가장 가까운 직통계단의 출입구까지 연속하여 설치할 것

7 비상조명등의 설치기준

① 영 제18조 제2항 별표 8 제2호 바목에 따른 지하층이나 무창층에서 피난층 또는 지상으로 통하는 직통계단의 계단실 내부에 각 층마다 설치할 것
② 비상조명등이 설치된 장소의 조도는 각 부분의 바닥에서 **1[lx] 이상**이 되도록 할 것
③ 비상경보장치가 작동할 경우 연동하여 점등되는 구조로 설치할 것

8 방화포의 설치기준

용접·용단 작업 시 **11[m] 이내**에 가연물이 있는 경우 해당 가연물을 방화포로 보호할 것

제12절 전기저장시설(NFTC 607)

1 용어 정의

① 전기저장장치 : 생산된 전기를 전력 계통에 저장했다가 전기가 가장 필요한 시기에 공급해 에너지 효율을 높이는 것으로 배터리(이차전지에 한정한다), 배터리 관리시스템, 전력 변환 장치 및 에너지 관리 시스템 등으로 구성되어 발전·송배전·일반 건축물에서 목적에 따라 단계별 저장이 가능한 장치
② 옥외형 전기저장장치 설비 : 컨테이너, 패널 등 전기저장장치 설비 전용 건축물의 형태로 옥외의 구획된 실에 설치된 전기저장장치
③ 옥내형 전기저장장치 설비 : 전기저장장치 설비 전용 건축물이 아닌 건축물의 내부에 설치되는 전기저장장치로 '옥외형 전기저장장치 설비'가 아닌 설비
④ 배터리실 : 전기저장장치 중 배터리를 보관하기 위해 별도로 구획된 실
⑤ 더블인터락(Double-Interlock) 방식 : 준비작동식 스프링클러설비의 작동방식 중 화재감지기와 스프링클러헤드가 모두 작동되는 경우 준비작동식 유수검지장치가 개방되는 방식

2 스프링클러설비의 설치기준

배터리실 외의 장소에는 스프링클러헤드를 설치하지 않을 수 있다.
① 스프링클러설비는 습식 스프링클러설비 또는 준비작동식 스프링클러설비(신속한 작동을 위해 더블인터락 방식은 제외한다)로 설치할 것
② 전기저장장치가 설치된 실의 바닥면적(바닥면적이 230[m^2] 이상인 경우에는 230[m^2]) 1[m^2]에 분당 12.2[L/min] 이상의 수량을 균일하게 30분 이상 방수할 수 있도록 할 것
③ 스프링클러헤드의 방수로 인해 인접 헤드에 미치는 영향을 최소화하기 위하여 스프링클러헤드 사이의 간격을 1.8[m] 이상 유지할 것. 이 경우 헤드 사이의 최대 간격은 스프링클러설비의 소화성능에 영향을 미치지 않는 간격 이내로 해야 한다.
④ 준비작동식 스프링클러설비를 설치할 경우 4의 ②에 따른 감지기를 설치할 것
⑤ 스프링클러설비를 30분 이상 작동할 수 있는 비상전원을 갖출 것
⑥ 준비작동식 스프링클러설비의 경우 전기저장장치의 출입구 부근에 수동식기동장치를 설치할 것
⑦ 소방자동차로부터 전기저장장치 설비에 송수할 수 있는 송수구를 스프링클러설비의 화재안전기술기준(NFTC 103) 2.8(송수구)에 따라 설치할 것

3 배터리용 소화장치의 설치기준

다음의 어느 하나에 해당하는 경우에는 2에도 불구하고 법 제18조에 따른 중앙소방기술심의위원회의 심의를 거쳐 소방청장이 인정하는 시험방법으로 7에 따른 시험기관에서 전기저장장치에 대한 소화성능을 인정받은 배터리용 소화장치를 설치할 수 있다.
① 옥외형 전기저장장치 설비가 컨테이너 내부에 설치된 경우
② 옥외형 전기저장장치 설비가 다른 건축물, 주차장, 공용도로, 적재된 가연물, 위험물 등으로부터 30[m] 이상 떨어진 지역에 설치된 경우

4 자동화재탐지설비의 설치기준

① 자동화재탐지설비는 자동화재탐지설비 및 시각경보장치의 화재안전기술기준(NFTC 203)에 따라 설치해야 한다. 다만, 옥외형 전기저장장치 설비에는 자동화재탐지설비를 설치하지 않을 수 있다.
② 화재감지기는 다음의 어느 하나에 해당하는 감지기를 설치해야 한다. 25 회 출제
  ㉠ **공기흡입형 감지기** 또는 **아날로그식 연기감지기**(감지기의 신호처리방식은 자동화재탐지설비 및 시각경보장치의 화재안전기술기준(NFTC 203) 1.7.2에 따른다)
  ㉡ 중앙소방기술심의위원회의 심의를 통해 전기저장장치 화재에 적응성이 있다고 인정된 감지기

5 배출설비의 설치기준 23 회 출제

① 배풍기·배출덕트·후드 등을 이용하여 강제적으로 배출할 것
② 바닥면적 1[m²]에 시간당 18[m³] 이상의 용량을 배출할 것
③ 화재감지기의 감지에 따라 작동할 것
④ 옥외와 면하는 벽체에 설치할 것

6 설치장소의 기준 23 회 출제 설계 25회

전기저장장치는 관할 소방대의 원활한 소방활동을 위해 지면으로부터 **지상 22[m]**(전기저장장치가 설치된 전용 건축물의 최상부 끝단까지의 높이) 이내, **지하 9[m]**(전기저장장치가 설치된 바닥면까지의 깊이) 이내로 설치해야 한다.

7 화재안전성능과 관련된 시험기관 설계 25회

① 한국소방산업기술원
② 한국화재보험협회 부설 방재시험연구원
③ ①에 따라 소방청장이 인정하는 시험방법으로 화재안전성능을 시험할 수 있는 비영리 국가 공인시험기관(국가표준기본법 제23조에 따라 한국인정기구로부터 시험기관으로 인정받은 기관을 말한다)

제13절 공동주택(NFTC 608)

1 용어 정의

① 공동주택 : 영 별표 2 제1호에서 규정한 대상

> **[특정소방대상물(소방시설법 영 별표 2, 제1호)]**
> - 아파트 등 : 주택으로 쓰는 층수가 5층 이상인 주택
> - 연립주택 : 주택으로 쓰는 1개 동의 바닥면적(2개 이상의 동을 지하주차장으로 연결하는 경우에는 각각의 동으로 본다) 합계가 660[m²]를 초과하고 층수가 4개층 이하인 주택
> - 다세대주택 : 주택으로 쓰는 1개 동의 바닥면적(2개 이상의 동을 지하주차장으로 연결하는 경우에는 각각의 동으로 본다) 합계가 660[m²] 이하이고 층수가 4개층 이하인 주택
> - 기숙사 : 학교 또는 공장 등의 학생 또는 종업원 등을 위하여 쓰는 것으로서 1개 동의 공동취사시설 이용 세대 수가 전체의 50[%] 이상인 것(학생복지주택, 공공매입임대주택 중 독립된 주거의 형태를 갖추지 않은 것을 포함한다)

② 갓복도식 공동주택 : 각 층의 계단실 및 승강기에서 각 세대로 통하는 복도의 한쪽 면이 외기에 개방된 구조의 공동주택

2 소화기구 및 자동소화장치의 설치기준

① **바닥면적 100[m^2]마다 1단위 이상**의 능력단위를 기준으로 설치할 것
② 아파트 등의 경우 각 **세대 및 공용부(승강장, 복도 등)**마다 설치할 것
③ 아파트 등의 세대 내에 설치된 보일러실이 방화구획되거나, 스프링클러설비·간이스프링클러설비·물분무등소화설비 중 하나가 설치된 경우에는 소화기구 및 자동소화장치의 화재안전기술기준(NFTC 101)[표 2.1.1.3] 제1호 및 제5호를 적용하지 않을 수 있다.
④ 아파트 등의 경우 소화기구 및 자동소화장치의 화재안전기술기준(NFTC 101) 2.2에 따른 소화기의 감소 규정을 적용하지 않을 것
⑤ 주거용 주방자동소화장치는 아파트 등의 주방에 열원(가스 또는 전기)의 종류에 적합한 것으로 설치하고, 열원을 차단할 수 있는 차단장치를 설치해야 한다.

3 옥내소화전설비의 설치기준 25 회 출제

① 호스릴(Hose Reel) 방식으로 설치할 것
② 복층형 구조인 경우에는 출입구가 없는 층에 방수구를 설치하지 않을 수 있다.
③ **감시제어반 전용실**은 **피난층** 또는 **지하 1층**에 설치할 것. **다만, 상시 사람이 근무하는 장소 또는 관계인이 쉽게 접근할 수 있고 관리가 용이한 장소**에 감시제어반 전용실을 설치할 경우에는 **지상 2층** 또는 **지하 2층**에 설치할 수 있다.

4 스프링클러설비의 설치기준

① 폐쇄형 스프링클러헤드를 사용하는 아파트 등은 기준개수 **10개**(스프링클러헤드의 설치개수가 가장 많은 세대에 설치된 스프링클러헤드의 개수가 기준개수보다 작은 경우에는 그 설치개수를 말한다)에 **1.6[m^3]**를 곱한 양 이상의 수원이 확보되도록 할 것. 다만, 아파트 등의 **각 동이 주차장으로 서로 연결된 구조**인 경우 해당 주차장 부분의 기준개수는 **30개**로 할 것
② 아파트 등의 경우 화장실 반자 내부에는 소방용 합성수지배관의 성능인증 및 제품검사의 기술기준에 적합한 **소방용 합성수지배관**으로 배관을 설치할 수 있다. 다만, 소방용 합성수지배관 내부에 항상 소화수가 채워진 상태를 유지할 것
③ 하나의 방호구역은 2개 층에 미치지 않도록 할 것. 다만, **복층형 구조의 공동주택**에는 **3개 층 이내**로 할 수 있다.

④ 아파트 등의 세대 내 스프링클러헤드를 설치하는 천장·반자·천장과 반자 사이·덕트·선반 등의 각 부분으로부터 하나의 **스프링클러헤드까지의 수평거리는 2.6[m]** 이하로 할 것
⑤ **외벽에 설치된 창문에서 0.6[m] 이내에 스프링클러헤드를 배치**하고, 배치된 헤드의 수평거리 이내에 창문이 모두 포함되도록 할 것. 다만, 다음의 기준에 **어느 하나에 해당하는 경우에는 그렇지 않다.**
　㉠ 창문에 드렌처설비가 설치된 경우
　㉡ 창문과 창문 사이의 수직부분이 내화구조로 90[cm] 이상 이격되어 있거나, 발코니 등의 구조 변경절차 및 설치기준 제4조 제1항부터 제5항까지에서 정하는 구조와 성능의 방화판 또는 방화유리창을 설치한 경우
　㉢ 발코니가 설치된 부분
⑥ **거실**에는 **조기반응형 스프링클러헤드**를 설치할 것
⑦ 감시제어반 전용실은 피난층 또는 지하 1층에 설치할 것. 다만, 상시 사람이 근무하는 장소 또는 관계인이 쉽게 접근할 수 있고 관리가 용이한 장소에 감시제어반 전용실을 설치할 경우에는 지상 2층 또는 지하 2층에 설치할 수 있다.
⑧ 건축법 시행령 제46조 제4항에 따라 설치된 **대피공간에는 헤드를 설치하지 않을 수 있다.**
⑨ 스프링클러설비의 화재안전기술기준(NFTC 103) 2.7.7.1 및 2.7.7.3의 기준에도 불구하고 세대 내 실외기실 등 소규모 공간에서 해당 공간 여건상 헤드와 장애물 사이에 60[cm] 반경을 확보하지 못하거나 장애물 폭의 3배를 확보하지 못하는 경우에는 살수방해가 최소화되는 위치에 설치할 수 있다.

5 물분무소화설비의 설치기준

물분무소화설비의 감시제어반 전용실은 피난층 또는 지하 1층에 설치해야 한다. 다만, 상시 사람이 근무하는 장소 또는 관계인이 쉽게 접근할 수 있고 관리가 용이한 장소에 감시제어반 전용실을 설치할 경우에는 지상 2층 또는 지하 2층에 설치할 수 있다.

6 포소화설비의 설치기준

포소화설비의 감시제어반 전용실은 피난층 또는 지하 1층에 설치해야 한다. 다만, 상시 사람이 근무하는 장소 또는 관계인이 쉽게 접근할 수 있고 관리가 용이한 장소에 감시제어반 전용실을 설치할 경우에는 지상 2층 또는 지하 2층에 설치할 수 있다.

7 옥외소화전설비의 설치기준

① 기동장치는 기동용 수압개폐장치 또는 이와 동등 이상의 성능이 있는 것을 설치할 것
② 감시제어반 전용실은 피난층 또는 지하 1층에 설치할 것. 다만, 상시 사람이 근무하는 장소 또는 관계인이 쉽게 접근할 수 있고 관리가 용이한 장소에 감시제어반 전용실을 설치할 경우에는 지상 2층 또는 지하 2층에 설치할 수 있다.

8 자동화재탐지설비의 설치기준

① 아날로그방식의 감지기, 광전식 공기흡입형 감지기 또는 이와 동등 이상의 기능·성능이 인정되는 것으로 설치할 것
② 감지기의 신호처리방식은 자동화재탐지설비 및 시각경보장치의 화재안전기술기준(NFTC 203) 1.7.2에 따른다.
③ **세대 내 거실**(취침용도로 사용될 수 있는 통상적인 방 및 거실을 말한다)에는 **연기감지기**를 설치할 것
④ 감지기 회로 단선 시 고장표시가 되며, 해당 회로에 설치된 감지기가 정상 작동될 수 있는 성능을 갖도록 할 것
⑤ 복층형 구조인 경우에는 출입구가 없는 층에 발신기를 설치하지 않을 수 있다.

9 비상방송설비의 설치기준

① 확성기는 **각 세대**마다 설치할 것
② 아파트 등의 경우 실내에 설치하는 확성기 음성입력은 **2[W] 이상**일 것

10 피난기구의 설치기준

① 아파트 등의 경우 **각 세대마다** 설치할 것
② 피난장애가 발생하지 않도록 하기 위하여 피난기구를 설치하는 개구부는 동일 직선상이 아닌 위치에 있을 것. 다만, 수직 피난방향으로 동일 직선상인 세대별 개구부에 피난기구를 엇갈리게 설치하여 피난장애가 발생하지 않는 경우에는 그렇지 않다.
③ 공동주택관리법 제2 제1항 제2호(마목은 제외함)에 따른 "**의무관리대상 공동주택**"의 경우에는 하나의 관리주체가 관리하는 **공동주택 구역마다 공기안전매트 1개 이상을 추가로 설치**할 것. 다만, **옥상으로 피난이 가능**하거나 **수평 또는 수직 방향의 인접세대로 피난할 수 있는 구조**인 경우에는 **추가로 설치하지 않을 수 있다**.

④ **갓복도식 공동주택** 또는 건축법 시행령 제46조 제5항에 해당하는 구조 또는 시설을 설치하여 **수평 또는 수직 방향의 인접세대로 피난할 수 있는 아파트는 피난기구를 설치하지 않을 수 있다.**
⑤ 승강식 피난기 및 하향식 피난구용 내림식 사다리가 건축물의 피난·방화구조 등의 기준에 관한 규칙 제14조에 따라 방화구획된 장소(세대 내부)에 설치될 경우에는 해당 방화구획된 장소를 대피실로 간주하고, 대피실의 면적규정과 외기에 접하는 구조로 대피실을 설치하는 규정을 적용하지 않을 수 있다.

11 유도등의 설치기준

① 소형 피난구유도등을 설치할 것. 다만, 세대 내에는 유도등을 설치하지 않을 수 있다.
② 주차장으로 사용되는 부분은 중형 피난구유도등을 설치할 것
③ 건축법 시행령 제40조 제3항 제2호 나목 및 주택건설기준 등에 관한 규정 제16조의2 제3항에 따라 **비상문 자동개폐장치가 설치된 옥상 출입문**에는 **대형 피난구유도등을 설치**할 것
④ 내부구조가 단순하고 복도식이 아닌 층에는 피난구유도등(2.2.3) 및 복도통로유도등(2.3.1.1.1)의 기준을 적용하지 않을 것

12 비상조명등의 설치기준

비상조명등은 각 거실로부터 지상에 이르는 복도·계단 및 그 밖의 통로에 설치해야 한다. 다만, 공동주택의 세대 내에는 **출입구 인근 통로에 1개 이상** 설치한다.

13 연결송수관설비의 설치기준

① 방수구는 층마다 설치할 것. 다만, 아파트 등의 1층과 2층(또는 피난층과 그 직상층)에는 설치하지 않을 수 있다.
② 아파트 등의 경우 계단의 출입구(계단의 부속실을 포함하며 계단이 2 이상 있는 경우에는 그중 1개의 계단을 말한다)로부터 5[m] 이내에 방수구를 설치하되, 그 방수구로부터 해당 층의 각 부분까지의 수평거리가 50[m]를 초과하는 경우에는 방수구를 추가로 설치할 것
③ 송수구는 **쌍구형**으로 할 것. 다만, **아파트 등의 용도**로 사용되는 층에는 **단구형**으로 설치할 수 있다.
④ 송수구는 동별로 설치하되, 소방차량의 접근 및 통행이 용이하고 잘 보이는 장소에 설치할 것
⑤ 펌프의 **토출량**은 **2,400[L/min] 이상**(계단식 아파트의 경우에는 **1,200[L/min] 이상**)으로 하고, 방수구 개수가 3개를 초과(방수구가 5개 이상인 경우에는 5개)하는 경우에는 1개마다 800[L/min](계단식 아파트의 경우에는 400[L/min] 이상)를 가산해야 한다.

14 비상콘센트의 설치기준

아파트 등의 경우에는 계단의 출입구(계단의 부속실을 포함하며 계단이 2개 이상 있는 경우에는 그중 1개의 계단을 말한다)로부터 5[m] 이내에 비상콘센트를 설치하되, 그 비상콘센트로부터 해당 층의 각 부분까지의 수평거리가 50[m]를 초과하는 경우에는 비상콘센트를 추가로 설치해야 한다.

제14절 창고시설(NFTC 609)

1 용어 정의

① 창고시설 : 영 별표 2 제16호에서 규정한 창고시설(위험물 저장 및 처리시설 또는 그 부속용도에 해당하는 것은 제외한다)

> **[특정소방대상물(소방시설법 영 별표 2, 제16호)]**
> - 창고(물품저장시설로서 냉장·냉동창고를 포함한다)
> - 하역장
> - 물류터미널
> - 집배송시설

② 랙식 창고 : 한국산업표준규격(KS)의 랙(Rack) 용어(KS T 2023)에서 정하고 있는 물품 보관용 랙을 설치하는 창고시설

③ 적층식 랙 : 한국산업표준규격(KS)의 랙 용어(KS T 2023)에서 정하고 있는 선반을 다층식으로 겹쳐 쌓는 랙

④ 라지드롭형(Large-Drop Type) 스프링클러헤드 : 동일 조건의 수압력에서 큰 물방울을 방출하여 화염의 전파속도가 빠르고 발열량이 큰 저장창고 등에서 발생하는 대형화재를 진압할 수 있는 헤드

⑤ 송기공간 : 랙을 일렬로 나란하게 맞대어 설치하는 경우 랙 사이에 형성되는 공간(사람이나 장비가 이동하는 통로는 제외한다)

2 소화기구 및 자동소화장치의 설치기준

창고시설 내 배전반 및 분전반마다 가스자동소화장치·분말자동소화장치·고체에어로졸 자동소화 장치 또는 소공간용 소화용구를 설치해야 한다.

3 옥내소화전설비의 설치기준

① 수원의 저수량은 옥내소화전의 설치개수가 가장 많은 층의 설치개수(2개 이상 설치된 경우에는 **2개**)에 **5.2[m³]**(호스릴 옥내소화전설비를 포함한다)를 곱한 양 이상이 되도록 해야 한다.

② 사람이 상시 근무하는 물류창고 등 동결의 우려가 없는 경우에는 옥내소화전설비의 화재안전기술기준(NFTC 102) 2.2.1.9의 단서를 적용하지 않는다.

③ **비상전원**은 **자가발전설비, 축전지설비**(내연기관에 따른 펌프를 사용하는 경우에는 내연기관의 기동 및 제어용 축전지를 말한다) 또는 **전기저장장치**(외부 전기에너지를 저장해 두었다가 필요한 때 전기를 공급하는 장치)로서 옥내소화전설비를 유효하게 **40분 이상** 작동할 수 있어야 한다.

4 스프링클러설비의 설치기준

(1) 설치방식

① **창고시설**에 설치하는 스프링클러설비는 **라지드롭형 스프링클러헤드**를 **습식**으로 설치할 것. 다만, 다음의 어느 하나에 해당하는 경우에는 건식 스프링클러설비로 설치할 수 있다.

> **[건식 스프링클러설비로 설치할 수 있는 경우]**
> • 냉동창고 또는 영하의 온도로 저장하는 냉장창고
> • 창고시설 내에 상시 근무자가 없어 난방을 하지 않는 창고시설

② 랙식 창고의 경우에는 ①에 따라 설치하는 것 외에 라지드롭형 스프링클러헤드를 **랙 높이 3[m] 이하**마다 설치할 것. 이 경우 수평거리 15[cm] 이상의 송기공간이 있는 랙식 창고에는 랙 높이 3[m] 이하마다 설치하는 스프링클러헤드를 송기공간에 설치할 수 있다.

③ 창고시설에 적층식 랙을 설치하는 경우 적층식 랙의 각 단 바닥면적을 방호구역 면적으로 포함할 것

④ ① 내지 ③에도 불구하고 **천장 높이가 13.7[m] 이하인 랙식 창고**에는 화재조기진압용 스프링클러설비의 화재안전기술기준(NFTC 103B)에 따른 **화재조기진압용 스프링클러설비**를 설치할 수 있다.

⑤ **높이가 4[m] 이상**인 창고(랙식 창고를 포함한다)에 설치하는 폐쇄형 스프링클러헤드는 그 설치장소의 평상시 최고 주위온도에 관계없이 표시온도 **121[℃] 이상**의 것으로 할 수 있다.

(2) 수원의 저수량

① 라지드롭형 스프링클러헤드의 설치개수가 가장 많은 방호구역의 설치개수(30개 이상 설치된 경우에는 **30개**)에 **3.2[m³]**(**랙식** 창고의 경우에는 **9.6[m³]**)를 곱한 양 이상이 되도록 할 것

② 화재조기진압용 스프링클러설비를 설치하는 경우 화재조기진압용 스프링클러설비의 화재안전기술기준(NFTC 103B) 2.2.1에 따를 것

> [창고시설의 수원]
> 일반 창고 = N(헤드 수, 최대 30개)×160[L/min]×20[min]= N(헤드 수, 최대 30개)× 3.2[m³]
> 랙식 창고 = N(헤드 수, 최대 30개)×160[L/min]×60[min]= N(헤드 수, 최대 30개)× 9.6[m³]

(3) 가압송수장치의 송수량

① 가압송수장치의 송수량은 **0.1[MPa]**의 방수압력 기준으로 **160[L/min] 이상**의 방수성능을 가진 기준개수의 모든 헤드로부터의 방수량을 충족시킬 수 있는 양 이상인 것으로 할 것. 이 경우 속도수두는 계산에 포함하지 않을 수 있다.

② 화재조기진압용 스프링클러설비를 설치하는 경우 화재조기진압용 스프링클러설비의 화재안전기술기준(NFTC 103B) 2.3.1.10에 따를 것

(4) 가지배관의 헤드 수

교차배관에서 분기되는 지점을 기점으로 한쪽 가지배관에 설치되는 헤드의 개수(반자 아래와 반자 속의 헤드를 하나의 가지배관상에 병설하는 경우에는 반자 아래에 설치하는 헤드의 개수)는 **4개 이하**로 해야 한다. 다만, 2.3.1.4에 따라 화재조기진압용 스프링클러설비를 설치하는 경우에는 그렇지 않다.

(5) 헤드의 설치기준

① 라지드롭형 스프링클러헤드를 설치하는 천장·반자·천장과 반자 사이·덕트·선반 등의 각 부분으로부터 하나의 스프링클러헤드까지의 수평거리

설치대상물	설치기준
특수가연물을 저장 또는 취급하는 창고	수평거리 1.7[m] 이하
내화구조로 된 창고	수평거리 2.3[m] 이하
내화구조가 아닌 창고	수평거리 2.1[m] 이하

② 화재조기진압용 스프링클러헤드는 화재조기진압용 스프링클러설비의 화재안전기술기준(NFTC 103B) 2.7.1에 따라 설치할 것

③ 물품의 운반 등에 필요한 고정식 대형기기 설비의 설치를 위해 건축법 시행령 제46조 제2항에 따라 방화구획이 적용되지 않거나 완화 적용되어 연소할 우려가 있는 개구부에는 스프링클러설비의 화재안전기술기준(NFTC 103) 2.7.7.6에 따른 방법으로 드렌처설비를 설치해야 한다.

④ 비상전원은 **자가발전설비**, **축전지설비**(내연기관에 따른 펌프를 사용하는 경우에는 내연기관의 기동 및 제어용 축전지를 말한다) 또는 **전기저장장치**(외부 전기에너지를 저장해 두었다가 필요한 때 전기를 공급하는 장치를 말한다)로서 스프링클러설비를 유효하게 20분(**랙식 창고의 경우 60분**을 말한다) 이상 작동할 수 있어야 한다.

5 비상방송설비의 설치기준

① 확성기의 음성입력은 3[W](실내에 설치하는 것을 포함한다) 이상으로 해야 한다.
② 창고시설에서 발화한 때에는 전 층에 경보를 발해야 한다.
③ 비상방송설비에는 그 설비에 대한 감시상태를 60분간 지속한 후 유효하게 30분 이상 경보할 수 있는 축전지설비(수신기에 내장하는 경우를 포함한다) 또는 전기저장장치를 설치해야 한다.

6 자동화재탐지설비의 설치기준

① 감지기 작동 시 해당 감지기의 위치가 수신기에 표시되도록 해야 한다.
② 개인정보 보호법 제2조 제7호에 따른 영상정보처리기기를 설치하는 경우 수신기는 영상정보의 열람·재생 장소에 설치해야 한다.
③ **스프링클러설비를 설치해야 하는 창고시설의 감지기 설치기준**
　㉠ 아날로그방식의 감지기, 광전식 공기흡입형 감지기 또는 이와 동등 이상의 기능·성능이 인정되는 감지기를 설치할 것
　㉡ 감지기의 신호처리 방식은 자동화재탐지설비 및 시각경보장치의 화재안전기술기준(NFTC 203) 1.7.2에 따른다.
④ 창고시설에서 발화한 때에는 전 층에 경보를 발해야 한다.
⑤ 자동화재탐지설비에는 그 설비에 대한 감시상태를 60분간 지속한 후 유효하게 30분 이상 경보할 수 있는 비상전원으로서 축전지설비 또는 전기저장장치를 설치해야 한다. 다만, 상용전원이 축전지설비인 경우에는 그렇지 않다.

7 유도등의 설치기준

① 피난구유도등과 거실통로유도등은 대형으로 설치해야 한다.
② **연면적 15,000[m²] 이상인 창고시설의 지하층 및 무창층에 설치하는 피난유도선의 설치기준**
　㉠ 광원점등방식으로 바닥으로부터 1[m] 이하의 높이에 설치할 것
　㉡ 각 층 직통계단 출입구로부터 건물 내부 벽면으로 10[m] 이상 설치할 것
　㉢ 화재 시 점등되며 비상전원 30분 이상을 확보할 것
　㉣ 피난유도선은 소방청장이 정하여 고시하는 피난유도선 성능인증 및 제품검사의 기술기준에 적합한 것으로 설치할 것

8 소화수조 및 저수조의 설치기준

소화수조 또는 저수조의 저수량은 특정소방대상물의 연면적을 5,000[m²]로 나누어 얻은 수(소수점 이하의 수는 1로 본다)에 20[m³]를 곱한 양 이상이 되도록 해야 한다.

제15절 소방시설의 내진설계 기준

1 용어 정의

① 내진 : 면진, 제진을 포함한 지진으로부터 소방시설의 피해를 줄일 수 있는 구조를 의미하는 포괄적인 개념
② 면진 : 건축물과 소방시설을 지진동으로부터 격리시켜 지반진동으로 인한 지진력이 직접 구조물로 전달되는 양을 감소시킴으로써 내진성을 확보하는 수동적인 지진 제어 기술
③ 제진 : 별도의 장치를 이용하여 지진력에 상응하는 힘을 구조물 내에서 발생시키거나 지진력을 흡수하여 구조물이 부담해야 하는 지진력을 감소시키는 지진 제어 기술
④ 수평지진하중(F_{PW}) : 지진 시 흔들림 방지 버팀대에 전달되는 배관의 동적지진하중 또는 같은 크기의 정적지진하중으로 환산한 값으로 허용응력설계법으로 산정한 지진하중
⑤ 세장비(L/r) : 흔들림 방지 버팀대 지지대의 길이(L)와, 최소단면2차반경(r)의 비율을 말하며, 세장비가 커질수록 좌굴(Buckling)현상이 발생하여 지진 발생 시 파괴되거나 손상을 입기 쉽다.
⑥ 지진분리이음 : 지진발생 시 지진으로 인한 진동이 배관에 손상을 주지 않고 배관의 축방향 변위, 회전, 1° 이상의 각도 변위를 허용하는 이음을 말한다. 단, 구경 200[mm] 이상의 배관은 허용하는 각도변위를 0.5° 이상으로 한다.
⑦ 가요성이음장치 : 지진 시 수조 또는 가압송수장치와 배관 사이 등에서 발생하는 상대변위 발생에 대응하기 위해 수평 및 수직 방향의 변위를 허용하는 플렉시블 조인트 등을 말한다.
⑧ 가동중량(W_P) : 수조, 가압송수장치, 함류, 제어반 등, 가스계 및 분말소화설비의 저장용기, 비상전원, 배관의 작동상태를 고려한 무게를 말하며 다음의 기준에 따른다.
  ㉠ 배관의 작동상태를 고려한 무게란 배관 및 기타 부속품의 무게를 포함하기 위한 중량으로 용수가 충전된 배관 무게의 1.15배를 적용한다.
  ㉡ 수조, 가압송수장치, 함류, 제어반 등, 가스계 및 분말소화설비의 저장용기, 비상전원의 작동상태를 고려한 무게란 유효중량에 안전율을 고려하여 적용한다.
⑨ 내진스토퍼 : 지진하중에 의해 과도한 변위가 발생하지 않도록 제한하는 장치
⑩ S : 재현주기 2400년을 기준으로 정의되는 최대고려 지진의 유효수평지반가속도로서 "건축물 내진설계기준(KDS 41 17 00)"의 지진구역에 따른 지진구역계수(Z)에 2400년 재현주기에 해당하는 위험도계수(I) 2.0을 곱한 값
⑪ 상쇄배관(Offset) : 영향구역 내의 직선배관이 방향전환 한 후 다시 같은 방향으로 연속될 경우, 중간에 방향전환 된 짧은 배관은 단부로 보지 않고 상쇄하여 직선으로 볼 수 있는 것을 말하며, 짧은 배관의 합산길이는 3.7[m] 이하여야 한다.
⑫ 횡방향 흔들림 방지 버팀대 : 수평직선배관의 진행방향과 직각방향(횡방향)의 수평지진하중을 지지하는 버팀대

⑬ 종방향 흔들림 방지 버팀대 : 수평직선배관의 진행방향(종방향)의 수평지진하중을 지지하는 버팀대
⑭ 4방향 흔들림 방지 버팀대 : 건축물 평면상에서 종방향 및 횡방향 수평지진하중을 지지하거나, 종·횡 단면상에서 전·후·좌·우 방향의 수평지진하중을 지지하는 버팀대

2 공통 적용사항(제3조의2)

(1) 지진하중의 계산기준(제3조의2 ②항)

① 소방시설의 지진하중은 "건축물 내진설계기준" 중 비구조요소의 설계지진력 산정방법을 따른다.
② 허용응력설계법을 적용하는 경우에는 ①의 산정방법 중 허용응력설계법 외의 방법으로 산정된 설계지진력에 0.7을 곱한 값을 지진하중으로 적용한다.
③ 지진에 의한 소화배관의 수평지진하중(F_{PW}) 산정은 허용응력설계법으로 하며 다음 중 어느 하나를 적용한다.
  ㉠ 공 식

$$F_{PW} = C_P \times W_P$$

  여기서, F_{PW} : 수평지진하중
  C_P : 소화배관의 지진계수(별표 1에 따라 선정한다)
  W_P : 가동중량

  ㉡ ①에 따른 산정방법 중 허용응력설계법 외의 방법으로 산정된 설계지진력에 0.7을 곱한 값을 수평지진하중(F_{PW})으로 적용한다.
④ 지진에 의한 배관의 수평설계지진력이 $0.5W_P$을 초과하고, 흔들림 방지 버팀대의 각도가 수직으로부터 45° 미만인 경우 또는 수평설계지진력이 $1.0W_P$를 초과하고 흔들림 방지 버팀대의 각도가 수직으로부터 60° 미만인 경우 흔들림 방지 버팀대는 수평설계지진력에 의한 유효수직반력을 견디도록 설치해야 한다.

(2) 앵커볼트의 설치기준(제3조의2 ③항)

① 수조, 가압송수장치, 함, 제어반 등, 비상전원, 가스계 및 분말소화설비의 저장용기 등은 "건축물 내진설계기준" 비구조요소의 정착부의 기준에 따라 앵커볼트를 설치해야 한다.
② 앵커볼트는 건축물 정착부의 두께, 볼트설치 간격, 모서리까지 거리, 콘크리트의 강도, 균열 콘크리트 여부, 앵커볼트의 단일 또는 그룹설치 등을 확인하여 최대허용하중을 결정해야 한다.
③ 흔들림 방지 버팀대에 설치하는 앵커볼트 최대허용하중은 제조사가 제시한 설계하중 값에 0.43을 곱해야 한다.

④ 건축물 부착 형태에 따른 프라잉효과나 편심을 고려하여 수평지진하중의 작용하중을 구하고 앵커볼트 최대허용하중과 작용하중과의 내진설계 적정성을 평가하여 설치해야 한다.
⑤ 소방시설을 팽창성·화학성 또는 부분적으로 현장타설된 건축부재에 정착할 경우에는 수평지진하중을 1.5배 증가시켜 사용한다.

3 수 원(제4조)

① 수조는 지진에 의하여 손상되거나 과도한 변위가 발생하지 않도록 기초(패드 포함), 본체 및 연결부분의 구조안전성을 확인해야 한다.
② 수조는 건축물의 구조부재나 구조부재와 연결된 수조 기초부(패드)에 고정하여 지진 시 파손(손상), 변형, 이동, 전도 등이 발생하지 않아야 한다.
③ 수조와 연결되는 소화배관에는 지진 시 상대변위를 고려하여 가요성이음장치를 설치해야 한다.

4 가압송수장치(제5조)

① 가압송수장치에 방진장치가 있어 앵커볼트로 지지 및 고정할 수 없는 경우에는 다음의 기준에 따라 내진스토퍼 등을 설치해야 한다. 다만, 방진장치에 이 기준에 따른 내진성능이 있는 경우는 제외한다.
  ㉠ 정상운전에 지장이 없도록 내진스토퍼와 본체 사이에 최소 3[mm] 이상 이격하여 설치한다.
  ㉡ 내진스토퍼는 제조사에서 제시한 허용하중이 제3조의2 제2항에 따른 지진하중 이상을 견딜 수 있는 것으로 설치해야 한다. 단, 내진스토퍼와 본체 사이의 이격거리가 6[mm]를 초과한 경우에는 수평지진하중의 2배 이상을 견딜 수 있는 것으로 설치해야 한다.
② 가압송수장치의 흡입 측 및 토출 측에는 지진 시 상대변위를 고려하여 가요성이음장치를 설치해야 한다.

5 지진분리장치(제8조) 설계 23회

① 지진분리장치는 배관의 구경에 관계없이 지상층에 설치된 배관으로 건축물 지진분리이음과 소화배관이 교차하는 부분 및 건축물 간의 연결배관 중 지상 노출 배관이 건축물로 인입되는 위치에 설치해야 한다.
② 지진분리장치는 건축물 지진분리이음의 변위량을 흡수할 수 있도록 전후좌우 방향의 변위를 수용할 수 있도록 설치해야 한다.
③ 지진분리장치의 전단과 후단의 1.8[m] 이내에는 4방향 흔들림 방지 버팀대를 설치해야 한다.
④ 지진분리장치 자체에는 흔들림 방지 버팀대를 설치할 수 없다.

6 흔들림 방지 버팀대 설치기준(제9조 ①항)

① 흔들림 방지 버팀대는 내력을 충분히 발휘할 수 있도록 견고하게 설치해야 한다.
② 배관에는 제6조 제2항(배관의 수평지진하중계산)에서 산정된 횡방향 및 종방향의 수평지진하중에 모두 견디도록 흔들림 방지 버팀대를 설치해야 한다.
③ 흔들림 방지 버팀대가 부착된 건축 구조부재는 소화배관에 의해 추가된 지진하중을 견딜 수 있어야 한다.
④ 흔들림 방지 버팀대의 세장비(L/r)는 300을 초과하지 않아야 한다.
⑤ 4방향 흔들림 방지 버팀대는 횡방향 및 종방향 흔들림 방지 버팀대의 역할을 동시에 할 수 있어야 한다.
⑥ 하나의 수평직선배관은 최소 2개의 횡방향 흔들림 방지 버팀대와 1개의 종방향흔들림 방지 버팀대를 설치해야 한다. 다만, 영향구역 내 배관의 길이가 6[m] 미만인 경우에는 횡방향과 종방향 흔들림 방지 버팀대를 각 1개씩 설치할 수 있다.

7 수평직선배관 흔들림 방지 버팀대(제10조)

(1) 횡방향 흔들림 방지 버팀대 설치기준

① 배관 구경에 관계없이 모든 수평주행배관·교차배관 및 옥내소화전설비의 수평배관에 설치해야 하고, 가지배관 및 기타배관에는 구경 65[mm] 이상인 배관에 설치해야 한다. 다만, 옥내소화전설비의 수직배관에서 분기된 구경 50[mm] 이하의 수평배관에 설치되는 소화전함이 1개인 경우에는 횡방향 흔들림 방지 버팀대를 설치하지 않을 수 있다.
② 횡방향 흔들림 방지 버팀대의 설계하중은 설치된 위치의 좌우 6[m]를 포함한 12[m] 이내의 배관에 작용하는 횡방향 수평지진하중으로 영향구역 내의 수평주행배관, 교차배관, 가지배관의 하중을 포함하여 산정한다.
③ 흔들림 방지 버팀대의 간격은 중심선을 기준으로 최대간격이 12[m]를 초과하지 않아야 한다.
④ 마지막 흔들림 방지 버팀대와 배관 단부 사이의 거리는 1.8[m]를 초과하지 않아야 한다.
⑤ 영향구역 내에 상쇄배관이 설치되어 있는 경우 배관의 길이는 그 상쇄배관 길이를 합산하여 산정한다.
⑥ 횡방향 흔들림 방지 버팀대가 설치된 지점으로부터 600[mm] 이내에 그 배관이 방향전환되어 설치된 경우 그 횡방향 흔들림방지 버팀대는 인접배관의 종방향 흔들림 방지 버팀대로 사용할 수 있으며, 배관의 구경이 다른 경우에는 구경이 큰 배관에 설치해야 한다.
⑦ 가지배관의 구경이 65[mm] 이상일 경우 다음의 기준에 따라 설치한다.
　㉠ 가지배관의 구경이 65[mm] 이상인 배관의 길이가 3.7[m] 이상인 경우에 횡방향 흔들림 방지 버팀대를 제9조 제1항에 따라 설치한다.

ⓒ 가지배관의 구경이 65[mm] 이상인 배관의 길이가 3.7[m] 미만인 경우에는 횡방향 흔들림 방지 버팀대를 설치하지 않을 수 있다.
⑧ 횡방향 흔들림 방지 버팀대의 수평지진하중은 별표 2에 따른 영향구역의 최대허용하중 이하로 적용해야 한다.
⑨ 교차배관 및 수평주행배관에 설치되는 행거가 다음의 기준을 모두 만족하는 경우 횡방향 흔들림 방지 버팀대를 설치하지 않을 수 있다.
　㉠ 건축물 구조부재 고정점으로부터 배관 상단까지의 거리가 150[mm] 이내일 것
　㉡ 배관에 설치된 모든 행거의 75[%] 이상이 ㉠의 기준을 만족할 것
　㉢ 교차배관 및 수평주행배관에 연속하여 설치된 행거는 ㉠의 기준을 연속하여 초과하지 않을 것
　㉣ 지진계수(C_P) 값이 0.5 이하일 것
　㉤ 수평주행배관의 구경은 150[mm] 이하이고, 교차배관의 구경은 100[mm] 이하일 것
　㉥ 행거는 스프링클러설비의 화재안전기술기준 2.5.13에 따라 설치할 것

(2) 종방향 흔들림 방지 버팀대 설치기준 설계 17회

① 배관 구경에 관계없이 모든 수평주행배관·교차배관 및 옥내소화전설비의 수평배관에 설치해야 한다. 다만, 옥내소화전설비의 수직배관에서 분기된 구경 50[mm] 이하의 수평배관에 설치되는 소화전함이 1개인 경우에는 종방향 흔들림 방지 버팀대를 설치하지 않을 수 있다.
② 종방향 흔들림 방지 버팀대의 설계하중은 설치된 위치의 좌우 12[m]를 포함한 24[m] 이내의 배관에 작용하는 수평지진하중으로 영향구역 내의 수평주행배관, 교차배관 하중을 포함하여 산정하며, 가지배관의 하중은 제외한다.
③ 수평주행배관 및 교차배관에 설치된 종방향 흔들림 방지 버팀대의 간격은 중심선을 기준으로 24[m]를 넘지 않아야 한다.
④ 마지막 흔들림 방지 버팀대와 배관 단부 사이의 거리는 12[m]를 초과하지 않아야 한다.
⑤ 영향구역 내에 상쇄배관이 설치되어 있는 경우 배관 길이는 그 상쇄배관 길이를 합산하여 산정한다.
⑥ 종방향 흔들림 방지 버팀대가 설치된 지점으로부터 600[mm] 이내에 그 배관이 방향전환되어 설치된 경우 그 종방향 흔들림 방지 버팀대는 인접배관의 횡방향 흔들림 방지 버팀대로 사용할 수 있으며, 배관의 구경이 다른 경우에는 구경이 큰 배관에 설치해야 한다.

8 수직직선배관 흔들림 방지 버팀대(제11조)

① 길이 1[m]를 초과하는 수직직선배관의 최상부에는 4방향 흔들림 방지 버팀대를 설치해야 한다. 다만, 가지배관은 설치하지 않을 수 있다.
② 수직직선배관 최상부에 설치된 4방향 흔들림 방지 버팀대가 수평직선배관에 부착된 경우 그 흔들림 방지 버팀대는 수직직선배관의 중심선으로부터 0.6[m] 이내에 설치되어야 하고, 그 흔들림 방지 버팀대의 하중은 수직 및 수평방향의 배관을 모두 포함해야 한다.

③ 수직직선배관 4방향 흔들림 방지 버팀대 사이의 거리는 8[m]를 초과하지 않아야 한다.
④ 소화전함에 아래 또는 위쪽으로 설치되는 65[mm] 이상의 수직직선배관은 다음의 기준에 따라 설치한다.
　㉠ 수직직선배관의 길이가 3.7[m] 이상인 경우, 4방향 흔들림 방지 버팀대를 1개 이상 설치하고, 말단에 U볼트 등의 고정장치를 설치한다.
　㉡ 수직직선배관의 길이가 3.7[m] 미만인 경우, 4방향 흔들림 방지 버팀대를 설치하지 않을 수 있고, U볼트 등의 고정장치를 설치한다.
⑤ 수직직선배관에 4방향 흔들림 방지 버팀대를 설치하고 수평방향으로 분기된 수평직선배관의 길이가 1.2[m] 이하인 경우 수직직선배관에 수평직선배관의 지진하중을 포함하는 경우 수평직선배관의 흔들림 방지 버팀대를 설치하지 않을 수 있다.
⑥ 수직직선배관이 다층건물의 중간층을 관통하며, 관통구 및 슬리브의 구경이 제6조 제3항 제1호에 따른 배관 구경별 관통구 및 슬리브 구경 미만인 경우에는 4방향 흔들림 방지 버팀대를 설치하지 않을 수 있다.

9 가지배관 고정장치 및 헤드(제13조)

① 가지배관의 고정장치는 각 호에 따라 설치해야 한다.
　㉠ 가지배관에는 별표 3의 간격에 따라 고정장치를 설치한다.
　㉡ 와이어타입 고정장치는 행거로부터 600[mm] 이내에 설치해야 한다. 와이어 고정점에 가장 가까운 행거는 가지배관의 상방향 움직임을 지지할 수 있는 유형이어야 한다.
　㉢ 환봉타입 고정장치는 행거로부터 150[mm] 이내에 설치한다.
　㉣ 환봉타입 고정장치의 세장비는 400을 초과하여서는 안 된다. 단, 양쪽 방향으로 두 개의 고정장치를 설치하는 경우 세장비를 적용하지 않는다.
　㉤ 고정장치는 수직으로부터 45° 이상의 각도로 설치해야 하고, 설치각도에서 최소 1,340[N] 이상의 인장 및 압축하중을 견딜 수 있어야 하며 와이어를 사용하는 경우 와이어는 1,960[N] 이상의 인장하중을 견디는 것으로 설치해야 한다.
　㉥ 가지배관상의 말단 헤드는 수직 및 수평으로 과도한 움직임이 없도록 고정해야 한다.
　㉦ 가지배관에 설치되는 행거는 스프링클러설비의 화재안전기술기준 2.5.13에 따라 설치한다.
　㉧ 가지배관에 설치되는 행거가 다음의 기준을 모두 만족하는 경우 고정장치를 설치하지 않을 수 있다.
　　㉮ 건축물 구조부재 고정점으로부터 배관 상단까지의 거리가 150[mm] 이내일 것
　　㉯ 가지배관에 설치된 모든 행거의 75[%] 이상이 ㉮의 기준을 만족할 것
　　㉰ 가지배관에 연속하여 설치된 행거는 ㉮의 기준을 연속하여 초과하지 않을 것
② 가지배관 고정에 사용되지 않는 건축부재와 헤드 사이의 이격거리는 75[mm] 이상을 확보해야 한다.

10 제어반 등(제14조)

① 제어반 등의 지진하중은 제3조의2 제2항에 따라 계산하고, 앵커볼트는 제3조의2 제3항에 따라 설치해야 한다. 단, 제어반 등의 하중이 450[N] 이하이고 내력벽 또는 기둥에 설치하는 경우 직경 8[mm] 이상의 고정용 볼트 4개 이상으로 고정할 수 있다.
② 건축물의 구조부재인 내력벽·바닥 또는 기둥 등에 고정해야 하며, 바닥에 설치하는 경우 지진하중에 의해 전도가 발생하지 않도록 설치해야 한다.
③ 제어반 등은 지진 발생 시 기능이 유지되어야 한다.

11 소화전함(제16조)

① 지진 시 파손 및 변형이 발생하지 않아야 하며, 개폐에 장애가 발생하지 않아야 한다.
② 건축물의 구조부재인 내력벽·바닥 또는 기둥 등에 고정해야 하며, 바닥에 설치하는 경우 지진하중에 의해 전도가 발생하지 않도록 설치해야 한다.
③ 소화전함의 지진하중은 제3조의2 제2항에 따라 계산하고, 앵커볼트는 제3조의2 제3항에 따라 설치해야 한다. 단, 소화전함의 하중이 450[N] 이하이고 내력벽 또는 기둥에 설치하는 경우 직경 8[mm] 이상의 고정용 볼트 4개 이상으로 고정할 수 있다.

제16절 방화셔터의 점검

1 적용범위
층별, 용도별, 면적별로 방화구획 대상에 방화구획선상에 설치한다.

2 셔터의 구성
① 전동 또는 수동에 의해서 개폐할 수 있는 장치
  ㉠ 수동조작함 : 점검 전에 수동으로 셔터를 내리거나 정지시켜 정상적으로 작동되는 확인을 하는 조작함
  ㉡ 리미트스위치 : 수동조작으로 셔터를 내리거나 올릴 때 원하는 위치에서 자동으로 정지시키는 스위치
  ㉢ 연동제어기 : 감지기 동작 시 신호를 수신하여 수신기에 송출하여 수신기에서 셔터를 폐쇄하고 음향경보를 발하는 제어기
② 불꽃감지기 또는 연기감지기
③ 열감지기
④ 화재발생 시 연기 및 열에 의하여 자동폐쇄되는 장치(수동조작함, 체인 등)

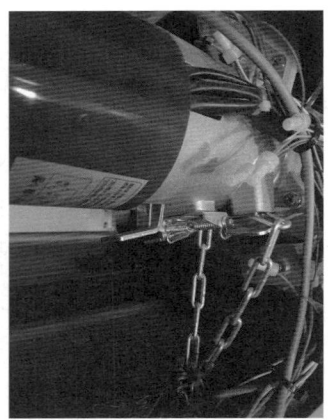
[폐쇄기]

3 자동방화셔터의 요건 기준(건피방 제14조 ②항)
① 피난이 가능한 60분+ 방화문 또는 60분 방화문으로부터 3[m] 이내에 별도로 설치할 것
② 전동방식이나 수동방식으로 개폐할 수 있을 것
③ 불꽃감지기 또는 연기감지기 중 하나와 열감지기를 설치할 것
④ 불꽃이나 연기를 감지한 경우 일부 폐쇄되는 구조일 것
⑤ 열을 감지한 경우 완전 폐쇄되는 구조일 것

[일체형 자동방화셔터]

[방화문과 방화셔터]

4 셔터의 구분 및 동작 [11회 출제]

① 1단 강하 방화셔터 : 셔터 부근에 설치된 감지기가 동작되면 바닥까지 떨어져서 완전폐쇄가 되는 셔터
② 2단 강하 방화셔터
  ㉠ 연기감지기 동작 : 천장으로부터 일부(약 1[m] 정도) 하강하는 1단 강하(연기의 흐름차단 및 인명대피 유도)
  ㉡ 열감지기 동작 : 셔터가 바닥까지 떨어져서 완전폐쇄가 되는 2단 강하

[방화문과 2단 강하 방화셔터]

5 방화셔터의 작동방법

① 방화셔터의 부근에 설치된 연·열감지기 작동(점검 시 주로 사용)
② 연동제어기의 수동조작스위치 작동
③ 수신기의 방화셔터 수동기동스위치 작동
④ 수신기에서 회로선택스위치 및 동작시험스위치로 작동

[연동제어기]

6 셔터의 작동점검

(1) 점검 전 확인사항

① 수신반의 방화셔터 연동스위치를 정지위치로 전환
② 수동조작함의 각 스위치(Up, 정지, Down) 정상 작동 확인
③ 연동시켰을 때 여러 개의 셔터가 동시에 작동되는지 확인
④ 방화셔터 하강 시 바닥에 장애물 적재 여부

(2) 연동시험

① 1단 강하 방화셔터
  ㉠ 셔터의 부근에 설치된 감지기를 동작시킨다.
  ㉡ 수신반에서 화재동작을 확인하고 방화셔터의 스위치를 연동위치로 전환한다.
  ㉢ 연동위치로 전환하면 폐쇄기의 작동으로 셔터가 바닥까지 내려와 완전폐쇄가 된다.
② 2단 강하 방화셔터
  ㉠ 셔터의 부근에 설치된 연기감지기를 동작시킨다.
  ㉡ 수신반에서 화재동작을 확인하고 방화셔터의 스위치를 연동위치로 전환한다.
  ㉢ 연동위치로 전환하면 폐쇄기의 작동으로 셔터가 1단 강하한다.

ㄹ) 1단 강하 후 다시 열감지기(공칭작동온도가 60~70[℃]인 보상식 및 정온식 감지기 사용)를 동작시키면 바닥까지 내려와 완전폐쇄가 된다.

(3) 확 인 11회 출제
① 해당 구역의 방화셔터 작동(폐쇄) 여부
② 해당 구역의 여러 개의 방화셔터가 동시 작동(폐쇄) 여부
③ 연동제어기의 음향 연동 여부
④ 수신반에 방화셔터의 작동표시등 점등 여부

(4) 복 구
① 수신반의 방화셔터의 스위치를 연동정지위치로 전환한다.
② 수신반의 복구스위치를 눌러 셔터의 감지기를 복구시킨다(현장에서 커버를 분리하여 복구시킨다).
③ 연동제어기에서 복구스위치를 누른다.
④ 수동조작함의 Up스위치를 눌러 방화셔터를 올린다.

CHAPTER 06 예상문제

PART 02 소방시설의 점검

01 제연설비의 용어를 설명하시오.

(1) 제연설비
(2) 제연경계의 폭
(3) 댐 퍼

해답 **제연설비의 용어**(NFTC 501)
(1) **제연설비** : 화재가 발생한 거실의 연기를 배출함과 동시에 옥외의 신선한 공기를 공급하여 거주자들이 안전하게 피난하고, 소방대가 원활한 소화활동을 할 수 있도록 연기를 제어하는 설비
(2) **제연경계의 폭** : 제연경계가 면한 천장 또는 반자로부터 그 제연경계의 수직하단 끝부분까지의 거리
(3) **댐퍼** : 풍도 내부의 연기 또는 공기의 흐름을 조절하기 위해 설치하는 장치

02 전실제연설비의 구성요소에 대하여 기술하시오.

해답 **전실제연설비의 구성요소**(NFTC 501)
① **급기댐퍼** : 평상시에는 폐쇄되어 있다가 화재 시 급기댐퍼가 개방되어 외부의 신선한 공기를 제연구역에 공급하는 댐퍼로서 제연구역의 급기구에 설치한다.
② **배기댐퍼** : 평상시에는 폐쇄되어 있다가 화재가 발생하면 발화층의 배기댐퍼가 개방되어 제연구역의 옥내에서 유입된 공기를 배출하는 댐퍼이다.
③ **플랩댐퍼** : 제연구역의 압력이 설정압력범위를 초과하는 경우 제연구역의 압력을 배출하여 설정압 범위를 유지하게 하는 과압방지장치로서 일반급기댐퍼를 사용하는 경우에 설치한다.
④ **차압측정공** : 제연구역과 비제연구역과의 압력차를 측정하기 위해 제연구역과 비제연구역 사이의 출입문 등에 설치된 공기가 흐를 수 있는 관통형 통로

03 제연설비에 사용하는 댐퍼를 설명하시오.

(1) 급기댐퍼
(2) 자동차압급기댐퍼
(3) 플랩댐퍼
(4) 풍량조절댐퍼

해답 댐퍼(NFTC 501)
(1) **급기댐퍼** : 평상시에는 폐쇄되어 있다가 화재가 발생하면 전층의 급기댐퍼가 개방되어 제연구역에 외부의 신선한 공기를 공급하는 댐퍼이다.
(2) **자동차압급기댐퍼** : 제연구역과 옥내 사이의 차압을 압력센서 등으로 감지하여 제연구역에 공급되는 풍량의 조절로 제연구역의 차압유지를 자동으로 제어할 수 있는 댐퍼를 말한다.
(3) **플랩댐퍼** : 제연구역의 압력이 설정압력범위를 초과하는 경우 제연구역의 압력을 배출하여 설정압 범위를 유지하게 하는 과압방지장치로서 일반급기댐퍼를 사용하는 경우에 설치한다.

> 플랩댐퍼는 적정 차압일 때에는 닫히고 설정압력을 초과할 때에는 개방되어 적정 차압을 유지시켜 주는 댐퍼이다.

(4) **풍량조절댐퍼** : 송풍기(또는 공기조화기) 토출 측에 설치하여 유입풍도로 공급되는 공기의 유량을 조절하는 장치

04 제연설비의 제연구역의 구획기준에 대하여 기술하시오.

해답 제연구역의 구획기준(NFTC 501)
① 하나의 제연구역의 면적은 1,000[m²] 이내로 할 것
② 거실과 통로(복도를 포함)는 각각 제연구획할 것
③ 통로상의 제연구역은 보행중심선의 길이가 60[m]를 초과하지 않을 것
④ 하나의 제연구역은 직경 60[m] 원 내에 들어갈 수 있을 것
⑤ 하나의 제연구역은 2 이상의 층에 미치지 않도록 할 것. 다만, 층의 구분이 불분명한 부분은 그 부분을 다른 부분과 별도로 제연구획 해야 한다.

05 제연설비 제연구역의 구획의 적합 기준에 대하여 작성하시오.

해답 제연구역의 구획의 적합 기준(NFTC 501)
① 재질은 내화재료, 불연재료 또는 제연경계벽으로 성능을 인정받은 것으로서 화재 시 쉽게 변형·파괴되지 않고 연기가 누설되지 않는 기밀성 있는 재료로 할 것
② 제연경계는 제연경계의 폭이 0.6[m] 이상이고, 수직거리는 2[m] 이내이어야 한다. 다만, 구조상 불가피한 경우는 2[m]를 초과할 수 있다.
③ 제연경계벽은 배연 시 기류에 따라 그 하단이 쉽게 흔들리지 않고, 가동식의 경우에는 급속히 하강하여 인명에 위해를 주지 않는 구조일 것

06 제연설비 배출기의 설치기준을 쓰시오.

해답 배출기의 설치기준(NFTC 501)
① 배출기의 배출능력은 규정 배출량 이상이 되도록 할 것
② 배출기와 배출풍도의 접속부분에 사용하는 캔버스는 내열성(석면재료는 제외)이 있는 것으로 할 것
③ 배출기의 전동기 부분과 배풍기 부분은 분리하여 설치해야 하며, 배풍기 부분은 유효한 내열처리를 할 것

07 제연설비에 설치되는 댐퍼의 설치기준을 쓰시오.

해답 댐퍼의 설치기준(NFTC 501)
① 제연설비의 풍도에 댐퍼를 설치하는 경우 댐퍼를 확인, 정비할 수 있는 점검구를 풍도에 설치할 것. 이 경우 댐퍼가 반자 내부에 설치되는 때에는 댐퍼 직근의 반자에도 점검구(지름 60[cm] 이상의 원이 내접할 수 있는 크기)를 설치하고 제연설비용 점검구임을 표시해야 한다.
② 제연설비 댐퍼의 설정된 개방 및 폐쇄 상태를 제어반에서 상시 확인할 수 있도록 할 것
③ 제연설비가 영 별표 5 제17호 가목 1)에 따라 공기조화설비와 겸용으로 설치되는 경우 풍량조절댐퍼는 각 설비별 기능에 따른 작동 시 각각의 풍량을 충족하는 개구율로 자동 조절될 수 있는 기능이 있어야 할 것

08 제연설비의 비상전원의 종류와 설치기준을 쓰시오.

해답 비상전원의 종류와 설치기준(NFTC 501)
(1) 비상전원의 종류
① 자가발전설비
② 축전지설비
③ 전기저장장치(외부 전기에너지를 저장해 두었다가 필요한 때 전기를 공급하는 장치)
(2) 비상전원의 설치기준
① 점검에 편리하고 화재 및 침수 등의 재해로 인한 피해를 받을 우려가 없는 곳에 설치할 것
② 제연설비를 유효하게 20분 이상 작동할 수 있도록 할 것
③ 상용전원으로부터 전력의 공급이 중단된 때에는 자동으로 비상전원으로부터 전력을 공급받을 수 있도록 할 것
④ 비상전원의 설치장소는 다른 장소와 방화구획할 것. 이 경우 그 장소에는 비상전원의 공급에 필요한 기구나 설비 외의 것을 두지 않을 것
⑤ 비상전원을 실내에 설치하는 때에는 그 실내에 비상조명등을 설치할 것

09 제연설비의 기동에 대하여 설명하시오.

해답 제연설비의 기동(NFTC 501)
(1) 제연설비의 작동은 해당 제연구역에 설치된 화재감지기와 연동되어야 하며, 예상제연구역(또는 인접장소)마다 설치된 수동기동장치 및 제어반에서 수동으로 기동이 가능하도록 해야 한다.
(2) (1)에 따른 제연설비의 작동에는 다음의 사항이 포함되어야 하며, 예상제연구역(또는 인접장소)마다 설치되는 수동기동장치는 바닥으로부터 0.8[m] 이상 1.5[m] 이하의 높이에 문 개방 등으로 인한 위치확인에 장애가 없고 접근이 쉬운 위치에 설치해야 한다.
① 해당 제연구역의 구획을 위한 제연경계벽 및 벽의 작동
② 해당 제연구역의 공기유입 및 연기배출 관련 댐퍼의 작동
③ 공기유입송풍기 및 배출송풍기의 작동

10 제연설비의 성능확인에 대하여 설명하시오.

해답 제연설비의 성능확인(NFTC 501)
(1) 제연설비는 설계목적에 적합한지 검토하고 제연설비의 성능과 관련된 건물의 모든 부분(건축설비를 포함한다)이 완성되는 시점에 맞추어 시험·측정 및 조정(시험 등)을 해야 한다.
(2) 제연설비의 시험 기준
① 송풍기 풍량 및 송풍기 모터의 전류, 전압을 측정할 것
② 제연설비 시험 시 제연구역에 설치된 화재감지기(수동기동장치를 포함한다)를 동작시켜 해당 제연설비가 정상적으로 작동되는지 확인할 것
③ 제연구역의 공기유입량 및 유입풍속, 배출량은 모든 유입구 및 배출구에서 측정할 것
④ 제연구역의 출입문, 방화셔터, 공기조화설비 등이 제연설비와 연동된 상태에서 측정할 것
(3) 제연설비 시험 등의 평가 기준
① 배출구별 배출량은 배출구별 설계 배출량의 60[%] 이상이어야 하며, 제연구역별 배출구의 배출량 합계는 배출량 및 배출방식에 따른 설계배출량 이상일 것
② 유입구별 공기유입량은 유입구별 설계 유입량의 60[%] 이상이어야 하며, 제연구역별 유입구의 공기유입량 합계는 공기유입방식 및 유입구에 따른 설계유입량을 충족할 것
③ 제연구역의 구획이 설계조건과 동일한 조건에서 ①에 따라 측정한 배출량이 설계배출량 이상인 경우에는 ②에 따라 측정한 공기유입량이 설계유입량에 일부 미달되더라도 적합한 성능으로 볼 것

11 제연설비의 배출구, 공기유입구의 설치 및 배출량 산정에서 제외되는 경우를 쓰시오.

해답 제외되는 경우(NFTC 501)
① 화장실·목욕실·주차장·발코니를 설치한 숙박시설(가족호텔 및 휴양콘도미니엄에 한한다)의 객실
② 사람이 상주하지 않는 기계실·전기실·공조실·50[m²] 미만의 창고 등으로 사용되는 부분

12. 제연설비 점검표에서 제연구역의 구획 종합점검항목을 쓰시오.

해답 제연구역의 구획 방식 적정 여부(종합점검항목)(소방시설 자체점검사항 등에 관한 고시 별지 4)
① 제연경계의 폭, 수직거리 적정 설치 여부
② 제연경계벽은 가동 시 급속하게 하강되지 않는 구조

13. 제연설비 점검표에서 유입구와 배출구의 종합점검항목을 쓰시오.

해답 유입구와 배출구의 종합점검항목(소방시설 자체점검사항 등에 관한 고시 별지 4)
(1) 유입구
① 공기유입구 설치 위치 적정 여부
② 공기유입구 변형·훼손 여부
③ 옥외에 면하는 배출구 및 공기유입구 설치 적정 여부
(2) 배출구
① 배출구 설치 위치(수평거리) 적정 여부
② 배출구 변형·훼손 여부

14. 제연설비 점검표에서 배출기의 종합점검항목을 쓰시오.

해답 배출기의 종합점검항목(소방시설 자체점검사항 등에 관한 고시 별지 4)
① 배출기와 배출풍도 사이 캔버스 내열성 확보 여부
② 배출기 회전이 원활하며 회전방향 정상 여부
③ 변형·훼손 등이 없고 V-벨트 기능 정상 여부
④ 본체의 방청, 보존상태 및 캔버스 부식 여부
⑤ 배풍기 내열성 단열재 단열처리 여부

> 작동점검항목은 ②, ③, ④번만 해당된다.

15. 제연설비 점검표에서 비상전원의 종합점검항목을 쓰시오.

해답 비상전원의 종합점검항목(소방시설 자체점검사항 등에 관한 고시 별지 4)
① 비상전원 설치장소 적정 및 관리 여부
② 자가발전설비인 경우 연료 적정량 보유 여부
③ 자가발전설비인 경우 전기사업법에 따른 정기점검 결과 확인

> 작동점검항목은 ②, ③번만 해당된다.

16 제연설비 점검표에서 기동의 종합점검항목을 쓰시오.

해답 기동의 종합점검항목(소방시설 자체점검사항 등에 관한 고시 별지 4)
① 가동식의 벽·제연경계벽·댐퍼 및 배출기 정상 작동(화재감지기 연동) 여부
② 예상제연구역 및 제어반에서 가동식의 벽·제연경계벽·댐퍼 및 배출기 수동 기동 가능 여부
③ 제어반 각종 스위치류 및 표시장치(작동표시등 등) 기능의 이상 여부

> 작동점검항목은 종합점검항목과 같다.

17 제연설비(계단실 및 부속실)의 제연구역 선정기준을 작성하시오.

해답 제연구역의 선정기준(NFTC 501A)
① 계단실 및 그 부속실을 동시에 제연하는 것
② 부속실을 단독으로 제연하는 것
③ 계단실을 단독으로 제연하는 것

18 제연설비(계단실 및 부속실) 차압의 기준에 대하여 기술하시오.

해답 제연설비(계단실 및 부속실) 차압의 기준(NFTC 501A)
① 제연구역과 옥내와의 사이에 유지해야 하는 최소 차압은 40[Pa](옥내에 스프링클러설비가 설치된 경우에는 12.5[Pa]) 이상으로 해야 한다.
② 제연설비가 가동되었을 경우 출입문의 개방에 필요한 힘은 110[N] 이하로 해야 한다.
③ 출입문이 일시적으로 개방되는 경우 개방되지 않는 제연구역과 옥내와의 차압은 최소 차압의 70[%] 이상이어야 한다.
④ 계단실과 부속실을 동시에 제연하는 경우 부속실의 기압은 계단실과 같게 하거나 계단실의 기압보다 낮게 할 경우에는 부속실과 계단실의 압력 차이는 5[Pa] 이하가 되도록 해야 한다.

19 제연설비(계단실 및 부속실)의 방연풍속 기준을 설명하시오.

해답 방연풍속 기준(NFTC 501A)
피난을 위하여 출입문을 순간적으로 개방하는 경우 부속실의 차압이 0(Zero)이 되므로 이때 방연풍속을 갖는 급기량을 보충해야 한다.

제연구역		방연풍속
계단실 및 그 부속실을 동시에 제연하는 것 또는 계단실만 단독으로 제연하는 것		0.5[m/s] 이상
부속실만 단독으로 제연하는 것	부속실 또는 승강장이 면하는 옥내가 거실인 경우	0.7[m/s] 이상
	부속실이 면하는 옥내가 복도로서 그 구조가 방화구조(내화시간이 30분 이상인 구조를 포함한다)인 것	0.5[m/s] 이상

20 제연설비(계단실 및 부속실)의 배출댐퍼 설치기준을 설명하시오.

해답 배출댐퍼의 설치기준(NFTC 501A)
① 배출댐퍼는 두께 1.5[mm] 이상의 강판 또는 이와 동등 이상의 성능이 있는 것으로 설치해야 하며 비내식성 재료의 경우에는 부식방지 조치를 할 것
② 평상시 닫힌 구조로 기밀상태를 유지할 것
③ 개폐 여부를 해당 장치 및 제어반에서 확인할 수 있는 감지기능을 내장하고 있을 것
④ 구동부의 작동상태와 닫혀 있을 때의 기밀상태를 수시로 점검할 수 있는 구조일 것
⑤ 풍도의 내부마감상태에 대한 점검 및 댐퍼의 정비가 가능한 이·탈착구조로 할 것
⑥ 화재 층에 설치된 화재감지기의 동작에 따라 해당 층의 댐퍼가 개방될 것
⑦ 개방 시의 실제 개구부(개구율을 감안한 것을 말한다)의 크기는 2.11.1.4의 기준에 따른 수직풍도의 최소 내부 단면적 이상으로 할 것
⑧ 댐퍼는 풍도 내의 공기흐름에 지장을 주지 않도록 수직풍도의 내부로 돌출하지 않게 설치할 것

21 제연설비(계단실 및 부속실)에서 급기구의 댐퍼 설치기준을 설명하시오.

해답 급기구의 댐퍼 설치기준(NFTC 501A)
① 급기댐퍼의 재질은 자동차압급기댐퍼의 성능인증 및 제품검사의 기술기준에 적합한 것으로 할 것
② 자동차압급기댐퍼는 자동차압급기댐퍼의 성능인증 및 제품검사의 기술기준에 적합한 것으로 설치할 것
③ 자동차압급기댐퍼가 아닌 댐퍼는 개구율을 수동으로 조절할 수 있는 구조로 할 것
④ 화재감지기에 따라 모든 제연구역의 댐퍼가 개방되도록 할 것. 다만, 둘 이상의 특정소방대상물이 지하에 설치된 주차장으로 연결되어 있는 경우에는 특정소방대상물의 화재감지기 및 주차장에서 하나의 특정소방대상물의 제연구역으로 들어가는 입구에 설치된 제연용 연기감지기의 작동에 따라 해당 특정소방대상물의 수직풍도에 연결된 모든 제연구역의 댐퍼가 개방되도록 하거나 해당 특정소방대상물을 포함한 둘 이상의 특정소방대상물의 모든 제연구역의 댐퍼가 개방되도록 할 것

22 특별피난계단의 제연설비에서 급기송풍기의 설치기준을 설명하시오.

해답 급기송풍기의 설치기준(NFTC 501A)
① 송풍기의 송풍능력은 송풍기가 담당하는 제연구역에 대한 급기량의 1.15배 이상으로 할 것. 다만, 풍도에서의 누설을 실측하여 조정하는 경우에는 그렇지 않다.
② 송풍기에는 풍량조절장치를 설치하여 풍량조절을 할 수 있도록 할 것
③ 송풍기에는 풍량을 실측할 수 있는 유효한 조치를 할 것
④ 송풍기는 인접 장소의 화재로부터 영향을 받지 않고 접근 및 점검이 용이한 장소에 설치할 것
⑤ 송풍기는 옥내의 화재감지기의 동작에 따라 작동하도록 할 것
⑥ 송풍기와 연결되는 캔버스는 내열성(석면재료를 제외한다)이 있는 것으로 할 것

23 제연설비(계단실 및 부속실) 제연구역의 출입문 기준을 쓰시오.

해답 제연구역의 출입문 기준(NFTC 501A)
① 제연구역의 출입문(창문을 포함한다)은 언제나 닫힌 상태를 유지하거나 자동폐쇄장치에 의해 자동으로 닫히는 구조로 할 것(다만, 아파트인 경우 제연구역과 계단실 사이의 출입문은 자동폐쇄장치에 의하여 자동으로 닫히는 구조로 해야 한다)
② 제연구역의 출입문에 설치하는 자동폐쇄장치는 제연구역의 기압에도 불구하고 출입문을 용이하게 닫을 수 있는 충분한 폐쇄력이 있을 것
③ 제연구역의 출입문 등에 자동폐쇄장치를 사용하는 경우에는 자동폐쇄장치의 성능인증 및 제품검사의 기술기준에 적합한 것으로 설치할 것

24 제연설비(계단실 및 부속실)에서 수동기동장치 기능을 쓰시오.

해답 수동기동장치의 기능(NFTC 501A)
① 전 층의 제연구역에 설치된 급기댐퍼의 개방
② 해당 층의 배출댐퍼 또는 개폐기의 개방
③ 급기송풍기 및 유입공기의 배출용 송풍기(설치한 경우에 한한다)의 작동
④ 개방·고정된 모든 출입문(제연구역과 옥내 사이의 출입문에 한한다)의 개폐장치의 작동

25 제연설비(계단실 및 부속실)의 제어반의 기능을 쓰시오.

해답 제어반의 기능(NFTC 501A)
① 급기용 댐퍼의 개폐에 대한 감시 및 원격조작기능
② 배출댐퍼 또는 개폐기의 작동 여부에 대한 감시 및 원격조작기능
③ 급기송풍기와 유입공기의 배출용 송풍기(설치한 경우에 한한다)의 작동 여부에 대한 감시 및 원격조작기능
④ 제연구역의 출입문의 일시적인 고정개방 및 해정에 대한 감시 및 원격조작기능
⑤ 수동기동장치의 작동 여부에 대한 감시기능
⑥ 급기구 개구율의 자동조절장치(설치하는 경우에 한한다)의 작동 여부에 대한 감시기능. 다만, 급기구에 차압표시계를 고정 부착한 자동차압급기댐퍼를 설치하고 해당 제어반에도 차압표시계를 설치한 경우에는 그렇지 않다.
⑦ 감시선로의 단선에 대한 감시기능
⑧ 예비전원이 확보되고 예비전원의 적합 여부를 시험할 수 있어야 할 것

26 제연설비의 TAB(시험, 조정, 균형)에서 시험 등의 기준을 쓰시오.

해답 제연설비의 TAB(시험, 조정, 균형)에서 시험 등의 기준
(1) 제연구역의 출입문의 크기와 열리는 방향 확인 : 제연구역의 모든 출입문 등의 크기와 열리는 방향이 설계 시와 동일한지 여부를 확인하고, 동일하지 않은 경우 급기량과 보충량 등을 다시 산출하여 조정 가능 여부 또는 재설계·개수의 여부를 결정할 것
(2) 폐쇄력 측정 : 제연구역의 출입문 및 복도와 거실(옥내가 복도와 거실로 되어 있는 경우에 한한다) 사이의 출입문마다 제연설비가 작동하고 있지 않은 상태에서 그 폐쇄력을 측정할 것

(3) **제연설비의 작동 여부** : 층별로 화재감지기(수동기동장치를 포함한다)를 동작시켜 제연설비가 작동하는지 여부를 확인할 것

> **[둘 이상의 특정소방대상물이 지하에 설치된 주차장으로 연결된 경우]**
> 특정소방대상물의 화재감지기 및 주차장에서 하나의 특정소방대상물의 제연구역으로 들어가는 입구에 설치된 제연용 연기감지기의 작동에 따라 해당 특정소방대상물의 수직풍도에 연결된 모든 제연구역의 댐퍼가 개방되도록 하거나 해당 특정소방대상물을 포함한 둘 이상의 특정소방대상물의 모든 제연구역의 댐퍼가 개방되도록 하고 비상전원을 작동시켜 급기 및 배기용 송풍기의 성능이 정상인지 확인할 것

(4) **제연설비의 작동 시 확인사항**
  ① 방연풍속의 적정 여부
    ㉠ 조건 : 부속실과 면하는 옥내 및 계단실의 출입문을 동시에 개방할 경우
      ㉮ 부속실(승강장)의 수가 20개 이하 : 1개층
      ㉯ 부속실(승강장)의 수가 20개 초과 : 2개층
    ㉡ 측정 : 유입공기의 풍속은 출입문 개방에 따른 개구부를 대칭적으로 균등 분할하는 10 이상의 지점에서 측정하는 풍속의 평균치로 할 것
    ㉢ 판정 여부 : 유입공기의 풍속이 방연풍속에 적합한지 여부를 확인한다.

제연구역		방연풍속
계단실 및 그 부속실을 동시에 제연하는 것 또는 계단실만 단독으로 제연하는 것		0.5[m/s] 이상
부속실만 단독으로 제연하는 것	부속실 또는 승강장이 면하는 옥내가 거실인 경우	0.7[m/s] 이상
	부속실이 면하는 옥내가 복도로서 그 구조가 방화구조(내화시간이 30분 이상인 구조를 포함한다)인 것	0.5[m/s] 이상

    ㉣ 적합하지 않은 경우
      ㉮ 급기구의 개구율 조정
      ㉯ 플랩댐퍼(설치한 경우에 한한다) 조정
      ㉰ 풍량조절용 댐퍼 등의 조정
  ② 출입문을 개방하지 않는 상태에서 제연설비 작동 후
    ㉠ 차압의 적정 여부
      ㉮ 측정 상태 : 계단실과 부속실의 출입문 폐쇄와 승강기 운행 중단
      ㉯ 차압을 측정하는 출입문 : 제연구역의 부속실과 면하는 옥내의 출입문
      ㉰ 측정방법 : 출입문 등에 차압측정공을 설치하고, 이를 통하여 차압측정기구로 실측하여 확인·조정할 것
      ㉱ 최저 차압 : 40[Pa](옥내에 스프링클러설비가 설치된 경우에는 12.5[Pa]) 이상
      ㉲ 출입문 일시 개방 시 다른 층의 차압 : 기준차압의 70[%] 이상일 것
    ㉡ 출입문 개방에 필요한 힘 측정
      ㉮ 측정 상태 : 계단실과 부속실의 출입문 폐쇄와 승강기 운행 중단
      ㉯ 측정하는 문 : 제연구역의 부속실과 면하는 옥내의 출입문
      ㉰ 판정 여부 : 개방력이 110[N] 이하일 것
      ㉱ 적합하지 않은 경우
        ⓐ 급기구의 개구율 조정
        ⓑ 플랩댐퍼(설치한 경우에 한한다) 조정
        ⓒ 풍량조절용 댐퍼 등의 조정
  ③ **출입문의 자동폐쇄 상태 확인** : 부속실의 개방된 출입문이 자동으로 완전히 닫히는지 여부를 확인하고, 닫힌 상태를 유지할 수 있도록 조정할 것

27 제연설비에 사용하는 TAB의 정의를 쓰시오.

해답 TAB의 정의
① T : Testing – 시험(측정)
② A : Adjusting – 조정(풍속, 풍량, 개폐력)
③ B : Balancing – 균형(풍량, 압력)

28 제연설비의 방연풍속이 부족한 원인을 기술하시오.

해답 방연풍속이 부족한 원인
① 전실 내의 출입문 틈새 누설량이 많을 때
② 송풍기(Blower)의 규격용량이 적을 때
③ 급기댐퍼의 규격이 과소하게 설계되었을 때
④ 덕트 부속류의 손실이 많을 때
⑤ 급기풍도의 규격 미달로 과다손실이 발생할 때

29 특별피난계단의 계단실 및 부속실 제연설비 점검표에서 종합점검항목을 모두 쓰시오.

해답 특피제연설비의 종합점검항목(소방시설 자체점검사항 등에 관한 고시 별지 4)
(1) 과압방지조치
   자동차압급기댐퍼(또는 플랩댐퍼)를 사용한 경우 성능 적정 여부
(2) 수직풍도에 따른 배출
   ① 배출댐퍼 설치(개폐여부 확인 기능, 화재감지기 동작에 따른 개방) 적정 여부
   ② 배출용 송풍기가 설치된 경우 화재감지기 연동 기능 적정 여부
(3) 급기구
   급기댐퍼 설치 상태(화재감지기 동작에 따른 개방) 적정 여부
(4) 송풍기
   ① 설치장소 적정(화재영향, 접근·점검 용이성) 여부
   ② 화재감지기 동작 및 수동조작에 따라 작동하는지 여부
   ③ 송풍기와 연결되는 캔버스 내열성 확보 여부
(5) 외기취입구
   ① 설치위치(오염공기 유입방지, 배기구 등으로부터 이격거리) 적정 여부
   ② 설치구조(빗물·이물질 유입방지, 옥외의 풍속과 풍향에 영향) 적정 여부
(6) 제연구역의 출입문
   ① 폐쇄상태 유지 또는 화재 시 자동폐쇄 구조 여부
   ② 자동폐쇄장치 폐쇄력 적정 여부
(7) 수동기동장치
   ① 기동장치 설치(위치, 전원표시등 등) 적정 여부
   ② 수동기동장치(옥내 수동발신기 포함) 조작 시 관련 장치 정상 작동 여부
(8) 제어반
   ① 비상용 축전지의 정상 여부
   ② 제어반 감시 및 원격조작 기능 적정 여부
(9) 비상전원
   ① 비상전원 설치장소 적정 및 관리 여부
   ② 자가발전설비인 경우 연료 적정량 보유 여부
   ③ 자가발전설비인 경우 전기사업법에 따른 정기점검 결과 확인

30 연결송수관설비의 송수구 설치기준을 설명하시오.

해답 **송수구 설치기준**(NFTC 502)
① 소방차가 쉽게 접근할 수 있고 잘 보이는 장소에 설치할 것
② 지면으로부터 높이가 0.5[m] 이상 1[m] 이하의 위치에 설치할 것
③ 송수구는 화재층으로부터 지면으로 떨어지는 유리창 등이 송수 및 그 밖의 소화작업에 지장을 주지 않는 장소에 설치할 것
④ 송수구로부터 연결송수관설비의 주배관에 이르는 연결배관에 개폐밸브를 설치한 때에는 그 개폐상태를 쉽게 확인 및 조작할 수 있는 옥외 또는 기계실 등의 장소에 설치할 것. 이 경우 개폐밸브에는 그 밸브의 개폐상태를 감시제어반에서 확인할 수 있도록 급수개폐밸브 작동표시 스위치(탬퍼스위치)를 다음의 기준에 따라 설치해야 한다.
　㉠ 급수개폐밸브가 잠길 경우 탬퍼스위치의 동작으로 인하여 감시제어반 또는 수신기에 표시되어야 하며 경보음을 발할 것
　㉡ 탬퍼스위치는 감시제어반 또는 수신기에서 동작의 유무확인과 동작시험, 도통시험을 할 수 있을 것
　㉢ 탬퍼스위치에 사용되는 전기배선은 내화전선 또는 내열전선으로 설치할 것
⑤ 구경 65[mm]의 쌍구형으로 할 것
⑥ 송수구에는 그 가까운 곳의 보기 쉬운 곳에 송수압력범위를 표시한 표지를 할 것
⑦ 송수구는 연결송수관의 수직배관마다 1개 이상을 설치할 것. 다만, 하나의 건축물에 설치된 각 수직배관이 중간에 개폐밸브가 설치되지 않는 배관으로 상호 연결되어 있는 경우에는 건축물마다 1개씩 설치할 수 있다.
⑧ 송수구의 부근에는 자동배수밸브 및 체크밸브를 다음의 기준에 따라 설치할 것. 이 경우 자동배수밸브는 배관 안의 물이 잘빠질 수 있는 위치에 설치하되, 배수로 인하여 다른 물건이나 장소에 피해를 주지 않아야 한다.
　㉠ 습식의 경우에는 송수구·자동배수밸브·체크밸브의 순으로 설치할 것
　㉡ 건식의 경우에는 송수구·자동배수밸브·체크밸브·자동배수밸브의 순으로 설치할 것
⑨ 송수구에는 가까운 곳의 보기 쉬운 곳에 "연결송수관설비 송수구"라고 표시한 표지를 설치할 것
⑩ 송수구에는 이물질을 막기 위한 마개를 씌울 것

31 연결송수관설비의 방수구 설치기준 5가지를 작성하시오.

해답 방수구의 설치기준(NFTC 502)
① 연결송수관설비의 **방수구**는 그 특정소방대상물의 **층마다 설치**할 것

> **Plus one**
>
> 방수구 설치제외 대상
> - 아파트의 1층 및 2층
> - 소방차의 접근이 가능하고 소방대원이 소방차로부터 각 부분에 쉽게 도달할 수 있는 피난층
> - 송수구가 부설된 옥내소화전을 설치한 특정소방대상물(집회장, 관람장, 백화점, 도매시장, 소매시장, 판매시설, 공장, 창고시설, 지하상가는 제외)로서 다음에 해당하는 층
>   - 지하층을 제외한 층수가 4층 이하이고 연면적이 6,000[m²] 미만인 특정소방대상물의 지상층
>   - 지하층의 층수가 2 이하인 특정소방대상물의 지하층

② 아파트 또는 바닥면적이 1,000[m²] 미만인 층에 있어서는 계단(계단이 둘 이상 있는 경우에는 그중 1개의 계단을 말한다)으로부터 5[m] 이내에 설치할 것. 이 경우 부속실이 있는 계단은 부속실의 옥내 출입구로부터 5[m] 이내에 설치할 수 있다.
③ 바닥면적 1,000[m²] 이상인 층(아파트를 제외한다)에 있어서는 각 계단(계단의 부속실을 포함하며 계단이 셋 이상 있는 층의 경우에는 그중 두 개의 계단을 말한다)으로부터 5[m] 이내에 설치할 것. 이 경우 부속실이 있는 계단은 부속실의 옥내 출입구로부터 5[m] 이내에 설치할 수 있다.
④ ② 또는 ③에 따라 설치하는 방수구로부터 그 층의 각 부분까지의 거리가 다음의 기준을 초과하는 경우에는 그 기준 이하가 되도록 방수구를 추가하여 설치할 것
　㉠ 지하상가 또는 지하층의 바닥면적의 합계가 3,000[m²] 이상인 것은 수평거리 25[m]
　㉡ ㉠에 해당하지 않는 것은 수평거리 50[m]
⑤ 11층 이상의 부분에 설치하는 방수구는 쌍구형으로 할 것

> **Plus one**
>
> 단구형으로 설치할 수 있는 경우
> - 아파트의 용도로 사용되는 층
> - 스프링클러설비가 유효하게 설치되어 있고 방수구가 2개소 이상 설치된 층

⑥ 방수구의 호스접결구는 바닥으로부터 높이 0.5[m] 이상 1[m] 이하의 위치에 설치할 것
⑦ 방수구는 연결송수관설비의 전용방수구 또는 옥내소화전 방수구로서 구경 65[mm]의 것으로 설치할 것
⑧ 방수구는 개폐기능을 가진 것으로 설치해야 하며 평상시 닫힌 상태를 유지할 것

32 연결송수관설비의 방수구를 단구형으로 할 수 있는 경우를 쓰시오.

해답 방수구를 단구형으로 할 수 있는 경우(NFTC 502)
① 아파트의 용도로 사용되는 층
② 스프링클러설비가 유효하게 설치되어 있고 방수구가 2개소 이상 설치된 층

33 연결송수관설비의 방수구는 특정소방대상물의 층마다 설치하는데 해당 층에는 설치하지 않을 수 있는 경우를 설명하시오.

해답 방수구를 설치하지 않을 수 있는 경우(NFTC 502)
① 아파트의 1층 및 2층
② 소방차의 접근이 가능하고 소방대원이 소방차로부터 각 부분에 쉽게 도달할 수 있는 피난층
③ 송수구가 부설된 옥내소화전을 설치한 특정소방대상물(집회장・관람장・백화점・도매시장・소매시장・판매시설・공장・창고시설 또는 지하상가를 제외한다)로서 다음의 어느 하나에 해당하는 층
  ㉠ 지하층을 제외한 층수가 4층 이하이고 연면적이 6,000$[m^2]$ 미만인 특정소방대상물의 지상층
  ㉡ 지하층의 층수가 2 이하인 특정소방대상물의 지하층

34 연결송수관설비의 방수기구함의 설치기준을 설명하시오.

해답 방수기구함의 설치기준(NFTC 502)
① 방수기구함은 피난층과 가장 가까운 층을 기준하여 3개층마다 설치하되, 그 층의 방수구마다 보행거리 5[m] 이내에 설치할 것
② 방수기구함에는 길이 15[m]의 호스와 방사형 관창을 다음의 기준에 따라 비치할 것
  ㉠ 호스는 방수구에 연결하였을 때 그 방수구가 담당하는 구역의 각 부분에 유효하게 물이 뿌려질 수 있는 개수 이상을 비치할 것. 이 경우 쌍구형 방수구는 단구형 방수구의 2배 이상의 개수를 설치해야 한다.
  ㉡ 방사형 관창은 단구형 방수구의 경우에는 1개, 쌍구형 방수구의 경우에는 2개 이상 비치할 것
③ 방수기구함에는 "방수기구함"이라고 표시한 축광식 표지를 할 것. 이 경우 축광식 표지는 소방청장이 고시한 축광표지의 성능인증 및 제품검사의 기술기준에 적합한 것으로 설치해야 한다.

35 연결송수관설비의 가압송수장치의 수동스위치 설치기준을 설명하시오.

해답 수동스위치 설치기준(NFTC 502)
가압송수장치는 방수구가 개방될 때 자동으로 기동되거나 또는 수동스위치의 조작에 따라 기동되도록 할 것. 이 경우 수동스위치는 2개 이상을 설치하되, 그중 1개는 다음의 기준에 따라 송수구의 부근에 설치해야 한다.
① 송수구로부터 5[m] 이내의 보기 쉬운 장소에 바닥으로부터 높이 0.8[m] 이상 1.5[m] 이하로 설치할 것
② 1.5[mm] 이상의 강판함에 수납하여 설치하고 "연결송수관설비 수동스위치"라고 표시한 표지를 부착할 것(이 경우 문짝은 불연재료로 설치할 수 있다)
③ 전기사업법 제67조에 따른 전기설비기술기준에 따라 접지하고 빗물 등이 들어가지 않는 구조로 할 것

36 연결송수관설비의 점검표에서 송수구의 종합점검항목을 쓰시오.

해답 송수구의 종합점검항목(소방시설 자체점검사항 등에 관한 고시 별지 4)
① 설치장소 적정 여부
② 지면으로부터 설치높이 적정 여부
③ 급수개폐밸브가 설치된 경우 설치 상태 적정 및 정상 기능 여부
④ 수직배관별 1개 이상 송수구 설치 여부
⑤ "연결송수관설비 송수구" 표지 및 송수압력범위 표지 적정 설치 여부
⑥ 송수구 마개 설치 여부

> 작동점검항목은 종합점검항목과 같다.

37 연결송수관설비 점검표에서 방수구의 종합점검항목을 쓰시오.

해답 방수구의 종합점검항목(소방시설 자체점검사항 등에 관한 고시 별지 4)
① 설치기준(층, 개수, 위치, 높이) 적정 여부
② 방수구 형태 및 구경 적정 여부
③ 위치표시(표시등, 축광식표지) 적정 여부
④ 개폐기능 설치 여부 및 상태 적정(닫힌 상태) 여부

> 작동점검항목은 ②, ③, ④만 해당된다.

38 연결송수관설비 점검표에서 방수기구함의 종합점검항목을 쓰시오.

해답 방수기구함의 종합점검항목(소방시설 자체점검사항 등에 관한 고시 별지 4)
① 설치기준(층, 위치) 적정 여부
② 호스 및 관창 비치 적정 여부
③ "방수기구함" 표지 설치상태 적정 여부

> 작동점검항목은 ②, ③만 해당된다.

39 연결송수관설비 점검표에서 가압송수장치의 종합점검항목을 쓰시오.

해답 가압송수장치의 종합점검항목(소방시설 자체점검사항 등에 관한 고시 별지 4)
① 가압송수장치 설치장소 기준 적합 여부
② 펌프 흡입 측 연성계·진공계 및 토출 측 압력계 설치 여부
③ 성능시험배관 및 순환배관 설치 적정 여부
④ 펌프 토출량 및 양정 적정 여부
⑤ 방수구 개방 시 자동기동 여부
⑥ 수동기동스위치 설치 상태 적정 및 수동스위치 조작에 따른 기동 여부
⑦ 가압송수장치 "연결송수관펌프" 표지 설치 여부
⑧ 비상전원 설치장소 적정 및 관리 여부
⑨ 자가발전설비인 경우 연료 적정량 보유 여부
⑩ 자가발전설비인 경우 전기사업법에 따른 정기점검 결과 확인

> 작동점검항목은 ④, ⑤, ⑥, ⑦, ⑨, ⑩만 해당된다.

40 연결살수설비의 송수구의 설치기준을 설명하시오.

해답 송수구의 설치기준(NFTC 503)
① 소방차가 쉽게 접근할 수 있고 노출된 장소에 설치할 것
② 가연성 가스의 저장·취급시설에 설치하는 연결살수설비의 송수구는 그 방호대상물로부터 20[m] 이상의 거리를 두거나 방호대상물에 면하는 부분이 높이 1.5[m] 이상 폭 2.5[m] 이상의 철근콘크리트 벽으로 가려진 장소에 설치해야 한다.
③ 송수구는 구경 65[mm]의 쌍구형으로 설치할 것. 다만, 하나의 송수구역에 부착하는 살수헤드의 수가 10개 이하인 것은 단구형인 것으로 할 수 있다.
④ 개방형 헤드를 사용하는 송수구의 호스접결구는 각 송수구역마다 설치할 것. 다만, 송수구역을 선택할 수 있는 선택밸브가 설치되어 있고 각 송수구역의 주요구조부가 내화구조로 되어 있는 경우에는 그렇지 않다.
⑤ 소방관의 호스연결 등 소화작업에 용이하도록 지면으로부터 높이가 0.5[m] 이상 1[m] 이하의 위치에 설치할 것
⑥ 송수구로부터 주배관에 이르는 연결배관에는 개폐밸브를 설치하지 않을 것. 다만, 스프링클러설비·물분무소화설비·포소화설비 또는 연결송수관설비의 배관과 겸용하는 경우에는 그렇지 않다.
⑦ 송수구의 부근에는 "연결살수설비 송수구"라고 표시한 표지와 송수구역 일람표를 설치할 것. 다만, 선택밸브를 설치한 경우에는 그렇지 않다.
⑧ 송수구에는 이물질을 막기 위한 마개를 씌워야 한다.

41 연결살수설비의 선택밸브의 설치기준을 설명하시오.

해답 **선택밸브의 설치기준**(NFTC 503)
다만, 송수구를 송수구역마다 설치한 때에는 그렇지 않다.
① 화재 시 연소의 우려가 없는 장소로서 조작 및 점검이 쉬운 위치에 설치할 것
② 자동개방밸브에 따른 선택밸브를 사용하는 경우에는 송수구역에 방수하지 않고 자동밸브의 작동시험이 가능하도록 할 것
③ 선택밸브의 부근에는 송수구역 일람표를 설치할 것

42 연결살수설비에서 소방용 합성수지배관으로 설치할 수 있는 경우를 쓰시오.

해답 **소방용 합성수지배관으로 설치할 수 있는 경우**(NFTC 503)
① 배관을 지하에 매설하는 경우
② 다른 부분과 내화구조로 구획된 덕트 또는 피트의 내부에 설치하는 경우
③ 천장(상층이 있는 경우에는 상층바닥의 하단을 포함한다)과 반자를 불연재료 또는 준불연재료로 설치하고 소화배관 내부에 항상 소화수가 채워진 상태로 설치하는 경우

43 연결살수설비의 화재안전기술기준에서 폐쇄형 헤드를 사용하는 연결살수설비의 주배관은 배관 또는 수조 접속에 해당하는 경우를 설명하시오.

해답 배관 또는 수조에 접속하는 경우
① 옥내소화전설비의 주배관(옥내소화전설비가 설치된 경우에 한한다)
② 수도배관(연결살수설비가 설치된 건축물 안에 설치된 수도배관 중 구경이 가장 큰 배관을 말한다)
③ 옥상에 설치된 수조(다른 설비의 수조를 포함한다)

44 연결살수설비 전용헤드를 사용하는 경우 전용헤드 수별 급수관의 구경을 표로 작성하시오.

해답 전용헤드 수별 급수관의 구경(NFTC 503)

하나의 배관에 부착하는 연결살수설비 전용헤드의 개수	1개	2개	3개	4개 또는 5개	6개 이상 10개 이하
배관의 구경[mm]	32	40	50	65	80

45 습식 연결살수설비 외의 설비에는 상향식 스프링클러설비를 설치해야 하는데 예외 규정을 쓰시오.

해답 예외 규정(NFTC 503)
① 드라이펜던트 스프링클러헤드를 사용하는 경우
② 스프링클러헤드의 설치장소가 동파의 우려가 없는 곳인 경우
③ 개방형 스프링클러헤드를 사용하는 경우

46 연결살수설비의 헤드를 설치하지 않아도 되는 경우 10가지를 기술하시오.

해답 연결살수설비의 헤드 설치제외 장소(NFTC 503)
① 상점(판매시설과 운수시설을 말하며, 바닥면적이 150[m^2] 이상인 지하층에 설치된 것을 제외)으로서 주요구조부가 내화구조 또는 방화구조로 되어 있고 바닥면적이 500[m^2] 미만으로 방화구획되어 있는 특정소방대상물 또는 그 부분
② 계단실(특별피난계단의 부속실은 포함한다)·경사로·승강기의 승강로·파이프덕트·목욕실·수영장(관람석 부분은 제외한다)·화장실·직접 외기에 개방되어 있는 복도 그 밖의 이와 유사한 장소
③ 통신기기실·전자기기실·기타 이와 유사한 장소
④ 발전실·변전실·변압기·기타 이와 유사한 전기설비가 설치되어 있는 장소
⑤ 병원의 수술실·응급처치실·기타 이와 유사한 장소
⑥ 천장·반자 중 한쪽이 불연재료로 되어 있고 천장과 반자 사이의 거리가 1[m] 미만인 부분
⑦ 천장 및 반자가 불연재료 외의 것으로 되어 있고 천장과 반자 사이의 거리가 0.5[m] 미만인 부분
⑧ 펌프실·물탱크실 그 밖의 이와 비슷한 장소
⑨ 현관 또는 로비 등으로서 바닥으로부터 높이가 20[m] 이상인 장소
⑩ 냉장창고의 영하의 냉장실 또는 냉동창고의 냉동실

47 연결살수설비에서 불연재료로 된 특정소방대상물에 헤드를 설치하지 않아도 되는 장소를 쓰시오.

해답 ▶ 불연재료로 된 특정소방대상물에 헤드설치 제외 장소(NFTC 503)
① 정수장·오물처리장 그 밖의 이와 비슷한 장소
② 펄프공장의 작업장·음료수공장의 세정 또는 충전하는 작업장 그 밖의 이와 비슷한 장소
③ 불연성의 금속·석재 등의 가공공장으로서 가연성물질을 저장 또는 취급하지 않는 장소

48 연결살수설비 점검표에서 송수구의 종합점검항목을 쓰시오.

해답 ▶ 송수구의 종합점검항목(소방시설 자체점검사항 등에 관한 고시 별지 4)
① 설치장소 적정 여부
② 송수구 구경(65[mm]) 및 형태(쌍구형) 적정 여부
③ 송수구역별 호스접결구 설치 여부(개방형 헤드의 경우)
④ 설치높이 적정 여부
⑤ 송수구에서 주배관상 연결배관 개폐밸브 설치 여부
⑥ "연결살수설비 송수구" 표지 및 송수구역 일람표 설치 여부
⑦ 송수구 마개 설치 여부
⑧ 송수구의 변형 또는 손상 여부
⑨ 자동배수밸브 및 체크밸브 설치 순서 적정 여부
⑩ 자동배수밸브 설치 상태 적정 여부
⑪ 1개 송수구역 설치 살수헤드 수량 적정 여부(개방형 헤드의 경우)

> 작동점검항목은 ①, ②, ③, ④, ⑥, ⑦, ⑧, ⑩번만 해당된다.

49 연결살수설비 점검표에서 배관 등의 종합점검항목을 쓰시오.

해답 ▶ 배관 등의 종합점검항목(소방시설 자체점검사항 등에 관한 고시 별지 4)
① 급수배관 개폐밸브 설치 적정(개폐표시형, 흡입 측 버터플라이 제외) 여부
② 동결방지조치 상태 적정 여부(습식의 경우)
③ 주배관과 타설비 배관 및 수조 접속 적정 여부(폐쇄형 헤드의 경우)
④ 시험장치 설치 적정 여부(폐쇄형 헤드의 경우)
⑤ 다른 설비의 배관과의 구분 상태 적정 여부

> 작동점검항목은 ①, ④번만 해당된다.

50 연결살수설비 점검표에서 헤드의 종합점검항목을 쓰시오.

해답 헤드의 종합점검항목(소방시설 자체점검사항 등에 관한 고시 별지 4)
① 헤드의 변형·손상 유무
② 헤드 설치 위치·장소·상태(고정) 적정 여부
③ 헤드 살수장애 여부

> 작동점검항목은 종합점검항목과 같다.

51 비상콘센트설비의 전원회로(전력을 공급하는 회로)의 설치기준을 설명하시오.

해답 전원회로의 설치기준(NFTC 504)
① 비상콘센트설비의 전원회로는 단상교류 220[V]인 것으로서, 그 공급용량은 1.5[kVA] 이상인 것으로 할 것
② 전원회로는 각 층에 2 이상이 되도록 설치할 것. 다만, 설치해야 할 층의 비상콘센트가 1개인 때에는 하나의 회로로 할 수 있다.
③ 전원회로는 주배전반에서 전용회로로 할 것. 다만, 다른 설비 회로의 사고에 따른 영향을 받지 않도록 되어 있는 것은 그렇지 않다.
④ 전원으로부터 각 층의 비상콘센트에 분기되는 경우에는 분기배선용 차단기를 보호함 안에 설치할 것
⑤ 콘센트마다 배선용 차단기(KS C 8321)를 설치해야 하며, 충전부가 노출되지 않도록 할 것
⑥ 개폐기에는 "비상콘센트"라고 표시한 표지를 할 것
⑦ 비상콘센트용의 풀박스 등은 방청도장을 한 것으로서, 두께 1.6[mm] 이상의 철판으로 할 것
⑧ 하나의 전용회로에 설치하는 비상콘센트는 10개 이하로 할 것. 이 경우 전선의 용량은 각 비상콘센트(비상콘센트가 3개 이상인 경우에는 3개)의 공급용량을 합한 용량 이상의 것으로 해야 한다.

52 비상콘센트설비의 설치기준을 기술하시오.

해답 설치기준(NFTC 504)
① 바닥으로부터 높이 0.8[m] 이상 1.5[m] 이하의 위치에 설치할 것
② 비상콘센트의 배치

특정소방대상물		설치기준
㉮ 바닥면적이 1,000[m²] 미만인 층		계단의 출입구(계단의 부속실을 포함하며 계단이 2 이상 있는 경우에는 그중 1개의 계단을 말한다)로부터 5[m] 이내
㉯ 바닥면적 1,000[m²] 이상인 층		각 계단의 출입구 또는 계단부속실의 출입구(계단의 부속실을 포함하며 계단이 3 이상 있는 층의 경우에는 그중 2개의 계단을 말한다)로부터 5[m] 이내
㉰ 추가로 설치하는 경우	㉠ 지하상가 또는 지하층의 바닥면적의 합계가 3,000[m²] 이상	수평거리 25[m] 이하마다 추가로 설치
	㉡ ㉠에 해당되지 아니하는 것	수평거리 50[m] 이하마다 추가로 설치

53 비상콘센트설비의 보호함 설치기준에 대하여 기술하시오.

해답 비상콘센트의 보호함 설치기준(NFTC 504)
① 보호함에는 쉽게 개폐할 수 있는 문을 설치할 것
② 보호함 표면에 "비상콘센트"라고 표시한 표지를 할 것
③ 보호함 상부에 적색의 표시등을 설치할 것. 다만, 비상콘센트의 보호함을 옥내소화전함 등과 접속하여 설치하는 경우에는 옥내소화전함 등의 표시등과 겸용할 수 있다.

54 비상콘센트설비 점검표에서 전원회로의 종합점검항목을 쓰시오.

해답 전원회로의 종합점검항목(소방시설 자체점검사항 등에 관한 고시 별지 4)
① 전원회로 방식(단상교류 220[V]) 및 공급용량(1.5[kVA] 이상) 적정 여부
② 전원회로 설치개수(각 층에 2이상) 적정 여부
③ 전용 전원회로 사용 여부
④ 1개 전용회로에 설치되는 비상콘센트 수량 적정(10개 이하) 여부
⑤ 보호함 내부에 분기배선용 차단기 설치 여부

55 비상콘센트설비 점검표에서 콘센트의 종합점검항목을 쓰시오.

해답 콘센트의 종합점검항목(소방시설 자체점검사항 등에 관한 고시 별지 4)
① 변형·손상·현저한 부식이 없고 전원의 정상 공급 여부
② 콘센트별 배선용 차단기 설치 및 충전부 노출 방지 여부
③ 비상콘센트 설치높이, 설치위치 및 설치수량 적정 여부

> 작동점검항목은 ①, ③만 해당된다.

56 비상콘센트설비 점검표에서 보호함 및 배선의 종합점검항목을 쓰시오.

해답 보호함 및 배선의 종합점검항목(소방시설 자체점검사항 등에 관한 고시 별지 4)
① 보호함 개폐용이한 문 설치 여부
② "비상콘센트" 표지 설치상태 적정 여부
③ 위치표시등 설치 및 정상 점등 여부
④ 점검 또는 사용상 장애물 유무

> 작동점검항목은 종합점검항목과 같다.

57 무선통신보조설비 옥외안테나 설치기준을 기술하시오.

해답 옥외안테나 설치기준(NFTC 505)
① 건축물, 지하상가, 터널 또는 공동구의 출입구(건축법 시행령 제39조에 따른 출구 또는 이와 유사한 출입구를 말한다) 및 출입구 인근에서 통신이 가능한 장소에 설치할 것
② 다른 용도로 사용되는 안테나로 인한 통신장애가 발생하지 않도록 설치할 것
③ 옥외안테나는 견고하게 파손의 우려가 없는 곳에 설치하고 그 가까운 곳의 보기 쉬운 곳에 "무선통신보조설비 안테나"라는 표시와 함께 통신 가능거리를 표시한 표지를 설치할 것
④ 수신기가 설치된 장소 등 사람이 상시 근무하는 장소에는 옥외안테나의 위치가 모두 표시된 옥외안테나 위치표시도를 비치할 것

58 무선통신보조설비 증폭기 등의 설치기준을 기술하시오.

해답 증폭기 등의 설치기준(NFTC 505)
① 상용전원은 전기가 정상적으로 공급되는 축전지설비, 전기저장장치(외부 전기에너지를 저장해두었다가 필요한 때 전기를 공급하는 장치) 또는 교류전압의 옥내간선으로 하고, 전원까지의 배선은 전용으로 할 것
② 증폭기의 전면에는 주 회로 전원의 정상 여부를 표시할 수 있는 표시등 및 전압계를 설치할 것
③ 증폭기에는 비상전원이 부착된 것으로 하고 해당 비상전원 용량은 무선통신보조설비를 유효하게 30분 이상 작동시킬 수 있는 것으로 할 것
④ 증폭기 및 무선중계기를 설치하는 경우에는 전파법 제58조의2에 따른 적합성 평가를 받은 제품으로 설치하고 임의로 변경하지 않도록 할 것
⑤ 디지털 방식의 무전기를 사용하는 데 지장이 없도록 설치할 것

59 무선통신보조설비 점검표에서 누설동축케이블 등의 종합점검항목을 쓰시오.

해답 누설동축케이블 등의 종합점검항목(소방시설 자체점검사항 등에 관한 고시 별지 4)
① 피난 및 통행 지장 여부(노출하여 설치한 경우)
② 케이블 구성 적정(누설동축케이블 + 안테나 또는 동축케이블 + 안테나) 여부
③ 지지금구 변형·손상 여부
④ 누설동축케이블 및 안테나 설치 적정 및 변형·손상 여부
⑤ 누설동축케이블 말단 '무반사 종단저항' 설치 여부

> 작동점검항목은 ①만 해당된다.

60 무선통신보조설비 점검표에서 무선기기접속단자와 옥외안테나의 종합점검항목을 쓰시오.

해답 무선기기접속단자와 옥외안테나의 종합점검항목(소방시설 자체점검사항 등에 관한 고시 별지 4)
① 설치장소(소방활동 용이성, 상시 근무장소) 적정 여부
② 단자 설치높이 적정 여부
③ 지상 접속단자 설치거리 적정 여부
④ 접속단자 보호함 구조 적정 여부
⑤ 접속단자 보호함 "무선기기접속단자" 표지 설치 여부
⑥ 옥외안테나 통신장애 발생 여부
⑦ 안테나 설치 적정(견고함, 파손 우려)여부
⑧ 옥외안테나에 "무선통신보조설비 안테나" 표지 설치 여부
⑨ 옥외안테나 통신 가능거리 표지 설치 여부
⑩ 수신기 설치장소 등에 옥외안테나 위치표시도 비치 여부

> 작동점검항목은 ①, ⑤, ⑥, ⑦, ⑧, ⑨, ⑩만 해당된다.

61 무선통신보조설비 점검표에서 증폭기 및 무선중계기의 종합점검항목을 쓰시오.

해답 증폭기 및 무선중계기의 종합점검항목(소방시설 자체점검사항 등에 관한 고시 별지 4)
① 상용전원 적정 여부
② 전원표시등 및 전압계 설치상태 적정 여부
③ 증폭기 비상전원 부착 상태 및 용량 적정 여부
④ 적합성 평가 결과 임의 변경 여부

> 작동점검항목은 ②, ④만 해당된다.

62 도로터널에 설치하는 소화기의 설치기준을 쓰시오.

해답 소화기의 설치기준(NFTC 603)

터널 구분	설치기준
• 편도 1차선 양방향 터널 • 3차로 이하의 일방향 터널	주행차로의 우측 측벽에 50[m] 이내의 간격으로 2개 이상 설치
• 편도 2차선 이상의 양방향 터널 • 4차로 이상의 일방향 터널	주행차로의 양쪽 측벽에 각각 50[m] 이내의 간격으로 엇갈리게 2개 이상 설치

63 도로터널에 설치하는 옥내소화전설비 소화전함과 방수구의 설치기준을 쓰시오.

해답 소화전함과 방수구의 설치기준(NFTC 603)

터널 구분	설치기준
• 편도 1차선 양방향 터널 • 3차로 이하의 일방향 터널	주행차로의 우측 측벽을 따라 50[m] 이내의 간격으로 설치
• 편도 2차선 이상의 양방향 터널 • 4차로 이상의 일방향 터널	주행차로의 양쪽 측벽에 각각 50[m] 이내의 간격으로 엇갈리게 설치

64 도로터널에 설치하는 옥내소화전설비의 설치하고자 할 때 다음 물음에 답하시오.

(1) 수원의 사용시간(3차로 이하의 터널의 경우 소화전 2개를 동시에 사용 시)
(2) 방수압력(3차로 이하의 터널의 경우 소화전 2개를 동시에 사용 시)
(3) 방수량(3차로 이하의 터널의 경우 소화전 2개를 동시에 사용 시)
(4) 수원(3차로 이하의 터널의 경우 소화전 2개를 동시에 사용 시)
(5) 비상전원의 용량

해설 옥내소화전설비의 설치기준(NFTC 603)
① 수원은 그 저수량이 옥내소화전의 설치개수 2개(4차로 이상의 터널의 경우 3개)를 동시에 **40분 이상** 사용할 수 있는 충분한 양 이상을 확보할 것
② 가압송수장치는 옥내소화전 2개(4차로 이상의 터널인 경우 3개)를 동시에 사용할 경우 각 옥내소화전의 노즐 선단(끝부분)에서의 **방수압력은 0.35[MPa] 이상**이고 **방수량**은 190[L/min] 이상이 되는 성능의 것으로 할 것. 다만, 하나의 옥내소화전을 사용하는 노즐 선단(끝부분)에서의 방수압력이 0.7[MPa]을 초과할 경우에는 호스접결구의 인입 측에 감압장치를 설치해야 한다.

> **Plus one**
> 옥내소화전설비
> • 방수압력 : 0.35[MPa] 이상
> • 방수량 : 190[L/min] 이상
> • 펌프의 토출량 = 소화전의 수(2개, 4차로 이상의 터널 : 3개) × 190[L/min] 이상
> • 수원 = 소화전의 수(2개, 4차로 이상의 터널 : 3개) × 190[L/min] × 40[min] 이상
>   = 소화전의 수(2개, 4차로 이상의 터널 : 3개) × 7.6[m^3](7,600[L]) 이상

③ 옥내소화전설비의 비상전원은 옥내소화전설비를 유효하게 40분 이상 작동할 수 있어야 할 것

해답
(1) 40분 이상
(2) 0.35[MPa] 이상
(3) 190[L/min] 이상
(4) 소화전의 수(2개) × 7.6[m^3] 이상
(5) 40분 이상

65 도로터널에 설치할 수 있는 감지기의 종류를 쓰시오.

해답 감지기의 종류(NFTC 603)
① 차동식분포형감지기
② 정온식감지선형감지기(아날로그식에 한한다)
③ 중앙기술심의위원회의 심의를 거쳐 터널화재에 적응성이 있다고 인정된 감지기

66. 도로터널에 설치하는 소방시설의 비상전원의 용량을 쓰시오.

(1) 옥내소화전설비
(2) 비상조명등
(3) 제연설비

해답 비상전원의 용량(NFTC 603)
(1) 40분 이상
(2) 60분 이상
(3) 60분 이상

67. 고층건축물의 피난안전구역에 설치하는 소방시설의 설치기준을 쓰시오.

해답 피난안전구역에 설치하는 소방시설 설치기준(NFTC 604)

구 분	설치기준
1. 제연설비	피난안전구역과 비제연구역 간의 차압은 50[Pa](옥내에 스프링클러설비가 설치된 경우에는 12.5[Pa]) 이상으로 해야 한다. 다만, 피난안전구역의 한쪽 면 이상이 외기에 개방된 구조의 경우에는 설치하지 않을 수 있다.
2. 피난유도선	피난유도선은 다음의 기준에 따라 설치해야 한다. 가. 피난안전구역이 설치된 층의 계단실 출입구에서 피난안전구역의 주 출입구 또는 비상구까지 설치할 것 나. 계단실에 설치하는 경우 계단 및 계단참에 설치할 것 다. 피난유도 표시부의 너비는 최소 25[mm] 이상으로 설치할 것 라. 광원점등방식(전류에 의하여 빛을 내는 방식)으로 설치하되, 60분 이상 유효하게 작동할 것
3. 비상조명등	피난안전구역의 비상조명등은 상시 조명이 소등된 상태에서 그 비상조명등이 점등되는 경우 각 부분의 바닥에서 조도는 10[lx] 이상이 될 수 있도록 설치할 것

4. 휴대용 비상조명등	가. 피난안전구역에는 휴대용 비상조명등을 다음의 기준에 따라 설치해야 한다.
	  1) 초고층 건축물에 설치된 피난안전구역 : 피난안전구역 위층의 재실자수(건축물의 피난·방화구조 등의 기준에 관한 규칙 별표 1의2에 따라 산정된 재실자 수를 말한다)의 10분의 1 이상
	  2) 지하연계 복합건축물에 설치된 피난안전구역 : 피난안전구역이 설치된 층의 수용인원(영 별표 7에 따라 산정된 수용인원을 말한다)의 10분의 1 이상
	나. 건전지 및 충전식 건전지의 용량은 40분 이상 유효하게 사용할 수 있는 것으로 한다. 다만, 피난안전구역이 50층 이상에 설치되어 있을 경우의 용량은 60분 이상으로 할 것

5. 인명구조기구	가. 방열복, 인공소생기를 각 2개 이상 비치할 것 나. 45분 이상 사용할 수 있는 성능의 공기호흡기(보조마스크를 포함한다)를 2개 이상 비치해야 한다. 다만, 피난안전구역이 50층 이상에 설치되어 있을 경우에는 동일한 성능의 예비용기를 10개 이상 비치할 것 다. 화재 시 쉽게 반출할 수 있는 곳에 비치할 것 라. 인명구조기구가 설치된 장소의 보기 쉬운 곳에 "인명구조기구"라는 표지판 등을 설치할 것

68 지하구의 화재안전기술기준에서 소화기구 및 자동소화장치의 설치기준을 쓰시오.

해답 소화기구 및 자동소화장치의 설치기준(NFTC 605)
① 소화기의 능력단위
  ㉠ A급 화재 : 개당 3단위 이상
  ㉡ B급 화재 : 개당 5단위 이상
  ㉢ C급 화재 : C급 화재에 적응성이 있는 것으로 할 것
② 소화기 한 대의 총중량은 사용 및 운반의 편리성을 고려하여 7[kg] 이하로 할 것
③ 소화기는 사람이 출입할 수 있는 출입구(환기구, 작업구 포함) 부근에 5개 이상 설치할 것
④ 소화기는 바닥면으로부터 1.5[m] 이하의 높이에 설치할 것
⑤ 소화기의 상부에 "소화기"라고 표시한 조명식 또는 반사식의 표지판을 부착하여 사용자가 쉽게 알 수 있도록 할 것
⑥ 유효설치 방호체적 이내에 가스·분말·고체에어로졸·캐비닛형 자동소화장치의 설치대상 : 지하구 내 발전실·변전실·송전실·변압기실·배전반실·통신기기실·전산기기실·기타 이와 유사한 장소 중 바닥면적이 300[m^2] 미만인 곳
⑦ 가스·분말·고체에어로졸 자동소화장치 또는 소공간용 소화용구의 설치대상 : 제어반 또는 분전반마다 설치할 것

69 지하구의 화재안전기술기준에서 연소방지설비 송수구의 설치기준을 쓰시오.

해답 연소방지설비 송수구의 설치기준(NFTC 605)
① 소방차가 쉽게 접근할 수 있는 노출된 장소에 설치하되, 눈에 띄기 쉬운 보도 또는 차도에 설치할 것
② 송수구는 구경 65[mm]의 쌍구형으로 할 것
③ 송수구로부터 1[m] 이내에 살수구역 안내표지를 설치할 것
④ 지면으로부터 높이가 0.5[m] 이상 1[m] 이하의 위치에 설치할 것
⑤ 송수구의 가까운 부분에 자동배수밸브(또는 직경 5[mm]의 배수공)를 설치할 것. 이 경우 자동배수밸브는 배관 안의 물이 잘 빠질 수 있는 위치에 설치하되, 배수로 인하여 다른 물건 또는 장소에 피해를 주지 않아야 한다.
⑥ 송수구로부터 주배관에 이르는 연결배관에는 개폐밸브를 설치하지 않을 것
⑦ 송수구에는 이물질을 막기 위한 마개를 씌울 것

70 지하구의 화재안전기술기준에서 방화벽의 설치기준을 쓰시오.

해답 방화벽의 설치기준(NFTC 605)
방화벽의 출입문은 항상 닫힌 상태를 유지하거나 자동폐쇄장치에 의하여 화재신호를 받으면 자동으로 닫히는 구조로 해야 한다.
① 내화구조로서 홀로 설 수 있는 구조일 것
② 방화벽의 출입문은 60분+ 방화문 또는 60분 방화문으로 설치할 것
③ 방화벽을 관통하는 케이블·전선 등에는 국토교통부 고시(건축자재 등 품질인정 및 관리기준)에 따라 내화채움구조로 마감할 것
④ 방화벽은 분기구 및 국사·변전소 등의 건축물과 지하구가 연결되는 부위(건축물로부터 20[m] 이내)에 설치할 것
⑤ 자동폐쇄장치를 사용하는 경우에는 자동폐쇄장치의 성능인증 및 제품검사의 기술기준에 적합한 것으로 설치할 것

71 연소방지설비의 점검표에서 방수헤드의 종합점검항목을 쓰시오.

해답 방수헤드의 종합점검항목(소방시설 자체점검사항 등에 관한 고시 별지 4)
① 헤드의 변형·손상 유무
② 헤드 살수장애 여부
③ 헤드 상호 간 거리 적정 여부
④ 살수구역 설정 적정 여부

> 작동점검항목은 ①, ②, ③만 해당된다.

72 연소방지설비의 점검표에서 송수구의 종합점검항목을 쓰시오.

해답 송수구의 종합점검항목(소방시설 자체점검사항 등에 관한 고시 별지 4)
① 설치장소 적정 여부
② 송수구 구경(65mm) 및 형태(쌍구형)적정 여부
③ 송수구 1[m] 이내 살수구역 안내표지 설치상태 적정 여부
④ 설치높이 적정 여부
⑤ 자동배수밸브 설치상태 적정여부
⑥ 연결배관에 개폐밸브를 설치한 경우 개폐상태 확인 및 조작 가능 여부
⑦ 송수구 마개 설치상태 적정 여부

> 작동점검항목은 ①, ③, ④, ⑦만 해당된다.

73 건설현장의 화재안전기술기준에서 설치기준을 쓰시오.

(1) 소화기
(2) 비상경보장치
(3) 간이피난유도선

해답 건설현장의 설치기준(NFTC 606)
 (1) 소화기의 설치기준
  ① 소화기의 소화약제는 소화기구 및 자동소화장치의 화재안전기술기준(NFTC 101)의 표 2.1.1.1에 따른 적응성이 있는 것을 설치할 것
  ② 각 층 계단실마다 계단실 출입구 부근에 능력단위 3단위 이상인 소화기 2개 이상을 설치하고, 영 제18조 제1항에 해당하는 작업을 하는 경우 작업종료 시까지 작업지점으로부터 5[m] 이내의 쉽게 보이는 장소에 능력단위 3단위 이상인 소화기 2개 이상과 대형소화기 1개 이상을 추가 배치할 것
  ③ "소화기"라고 표시한 축광식 표지를 소화기 설치장소 보기 쉬운 곳에 부착해야 한다.
 (2) 비상경보장치의 설치기준
  ① 피난층 또는 지상으로 통하는 각 층 직통계단의 출입구마다 설치할 것
  ② 발신기를 누를 경우 해당 발신기와 결합된 경종이 작동할 것. 이 경우 다른 장소에 설치된 경종도 함께 연동하여 작동되도록 설치할 수 있다.
  ③ 발신기의 위치표시등은 함의 상부에 설치하되, 그 불빛은 부착면으로부터 15° 이상의 범위 안에서 부착지점으로부터 10[m] 이내의 어느 곳에서도 쉽게 식별할 수 있는 적색등으로 할 것
  ④ 시각경보장치는 발신기함 상부에 위치하도록 설치하되 바닥으로부터 2[m] 이상 2.5[m] 이하의 높이에 설치하여 건설현장의 각 부분에 유효하게 경보할 수 있도록 할 것
  ⑤ "비상경보장치"라고 표시한 표지를 비상경보장치 상단에 부착할 것
 (3) 간이피난유도선의 설치기준
  ① 영 제18조 제2항 별표 8 제2호 마목에 따른 지하층이나 무창층에는 간이피난유도선을 녹색 계열의 광원점등방식으로 해당 층의 직통계단마다 계단의 출입구로부터 건물 내부로 10[m] 이상의 길이로 설치할 것
  ② 바닥으로부터 1[m] 이하의 높이에 설치하고, 피난유도선이 점멸하거나 화살표로 표시하는 등의 방법으로 작업장의 어느 위치에서도 피난유도선을 통해 출입구로의 피난방향을 알 수 있도록 할 것
  ③ 층 내부에 구획된 실이 있는 경우에는 구획된 각 실로부터 가장 가까운 직통계단의 출입구까지 연속하여 설치할 것

74 전기저장시설의 화재안전기술기준에서 설치기준을 쓰시오.

(1) 배터리용 소화장치
(2) 배출설비
(3) 전기저장장치의 설치장소

해답 전기저장시설의 설치기준(NFTC 607)
  (1) 배터리용 소화장치
    ① 옥외형 전기저장장치 설비가 컨테이너 내부에 설치된 경우
    ② 옥외형 전기저장장치 설비가 다른 건축물, 주차장, 공용도로, 적재된 가연물, 위험물 등으로부터 30[m] 이상 떨어진 지역에 설치된 경우
  (2) 배출설비
    ① 배풍기·배출덕트·후드 등을 이용하여 강제적으로 배출할 것
    ② 바닥면적 1[m^2]에 시간당 18[m^3] 이상의 용량을 배출할 것
    ③ 화재감지기의 감지에 따라 작동할 것
    ④ 옥외와 면하는 벽체에 설치할 것
  (3) 전기저장장치의 설치장소
    전기저장장치는 관할 소방대의 원활한 소방활동을 위해 지면으로부터 지상 22[m](전기저장장치가 설치된 전용 건축물의 최상부 끝단까지의 높이) 이내, 지하 9[m](전기저장장치가 설치된 바닥면까지의 깊이) 이내로 설치해야 한다.

75 공동주택의 화재안전기술기준에서 공동주택의 정의를 쓰시오.

해답 공동주택(NFTC 608)
  ① 아파트 등 : 주택으로 쓰는 층수가 5층 이상인 주택
  ② 연립주택 : 주택으로 쓰는 1개 동의 바닥면적(2개 이상의 동을 지하주차장으로 연결하는 경우에는 각각의 동으로 본다) 합계가 660[m^2]를 초과하고 층수가 4개층 이하인 주택
  ③ 다세대주택 : 주택으로 쓰는 1개 동의 바닥면적(2개 이상의 동을 지하주차장으로 연결하는 경우에는 각각의 동으로 본다) 합계가 660[m^2] 이하이고 층수가 4개층 이하인 주택
  ④ 기숙사 : 학교 또는 공장 등의 학생 또는 종업원 등을 위하여 쓰는 것으로서 1개 동의 공동취사시설 이용 세대 수가 전체의 50[%] 이상인 것(학생복지주택, 공공매입임대주택 중 독립된 주거의 형태를 갖추지 않는 것을 포함한다)

76 공동주택의 화재안전기술기준에서 소화기구의 설치기준을 쓰시오.

해답 소화기구의 설치기준(NFTC 608)
① 바닥면적 100[m²]마다 1단위 이상의 능력단위를 기준으로 설치할 것
② 아파트 등의 경우 각 세대 및 공용부(승강장, 복도 등)마다 설치할 것

77 공동주택의 화재안전기술기준에서 비상방송설비의 설치기준을 쓰시오.

해답 비상방송설비의 설치기준(NFTC 608)
① 확성기는 각 세대마다 설치할 것
② 아파트 등의 경우 실내에 설치하는 확성기 음성입력은 2[W] 이상일 것

78 공동주택의 화재안전기술기준에서 비상콘센트의 설치기준을 쓰시오.

해답 비상콘센트의 설치기준(NFTC 608)
아파트 등의 경우에는 계단의 출입구(계단의 부속실을 포함하며 계단이 2개 이상 있는 경우에는 그중 1개의 계단을 말한다)로부터 5[m] 이내에 비상콘센트를 설치하되, 그 비상콘센트로부터 해당 층의 각 부분까지의 수평거리가 50[m]를 초과하는 경우에는 비상콘센트를 추가로 설치해야 한다.

79. 창고시설의 화재안전기술기준에서 설치기준을 쓰시오.

(1) 자동소화장치
(2) 옥내소화전설비
(3) 비상방송설비
(4) 유도등

해답 창고시설의 설치기준(NFTC 609)
(1) 소화기구 및 자동소화장치의 설치기준
  창고시설 내 배전반 및 분전반마다 가스자동소화장치·분말자동소화장치·고체에어로졸 자동소화장치 또는 소공간용 소화용구를 설치해야 한다.
(2) 옥내소화전설비의 설치기준
  ① 수원의 저수량은 옥내소화전의 설치개수가 가장 많은 층의 설치개수(2개 이상 설치된 경우에는 2개)에 5.2[m^3](호스릴 옥내소화전설비를 포함한다)를 곱한 양 이상이 되도록 해야 한다.
  ② 사람이 상시 근무하는 물류창고 등 동결의 우려가 없는 경우에는 옥내소화전설비의 화재안전기술기준(NFTC 102) 2.2.1.9의 단서를 적용하지 않는다.
  ③ 비상전원은 자가발전설비, 축전지설비(내연기관에 따른 펌프를 사용하는 경우에는 내연기관의 기동 및 제어용 축전지를 말한다) 또는 전기저장장치(외부 전기에너지를 저장해 두었다가 필요한 때 전기를 공급하는 장치)로서 옥내소화전설비를 유효하게 40분 이상 작동할 수 있어야 한다.
(3) 비상방송설비의 설치기준
  ① 확성기의 음성입력은 3[W](실내에 설치하는 것을 포함한다) 이상으로 해야 한다.
  ② 창고시설에서 발화한 때에는 전 층에 경보를 발해야 한다.
  ③ 비상방송설비에는 그 설비에 대한 감시상태를 60분간 지속한 후 유효하게 30분 이상 경보할 수 있는 축전지설비(수신기에 내장하는 경우를 포함한다) 또는 전기저장장치를 설치해야 한다.
(4) 유도등의 설치기준
  ① 피난구유도등과 거실통로유도등은 대형으로 설치해야 한다.
  ② 연면적 15,000[m^2] 이상인 창고시설의 지하층 및 무창층에 설치하는 피난유도선의 설치기준
    ㉠ 광원점등방식으로 바닥으로부터 1[m] 이하의 높이에 설치할 것
    ㉡ 각 층 직통계단 출입구로부터 건물 내부 벽면으로 10[m] 이상 설치할 것
    ㉢ 화재 시 점등되며 비상전원 30분 이상을 확보할 것
    ㉣ 피난유도선은 소방청장이 정하여 고시하는 피난유도선 성능인증 및 제품검사의 기술기준에 적합한 것으로 설치할 것

80 창고시설의 화재안전기술기준에서 스프링클러설비에 대한 설치기준을 쓰시오.

(1) 창고시설에 설치하는 스프링클러설비는 라지드롭형 스프링클러헤드를 습식으로 설치해야 한다. 이때 건식으로 할 수 있는 경우
(2) 창고시설의 수원의 저수량
(3) 창고시설의 가압송수장치의 송수량

해답 **창고시설의 설치기준**(NFTC 609)
(1) 건식 스프링클러설비로 설치할 수 있는 경우
  ① 냉동창고 또는 영하의 온도로 저장하는 냉장창고
  ② 창고시설 내에 상시 근무자가 없어 난방을 하지 않는 창고시설
(2) 창고시설의 수원의 저수량
  ① 라지드롭형 스프링클러헤드의 설치개수가 가장 많은 방호구역의 설치개수(30개 이상 설치된 경우에는 30개)에 $3.2[m^3]$(랙식 창고의 경우에는 $9.6[m^3]$)를 곱한 양 이상이 되도록 할 것
  ② 화재조기진압용 스프링클러설비를 설치하는 경우 화재조기진압용 스프링클러설비의 화재안전기술기준(NFTC 103B) 2.2.1에 따를 것
(3) 창고시설의 가압송수장치의 송수량
  ① 가압송수장치의 송수량은 0.1[MPa]의 방수압력 기준으로 160[L/min] 이상의 방수성능을 가진 기준개수의 모든 헤드로부터의 방수량을 충족시킬 수 있는 양 이상인 것으로 할 것. 이 경우 속도수두는 계산에 포함하지 않을 수 있다.
  ② 화재조기진압용 스프링클러설비를 설치하는 경우 화재조기진압용 스프링클러설비의 화재안전기술기준(NFTC 103B) 2.3.1.10에 따를 것

81 지하구의 통합감시시설 구축기준을 기술하시오.

해답 **지하구의 통합감시시설 구축기준**(NFTC 605)
① 소방관서와 지하구의 통제실 간에 화재 등 소방활동과 관련된 정보를 상시 교환할 수 있는 정보통신망을 구축할 것
② 정보통신망(무선통신망을 포함한다)은 광케이블 또는 이와 유사한 성능을 가진 선로일 것
③ 수신기는 지하구의 통제실에 설치하되 화재신호, 경보, 발화지점 등 수신기에 표시되는 정보가 표 2.8.1.3에 적합한 방식으로 119상황실이 있는 관할 소방관서의 정보통신장치에 표시되도록 할 것

82 방화셔터의 작동점검에서 연동시험방법을 기술하시오.

해답 방화셔터의 연동시험방법
① 1단 강하 방화셔터
  ㉠ 셔터의 부근에 설치된 감지기를 동작시킨다.
  ㉡ 수신반에서 화재동작을 확인하고 방화셔터의 스위치를 연동위치로 전환한다.
  ㉢ 연동위치로 전환하면 폐쇄기의 작동으로 셔터가 바닥까지 내려와 완전폐쇄가 된다.
② 2단 강하 방화셔터
  ㉠ 셔터의 부근에 설치된 연기감지기를 동작시킨다.
  ㉡ 수신반에서 화재동작을 확인하고 방화셔터의 스위치를 연동위치로 전환한다.
  ㉢ 연동위치로 전환하면 폐쇄기의 작동으로 셔터가 1단 강하한다.
  ㉣ 1단 강하 후 다시 열감지기를 동작시키면 바닥까지 내려와 완전폐쇄가 된다.

83 현장에 설치된 방화셔터를 점검하고자 할 때 점검방법을 쓰시오.

해답 방화셔터 점검방법
① 연동제어기의 수동스위치(Up-Down 스위치)로 셔터를 하강 및 상승을 확인한다.
② 감지기를 동작시켜 방화셔터가 정상적으로 폐쇄되는지 확인한다.
  ㉠ 1단 강하셔터인 경우 : 감지기 동작 시 셔터가 완전히 폐쇄되는지 확인한다.
  ㉡ 2단 강하셔터인 경우 : 1차로 연기감지기 동작(1단 강하)시 일부폐쇄(1[m] 만 하강)되고, 열감지기 동작(2단 강하)시 완전 폐쇄되는지 확인한다.
③ 완전 폐쇄되었는지 확인하고, 비상구(출입문)가 정상적으로 피난방향으로 열리는지 확인한다(일체형 방화셔터가 아니면 3[m] 이내에 방화문이 설치되어 있는지 확인한다).
④ 일체형이면 방화셔터 상부에, 일체형이 아니면 방화문 상부에 피난구유도등의 설치 여부를 확인한다.
⑤ 화재감지기 동작 시 연동제어기에서 음향(버저)이 명동되는지 확인한다.
⑥ 수신반에서 셔터 동작 시 감지기 및 작동표시등의 점등되는지 확인한다.
⑦ 동시에 여러 개의 셔터가 폐쇄되는 경우 수신반에서 동시에 폐쇄되는지 확인한다.
⑧ 수신반에서 연동정지위치로 하고 현장에서 셔터를 정상 위치로 정상복구한다.

PART 03

기타 사항

CHAPTER 01 점검기구의 사용방법
CHAPTER 02 소방시설 도시기호
CHAPTER 03 소방시설 등 외관점검표

점검실무행정
www.sdedu.co.kr

알림
- 이 책의 외래어 표기는 국립국어원의 외래어 표기법을 따랐으며, 화학 용어는 대한화학회 화합물 명명법에 따라 한글 새이름을 반영하였습니다.
- 소방관계법령의 잦은 개정으로 도서의 내용이 달라질 수 있음을 알려드립니다. 자세한 사항은 법제처 사이트(https://www.moleg.go.kr)를 참고 바랍니다.

CHAPTER 01 점검기구의 사용방법

PART 03 기타 사항

점검기구의 사용방법은 제조사마다 제품 사용법이 각기 다르므로 관리사 시험 초기에는 출제되었으나 현재는 드물게 출제되고 있습니다.

1 소화기구

(1) 소화기 고정틀

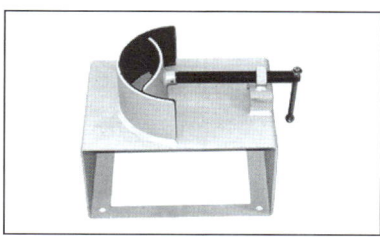

① 용도 : 소화기 점검 시 소화기의 뚜껑을 열고자 할 때 소화기를 고정시키기 위한 기구
② 사용법 : 소화기를 고정틀 위에 올려놓은 후 핸들을 시계방향으로 돌려 소화기를 고정시킨다.

(2) 저울, 비커

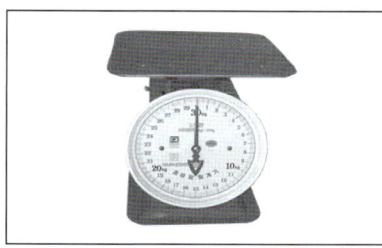 

① 용도 : 분말 소화약제의 침강시험을 하기 위한 기구
② 사용법
  ㉠ 시료 2[g]을 담수를 담은 200[mL] 비커의 수면 위에 골고루 균일하게 살포하여 1시간 이내에 침강하지 않는지를 확인한다.
  ㉡ 1시간 이내에 침강하는 것은 불합격으로 하고 소화약제는 폐기한다.
③ 주의사항
  ㉠ 저울은 미립자를 측정하는 계기로 심한 충격 등을 가하지 않도록 주의한다.
  ㉡ 비커는 사용 후 반드시 깨끗한 물로 씻어둘 것

(3) 내부조명기, 반사경

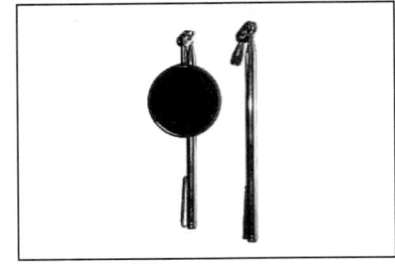
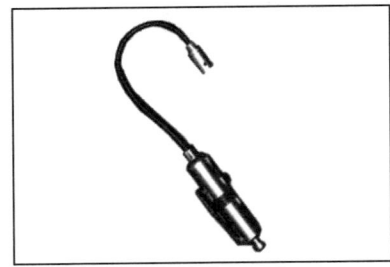

① 용도 : 소화기 내면의 부식, 방청상태 등을 점검하는 데 사용
② 사용법
    ㉠ 소화기를 고정틀에 고정시킨 후 소화기의 뚜껑을 해당 규격의 Cap Spanner로 열고 내부에 내부조명기로 비춘다.
    ㉡ 반사경을 소화기의 내면에 넣고 내면의 부식 또는 방청 등 유무를 점검한다.

(4) 캡 스패너

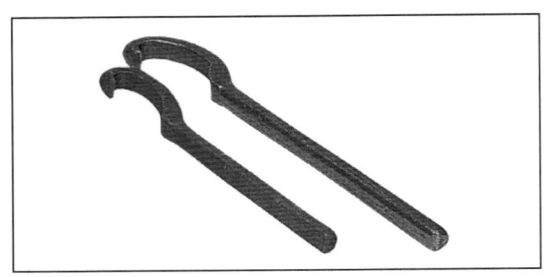

① 용도 : 소화기 본체의 뚜껑을 여는 데 사용
② 사용법 : 소화기의 크기에 따라 대, 중, 소로 구별되어 있으므로 규격에 맞게 선택하여 소화기 뚜껑의 홈이 진 부분에 정확히 맞추어 돌린다.
③ 주의사항
    ㉠ 이때 너무 무리한 힘을 가하거나 하여 소화기의 몸체에 손상을 입히지 않도록 각별히 주의한다.
    ㉡ 축압식 소화기는 소화기를 뒤집어서 안전핀을 제거한 다음 N_2가스를 방출한 후 뚜껑을 연다.
    ㉢ 가압식 소화기는 봄베(CO_2)용기를 별도 저장한다.

(5) 가압용기 스패너

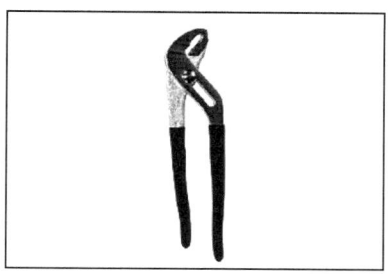

① 용도 : 가압식 분말소화기 등 소화기구 내부에 가압용 가스용기를 가진 소화기의 점검에 사용
② 사용법
　㉠ 가압용 가스용기를 점검하기 위하여 본체용기로부터 떼어내는 데 사용한다.
　㉡ 가압용기 Spanner를 적당한 크기로 벌려서 가압용 가스 용기를 본체로부터 떼어낸다.
　㉢ 주의사항 : 이때 가압용 가스용기 및 봉판 등에 손상을 입히지 않도록 너무 무리한 힘을 가하지 않는다.

2 옥내·외소화전설비

(1) 소화전밸브 압력계

① 용 도
　㉠ 소화전 설비의 방수압력을 측정한다.
　㉡ 방수압 측정이 곤란한 경우 정압을 측정하는 데 사용한다.
② 사용법
　㉠ 옥내의 소화전 방수구에 연결된 노즐을 제거한다.
　㉡ 소화전 밸브 압력계의 어댑터(Adapter)(40[mm] 또는 65[mm])를 소화전 밸브에 연결하고 소화전 밸브를 연 다음 압력계 밸브를 열어 방수압력(정압)을 측정한다.
③ 주의사항
　㉠ 특히 어댑터를 확실하게 연결하지 않으면 누수될 우려가 있으므로 주의해야 한다.
　㉡ 측정이 끝난 후 Air Cock를 개방하여 기기 내의 압력을 제거하고 기구를 방수구에서 분리한다.

(2) 방수압력 측정계

① 용도 : 옥내·외 소화전설비의 방수압력을 측정하며 동압을 측정하는 데 사용(수압 측정 및 유량 측정)
② 사용법

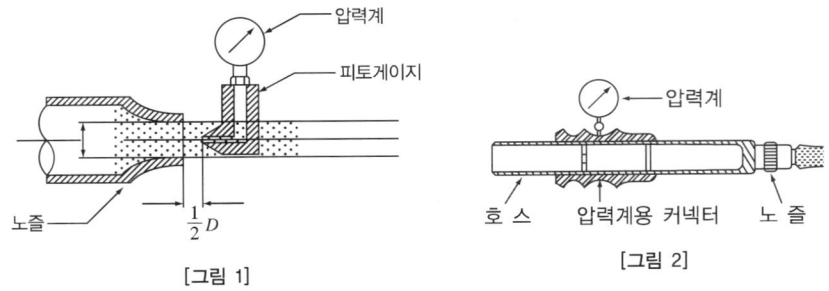

[그림 1]　　　　　　　　　　[그림 2]

비상전원으로 절환하여 직접 조작 또는 원격조작의 기동장치를 조작하여 기능을 확인하고, 방수압력 및 방수량은 다음에 따라 확인할 것
㉠ 방수압 시험은 가압송수장치로부터 가장 멀고 높은 위치에 설치된 소화전(최대 2개)을 선택한다.
㉡ 봉상방수의 측정은 방수 시 노즐 선단(끝부분)으로부터 노즐 구경의 1/2 떨어진 곳에 피토관(Pitot Tube)의 중심선과 방수류가 일치하는 위치에 피토관의 선단(끝부분)이 오게 하여 압력계의 지시치를 확인할 것[그림 1]
㉢ 피토관으로 측정할 수 없거나 분무 노즐 방수의 측정은 호스결합 금속구와 노즐 사이에 압력계를 부착한 관로연결 금속구를 결합하여 방수하며, 방수 시의 압력계 지시치를 읽어 확인할 것[그림 2]
㉣ 방수량은 다음 식에 의해 산정할 것

$$Q = 0.6597 CD^2 \sqrt{10P}$$

여기서, Q : 방수량[L/min]
　　　　C : 유량계수
　　　　D : 노즐의 구경[mm]
　　　　P : 방수압력[MPa]

3 스프링클러설비, 포소화설비

(1) 포 컬렉터 및 포 콘테이너

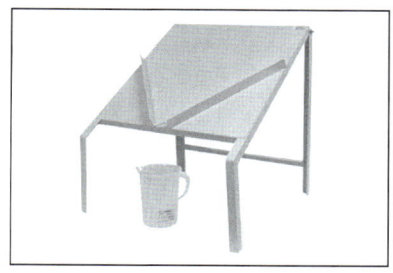 

① 용도 : 포소화약제의 발포 성능 시험을 위하여 포를 채집하고 포 수용액 및 채집된 포를 담아 놓기 위하여 사용되는 기구

② 사용법
  ㉠ 발포지점의 위치에 1,400[mL] 포 시료 용기 2개를 얹어 놓은 포 컬렉터를 설치한다.
  ㉡ 해당 용기에 포를 가득 채운 후 시료를 외부로 옮긴다.
  ㉢ 똑바른 나무막대로 용기 상면을 평평하게 하고 용기 외측 및 밑면에 부착된 포를 제거한다.
  ㉣ 발포 배율을 계산한다.

$$발포\ 배율 = \frac{1,400[mL]}{포\ 콘테이너\ 중량을\ 제외한\ 전중량[g]}$$

(2) 헤드 결합렌치

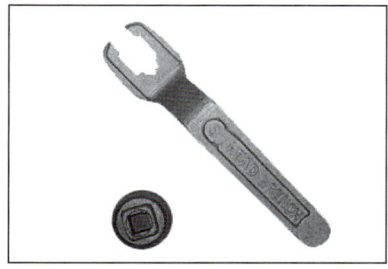

① 용도 : 스프링클러설비의 헤드를 연결배관으로부터 설치하거나 떼어내는 데 사용하는 기구

② 주의사항
  ㉠ 헤드의 나사부분이 손상이 가지 않도록 한다.
  ㉡ 감열부분이나 Deflector에 무리한 힘을 가하여 헤드의 기능을 손상시키지 않도록 한다.

4 이산화탄소, 할론, 분말소화설비

(1) 입도계

① 용도 : 분말약제의 입도시험(미세도 시험)을 위해 사용되는 기구
② 사용법
　㉠ 균일하게 혼합된 시료를 100[g] 정량한다.
　㉡ 분말약제를 다단식으로 장착한 표준체에 10분간 진동하여 통과시킨 후 시험체의 잔량을 구한다.
　　㉮ ABC 분말소화기 검정기준 80, 100, 200, 325번체로 되어 있다.

표준체	ABC분말(잔량[%])	
	최 소	최 대
80[mesh](180[μm])	0	0
100[mesh](150[μm])	0	10
200[mesh](75[μm])	12	25
325[mesh](45[μm])	12	25

　　㉯ 진동회수 : 280~350회/분
　　㉰ 진폭 : 3~5[cm]
　　㉱ 잔량률[%] = $\dfrac{잔량[g]}{시료[g]}$
　　㉲ 시료 1개에 대하여 3회 실시한 산술 평균치 : 잔량률

(2) 검량계

① 용도 : 가스계 및 분말용기의 약제 중량을 측정하는 기구(원칙 : 액화가스 Level Meter 사용)

(3) 토크렌치

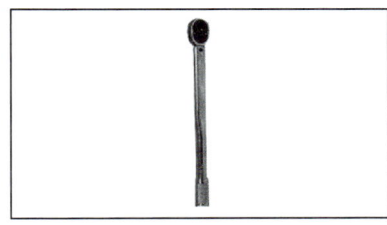

① 용도 : 소화설비 배관을 접속할 경우 볼트, 너트 또는 동관 등의 부속품을 접속 시 무리한 힘으로 조일 경우 부속품이 손상되는 것을 방지하기 위하여 토크를 설정하여 그 이상 조여지지 않도록 하기 위한 기구

$$T(\text{Torque}) = F \times r [\text{N} \cdot \text{m}] \qquad F = 질량(m) \times 가속도(a)$$

② 사용법
  ㉠ 손잡이를 왼쪽으로 돌려 몸체부분이 돌아갈 수 있도록 한다.
  ㉡ 몸체 부분을 좌우로 돌려 원하는 Torque[N·m]에 맞춘 후 손잡이를 오른쪽으로 돌려 고정시킨다.
  ㉢ 볼트 등에 알맞는 Box 또는 Spanner를 결합 사용

(4) 기동관 누설시험기 25 회 출제

① 용도 : 가스계 소화설비의 기동용 동관 부분의 누설을 시험하기 위한 기구로 압력을 조정할 수 있는 조정기와 압력 Gauge가 부착되어 있다.
② 사용법
  ㉠ 호스에 부착된 밸브를 잠그고 압력조정기 연결부에 호스를 연결한다.
  ㉡ 호스 끝을 기동관에 견고히 연결한다.
  ㉢ 용기에 부착된 밸브를 서서히 연다.
  ㉣ 게이지 압력을 1[MPa] 미만으로 조정하고 압력조정기의 레버를 서서히 조인다.
  ㉤ 본 용기와 연결된 차단밸브가 모두 잠겼는지 확인한다.
  ㉥ 호스 끝에 부착된 밸브를 서서히 열어 압력이 0.5[MPa]이 되게 한다.

ⓧ 거품액을 붓에 묻혀 기동관의 각 부분에 칠을 하여 누설 여부를 확인한다.
ⓞ 확인이 끝나면 용기밸브를 먼저 잠그고 호스밸브를 잠근 후 연결부를 분리시킨다.

(5) 습도계
① 용도 : 공기 중의 습도 또는 물체 내부의 수분의 함량을 측정하는 기구
② 사용법
㉠ 영점조정을 하여 습도표시판의 0점에 바늘이 오게 한다.
㉡ 5[g]의 추를 추접시에 놓고 시료 5[g]을 정확히 채취한다.
㉢ 적외선램프를 시료 접시 위에 오도록 한 후 전원스위치를 ON한다.
㉣ 샘플이 건조해지면 중심지시 바늘이 오른쪽으로 움직인다. 습도표시판을 시계방향으로 돌려서 중심 지시바늘이 중앙선에 오도록 한다.
㉤ 중심지시 바늘이 완전히 정지 했을 때가 시료가 완전히 건조한 때이며 이때 눈금판에서 증발된 습도의 [%]를 직접 읽을 수 있다.
③ 주의사항
㉠ 시험을 연속해서 할 경우 2개의 시료접시를 번갈아 사용해야 한다.
㉡ 수분증발량이 눈금판을 넘어갈 경우 추접시에서 일부 추를 제거한다.

5 자동화재탐지설비

(1) 공기 주입시험기

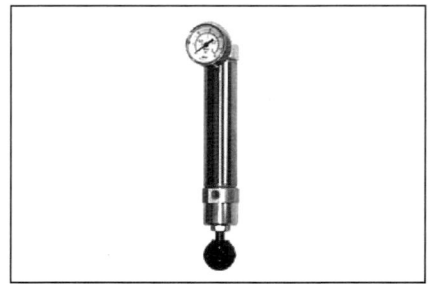

① 용도 : 공기관식차동식분포형감지기의 공기관의 누설과 작동상태를 시험하는 기구로서 공기주입시험기, 주사바늘, 붓, 누설시험유, 비커 등으로 구성되어 있다.
② 사용법
　㉠ **화재작동시험**
　　㉮ 목적 : 감지기의 작동 및 작동시간의 정상 여부를 시험하는 것
　　㉯ 방 법
　　　ⓐ 검출부의 시험구멍에 공기주입시험기를 접속한다.
　　　ⓑ 시험코크 또는 열쇠를 조작해서 시험위치(T 위치)에 놓는다.
　　　ⓒ 검출부에 표시된 공기량을 공기관에 투입한다(공기관 길이에 따라 공기량이 다름).
　　　ⓓ 공기를 투입한 후 작동시간을 측정한다.
　　㉰ 판 정
　　　ⓐ 검출부에 표시된 시간 범위 이내인지를 비교하여 양부를 판별한다.
　　　ⓑ 작동 개시 시간
　　　　• **기준치 이상일 경우**(작동시간이 느린 경우)
　　　　　- 리크 저항치가 규정치보다 작다.
　　　　　- 접점 수고값이 규정치보다 높다.
　　　　　- 공기관의 누설, 폐쇄, 변형상태
　　　　　- 공기관의 길이가 주입량에 비해 길다.
　　　　　- 공기관 접점의 접촉 불량
　　　　• **기준치 미달인 경우**(작동시간이 빠른 경우)
　　　　　- 리크 저항치가 규정치보다 크다.
　　　　　- 접점 수고값이 규정치보다 낮다.
　　　　　- 공기관의 길이가 주입량에 비해 짧다.
　㉡ 작동계속시험
　　㉮ 목적 : 화재작동시험에 의해 감지기가 작동을 개시한 때부터 Leak Valve에 의해 공기가 누설되어 접점이 분리될 때까지의 시간을 측정하는 것으로 감지기의 접점이 형성된 후 일정시간 작동이 지속되는가를 시험하는 것
　　㉯ 방 법
　　　ⓐ 검출부의 시험구멍에 공기주입시험기를 접속한다.
　　　ⓑ 시험코크 또는 열쇠를 조작해서 시험위치(T 위치)에 놓는다.
　　　ⓒ 검출부에 표시된 공기량을 공기관에 투입한다(공기관 길이에 따라 공기량이 다름).
　　　ⓓ 공기를 투입한 후 작동시간을 측정한다.

- ⓒ 판 정
    - ⓐ 검출부에 표시된 시간 범위 이내인지를 비교하여 양부를 판별한다.
    - ⓑ 작동지속시간
        - 기준치 이상일 경우
            - 리크 저항치가 규정치보다 크다.
            - 접점 수고값이 규정치보다 낮다.
            - 공기관의 폐쇄, 변형
        - 기준치 미달인 경우
            - 리크 저항치가 규정치보다 작다.
            - 접점 수고값이 규정치보다 높다.
            - 공기관의 누설
- ㉢ 유통시험
    - ㉮ 목적 : 공기관의 폐쇄, 누설, 변형 등 공기관의 유통상태 및 공기관의 길이의 적정성을 시험하는 것
    - ㉯ 방 법
        - ⓐ 검출부의 시험구멍에 공기주입시험기를 접속한다.
        - ⓑ 시험코크 또는 열쇠를 조작해서 시험위치(T 위치)에 놓는다.
        - ⓒ 시험펌프로 공기를 주입하고 마노미터 수위를 약 100[mm] 상승시켜 수위를 정지시키고 수위가 정상인지를 확인한다.
        - ⓓ 공기주입시험기를 시험위치(T 위치)에서 분리하여 공기관 내부의 공기를 시험구멍으로 빼낼 때 수위가 1/2(50[mm])이 될 때까지 시간을 측정하고 이것을 유통시간으로 한다.
    - ㉰ 판 정
        - ⓐ 측정결과로 공기관의 길이를 산출하고 산출된 공기관의 길이가 그래프에 의해 산출된 허용범위 내에 있어야 한다.
        - ⓑ 측정시간이 설정시간보다 빠르면 공기관의 누설, 늦으면 공기관의 길이가 길거나 변형이다.
- ㉣ 접점 수고시험(Diaphragm 시험)
    - ㉮ 목적 : 실보 및 비화재보의 원인을 파악하는 것으로 접점 수고값이 낮으면 감도가 예민하여 비화재보의 원인, 높으면 감도가 둔감하여 실보의 원인이 된다(접점 수고 : Diaphragm의 접점 간격을 수압으로 나타낸 것으로 단위 [mm]이다).

㉯ 방 법
  ⓐ 검출부 시험공 또는 공기관 단자에 마노미터 및 시험펌프를 연결한다.
  ⓑ 시험코크 또는 스위치를 접점 수고시험 위치로 조정하고 시험펌프에서 미량의 공기를 서서히 주입한다.
  ⓒ 감지기의 접점이 폐쇄되었을 때(벨의 명동, 램프의 점등으로 확인) 공기의 송입을 막고 마노미터의 수위를 읽고 접점수고를 측정한다.
㉰ 판정 : 검출부에 지정된 수치 범위 내인지를 비교하여 양부 판정, 다이어프램의 손상을 줄 수 있으므로 현장에서는 시험이 적절치 않음

(2) 열감지기 시험기(현재는 열·연감지기 시험기를 같이 사용하며 제조사마다 다르다)

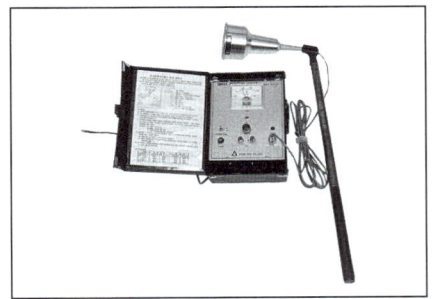

① **용도** : 열감지기(차동식, 정온식, 보상식), 연감지기의 작동시험을 하기 위한 기구
② **사용법**
  ㉠ 가열시험기(Adapter)의 플러그를 시험기 본체 Connector에 접속한다.
  ㉡ 본체의 전원플러그를 주전원의 전압(110[V] 또는 220[V])을 확인 후 접속한다.
  ㉢ 본체의 전원스위치를 ON으로 한다(이때 Pilot 표시등 점등).
  ㉣ 온도선택스위치를 T_1위치에 놓아 실온을 측정
  ㉤ 온도선택스위치를 T_2로 전환하여 가열시험기의 온도가 측정에 필요한 가열온도에 이르도록 온도조절 손잡이를 시계방향으로 돌린다.
  ㉥ 가열온도가 표시되면 가열시험기를 감지기에 밀착시켜 작동 여부 및 제조사에서 제시하는 작동시간을 점검한다.
③ **주의사항**
  ㉠ 고열로 급격히 가열하면 감지기의 Diaphragm이 손상될 우려가 있다.
  ㉡ 동작시험 후 가열시험기를 완전히 식힌 후 보관한다.
  ㉢ 전원 전압과 시험기의 전압이 일치되도록 확인 후 사용한다.

(3) 연기감지기 시험기

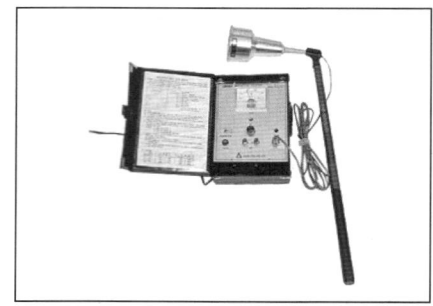

① 용도 : 스포트형 연기감지기(이온화식, 광전식)의 작동시험을 하기 위한 기구이다.
② 사용법
   ㉠ 가연시험기(Adapter)의 플러그를 시험기 본체 Connector에 접속한다.
   ㉡ 본체의 전원플러그를 주전원의 전압(110[V] 또는 220[V])을 확인 후 접속한다.
   ㉢ 본체의 전원스위치를 ON으로 한다(이때 전원등이 점등).
   ㉣ 온도 조절 손잡이로 Heater의 강약을 조절한다.
   ㉤ 가연시험기의 규격에 맞도록 가열하고 발연재료를 기준에 맞도록 넣는다(향을 사용 : 국내).
   ㉥ 발연하기 시작하면 가연시험기를 감지기에 밀착시켜 작동 여부 및 작동 시간을 점검한다.
③ 주의사항
   ㉠ 전원전압과 시험기의 전압이 일치하도록 확인 후 사용한다.
   ㉡ 발연하기 시작하면 누연이 없도록 감지기에 밀착시킨다.

6 누전경보기

(1) 누전계

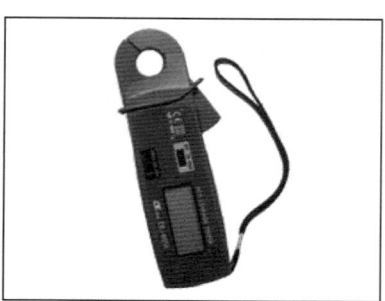

① 용도 : 전기 선로의 누설전류 및 일반전류를 측정하는 데 사용

② 사용법
  ㉠ 영점 조정나사를 이용하여 0점을 조정한다.
  ㉡ Battery Check를 하여 Battery의 이상 유무 확인[Test Selector(시험 선택기)의 손잡이를 "TEST"에 맞추고 푸시버튼을 눌러 Battery의 이상 유무를 확인한다. 눈금이 중앙 적색선을 초과하여야 한다]
  ㉢ Test Selector를 [mA]에 맞추고 측정단위(예 150[mA], 300[mA])를 고정시킨다.
  ㉣ 변류기의 2개 도선을 각각 누전계의 단자에 접속한 후 측정하고자 하는 전선을 변류기 내로 관통시킨다.
  ㉤ 푸시버튼을 눌러 지시치를 읽는다.
③ 주의사항 : 600[V] 이상의 고압에는 사용하지 않는다.

7 제연설비

(1) 풍속풍압계

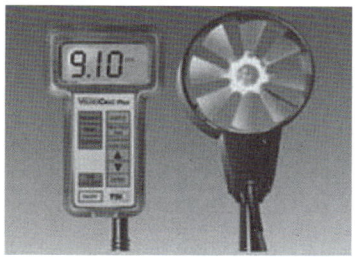
[풍속계(바람개비형)]

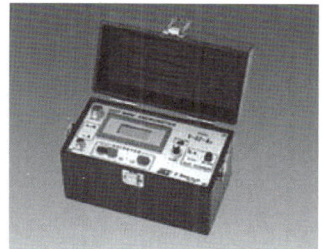
[풍속계(열선형)]

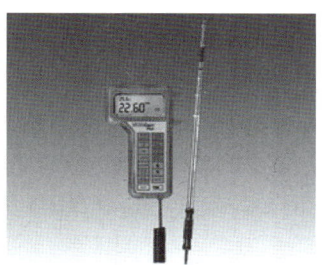
[풍속풍량계]

[풍속풍압계]

① 용도 : 제연설비에서 풍속 및 풍압을 측정하는 장비이다.
② 사용법
  ㉠ 선택스위치는 OFF에, 전환스위치는 풍속(VEL ; Velocity) 측에 놓는다.
  ㉡ 검출부 코드에 연결된 탐침을 본체에 접속(Probe단자)하고, 탐침 Cap의 고정나사를 오른쪽으로 돌려 고정시킨다.

ⓒ 풍속 측정방법
  ㉮ 탐침봉에 Zero Cap을 씌우고 선택스위치는 저속(LS ; Low Switch)에 놓는다(이때 미터의 바늘이 서서히 0점으로 이동한다).
  ㉯ 약 1분 후 0점 조정 손잡이로 0점 조정을 마친다.
  ㉰ 탐침봉의 Zero Cap을 벗긴 후 풍속을 측정한다.
ⓓ 정압 측정방법
  ㉮ 전환스위치를 정압(SP ; Static Pressure)쪽으로, 선택스위치는 저속(LS)의 위치에 돌려 놓는다.
  ㉯ 탐침부위 Zero Cap을 씌우고 0점 조정을 한다.
  ㉰ Zero Cap을 벗기고 검출부의 끝부분을 정압 Cap에 완전히 꽂는다(검출부의 점표시와 정압 캡의 점표시가 일직선상에 오도록 한다).
  ㉱ 정압(풍압 Air)캡의 고정나사를 돌려 고정시킨 후 풍압을 측정한다.

8 액면계(레벨미터 LD45S형)를 사용한 측정(고압식, CO_2 용기)

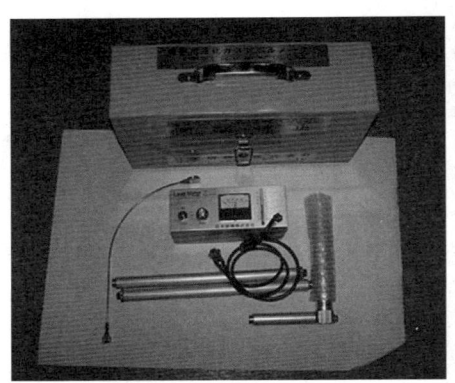

(1) 측정방법
① 액면계 전원스위치(배터리)를 넣고 전압을 체크한다.
② 용기는 통상의 상태 그대로 하고 액면계 탐침(Probe)과 방사선원 간에 용기를 끼워 넣듯이 삽입한다.
③ 액면계 검출부를 조심하여 상하방향으로 이동시켜 미터지침의 흔들림이 크게 다른 부분을 발견하고 그 위치가 용기의 바닥에서 얼마만큼의 높이인가를 측정한다.
④ 액면의 높이와 약제량과의 환산은 전용의 환산척을 이용한다.

(2) 액화가스 레벨미터의 구성 [21회 출제]
① 전원스위치(S·W)
② 조정볼륨(Volume)
③ 계기(Meter)
④ 탐침(Probe)
⑤ 방사선원(코발트 60)
⑥ 지지암(Arm)
⑦ 전선(Cord)
⑧ 접속기구(Attachment)
⑨ 연결기구(Metal Connector)
⑩ 온도계

(3) 판정방법
약제량의 측정결과를 중량표(CO_2 약제량 환산표)와 비교하여 그 차이가 10[%] 이하일 것
← 액화가스잔량측정기

(4) 유의사항 [21회 출제]
① 방사선원(코발트 60)은 떼어내지 말 것. 만일 분실한 경우는 취급점 등에 연락할 것
② 코발트 60의 유효 사용연한은 약 3년간이며 경과하여 있는 것에 있어서는 취급점 등에 연락을 할 것
③ 용기는 중량물(약 150[kg])이므로 거친 취급, 전도 등에 주의할 것
④ 중량표, 점검표 등에는 용기번호, 충전량 등을 기록하여 둘 것
⑤ 이산화탄소의 충전비는 1.5(고압식) 이상으로 할 것

(5) 약제량의 측정방법의 종류
① 액면측정법
② 중량측정법
③ 비파괴검사법

(6) 사용방법(액화가스 레벨미터 LD45S형) 21회 출제
① 기기 세팅(방사선원의 캡 제거)
② 배터리 체크(조정 볼륨으로 계기 조정)
③ 액면 높이 측정(위 아래로 천천히 이동하여 계기의 지침이 많이 흔들린 위치)
④ 실내 온도 측정
⑤ 저장량의 계산(CO_2 약제량 환산표-노모그램 이용)
　예 주위의 온도 15[℃], 액면의 높이가 100[cm]로 측정 약제량은 44[kg]

(7) 사용조건의 제한
① CO_2의 임계온도는 31.35[℃]로서 그 이상의 온도에서는 가스 상태로만 존재한다.
② 실제로는 26[℃] 이하일 때 오차가 없다.

9 절연저항계

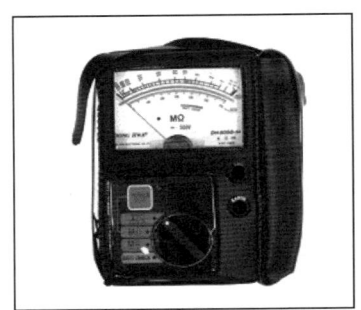

(1) 측정방법
① **0점 조정** : Line 단자와 Earth 단자를 쇼트(Short)시킨 후 스위치를 눌렀을 때 지시값이 0[Ω] 위치에 오도록 조정하여야 한다.
② **내장전지시험** : 건전지 Check단자의 두 핀을 리드 봉으로 동시에 접속시켰을 때 계기의 바늘이 흑색 때(B)에 머무르면 내장전지는 사용 가능한 상태이며, 그렇지 않은 경우에는 전지가 소모된 경우이므로 나사를 풀고 전지를 교체해 주어야 한다.
③ **측정방법** : 접지(Earth)단자에 Earth Line을 연결하고 측정(Line)단자에 피측정 Line을 접속한 후 시험스위치를 누르면 계기 바늘이 해당 절연저항값을 지시하게 된다. 오랫동안 측정을 계속할 경우에는 시험스위치 Plate를 일으켜 세움으로써 ON상태를 지속시킬 수가 있다. 이와 같은 방법으로 다른 Line에 대하여 측정하고 기록한다.

(2) 주의사항

① 전로나 기기를 충분히 방전시킨다.
② 탐침(Probe)을 맨손으로 잡고 측정하면 누설전류가 흘러 절연저항값이 낮게 측정되는 경우가 있으므로 전기용 고무장갑을 착용한다.
③ 도선 간의 절연저항을 측정시에는 개폐기를 모두 개방해야 한다.
④ 반도체를 포함하는 전기회로의 절연저항 측정시에는 반도체 소자가 손상될 우려가 있으므로 이러한 경우에는 소자 간을 단락한 후에 측정하거나 소자를 분리한 상태에서 측정해야 한다.
⑤ 전로나 전기기기의 사용전압에 적합한 정격의 절연저항계를 선정하여 측정해야 한다.
⑥ 선간 절연저항을 측정할 때에는 계기용 변성기(PT), 콘덴서, 부하 등을 측정회로에서 분리시킨 후 측정한다.

10 축전지설비

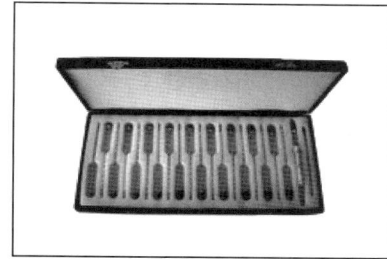 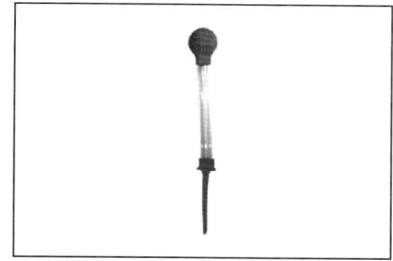

(1) 비중계 및 스포이드

① 용도 : 축전지의 비중을 측정하여 축전지의 기능 상태를 확인하는 데 사용되는 기구(비상전원과 예비전원)
② 사용법
　㉠ 고무공을 강하게 눌러서 비중계의 선단(끝부분)을 액체 중에 삽입
　㉡ 고무공의 힘을 서서히 줄여 외관 내로 가만히 액체를 흡입
　㉢ 외관 내의 비중계가 외통 내부에 닿지 않도록 정확히 뜨게 하여 액의 기포가 없어질 때까지 기다려 액면의 눈금을 확인한다.

11 통로유도등, 비상조명등

(1) 조도계

① 용도 : 비상조명등 및 유도등의 조도를 측정하는 기구

② 사용법

[디지털형]

[아날로그형]

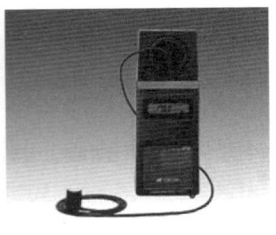
[수중용조도계]

[정밀디지털]

[좁은 장소 측정용]

㉠ 조도계의 전원 스위치를 ON으로 한다.
㉡ 빛이 노출되지 않는 상태에서 지시눈금이 "0"의 위치인가를 확인한다.
㉢ 적정한 측정단위를 Range 스위치를 이용하여 선택한다.
㉣ 감광 부분을 측정 장소에 놓고 수치를 읽는다.

③ 주의사항

㉠ 빛의 강도를 모를 경우는 최대치 범위부터 적용한다.
㉡ 감광부분은 직사광선 등 과도한 광도에 노출되지 않도록 한다.

12 전류전압 측정계 02 회 출제

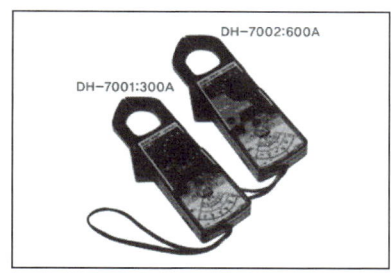

(1) 용도
약전류 회로(수신기, 중계기, 발신기, 각종 기동스위치 등)의 전압, 전류, 저항을 측정하는 장비로 이외 회로의 단선, 단락 등 기기의 고장, 점검, 검사에 필수적인 장비이다.

(2) 사용법
- 모든 측정 시 사전에 0점 조정 및 전지 체크할 것
- 교류 전류 측정 불가 시 누전계 등으로 측정

① **직류 전류 측정**
  ㉠ 흑색전선을 측정기의 (-)측 단자에 적색전선을 (+)측 단자에 접속시킨다.
  ㉡ 선택스위치를 DC에 고정시킨다.
  ㉢ Range를 DC[mA]의 적정한 위치로 하고 피측정 회로에 측정기의 흑색과 적색의 도선을 직렬로 접속한다.
  ㉣ 지침이 나타내는 계기판의 Range에 대응하는 DC 눈금을 읽는다.

② **직류 전압 측정**
  ㉠ 흑색전선을 측정기의 (-)측 단자에 적색전선을 (+)측 단자에 접속시킨다.
  ㉡ 선택스위치를 DC[V]에 고정시킨다.
  ㉢ Range를 DC[V]의 적정한 위치로 하고 피측정 회로에 측정기의 흑색과 적색의 도선을 병렬로 접속시킨다.
  ㉣ 지침이 나타내는 계기판의 Range에 대응하는 DC 눈금의 수치를 읽는다.

③ **교류 전압 측정**
  ㉠ 흑색전선을 측정기의 (-)측 단자에 적색전선을 (+)측 단자에 접속시킨다.
  ㉡ 선택스위치를 AC에 고정시킨다.
  ㉢ Range를 AC[V]의 적정한 위치로 하고 피측정회로에 측정기의 흑색과 적색의 도선을 병렬로 접속시킨다.
  ㉣ 지침이 나타내는 계기판의 Range에 대응하는 AC 눈금의 수치를 읽는다.

④ **저항 측정**
  ㉠ 흑색전선을 측정기의 (-)측 단자에 적색전선을 (+)측 단자에 접속시킨다.
  ㉡ 선택스위치를 [Ω]의 위치에 고정시킨다.
  ㉢ Range를 [Ω]의 적정한 위치로 하고 (+)와 (-)도선을 단락시켜 0[Ω]이 되도록 0점을 조정한다.
  ㉣ 피측정저항의 양끝에 도선을 접속시키고 [Ω]의 눈금을 읽는다.

⑤ **콘덴서 품질시험**(Checking Quality of Condenser)
  ㉠ 흑색전선을 측정기의 (-)측 단자에 적색전선을 (+)측 단자에 접속시킨다.
  ㉡ 선택스위치를 [Ω]의 위치에 고정시킨다.
  ㉢ Range를 ×10[kΩ]으로 한다.
  ㉣ 피측정 콘덴서의 양끝에 도선을 접속시킨다.
  ㉤ 양호한 콘덴서는 전지 전압으로 충전되어 바늘이 한쪽으로 기울다가 바늘이 서서히 ∞의 위치로 된다.
  ㉥ 불량한 콘덴서는 바늘이 한쪽으로 기울지 않으며, 단락된 콘덴서는 바늘이 ∞로 되돌아가지 않는다.

CHAPTER

01 예상문제

PART 03 기타 사항

---

01 옥내소화전설비의 방수압력 측정방법을 기술하시오(비상전원으로 절환하여 직접 조작 또는 원격조작의 기동장치를 조작하여 기능을 확인하고, 방수압력 및 방수량은 다음에 따라 확인할 것).

해답 **방수압력 측정방법**
① 방수압시험은 최상층 최말단 소화전을 선택하여 점검한다.
② 봉상방수의 측정은 최상층 최말단의 소화전(2개 이상은 2개) 방수 시 노즐 선단(끝부분)으로부터 노즐 구경의 1/2 떨어진 곳, 피토관(Pitot Tube)의 중심선과 방수류가 일치하는 위치에 피토관의 선단(끝부분)이 오게 하여 압력계의 지시치를 확인할 것
③ 피토관으로 측정할 수 없거나 분무 노즐방수의 측정은 호스결합 금속구와 노즐 사이에 압력계를 부착한 관로연결 금속구를 결합하여 방수하며, 방수 시 압력계 지시치를 읽어 확인할 것
④ 방수량은 다음 식에 의해 산정할 것

$$Q = 0.6597 CD^2 \sqrt{10P}$$

여기서, Q : 방수량[L/min]
  C : 유량계수
  D : 노즐의 구경[mm]
  P : 방수압력[MPa]

---

02 기동관누설시험기의 사용방법에 대하여 기술하시오.

해답 **기동관누설시험기의 사용방법**
① 호스에 부착된 밸브를 잠그고 압력조정기 연결부에 호스를 연결한다.
② 호스 끝을 기동관에 견고히 연결한다.
③ 용기에 부착된 밸브를 서서히 연다.
④ 게이지 압력을 1[MPa] 미만으로 조정하고 압력조정기의 레버를 서서히 조인다.
⑤ 본 용기와 연결된 차단밸브가 모두 잠겼는지 확인한다.
⑥ 호스 끝에 부착된 밸브를 서서히 열어 압력이 0.5[MPa]이 되게 한다.
⑦ 거품액을 붓에 묻혀 기동관의 각 부분에 칠을 하여 누설 여부를 확인한다.
⑧ 확인이 끝나면 용기밸브를 먼저 잠그고 호스밸브를 잠근 후 연결부를 분리시킨다.

03 공기관식 감지기의 시험에 대하여 논하시오(화재작동시험, 작동계속시험, 유통시험에 한한다).

해답 공기관식 감지기의 시험

(1) 화재작동시험
  ① 목적 : 감지기의 작동 및 작동시간의 정상 여부를 시험하는 것
  ② 방 법
    ㉠ 검출부의 시험구멍에 공기주입시험기를 접속한다.
    ㉡ 시험코크 또는 열쇠를 조작해서 시험위치(T 위치)에 놓는다.
    ㉢ 검출부에 표시된 공기량을 공기관에 투입한다(공기관 길이에 따라 공기량이 다름).
    ㉣ 공기를 투입한 후 작동시간을 측정한다.
  ③ 판 정
    ㉠ 검출부에 표시된 시간 범위 이내인지를 비교하여 양부를 판별한다.
    ㉡ 작동 개시 시간
      ㉮ 기준치 이상일 경우
        ⓐ 리크 저항치가 규정치보다 작다.
        ⓑ 접점 수고값이 규정치보다 높다.
        ⓒ 공기관의 누설, 폐쇄, 변형상태
        ⓓ 공기관의 길이가 주입량에 비해 길다.
        ⓔ 공기관 접점의 접촉 불량
      ㉯ 기준치 미달인 경우
        ⓐ 리크 저항치가 규정치보다 크다.
        ⓑ 접점 수고값이 규정치보다 낮다.
        ⓒ 공기관의 길이가 주입량에 비해 짧다.

(2) 작동계속시험
  ① 목적 : 화재작동시험에 의해 감지기가 작동을 개시한 때부터 Leak Valve에 의해 공기가 누설되어 접점이 분리될 때까지의 시간을 측정하는 것으로 감지기의 접점이 형성된 후 일정시간 작동이 지속되는가를 시험하는 것
  ② 방 법
    ㉠ 검출부의 시험구멍에 공기주입시험기를 접속한다.
    ㉡ 시험코크 또는 열쇠를 조작해서 시험위치(T 위치)에 놓는다.
    ㉢ 검출부에 표시된 공기량을 공기관에 투입한다(공기관 길이에 따라 공기량이 다름).
    ㉣ 공기를 투입한 후 작동시간을 측정한다.
  ③ 판 정
    ㉠ 검출부에 표시된 시간 범위 이내인지를 비교하여 양부를 판별한다.
    ㉡ 작동지속시간
      ㉮ 기준치 이상일 경우
        ⓐ 리크 저항치가 규정치보다 크다.
        ⓑ 접점 수고값이 규정치보다 낮다.
        ⓒ 공기관의 폐쇄, 변형
      ㉯ 기준치 미달인 경우
        ⓐ 리크 저항치가 규정치보다 작다.
        ⓑ 접점 수고값이 규정치보다 높다.
        ⓒ 공기관의 누설

(3) 유통시험
    ① 목적 : 공기관의 폐쇄, 누설, 변형 등 공기관의 유통상태 및 공기관의 길이의 적정성을 시험하는 것
    ② 방 법
        ㉠ 검출부의 시험구멍에 공기주입시험기를 접속한다.
        ㉡ 시험코크 또는 열쇠를 조작해서 시험위치(T 위치)에 놓는다.
        ㉢ 시험펌프로 공기를 주입하고 마노미터 수위를 약 100[mm] 상승시켜 수위를 정지시키고 수위가 정상인지를 확인한다.
        ㉣ 공기주입시험기를 시험위치(T 위치)에서 분리하여 공기관 내부의 공기를 시험구멍으로 빼낼 때 수위가 1/2(50[mm])이 될 때까지 시간을 측정하고 이것을 유통시간으로 한다.
    ③ 판 정
        ㉠ 측정결과로 공기관의 길이를 산출하고 산출된 공기관의 길이가 그래프에 의해 산출된 허용범위 내에 있어야 한다.
        ㉡ 측정시간이 설정시간보다 빠르면 공기관의 누설, 늦으면 공기관의 변형이다.

(4) 접점 수고시험(Diaphragm 시험)
    ① 목적 : 실보 및 비화재보의 원인을 파악하는 것으로 접점 수고값이 낮으면 감도가 예민하여 비화재보의 원인, 높으면 감도가 둔감하여 실보의 원인이 된다(접점 수고 : Diaphragm의 접점 간격을 수압으로 나타낸 것으로 단위 [mm]이다).
    ② 방 법
        ㉠ 검출부 시험공 또는 공기관 단자에 마노미터 및 시험펌프를 연결한다.
        ㉡ 시험코크 또는 스위치를 접점 수고시험 위치로 조정하고 시험펌프에서 미량의 공기를 서서히 주입한다.
        ㉢ 감지기의 접점이 폐쇄되었을 때(벨의 명동, 램프의 점등으로 확인) 공기의 송입을 막고 마노미터의 수위를 읽고 접점수고를 측정한다.
    ③ 판정 : 검출부에 지정된 수치 범위 내인지를 비교하여 양부 판정

04 풍속풍압계의 사용방법에 대해 기술하시오.

해답 풍속풍압계의 사용방법
① 선택스위치는 OFF에, 전환스위치는 풍속(VEL ; Velocity) 측에 놓는다.
② 검출부 코드에 연결된 탐침을 본체에 접속(Probe단자)하고, 탐침 Cap의 고정나사를 오른쪽으로 돌려 고정시킨다.
③ 풍속 측정방법
  ㉠ 탐침봉에 Zero Cap을 씌우고 선택스위치는 저속(LS ; Low Switch)에 놓는다(이때 미터의 바늘이 서서히 0점으로 이동한다).
  ㉡ 약 1분 후 0점 조정 손잡이로 0점 조정을 마친다.
  ㉢ 탐침봉의 Zero Cap을 벗긴 후 풍속을 측정한다.
④ 정압 측정방법
  ㉠ 전환스위치를 정압(SP ; Static Pressure)쪽으로, 선택스위치는 저속(LS)의 위치에 돌려놓는다.
  ㉡ 탐침부위 Zero Cap을 씌우고 0점 조정을 한다.
  ㉢ Zero Cap을 벗기고 검출부의 끝부분을 정압 Cap에 완전히 꽂는다(검출부의 점표시와 정압캡의 점표시가 일직선상에 오도록 한다).
  ㉣ 정압(풍압 Air)캡의 고정나사를 돌려 고정시킨 후 풍압을 측정한다.

05 액면계(레벨미터 LD45S형)를 사용하여 측정방법(고압식, CO_2 용기) 및 유의사항을 쓰시오.

해답 레벨미터 LD45S형
① 측정방법
  ㉠ 액면계 전원스위치(배터리)를 넣고 전압을 체크한다.
  ㉡ 용기는 통상의 상태 그대로 하고 액면계 탐침(Probe)와 방사선원 간에 용기를 끼워 넣듯이 삽입한다.
  ㉢ 액면계 검출부를 조심하여 상하방향으로 이동시켜 미터지침의 흔들림이 크게 다른 부분을 발견하고 그 위치가 용기의 바닥에서 얼마만큼의 높이인가를 측정한다.
  ㉣ 액면의 높이와 약제량과의 환산은 전용의 환산척을 이용한다.
② 유의사항
  ㉠ 방사선원(코발트 60)은 떼어내지 말 것. 만일 분실한 경우는 취급점 등에 연락할 것
  ㉡ 코발트 60의 유효 사용연한은 약 3년간이며 경과하여 있는 것에 있어서는 취급점 등에 연락을 할 것
  ㉢ 용기는 중량물(약 150[kg])이므로 거친 취급, 전도 등에 주의할 것
  ㉣ 중량표, 점검표 등에는 용기번호, 충전량 등을 기록하여 둘 것
  ㉤ 이산화탄소의 충전비는 1.5(고압식) 이상으로 할 것

06 절연저항계의 측정방법과 사용할 때 주의사항을 기술하시오.

해답 절연저항계의 측정

① 측정방법
  ㉠ 0점 조정 : Line단자와 Earth단자를 쇼트(Short)시킨 후 스위치를 눌렀을 때 지시값이 0[Ω] 위치에 오도록 조정해야 한다.
  ㉡ 내장전지시험 : 건전지 Check단자의 두핀을 리드봉으로 동시에 접속시켰을 때 계기의 바늘이 흑색 때(B)에 머무르면 내장전지는 사용 가능한 상태이며 그렇지 않은 경우에는 전지가 소모된 경우이므로 나사를 풀고 전지를 교체해 주어야 한다.
  ㉢ 측정방법 : 접지(Earth)단자에 Earth Line을 연결하고 측정(Line)단자에 피측정 Line을 접속한 후 시험스위치를 누르면 계기 바늘이 해당 절연저항값을 지시하게 된다. 오랫동안 측정을 계속할 경우에는 시험스위치 Plate를 일으켜 세움으로써 ON상태를 지속시킬 수가 있다. 이와 같은 방법으로 다른 Line에 대하여 측정하고 기록한다.

② 주의사항
  ㉠ 전로나 기기를 충분히 방전시킨다.
  ㉡ 탐침(Probe)을 맨손으로 잡고 측정하면 누설전류가 흘러 절연저항값이 낮게 측정되는 경우가 있으므로 전기용 고무장갑을 착용한다.
  ㉢ 도선 간의 절연저항을 측정 시에는 개폐기를 모두 개방해야 한다.
  ㉣ 반도체를 포함하는 전기회로의 절연저항 측정 시에는 반도체 소자가 손상될 우려가 있으므로 이러한 경우에는 소자 간을 단락한 후에 측정하거나 소자를 분리한 상태에서 측정해야 한다.
  ㉤ 전로나 전기기기의 사용전압에 적합한 정격의 절연저항계를 선정하여 측정해야 한다.
  ㉥ 선간 절연저항을 측정할 때에는 계기용 변성기(PT), 콘덴서, 부하 등을 측정회로에서 분리시킨 후 측정한다.

CHAPTER 02 소방시설 도시기호

PART 03 기타 사항

※ 소방시설 자체점검사항 등에 관한 고시 별표

분류	명칭	도시기호	분류	명칭	도시기호
배관	일반배관	───	헤드류	스프링클러헤드폐쇄형 상향식(평면도)	●
	옥내·외소화전	─H─		스프링클러헤드폐쇄형 하향식(평면도) 12회 출제	
	스프링클러	─SP─		스프링클러헤드개방형 상향식(평면도)	
	물분무	─WS─		스프링클러헤드개방형 하향식(평면도) 12회 출제	
	포소화 01회 출제	─F─		스프링클러헤드폐쇄형 상향식(계통도)	
	배수관	─D─		스프링클러헤드폐쇄형 하향식(입면도)	
	전선관 입상			스프링클러헤드폐쇄형 상·하향식(입면도)	
	전선관 입하			스프링클러헤드 상향형(입면도)	↑
	전선관 통과			스프링클러헤드 하향형(입면도)	↓
관이음쇠	플랜지	─┤├─		분말·탄산가스· 할로겐헤드 설계 21회	
	유니언	─┤╟─		연결살수헤드 15회 출제	
	플러그			물분무헤드(평면도) 01회 출제	⊗
	90°엘보 18회 출제			물분무헤드(입면도)	
	45°엘보			드렌처헤드(평면도)	
	티 18회 출제			드렌처헤드(입면도)	
	크로스			포헤드(평면도) 설계 21회	
	맹플랜지			포헤드(입면도) 17회 출제	
	캡			감지헤드(평면도)	

분 류	명 칭	도시기호	분 류	명 칭	도시기호
헤드류	감지헤드(입면도)		밸브류	릴리프밸브 (이산화탄소용)	
	청정소화약제방출헤드 (평면도)			릴리프밸브(일반) 15 19 회 출제	
	청정소화약제방출헤드 (입면도)			동체크밸브	
밸브류	체크밸브 18 회 출제 설계 20회			앵글밸브 16 18 회 출제	
	가스체크밸브 16 회 출제 설계 20회			FOOT밸브 16 회 출제	
	게이트밸브(상시개방) 18 회 출제			볼밸브 18 회 출제	
	게이트밸브(상시폐쇄) 설계 20회			배수밸브	
	선택밸브			자동배수밸브 16 회 출제	
	조작밸브(일반)			여과망	
	조작밸브(전자식)			자동밸브	
	조작밸브(가스식)			감압밸브 16 회 출제	
	경보밸브(습식) 설계 20회			공기조절밸브	
	경보밸브(건식)		계기류	압력계 설계 20회	
	프리액션밸브 12 회 출제			연성계	
	경보델류지밸브 12 회 출제			유량계	
	프리액션밸브수동조작함	SVP	소화전	옥내소화전함	
	플렉시블조인트			옥내소화전 방수용기구병설 설계 23회	
	솔레노이드밸브 12 회 출제			옥외소화전 설계 23회	
	모터밸브			포말소화전 01 회 출제	

CHAPTER 02 소방시설 도시기호 ∷ 3-29

분류	명칭	도시기호	분류	명칭	도시기호
소화전	송수구 설계 23회		경보설비기기류	차동식스포트형감지기	
	방수구 설계 21회			보상식스포트형감지기	
스트레이너	Y형			정온식스포트형감지기	
	U형			연기감지기	S
저장탱크류	고가수조 (물올림장치)			감지선	
	압력챔버			공기관	
	포말원액탱크	(수직) (수평)		열전대	
리듀서	편심리듀서			열반도체	∞
	원심리듀서			차동식분포형 감지기의 검출기	
혼합장치류	프레셔프로포셔너			발신기세트 단독형	P B L
	라인프로포셔너			발신기세트 옥내소화전내장형	P B L
	프레셔사이드 프로포셔너			경계구역번호	△
	기 타	P		비상용누름버튼	F
펌프류	일반펌프			비상전화기	ET
	펌프모터(수평)	M		비상벨	B
	펌프모터(수직)	M		사이렌	
저장용기류	분말약제 저장용기	P.D		모터사이렌	M
	저장용기 01 회 출제			전자사이렌	S
				조작장치	EP
				증폭기	AMP

분류	명칭	도시기호	분류	명칭	도시기호
경보설비 기기류	기동누름버튼	Ⓔ	경보설비 기기류	보조전원	TR
	이온화식감지기 (스포트형) 설계 21회	S I		종단저항	Ω
	광전식연기감지기 (아날로그) 설계 21회	S A	제연설비	수동식제어	□
	광전식연기감지기 (스포트형)	S P		천장용배풍기	
	감지기간선, HIV1.2[mm]×4(22C)	— F /// —		벽부착용 배풍기	
	감지기간선, HIV1.2[mm]×8(22C)	— F /// /// —	배풍기	일반배풍기	
	유도등간선 HIV2.0[mm]×3(22C)	— EX —		관로배풍기	
	경보버저	BZ	댐퍼	화재댐퍼 15 회 출제	
	제어반	⊠		연기댐퍼	
	표시반			화재/연기 댐퍼	
	회로시험기 15 회 출제	⊙	스위치류	압력스위치	PS
	화재경보벨	Ⓑ		탬퍼스위치	TS
	시각경보기(스트로브) 17 회 출제 설계 21회	◇	방연·방화문	연기감지기(전용)	S
	수신기	⊠		열감지기(전용)	
	부수신기			자동폐쇄장치 01 회 출제	ER
	중계기 01 회 출제			연동제어기 17 회 출제	
	표시등	●		배연창 기동 모터	M
	피난구유도등	●		배연창 수동조작함	
	통로유도등	→	피뢰침	피뢰부(평면도)	⊙
	표시판	△		피뢰부(입면도)	

분류	명칭	도시기호	분류	명칭	도시기호
피뢰침	피뢰도선 및 지붕위 도체	──	기타	화재 및 연기방벽	▨
제연설비	접지	⏚		비상콘센트	⊙⊙ ⦙⦙⦙
	접지저항 측정용 단자	⊗		비상분전반	◤◥
소화기류	ABC소화기	소		가스계 소화설비의 수동조작함	RM
	자동확산 소화기	자		전동기구동	M
	자동식소화기	◀ 소 ▶		엔진구동	E
	이산화탄소 소화기	C		배관행거	⌒---⌒---⌒
	할로겐화합물 소화기	△		기압계 **17 회 출제**	⫞
기타	안테나	▽		배기구	─↑─
	스피커	⊖		바닥은폐선	-----
	연기 방연벽	▨		노출배선	──
	화재방화벽	──		소화가스 패키지	PAC

CHAPTER 03 소방시설 등 외관점검표

※ 소방시설 자체점검사항 등에 관한 고시 별지 6

1. 소화기구 및 자동소화장치

점검내용	(년도) 점검결과											
	1월	2월	3월	4월	5월	6월	7월	8월	9월	10월	11월	12월
소화기(간이소화용구 포함) 21회 출제												
거주자 등이 손쉽게 사용할 수 있는 장소에 설치되어 있는지 여부												
구획된 거실(바닥면적 33[m^2] 이상)마다 소화기 설치 여부												
소화기 표지 설치 여부												
소화기의 변형·손상 또는 부식이 있는지 여부												
지시압력계(녹색범위)의 적정 여부												
수동식 분말소화기 내용연수(10년) 적정 여부												
자동확산소화기												
견고하게 고정되어 있는지 여부												
소화기의 변형·손상 또는 부식이 있는지 여부												
지시압력계(녹색범위)의 적정 여부												
자동소화장치												
수신부가 설치된 경우 수신부 정상(예비전원, 음향장치 등) 여부												
본체용기, 방출구, 분사헤드 등의 변형·손상 또는 부식이 있는지 여부												
소화약제의 지시압력 적정 및 외관의 이상 여부												
감지부(또는 화재감지기) 및 차단장치 설치 상태 적정 여부												

※ 점검결과란은 양호 "○", 불량 "×", 해당없는 항목은 "/"로 표시한다.

2. 옥내·외소화전설비

점검내용	(년도) 점검결과											
	1월	2월	3월	4월	5월	6월	7월	8월	9월	10월	11월	12월
수 원													
주된 수원의 유효수량 적정 여부(겸용설비 포함)												
보조수원(옥상)의 유효수량 적정 여부												
수조 표시 설치상태 적정 여부												
가압송수장치													
펌프 흡입 측 연성계·진공계 및 토출 측 압력계 등 부속장치의 변형·손상 유무												
송수구													
송수구 설치장소 적정 여부(소방차가 쉽게 접근할 수 있는 장소)												
배 관													
급수배관 개폐밸브 설치(개폐표시형, 흡입 측 버터플라이 제외) 적정 여부												
함 및 방수구 등													
함 개방 용이성 및 장애물 설치 여부 등 사용 편의성 적정 여부												
위치표시등 적정 설치 및 정상 점등 여부												
소화전 표시 및 사용요령(외국어 병기) 기재 표지판 설치상태 적정 여부												
함 내 소방호스 및 관창 비치 적정 여부												
제어반													
펌프별 자동·수동 전환스위치 위치 적정 여부												

※ 점검결과란은 양호 "○", 불량 "×", 해당없는 항목은 "/"로 표시한다.

3. (간이)스프링클러설비, 물분무소화설비, 미분무소화설비, 포소화설비 `21` 회 출제

점검내용	(년도) 점검결과											
	1월	2월	3월	4월	5월	6월	7월	8월	9월	10월	11월	12월
수 원												
주된 수원의 유효수량 적정 여부(겸용설비 포함)												
보조수원(옥상)의 유효수량 적정 여부												
수조 표시 설치상태 적정 여부												
저장탱크(포소화설비)												
포소화약제 저장량의 적정 여부												
가압송수장치												
펌프 흡입 측 연성계·진공계 및 토출 측 압력계 등 부속장치의 변형·손상 유무												
유수검지장치												
유수검지장치실 설치 적정(실내 또는 구획, 출입문 크기, 표지) 여부												
배 관 `18` 회 출제												
급수배관 개폐밸브 설치(개폐표시형, 흡입 측 버터플라이 제외) 적정 여부												
준비작동식 유수검지장치 및 일제개방밸브 2차 측 배관 부대설비 설치 적정												
유수검지장치 시험장치 설치 적정(설치 위치, 배관구경, 개폐밸브 및 개방형 헤드, 물받이통 및 배수관) 여부												
다른 설비의 배관과의 구분 상태 적정 여부												
기동장치												
수동조작함(설치높이, 표시등) 설치 적정 여부												

※ 점검결과란은 양호 "○", 불량 "×", 해당없는 항목은 "/"로 표시한다.

(앞 쪽)

제어밸브 등(물분무소화설비)											
제어밸브 설치 위치 적정 및 표지 설치 여부											
배수설비(물분무소화설비가 설치된 차고·주차장)											
배수설비(배수구, 기름분리장치 등) 설치적정 여부											
헤 드											
헤드의 변형·손상 유무 및 살수장애 여부											
호스릴방식(미분무소화설비, 포소화설비)											
소화약제 저장용기 근처 및 호스릴함 위치표시등 정상 점등 및 표지 설치 여부											
송수구											
송수구 설치장소 적정 여부(소방차가 쉽게 접근할 수 있는 장소)											
제어반											
펌프별 자동·수동 전환스위치 정상위치에 있는지 여부											

※ 점검결과란은 양호 "○", 불량 "×", 해당없는 항목은 "/"로 표시한다.

(뒤 쪽)

4. 이산화탄소, 할론소화설비, 할로겐화합물 및 불활성기체소화설비, 분말소화설비

점검내용	(년도) 점검결과											
	1월	2월	3월	4월	5월	6월	7월	8월	9월	10월	11월	12월
저장용기												
설치장소 적정 및 관리 여부												
저장용기 설치장소 표지 설치 여부												
소화약제 저장량 적정 여부												
기동장치												
기동장치 설치 적정(출입구 부근 등, 높이, 보호장치, 표지, 전원표시등) 여부												
배관 등												
배관의 변형·손상 유무												
분사헤드												
분사헤드의 변형·손상 유무												
호스릴방식												
소화약제 저장용기의 위치표시등 정상 점등 및 표지 설치 여부												
안전시설 등(이산화탄소소화설비)												
방호구역 출입구 부근 잘 보이는 장소에 소화약제 방출 위험경고표지 부착 여부												
방호구역 출입구 외부 인근에 공기호흡기 설치 여부												

※ 점검결과란은 양호 "○", 불량 "×", 해당없는 항목은 "/"로 표시한다.

5. 자동화재탐지설비, 비상경보설비, 시각경보기, 비상방송설비, 자동화재속보설비 [22회 출제]

점검내용	(년도) 점검결과											
	1월	2월	3월	4월	5월	6월	7월	8월	9월	10월	11월	12월
수신기												
설치장소 적정 및 스위치 정상 위치 여부												
상용전원 공급 및 전원표시등 정상점등 여부												
예비전원(축전지) 상태 적정 여부												
감지기												
감지기의 변형 또는 손상이 있는지 여부(단독경보형감지기 포함)												
음향장치												
음향장치(경종 등) 변형·손상 여부												
시각경보장치												
시각경보장치 변형·손상 여부												
발신기												
발신기 변형·손상 여부												
위치표시등 변형·손상 및 정상점등 여부												
비상방송설비												
확성기 설치 적정(층마다 설치, 수평거리) 여부												
조작부상 설비 작동 층 또는 작동구역 표시 여부												
자동화재속보설비												
상용전원 공급 및 전원표시등 정상 점등 여부												

※ 점검결과란은 양호 "○", 불량 "×", 해당없는 항목은 "/"로 표시한다.

6. 피난기구, 유도등(유도표지), 비상조명등 및 휴대용 비상조명등

점검내용	(년도) 점검결과											
	1월	2월	3월	4월	5월	6월	7월	8월	9월	10월	11월	12월
피난기구												
피난에 유효한 개구부 확보(크기, 높이에 따른 발판, 창문 파괴장치) 및 관리 상태												
피난기구(지지대 포함)의 변형·손상 또는 부식이 있는지 여부												
피난기구의 위치표시 표지 및 사용방법 표지 부착 적정 여부												
유도등												
유도등 상시(3선식의 경우 점검스위치 작동 시) 점등 여부												
유도등의 변형 및 손상 여부												
장애물 등으로 인한 시각장애 여부												
유도표지												
유도표지의 변형 및 손상 여부												
설치 상태(쉽게 떨어지지 않는 방식, 장애물 등으로 시각장애 유무) 적정 여부												
비상조명등												
비상조명등 변형·손상 여부												
예비전원 내장형의 경우 점검스위치 설치 및 정상 작동 여부												
휴대용 비상조명등												
휴대용 비상조명등의 변형 및 손상 여부												
사용 시 자동으로 점등되는지 여부												

※ 점검결과란은 양호 "○", 불량 "×", 해당없는 항목은 "/"로 표시한다.

7. 제연설비, 특별피난계단의 계단실 및 부속실 제연설비

점검내용	(년도) 점검결과											
	1월	2월	3월	4월	5월	6월	7월	8월	9월	10월	11월	12월
제연구역의 구획												
제연경계의 폭, 수직거리 적정 설치 여부												
배출구, 유입구												
배출구, 공기유입구 변형·훼손 여부												
기동장치												
제어반 각종 스위치류 표시장치(작동표시등 등) 정상 여부												
외기취입구(특별피난계단의 계단실 및 부속실 제연설비)												
설치위치(오염공기 유입방지, 배기구 등으로부터 이격거리) 적정 여부												
설치구조(빗물·이물질 유입방지 등) 적정 여부												
제연구역의 출입문(특별피난계단의 계단실 및 부속실 제연설비)												
폐쇄상태 유지 또는 화재 시 자동폐쇄 구조 여부												
수동기동장치(특별피난계단의 계단실 및 부속실 제연설비)												
기동장치 설치(위치, 전원표시등 등) 적정 여부												

※ 점검결과란은 양호 "○", 불량 "×", 해당없는 항목은 "/"로 표시한다.

8. 연결송수관설비, 연결살수설비

점검내용	(년도) 점검결과											
	1월	2월	3월	4월	5월	6월	7월	8월	9월	10월	11월	12월
연결송수관설비 송수구												
표지 및 송수압력범위 표지 적정 설치 여부												
방수구												
위치표시(표시등, 축광식표지) 적정 여부												
방수기구함												
호스 및 관창 비치 적정 여부												
'방수기구함' 표지 설치상태 적정 여부												
연결살수설비 송수구												
표지 및 송수구역 일람표 설치 여부												
송수구의 변형 또는 손상 여부												
연결살수설비 헤드												
헤드의 변형·손상 유무												
헤드 살수장애 여부												

※ 점검결과란은 양호 "○", 불량 "×", 해당없는 항목은 "/"로 표시한다.

9. 비상콘센트설비, 무선통신보조설비, 지하구

점검내용	(년도) 점검결과											
	1월	2월	3월	4월	5월	6월	7월	8월	9월	10월	11월	12월
비상콘센트설비 콘센트												
변형·손상·현저한 부식이 없고 전원의 정상 공급 여부												
비상콘센트설비 보호함												
'비상콘센트'표지 설치상태 적정 여부												
위치표시등 설치 및 정상 점등 여부												
무선통신보조설비 무선기기접속단자												
설치장소(소방활동 용이성, 상시 근무장소) 적정 여부												
보호함 '무선기기접속단자' 표지 설치 여부												
지하구(연소방지설비 등)												
연소방지설비 헤드의 변형·손상 여부												
연소방지설비 송수구 1[m] 이내 살수구역 안내 표지 설치상태 적정 여부												
방화벽												
방화문 관리상태 및 정상기능 적정 여부												

※ 점검결과란은 양호 "○", 불량 "×", 해당없는 항목은 "/"로 표시한다.

10. 기타사항 점검표

점검내용	(년도) 점검결과											
	1월	2월	3월	4월	5월	6월	7월	8월	9월	10월	11월	12월
피난·방화시설												
방화문 및 방화셔터의 관리 상태(폐쇄·훼손·변경) 및 정상 기능 적정 여부												
비상구 및 피난통로 확보 적정여부(피난·방화시설 주변 장애물 적치 포함)												
방 염												
선처리 방염대상물품의 적합 여부(방염성능시험 성적서 및 합격표시 확인)												
후처리 방염대상물품의 적합 여부(방염성능검사 결과 확인)												

※ 점검결과란은 양호 "○", 불량 "×", 해당없는 항목은 "/"로 표시한다.

11. 위험물 저장·취급시설

점검내용	(년도) 점검결과											
	1월	2월	3월	4월	5월	6월	7월	8월	9월	10월	11월	12월
가연물 방치 여부												
채광 및 환기 설비 관리 상태 이상 유무												
위험물 종류에 따른 주의사항을 표시한 게시판 설치 유무												
기름찌꺼기나 폐액 방치 여부												
위험물 안전관리자 선임 여부												
화재 시 응급조치 방법 및 소방관서 등 비상연락망 확보 여부												

※ 점검결과란은 양호 "○", 불량 "×", 해당없는 항목은 "/"로 표시한다.

12. 화기시설

점검내용	(년도) 점검결과											
	1월	2월	3월	4월	5월	6월	7월	8월	9월	10월	11월	12월
화기시설 주변 적정(거리, 수량, 능력단위) 소화기 설치 유무												
건축물의 가연성부분 및 가연성물질로부터 1[m] 이상의 안전거리 확보 유무												
가연성 가스 또는 증기가 발생하거나 체류할 우려가 없는 장소에 설치 유무												
연료탱크가 연소기로부터 2[m] 이상의 수평 거리 확보 유무												
채광 및 환기설비 설치 유무												
방화환경조성 및 주의, 경고표시 유무												

※ 점검결과란은 양호 "○", 불량 "×", 해당없는 항목은 "/"로 표시한다.

13. 가연성 가스시설

점검내용	(년도) 점검결과											
	1월	2월	3월	4월	5월	6월	7월	8월	9월	10월	11월	12월
도시가스사업법 등에 따른 검사 실시 유무												
채광이 되어 있고 환기 및 비를 피할 수 있는 장소에 용기 설치 유무												
가스누설경보기 설치 유무												
용기, 배관, 밸브 및 연소기의 파손, 변형, 노후 또는 부식 여부												
환기설비 설치 유무												
화재 시 연료를 차단할 수 있는 개폐밸브 설치상태 적정 여부												
방화환경조성 및 주의, 경고표시 유무												

※ 점검결과란은 양호 "○", 불량 "×", 해당없는 항목은 "/"로 표시한다.

14. 전기시설

점검내용	(년도) 점검결과											
	1월	2월	3월	4월	5월	6월	7월	8월	9월	10월	11월	12월
전기사업법에 따른 점검 또는 검사 실시 유무												
개폐기 설치상태 등 손상 여부												
규격 전선 사용 여부												
전선의 접속 상태 및 전선 피복의 손상 여부												
누전차단기 설치상태 적정여부												
방화환경조성 및 주의, 경고표시 설치 유무												
전기 관련 기술자 등의 근무 여부												

※ 점검결과란은 양호 "○", 불량 "×", 해당없는 항목은 "/"로 표시한다.

우리 인생의 가장 큰 영광은 결코 넘어지지 않는 데 있는 것이 아니라
넘어질 때마다 일어서는 데 있다.

– 넬슨 만델라 –

PART 04

과년도 + 최근 기출문제

제1회(1993년 시행)~제24회(2024년 시행) 과년도 기출문제

제25회(2025년 시행) 최근 기출문제

점검실무행정

www.**sdedu**.co.kr

알림
- 이 책의 외래어 표기는 국립국어원의 외래어 표기법을 따랐으며, 화학 용어는 대한화학회 화합물 명명법에 따라 한글 새이름을 반영하였습니다.
- 소방관계법령의 잦은 개정으로 도서의 내용이 달라질 수 있음을 알려드립니다. 자세한 사항은 법제처 사이트(https://www.moleg.go.kr)를 참고 바랍니다.

제1회 과년도 기출문제

1993년 5월 23일 시행

01 다음의 사항을 도시기호로 표시하시오. (5점)

(1) 경보설비의 중계기
(2) 포말소화전
(3) 이산화탄소의 저장용기
(4) 물분무헤드(평면도)
(5) 자동방화문의 폐쇄장치

해답

(1)
(2)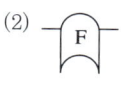
(3)
(4)
(5) ⓔⓡ

02 유도등의 3선식 배선과 2선식 배선을 간략하게 설명하고 점멸기를 설치할 경우, 점등되어야 할 때를 기술하시오. (10점)

해답 유도등의 3선식과 2선식

(1) 2선식 배선
  ① 점멸기를 작동하게 되면 내장되어 있는 예비전원에 의해서 자동적으로 점등된다(사용용도에 따라 예비전원의 시간은 상이하다).
  ② 점멸기에 의해 소등 시 내장된 예비전원에 의해 점등되므로 충전된 전원이 모두 소모 시 유도등은 기능을 상실하게 된다. 그러므로 상시점등을 요하는 곳에 사용되며, 2선식 유도등의 경우에는 전기회로에 점멸기를 사용하지 말아야 한다.

(2) 3선식 배선(점멸기 설치가 가능)
  ① 3선식 배선, 특정소방대상물 또는 그 부분에 사람이 없거나, 피난구 또는 피난방향을 쉽게 식별할 수 있는 경우에는 점멸기 설치가 가능하다.
  ② 점멸기를 작동하여 유도등은 꺼지나 예비전원에 충전은 계속된다(사용용도에 따라 예비전원의 시간은 상이하다).
  ③ 유도등에 전원의 공급이 끊길 경우 자동적으로 예비전원으로 인해서 점등이 된다.

(3) 점멸기 설치의 경우 점등되는 때
  ① 자동화재탐지설비의 감지기 또는 발신기가 작동되는 때
  ② 비상경보설비의 발신기가 작동되는 때
  ③ 상용전원이 정전되거나 전원선이 단선되는 때
  ④ 방재업무를 통제하는 곳 또는 전기실의 배전반에서 수동으로 점등하는 때
  ⑤ 자동소화설비가 작동되는 때

03. 종합점검을 하고자 할 때 옥외소화전설비의 점검장비를 기술하시오. (10점)

해답 소방시설별 점검장비(소방시설법 규칙 별표 3)

소방시설	점검장비	규격
모든 소방시설	방수압력측정계, 절연저항계(절연저항측정기), 전류전압측정계	
소화기구	저울	
옥내소화전설비, 옥외소화전설비	소화전밸브압력계	
스프링클러설비, 포소화설비	헤드결합렌치(볼트, 너트, 나사 등을 죄거나 푸는 공구)	
이산화탄소소화설비, 분말소화설비, 할론소화설비, 할로겐화합물 및 불활성기체 소화설비	검량계, 기동관누설시험기, 그 밖에 소화약제의 저장량을 측정할 수 있는 점검기구	
자동화재탐지설비, 시각경보기	열감지기시험기, 연(煙)감지기시험기, 공기주입시험기, 감지기시험기연결막대, 음량계	
누전경보기	누전계	누전전류 측정용
무선통신보조설비	무선기	통화시험용
제연설비	풍속풍압계, 폐쇄력측정기, 차압계(압력차 측정기)	
통로유도등, 비상조명등	조도계(밝기 측정기)	최소 눈금이 0.1[lx] 이하인 것

04. 위험물 안전관리자(기능사, 취급자)의 선임대상을 기술하시오. (15점)

해답 제조소 등의 종류 및 규모에 따른 안전관리자의 선임자격(위험물법 영 별표 6)

제조소 등의 종류 및 규모			안전관리자의 자격
제조소	1. 제4류 위험물만을 취급하는 것으로서 지정수량 5배 이하의 것		위험물기능장, 위험물산업기사, 위험물기능사, 안전관리자교육이수자 또는 소방공무원경력자
	2. 제1호에 해당하지 않는 것		위험물기능장, 위험물산업기사 또는 2년 이상의 실무경력이 있는 위험물기능사
저장소	1. 옥내저장소	제4류 위험물만을 저장하는 것으로서 지정수량 5배 이하의 것	위험물기능장, 위험물산업기사, 위험물기능사, 안전관리자교육이수자 또는 소방공무원경력자
		제4류 위험물 중 알코올류·제2석유류·제3석유류·제4석유류·동식물류만을 저장하는 것으로서 지정수량 40배 이하의 것	
	2. 옥외탱크저장소	제4류 위험물만을 저장하는 것으로서 지정수량 5배 이하의 것	
		제4류 위험물 중 제2석유류·제3석유류·제4석유류·동식물류만을 저장하는 것으로서 지정수량 40배 이하의 것	
	3. 옥내탱크저장소	제4류 위험물만을 저장하는 것으로서 지정수량 5배 이하의 것	
		제4류 위험물 중 제2석유류·제3석유류·제4석유류·동식물류만을 저장하는 것	
	4. 지하탱크저장소	제4류 위험물만을 저장하는 것으로서 지정수량 40배 이하의 것	
		제4류 위험물 중 제1석유류·알코올류·제2석유류·제3석유류·제4석유류·동식물류만을 저장하는 것으로서 지정수량 250배 이하의 것	

제조소 등의 종류 및 규모		안전관리자의 자격
저장소	5. 간이탱크저장소로서 제4류 위험물만을 저장하는 것	위험물기능장, 위험물산업기사, 위험물기능사, 안전관리자교육이수자 또는 소방공무원경력자
	6. 옥외저장소 중 제4류 위험물만을 저장하는 것으로서 지정수량 40배 이하의 것	
	7. 보일러, 버너 그 밖에 이와 유사한 장치에 공급하기 위한 위험물을 저장하는 탱크저장소	
	8. 선박주유취급소, 철도주유취급소 또는 항공기주유취급소의 고정 주유설비에 공급하기 위한 위험물을 저장하는 탱크저장소로서 지정수량의 250배(제1석유류의 경우에는 지정수량의 100배) 이하의 것	
	9. 제1호 내지 제8호에 해당하지 않는 저장소	위험물기능장, 위험물산업기사 또는 2년 이상의 실무경력이 있는 위험물기능사
취급소	1. 주유취급소	위험물기능장, 위험물산업기사, 위험물기능사, 안전관리자교육이수자 또는 소방공무원경력자
	2. 판매취급소 : 제4류 위험물만을 저장하는 것으로서 지정수량 5배 이하의 것 / 제4류 위험물 중 제1석유류·알코올류·제2석유류·제3석유류·제4석유류·동식물류만을 취급하는 것	
	3. 제4류 위험물 중 제1석유류·알코올류·제2석유류·제3석유류·제4석유류·동식물류만을 지정수량 50배 이하로 취급하는 일반취급소(제1석유류·알코올류의 취급량이 지정수량의 10배 이하인 경우에 한한다)로서 다음의 어느 하나에 해당하는 것 가. 보일러, 버너 그 밖에 이와 유사한 장치에 의하여 위험물을 소비하는 것 나. 위험물을 용기 또는 차량에 고정된 탱크에 주입하는 것	
	4. 제4류 위험물만을 취급하는 일반취급소로서 지정수량 10배 이하의 것	
	5. 제4류 위험물 중 제2석유류·제3석유류·제4석유류·동식물류만을 취급하는 일반취급소로서 지정수량 20배 이하의 것	
	6. 농어촌 전기공급사업 촉진법에 의하여 설치된 자가발전시설에 사용되는 위험물을 이송하는 일반취급소	
	7. 제1호 내지 제6호에 해당하지 않는 취급소	위험물기능장, 위험물산업기사 또는 2년 이상의 실무경력이 있는 위험물기능사

05 연결살수설비 점검표에서 헤드의 종합점검항목을 쓰시오. (10점)

해답 헤드의 종합점검항목(소방시설 자체점검사항 등에 관한 고시 별지 4)
① 헤드의 변형·손상 유무
② 헤드 설치 위치·장소·상태(고정) 적정 여부
③ 헤드 살수장애 여부

06 소방시설 자체점검기록부의 작성종목 6가지 작성요령을 기술하시오.(10점)

(1) 점검일자
(2) 점검시설
(3) 점검내용
(4) 점검결과
(5) 결과조치
(6) 비고

해답 소방시설 자체점검기록부의 작성종목(소방시설 자체점검사항 등에 관한 고시 별지 7)
(1) 점검일자 : 점검일자 기재
(2) 점검시설 : 소방시설의 종류 기재
(3) 점검내용 : 점검한 내용 기재
(4) 점검결과 : 점검시설의 상태 기재
(5) 결과조치 : 소방시설 상태에 따라 정비 또는 보완조치내용 조치사항 기재
(6) 비고 : 특이사항 기록

07 소방시설의 설치유지관리 규정의 누전경보기의 수신부 설치가 제외되는 장소 5가지를 기술하시오.(10점)

해답 누전경보기 수신부 설치제외 장소(NFTC 205)
① 가연성의 증기·먼지·가스 등이나 부식성의 증기·가스 등이 다량으로 체류하는 장소
② 화약류를 제조하거나 저장 또는 취급하는 장소
③ 습도가 높은 장소
④ 온도의 변화가 급격한 장소
⑤ 대전류회로·고주파 발생회로 등에 따른 영향을 받을 우려가 있는 장소

08 스프링클러설비의 말단시험밸브의 시험 작동 시 확인될 수 있는 사항을 간단히 기록하시오.(10점)

해답 시험밸브 작동 시 수신반 확인사항
① 수신반의 화재표시등 점등 확인
② 수신반의 경보(버저) 작동 확인
③ 알람밸브 작동표시등 점등 확인
④ 펌프 자동기동 여부 확인
⑤ 해당 방호구역의 경보(사이렌) 작동 확인

09. 스프링클러설비 헤드의 감열부 유무에 따른 헤드의 설치수와 급수관 구경과의 관계를 도표로 나타내고 설치된 헤드의 종류별로 점검 착안사항을 열거하시오.(10점)

해답 스프링클러설비(NFTC 103)

(1) 스프링클러 헤드수에 따른 급수관 구경

구분\구경	25	32	40	50	65	80	90	100	125	150
가	2	3	5	10	30	60	80	100	160	161 이상
나	2	4	7	15	30	60	65	100	160	161 이상
다	1	2	5	8	15	27	40	55	90	91 이상

(2) 헤드의 종류별 점검 착안사항
① 헤드 구조의 프레임 변형 여부 및 디플렉터 손상 여부
② 상향식 및 하향식 헤드의 설치의 적정성 여부(상향식에 하향식 사용, 하향식에 상향식 사용)
③ 헤드의 감열부의 이상 및 손상 여부
④ 유수검지장치 작동 시 헤드의 누수 여부
⑤ 경계구역 변경에 따른 헤드추가 설치 및 삭제 여부
⑥ 살수유효반경 내에 장애물의 설치 여부

10. 포소화설비 점검표에서 포헤드 및 고정포방출구의 종합점검항목을 쓰시오.(10점)

해답 포 헤드 및 고정포방출구의 종합점검항목(소방시설 자체점검사항 등에 관한 고시 별지 4)

(1) 포헤드
① 헤드의 변형·손상 유무
② 헤드 수량 및 위치 적정 여부
③ 헤드 살수장애 여부

(2) 호스릴 포소화설비 및 포소화전설비
① 방수구와 호스릴함 또는 호스함 사이의 거리 적정 여부
② 호스릴함 또는 호스함 설치 높이, 표지 및 위치표시등 설치 여부
③ 방수구 설치 및 호스릴·호스 길이 적정 여부

(3) 전역방출방식의 고발포용 고정포 방출구
① 개구부 자동폐쇄장치 설치 여부
② 방호구역의 관포체적에 대한 포수용액 방출량 적정 여부
③ 고정포방출구 설치 개수 적정 여부
④ 고정포방출구 설치 위치(높이) 적정 여부

(4) 국소방출방식의 고발포용 고정포 방출구
① 방호대상물 범위 설정 적정 여부
② 방호대상물별 방호면적에 대한 포수용액 방출량 적정 여부

1995년 3월 19일 시행 과년도 기출문제

제 2 회

01 스프링클러 준비작동식밸브(SDV)형의 구성명칭은 다음과 같다. 작동순서, 작동 후 조치(배수 및 복구), 경보장치 작동시험방법을 설명하시오.(20점)

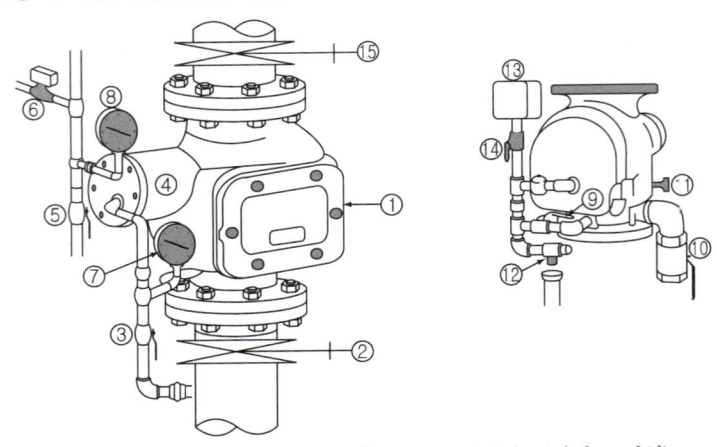

① 준비작동밸브 본체
③ 세팅 밸브
⑤ 수동기동밸브
⑦ 압력계(1차 측)
⑨ 경보시험밸브
⑪ 복구레버(밸브후면)
⑬ 압력스위치
⑮ 2차 측 제어밸브(개폐표시형)

② 1차 측 제어밸브(개폐 표시형)
④ 중간챔버
⑥ 전자밸브
⑧ 압력계(중간챔버용)
⑩ 배수밸브
⑫ 자동배수밸브
⑭ 경보정지밸브

해답 준비작동식밸브의 작동순서, 작동 후 조치(배수 및 복구), 경보장치 작동시험방법

(1) 작동순서
  ① 세팅(Setting)
    ㉠ 2차 개폐밸브를 폐쇄하고 배수밸브를 개방한다.

> 준비작동식 밸브 작동 시 2차 측으로 가압수를 통과하지 않고 배수밸브를 통하여 배수하기 위하여

  ㉡ 수신반의 경보스위치(ON, OFF)로 경보 여부를 결정한다.

> 점검 시에는 경보스위치를 OFF 위치에 놓고 점검한다.

② 작동(Operation)
　㉠ 감지기 1개 회로를 작동시킨다(경보발령).
　㉡ 감지기 2개 회로를 작동시키면 전자밸브가 작동하며 개방된다.
　㉢ 중간챔버의 압력저하로 Clapper가 개방된다.
　㉣ 2차 측 개폐밸브까지 가압수로 가압한다.
　㉤ 유입된 가압수가 압력스위치를 작동시킨다.

> 전자밸브(전동볼밸브)는 한 번 작동하면 수신기에서는 복구되지 않고 현장에서 전자밸브의 푸시 버튼을 누르고 전자밸브 손잡이를 돌려서 복구한다.

(2) 작동 후 조치
① 배 수
　㉠ 1차 측 개폐밸브를 폐쇄하여 펌프를 정지시킨다.
　㉡ 개방된 배수밸브를 통하여 2차 측의 물을 배수시킨다.
　㉢ 제어반의 스위치를 복구시킨다.
② 복구(Rehabilitation)
　㉠ 배수밸브를 잠근다.
　㉡ 전자밸브를 수동으로 복구시킨다.
　㉢ 세팅밸브를 개방하여 중간챔버로 가압수를 공급하면 클래퍼가 자동복구된다(1차 압력계의 압력 확인).
　㉣ 1차 측 개폐밸브를 서서히 개방한다(2차 측의 압력계의 압력이 0이면 클래퍼가 복구된 것임).
　㉤ 세팅밸브를 잠근다.
　㉥ 수신반의 스위치 상태를 확인한다.
　㉦ 2차 측 개폐밸브를 서서히 개방한다.

(3) 경보장치 작동시험방법
① 2차 측의 개폐밸브를 잠근다.
② 경보시험밸브를 개방시켜 압력스위치를 작동시키고 경보장치를 작동시킨다.
③ 경보를 확인한 후 경보시험밸브를 잠근다.
④ 경보 시험 시 넘어간 물을 트립체크밸브를 수동으로 눌러 배수시킨다.
⑤ 수신반의 복구스위치를 눌러 복구시킨다.
⑥ 2차 측의 개폐밸브를 서서히 개방시킨다.

02 전류전압측정계의 0점 조정 콘덴서의 품질시험방법 및 사용상 주의사항에 대하여 설명하시오.(20점)

해답 전류전압측정계의 0점 조정 콘덴서의 품질시험방법 및 사용상 주의사항

(1) 0점 조정 : 측정 전 측정계 바늘의 위치가 0에 고정되어 있는지 확인하고 그렇지 않은 경우 조정나사를 돌려 0에 조정해야 한다.

(2) 품질시험방법
① 2개의 측정용 도선을 공통단자와 ([V], [A], [Ω])단자에 연결
② 선택스위치를 [Ω]의 측정범위에 고정
③ 0점 조정나사를 돌려 바늘이 0에 일치시킴
④ 측정탐침의 끝을 각각 피측정 저항의 양단에 접속
⑤ 양호한 콘덴서는 시험기의 건전지 전압으로 충전되어 바늘이 한쪽으로 기울거나 치우쳤다가 서서히 무한대의 위치로 돌아가며, 불량한 콘덴서의 경우 바늘이 한쪽으로 기울거나 치우치지 않고, 또한 단락된 콘덴서는 바늘이 무한대로 가지 않는다.

(3) 사용 시 주의사항
① 측정 전 측정범위를 확인하고 측정할 것
② 저압에서도 연도선을 가하는 것은 위험이 따를 염려가 있으므로 피할 것
③ 측정하는 전류 또는 전압 차이가 불명할 때는 반드시 높은 쪽의 범위를 택한 후 특정하여 전압, 전류가 판명되면 측정할 수 있는 범위에 설정하여 측정할 것
④ 전류측정의 경우 강한 외부 자계가 있는 곳에서는 도선을 플램프로 집지 않아도 지침이 흔들리는 경우가 있으므로 가급적 영향을 받지 않는 장소에서 측정할 것
⑤ 어떤 장비의 회로저항을 측정 시에 전원을 반드시 차단하고 측정할 것

03 자동화재탐지설비 수신기의 화재표시 작동시험, 도통시험, 공통선시험, 동시작동시험 및 회로저항시험의 작동시험 방법과 가부판정 기준에 대하여 기술하시오.(30점)

해답 수신기의 시험방법

(1) 화재표시 작동시험
① 목적 : 감지기나 발신기가 동작하였을 때 수신기가 정상적으로 작동하는지 확인하는 시험
② 시험방법
㉠ 회로선택스위치가 설치되어 있는 경우
ⓐ 소화설비, 비상방송설비 등의 연동스위치를 정지위치로 한다.
ⓑ 축적·비축적의 선택스위치를 비축적 위치로 전환한다.
ⓒ 동작시험스위치와 자동복구스위치를 누른다.
ⓓ 회로선택스위치를 순차적으로 회전시킨다.
ⓔ 화재표시등, 지구표시등, 음향장치 등의 동작상황을 확인한다.
㉡ 감지기 또는 발신기의 동작시험과 병행하는 경우 : 감지기 또는 발신기를 차례로 동작시켜 경계구역과 지구표시등의 접속상태를 확인한다.
③ 가부판정기준
㉠ 각 릴레이의 작동, 화재표시등과 지구표시등 점등, 음향장치가 작동하면 정상이다.
㉡ 경계구역의 일치 여부 : 각 회선의 표시창과 회로번호를 대조하여 일치하는지 확인한다.

(2) 회로도통시험
　① 목적 : 수신기에서 감지기회로의 단선 유무와 기기 등의 접속 상황을 확인하기 위한 시험
　② 시험방법
　　㉠ 회로도통시험 스위치를 누른다(점멸 확인).
　　㉡ 회로선택스위치를 순차적으로 회전시킨다.
　　㉢ 각 회로별로 전압계의 전압을 확인한다(도통시험 확인 등이 있는 경우 정상은 녹색, 단선은 적색램프 점등확인).
　　㉣ 종단저항 등의 접속상황을 조사한다.
　③ 가부판정기준
　　㉠ 각 회로별 단선 표시가 없으면 정상일 것
　　㉡ 전압계가 있는 경우
　　　ⓐ 0[V] 지시 : 단선상태
　　　ⓑ 2~6[V] : 정상상태

(3) 공통선시험
　① 목적 : 공통선이 담당하고 있는 경계구역 수의 적정 여부를 확인하기 위한 시험
　② 시험방법
　　㉠ 수신기 내 접속단자의 공통선을 1선 제거한다.
　　㉡ 회로도통시험스위치를 누르고 회로선택스위치를 차례로 회전시킨다.
　　㉢ 시험용계기의 지시등이 단선(0)을 표시한 경계구역의 회선을 조사한다.
　③ 가부판정기준 : 하나의 공통선이 담당하고 있는 경계구역의 수가 7 이하일 것

(4) 동시작동시험
　① 목적 : 감지기가 동시에 수회선 동작하여도 수신기의 기능에 이상이 없는지를 확인하는 시험
　② 시험방법
　　㉠ 소화설비, 비상방송설비 등의 연동스위치를 정지위치로 한다.
　　㉡ 축적·비축적의 선택스위치를 비축적위치로 전환한다.
　　㉢ 수신기의 동작시험스위치를 누른다.
　　㉣ 회로선택스위치를 순차적으로 회전시켜 5회선을 동작시킨다.
　　㉤ 주·지구음향장치 등의 동작상황을 확인한다.
　　㉥ 부수신기를 설치하였을 때 모두 정상상태로 놓고 시험한다.
　③ 가부판정기준 : 각 회선을 동시에 작동시켰을 때 수신기, 부수신기, 음향장치 등에 이상이 없을 것

(5) 회로저항시험
　① 목적 : 감지기회로의 1회선의 회로 저항치가 수신기의 기능에 이상을 가져오는지의 여부를 확인하는 시험
　② 시험방법
　　㉠ 저항계를 사용하여 감지기회로의 공통선과 표시선 사이의 전로에 대해 저항을 측정한다.
　　㉡ 항상 개로식인 것에 있어서는 회로의 말단상태를 도통 상태로 종단저항을 제거 후 단락 상태 하에 측정한다.
　③ 가부판정기준 : 하나의 감지기회로의 합성저항치가 50[Ω] 이하일 것

04. 옥내소화전설비의 기동용 수압개폐장치를 점검결과 압력챔버 내에 공기를 모두 배출하고 물만 가득 채워져 있다. 기동용 수압개폐장치 압력챔버를 재조정하는 방법을 기술하시오. (20점)

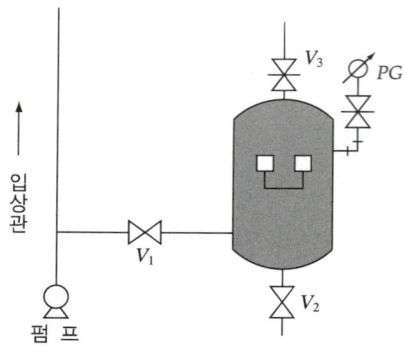

해답 압력챔버의 재조정 방법
① 동력제어반에서 주펌프와 충압펌프를 정지(수동)시킨다.
② V_1밸브를 폐쇄하고, V_2를 개방하여 내부압력이 대기압이 되었을 때 V_3를 개방하여 챔버 내의 물을 완전히 배수한다.
③ V_1밸브를 개방 및 폐쇄를 반복하여 챔버 내부를 2~3회 세척한 후 V_1밸브를 폐쇄한다.
④ V_3에 의하여 공기가 유입되면 V_3를 폐쇄하고, V_2밸브를 폐쇄한다.
⑤ V_1을 서서히 개방하여 주배관의 가압수가 압력챔버로 유입되도록 한다.
⑥ 충압펌프를 자동으로 하여 압력챔버에 가압수를 채워 정지점에 도달하면 자동 정지된다.
⑦ 동력제어반에서 주펌프의 선택스위치를 자동위치로 전환한다.

05. 소방시설 자체점검자가 소방시설에 대하여 자체점검하였을 때 그 점검결과에 대한 요식 절차를 서술하시오. (10점)

해답 소방시설의 자체점검(소방시설법 규칙 제23조, 제25조)
(1) 점검구분

항 목 \ 구 분	일반대상	공공기관
점검자	관계인, 소방안전관리자, 소방시설관리업자	소방시설관리업자
제출자	관계인	공공기관의 장
제출기간	점검일로부터 15일 이내에 관할 소방서에 제출	점검일로부터 15일 이내에 관할 소방서에 제출

(2) 점검결과 처리절차
점검업자 → 관계인(점검이 끝난 날부터 10일 이내 제출) → 관할소방서(점검이 끝난 날부터 15일 이내 제출) → 검토 → 이상이 없으면 자체점검 관련 철에 정리 → 이상이 있으면 시정보완 명령서 발부
※ 공휴일, 토요일, 일요일은 제출기간에 포함되지 않는다.

제3회 과년도 기출문제

1997년 3월 31일 시행

01 습식 유수검지장치의 시험작동 시 나타나는 현상과 시험작동 방법을 기술하시오.(20점)

해답 습식 유수검지장치의 시험작동 시 현상과 시험작동 방법

(1) 시험 작동 시 나타나는 현상
   ① 해당 방호구역 내에 경보(사이렌) 발령
   ② 수신반의 화재표시등 점등
   ③ 수신반의 경보(버저) 작동
   ④ 수신반의 알람밸브작동표시등 점등
   ⑤ 주펌프 기동
   ⑥ 수신반의 펌프 기동표시등 점등

(2) 시험작동방법
   ① 알람밸브 1차 측에 설치된 시험밸브를 개방하여 클래퍼의 개폐상태와 관계없이 압력스위치에 수압을 가하는 방법
   ② 알람밸브 2차 측에 설치된 배수밸브를 개방하여 2차 측 배관의 압력 강하로 인한 클래퍼의 개방에 따라 압력스위치에 수압을 가하는 방법
   ③ 알람밸브 2차 측 말단에 설치된 시험용 배관의 밸브를 개방하여 2차 측 배관의 압력강하로 인한 클래퍼의 개방에 따라 압력스위치에 수압을 가하는 방법

02 소방시설의 자체점검에서 사용하는 소방시설별 점검장비를 아래와 같이 칸을 그리고 10개의 항목으로 작성하라. (30점)

구 분	소방시설	점검장비	규 격
①			
②			
·			
·			
⑨			
⑩			

해답 소방시설별 점검장비(소방시설법 규칙 별표 3)

소방시설	점검장비	규 격
모든 소방시설	방수압력측정계, 절연저항계(절연저항측정기), 전류전압측정계	
소화기구	저 울	
옥내소화전설비, 옥외소화전설비	소화전밸브압력계	
스프링클러설비, 포소화설비	헤드결합렌치(볼트, 너트, 나사 등을 죄거나 푸는 공구)	
이산화탄소소화설비, 분말소화설비, 할론소화설비, 할로겐화합물 및 불활성기체 소화설비	검량계, 기동관누설시험기, 그 밖에 소화약제의 저장량을 측정할 수 있는 점검기구	
자동화재탐지설비, 시각경보기	열감지기시험기, 연(煙)감지기시험기, 공기주입시험기, 감지기시험기연결막대, 음량계	
누전경보기	누전계	누전전류 측정용
무선통신보조설비	무선기	통화시험용
제연설비	풍속풍압계, 폐쇄력측정기, 차압계(압력차 측정기)	
통로유도등, 비상조명등	조도계(밝기 측정기)	최소 눈금이 0.1[lx] 이하인 것

[비 고]
1. 신축·증축·개축·재축·이전·용도변경 또는 대수선 등으로 소방시설이 새로 설치된 경우에는 해당 특정소방대상물의 소방시설 전체에 대하여 실시한다.
2. 작동점검 및 종합점검(최초점검은 제외한다)은 건축물 사용승인 후 그 다음 해부터 실시한다.
3. 특정소방대상물이 증축·용도변경 또는 대수선 등으로 사용승인일이 달라지는 경우 사용승인일이 빠른 날을 기준으로 자체점검을 실시한다.

03 공기주입시험기를 이용한 공기관식감지기의 화재 작동시험방법과 주의사항에 대하여 기술하시오. (10점)

해답 공기관식감지기의 작동시험방법과 주의사항

(1) 화재 작동시험방법

다음 방법에 의해 감지기의 작동 공기압에 상당하는 공기량을 공기주입시험기(5[cc]용)로 투입하여 작동하기까지의 시간 및 경계구역의 표시가 적정한가의 여부를 확인할 것

① 공기관식 차동식분포형감지기의 시험방법
  ㉠ 화재작동시험의 목적 : 감지기의 작동 공기압에 상당하는 공기량을 공기주입시험기로 투입하여 작동시간 및 경계구역 표시가 적정한지 여부를 확인하는 시험
  ㉡ 시험방법
    ㉮ 검출부의 시험구멍에 공기주입시험기를 접속한다.
    ㉯ 시험코크 또는 열쇠를 조작해서 시험위치(T 위치)에 놓는다.
    ㉰ 검출부에 표시된 공기량을 공기관에 투입한다(공기관 길이에 따라 공기량이 다름).
    ㉱ 공기를 투입한 후 작동시간을 측정한다.

② 판정방법
  ㉠ 작동시간은 제원표 수치 범위 이내일 것
  ㉡ 경계구역 표시가 수신반과 일치할 것

(2) 주의사항

① 화재작동시험으로부터 투입하는 공기량은 감지기의 감도, 종별 또는 공기관 길이에 의하여 달라지므로 적정량 이상은 다이어프램에 손상을 줄 우려가 있으므로 주의할 것

② 투입한 공기가 리크 구멍을 통과하지 않는 구조의 것에 있어서는 적정량의 공기를 투입한 직후 신속히 시험코크 또는 열쇠를 정위치에 복귀시킬 것

③ 공기관식의 화재작동 또는 작동계속시험으로 부동작 또는 측정시간이 적정범위 외의 경우, 혹은 전회의 점검 시의 측정치와 대폭으로 다른 경우에는 공기관과 코크 스탠드의 접합부의 죄는 데가 확실한가를 확인한 다음 유통시험 및 접점 수고시험을 하여 확인할 것

04 자동기동방식인 경우 펌프의 성능시험 방법을 기술하시오.(20점)

해답 펌프의 성능시험 방법

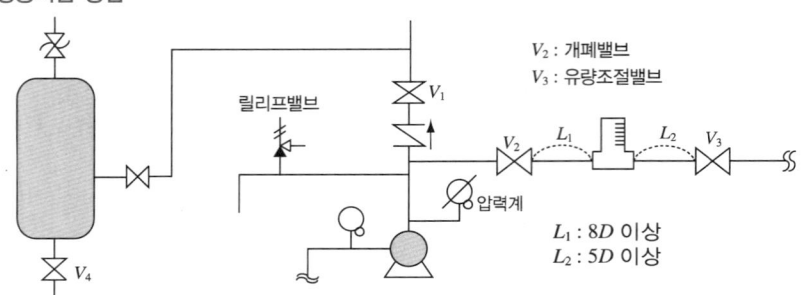

① 펌프의 토출 측 개폐밸브(V_1)를 잠근다.
② 성능시험배관상의 개폐밸브(V_2)를 완전 개방한다.
③ 동력제어반에서 충압펌프를 수동 또는 정지위치에 놓는다.
④ 동력제어반에서 주펌프를 수동기동한다.
⑤ 성능시험배관상의 유량조절밸브(V_3)를 서서히 개방하여 유량계를 통과하는 유량이 정격토출유량(펌프사양에 명시됨)이 될 때 토출압력이 정격토출압력의 100[%] 이상인지 확인한다.

> 이때 정격토출유량이 되었을 때 펌프 토출 측 압력계를 보고 정격토출압력(펌프 사양에 명시된 전양정 ÷10의 값) 이상인지 확인한다.

⑥ 성능시험배관상의 유량조절밸브(V_3)를 조금 더 개방하여 유량계를 통과하는 유량이 정격토출유량의 150[%]가 되도록 조절한다. 이때 펌프의 토출 측 압력은 정격토출압력의 65[%] 이상이어야 한다.
⑦ 주펌프를 정지하고 성능시험배관상의 밸브(V_2, V_3)를 서서히 잠근다.
⑧ 펌프의 토출 측 주밸브(V_1)를 개방하고, 제어반에서 충압펌프의 선택스위치를 자동으로 하여 정지점까지 압력이 도달하면 충압펌프가 자동으로 정지되면 주펌프를 자동위치로 한다.

05 그림과 같은 CO_2 소화설비 계통도를 보고 다음의 항목에 대하여 답하라. (20점)

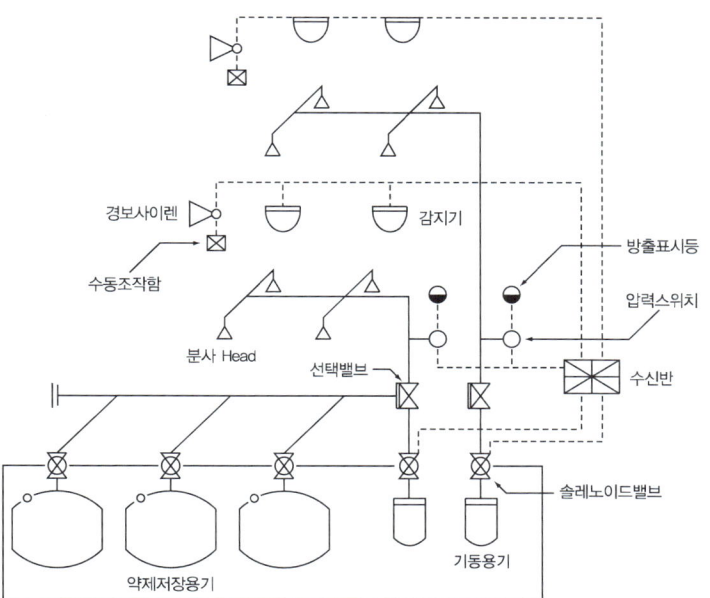

(1) CO_2 소화설비에서 분사 Head 설치제외 장소를 기술하라.
(2) 전역방출방식에서 화재발생시부터 Head 방사까지의 동작흐름을 제시된 그림을 이용하여 Block Diagram으로 표시하라(예 : ☐ → ☐).

해답 (1) 이산화탄소 분사 헤드 설치제외(NFTC 106)
① 방재실·제어실 등 사람이 상시 근무하는 장소
② 나이트로셀룰로오스·셀룰로이드제품 등 자기연소성 물질을 저장·취급하는 장소
③ 나트륨·칼륨·칼슘 등 활성 금속물질을 저장·취급하는 장소
④ 전시장 등의 관람을 위하여 다수인이 출입·통행하는 통로 및 전시실 등

(2) Block Diagram

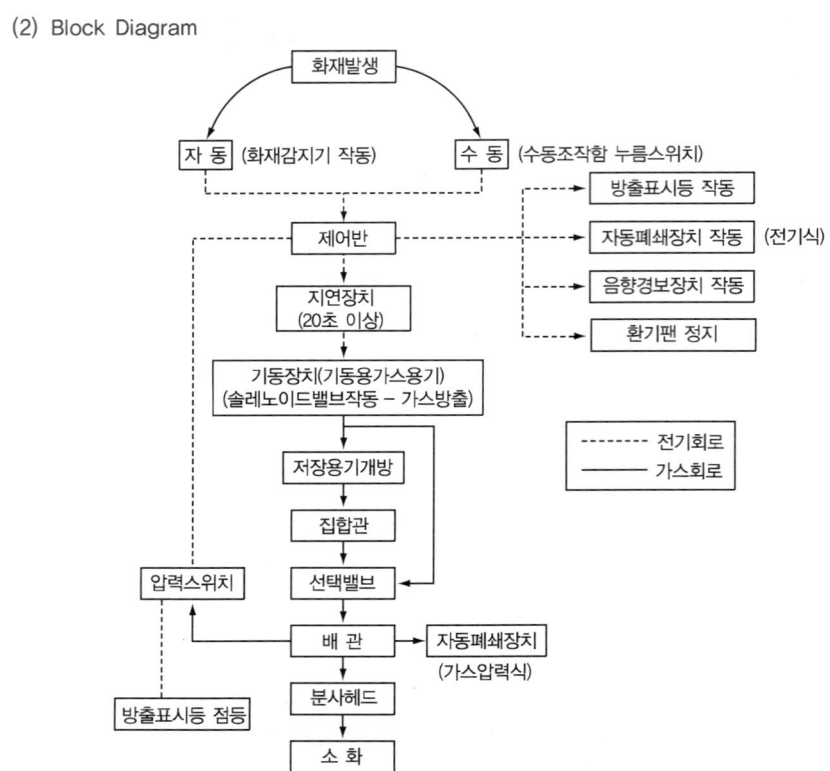

제4회 과년도 기출문제

1999년 9월 20일 시행

01 다음 건식밸브의 도면을 보고 물음에 답하시오.(20점)

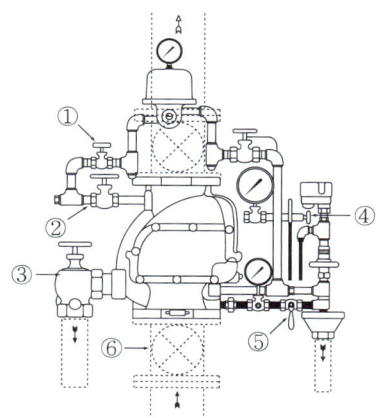

(1) 건식밸브의 작동시험방법을 간략히 설명하시오.
(2) 다음의 예와 같이 ①번에서 ⑤번까지의 밸브의 명칭, 밸브의 기능, 평상시 유지 상태를 설명하시오.
  예 ⑥ - 개폐표시형 밸브
    - 건식밸브 1차 측 급수제어용 밸브
    - 개방

해답 (1) 건식밸브의 작동시험방법
  ① 세팅(Setting)
    ㉠ 2차 측의 개폐밸브를 잠근다.
    ㉡ 수신반의 경보스위치(ON, OFF)로 경보 여부를 결정한다.
  ② 작동(Operation)
    ㉠ 수위확인 밸브를 열어 건식밸브의 2차 측의 공기압력의 누설을 확인한다.
    ㉡ 액셀러레이터가 작동하여 중간챔버로 급속하게 공기압을 흡입시켜 다이어프램을 밀어 올려 클래퍼를 개방시킨다.
    ㉢ 1차 측의 가압수가 수위확인밸브를 통하여 방출한다.
    ㉣ 시트링을 통하여 유입된 가압수가 압력스위치를 작동시킨다.

(2) 밸브의 명칭, 밸브의 기능, 평상시 유지상태

번호	명칭	기능	평상시 유지상태
①	공기차단밸브	2차 측의 배관을 Air로 완전히 충압될 때까지 Accelerator로 공기 유입을 차단시키는 밸브	OPEN
②	공기공급밸브	2차 측 배관 내로 공기를 공급하는 밸브	OPEN
③	배수밸브	2차 측의 가압수를 배수시키는 밸브	CLOSE
④	수위확인밸브	초기 Setting을 위하여 2차 측에 적정 수위를 채우고 그 여부를 확인하는 밸브	CLOSE
⑤	경보시험밸브	건식밸브를 동작시키지 않고 압력스위치를 동작시켜 알람(경보)을 발하는지 확인하는 시험용 밸브	CLOSE

02 준비작동식 스프링클러설비에 대하여 답하시오.(20점)

(1) 준비작동식 밸브의 동작방법
(2) 준비작동식 밸브의 오동작 원인(사람에 의한 것 포함)

해답 준비작동식 스프링클러설비
(1) 프리액션밸브의 동작 방법
① 해당 방호구역의 감지기 A, B의 2개 회로 작동
② 슈퍼비조리패널(SVP)의 수동조작스위치 작동
③ 수신반의 프리액션밸브 수동기동스위치 작동
④ 수신반의 회로선택스위치 및 동작시험스위치로 2회로 작동
⑤ 프리액션밸브에 부착된 수동기동밸브 개방
(2) 준비작동식 밸브의 오작동 원인
① 해당 방호구역에 설비된 감지기의 오작동
② 해당 방호구역 내 SVP의 기동스위치를 누른 경우
③ 감시제어반에서 동작시험스위치 작동 시 연동정지스위치를 동작하지 않은 경우
④ 슈퍼비조리패널에서 동작시험 시 자동복구를 하지 않고 동작한 경우
⑤ 감시제어반에서 동작시험 시 자동복구를 하지 않고 동작한 경우
⑥ 솔레노이드밸브의 누수 또는 고장
⑦ 수동개방밸브의 누수 또는 사람이 오작동

03
불연성 가스계 소화설비의 가스압력식 기동방식 점검 시 오동작으로 가스방출이 일어날 수 있다. 소화약제의 방출을 방지하기 위한 대책을 쓰시오.(20점)

해답 **소화약제의 방출을 방지하기 위한 대책**
① 기동용기에 부착된 솔레노이드밸브에 안전핀 삽입
② 기동용기에 부착된 솔레노이드밸브를 기동용기와 분리
③ 제어반 또는 수신반에서 연동스위치를 연동정지스위치로 전환
④ 저장용기에 부착된 용기개방밸브를 기동용기와 분리
⑤ 기동용 가스동관을 기동용기와 분리
⑥ 기동용 가스동관을 저장용기와 분리

04
열감지기시험기(SH-H-119형)에 대하여 다음 물음에 답하시오.(20점)

(1) 미부착감지기와 시험기와의 계통도
(2) 미부착감지기의 시험방법
(3) 미부착감지기의 동작상태 확인방법

해답 현재 사용하는 감지기시험기는 열·연기감지기가 제조사별로 다릅니다. 이런 문제는 제조사의 홍보와 관련되므로 현재는 거의 출제되지 않는 유형입니다.

05 봉인과 검인의 정의를 쓰고, 다음 각 설비의 봉인과 검인의 표시위치를 쓰시오(스프링클러설비, 분말소화설비, 자동화재탐지설비, 연결송수관설비).(20점)

해답 봉인, 검인
(1) 정의
① 봉인 : 점검실시자가 점검한 소방시설 중 증거로 보존해야 할 필요성이 있는 부분 또는 기능을 정지시킬 수 있는 부분에 대하여 임의로 변경, 폐쇄 또는 조작할 수 없도록 일련의 조치를 하는 것을 말한다.
② 검인 : 점검실시자가 점검한 소방시설 중 해당 결과가 소방법령에 적정함을 나타냄으로 점검책임과 관계인의 적정관리유지 책임을 확실히 할 수 있도록 표지를 하는 것을 말한다.

(2) 각 설비의 봉인과 검인의 표시위치

소방시설	봉 인	검 인
스프링클러설비 옥내·외 소화전설비 물분무소화설비 포소화설비	배관상의 개폐밸브, 전원스위치	가압송수장치, 유수검지장치 또는 일제개방밸브, 동력 및 감시제어반, 중간가압송수장치, 포혼합장치
이산화탄소소화설비 할론소화설비 분말소화설비	안전장치를 해제한 부분(또는 함의 뚜껑), 전원 스위치	기동장치, 선택밸브, 제어판
자동화재탐지설비 자동화재속보설비 비상경보설비	경보기능을 정지시킬 수 있는 스위치등, 전원스위치	수신기, 중계기
연결송수관설비 소화용수설비	전원스위치	가압송수장치, 제어판(설치되어 있는 경우)
제연설비	전원스위치	제어반
비상콘센트설비	전원스위치	비상콘센트함
무선통신보조설비	전원스위치	접속단자

※ 봉인 또는 검인을 1996년 6월 20일(행정안전부 고시)자로 고시하였으나 1999년 9월 13일 삭제되었으므로 현행 법령에 맞지 않는 문제입니다.

제5회 과년도 기출문제

2001년 10월 15일 시행

PART 04 과년도 + 최근 기출문제

---

01 이산화탄소소화설비가 오작동으로 방출되었다. 방출 시 미치는 영향에 대하여 농도별로 쓰시오.(20점)

해답 이산화탄소가 인체에 미치는 영향

공기 중의 CO_2 농도	인체에 미치는 영향
2[%]	불쾌감이 있다.
4[%]	눈의 자극, 두통, 귀울림, 혈압상승
8[%]	현기증, 혼수, 인사불성
9[%]	구토, 혈압상실
10[%]	시력장애, 1분 이내 의식상실, 경변, 혈압박진, 장기간 노출 시 사망
20[%]	중추신경 마비, 단기간 내 사망

---

02 피난기구의 점검 착안사항에 대하여 쓰시오.(20점)

해답 피난기구의 점검 착안사항
① 피난기구의 외관, 변형, 손상의 여부
② 피난기구의 적응성 여부
③ 용도별, 바닥면적별 설치개수 적부
④ 피난용 개구부의 피난, 소화활동상 유효성 여부
⑤ 피난용 개구부의 동일직선상이 아닌지 여부
⑥ 피난기구의 부착방법 적부
⑦ 고정식 사다리인 경우 노대설치 여부
⑧ 완강기인 경우 로프 손상방지 및 길이의 적부
⑨ 미끄럼대인 경우 안전강하 및 전락방지 조치 적부
⑩ 구조대인 경우 안전강하 및 전락방지 조치 적부
⑪ 피난기구의 표지 및 사용방법 표지
⑫ 피난기구의 설치제외 및 감소를 적용한 경우 적부

03 소화펌프의 성능시험방법 중 무부하, 정격부하, 피크부하 시험방법에 대하여 쓰고 펌프의 성능곡선을 그리시오.(20점)

해답 소화펌프의 성능시험방법

(1) 무부하시험(체절운전시험)

펌프 토출 측의 주밸브와 성능시험배관의 유량조절밸브를 잠근 상태에서 운전할 경우에 토출압력이 정격토출압력의 140[%] 이하인지 확인하는 시험

(2) 정격부하시험

펌프를 기동한 상태에서 유량조절밸브를 개방하여 유량계의 유량이 정격유량상태(100[%])일 때 토출압력이 정격토출압력 이상이 되는지 확인하는 시험

(3) 피크부하시험(최대운전시험)

유량조절밸브를 개방하여 정격토출량의 150[%]로 운전 시 토출압력이 정격토출압력의 65[%] 이상이 되는지 확인하는 시험

(4) 펌프의 성능곡선

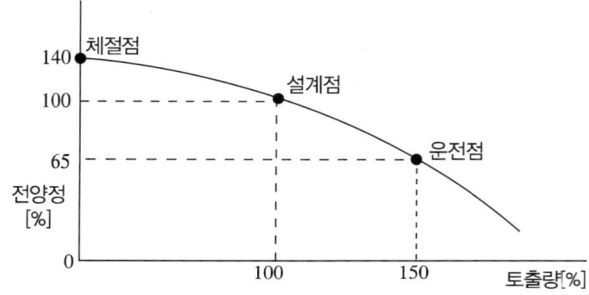

04 특별피난계단의 계단실 및 부속실 제연설비의 종합점검항목을 쓰시오.(20점)

해답 특별피난계단의 계단실 및 부속실 제연설비의 종합점검항목(소방시설 자체점검사항 등에 관한 고시 별지 4)

(1) 과압방지조치
  자동차압급기댐퍼(또는 플랩댐퍼)를 사용한 경우 성능 적정 여부
(2) 수직풍도에 따른 배출
  ① 배출댐퍼 설치(개폐여부 확인 기능, 화재감지기 동작에 따른 개방) 적정 여부
  ② 배출용 송풍기가 설치된 경우 화재감지기 연동 기능 적정 여부
(3) 급기구
  급기댐퍼 설치 상태(화재감지기 동작에 따른 개방) 적정 여부
(4) 송풍기
  ① 설치장소 적정(화재영향, 접근·점검 용이성) 여부
  ② 화재감지기 동작 및 수동조작에 따라 작동하는지 여부
  ③ 송풍기와 연결되는 캔버스 내열성 확보 여부
(5) 외기취입구
  ① 설치위치(오염공기 유입방지, 배기구 등으로부터 이격거리) 적정 여부
  ② 설치구조(빗물·이물질 유입방지, 옥외의 풍속과 풍향에 영향) 적정 여부
(6) 제연구역의 출입문
  ① 폐쇄상태 유지 또는 화재 시 자동폐쇄 구조 여부
  ② 자동폐쇄장치 폐쇄력 적정 여부
(7) 수동기동장치
  ① 기동장치 설치(위치, 전원표시등 등) 적정 여부
  ② 수동기동장치(옥내 수동발신기 포함) 조작 시 관련 장치 정상 작동 여부
(8) 제어반
  ① 비상용축전지의 정상 여부
  ② 제어반 감시 및 원격조작 기능 적정 여부
(9) 비상전원
  ① 비상전원 설치장소 적정 및 관리 여부
  ② 자가발전설비인 경우 연료 적정량 보유 여부
  ③ 자가발전설비인 경우 전기사업법에 따른 정기점검 결과 확인

05 옥내소화전설비의 방사노즐과 분무노즐 방수 시 방수압력 측정방법에 대하여 쓰고, 옥내소화전 방수압력이 75.42[psi]일 경우 방수량은 몇 [m³/min]인가 계산하시오.(20점)

해답 옥내소화전설비

(1) 방수압력 측정방법
   ① 측정하고자 층의 소화전(최상층의 최말단) 방수구를 모두(2개 이상은 2개) 개방시킨다.
   ② 봉상방수의 측정은 방수 시 노즐 끝부분에서 노즐 구경의 1/2 떨어진 곳에서 피토관(Pitot Tube)의 중심선과 방수류가 일치하는 위치에 피토관의 선단(끝부분)이 오게 하여 압력계의 지시치를 확인할 것
   ③ 피토관으로 측정할 수 없거나 분무 노즐 방수의 측정은 호스결합 금속구와 노즐 사이에 압력계를 부착한 관로연결 금속구를 결합하여 방수하며, 방수 시 압력계 지시치를 읽어 확인할 것

(2) 방수량 산정

$$Q = 0.6597 CD^2 \sqrt{10P}$$

여기서, Q : 방수량[L/min]
C : 유량계수
D : 노즐의 구경[mm]
P : 압력[MPa] = $\dfrac{75.42[\text{psi}]}{14.7[\text{psi}]} \times 0.1013[\text{MPa}] = 0.52[\text{MPa}]$

∴ $Q = 0.6597 \times (13)^2 \times \sqrt{10 \times 0.52} = 254.23[\text{L/min}] = 0.254[\text{m}^3/\text{min}]$

1[atm] = 760[mmHg] = 10.332[mH₂O] = 1.0332[kg/cm²] = 14.7[psi]
= 0.101325[MPa] = 101.325[kPa]

제6회 과년도 기출문제

2003년 5월 23일 시행

01
가스계 소화설비의 이너젠가스 저장용기, 이산화탄소저장용기, 기동용 가스용기의 가스양 산정(점검)방법을 각각 설명하시오.(20점)

해답 가스양 산정방법

(1) 이너젠가스 저장용기
  ① 산정방법 : 압력측정방법
  ② 점검방법 : 용기밸브의 고압용 게이지를 확인하여 저장용기 내부의 압력을 측정
  ③ 판정방법 : 압력손실이 5[%]를 초과할 경우 재충전하거나 저장용기를 교체할 것

(2) 이산화탄소 저장용기
  ① 산정방법 : 액면계(액화가스레벨미터)를 사용하여 약제량을 측정하는 방법
  ② 점검방법
    ㉠ 액면계의 전원스위치를 넣고 전압을 체크한다.
    ㉡ 용기는 통상의 상태 그대로 하고 액면계 프로브와 방사선원 간에 용기를 끼워 넣듯이 삽입한다.
    ㉢ 액면계의 검출부를 조심하여 저장용기의 상하방향으로 이동시켜 미터지침의 흔들림이 크게 다른 부분을 발견하여 그 위치가 용기의 바닥에서 얼마만큼의 높이인가를 측정한다.
    ㉣ 액면의 높이와 약제량과의 환산은 전용의 환산척을 이용한다.
  ③ 판정방법 : 약제량의 측정 결과를 중량표와 비교하여 그 차이가 5[%] 이하일 것

(3) 기동용 가스용기
  ① 산정방법 : 전자저울을 사용하여 약제량을 측정하는 방법
  ② 점검방법
    ㉠ 기동용 가스용기함의 문을 개방한다.
    ㉡ 솔레노이드밸브에 안전핀을 체결한다(분리 시 오격발을 방지하기 위하여).
    ㉢ 기동용 가스용기에서 솔레노이드밸브를 분리한다.
    ㉣ 기동용 가스용기함에서 기동용 가스용기를 분리한다.
    ㉤ 저울에 올려놓아 가스의 중량을 측정한다(전체중량 − 용기의 중량 − 용기밸브의 중량 = 약제량).
  ③ 판정방법 : 중량이 0.6[kg] 이상일 것

02 준비작동식밸브의 작동방법(3가지) 및 복구방법을 기술하시오.(20점)

해답 준비작동식밸브 작동방법 및 복구방법

(1) 프리액션밸브의 작동방법
   ① 해당 방호구역의 감지기 A, B의 2개 회로 작동
   ② 슈퍼비조리패널(SVP)의 수동조작스위치 작동
   ③ 수신반의 프리액션밸브 수동기동스위치 작동
   ④ 수신반의 회로선택스위치 및 동작시험스위치로 2회로 작동
   ⑤ 프리액션밸브에 부착된 수동기동밸브 개방

(2) 복구방법
   ① 배 수
      ㉠ 1차 측 개폐밸브를 폐쇄하여 펌프를 정지시킨다.
      ㉡ 개방된 배수밸브를 통하여 2차 측의 물을 배수시킨다.
      ㉢ 제어반의 스위치를 복구시킨다.
   ② 복구(Rehabilitation)
      ㉠ 배수밸브를 잠근다.
      ㉡ 전자밸브를 수동으로 복구시킨다.
      ㉢ 세팅밸브를 개방하여 중간챔버로 가압수를 공급하면 클래퍼가 자동복구된다(1차 압력계의 압력 확인).
      ㉣ 1차 측 개폐밸브를 서서히 개방한다(2차 측의 압력계의 압력이 0이면 클래퍼가 복구된 것임).
      ㉤ 세팅밸브를 잠근다.
      ㉥ 수신반의 스위치 상태를 확인한다.
      ㉦ 2차 측 개폐밸브를 서서히 개방한다.

03 자동화재탐지설비 P형 1급 수신기의 화재작동시험, 회로도통시험, 공통선시험, 동시작동시험, 저전압시험의 작동시험방법과 가부판정의 기준을 기술하시오.(20점)

해답 수신기의 시험방법

(1) 화재작동시험
   ① 목적 : 감지기나 발신기가 동작하였을 때 수신기가 정상적으로 작동하는지 확인하는 시험
   ② 시험방법
      ㉠ 회로선택스위치가 설치되어 있는 경우
         ㉮ 소화설비, 비상방송설비 등의 연동스위치를 정지위치로 한다.
         ㉯ 축적·비축적의 선택스위치를 비축적위치로 전환한다.
         ㉰ 동작시험스위치와 자동복구스위치를 누른다.
         ㉱ 회로선택스위치를 순차적으로 회전시킨다.
         ㉲ 화재표시등, 지구표시등, 음향장치 등의 동작상황을 확인한다.
      ㉡ 감지기 또는 발신기의 동작시험과 병행하는 경우 : 감지기 또는 발신기를 차례로 동작시켜 경계구역과 지구표시등의 접속상태를 확인한다.

③ 가부판정기준
    ㉠ 각 릴레이의 작동, 화재표시등과 지구표시등 점등, 음향장치가 작동하면 정상이다.
    ㉡ 경계구역의 일치 여부 : 각 회선의 표시창과 회로번호를 대조하여 일치하는지 확인한다.

(2) 회로도통시험
  ① 목적 : 수신기에서 감지기회로의 단선 유무와 기기 등의 접속 상황을 확인하기 위한 시험
  ② 시험방법
    ㉠ 회로도통시험 스위치를 누른다(점멸 확인).
    ㉡ 회로선택스위치를 순차적으로 회전시킨다.
    ㉢ 각 회로별로 전압계의 전압을 확인한다(도통시험 확인 등이 있는 경우 정상은 녹색, 단선은 적색램프 점등확인).
    ㉣ 종단저항 등의 접속상황을 조사한다.
  ③ 가부판정기준
    ㉠ 각 회로별 단선 표시가 없으면 정상일 것
    ㉡ 전압계가 있는 경우
      ㉮ 0[V] 지시 : 단선상태
      ㉯ 2~6[V] : 정상상태

(3) 공통선시험
  ① 목적 : 공통선이 담당하고 있는 경계구역 수의 적정 여부를 확인하기 위한 시험
  ② 시험방법
    ㉠ 수신기 내 접속단자의 공통선을 1선 제거한다.
    ㉡ 회로도통시험스위치를 누르고 회로선택스위치를 차례로 회전시킨다.
    ㉢ 시험용계기의 지시등이 단선(0)을 표시한 경계구역의 회선을 조사한다.
  ③ 가부판정기준 : 하나의 공통선이 담당하고 있는 경계구역의 수가 7 이하일 것

(4) 동시작동시험
  ① 목적 : 감지기가 동시에 수회선 동작하여도 수신기의 기능에 이상이 없는지를 확인하는 시험
  ② 시험방법
    ㉠ 소화설비, 비상방송설비 등의 연동스위치를 정지위치로 한다.
    ㉡ 축적·비축적의 선택스위치를 비축적 위치로 전환한다.
    ㉢ 수신기의 동작시험스위치를 누른다.
    ㉣ 회로선택스위치를 순차적으로 회전시켜 5회선을 동작시킨다.
    ㉤ 주·지구음향장치 등의 동작상황을 확인한다.
    ㉥ 부수신기를 설치하였을 때 모두 정상상태로 놓고 시험한다.
  ③ 가부판정기준 : 각 회선을 동시에 작동시켰을 때 수신기, 부수신기, 음향장치 등에 이상이 없을 것

(5) 저전압시험
  ① 목적 : 전원 전압이 저하하는 경우에 그 기능이 충분히 유지되는지를 확인하는 시험
  ② 시험방법
    ㉠ 자동화재탐지설비용 전압시험기 또는 가변저항기 등을 사용하여 교류전원 전압을 정격전압의 80[%] 이하로 할 것
    ㉡ 축전지설비인 경우에는 축전지의 단자를 전환하여 정격전압의 80[%] 이하로 한다.
    ㉢ 화재표시작동시험에 준하여 실행한다.
  ③ 가부판정기준 : 화재신호를 정상적으로 수신할 수 있을 것

04 CO_2 소화설비 기동장치의 설치기준을 기술하시오.(20점)

해답 CO_2 소화설비 기동장치의 설치기준(NFTC 106)

(1) 수동식 기동장치

수동식 기동장치의 부근에는 소화약제의 방출을 지연시킬 수 있는 방출지연스위치(자동복귀형 스위치로서 수동식 기동장치의 타이머를 순간 정지시키는 기능의 스위치를 말한다)를 설치해야 한다.
① 전역방출방식은 방호구역마다, 국소방출방식은 방호대상물마다 설치할 것
② 해당 방호구역의 출입구 부근 등 조작을 하는 자가 쉽게 피난할 수 있는 장소에 설치할 것
③ 기동장치의 조작부는 바닥으로부터 높이 0.8[m] 이상 1.5[m] 이하의 위치에 설치하고, 보호판 등에 의한 보호장치를 설치할 것
④ 기동장치 인근의 보기 쉬운 곳에 "이산화탄소소화설비 수동식 기동장치"라는 표지를 할 것
⑤ 전기를 사용하는 기동장치에는 전원표시등을 설치할 것
⑥ 기동장치의 방출용 스위치는 음향경보장치와 연동하여 조작될 수 있는 것으로 할 것
⑦ 기동장치에는 보호장치를 설치해야 하며, 보호장치를 개방하는 경우 기동장치에 설치된 버저 또는 벨 등에 의하여 경고음을 발할 것
⑧ 기동장치를 옥외에 설치하는 경우 빗물 또는 외부 충격의 영향을 받지 않도록 설치할 것

(2) 자동식 기동장치
① 자동식 기동장치에는 수동으로도 기동할 수 있는 구조로 할 것
② 전기식 기동장치로서 7병 이상의 저장용기를 동시에 개방하는 설비에는 2병 이상의 저장용기에 전자개방밸브를 부착할 것
③ 가스압력식 기동장치는 다음의 기준에 따를 것
  ㉠ 기동용 가스용기 및 해당 용기에 사용하는 밸브는 25[MPa] 이상의 압력에 견딜 수 있는 것으로 할 것
  ㉡ 기동용 가스용기에는 내압시험압력의 0.8배부터 내압시험압력 이하에서 작동하는 안전장치를 설치할 것
  ㉢ 기동용 가스용기의 체적은 5[L] 이상으로 하고, 해당 용기에 저장하는 질소 등의 비활성기체는 6.0[MPa] 이상(21[℃] 기준)의 압력으로 충전할 것
  ㉣ 질소 등의 비활성기체 기동용 가스용기에는 충전여부를 확인할 수 있는 압력게이지를 설치할 것
④ 기계식 기동장치는 저장용기를 쉽게 개방할 수 있는 구조로 할 것

05 소방용수시설에 있어서 수원의 기준과 종합점검항목을 기술하시오.(20점)

해답 소방용수시설(소방기본법 규칙 별표 3)

(1) 종류 : 소화전, 저수조, 급수탑

(2) 공통기준
  ① 국토의 계획 및 이용에 관한 법률 제36조 제1항 제1호의 규정에 의한 주거지역·상업지역 및 공업지역에 설치하는 경우 : 소방대상물과의 수평거리를 100[m] 이하가 되도록 할 것
  ② 그 외의 지역에 설치하는 경우 : 소방대상물과의 수평거리를 140[m] 이하가 되도록 할 것

(3) 소방용수시설별 설치기준
  ① 소화전의 설치기준 : 상수도와 연결하여 지하식 또는 지상식의 구조로 하고, 소방용 호스와 연결하는 소화전의 연결금속구의 구경은 65[mm]로 할 것
  ② 급수탑의 설치기준 : 급수배관의 구경은 100[mm] 이상으로 하고, 개폐밸브는 지상에서 1.5[m] 이상 1.7[m] 이하의 위치에 설치하도록 할 것
  ③ 저수조의 설치기준
    ㉠ 지면으로부터의 낙차가 4.5[m] 이하일 것
    ㉡ 흡수부분의 수심이 0.5[m] 이상일 것
    ㉢ 소방펌프자동차가 쉽게 접근할 수 있도록 할 것
    ㉣ 흡수에 지장이 없도록 토사 및 쓰레기 등을 제거할 수 있는 설비를 갖출 것
    ㉤ 흡수관의 투입구가 사각형의 경우에는 한 변의 길이가 60[cm] 이상, 원형의 경우에는 지름이 60[cm] 이상일 것
    ㉥ 저수조에 물을 공급하는 방법은 상수도에 연결하여 자동으로 급수되는 구조일 것

(4) 종합점검항목
  수원의 유효수량 적정 여부

제 7 회 과년도 기출문제

2004년 10월 31일 시행

01 스프링클러설비 중 준비작동식(프리액션) 밸브의 작동방법 및 복구방법을 구체적으로 기술하시오.(30점) (준비작동식밸브의 1, 2차 배관 양쪽에 개폐밸브가 모두 설치된 것으로 가정)

해답 준비작동식(프리액션) 밸브

(1) 프리액션밸브의 작동방법
  ① 감지기 1개 회로를 작동시킨다(경보발령).
  ② 감지기 2개 회로를 작동시키면 전자밸브가 작동하여 개방된다.
  ③ 중간챔버의 압력저하로 Clapper가 개방된다.
  ④ 2차 측 개폐밸브까지 가압수로 가압한다.
  ⑤ 유입된 가압수가 압력스위치를 작동시킨다.

(2) 작동 후 조치
  ① 배 수
    ㉠ 1차 측 개폐밸브를 폐쇄하여 펌프를 정지시킨다.
    ㉡ 개방된 배수밸브를 통하여 2차 측의 물을 배수시킨다.
    ㉢ 제어반의 스위치를 복구시킨다.
  ② 복구(Rehabilitation)
    ㉠ 배수밸브를 잠근다.
    ㉡ 전자밸브를 수동으로 복구시킨다.
    ㉢ 세팅밸브를 개방하여 중간챔버로 가압수를 공급하면 Clapper가 자동복구된다(1차 압력계의 압력확인).
    ㉣ 1차 측 개폐밸브를 서서히 개방한다(2차 측의 압력계의 압력이 0이면 클래퍼가 복구된 것임).
    ㉤ 세팅밸브를 잠근다.
    ㉥ 수신반의 스위치 상태를 확인한다.
    ㉦ 2차 측 개폐밸브를 서서히 개방한다.

02

11층 건물의 비상콘센트설비의 종합점검을 실시하려고 한다. 비상콘센트설비의 화재안전기술기준(NFTC 504)에 의거하여 다음 각 물음에 답하시오.(40점)

(1) 원칙적으로 설치 가능한 비상전원 2종류를 쓰시오.
(2) 전원회로별 공급용량 2종류를 쓰시오.
(3) 층별 비상콘센트 5개씩 설치되어 있다면 전원회로의 최소 회로수를 쓰시오.
(4) 비상콘센트의 바닥으로부터 설치높이를 쓰시오.
(5) 보호함의 설치기준 3가지를 쓰시오.

해답 비상콘센트설비(NFTC 504)

(1) 원칙적으로 설치 가능한 비상전원
　　① 자가발전설비
　　② 비상전원수전설비
　　③ 축전지설비
　　④ 전기저장장치(외부 전기에너지를 저장해 두었다가 필요한 때 전기를 공급하는 장치)

(2) 전원회로별 공급용량 2종류
　　2013.9.3 화재안전기준 개정으로 현행 법령에 맞지 않는 문제입니다. 현재 전원회로는 단상교류 220[V]인 것으로서 그 공급용량은 1.5[kVA] 이상인 것으로 해야 합니다.

(3) 층별 비상콘센트 5개씩 설치되어 있다면 전원회로의 최소 회로수 : 2회로
　　2.1.2.2 전원회로는 각 층에 2 이상이 되도록 설치할 것. 다만, 설치해야 할 층의 비상콘센트가 1개인 때에는 하나의 회로로 할 수 있다.

(4) 비상콘센트의 설치높이 : 바닥으로부터 높이 0.8[m] 이상 1.5[m] 이하

(5) 보호함의 설치기준 3가지
　　① 보호함에는 쉽게 개폐할 수 있는 문을 설치할 것
　　② 보호함 표면에 "비상콘센트"라고 표시한 표지를 할 것
　　③ 보호함 상부에 적색의 표시등을 설치할 것. 다만, 비상콘센트의 보호함을 옥내소화전함 등과 접속하여 설치하는 경우에는 옥내소화전함 등의 표시등과 겸용할 수 있다.

03 소방시설 등의 자체점검에 있어서 작동점검과 종합점검의 대상, 점검자의 자격, 점검횟수를 기술하시오.(30점)

해답 소방시설의 자체점검(소방시설법 규칙 별표 3)

(1) 자체점검 구분
   ① 작동점검 : 소방시설 등을 인위적으로 조작하여 정상적으로 작동하는지를 소방청장이 정하여 고시하는 소방시설 등 작동점검표에 따라 점검하는 것
   ② 종합점검 : 소방시설 등의 작동점검을 포함하여 소방시설 등의 설비별 주요 구성 부품의 구조기준이 화재안전기준과 건축법 등 관련 법령에서 정하는 기준에 적합한지 여부를 소방청장이 정하여 고시하는 소방시설 등 종합점검표에 따라 점검하는 것을 말하며, 다음과 같이 구분한다.
      ㉠ 최초점검 : 소방시설이 신설된 경우 건축법 제22조에 따라 건축물을 사용할 수 있게 된 날부터 60일 이내 점검하는 것을 말한다.
      ㉡ 그 밖의 종합점검 : 최초점검을 제외한 종합점검을 말한다.

(2) 작동점검

구 분	내 용
대 상	영 제5조에 따른 특정소방대상물을 대상으로 한다. 다만, 다음의 어느 하나에 해당하는 특정소방대상물은 제외한다. 1) 특정소방대상물 중 화재의 예방 및 안전관리에 관한 법률 제24조 제1항에 해당하지 않는 특정소방대상물(소방안전관리자를 선임하지 않는 대상을 말한다) 2) 위험물안전관리법 제2조 제6호에 따른 제조소 등 3) 화재의 예방 및 안전관리에 관한 법률 시행령 별표 4 제1호 가목의 특급소방안전관리대상물
점검자의 자격	1) 간이스프링클러설비(주택전용 간이스프링클러설비는 제외한다) 또는 같은 표 제2호 다목의 자동화재탐지설비가 설치된 특정소방대상물 　가) 관계인 　나) 관리업에 등록된 기술인력 중 소방시설관리사 　다) 소방시설공사업법 시행규칙 별표 4의2에 따른 특급점검자 　라) 소방안전관리자로 선임된 소방시설관리사 및 소방기술사 2) 1)에 해당하지 않는 특정소방대상물 　가) 관리업에 등록된 소방시설관리사 　나) 소방안전관리자로 선임된 소방시설관리사 및 소방기술사
점검횟수	연 1회 이상 실시한다.
점검시기	1) 종합점검대상 : 종합점검(최초점검은 제외한다)을 받은 달부터 6개월이 되는 달에 실시한다. 2) 아래 기준일로 점검한다. 　1)에 해당하지 않는 특정소방대상물의 사용승인일이 속하는 달의 말일까지 실시한다. 　가) 특정소방대상물의 경우 : 사용승인일(건축물의 경우에는 건축물관리대장 또는 건물 등기사항증명서에 기재되어 있는 날 　나) 시설물의 경우 : 시설물의 안전 및 유지관리에 관한 특별법 제55조 제1항에 따른 시설물통합정보관리체계에 저장·관리되고 있는 날 　다) 건축물관리대장, 건물 등기사항증명서 및 시설물통합정보관리체계를 통해 확인되지 않는 경우 : 소방시설완공검사증명서에 기재된 날을 말한다)이 속하는 달의 말일까지 실시한다. 　※ 건축물관리대장 또는 건물 등기사항증명서 등에 기입된 날이 서로 다른 경우에는 건축물관리대장에 기재되어 있는 날을 기준으로 점검한다.

(3) 종합점검

구 분	내 용
대 상	1) 법 제22조 제1항 제1호에 해당하는 특정소방대상물의 소방시설 등이 신설된 경우(신축 건축물) 2) 스프링클러설비가 설치된 특정소방대상물 3) 물분무등소화설비[호스릴방식의 물분무등소화설비만을 설치한 경우는 제외한다]가 설치된 연면적 5,000[m^2] 이상인 특정소방대상물(제조소 등은 제외한다) 4) 다중이용업소의 안전관리에 관한 특별법 시행령 제2조 제1호 나목(단란주점영업과 유흥주점영업), 같은 조 제2호[영화상영관, 비디오감상실업, 복합영상물제공업(비디오물소극장업은 제외)]・제6호(노래연습장업)・제7호(산후조리업)・제7호의2(고시원업) 및 제7호의5(안마시술소)의 다중이용업의 영업장이 설치된 특정소방대상물로서 연면적이 2,000[m^2] 이상인 것 5) 제연설비가 설치된 터널 6) 공공기관의 소방안전관리에 관한 규정 제2조에 따른 공공기관 중 연면적(터널・지하구의 경우 그 길이와 평균 폭을 곱하여 계산된 값을 말한다)이 1,000[m^2] 이상인 것으로서 옥내소화전설비 또는 자동화재탐지설비가 설치된 것. 다만, 소방기본법 제2조 제5호에 따른 소방대가 근무하는 공공기관은 제외한다.
점검자의 자격	다음 어느 하나에 해당하는 기술인력이 점검할 수 있다. 이 경우 별표 4에 따른 점검인력 배치기준을 준수해야 한다. 1) 관리업에 등록된 소방시설관리사 2) 소방안전관리자로 선임된 소방시설관리사 및 소방기술사
점검횟수	1) 연 1회 이상(특급소방안전관리대상물의 경우에는 반기에 1회 이상) 실시한다. 2) 1)에도 불구하고 소방본부장 또는 소방서장은 소방청장이 소방안전관리가 우수하다고 인정한 특정소방대상물에 대해서는 3년의 범위에서 소방청장이 고시하거나 정한 기간 동안 종합점검을 면제할 수 있다. 다만, 면제기간 중 화재가 발생한 경우는 제외한다.
점검시기	1) 소방시설 등이 신설된 경우 : 건축법 제22조에 따라 건축물을 사용할 수 있게 된 날부터 60일 이내 실시한다. 2) 1)을 제외한 특정소방대상물은 건축물의 사용승인일이 속하는 달에 실시한다. 다만, 공공기관의 안전관리에 관한 규정 제2조 제2호(국공립학교) 또는 제5호(사립학교)에 따른 학교의 경우에는 해당 건축물의 사용승인일이 1월에서 6월 사이에 있는 경우에는 6월 30일까지 실시할 수 있다. 3) 건축물 사용승인일 이후 "대상" 4)에 따라 종합점검 대상에 해당하게 된 때에는 그 다음 해부터 실시한다. 4) 하나의 대지경계선 안에 2개 이상의 자체점검 대상 건축물이 있는 경우에는 그 건축물 중 사용승인일이 가장 빠른 연도의 건축물의 사용승인일을 기준으로 점검할 수 있다.

2005년 7월 3일 시행 과년도 기출문제 (제8회)

01 방화구획의 기준에 설명이다. 다음 물음에 답하시오.(30점)

(1) 10층 이하와 11층 이상의 구획기준을 쓰시오(자동식 소화설비가 설치된 경우와 그렇지 않는 경우, 불연재로 마감한 경우와 그렇지 않은 경우).(16점)
(2) 층단위와 용도단위별 구획기준을 쓰시오.(14점)

해답 방화구획의 기준
① 구조물의 한 부분에서 화재가 발생 시 건물 전체로의 확대를 방지하려는 목적
② 바닥, 천장, 벽, 문 등이 연소방지를 위한 내화도가 요구되며 건축물의 용도, 규모 및 내장재료의 종류 등에 의해 구획의 면적이 규제되어 있다.
③ 방화구획의 종류(건피방 제14조)

구획 종류		구획 기준	구획부분의 구조
면적별 구획	10층 이하의 층	• 바닥면적 1,000[m^2] 이내 • 스프링클러 기타 이와 유사한 자동식 소화설비 설치 시 바닥면적 3,000[m^2] 이내	내화구조의 바닥 및 벽, 방화문 또는 자동방화셔터로 구획
	11층 이상의 층	• 바닥면적 200[m^2] 이내 • 스프링클러 기타 이와 유사한 자동식 소화설비 설치 시 바닥면적 600[m^2] 이내 • 벽 및 반자의 실내에 접하는 부분의 마감이 불연재료의 경우 바닥면적 500[m^2] 이내 • 벽 및 반자의 실내에 접하는 부분의 마감이 불연재료면서 자동식 소화설비 설치 시 바닥면적 1,500[m^2] 이내	
층별 구획		매 층마다 구획할 것(지하 1층에서 지상으로 직접 연결하는 경사로 부위는 제외한다)	

※ 필로티와 그 밖에 이와 비슷한 구조(벽면적 1/2 이상이 그 층의 바닥면적에서 위층 바닥 아래면까지 공간으로 된 것만 해당)의 부분을 주차장으로 사용하는 경우 그 부분은 건축물의 다른 부분과 구획할 것

02 다음 유도등의 물음에 답하시오.(30점)

(1) 유도등의 평상시 점등 상태(6점)
(2) 예비전원감시등이 점등되었을 경우의 원인(12점)
(3) 3선식 유도등이 점등되어야 하는 경우(12점)

해답 유도등

(1) 평상시 점등상태
    ① 2선식 배선방식 : 평상시 점등 상태
    ② 3선식 배선방식 : 평상시 소등 상태

(2) 예비전원감시등 점등 원인
    ① 예비전원 충전장치 불량
    ② 예비전원 충전상태 불량
    ③ 관리자 부주의로 장시간 상용전원 공급 중지로 예비전원 방전

(3) 3선식 배선 시 유도등이 점등되는 경우
    ① 자동화재탐지설비의 감지기 또는 발신기가 작동되는 때
    ② 비상경보설비의 발신기가 작동되는 때
    ③ 상용전원이 정전되거나 전원선이 단선되는 때
    ④ 방재업무를 통제하는 곳 또는 전기실의 배전반에서 수동으로 점등하는 때
    ⑤ 자동소화설비가 작동되는 때

03 다음 물음에 답하시오. (40점)

(1) 옥내소화전설비의 "수조"의 종합점검항목을 5가지를 쓰시오. (10점)
(2) 스프링클러설비의 "가압송수장치"의 종합점검항목을 5가지를 쓰시오. (10점)
(3) 할로겐화합물 및 불활성기체소화약제의 "저장용기"의 종합점검항목을 5가지를 쓰시오. (10점)
(4) 자동화재탐지설비가 설치된 지하 3층, 지상 11층인 경우 다음과 같은 화재층일 때 경보되는 층을 모두 쓰시오. (10점)
　① 지하 2층
　② 지상 1층
　③ 지상 2층

해답 점검항목(소방시설 자체점검사항 등에 관한 고시 별지 4)

(1) 옥내소화전설비의 수조의 종합점검항목
　① 동결방지조치 상태 적정 여부
　② 수위계 설치상태 적정 또는 수위 확인 가능 여부
　③ 수조 외측 고정사다리 설치상태 적정 여부(바닥보다 낮은 경우 제외)
　④ 실내설치 시 조명설비 설치상태 적정 여부
　⑤ "옥내소화전설비용 수조" 표지 설치상태 적정 여부
　⑥ 다른 소화설비와 겸용 시 겸용설비의 이름 표시한 표지 설치상태 적정 여부
　⑦ 수조-수직배관 접속부분 "옥내소화전설비용 배관" 표지 설치상태 적정 여부

(2) 스프링클러설비의 가압송수장치의 종합점검항목
　① 펌프방식
　　㉠ 동결방지조치 상태 적정 여부
　　㉡ 성능시험배관을 통한 펌프 성능시험 적정 여부
　　㉢ 다른 소화설비와 겸용인 경우 펌프 성능 확보 가능 여부
　　㉣ 펌프 흡입 측 연성계·진공계 및 토출 측 압력계 등 부속장치의 변형·손상 유무
　　㉤ 기동장치 적정 설치 및 기동압력 설정 적정 여부
　　㉥ 물올림장치 설치 적정(전용 여부, 유효수량, 배관구경, 자동급수) 여부
　　㉦ 충압펌프 설치 적정(토출압력, 정격토출량) 여부
　　㉧ 내연기관 방식의 펌프 설치 적정[정상기동(기동장치 및 제어반) 여부, 축전지 상태, 연료량] 여부
　　㉨ 가압송수장치의 "스프링클러펌프" 표지설치 여부 또는 다른 소화설비와 겸용 시 겸용 설비 이름 표시 부착 여부
　② 고가수조방식 : 수위계·배수관·급수관·오버플로관·맨홀 등 부속장치의 변형·손상 유무
　③ 압력수조방식
　　㉠ 압력수조의 압력 적정 여부
　　㉡ 수위계·급수관·급기관·압력계·안전장치·공기압축기 등 부속장치의 변형·손상 유무
　④ 가압수조방식
　　㉠ 가압수조 및 가압원 설치장소의 방화구획 여부
　　㉡ 수위계·급수관·배수관·급기관·압력계 등 부속장치의 변형·손상 유무

(3) 할로겐화합물 및 불활성기체소화설비의 저장용기의 종합점검항목
  ① 설치장소 적정 및 관리 여부
  ② 저장용기 설치장소 표지 설치 여부
  ③ 저장용기 설치 간격 적정 여부
  ④ 저장용기 개방밸브 자동·수동 개방 및 안전장치 부착 여부
  ⑤ 저장용기와 집합관 연결배관상 체크밸브 설치 여부

(4) 층수가 11층(공동주택인 경우에는 16층) 이상인 특정소방대상물의 경보층

발화층	경보를 발하는 층
지하 2층	발화층(지하 2층), 그 직상층(지하 1층), 기타 지하층(지하 3층)
지상 1층	발화층(지상 1층), 그 직상 4개층(지상 2층, 3층, 4층, 5층), 지하층(지하 1층, 지하 2층, 지하 3층)
지상 2층	발화층(지상 2층), 그 직상 4개층(지상 3층, 4층, 5층, 6층)

> **Plus one**
>
> • 고층건축물의 자동화재탐지설비 화재안전기술기준(2.4)
>   1. 2층 이상의 층에서 발화한 때에는 발화층 및 그 직상 4개층에 경보를 발할 것
>   2. 1층에서 발화한 때에는 발화층·그 직상 4개층 및 지하층에 경보를 발할 것
>   3. 지하층에서 발화한 때에는 발화층·그 직상층 및 기타의 지하층에 경보를 발할 것
> • 고층건축물의 비상방송설비 화재안전기술기준(2.3)
>   1. 2층 이상의 층에서 발화한 때에는 발화층 및 그 직상 4개층에 경보를 발할 것
>   2. 1층에서 발화한 때에는 발화층·그 직상 4개층 및 지하층에 경보를 발할 것
>   3. 지하층에서 발화한 때에는 발화층·그 직상층 및 기타의 지하층에 경보를 발할 것
> ※ 비상방송설비에는 그 설비에 대한 감시상태를 60분간 지속한 후 유효하게 30분 이상 경보할 수 있는 비상전원으로서 축전지설비(수신기에 내장하는 경우를 포함한다) 또는 전기저장장치를 설치할 것

제9회 과년도 기출문제

2006년 7월 2일 시행

01 다음 물음에 답하시오.(35점)

(1) 특별피난계단의 계단실 및 부속실 제연설비의 종합점검표에 나와 있는 점검항목 20가지를 쓰시오.(20점)
(2) 다중이용업소에 설치해야 하는 안전시설 등의 종류를 모두 쓰시오.(15점)

해답 점검항목과 안전시설 등

(1) 특별피난계단의 계단실 및 부속실 제연설비의 종합점검항목(소방시설 자체점검사항 등에 관한 고시 별지 4)
 ① 과압방지조치 : 자동차압급기댐퍼(또는 플랩댐퍼)를 사용한 경우 성능 적정 여부
 ② 수직풍도에 따른 배출
  ㉠ 배출댐퍼 설치(개폐여부 확인 기능, 화재감지기 동작에 따른 개방) 적정 여부
  ㉡ 배출용 송풍기가 설치된 경우 화재감지기 연동 기능 적정 여부
 ③ 급기구 : 급기댐퍼 설치 상태(화재감지기 동작에 따른 개방) 적정 여부
 ④ 송풍기
  ㉠ 설치장소 적정(화재영향, 접근·점검 용이성) 여부
  ㉡ 화재감지기 동작 및 수동조작에 따라 작동하는지 여부
  ㉢ 송풍기와 연결되는 캔버스 내열성 확보 여부
 ⑤ 외기취입구
  ㉠ 설치위치(오염공기 유입방지, 배기구 등으로부터 이격거리) 적정 여부
  ㉡ 설치구조(빗물·이물질 유입방지, 옥외의 풍속과 풍향에 영향) 적정 여부
 ⑥ 제연구역의 출입문
  ㉠ 폐쇄상태 유지 또는 화재 시 자동폐쇄 구조 여부
  ㉡ 자동폐쇄장치 폐쇄력 적정 여부
 ⑦ 수동기동장치
  ㉠ 기동장치 설치(위치, 전원표시등 등) 적정 여부
  ㉡ 수동기동장치(옥내 수동발신기 포함) 조작 시 관련 장치 정상 작동 여부
 ⑧ 제어반
  ㉠ 비상용 축전지의 정상 여부
  ㉡ 제어반 감시 및 원격조작 기능 적정 여부
 ⑨ 비상전원
  ㉠ 비상전원 설치장소 적정 및 관리 여부
  ㉡ 자가발전설비인 경우 연료 적정량 보유 여부
  ㉢ 자가발전설비인 경우 전기사업법에 따른 정기점검 결과 확인

(2) 다중이용업소의 안전시설 등(다중이용업소법 영 별표 1)
   ① 소방시설
      ㉠ 소화설비
         ㉮ 소화기 또는 자동확산소화기
         ㉯ 간이스프링클러설비(캐비닛형 간이스프링클러설비를 포함한다)
      ㉡ 경보설비
         ㉮ 비상벨설비 또는 자동화재탐지설비
         ㉯ 가스누설경보기
      ㉢ 피난설비
         ㉮ 피난기구(미끄럼대, 피난사다리, 구조대, 완강기, 다수인피난장비, 승강식피난기)
         ㉯ 피난유도선
         ㉰ 유도등, 유도표지 또는 비상조명등
         ㉱ 휴대용 비상조명등
   ② 비상구
   ③ 영업장 내부 피난통로
   ④ 그 밖의 안전시설
      ㉠ 영상음향차단장치
      ㉡ 누전차단기
      ㉢ 창 문

02 다음 그림은 차동식 분포형공기관식감지기의 계통도를 나타낸 것이다. 각 물음에 답하시오. (25점)

(1) 화재작동시험 방법을 쓰시오. (5점)
(2) 동작에 이상이 있는 경우를 쓰시오. (20점)

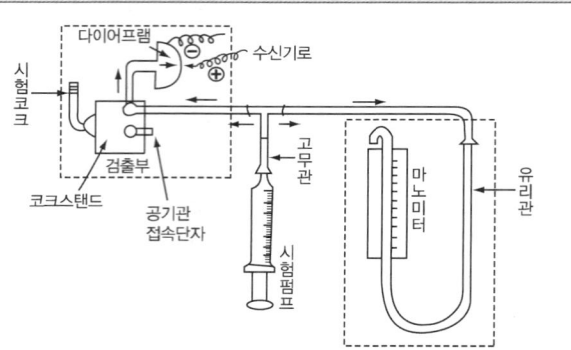

해답 차동식 분포형공기관식감지기
(1) 화재작동시험(공기주입시험)
  ① 목적 : 감지기의 작동 공기압에 상당하는 공기량을 공기주입시험기(5[cc]용)로 투입하여 작동시간 및 경계구역 표시가 적정한지 여부 확인
  ② 시험방법
    ㉠ 검출부의 시험구멍에 공기주입시험기를 접속한다.
    ㉡ 시험코크 또는 열쇠를 조작해서 시험위치(T 위치)에 놓는다.
    ㉢ 검출부에 표시된 공기량을 공기관에 투입한다(공기관 길이에 따라 공기량이 다름).
    ㉣ 공기를 투입한 후 작동시간을 측정한다.
  ③ 판정방법
    ㉠ 작동시간은 제원표 수치범위 이내일 것
    ㉡ 경계구역 표시가 적정할 것
(2) 화재작동시험에 이상이 있는 경우
  ① 기준치 이상인 경우
    ㉠ 리크 저항치가 규정치보다 작다(리크 구멍이 크다).
    ㉡ 접점 수고값이 규정치보다 높다(힘 또는 간격이 크다).
    ㉢ 공기관의 누설, 폐쇄, 변형상태
    ㉣ 공기관의 길이가 주입량에 비해 너무 길다.
    ㉤ 공기관의 접점의 접촉 불량
  ② 기준치 미달인 경우
    ㉠ 리크 저항치가 규정치보다 크다.
    ㉡ 접점 수고값이 규정치보다 낮다.
    ㉢ 공기관의 길이가 주입량에 비해 짧다.

03 다음 각 물음에 답하시오. (40점)

[조건]
- 수조의 수위보다 펌프가 낮게 설치되어 있다.
- 물올림장치 부분의 부속류를 도시한다.
- 펌프 흡입 측 배관의 밸브 및 부속류를 도시한다.
- 펌프 토출 측 배관의 밸브 및 부속류를 도시한다.
- 성능시험배관의 밸브 및 부속류를 도시한다.

(1) 펌프 주변의 계통도를 그리고 각 기기의 명칭을 표시하고 기능을 설명하시오. (20점)
(2) 충압펌프가 5분마다 기동 및 정지를 반복한다. 그 원인으로 생각되는 사항 2가지를 쓰시오. (10점)
(3) 방수시험을 하였으나 펌프가 기동하지 않았다. 원인으로 생각되는 사항 5가지를 쓰시오. (10점)

해답 수계 소화설비

(1) 펌프의 계통도, 명칭 및 기능

㉠ 펌프 주변의 계통도

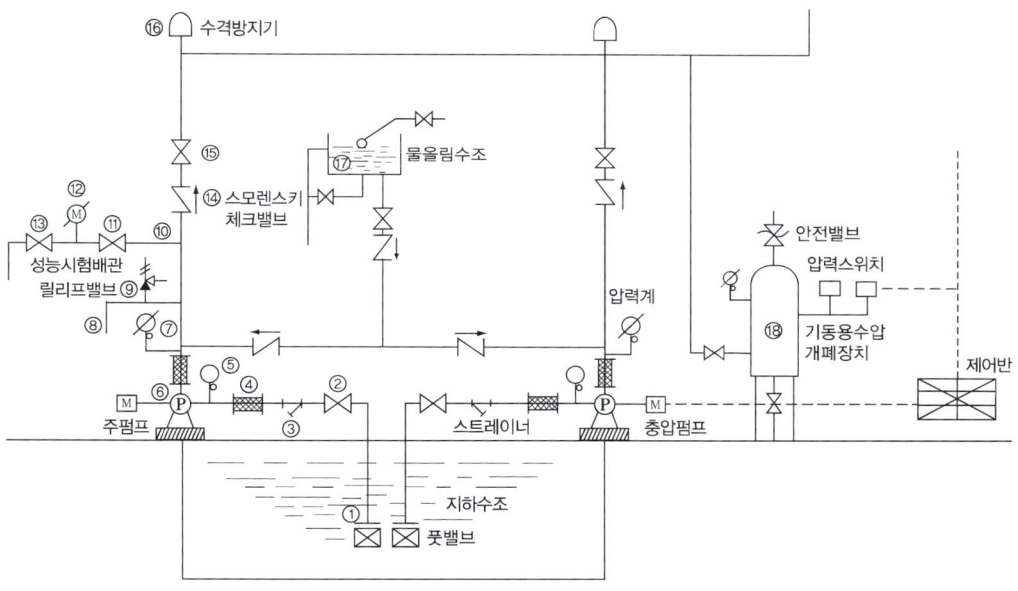

[부압수조방식]

㉡ 명칭 및 기능

번 호	명 칭	기 능
①	풋밸브	여과 기능, 역류방지기능
②	개폐밸브	배관의 개폐 기능
③	스트레이너	흡입 측 배관 내의 이물질 제거(여과 기능)
④	플렉시블조인트	충격을 흡수하여 흡입 측 배관의 보호
⑤	진공계(연성계)	펌프의 흡입 측 압력 표시
⑥	주펌프	소화수에 압력과 유속 부여
⑦	압력계	펌프의 토출 측 압력 표시
⑧	순환배관	펌프의 체절운전 시 수온상승 방지
⑨	릴리프밸브	체절압력 미만에서 개방하여 압력수 방출

번호	명칭	기능
⑩	성능시험배관	가압송수장치의 성능시험
⑪	개폐밸브	펌프 성능시험배관의 개폐 기능
⑫	유량계	펌프의 유량 측정
⑬	유량조절밸브	펌프 성능시험배관의 개폐 기능
⑭	체크밸브	역류 방지, By-pass기능, 수격작용방지
⑮	개폐표시형밸브	배관 수리 시 또는 펌프성능시험 시 개폐 기능
⑯	수격방지기	펌프의 기동 및 정지 시 수격흡수 기능
⑰	물올림장치	펌프의 흡입 측 배관에 물을 충만하는 기능
⑱	기동용수압개폐장치 (압력챔버)	주펌프의 자동기동, 충압펌프의 자동기동 및 자동정지 기능, 압력변화에 따른 완충 작용, 압력변동에 따른 설비보호

(2) 충압펌프가 5분마다 기동 및 정지를 반복되는 원인
 ① 펌프 토출 측의 체크밸브 2차 측 배관이 누수될 때
 ② 압력챔버의 배수밸브의 개방 또는 누수될 때
 ③ 펌프 토출 측의 체크밸브의 미세한 개방으로 역류될 때
 ④ 송수구의 체크밸브가 미세한 개방으로 역류될 때
 ⑤ 말단시험밸브의 미세한 개방 또는 누수될 때
 ⑥ 자동경보밸브의 배수밸브가 미세한 개방 또는 누수될 때

(3) 방수시험 시 펌프가 기동되지 않는 원인
 ① 펌프가 고장일 때
 ② 상용전원의 정전 및 차단되었을 때
 ③ 기동용 수압개폐장치에 설치된 압력스위치가 고장일 때
 ④ 기동용 수압개폐장치에 연결된 개폐밸브가 폐쇄되었을 때
 ⑤ 동력제어반의 기동스위치가 정지위치에 있을 때
 ⑥ 감시제어반의 고장 또는 예비전원의 고장일 때

2008년 9월 28일 시행 과년도 기출문제

01 다음 각 물음에 답하시오. (40점)

(1) 다중이용업소에 설치하는 비상구 등의 설치위치와 비상구 등의 규격기준에 대하여 설명하시오. (5점)
(2) 종합점검을 받아야 하는 공공기관의 대상에 대하여 쓰시오. (5점)
(3) 2 이상의 특정소방대상물이 내화구조로 연결통로로 연결된 경우 다음 물음에 대하여 답하시오.
  ① 하나의 소방대상물로 보는 조건 중 벽이 없는 통로와 벽이 있는 통로를 구분하여 쓰시오. (10점)
  ② 위 ① 외에 하나의 특정소방대상물로 볼 수 있는 조건 5가지를 쓰시오. (10점)
  ③ 연결통로 또는 지하구와 특정소방대상물의 양쪽에 별개의 특정소방대상물로 볼 수 있는 조건에 대하여 쓰시오. (10점)

해답 비상구, 공공기관 등

(1) 비상구 등의 설치위치 및 규격기준(다중이용업소법 규칙 별표 2)
  ① 설치위치 : 비상구는 영업장(2개 이상의 층이 있는 경우에는 각각의 층별 영업장을 말한다) 주된 출입구의 반대방향에 설치하되, 주된 출입구 중심선으로부터 수평거리가 영업장의 가장 긴 대각선 길이, 가로 또는 세로 길이 중 가장 긴 길이의 1/2 이상 떨어진 위치에 설치할 것. 다만, 건물구조로 인하여 주된 출입구의 반대방향에 설치할 수 없는 경우에는 주된 출입구 중심선으로부터의 수평거리가 영업장의 가장 긴 대각선의 길이, 가로 또는 세로 길이 중 가장 긴 길이의 1/2 이상 떨어진 위치에 설치할 수 있다.
  ② 비상구 등 규격 : 가로 75[cm] 이상, 세로 150[cm] 이상(문틀을 제외한 가로길이 및 세로길이를 말한다)으로 할 것

(2) 종합점검을 받아야 하는 공공기관
  연면적 1,000[m^2] 이상으로서 옥내소화전설비 또는 자동화재탐지설비가 설치된 공공기관

(3) 2 이상의 특정소방대상물이 연결통로로 연결된 경우(소방시설법 영 별표 2)
  ① 하나의 특정소방대상물로 보는 조건
    ㉠ 벽이 없는 통로(벽 높이가 바닥에서 천장높이의 1/2 미만인 경우)로서 그 길이가 6[m] 이하인 경우
    ㉡ 벽이 있는 통로(벽 높이가 바닥에서 천장높이의 1/2 이상인 경우)로서 그 길이가 10[m] 이하인 경우
  ② 그 외에 하나의 특정소방대상물로 볼 수 있는 조건
    ㉠ 내화구조가 아닌 연결통로로 연결된 경우
    ㉡ 컨베이어로 연결되거나 플랜트설비의 배관 등으로 연결되어 있는 경우
    ㉢ 지하보도, 지하상가, 터널로 연결된 경우
    ㉣ 자동방화셔터 또는 60분+ 방화문이 설치되지 않은 피트(전기설비 또는 배관설비 등이 설치되는 공간)로 연결된 경우
    ㉤ 지하구로 연결된 경우
  ③ 연결통로 또는 지하구와 특정소방대상물의 양쪽에 별개의 특정소방대상물로 볼 수 있는 조건
    ㉠ 화재 시 경보설비 또는 자동소화설비의 작동과 연동하여 자동으로 닫히는 자동방화셔터 또는 60분+ 방화문이 설치된 경우
    ㉡ 화재 시 자동으로 방수되는 방식의 드렌처설비 또는 개방형 스프링클러헤드가 설치된 경우

02 이산화탄소소화설비에 대하여 다음 물음에 답하시오. (30점)

(1) 가스압력식 기동장치가 설치된 이산화탄소소화설비의 작동시험 관련 물음에 답하시오. (18점)
  ① 작동시험 시 가스압력식 기동장치의 전자개방밸브 작동 방법 중 4가지만 쓰시오. (8점)
  ② 방호구역 내에 설치된 교차회로 감지기를 동시에 작동시킨 후 이산화탄소소화설비의 정상작동 여부를 판단할 수 있는 확인사항들에 대해 쓰시오. (10점)
(2) 화재안전기준에서 정하는 소화약제 저장용기를 설치하기에 적합한 장소에 대한 기준 6가지만 쓰시오. (12점)

해답 이산화탄소소화설비

(1) 가스압력식 기동장치가 설치된 이산화탄소소화설비의 작동시험
  ① 가스압력식 기동장치의 전자개방밸브 작동 방법
    ㉠ 방호구역 내 감지기 교차회로(2개 회로 이상) 동작
    ㉡ 수동조작함의 수동조작스위치 동작
    ㉢ 제어반에서 수동기동 스위치 동작
    ㉣ 제어반에서 동작시험 스위치와 회로선택스위치 동작
  ② 이산화탄소소화설비의 정상작동 여부를 판단할 수 있는 확인사항
    ㉠ 해당 방호구역에 경보발령 확인
    ㉡ 해당 방호구역의 방출표시등 점등 확인
    ㉢ 수동조작함의 방출표시등 점등 확인
    ㉣ 제어반의 방출표시등 점등 여부 확인
    ㉤ 화재표시반의 화재표시등, 지구표시등 점등 여부 확인

(2) 이산화탄소소화약제 저장용기 설치장소 기준 6가지(NFTC 106)
  ① 방호구역 외의 장소에 설치할 것. 다만, 방호구역 내에 설치할 경우에는 피난 및 조작이 용이하도록 피난구 부근에 설치해야 한다.
  ② 온도가 40[℃] 이하이고, 온도 변화가 작은 곳에 설치할 것
  ③ 직사광선 및 빗물이 침투할 우려가 없는 곳에 설치할 것
  ④ 방화문으로 구획된 실에 설치할 것
  ⑤ 용기의 설치장소에는 해당 용기가 설치된 곳임을 표시하는 표지를 할 것
  ⑥ 용기 간의 간격은 점검에 지장이 없도록 3[cm] 이상의 간격을 유지할 것
  ⑦ 저장용기와 집합관을 연결하는 연결배관에는 체크밸브를 설치할 것(다만, 저장용기가 하나의 방호구역만을 담당하는 경우에는 그렇지 않다)

03 다음 옥내소화전설비에 관한 물음에 답하시오. (30점)

(1) 화재안전기준에서 정하는 감시제어반의 기능에 대한 기준을 5가지만 쓰시오. (10점)
(2) 다음 그림을 보고 펌프를 운전하여 체절압력을 확인하고 릴리프밸브의 개방압력을 조정하는 방법을 기술하시오. (20점)

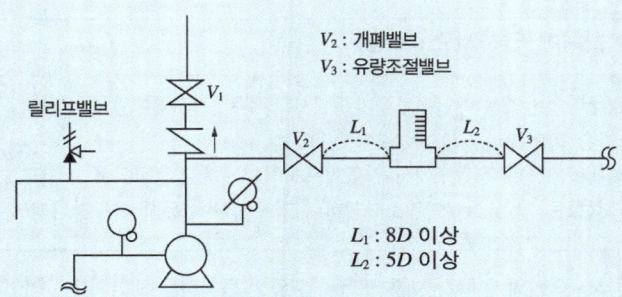

V_2 : 개폐밸브
V_3 : 유량조절밸브

L_1 : 8D 이상
L_2 : 5D 이상

[조건] • 조정 시 주펌프의 운전은 수동운전을 원칙으로 한다.
• 릴리프밸브의 작동점은 체절압력의 90[%]로 한다.
• 조정 전의 릴리프밸브는 체절압력에서도 개방되지 않은 상태이다.
• 배관의 안전을 위해 주펌프 2차 측의 V_1은 폐쇄 후 주펌프를 기동한다.
• 조정 전의 V_2, V_3는 잠근 상태이며 체절압력의 90[%] 압력을 성능시험배관을 이용하여 만든다.

해답 옥내소화전설비

(1) 감시제어반의 기능
① 각 펌프의 작동 여부를 확인할 수 있는 표시등 및 음향경보기능이 있어야 할 것
② 각 펌프를 자동 및 수동으로 작동시키거나 중단시킬 수 있어야 할 것
③ 비상전원을 설치한 경우에는 상용전원 및 비상전원의 공급 여부를 확인할 수 있어야 할 것
④ 수조 또는 물올림수조가 저수위로 될 때 표시등 및 음향으로 경보할 것
⑤ 각 확인회로(기동용 수압개폐장치의 압력스위치회로, 수조 또는 물올림수조의 저수위감시회로, 급수배관에 설치되어 있는 개폐밸브의 폐쇄상태 확인회로)마다 도통시험 및 작동시험을 할 수 있어야 할 것
⑥ 예비전원이 확보되고 예비전원의 적합 여부를 시험할 수 있어야 할 것

(2) 릴리프밸브의 개방압력을 조정하는 방법
① 동력제어반에서 주펌프, 충압펌프의 선택스위치를 수동의 위치로 한다.
② 펌프 토출 측의 개폐밸브(V_1)밸브를 잠근다.
③ 동력제어반에서 주펌프를 수동으로 기동시킨다.
④ 펌프 토출 측 압력계의 최고치가 펌프 전양정의 140[%] 이하인가를 확인하고 이때 주펌프의 체절압력을 확인한다.
⑤ 성능시험배관의 개폐밸브(V_2)를 완전개방하고 유량조절밸브(V_3)를 서서히 개방하여 체절압력의 90[%]가 되면 유량조절밸브(V_3)를 멈춘다.
⑥ 릴리프밸브의 캡을 열고 조정나사를 스패너로 반시계방향으로 서서히 돌려서 물이 흐르는 것이 확인되면 주펌프를 수동으로 정지시킨다.
⑦ 성능시험배관의 개폐밸브(V_2)와 유량조절밸브(V_3)를 잠근다.
⑧ 펌프 토출 측의 개폐밸브(V_1)를 개방한다.
⑨ 동력제어반에서 주펌프와 충압펌프의 선택스위치를 자동위치로 전환한다.

2010년 9월 5일 시행 과년도 기출문제 (제11회)

01 다음의 각 물음에 답하시오. (30점)

(1) 스프링클러설비의 화재안전기술기준에서 정하는 감시제어반의 설치기준 중 도통시험 및 작동시험을 해야 하는 확인회로 5가지를 쓰시오. (10점)
(2) 자동화재탐지설비 점검표에서 시각경보장치의 종합점검항목을 쓰시오. (10점)
(3) 할로겐화합물 및 불활성기체소화설비 점검표에서 수동식 기동장치의 종합점검항목을 쓰시오. (10점)

해답

(1) 감시제어반의 설치기준 중 도통시험 및 작동시험을 해야 하는 확인회로(NFTC 103)
 ① 기동용 수압개폐장치의 압력스위치회로
 ② 수조 또는 물올림수조의 저수위감시회로
 ③ 유수검지장치 또는 일제개방밸브의 압력스위치회로
 ④ 일제개방밸브를 사용하는 설비의 화재감지기회로
 ⑤ 개폐밸브의 폐쇄상태 확인회로
 ⑥ 그 밖의 이와 비슷한 회로

(2) 자동화재탐지설비의 시각경보장치 점검항목(소방시설 자체점검사항 등에 관한 고시 별지 4)
 ① 시각경보장치 설치 장소 및 높이 적정 여부
 ② 시각경보장치 변형·손상 확인 및 정상 작동 여부

(3) 할로겐화합물 및 불활성기체소화설비의 수동식 기동장치 점검항목(소방시설 자체점검사항 등에 관한 고시 별지 4)
 ① 기동장치 부근에 비상스위치 설치 여부
 ② 방호구역별 또는 방호대상별 기동장치 설치 여부
 ③ 기동장치 설치 적정(출입구 부근 등, 높이, 보호장치, 표지, 전원표시등) 여부
 ④ 방출용 스위치 음향경보장치 연동 여부

※ 2021.4.1. 소방시설점검표 개정으로 점수 배점에 비하여 답의 개수가 작습니다.

02 다음의 각 물음에 답하시오. (30점)

(1) 다중이용업소의 영업주는 안전시설을 정기적으로 "안전시설 등 세부점검표"를 사용하여 점검하여야 한다. "안전시설 등 세부점검표"의 점검사항 9가지를 쓰시오. (18점)
(2) 소방시설 관리업자가 영업정지에 해당하는 법령을 위반한 경우 위반 행위의 동기 등을 고려하여 그 처분기준의 1/2까지 경감하여 처분할 수 있다. 감경처분 요건 중 경미한 위반사항에 해당하는 요건 3가지를 쓰시오. (6점)
(3) 화재안전기준의 변경으로 그 기준이 강화되는 경우 기존의 특정소방대상물의 소방시설 등에 대하여 변경 전의 화재안전기준을 적용한다. 그러나 일부 소방시설 등의 경우에는 화재안전기준의 변경으로 강화된 기준을 적용한다. 강화된 화재안전기준을 적용하는 소방시설 등을 3가지만 쓰시오. (6점)

해답 (1) "안전시설 등 세부점검표"의 점검사항(다중이용업소법 규칙 별지 제10호 서식)
① 소화기 또는 자동확산소화기의 외관점검
  ㉠ 구획된 실마다 설치되어 있는지 확인
  ㉡ 약제 응고상태 및 압력게이지 지시침 확인
② 간이스프링클러설비의 작동점검
  ㉠ 시험밸브 개방 시 펌프기동, 음향경보 확인
  ㉡ 헤드의 누수・변형・손상・장애 등 확인
③ 경보설비의 작동점검
  ㉠ 비상벨설비의 누름스위치, 표시등, 수신기 확인
  ㉡ 자동화재탐지설비의 감지기, 발신기, 수신기 확인
  ㉢ 가스누설경보기의 정상작동여부 확인
④ 피난구조설비 작동점검 및 외관점검
  ㉠ 유도등・유도표지 등 부착상태 및 점등상태 확인
  ㉡ 구획된 실마다 휴대용 비상조명등 비치 여부
  ㉢ 화재신호 시 피난유도선 점등상태 확인
  ㉣ 피난기구(완강기, 피난사다리 등) 설치상태 확인
⑤ 비상구 관리상태 확인
  ㉠ 비상구 폐쇄・훼손, 주변 물건 적치 등 관리상태
  ㉡ 구조변형, 금속표면 부식・균열, 용접부・접합부 손상 등 확인(건축물 외벽에 발코니 형태의 비상구를 설치한 경우만 해당)
⑥ 영업장 내부 피난통로 관리상태 확인 : 영업장 내부 피난통로상 물건 적치 등 관리상태
⑦ 창문(고시원) 관리상태 확인
⑧ 영상음향차단장치 작동점검 : 경보설비와 연동 및 수동작동여부 점검(화재신호 시 영상음향 차단되는지 확인)
⑨ 누전차단기 작동여부 확인
⑩ 피난안내도 설치위치 확인
⑪ 피난안내영상물 상영여부 확인
⑫ 실내장식물・내부구획 재료 교체여부 확인
  ㉠ 커튼, 카펫 등 방염선처리제품 사용 여부
  ㉡ 합판・목재 방염성능확보 여부
  ㉢ 내부구획재료 불연재료 사용 여부
⑬ 방염소파・의자 사용 여부 확인

⑭ 안전시설 등 세부점검표 분기별 작성 및 1년간 보관 여부
⑮ 화재배상책임보험 가입여부 및 계약기간 확인

(2) 감경처분 요건 중 경미한 위반사항에 해당하는 요건
① 스프링클러설비 헤드가 살수반경에 미치지 못하는 경우
② 자동화재탐지설비 감지기 2개 이하가 설치되지 않은 경우
③ 유도등이 일시적으로 점등되지 않는 경우
④ 유도표지가 정해진 위치에 붙어 있지 않은 경우

(3) 강화된 화재안전기준을 적용하는 소방시설 등(소방시설법 제13조, 영 제13조)
① 다음 소방시설 중 대통령령 또는 화재안전기준으로 정하는 것
㉠ 소화기구
㉡ 비상경보설비
㉢ 자동화재탐지설비
㉣ 자동화재속보설비
㉤ 피난구조설비
② 다음 특정소방대상물에 설치하는 소방시설 중 대통령령 또는 화재안전기준으로 정하는 것
㉠ 공동구 : 소화기, 자동소화장치, 자동화재탐지설비, 통합감시시설, 유도등 및 연소방지설비
㉡ 전력 또는 통신사업용 지하구 : 소화기, 자동소화장치, 자동화재탐지설비, 통합감시시설, 유도등 및 연소방지설비
㉢ 노유자시설 : 간이스프링클러설비, 자동화재탐지설비, 단독경보형감지기
㉣ 의료시설 : 스프링클러설비, 간이스프링클러설비, 자동화재탐지설비 및 자동화재속보설비

03
다음은 방화구획선상에 설치되는 **자동방화셔터**(국토해양부고시 제2012-552호)에 관한 내용이다. 각 물음에 답하시오. (40점)

> (1) 자동방화셔터의 정의를 쓰시오. (5점)
> (2) 다음 문장의 ①~⑥의 빈칸에 알맞은 용어를 쓰시오. (18점)
>   - 자동방화셔터는 화재발생 시 (①)에 의한 일부 폐쇄와 (②)에 의한 완전폐쇄가 이루어질 수 있는 구조를 가진 것이어야 한다.
>   - 자동방화셔터에 사용되는 열감지기는 소방시설 설치 및 관리에 관한 법률 제36조에서 정한 형식 승인에 합격한 (③) 또는 (④)의 것으로서 특종의 공칭 작동온도가 각각 (⑤)~(⑥)[℃]인 것으로 해야 한다.
> (3) 일체형 자동방화셔터의 출입구 설치기준 3가지를 쓰시오. (9점)
> (4) 자동방화셔터의 작동기능을 점검하고자 한다. 셔터 작동 시 확인사항 4가지를 쓰시오. (8점)

해답

(1) **자동방화셔터의 정의**

  자동방화셔터란 방화구획의 용도로 화재 시 연기 및 열을 감지하여 자동폐쇄되는 것으로서, 공항·체육관 등 넓은 공간에 부득이하게 내화구조로 된 벽을 설치하지 못하는 경우에 사용하는 방화셔터를 말한다.

(2) ①~⑥의 빈칸에 알맞은 용어

  ① 연기감지기
  ② 열감지기
  ③ 보상식
  ④ 정온식
  ⑤ 60
  ⑥ 70

  ※ 2021.8.6. 기준으로 현행 법령(방화문 및 자동방화셔터의 인정 및 관리기준)에 맞지 않는 문제입니다.

(3) **일체형 자동방화셔터의 출입구 설치기준**

  ※ 2021년 1월 기준으로 현행 법령에 맞지 않는 문제입니다.

(4) **자동방화셔터 작동 시 확인사항**

  ① 해당 구역의 방화셔터 작동(폐쇄) 여부
  ② 해당 구역의 여러 개의 방화셔터가 동시 작동(폐쇄) 여부
  ③ 연동제어기의 음향 연동 여부
  ④ 수신반에 방화셔터의 작동표시등 점등 여부

제12회 과년도 기출문제
2011년 8월 21일 시행

01 다음 물음에 답하시오. (40점)

(1) 불꽃감지기 설치기준 5가지를 쓰시오. (10점)
(2) 광원점등방식 피난유도선의 설치기준 6가지를 쓰시오. (12점)
(3) 자동화재탐지설비의 설치장소별 감지기 적응성에서 연기감지기를 설치할 수 없는 장소에서 먼지 또는 미분 등이 다량으로 체류하는 장소에 감지기를 설치하는 경우 확인해야 하는 사항 4가지를 쓰시오. (10점)
(4) 피난구유도등 설치제외 장소 4가지를 쓰시오. (8점)

해답
(1) 불꽃감지기의 설치기준(NFTC 203)
① 공칭감시거리 및 공칭시야각은 형식승인 내용에 따를 것
② 감지기는 공칭감시거리와 공칭시야각을 기준으로 감시구역이 모두 포용될 수 있도록 설치할 것
③ 감지기는 화재감지를 유효하게 감지할 수 있는 모서리 또는 벽 등에 설치할 것
④ 감지기를 천장에 설치하는 경우에는 감지기는 바닥을 향하여 설치할 것
⑤ 수분이 많이 발생할 우려가 있는 장소에는 방수형으로 설치할 것

(2) 광원점등식 피난유도선의 설치기준(NFTC 303)
① 구획된 각 실로부터 주출입구 또는 비상구까지 설치할 것
② 피난유도 표시부는 바닥으로부터 높이 1[m] 이하의 위치 또는 바닥면에 설치할 것
③ 피난유도 표시부는 50[cm] 이내의 간격으로 연속되도록 설치하되 실내장식물 등으로 설치가 곤란할 경우 1[m] 이내로 설치할 것
④ 수신기로부터의 화재신호 및 수동조작에 의하여 광원이 점등되도록 설치할 것
⑤ 비상전원이 상시 충전상태를 유지하도록 설치할 것
⑥ 바닥에 설치되는 피난유도 표시부는 매립하는 방식을 사용할 것
⑦ 피난유도 제어부는 조작 및 관리가 용이하도록 바닥으로부터 0.8[m] 이상 1.5[m] 이하의 높이에 설치할 것

(3) 먼지 또는 미분 등이 다량으로 체류하는 장소에 감지기 설치 시 확인사항(NFTC 203)
① 불꽃감지기에 따라 감시가 곤란한 장소는 적응성이 있는 열감지기를 설치할 것
② 차동식분포형감지기를 설치하는 경우에는 검출부에 먼지, 미분 등이 침입하지 않도록 조치할 것
③ 차동식스포트형감지기 또는 보상식스포트형감지기를 설치하는 경우에는 검출부에 먼지, 미분 등이 침입하지 않도록 조치할 것
④ 섬유, 목재가공 공장 등 화재확대가 급속하게 진행될 우려가 있는 장소에 설치하는 경우 정온식감지기는 특종으로 설치할 것. 공칭작동온도 75[℃] 이하, 열아날로그식스포트형 감지기는 화재표시설정은 80[℃] 이하가 되도록 할 것

(4) 피난구유도등의 설치제외 장소(NFTC 303)
① 바닥면적이 1,000[m²] 미만인 층으로서 옥내로부터 직접 지상으로 통하는 출입구(외부의 식별이 용이한 경우에 한한다)

② 대각선 길이가 15[m] 이내인 구획된 실의 출입구
③ 거실 각 부분으로부터 하나의 출입구에 이르는 보행거리가 20[m] 이하이고 비상조명등과 유도표지가 설치된 거실의 출입구
④ 출입구가 3개소 이상 있는 거실로서 그 거실 각 부분으로부터 하나의 출입구에 이르는 보행거리가 30[m] 이하인 경우에는 주된 출입구 2개소 외의 출입구(유도표지가 부착된 출입구를 말한다). 다만, 공연장·집회장·관람장·전시장·판매시설·운수시설·숙박시설·노유자시설·의료시설·장례식장의 경우에는 그렇지 않다.

02 다음 물음에 답하시오. (30점)

(1) 특정소방대상물의 일반대상물 및 공공기관 대상물의 종합점검 시기와 면제조건을 쓰시오. (10점)
(2) 다음 소방시설관리업을 하고자 할 때 소방시설별 장비 및 규격을 아래 표에 알맞게 쓰시오. (10점)

소방시설	점검장비
소화기구	①
스프링클러설비 포소화설비	②
이산화탄소소화설비 분말소화설비 할론소화설비 할로겐화합물 및 불활성기체소화설비	③

(3) 소방시설 설치 및 관리에 관한 법률에 의거하여 숙박시설이 없는 특정소방대상물의 수용인원 산정하는 방법을 쓰시오. (10점)

해답 (1) 일반대상물 및 공공기관 대상물의 점검 시기와 면제조건(소방시설법 규칙 별표 3)

특정소방 대상물	종합점검 시기	점검 면제조건
일반 대상물	1. 소방시설 등이 신설된 경우 : 건축법 제22조에 따라 건축물을 사용할 수 있게 된 날부터 60일 이내 실시한다. 2. 1.을 제외한 특정소방대상물은 건축물의 사용승인일이 속하는 달에 실시한다. 다만, 공공기관의 안전관리에 관한 규정 제2조 제2호(국공립학교) 또는 제5호(사립학교)에 따른 학교의 경우에는 해당 건축물의 사용승인일이 1월에서 6월 사이에 있는 경우에는 6월 30일까지 실시할 수 있다. 3. 건축물 사용승인일 이후 "대상" 4.에 따라 종합점검 대상에 해당하게 된 때에는 그 다음 해부터 실시한다. 4. 하나의 대지경계선 안에 2개 이상의 자체점검 대상 건축물이 있는 경우에는 그 건축물 중 사용승인일이 가장 빠른 연도의 건축물의 사용승인일을 기준으로 점검할 수 있다.	소방본부장 또는 소방서장은 소방청장이 소방안전관리가 우수하다고 인정한 특정소방대상물에 대해서는 3년의 범위 내에서 소방청장이 고시하거나 정한 기간 동안 종합점검을 면제할 수 있다. 다만, 면제기간 중 화재가 발생한 경우는 제외한다.
공공기관 대상물		소방기본법 제2조 제5호에 따른 소방대가 근무하는 공공기관

(2) 소방시설별 점검장비(소방시설법 규칙 별표 3)

소방시설	점검장비	규 격
모든 소방시설	방수압력측정계, 절연저항계(절연저항측정기), 전류전압측정계	
소화기구	저 울	
옥내소화전설비, 옥외소화전설비	소화전밸브압력계	
스프링클러설비, 포소화설비	헤드결합렌치(볼트, 너트, 나사 등을 죄거나 푸는 공구)	
이산화탄소소화설비, 분말소화설비, 할론소화설비, 할로겐화합물 및 불활성기체 소화설비	검량계, 기동관누설시험기, 그 밖에 소화약제의 저장량을 측정할 수 있는 점검기구	
자동화재탐지설비, 시각경보기	열감지기시험기, 연(煙)감지기시험기, 공기주입시험기, 감지기시험기연결막대, 음량계	
누전경보기	누전계	누전전류 측정용
무선통신보조설비	무선기	통화시험용
제연설비	풍속풍압계, 폐쇄력측정기, 차압계(압력차 측정기)	
통로유도등, 비상조명등	조도계(밝기 측정기)	최소 눈금이 0.1[lx] 이하인 것

[비 고]
1. 신축·증축·개축·재축·이전·용도변경 또는 대수선 등으로 소방시설이 새로 설치된 경우에는 해당 특정소방대상물의 소방시설 전체에 대하여 실시한다.
2. 작동점검 및 종합점검(최초점검은 제외한다)은 건축물 사용승인 후 그 다음 해부터 실시한다.
3. 특정소방대상물이 증축·용도변경 또는 대수선 등으로 사용승인일이 달라지는 경우 사용승인일이 빠른 날을 기준으로 자체점검을 실시한다.

(3) 숙박시설이 없는 특정소방대상물의 수용인원 산정방법(소방시설법 영 별표 7)

특정소방대상물		산정방법
숙박시설	침대가 있는 숙박시설	종사자의 수 + 침대의 수(2인용 침대는 2개로 산정)
	침대가 없는 숙박시설	종사자의 수 + $\dfrac{\text{숙박시설의 바닥면적의 합계}[m^2]}{3[m^2]}$
기 타	강의실·교무실·상담실·실습실·휴게실 용도	$\dfrac{\text{바닥면적의 합계}[m^2]}{1.9[m^2]}$
	강당, 문화 및 집회시설, 운동시설, 종교시설	$\dfrac{\text{바닥면적의 합계}[m^2]}{4.6[m^2]}$ (관람석이 있는 경우 고정식 의자를 설치한 부분은 그 부분의 의자수로 하고, 긴 의자의 경우에는 의자의 정면 너비를 0.45[m]로 나누어 얻은 수로 한다)
	그 밖의 특정소방대상물	$\dfrac{\text{바닥면적의 합계}[m^2]}{3[m^2]}$

[비 고]
1. 바닥면적을 산정하는 때에는 복도, 계단 및 화장실의 바닥면적을 포함하지 않는다.
2. 계산 결과 소수점 이하의 수는 반올림한다.

03 스프링클러헤드의 형식승인 및 제품검사의 기술기준 중 다음 물음에 대하여 답하시오.(30점)

(1) 반응시간지수(RTI)의 계산식을 쓰고 설명하시오.(5점)
(2) 스프링클러헤드에 반드시 표기해야 할 사항 5가지를 쓰시오.(5점)
(3) 아래의 폐쇄형 유리벌브형과 퓨지블링크형의 표시별 온도 및 색상을 적으시오.(10점)

유리벌브형		퓨지블링크형	
표시온도[℃]	액체의 색별	표시온도[℃]	프레임의 색별
57[℃]	①	77[℃] 미만	⑥
68[℃]	②	78~120[℃]	⑦
79[℃]	③	121~162[℃]	⑧
141[℃]	④	163~203[℃]	⑨
227[℃] 이상	⑤	204~259[℃]	⑩

(4) 다음 도시기호를 쓰시오.(10점)
① 스프링클러헤드 폐쇄형 하향식(평면도)을 그리시오.
② 스프링클러헤드 개방형 하향식(평면도)을 그리시오.
③ 프리액션밸브를 그리시오.
④ 경보델류지밸브를 그리시오.
⑤ 솔레노이드밸브를 그리시오.

해답 (1) 반응시간지수(RTI)
① 계산식

$$\text{RTI} = r\sqrt{u}$$

여기서, r : 감열체의 시간상수[s]
　　　　u : 기류속도[m/s]

② 반응시간지수(RTI) : 기류의 온도·속도 및 작동시간에 대하여 스프링클러헤드의 반응을 예상한 지수

(2) 스프링클러헤드에 반드시 표기해야 할 사항(스프링클러헤드의 형식승인 및 제품검사의 기술기준 제12조의6)
① 종 별
② 형 식
③ 형식승인번호
④ 제조번호 또는 로트번호
⑤ 제조년도
⑥ 제조업체명 또는 약호
⑦ 표시온도(폐쇄형 헤드에 한한다)
⑧ 표시온도에 따른 색 표시(폐쇄형 헤드에 한한다) → (3) 표 참고
⑨ 최고 주위온도(폐쇄형 헤드에 한한다)
⑩ 열차단성능(시간) 및 설치방법, 설치 가능한 유리창의 종류 등(윈도우 스프링클러헤드에 한함)
⑪ 취급상의 주의사항
⑫ 품질보증에 관한 사항(보증기간, 보증내용, 애프터서비스(A/S)방법, 자체검사필증)

(3) 폐쇄형 유리벌브형과 퓨지블링크형의 표시별 온도 및 색상(스프링클러헤드의 형식승인 및 제품검사의 기술기준 제12조의6)

유리벌브형		퓨지블링크형	
표시온도[℃]	액체의 색별	표시온도[℃]	프레임의 색별
57[℃]	오렌지	77[℃] 미만	색 표시 안함
68[℃]	빨 강	78~120[℃]	흰 색
79[℃]	노 랑	121~162[℃]	파 랑
93[℃]	초 록	163~203[℃]	빨 강
141[℃]	파 랑	204~259[℃]	초 록
182[℃]	연한자주	260~319[℃]	오렌지
227[℃] 이상	검 정	320[℃] 이상	검 정

(4) 도시기호(소방시설 자체점검사항 등에 관한 고시 별표)

명 칭	도시기호
스프링클러헤드 폐쇄형 하향식(평면도)	
스프링클러헤드 개방형 하향식(평면도)	
프리액션밸브	
경보델류지밸브	
솔레노이드밸브	

PART 04 과년도 + 최근 기출문제

제13회 2013년 5월 11일 시행 과년도 기출문제

01 다음 각 물음에 답하시오. (40점)

(1) 연소방지도료를 도포해야 할 장소를 쓰시오. (10점)
(2) 거실제연설비 점검표에서 기동에 대한 종합점검항목을 쓰시오. (10점)
(3) 폐쇄형 스프링클러헤드를 사용하는 설비의 유수검지장치 설치기준을 쓰시오. (10점)
(4) 공공기관 종합점검 점검인력 배치기준을 쓰시오. (10점)

해답

(1) 연소방지도료의 도포
   ※ 2021.1.15. 연소방지설비의 화재안전기술기준(NFTC 506)이 지하구의 화재안전기술기준(NFTC 605)으로 개정되어 현행 법령에 맞지 않는 문제입니다.

(2) 거실제연설비의 "기동"에 대한 종합점검항목(소방시설 자체점검사항 등에 관한 고시 별지 4)
   ① 가동식의 벽·제연경계벽·댐퍼 및 배출기 정상 작동(화재감지기 연동) 여부
   ② 예상제연구역 및 제어반에서 가동식의 벽·제연경계벽·댐퍼 및 배출기 수동 기동 가능 여부
   ③ 제어반 각종 스위치류 및 표시장치(작동표시등 등) 기능의 이상 여부

(3) 방호구역 및 유수검지장치의 설치기준(NFTC 103)
   ① 하나의 방호구역의 바닥면적은 3,000[m^2]를 초과하지 않을 것
   ② 하나의 방호구역에는 1개 이상의 유수검지장치를 설치하되, 화재 시 접근이 쉽고 점검하기 편리한 장소에 설치할 것
   ③ 하나의 방호구역은 2개 층에 미치지 않도록 할 것. 다만, 1개 층에 설치되는 스프링클러헤드의 수가 10개 이하인 경우와 복층형 구조의 공동주택에는 3개 층 이내로 할 수 있다.
   ④ 유수검지장치를 실내에 설치하거나 보호용 철망 등으로 구획하여 바닥으로부터 0.8[m] 이상 1.5[m] 이하의 위치에 설치하되, 그 실 등에는 가로 0.5[m] 이상 세로 1[m] 이상의 개구부로서 그 개구부에는 출입문을 설치하고 그 출입문 상단에 "유수검지장치실"이라고 표시한 표지를 설치할 것. 다만, 유수검지장치를 기계실(공조용기계실을 포함한다) 안에 설치하는 경우에는 별도의 실 또는 보호용 철망을 설치하지 않고 기계실 출입문 상단에 "유수검지장치실"이라고 표시한 표지를 설치할 수 있다.
   ⑤ 스프링클러헤드에 공급되는 물은 유수검지장치를 지나도록 할 것. 다만, 송수구를 통하여 공급되는 물은 그렇지 않다.
   ⑥ 자연낙차에 따른 압력수가 흐르는 배관 상에 설치된 유수검지장치는 화재 시 물의 흐름을 검지할 수 있는 최소한의 압력이 얻어질 수 있도록 수조의 하단으로부터 낙차를 두어 설치할 것
   ⑦ 조기반응형 스프링클러헤드를 설치하는 경우에는 습식 유수검지장치 또는 부압식 스프링클러설비를 설치할 것

(4) 공공기관 종합점검 점검인력 배치기준
   ※ 2014.7.7. 개정으로 현행 법령에 맞지 않는 문제입니다[일반대상물(시행규칙)과 같다].

02 다음 각 물음에 답하시오. (30점)

(1) 초고층건축물의 정의를 쓰시오. (2점)
(2) 피난안전구역 설치기준을 쓰시오. (8점)
(3) 피난안전구역 피난설비의 종류 5가지를 쓰시오(유도등, 유도표지는 제외). (5점)
(4) 피난안전구역 면적 산출기준을 쓰시오. (5점)
(5) 95층 건축물의 종합방재실의 최소 설치개수 및 위치기준을 쓰시오. (10점)

해답

(1) 초고층 건축물의 정의(건축법 영 제2조)
    초고층 건축물이란 층수가 50층 이상이거나 높이가 200[m] 이상인 건축물을 말한다.
(2) 피난안전구역의 설치기준(초고층 및 지하연계 복합건축물 재난관리에 관한 특별법 영 제14조)
    ① 초고층 건축물 : 건축법 시행령 제34조 제3항에 따른 피난안전구역을 설치할 것
    ② 30층 이상 49층 이하인 지하연계 복합건축물 : 건축법 시행령 제34조 제4항에 따른 피난안전구역을 설치할 것

> **[건축법 시행령 제34조 제4항]**
> ④ 준초고층 건축물에는 피난층 또는 지상으로 통하는 직통계단과 직접 연결되는 피난안전구역을 해당 건축물 전체 층수의 1/2에 해당하는 층으로부터 상하 5개층 이내에 1개소 이상 설치해야 한다. 다만, 국토교통부령으로 정하는 기준에 따라 피난층 또는 지상으로 통하는 직통계단을 설치하는 경우에는 그렇지 않다.

    ③ 16층 이상 29층 이하인 지하연계 복합건축물 : 지상층별 거주밀도가 1[m²]당 1.5명을 초과하는 층은 해당 층의 사용형태별 면적의 합의 1/10에 해당하는 면적을 피난안전구역으로 설치할 것
    ④ 초고층 건축물 등의 지하층이 법 제2조 제2호 나목의 용도로 사용되는 경우 : 해당 지하층에 별표 2의 피난안전구역 면적 산정기준에 따라 피난안전구역을 설치할 것. 다만, 해당 지하층이 다음의 어느 하나에 해당하는 경우에는 피난안전구역을 설치하지 않을 수 있다.
        ㉠ 선큰(지표 아래에 있고 바깥 공기에 개방된 공간으로서 건축물 사용자 등의 보행·휴식 및 피난 등에 제공되는 공간)이 설치된 경우
        ㉡ 피난층에 해당하는 경우로서 건축물의 출입구가 지상과 직접 연결된 경우
(3) 피난안전구역 피난설비의 종류 5가지(초고층 및 지하연계 복합건축물 재난관리에 관한 특별법 영 제14조)
    ① 방열복
    ② 공기호흡기(보조마스크를 포함한다)
    ③ 인공소생기
    ④ 피난유도선(피난안전구역으로 통하는 직통계단 및 특별피난계단을 포함한다)
    ⑤ 피난안전구역으로 피난을 유도하기 위한 유도등·유도표지
    ⑥ 비상조명등 및 휴대용 비상조명등

> **Plus one**
>
> **피난안전구역 소방시설의 종류**
> 1. 소화설비 중 소화기구(소화기 및 간이소화용구만 해당), 옥내소화전설비 및 스프링클러설비
> 2. 경보설비 중 자동화재탐지설비
> 3. 피난설비 중 방열복, 공기호흡기(보조마스크를 포함), 인공소생기, 피난유도선(피난안전구역으로 통하는 직통계단 및 특별피난계단을 포함), 피난안전구역으로 피난을 유도하기 위한 유도등·유도표지, 비상조명등 및 휴대용 비상조명등
> 4. 소화활동설비 중 제연설비, 무선통신보조설비

(4) 피난안전구역 면적 산출기준(초고층 및 지하연계 복합건축물 재난관리에 관한 특별법 영 제14조, 별표 2)
  ① 지하층이 하나의 용도로 사용되는 경우
    피난안전구역 면적 = (수용인원 × 0.1) × 0.28 [m^2]
  ② 지하층이 둘 이상의 용도로 사용되는 경우
    피난안전구역 면적 = (용도·사용 형태별 수용인원의 합 × 0.1) × 0.28 [m^2]
    [비 고] 수용인원은 용도·사용 형태별 면적과 거주밀도를 곱한 값을 말한다.

(5) 95층 건축물의 종합방재실의 최소 설치개수 및 위치기준(초고층 및 지하연계 복합건축물 재난관리에 관한 특별법 규칙 제7조)
  ① 종합방재실의 최소 설치개수 : 1개. 다만, 100층 이상인 초고층 건축물 등[건축법 제2조 제2항 제2호에 따른 공동주택(같은 법 제11조에 따른 건축허가를 받아 주택 외의 시설과 주택을 동일 건축물로 건축하는 경우는 제외한다. 이하 "공동주택"이라 한다)은 제외한다]의 관리주체는 종합방재실이 그 기능을 상실하는 경우에 대비하여 종합방재실을 추가로 설치하거나, 관계지역 내 다른 종합방재실에 보조종합재난관리체제를 구축하여 재난관리 업무가 중단되지 않도록 해야 한다.
  ② 종합방재실의 위치기준
    ㉠ 1층 또는 피난층. 다만, 초고층 건축물 등에 건축법 시행령 제35조에 따른 특별피난계단이 설치되어 있고, 특별피난계단 출입구로부터 5[m] 이내에 종합방재실을 설치하려는 경우에는 2층 또는 지하 1층에 설치할 수 있으며, 공동주택의 경우에는 관리사무소 내에 설치할 수 있다.
    ㉡ 비상용 승강장, 피난 전용 승강장 및 특별피난계단으로 이동하기 쉬운 곳
    ㉢ 재난정보 수집 및 제공, 방재활동의 거점(據點) 역할을 할 수 있는 곳
    ㉣ 소방대(消防隊)가 쉽게 도달할 수 있는 곳
    ㉤ 화재 및 침수 등으로 인하여 피해를 입을 우려가 적은 곳

> **Plus one**
>
> **종합방재실의 설치기준(초고층 및 지하연계 복합건축물 재난관리에 관한 특별법 시행규칙 제7조)**
>
> 1. 종합방재실의 개수 : 1개. 다만, 100층 이상인 초고층 건축물 등[건축법 제2조 제2항 제2호에 따른 공동주택(같은 법 제11조에 따른 건축허가를 받아 주택 외의 시설과 주택을 동일 건축물로 건축하는 경우는 제외한다. 이하 "공동주택"이라 한다)은 제외한다]의 관리주체는 종합방재실이 그 기능을 상실하는 경우에 대비하여 종합방재실을 추가로 설치하거나, 관계지역 내 다른 종합방재실에 보조종합재난관리체제를 구축하여 재난관리 업무가 중단되지 않도록 해야 한다.
> 2. 종합방재실의 위치
>   ① 1층 또는 피난층. 다만, 초고층 건축물 등에 건축법 시행령 제35조에 따른 특별피난계단이 설치되어 있고, 특별피난계단 출입구로부터 5[m] 이내에 종합방재실을 설치하려는 경우에는 2층 또는 지하 1층에 설치할 수 있으며, 공동주택의 경우에는 관리사무소 내에 설치할 수 있다.
>   ② 비상용 승강장, 피난 전용 승강장 및 특별피난계단으로 이동하기 쉬운 곳
>   ③ 재난정보 수집 및 제공, 방재활동의 거점 역할을 할 수 있는 곳
>   ④ 소방대가 쉽게 도달할 수 있는 곳
>   ⑤ 화재 및 침수 등으로 인하여 피해를 입을 우려가 적은 곳
> 3. 종합방재실의 구조 및 면적
>   ① 다른 부분과 방화구획으로 설치할 것. 다만 다른 제어실 등의 감시를 위하여 두께 7[mm] 이상의 망입유리(두께 16.3[mm] 이상의 접합유리 또는 두께 28[mm] 이상의 복층유리를 포함한다)로 된 4[m^2] 미만의 붙박이창을 설치할 수 있다.
>   ② 인력의 대기 및 휴식 등을 위하여 종합방재실과 방화구획된 부속실을 설치할 것
>   ③ 면적은 20[m^2] 이상으로 할 것
>   ④ 재난 및 안전관리, 방범 및 보안, 테러 예방을 위하여 필요한 시설·장비의 설치와 근무인력의 재난 및 안전관리 활동, 재난 발생 시 소방대원의 지휘활동에 지장이 없도록 설치할 것
>   ⑤ 출입문에는 출입 제한 및 통제 장치를 갖출 것
> 4. 종합방재실의 설비 등
>   ① 조명설비(예비전원을 포함한다) 및 급수·배수설비
>   ② 상용전원과 예비전원의 공급을 자동 또는 수동으로 전환하는 설비
>   ③ 급기·배기설비 및 냉난방 설비
>   ④ 전력 공급 상황 확인 시스템
>   ⑤ 공기조화·냉난방·소방·승강기 설비의 감시 및 제어시스템
>   ⑥ 자료 저장 시스템
>   ⑦ 지진계 및 풍향·풍속계(초고층 건축물에 한정한다)
>   ⑧ 소화 장비 보관함 및 무정전 전원공급장치
>   ⑨ 피난안전구역, 피난용 승강기 승강장 및 테러 등의 감시와 방범·보안을 위한 폐쇄회로 텔레비전(CCTV)

03 다음 각 물음에 답하시오.(30점)

(1) 위험물안전관리에 관한 세부기준에 따른 불활성가스소화설비의 배관기준을 쓰시오.(10점)
(2) 위험물안전관리에 관한 세부기준에 따른 Ⅱ형 포방출구, Ⅳ형 포방출구의 정의를 쓰시오.(10점)
(3) 다수인 피난장비의 설치기준 9가지를 쓰시오.(10점)

해답 (1) 불활성가스소화설비의 배관기준(위험물안전관리에 관한 세부기준 제134조)
① 전용으로 할 것
② 강관의 배관은 압력배관용 탄소 강관(KS D 3562) 중에서 고압식인 것은 스케줄 80 이상, 저압식인 것은 스케줄 40 이상의 것 또는 이와 동등 이상의 강도를 갖는 것으로서 아연도금 등에 의한 방식처리를 한 것을 사용할 것
③ 동관의 배관은 이음매 없는 구리 및 구리합금관(KS D 5301) 또는 이와 동등 이상의 강도를 갖는 것으로서 고압식인 것은 16.5[MPa] 이상, 저압식인 것은 3.75[MPa] 이상의 압력에 견딜 수 있는 것을 사용할 것
④ 관이음쇠는 고압식인 것은 16.5[MPa] 이상, 저압식인 것은 3.75[MPa] 이상의 압력에 견딜 수 있는 것으로서 적절한 방식처리를 한 것을 사용할 것
⑤ 낙차(배관의 가장 낮은 위치로부터 가장 높은 위치까지의 수직거리를 말한다)는 50[m] 이하일 것

(2) Ⅱ형 포방출구, Ⅳ형 포방출구의 정의(위험물안전관리에 관한 세부기준 제133조)
① Ⅰ형 : 고정지붕구조의 탱크에 상부포주입법(고정포방출구를 탱크옆판의 상부에 설치하여 액표면상에 포를 방출하는 방법을 말한다)을 이용하는 것으로서 방출된 포가 액면 아래로 몰입되거나 액면을 뒤섞지 않고 액면상을 덮을 수 있는 통계단 또는 미끄럼판 등의 설비 및 탱크 내의 위험물 증기가 외부로 역류되는 것을 저지할 수 있는 구조·기구를 갖는 포방출구
② Ⅱ형 : 고정지붕구조 또는 부상덮개부착고정지붕구조(옥외저장탱크의 액상에 금속제의 플로팅, 팬 등의 덮개를 부착한 고정지붕구조의 것을 말한다)의 탱크에 상부포주입법을 이용하는 것으로서 방출된 포가 탱크옆판의 내면을 따라 흘러내려 가면서 액면 아래로 몰입되거나 액면을 뒤섞지 않고 액면상을 덮을 수 있는 반사판 및 탱크 내의 위험물 증기가 외부로 역류되는 것을 저지할 수 있는 구조·기구를 갖는 포방출구
③ 특형 : 부상지붕구조의 탱크에 상부포주입법을 이용하는 것으로서 부상지붕의 부상부분상에 높이 0.9[m] 이상의 금속제의 칸막이(방출된 포의 유출을 막을 수 있고 충분한 배수능력을 갖는 배수구를 설치한 것에 한한다)를 탱크옆판의 내측으로부터 1.2[m] 이상 이격하여 설치하고 탱크옆판과 칸막이에 의하여 형성된 환상부분에 포를 주입하는 것이 가능한 구조의 반사판을 갖는 포방출구
④ Ⅲ형 : 고정지붕구조의 탱크에 저부포주입법(탱크의 액면하에 설치된 포방출구로부터 포를 탱크 내에 주입하는 방법을 말한다)을 이용하는 것으로서 송포관(발포기 또는 포발생기에 의하여 발생된 포를 보내는 배관을 말한다. 해당 배관으로 탱크 내의 위험물이 역류되는 것을 저지할 수 있는 구조·기구를 갖는 것에 한한다)으로부터 포를 방출하는 포방출구
⑤ Ⅳ형 : 고정지붕구조의 탱크에 저부포주입법을 이용하는 것으로서 평상시에는 탱크의 액면하의 저부에 설치된 격납통(포를 보내는 것에 의하여 용이하게 이탈되는 캡을 갖는 것을 포함한다)에 수납되어 있는 특수호스 등이 송포관의 말단에 접속되어 있다가 포를 보내는 것에 의하여 특수호스 등이 전개되어 그 선단(끝부분)이 액면까지 도달한 후 포를 방출하는 포방출구

(3) 다수인 피난장비의 설치기준(NFTC 301)
  ① 피난에 용이하고 안전하게 하강할 수 있는 장소에 적재 하중을 충분히 견딜 수 있도록 건축물의 구조기준 등에 관한 규칙 제3조에서 정하는 구조안전의 확인을 받아 견고하게 설치할 것
  ② 다수인 피난장비 보관실은 건물 외측보다 돌출되지 않고, 빗물·먼지 등으로부터 장비를 보호할 수 있는 구조일 것
  ③ 사용 시에 보관실 외측 문이 먼저 열리고 탑승기가 외측으로 자동으로 전개될 것
  ④ 하강 시에 탑승기가 건물 외벽이나 돌출물에 충돌하지 않도록 설치할 것
  ⑤ 상·하층에 설치할 경우에는 탑승기의 하강경로가 중첩되지 않도록 할 것
  ⑥ 하강 시에는 안전하고 일정한 속도를 유지하도록 하고 전복, 흔들림, 경로이탈 방지를 위한 안전조치를 할 것
  ⑦ 보관실의 문에는 오작동 방지조치를 하고, 문 개방 시에는 해당 특정소방대상물에 설치된 경보설비와 연동하여 유효한 경보음을 발하도록 할 것
  ⑧ 피난층에는 해당 층에 설치된 피난기구가 착지에 지장이 없도록 충분한 공간을 확보할 것
  ⑨ 한국소방산업기술원 또는 법 제46조 제1항에 따라 성능시험기관으로 지정받은 기관에서 그 성능을 검증받은 것으로 설치할 것

제14회 과년도 기출문제

2014년 5월 17일 시행

01 다음 각 물음에 답하시오.(40점)

(1) 일시적으로 발생한 열·연기 또는 먼지 등으로 인하여 화재신호를 발신할 우려가 있는 장소에 설치장소별 적응성 있는 감지기를 설치하기 위한 표 2.4.6(2)의 환경상태 구분장소 7가지를 쓰시오.(7점)
(2) 정온식감지선형감지기 설치기준 8가지를 쓰시오.(16점)
(3) 호스릴이산화탄소소화설비의 설치기준 5가지를 쓰시오.(10점)
(4) 옥외소화전설비의 화재안전기술기준에서 옥외소화전설비에 표시해야 할 표지의 명칭과 설치위치 7가지를 쓰시오.(7점)

해답 (1) 설치장소별 감지기 환경상태 구분 장소(NFTC 203, 표 2.4.6(2))
① 흡연에 의해 연기가 체류하며 환기가 되지 않는 장소
② 취침시설로 사용하는 장소
③ 연기 이외의 미분이 떠다니는 장소
④ 바람에 영향을 받기 쉬운 장소
⑤ 연기가 멀리 이동해서 감지기에 도달하는 장소
⑥ 훈소화재의 우려가 있는 장소
⑦ 넓은 공간으로 천장이 높아 열 및 연기가 확산하는 장소

[설치장소별 감지기 적응성(표 2.4.6(2)]

환경상태	적응장소	적응열감지기					적응연기감지기					불꽃감지기	비고
		차동식 스포트형	차동식 분포형	보상식 스포트형	정온식	열아날로그식	이온화식 스포트형	광전식 스포트형	이온아날로그식 스포트형	광전아날로그식 스포트형	광전식 분리형	광전아날로그식 분리형		
1. 흡연에 의해 연기가 체류하며 환기가 되지 않는 장소	회의실, 응접실, 휴게실, 노래연습실, 오락실, 다방, 음식점, 대합실, 카바레 등의 객실, 집회장, 연회장 등	○	○	○				◎		◎	○	○		
2. 취침시설로 사용하는 장소	호텔 객실, 여관, 수면실 등						◎	◎	◎	◎	○	○		
3. 연기 이외의 미분이 떠다니는 장소	복도, 통로 등						◎	◎	○	○	○	○		

설치장소		적응열감지기					적응연기감지기					불꽃감지기	비고
환경상태	적응장소	차동식 스포트형	차동식 분포형	보상식 스포트형	정온식	열아날로그식	이온화식 스포트형	광전식 스포트형	이온아날로그식 스포트형	광전아날로그식 스포트형	광전식 분리형	광전아날로그식 분리형		
4. 바람에 영향을 받기 쉬운 장소	로비, 교회, 관람장, 옥탑에 있는 기계실		○					◎		◎	○	○	○	
5. 연기가 멀리 이동해서 감지기에 도달하는 장소	계단, 경사로							○		○	○	○		광전식스포트형감지기 또는 광전아날로그식스포트형감지기를 설치하는 경우에는 해당 감지기회로에 축적기능을 갖지 않는 것으로 할 것
6. 훈소화재의 우려가 있는 장소	전화기기실, 통신기기실, 전산실, 기계제어실							○		○	○	○		
7. 넓은 공간으로 천장이 높아 열 및 연기가 확산하는 장소	체육관, 항공기 격납고, 높은 천장의 창고·공장, 관람석 상부 등 감지기 부착 높이가 8[m] 이상의 장소		○								○	○	○	

[비 고] 1. "○"는 해당 설치장소에 적응하는 것을 표시
    2. "◎"는 해당 설치장소에 연기감지기를 설치하는 경우에는 해당 감지회로에 축적기능을 갖는 것을 표시
    3. 차동식스포트형, 차동식분포형, 보상식스포트형 및 연기식(해당 감지기회로에 축적 기능을 갖지 않는 것) 1종은 감도가 예민하기 때문에 비화재보 발생은 2종에 비해 불리한 조건이라는 것을 유의하여 따를 것
    4. 차동식분포형 3종 및 정온식 2종은 소화설비와 연동하는 경우에 한해서 사용할 것
    5. 광전식분리형감지기는 평상시 연기가 발생하는 장소 또는 공간이 협소한 경우에는 적응성이 없음
    6. 넓은 공간으로 천장이 높아 열 및 연기가 확산하는 장소로서 차동식분포형 또는 광전식분리형 2종을 설치하는 경우에는 제조사의 사양에 따를 것
    7. 다신호식감지기는 그 감지기가 가지고 있는 종별, 공칭작동온도별로 따르고 표에 따른 적응성이 있는 감지기로 할 것
    8. 축적형감지기 또는 축적형중계기 혹은 축적형수신기를 설치하는 경우에는 감지기 기준에 따를 것

(2) 정온식감지선형감지기 설치기준(NFTC 203)
① 보조선이나 고정금구를 사용하여 감지선이 늘어지지 않도록 설치할 것
② 단자부와 마감 고정금구와의 설치간격은 10[cm] 이내로 설치할 것
③ 감지선형 감지기의 굴곡반경은 5[cm] 이상으로 할 것
④ 감지기와 감지구역의 각 부분과의 수평거리가 내화구조의 경우 1종 4.5[m] 이하, 2종 3[m] 이하로 할 것. 기타 구조의 경우 1종 3[m] 이하, 2종 1[m] 이하로 할 것

⑤ 케이블트레이에 감지기를 설치하는 경우에는 케이블트레이 받침대에 마감금구를 사용하여 설치할 것
⑥ 지하구나 창고의 천장 등에 지지물이 적당하지 않는 장소에서는 보조선을 설치하고 그 보조선에 설치할 것
⑦ 분전반 내부에 설치하는 경우 접착제를 이용하여 돌기를 바닥에 고정시키고 그곳에 감지기를 설치할 것
⑧ 그 밖의 설치방법은 형식승인 내용에 따르며 형식승인 사항이 아닌 것은 제조사의 시방서에 따라 설치할 것

(3) 호스릴 이산화탄소소화설비의 설치기준(NFTC 106)
① 방호대상물의 각 부분으로부터 하나의 호스접결구까지의 수평거리가 15[m] 이하가 되도록 할 것
② 호스릴 이산화탄소소화설비의 노즐은 20[℃]에서 하나의 노즐마다 60[kg/min] 이상의 소화약제를 방출할 수 있는 것으로 할 것
③ 소화약제 저장용기는 호스릴을 설치하는 장소마다 설치할 것
④ 소화약제 저장용기의 개방밸브는 호스릴의 설치장소에서 수동으로 개폐할 수 있는 것으로 할 것
⑤ 소화약제 저장용기의 가장 가까운 곳의 보기 쉬운 곳에 적색의 표시등을 설치하고, 호스릴 이산화탄소소화설비가 있다는 뜻을 표시한 표지를 할 것

(4) 옥외소화전설비에 표시해야 할 표지의 명칭과 설치위치(NFTC 109)
① 수조의 외측의 보기 쉬운 곳에 "옥외소화전설비용 수조"라고 표시한 표지를 할 것. 이 경우 그 수조를 다른 설비와 겸용하는 때에는 그 겸용되는 설비의 이름을 표시한 표지를 함께 해야 한다.
② 소화설비용 흡수배관 또는 소화설비의 수직배관과 수조의 접속 부분에는 "옥외소화전설비용 배관"이라고 표시한 표지를 할 것. 다만, 수조와 가까운 장소에 소화설비용 펌프가 설치되고 해당 펌프에 2.2.1.13에 따른 표지를 설치한 때에는 그렇지 않다.
③ 가압송수장치에는 "옥외소화전펌프"라고 표시한 표지를 할 것. 이 경우 그 가압송수장치를 다른 설비와 겸용하는 때에는 그 겸용되는 설비의 이름을 표시한 표지를 함께 해야 한다.
④ 옥외소화전설비의 함에는 그 표면에 "옥외소화전"이라는 표시를 해야 한다.
⑤ 동력제어반의 앞면은 적색으로 하고 "옥외소화전설비용 동력제어반"이라고 표시한 표지를 설치할 것
⑥ 소화설비의 과전류차단기 및 개폐기에는 "옥외소화전설비용"이라고 표시한 표지를 해야 한다.
⑦ 소화설비용 전기배선의 접속단자에는 "옥외소화전단자"라고 표시한 표지를 부착할 것

02 다음 각 물음에 답하시오. (30점)

(1) 무선통신보조설비의 점검표에서 분배기, 분파기, 혼합기의 종합점검항목 2가지를 쓰시오. (2점)
(2) 무선통신보조설비의 점검표에서 누설동축케이블 등의 종합점검항목 5가지를 쓰시오. (12점)
(3) 예상제연구역의 바닥면적이 400[m²] 미만인 예상제연구역(통로인 예상제연구역 제외)에 대한 배출구의 설치기준 2가지를 쓰시오. (4점)
(4) 제연설비의 점검표에서 배출기의 종합점검과 작동점검항목을 쓰시오. (12점)

해답

(1) 분배기, 분파기, 혼합기의 종합점검항목(소방시설 자체점검사항 등에 관한 고시 별지 4)
　① 먼지, 습기, 부식 등에 의한 기능 이상 여부
　② 설치장소 적정 및 관리 여부

(2) 누설동축케이블 등의 종합점검항목(소방시설 자체점검사항 등에 관한 고시 별지 4)
　① 피난 및 통행 지장 여부(노출하여 설치한 경우)
　② 케이블 구성 적정(누설동축케이블 + 안테나 또는 동축케이블 + 안테나) 여부
　③ 지지금구 변형·손상 여부
　④ 누설동축케이블 및 안테나 설치 적정 및 변형·손상 여부
　⑤ 누설동축케이블 말단 '무반사 종단저항' 설치 여부

(3) 바닥면적이 400[m²] 미만인 예상제연구역에 대한 배출구의 설치기준(NFTC 501)
　① 예상제연구역이 벽으로 구획되어 있는 경우의 배출구는 천장 또는 반자와 바닥 사이의 중간 윗부분에 설치할 것
　② 예상제연구역 중 어느 한 부분이 제연경계로 구획되어 있는 경우에는 천장·반자 또는 이에 가까운 벽의 부분에 설치할 것. 다만, 배출구를 벽에 설치하는 경우에는 배출구의 하단이 해당 예상제연구역에서 제연경계의 폭이 가장 짧은 제연경계의 하단보다 높이 되도록 해야 한다.

(4) 배출기의 점검항목(소방시설 자체점검사항 등에 관한 고시 별지 4)
　① 종합점검항목
　　㉠ 배출기와 배출풍도 사이 캔버스 내열성 확보 여부
　　㉡ 배출기 회전이 원활하며 회전방향 정상 여부
　　㉢ 변형·훼손 등이 없고 V-벨트 기능 정상 여부
　　㉣ 본체의 방청, 보존상태 및 캔버스 부식 여부
　　㉤ 배풍기 내열성 단열재 단열처리 여부
　② 작동점검항목
　　㉠ 배출기 회전이 원활하며 회전방향 정상 여부
　　㉡ 변형·훼손 등이 없고 V-벨트 기능 정상 여부
　　㉢ 본체의 방청, 보존상태 및 캔버스 부식 여부

03 다음 각 물음에 답하시오.(30점)

(1) 특정소방대상물(별표 2)의 복합건축물 구분항목에서 하나의 건축물에 둘 이상의 용도로 사용되는 경우에도 복합건축물에 해당되지 않는 경우를 쓰시오.(10점)
(2) 소방청장의 형식승인을 받아야 하는 소방용품 중 소화설비, 경보설비, 피난구조설비를 구성하는 제품 또는 기기를 각각 쓰시오.(10점)
(3) 소방시설용 비상전원수전설비에 대한 것이다. 다음 각 물음에 답하시오.
  ① 인입선 및 인입구 배선의 시설기준 2가지를 쓰시오.(2점)
  ② 특별고압 또는 고압으로 수전하는 경우 큐비클형 방식의 설치기준 중 환기장치 설치기준 4가지를 쓰시오.(8점)

해답 (1) 하나의 건축물에 둘 이상의 용도로 사용되는 경우에도 복합건축물에 해당되지 않는 경우(소방시설법 영 별표 2)
  ① 관계 법령에서 주된 용도의 부수시설로서 그 설치를 의무화하고 있는 용도 또는 시설
  ② 주택법 제35조 제1항 제3호 및 제4호에 따라 주택 안에 부대시설 또는 복리시설이 설치되는 특정소방대상물
  ③ 건축물의 주된 용도의 기능에 필수적인 용도로서 다음의 어느 하나에 해당하는 용도
    ㉠ 건축물의 설비(전기저장시설을 포함한다), 대피 또는 위생을 위한 용도, 그 밖에 이와 비슷한 용도
    ㉡ 사무, 작업, 집회, 물품저장 또는 주차를 위한 용도, 그 밖에 이와 비슷한 용도
    ㉢ 구내식당, 구내세탁소, 구내운동시설 등 종업원후생복리시설(기숙사는 제외한다) 또는 구내소각시설의 용도, 그 밖에 이와 비슷한 용도

(2) 소방용품(소방시설법 영 별표 3)
  ① 소화설비를 구성하는 제품 또는 기기
    ㉠ 소화기구(소화약제 외의 것을 이용한 간이소화용구는 제외한다)
    ㉡ 자동소화장치
    ㉢ 소화설비를 구성하는 소화전, 관창(菅槍), 소방호스, 스프링클러헤드, 기동용 수압개폐장치, 유수제어밸브 및 가스관선택밸브
  ② 경보설비를 구성하는 제품 또는 기기
    ㉠ 누전경보기 및 가스누설경보기
    ㉡ 경보설비를 구성하는 발신기, 수신기, 중계기, 감지기 및 음향장치(경종만 해당한다)
  ③ 피난구조설비를 구성하는 제품 또는 기기
    ㉠ 피난사다리, 구조대, 완강기(지지대를 포함한다), 간이완강기(지지대를 포함한다)
    ㉡ 공기호흡기(충전기를 포함한다)
    ㉢ 피난구유도등, 통로유도등, 객석유도등 및 예비전원이 내장된 비상조명등

(3) 소방시설용 비상전원수전설비(NFTC 602)
   ① 인입선 및 인입구 배선의 시설기준
      ㉠ 인입선은 특정소방대상물에 화재가 발생할 경우에도 화재로 인한 손상을 받지 않도록 설치해야 한다.
      ㉡ 인입구 배선은 옥내소화전설비의 화재안전기술기준(NFTC 102) 2.7.2의 표 2.7.2(1)에 따른 내화배선으로 해야 한다.
   ② 큐비클형 방식의 설치기준 중 환기장치 설치기준
      ㉠ 내부의 온도가 상승하지 않도록 환기장치를 할 것
      ㉡ 자연환기구의 개구부 면적의 합계는 외함의 한 면에 대하여 해당 면적의 1/3 이하로 할 것. 이 경우 하나의 통기구의 크기는 직경 10[mm] 이상의 둥근 막대가 들어가서는 안 된다.
      ㉢ 자연환기구에 따라 충분히 환기할 수 없는 경우에는 환기설비를 설치할 것
      ㉣ 환기구에는 금속망, 방화댐퍼 등으로 방화조치를 하고, 옥외에 설치하는 것은 빗물 등이 들어가지 않도록 할 것

제15회 과년도 기출문제

PART 04 과년도 + 최근 기출문제

2015년 9월 5일 시행

01 다음 각 물음에 답하시오. (40점)

(1) 기존다중이용업소 건축물의 구조상 비상구를 설치할 수 없는 경우에 관한 고시에서 규정한 기존 다중이용업소 건축물의 구조상 비상구를 설치할 수 없는 경우를 쓰시오. (15점)
(2) 화재의 예방 및 안전관리에 관한 법률 시행령 제18조(별표 1) 관련 "보일러 등의 위치·구조 및 관리와 화재예방을 위하여 불을 사용할 때 지켜야 하는 사항" 중 보일러 사용 시 지켜야 하는 사항에 대해 쓰시오. (12점)
(3) 소방시설 설치 및 관리에 관한 법률 시행령의 임시소방시설과 기능 및 성능이 유사한 소방시설로서 임시소방시설을 설치한 것으로 보는 소방시설을 쓰시오. (6점)
(4) 다중이용업소의 안전관리에 관한 특별법에서 다음 각 물음에 답하시오. (7점)
   ① 밀폐구조의 영업장에 대한 정의를 쓰시오. (1점)
   ② 밀폐구조의 영업장에 대한 요건을 쓰시오. (6점)

해답

(1) 기존다중이용업소 건축물의 구조상 비상구를 설치할 수 없는 경우에 관한 고시(제2조)
   ① 비상구 설치를 위하여 건축법 제2조 제1항 제7호 규정의 주요구조부를 관통해야 하는 경우
   ② 비상구를 설치해야 하는 영업장이 인접건축물과의 이격거리(건축물 외벽과 외벽 사이의 거리를 말한다)가 100[cm] 이하인 경우
   ③ 다음의 어느 하나에 해당하는 경우
      ㉠ 비상구 설치를 위하여 해당 영업장 또는 다른 영업장의 공조설비, 냉난방설비, 수도설비 등 고정설비를 철거 또는 이전해야 하는 등 그 설비의 기능과 성능에 지장을 초래하는 경우
      ㉡ 비상구 설치를 위하여 인접건물 또는 다른 사람 소유의 대지경계선을 침범하는 등 재산권 분쟁의 우려가 있는 경우
      ㉢ 영업장이 도시미관지구에 위치하여 비상구를 설치하는 경우 건축물 미관을 훼손한다고 인정되는 경우
      ㉣ 해당 영업장으로 사용부분의 바닥면적 합계가 33[m²] 이하인 경우
   ④ 그 밖에 관할 소방서장이 현장여건 등을 고려하여 비상구를 설치할 수 없다고 인정하는 경우

(2) 보일러 사용 시 지켜야 하는 사항(화재예방법 영 별표 1)
   ① 가연성 벽·바닥 또는 천장과 접촉하는 증기기관 또는 연통의 부분은 규조토 등 난연성 또는 불연성 단열재로 덮어씌워야 한다.
   ② 경유·등유 등 액체연료를 사용할 때에는 다음 사항을 지켜야 한다.
      ㉠ 연료탱크는 보일러 본체로부터 수평거리 1[m] 이상의 간격을 두어 설치할 것

ⓒ 연료탱크에는 화재 등 긴급상황이 발생하는 경우 연료를 차단할 수 있는 개폐밸브를 연료탱크로부터 0.5[m] 이내에 설치할 것
　　ⓒ 연료탱크 또는 보일러 등에 연료를 공급하는 배관에는 여과장치를 설치할 것
　　② 사용이 허용된 연료 외의 것을 사용하지 않을 것
　　⑩ 연료탱크가 넘어지지 않도록 받침대를 설치하고, 연료탱크 및 연료탱크 받침대는 건축법 시행령 제2조 제10호에 따른 불연재료로 할 것
③ 기체연료를 사용할 때에는 다음 사항을 지켜야 한다.
　　㉠ 보일러를 설치하는 장소에는 환기구를 설치하는 등 가연성 가스가 머무르지 않도록 할 것
　　ⓒ 연료를 공급하는 배관은 금속관으로 할 것
　　ⓒ 화재 등 긴급 시 연료를 차단할 수 있는 개폐밸브를 연료용기 등으로부터 0.5[m] 이내에 설치할 것
　　② 보일러가 설치된 장소에는 가스누설경보기를 설치할 것
④ 화목(火木) 등 고체연료를 사용할 때에는 다음 사항을 지켜야 한다.
　　㉠ 고체연료는 보일러 본체와 수평거리 2[m] 이상 간격을 두어 보관하거나 불연재료로 된 별도의 구획된 공간에 보관할 것
　　ⓒ 연통은 천장으로부터 0.6[m] 떨어지고, 연통의 배출구는 건물 밖으로 0.6[m] 이상 나오도록 설치할 것
　　ⓒ 연통의 배출구는 보일러 본체보다 2[m] 이상 높게 설치할 것
　　② 연통이 관통하는 벽면, 지붕 등은 불연재료로 처리할 것
　　⑩ 연통재질은 불연재료로 사용하고 연결부에 청소구를 설치할 것
⑤ 보일러 본체와 벽·천장 사이의 거리는 0.6[m] 이상이어야 한다.
⑥ 보일러를 실내에 설치하는 경우에는 콘크리트바닥 또는 금속 외의 불연재료로 된 바닥 위에 설치해야 한다.

(3) 임시소방시설을 설치한 것으로 보는 소방시설(소방시설법 영 별표 8)
① 간이소화장치를 설치한 것으로 보는 소방시설 : 소방청장이 정하여 고시하는 기준에 맞는 소화기(연결송수관설비의 방수구 인근에 설치한 경우로 한정한다) 또는 옥내소화전설비
② 비상경보장치를 설치한 것으로 보는 소방시설 : 비상방송설비 또는 자동화재탐지설비
③ 간이피난유도선을 설치한 것으로 보는 소방시설 : 피난유도선, 피난구유도등, 통로유도등 또는 비상조명등

(4) 밀폐구조의 영업장(다중이용업소법 제2조, 영 제3조의2)
① 정의 : 지상층에 있는 다중이용업소의 영업장 중 채광·환기·통풍 및 피난 등이 용이하지 못한 구조로 되어 있으면서 대통령령으로 정하는 기준에 해당하는 영업장
② 영업장에 대한 요건 : 다음 요건을 모두 갖춘 개구부(건축물에서 채광·환기·통풍 또는 출입 등을 위하여 만든 창·출입구, 그 밖에 이와 비슷한 것)의 면적의 합계가 영업장으로 사용하는 바닥면적의 1/30 이하가 되는 것을 말한다.
　　㉠ 크기는 지름 50[cm] 이상의 원이 통과할 수 있을 것
　　ⓒ 해당 층의 바닥면으로부터 개구부 밑부분까지의 높이가 1.2[m] 이내일 것
　　ⓒ 도로 또는 차량이 진입할 수 있는 빈터를 향할 것
　　② 화재 시 건축물로부터 쉽게 피난할 수 있도록 창살이나 그 밖의 장애물이 설치되지 않을 것
　　⑩ 내부 또는 외부에서 쉽게 부수거나 열 수 있을 것

02 다음 각 물음에 답하시오.(30점)

(1) 소방시설 기타사항 점검표에서 피난·방화시설의 종합점검항목을 쓰시오.(4점)
(2) 자동화재탐지설비 및 시각경보장치 점검표에서 수신기의 작동점검항목을 쓰시오.(8점)
(3) 다음 명칭에 대한 소방시설 도시기호를 그리시오.(4점)

명 칭	도시기호
① 릴리프밸브(일반)	
② 회로시험기	
③ 연결살수헤드	
④ 화재댐퍼	

(4) 이산화탄소소화설비의 점검표에서 제어반 및 화재표시반의 종합점검항목을 쓰시오.(14점)

> **해답** 점검표 및 도시기호(소방시설 자체점검사항 등에 관한 고시)

(1) 피난·방화시설 종합점검항목(별지 4)
  ① 방화문 및 방화셔터의 관리 상태(폐쇄·훼손·변경) 및 정상 기능 적정 여부
  ② 비상구 및 피난통로 확보 적정 여부(피난·방화시설 주변 장애물 적치 포함)

(2) 수신기의 작동점검항목(별지 4)
  ① 수신기 설치장소 적정(관리용이) 여부
  ② 조작스위치의 높이는 적정하며 정상 위치에 있는지 여부
  ③ 경계구역 일람도 비치 여부
  ④ 수신기 음향기구의 음량·음색 구별 가능 여부
  ⑤ 수신기 기록장치 데이터 발생 표시시간과 표준시간 일치 여부

(3) 소방시설 도시기호(별지 4)

명 칭	도시기호	명 칭	도시기호
① 릴리프밸브(일반)	⤲	② 회로시험기	⊙
③ 연결살수헤드	─◇─	④ 화재댐퍼	⊥●

(4) 이산화탄소소화설비의 점검표에서 제어반 및 화재표시반의 종합점검항목(별지 4)
  ① 공통사항
    ㉠ 설치장소 적정 및 관리 여부
    ㉡ 회로도 및 취급설명서 비치 여부
    ㉢ 수동잠금밸브 개폐여부 확인 표시등 설치 여부
  ② 제어반
    ㉠ 수동기동장치 또는 감지기 신호 수신 시 음향경보장치 작동 기능 정상 여부
    ㉡ 소화약제 방출·지연 및 기타 제어 기능 적정 여부
    ㉢ 전원표시등 설치 및 정상 점등 여부
  ③ 화재표시반
    ㉠ 방호구역별 표시등(음향경보장치 조작, 감지기 작동), 경보기 설치 및 작동 여부
    ㉡ 수동식 기동장치 작동표시 표시등 설치 및 정상 작동 여부
    ㉢ 소화약제 방출표시등 설치 및 정상 작동 여부
    ㉣ 자동식 기동장치 자동·수동 절환 및 절환표시등 설치 및 정상 작동 여부

03 다음 각 물음에 답하시오. (30점)

(1) 소방시설 설치 및 관리에 관한 법률 시행규칙 별표 8에서 규정하는 행정처분 일반기준에 대하여 쓰시오. (15점)
(2) 자동화재탐지설비 및 시각경보장치의 화재안전기술기준(NFTC 203)에서 규정한 연기감지기를 설치할 수 없는 장소 중 도금공장 또는 축전지실과 같이 부식성가스의 발생 우려가 있는 장소에 감지기 설치 시 유의사항을 쓰시오. (5점)
(3) 피난기구의 화재안전기술기준(NFTC 301) 피난기구설치의 감소기준을 쓰시오. (10점)

해답 (1) 행정처분 일반기준(소방시설법 시행규칙 별표 8)
① 위반행위가 동시에 둘 이상 발생한 때에는 그중 무거운 처분기준(무거운 처분기준이 동일한 경우에는 그중 하나의 처분기준을 말한다)에 따른다. 다만, 둘 이상의 처분기준이 모두 영업정지이거나 사용정지인 경우에는 각 처분기준을 합산한 기간을 넘지 않는 범위에서 무거운 처분기준에 각각 나머지 처분기준의 1/2 범위에서 가중한다.
② 영업정지 또는 사용정지 처분기간 중 영업정지 또는 사용정지에 해당하는 위반사항이 있는 경우에는 종전의 처분기간 만료일의 다음 날부터 새로운 위반사항에 따른 영업정지 또는 사용정지의 행정처분을 한다.
③ 위반행위의 횟수에 따른 행정처분의 기준은 최근 1년간 같은 위반행위로 행정처분을 받은 경우에 적용한다. 이 경우 적용일은 위반행위에 대하여 행정처분일과 그 처분 후에 한 위반행위가 다시 적발된 날을 기준으로 한다.
④ ③에 따라 가중된 부과처분을 하는 경우 가중처분의 적용 차수는 그 위반행위 전 부과처분 차수(③에 따른 기간 내에 행정처분이 둘 이상 있었던 경우에는 높은 차수를 말한다)의 다음 차수로 한다.
⑤ 처분권자는 위반행위의 동기·내용·횟수 및 위반정도 등 다음에 해당하는 사유를 고려하고 처분을 가중하거나 감경할 수 있다. 이 경우 그 처분이 영업정지 또는 자격정지인 경우에는 그 처분기준의 1/2의 범위에서 가중하거나 감경할 수 있고, 등록취소 또는 자격취소인 경우에는 등록취소 또는 자격취소 전 차수의 행정처분이 영업정지 또는 자격정지이면 그 처분기준의 2배 이하의 영업정지 또는 자격정지로 감경(법 제28조 제1호·제4호·제5호·제7호, 및 법 제35조 제1항 제1호·제4호·제5호를 위반하여 등록취소 또는 자격취소된 경우는 제외한다)할 수 있다.
　㉠ 가중 사유
　　㉮ 위반행위가 사소한 부주의나 오류가 아닌 고의나 중대한 과실에 의한 것으로 인정되는 경우
　　㉯ 위반의 내용·정도가 중대하여 관계인에게 미치는 피해가 크다고 인정되는 경우
　㉡ 감경 사유
　　㉮ 위반행위가 사소한 부주의나 오류 등 과실로 인한 것으로 인정되는 경우
　　㉯ 위반의 내용·정도가 경미하여 관계인에게 미치는 피해가 적다고 인정되는 경우
　　㉰ 위반행위자가 처음으로 해당 위반행위를 한 경우로서 5년 이상 소방시설관리사의 업무, 소방시설관리업 등을 모범적으로 해 온 사실이 인정되는 경우
　　㉱ 그 밖에 다음의 경미한 위반사항에 해당되는 경우
　　　• 스프링클러설비 헤드가 살수(撒水)반경에 미치지 못하는 경우
　　　• 자동화재탐지설비 감지기 2개 이하가 설치되지 않은 경우
　　　• 유도등(誘導燈)이 일시적으로 점등(點燈)되지 않는 경우
　　　• 유도표지(誘導標識)가 정해진 위치에 붙어 있지 않은 경우

(2) 부식성가스의 발생 우려가 있는 장소에 감지기 설치 시 유의사항(NFTC 203)
　① 차동식분포형감지기를 설치하는 경우에는 감지부가 피복되어 있고 검출부가 부식성가스에 영향을 받지 않는 것 또는 검출부에 부식성가스가 침입하지 않도록 조치할 것
　② 보상식스포트형감지기, 정온식감지기 또는 열아날로그식 스포트형감지기를 설치하는 경우에는 부식성가스의 성상에 반응하지 않는 내산형 또는 내알칼리형으로 설치할 것

(3) 피난기구 설치의 감소기준(NFTC 301)
　① 피난기구를 설치해야 할 특정소방대상물 중 다음의 기준에 적합한 층에는 피난기구의 1/2을 감소할 수 있다. 이 경우 설치해야 할 피난기구의 수에 있어서 소수점 이하의 수는 1로 한다.
　　㉠ 주요구조부가 내화구조로 되어 있을 것
　　㉡ 직통계단인 피난계단 또는 특별피난계단이 2 이상 설치되어 있을 것
　② 피난기구를 설치해야 할 특정소방대상물 중 주요구조부가 내화구조이고 다음의 기준에 적합한 건널 복도가 설치되어 있는 층에는 피난기구의 수에서 해당 건널 복도의 수의 2배의 수를 뺀 수로 한다.
　　㉠ 내화구조 또는 철골조로 되어 있을 것
　　㉡ 건널 복도 양단의 출입구에 자동폐쇄장치를 한 60분+ 방화문 또는 60분 방화문(방화셔터를 제외한다)이 설치되어 있을 것
　　㉢ 피난·통행 또는 운반의 전용 용도일 것
　③ 피난기구를 설치해야 할 특정소방대상물 중 다음의 기준에 적합한 노대가 설치된 거실의 바닥면적은 피난기구의 설치개수 산정을 위한 바닥 면적에서 이를 제외한다.
　　㉠ 노대를 포함한 특정소방대상물의 주요구조부가 내화구조일 것
　　㉡ 노대가 거실의 외기에 면하는 부분에 피난상 유효하게 설치되어 있어야 할 것
　　㉢ 노대가 소방사다리차가 쉽게 통행할 수 있는 도로 또는 공지에 면하여 설치되어 있거나 또는 거실부분과 방화 구획되어 있거나 또는 노대에 지상으로 통하는 계단 그 밖의 피난기구가 설치되어 있어야 할 것

제16회 과년도 기출문제

2016년 9월 24일 시행

01 다음 물음에 답하시오. (40점)

(1) 펌프를 작동시키는 압력챔버방식에서 압력챔버 공기 교체 방법을 쓰시오. (14점)
(2) 특정대상물의 규모, 용도 및 수용인원 등을 고려하여 갖추어야 하는 소방시설의 종류 중 제연설비 대하여 다음 물음에 답하시오. (15점)
  ① 소방시설 설치 및 관리에 관한 법령에 따라 제연설비를 설치해야 하는 특정소방대상물 6가지를 쓰시오. (6점)
  ② 소방시설 설치 및 관리에 관한 법령에 따라 제연설비를 면제할 수 있는 기준을 쓰시오. (6점)
  ③ 제연설비의 화재안전기술기준(NFTC 501)에 따라 제연설비를 설치해야 할 특정소방대상물 중 배출구·공기유입구의 설치 및 배출량 산정에서 이를 제외할 수 있는 부분(장소)을 쓰시오. (3점)
(3) 다음은 소방시설점검표에 관한 사항이다. 각 물음에 답하시오. (11점)
  ① 다중이용업소 점검표에서 가스누설경보기의 종합점검항목을 쓰시오. (2점)
  ② 할로겐화합물 및 불활성기체소화설비 점검표에서 자동폐쇄장치(화재표시반)의 종합점검항목을 쓰시오. (4점)
  ③ 제연설비 점검표에서 기동의 종합점검항목을 쓰시오. (5점)

해답 (1) 압력챔버 공기 교체 방법

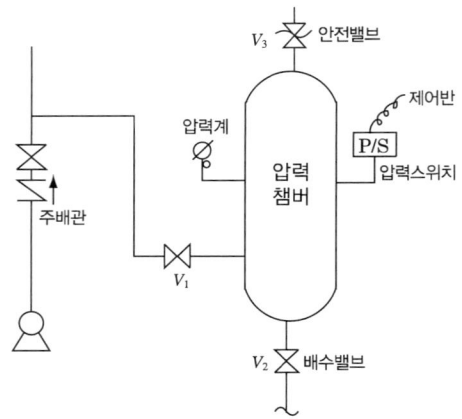

① 동력제어반에서 주펌프와 충압펌프를 정지(수동)시킨다.
② V_1밸브를 폐쇄하고, V_2를 개방하여 내부압력이 대기압이 되었을 때 V_3를 개방하여 챔버 내의 물을 완전히 배수한다.
③ V_1밸브를 개방 및 폐쇄를 반복하여 챔버 내부를 2~3회 세척한 후 V_1 밸브를 폐쇄한다.
④ V_3에 의하여 공기가 유입되면 V_3를 폐쇄하고, V_2밸브를 폐쇄한다.
⑤ V_1을 서서히 개방하여 주배관의 가압수가 압력챔버로 유입되도록 한다.
⑥ 충압펌프를 자동으로 하여 압력챔버에 가압수를 채워 정지점에 도달하면 자동 정지된다.
⑦ 동력제어반에서 주펌프와 충압펌프의 선택스위치를 자동위치로 전환한다.

(2) 제연설비
  ① 제연설비를 설치해야 하는 특정소방대상물(소방시설법 영 별표 4)
    ㉠ 문화 및 집회시설, 종교시설, 운동시설로서 무대부의 바닥면적이 200[m²] 이상인 경우에는 해당 무대부
    ㉡ 문화 및 집회시설 중 영화상영관으로서 수용인원 100명 이상인 경우에는 해당 영화상영관
    ㉢ 지하층이나 무창층에 설치된 근린생활시설, 판매시설, 운수시설, 숙박시설, 위락시설, 의료시설, 노유자시설 또는 창고시설(물류터미널로 한정한다)로서 해당 용도로 사용되는 바닥면적의 합계가 1,000[m²] 이상인 경우에는 해당 부분
    ㉣ 운수시설 중 시외버스정류장, 철도 및 도시철도시설, 공항시설 및 항만시설의 대기실 또는 휴게시설로서 지하층 또는 무창층의 바닥면적이 1,000[m²] 이상인 경우에는 모든 층
    ㉤ 지하상가로서 연면적 1,000[m²] 이상인 것
    ㉥ 예상 교통량, 경사도 등 터널의 특성을 고려하여 행정안전부령으로 정하는 터널
    ㉦ 특정소방대상물(갓복도형 아파트 등은 제외한다)에 부설된 특별피난계단, 비상용 승강기의 승강장 또는 피난용 승강기의 승강장
  ② 제연설비를 면제할 수 있는 기준(소방시설법 영 별표 5)
    ㉠ 제연설비를 설치해야 하는 특정소방대상물(별표 5 제5호 가목 6)은 제외)에 다음의 어느 하나에 해당하는 설비를 설치한 경우에는 설치가 면제된다.
      ㉮ 공기조화설비를 화재안전기준의 제연설비기준에 적합하게 설치하고 공기조화설비가 화재 시 제연설비 기능으로 자동 전환되는 구조로 설치되어 있는 경우
      ㉯ 직접 외부 공기와 통하는 배출구의 면적의 합계가 해당 제연구역[제연경계(제연설비의 일부인 천장을 포함)에 의하여 구획된 건축물 내의 공간을 말한다] 바닥면적의 1/100 이상이고, 배출구부터 각 부분까지의 수평거리가 30[m] 이내이며, 공기유입구가 화재안전기준에 적합하게(외부 공기를 직접 자연 유입할 경우에 유입구의 크기는 배출구의 크기 이상이어야 한다) 설치되어 있는 경우
    ㉡ 별표 4 제5호 가목 7)에 따라 제연설비를 설치해야 하는 특정소방대상물 중 노대와 연결된 특별피난계단, 노대가 설치된 비상용승강기의 승강장 또는 배연설비가 설치된 피난용 승강기의 승강장에는 설치가 면제된다.
  ③ 배출구·공기유입구의 설치 및 배출량 산정에서 이를 제외할 수 있는 부분(장소)(NFTC 501)
    ㉠ 화장실·목욕실·주차장·발코니를 설치한 숙박시설(가족호텔 및 휴양콘도미니엄에 한한다)의 객실
    ㉡ 사람이 상주하지 않는 기계실·전기실·공조실·50[m²] 미만의 창고 등으로 사용되는 부분
(3) 점검표(소방시설 자체점검사항 등에 관한 고시 별지 4)
  ① 다중이용업소의 가스누설경보기의 종합점검항목 : 주방 또는 난방시설이 설치된 장소에 설치 및 정상 작동 여부
  ② 자동폐쇄장치(화재표시반)의 종합점검항목
    ㉠ 환기장치 자동정지 기능 적정 여부
    ㉡ 개구부 및 통기구 자동폐쇄장치 설치 장소 및 기능 적합 여부
    ㉢ 자동폐쇄장치 복구장치 설치기준 적합 및 위치표지 적합 여부
  ③ 기동의 종합점검항목
    ㉠ 가동식의 벽·제연경계벽·댐퍼 및 배출기 정상 작동(화재감지기 연동) 여부
    ㉡ 예상제연구역 및 제어반에서 가동식의 벽·제연경계벽·댐퍼 및 배출기 수동 기동 가능 여부
    ㉢ 제어반 각종 스위치류 및 표시장치(작동표시등 등) 기능의 이상 여부

02 다음 물음에 답하시오.(30점)

(1) 소방시설관리사가 건물의 소방펌프를 점검한 결과 에어락 현상(Air Lock)이라고 판단하였다. 에어락 현상이라고 판단한 이유와 적절한 대책 5가지를 쓰시오.(8점)
(2) 특별피난계단의 계단실 및 부속실의 제연설비 점검항목 중 방연풍속과 유입공기 배출량 측정방법을 각각 쓰시오.(12점)
(3) 소화설비에 사용되는 밸브류에 관하여 다음의 명칭에 맞는 도시기호를 표시하고, 그 기능을 쓰시오.(10점)

명 칭	도시기호	기 능
① 가스체크밸브		
② 앵글밸브		
③ 풋(Foot)밸브		
④ 자동배수밸브		
⑤ 감압밸브		

해답

(1) 에어락 현상이라고 판단한 이유와 적절한 대책
  ① 에어락 현상의 판단 이유 : 펌프가 작동할 때 가압수의 압력이 공기압력보다 낮아서 가압수를 공급하지 못하여 압력계의 압력이 올라가지 않을 때 에어락 현상(공기잠김)이라고 판단한다.
  ② 에어락 현상의 적절한 대책
    ㉠ 펌프 흡입 측 개폐밸브가 폐쇄되어있을 때 개폐밸브를 개방한다.
    ㉡ 펌프 흡입 측의 스트레이너가 이물질 등으로 막힐 경우 청소한다.
    ㉢ 가압수의 압력이 낮을 경우 공기압력보다 높게 한다.
    ㉣ 펌프 흡입 측 배관에 공기가 유입될 경우 공기를 제거한다.
    ㉤ 수조에 공기가 유입된 경우 공기를 배출한다.

(2) 방연풍속과 유입공기배출량 측정방법[소방시설 자체점검사항 등에 관한 고시 별지 5(소방시설 성능시험조사표)]
  ① 방연풍속의 측정방법
    ㉠ 송풍기에서 가장 먼 층을 기준으로 제연구역 1개층(20층 초과 시 연속되는 2개층) 제연구역과 옥내 간의 측정을 원칙으로 하며, 필요시 그 이상으로 할 수 있다.
    ㉡ 방연풍속은 최소 10점 이상 균등 분할하여 측정하며, 측정 시 각 측정점에 대해 제연구역을 기준으로 기류가 유입(-) 또는 배출(+) 상태를 측정지에 기록한다.
    ㉢ 유입공기 배출장치(있는 경우)는 방연풍속을 측정하는 층만 개방한다.
    ㉣ 직통계단식 공동주택은 방화문 개방층의 제연구역과 연결된 세대와 면하는 외기문을 개방할 수 있다.
  ② 유입공기 배출량의 측정방법
    ㉠ 기계배출식은 송풍기에서 가장 먼 층의 유입공기 배출댐퍼를 개방하여 측정하는 것을 원칙으로 한다.
    ㉡ 기타 방식은 설계조건에 따라 적정한 위치의 유입공기 배출구를 개방하여 측정하는 것을 원칙으로 한다.

(3) 밸브류의 도시기호 및 기능

명 칭	도시기호	기 능
① 가스체크밸브		방호구역을 설정할 때 설치하며, 가스의 역류를 방지하기 위하여
② 앵글밸브		옥내소화전설비의 방수구를 개폐하는 밸브로서 유체의 흐름을 90° 방향으로 바꾸기 위하여
③ 풋(Foot)밸브		이물질 제거기능과 물을 한쪽으로만 흐르게 하는 체크밸브기능
④ 자동배수밸브		배관 내부 물의 압력이 낮을 때 배관 내부의 물을 자동배수시켜 동파를 방지하기 위하여
⑤ 감압밸브		배관 내의 높은 압력을 적정한 압력으로 낮추는 밸브

03 다음 물음에 답하시오.(30점)

(1) 복도통로유도등과 계단통로유도등의 설치목적과 각 조도기준을 쓰시오. (8점)
(2) 화재감지기가 동작하지 않고 화재 발견자가 화재구역에 있는 발신기를 눌렀을 경우 자동화재탐지설비 수신기에서 발신기 동작상황 및 화재구역을 확인하는 방법을 쓰시오. (3점)
(3) P형 1급 수신기(10회로 미만)에 대한 절연저항시험과 절연내력시험을 실시하였다. (9점)
  ① 수신기의 절연저항시험방법(측정개소, 계측기, 측정값)을 쓰시오. (3점)
  ② 수신기의 절연내력시험 방법을 쓰시오. (3점)
  ③ 절연저항시험과 절연내력시험의 목적을 각각 쓰시오. (3점)
(4) P형 수신기에 연결된 지구경종이 작동되지 않는 경우 그 원인 5가지를 쓰시오. (10점)

해답 (1) 복도통로유도등과 계단통로유도등의 설치목적과 각 조도기준
  ① 유도등의 설치목적(NFTC 303)
    ㉠ 복도통로유도등 : 피난통로가 되는 복도에 설치하는 통로유도등으로서 피난구의 방향을 명시하는 것으로 화재 시 피난을 원활히 하기 위하여 설치한다.
    ㉡ 계단통로유도등 : 피난통로가 되는 계단이나 경사로에 설치하는 통로유도등으로 바닥면 및 디딤바닥면을 비추는 것으로 화재 시 피난을 원활히 하기 위하여 설치한다.
  ② 조도기준(유도등의 형식승인 및 제품검사기술기준 제23조) : 통로유도등 및 객석유도등은 비상전원의 성능에 따라 유효 점등시간 동안 등을 켠 후 주위조도가 0[lx]인 상태에서 다음 방법으로 측정한다.
    ㉠ 복도통로유도등 : 바닥면으로부터 1[m] 높이에 거실통로유도등은 바닥면으로부터 2[m] 높이에 설치하고, 그 유도등의 중앙으로부터 0.5[m] 떨어진 위치의 바닥면 조도와 유도등의 전면 중앙으로부터 0.5[m] 떨어진 위치의 조도가 1[lx] 이상이어야 한다. 다만, 바닥면에 설치하는 통로유도등은 그 유도등의 바로 윗부분 1[m]의 높이에서 법선조도가 1[lx] 이상이어야 한다.
    ㉡ 계단통로유도등 : 바닥면 또는 디딤바닥면으로부터 높이 2.5[m]의 위치에 그 유도등을 설치하고, 그 유도등의 바로 밑으로부터 수평거리로 10[m] 떨어진 위치에서의 법선조도가 0.5[lx] 이상이어야 한다.

(2) 수신기에서 발신기 동작상황 및 화재구역을 확인하는 방법
현장에서 발신기를 눌렀을 경우 수신기에는 발신기 응답등(LED)이 점등되고, 지구화재표시등과 주화재(대표화재)표시등이 점등되며, 수신기에서는 주경종이 울리고 현장에서는 지구경종이 울리며, 비상방송과 시각경보기가 출력된다.

(3) P형 1급 수신기에 대한 절연저항시험과 절연내력시험
① 수신기의 절연저항 시험방법(수신기의 형식승인 및 제품검사 기술기준 제19조)
  ㉠ 수신기의 절연된 충전부와 외함 간의 절연저항은 직류 500[V]의 절연저항계로 측정한 값이 5[MΩ](교류입력 측과 외함 간에는 20[MΩ]) 이상이어야 한다. 다만, P형, P형복합식, GP형 및 GP형복합식의 수신기로서 접속되는 회선수가 10 이상인 것 또는 R형, R형복합식, GR형 및 GR형복합식의 수신기로서 접속되는 중계기가 10 이상인 것은 교류입력 측과 외함 간을 제외하고 1회선당 50[MΩ] 이상이어야 한다.
  ㉡ 절연된 선로 간의 절연저항은 직류 500[V]의 절연저항계로 측정한 값이 20[MΩ] 이상이어야 한다.
② 수신기의 절연내력시험 방법(수신기의 형식승인 및 제품검사 기술기준 제20조) : 규정에 의한 절연저항 시험부위의 절연내력은 60[Hz]의 정현파에 가까운 실효전압 500[V](정격전압이 60[V]를 초과하고 150[V] 이하인 것은 1,000[V], 정격전압이 150[V]를 초과하는 것은 그 정격전압에 2를 곱하여 1,000을 더한 값)의 교류전압을 가하는 시험에서 1분간 견디는 것이어야 한다.
③ 절연저항시험과 절연내력시험의 목적
  ㉠ 절연저항시험 : 도체 사이에 부도체를 넣어서 얼마나 누전되고 있는지를 확인하는 것이 목적이다.
  ㉡ 절연내력시험 : 절연물이 어느 정도의 전압에 견딜 수 있는지를 확인하는 시험으로 절연물의 고장에 대한 여유도를 확인하는 것이 목적이다.

(4) P형 수신기에 연결된 지구경종이 작동되지 않는 경우 원인
① 주경종의 작동되지 않는 경우
  ㉠ 수신기에서 주경종 정지스위치가 눌러진 경우
  ㉡ 수신기의 주경종 스위치가 불량인 경우
  ㉢ 경종자체가 불량인 경우
  ㉣ 수신기의 경종회로가 불량인 경우
② 지구경종이 작동되지 않는 경우
  ㉠ 수신기에서 지구경종 정지스위치가 눌러진 경우
  ㉡ 수신기의 지구경종 스위치가 불량인 경우
  ㉢ 경종자체가 불량인 경우
  ㉣ 경종선로가 단선인 경우
  ㉤ 지구릴레이가 불량인 경우
  ㉥ 지구경종 퓨즈가 단선일 경우

제17회 2017년 9월 23일 시행 과년도 기출문제

01 다음 물음에 답하시오. (40점)

(1) 자동화재탐지설비의 감지기 설치기준에서 다음 물음에 답하시오. (7점)
 ① 설치장소별 감지기 적응성(연기감지기를 설치할 수 없는 경우 적용)에서 설치장소의 환경상태가 "물방울이 발생하는 장소"에 설치할 수 있는 감지기의 종류별 설치조건을 쓰시오. (3점)
 ② 설치장소별 감지기 적응성(연기감지기를 설치할 수 없는 경우 적용)에서 설치장소의 환경상태가 "부식성가스가 발생할 우려가 있는 장소"에 설치할 수 있는 감지기의 종류별 설치조건을 쓰시오. (4점)

(2) 다음 화재안전기술기준(NFTC)에 대하여 각 물음에 답하시오. (5점)
 ① 무선통신보조설비를 설치하지 않을 수 있는 경우의 특정소방대상물의 조건을 쓰시오. (2점)
 ② 분말소화설비의 자동식 기동장치에서 가스압력식 기동장치의 설치기준 3가지를 쓰시오. (3점)

(3) 소방용품의 품질관리 등에 관한 규칙에서 성능인증을 받아야 하는 대상의 종류 중 "그 밖에 소방청장이 고시하는 소방용품"에 대하여 아래의 괄호에 적합한 품명을 쓰시오. (6점)
 ① 분기배관   ⑧ 승강식피난기   ⑮ (B)
 ② 시각경보장치 ⑨ 미분무헤드   ⑯ (C)
 ③ 자동폐쇄장치 ⑩ 압축공기포헤드 ⑰ (D)
 ④ 피난유도선   ⑪ 플랩댐퍼   ⑱ (E)
 ⑤ 방열복   ⑫ 비상문자동개폐장치 ⑲ (F)
 ⑥ 방염제품   ⑬ 포소화약제혼합장치
 ⑦ 다수인피난장비 ⑭ (A)

(4) 다음 빈칸에 소방시설 도시기호를 넣고 그 기능을 설명하시오. (6점)

명 칭	도시기호	기 능
시각경보기	A	시각경보기는 소리를 듣지 못하는 청각장애인을 위하여 화재나 피난 등 긴급한 상태를 볼 수 있도록 알리는 기능을 한다.
기압계	B	
방화문 연동제어기	C	
포헤드(입면도)	D	포소화설비가 화재 등으로 작동되어 포소화약제가 방호구역에 방출될 때 포헤드에서 공기와 혼합하면서 포를 발포한다.

(5) 특정소방대상물 가운데 대통령령으로 정하는 "소방시설을 설치하지 않을 수 있는 특정소방대상물과 그에 따른 소방시설의 범위"를 다음 빈칸에 각각 쓰시오. (4점)

명 칭	특정소방대상물	소방시설
화재안전기준을 적용하기 어려운 특정소방대상물	A	B
	C	D

(6) 다음 조건을 참조하여 물음에 답하시오(단, 아래 조건에서 제시하지 않은 사항은 고려하지 않는다). (12점)

> [조 건]
> - 최근에 준공한 내화구조의 건축물로서 소방대상물의 용도는 복합건축물이며, 지하 3층, 지상 11층으로 1개 층의 바닥면적은 1,000[m²]이다.
> - 지하 3층부터 지하 2층까지 주차장, 지하 1층은 판매시설, 지상 1층부터 11층까지는 업무시설이다.
> - 소방대상물의 각 층별 높이는 5.0[m]이다.
> - **물탱크는 지하 3층 기계실**에 설치되어 있고 소화펌프 흡입구보다 높으며, 기계실과 물탱크실은 별도로 구획되어 있다.
> - 옥상에는 옥상수조가 설치되어 있다.
> - 펌프의 기동을 위해 기동용 수압개폐장치가 설치되어 있다.
> - 한 개 층에 설치된 스프링클러헤드 개수는 160개이고, 지하 1층부터 11층까지 모두 하향식 헤드만 설치되어 있다.
> - 스프링클러설비 적용 현황
>   - 지하 3층, 지하 1층~지상 11층은 습식 스프링클러설비(알람밸브) 방식이다.
>   - 지하 2층은 준비작동식 스프링클러설비 방식이다.
> - **옥내소화전**은 층별로 **5개가 설치**되어 있다.
> - 소화 주 펌프의 명판을 확인한 결과 **정격양정은 105[m]**이다.
> - **체절양정은 정격양정의 130[%]**이다.
> - 소화펌프 및 소화배관은 **스프링클러설비와 옥내소화전설비를 겸용**으로 사용한다.
> - 지하 1층과 지상 11층은 콘크리트 슬래브(천장) 하단에 가연성단열재(100[mm])로 시공되었다.
> - 반자의 재질
>   - 지상 1층, 11층은 준불연재료이다.
>   - 지하 1층, 지상 2~10층은 불연재료이다.
> - 반자와 콘크리트 슬래브(천장) 하단까지의 거리는 아래와 같다(주차장 제외).
>   - 지하 1층은 2.2[m], 지상 1층은 1.9[m]이며, 그 외의 층은 모두 0.7[m]이다.

① 상기 건축물의 점검과정에서 소화수원의 적정 여부를 확인하고자 한다. 모든 수원용량(저수조 및 옥상수조)을 구하시오. (2점)
② 스프링클러헤드의 설치상태를 점검한 결과, 일부 층에서 천장과 반자 사이에 스프링클러헤드가 누락된 것이 확인되었다. 지하 주차장을 제외한 층 중 천장과 반자 사이에 스프링클러헤드를 화재안전기준에 적합하게 설치해야 하는 층과 스프링클러헤드가 설치되어야 하는 이유를 쓰시오. (4점)
③ 무부하시험, 정격부하시험 및 최대부하시험방법을 설명하고, 실제 성능시험을 실시하여 그 값을 토대로 펌프성능시험곡선을 작성하시오. (6점)

해답 (1) 자동화재탐지설비의 감지기 설치기준(NFTC 203)

[설치장소별 감지기 적응성(연기감지기를 설치할 수 없는 경우 적용)]

설치장소		적응열감지기								불꽃감지기	비 고
환경상태	적응장소	차동식 스포트형		차동식 분포형		보상식 스포트형		정온식			
		1종	2종	1종	2종	1종	2종	특종	1종	열아날로그식	
먼지 또는 미분 등이 다량으로 체류하는 장소	쓰레기장, 하역장, 도장실, 섬유·목재·석재 등 가공공장	○	○	○	○	○	○	○	×	○	○	1. 불꽃감지기에 따라 감시가 곤란한 장소는 적응성이 있는 열감지기를 설치할 것 2. 차동식분포형감지기를 설치하는 경우에는 검출부에 먼지, 미분 등이 침입하지 않도록 조치할 것 3. 차동식스포트형감지기 또는 보상식스포트형감지기를 설치하는 경우에는 검출부에 먼지, 미분 등이 침입하지 않도록 조치할 것 4. 섬유, 목재 가공공장 등 화재확대가 급속하게 진행될 우려가 있는 장소에 설치하는 경우 정온식감지기는 특종으로 설치할 것. 공칭작동 온도 75[℃] 이하, 열아날로그식스포트형 감지기는 화재표시 설정은 80[℃] 이하가 되도록 할 것
수증기가 다량으로 머무는 장소	증기세정실, 탕비실, 소독실 등	×	×	×	○	×	○	○	○	○	○	1. 차동식분포형감지기 또는 보상식스포트형감지기는 급격한 온도변화가 없는 장소에 한하여 사용할 것 2. 차동식분포형감지기를 설치하는 경우에는 검출부에 수증기가 침입하지 않도록 조치할 것 3. 보상식스포트형감지기, 정온식감지기 또는 열아날로그식감지기를 설치하는 경우에는 방수형으로 설치할 것 4. 불꽃감지기를 설치할 경우 방수형으로 할 것
부식성가스가 발생할 우려가 있는 장소	도금공장, 축전지실, 오수처리장 등	×	×	○	○	○	○	○	×	○	○	1. 차동식분포형감지기를 설치하는 경우에는 감지부가 피복되어 있고 검출부가 부식성가스에 영향을 받지 않는 것 또는 검출부에 부식성가스가 침입하지 않도록 조치할 것 2. 보상식스포트형감지기, 정온식감지기 또는 열아날로그식스포트형감지기를 설치하는 경우에는 부식성가스의 성상에 반응하지 않는 내산형 또는 내알칼리형으로 설치할 것

설치장소		적응열감지기								불꽃감지기	비 고
환경 상태	적응장소	차동식 스포트형		차동식 분포형		보상식 스포트형		정온식		열아 날로 그식		
		1종	2종	1종	2종	1종	2종	특종	1종			
물방울이 발생하는 장소	스레트 또는 철판으로 설치한 지붕 창고·공장, 패키지형냉각기전용수납실, 밀폐된 지하창고, 냉동실 주변 등	×	×	○	○	○	○	○	○	○	○	1. 보상식스포트형감지기, 정온식감지기 또는 열아날로그식스포트형감지기를 설치하는 경우에는 방수형으로 설치할 것 2. 보상식스포트형감지기는 급격한 온도변화가 없는 장소에 한하여 설치할 것 3. 불꽃감지기를 설치하는 경우에는 방수형으로 설치할 것

① "물방울이 발생하는 장소"에 설치할 수 있는 감지기의 종류별 설치조건
  ㉠ 보상식스포트형감지기, 정온식감지기 또는 열아날로그식스포트형감지기를 설치하는 경우에는 방수형으로 설치할 것
  ㉡ 보상식스포트형감지기는 급격한 온도 변화가 없는 장소에 한하여 설치할 것
  ㉢ 불꽃감지기를 설치하는 경우에는 방수형으로 설치할 것
② "부식성가스가 발생할 우려가 있는 장소"에 설치할 수 있는 감지기의 종류별 설치조건
  ㉠ 차동식분포형감지기를 설치하는 경우에는 감지부가 피복되어 있고 검출부가 부식성가스에 영향을 받지 않는 것 또는 검출부에 부식성가스가 침입하지 않도록 조치할 것
  ㉡ 보상식스포트형감지기, 정온식감지기 또는 열아날로그식스포트형감지기를 설치하는 경우에는 부식성가스의 성상에 반응하지 않는 내산형 또는 내알칼리형으로 설치할 것

(2) 화재안전기술기준
① 무선통신보조설비를 설치하지 않을 수 있는 경우의 특정소방대상물의 조건(NFTC 505)
  ㉠ 지하층으로서 특정소방대상물의 바닥부분 2면 이상이 지표면과 동일한 경우 그 해당 층
  ㉡ 지표면으로부터의 깊이가 1[m] 이하인 경우 그 해당 층
② 분말소화설비의 자동식 기동장치에서 가스압력식 기동장치의 설치기준(NFTC 108)
  ㉠ 기동용 가스용기 및 해당 용기에 사용하는 밸브는 25[MPa] 이상의 압력에 견딜 수 있는 것으로 할 것
  ㉡ 기동용 가스용기에는 내압시험압력의 0.8배부터 내압시험압력 이하에서 작동하는 안전장치를 설치할 것
  ㉢ 기동용 가스용기의 체적은 5[L] 이상으로 하고, 해당 용기에 저장하는 질소 등의 비활성기체는 6.0[MPa] 이상(21[℃] 기준)의 압력으로 충전할 것. 다만, 기동용 가스용기의 체적을 1[L] 이상으로 하고, 해당 용기에 저장하는 이산화탄소의 양은 0.6[kg] 이상으로 하며, 충전비는 1.5 이상 1.9 이하의 기동용 가스용기로 할 수 있다.

(3) 소방용품의 품질관리 등에 관한 규칙 별표 7에서 성능인증을 받아야 하는 대상의 종류[관련 법령 개정 (23.1.13, 23.3.28.)으로 문제는 맞지 않지만 해설은 현행법에 따름]
① 축광표지
② 예비전원
③ 비상콘센트설비
④ 표시등
⑤ 소화전함
⑥ 스프링클러설비신축배관(가지관과 스프링클러헤드를 연결하는 플렉시블 파이프를 말함)
⑦ 소방용전선(내화전선 및 내열전선)
⑧ 탐지부
⑨ 지시압력계
⑩ 공기안전매트
⑪ 소방용 밸브(개폐표시형밸브, 릴리프밸브, 풋밸브)
⑫ 소방용 스트레이너
⑬ 소방용 압력스위치
⑭ 소방용 합성수지배관
⑮ 비상경보설비의 축전지
⑯ 자동화재속보설비의 속보기
⑰ 소화설비용 헤드(물분무헤드, 분말헤드, 포헤드, 살수헤드)
⑱ 방수구
⑲ 소화기가압용 가스용기
⑳ 소방용 흡수관
㉑ 그 밖에 소방청장이 고시하는 소방품(성능인증의 대상이 되는 소방용품의 품목에 관한 고시 제2조)

> ㉑ 그 밖에 소방청장이 고시하는 소방용품
> 성능인증의 대상이 되는 소방용품의 품목에 관한 고시 제2조(성능인증의 대상이 되는 소방용품의 품목), 소방용품의 품질관리 등에 관한 규칙 제15조 및 별표 7 제22호에 따른 품목은 다음 각 호와 같다.
> ㉠ 분기배관　　　　　　　　　　ⓛ 포소화약제 혼합장치
> ㉢ 가스계소화설비 설계프로그램　㉣ 시각경보장치
> ㉤ 자동차압급기댐퍼　　　　　　㉥ 자동폐쇄장치
> ㉦ 가압수조식 가압송수장치　　　㉧ 피난유도선
> ㉨ 방염제품　　　　　　　　　　㉩ 다수인 피난장비
> ㉪ 캐비닛형 간이스프링클러설비　㉫ 승강식피난기
> ㉬ 미분무헤드　　　　　　　　　㉭ 방열복
> ㉮ 상업용 주방자동소화장치　　　㉯ 압축공기 포헤드
> ㉰ 압축공기포 혼합장치　　　　　㉱ 플랩댐퍼
> ㉲ 비상문자동개폐장치　　　　　㉳ 가스계소화설비용 수동식 기동장치
> ㉴ 휴대용 비상조명등　　　　　　㉵ 소방전원공급장치
> ㉶ 호스릴이산화탄소 소화장치　　㉷ 과압배출구
> ㉸ 흔들림방지버팀대　　　　　　㉹ 소방용 수격흡수기
> ㉺ 소방용행거　　　　　　　　　㉻ 간이형수신기
> ⓐ 방화포　　　　　　　　　　　ⓑ 간이소화장치
> ⓒ 유량측정장치　　　　　　　　ⓓ 배출댐퍼
> ⓔ 송수구

A : 가스계소화설비의 설계프로그램　　B : 자동차압급기댐퍼
C : 가압수조식 가압송수장치　　　　　D : 캐비닛형 간이스프링클러설비
E : 상업용 주방자동소화장치　　　　　F : 압축공기포 혼합장치

(4) 도시기호(소방시설 자체점검사항 등에 관한 고시 별표)

명 칭	도시기호	기 능
시각경보기		시각경보기는 소리를 듣지 못하는 청각장애인을 위하여 화재나 피난 등 긴급한 상태를 볼 수 있도록 알리는 기능을 한다.
기압계		대기압을 측정하는 계기
방화문 연동제어기		방화문을 연동하는 제어기로서 감지기 작동에 따라 고정장치를 해제시켜 자동으로 기동(폐쇄)시키는 장치
포헤드(입면도)		포소화설비가 화재 등으로 작동되어 포소화약제가 방호구역에 방출될 때 포헤드에서 공기와 혼합하면서 포를 발포한다.

(5) 소방시설을 설치하지 않을 수 있는 특정소방대상물과 그에 따른 소방시설의 범위(소방시설법 영 별표 6)

구 분	특정소방대상물	소방시설
1. 화재위험도가 낮은 특정소방대상물	석재 · 불연성금속 · 불연성 건축재료 등의 가공공장 · 기계조립공장 또는 불연성 물품을 저장하는 창고	옥외소화전설비 및 연결살수설비
2. 화재안전기준을 적용하기가 어려운 특정소방대상물	펄프공장의 작업장 · 음료수공장의 세정 또는 충전을 하는 작업장, 그 밖에 이와 비슷한 용도로 사용하는 것	스프링클러설비, 상수도 소화용수설비 및 연결살수설비
	정수장, 수영장, 목욕장, 농예 · 축산 · 어류양식용 시설, 그 밖에 이와 비슷한 용도로 사용되는 것	자동화재탐지설비, 상수도 소화용수설비 및 연결살수설비
3. 화재안전기준을 달리 적용해야 하는 특수한 용도 또는 구조를 가진 특정소방대상물	원자력발전소, 중 · 저준위 방사성폐기물의 저장시설	연결송수관설비 및 연결살수설비
4. 위험물안전관리법 제19조에 따른 자체소방대가 설치된 특정소방대상물	자체소방대가 설치된 제조소 등에 부속된 사무실	옥내소화전설비, 소화용수설비, 연결살수설비 및 연결송수관설비

(6) 옥내소화전설비와 스프링클러설비 겸용문제
① 소화수원(저수조 및 옥상수조)의 수량

[수원의 수량]

수원구분	옥내소화전설비	스프링클러설비
저수조	수원 = N(소화전 수, 최대 2)×2.6[m³] (130[L/min] × 20[min]) = 2×2.6[m³] = 5.2[m³]	수원 = 헤드수(표 참조)×1.6[m³] (80[L/min] × 20[min]) = 30×1.6[m³] = 48[m³]
	겸용이니까 지하 3층 물탱크의 물은 5.2[m³] + 48[m³] = 53.2[m³]	
옥상수조	53.2[m³] × $\frac{1}{3}$ = 17.73[m³]	
전체 수원의 양	저수조(지하 3층) + 옥상수조 = 53.2[m³] + 17.73[m³] = **70.93[m³]**	

Plus one

펌프의 토출량 = 옥내소화전설비 + 스프링클러설비
= (2 × 130[L/min]) + (30 × 80[L/min]) = **2,660[L/min]**

※ 소방시설관리사가 점검을 하고자 펌프실에 도착하면 펌프의 명판을 보고 그 건축물의 현황을 파악하여 스프링클러헤드의 개수와 층당 소화전수의 개수를 확인 후 수원의 양이 얼마인지 파악해야 합니다. 펌프는 겸용이 아니지만 수원은 겸용인 경우가 많이 있으니 확인 후 참고 바랍니다.

② 지하 주차장을 제외한 층 중 천장과 반자 사이에 스프링클러헤드를 화재안전기준에 적합하게 설치해야 하는 층과 스프링클러헤드가 설치되어야 하는 이유

층	천장 재질	반자 재질	천장과 반자 사이 거리	설치 이유
지하 1층	가연성 단열재 두께 100[mm]	불연재료	2.2[m]	천장·반자 중 한쪽이 불연재료로 되어 있고, 천장과 반자 사이의 거리가 1[m] 이상(2.2[m])인 부분으로 헤드를 설치해야 함
1층	불연재료	준불연재료	1.9[m]	천장·반자 중 한쪽이 불연재료로 되어 있고, 천장과 반자 사이의 거리가 1[m] 이상(1.9[m])인 부분으로 헤드를 설치해야 함
2~10층	불연재료	불연재료	0.7[m]	천장 및 반자가 불연재료로 되어 있고, 천장과 반자 사이의 거리가 2[m] 미만(0.7[m])인 부분으로 헤드 설치가 제외됨
11층	가연성 단열재 두께 100[mm]	준불연재료	0.7[m]	천장 및 반자가 불연재료 외의 것으로 되어 있고, 천장과 반자 사이의 거리가 0.5[m] 이상(0.7[m])인 부분으로 헤드를 설치해야 함

> **Plus one**
>
> 스프링클러 헤드 설치제외 장소(NFTC 103)
> ① 천장과 반자 양쪽이 불연재료로 되어 있는 경우로서 그 사이의 거리 및 구조가 다음의 어느 하나에 해당하는 부분
>   ㉠ 천장과 반자 사이의 거리가 2[m] 미만인 부분
>   ㉡ 천장과 반자 사이의 벽이 불연재료이고, 천장과 반자 사이의 거리가 2[m] 이상으로서 그 사이에 가연물이 존재하지 않는 부분
> ② 천장·반자 중 한쪽이 불연재료로 되어 있고, 천장과 반자 사이의 거리가 1[m] 미만인 부분
> ③ 천장 및 반자가 불연재료 외의 것으로 되어 있고, 천장과 반자 사이의 거리가 0.5[m] 미만인 부분

③ 무부하시험, 정격부하시험, 최대부하시험방법 설명, 실제 펌프성능시험곡선을 작성
㉠ 무부하시험(체절운전시험) : 펌프 토출 측의 주밸브와 성능시험배관의 유량조절밸브를 잠근 상태에서 운전할 경우에 토출압력이 정격토출압력의 140[%] 이하인지 확인하는 시험

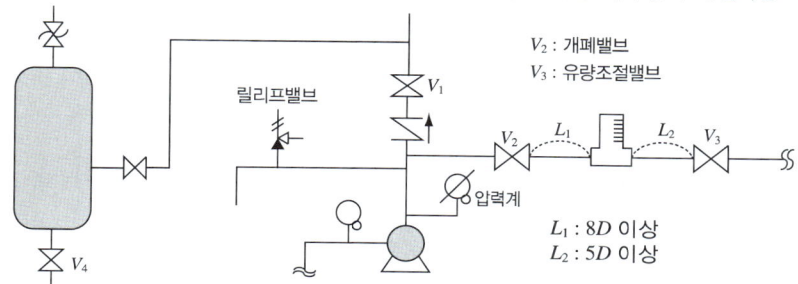

㉮ 동력제어반에서 주펌프와 충압펌프의 선택스위치를 수동(정지)으로 한다.
㉯ 펌프의 토출 측 주밸브 V_1을 잠근다.
㉰ 성능시험배관상에 설치된 V_2, V_3 밸브를 잠근다(평상시 잠근 상태임).
㉱ 동력제어반에서 주펌프를 수동 기동한다.
㉲ 체절운전에 따라 토출 측 압력계를 확인하고, 그 값이 정격토출압력의 140[%] 이하인지 확인한다.
㉳ 동력제어반에서 주펌프를 수동 정지한다.
㉴ 동력제어반에서 주펌프와 충압펌프의 선택스위치를 자동위치로 한다.

ⓒ 정격부하시험 : 펌프를 기동한 상태에서 유량조절밸브를 개방하여 유량계의 유량이 정격유량 상태(100[%])일 때 토출압력이 정격토출압력의 이상이 되는지 확인하는 시험
  ㉮ 동력제어반에서 주펌프와 충압펌프의 선택스위치를 수동(정지)으로 한다.
  ㉯ 펌프의 토출 측 주밸브 V_1을 잠근다.
  ㉰ 성능시험배관상에 설치된 V_2밸브를 개방한다.
  ㉱ 동력제어반에서 주펌프를 수동 기동한다.
  ㉲ 유량조절밸브(V_3)를 서서히 개방하면서 유량계의 눈금이 정격토출량(100[%])이 될 때 펌프의 정격토출압력(100[%])인지 확인한다.
  ㉳ 동력제어반에서 주펌프를 수동 정지하고 성능시험배관의 V_2, V_3밸브를 잠근다.
  ㉴ 동력제어반에서 주펌프와 충압펌프의 선택스위치를 자동위치로 한다.

ⓒ 피크부하시험(최대운전시험) : 유량조절밸브를 개방하여 정격 토출량의 150[%]로 운전 시 정격 토출압력의 65[%] 이상이 되는지 확인하는 시험
  ㉮ 동력제어반에서 주펌프와 충압펌프의 선택스위치를 수동(정지)으로 한다.
  ㉯ 펌프의 토출 측 주밸브 V_1을 잠근다.
  ㉰ 성능시험배관상에 설치된 V_2밸브를 개방한다.
  ㉱ 동력제어반에서 주펌프를 수동 기동한다.
  ㉲ 유량조절밸브(V_3)를 서서히 개방하면서 유량계의 눈금이 정격토출량의 150[%]일 때 펌프의 정격토출압력의 65[%] 이상인지 확인한다.
  ㉳ 동력제어반에서 주펌프를 수동 정지하고 성능시험배관의 V_2, V_3밸브를 잠근다.
  ㉴ 동력제어반에서 주펌프와 충압펌프의 선택스위치를 자동위치로 한다.

ⓔ 펌프의 성능곡선

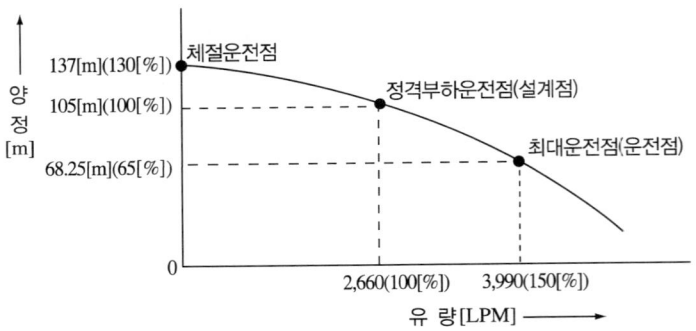

[종합점검 작성 예시]

※ 펌프성능시험 결과표

구 분	체절운전	정격운전(100[%])	정격유량의 150[%] 운전	적정 여부	

토출량 [L/min]	0	2,660	3,990	1. 체절운전 시 토출압은 정격토출압의 140[%] 이하일 것 (○)
				2. 정격운전 시 토출량과 토출압이 규정치 이상일 것 (○)
				(펌프 명판 및 설계치 참조)
				3. 정격토출량 150[%]에서 토출압이 정격토출압의 65[%] 이상일 것 (○)
					• 설정압력 :
					• 주펌프
					  기동 : 0.65[MPa]
					  정지 : 수동정지
					• 예비펌프
					  기동 : 0.55[MPa]
					  정지 : 수동정지
					• 충압펌프
					  기동 : 0.75[MPa]
					  정지 : 1.05[MPa]

토출압 [MPa]	1.37	1.05	0.70		

※ 릴리프밸브 작동 압력 : 1.25[MPa](조절이 가능함)

[참 고]

1. 1.37[MPa]은 펌프를 기동하여 체절압력이 $1.37(\frac{1.37}{1.05} \times 100 = 130.5[\%]$, 규격은 140[%]를 초과하지 말 것)이다.

2. 0.70은 펌프를 기동하여 정격유량의 150[%]로 운전하였을 때 토출압력이 $0.70[MPa](\frac{0.70}{1.05} \times 100 = 66.7[\%]$, 규격은 150[%] 운전 시 65[%] 이상일 것)이다.

02 다음 물음에 답하시오. (30점)

(1) 건축물의 피난·방화구조 등의 기준에 관한 규칙에 따라 다음 물음에 답하시오. (8점)
  ① 방화지구 내 건축물의 인접대지경계선에 접하는 외벽에 설치하는 창문 등으로서 연소할 우려가 있는 부분에 설치하는 설비를 쓰시오. (4점)
  ② 피난용승강기 전용 예비전원의 설치기준을 쓰시오. (4점)

(2) 소방시설관리사가 종합점검 과정에서 해당 건축물 내 다중이용업소 수가 지난해보다 크게 증가하여 이에 대한 화재위험평가를 해야 한다고 판단하였다. 다중이용업소의 안전관리에 관한 특별법에 따라 다중이용업소에 대한 화재위험평가를 해야 하는 경우를 쓰시오. (3점)

(3) 방화구획 대상건축물에 방화구획을 적용하지 않거나 그 사용에 지장이 없는 범위에서 방화구획을 완화하여 적용할 수 있는 경우 7가지를 쓰시오. (7점)

(4) 제연 TAB(Testing Adjusting Balancing) 과정에서 소방시설관리사가 제연설비 작동 중에 거실에서 부속실로 통하는 출입문 개방에 필요한 힘을 구하려고 한다. 다음 조건을 보고 물음에 답하시오 (단, 계산과정을 쓰고, 답은 소수점 셋째자리에서 반올림하여 둘째자리까지 구하시오). (7점)

[조 건]
- 지하 2층, 지상 20층 공동주택
- 부속실과 거실 사이의 차압은 50[Pa]
- 제연설비 작동 전 거실에서 부속실로 통하는 출입문 개방에 필요한 힘은 60[N]
- 출입문 높이 2.1[m], 폭은 1.1[m]
- 문의 손잡이에서 문의 모서리까지의 거리 0.1[m]
- K_d - 상수(1.0)

  ① 제연설비 작동 중에 거실에서 부속실로 통하는 출입문 개방에 필요한 힘[N]을 구하시오. (5점)
  ② 화재안전기술기준(NFTC 501A)의 제연설비가 작동되었을 경우 출입문의 개방에 필요한 최대 힘[N]과 ①에서 구한 거실에서 부속실로 통하는 출입문 개방에 필요한 힘[N]의 차이를 구하시오. (2점)

(5) 소방시설관리사가 종합점검 중에 연결송수관설비 가압송수장치를 기동하여 연결송수관용 방수구에서 피토게이지로 측정한 방수압력이 72.54[psi]일 때 방수량[m³/min]을 계산하시오(단, 계산과정을 쓰고 답은 소수점 셋째자리에서 반올림하여 둘째자리까지 구하시오). (5점)

해답

(1) 건축물의 피난·방화구조 등의 기준에 관한 규칙(건축물의 피난·방화구조 등의 기준에 관한 규칙)
  ① 방화지구 내 건축물의 인접대지경계선에 접하는 외벽에 설치하는 창문 등으로서 연소할 우려가 있는 부분에 설치하는 방화설비(제23조)
    ㉠ 60분+ 방화문 또는 60분 방화문
    ㉡ 소방법령이 정하는 기준에 적합하게 창문 등에 설치하는 드렌처
    ㉢ 해당 창문 등과 연소할 우려가 있는 다른 건축물의 부분을 차단하는 내화구조나 불연재료로 된 벽·담장 기타 이와 유사한 방화설비
    ㉣ 환기구멍에 설치하는 불연재료로 된 방화커버 또는 그물눈이 2[mm] 이하인 금속망
  ② 피난용승강기 전용 예비전원의 설치기준(제30조)
    ㉠ 정전 시 피난용승강기, 기계실, 승강장 및 폐쇄회로 텔레비전 등의 설비를 작동할 수 있는 별도의 예비전원 설비를 설치할 것
    ㉡ ㉠에 따른 예비전원은 초고층 건축물의 경우에는 2시간 이상, 준초고층 건축물의 경우에는 1시간 이상 작동이 가능한 용량일 것

ⓒ 상용전원과 예비전원의 공급을 자동 또는 수동으로 전환이 가능한 설비를 갖출 것
ⓓ 전선관 및 배선은 고온에 견딜 수 있는 내열성 자재를 사용하고, 방수조치를 할 것

> **[피난용승강기의 설치기준(건축물의 피난·방화구조 등의 기준에 관한 규칙 제30조)]**
> (1) 피난용승강기 승강장의 구조
>   ① 승강장의 출입구를 제외한 부분은 해당 건축물의 다른 부분과 내화구조의 바닥 및 벽으로 구획할 것
>   ② 승강장은 각 층의 내부와 연결될 수 있도록 하되, 그 출입구에는 60분+ 방화문 또는 60분 방화문을 설치할 것. 이 경우 방화문은 언제나 닫힌 상태를 유지할 수 있는 구조이어야 한다.
>   ③ 실내에 접하는 부분(바닥 및 반자 등 실내에 면한 모든 부분을 말한다)의 마감(마감을 위한 바탕을 포함한다)은 불연재료로 할 것
>   ④ 다음 어느 하나에 해당하는 설비를 설치할 것
>   ㉠ 배연설비
>   ㉡ 소방시설 설치 및 관리에 관한 법률 시행령(별표 4 제5호 가목)에 따른 제연설비
> (2) 피난용승강기 승강로의 구조
>   ① 승강로는 해당 건축물의 다른 부분과 내화구조로 구획할 것
>   ② 승강로 상부에 배연설비 또는 제연설비를 설치할 것
> (3) 피난용승강기 기계실의 구조
>   ① 출입구를 제외한 부분은 해당 건축물의 다른 부분과 내화구조의 바닥 및 벽으로 구획할 것
>   ② 출입구에는 60분+ 방화문 또는 60분 방화문을 설치할 것
> (4) 피난용승강기 전용 예비전원 **17회 출제**
>   ① 정전 시 피난용승강기, 기계실, 승강장 및 폐쇄회로 텔레비전 등의 설비를 작동할 수 있는 별도의 예비전원 설비를 설치할 것
>   ② ①에 따른 예비전원은 초고층 건축물의 경우에는 2시간 이상, 준초고층 건축물의 경우에는 1시간 이상 작동이 가능한 용량일 것
>   ③ 상용전원과 예비전원의 공급을 자동 또는 수동으로 전환이 가능한 설비를 갖출 것
>   ④ 전선관 및 배선은 고온에 견딜 수 있는 내열성 자재를 사용하고, 방수조치를 할 것

(2) **다중이용업소에 대한 화재위험평가를 해야 하는 경우(다중이용업소법 제15조)**
  ① 2,000[m^2] 지역 안에 다중이용업소가 50개 이상 밀집하여 있는 경우
  ② 5층 이상인 건축물로서 다중이용업소가 10개 이상 있는 경우
  ③ 하나의 건축물에 다중이용업소로 사용하는 영업장 바닥면적의 합계가 1,000[m^2] 이상인 경우

(3) **방화구획 대상건축물에 방화구획을 적용하지 않거나 방화구획을 완화하여 적용할 수 있는 경우(건축법 영 제46조)**
  ① 문화 및 집회시설(동·식물원은 제외한다), 종교시설, 운동시설 또는 장례시설의 용도로 쓰는 거실로서 시선 및 활동공간의 확보를 위하여 불가피한 부분
  ② 물품의 제조·가공 및 운반 등(보관은 제외한다)에 필요한 고정식 대형기기 또는 설비의 설치를 위하여 불가피한 부분. 다만, 지하층인 경우에는 지하층의 외벽 한쪽 면(지하층의 바닥면에서 지상층 바닥 아래 면까지의 외벽 면적 중 1/4 이상이 되는 면을 말한다) 전체가 건물 밖으로 개방되어 보행과 자동차의 진입·출입이 가능한 경우에 한정한다.
  ③ 계단실·복도 또는 승강기의 승강장 및 승강로로서 그 건축물의 다른 부분과 방화구획으로 구획된 부분. 다만, 해당 부분에 위치하는 설비배관 등이 바닥을 관통하는 부분은 제외한다.
  ④ 건축물의 최상층 또는 피난층으로서 대규모 회의장·강당·스카이라운지·로비 또는 피난안전구역 등의 용도로 쓰는 부분으로서 그 용도로 사용하기 위하여 불가피한 부분
  ⑤ 복층형 공동주택의 세대별 층간바닥부분

⑥ 주요구조부가 내화구조 또는 불연재료로 된 주차장
⑦ 단독주택, 동물 및 식물 관련 시설 또는 국방·군사시설(집회, 체육, 창고 등의 용도로 사용되는 시설만 해당한다)로 쓰는 건축물
⑧ 건축물의 1층과 2층의 일부를 동일한 용도로 사용하며 그 건축물의 다른 부분과 방화구획으로 구획된 부분(바닥면적의 합계가 500[m^2] 이하인 경우로 한정한다)

(4) 제연설비의 TAB
① 제연설비 작동 중에 거실에서 부속실로 통하는 출입문 개방에 필요한 힘[N]

$$\text{개방력 } F = F_{dc} + F_p = F_{dc} + \frac{K_d W A \Delta P}{2(W-d)}$$

여기서, F_{dc} : 작동 전 거실에서 부속실로 통하는 출입문 개방에 필요한 힘[N]
　　　　F_p : 차압에 의해 방화문에 미치는 힘
　　　　K_d : 상수(1)
　　　　W : 문의 폭[m]
　　　　A : 방화문의 면적[m^2]
　　　　ΔP : 비제연구역과의 차압[Pa]
　　　　d : 손잡이에서 문 모서리까지의 거리[m]

$$\therefore F = F_{dc} + \frac{K_d W A \Delta P}{2(W-d)} = 60[\text{N}] + \frac{1 \times 1.1[\text{m}] \times (2.1 \times 1.1)[\text{m}^2] \times 50[\text{N/m}^2]}{2 \times (1.1[\text{m}] - 0.1[\text{m}])} = 123.53[\text{N}]$$

② 출입문의 개방에 필요한 최대 힘[N]과 ①에서 구한 거실에서 부속실로 통하는 출입문 개방에 필요한 힘[N]의 차이

힘의 차이(F) = 123.53[N] − 110[N] = 13.53[N]

> 화재안전기준에서 출입문 개방에 필요한 힘 : 110[N] 이하

(5) 방수량

$$Q = uA = \sqrt{2gH} \times \frac{\pi}{4}D^2$$

여기서, H(양정) $= \frac{72.54[\text{psi}]}{14.7[\text{psi}]} \times 10.332[\text{mH}_2\text{O}] = 50.985[\text{mH}_2\text{O}]$
　　　　D(구경) : 65[mm] = 0.065[m]

$$\therefore Q = \sqrt{2gH} \times \frac{\pi}{4}D^2 = \sqrt{2 \times 9.8[\text{m/s}^2] \times 50.985} \times \frac{\pi}{4} \times (0.065[\text{m}])^2$$
$$= 0.104[\text{m}^3/\text{s}]$$

단위 환산하면 0.104[m^3/s] × 60[s/min] = 6.24[m^3/min]

Plus one

노즐 말단의 방수압력 측정

$$Q = 0.6597CD^2\sqrt{10P}$$

여기서, $P = \frac{72.54[\text{psi}]}{14.7[\text{psi}]} \times 0.101325[\text{MPa}] = 0.5[\text{MPa}]$

$\therefore Q = 0.6597CD^2\sqrt{10P} = 0.6597 \times (19[\text{mm}])^2 \times \sqrt{10 \times 0.5} = 532.52[\text{L/min}]$
$= 0.53[\text{m}^3/\text{min}]$

03 다음 물음에 답하시오.(30점)

(1) 다음 물음에 답하시오.(12점)
   ① 화재조기진압용 스프링클러설비의 설치금지 장소 2가지를 쓰시오(단, 공인기관의 시험을 받은 것은 제외).(2점)
   ② 미분무소화설비 점검표에서 압력수조를 이용한 가압송수장치의 종합점검항목 4가지를 쓰시오.(4점)
   ③ 피난기구 및 인명구조기구 점검표에서 승강식 피난기·하향식 피난구용 내림식 사다리의 종합점검항목을 쓰시오.(6점)

(2) 소방시설관리사가 지상 53층인 건축물의 점검과정에서 설계도면상 자동화재탐지설비의 통신 및 신호배선방식의 적합성 판단을 위해 고층건축물의 화재안전기술기준(NFTC 604)에서 확인해야 할 배선관련 사항을 모두 쓰시오.(2점)

(3) 화재의 예방 및 안전관리에 관한 법령상 특수가연물의 저장 및 취급 기준을 쓰시오.(3점)

(4) 포소화약제 저장탱크 내 약제를 보충하고자 한다. 다음 그림을 보고 그 조작순서를 쓰시오(단, 모든 설비는 정상상태로 유지되어 있었다).(6점)

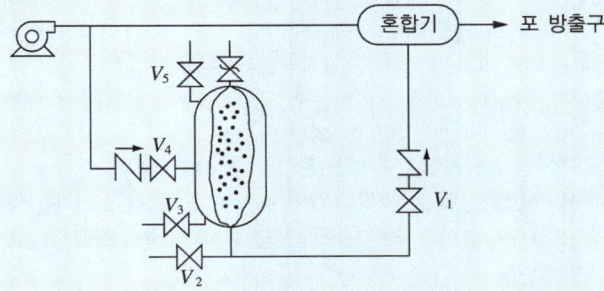

(5) 할로겐화합물 및 불활성기체소화설비 점검과정에서 점검자의 실수로 감지기 A, B가 동시에 작동하여 소화약제가 방출되기 전에 해당 방호구역 앞에서 점검자가 즉시 적절한 조치를 취하여 약제방출을 방지했다. 아래 물음에 답하시오(단, 여기서 약제방출 지연시간은 30초이며, 제3자의 개입은 없었다).(3점)
   ① 조치를 취한 장치의 명칭 및 설치위치(2점)
   ② 조치를 취한 장치의 기능(1점)

(6) 지하 3층 지상 5층 복합건축물의 소방안전관리자가 소방시설을 유지·관리하는 과정에서 고의로 제어반에서 화재발생 시 소화펌프 및 제연설비가 자동으로 작동되지 않도록 조작하여 실제 화재가 발생했을 때 소화설비와 제연설비가 작동하지 않았다. 아래 물음에 답하시오(단, 이 사고는 소방시설 설치 및 관리에 관한 법률 제12조 제3항을 위반하여 동법 제56조의 벌칙을 적용받았다).(4점)
   ① 위 사례에서 소방안전관리자의 위반사항과 그에 따른 벌칙을 쓰시오.(2점)
      ㉠ 위반내용
      ㉡ 벌 칙
   ② 위 사례에서 화재로 인해 사람이 상해를 입은 경우, 소방안전관리자가 받게 될 벌칙을 쓰시오.(2점)

해답 (1) 설치금지 및 점검표(소방시설 자체점검사항 등에 관한 고시 별지 4)
  ① 화재조기진압용 스프링클러설비의 설치금지 장소(NFTC 103B)
    ㉠ 제4류 위험물
    ㉡ 타이어, 두루마리 종이 및 섬유류, 섬유제품 등 연소 시 화염의 속도가 빠르고 방사된 물이 하부까지에 도달하지 못하는 것
  ② 압력수조를 이용한 가압송수장치의 종합점검항목
    ㉠ 동결방지조치 상태 적정 여부
    ㉡ 전용 압력수조 사용 여부
    ㉢ 압력수조의 압력 적정 여부
    ㉣ 수위계·급수관·급기관·압력계·안전장치·공기압축기 등 부속장치의 변형·손상 유무
    ㉤ 압력수조 토출 측 압력계 설치 및 적정 범위 여부
    ㉥ 작동장치 구조 및 기능 적정 여부
  ③ 승강식 피난기·하향식 피난구용 내림식 사다리의 종합점검항목
    ㉠ 대피실 출입문 60분+ 방화문 또는 60분 방화문 설치 및 표지 부착 여부(점검표 개정될 예정)
    ㉡ 대피실 표지(층별 위치표시, 피난기구 사용설명서 및 주의사항) 부착 여부
    ㉢ 대피실 출입문 개방 및 피난기구 작동 시 표시등·경보장치 작동 적정 여부 및 감시제어반 피난기구 작동 확인 가능 여부
    ㉣ 대피실 면적 및 하강구 규격 적정 여부
    ㉤ 하강구 내측 연결금속구 존재 및 피난기구 전개 시 장애발생 여부
    ㉥ 대피실 내부 비상조명등 설치 여부

(2) 고층건축물에서 확인해야 할 배선 관련 사항(NFTC 604)
  ① 통신·신호배선의 성능기준 : 50층 이상인 건축물에 설치하는 다음의 통신·신호배선은 이중배선을 설치하도록 하고 단선 시에도 고장표시가 되며, 정상 작동할 수 있는 성능을 갖도록 설비를 해야 한다.
  ② 통신·신호배선을 이중배선으로 설치하는 배선
    ㉠ 수신기와 수신기 사이의 통신배선
    ㉡ 수신기와 중계기 사이의 신호배선
    ㉢ 수신기와 감지기 사이의 신호배선

(3) 특수가연물의 저장 및 취급 기준(화재예방법 영 별표 3)
  특수가연물은 다음의 기준에 따라 쌓아 저장해야 한다. 다만, 석탄·목탄류를 발전용으로 저장하는 경우에는 제외한다.
  ① 품명별로 구분하여 쌓을 것
  ② 다음의 기준에 맞게 쌓을 것

구 분	살수설비를 설치하거나 방사능력 범위에 해당 특수가연물이 포함되도록 대형수동식소화기를 설치하는 경우	그 밖의 경우
높 이	15[m] 이하	10[m] 이하
쌓는 부분의 바닥면적	200[m²] (석탄·목탄류의 경우에는 300[m²]) 이하	50[m²] (석탄·목탄류의 경우에는 200[m²]) 이하

  ㉠ 실외에 쌓아 저장하는 경우 쌓는 부분이 대지경계선, 도로 및 인접 건축물과 최소 6[m] 이상 간격을 둘 것. 다만, 쌓는 높이보다 0.9[m] 이상 높은 건축법 시행령 제22조 제7호에 따른 내화구조 벽체를 설치한 경우는 그렇지 않다.
  ㉡ 실내에 쌓아 저장하는 경우 주요구조부는 내화구조이면서 불연재료여야 하고, 다른 종류의 특수가연물과 같은 공간에 보관하지 않을 것. 다만, 내화구조의 벽으로 분리하는 경우는 그렇지 않다.

ⓒ 쌓는 부분 바닥면적의 사이는 실내의 경우 1.2[m] 또는 쌓는 높이의 1/2 중 큰 값 이상으로 간격을 두어야 하며, 실외의 경우 3[m] 또는 쌓는 높이 중 큰 값 이상으로 간격을 둘 것

(4) 포소화약제 저장탱크 내 약제를 보충할 때 조작순서

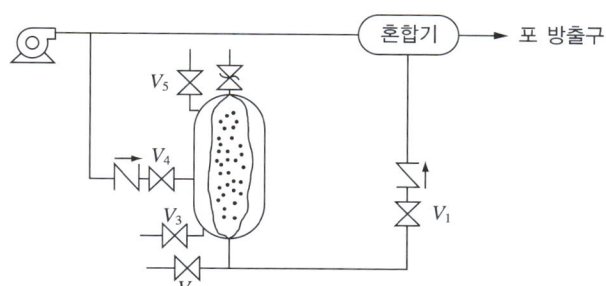

① V_1, V_4 밸브를 폐쇄한다.
② V_3와 V_5 밸브를 개방하여 자켓 내의 물을 배수시킨다.
③ V_6 밸브를 개방하고 V_2 밸브에 송액장치를 접속시킨다.
④ V_2 밸브를 개방하여 서서히 약제를 주입시킨다.
⑤ 약제를 완전히 보충한 후 V_2, V_3 밸브를 폐쇄한다.
⑥ 소화펌프를 기동하여 V_4 밸브를 서서히 개방하여 탱크 내를 가압한다.
⑦ V_5와 V_6 밸브로 공기를 제거한 후 V_5와 V_6 밸브를 폐쇄시킨다.
⑧ 소화펌프를 정지하고 V_1 밸브를 개방한다.

(5) 할로겐화합물 및 불활성기체소화설비에서 감지기가 작동하여 소화약제가 방출되기 전에 적절한 조치
① 조치를 취한 장치의 명칭 및 설치위치
  ㉠ 명칭 : 방출지연스위치
  ㉡ 위치 : 수동식 기동장치의 부근
② 조치를 취한 장치의 기능 : 자동복귀형스위치로서 수동식 기동장치의 타이머를 순간 정지시키는 기능의 스위치

(6) 소방안전관리자가 소화펌프 및 제연설비가 정지된 상태에서 화재 발생
① 위 사례에서 소방안전관리자의 위반사항과 그에 따른 벌칙
  ㉠ 위반내용 : 소방시설을 유지·관리할 때 소방시설의 기능과 성능에 지장을 줄 수 있는 폐쇄(잠금을 포함한다)·차단 등의 행위를 하여서는 안 된다. 다만, 소방시설의 점검·정비를 위한 폐쇄·차단은 할 수 있다.
  ㉡ 벌칙 : 소방시설에 폐쇄·차단 등의 행위를 한 자는 **5년 이하의 징역** 또는 **5천만 원 이하의 벌금**
② 위 사례에서 화재로 인해 사람이 상해를 입은 경우 소방안전관리자가 받게 될 벌칙 : ①의 죄를 범하여 사람을 상해에 이르게 한 때에는 **7년 이하의 징역** 또는 **7천만 원 이하의 벌금**

> 특정소방대상물의 관계인은 제1항에 따라 소방시설을 유지·관리할 때 소방시설의 기능과 성능에 지장을 줄 수 있는 폐쇄(잠금을 포함한다)·차단 등의 행위를 하여서는 안 된다. 다만, 소방시설의 점검·정비를 위한 폐쇄·차단은 할 수 있다(**소방시설법 제12조 제3항**).
> ① 제12조 제3항 본문을 위반하여 소방시설에 폐쇄·차단 등의 행위를 한 자 : 5년 이하의 징역 또는 **5천만 원 이하의 벌금**
> ② ①의 죄를 범하여 **사람을 상해에 이르게 한 때** : 7년 이하의 징역 또는 7천만 원 이하의 벌금
> ③ ①의 죄를 범하여 **사람을 사망에 이르게 한 때** : 10년 이하의 징역 또는 1억 원 이하의 벌금

제18회 과년도 기출문제

2018년 10월 13일 시행

01 다음 물음에 답하시오. (40점)

(1) R형 복합형 수신기 화재표시 및 제어기능(스프링클러설비)의 조작·시험 시 표시창에 표시되어야 하는 성능시험 항목에 대하여 세부 확인사항 5가지를 각각 쓰시오. (10점)
  ① 화재 표시창(5점)
  ② 제어 표시창(5점)
(2) R형 복합형 수신기 점검 중 1계통에 있는 전체 중계기의 통신램프가 점멸되지 않을 경우 발생 원인과 확인 절차를 각각 쓰시오. (6점)
(3) 소방펌프 동력제어반의 점검 시 화재신호가 정상 출력 되었음에도 동력제어반의 전로기구 및 관리상태 이상으로 소방펌프의 자동기동이 되지 않을 수 있는 원인 5가지를 쓰시오. (5점)
(4) 소방펌프용 농형유도전동기에서 Y결선과 △결선의 피상전력이 $P_a = \sqrt{3}\,VI\,[\text{VA}]$으로 동일함을 전류, 전압을 이용하여 증명하시오. (5점)
(5) 아날로그방식 감지기에 관하여 다음 물음에 답하시오. (9점)
  ① 감지기의 동작특성에 대하여 설명하시오. (3점)
  ② 감지기의 시공방법에 대하여 설명하시오. (3점)
  ③ 수신반 회로수 산정에 대하여 설명하시오. (3점)
(6) 중계기 점검 중 감지기가 정상동작 하여도 중계기가 신호입력을 못 받을 때의 확인 절차를 쓰시오. (5점)

해답

(1) R형 복합형 수신기 화재표시 및 제어기능(스프링클러설비)의 조작·시험 시 표시창에 표시되어야 하는 성능시험 항목에 대하여 세부 확인사항

① 화재 표시창(수신기의 형식승인 및 제품검사의 기술기준 제12조)
  ㉠ 화재신호를 수신하는 경우 적색의 화재표시등에 의하여 화재의 발생을 자동적으로 표시 확인
  ㉡ 지구표시창에 의하여 화재가 발생한 해당 경계구역을 자동적으로 표시 확인
  ㉢ 주음향장치 작동 확인
  ㉣ 지구음향장치 작동 확인
  ㉤ 주음향장치는 스위치에 의하여 주음향장치의 울림이 정지된 상태에서도 새로운 경계구역 또는 다른 감지기의 화재신호를 수신하는 경우에는 자동적으로 주음향장치의 울림정지 기능을 해제하고 주음향장치의 울림 확인

② 제어 표시창(수신기의 형식승인 및 제품검사의 기술기준 제11조)
  ㉠ 각 유수검지장치, 일제개방밸브 및 펌프의 작동여부를 확인할 수 있는 표시기능이 있어야 한다.
  ㉡ 수원 또는 물올림수조의 저수위 감시 표시기능이 있어야 한다.
  ㉢ 일제개방밸브를 개방시킬 수 있는 스위치를 설치해야 한다.
  ㉣ 각 펌프를 수동으로 작동 또는 중단시킬 수 있는 스위치를 설치해야 한다.
  ㉤ 일제개방밸브를 사용하는 설비의 화재감지를 화재감지기에 의하는 경우에는 경계회로별로 화재표시를 할 수 있어야 한다.

(2) R형 복합형 수신기 점검 중 1계통에 있는 전체 중계기의 통신램프가 점멸되지 않을 경우 발생 원인과 확인 절차

발생원인	고장원인	확인절차
중계기 통신램프 점등 불량	1. 전체 중계기 ① 통신카드 불량 ② 통신선로 단선 2. 개별 중계기 ① 중계기 불량 ② 어드레스 스위치 설정잘못	① 전류전압측정기(테스터기)를 DC로 전환한다. ② 통신+단자와 통신−단자에 리드봉을 접속한다. ③ 전압이 나오지 않으면 통신을 못하고 있는 것이다(정상일 때 전압이 21[V] 정도 나오고 감지기 동작 시 0[V]로 전압이 떨어진다).
수신기 자체적 이상 증상	−	① 모니터가 나오지 않을 때 : 모니터 뒤의 연결잭을 확인한다. ② 스위치 미점등 시 : 스위치 안쪽 부분의 커넥터 등 체결상태를 확인한다.
감지기가 동작했는데 중계기가 입력을 받지 못할 경우	중계기 불량	① 전류전압측정기(테스터기)를 DC로 전환한다. ② 해당 구역 중계기 회로단자와 공통단자에 리드봉을 접속한다. ③ 전압이 나오지 않으면 통신을 못하고 있는 것이다.
경종이 출력되지 않을 때	중계기 내부 출력 릴레이가 불량	① 전류전압측정기(테스터기)를 DC로 전환한다. ② 해당 구역 중계기 회로단자와 공통단자에 리드봉을 접속한다. ③ 전압이 나오지 않으면 통신을 못하고 있는 것이다.

(3) 소방펌프 동력제어반의 점검 시 화재신호가 정상 출력 되었음에도 동력제어반의 전로 기구 및 관리상태 이상으로 소방펌프의 자동기동이 되지 않을 수 있는 원인
 ① 동력제어반의 전원 차단
 ② 동력제어반의 퓨즈 단선
 ③ 동력제어반의 펌프스위치가 "정지(수동)" 위치 상태

> 펌프 점검 시 동력제어반에서 수동으로 기동시킬 때 "수동" 위치에 놓고 펌프를 기동시킨다.

 ④ 동력제어반의 배선용차단기 불량 및 전원 차단
 ⑤ 동력제어반의 전자접촉기 불량
 ⑥ 동력제어반의 열동계전기가 동작(Trip)상태
 ⑦ 감시제어반의 펌프 정지 상태

(4) 소방펌프용 농형유도전동기에서 Y결선과 △결선의 피상전력이 $P_a = \sqrt{3}\,VI$ [VA]으로 동일함을 전류, 전압을 이용하여 증명
 ① Y결선

$$V_l = \sqrt{3}\,V_p$$

여기서, V_l : 선간전압[V], V_p : 상전압[V]

$$I_l = I_p$$

여기서, I_l : 선전류[A], I_p : 상전류[A]

$$\therefore P_a = 3V_pI_p = 3 \times \frac{V_l}{\sqrt{3}} \times I_l = \sqrt{3}\,V_lI_l = \sqrt{3}\,VI\ [\text{VA}]$$

② △결선

$$V_l = V_p$$

여기서, V_l : 선간전압[V], V_p : 상전압[V]

$$I_l = \sqrt{3}\, I_p$$

여기서, I_l : 선전류[A], I_p : 상전류[A]

$$\therefore P_a = 3V_pI_p = 3 \times V_l \times \frac{I_l}{\sqrt{3}} = \sqrt{3}\, V_l I_l = \sqrt{3}\, VI\ [\text{VA}]$$

(5) 아날로그방식 감지기
  ① 감지기의 동작특성
  ② 감지기의 시공방법
  ③ 수신반 회로수 산정

구 분	아날로그감지기	일반감지기
동작특성	① 열, 연기농도의 변화를 감지하여 수신기로 변화값을 송출하고 감지기별로 수신기에 입력된 프로그램에 의해 단계적으로 출력된다. ② 화재 판단기능 • 레벨판단 : 감지기에 얻어진 검출출력의 크기를 평가하는 방법 • 차분판단 : 감지기는 어드레스(주소)라고 하는 고유번호를 갖고 수신기에서 어드레스에 의하여 순차적으로 검색하는 방법	① 화재 신호를 수신과 동시에 각종 설비를 연동(경종, 비상방송)한다. ② 정해진 온도, 농도에 도달 시 감지기 자체에서 접점을 구성하여 수신반으로 화재신호를 송출한다.
시공방법	① 특정감지기 화재송출의 확인 가능하다. ② 감지기별로 고유의 어드레스(주소)를 부여하고 통신선(2가닥)으로 여러 개의 감지기를 접속하여 중계기에 연결한다.	① 경계구역(600[m²])마다 적용하는 감지기를 소요개수만큼 접속하여 수신기에 연결하는 방식이다. ② 경계구역별로 화재보를 송출하므로 송출감지기의 확인은 경계구역에 가서 눈으로 확인한다.
수신반 회로수	감지기별로 감시하는 방식으로 감지기마다 수신반의 회로수를 산정한다. 회로수가 많아지나 수신반 자체는 대형화는 아니다.	경계구역별로 1회로로 하므로 회로수가 적어진다.
비화재보	적 다.	많 다.
경제성	① 수신기 가격 : 고가(약 10배정도) ② 중계기 설치여부 : 필요하다. ③ 배관 및 배선 공사비 : 적다.	① 수신기 가격 : 저가 ② 중계기 설치여부 : 필요없다. ③ 배관 및 배선 공사비 : 많다.

(6) 중계기 점검 중 감지기가 정상동작 하여도 중계기가 신호입력을 못 받을 때의 확인 절차

발생원인	고장원인	확인절차
감지기가 동작했는데 중계기가 입력을 받지 못할 경우	중계기 불량	① 전류전압측정계(테스터기)를 DC로 전환한다. ② 해당 구역 중계기 회로단자와 공통단자에 리드봉을 접속한다. ③ 전압이 나오지 않으면 통신을 못하고 있는 것이다(정상일 때 전압이 21[V] 정도이고, 감지기 동작 시 0[V]로 전압이 떨어진다).

02 다음 물음에 답하시오.(30점)

(1) 물계통 소화설비의 관부속[90° 엘보, 티(분류)] 및 밸브류(볼밸브, 게이트밸브, 체크밸브, 앵글밸브) 상당 직관장(등가길이)이 작은 것부터 순서대로 도시기호를 그리시오(단, 상당 직관장 배관경은 65[mm]이고 동일 시험조건이다).(8점)
(2) "소방시설 자체점검사항 등에 관한 고시" 중 소방시설 등 외관점검표에 의한 스프링클러, 물분무, 미분무소화설비, 포소화설비의 배관 점검내용 4가지를 쓰시오.(4점)
(3) 고시원업[구획된 실(室) 안에 학습자가 공부할 수 있는 시설을 갖추고 숙박 또는 숙식을 제공하는 형태의 영업]의 영업장에 설치된 간이스프링클러설비에 대하여 작동점검표에 의한 점검내용과 종합점검표에 의한 점검내용을 모두 쓰시오.(10점)
(4) 하나의 특정소방대상물에 특별피난계단의 계단실 및 부속실 제연설비를 화재안전기술기준(NFTC 501A)에 의하여 설치한 경우 "시험, 측정 및 조정 등"에 관한 "제연설비 시험 등의 실시 기준"을 모두 쓰시오.(8점)

해답

(1) 물계통 소화설비의 도시기호(소방시설 자체점검사항 등에 관한 고시 별표)

배관경	관부속품	등가길이	도시기호
65[mm]	게이트밸브	0.48	
	90° 엘보	2.4	
	티	3.6	
	체크밸브	4.6	
	앵글밸브	10.2	
	볼밸브	19.5	

(2) 소방시설 등 외관점검표에 의한 (간이)스프링클러설비, 물분무소화설비, 미분무소화설비, 포소화설비의 점검내용(소방시설 자체점검사항 등에 관한 고시 별지 6)
① 수 원
  ㉠ 주된 수원의 유효수량 적정여부(겸용설비 포함)
  ㉡ 보조수원(옥상)의 유효수량 적정여부
  ㉢ 수조 표시 설치상태 적정 여부
② 저장탱크(포소화설비) : 포소화약제 저장량의 적정 여부
③ 가압송수장치 : 펌프 흡입 측 연성계·진공계 및 토출 측 압력계 등 부속장치의 변형·손상 유무
④ 유수검지장치 : 유수검지장치실 설치 적정(실내 또는 구획, 출입문 크기, 표지) 여부

⑤ 배 관
  ㉠ 급수배관 개폐밸브 설치(개폐표시형, 흡입 측 버터플라이 제외) 적정 여부
  ㉡ 준비작동식 유수검지장치 및 일제개방밸브 2차 측 배관 부대설비 설치 적정
  ㉢ 유수검지장치 시험장치 설치 적정(설치 위치, 배관구경, 개폐밸브 및 개방형 헤드, 물받이통 및 배수관) 여부
  ㉣ 다른 설비의 배관과의 구분 상태 적정 여부
⑥ 기동장치 : 수동조작함(설치높이, 표시등) 설치 적정 여부

> 소방시설 등 외관점검표가 전면 개정되어 문제를 수정하였습니다.

(3) 다중이용업소의 간이스프링클러설비의 작동점검항목과 종합점검항목(소방시설 자체점검사항 등에 관한 고시 별지 4)

① 작동점검항목
  ㉠ 수원 양 적정 여부
  ㉡ 가압송수장치의 정상 작동 여부
  ㉢ 배관 및 밸브의 파손, 변형 및 잠김 여부
  ㉣ 상용전원 및 비상전원의 이상 여부

② 종합점검항목
  ㉠ 수원 양 적정 여부
  ㉡ 가압송수장치의 정상작동 여부
  ㉢ 배관 및 밸브의 파손, 변형 및 잠김 여부
  ㉣ 상용전원 및 비상전원의 이상 여부
  ㉤ 유수검지장치의 정상 작동 여부
  ㉥ 헤드의 적정 설치 여부(미설치, 살수장애, 도색 등)
  ㉦ 송수구 결합부의 이상 여부
  ㉧ 시험밸브 개방 시 펌프기동 및 음향경보 여부

(4) 특피제연설비 시험 등의 실시기준(NFTC 501A)
특피제연설비는 설계목적에 적합한지 검토하고 제연설비의 성능과 관련된 건물의 모든 부분(건축설비를 포함한다)을 완성하는 시점에 맞추어 시험·측정 및 조정(시험 등)을 해야 한다.
① 제연구역의 모든 출입문 등의 크기와 열리는 방향이 설계 시와 동일한지 여부를 확인하고, 동일하지 않은 경우 급기량과 보충량 등을 다시 산출하여 조정가능여부 또는 재설계·개수의 여부를 결정할 것
② 제연구역의 출입문 및 복도와 거실(옥내가 복도와 거실로 되어 있는 경우에 한한다) 사이의 출입문마다 제연설비가 작동하고 있지 않은 상태에서 그 폐쇄력을 측정할 것
③ 층별로 화재감지기(수동기동장치를 포함한다)를 동작시켜 제연설비가 작동하는지 여부를 확인할 것. 다만, 둘 이상의 특정소방대상물이 지하에 설치된 주차장으로 연결되어 있는 경우에는 특정소방대상물의 화재감지기 및 주차장에서 하나의 특정소방대상물의 제연구역으로 들어가는 입구에 설치된 제연용 연기감지기의 작동에 따라 해당 특정소방대상물의 수직풍도에 연결된 모든 제연구역의 댐퍼가 개방되도록 하거나 해당 특정소방대상물을 포함한 둘 이상의 특정소방대상물의 모든 제연구역의 댐퍼가 개방되도록 하고 비상전원을 작동시켜 급기 및 배기용 송풍기의 성능이 정상인지 확인할 것

④ ③의 기준에 따라 제연설비가 작동하는 경우 다음의 기준에 따른 시험 등을 실시할 것
　㉠ 부속실과 면하는 옥내 및 계단실의 출입문을 동시에 개방할 경우, 유입공기의 풍속이 2.7의 규정에 따른 방연풍속에 적합한지 여부를 확인하고, 적합하지 않은 경우에는 급기구의 개구율과 송풍기의 풍량조절댐퍼 등을 조정하여 적합하게 할 것. 이 경우 유입공기의 풍속은 출입문의 개방에 따른 개구부를 대칭적으로 균등 분할하는 10 이상의 지점에서 측정하는 풍속의 평균치로 할 것
　㉡ ㉠에 따른 시험 등의 과정에서 출입문을 개방하지 않은 제연구역의 실제 차압이 기준(2.3.3)에 적합한지 여부를 출입문 등에 차압측정공을 설치하고 이를 통하여 차압측정기구로 실측하여 확인·조정할 것
　㉢ 제연구역의 출입문이 모두 닫혀 있는 상태에서 제연설비를 가동시킨 후 출입문의 개방에 필요한 힘을 측정하여 2.3.2의 규정에 따른 개방력에 적합한지 여부를 확인하고, 적합하지 않은 경우에는 급기구의 개구율 조정 및 플랩댐퍼(설치하는 경우에 한한다)와 풍량조절용댐퍼 등의 조정에 따라 적합하도록 조치할 것. 이때 제연구역의 출입문과 면하는 옥내에 거실제연설비가 설치된 경우에는 이 기준에 따른 제연설비와 해당 거실제연설비를 동시에 작동시킨 상태에서 출입문의 개방력을 측정할 것
　㉣ ㉠에 따른 시험 등의 과정에서 부속실의 개방된 출입문이 자동으로 완전히 닫히는지 여부를 확인하고, 닫힌 상태를 유지할 수 있도록 조정할 것

03 다음 물음에 답하시오. (30점)

(1) 피난안전구역에 설치하는 소방시설 중 제연설비 및 휴대용 비상조명등의 설치기준을 고층 건축물의 화재안전기술기준(NFTC 604)에 따라 각각 쓰시오. (6점)
(2) 연소방지설비의 화재안전기술기준(NFTC 506)에 관하여 다음 물음에 답하시오. (5점)
  ① 연소방지도료와 난연테이프의 용어 정의를 각각 쓰시오. (2점)
  ② 방화벽의 용어 정의와 설치기준을 각각 쓰시오. (3점)
(3) 소방시설 설치 및 관리에 관한 법률 시행령 제15조에 근거한 인명구조기구 중 공기호흡기를 설치해야 할 특정소방대상물과 설치기준을 각각 쓰시오. (7점)
(4) 다음 물음에 답하시오. (12점)
  ① LCX 케이블(LCX-FR-SS-42D-146)의 표시사항을 빈칸에 각각 쓰시오. (5점)

표 시	설 명
LCX	누설동축케이블
FR	난연성(내열성)
SS	㉠
42	㉡
D	㉢
14	㉣
6	㉤

  ② 위험물안전관리법 시행규칙에 따른 제5류 위험물에 적응성 있는 대형·소형 소화기의 종류를 모두 쓰시오. (7점)

해답 (1) 피난안전구역에 설치하는 소방시설 중 제연설비 및 휴대용 비상조명등의 설치 기준을 고층 건축물의 화재안전기술기준(NFTC 604)

구 분	설치기준
1. 제연설비	피난안전구역과 비제연구역 간의 차압은 50[Pa](옥내에 스프링클러설비가 설치된 경우에는 12.5[Pa]) 이상으로 해야 한다. 다만 피난안전구역의 한쪽 면 이상이 외기에 개방된 구조의 경우에는 설치하지 않을 수 있다.
2. 피난유도선	피난유도선은 다음의 기준에 따라 설치해야 한다. 가. 피난안전구역이 설치된 층의 계단실 출입구에서 피난안전구역의 주 출입구 또는 비상구까지 설치할 것 나. 계단실에 설치하는 경우 계단 및 계단참에 설치할 것 다. 피난유도 표시부의 너비는 최소 25[mm] 이상으로 설치할 것 라. 광원점등방식(전류에 의하여 빛을 내는 방식)으로 설치하되, 60분 이상 유효하게 작동할 것
3. 비상조명등	피난안전구역의 비상조명등은 상시 조명이 소등된 상태에서 그 비상조명등이 점등되는 경우 각 부분의 바닥에서 조도는 10[lx] 이상이 될 수 있도록 설치할 것

4. 휴대용 비상조명등	가. 피난안전구역에는 휴대용 비상조명등을 다음의 기준에 따라 설치해야 한다.
	  1) 초고층 건축물에 설치된 피난안전구역 : 피난안전구역 위층의 재실자수(건축물의 피난·방화구조 등의 기준에 관한 규칙 별표 1의2에 따라 산정된 재실자 수를 말한다)의 1/10 이상
	  2) 지하연계 복합건축물에 설치된 피난안전구역 : 피난안전구역이 설치된 층의 수용인원(영 별표 7에 따라 산정된 수용인원을 말한다)의 1/10 이상

구 분	설치기준
4. 휴대용 비상조명등	나. 건전지 및 충전식 건전지의 용량은 40분 이상 유효하게 사용할 수 있는 것으로 한다. 다만, 피난안전구역이 50층 이상에 설치되어 있을 경우의 용량은 60분 이상으로 할 것
5. 인명구조기구	가. 방열복, 인공소생기를 각 2개 이상 비치할 것 나. 45분 이상 사용할 수 있는 성능의 공기호흡기(보조마스크를 포함한다)를 2개 이상 비치해야 한다. 다만, 피난안전구역이 50층 이상에 설치되어 있을 경우에는 동일한 성능의 예비용기를 10개 이상 비치할 것 다. 화재 시 쉽게 반출할 수 있는 곳에 비치할 것 라. 인명구조기구가 설치된 장소의 보기 쉬운 곳에 "인명구조기구"라는 표지판 등을 설치할 것

(2) 연소방지설비의 화재안전기술기준(NFTC 506)

① 연소방지도료와 난연테이프의 용어 정의

※ 2021.1.15. 연소방지설비의 화재안전기술기준(NFSC 506)이 지하구의 화재안전기술기준(NFTC 605)으로 개정되어 현행 법령에 맞지 않는 문제입니다.

② 방화벽의 용어 정의 및 설치기준(NFTC 605, 2.6)

㉠ 정의 : 화재 시 발생한 열, 연기 등의 확산을 방지하기 위하여 설치하는 벽

㉡ 설치기준 : 방화벽은 다음의 기준에 따라 설치하고, 방화벽의 출입문은 항상 닫힌 상태를 유지하거나 자동폐쇄장치에 의하여 화재 신호를 받으면 자동으로 닫히는 구조로 해야 한다.

㉮ 내화구조로서 홀로 설 수 있는 구조일 것

㉯ 방화벽의 출입문은 건축법 시행령 제64조에 따른 방화문으로서 60분+ 방화문 또는 60분 방화문으로 설치할 것

㉰ 방화벽을 관통하는 케이블·전선 등에는 국토교통부 고시(건축자재 등 품질인정 및 관리기준)에 따라 내화채움구조로 마감할 것

㉱ 방화벽은 분기구 및 국사(Central Office)·변전소 등의 건축물과 지하구가 연결되는 부위(건축물로부터 20[m] 이내)에 설치할 것

㉲ 자동폐쇄장치를 사용하는 경우에는 자동폐쇄장치의 성능인증 및 제품검사의 기술기준에 적합한 것으로 설치할 것

(3) 인명구조기구 중 공기호흡기를 설치해야 할 특정소방대상물과 설치기준

① 공기호흡기를 설치해야 하는 특정소방대상물(소방시설법 영 별표 4)

㉠ 수용인원 100명 이상인 문화 및 집회시설 중 영화상영관

㉡ 판매시설 중 대규모점포

㉢ 운수시설 중 지하역사

㉣ 지하상가

㉤ 이산화탄소소화설비(호스릴 이산화탄소소화설비는 제외한다)를 설치해야 하는 특정소방대상물

② 공기호흡기의 설치기준(NFTC 302)
  ㉠ 특정소방대상물의 용도 및 장소별로 설치해야 할 인명구조기구는 표 2.1.1.1에 따라 설치할 것

[표 2.1.1.1]

특정소방대상물	인명구조기구	설치 수량
지하층을 포함하는 층수가 7층 이상인 관광호텔 및 5층 이상인 병원	• 방열복 또는 방화복(안전모, 보호장갑 및 안전화를 포함한다) • 공기호흡기 • 인공소생기	각 2개 이상 비치할 것. 다만, 병원의 경우에는 인공소생기를 설치하지 않을 수 있다.
• 문화 및 집회시설 중 수용인원 100명 이상의 영화상영관 • 판매시설 중 대규모 점포 • 운수시설 중 지하역사 • 지하상가	공기호흡기	층마다 2개 이상 비치할 것. 다만, 각 층마다 갖추어 두어야 할 공기호흡기 중 일부를 직원이 상주하는 인근 사무실에 갖추어 둘 수 있다.
물분무등소화설비 중 이산화탄소소화설비를 설치해야 하는 특정소방대상물	공기호흡기	이산화탄소소화설비가 설치된 장소의 출입구 외부 인근에 1개 이상 비치할 것

  ㉡ 화재 시 쉽게 반출 사용할 수 있는 장소에 비치할 것
  ㉢ 인명구조기구가 설치된 가까운 장소의 보기 쉬운 곳에 "인명구조기구"라는 축광식 표지와 그 사용방법을 표시한 표지를 부착하되, 축광식표지는 소방청장이 정하여 고시한 축광표지의 성능인증 및 제품검사의 기술기준에 적합한 것으로 할 것
  ㉣ 방열복은 소방청장이 정하여 고시한 소방용 방열복의 성능인증 및 제품검사의 기술기준에 적합한 것으로 설치할 것
  ㉤ 방화복(안전모, 보호장갑 및 안전화를 포함한다)은 소방장비관리법 및 표준규격을 정해야 하는 소방장비의 종류 고시에 따른 표준규격에 적합한 것으로 설치할 것

(4) LCX 케이블, 위험물안전관리법 시행규칙 별표 17
  ① LCX 케이블(LCX-FR-SS-42D-146)의 표시사항

표 시	설 명
LCX	누설동축케이블
FR	난연성(내열성)
SS	자기지지
42	절연체의 외경(42[mm])
D	특성임피던스
14	사용주파수(150~400[MHz] 대역전용)
6	결합손실

  ② 제5류 위험물에 적응성 있는 대형·소형 소화기의 종류
    ㉠ 봉상수 소화기
    ㉡ 무상수 소화기
    ㉢ 봉상강화액 소화기
    ㉣ 무상강화액 소화기
    ㉤ 포 소화기

[소화설비의 적응성]

소화설비의 구분			대상물 → 건축물·그 밖의 공작물	전기설비	제1류 위험물 알칼리금속과 산화물등	제1류 위험물 그 밖의 것	제2류 위험물 철분·금속분·마그네슘 등	제2류 위험물 인화성고체	제2류 위험물 그 밖의 것	제3류 위험물 금수성물품	제3류 위험물 그 밖의 것	제4류 위험물	제5류 위험물	제6류 위험물
물분무등 소화설비	불활성가스소화설비			○				○				○		
	할로겐화합물소화설비			○				○				○		
	분말소화설비	인산염류 등	○	○		○		○	○			○		○
		탄산수소염류 등		○	○		○	○		○		○		
		그 밖의 것			○		○			○				
대형·소형수동식 소화기	봉상수(棒狀水) 소화기		○			○		○	○		○		○	○
	무상수(霧狀水) 소화기		○	○		○		○	○		○		○	○
	봉상강화액 소화기		○			○		○	○		○		○	○
	무상강화액 소화기		○	○		○		○	○		○	○	○	○
	포 소화기		○			○		○	○		○	○	○	○
	이산화탄소 소화기			○				○				○		△
	할로겐화합물 소화기			○				○				○		
	분말소화기	인산염류 소화기	○	○		○		○	○			○		○
		탄산수소염류 소화기		○	○		○	○		○		○		
		그 밖의 것			○		○			○				

PART 04 과년도 + 최근 기출문제

2019년 9월 21일 시행

제19회 과년도 기출문제

01 다음 물음에 답하시오.(40점)

(1) 공동주택(아파트)에 설치된 옥내소화전설비에 대해 작동점검을 실시하려고 한다. 소화전 방수압 시험의 점검내용과 점검결과에 따른 가부판정기준에 관하여 각각 쓰시오.(5점)
  ① 점검내용(2점)
  ② 방사시간, 방사압력과 방사거리에 대한 가부판정기준(3점)

(2) 공동주택(아파트) 지하 주차장에 설치되어 있는 준비작동식 스프링클러설비에 대해 작동점검을 실시하려고 한다. 다음 물음에 관하여 각각 쓰시오. 단, 작동점검을 위해 사전조치사항으로 2차 측 개폐밸브는 폐쇄하였다.(9점)
  ① 준비작동식밸브(프리액션밸브)를 작동시키는 방법에 관하여 모두 쓰시오.(4점)
  ② 작동점검 후 복구절차이다. (   )에 들어갈 내용을 쓰시오.(5점)

| 1. 펌프를 정지시키기 위해 1차 측 개폐밸브를 폐쇄 |
| 2. 수신기의 복구스위치를 눌러 경보를 정지, 화재표시등을 끈다. |
| 3. (㉠) |
| 4. (㉡) |
| 5. 급수밸브(세팅밸브) 개방하여 급수 |
| 6. (㉢) |
| 7. (㉣) |
| 8. (㉤) |
| 9. 펌프를 수동으로 정지한 후 수신반을 자동으로 놓는다.(복구완료) |

(3) 이산화탄소소화설비 점검표에서 비상전원의 종합점검항목을 쓰시오.(5점)

(4) 소방대상물의 주요구조부가 내화구조인 장소에 공기관식 차동식분포형감지기가 설치되어 있다. 다음 물음에 답하시오.(13점)
  ① 공기관식 차동식분포형감지기의 설치기준에 관하여 쓰시오.(6점)
  ② 공기관식 차동식분포형감지기의 작동계속시험 방법에 관하여 (   )안에 들어갈 내용을 쓰시오.(4점)

| 1. 검출부의 시험구멍에 (㉠)을/를 접속한다. |
| 2. 시험코크를 조작해서 (㉡)에 놓는다. |
| 3. 검출부에 표시된 공기량을 (㉢)에 투입한다. |
| 4. 공기를 투입한 후 (㉣)을/를 측정한다. |

  ③ 작동계속시험 결과 작동지속시간이 기준치 미만으로 측정되었다. 이러한 결과가 나타나는 경우의 조건 3가지를 쓰시오.(3점)

(5) 자동화재탐지설비에 대한 작동점검을 실시하고자 한다. 다음 물음에 답하시오. (8점)
① 수신기 점검항목을 쓰시오. (4점)
② 수신기에서 예비전원감시등이 소등상태일 경우 예상원인과 점검방법이다. (   )에 들어갈 내용을 쓰시오. (4점)

예상원인	조치 및 점검방법
1. 퓨즈단선	(㉡)
2. 충전불량	(㉢)
3. (㉠)	(㉣)
4. 배터리 완전 방전	

해답

(1) 옥내·외소화전설비의 방수압시험의 점검내용 및 점검결과
① 소화전 방수압시험의 점검내용
  최상층 소화전을 이용한 방수상태 확인점검
  ㉠ 방수압력 및 거리(관계인)적정 확인
  ㉡ 최상층 소화전 개방 시 소화펌프 자동기동 및 기동표시등 점등확인
② 점검결과에 따른 가부판정기준
  ※ 2021년 4월 1일 점검표가 개정되어 현행 법령에 맞지 않는 문제입니다.
  ㉠ 방수시간 : 3분
  ㉡ 방수거리 측정 시 : 8[m] 이상
  ㉢ 방수압력 측정 시 : 0.17[MPa] 이상

(2) 지하 주차장에 설치된 준비작동식밸브의 작동방법 및 복구절차
① 준비작동식밸브 작동방법
  ㉠ 해당 방호구역의 감지기 A, B의 2회로 작동
  ㉡ 슈퍼비조리패널(SVP)의 수동조작스위치 작동
  ㉢ 수신반(감시제어반)의 준비작동식밸브(솔레노이드밸브) 수동기동스위치 작동
  ㉣ 수신반에서 회로선택스위치 및 동작시험스위치로 감지기 A, B의 2회로 작동
  ㉤ 준비작동식밸브에 부착된 수동기동밸브 개방
② 작동점검 후 복구절차

> 1. 펌프를 정지시키기 위해 1차 측 개폐밸브를 폐쇄한다.
> 2. 수신기의 복구스위치를 눌러 경보를 정지, 화재표시등을 끈다.
> 3. **펌프를 수동으로 정지한다.**
> 4. 배수밸브 개방하여 배수 후 폐쇄하고 클래퍼를 안착시킨 후 솔레노이드밸브를 수동으로 복구시킨다.
> 5. 급수밸브(세팅밸브) 개방하여 급수한다.
> 6. **급수밸브(세팅밸브) 폐쇄한다.**
> 7. 1차 측 개폐밸브를 서서히 개방한다(2차 측으로 누수가 없고 2차 측 압력계의 게이지가 0이면 정상세팅이 된 것임).
> 8. **2차 측 개폐밸브를 서서히 개방한다.**
> 9. 펌프를 수동으로 정지한 경우 수신반을 자동으로 놓는다(복구완료).

(3) 이산화탄소소화설비 점검표에서 비상전원의 종합점검항목(소방시설 자체점검사항 등에 관한 고시 별지 4)
① 설치장소 적정 및 관리 여부
② 자가발전설비인 경우 연료 적정량 보유 여부
③ 자가발전설비인 경우 전기사업법에 따른 정기점검 결과 확인

(4) 공기관식 차동식분포형감지기
　① 공기관식 차동식분포형감지기의 설치기준(NFTC 203)
　　㉠ 공기관의 노출부분은 감지구역마다 20[m] 이상이 되도록 할 것
　　㉡ 공기관과 감지구역의 각 변과의 수평거리는 1.5[m] 이하가 되도록 하고, 공기관 상호 간의 거리는 6[m](주요구조부를 내화구조로 한 특정소방대상물 또는 그 부분에 있어서는 9[m]) 이하가 되도록 할 것
　　㉢ 공기관은 도중에서 분기하지 않도록 할 것
　　㉣ 하나의 검출부분에 접속하는 공기관의 길이는 100[m] 이하로 할 것
　　㉤ 검출부는 5° 이상 경사되지 않도록 부착할 것
　　㉥ 검출부는 바닥으로부터 0.8[m] 이상 1.5[m] 이하의 위치에 설치할 것
　② 공기관식 차동식분포형감지기의 작동계속시험 방법

> 1. 검출부의 시험구멍에 **공기주입시험기**를 접속한다.
> 2. 시험코크를 조작해서 **시험위치(PA위치)**에 놓는다.
> 3. 검출부에 표시된 공기량을 공기관에 투입한다.
> 4. 공기를 투입한 후 **작동시간**(감지기의 접점이 붙어 작동된 후 작동정지까지 걸리는 시간)을 측정한다.

　　㉠ 기준치 이상인 경우(작동시간이 느린 경우)
　　　㉮ 리크 저항치가 규정치보다 크다(리크 구멍이 작다).
　　　㉯ 접점 수고값이 규정치보다 낮다(힘 또는 간격이 작다).
　　　㉰ 공기관의 누설, 폐쇄, 변형상태
　　㉡ 기준치 미달인 경우(작동시간이 빠른 경우)
　　　㉮ 리크 저항치가 규정치보다 작다.
　　　㉯ 접점 수고값이 규정치보다 높다.
　　　㉰ 공기관의 누설이 발생된 경우

(5) 자동화재탐지설비에 대한 작동점검
　① 수신기의 작동점검항목(소방시설 자체점검사항 등에 관한 고시 별지 4)
　　㉠ 수신기 설치장소 적정(관리용이) 여부
　　㉡ 조작스위치의 높이는 적정하며 정상 위치에 있는지 여부
　　㉢ 경계구역 일람도 비치 여부
　　㉣ 수신기 음향기구의 음량·음색 구별 가능 여부
　② 수신기에서 예비전원감시등이 소등상태일 경우 예상원인과 점검방법

예상원인	조치 및 점검방법
1. 퓨즈단선	확인 교체
2. 충전불량	충전전압 확인
3. 배터리 소켓 접속불량	배터리 감시 표시등의 점등확인 및 소켓 단자 확인
4. 배터리 완전 방전	

02 다음 물음에 답하시오.(30점)

(1) 소방시설 설치 및 관리에 관한 법령에 따른 특정소방대상물의 관계인이 특정소방대상물의 규모·용도 및 수용인원 등을 고려하여 갖추어야 하는 소방시설의 종류에서 다음 물음에 답하시오.(13점)
  ① 단독경보형감지기를 설치해야 하는 특정소방대상물에 관하여 쓰시오.(6점)
  ② 시각경보기를 설치해야 하는 특정소방대상물에 관하여 쓰시오.(4점)
  ③ 자동화재탐지설비와 시각경보기 점검에 필요한 점검장비에 관하여 쓰시오.(3점)

(2) 화재안전기술기준 및 다음 조건에 따라 다음 물음에 답하시오.(6점)

[조 건]
• 소화설비 펌프 주위 배관도

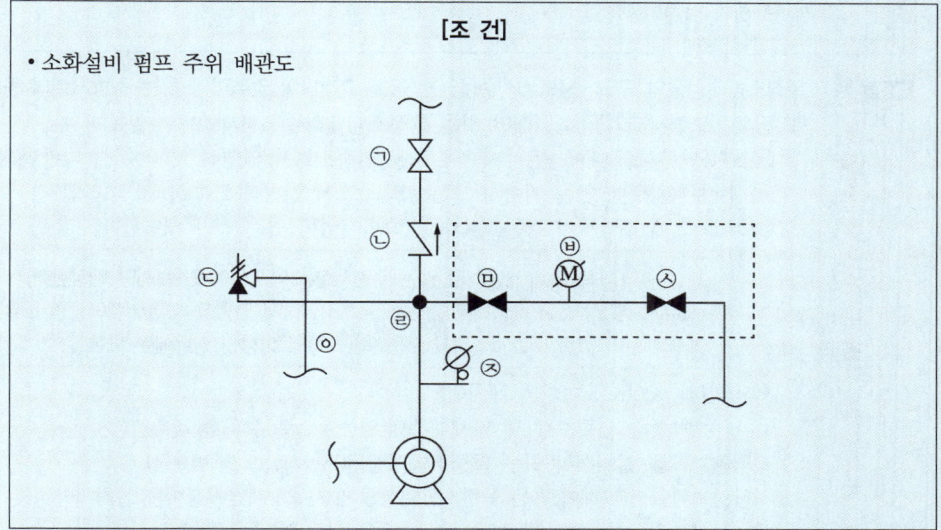

① ( )에 들어갈 내용을 쓰시오.(2점)

기 호	소방시설 도시기호	명칭 및 기능
㉠		(①)
㉡		(②)

② 점선부분의 설치기준 2가지를 쓰시오.(2점)
③ 펌프성능시험방법을 ( )에 순서대로 쓰시오.(2점)

[보 기]
1. 주펌프 기동   2. 주펌프 정지   3. ㉠ 폐쇄
4. ㉢ 개방   5. ㉤ 개방   6. ㉥ 확인
7. ㉦ 개방   8. ㉧ 확인   9. ㉨ 확인

㉠ 체절운전 시 : 3-( )-( )-( )-( )-( )(1점)
㉡ 정격운전 시 : 3-( )-( )-( )-( )-( )-( )(1점)

(3) 소방시설관리사시험의 응시자격에서 소방안전관리자 자격을 가진 사람은 최소 몇 년 이상의 실무경력이 필요한지 각각 쓰시오.(3점)

- 특급 소방안전관리자로 (㉠)년 이상 근무한 실무경력이 있는 사람
- 1급 소방안전관리자로 (㉡)년 이상 근무한 실무경력이 있는 사람
- 3급 소방안전관리자로 (㉢)년 이상 근무한 실무경력이 있는 사람

(4) 제연설비의 설치장소 및 제연구역의 설치기준에 관하여 각각 쓰시오.(8점)
① 설치장소에 대한 구획기준(5점)
② 제연구획의 설치기준(3점)

해답 (1) 특정소방대상물의 규모·용도 및 수용인원 등을 고려하여 갖추어야 하는 소방시설의 종류
① 단독경보형감지기를 설치해야 하는 특정소방대상물(소방시설법 영 별표 4)
㉠ 교육연구시설 내에 있는 기숙사 또는 합숙소로서 연면적 2,000[m^2] 미만인 것
㉡ 수련시설 내에 있는 기숙사 또는 합숙소로서 연면적 2,000[m^2] 미만인 것
㉢ 다목 7)에 해당하지 않는 수련시설(숙박시설이 있는 것만 해당한다)

[다목 7)에 해당하지 않는 수련시설(숙박시설이 있는 것만 해당한다)]
7) 노유자 생활시설에 해당하지 않는 노유자시설로서 연면적 400[m^2] 이상인 노유자시설 및 숙박시설이 있는 수련시설로서 수용인원 100명 이상인 경우에는 모든 층

㉣ 연면적 400[m^2] 미만의 유치원
㉤ 공동주택 중 연립주택 및 다세대주택(연동형으로 설치할 것)
② 시각경보기를 설치해야 하는 특정소방대상물(소방시설법 영 별표 4)
시각경보기를 설치해야 하는 특정소방대상물은 자동화재탐지설비를 설치해야 하는 특정소방대상물 중 다음의 어느 하나에 해당하는 것으로 한다.
㉠ 근린생활시설, 문화 및 집회시설, 종교시설, 판매시설, 운수시설, 의료시설, 노유자시설
㉡ 운동시설, 업무시설, 숙박시설, 위락시설, 창고시설 중 물류터미널, 발전시설 및 장례시설
㉢ 교육연구시설 중 도서관, 방송통신시설 중 방송국
㉣ 지하상가

③ 자동화재탐지설비와 시각경보기 점검에 필요한 점검장비(소방시설법 규칙 별표 3)

소방시설	점검장비	규 격
모든 소방시설	방수압력측정계, 절연저항계(절연저항측정기), 전류전압측정계	
소화기구	저 울	
옥내소화전설비, 옥외소화전설비	소화전밸브압력계	
스프링클러설비, 포소화설비	헤드결합렌치 (볼트, 너트, 나사 등을 죄거나 푸는 공구)	
이산화탄소소화설비, 분말소화설비, 할론소화설비, 할로겐화합물 및 불활성기체 소화설비	검량계, 기동관누설시험기, 그 밖에 소화약제의 저장량을 측정할 수 있는 점검기구	
자동화재탐지설비, 시각경보기	열감지기시험기, 연(煙)감지기시험기, 공기주입시험기, 감지기시험기연결막대, 음량계	
누전경보기	누전계	누전전류 측정용
무선통신보조설비	무선기	통화시험용
제연설비	풍속풍압계, 폐쇄력측정기, 차압계(압력차 측정기)	
통로유도등, 비상조명등	조도계(밝기 측정기)	최소 눈금이 0.1[lx] 이하인 것

> [자동화재탐지설비와 시각경보기의 점검장비]
> 열감지시험기, 연감지기시험기, 공기주입시험기, 감지기시험기연결막대, 음량계, 절연저항계(절연저항측정기), 전류전압측정계

(2) 화재안전기술기준

① ( )에 들어갈 내용

기 호	소방시설 도시기호	명칭 및 기능
㉠	(도시기호)	체크밸브 : 유체(소화수)를 한쪽 방향으로만 흐르게 하는 밸브로서 역류 방지
㉡	(도시기호)	릴리프밸브 : 체절운전 시 수온상승을 방지하기 위하여 설치하는 밸브로서 체절압력 미만에서 개방하여 압력수 방출

② 점선부분의 설치기준(성능시험배관의 설치기준)

㉠ 성능시험배관은 펌프의 토출 측에 설치된 개폐밸브 이전에서 분기하여 직선으로 설치하고, 유량측정장치를 기준으로 전단 직관부에 개폐밸브를, 후단 직관부에는 유량조절밸브를 설치할 것. 이 경우 개폐밸브와 유량측정장치 사이의 직관부 거리 및 유량측정장치와 유량조절밸브 사이의 직관부 거리는 해당 유량측정장치 제조사의 설치사양에 따르고 성능시험배관의 호칭지름은 유량측정장치의 호칭지름에 따른다.

㉡ 유량측정장치는 펌프의 정격토출량의 175[%] 이상까지 측정할 수 있는 성능이 있을 것

③ 펌프성능시험방법

[보 기]
1. 주펌프 기동   2. 주펌프 정지   3. ㉠ 폐 쇄
4. ㉢ 개 방   5. ㉤ 개 방   6. ㉥ 확 인
7. ㉦ 개 방   8. ㉧ 확 인   9. ㉨ 확 인

㉠ 체절운전 시 : 주밸브 폐쇄(3) → 동력제어반에서 주펌프 기동(1) → 체절압력 확인(9) → 릴리프 밸브 개방(4) → 압력수 방출 확인(8) → 동력제어반에서 주펌프 정지(2)
㉡ 정격운전 시 : 주밸브 폐쇄(3) → 개폐밸브 개방(5) → 동력제어반에서 주펌프 기동(1) → 유량조절밸브 개방(7) → 정격유량 확인(6) → 정격압력 확인(9) → 동력제어반에서 주펌프 정지(2)

> ㉠ 체절운전 시 : 3-(1)-(9)-(4)-(8)-(2)
> ㉡ 정격운전 시 : 3-(5)-(1)-(7)-(6)-(9)-(2)

(3) 소방시설관리사 시험의 응시자격(소방시설법 영 부칙 제6조)[26. 12. 31까지 적용]
① 소방기술사·위험물기능장·건축사·건축기계설비기술사·건축전기설비기술사 또는 공조냉동기계기술사
② 소방설비기사 자격을 취득한 후 2년 이상 소방청장이 정하여 고시하는 소방에 관한 실무경력이 있는 사람
③ 소방설비산업기사 자격을 취득한 후 3년 이상 소방실무경력이 있는 사람
④ 국가과학기술 경쟁력 강화를 위한 이공계지원 특별법 제2조 제1호에 따른 이공계 분야를 전공한 사람으로서 다음의 어느 하나에 해당하는 사람
  ㉠ 이공계 분야의 박사학위를 취득한 사람
  ㉡ 이공계 분야의 석사학위를 취득한 후 2년 이상 소방실무경력이 있는 사람
  ㉢ 이공계 분야의 학사학위를 취득한 후 3년 이상 소방실무경력이 있는 사람
⑤ 소방안전공학(소방방재공학, 안전공학을 포함한다) 분야를 전공한 후 다음의 어느 하나에 해당하는 사람
  ㉠ 해당 분야의 석사학위 이상을 취득한 사람
  ㉡ 2년 이상 소방실무경력이 있는 사람
⑥ 위험물산업기사 또는 위험물기능사 자격을 취득한 후 3년 이상 소방실무경력이 있는 사람
⑦ 소방공무원으로 5년 이상 근무한 경력이 있는 사람
⑧ 소방안전 관련 학과의 학사학위를 취득한 후 3년 이상 소방실무경력이 있는 사람
⑨ 산업안전기사 자격을 취득한 후 3년 이상 소방실무경력이 있는 사람
⑩ 다음의 어느 하나에 해당하는 사람
  ㉠ 특급 소방안전관리대상물의 소방안전관리자로 2년 이상 근무한 실무경력이 있는 사람
  ㉡ 1급 소방안전관리대상물의 소방안전관리자로 3년 이상 근무한 실무경력이 있는 사람
  ㉢ 2급 소방안전관리대상물의 소방안전관리자로 5년 이상 근무한 실무경력이 있는 사람
  ㉣ 3급 소방안전관리대상물의 소방안전관리자로 7년 이상 근무한 실무경력이 있는 사람
  ㉤ 10년 이상 소방실무경력이 있는 사람

> [소방시설관리사 시험의 응시자격](27. 1. 1 시행)
> ① 소방기술사·건축사·건축기계설비기술사·건축전기설비기술사 또는 공조냉동기계기술사
> ② 위험물기능장
> ③ 소방설비기사
> ④ 이공계 분야의 박사학위를 취득한 사람
> ⑤ 소방청장이 정하여 고시하는 소방안전 관련 분야의 석사 이상의 학위를 취득한 사람
> ⑥ 소방설비산업기사 또는 소방공무원 등 소방청장이 정하여 고시하는 사람 중 소방에 관한 실무경력(자격 취득 후의 실무경력으로 한정한다)이 3년 이상인 사람

(4) 제연설비의 설치장소 및 제연구획의 설치기준(NFTC 501)
    ① 설치장소에 대한 제연구역의 구획기준
        ㉠ 하나의 제연구역의 면적은 1,000[m²] 이내로 할 것
        ㉡ 거실과 통로(복도를 포함한다)는 각각 제연구획할 것
        ㉢ 통로상의 제연구역은 보행중심선의 길이가 60[m]를 초과하지 않을 것
        ㉣ 하나의 제연구역은 직경 60[m] 원 내에 들어갈 수 있을 것
        ㉤ 하나의 제연구역은 2 이상의 층에 미치지 않도록 할 것. 다만, 층의 구분이 불분명한 부분은 그 부분을 다른 부분과 별도로 제연구획 해야 한다.
    ② 제연구획의 설치기준
        ㉠ 재질은 내화재료, 불연재료 또는 제연경계벽으로 성능을 인정받은 것으로서 화재 시 쉽게 변형·파괴되지 않고 연기가 누설되지 않는 기밀성 있는 재료로 할 것
        ㉡ 제연경계는 제연경계의 폭이 0.6[m] 이상이고, 수직거리는 2[m] 이내이어야 한다. 다만, 구조상 불가피한 경우는 2[m]를 초과할 수 있다.
        ㉢ 제연경계벽은 배연 시 기류에 따라 그 하단이 쉽게 흔들리지 않고, 가동식의 경우에는 급속히 하강하여 인명에 위해를 주지 않는 구조일 것

03 다음 물음에 답하시오. (30점)

(1) 이산화탄소소화설비(NFTC 106)에 관하여 다음 물음에 답하시오. (9점)
  ① 이산화탄소소화설비의 방출지연스위치 작동점검 순서를 쓰시오. (5점)
  ② 분사헤드의 오리피스 구경 등에 관하여 ( )에 들어갈 내용을 쓰시오. (4점)

구 분	기 준
표시내용	(㉠)
분사헤드의 개수	(㉡)
방출률 및 방출압력	(㉢)
오리피스의 면적	(㉣)

(2) 자동화재탐지설비(NFTC 203)에 관하여 다음 물음에 답하시오. (17점)
  ① 중계기 설치기준 3가지를 쓰시오. (3점)
  ② 다음 표에 따른 설비별 중계기 입력 및 출력 회로수를 각각 구분하여 쓰시오. (4점)

설비별	회로	입력(감시)	출력(제어)
자동화재탐지설비	발신기, 경종, 시각경보기	(㉠)	(㉡)
습식 스프링클러설비	압력스위치, 탬퍼스위치, 사이렌	(㉢)	(㉣)
준비작동식 스프링클러설비	감지기 A, 감지기 B, 압력스위치, 탬퍼스위치, 솔레노이드, 사이렌	(㉤)	(㉥)
할로겐화합물 및 불활성기체소화설비	감지기 A, 감지기 B, 압력스위치, 방출지연스위치, 솔레노이드, 사이렌, 방출표시등	(㉾)	(㉿)

  ③ 광전식분리형감지기 설치기준 6가지를 쓰시오. (6점)
  ④ 취침·숙박·입원 등 이와 유사한 용도로 사용되는 거실에 설치해야 하는 연기감지기 설치대상 특정소방대상물 4가지를 쓰시오. (4점)

(3) 간이스프링클러설비(NFTC 103A)의 간이헤드에 관한 것이다. ( )에 들어갈 내용을 쓰시오. (4점)

> 간이헤드의 작동온도는 실내의 최대 주위천장온도가 0[℃] 이상 38[℃] 이하인 경우 공칭작동온도가 (㉠)의 것을 사용하고 39[℃] 이상 66[℃] 이하인 경우 공칭작동온도가 (㉡)의 것을 사용한다.

해답 (1) 이산화탄소소화설비(NFTC 106)
  ① 이산화탄소소화설비의 방출지연스위치 작동점검 순서
    ㉠ 제어반에서 솔레노이드밸브 연동정지 위치로 전환한다.
    ㉡ 기동용기에서 저장용기로 가는 동관을 분리한다.
    ㉢ 기동용기함 내부에 설치된 솔레노이드밸브에 안전핀을 체결하고 솔레노이드밸브를 분리시킨 후 안전핀을 제거한다(안전핀을 체결하지 않고 분리하면 솔레노이드밸브가 격발의 우려가 있기 때문에).
    ㉣ 제어반에서 솔레노이드밸브를 연동정지 해제하고(음향경보장치는 정지) A, B 감지기 작동 또는 수동조작스위치를 작동시킨다.
    ㉤ 타이머가 30초(설정시간 : 30초)가 되었을 때 방출지연스위치를 눌러 타이머가 정지되는지 확인한다.

ⓑ 방출지연스위치를 해제하여 솔레노이드밸브의 격발(타이머가 0초가 되면 격발한다)을 확인한 후 파괴침을 복구하고 솔레노이드밸브를 기동용기함에 체결한다.

② 분사헤드의 오리피스 구경 등
   이산화탄소소화설비의 분사헤드의 오리피스구경 등의 설치기준
   ㉠ 분사헤드에는 부식방지조치를 하여야 하며 **오리피스의 크기, 제조일자, 제조업체**가 표시되도록 할 것
   ㉡ 분사헤드의 개수는 방호구역에 소화약제의 방출시간이 충족되도록 설치할 것
   ㉢ 분사헤드의 방출률 및 방출압력은 제조업체에서 정한 값으로 할 것
   ㉣ 분사헤드의 오리피스의 면적은 분사헤드가 연결되는 배관구경 면적의 70[%] 이하가 되도록 할 것

구 분	기 준
표시내용	오리피스의 크기, 제조일자, 제조업체
분사헤드의 개수	방호구역에 소화약제의 방출시간이 충족되도록 설치
방출률 및 방출압력	제조업체에서 정한 값
오리피스의 면적	분사헤드가 연결되는 배관구경 면적의 70[%] 이하가 되도록 할 것

(2) 자동화재탐지설비(NFTC 203)

① 중계기의 설치기준
   ㉠ 수신기에서 직접 감지기회로의 도통시험을 하지 않는 것에 있어서는 수신기와 감지기 사이에 설치할 것
   ㉡ 조작 및 점검에 편리하고 화재 및 침수 등의 재해로 인한 피해를 받을 우려가 없는 장소에 설치할 것
   ㉢ 수신기에 따라 감시되지 않는 배선을 통하여 전력을 공급받는 것에 있어서는 전원입력 측의 배선에 과전류 차단기를 설치하고 해당 전원의 정전이 즉시 수신기에 표시되는 것으로 하며, 상용전원 및 예비전원의 시험을 할 수 있도록 할 것

② 설비별 중계기 입력 및 출력 회로 수

설비별	회 로	입력(감시)	출력(제어)
자동화재탐지설비	발신기, 경종, 시각경보기	1 발신기	2 경종, 시각경보기
습식 스프링클러설비	압력스위치, 탬퍼스위치, 사이렌	2 압력스위치 탬퍼스위치	1 사이렌
준비작동식 스프링클러설비	감지기 A, 감지기 B, 압력스위치, 탬퍼스위치, 솔레노이드, 사이렌	4 감지기 A 감지기 B 압력스위치 탬퍼스위치	2 솔레노이드 사이렌
할로겐화합물 및 불활성기체소화설비	감지기 A, 감지기 B, 압력스위치, 방출지연스위치, 솔레노이드, 사이렌, 방출표시등	4 감지기 A 감지기 B 압력스위치 방출지연스위치	3 솔레노이드 사이렌 방출표시등

③ 광전식분리형감지기의 설치기준
   ㉠ 감지기의 수광면은 햇빛을 직접 받지 않도록 설치할 것
   ㉡ 광축(송광면과 수광면의 중심을 연결한 선)은 나란한 벽으로부터 0.6[m] 이상 이격하여 설치할 것

ⓒ 감지기의 송광부와 수광부는 설치된 뒷벽으로부터 1[m] 이내 위치에 설치할 것
② 광축의 높이는 천장 등(천장의 실내에 면한 부분 또는 상층의 바닥하부면을 말한다) 높이의 80[%] 이상일 것
⑩ 감지기의 광축의 길이는 공칭감시거리 범위 이내일 것
ⓑ 그 밖의 설치기준은 형식승인 내용에 따르며 형식승인 사항이 아닌 것은 제조사의 시방서에 따라 설치할 것

④ 취침·숙박·입원 등 이와 유사한 용도로 사용되는 거실에 설치해야 하는 연기감지기 설치대상 특정소방대상물
㉠ 공동주택·오피스텔·숙박시설·노유자시설·수련시설
㉡ 교육연구시설 중 합숙소
㉢ 의료시설, 근린생활시설 중 입원실이 있는 의원·조산원
㉣ 교정 및 군사시설
㉤ 근린생활시설 중 고시원

(3) 간이스프링클러설비(NFTC 103A)의 간이헤드의 설치기준
① 폐쇄형 간이헤드를 사용할 것
② 간이헤드의 작동온도는 실내의 최대 주위천장온도가 0[℃] 이상 38[℃] 이하인 경우 공칭작동온도가 **57[℃]에서 77**[℃]의 것을 사용하고, 39[℃] 이상 66[℃] 이하인 경우에는 공칭작동온도가 **79**[℃]**에서 109**[℃]의 것을 사용할 것
③ 간이헤드를 설치하는 천장·반자·천장과 반자 사이·덕트·선반 등의 각 부분으로부터 간이헤드까지의 수평거리는 2.3[m](스프링클러헤드의 형식승인 및 제품검사의 기술기준에 따른 유효살수반경의 것으로 한다) 이하가 되도록 해야 한다. 다만, 성능이 별도로 인정된 간이헤드를 수리계산에 따라 설치하는 경우에는 그렇지 않다.
④ 상향식 간이헤드 또는 하향식 간이헤드의 경우에는 간이헤드의 디플렉터에서 천장 또는 반자까지의 거리는 25[mm]에서 102[mm] 이내가 되도록 설치해야 하며, 측벽형 간이헤드의 경우에는 102[mm]에서 152[mm] 사이에 설치할 것 다만, 플러시 스프링클러헤드의 경우에는 천장 또는 반자까지의 거리를 102[mm] 이하가 되도록 설치할 수 있다.
⑤ 간이헤드는 천장 또는 반자의 경사·보·조명장치 등에 따라 살수장애의 영향을 받지 않도록 설치할 것
⑥ ④의 규정에도 불구하고 특정소방대상물의 보와 가장 가까운 간이헤드는 다음 표의 기준에 따라 설치할 것. 다만, 천장면에서 보의 하단까지의 길이가 55[cm]를 초과하고 보의 하단 측면 끝부분으로부터 간이헤드까지의 거리가 간이헤드 상호 간 거리의 1/2 이하가 되는 경우에는 간이헤드와 그 부착 면과의 거리를 55[cm] 이하로 할 수 있다.

간이헤드의 반사판 중심과 보의 수평거리	간이헤드의 반사판 높이와 보의 하단 높이의 수직거리
0.75[m] 미만	보의 하단보다 낮을 것
0.75[m] 이상 1[m] 미만	0.1[m] 미만일 것
1[m] 이상 1.5[m] 미만	0.15[m] 미만일 것
1.5[m] 이상	0.3[m] 미만일 것

⑦ 상향식 간이헤드 아래에 설치되는 하향식 간이헤드에는 상향식 간이헤드의 방출수를 차단할 수 있는 유효한 차폐판을 설치할 것
⑧ 간이스프링클러설비를 설치해야 할 특정소방대상물에 있어서는 간이헤드 설치제외에 관한 사항은 스프링클러설비의 화재안전기술기준 2.12.1을 준용한다.

제20회 2020년 9월 25일 시행 과년도 기출문제

01 다음 물음에 답하시오. (40점)

(1) 복합건축물에 관한 다음 물음에 답하시오. (20점)

[조 건]
- 건축물의 개요 : 철근콘크리트조, 지하 2층~지상 8층, 바닥면적 200[m²], 연면적 2,000[m²], 1개동
- 지하 1층·지하 2층 : 주차장
- 1층(피난층)~3층 : 근린생활시설(소매점)
- 4~8층 : 공동주택(아파트 등), 각 층에 주방(LNG 사용) 설치
- 층고 3[m], 무창층 및 복도식 구조 없음, 계단 1개 설치
- 소화기구, 유도등·유도표지는 제외하고 소방시설을 산출하되, 법정 용어를 사용할 것
- 소방시설 설치 및 관리에 관한 법령상 특정소방대상물의 소방시설 설치의 면제기준을 적용할 것
- 주어진 조건 외에는 고려하지 않는다.

① 소방시설 설치 및 관리에 관한 법령상 설치되어야 하는 소방시설의 종류 6가지를 쓰시오(단, 물분무등소화설비 및 연결송수관설비는 제외함). (6점)
② 연결송수관설비의 화재안전기술기준(NFTC 502)상 연결송수관설비 방수구의 설치제외가 가능한 층과 제외기준을 위의 조건을 적용하여 각각 쓰시오. (3점)
③ 2층을 노인의료복지시설(노인요양시설)로 구조변경 없이 용도변경하려고 한다. 다음 물음에 답하시오. (4점)
  ㉠ 소방시설 설치 및 관리에 관한 법령상 2층에 추가로 설치되어야 하는 소방시설의 종류를 쓰시오.
  ㉡ 화재의 예방 및 안전관리에 관한 법령상 불꽃을 사용하는 용접·용단기구로서 용접 또는 용단하는 작업장에서 지켜야 하는 사항을 쓰시오(단, 산업안전보건법 제38조의 적용을 받는 사업장은 제외함).
④ 2층에 일반음식점영업(영업장 사용면적 100[m²])을 하고자 한다. 다음 물음에 답하시오. (7점)
  ㉠ 다중이용업소의 안전관리에 관한 특별법령상 영업장의 비상구에 부속실을 설치하는 경우 부속실 입구의 문과 부속실에서 건물 외부로 나가는 문(난간 높이 1[m])에 설치해야 하는 추락 등의 방지를 위한 시설을 각각 쓰시오.
  ㉡ 다중이용업소의 안전관리에 관한 특별법령상 안전시설 등 세부점검표의 점검사항 중 피난설비 작동점검 및 외관점검에 관한 확인사항 4가지를 쓰시오.

(2) 다음 물음에 답하시오. (20점)
① 특별피난계단의 계단실 및 부속실 제연설비의 화재안전기술기준(NFTC 501A)상 방연풍속 측정방법, 측정결과 부적합 시 조치방법을 각각 쓰시오. (4점)
② 특별피난계단의 계단실 및 부속실 제연설비의 성능시험조사표에서 송풍기 풍량측정의 일반사항 중 측정점에 대하여 쓰고, 풍속·풍량 계산식을 각각 쓰시오. (8점)

③ 수신기의 기록장치에 저장해야 하는 데이터는 다음과 같다. ( )에 들어갈 내용을 순서에 관계없이 쓰시오. (4점)

- (㉠)
- (㉡)
- 수신기와 외부 배선(지구음향장치용 배선, 확인장치용 배선 및 전화장치용 배선을 제외한다)과의 단선 상태
- (㉢)
- 수신기의 주경종스위치, 지구경종스위치, 복구스위치 등 기준 제11조(수신기의 제어기능)을 조작하기 위한 스위치의 정지 상태
- (㉣)
- 수신기 형식승인 및 제품검사의 기술기준 제15조의2 제2항에 해당하는 신호(무선식 감지기·무선식 중계기·무선식 발신기·무선식 경종·무선식 시각경보장치와 연결되는 경우에 한함)
- 수신기 형식승인 및 제품검사의 기술기준 제15조의2 제3항에 의한 확인신호, 제15조의2 제4항에 의한 통신점검신호 및 재확인 신호를 수신하지 못한 내역(무선식 감지기·무선식 중계기·무선식 발신기·무선식 경종·무선식 시각경보장치와 연결되는 경우에 한함)

④ 미분무소화설비의 화재안전기술기준(NFTC 104A)상 "미분무"의 정의를 쓰고 미분무소화설비의 사용압력에 따른 저압, 중압 및 고압의 압력[MPa] 범위를 각각 쓰시오. (4점)

해답 (1) 복합건축물
① 복합건축물에 법령상 설치되어야 하는 소방시설의 종류
㉠ 주거용 주방자동소화장치 : 아파트 등 및 오피스텔의 모든 층에 설치
㉡ 옥내소화전설비

> **복합건축물** : 소방시설 설치 및 관리에 관한 법률 시행령 별표 2의 제1~27호까지의 것 중 **둘 이상의 용도**(근린생활시설과 공동주택)로 사용되는 것

㉢ 스프링클러설비 : 6층 이상인 특정소방대상물의 경우에는 모든 층에 설치
㉣ 자동화재탐지설비 : 복합건축물로서 연면적이 600[m^2] 이상에 설치
㉤ 시각경보기 : 근린생활시설에 설치
㉥ 피난기구 : 특정소방대상물의 모든 층에 설치
∴ 이 복합건축물에 설치해야 하는 소방시설 : 주거용 주방자동소화장치, 옥내소화전설비, 스프링클러설비, 자동화재탐지설비, 시각경보기, 피난기구

② 연결송수관설비 방수구의 설치제외 가능한 층과 제외기준(NFTC 502)
㉠ 방수구의 설치제외 가능한 층 : 지하 2층, 지하 1층, 지상 1층(피난층)
㉡ 방수구를 제외할 수 있는 층
㉮ 아파트의 1층 및 2층
㉯ 소방차의 접근이 가능하고 소방대원이 소방차로부터 각 부분에 쉽게 도달할 수 있는 피난층
㉰ 송수구가 부설된 옥내소화전을 설치한 특정소방대상물(집회장·관람장·백화점·도매시장·소매시장·판매시설·공장·창고시설 또는 지하상가를 제외한다)로서 다음의 어느 하나에 해당하는 층
ⓐ 지하층을 제외한 층수가 4층 이하이고 연면적이 6,000[m^2] 미만인 특정소방대상물의 지상층
ⓑ 지하층의 층수가 2 이하인 특정소방대상물의 지하층

③ 노인의료복지시설(노인요양시설)로 구조변경 없이 용도변경
  ㉠ 법령상 2층에 추가로 설치되어야 하는 소방시설의 종류
    ㉮ 자동화재속보설비 : 노유자생활시설은 연면적이나 층수에 관계없이 무조건 설치대상이다.

> **[노유자생활시설(소방시설법 영 별표 2)]**
> 노유자시설로서 연면적이 200[m²]에 해당되지 않은 다음에 해당하는 시설
> ㉠ 노인 관련 시설 중 다음의 어느 하나에 해당하는 시설
>   ㉮ 노인주거복지시설·노인의료복지시설 및 재가노인복지시설
>   ㉯ 학대피해노인 전용쉼터
> ㉡ 아동복지시설(아동상담소, 아동전용시설 및 지역아동센터는 제외한다)
> ㉢ 장애인 거주시설
> ㉣ 정신질환자 관련 시설(공동생활가정을 제외한 재활훈련시설과 종합시설 중 24시간 주거를 제공하지 않는 시설은 제외한다)
> ㉤ 노숙인 관련 시설 중 노숙인자활시설, 노숙인재활시설 및 노숙인요양시설
> ㉥ 결핵환자나 한센인이 24시간 생활하는 노유자시설

    ㉯ 피난기구는 특정소방대상물의 모든 층에 화재안전기준에 적합한 것으로 설치해야 한다. 다만, 피난층, 지상 1층, 지상 2층(별표 2 제9호에 따른 노유자시설 중 피난층이 아닌 지상 1층과 피난층이 아닌 지상 2층은 제외한다) 및 층수가 11층 이상인 층과 위험물 저장 및 처리 시설 중 가스시설, 터널 또는 지하구의 경우에는 그렇지 않다.
    ∴ 구조 변경 없이 추가 설치할 소방시설 : 자동화재속보설비, 피난기구
  ㉡ 불꽃을 사용하는 용접·용단기구로서 용접 또는 용단하는 작업장에서 지켜야 하는 사항(화재예방법 영 별표 1)
    용접 또는 용단 작업장에서는 다음의 사항을 지켜야 한다. 다만, 산업안전보건법 제38조의 적용을 받는 사업장의 경우에는 적용하지 않는다.
    ㉮ 용접 또는 용단 작업장 주변 반경 5[m] 이내에 소화기를 갖추어 둘 것
    ㉯ 용접 또는 용단 작업장 주변 반경 10[m] 이내에는 가연물을 쌓아두거나 놓아두지 말 것. 다만, 가연물의 제거가 곤란하여 방화포 등으로 방호조치를 한 경우는 제외한다.
④ 2층에 일반음식점영업(영업장 사용면적 100[m²]) 사용 시(다중이용업소법 규칙 별표 2)
  ㉠ 추락 등의 방지를 위한 시설
    ㉮ 발코니 및 부속실 입구의 문을 개방하면 경보음이 울리도록 경보음 발생 장치를 설치하고, 추락위험을 알리는 표지를 문(부속실의 경우 외부로 나가는 문도 포함한다)에 부착할 것
    ㉯ 부속실에서 건물 외부로 나가는 문 안쪽에는 기둥·바닥·벽 등의 견고한 부분에 탈착이 가능한 쇠사슬 또는 안전로프 등을 바닥에서부터 120[cm] 이상의 높이에 가로로 설치할 것. 다만, 120[cm] 이상의 난간이 설치된 경우에는 쇠사슬 또는 안전로프 등을 설치하지 않을 수 있다.
  ㉡ 안전시설 등 세부점검표의 점검사항 중 피난설비 작동점검 및 외관점검에 관한 확인사항 4가지

■ 다중이용업소의 안전관리에 관한 특별법 시행규칙 [별지 제10호 서식]

안전시설 등 세부점검표

1. 점검대상

대 상 명		전화번호	
소 재 지		주 용 도	
건물구조		대표자		소방안전관리자	

2. 점검사항

점검사항	점검결과	조치사항

① 소화기 또는 자동확산소화기의 외관점검
   – 구획된 실마다 설치되어 있는지 확인
   – 약제 응고상태 및 압력게이지 지시침 확인		

② 간이스프링클러설비 작동점검
   – 시험밸브 개방 시 펌프기동, 음향경보 확인
   – 헤드의 누수·변형·손상·장애 등 확인		

③ 경보설비 작동점검
   – 비상벨설비의 누름스위치, 표시등, 수신기 확인
   – 자동화재탐지설비의 감지기, 발신기, 수신기 확인
   – 가스누설경보기 정상작동 여부 확인		

④ 피난설비 작동점검 및 외관점검
   – 유도등·유도표지 등 부착상태 및 점등상태 확인
   – 구획된 실마다 휴대용 비상조명등 비치 여부
   – 화재신호 시 피난유도선 점등상태 확인
   – 피난기구(완강기, 피난사다리 등) 설치상태 확인		

⑤ 비상구 관리상태 확인
   – 비상구 폐쇄·훼손, 주변 물건 적치 등 관리상태
   – 구조변형, 금속표면 부식·균열, 용접부·접합부 손상 등 확인(건축물 외벽에 발코니 형태의 비상구를 설치한 경우만 해당)		

⑥ 영업장 내부 피난통로 관리상태 확인 – 영업장 내부 피난통로 상 물건 적치 등 관리상태		
⑦ 창문(고시원) 관리상태 확인		

⑧ 영상음향차단장치 작동점검
   – 경보설비와 연동 및 수동작동 여부 점검
     (화재신호 시 영상음향차단 되는지 확인)		

⑨ 누전차단기 작동 여부 확인		
⑩ 피난안내도 설치 위치 확인		
⑪ 피난안내영상물 상영 여부 확인		

⑫ 실내장식물·내부구획 재료 교체 여부 확인
   – 커튼, 카펫 등 방염선처리제품 사용 여부
   – 합판·목재 방염성능확보 여부
   – 내부구획재료 불연재료 사용 여부		

⑬ 방염 소파·의자 사용 여부 확인		
⑭ 안전시설 등 세부점검표 분기별 작성 및 1년간 보관 여부		
⑮ 화재배상책임보험 가입 여부 및 계약기간 확인		

점검일자 :   .   .   .   점검자 :   (서명 또는 인)

(2) 특피제연설비
  ① 방연풍속 측정방법, 측정결과 부적합 시 조치방법
    ㉠ 방연풍속의 측정방법
      ㉮ 조건 : 부속실과 면하는 옥내 및 계단실의 출입문을 동시 개방할 경우
        ⓐ 부속실(승강장)의 수가 20개 이하 : 1개 층
        ⓑ 부속실(승강장)의 수가 20개 초과 : 2개 층
      ㉯ 측정 : 유입공기의 풍속은 출입문의 개방에 따른 개구부를 대칭적으로 균등 분할하는 10 이상의 지점에서 측정하는 풍속의 평균치로 할 것
      ㉰ 판정 여부 : 유입공기의 풍속이 방연풍속에 적합한지 여부를 확인한다.

[방연풍속]

제연구역		방연풍속
계단실 및 그 부속실을 동시에 제연하는 것 또는 계단실만 단독으로 제연하는 것		0.5[m/s] 이상
부속실만 단독으로 제연하는 것	부속실 또는 승강장이 면하는 옥내가 거실인 경우	0.7[m/s] 이상
	부속실이 면하는 옥내가 복도로서 그 구조가 방화구조(내화시간이 30분 이상인 구조를 포함한다)인 것	0.5[m/s] 이상

    ㉡ 측정결과 부적합 시 조치방법
      ㉮ 급기구의 개구율 조정
      ㉯ 플랩댐퍼(설치한 경우에 한한다) 조정
      ㉰ 풍량조절용 댐퍼 등의 조정
  ② 성능시험조사표에서 송풍기 풍량측정의 일반사항 중 측정점에 대하여 쓰고, 풍속·풍량 계산식
    ㉠ 일반사항
      ㉮ 풍량 측정점은 덕트 내의 풍속, 시공상태, 현장여건 등을 고려하여 송풍기의 흡입 측 또는 토출 측 덕트에서 정상류가 형성되는 위치를 선정한다. 일반적으로 엘보 등 방향전환지점 기준 하류 쪽은 덕트직경(장방형 덕트의 경우 상당지름)의 7.5배 이상 상류 쪽은 2.5배 이상 지점에서 측정해야 하며 직관길이가 미달하는 경우 최적위치를 선정하여 측정하고 측정기록지에 기록한다.
      ㉯ 피토관 측정 시 풍속은 아래 공식으로 계산한다.

$$V = 1.29\sqrt{P_V}$$

여기서, V : 풍속[m/s]
       P_V : 동압[Pa]
      ㉰ 풍량 계산은 아래 공식으로 계산한다.

$$Q = 3,600 VA$$

여기서, Q : 풍량[m³/h]
       V : 평균풍속[m/s]
       A : 덕트의 단면적[m²]
    ㉡ 송풍기 풍량 측정위치는 측정자가 쉽게 접근할 수 있고 안전하게 측정할 수 있도록 조치해야 한다.

③ 수신기의 기록장치(수신기의 형식승인 및 제품검사의 기술기준 제17조의2)
  ㉠ 기록장치는 999개 이상의 데이터를 저장할 수 있어야 하며, 용량이 넘을 경우 가장 오래된 데이터부터 자동으로 삭제한다.
  ㉡ 수신기는 임의로 데이터의 수정이나 삭제를 방지할 수 있는 기능이 있어야 한다.
  ㉢ 저장된 데이터는 수신기에서 확인할 수 있어야 하며, 복사 및 출력도 가능해야 한다.
  ㉣ 수신기의 기록장치에 저장해야 하는 데이터(이 경우 데이터의 발생시각을 표시해야 한다)
    ㉮ **주전원과 예비전원의 ON/OFF 상태**
    ㉯ **경계구역의 감지기, 중계기 및 발신기 등의 화재신호와 소화설비, 소화활동설비, 소화용수설비의 작동신호**
    ㉰ 수신기와 외부 배선(지구음향장치용 배선, 확인장치용 배선 및 전화장치용 배선을 제외한다) 과의 단선 상태
    ㉱ **수신기에서 제어하는 설비로의 출력신호와 수신기에 설비의 작동 확인표시가 있는 경우 확인신호**
    ㉲ 수신기의 주경종스위치, 지구경종스위치, 복구스위치 등 기준 제11조(수신기의 제어기능)을 조작하기 위한 스위치의 정지 상태
    ㉳ **가스누설신호(단, 가스누설신호표시가 있는 경우에 한함)**
    ㉴ 제15조의2 제2항에 해당하는 신호(무선식 감지기·무선식 중계기·무선식 발신기·무선식 경종·무선식 시각경보장치와 연결되는 경우에 한함)
    ㉵ 제15조의2 제3항에 의한 확인신호, 제15조의2 제4항에 의한 통신점검신호 및 재확인 신호를 수신하지 못한 내역(무선식 감지기·무선식 중계기·무선식 발신기·무선식 경종·무선식 시각경보장치와 연결되는 경우에 한함)
④ 미분무의 정의와 사용압력에 따른 압력[MPa] 범위(NFTC 104A)
  ㉠ 미분무의 정의 : 물만을 사용하여 소화하는 방식으로 최소설계압력에서 헤드로부터 방출되는 물입자 중 99[%]의 누적체적분포가 $400[\mu m]$ 이하로 분무되고 A, B, C급 화재에 적응성을 갖는 것을 말한다.
  ㉡ **사용압력에 따른 분류**
    ㉮ **저압** 미분무소화설비 : **최고사용압력**이 **1.2[MPa] 이하**인 미분무소화설비
    ㉯ **중압** 미분무소화설비 : 사용압력이 **1.2[MPa]을 초과**하고 **3.5[MPa] 이하**인 미분무소화설비
    ㉰ **고압** 미분무소화설비 : **최저사용압력**이 **3.5[MPa]을 초과**하는 미분무소화설비

02 다음 물음에 답하시오. (30점)

(1) 소방시설 설치 및 관리에 관한 법령상 소방시설 등의 자체점검 시 점검인력 배치기준에 관한 다음 물음에 답하시오. (15점)

① 다음 (　)에 들어갈 내용을 쓰시오. (9점)

구 분	대상용도	가감계수
1류	문화 및 집회시설, 종교시설, 판매시설, 의료시설, 노유자시설, 수련시설, 숙박시설, 위락시설, 창고시설, 교정시설, 발전시설, 지하상가, 복합건축물	(㉠)
2류	공동주택, 근린생활시설, 운수시설, 교육연구시설, 운동시설, 업무시설, 방송통신시설, 공장, 항공기 및 자동차 관련 시설, 군사시설, 관광휴게시설, 장례시설, 지하구	(㉡)
3류	위험물 저장 및 처리시설, 문화재(국가유산), 동물 및 식물 관련 시설, 자원순환 관련 시설, 묘지 관련 시설	(㉢)

② 소방시설 설치 및 관리에 관한 법령상 소방시설의 자체점검 시 인력배치기준에 따라 지하구의 길이가 800[m], 4차로인 터널의 길이가 1,000[m]일 때 다음에 답하시오. (6점)
　㉠ 지하구의 실제점검면적[m^2]을 구하시오.
　㉡ 한쪽 측벽에 소방시설이 설치되어 있는 터널의 실제점검면적[m^2]을 구하시오.
　㉢ 한쪽 측벽에 소방시설이 설치되어 있지 않은 터널의 실제점검면적[m^2]을 구하시오.

(2) 소방시설 등의 자체점검 등에 관한 고시에서 다음 물음에 답하시오. (9점)
　① 통합감시시설의 점검표에서 종합점검항목을 쓰시오. (5점)
　② 제연설비 점검표에서 배출기의 종합점검항목을 쓰시오. (4점)

(3) 자동화재탐지설비 및 시각경보장치의 화재안전기술기준(NFTC 203)상 감지기에 관한 다음 물음에 답하시오. (6점)
　① 연기감지기를 설치할 수 없는 경우, 건조실·살균실·보일러실·주조실·영사실·스튜디오에 설치할 수 있는 적응열감지기 3가지를 쓰시오. (3점)
　② 감지기 회로의 도통시험을 위한 종단저항의 기준 3가지를 쓰시오. (3점)

해답 (1) 자체점검 및 화재안전기준(소방시설법 규칙 별표 4)
① 점검인력배치 기준 시 가감계수

구 분	대상용도	가감계수
1류	문화 및 집회시설, 종교시설, 판매시설, 의료시설, 노유자시설, 수련시설, 숙박시설, 위락시설, 창고시설, 교정시설, 발전시설, 지하상가, 복합건축물	1.1
2류	공동주택, 근린생활시설, 운수시설, 교육연구시설, 운동시설, 업무시설, 방송통신시설, 공장, 항공기 및 자동차 관련 시설, 군사시설, 관광휴게시설, 장례시설, 지하구	1.0
3류	위험물 저장 및 처리시설, 문화재(국가유산), 동물 및 식물 관련 시설, 자원순환 관련 시설, 묘지 관련 시설	0.9

② 지하구와 터널의 실제점검면적

[실제점검면적]
㉠ 지하구 = 길이 × 1.8[m](폭의 길이)
㉡ 터 널
  ㉮ 3차로 이하인 경우 = 길이 × 3.5[m](폭의 길이)
  ㉯ 4차로 이상인 경우 = 길이 × 7[m](폭의 길이)
  ㉰ 한쪽 측벽에 소방시설이 설치된 4차로 이상인 경우 = 길이 × 3.5[m](폭의 길이)

㉠ 지하구의 실제점검면적[m^2]
  실제점검면적 = 800[m] × 1.8[m] = 1,440[m^2]
㉡ 한쪽 측벽에 소방시설이 설치되어 있는 터널의 실제점검면적[m^2]
  실제점검면적 = 1,000[m] × 3.5[m] = 3,500[m^2]
㉢ 한쪽 측벽에 소방시설이 설치되어 있지 않은 터널의 실제점검면적[m^2]
  실제점검면적 = 1,000[m] × 7[m] = 7,000[m^2]

(2) 소방시설 등의 자체점검 등에 관한 고시
① 통합감시시설의 종합점검항목
  ㉠ 주·보조 수신기 설치 적정 여부
  ㉡ 수신기 간 원격제어 및 정보공유 정상 작동 여부
  ㉢ 예비 선로 구축 여부

자체점검고시 개정으로 문제를 수정하였음을 알려드립니다.

② 배출기의 종합점검항목
　㉠ 배출기와 배출풍도 사이 캔버스 내열성 확보 여부
　㉡ 배출기 회전이 원활하며 회전방향 정상 여부
　㉢ 변형·훼손 등이 없고 V-벨트 기능 정상 여부
　㉣ 본체의 방청, 보존상태 및 캔버스 부식 여부
　㉤ 배풍기 내열성 단열재 단열처리 여부

> **[제연설비 종합점검항목]**
> ① 제연구획의 구획
> 　㉠ 제연구역의 구획 방식 적정 여부
> 　　• 제연경계의 폭, 수직거리 적정 설치 여부
> 　　• 제연경계벽은 가동 시 급속하게 하강되지 않는 구조
> ② 배출구
> 　㉠ 배출구 설치 위치(수평거리) 적정 여부
> 　㉡ 배출구 변형·훼손 여부
> ③ 유입구
> 　㉠ 공기유입구 설치 위치 적정 여부
> 　㉡ 공기유입구 변형·훼손 여부
> 　㉢ 옥외에 면하는 배출구 및 공기유입구 설치 적정 여부
> ④ 비상전원
> 　㉠ 비상전원 설치장소 적정 및 관리 여부
> 　㉡ 자가발전설비인 경우 연료 적정량 보유 여부
> 　㉢ 자가발전설비인 경우 전기사업법에 따른 정기점검 결과 확인
> ⑤ 기 동
> 　㉠ 가동식의 벽·제연경계벽·댐퍼 및 배출기 정상 작동(화재감지기 연동) 여부
> 　㉡ 예상제연구역 및 제어반에서 가동식의 벽·제연경계벽·댐퍼 및 배출기 수동 기동 가능 여부
> 　㉢ 제어반 각종 스위치류 및 표시장치(작동표시등 등) 기능의 이상 여부

(3) 자동화재탐지설비 및 시각경보장치의 화재안전기술기준(NFTC 203)상 감지기
① 연기감지기를 설치할 수 없는 경우, 건조실·살균실·보일러실·주조실·영사실·스튜디오에 설치할 수 있는 적응열감지기 3가지

설치장소		적응열감지기								불꽃감지기	비고
환경상태	적응장소	차동식 스포트형		차동식 분포형		보상식 스포트형		정온식		열아날로그식	
		1종	2종	1종	2종	1종	2종	특종	1종		
현저하게 고온으로 되는 장소	건조실, 살균실, 보일러실, 주조실, 영사실, 스튜디오	×	×	×	×	×	×	○	○	○	×

∴ 적응열감지기 : 정온식특종 감지기, 정온식1종 감지기, 열아날로그식감지기

② 감지기 회로의 도통시험을 위한 종단저항의 기준
　㉠ 점검 및 관리가 쉬운 장소에 설치할 것
　㉡ 전용함을 설치하는 경우 그 설치높이는 바닥으로부터 1.5[m] 이내로 할 것
　㉢ 감지기 회로의 끝부분에 설치하며, 종단감지기에 설치할 경우에는 구별이 쉽도록 해당 감지기의 기판 및 감지기 외부 등에 별도의 표시를 할 것

03 다음 물음에 답하시오.(30점)

(1) 소방시설 자체점검사항 등에 관한 고시에서 규정하고 있는 성능시험조사표에 관한 사항이다. 다음 물음에 답하시오.(16점)
   ① 내진설비 성능시험조사표 중 가압송수장치, 지진분리이음, 수평직선배관 흔들림 방지 버팀대의 점검항목을 각각 쓰시오.(10점)
   ② 미분무소화설비 성능시험조사표의 "설계도서 등"의 점검항목을 쓰시오.(6점)
(2) 다중이용업소의 안전관리에 관한 특별법령상 다중이용업소의 비상구 등의 공통기준 중 비상구 등의 구조, 문이 열리는 방향, 문의 재질에 대하여 규정된 사항을 각각 쓰시오.(10점)
(3) 옥내소화전설비의 화재안전기술기준(NFTC 102)상 배선에 사용되는 전선의 종류 및 공사방법에 관한 다음 물음에 답하시오.(4점)
   ① 내화전선의 내화성능을 설명하시오.(2점)
   ② 내열전선의 내열성능을 설명하시오.(2점)

해답

(1) 소방시설 자체점검사항 등에 관한 고시(별지 4)
   ① 내진설비 성능시험조사표
      ㉠ 가압송수장치
         ㉮ 앵커볼트
            • 수평지진하중과 수직작용하중 산정의 적합 여부
            • 앵커볼트 허용저항값 산정의 적합 여부
            • 앵커볼트의 내진설계 적정 여부[가압송수장치의 흡입 측 및 토출 측]
         ㉯ [가압송수장치의 흡입 측 및 토출 측]
            • 가요성이음장치 설치 여부
         ㉰ 내진스토퍼
            • 내진스토퍼와 본체(방진가대의 측면) 사이 이격거리
            • 내진스토퍼의 허용하중 적정 여부
            • 방진장치와 겸용인 경우 내진스토퍼의 적합 여부
      ㉡ 지진분리이음의 점검항목
         ㉮ 지진분리이음 설치 위치 적정 여부
         ㉯ 65[mm] 이상의 수직직선배관에서 지진분리이음 설치 위치
         ㉰ 티분기 수평직선배관으로부터 수직직선배관의 지진분리이음 설치의 적합 여부
         ㉱ 수직직선배관에 중간지지부(건축물에 지지부분)가 있는 경우 지진분리이음 설치 위치 적정 여부
      ㉢ 수평직선배관 흔들림 방지 버팀대의 점검항목
         ㉮ 횡방향 흔들림 방지 버팀대
            • 수평주행배관, 교차배관, 옥내소화전설비의 수평배관 및 65[mm] 이상의 가지배관 및 기타 배관에 설치 여부
            • 횡방향 흔들림 방지 버팀대 설계하중 산정의 적합 여부
            • 횡방향 흔들림 방지 버팀대의 간격 12[m] 초과 여부
            • 마지막 흔들림 방지 버팀대와 배관 단부 사이의 거리가 1.8[m] 초과 여부
            • 옵셋길이를 합산하여 배관길이 산정 여부
            • 인접배관의 횡방향 흔들림 방지 버팀대로 역할을 하는 흔들림 방지 버팀대의 경우, 설치된 종방향 흔들림 방지 버팀대가 배관이 방향 전환된 지점으로부터 600[mm] 이내 설치되어 있는지 여부

- 65[mm] 이상인 가지배관의 길이가 3.7[m] 이상인 경우 횡방향 흔들림 방지 버팀대 적정 설치 여부
- 65[mm] 이상인 가지배관의 길이가 3.7[m] 미만인 경우 횡방향 흔들림 방지 버팀대 미설치 여부 및 가지배관 수평지진하중 산정의 적합 여부
- 횡방향 흔들림 방지 버팀대 미설치에 해당되는 행가의 적정 여부
㉯ 종방향 흔들림 방지 버팀대
- 수평주행배관, 교차배관, 옥내소화전설비의 수평배관에 설치 여부
- 종방향 흔들림 방지 버팀대 설계하중 산정의 적합 여부
- 종방향 흔들림 방지 버팀대의 간격 24[m] 초과 여부
- 마지막 흔들림 방지 버팀대와 배관 단부 사이의 거리가 12[m] 초과 여부
- 옵셋길이를 합산하여 배관길이 산정 여부
- 횡방향 흔들림 방지 버팀대 설치지점으로부터 600[mm] 이내 배관이 방향 전환된 경우, 횡방향 흔들림 방지 버팀대의 종방향 흔들림 방지 버팀대로 사용 적합 여부

② 미분무소화설비 성능시험조사표의 설계도서 등의 점검항목
㉠ 설계도서 작성(제4조)
㉮ 설계도서 구분 작성 여부(일반설계도서와 특별설계도서)
㉯ 설계도서 작성 시 고려사항 적정 여부(점화원 형태, 초기 점화 연료의 유형, 화재 위치, 개구부 초기 상태 및 시간에 따른 변화상태, 공조조화설비 형태, 시공유형 및 내장재 유형)
㉰ 특별설계도서 위험도 설정 적정 여부
㉡ 설계도서 작성(제5조) : 성능시험기관 검증 여부

(2) 다중이용업소의 비상구 등의 공통기준 중 비상구 등의 구조, 문이 열리는 방향, 문의 재질에 대하여 규정된 사항(다중이용업소법 규칙 별표 2)

① 비상구 등의 구조
㉠ 비상구 등은 구획된 실 또는 천장으로 통하는 구조가 아닌 것으로 할 것. 다만, 영업장 바닥에서 천장까지 불연재료로 구획된 부속실(전실), 산후조리원에 설치하는 방풍실, 녹색건축물조성지원법에 따라 설계된 방풍구조는 그렇지 않다.
㉡ 비상구 등은 다른 영업장 또는 다른 용도의 시설(주차장은 제외)을 경유하는 구조가 아닌 것이어야 할 것

② 문
㉠ 문이 열리는 방향 : 피난방향으로 열리는 구조로 할 것
㉡ 문의 재질 : 주요구조부(영업장의 벽, 천장 및 바닥을 말한다)가 내화구조인 경우 비상구 등의 문은 방화문으로 설치할 것. 다만, 다음의 어느 하나에 해당하는 경우에는 불연재료로 설치할 수 있다.
㉮ 주요구조부가 내화구조가 아닌 경우
㉯ 건물의 구조상 비상구 등의 문이 지표면과 접하는 경우로서 화재의 연소 확대 우려가 없는 경우
㉰ 비상구 등의 문이 건축법 시행령 제35조에 따른 피난계단 또는 특별피난계단의 설치기준에 따라 설치해야 하는 문이 아니거나 같은 영 제46조에 따라 설치되는 방화구획이 아닌 곳에 위치한 경우
㉢ 주된 출입구의 문이 ㉡ ㉰에 해당하고, 다음의 기준을 모두 충족하는 경우에는 주된 출입구의 문을 자동문[미서기(슬라이딩)문을 말한다]으로 설치할 수 있다.
㉮ 화재감지기와 연동하여 개방되는 구조
㉯ 정전 시 자동으로 개방되는 구조
㉰ 정전 시 수동으로 개방되는 구조

(3) 옥내소화전설비의 배선에 사용되는 전선의 종류 및 공사방법(NFTC 102)
   ① 내화배선

사용전선의 종류	공사방법
1. 450/750[V] 저독성 난연 가교 폴리올레핀 절연 전선 2. 0.6/1[kV] 가교 폴리에틸렌 절연 저독성 난연 폴리올레핀 시스 전력 케이블 3. 6/10[kV] 가교 폴리에틸렌 절연 저독성 난연 폴리올레핀 시스 전력용 케이블 4. 가교 폴리에틸렌 절연 비닐시스 트레이용 난연 전력 케이블 5. 0.6/1[kV] EP 고무절연 클로로프렌 시스 케이블 6. 300/500[V] 내열성 실리콘 고무 절연전선(180[℃]) 7. 내열성 에틸렌-비닐 아세테이트 고무 절연 케이블 8. 버스덕트(Bus Duct) 9. 기타 전기용품 및 생활용품 안전관리법 및 전기설비기술기준에 따라 동등 이상의 내화성능이 있다고 주무부장관이 인정하는 것	금속관·2종 금속제 가요전선관 또는 합성 수지관에 수납하여 내화구조로 된 벽 또는 바닥 등에 벽 또는 바닥의 표면으로부터 25[mm] 이상의 깊이로 매설해야 한다. 다만 다음의 기준에 적합하게 설치하는 경우에는 그렇지 않다. 가. 배선을 내화성능을 갖는 배선전용실 또는 배선용 샤프트·피트·덕트 등에 설치하는 경우 나. 배선전용실 또는 배선용 샤프트·피트·덕트 등에 다른 설비의 배선이 있는 경우에는 이로부터 15[cm] 이상 떨어지게 하거나 소화설비의 배선과 이웃하는 다른 설비의 배선사이에 배선지름(배선의 지름이 다른 경우에는 가장 큰 것을 기준으로 한다)의 1.5배 이상의 높이의 불연성 격벽을 설치하는 경우
내화전선	케이블공사의 방법에 따라 설치해야 한다.

[비 고] 내화전선의 내화성능은 KS C IEC 60331-1과 2(온도 830[℃] / 가열시간 120분) 표준 이상을 충족하고, 난연성능 확보를 위해 KS C IEC 60332-3-24 성능 이상을 충족할 것

② 내열배선

사용전선의 종류	공사방법
1. 450/750[V] 저독성 난연 가교 폴리올레핀 절연 전선 2. 0.6/1[kV] 가교 폴리에틸렌 절연 저독성 난연 폴리올레핀 시스 전력 케이블 3. 6/10[kV] 가교 폴리에틸렌 절연 저독성 난연 폴리올레핀 시스 전력용 케이블 4. 가교 폴리에틸렌 절연 비닐시스 트레이용 난연 전력 케이블 5. 0.6/1[kV] EP 고무절연 클로로프렌 시스 케이블 6. 300/500[V] 내열성 실리콘 고무 절연전선(180[℃]) 7. 내열성 에틸렌-비닐 아세테이트 고무 절연케이블 8. 버스덕트(Bus Duct) 9. 기타 전기용품 및 생활용품 안전관리법 및 전기설비기술기준에 따라 동등 이상의 내열성능이 있다고 주무부장관이 인정하는 것	금속관·금속제 가요전선관·금속덕트 또는 케이블(불연성덕트에 설치하는 경우에 한한다) 공사방법에 따라야 한다. 다만, 다음의 기준에 적합하게 설치하는 경우에는 그렇지 않다. 가. 배선을 내화성능을 갖는 배선전용실 또는 배선용 샤프트·피트·덕트 등에 설치하는 경우 나. 배선전용실 또는 배선용 샤프트·피트·덕트 등에 다른 설비의 배선이 있는 경우에는 이로부터 15[cm] 이상 떨어지게 하거나 소화설비의 배선과 이웃하는 다른 설비의 배선 사이에 배선지름(배선의 지름이 다른 경우에는 지름이 가장 큰 것을 기준으로 한다)의 1.5배 이상의 높이의 불연성 격벽을 설치하는 경우
내화전선	케이블공사의 방법에 따라 설치해야 한다.

제21회 과년도 기출문제

2021년 9월 18일 시행

01 다음 물음에 답하시오. (40점)

(1) 비상경보설비 및 단독경보형감지기의 화재안전기술기준(NFTC 201)에서 발신기의 설치기준이다. ( )에 들어갈 내용을 쓰시오. (5점)
  ① 조작이 쉬운 장소에 설치하고 조작스위치는 바닥으로부터 0.8[m] 이상 1.5[m] 이하의 높이에 설치할 것
  ② 특정소방대상물의 층마다 설치하되, 해당 층의 각 부분으로부터 하나의 발신기까지의 (㉠)가 25[m] 이하가 되도록 할 것. 다만, 복도 또는 별도로 구획된 실로서 (㉡)가 40[m] 이상일 경우에는 추가로 설치해야 한다.
  ③ 발신기의 위치표시등은 (㉢)에 설치하되, 그 불빛은 부착면으로부터 (㉣) 이상의 범위 안에서 부착 지점으로부터 10[m] 이내의 어느 곳에서도 쉽게 식별할 수 있는 (㉤)으로 할 것

(2) 옥내소화전설비의 화재안전기술기준(NFTC 102)에서 소방용 합성수지배관의 성능인증 및 제품검사의 기술기준에 적합한 소방용 합성수지배관을 설치할 수 있는 경우 3가지를 쓰시오. (6점)

(3) 옥내소화전설비의 방수압력 점검 시 노즐 방수압력이 절대압력으로 2,760[mmHg]일 경우 방수량[m^3/s]과 노즐에서의 유속[m/s]을 구하시오(단, 유량계수는 0.99, 옥내소화전 노즐 구경은 1.3[cm]이다). (10점)

(4) 소방시설 자체점검사항 등에 관한 고시의 소방시설 등 외관점검표에 대하여 다음 물음에 답하시오. (7점)
  ① 소화기의 점검내용 5가지를 쓰시오. (3점)
  ② 스프링클러설비의 점검내용 5가지를 쓰시오. (4점)

(5) 건축물의 소방점검 중 다음과 같은 사항이 발생하였다. 이에 대한 원인과 조치방법을 각각 3가지씩 쓰시오. (12점)
  ① 아날로그감지기 통신선로의 단선표시등 점등(6점)
  ② 습식 스프링클러설비의 충압펌프의 잦은 기동과 정지(단, 충압펌프는 자동정지, 기동용 수압개폐장치는 압력챔버 방식이다)(6점)

해답 (1) 발신기의 설치기준
① 조작이 쉬운 장소에 설치하고 조작스위치는 바닥으로부터 0.8[m] 이상 1.5[m] 이하의 높이에 설치할 것
② 특정소방대상물의 층마다 설치하되, 해당 층의 각 부분으로부터 하나의 발신기까지의 **수평거리가 25[m] 이하**가 되도록 할 것. 다만, **복도 또는 별도로 구획된 실**로서 **보행거리가 40[m] 이상**일 경우에는 추가로 설치해야 한다.
③ 발신기의 위치표시등은 **함의 상부에 설치**하되, 그 불빛은 부착면으로부터 **15° 이상**의 범위 안에서 부착지점으로부터 10[m] 이내의 어느 곳에서도 쉽게 식별할 수 있는 **적색등**으로 할 것

(2) 소방용 합성수지배관을 설치할 수 있는 경우
① 배관을 지하에 매설하는 경우
② 다른 부분과 내화구조로 구획된 덕트 또는 피트의 내부에 설치하는 경우
③ 천장(상층이 있는 경우에는 상층바닥의 하단을 포함한다)과 반자를 불연재료 또는 준불연재료로 설치하고 소화배관 내부에 항상 소화수가 채워진 상태로 설치하는 경우

(3) 방수량과 유속

$$Q = CAV = CA\sqrt{2gH}$$

여기서, Q : 방수량[m³/s] C : 유량계수(0.99)
H : 양정[m]

게이지압 = 절대압 − 대기압 = 2,760[mmHg] − 760[mmHg] = 2,000[mmHg]
2,000[mmHg]를 [mH₂O]로 환산하면

$$\frac{2,000[\mathrm{mmHg}]}{760[\mathrm{mmHg}]} \times 10.332[\mathrm{mH_2O}] = 27.189[\mathrm{mH_2O}]$$

① 유속
$$V = \sqrt{2gH} = \sqrt{2 \times 9.8[\mathrm{m/s^2}] \times 27.189[\mathrm{m}]} = 23.08[\mathrm{m/s}]$$

② 방수량
$$Q = CA\sqrt{2gH}$$
$$= 0.99 \times \frac{\pi}{4}(0.013[\mathrm{m}])^2 \times \sqrt{2 \times 9.8[\mathrm{m/s^2}] \times 27.189[\mathrm{m}]}$$
$$= 0.00303[\mathrm{m^3/s}]$$

(4) 소방시설 등 외관점검표(소방시설 자체점검사항 등에 관한 고시 별지 6)
① 소화기의 점검내용 5가지
  ㉠ 거주자 등이 손쉽게 사용할 수 있는 장소에 설치되어 있는지 여부
  ㉡ 구획된 거실(바닥면적 33[m²] 이상)마다 소화기 설치 여부
  ㉢ 소화기 표지 설치 여부
  ㉣ 지시압력계(녹색범위)의 적정 여부
  ㉤ 수동식 분말소화기 내용연수(10년) 적정 여부
② (간이)스프링클러설비, 물분무소화설비, 미분무소화설비, 포소화설비의 점검내용

> **[(간이)스프링클러설비, 물분무소화설비, 미분무소화설비, 포소화설비의 점검내용]**
> ① 수 원
>   ㉠ 주된 수원의 유효수량 적정 여부(겸용설비 포함)
>   ㉡ 보조수원(옥상)의 유효수량 적정 여부
>   ㉢ 수조 표시 설치상태 적정 여부
> ② 저장탱크(포소화설비) : 포소화약제 저장량의 적정 여부
> ③ 가압송수장치 : 펌프 흡입 측 연성계·진공계 및 토출 측 압력계 등 부속장치의 변형·손상 유무
> ④ 유수검지장치 : 유수검지장치실 설치 적정(실내 또는 구획, 출입문 크기, 표지) 여부
> ⑤ 배 관
>   ㉠ 급수배관 개폐밸브 설치(개폐표시형, 흡입 측 버터플라이 제외) 적정 여부
>   ㉡ 준비작동식 유수검지장치 및 일제개방밸브 2차 측 배관 부대설비 설치 적정
>   ㉢ 유수검지장치 시험장치 설치 적정(설치 위치, 배관 구경, 개폐밸브 및 개방형 헤드, 물받이통 및 배수관) 여부
>   ㉣ 다른 설비의 배관과의 구분 상태 적정 여부
> ⑥ 기동장치 : 수동조작함(설치높이, 표시등) 설치 적정 여부

Plus one

스프링클러설비의 점검 내용 5가지
- 수 원
- 가압송수장치
- 유수검지장치
- 배 관
- 기동장치

(5) 건축물의 소방점검 중 문제점에 대한 원인과 조치방법

① 아날로그감지기 통신선로의 단선표시등 점등

원 인	조치방법
아날로그감지기 통신선로 단선	아날로그감지기 통신선로 보수
아날로그감지기 불량	아날로그감지기 보수 또는 교체
중계기 고장	중계기 보수 또는 교체
R형 수신기의 통신기판 불량	R형 수신기 통신 기판 교체 또는 정비

② 습식 스프링클러설비의 충압펌프의 잦은 기동과 정지

원 인	조치방법
펌프 토출 측의 체크밸브 2차 측 배관 누수	펌프 토출 측의 체크밸브 2차 측 배관 보수
압력챔버의 배수밸브의 개방 또는 누수	압력챔버의 배수밸브의 폐쇄 또는 보수
시험밸브 개방 또는 누수	시험밸브 폐쇄 또는 보수
알람밸브의 배수밸브 개방 또는 누수	알람밸브의 배수밸브 폐쇄 또는 보수
옥상수조 체크밸브 누수	옥상수조 체크밸브 보수
말단시험밸브 개방 또는 누수	말단시험밸브 폐쇄 또는 보수

02 다음 물음에 답하시오.(30점)

(1) 소방시설 자체점검사항 등에 관한 고시의 소방시설 등(작동, 종합)점검표에 대하여 다음 물음에 답하시오.(10점)
  ① 제연설비 배출기의 점검항목 5가지를 쓰시오.(5점)
  ② 분말소화설비 가압용 가스용기의 점검항목 5가지를 쓰시오.(5점)
(2) 건축물의 피난·방화구조 등의 기준에 관한 규칙에 대하여 다음 물음에 답하시오.(10점)
  ① 건축물의 바깥쪽에 설치하는 피난계단의 구조 기준 4가지를 쓰시오.(4점)
  ② 하향식 피난구(덮개, 사다리, 승강식 피난기 및 경보시스템을 포함한다) 구조 기준 6가지를 쓰시오.(6점)
(3) 비상조명등의 화재안전기술기준(NFTC 304) 설치기준에 관한 내용 중 일부이다. ( ) 안에 들어갈 내용을 쓰시오.(5점)

> 비상전원은 비상조명등 20분 이상 유효하게 작동시킬 수 있는 용량으로 할 것. 다만, 다음의 특정소방대상물의 경우에는 그 부분에서 피난층에 이르는 부분의 비상조명등을 60분 이상 유효하게 작동시킬 수 있는 용량으로 해야 한다.
> 가. 지하층을 제외한 11층 이상의 층
> 나. 지하층 또는 무창층으로서 용도가 (㉠)·(㉡)·(㉢)·(㉣) 또는 (㉤)

(4) 유도등 및 유도표지의 화재안전기술기준(NFTC 303)에서 공연장 등 어두워야 할 필요가 있는 장소에 3선식 배선으로 상시 충전되는 유도등의 전기회로에 점멸기를 설치한 경우 점등되어야 하는 때에 해당하는 것 5가지를 쓰시오.(5점)

해답 (1) 자체점검(소방시설 자체점검사항 등에 관한 고시 별지 4)
  ① 제연설비 배출기의 점검항목 5가지
    ● 배출기와 배출풍도 사이 캔버스 내열성 확보 여부
    ○ 배출기 회전이 원활하며 회전방향 정상 여부
    ○ 변형·훼손 등이 없고 V-벨트 기능 정상 여부
    ○ 본체의 방청, 보존상태 및 캔버스 부식 여부
    ● 배풍기 내열성 단열재 단열처리 여부

> **[작동점검과 종합점검의 구분]**
> ① 작동점검항목(●부분은 제외)
>   ○ 배출기 회전이 원활하며 회전방향 정상 여부
>   ○ 변형·훼손 등이 없고 V-벨트 기능 정상 여부
>   ○ 본체의 방청, 보존상태 및 캔버스 부식 여부
> ② 종합점검항목
>   ● 배출기와 배출풍도 사이 캔버스 내열성 확보 여부
>   ○ 배출기 회전이 원활하며 회전방향 정상 여부
>   ○ 변형·훼손 등이 없고 V-벨트 기능 정상 여부
>   ○ 본체의 방청, 보존상태 및 캔버스 부식 여부
>   ● 배풍기 내열성 단열재 단열처리 여부

  ② 분말소화설비 가압용 가스용기의 점검항목 5가지
    ○ 가압용 가스용기 저장용기 접속 여부
    ○ 가압용 가스용기 전자개방밸브 부착 적정 여부
    ○ 가압용 가스용기 압력조정기 설치 적정 여부

○ 가압용 또는 축압용 가스 종류 및 가스량 적정 여부
● 배관 청소용 가스 별도 용기 저장 여부

> **[작동점검과 종합점검의 구분]**
> ① 작동점검항목(●부분은 제외)
> ○ 가압용 가스용기 저장용기 접속 여부
> ○ 가압용 가스용기 전자개방밸브 부착 적정 여부
> ○ 가압용 가스용기 압력조정기 설치 적정 여부
> ○ 가압용 또는 축압용 가스 종류 및 가스량 적정 여부
> ② 종합점검항목
> ○ 가압용 가스용기 저장용기 접속 여부
> ○ 가압용 가스용기 전자개방밸브 부착 적정 여부
> ○ 가압용 가스용기 압력조정기 설치 적정 여부
> ○ 가압용 또는 축압용 가스 종류 및 가스량 적정 여부
> ● 배관 청소용 가스 별도 용기 저장 여부

(2) 건축물의 피난·방화구조 등의 기준에 관한 규칙
 ① 건축물의 바깥쪽에 설치하는 피난계단의 구조 기준(제9조)
  ㉠ 계단은 그 계단으로 통하는 출입구 외의 창문 등(망이 들어 있는 유리의 붙박이창으로서 그 면적이 각각 $1[m^2]$ 이하인 것을 제외한다)으로부터 $2[m]$ 이상의 거리를 두고 설치할 것
  ㉡ 건축물의 내부에서 계단으로 통하는 출입구에는 60분+ 방화문 또는 60분 방화문을 설치할 것
  ㉢ 계단의 유효너비는 $0.9[m]$ 이상으로 할 것
  ㉣ 계단은 내화구조로 하고 지상까지 직접 연결되도록 할 것
 ② 하향식 피난구(덮개, 사다리, 승강식 피난기 및 경보시스템을 포함한다)의 구조 기준(제14조)
  ㉠ 피난구의 덮개(덮개와 사다리, 승강식피난기 또는 경보시스템이 일체형으로 구성된 경우에는 그 사다리, 승강식피난기 또는 경보시스템을 포함한다)는 품질시험을 실시한 결과 비차열 1시간 이상의 내화성능을 가져야 하며, 피난구의 유효 개구부 규격은 직경 $60[cm]$ 이상일 것
  ㉡ 상층·하층 간 피난구의 수평거리는 $15[cm]$ 이상 떨어져 있을 것
  ㉢ 아래층에서는 바로 위층의 피난구를 열 수 없는 구조일 것
  ㉣ 사다리는 바로 아래층의 바닥면으로부터 $50[cm]$ 이하까지 내려오는 길이로 할 것
  ㉤ 덮개가 개방될 경우에는 건축물관리시스템 등을 통하여 경보음이 울리는 구조일 것
  ㉥ 피난구가 있는 곳에는 예비전원에 의한 조명설비를 설치할 것

(3) 비상조명등의 화재안전기술기준(NFTC 304)
비상전원은 비상조명등 20분 이상 유효하게 작동시킬 수 있는 용량으로 할 것. 다만, 다음의 특정소방대상물의 경우에는 그 부분에서 피난층에 이르는 부분의 비상조명등을 60분 이상 유효하게 작동시킬 수 있는 용량으로 해야 한다.
 ① **지하층을 제외한 층수가 11층 이상의 층**
 ② 지하층 또는 무창층으로서 용도가 **도매시장, 소매시장, 여객자동차터미널, 지하역사 또는 지하상가**

(4) 3선식 배선 시 유도등의 점등되어야 하는 경우(NFTC 303)
 ① 자동화재탐지설비의 감지기 또는 발신기가 작동되는 때
 ② 비상경보설비의 발신기가 작동되는 때
 ③ 상용전원이 정전되거나 전원선이 단선되는 때
 ④ 방재업무를 통제하는 곳 또는 전기실의 배전반에서 수동으로 점등하는 때
 ⑤ 자동소화설비가 작동되는 때

03 다음 물음에 답하시오.(30점)

(1) 할론1301 소화설비 약제저장용기의 저장량을 측정하려고 한다. 다음 물음에 답하시오.(12점)
  ① 액위측정방법을 설명하시오.(3점)
  ② 아래 그림의 레벨미터(Level Meter) 구성부품 중 각 부품(㉠~㉢)의 명칭을 쓰시오.(3점)

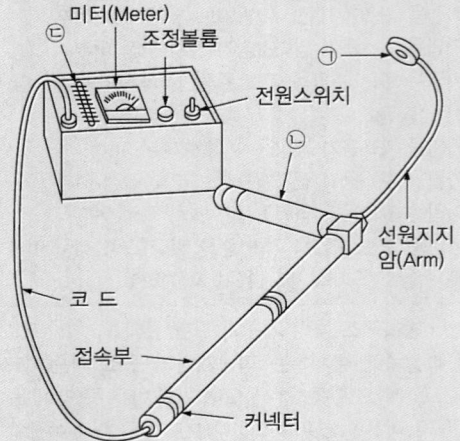

  ③ 레벨미터(Level Meter) 사용 시 주의사항 6가지를 쓰시오.(6점)

(2) 자동소화장치에 대하여 다음 물음에 답하시오.(5점)
  ① 소화기구 및 자동소화장치의 화재안전기술기준(NFTC 101)에서 가스용 주방자동소화장치를 사용하는 경우 탐지부 설치위치를 쓰시오.(2점)
  ② 소방시설 자체점검사항 등에 관한 고시의 소방시설 등(작동, 종합)점검표에서 상업용 주방자동소화장치의 점검항목을 쓰시오.(3점)

(3) 준비작동식 스프링클러설비 전기 계통도(R형 수신기)이다. 최소 배선 수 및 회로 명칭을 각각 쓰시오.(4점)

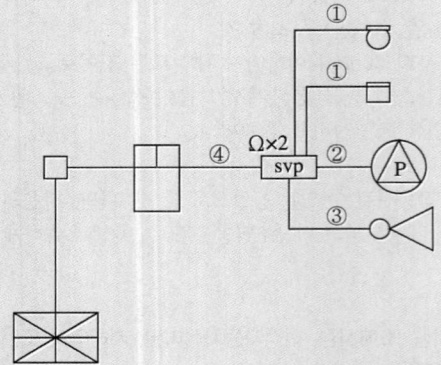

구 분	전선의 굵기	최소 배선 수 및 회로 명칭
①	1.5[mm²]	(㉠)
②	2.5[mm²]	(㉡)
③	2.5[mm²]	(㉢)
④	2.5[mm²]	(㉣)

(4) 특별피난계단의 부속실(전실) 제연설비에 대하여 다음 물음에 답하시오. (9점)
   ① 소방시설 자체점검사항 등에 관한 고시의 소방시설 성능시험조사표에서 부속실 제연설비의 "차압 등" 점검항목 4가지를 쓰시오. (4점)
   ② 전층이 닫힌 상태에서 차압이 과다한 원인 3가지를 쓰시오. (2점)
   ③ 방연풍속이 부족한 원인 3가지를 쓰시오. (3점)

해답

(1) 할론1301 측정 시
   ① 액위측정방법
      ㉠ 기기세팅(방사선원의 캡 제거)
      ㉡ 배터리 체크(조정 볼륨으로 계기 조정)
      ㉢ 액면 높이 측정(위아래로 천천히 이동하여 계기의 지침이 많이 흔들린 위치)
      ㉣ 실내 온도 측정
      ㉤ 저장량의 계산(할론1301 약제환산표-노모그램 이용 및 전용계산기 이용)
   ② 레벨미터(Level Meter) 구성부품
      ㉠ 방사선원(코발트 60)
      ㉡ 탐 침
      ㉢ 온도계

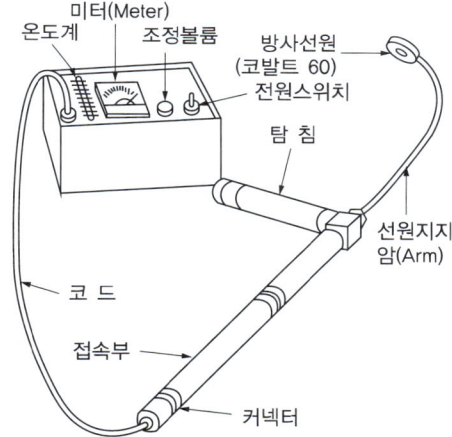

   ③ 레벨미터(Level Meter) 사용 시 주의사항
      ㉠ 방사선원(코발트 60)은 떼어내지 말 것
      ㉡ 분실한 경우는 취급점 등에 연락할 것
      ㉢ 방사선원(코발트 60)의 유효 사용 연한은 약 3년간이며, 경과한 것은 취급점 등에 연락할 것
      ㉣ 용기는 중량물(약 150[kg])이므로 거친 취급, 전도 등에 주의할 것
      ㉤ 중량표, 점검표 등에는 용기번호, 충전량 등을 기록하여 둘 것
      ㉥ 충전비 0.9 이상 1.6 이하에 한하여 측정할 것

(2) 자동소화장치
   ① 가스용 주방자동소화장치를 사용하는 경우 탐지부 설치위치 : 탐지부는 수신부와 분리하여 설치하되, 공기보다 가벼운 가스를 사용하는 경우에는 천장면으로부터 30[cm] 이하의 위치에 설치하고, 공기보다 무거운 가스를 사용하는 장소에는 바닥면으로부터 30[cm] 이하의 위치에 설치할 것

② 상업용 주방자동소화장치의 점검항목
　○ 소화약제의 지시압력 적정 및 외관의 이상 여부
　○ 후드 및 덕트에 감지부와 분사헤드의 설치상태 적정 여부
　○ 수동기동장치의 설치상태 적정 여부

(3) 준비작동식 스프링클러설비 전기 계통도(R형 수신기)

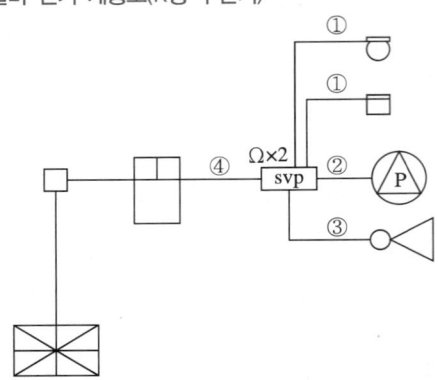

구 분	전선의 굵기	최소 배선 수 및 회로 명칭
①	1.5[mm²]	4가닥(회로2, 공통2)
②	2.5[mm²]	4가닥(공통, 탬퍼스위치, 압력스위치, 솔레노이드밸브)
③	2.5[mm²]	2가닥(공통, 사이렌)
④	2.5[mm²]	9가닥(전원 +−, 전화, 감지기 A, B, 사이렌, 탬퍼스위치, 압력스위치, 솔레노이드밸브)

(4) 특별피난계단의 부속실(전실) 제연설비(소방시설 자체점검사항 등에 관한 고시 별지 5)
① 소방시설 성능시험조사표에서 부속실 제연설비의 "차압 등" 점검항목
　㉠ 제연구역과 옥내 사이 최소 차압 적정 여부
　㉡ 제연설비 가동 시 출입문 개방력 적정 여부
　㉢ 비개방층 최소 차압 적정 여부
　㉣ 부속실과 계단실 차압 적정 여부(계단실과 부속실 동시 제연의 경우)
② 전층이 닫힌 상태에서 차압이 과다한 원인
　㉠ 송풍기 용량이 과다 설계된 경우
　㉡ 플랩댐퍼의 설치 누락 또는 기능 불량인 경우
　㉢ 자동차압급기댐퍼가 닫힌 상태에서 누설량이 많은 경우
　㉣ 팬룸에 설치된 풍량조절댐퍼로 풍량조절이 안 된 경우
③ 방연풍속이 부족한 원인 3가지
　㉠ 송풍기의 용량이 과소 설계된 경우
　㉡ 충분한 급기댐퍼 누설량에 필요한 풍도정압 부족 또는 급기댐퍼 규격이 과소 설계된 경우
　㉢ 배출팬의 정압성능이 과소 설계된 경우
　㉣ 급기풍도의 규격 미달로 과다손실이 발생된 경우
　㉤ 덕트 부속류의 손실이 과다한 경우
　㉥ 전실 내 출입문 틈새 누설량이 과다한 경우

제22회 과년도 기출문제

PART 04 과년도 + 최근 기출문제

2022년 9월 24일 시행

01 다음 물음에 답하시오. (40점)

(1) 누전경보기의 화재안전기술기준(NFTC 205)에서 누전경보기의 설치방법에 대하여 쓰시오. (7점)
(2) 누전경보기에 대한 점검표에서 수신부의 점검항목 4가지와 전원의 점검항목 3가지를 쓰시오. (7점)
(3) 소방시설 설치 및 관리에 관한 법률에 따라 무선통신보조설비를 설치해야 하는 특정소방대상물(위험물 저장 및 처리시설은 제외한다) 5가지를 쓰시오. (5점)
(4) 소방시설 자체점검사항 등에 관한 고시에서 무선통신보조설비 점검표에서 누설동축케이블 등의 점검항목 5가지와 증폭기 및 무선중계기의 점검항목 3가지를 쓰시오. (8점)
(5) 소방시설 자체점검사항 등에 관한 고시에서 자동화재탐지설비, 비상경보설비, 시각경보기, 비상방송설비, 자동화재속보설비의 외관점검표 점검내용 6가지를 쓰시오. (6점)
(6) 소방시설 자체점검사항 등에 관한 고시에서 이산화탄소 소화설비의 점검표에서 수동식 기동장치의 점검항목 4가지와 안전시설 등의 점검항목 3가지를 쓰시오. (7점)

해답

(1) 누전경보기의 설치방법(NFTC 205)
① 경계전로의 정격전류가 60[A]를 초과하는 전로에 있어서는 1급 누전경보기를, 60[A] 이하의 전로에 있어서는 1급 또는 2급 누전경보기를 설치할 것. 다만, 정격전류가 60[A]를 초과하는 경계전로가 분기되어 각 분기회로의 정격전류가 60[A] 이하로 되는 경우 해당 분기회로마다 2급 누전경보기를 설치한 때에는 해당 경계전로에 1급 누전경보기를 설치한 것으로 본다.
② 변류기는 특정소방대상물의 형태, 인입선의 시설방법 등에 따라 옥외 인입선의 제1지점의 부하 측 또는 제2종 접지선 측의 점검이 쉬운 위치에 설치할 것. 다만, 인입선의 형태 또는 특정소방대상물의 구조상 부득이한 경우에는 인입구에 근접한 옥내에 설치할 수 있다.
③ 변류기를 옥외의 전로에 설치하는 경우에는 옥외형으로 설치할 것

(2) 누전경보기 수신부의 점검항목과 전원의 점검항목(소방시설 자체점검사항 등에 관한 고시 별지 4)

번호	점검항목	점검결과
18-A 설치방법		
18-A-001	● 정격전류에 따른 설치 형태 적정 여부	
18-A-002	● 변류기 설치위치 및 형태 적정 여부	
18-B 수신부		
18-B-001	○ 상용전원 공급 및 전원표시등 정상 점등 여부	
18-B-002	● 가연성 증기, 먼지 등 체류 우려 장소의 경우 차단기구 설치 여부	
18-B-003	○ 수신부의 성능 및 누전경보 시험 적정 여부	
18-B-004	○ 음향장치 설치장소(상시 사람이 근무) 및 음량·음색 적정 여부	
18-C 전 원		
18-C-001	● 분전반으로부터 전용회로 구성 여부	
18-C-002	● 개폐기 및 과전류차단기 설치 여부	
18-C-003	● 다른 차단기에 의한 전원차단 여부(전원을 분기할 경우)	

[참고]
① ○ 이 있는 항목은 작동점검만 해당된다.
② ○, ●이 있는 항목은 종합점검에 해당된다.

[누전경보기 수신부의 점검항목]
1. 작동점검의 항목
   ① 상용전원 공급 및 전원표시등 정상 점등 여부
   ② 수신부의 성능 및 누전경보 시험 적정 여부
   ③ 음향장치 설치장소(상시 사람이 근무) 및 음량·음색 적정 여부
2. 종합점검의 항목
   ① 상용전원 공급 및 전원표시등 정상 점등 여부
   ② 가연성 증기, 먼지 등 체류 우려 장소의 경우 차단기구 설치 여부
   ③ 수신부의 성능 및 누전경보 시험 적정 여부
   ④ 음향장치 설치장소(상시 사람이 근무) 및 음량·음색 적정 여부

(3) 무선통신보조설비를 설치해야 하는 특정소방대상물(소방시설법 영 별표 4)
위험물 저장 및 처리 시설 중 가스시설은 제외한다.
① 지하상가로서 연면적 1,000[m^2] 이상인 것
② 지하층의 바닥면적의 합계가 3,000[m^2] 이상인 것 또는 지하층의 층수가 3층 이상이고 지하층의 바닥면적의 합계가 1,000[m^2] 이상인 것은 지하층의 모든 층
③ 터널로서 길이가 500[m] 이상인 것
④ 지하구 중 공동구
⑤ 층수가 30층 이상인 것으로서 16층 이상 부분의 모든 층

(4) 무선통신보조설비의 점검항목(소방시설 자체점검사항 등에 관한 고시 별지 4)

번호	점검항목	점검결과
29-A. 누설동축케이블 등		
29-A-001	○ 피난 및 통행 지장 여부(노출하여 설치한 경우)	
29-A-002	● 케이블 구성 적정(누설동축케이블 + 안테나 또는 동축케이블 + 안테나) 여부	
29-A-003	● 지지금구 변형·손상 여부	
29-A-004	● 누설동축케이블 및 안테나 설치 적정 및 변형·손상 여부	
29-A-005	● 누설동축케이블 말단 '무반사 종단저항'설치 여부	
29-B. 무선기기접속단자, 옥외안테나		
29-B-001	○ 설치장소(소방활동 용이성, 상시 근무장소) 적정 여부	
29-B-002	● 단자 설치높이 적정 여부	
29-B-003	● 지상 접속단자 설치거리 적정 여부	
29-B-004	● 접속단자 보호함 구조 적정 여부	
29-B-005	○ 접속단자 보호함 "무선기기접속단자" 표지 설치 여부	
29-B-006	○ 옥외안테나 통신장애 발생 여부	
29-B-007	○ 안테나 설치 적정(견고함, 파손우려) 여부	
29-B-008	○ 옥외안테나에 "무선통신보조설비 안테나" 표지 설치 여부	
29-B-009	○ 옥외안테나 통신 가능거리 표지 설치 여부	
29-B-010	○ 수신기 설치장소 등에 옥외안테나 위치표시도 비치 여부	
29-D. 증폭기 및 무선중계기		
29-D-001	● 상용전원 적정 여부	
29-D-002	○ 전원표시등 및 전압계 설치상태 적정 여부	
29-D-003	● 증폭기 비상전원 부착 상태 및 용량 적정 여부	
	○ 적합성 평가 결과 임의 변경 여부	

(5) 외관점검표의 자동화재탐지설비, 비상경보설비, 시각경보기, 비상방송설비, 자동화재속보설비의 점검항목
(소방시설 자체점검사항 등에 관한 고시 별지 6)

점검내용	(년도) 점검결과											
	1월	2월	3월	4월	5월	6월	7월	8월	9월	10월	11월	12월
수신기												
설치장소 적정 및 스위치 정상 위치 여부												
상용전원 공급 및 전원표시등 정상점등 여부												
예비전원(축전지) 상태 적정 여부												
감지기												
감지기의 변형 또는 손상이 있는지 여부(단독경보형감지기 포함)												
음향장치												
음향장치(경종 등) 변형·손상 여부												
시각경보장치												
시각경보장치 변형·손상 여부												
발신기												
발신기 변형·손상 여부												
위치표시등 변형·손상 및 정상점등 여부												

점검내용	(년도) 점검결과											
	1월	2월	3월	4월	5월	6월	7월	8월	9월	10월	11월	12월
비상방송설비												
확성기 설치 적정(층마다 설치, 수평거리) 여부												
조작부상 설비 작동층 또는 작동구역 표시 여부												
자동화재속보설비												
상용전원 공급 및 전원표시등 정상 점등 여부												

(6) 이산화탄소소화설비의 수동식 기동장치의 점검항목과 안전시설 등의 점검항목(소방시설 자체점검사항 등에 관한 고시 별지 4)

번호	점검항목	점검결과
9-C. 기동장치		
9-C-001	○ 방호구역별 출입구 부근 소화약제 방출표시등 설치 및 정상 작동 여부	
9-C-011 9-C-012 9-C-013 9-C-014	[수동식 기동장치] ○ 기동장치 부근에 비상스위치 설치 여부 ● 방호구역별 또는 방호대상별 기동장치 설치 여부 ○ 기동장치 설치 적정(출입구 부근 등, 높이, 보호장치, 표지, 전원표시등) 여부 ○ 방출용 스위치 음향경보장치 연동 여부	
9-C-021 9-C-022 9-C-023 9-C-024 9-C-025	[자동식 기동장치] ○ 감지기 작동과의 연동 및 수동기동 가능 여부 ● 저장용기 수량에 따른 전자개방밸브 수량 적정 여부(전기식 기동장치의 경우) ○ 기동용 가스용기의 용적, 충전압력 적정 여부(가스압력식 기동장치의 경우) ● 기동용 가스용기의 안전장치, 압력게이지 설치 여부(가스압력식 기동장치의 경우) ● 저장용기 개방구조 적정 여부(기계식 기동장치의 경우)	
9-D. 제어반 및 화재표시반		
9-D-001 9-D-002 9-D-003	○ 설치장소 적정 및 관리 여부 ○ 회로도 및 취급설명서 비치 여부 ● 수동잠금밸브 개폐여부 확인 표시등 설치 여부	
9-D-011 9-D-012 9-D-013	[제어반] ○ 수동기동장치 또는 감지기 신호 수신 시 음향경보장치 작동 기능 정상 여부 ○ 소화약제 방출·지연 및 기타 제어 기능 적정 여부 ○ 전원표시등 설치 및 정상 점등 여부	
9-N. 안전시설 등		
9-N-001 9-N-002 9-N-003	○ 소화약제 방출알림 시각경보장치 설치기준 적합 및 정상 작동 여부 ○ 방호구역 출입구 부근 잘 보이는 장소에 소화약제 방출 위험경고표지 부착 여부 ○ 방호구역 출입구 외부 인근에 공기호흡기 설치 여부	

02 다음 물음에 답하시오. (30점)

(1) 소방시설 설치 및 관리에 관한 법령상 종합점검대상인 특정소방대상물을 나열한 것이다. ( )에 들어갈 내용을 쓰시오. (5점)

> ① (㉠)가 설치된 특정소방대상물
> ② (㉡)[호스릴(Hose Reel) 방식의 (㉡)만을 설치한 경우는 제외한다]가 설치된 연면적 5,000[m²] 이상인 특정소방대상물(위험물 제조소 등은 제외한다)
> ③ 다중이용업소의 안전관리에 관한 특별법 시행령 제2조 제1호 나목, 같은 조 제2호(비디오물소극장업은 제외한다)·제6호·제7호·제7호의2 및 제7호의5의 다중이용업의 영업장이 설치된 특정소방대상물로서 연면적이 2,000[m²] 이상인 것
> ④ (㉢)가 설치된 터널
> ⑤ 공공기관의 소방안전관리에 관한 규정 제2조에 따른 공공기관 중 연면적(터널·지하구의 경우 그 길이와 평균폭을 곱하여 계산된 값을 말한다)이 1,000[m²] 이상인 것으로서 (㉣) 또는 (㉤)가 설치된 것. 다만, 소방기본법 제2조 제5호에 따른 소방대가 근무하는 공공기관은 제외한다.

(2) 아래 조건을 참조하여 다음 물음에 답하시오. (11점)

> [조건]
> ① 용도 : 복합건축물(가감계수 1.1)
> ② 연면적 450,000[m²](아파트, 의료시설, 판매시설, 업무시설)
>   ㉠ 아파트 세대 400세대(아파트용 주차장 및 부속용도 면적합계 : 180,000[m²])
>   ㉡ 의료시설, 판매시설, 업무시설 및 부속용도 면적 : 270,000[m²]
> ③ 스프링클러설비, 이산화탄소소화설비, 제연설비가 설치됨
> ④ 점검인력 1단위 + 보조점검인력 2단위

① 소방시설 설치 및 관리에 관한 법령상 위 특정소방대상물에 대해 소방시설관리업자가 종합점검을 실시할 경우 점검면적과 적정한 최소 점검일수를 계산하시오. (8점)
② 소방시설 설치 및 관리에 관한 법령상 소방시설관리업자가 위 특정소방대상물의 종합점검을 실시한 후 부착해야 하는 소방시설 등 자체점검기록표의 기재사항 5가지 중 3가지(대상물명은 제외)만 쓰시오. (3점)

(3) 소방시설 설치 및 관리에 관한 법령상 소방시설 등의 자체점검 횟수 및 시기, 점검결과보고서의 제출기한 등에 관한 내용이다. ( )안에 들어갈 내용을 쓰시오. (7점)

> ① 본 문항의 특정소방대상물은 연면적 5,500[m²]의 종합점검 대상이며 공공기관, 특급소방안전관리대상물, 종합점검 면제대상물이 아니다.
> ② 위 특정소방대상물의 최초점검은 실시했고 소방시설관리업자 또는 관계인이 종합점검 및 작동점검을 각각 연 (㉠) 이상 실시해야 하고 관계인이 종합점검 및 작동점검을 실시한 경우 (㉡) 이내에 소방본부장 또는 소방서장에게 점검결과보고서를 제출해야 하며 그 점검결과를 (㉢)간 자체 보관해야 한다.
> ③ 소방시설관리업자가 점검을 실시한 경우 점검이 끝난 날부터 (㉣) 이내에 소방시설 등 자체점검 실시결과보고서(전자문서로 된 보고서를 포함한다)에 다음의 서류(점검인력배치확인서, 자체점검결과 이행계획서)를 첨부하여 소방본부장 또는 소방서장에게 서면이나 소방청장이 지정하는 전산망을 통하여 보고해야 한다.
> ④ 이행계획 완료의 연기를 신청하려는 관계인은 완료기간 만료일 (㉤)일 전까지 소방시설 등의 자체점검 결과 이행계획 완료 연기신청서(전자문서로 된 신청서를 포함한다)에 기간 내에 이행계획을 완료하기 곤란함을 증명할 수 있는 서류(전자문서를 포함한다)를 첨부하여 소방본부장 또는 소방서장에게 제출해야 한다.
> ⑤ 위 특정소방대상물의 사용승인일이 2014년 5월 27일인 경우 특별한 사정이 없는 한 2022년에는 종합점검을 (㉥)까지 실시해야 하고 작동점검을 (㉦)까지 실시해야 한다.

※ 2022. 12. 01 시행되는 소방시설법령으로 출제된 문제가 현행 법령과 맞지 않아 일부 수정하였음

(4) 소방시설 설치 및 관리에 관한 법령상 소방청장이 소방시설관리사의 자격을 취소하거나 1년 이내의 기간을 정하여 자격의 정지를 명할 수 있는 사유 7가지를 쓰시오. (7점)

해답 (1) 종합점검 대상(소방시설법 규칙 별표 3)
① 소방시설 등이 신설된 특정소방대상물
② 스프링클러설비가 설치된 특정소방대상물
③ 물분무등소화설비[호스릴(Hose Reel) 방식의 물분무등소화설비만을 설치한 경우는 제외한다]가 설치된 연면적 5,000[m²] 이상인 특정소방대상물(위험물 제조소 등은 제외한다)
④ 다중이용업소의 안전관리에 관한 특별법 시행령 제2조 제1호 나목(단란주점영업과 유흥주점영업) 같은 조 제2호(영화상영관, 비디오물감상실업, 복합영상물제공업은 해당되고 비디오물소극장업은 제외한다)·제6호(노래연습장업)·제7호(산후조리업)·제7호의2(고시원업) 및 제7호의5(안마시술소)의 다중이용업의 영업장이 설치된 특정소방대상물로서 연면적이 2,000[m²] 이상인 것
⑤ 제연설비가 설치된 터널
⑥ 공공기관의 소방안전관리에 관한 규정 제2조에 따른 공공기관 중 연면적(터널·지하구의 경우 그 길이와 평균 폭을 곱하여 계산된 값을 말한다)이 1,000[m²] 이상인 것으로서 옥내소화전설비 또는 자동화재탐지설비가 설치된 것. 다만, 소방기본법 제2조 제5호에 따른 소방대가 근무하는 공공기관은 제외한다.

(2) 종합점검 시 점검면적, 점검일수 등(소방시설법 규칙 별표 4)
① 종합점검을 실시할 경우 점검면적과 적정한 최소 점검일수를 계산
  ㉠ 점검면적
    ㉮ 가감계수를 반영한 면적
      • 아파트 환산면적 = 400세대 × 32 = 12,800[m²]
      • (아파트 환산면적 + 의료시설 등 부속용도 면적) × 가감계수(복합건축물 1.1로 주어졌다)
        = (12,800[m²] + 270,000[m²]) × 1.1 = 311,080[m²]

> [아파트 등과 아파트 등 외 용도의 건축물을 하루에 점검할 때]
> ① 종합점검 : 32
> ② 작동점검 : 40을 곱한 값을 점검대상 연면적으로 본다.

  ㉡ 점검일수

구 분	면 적 점검한도면적	보조점검인력 1명 추가	보조점검인력 2명 추가
종합점검	8,000[m²]	2,000[m²]	4,000[m²]
작동점검	10,000[m²]	2,500[m²]	5,000[m²]

※ 점검인원 : 점검 1단위(소방시설관리사 1명 + 보조점검인력 2명) + 보조점검인력 2명

$$\therefore \text{종합점검일수} = \frac{311,080[m]^2}{(8,000+4,000)[m]^2} = 25.92일 \Rightarrow 26일$$

② 종합점검을 실시한 후 부착해야 하는 자체점검기록표 내용

소방시설 등 자체점검기록표

- 대상물명 :
- 주　　소 :
- 점검구분 :　　　　　　[ ] 작동점검　　　　　[ ] 종합점검
- 점 검 자 :
- 점검기간 :　　　　　년　　월　　일　～　　년　　월　　일
- 불량사항 : [ ] 소화설비　　[ ] 경보설비　　[ ] 피난구조설비
　　　　　　[ ] 소화용수설비 [ ] 소화활동설비 [ ] 기타설비　[ ] 없음
- 정비기간 :　　　　　년　　월　　일　～　　년　　월　　일

　　　　　　　　　　　　　　　　　　　　　　　　년　　월　　일

「소방시설 설치 및 관리에 관한 법률」제24조 제1항 및 같은 법 시행규칙 제25조에 따라 소방시설 등 자체점검결과를 게시합니다.

∴ 소방시설 등 자체점검기록표 내용 : 대상물명, 주소, 점검구분, 점검자, 점검기간, 불량사항, 정비기간

(3) 자체점검 횟수 및 시기, 점검결과보고서의 제출기한 등

① 점검횟수와 점검시기(규칙 별표 3)

점검구분	점검횟수 및 점검 시기
작동점검	① 점검횟수 : 연 1회 이상 ② 점검시기 　㉠ 종합점검 대상은 종합점검(최초점검은 제외)을 받은 달부터 6개월이 되는 달에 실시한다. 　㉡ ㉠에 해당하지 않는 특정소방대상물은 특정소방대상물의 사용승인일(건축물의 경우에는 건축물관리대장 또는 건물 등기사항증명서에 기재되어 있는 날, 시설물의 경우에는 시설물의 안전 및 유지관리에 관한 특별법 제55조 제1항에 따른 시설물통합정보관리체계에 저장·관리되고 있는 날을 말하며, 건축물관리대장, 건물 등기사항증명서 및 시설물통합정보관리체계를 통해 확인되지 않는 경우에는 소방시설완공검사증명서에 기재된 날을 말한다)이 속하는 달의 말일까지 실시한다. 다만, 건축물관리대장 또는 건물 등기사항증명서 등에 기입된 날이 서로 다른 경우에는 건축물관리대장에 기재되어 있는 날을 기준으로 점검한다.
종합점검	① 점검횟수 : 연 1회 이상 　㉠ 연 1회 이상(특급 소방안전관리대상물은 반기에 1회 이상) 실시한다. 　㉡ ㉠에도 불구하고 소방본부장 또는 소방서장은 소방청장이 소방안전관리가 우수하다고 인정한 특정소방대상물에 대해서는 3년의 범위에서 소방청장이 고시하거나 정한 기간 동안 종합점검을 면제할 수 있다. 다만, 면제기간 중 화재가 발생한 경우는 제외한다. ② 점검시기 　㉠ 소방시설 등이 신설된 경우에 해당하는 특정소방대상물은 건축법 제22조에 따라 건축물을 사용할 수 있게 된 날부터 60일 이내 실시한다. 　㉡ ㉠을 제외한 특정소방대상물은 건축물의 사용승인일이 속하는 달에 실시한다. 다만, 공공기관의 안전관리에 관한 규정 제2조 제2호 또는 제5호에 따른 학교의 경우에는 해당 건축물의 사용승인일이 1월에서 6월 사이에 있는 경우에는 6월 30일까지 실시할 수 있다. 　㉢ 건축물 사용승인일 이후 가)목 4)[다중이용업의 영업장(8개)이 설치된 특정소방대상물로서 연면적이 2,000[m²] 이상인 것]에 따라 종합점검 대상에 해당하게 된 경우에는 그 다음 해부터 실시한다. 　㉣ 하나의 대지경계선 안에 2개 이상의 자체점검 대상 건축물 등이 있는 경우에는 그 건축물 중 사용승인일이 가장 빠른 연도의 건축물의 사용승인일을 기준으로 점검할 수 있다.

② 점검결과보고서 제출기한(소방시설법 규칙 제23조, 제24조)
  ㉠ 관리업자 또는 소방안전관리자로 선임된 소방시설관리사 및 소방기술사(관리업자 등)는 자체점검을 실시한 경우에는 법 제22조 제1항 각 호 외의 부분 후단에 따라 그 점검이 끝난 날부터 **10일 이내**에 소방시설 등 자체점검 실시결과 보고서(전자문서로 된 보고서를 포함한다)에 소방청장이 정하여 고시하는 소방시설 등 점검표를 첨부하여 **관계인에게 제출**해야 한다.
  ㉡ 자체점검 실시결과 보고서를 제출받거나 스스로 자체점검을 실시한 관계인은 자체점검이 끝난 날부터 **15일 이내**에 별지 제9호 서식의 소방시설 등 자체점검 실시결과 보고서(전자문서로 된 보고서를 포함한다)에 다음 각 호의 서류를 첨부하여 **소방본부장 또는 소방서장**에게 서면이나 소방청장이 지정하는 전산망을 통하여 **보고해야** 한다.
    ㉮ 점검인력 배치확인서(관리업자가 점검한 경우만 해당한다)
    ㉯ 별지 제10호 서식의 소방시설 등의 자체점검 결과 이행계획서

> [소방시설관리업자가 점검을 한 경우]
> ① 관리업자는 자체점검이 끝난 날부터 5일 이내 배치신고
> ② 관리업자는 자체점검이 끝난 날부터 10일 이내 자체점검 실시결과 보고서와 소방시설 등 점검표를 첨부하여 관계인에게 제출
> ③ 관계인은 자체점검이 끝난 날부터 15일 이내 자체점검 실시결과 보고서, 점검인력 배치확인서, 소방시설 등의 자체점검 결과 이행계획서를 첨부하여 소방본부장 또는 소방서장에게 보고해야 한다.

  ㉢ 자체점검 실시결과의 보고기간에는 공휴일 및 토요일은 산입하지 않는다.
  ㉣ 소방본부장 또는 소방서장에게 자체점검 실시결과 보고를 마친 관계인은 소방시설 등 자체점검 실시결과 보고서(소방시설 등 점검표를 포함한다)를 점검이 끝난 날부터 2년간 자체 보관해야 한다.
③ 이행계획 완료의 연기를 신청하려는 관계인은 완료기간 만료일 3일 전까지 소방시설 등의 자체점검 결과 이행계획 완료 연기신청서(전자문서로 된 신청서를 포함한다)에 기간 내에 이행계획을 완료하기 곤란함을 증명할 수 있는 서류(전자문서를 포함한다)를 첨부하여 소방본부장 또는 소방서장에게 제출해야 한다(소방시설법 규칙 제24조).
④ 위 특정소방대상물의 사용승인일이 2014년 5월 27일인 경우 특별한 사정이 없는 한 2022년에는 종합점검을 5월 31일까지 실시해야 하고 작동점검을 11월 30일까지 실시해야 한다.

(4) 소방시설관리사의 자격 취소 또는 1년 이내의 자격정지 사유(소방시설법 제28조)
  ① 거짓이나 그 밖의 부정한 방법으로 시험에 합격한 경우(자격취소)
  ② 화재의 예방 및 안전관리에 관한 법률 제25조 제2항에 따른 대행인력의 배치기준·자격·방법 등 준수사항을 지키지 않은 경우
  ③ 제22조에 따른 점검을 하지 않거나 거짓으로 한 경우
  ④ 제25조 제7항을 위반하여 소방시설관리사증을 다른 사람에게 빌려준 경우(자격취소)
  ⑤ 제25조 제8항을 위반하여 동시에 둘 이상의 업체에 취업한 경우(자격취소)
  ⑥ 제25조 제9항을 위반하여 성실하게 자체점검 업무를 수행하지 않은 경우
  ⑦ 제27조 각 호의 어느 하나에 따른 결격사유에 해당하게 된 경우(자격취소)

03 다음 물음에 답하시오.(30점)

(1) 소방시설 설치 및 관리에 관한 법령상 소방시설별 점검장비이다. ( )에 들어갈 내용을 쓰시오(단, 종합점검의 경우임).(5점)

소방시설	점검장비	규격
스프링클러설비, 포소화설비	(㉠)	
이산화탄소소화설비, 분말소화설비, 할론소화설비, 할로겐화합물 및 불활성기체 소화설비	• (㉡) • (㉢) • 그 밖에 소화약제의 저장량을 측정할 수 있는 점검기구	
자동화재탐지설비, 시각경보기	• 열감지기시험기 • 연감지기시험기 • (㉣) • (㉤) • 음량계	

(2) 소방시설 자체점검사항 등에 관한 고시에서 비상조명등 및 휴대용 비상조명등 등 점검표상의 휴대용 비상조명등의 점검항목 7가지를 쓰시오.(7점)

(3) 옥내소화전설비의 화재안전기술기준(NFTC 102)에서 가압송수장치의 압력수조에 설치해야 하는 것을 5가지만 쓰시오.(5점)

(4) 소방시설 자체점검사항 등에 관한 고시에서 비상경보설비 및 단독경보형감지기 점검표상의 비상경보설비의 점검항목 8가지를 쓰시오.(8점)

(5) 가스누설경보기의 화재안전기술기준(NFTC 206)에서 분리형 경보기의 탐지부 및 단독형경보기 설치제외 장소 5가지를 쓰시오.(5점)

해답 (1) 소방시설별 점검장비(소방시설법 규칙 별표 3)

소방시설	점검장비	규 격
모든 소방시설	방수압력측정계, 절연저항계(절연저항측정기), 전류전압측정계	
소화기구	저울	
옥내소화전설비, 옥외소화전설비	소화전밸브압력계	
스프링클러설비, 포소화설비	헤드결합렌치(볼트, 너트, 나사 등을 죄거나 푸는 공구)	
이산화탄소소화설비, 분말소화설비, 할론소화설비, 할로겐화합물 및 불활성기체 소화설비	검량계, 기동관누설시험기, 그 밖에 소화약제의 저장량을 측정할 수 있는 점검기구	
자동화재탐지설비, 시각경보기	열감지기시험기, 연(煙)감지기시험기, 공기주입시험기, 감지기시험기연결막대, 음량계	
누전경보기	누전계	누전전류 측정용
무선통신보조설비	무선기	통화시험용
제연설비	풍속풍압계, 폐쇄력측정기, 차압계(압력차 측정기)	
통로유도등, 비상조명등	조도계(밝기 측정기)	최소 눈금이 0.1[lx] 이하인 것

[비 고]
1. 신축·증축·개축·재축·이전·용도변경 또는 대수선 등으로 소방시설이 새로 설치된 경우에는 해당 특정소방대상물의 소방시설 전체에 대하여 실시한다.
2. 작동점검 및 종합점검(최초점검은 제외한다)은 건축물 사용승인 후 그 다음 해부터 실시한다.
3. 특정소방대상물이 증축·용도변경 또는 대수선 등으로 사용승인일이 달라지는 경우 사용승인일이 빠른 날을 기준으로 자체점검을 실시한다.

(2) 비상조명등 및 휴대용 비상조명등 등 점검표(소방시설 자체점검사항 등에 관한 고시 별지 4)

번 호	점검항목	점검결과
22-A 비상조명등		
22-A-001	○ 설치위치(거실, 지상에 이르는 복도, 계단, 그 밖의 통로) 적정 여부	
22-A-002	○ 비상조명등 변형·손상 확인 및 정상 점등 여부	
22-A-003	● 조도 적정 여부	
22-A-004	○ 예비전원 내장형의 경우 점검스위치 설치 및 정상 작동 여부	
22-A-005	● 비상전원 종류 및 설치장소 기준 적합 여부	
22-A-006	○ 비상전원 성능 적정 및 상용전원 차단 시 예비전원 자동전환 여부	
22-B 휴대용 비상조명등		
22-B-001	○ 설치대상 및 설치 수량 적정 여부	
22-B-002	○ 설치높이 적정 여부	
22-B-003	○ 휴대용 비상조명등의 변형 및 손상 여부	
22-B-004	○ 어둠 속에서 위치를 확인할 수 있는 구조인지 여부	
22-B-005	○ 사용 시 자동으로 점등되는지 여부	
22-B-006	○ 건전지를 사용하는 경우 유효한 방전 조치가 되어있는지 여부	
22-B-007	○ 충전식 배터리의 경우에는 상시 충전되도록 되어있는지 여부	

(3) 옥내소화전설비의 가압송수장치의 압력수조에 설치해야 하는 것

수조 구분	설치해야 하는 부속장치
압력수조	수위계, 급수관, 배수관, 급기관, 맨홀, 압력계, 안전장치 및 압력저하 방지를 위한 자동식 공기압축기
고가수조	수위계, 배수관, 급수관, 오버플로관, 맨홀

(4) 비상경보설비 및 단독경보형감지기 점검표(소방시설 자체점검사항 등에 관한 고시 별지 4)

번 호	점검항목	점검결과
14-A 비상경보설비		
14-A-001	○ 수신기 설치장소 적정(관리 용이) 및 스위치 정상 위치 여부	
14-A-002	○ 수신기 상용전원 공급 및 전원표시등 정상 점등 여부	
14-A-003	○ 예비전원(축전지)상태 적정 여부(상시 충전, 상용전원 차단 시 자동절환)	
14-A-004	○ 지구음향장치 설치기준 적합 여부	
14-A-005	○ 음향장치(경종 등) 변형·손상 확인 및 정상 작동(음량 포함) 여부	
14-A-006	○ 발신기 설치장소, 위치(수평거리) 및 높이 적정 여부	
14-A-007	○ 발신기 변형·손상 확인 및 정상 작동 여부	
14-A-008	○ 위치표시등 변형·손상 확인 및 정상 점등 여부	
22-B 단독경보형감지기		
14-B-001	○ 설치 위치(각 실, 바닥면적 기준 추가설치, 최상층 계단실) 적정 여부	
14-B-002	○ 감지기의 변형 또는 손상이 있는지 여부	
14-B-003	○ 정상적인 감시상태를 유지하고 있는지 여부(시험작동 포함)	

(5) 가스누설경보기에서 분리형 경보기의 탐지부 및 단독형경보기 설치제외 장소(NFTC 206)
① 출입구 부근 등으로서 외부의 기류가 통하는 곳
② 환기구 등 공기가 들어오는 곳으로부터 1.5[m] 이내인 곳
③ 연소기의 폐가스에 접촉하기 쉬운 곳
④ 가구·보·설비 등에 가려져 누설가스의 유통이 원활하지 못한 곳
⑤ 수증기 또는 기름 섞인 연기 등이 직접 접촉될 우려가 있는 곳

PART 04 과년도 + 최근 기출문제

제23회 2023년 9월 16일 시행 과년도 기출문제

01 다음 물음에 답하시오.(40점)

(1) 소방시설 폐쇄·차단 시 행동요령 등에 관한 고시상 소방시설의 점검·정비를 위하여 소방시설이 폐쇄·차단된 이후 수신기 등으로 화재신호가 수신되거나 화재상황을 인지한 경우 특정소방대상물의 관계인의 행동요령 5가지를 쓰시오.(5점)

(2) 화재안전성능기준(NFPC) 및 화재안전기술기준(NFTC)에 대하여 다음 물음에 답하시오.(16점)
 ① 소화기구 및 자동소화장치의 화재안전기술기준(NFTC 101)상 용어의 정의에서 정한 자동확산소화기의 종류 3가지를 설명하시오.(6점)
 ② 유도등 및 유도표지의 화재안전성능기준(NFPC 303)상 유도등 및 유도표지를 설치하지 않을 수 있는 경우 4가지를 쓰시오.(4점)
 ③ 전기저장시설의 화재안전기술기준(NFTC 607)에 대하여 다음 물음에 답하시오.(6점)
  ㉠ 전기저장장치의 설치장소에 대하여 쓰시오.(2점)
  ㉡ 배출설비의 설치기준 4가지를 쓰시오.(4점)

(3) 소방시설 자체점검사항 등에 관한 고시에 대하여 다음 물음에 답하시오.(12점)
 ① 평가기관은 배치신고 시 오기로 인한 수정사항이 발생할 경우 점검인력 배치상황 신고사항을 수정해야 한다. 다만, 평가기관이 배치기준 적합여부 확인 결과 부적합인 경우에 관할 소방서의 담당자 승인 후에 평가기관이 수정할 수 있는 사항을 모두 쓰시오.(8점)
 ② 소방청장, 소방본부장 또는 소방서장이 부실점검을 방지하고 점검품질을 향상시키기 위하여 표본조사를 실시해야 하는 특정소방대상물 대상 4가지를 쓰시오.(4점)

(4) 소방시설 등(작동점검, 종합점검) 점검표에 대하여 다음 물음에 답하시오.(7점)
 ① 소방시설 등(작동점검, 종합점검) 점검표의 작성 및 유의사항 2가지를 쓰시오.(2점)
 ② 연결살수설비 점검표에서 송수구 점검항목 중 종합점검의 경우에만 해당하는 점검항목 3가지와 배관 등 점검항목 중 작동점검에 해당하는 점검항목 2가지를 쓰시오.(5점)

해답
(1) 소방시설 폐쇄·차단 시 행동요령 등에 관한 고시상 관계인의 행동요령(제3조)
 ① 폐쇄·차단되어 있는 모든 소방시설(수신기, 스프링클러밸브 등)을 정상상태로 복구한다.
 ② 즉시 소방관서(119)에 신고하고 재실자를 대피시키는 등 적절한 조치를 취한다.
 ③ 화재신호가 발신된 장소로 이동하여 화재여부를 확인한다.
 ④ 화재로 확인된 경우에는 초기소화, 상황전파 등의 조치를 취한다.
 ⑤ 화재가 아닌 것으로 확인된 경우에는 재실자에게 관련 사실을 안내하고 수신기에서 화재경보 복구 후 비화재보 방지를 위해 적절한 조치를 취한다.

(2) 화재안전성능기준(NFPC) 및 화재안전기술기준(NFTC)
 ① 자동확산소화기의 종류(NFTC 101)
  ㉠ 일반화재용 자동확산소화기 : 보일러실, 건조실, 세탁소, 대량화기취급소 등에 설치되는 자동확산소화기
  ㉡ 주방화재용 자동확산소화기 : 음식점, 다중이용업소, 호텔, 기숙사, 의료시설, 업무시설, 공장 등의 주방에 설치되는 자동확산소화기

ⓒ 전기설비용 자동확산소화기 : 변전실, 송전실, 변압기실, 배전반실, 제어반, 분전반 등에 설치되는 자동확산소화기

② 유도등 및 유도표지를 설치하지 않을 수 있는 경우(NFTC 303)
㉠ 바닥면적이 1,000[m²] 미만인 층으로서 옥내로부터 직접 지상으로 통하는 출입구 또는 거실 각 부분으로부터 쉽게 도달할 수 있는 출입구 등의 경우에는 피난구유도등을 설치하지 않을 수 있다.
㉡ 구부러지지 않은 복도 또는 통로로서 그 길이가 30[m] 미만인 복도 또는 통로 등의 경우에는 통로유도등을 설치하지 않을 수 있다.
㉢ 주간에만 사용하는 장소로서 채광이 충분한 객석 등의 경우에는 객석유도등을 설치하지 않을 수 있다.
㉣ 유도등이 규정에 따라 적합하게 설치된 출입구·복도·계단 및 통로 등의 경우에는 유도표지를 설치하지 않을 수 있다.

③ 전기저장시설의 화재안전기술기준(NFTC 607)
㉠ 전기저장장치의 설치장소 : 전기저장장치는 관할 소방대의 원활한 소방활동을 위해 지면으로부터 지상 22[m](전기저장장치가 설치된 전용 건축물의 최상부 끝단까지의 높이) 이내, 지하 9[m](전기저장장치가 설치된 바닥면까지의 깊이) 이내로 설치해야 한다.
㉡ 배출설비의 설치기준
㉮ 배풍기·배출덕트·후드 등을 이용하여 강제적으로 배출할 것
㉯ 바닥면적 1[m²]에 시간당 18[m³] 이상의 용량을 배출할 것
㉰ 화재감지기의 감지에 따라 작동할 것
㉱ 옥외와 면하는 벽체에 설치할 것

(3) 소방시설 자체점검사항 등(소방시설 자체점검사항 등에 관한 고시)
① 배치신고 오기 시 평가기관이 수정할 수 있는 사항(제3조)
관리업자 또는 평가기관은 배치신고 시 오기로 인한 수정사항이 발생한 경우 다음의 기준에 따라 수정이력이 남도록 전산망을 통해 수정해야 한다.
㉠ 공통기준
㉮ 배치신고 기간 내에는 관리업자가 직접 수정해야 한다. 다만 평가기관이 배치기준 적합여부 확인 결과 부적합인 경우에는 ㉡에 따라 수정한다.
㉯ 배치신고 기간을 초과한 경우에는 ㉡에 따라 수정한다.
㉡ 관할 소방서의 담당자 승인 후에 평가기관이 수정할 수 있는 사항
㉮ 소방시설의 설비 유무
㉯ 점검인력, 점검일자
㉰ 점검 대상물의 추가·삭제
㉱ 건축물대장에 기재된 내용으로 확인할 수 없는 사항
• 점검 대상물의 주소, 동수
• 점검 대상물의 주용도, 아파트(세대수를 포함한다) 여부, 연면적 수정
• 점검 대상물의 점검 구분
㉢ 평가기관은 ㉡에도 불구하고 건축물대장 또는 제출된 서류 등에 기재된 내용으로 확인이 가능한 경우에는 수정할 수 있다.

② 부실점검을 방지하기 위한 표본조사 특정소방대상물(제8조)
　　㉠ 점검인력 배치상황 확인 결과 점검인력 배치기준 등을 부적정하게 신고한 대상
　　㉡ 표준자체점검비 대비 현저하게 낮은 가격으로 용역계약을 체결하고 자체점검을 실시하여 부실점검이 의심되는 대상
　　㉢ 특정소방대상물 관계인이 자체점검한 대상
　　㉣ 그 밖에 소방청장, 소방본부장 또는 소방서장이 필요하다고 인정한 대상

(4) 소방시설 등(작동점검, 종합점검) 점검표(소방시설 자체점검사항 등에 관한 고시 별지 4)
　① 소방시설 등(작동, 종합) 점검표의 작성 및 유의사항
　　㉠ 소방시설 등(작동점검, 종합점검) 점검결과보고서의 "각 설비별 점검결과"에는 본 서식의 점검번호를 기재한다.
　　㉡ 자체점검결과(보고서 및 점검표)를 2년간 보관해야 한다.
　② 연결살수설비의 점검표에서 송수구 종합점검항목과 배관 작동점검항목

번호	점검항목	점검구분
27-A 송수구		
27-A-001	○ 설치장소 적정 여부	종합, 작동
27-A-002	○ 송수구 구경(65[mm]) 및 형태(쌍구형) 적정 여부	종합, 작동
27-A-003	○ 송수구역별 호스접결구 설치 여부(개방형 헤드의 경우)	종합, 작동
27-A-004	○ 설치 높이 적정 여부	종합, 작동
27-A-005	● 송수구에서 주배관상 연결배관 개폐밸브 설치 여부	종합
27-A-006	○ "연결살수설비 송수구" 표지 및 송수구역 일람표 설치 여부	종합, 작동
27-A-007	○ 송수구 마개 설치여부	종합, 작동
27-A-008	○ 송수구의 변형 또는 손상 여부	종합, 작동
27-A-009	● 자동배수밸브 및 체크밸브 설치 순서 적정 여부	종합
27-A-010	○ 자동배수밸브 설치상태 적정 여부	종합, 작동
27-A-011	● 1개 송수구역 설치 살수헤드 수량 적정 여부(개방형 헤드의 경우)	종합
27-C 배관 등		
27-C-001	○ 급수배관 개폐밸브 설치 적정(개폐표시형, 흡입 측 버터플라이 제외) 여부	종합, 작동
27-C-002	● 동결방지조치 상태 적정 여부(습식의 경우)	종합
27-C-003	● 주배관과 타설비 배관 및 수조 접속 적정 여부(폐쇄형 헤드의 경우)	종합
27-C-004	○ 시험장치 설치 적정 여부(폐쇄형 헤드의 경우)	종합, 작동
27-C-005	● 다른 설비의 배관과의 구분 상태 적정 여부	종합

※ 종합점검은 ○나 ●표 전부 다 해당되고, 작동점검은 ○표의 내용만 점검한다.

02 다음 물음에 답하시오. (30점)

(1) 소방시설 자체점검사항 등에 관한 고시상 소방시설 성능시험조사표에 대하여 다음 물음에 답하시오. (19점)
① 스프링클러설비 성능시험조사표의 성능 및 점검항목 중 수압시험 점검항목 3가지를 쓰시오. (3점)
② 다음은 스프링클러설비 성능시험조사표의 성능 및 점검항목 중 수압시험 방법을 기술한 것이다. ( ) 안에 들어갈 내용을 쓰시오. (4점)

> 수압시험은 (㉠)[MPa]의 압력으로 (㉡)시간 이상 시험하고자 하는 배관의 가장 낮은 부분에서 가압하되 배관과 배관·배관부속류·밸브류·각종장치 및 기구의 접속 부분에서 누수현상이 없어야 한다. 이 경우 상용수압이 (㉢)[MPa] 이상인 부분에 있어서의 압력은 그 사용수압에 (㉣)[MPa]을 더한 값으로 한다.

③ 도로터널 성능시험조사표의 성능 및 점검항목 중 제연설비 점검항목 7가지만 쓰시오. (7점)
④ 스프링클러설비 성능시험조사표의 성능 및 점검항목 중 감시제어반의 전용실(중앙제어실 내에 감시제어반 설치 시 제외) 점검항목 5가지를 쓰시오. (5점)

(2) 소방시설 설치 및 관리에 관한 법령상 소방시설 등의 자체점검 결과의 조치 등에 대하여 다음 물음에 답하시오. (6점)
① 자체점검 결과의 조치 중 중대위반사항에 해당하는 경우 4가지를 쓰시오. (4점)
② 다음은 자체점검 결과 공개에 관한 내용이다. ( )에 들어갈 내용을 쓰시오. (2점)

> • 소방본부장 또는 소방서장은 법 제24조 제2항에 따라 자체점검 결과를 공개하는 경우 (㉠)일 이상 법 제48조에 따른 전산시스템 또는 인터넷 홈페이지 등을 통해 공개해야 한다.
> • 소방본부장 또는 소방서장은 이의신청을 받은 날부터 (㉡)일 이내에 심사·결정하여 그 결과를 지체없이 신청인에게 알려야 한다.

(3) 차동식 분포형 공기관식 감지기의 화재작동시험(공기주입시험)을 했을 경우 동작시간이 느린 경우(기준치 이상)의 원인 5가지를 쓰시오. (5점)

해답

(1) 소방시설 성능시험조사표(소방시설 자체점검사항 등에 관한 고시 별지 5)
  ① 스프링클러설비 성능시험조사표의 성능 및 점검항목 중 수압시험 점검항목
    ㉠ 가압송수장치 및 부속장치(밸브류·배관·배관부속류·압력챔버)의 수압시험(접속 상태에서 실시한다)결과
    ㉡ 옥외연결송수구 연결배관의 수압시험결과
    ㉢ 입상배관 및 가지배관의 수압시험결과
  ② 스프링클러설비 성능시험조사표의 성능 및 점검항목 중 수압시험 방법

> 수압시험은 1.4[MPa]의 압력으로 2시간 이상 시험하고자 하는 배관의 가장 낮은 부분에서 가압하되, 배관과 배관·배관부속류·밸브류·각종장치 및 기구의 접속 부분에서 누수현상이 없어야 한다. 이 경우 상용수압이 1.05[MPa] 이상인 부분에 있어서의 압력은 그 상용수압에 0.35[MPa]을 더한 값으로 한다.

  ③ 도로터널 성능시험조사표의 성능 및 점검항목 중 제연설비 점검항목
    ㉠ 설계 적정(설계화재강도, 연기발생률 및 배출용량) 여부
    ㉡ 위험도 분석을 통한 설계화재강도 설정 적정 여부(화재강도가 설계화재강도보다 높을 것으로 예상될 경우)
    ㉢ 예비용 제트팬 설치 여부(종류환기방식의 경우)

ⓔ 배연용 팬의 내열성 적정 여부[(반)횡류환기방식 및 대배기구 방식의 경우]
ⓕ 개폐용 전동모터의 정전 등 전원차단 시 조작상태 적정 여부(대배기구 방식의 경우)
ⓖ 화재에 노출 우려가 있는 제연설비, 전원공급선 및 전원공급장치 등의 250[℃] 온도에서 60분 이상 운전 가능 여부
ⓗ 제연설비 기동방식(자동 및 수동) 적정 여부
ⓘ 제연설비 비상전원 용량 적정 여부

④ 스프링클러설비 성능시험조사표의 성능 및 점검항목 중 감시제어반의 전용실(중앙제어실 내에 감시제어반 설치 시 제외) 점검항목
  ㉠ 펌프 작동 여부 확인 표시등 및 음향경보장치 정상 작동 여부
  ㉡ 펌프별 자동·수동 전환스위치 정상작동 여부
  ㉢ 펌프별 수동기동 및 수동중단 기능 정상작동 여부
  ㉣ 상용전원 및 비상전원 공급 확인 가능 여부(비상전원 있는 경우)
  ㉤ 수조·물올림수조 저수위 표시등 및 음향경보장치 정상작동 여부
  ㉥ 각 확인회로별 도통시험 및 작동시험 정상작동 여부
  ㉦ 예비전원 확보 유무 및 적합여부 시험 가능 여부
  ㉧ 전용실(중앙제어실 내에 감시제어반 설치 시 제외)
    - 다른 부분과 방화구획 적정 여부
    - 설치 위치(층) 적정 여부
    - 비상조명등 및 급·배기설비 설치 적정 여부
    - 무선기기 접속단자 설치 적정 여부
    - 바닥면적 적정 확보 여부
  ㉨ 기계·기구 또는 시설 등 제어 및 감시설비 외 설치 여부
  ㉩ 유수검지장치·일제개방밸브 작동 시 표시 및 경보 정상작동 여부
  ㉪ 일제개방밸브 수동조작스위치 설치 여부
  ㉫ 일제개방밸브 사용 설비 화재감지기 회로별 화재표시 적정 여부

(2) 소방시설 설치 및 관리에 관한 법령상 소방시설 등의 자체점검 결과의 조치 등
  ① 자체점검 결과의 조치 중 중대위반사항(소방시설법 영 제34조)
    ㉠ 소화펌프(가압송수장치를 포함한다), 동력·감시 제어반 또는 소방시설용 전원(비상전원을 포함한다)의 고장으로 소방시설이 작동되지 않는 경우
    ㉡ 화재 수신기의 고장으로 화재경보음이 자동으로 울리지 않거나 화재 수신기와 연동된 소방시설의 작동이 불가능한 경우
    ㉢ 소화배관 등이 폐쇄·차단되어 소화수 또는 소화약제가 자동 방출되지 않는 경우
    ㉣ 방화문 또는 자동방화셔터가 훼손되거나 철거되어 본래의 기능을 못하는 경우
  ② 자체점검 결과 공개(소방시설법 영 제36조)
    ㉠ 소방본부장 또는 소방서장은 법 제24조 제2항에 따라 자체점검 결과를 공개하는 경우 **30일** 이상 법 제48조에 따른 전산시스템 또는 인터넷 홈페이지 등을 통해 공개해야 한다.
    ㉡ 소방본부장 또는 소방서장은 ㉠에 따라 자체점검 결과를 공개하려는 경우 공개 기간, 공개 내용 및 공개 방법을 해당 특정소방대상물의 관계인에게 미리 알려야 한다.
    ㉢ 특정소방대상물의 관계인은 ㉡에 따라 공개 내용 등을 통보받은 날부터 10일 이내에 관할 소방본부장 또는 소방서장에게 이의신청을 할 수 있다.
    ㉣ 소방본부장 또는 소방서장은 ㉢에 따라 이의신청을 받은 날부터 **10일** 이내에 심사·결정하여 그 결과를 지체 없이 신청인에게 알려야 한다.
    ㉤ 자체점검 결과의 공개가 제3자의 법익을 침해하는 경우에는 제3자와 관련된 사실을 제외하고 공개해야 한다.

(3) 차동식 분포형 공기관식 감지기의 화재작동시험 했을 경우
　① 기준치 이상인 경우(작동시간이 느린 경우)
　　㉠ 리크 저항치가 규정치보다 작다(리크 구멍이 크다).
　　㉡ 접점 수고값이 규정치보다 높다(힘 또는 간격이 크다).
　　㉢ 공기관의 누설, 폐쇄, 변형상태
　　㉣ 공기관의 길이가 주입량에 비해 길다.
　　㉤ 공기관의 접점의 접촉 불량
　② 기준치 미달인 경우(작동시간이 빠른 경우)
　　㉠ 리크 저항치가 규정치보다 크다.
　　㉡ 접점 수고값이 규정치보다 낮다.
　　㉢ 공기관의 길이가 주입량에 비해 짧다.

03 다음 물음에 답하시오. (30점)

(1) 소방시설 등(작동점검, 종합점검) 점검표상 분말소화설비 점검표의 저장용기 점검항목 중 종합점검의 경우에만 해당하는 점검항목 6가지를 쓰시오. (6점)
(2) 지하구의 화재안전성능기준(NFPC 605)상 방화벽 설치기준 5가지를 쓰시오. (5점)
(3) 화재조기진압용 스프링클러설비에서 수리학적으로 가장 먼 가지배관 4개에 각각 4개의 스프링클러헤드를 하향식으로 설치되어 있다. 이 경우 스프링클러헤드가 동시에 개방되었을 때 헤드 선단의 최소 방사압력 0.28[MPa], $K[(L/min)/MPa^{1/2}] = 320$일 때 수원의 양$[m^3]$을 구하시오.(단, 소수점 셋째 자리에서 반올림하여 소수점 둘째 자리까지 구하시오). (5점)
(4) 화재안전기술기준(NFTC)에 대하여 다음 물음에 답하시오. (9점)
  ① 포소화설비의 화재안전기술기준(NFTC 105)상 다음 용어의 정의를 쓰시오. (5점)
    ㉠ 펌프 프로포셔너방식(1점)
    ㉡ 프레셔 프로포셔너방식(1점)
    ㉢ 라인 프로포셔너방식(1점)
    ㉣ 프레셔사이드 프로포셔너방식(1점)
    ㉤ 압축공기포 믹싱챔버방식(1점)
  ② 고층건축물의 화재안전기술기준(NFTC 604)상 초고층 및 지하연계 복합건축물 재난관리에 관한 특별법 시행령에 따른 피난안전구역에 설치하는 소방시설 중 인명구조기구의 설치기준 4가지를 쓰시오. (4점)
(5) 특별피난계단의 계단실 및 부속실 제연설비의 화재안전성능기준(NFPC 501A)상 제연설비의 시험기준 5가지를 쓰시오. (5점)

해답

(1) 분말소화설비 점검표의 저장용기 종합점검항목(소방시설 자체점검사항 등에 관한 고시 별지 4)

번호	점검항목	점검구분
12-A 저장용기		
12-A-001	● 설치장소 적정 및 관리 여부	종합
12-A-002	○ 저장용기 설치장소 표지 설치 여부	종합, 작동
12-A-003	● 저장용기 설치 간격 적정 여부	종합
12-A-004	○ 저장용기 개방밸브 자동·수동 개방 및 안전장치 부착 여부	종합, 작동
12-A-005	● 저장용기와 집합관 연결배관상 체크밸브 부착 여부	종합
12-A-006	● 저장용기 안전밸브 설치 적정 여부	종합
12-A-007	● 저장용기 정압작동장치 설치 적정 여부	종합
12-A-008	● 저장용기 청소장치 설치 적정 여부	종합
12-A-009	○ 저장용기 지시압력계 설치 및 충전압력 적정 여부(축압식의 경우)	종합, 작동

※ 종합점검은 ○나 ●표 전부 다 해당되고, 작동점검은 ○표의 내용만 점검한다.
① 작동점검항목 : 002, 004, 009
② 종합점검항목 : 001~009까지 전부

(2) 지하구의 화재안전성능기준(NFPC 605)상 방화벽 설치기준

① 내화구조로서 홀로 설 수 있는 구조일 것
② 방화벽의 출입문은 건축법 시행령 제64조에 따른 방화문으로서 60분+ 방화문 또는 60분 방화문으로 설치하고, 항상 닫힌 상태를 유지하거나 자동폐쇄장치에 의하여 화재 신호를 받으면 자동으로 닫히는 구조로 해야 한다.
③ 방화벽을 관통하는 케이블·전선 등에는 국토교통부 고시(내화구조의 인정 및 관리기준)에 따라 내화충전구조로 마감할 것
④ 방화벽은 분기구 및 국사·변전소 등의 건축물과 지하구가 연결되는 부위(건축물로부터 20[m] 이내)에 설치할 것
⑤ 자동폐쇄장치를 사용하는 경우에는 자동폐쇄장치의 성능인증 및 제품검사의 기술기준에 적합한 것으로 설치할 것

(3) 수원의 양[m³]

$$Q = 12 \times 60 \times K\sqrt{10P}$$

여기서, Q : 수원의 양[L]
K : 상수[(L/min)/MPa$^{1/2}$]
P : 헤드 선단의 압력[MPa]

$\therefore Q = 12 \times 60 \times K\sqrt{10P} = 12 \times 60 \times 320\sqrt{10 \times 0.28} = 385,532.94[\text{L}] = 385.53[\text{m}^3]$

(4) 화재안전기술기준(NFTC)

① 포소화설비의 화재안전기술기준(NFTC 105)상 용어
  ㉠ 펌프 프로포셔너방식 : 펌프의 토출관과 흡입관 사이의 배관 도중에 설치한 흡입기에 펌프에서 토출된 물의 일부를 보내고, 농도조정밸브에서 조정된 포소화약제의 필요량을 포소화약제 저장탱크에서 펌프 흡입 측으로 보내어 이를 혼합하는 방식
  ㉡ 프레셔 프로포셔너방식 : 펌프와 발포기의 중간에 설치된 벤투리관의 벤투리작용과 펌프 가압수의 포소화약제 저장탱크에 대한 압력에 따라 포소화약제를 흡입·혼합하는 방식
  ㉢ 라인 프로포셔너방식 : 펌프와 발포기의 중간에 설치된 벤투리관의 벤투리작용에 따라 포소화약제를 흡입·혼합하는 방식
  ㉣ 프레셔사이드 프로포셔너방식 : 펌프의 토출관에 압입기를 설치하여 포소화약제 압입용 펌프로 포소화약제를 압입시켜 혼합하는 방식
  ㉤ 압축공기포 믹싱챔버방식 : 물, 포소화약제 및 공기를 믹싱챔버로 강제주입시켜 챔버 내에서 포수용액을 생성한 후 포를 방사하는 방식

② 고층건축물의 화재안전기술기준(NFTC 604)상 피난안전구역에 설치하는 소방시설 중 인명구조기구의 설치기준

구 분	설치기준
1. 제연설비	피난안전구역과 비제연구역 간의 차압은 50[Pa](옥내에 스프링클러설비가 설치된 경우에는 12.5[Pa]) 이상으로 해야 한다. 다만, 피난안전구역의 한쪽 면 이상이 외기에 개방된 구조의 경우에는 설치하지 않을 수 있다.
2. 피난유도선	피난유도선은 다음의 기준에 따라 설치해야 한다. 가. 피난안전구역이 설치된 층의 계단실 출입구에서 피난안전구역의 주 출입구 또는 비상구까지 설치할 것 나. 계단실에 설치하는 경우 계단 및 계단참에 설치할 것 다. 피난유도 표시부의 너비는 최소 25[mm] 이상으로 설치할 것 라. 광원점등방식(전류에 의하여 빛을 내는 방식)으로 설치하되, 60분 이상 유효하게 작동할 것
3. 비상조명등	피난안전구역의 비상조명등은 상시 조명이 소등된 상태에서 그 비상조명등이 점등되는 경우 각 부분의 바닥에서 조도는 10[lx] 이상이 될 수 있도록 설치할 것

4. 휴대용 비상조명등	가. 피난안전구역에는 휴대용 비상조명등을 다음의 기준에 따라 설치해야 한다.
	  1) 초고층 건축물에 설치된 피난안전구역 : 피난안전구역 위층의 재실자수(건축물의 피난·방화구조 등의 기준에 관한 규칙 별표 1의2에 따라 산정된 재실자 수를 말한다)의 10분의 1 이상
	  2) 지하연계 복합건축물에 설치된 피난안전구역 : 피난안전구역이 설치된 층의 수용인원(영 별표 7에 따라 산정된 수용인원을 말한다)의 10분의 1 이상
	나. 건전지 및 충전식 건전지의 용량은 40분 이상 유효하게 사용할 수 있는 것으로 한다. 다만, 피난안전구역이 50층 이상에 설치되어 있을 경우의 용량은 60분 이상으로 할 것

5. 인명구조기구	가. 방열복, 인공소생기를 각 2개 이상 비치할 것 나. 45분 이상 사용할 수 있는 성능의 공기호흡기(보조마스크를 포함한다)를 2개 이상 비치해야 한다. 다만, 피난안전구역이 50층 이상에 설치되어 있을 경우에는 동일한 성능의 예비용기를 10개 이상 비치할 것 다. 화재 시 쉽게 반출할 수 있는 곳에 비치할 것 라. 인명구조기구가 설치된 장소의 보기 쉬운 곳에 "인명구조기구"라는 표지판 등을 설치할 것

(5) 특피제연설비의 시험기준(NFTC 501A)
  ① 제연구역의 모든 출입문 등의 크기와 열리는 방향이 설계 시와 동일한지 여부를 확인하고, 동일하지 않은 경우 급기량과 보충량 등을 다시 산출하여 조정가능여부 또는 재설계·개수의 여부를 결정할 것
  ② 제연구역의 출입문 및 복도와 거실(옥내가 복도와 거실로 되어 있는 경우에 한한다) 사이의 출입문마다 제연설비가 작동하고 있지 않은 상태에서 그 폐쇄력을 측정할 것
  ③ 층별로 화재감지기(수동기동장치를 포함한다)를 동작시켜 제연설비가 작동하는지 여부를 확인할 것. 다만, 둘 이상의 특정소방대상물이 지하에 설치된 주차장으로 연결되어 있는 경우에는 특정소방대상물의 화재감지기 및 주차장에서 하나의 특정소방대상물의 제연구역으로 들어가는 입구에 설치된 제연용 연기감지기의 작동에 따라 해당 특정소방대상물의 수직풍도에 연결된 모든 제연구역의 댐퍼가 개방되도록 하거나 해당 특정소방대상물을 포함한 둘 이상의 특정소방대상물의 모든 제연구역의 댐퍼가 개방되도록 하고 비상전원을 작동시켜 급기 및 배기용 송풍기의 성능이 정상인지 확인할 것

제24회 과년도 기출문제

2024년 9월 14일 시행

01 다음 물음에 답하시오. (40점)

(1) 스프링클러설비 펌프 주변의 배관을 소방시설 도시기호를 이용하여 올바르게 그리시오. (13점)
   ① 펌프 흡입 측 배관(단, 수원의 수위가 펌프보다 낮고, 연성계(진공계)는 제외)(5점)
   ② 성능시험배관(유량계 사용)(3점)
   ③ 기동용 수압개폐장치(압력챔버 방식 적용, 인입 측 차단밸브는 제외)(5점)

   [답안 작성예시]
   • 순환배관 : ▽/∕∕

(2) 소방시설 자체점검사항 등에 관한 고시상 소방시설 등 점검표 중 스프링클러설비 점검표 3-F 배관에서 아래 내용의 점검 항목과 그에 대응하는 스프링클러설비의 화재안전기술기준(NFTC 103)의 내용을 각각 쓰시오. (12점)
   ① 펌프 흡입 측 배관(4점)
      • 점검항목 :
      • 스프링클러설비의 화재안전기술기준 펌프의 흡입 측 배관 설치기준
   ② 성능시험배관(6점)
      • 점검항목 :
      • 스프링클러설비의 화재안전기술기준 펌프의 성능시험배관 설치기준
   ③ 순환배관(2점)
      • 점검항목 :

(3) 소방시설 자체점검사항 등에 관한 고시상 소방시설 등 점검표 중 스프링클러설비 점검표 3-C 가압송수장치의 펌프방식 작동점검 항목 3가지를 쓰시오(단, 가압송수장치의 스프링클러펌프 표지설치 여부 또는 다른 소화설비와 겸용 시 겸용설비 이름 표시부착 여부는 제외). (3점)

(4) 소방시설 자체점검사항 등에 관한 고시상 소방시설 등 점검표 중 옥내소화전설비 점검표의 2-C 가압송수장치의 펌프방식과 스프링클러설비 점검표의 3-C 가압송수장치의 펌프방식의 점검항목을 비교하였을 때, 공통되는 사항을 제외하고 옥내소화전설비 점검표의 2-C 가압송수장치의 펌프방식에만 있는 점검항목 4가지를 쓰시오(단, 가압송수장치의 옥내소화전펌프 표지설치 여부 또는 다른 소화설비와 겸용 시 겸용설비 이름 표시 부착여부는 제외). (4점)

(5) 소방시설 자체점검사항 등에 관한 고시상 소방시설 등 점검표 중 기타사항 점검표의 31-A 피난·방화시설 점검항목 2가지를 쓰시오. (2점)

(6) 소방시설 설치 및 관리에 관한 법령상 다음의 지하 2층 지상 8층인 특정소방대상물에 설치되어야 하는 소방시설 중 경보설비 4가지와 소화활동설비 2가지를 쓰시오. (6점)

   • 건축물의 용도는 근린생활시설(산후조리원 포함)이고, 높이는 32[m]
   • 건축허가일은 2023년 1월 1일
   • 각 층의 바닥면적 1,000[m^2]
   • 스프링클러설비는 설치됨
   • 화재수신기 설치 장소에는 주간에만 근무자가 있음
   • 소방시설 설치 및 관리에 관한 법률 시행령 별표 5 특정소방대상물의 소방시설 설치의 면제 기준을 따른다.
   • 기타 조건은 무시한다.

해답 (1) 소방시설 도시기호(소방시설 자체점검사항 등에 관한 고시 별표)
① 펌프 흡입 측 배관(단, 수원의 수위가 펌프보다 낮고, 연성계(진공계)는 제외)

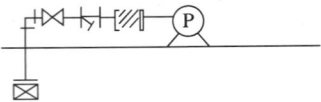

② 성능시험배관(유량계 사용)

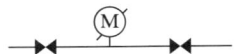

③ 기동용 수압개폐장치(압력챔버 방식 적용, 인입 측 차단밸브는 제외)

(2) 스프링클러설비의 화재안전기술기준(NFTC 103)의 내용
① 펌프 흡입 측 배관
  ㉠ 점검항목 : 펌프의 흡입 측 배관 여과장치의 상태 확인
  ㉡ 스프링클러설비의 화재안전기술기준 펌프의 흡입 측 배관 설치기준
    • 공기 고임이 생기지 않는 구조로 하고 여과장치를 설치할 것
    • 수조가 펌프보다 낮게 설치된 경우에는 각 펌프(충압펌프를 포함한다)마다 수조로부터 별도로 설치할 것
② 성능시험배관
  ㉠ 점검항목 : 성능시험배관 설치(개폐밸브, 유량조절밸브, 유량측정장치) 적정 여부
  ㉡ 스프링클러설비의 화재안전기술기준 펌프의 성능시험배관 설치기준
    • 성능시험배관은 펌프의 토출 측에 설치된 개폐밸브 이전에서 분기하여 직선으로 설치하고, 유량측정장치를 기준으로 전단 직관부에는 개폐밸브를 후단 직관부에는 유량조절밸브를 설치할 것. 이 경우 개폐밸브와 유량측정장치 사이의 직관부 거리 및 유량측정장치와 유량조절밸브 사이의 직관부 거리는 해당 유량측정장치 제조사의 설치사양에 따르고, 성능시험배관의 호칭지름은 유량측정장치의 호칭지름에 따른다.
    • 유량측정장치는 펌프의 정격토출량의 175[%] 이상까지 측정할 수 있는 성능이 있을 것
③ 순환배관
  점검항목 : 순환배관 설치(설치위치・배관구경, 릴리프밸브 개방압력) 적정 여부
(3) 스프링클러설비 점검표 3-C 가압송수장치의 펌프방식 작동점검항목
① 성능시험배관을 통한 펌프 성능시험 적정 여부
② 펌프 흡입 측 연성계・진공계 및 토출 측 압력계 등 부속장치의 변형・손상 유무
③ 내연기관 방식의 펌프 설치 적정[정상기동(기동장치 및 제어반) 여부, 축전지 상태, 연료량] 여부

(4) 옥내소화전설비 점검표의 2-C 가압송수장치의 펌프방식에만 있는 점검항목

옥내소화전설비	스프링클러설비
[펌프방식] ● 동결방지조치 상태 적정 여부 ○ **옥내소화전 방수량 및 방수압력 적정 여부** ● **감압장치 설치 여부(방수압력 0.7[MPa] 초과 조건)** ○ 성능시험배관을 통한 펌프 성능시험 적정 여부 ● 다른 소화설비와 겸용인 경우 펌프 성능 확보 가능 여부 ○ 펌프 흡입 측 연성계·진공계 및 토출 측 압력계 등 부속장치의 변형·손상 유무 ● 기동장치 적정 설치 및 기동압력 설정 적정 여부 ○ **기동스위치 설치 적정 여부(ON/OFF 방식)** ● **주펌프와 동등 이상 펌프 추가설치 여부** ● 물올림장치 설치 적정(전용 여부, 유효수량, 배관구경, 자동급수) 여부 ● 충압펌프 설치 적정(토출압력, 정격토출량) 여부 ○ 내연기관 방식의 펌프 설치 적정[정상기동(기동장치 및 제어반) 여부, 축전지 상태, 연료량] 여부 ○ 가압송수장치의 "옥내소화전펌프" 표지설치 여부 또는 다른 소화설비와 겸용 시 겸용설비 이름 표시 부착 여부	[펌프방식] ● 동결방지조치 상태 적정 여부 ○ 성능시험배관을 통한 펌프 성능시험 적정 여부 ● 다른 소화설비와 겸용인 경우 펌프 성능 확보 가능 여부 ○ 펌프 흡입 측 연성계·진공계 및 토출 측 압력계 등 부속장치의 변형·손상 유무 ● 기동장치 적정 설치 및 기동압력 설정 적정 여부 ● 물올림장치 설치 적정(전용 여부, 유효수량, 배관구경, 자동급수) 여부 ● 충압펌프 설치 적정(토출압력, 정격토출량) 여부 ○ 내연기관 방식의 펌프 설치 적정[정상기동(기동장치 및 제어반) 여부, 축전지 상태, 연료량] 여부 ○ 가압송수장치의 "스프링클러펌프" 표지설치 여부 또는 다른 소화설비와 겸용 시 겸용설비 이름 표시 부착 여부

① 옥내소화전 방수량 및 방수압력 적정 여부
② 감압장치 설치 여부(방수압력 0.7[MPa] 초과 조건)
③ 기동스위치 설치 적정 여부(ON/OFF 방식)
④ 주펌프와 동등 이상 펌프 추가설치 여부

(5) 기타사항 점검표의 31-A 피난·방화시설 점검항목
  ① 방화문 및 방화셔터의 관리 상태(폐쇄·훼손·변경) 및 정상 기능 적정 여부
  ② 비상구 및 피난통로 확보 적정 여부(피난·방화시설 주변 장애물 적치 포함)

(6) 특정소방대상물에 설치되어야 하는 소방시설 중 경보설비 4가지와 소화활동설비 2가지
  ① 경보설비

소방시설		설치기준	특정소방대상물의 시설	설치여부
경보 설비	자동화재 탐지설비	① 공동주택 중 아파트 등·기숙사 및 숙박시설의 경우에는 모든 층 ② 층수가 6층 이상인 건축물의 경우에는 모든 층 ③ **근린생활시설(목욕장은 제외한다)**, 의료시설(정신의료기관 또는 요양병원은 제외한다), 위락시설, 장례시설 및 복합건축물로서 **연면적 600[m²] 이상인 경우에는 모든 층** ④ 근린생활시설 중 목욕장, 문화 및 집회시설, 종교시설, 판매시설, 운수시설, 운동시설, 업무시설, 공장, 창고시설, 위험물 저장 및 처리 시설, 항공기 및 자동차 관련 시설, 교정 및 군사시설 중 국방·군사시설, 방송통신시설, 발전시설, 관광휴게시설, 지하상가로서 연면적 1,000[m²] 이상인 경우에는 모든 층	근린생활시설 (산후조리원 포함)	○

소방시설		설치기준	특정소방대상물의 시설	설치여부
경보 설비	자동화재 탐지설비	⑤ 교육연구시설(교육시설 내에 있는 기숙사 및 합숙소를 포함한다), 수련시설(수련시설 내에 있는 기숙사 및 합숙소를 포함하며, 숙박시설이 있는 수련시설은 제외한다), 동물 및 식물 관련 시설(기둥과 지붕만으로 구성되어 외부와 기류가 통하는 장소는 제외한다), 자원순환 관련 시설, 교정 및 군사시설(국방·군사시설은 제외한다) 또는 묘지 관련 시설로서 연면적 2,000[m²] 이상인 경우에는 모든 층 ⑥ 노유자 생활시설의 경우에는 모든 층 ⑦ ⑥에 해당하지 않는 노유자시설로서 연면적 400[m²] 이상인 노유자시설 및 숙박시설이 있는 수련시설로서 수용인원 100명 이상인 경우에는 모든 층 ⑧ 의료시설 중 정신의료기관 또는 요양병원으로서 다음의 어느 하나에 해당하는 시설 ㉠ 요양병원(의료재활시설은 제외한다) ㉡ 정신의료기관 또는 의료재활시설로 사용되는 바닥면적의 합계가 300[m²] 이상인 시설 ㉢ 정신의료기관 또는 의료재활시설로 사용되는 바닥면적의 합계가 300[m²] 미만이고, 창살(철재·플라스틱 또는 목재 등으로 사람의 탈출 등을 막기 위하여 설치한 것을 말하며, 화재 시 자동으로 열리는 구조로 되어 있는 창살은 제외한다)이 설치된 시설 ⑨ 판매시설 중 전통시장 ⑩ 터널로서 길이가 1,000[m] 이상인 것 ⑪ 지하구 ⑫ ③에 해당하지 않는 근린생활시설 중 조산원 및 **산후조리원** ⑬ ④에 해당하지 않는 공장 및 창고시설로서 화재의 예방 및 안전관리에 관한 법률 시행령 별표 2에서 정하는 수량의 500배 이상의 특수가연물을 저장·취급하는 것 ⑭ ④에 해당하지 않는 발전시설 중 전기저장시설	근린생활시설 (산후조리원 포함)	○
	비상방송 설비	① 연면적 3,500[m²] 이상인 것은 모든 층 ② 층수가 11층 이상인 것은 모든 층 ③ 지하층의 층수가 3층 이상인 것은 모든 층	• 지하 1,000[m²] × 2개층 = 2,000[m²] • 지상 1,000[m²] × 8개층 = 8,000[m²] ∴ 합계 10,000[m²]	○
	시각경보기	① **근린생활시설**, 문화 및 집회시설, 종교시설, 판매시설, 운수시설, 의료시설, 노유자시설 ② 운동시설, 업무시설, 숙박시설, 위락시설, 창고시설 중 물류터미널, 발전시설 및 장례시설 ③ 교육연구시설 중 도서관, 방송통신시설 중 방송국 ④ 지하상가	근린생활시설	○

소방시설		설치기준	특정소방대상물의 시설	설치여부

경보
설비
	자동화재
	속보설비
		① 노유자 생활시설
		② 노유자 시설로서 바닥면적이 500[m²] 이상인 층이 있는 것
		③ 수련시설(숙박시설이 있는 것만 해당한다)로서 바닥면적이 500[m²] 이상인 층이 있는 것
		④ 문화유산 중 문화유산의 보존 및 활용에 관한 법률 제23조에 따라 보물 또는 국보로 지정된 목조건축물
		⑤ 근린생활시설 중 다음의 어느 하나에 해당하는 시설
		  ㉠ 의원, 치과의원 및 한의원으로서 입원실이 있는 시설
		  ㉡ 조산원 및 **산후조리원**
		⑥ 의료시설 중 다음의 어느 하나에 해당하는 것
		  ㉠ 종합병원, 병원, 치과병원, 한방병원 및 요양병원
		    (의료재활시설은 제외한다)
		  ㉡ 정신병원 및 의료재활시설로 사용되는 바닥면적의 합계가 500[m²] 이상인 층이 있는 것
		⑦ 판매시설 중 전통시장
			산후조리원	○

② 소화활동설비

소방시설		설치기준	특정소방대상물의 시설	설치여부
소화 활동 설비	제연설비	① 문화 및 집회시설, 종교시설, 운동시설로서 무대부의 바닥면적이 200[m²] 이상인 경우에는 해당 무대부 ② 문화 및 집회시설 중 영화상영관으로서 수용인원 100명 이상인 경우에는 해당 영화상영관 ③ **지하층이나 무창층에 설치된 근린생활시설**, 판매시설, 운수시설, 숙박시설, 위락시설, 의료시설, 노유자시설 또는 창고시설(물류터미널로 한정한다)로서 **해당 용도로 사용되는 바닥면적의 합계가 1,000[m²] 이상인 경우에는 해당 부분** ④ 운수시설 중 시외버스정류장, 철도 및 도시철도시설, 공항시설 및 항만시설의 대기실 또는 휴게시설로서 지하층 또는 무창층의 바닥면적이 1,000[m²] 이상인 경우에는 모든 층 ⑤ 지하상가로서 연면적 1,000[m²] 이상인 것 ⑥ 예상 교통량, 경사도 등 터널의 특성을 고려하여 행정안전부령으로 정하는 터널 ⑦ 특정소방대상물(갓복도형 아파트 등은 제외한다)에 부설된 특별피난계단, 비상용 승강기의 승강장 또는 피난용 승강기의 승강장	지하층에 설치된 근린생활시설로서 해당 용도로 사용되는 바닥면적의 합계가 1,000[m²] 이상인 경우에는 해당 부분	○
	연결송수관 설비	① 층수가 5층 이상으로서 연면적 6,000[m²] 이상인 경우에는 모든 층 ② ①에 해당하지 않는 특정소방대상물로서 지하층을 포함하는 층수가 7층 이상인 경우에는 모든 층 ③ ① 및 ② 해당하지 않는 특정소방대상물로서 지하층의 층수가 3층 이상이고 지하층의 바닥면적의 합계가 1,000[m²] 이상인 이상인 경우에는 모든 층 ④ 터널로서 길이가 1,000[m] 이상인 것	지하 2층, 지상 8층으로 연면적 10,000[m²]	○

∴ 경보설비 : 자동화재탐지설비, 비상방송설비, 시각경보기, 자동화재속보설비
   소화활동설비 : 제연설비, 연결송수관설비

02 다음 물음에 답하시오.(30점)

(1) 이산화탄소소화설비에 대하여 다음 물음에 답하시오.(7점)
  ① 이산화탄소소화설비에서 솔레노이드밸브의 작동시험방법 4가지만 쓰시오.(4점)
  ② 소방시설 자체점검사항 등에 관한 고시상 이산화탄소소화설비 점검표 9-N 안전시설 등의 점검항목 3가지를 쓰시오.(3점)

(2) 다음 물음에 답하시오.(8점)
  ① 소방시설 자체점검사항 등에 관한 고시상 소화용수설비 점검표 23-A 소화수조 및 저수조 중 채수구의 점검항목 4가지를 쓰시오.(4점)
  ② 스프링클러설비의 화재안전기술기준(NFTC 103)에 관한 내용이다. ( )에 들어갈 내용을 쓰시오.(4점)

> 준비작동식 유수검지장치 또는 일제개방밸브 작동의 화재감지회로는 교차회로방식으로 할 것. 다만, 다음 어느 하나에 해당되는 경우에는 그렇지 않다.
> 가. 스프링클러설비의 배관 또는 헤드에 누설경보용 물 또는 (㉠)가 채워지거나 (㉡)의 경우
> 나. 화재감지기를 불꽃감지기, 정온식감지선형감지기, 분포형감지기, 복합형감지기, (㉢), 아날로그 방식의 감지기, (㉣), 축적방식의 감지기 중 하나로 설치한 때

(3) 다음 물음에 답하시오.(7점)
  ① 소방시설 설치 및 관리에 관한 법령상 특정소방대상물이 증축되는 경우에도 소방본부장 또는 소방서장이 기존 부분에 대해서 증축 당시의 소방시설의 설치에 관한 대통령령 또는 화재안전기준을 적용하지 않는 경우 4가지를 쓰시오.(4점)
  ② 다중이용업소의 안전관리에 관한 특별법령상 간이스프링클러설비를 설치해야 할 다중이용업소의 영업장 3가지만 쓰시오.(3점)

(4) 특별피난계단의 계단실 및 부속실 제연설비의 화재안전성능기준(NFPC 501A)에 관한 다음 물음에 답하시오.(8점)
  ① 특별피난계단의 계단실 및 부속실 제연설비에서 배출댐퍼 및 개폐기의 직근 또는 제연구역에 설치된 수동기동장치로 작동 또는 개방하는 4가지를 쓰시오.(4점)
  ② 특별피난계단의 계단실 및 부속실 제연설비의 차압 등에 관한 기준이다. ( )에 들어갈 내용을 쓰시오.(4점)

> 2.3(차압 등)
> 2.3.1 제연구역과 옥내와의 사이에 유지해야 하는 최소 차압은 40[Pa](옥내에 스프링클러설비가 설치된 경우에는 (㉠)[Pa] 이상으로 해야 한다.
> 2.3.2 제연설비가 가동되었을 경우 출입문의 개방에 필요한 힘은 (㉡)[N] 이하로 해야 한다.
> 2.3.3 출입문이 일시적으로 개방되는 경우 개방되지 않은 제연구역과 옥내와의 차압은 2.3.1의 기준에도 불구하고 2.3.1의 기준에 따른 차압의 (㉢)[%] 이상이어야 한다.
> 2.3.4 계단실과 부속실을 동시에 제연하는 경우 부속실의 기압은 계단실과 같게 하거나 계단실의 기압보다 낮게 할 경우에는 부속실과 계단실의 압력 차이는 (㉣)[Pa] 이하가 되도록 해야 한다.

해답 (1) 이산화탄소소화설비에서 솔레노이드밸브의 작동시험방법

① **방호구역 내 감지기 2개회로 동작** : 화재 시 방호구역 내의 A, B 감지기가 자동적으로 화재를 감지하여 정상적으로 작동되는지의 여부를 확인하는 시험
  ㉠ A회로의 감지기 동작 : 해당 방호구역의 A회로의 화재표시등 및 경보 여부 확인
  ㉡ B회로의 감지기 동작 : 해당 방호구역의 B회로의 화재표시등 및 경보 여부 확인 및 지연타이머가 동작 여부를 확인한다(지연타이머의 세팅된 시간이 지난 후 솔레노이드밸브가 격발되는지 확인한다).

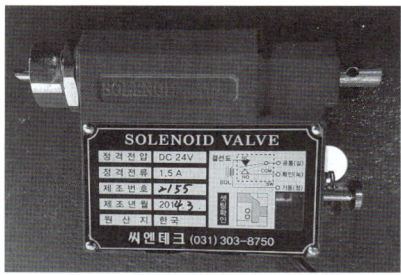
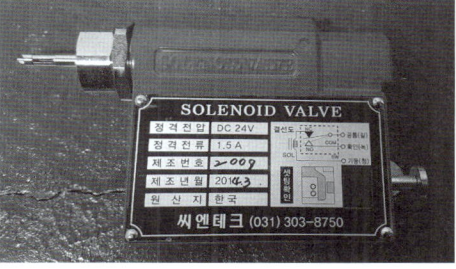

[격발 전]   [격발 후]

  ㉢ **수동조작함의 수동조작스위치 동작** : 화재 발견자가 수동조작함을 수동조작으로 동작시켜 정상적으로 작동되는지의 여부를 확인하는 시험
   • 수동조작함의 조작스위치를 조작하여 화재 발생 여부를 확인한다.
   • 지연타이머의 세팅된 시간이 지난 후 솔레노이드밸브가 격발되는지 확인한다.
  ㉣ **제어반의 동작시험스위치와 회로선택스위치 동작** : 동작시험스위치와 회로선택스위치를 이용하여 정상적으로 작동되는지의 여부를 확인하는 시험
   • 제어반에서 솔레노이드밸브의 연동스위치를 정지위치로 한다.
   • 회로선택스위치를 시험하고자 하는 방호구역의 A회로로 전환한다.
   • 동작시험스위치를 시험위치로 전환한다.
   • 회로선택스위치를 시험하고자 하는 방호구역의 B회로로 전환한다.
   • 제어반에서 솔레노이드밸브의 연동스위치를 자동으로 한다.
   • 지연타이머의 세팅된 시간이 지난 후 솔레노이드밸브가 격발되는지 확인한다.
  ㉤ **제어반의 수동스위치 동작** : 제어반에 설치된 해당 방호구역의 수동조작 스위치를 조작하여 방호구역마다 시험을 하는 방법
  ㉥ **솔레노이드밸브의 수동조작버튼 작동** : 정상적으로 작동되지 않을 때 사용하는 방법으로 솔레노이드밸브의 안전핀을 제거한 후 수동조작버튼을 누르면 솔레노이드밸브가 동작한다.

② 이산화탄소소화설비 점검표 9-N 안전시설 등의 점검항목(소방시설 자체점검사항 등에 관한 고시 별지 4)

번 호	점검항목	점검결과
9-N. 안전시설 등		
9-N-001	○ 소화약제 방출알림 시각경보장치 설치기준 적합 및 정상 작동 여부	○
9-N-002	○ 방호구역 출입구 부근 잘 보이는 장소에 소화약제 방출 위험경고표지 부착 여부	
9-N-003	○ 방호구역 출입구 외부 인근에 공기호흡기 설치 여부	

(2) 소화수조 및 저수조의 점검항목과 스프링클러설비의 화재안전기술기준
① 소화용수설비 점검표 23-A 소화수조 및 저수조 중 채수구의 점검항목(소방시설 자체점검사항 등에 관한 고시 별지 4)

번 호	점검항목	점검대상 구분
23-A. 소화수조 및 저수조		
	[수 원]	
23-A-001	○ 수원의 유효수량 적정 여부	작동
	[흡수관투입구]	
23-A-011	○ 소방차 접근 용이성 적정 여부	작동
23-A-012	● 크기 및 수량 적정 여부	종합, 작동
23-A-013	○ "흡수관투입구" 표지 설치 여부	작동
	[채수구]	
23-A-021	○ 소방차 접근 용이성 적정 여부	작동
23-A-022	● 결합금속구 구경 적정 여부	종합, 작동
23-A-023	● 채수구 수량 적정 여부	종합, 작동
23-A-024	○ 개폐밸브의 조작 용이성 여부	작동
	[가압송수장치]	
23-A-031	○ 기동스위치 채수구 직근 설치 여부 및 정상 작동 여부	작동
23-A-032	○ "소화용수설비펌프" 표지 설치상태 적정 여부	작동
23-A-033	● 동결방지조치 상태 적정 여부	종합, 작동
23-A-034	● 토출 측 압력계, 흡입 측 연성계 또는 진공계 설치 여부	종합, 작동
23-A-035	○ 성능시험배관 적정 설치 및 정상작동 여부	작동
23-A-036	○ 순환배관 설치 적정 여부	작동
23-A-037	○ 물올림장치 설치 적정(전용 여부, 유효수량, 배관구경, 자동급수) 여부	작동
23-A-038	○ 내연기관 방식의 펌프 설치 적정(제어반 기동, 채수구 원격조작, 기동표시등 설치, 축전지 설비) 여부	작동
23-B. 상수도 소화용수설비		
23-B-001	○ 소화전 위치 적정 여부	작동
23-B-002	○ 소화전 관리상태(변형·손상 등) 및 방수 원활 여부	작동

② 스프링클러설비의 화재안전기술기준(NFTC 103)

[준비작동식 유수검지장치 또는 일제개방밸브 작동 기준]
- 담당구역 내의 화재감지기의 동작에 따라 개방 및 작동될 것
- 화재감지회로는 교차회로방식으로 할 것. 다만, 다음의 어느 하나에 해당되는 경우에는 그렇지 않다.
  - 스프링클러설비의 배관 또는 헤드에 누설경보용 물 또는 **압축공기**가 채워지거나 **부압식 스프링클러설비**의 경우
  - 화재감지기를 자동화재탐지설비 및 시각경보장치의 화재안전기술기준의 2.4.1 단서의 각 감지기로 설치한 때

[자동화재탐지설비 및 시각경보장치의 화재안전기술기준의 2.4.1 단서]
① 불꽃감지기
② 정온식감지선형감지기
③ 분포형감지기
④ 복합형감지기
⑤ 광전식분리형감지기
⑥ 아날로그 방식의 감지기
⑦ 다신호방식의 감지기
⑧ 축적방식의 감지기

∴ ㉠ 압축공기　㉡ 부압식 스프링클러설비
　㉢ 광전식분리형감지기　㉣ 다신호방식의 감지기

(3) 소방시설 설치 및 관리에 관한 법령 및 다중이용업소의 안전관리에 관한 특별법
① 증축되는 경우에 기존 부분에 대해서 증축 당시의 소방시설의 설치에 관한 대통령령 또는 화재안전기준을 적용하지 않는 경우(소방시설법 영 제15조)
  ㉠ 기존 부분과 증축 부분이 내화구조로 된 바닥과 벽으로 구획된 경우
  ㉡ 기존 부분과 증축 부분이 자동방화셔터 또는 60분+ 방화문으로 구획되어 있는 경우
  ㉢ 자동차 생산공장 등 화재위험이 낮은 특정소방대상물 내부에 연면적 33[m^2] 이하의 직원휴게실을 증축하는 경우
  ㉣ 자동차 생산공장 등 화재위험이 낮은 특정소방대상물에 캐노피(기둥으로 받치거나 매달아 놓은 덮개를 말하며, 3면 이상에 벽이 없는 구조의 것을 말한다)를 설치하는 경우
② 간이스프링클러설비를 설치해야 할 다중이용업소의 영업장(다중이용업소법 영 별표 1의2)
  ㉠ 지하층에 설치된 영업장
  ㉡ 숙박을 제공하는 형태의 다중이용업소의 영업장 중 다음에 해당하는 영업장. 다만, 지상 1층에 있거나 지상과 직접 맞닿아 있는 층(영업장의 주된 출입구가 건축물 외부의 지면과 직접 연결된 경우를 포함한다)에 설치된 영업장은 제외한다.
    • 산후조리업의 영업장
    • 고시원업의 영업장
  ㉢ 밀폐구조의 영업장
  ㉣ 권총사격장의 영업장

(4) 특별피난계단의 계단실 및 부속실 제연설비의 화재안전성능기준(NFPC 501A)
① 배출댐퍼 및 개폐기의 직근 또는 제연구역에 설치된 수동기동장치로 작동 또는 개방
  ㉠ 전 층의 제연구역에 설치된 급기댐퍼의 개방
  ㉡ 해당 층의 배출댐퍼 또는 개폐기의 개방
  ㉢ 급기송풍기 및 유입공기의 배출용 송풍기의 작동
  ㉣ 개방·고정된 모든 출입문(제연구역과 옥내 사이의 출입문에 한한다)의 개폐장치의 작동
② 특별피난계단의 계단실 및 부속실 제연설비의 차압 등에 관한 기준

> **[2.3(차압 등)]**
> 2.3.1 제연구역과 옥내와의 사이에 유지해야 하는 최소 차압은 40[Pa](옥내에 스프링클러설비가 설치된 경우에는 **12.5**[Pa]) 이상으로 해야 한다.
> 2.3.2 제연설비가 가동되었을 경우 출입문의 개방에 필요한 힘은 **110**[N] 이하로 해야 한다.
> 2.3.3 출입문이 일시적으로 개방되는 경우 개방되지 않은 제연구역과 옥내와의 차압은 2.3.1의 기준에도 불구하고 2.3.1의 기준에 따른 차압의 **70**[%] 이상이어야 한다.
> 2.3.4 계단실과 부속실을 동시에 제연하는 경우 부속실의 기압은 계단실과 같게 하거나 계단실의 기압보다 낮게 할 경우에는 부속실과 계단실의 압력 차이는 **5**[Pa] 이하가 되도록 해야 한다.

∴ ㉠ 12.5
  ㉡ 110
  ㉢ 70
  ㉣ 5

03 다음 물음에 답하시오. (30점)

(1) 소방시설 설치 및 관리에 관한 법령상 소방시설 등의 자체점검에 관한 내용이다. ( )에 들어갈 내용을 쓰시오. (6점)

① 최초점검이란 해당 특정소방대상물의 소방시설 등이 신설된 경우 건축법 제22조에 따라 건축물을 사용할 수 있게 된 날부터 (㉠)일 이내 점검하는 것을 말하며, 이는 자체점검의 구분 중 (㉡)에 해당한다.
② 관리업자 또는 소방안전관리자로 선임된 소방시설관리사 및 소방기술사(관리업자 등)는 자체점검을 실시한 경우에는 그 점검이 끝난 날부터 (㉢)일 이내에 소방시설 등 자체점검 실시결과 보고서(전자문서로 된 보고서를 포함한다)에 소방청장이 정하여 고시하는 소방시설 등 점검표를 첨부하여 관계인에게 제출해야 한다.
③ 관리업자 등으로부터 자체점검 실시결과 보고서를 제출받거나 스스로 자체점검을 실시한 관계인은 자체점검이 끝난 날부터 (㉣)일 이내에 소방시설 등 자체점검 실시결과 보고서(전자문서로 된 보고서를 포함한다)에 다음 각 호의 서류를 첨부하여 소방본부장 또는 소방서장에게 서면이나 소방청장이 지정하는 전산망을 통하여 보고해야 한다.
 • 점검인력 배치확인서(관리업자가 점검한 경우만 해당한다)
 • 별지 제10호 서식의 소방시설 등 자체점검 결과 이행계획서
④ 소방시설 등의 자체점검 결과 이행계획서를 보고받은 소방본부장 또는 소방서장은 다음 각 호의 구분에 따라 이행계획의 완료 기간을 정하여 관계인에게 통보해야 한다. 다만, 소방시설 등에 대한 수리·교체·정비의 규모 또는 절차가 복잡하여 다음 각 호의 기간 내에 이행을 완료하기가 어려운 경우에는 그 기간을 달리 정할 수 있다.
 • 소방시설 등을 구성하고 있는 기계·기구를 수리하거나 정비하는 경우 : 보고일부터 (㉤)일 이내
 • 소방시설 등의 전부 또는 일부를 철거하고 새로 교체하는 경우 : 보고일부터 (㉥)일 이내

(2) 소방시설 설치 및 관리에 관한 법령에 관한 다음 물음에 답하시오. (12점)

① 다음 아파트에 대한 종합점검을 실시할 경우, 소방시설 설치 및 관리에 관한 법령상 점검세대수와 종합점검에 필요한 최소한의 일수를 계산 과정과 함께 답하시오. (6점)

 • 세대수는 총 2,700세대이다.
 • 스프링클러설비와 제연설비는 설치되어 있고 물분무등소화설비는 없다.
 • 점검인력 1단위에 보조점검인력 2명을 추가하여 종합점검을 실시한다.
 • 다른 조건은 고려하지 않는다.

② 다음 공장에 대한 작동점검(단, 소규모점검이 아님)을 실시할 경우, 소방시설 설치 및 관리에 관한 법령상 점검면적과 작동점검에 필요한 최소한의 일수를 계산 과정과 함께 답하시오. (6점)

 • 연면적은 50,000[m²]이다.
 • 스프링클러설비, 물분무등소화설비, 제연설비는 없다.
 • 점검인력 1단위에 보조점검인력 1명을 추가하여 작동점검을 실시한다.
 • 다른 조건은 고려하지 않는다.

(3) 소방시설 설치 및 관리에 관한 법령상 특정소방대상물의 수용인원 산정에 관하여 다음 물음에 답하시오(단, 다른 조건은 고려하지 않음). (4점)

① 침대가 없는 숙박시설 바닥면적의 합계가 260[m²]이고 숙박시설 종사자가 13명인 경우, 이 숙박시설의 수용인원을 계산 과정과 함께 답하시오. (2점)
② 휴게실 용도로 사용하는 바닥면적의 합계가 150[m²]인 특정소방대상물의 수용인원을 계산과정과 함께 답하시오. (2점)

(4) 소방시설 설치 및 관리에 관한 법령상 소방시설을 설치하지 않을 수 있는 특정소방대상물 및 소방시설의 범위에 관한 내용이다. ( )에 들어갈 내용을 쓰시오.(4점)

구 분	특정소방대상물	설치하지 않을 수 있는 소방시설
1. 화재위험도가 낮은 특정소방대상물	석재·불연성 금속·불연성 건축재료 등의 가공공장·기계조립공장 또는 불연성 물품을 저장하는 창고	(㉠) 및 연결살수설비
2. 화재안전기준을 적용하기가 어려운 특정소방대상물	펄프공장의 작업장·음료수공장의 세정 또는 충전을 하는 작업장 그 밖에 이와 비슷한 용도로 사용하는 것	(㉡), 상수도 소화용수설비 및 연결살수설비
	정수장, 수영장, 목욕장, 농예·축산·어류양식용 시설, 그 밖에 이와 비슷한 용도로 사용되는 것	(㉢), 상수도 소화용수설비 및 연결살수설비
3. 화재안전기준을 달리 적용해야 하는 특수한 용도 또는 구조를 가진 특정소방대상물	원자력발전소, 중·저준위 방사성폐기물의 저장시설	연결송수관설비 및 연결살수설비
4. 위험물안전관리법 제19조에 따른 자체소방대가 설치된 특정소방대상물	자체소방대가 설치된 제조소 등에 부속된 사무실	(㉣), 소화용수설비, 연결살수설비 및 연결송수관설비

(5) 소방시설 설치 및 관리에 관한 법령상 대통령이나 화재안전기준이 변경되어 그 기준이 강화되는 경우 강화된 기준을 적용할 수 있는 소방시설 중 의료시설에 설치하는 것 4가지를 쓰시오.(4점)

해답 (1) 소방시설 등의 자체점검
① 최초점검이란 해당 특정소방대상물의 소방시설 등이 신설된 경우 건축법 제22조에 따라 건축물을 사용할 수 있게 된 날부터 **60일 이내** 점검하는 것을 말하며, 이는 자체점검의 구분 중 **종합점검**에 해당한다(소방시설법 규칙 별표 3).
② **소방시설 등의 자체점검 결과의 조치 등(소방시설법 규칙 제23조)**
㉠ 관리업자 또는 소방안전관리자로 선임된 소방시설관리사 및 소방기술사(관리업자 등)는 자체점검을 실시한 경우에는 그 점검이 끝난 날부터 **10일 이내**에 소방시설 등 자체점검 실시결과 보고서(전자문서로 된 보고서를 포함한다)에 소방청장이 정하여 고시하는 소방시설 등 점검표를 첨부하여 관계인에게 제출해야 한다.
㉡ 관리업자 등으로부터 자체점검 실시결과 보고서를 제출받거나 스스로 자체점검을 실시한 관계인은 자체점검이 끝난 날부터 **15일 이내**에 소방시설 등 자체점검 실시결과 보고서(전자문서로 된 보고서를 포함한다)에 다음 각 호의 서류를 첨부하여 소방본부장 또는 소방서장에게 서면이나 소방청장이 지정하는 전산망을 통하여 보고해야 한다.
• 점검인력 배치확인서(관리업자가 점검한 경우만 해당한다)
• 별지 제10호 서식의 소방시설 등의 자체점검 결과 이행계획서
㉢ ㉠ 및 ㉡에 따른 자체점검 실시결과의 보고기간에는 공휴일 및 토요일은 산입하지 않는다.
㉣ ㉡에 따라 소방본부장 또는 소방서장에게 자체점검 실시결과 보고를 마친 관계인은 소방시설 등 자체점검 실시결과 보고서(소방시설 등 점검표를 포함한다)를 점검이 끝난 날부터 2년간 자체 보관해야 한다.
㉤ 소방시설 등의 자체점검 결과 이행계획서를 보고받은 소방본부장 또는 소방서장은 다음 각 호의 구분에 따라 이행계획의 완료 기간을 정하여 관계인에게 통보해야 한다. 다만, 소방시설 등에 대한 수리·교체·정비의 규모 또는 절차가 복잡하여 다음 각 호의 기간 내에 이행을 완료하기가 어려운 경우에는 그 기간을 달리 정할 수 있다.

- 소방시설 등을 구성하고 있는 기계·기구를 수리하거나 정비하는 경우 : 보고일부터 **10일 이내**
- 소방시설 등의 전부 또는 일부를 철거하고 새로 교체하는 경우 : 보고일부터 **20일 이내**

ⓑ ⓐ에 따른 완료기간 내에 이행계획을 완료한 관계인은 이행을 완료한 날부터 10일 이내에 별지 제11호 서식의 소방시설 등의 자체점검 결과 이행완료 보고서(전자문서로 된 보고서를 포함한다)에 다음 각 호의 서류(전자문서를 포함한다)를 첨부하여 소방본부장 또는 소방서장에게 보고해야 한다.
- 이행계획 건별 전·후의 사진 증명자료
- 소방시설공사 계약서

∴ ㉠ 60   ㉡ 종합점검   ㉢ 10
  ㉣ 15   ㉤ 10   ㉥ 20

(2) 점검일수 계산

※ 현행 소방시설법(시행 24.12.01) 기준으로 풀이하였음

① 아파트의 종합점검일수

㉠ 연면적에 따른 점검 한도세대수
- 소방시설에 따른 감소세대수(물분무등소화설비 없음 : 0.1) = (2,700세대 × 0.1) = 270세대
- 점검세대수 = 2,700세대 − 270세대 = 2,430세대

㉡ 점검일수
- 인력 3명(주된 점검인력 + 보조점검인력2) = 2,430세대 ÷ 250세대 = 9.72일 ≒ 10일
- 인력 5명[주된 점검인력 + 보조점검인력4(추가 2명)] = 2,430세대 ÷ 370(250 + 60+60)세대 = 6.57일 ≒ 7일

> 점검인력 1단위 : 주된 점검인력(관리사 1명) + 보조점검인력(2명)

[소방시설법 시행규칙 별표 4]

(1) 특정소방대상물의 규모에 따른 점검인력 배치기준
(2) 일반건축물
 ① 점검한도면적

구 분	점검한도면적	보조점검인력 1명 추가
종합점검	8,000[m²]	2,000[m²]
작동점검	10,000[m²]	2,500[m²]

※ 점검인력은 하루에 5개의 특정소방대상물에 한하여 배치할 수 있다. 다만 2개 이상의 특정소방대상물을 2일 이상 연속하여 점검하는 경우에는 배치기한을 초과해서는 안 된다.

 ② 가감계수

구 분	대상용도	가감계수
1류	문화 및 집회시설, 종교시설, 판매시설, 의료시설, 노유자시설, 수련시설, 숙박시설, 위락시설, 창고시설, 교정시설, 발전시설, 지하상가, 복합건축물	1.1
2류	공동주택, 근린생활시설, 운수시설, 교육연구시설, 운동시설, 업무시설, 방송통신시설, 공장, 항공기 및 자동차 관련 시설, 군사시설, 관광휴게시설, 장례시설, 지하구	1.0
3류	위험물 저장 및 처리시설, 문화재(국가유산), 동물 및 식물 관련 시설, 자원순환 관련 시설, 묘지 관련 시설	0.9

※ 점검한 특정소방대상물이 다음의 어느 하나에 해당할 때에는 다음에 따라 계산된 값을 ①에 따라 계산된 값에서 뺀다.
 ㉠ 스프링클러설비가 설치되지 않은 경우 : ②에 따라 계산된 값에 0.1을 곱한 값
 ㉡ 물분무등소화설비가 설치되지 않은 경우 : ②에 따라 계산된 값에 0.1을 곱한 값

ⓒ 제연설비가 설치되지 않은 경우 : ⓐ에 따라 계산된 값에 0.1을 곱한 값

(3) 아파트 등

구 분	세대수	점검한도 세대수	보조점검인력 1명 추가
종합점검		250세대	60세대
작동점검		250세대	60세대

※ 점검한 아파트가 다음의 어느 하나에 해당할 때에는 다음에 따라 계산된 값을 실제 점검 세대수에서 뺀다.
① 스프링클러설비가 설치되지 않은 경우 : 실제점검 세대수에 0.1을 곱한 값
② 물분무등소화설비(호스릴 방식의 물분무등소화설비는 제외한다)가 설치되지 않은 경우 : 실제점검 세대수에 0.1을 곱한 값
③ 제연설비가 설치되지 않은 경우 : 실제점검 세대수에 0.1을 곱한 값

② 공장의 작동점검일수
  ㉠ 연면적에 따른 점검면적
    • 가감계수를 반영한 면적 = 50,000[m²](연면적) × 1.0(공장) = 50,000[m²]
    • 소방시설에 따른 감소면적(물분무등소화설비 없음 : 0.1, 스프링클러설비와 제연설비 없음 : 0.1 + 0.1) = (50,000 × 0.3) = 15,000[m²]
    • 점검면적 = 50,000[m²] − 15,000[m²] = 35,000[m²]
  ㉡ 점검일수
    • 인력 3명(주된 점검인력 + 보조점검인력2) = 35,000[m²] ÷ 10,000[m²] = 3.5일 ≒ 4일
    • 인력 4명(주된 점검인력 + 보조점검인력3) = 35,000[m²] ÷ (10,000 + 2,500)[m²] = 2.8일 ≒ 3일
  ※ 점검인력 1단위 : 소방시설관리사 1명 + 보조점검인력 2명

(3) 수용인원의 산정방법(소방시설법 영 별표 7)

특정소방대상물		산정방법
숙박시설	침대가 있는 숙박시설	종사자의 수 + 침대의 수(2인용 침대는 2개로 산정)
	침대가 없는 숙박시설	종사자의 수 + $\dfrac{\text{숙박시설의 바닥면적의 합계}[m^2]}{3[m^2]}$
기타	강의실·교무실·상담실·실습실·휴게실 용도	$\dfrac{\text{바닥면적의 합계}[m^2]}{1.9[m^2]}$
	강당, 문화 및 집회시설, 운동시설, 종교시설	$\dfrac{\text{바닥면적의 합계}[m^2]}{4.6[m^2]}$ (관람석이 있는 경우 고정식 의자를 설치한 부분은 그 부분의 의자수로 하고, 긴 의자의 경우에는 의자의 정면너비를 0.45[m]로 나누어 얻은 수로 한다)
	그 밖의 특정소방대상물	$\dfrac{\text{바닥면적의 합계}[m^2]}{3[m^2]}$

[비 고]
• 바닥면적을 산정하는 때에는 복도, 계단 및 화장실의 바닥면적을 포함하지 않는다.
• 계산 결과 소수점 이하의 수는 반올림한다.

① 수용인원 = 종사자의 수 + $\dfrac{\text{숙박시설의 바닥면적의 합계}[m^2]}{3[m^2]}$ = $13 + \dfrac{260[m^2]}{3[m^2]}$ = 99.67 ≒ 100명

② 수용인원 = $\dfrac{\text{바닥면적의 합계}[m^2]}{1.9[m^2]}$ = $\dfrac{150[m^2]}{1.9[m^2]}$ = 78.95 ≒ 79명

(4) 소방시설을 설치하지 않을 수 있는 특정소방대상물(소방시설법 영 별표 6)

구 분	특정소방대상물	소방시설
1. 화재위험도가 낮은 특정소방대상물	석재·불연성 금속·불연성 건축재료 등의 가공공장·기계조립공장 또는 불연성 물품을 저장하는 창고	**옥외소화전설비** 및 연결살수설비
2. 화재안전기준을 적용하기가 어려운 특정소방대상물	펄프공장의 작업장·음료수공장의 세정 또는 충전을 하는 작업장 그 밖에 이와 비슷한 용도로 사용하는 것	**스프링클러설비**, 상수도 소화용수설비 및 연결살수설비
	정수장, 수영장, 목욕장, 농예·축산·어류양식용 시설, 그 밖에 이와 비슷한 용도로 사용되는 것	**자동화재탐지설비**, 상수도 소화용수설비 및 연결살수설비
3. 화재안전기준을 달리 적용해야 하는 특수한 용도 또는 구조를 가진 특정소방대상물	원자력발전소, 중·저준위 방사성폐기물의 저장시설	연결송수관설비 및 연결살수설비
4. 위험물안전관리법 제19조에 따른 자체소방대가 설치된 특정소방대상물	자체소방대가 설치된 제조소 등에 부속된 사무실	**옥내소화전설비**, 소화용수설비, 연결살수설비 및 연결송수관설비

∴ ㉠ 옥외소화전설비
　㉡ 스프링클러설비
　㉢ 자동화재탐지설비
　㉣ 옥내소화전설비

(5) 화재안전기준의 변경으로 강화된 기준을 적용하는 소방시설(소방시설법 제13조, 영 제13조)
① 다음 소방시설 중 대통령령 또는 화재안전기준으로 정하는 것
　㉠ 소화기구
　㉡ 비상경보설비
　㉢ 자동화재탐지설비
　㉣ 자동화재속보설비
　㉤ 피난구조설비
② 다음 특정소방대상물에 설치하는 소방시설 중 대통령령 또는 화재안전기준으로 정하는 것
　㉠ 공동구 : 소화기, 자동소화장치, 자동화재탐지설비, 통합감시시설, 유도등 및 연소방지설비
　㉡ 전력 또는 통신사업용 지하구 : 소화기, 자동소화장치, 자동화재탐지설비, 통합감시시설, 유도등 및 연소방지설비
　㉢ 노유자 시설 : 간이스프링클러설비, 자동화재탐지설비, 단독경보형감지기
　㉣ **의료시설 : 스프링클러설비, 간이스프링클러설비, 자동화재탐지설비 및 자동화재속보설비**

제25회 최근 기출문제

2025년 9월 6일 시행

PART 04 과년도 + 최근 기출문제

01 다음 물음에 답하시오.(40점)

(1) 기동관누설시험기를 사용하여 이산화탄소소화설비의 기동용 조작동관 및 주변장치의 누설여부를 확인할 경우 다음의 사항을 쓰시오(단, 점검 순서에 따라서 작성하고, 기동관누설시험기 사용과 관련된 내용만 작성하시오).(10점)
   ① 사전 준비사항(2점)
   ② 점검방법(3점)
   ③ 확인사항(3점)
   ④ 복구방법(2점)

(2) 방수압력측정계(피토게이지)를 사용하여 옥내소화전설비의 방수압력을 측정할 경우 다음의 사항을 쓰시오.(5점)
   ① 방수압력측정계 측정방법(2점)
   ② 측정 시 주의사항(3점)

(3) 화재의 예방 및 안전관리에 관한 법령상 소방안전관리업무 대행에 관한 다음의 물음에 답하시오.(5점)
   ① 2급 소방안전관리대상물의 관계인이 관리업자에게 대행할 수 있는 소방안전관리업무 2가지를 쓰시오.(2점)
   ② 소방안전관리업무 대행인력의 배치기준·자격 및 방법 등 준수사항 중 "소방안전관리등급 및 설치된 소방시설에 따른 대행인력의 배치 등급"에 관한 내용이다. ( )에 들어갈 내용을 쓰시오(단, 화재의 예방 및 안전관리에 관한 법률 시행규칙 별표 1 내의 비고 사항은 고려하지 않음).(3점)

소방안전관리대상물의 등급	설치된 소방시설의 종류	대행인력의 기술등급
1급 또는 2급	스프링클러설비, 물분무등소화설비 또는 (㉠)	(㉡)점검자 이상 1명 이상
	옥내소화전설비 또는 옥외소화전설비	(㉢)점검자 이상 1명 이상

(4) 소화펌프의 성능 부족(미달) 현상에 대하여 기계적 원인과 전기적 원인을 각 6가지씩 쓰시오.(6점)
   ① 기계적 원인(3점)
   ② 전기적 원인(3점)

(5) 다음 물음에 답하시오.(14점)
   ① 소방시설 설치 및 관리에 관한 법령상 소방시설 등 자체점검의 구분 및 대상, 점검자의 자격, 점검장비, 점검방법 및 횟수 등 자체점검 시 준수해야 할 사항 중 "공동주택(아파트 등으로 한정한다) 세대별 점검방법"에 관한 내용이다. ( )에 들어갈 내용을 쓰시오.(3점)

   > 가. 관리자(관리소장, 입주자대표회의 및 소방안전관리자를 포함한다. 이하 같다) 및 입주민(세대 거주자를 말한다)은 (㉠) 주기로 모든 세대에 대하여 점검을 해야 한다.
   > 나. 가목에도 불구하고 아날로그감지기 등 특수감지기가 설치되어 있는 경우에는 수신기에서 (㉡)할 수 있으며, 점검할 때마다 모든 세대를 점검해야 한다. 다만, 자동화재탐지설비의 선로 단선이 확인되는 때에는 단선이 난 세대 또는 그 경계구역에 대하여 현장점검을 해야 한다.
   > 다. 관리자는 수신기에서 원격 점검이 불가능한 경우 매년 (㉢)만 실시하는 공동주택은 1회 점검 시마다 전체 세대수의 (㉣)[%] 이상, (㉤)을 실시하는 공동주택은 1회 점검 시마다 전체 세대수의 (㉥)[%] 이상 점검하도록 자체점검 계획을 수립·시행해야 한다.

② 소방시설 설치 및 관리에 관한 법령상 특정소방대상물에 관한 내용 중에서 "둘 이상의 특정소방대상물을 하나의 특정소방대상물로 볼 수 있는 경우" 6가지를 쓰시오. (6점)
③ 할로겐화합물 및 불활성기체소화설비의 화재안전기술기준(NFTC 107A)상 분사헤드의 설치기준 5가지를 쓰시오. (5점)

해답 (1) 이산화탄소소화설비의 기동관누설시험기를 사용하여 점검
① 사전 준비사항
㉠ 감시제어반에서 솔레노이드밸브 연동정지 및 음향장치(주경종, 지구경종) 정지
㉡ 모든 기동용 가스용기와 연결된 솔레노이드 밸브에 안전핀을 체결한 후 분리
㉢ 모든 기동용 가스용기와 연결된 기동용 동관 분리
㉣ 모든 저장용기에 연결된 니들밸브 분리
② 점검방법
㉠ 기동관 누설시험기의 고압가스용기에 연결된 밸브를 서서히 개방한다.
㉡ 압력조절기 조정 핸들을 조정(시계방향으로 돌림)하여 2차 측 압력을 0.5[MPa]로 조정한다.
㉢ 연결호스에 부착된 볼 밸브를 개방하여 기동용 가스 동관으로 고압가스를 주입한다.
③ 확인사항
㉠ 기동용 동관의 누설, 변형, 폐쇄 등 여부
㉡ 해당 방호구역의 선택밸브의 개방 여부
㉢ 해당 방호구역의 니들밸브 동작 여부
㉣ 거품액을 붓에 묻혀 기동관의 각 부분에 칠을 하여 누설 여부 확인
④ 복구방법
㉠ 기동용 가스용기와 분리된 솔레노이드 밸브에 안전핀을 체결한 후 다시 결합
㉡ 방호구역의 선택밸브의 정상 복구 및 니들밸브 체결
※ 감시제어반에서 솔레노이드밸브 연동상태 및 음향장치(주경종, 지구경종) 연동상태로 스위치를 전환한다.

(2) 옥내소화전설비의 방수압력 측정
① 방수압력측정계 측정방법 : 측정하고자 하는 층의 소화전을 모두(2개 이상은 2개) 개방한 후 가장 먼 쪽에 위치한 소화전 관창 끝부분에서 노즐(관창) 구경의 1/2배 떨어진 위치에서 피토게이지의 피토관 입구를 수류의 중심선과 일치하게 하여 압력계의 지시치를 확인할 것
② 측정 시 주의사항
㉠ 방사형 관창이 아닌 직사형 관창을 이용할 것
㉡ 노즐 구경의 1/2배 떨어진 위치에서 피토게이지의 피토관 입구를 수류의 중심선과 일치시킨 후 측정할 것
㉢ 반동력에 주의하여 안전하게 측정할 것

(3) 화재의 예방 및 안전관리에 관한 법령상 소방안전관리업무 대행
① 관리업자에게 소방업무 대행 시 소방안전관리업무(화재예방법 제24조)

업무 내용	소방안전관리대상물 소방안전관리자	특정소방대상물의 관계인	업무대행 기관의 업무
1. 피난계획에 관한 사항과 대통령령으로 정하는 사항이 포함된 소방계획서의 작성 및 시행	○	-	-
2. 자위소방대 및 초기 대응체계의 구성·운영·교육	○	-	-
3. 소방시설 설치 및 관리에 관한 법률 제16조에 따른 피난시설, 방화구획 및 방화시설의 관리	○	○	○
4. 소방시설이나 그 밖의 소방관련시설의 관리	○	○	○
5. 소방훈련 및 교육	○	-	-
6. 화기취급의 감독	○	○	-
7. 행정안전부령으로 정하는 바에 따른 소방안전관리에 관한 업무수행에 관한 기록·유지(제3호, 제4호 및 제6호의 업무를 말한다)	○	-	-
8. 화재 발생 시 초기대응	○	○	-
9. 그 밖에 소방안전관리에 필요한 업무	○	-	-

② 소방안전관리등급 및 설치된 소방시설에 따른 대행인력의 배치 등급(규칙 별표 1)

소방안전관리대상물의 등급	설치된 소방시설의 종류	대행인력의 기술등급
1급 또는 2급	스프링클러설비, 물분무등소화설비 또는 제연설비	중급점검자 이상 1명 이상
	옥내소화전설비 또는 옥외소화전설비	초급점검자 이상 1명 이상
3급	자동화재탐지설비 또는 간이스프링클러설비	초급점검자 이상 1명 이상

[비 고] 1. 소방안전관리대상물의 등급은 영 별표 4에 따른 소방안전관리대상물의 등급을 말한다.
2. 대행인력의 기술등급은 소방시설공사업법 시행규칙 별표 4의2에 따른 소방기술자의 자격 등급에 따른다.
3. 연면적 5,000[m²] 미만으로서 스프링클러설비가 설치된 1급 또는 2급 소방안전관리대상물의 경우에는 초급점검자를 배치할 수 있다. 다만, 스프링클러설비 외에 제연설비 또는 물분무등소화설비가 설치된 경우에는 그렇지 않다.
4. 스프링클러설비에는 화재조기진압용 스프링클러설비를 포함하고, 물분무등소화설비에는 호스릴(Hose Reel) 방식은 제외한다.

(4) 소화펌프의 성능부족(미달) 현상

	기계적 원인		전기적 원인
수 조	• 유효수량 미확보 • 흡수구, 풋밸브에 이물질 발생	전 원	전원 투입 불량
흡입 측 배관	• 스트레이너에 이물질 발생 • 개폐밸브 폐쇄 및 불량 • 공동현상 발생(부압수조방식)	동력 제어반	• 배선용차단기 불량 • 전자접촉기 불량 • 열동계전기 불량
펌 프	• 이물질 발생 • 기계적인 과열로 공동현상 발생 • 임펠러 파손 및 부식 • 임펠러 역회전	모 터	• 자체 불량 • 코일 불량
펌프 토출 측	• 릴리프 밸브 과다 개방상태 • 성능시험배관(개폐밸브, 유량계, 유량조절밸브) 불량	-	-

(5) 소방시설 등 자체점검, 하나의 특정소방대상물, 분사헤드의 설치기준 등
  ① 공동주택(아파트 등으로 한정한다) 세대별 점검방법(소방시설법 규칙 별표 3)
    ㉠ 관리자(관리소장, 입주자대표회의 및 소방안전관리자를 포함한다) 및 입주민(세대 거주자를 말한다)은 **2년 주기**로 모든 세대에 대하여 점검을 해야 한다.
    ㉡ ㉠에도 불구하고 아날로그감지기 등 특수감지기가 설치되어 있는 경우에는 수신기에서 **원격점검**할 수 있으며, 점검할 때마다 모든 세대를 점검해야 한다. 다만, 자동화재탐지설비의 선로 단선이 확인되는 때에는 단선이 난 세대 또는 그 경계구역에 대하여 현장점검을 해야 한다.
    ㉢ 관리자는 수신기에서 원격 점검이 불가능한 경우 매년 **작동점검**만 실시하는 공동주택은 1회 점검 시마다 전체 세대수의 **50[%]** 이상, **종합점검**을 실시하는 공동주택은 1회 점검 시마다 전체 세대수의 **30[%]** 이상 점검하도록 자체점검 계획을 수립·시행해야 한다.
    ㉣ 관리자 또는 해당 공동주택을 점검하는 관리업자는 입주민이 세대 내에 설치된 소방시설 등을 스스로 점검할 수 있도록 소방청 또는 사단법인 한국소방시설관리협회의 홈페이지에 게시되어 있는 공동주택 세대별 점검 동영상을 입주민이 시청할 수 있도록 안내하고, 점검서식(별지 제36호 서식 소방시설 외관점검표를 말한다)을 사전에 배부해야 한다.
    ㉤ 입주민은 점검서식에 따라 스스로 점검하거나 관리자 또는 관리업자로 하여금 대신 점검하게 할 수 있다. 입주민이 스스로 점검한 경우에는 그 점검 결과를 관리자에게 제출하고 관리자는 그 결과를 관리업자에게 알려주어야 한다.
    ㉥ 관리자는 관리업자로 하여금 세대별 점검을 하고자 하는 경우에는 사전에 점검 일정을 입주민에게 사전에 공지하고 세대별 점검 일자를 파악하여 관리업자에게 알려주어야 한다. 관리업자는 사전 파악된 일정에 따라 세대별 점검을 한 후 관리자에게 점검 현황을 제출해야 한다.
    ㉦ 관리자는 관리업자가 점검하기로 한 세대에 대하여 입주민의 사정으로 점검을 하지 못한 경우 입주민이 스스로 점검할 수 있도록 다시 안내해야 한다. 이 경우 입주민이 관리업자로 하여금 다시 점검받기를 원하는 경우 관리업자로 하여금 추가로 점검하게 할 수 있다.
    ㉧ 관리자는 세대별 점검현황(입주민 부재 등 불가피한 사유로 점검을 하지 못한 세대 현황을 포함한다)을 작성하여 자체점검이 끝난 날부터 2년간 자체 보관해야 한다.
  ② 둘 이상의 특정소방대상물을 하나의 특정소방대상물로 볼 수 있는 경우(소방시설법 영 별표 2)
    ㉠ 내화구조로 된 연결통로가 다음의 어느 하나에 해당되는 경우
      ㉮ 벽이 없는 구조로서 그 길이가 6[m] 이하인 경우
      ㉯ 벽이 있는 구조로서 그 길이가 10[m] 이하인 경우. 다만, 벽 높이가 바닥에서 천장까지의 높이의 1/2 이상인 경우에는 벽이 있는 구조로 보고, 벽 높이가 바닥에서 천장까지의 높이의 1/2 미만인 경우에는 벽이 없는 구조로 본다.
    ㉡ 내화구조가 아닌 연결통로로 연결된 경우
    ㉢ 컨베이어로 연결되거나 플랜트설비의 배관 등으로 연결되어 있는 경우
    ㉣ 지하보도, 지하상가, 터널로 연결된 경우
    ㉤ 자동방화셔터 또는 60분+ 방화문이 설치되지 않은 피트(전기설비 또는 배관설비 등이 설치되는 공간을 말한다)로 연결된 경우
    ㉥ 지하구로 연결된 경우

> [각각 별개의 특정소방대상물로 보는 경우]
> • 화재 시 경보설비 또는 자동소화설비의 작동과 연동하여 자동으로 닫히는 자동방화셔터 또는 60분+ 방화문이 설치된 경우
> • 화재 시 자동으로 방수되는 방식의 드렌처설비 또는 개방형 스프링클러헤드가 설치된 경우

③ 할로겐화합물 및 불활성기체소화설비의 화재안전기술기준(NFTC 107A)상 분사헤드의 설치기준
  ㉠ 분사헤드의 설치높이는 방호구역의 바닥으로부터 최소 0.2[m] 이상 최대 3.7[m] 이하로 해야 하며 천장높이가 3.7[m]를 초과할 경우에는 추가로 다른 열의 분사헤드를 설치할 것. 다만, 분사헤드의 성능인정 범위 내에서 설치하는 경우에는 그렇지 않다.
  ㉡ 분사헤드의 개수는 방호구역에 2.7.3에 따른 방출시간이 충족되도록 설치할 것

  > **[NFTC 107A 2.7.3]**
  > 배관의 구경은 해당 방호구역에 할로겐화합물소화약제는 10초 이내에, 불활성기체소화약제는 A·C급 화재 2분, B급 화재 1분 이내에 방호구역 각 부분에 최소설계농도의 95[%] 이상에 해당하는 약제량이 방출되도록 해야 한다.

  ㉢ 분사헤드에는 부식방지조치를 해야 하며 오리피스의 크기, 제조일자, 제조업체가 표시되도록 할 것

02 다음 물음에 답하시오. (30점)

(1) 조건을 참고하여 다음 물음에 답하시오. (6점)

[조 건]
- 특정소방대상물에 옥내소화전설비와 스프링클러설비가 설치되어 있음
- 주펌프의 정격토출량은 1,450[L/min], 정격토출압력은 1.1[MPa]임
- 충압펌프의 정격토출량은 60[L/min], 정격토출압력은 1.1[MPa]임
- 주펌프의 체절압력은 정격토출압력의 130[%]임
- 유량측정장치 제조사의 설치 사양은 다음과 같음
  - 오리피스 타입(Orifice Type) 유량측정장치의 호칭지름별 유량범위[L/min]

호칭지름	32A	40A	50A	65A	80A	100A	125A
유량범위	70~360	100~550	220~1,100	450~2,200	700~3,300	900~4,500	1,200~6,000

  - 개폐밸브와 유량측정장치 사이의 직관부의 거리는 8D 이상으로 하고, 유량측정장치와 유량조절밸브 사이의 직관부의 거리는 5D 이상이 되도록 설치할 것. 여기서 D는 성능시험배관의 호칭지름임
- 유량측정장치의 성능기준을 고려할 것
- 기타 사항은 옥내소화전설비와 스프링클러설비의 화재안전기술기준을 따름

① 특정소방대상물의 점검 중 성능시험배관의 유량측정장치 불량을 발견하여 교체를 의뢰받았다. 위 조건을 참고하여 교체하려는 유량측정장치의 최소호칭지름을 선정하고 그 이유를 설명하시오. (4점)
- 유량측정장치의 최소호칭지름 (㉠)
- 선정이유 (㉡)

② 성능시험배관의 최소호칭지름을 선정한 이유를 설명하고, 성능시험배관의 개폐밸브와 유량측정장치 사이의 직관부의 최소거리[mm] 및 유량측정장치와 유량조절밸브 사이의 직관부의 최소거리[mm]를 쓰시오. (2점)
- 성능시험배관의 최소호칭지름 (㉠)
- 선정이유 (㉡)
- (㉢)[mm]
- (㉣)[mm]

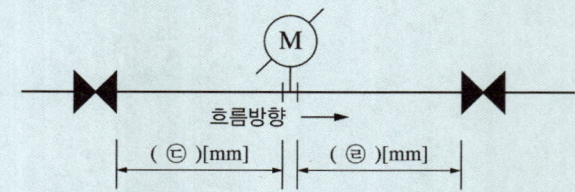

(2) 스프링클러설비에 관한 다음 물음에 답하시오. (15점)
① 스프링클러설비의 화재안전기술기준(NFTC 103)상 습식 유수검지장치 또는 건식 유수검지장치를 사용하는 스프링클러설비와 부압식 스프링클러설비에 설치해야 하는 시험장치의 설치기준 3가지를 쓰시오. (6점)
② 준비작동식 스프링클러설비의 해당 방호구역 내 감지기 2개 회로를 동시에 작동시킨 경우에 설비가 정상 작동하고 있음을 판단할 수 있는 수신기에서의 확인사항 3가지를 쓰시오. (3점)

③ 스프링클러설비의 화재안전기술기준(NFTC 103)상 보의 수평거리에 따른 스프링클러헤드의 수직거리에 관한 내용이다. ( )에 들어갈 내용을 쓰시오. (6점)

특정소방대상물의 보와 가장 가까운 스프링클러헤드는 아래 표의 기준에 따라 설치해야 한다. 다만, (㉠)

〈보의 수평거리에 따른 스프링클러헤드의 수직거리〉

스프링클러헤드의 반사판 중심과 보의 수평거리	스프링클러헤드의 반사판 높이와 보의 하단 높이의 수직거리
(㉡)	(㉢)
(㉣)	(㉤)
(㉥)	(㉦)
(㉧)	(㉨)

(3) 다음 물음에 답하시오. (9점)

① 소방시설 자체점검사항 등에 관한 고시상 소방시설 등 점검표 중 "이산화탄소소화설비 점검표 9-C 기동장치 중 자동식 기동장치"의 점검항목이다. ( )에 들어갈 점검항목을 쓰시오(단, 기동장치 방식별로 구분하여 쓰시오). (4점)

- 감지기 작동과의 연동 및 수동기동 가능 여부
- (㉠)
- (㉡)
- (㉢)
- (㉣)

② 소방시설 자체점검사항 등에 관한 고시상 소방시설 등 점검표 중 "스프링클러설비 점검표 3-G 음향장치 및 기동장치 중 펌프 작동"의 점검항목 2가지를 쓰시오(단, 설비방식별로 구분하여 쓰시오). (2점)

③ 소방시설 설치 및 관리에 관한 법령상 스프링클러설비를 설치해야 하는 특정소방대상물의 일부 내용이다. ( )에 들어갈 내용을 쓰시오. (3점)

문화 및 집회시설(동·식물원은 제외한다), 종교시설(주요구조부가 목조인 것은 제외한다), 운동시설(물놀이형 시설 및 바닥이 불연재료이고 관람석이 없는 운동시설은 제외한다)로서 다음의 어느 하나에 해당하는 경우에는 모든 층
- 수용인원이 100명 이상인 것
- (㉠)
- (㉡)
- (㉢)

해답 (1) 유량측정장치와 성능시험배관의 최소호칭지름 등

① 유량측정장치

㉠ 유량측정장치의 최소호칭지름

㉮ 주펌프의 정격토출량이 1,450[L/min]이므로 100[%] 유량 = 1,450[L/min], 150[%] 유량 = 2,175[L/min]이다. 그리고 175[%] 유량 = 2,537.5[L/min]를 측정할 수 있어야 하므로

㉯ 1,450[L/min] × 1.75 = 2,537.5[L/min] ⇒ **80A**(유량범위 : 700~3,300[L/min])

㉡ 선정이유 : 유량측정장치는 펌프의 정격토출량의 175[%] 이상 측정할 수 있어야 하므로

성능시험은 100[%], 150[%]일 때 유량계의 눈금을 읽을 수 있어야 되며 화재안전기술기준에서 유량측정장치는 펌프의 정격토출량의 175[%] 이상 측정할 수 있는 성능이 있을 것

② 성능시험배관의 호칭지름, 최소거리

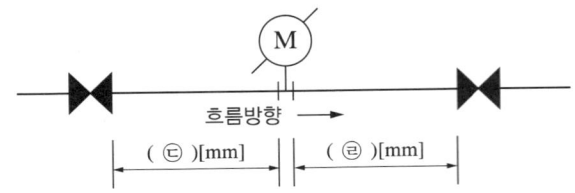

- 성능시험배관의 최소호칭지름 : 80A
- 선정이유 : 성능시험배관의 호칭지름은 유량측정장치의 호칭지름에 따라야 하므로
- ⓒ : $8D = 8 \times 80[\text{mm}] = 640[\text{mm}]$
- ㉣ : $5D = 5 \times 80[\text{mm}] = 400[\text{mm}]$

(2) 스프링클러설비의 화재안전기술기준
① 시험장치의 설치기준
㉠ 습식 스프링클러설비 및 부압식 스프링클러설비에 있어서는 유수검지장치 2차 측 배관에 연결하여 설치하고 건식 스프링클러설비인 경우 유수검지장치에서 가장 먼 거리에 위치한 가지배관의 끝으로부터 연결하여 설치할 것. 이 경우 유수검지장치 2차 측 설비의 내용적이 2,840[L]를 초과하는 건식 스프링클러설비는 시험장치 개폐밸브를 완전 개방 후 1분 이내에 물이 방사되어야 한다.
㉡ 시험장치 배관의 구경은 25[mm] 이상으로 하고, 그 끝에 개폐밸브 및 개방형 헤드 또는 스프링클러헤드와 동등한 방수성능을 가진 오리피스를 설치할 것. 이 경우 개방형 헤드는 반사판 및 프레임을 제거한 오리피스만으로 설치할 수 있다.
㉢ 시험배관의 끝에는 물받이 통 및 배수관을 설치하여 시험 중 방사된 물이 바닥에 흘러내리지 않도록 할 것. 다만, 목욕실·화장실 또는 그 밖의 곳으로서 배수처리가 쉬운 장소에 시험배관을 설치한 경우에는 그렇지 않다.
② 수신기에서의 확인사항
㉠ 해당 방호구역의 감지기 A, B 동작 확인
㉡ 해당 방호구역의 화재표시등 점등 확인
㉢ 해당 방호구역의 준비작동식밸브 개방표시등 점등 확인
㉣ 준비작동식 스프링클러 펌프(충압펌프, 주펌프)의 압력스위치 동작 확인
㉤ 준비작동식 스프링클러 펌프(충압펌프, 주펌프)의 기동 확인
③ 보의 수평거리에 따른 스프링클러헤드의 수직거리 : 특정소방대상물의 보와 가장 가까운 스프링클러헤드는 아래 표의 기준에 따라 설치해야 한다. 다만, **천장면에서 보의 하단까지의 길이가 55[cm]**를 초과하고 보의 하단 측면 끝부분으로부터 스프링클러헤드까지의 거리가 스프링클러헤드 상호 간 거리의 1/2 이하가 되는 경우에는 스프링클러헤드와 그 부착면과의 거리를 55[cm] 이하로 할 수 있다.

스프링클러헤드의 반사판 중심과 보의 수평거리	스프링클러헤드의 반사판 높이와 보의 하단 높이의 수직거리
0.75[m] 미만	보의 하단보다 낮을 것
0.75[m] 이상 1[m] 미만	0.1[m] 미만일 것
1[m] 이상 1.5[m] 미만	0.15[m] 미만일 것
1.5[m] 이상	0.3[m] 미만일 것

(3) 소방시설 등 점검표, 스프링클러설비를 설치해야 하는 특정소방대상물 등

① 이산화탄소소화설비 점검표 9-C 기동장치 중 자동식 기동장치의 점검항목

[이산화탄소소화설비의 점검표(소방시설 자체점검사항 등에 관한 고시 별지 4)]

번 호	점검항목	점검결과
9-B. 소화약제		
9-B-001	○ 소화약제 저장량 적정 여부	
9-C. 기동장치		
9-C-001	○ 방호구역별 출입구 부근 소화약제 방출표시등 설치 및 정상 작동 여부	
9-C-011 9-C-012 9-C-013 9-C-014	[수동식 기동장치] ○ 기동장치 부근에 비상스위치 설치 여부 ● 방호구역별 또는 방호대상별 기동장치 설치 여부 ○ 기동장치 설치 적정(출입구 부근 등, 높이, 보호장치, 표지, 전원표시등) 여부 ○ 방출용 스위치 음향경보장치 연동 여부	
9-C-021 9-C-022 9-C-023 9-C-024 9-C-025	[자동식 기동장치] ○ 감지기 작동과의 연동 및 수동기동 가능 여부 ● 저장용기 수량에 따른 전자개방밸브 수량 적정 여부(전기식 기동장치의 경우) ○ 기동용 가스용기의 용적, 충전압력 적정 여부(가스압력식 기동장치의 경우) ● 기동용 가스용기의 안전장치, 압력게이지 설치 여부(가스압력식 기동장치의 경우) ● 저장용기 개방구조 적정 여부(기계식 기동장치의 경우)	
9-D. 제어반 및 화재표시반		
9-D-001 9-D-002 9-D-003	○ 설치장소 적정 및 관리 여부 ○ 회로도 및 취급설명서 비치 여부 ● 수동잠금밸브 개폐여부 확인 표시등 설치 여부	
9-D-011 9-D-012 9-D-013	[제어반] ○ 수동기동장치 또는 감지기 신호 수신 시 음향경보장치 작동 기능 정상 여부 ○ 소화약제 방출·지연 및 기타 제어 기능 적정 여부 ○ 전원표시등 설치 및 정상 점등 여부	
9-D-021 9-D-022 9-D-023 9-D-024	[화재표시반] ○ 방호구역별 표시등(음향경보장치 조작, 감지기 작동), 경보기 설치 및 작동 여부 ○ 수동식 기동장치 작동표시 표시등 설치 및 정상 작동 여부 ○ 소화약제 방출표시등 설치 및 정상 작동 여부 ● 자동식 기동장치 자동·수동 절환 및 절환표시등 설치 및 정상 작동 여부	

② 스프링클러설비 점검표 3-G 음향장치 및 기동장치 중 펌프 작동의 점검항목

[스프링클러설비의 점검표(소방시설 자체점검사항 등에 관한 고시 별지 4)]

번 호	점검항목	점검결과
3-G. 음향장치 및 기동장치		
3-G-001	○ 유수검지에 따른 음향장치 작동 가능 여부(습식·건식의 경우)	
3-G-002	○ 감지기 작동에 따라 음향장치 작동 여부(준비작동식 및 일제개방밸브의 경우)	
3-G-003	● 음향장치 설치 담당구역 및 수평거리 적정 여부	
3-G-004	● 주 음향장치 수신기 내부 또는 직근 설치 여부	
3-G-005	● 우선경보방식에 따른 경보 적정 여부	
3-G-006	○ 음향장치(경종 등) 변형·손상 확인 및 정상 작동(음량 포함) 여부	
3-G-011 3-G-012	[펌프 작동] ○ 유수검지장치의 발신이나 기동용 수압개폐장치의 작동에 따른 펌프 기동 확인(습식·건식의 경우) ○ 화재감지기의 감지나 기동용 수압개폐장치의 작동에 따른 펌프 기동 확인(준비작동식 및 일제개방밸브의 경우)	
3-G-021 3-G-022	[준비작동식 유수검지장치 또는 일제개방밸브 작동] ○ 담당구역 내 화재감지기 동작(수동 기동 포함)에 따라 개방 및 작동 여부 ○ 수동조작함(설치높이, 표시등) 설치 적정 여부	
3-H. 헤 드		
3-H-001	○ 헤드의 변형·손상 유무	
3-H-002	○ 헤드 설치 위치·장소·상태(고정) 적정 여부	
3-H-003	○ 헤드 살수장애 여부	
3-H-004	● 무대부 또는 연소우려 있는 개구부 개방형 헤드 설치 여부	
3-H-005	● 조기반응형 헤드 설치 여부(의무 설치 장소의 경우)	
3-H-006	● 경사진 천장의 경우 스프링클러헤드의 배치상태	
3-H-007	● 연소할 우려가 있는 개구부 헤드 설치 적정 여부	
3-H-008	● 습식·부압식 스프링클러 외의 설비 상향식 헤드 설치 여부	
3-H-009	● 측벽형 헤드 설치 적정 여부	
3-H-010	● 감열부에 영향을 받을 우려가 있는 헤드의 차폐판 설치 여부	
3-I. 송수구		
3-I-001	○ 설치장소 적정 여부	
3-I-002	● 연결배관에 개폐밸브를 설치한 경우 개폐상태 확인 및 조작가능 여부	
3-I-003	● 송수구 설치 높이 및 구경 적정 여부	
3-I-004	○ 송수압력범위 표시 표지 설치 여부	
3-I-005	● 송수구 설치 개수 적정 여부(폐쇄형 스프링클러설비의 경우)	
3-I-006	● 자동배수밸브(또는 배수공)·체크밸브 설치 여부 및 설치 상태 적정 여부	
3-I-007	○ 송수구 마개 설치 여부	

※ ●, ○ : 종합점검에 해당하고, ○ : 작동점검만 해당한다.

③ 스프링클러설비를 설치해야 하는 특정소방대상물 : 문화 및 집회시설(동·식물원은 제외한다), 종교시설(주요구조부가 목조인 것은 제외한다), 운동시설(물놀이형 시설 및 바닥이 불연재료이고 관람석이 없는 운동시설은 제외한다)로서 다음의 어느 하나에 해당하는 경우에는 모든 층
  ㉠ 수용인원이 100명 이상인 것
  ㉡ 영화상영관의 용도로 쓰는 층의 바닥면적이 지하층 또는 무창층인 경우에는 500[m^2] 이상, 그 밖의 층의 경우에는 1,000[m^2] 이상인 것
  ㉢ 무대부가 지하층·무창층 또는 4층 이상의 층에 있는 경우에는 무대부의 면적이 300[m^2] 이상인 것
  ㉣ 무대부가 ㉢ 외의 층에 있는 경우에는 무대부의 면적이 500[m^2] 이상인 것

03 다음 물음에 답하시오. (30점)

(1) 옥내소화전설비의 방수압력 점검 시 다음 물음에 답하시오. (10점)
   ① 최상층에서 방수압력이 0.21[MPa]로 측정되었다. 이때 노즐을 통한 방수량[L/min]을 계산하시오 (단, 옥내소화전 노즐 구경은 13[mm]이며, 소수점 셋째 자리에서 반올림하여 소수점 둘째 자리까지 구하시오). (6점)
   ② 노즐 선단의 방수압력이 0.7[MPa]를 초과 시 감압방식 4가지를 쓰고 각 방식에 대하여 설명하시오. (4점)

(2) 초고층 및 지하연계 복합건축물 재난관리에 관한 특별법령상 피난안전구역에 관한 사항이다. 다음 물음에 답하시오. (7점)
   ① 지하층에 설치된 피난안전구역의 면적 산정기준을 쓰시오. (3점)
      ㉠ 지하층이 하나의 용도로 사용되는 경우
      ㉡ 지하층이 둘 이상의 용도로 사용되는 경우
   ② 피난안전구역에 설치해야 하는 소방시설의 종류를 소방설비별로 모두 쓰시오. (4점)
      ㉠ 소화설비
      ㉡ 경보설비
      ㉢ 피난설비
      ㉣ 소화활동설비

(3) 소방시설 자체점검사항 등에 관한 고시상 다음 물음에 답하시오. (8점)
   ① 자동화재탐지설비 및 시각경보장치 점검표에서 "수신기"의 점검항목 중 종합점검의 경우에만 해당하는 점검항목 5가지를 쓰시오. (5점)
   ② 가스누설경보기 점검표에서 "수신부" 점검항목 3가지를 쓰시오. (3점)

(4) 다음 물음에 답하시오. (5점)
   ① 공동주택의 화재안전기술기준(NFTC 608)상 옥내소화전설비 설치기준 3가지를 쓰시오. (3점)
   ② 전기저장시설의 화재안전기술기준(NFTC 607)상 자동화재탐지설비의 화재감지기에 관한 내용이다. ( )에 들어갈 내용을 쓰시오(단, 옥외형 전기저장장치 설비는 제외한다). (2점)

   > 화재감지기는 다음의 어느 하나에 해당하는 감지기를 설치해야 한다.
   > • (㉠) 또는 (㉡)(감지기의 신호처리방식은 자동화재탐지설비 및 시각경보장치의 화재안전기술기준(NFTC 203) 1.7.2에 따른다)
   > • 중앙소방기술심의위원회의 심의를 통해 전기저장장치 화재에 적응성이 있다고 인정된 감지기

해답 (1) 옥내소화전설비의 방수압력
① 방수량 공식

$$Q = 0.6597 CD^2 \sqrt{10P}$$

여기서, Q : 방수량[L/min]
 C : 유량계수
 D : 노즐내경(13[mm])
 P : 방수압력(0.21[MPa])

∴ $Q = 0.6597 CD^2 \sqrt{10P} = 0.6597 \times 13^2 \times \sqrt{10 \times 0.21} = 161.56 [\text{L/min}]$

② 감압방식
㉠ 중계펌프(Booster Pump)에 의한 방법 : 고층부와 저층부로 구역을 설정한 후 중계펌프를 건물 중간에 설치하는 방식으로 기존방식보다 설치비가 많이 들고 소화펌프의 설치대수가 증가한다.

ⓒ 구간별 전용배관에 의한 방법 : 고층부와 저층부를 구분하여 펌프와 배관을 분리하여 설치하는 방식으로 저층부는 저양정의 펌프를 설치하여 비교적 안전하지만 고층부는 고양정의 펌프를 설치해야 한다.
　　　ⓒ 고가수조에 의한 방법 : 고가수조를 고층부와 저층부로 구역을 설정한 후 낙차의 압력을 이용하는 방식이다. 별도의 소화펌프가 필요 없으며 비교적 안정적인 방수압력을 얻을 수 있다.
　　　ⓔ 감압밸브에 의한 방법 : 호스접결구 인입 측에 감압밸브 또는 오리피스를 설치하여 방사압력을 낮추거나 또는 펌프의 토출 측에 압력조절밸브를 설치하여 토출압력을 낮추는 방식으로 가장 많이 사용하는 방식이다.

(2) 초고층 및 지하연계 복합건축물 재난관리에 관한 특별법령상 피난안전구역(영 별표 2)
　① 피난안전구역의 면적 산정기준
　　ⓐ 지하층이 하나의 용도로 사용되는 경우
　　　피난안전구역 면적 = (수용인원 × 0.1) × 0.28[m^2]
　　ⓑ 지하층이 둘 이상의 용도로 사용되는 경우
　　　피난안전구역 면적 = (용도·사용형태별 수용인원의 합 × 0.1) × 0.28[m^2]
　② 피난안전구역에 설치해야 하는 소방시설의 종류(영 제14조)
　　ⓐ 소화설비 중 **소화기구**(소화기 및 간이소화용구만 해당한다), **옥내소화전설비 및 스프링클러설비**
　　ⓑ 경보설비 중 **자동화재탐지설비**
　　ⓒ 피난설비 중 **방열복, 공기호흡기**(보조마스크를 포함한다), **인공소생기, 피난유도선**(피난안전구역으로 통하는 직통계단 및 특별피난계단을 포함한다), 피난안전구역으로 피난을 유도하기 위한 **유도등·유도표지, 비상조명등 및 휴대용 비상조명등**
　　ⓓ 소화활동설비 중 **제연설비, 무선통신보조설비**

(3) 소방시설 자체점검사항 등에 관한 고시
　① 자동화재탐지설비 및 시각경보장치 점검표에서 "수신기"의 종합점검항목

번호	점검항목	점검결과
15-A. 경계구역		
15-A-001	● 경계구역 구분 적정 여부	
15-A-002	● 감지기를 공유하는 경우 스프링클러·물분무소화·제연설비 경계구역 일치 여부	
15-B. 수신기		
15-B-001	○ 수신기 설치장소 적정(관리용이) 여부	
15-B-002	○ 조작스위치의 높이는 적정하며 정상 위치에 있는지 여부	
15-B-003	● 개별 경계구역 표시 가능 회선수 확보 여부	
15-B-004	● 축적기능 보유 여부(환기·면적·높이 조건에 해당할 경우)	
15-B-005	○ 경계구역 일람도 비치 여부	
15-B-006	○ 수신기 음향기구의 음량·음색 구별 가능 여부	
15-B-007	● 감지기·중계기·발신기 작동 경계구역 표시 여부(종합방재반 연동 포함)	
15-B-008	● 1개 경계구역 1개 표시등 또는 문자 표시 여부	
15-B-009	● 하나의 대상물에 수신기가 2 이상 설치된 경우 상호 연동되는지 여부	
15-B-010	○ 수신기 기록장치 데이터 발생 표시시간과 표준시간 일치 여부	
15-C. 중계기		
15-C-001	● 중계기 설치위치 적정 여부(수신기에서 감지기회로 도통시험하지 않는 경우)	
15-C-002	● 설치장소(조작·점검 편의성, 화재·침수 피해 우려) 적정 여부	
15-C-003	● 전원입력 측 배선상 과전류차단기 설치 여부	
15-C-004	● 중계기 전원 정전 시 수신기 표시 여부	
15-C-005	● 상용전원 및 예비전원 시험 적정 여부	

※ ●, ○ : 종합점검에 해당하고, ○ : 작동점검만 해당한다.

② 가스누설경보기 점검표에서 "수신부" 점검항목

번 호	점검항목	점검결과
19-A. 수신부		
19-A-001 19-A-002 19-A-003	○ 수신부 설치 장소 적정 여부 ○ 상용전원 공급 및 전원표시등 정상 점등 여부 ○ 음향장치의 음량·음색·음압 적정 여부	
19-B. 탐지부		
19-B-001 19-B-002	○ 탐지부의 설치방법 및 설치상태 적정 여부 ○ 탐지부의 정상 작동 여부	
19-C. 차단기구		
19-C-001 19-C-002	○ 차단기구는 가스 주배관에 견고히 부착되어 있는지 여부 ○ 시험장치에 의한 가스차단밸브의 정상 개폐 여부	
비 고		

(4) 공동주택, 전기저장시설의 화재안전기술기준

① 공동주택의 화재안전기술기준(NFTC 608)상 옥내소화전설비 설치기준
  ㉠ 호스릴(Hose Reel) 방식으로 설치할 것
  ㉡ 복층형 구조인 경우에는 출입구가 없는 층에 방수구를 설치하지 않을 수 있다.
  ㉢ 감시제어반 전용실은 피난층 또는 지하 1층에 설치할 것. 다만, 상시 사람이 근무하는 장소 또는 관계인이 쉽게 접근할 수 있고 관리가 용이한 장소에 감시제어반 전용실을 설치할 경우에는 지상 2층 또는 지하 2층에 설치할 수 있다.

② 전기저장시설의 화재안전기술기준(NFTC 607)상 자동화재탐지설비의 화재감지기
  ㉠ 자동화재탐지설비는 자동화재탐지설비 및 시각경보장치의 화재안전기술기준(NFTC 203)에 따라 설치해야 한다. 다만, 옥외형 전기저장장치 설비에는 자동화재탐지설비를 설치하지 않을 수 있다.
  ㉡ 화재감지기는 다음의 어느 하나에 해당하는 감지기를 설치해야 한다.
    ㉮ **공기흡입형 감지기** 또는 **아날로그식 연기감지기**(감지기의 신호처리방식은 자동화재탐지설비 및 시각경보장치의 화재안전기술기준(NFTC 203) 1.7.2에 따른다)
    ㉯ 중앙소방기술심의위원회의 심의를 통해 전기저장장치 화재에 적응성이 있다고 인정된 감지기

얼마나 많은 사람들이 책 한권을 읽음으로써
인생에 새로운 전기를 맞이했던가.

– 헨리 데이비드 소로 –

실패하는 게 두려운 게 아니라 노력하지 않는 게 두렵다.

- 마이클 조던 -

지식에 대한 투자가 가장 이윤이 많이 남는 법이다.

— 벤자민 프랭클린 —

소방시설관리사 2차 점검실무행정 한권으로 끝내기

개정13판1쇄 발행	2025년 11월 05일(인쇄 2025년 09월 24일)
초 판 발 행	2013년 01월 07일(인쇄 2012년 10월 18일)
발 행 인	박영일
책 임 편 집	이해욱
편 저	이덕수
편 집 진 행	윤진영・남미희
표지디자인	권은경・길전홍선
편집디자인	정경일・이현진
발 행 처	(주)시대고시기획
출 판 등 록	제10-1521호
주 소	서울시 마포구 큰우물로 75[도화동 538 성지 B/D] 9F
전 화	1600-3600
팩 스	02-701-8823
홈 페 이 지	www.sdedu.co.kr
I S B N	979-11-434-0039-0(13500)
정 가	36,000원

※ 저자와의 협의에 의해 인지를 생략합니다.
※ 이 책은 저작권법의 보호를 받는 저작물이므로 동영상 제작 및 무단전재와 배포를 금합니다.
※ 잘못된 책은 구입하신 서점에서 바꾸어 드립니다.

더 이상의 소방 시리즈는 없다!

시대에듀

명쾌하다!
상세한 풀이로 완벽하게 익힐 수 있으니까!

친절하다!
핵심 내용을 쉽게 설명하고 있으니까!

핵심을 뚫는다!
시험 유형에 적합한 문제를 다루니까!

알차다!
꼭 알아야 할 내용을 담고 있으니까!

시대에듀가 신뢰와 책임의 마음으로 수험생 여러분에게 다가갑니다.

소방시설관리사 최고의 베스트셀러!

소방시설관리사 1차
한권으로 끝내기
4×6배판 / 정가 56,000원

소방시설관리사 2차
점검실무행정
한권으로 끝내기
4×6배판 / 정가 36,000원

소방시설관리사 2차
설계 및 시공
한권으로 끝내기
4×6배판 / 정가 35,000원

※ 도서의 구성 및 이미지와 가격은 변경될 수 있습니다.

| 오랜 현장 실무경험을 바탕으로 한 저자의 **노하우** 제시 | 2026년 시험 대비를 위한 **최신 개정 법령** 반영 | 출제경향을 한눈에 파악할 수 있는 과목·회차별 **기출문제 분석표** 수록 | 출제 이론에 **기출연도·회차 표기**로 보다 효율적으로 학습 가능 |

시대에듀 소방 도서리스트

소방기술사
- 김성곤의 소방기술사 — 4×6배판 / 85,000원

소방시설관리사
- 소방시설관리사 1차 — 4×6배판 / 56,000원
- 소방시설관리사 2차 점검실무행정 — 4×6배판 / 36,000원
- 소방시설관리사 2차 설계 및 시공 — 4×6배판 / 35,000원

소방설비기사
- Win-Q 소방설비기사 기계편 필기 — 별판 / 35,000원
- Win-Q 소방설비기사 기계편 실기 — 별판 / 37,000원
- Win-Q 소방설비기사 전기편 필기 — 별판 / 35,000원
- Win-Q 소방설비기사 전기편 실기 — 별판 / 40,000원
- 기출이 답이다 소방설비기사 기계편 필기 — 별판 / 29,000원

소방관계법령
- 화재안전기술기준 포켓북 — 별판 / 23,000원

소방안전교육사
- 소방안전교육사 1차 — 4×6판 / 36,000원
- 소방안전교육사 2차 국민안전교육실무 — 4×6판 / 24,000원

소방안전관리자
- 소방안전관리자 1급 — 별판 / 26,000원
- 소방안전관리자 2급 — 별판 / 20,000원
- 소방안전관리자 3급 — 근간

※ 도서의 가격은 변동될 수 있습니다.